에듀윌과 함께 시작하면,
당신도 합격할 수 있습니다!

대학 졸업 후 취업을 위해 바쁜 시간을 쪼개며
전기기사 자격시험을 준비하는 취준생

비전공자이지만 더 많은 기회를 만들기 위해
전기기사에 도전하는 수험생

전기직 업무를 수행하면서 승진을 위해
전기기사에 도전하는 주경야독 직장인

누구나 합격할 수 있습니다.
시작하겠다는 '다짐' 하나면 충분합니다.

마지막 페이지를 덮으면,

에듀윌과 함께
전기기사 합격이 시작됩니다.

eduwill

꿈을 실현하는 에듀윌
Real 합격 스토리

이○름 3주 초단기 동차합격

3주 만에 전기기사 취득, 과목별 전문 교수진 덕분

자격증을 따야겠다고 결심했던 시기가 시험 접수 기간이었습니다. 친구들에게 좋은 이야기를 많이 들었던 에듀윌이 생각나서 상담을 받고 본격적인 준비를 시작했습니다. 에듀윌은 과목별로 교수 라인업이 잘 짜여 있고, 취약한 부분은 교수님 별로 다양한 관점의 강의를 들을 수 있어서 많은 도움이 됐습니다. 또, 이 과정을 통해 학습 내용을 정리할 수 있는 점도 정말 좋았습니다.

이○학 3개월 단기 합격

나를 합격으로 이끌어 준 에듀윌 전기기사

공기업 취업을 준비하던 중에 취업에 도움이 될 거라는 생각에 전기기사 자격증 공부를 시작했습니다. 강의를 듣고 난 당일 복습했던 게 빠르게 합격할 수 있었던 이유라고 생각합니다. 아버지께서 에듀윌에서 전기산업기사 준비를 하셔서 자연스럽게 에듀윌을 선택하게 됐습니다. 전문 교수님들이 에듀윌의 가장 큰 장점이라고 생각합니다. 그리고 학습 상황을 객관적으로 파악할 수 있었던 모의고사 서비스도 만족스러웠습니다.

김○연 비전공자 3개월 합격

에듀윌이라 가능했던 3개월 단기 합격

비전공자임에도 불구하고 3개월 만에 전기기사 자격증을 취득할 수 있었습니다. 제게 맞는 강의를 선택할 수 있도록 다양한 콘텐츠를 지원해 준 에듀윌에 감사드립니다. 일반 물리학 정도의 지식만 있던 상태라 강의를 따라가기가 쉽지만은 않았습니다. 하지만 힘들어서 포기하고 싶을 때마다 용기를 주시고 격려해주신 교수님과 학습 매니저 분들에게 정말 감사 인사를 전하고 싶습니다.

다음 합격의 주인공은 당신입니다!

더 많은
합격 비법

에듀윌 직영학원에서
합격을 수강하세요

언제나 전문 학습 매니저와 상담이 가능한 안내데스크

고품질 영상 및 음향 장비를 갖춘 최고의 강의실

재충전을 위한 카페 분위기의 아늑한 휴게실

에듀윌의 상징 노란색의 환한 학원 입구

에듀윌 직영학원 대표전화

공인중개사 학원	02)815-0600	공무원 학원	02)6328-0600
주택관리사 학원	02)815-3388	소방 학원	02)6337-0600
전기기사 학원	02)6268-1400	부동산아카데미	02)6736-0600

편입 학원	02)6419-0600
세무사·회계사 학원	02)6010-0600

전기기사 학원
바로가기

에듀윌
전기기사
실기 20개년 기출문제집

핵심이론만 싹!
출제 유형 3 (쓰리)

☑ 핵심이론만 싹!(기본서 이론 모음)
☑ 출제 유형 3(무료특강 10강 제공)

eduwill

에듀윌
전기기사
실기 20개년 기출문제집

에듀윌
전기기사
실기 20개년 기출문제집

핵심이론만 싹!
출제 유형 3(쓰리)

eduwill

핵심이론만 싹!

전기설비 설계 및 관리는 기본적으로 알고 있어야 할 이론이 많은 편입니다.
20개년 기출문제를 풀기 전에 핵심이론을 살펴보고 학습해 보세요.

- 전력설비
- 접지 및 피뢰시스템과 안전을 위한 보호
- 부하설비
- 조명설비와 전동기
- 변전설비
- 도면과 견적
- 자동제어 운용
- 수변전설비와 예비전원설비

CHAPTER 01 전력설비

1 송·배전선로에 흐르는 전류에 의한 영향

(1) 전압강하

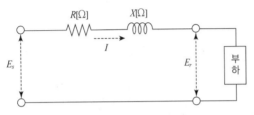

▲ 단거리 송전선로의 등가 회로

① 송·배전선로에 전류가 흐르면 선로의 저항 $R[\Omega]$과 유도성 리액턴스 $X[\Omega]$에 의해 전압의 저하가 발생하는데, 이를 전압강하라고 한다.

② 선로에서 발생하는 전압강하

- 단상 선로: $e = V_s - V_r = I(R\cos\theta + X\sin\theta)[\text{V}]$
- 3상 선로: $e = V_s - V_r = \sqrt{3}\,I(R\cos\theta + X\sin\theta)[\text{V}] = \dfrac{P}{V_r}(R + X\tan\theta)[\text{V}]$

(단, V_s: 송전단 선간 전압[kV], V_r: 수전단 선간 전압[kV], I: 부하전류[A], R: 전선의 저항[Ω], X: 전선의 리액턴스[Ω], $\cos\theta$: 부하 측의 역률, $\sin\theta$: 무효율, P: 수전 전력[kW])

(2) 전압강하율

① 수전단 전압을 기준으로 하였을 때 선로에서 발생한 전압강하의 백분율을 말한다.

② 3상 3선식 기준에서의 전압강하율은 다음과 같다.

$$\varepsilon = \frac{e}{V_r} \times 100[\%] = \frac{V_s - V_r}{V_r} \times 100[\%]$$
$$= \frac{\sqrt{3}\,I(R\cos\theta + X\sin\theta)}{V_r} \times 100[\%]$$

(단, V_s: 송전단 선간 전압[kV], V_r: 수전단 선간 전압[kV])

(3) 전압변동률

① 부하 측(수전단 측)의 전압은 부하의 크기에 따라서 달라지는데, 부하의 접속 상태에 따른 부하 측의 전압변동을 백분율로 표현한 것이다.

② 3상 3선식 기준에서의 전압변동률은 다음과 같다.

$$\delta = \frac{V_{r0} - V_r}{V_r} \times 100 [\%]$$

(단, V_{r0}: 무부하 시 수전단 선간 전압[kV], V_r: 전부하 시 수전단 선간 전압[kV])

(4) 3상 소비전력

① 부하에서 소비된 유효전력(P[W])을 말한다.

② 3상 부하 기준에서의 소비 전력은 다음과 같다. 같다.

$$P = \sqrt{3}\, V_r I \cos\theta [\text{W}]$$

(단, I: 부하전류[A], V_r: 수전단 선간 전압[V], $\cos\theta$: 부하 측의 역률)

(5) 전력손실

① 선로에 전류가 흐르면서 발생되는 유효전력의 손실을 말한다.

② 3상 3선식 기준에서의 전력손실은 다음과 같다.

$$P_l = 3I^2 R = 3\left(\frac{P_r}{\sqrt{3}\, V_r \cos\theta}\right)^2 R = \frac{P_r^2 R}{V_r^2 \cos^2\theta}[\text{W}]$$

(단, I: 부하 전류[A], R: 전선의 저항[Ω], V_r: 수전단 선간 전압[V] $\cos\theta$: 부하 측의 역률)

(6) 선로의 충전 전류 및 충전 용량

① 1선당 충전 전류

$$I_c = \omega CE = 2\pi f \cdot C \cdot E = 2\pi f \cdot C \cdot \frac{V}{\sqrt{3}}[\text{A}]$$

② 3선에 충전되는 충전 용량

$$Q_c = 3EI_c = 3 \times 2\pi f \cdot C \cdot E^2 = 3 \times 2\pi f \cdot C \cdot \left(\frac{V}{\sqrt{3}}\right)^2 = 2\pi f \cdot C \cdot V^2[\text{VA}]$$

(단, f: 주파수[Hz], C: 전선 1선당 정전 용량[F], E: 상전압[V], V: 선간 전압[V])

(7) 승압

① 승압 효과
- 공급능력 증대
- 공급전력 증대
- 전력손실 감소
- 전압강하 및 전압강하율 감소
- 고압 배전선 연장의 감소
- 대용량 전기기기 사용이 용이

② 승압 관련 공식 정리
- 공급능력: $P_a \propto V$(전압에 비례)
- 공급전력: $P \propto V^2$(전압의 제곱에 비례)
- 전압강하: $e \propto \dfrac{1}{V}$(전압에 반비례)
- 전압강하율: $\varepsilon \propto \dfrac{1}{V^2}$(전압의 제곱에 반비례)
- 전압변동률: $\delta \propto \dfrac{1}{V^2}$(전압의 제곱에 반비례)
- 전력손실: $P_l \propto \dfrac{1}{V^2}$(전압의 제곱에 반비례)
- 전력손실률: $k \propto \dfrac{1}{V^2}$(전압의 제곱에 반비례)

2 절연협조

① 계통 내의 각 기기, 기구 및 애자 등의 상호 간에 적정한 절연 강도를 지니게 함으로써 계통 설계를 합리적·경제적으로 할 수 있게 한 것을 말한다.
② 절연협조의 기준: 피뢰기의 제한 전압
③ 154[kV] 계통의 절연협조

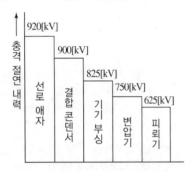

▲ 154[kV] 송전 계통 절연협조

3 전력선 근처의 통신선 유도 장해

(1) 유도 장해

① 전력선 경과지에 근접하여 통신선이 가설되었을 때 전력선의 전압과 전류에 의해 통신선에 영향을 미치는 현상을 말한다.
② 유도 장해의 종류
- 정전 유도 장해
- 전자 유도 장해

(2) 정전 유도 장해

① 전력선과 통신선의 상호 정전 용량(C)에 의해 통신선에 정전 유도 전압이 발생하여 통신선에 생기는 유도 장해이다.

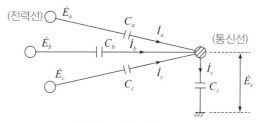

▲ 전력선과 통신선 간의 정전 유도 장해

② 정전 유도 전압의 크기

$$E_s = \frac{\sqrt{C_a(C_a - C_b) + C_b(C_b - C_c) + C_c(C_c - C_a)}}{C_a + C_b + C_c + C_s} \times \frac{V}{\sqrt{3}}$$

(단, V: 선간 전압으로 $V = \sqrt{3}E$)

③ 정전 유도 장해 경감 대책: 송전선의 연가 실시($C_a = C_b = C_c \rightarrow \therefore E_s = 0$)

(3) 전자 유도 장해

① 전력선과 통신선의 상호 인덕턴스(M)에 의해 통신선에 전자 유도 전압이 발생하여 통신선에 생기는 유도 장해이다.

② 전자 유도 전압의 크기

$$E_m = -j\omega Ml \times 3I_0 [\text{V}]$$

(단, M: 전력선과 통신선 간의 상호 인덕턴스[H/km], l: 전력선과 통신선의 병행 길이[km], I_0: 지락 사고에 의해 발생하는 영상 전류($\because I_g = 3I_0[\text{A}]$))

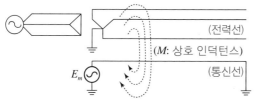

▲ 전자 유도 장해 현상

③ 전자 유도 장해 근본 억제 대책: 전자 유도 전압의 억제
- 통신선과 전력선 간의 상호 인덕턴스(M) 감소
- 기유도 전류(I_0)의 감소
- 선로의 병행 길이(l) 감소

④ 전자 유도 장해 전력선 측 억제 대책
- 차폐선의 설치
- 중성점 접지 저항을 크게 하거나 소호 리액터 접지 방식 채용
- 고장 회선의 신속한 차단(고속도 차단)
- 3상 연가를 충분히 실시
- 송전선로를 통신선로와 충분히 이격시켜 건설

⑤ 전자 유도 장해 통신선 측 억제 대책
- 통신 선로에 고성능 피뢰기(LA) 설치
- 통신선에 연피 케이블 사용
- 통신선 중간에 배류 코일 설치
- 통신선 도중에 절연 변압기 설치
- 전력선과의 교차는 직각으로 실시

(4) 중성점 잔류 전압

① 송전선 계통의 운전 상태에서 중성점을 접지하지 않을 경우 중성점에 나타나는 전압으로서, 각 선의 정전 용량은 다소 차이가 있으므로 그 중성점은 어느 정도 값 이상의 전위가 발생한다.

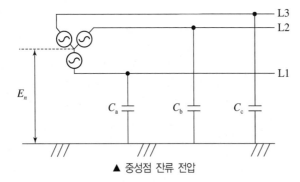

▲ 중성점 잔류 전압

② 중성점 잔류 전압 발생 원인
- 송전선의 3상 각 상의 대지 정전 용량이 불균등($C_a \neq C_b \neq C_c$)할 경우
- 차단기의 개폐가 동시에 이루어지지 않음에 따른 3상 간의 불평형
- 단선 사고 등 계통의 각종 사고

③ 중성점 잔류 전압의 크기

$$E_n = \frac{\sqrt{C_a(C_a - C_b) + C_b(C_b - C_c) + C_c(C_c - C_a)}}{C_a + C_b + C_c} \times \frac{V}{\sqrt{3}}$$

(단, V: 선간 전압으로 $V = \sqrt{3}E$)

④ 중성점 잔류 전압 감소 대책: 송전선로의 충분한 연가 실시

4 전선의 코로나 현상

(1) 코로나의 정의

송전선로의 공기 절연이 부분적으로 파괴되어 낮은 소리와 푸른 빛을 내면서 방전하게 되는 이상 현상이다.

(2) 파열 극한 전위 경도(E[kV/cm])

① 공기의 간격이 1[cm]에서 절연이 파괴되기 시작하는 전압을 말한다.
② 직류: 30[kV/cm]
③ 교류: $\dfrac{30}{\sqrt{2}} \fallingdotseq 21$[kV/cm](실효값)

(3) 코로나 임계 전압(E_0)

코로나 방전이 시작되는 코로나 임계 전압 산출식은 다음과 같다.

$$E_0 = 24.3 m_0 m_1 \delta d \log_{10} \frac{D}{r} [\text{kV}]$$

(단, m_0: 전선의 표면 계수(매끈한 전선 = 1, 거친 전선 = 0.8),
m_1: 날씨 계수(맑은 날 = 1, 비, 눈, 안개 등 악천후 = 0.8),
δ: 상대 공기 밀도$\left(\delta = \frac{0.386b}{273+t}\right)$, b: 기압, t: 온도,
d: 전선의 직경, r: 도체의 반지름, D: 등가 선간 거리)

(4) 코로나에 의한 악영향

① 코로나 전력 손실 발생

$$P = \frac{241}{\delta}(f+25)\sqrt{\frac{d}{2D}}\ (E-E_0)^2 \times 10^{-5}[\text{kW/km/Line}]$$

② 코로나 고조파 발생
③ 전력선 주변 통신선로에 전파 장해 발생
④ 소호 리액터 접지에서 소호 능력의 저하
⑤ 전선 부식(코로나 방전 시 오존(O_3)이 발생하고 공기의 수분과 결합하여 초산 발생)

(5) 코로나 방지 대책

① 굵은 전선을 사용한다.
② 복도체(다도체)를 사용한다.
③ 전선의 표면을 매끄럽게 유지한다.
④ 가선 금구를 매끄럽게 개량한다.

5 지중 전선로의 가설

(1) 지중 전선로를 건설하는 이유

① 도시의 미관을 중요하게 생각하는 경우
② 수용 밀도가 현저하게 높은 대도시 지역에 전력을 공급하는 경우
③ 낙뢰, 풍수해에 의한 사고로부터 높은 공급 신뢰도가 요구되는 경우
④ 보안상 등의 이유로 가공 전선로를 건설할 수 없는 경우

(2) 지중 케이블의 포설 방식

① 직접 매설식: 지하에 트러프를 묻고, 그 안에 케이블 포설 후 모래를 채우는 방식
② 관로식: 적당한 간격마다 맨홀(M/H)을 만들고 그 사이에 관로 설치 후 케이블을 끌어 넣는 방식
③ 암거식: 완전히 넓은 지하 터널(전력구)에 케이블-트레이를 설치 후 케이블을 포설하는 방식

6 지중 전선로의 케이블 종류 및 고장점 측정법

(1) 송전용 주요 케이블
① CV Cable(XLPE Cable: 가교폴리에틸렌절연 비닐외장케이블)
② OF Cable

(2) 케이블 고장점 측정법
① 머레이 루프법
  • 브리지 평형 원리를 이용하여 고장점까지의 거리를 측정하는 방법이다.
  • 머레이 루프법을 이용한 고장점 측정 방법은 다음과 같이 구한다.

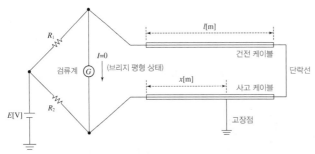

▲ 머레이 루프법의 원리

위 그림에서 머레이 루프 시험기가 설치된 위치에서 고장점까지의 거리 $x[\text{m}]$는

$$R_1 \times \rho \frac{x}{A} = R_2 \times \rho \frac{(2l-x)}{A} \text{ (브리지 평형 조건)}$$

$$R_1 x = R_2 \times (2l - x)$$

$$\therefore x = \frac{2lR_2}{R_1 + R_2}[\text{m}]$$

② 펄스 레이더법
③ 수색 코일법
④ 정전 용량 브리지법

7 접지 공사

(1) 중성점 접지의 목적
① 지락 고장 시 건전상의 전위 상승을 억제하여 기기의 절연 레벨을 경감
② 낙뢰, 아크 지락, 기타에 의한 이상 전압의 억제
③ 지락 고장 시 보호 계전기의 동작 확보
④ 1선 지락 시 아크 지락을 빨리 소멸시켜 계속해서 송전을 유지

(2) 접지 방식

접지 대상	폐지된 규정 기준	현행 방식(KEC)
(특)고압 설비	1종: $10[\Omega]$	• 계통 접지: TN, TT, IT
$400[\text{V}]$ 이상 ~ $600[\text{V}]$ 이하	특3종: $10[\Omega]$	• 보호 접지: 등전위 본딩
$400[\text{V}]$ 미만	3종: $100[\Omega]$	• 피뢰시스템 접지
변압기	2종: 계산	변압기 중성점 접지

(3) 접지도체 최소 단면적

종류	접지도체 굵기(KEC)
특고압·고압 전기설비용	$6[\text{mm}^2]$ 이상
중성점 접지용 접지도체	$16[\text{mm}^2]$ 이상 (단, 사용전압이 $25[\text{kV}]$ 이하인 특고압 가공전선로 중성선 다중접지식 전로에 지락이 생겼을 때 2초 이내에 자동적으로 이를 전로로부터 차단하는 장치가 되어 있는 것은 $6[\text{mm}^2]$ 이상)
$7[\text{kV}]$ 이하의 전로	$6[\text{mm}^2]$ 이상
저압 전기용 접지도체는 다심 또는 다심 캡타이어 케이블의 1개 도체의 단면적	$0.75[\text{mm}^2]$ 이상 (단, 연동연선은 1개 도체의 단면적이 $1.5[\text{mm}^2]$ 이상)

(4) 선도체 및 보호도체의 최소 단면적

선도체의 단면적 S ($[\text{mm}^2]$, 구리)	보호도체의 최소 단면적	
	보호도체의 재질이 선도체와 같은 경우	보호도체의 재질이 선도체와 다른 경우
$S \leq 16$	S	$\left(\dfrac{k_1}{k_2}\right) \times S$
$16 < S \leq 35$	16^a	$\left(\dfrac{k_1}{k_2}\right) \times 16$
$S > 35$	$\dfrac{S^a}{2}$	$\left(\dfrac{k_1}{k_2}\right) \times \left(\dfrac{S}{2}\right)$

(단, k_1: 선도체에 대한 k값, k_2: 보호도체에 대한 k값, a: PEN 도체의 최소 단면적은 중성선과 동일하게 적용)

(5) 계통 접지 방식
① 저압전로의 보호도체 및 중성선의 접속 방식에 따른 접지계통의 분류
• TN 계통
• TT 계통
• IT 계통
② 기호 설명

기호 설명	
	중성선(N), 중간도체(M)
	보호도체(PE)
	중성선과 보호도체겸용(PEN)

8 전로의 절연

(1) 절연에 대한 시험 방법

① 절연내력 시험: 전로의 최대 사용전압을 기준으로 하여 정해진 시험전압을 10분간 가했을 때 이상이 생기는지의 여부를 확인하는 방법

② 절연저항 측정: 전로의 절연저항이 몇 $[M\Omega]$인가를 측정하여 사용 상태에서의 누설 전류의 크기를 확인하는 방법

(2) 저압 전로의 절연저항값

전로의 사용전압[V]	DC 시험전압[V]	절연저항[MΩ]
SELV 및 PELV	250	0.5 이상
FELV, 500[V] 이하	500	1.0 이상
500[V] 초과	1,000	1.0 이상

특별저압(Extra Low Voltage)
1) 2차 전압이 AC 50[V], DC 120[V] 이하
2) SELV(Safety Extra Low Voltage) – 비접지회로 구성
3) PELV(Protective Extra Low Voltage) – 접지회로 구성
4) FELV(Functional Extra Low Voltage) – 1차와 2차가 전기적으로 절연되지 않은 회로

① 전선 상호 간의 절연저항은 기계기구를 쉽게 분리가 곤란한 분기회로의 경우 기기 접속 전에 측정할 것

② 측정 시 영향을 주거나 손상을 받을 수 있는 SPD 또는 기타 기기 등은 측정 전에 분리시켜야 하고, 부득이하게 분리가 어려운 경우에는 시험전압을 250[V] 직류(DC)로 낮추어 측정할 수 있지만 절연저항값은 1[MΩ] 이상일 것

9 저항 및 접지저항 측정법

(1) 저항 측정

① 저저항 측정(1[Ω] 이하): 켈빈 더블 브리지법(저저항 정밀 측정)

② 중저항 측정(1[Ω]~10[kΩ])
- 전압강하법: 백열등의 필라멘트 저항 측정
- 휘스톤 브리지법
- 특수 저항 측정

③ 검류계의 내부 저항: 휘스톤 브리지법

④ 전해액의 저항: 콜라우시 브리지법

⑤ 접지저항: 콜라우시 브리지법

(2) 콜라우시 브리지법에 의한 접지저항 측정

　① 접지극의 접지저항값 산출식

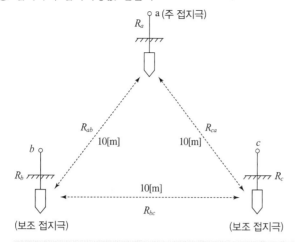

$$R_a = \frac{1}{2}(R_{ab} + R_{ca} - R_{bc})[\Omega]$$

$$R_b = \frac{1}{2}(R_{ab} + R_{bc} - R_{ca})[\Omega]$$

$$R_c = \frac{1}{2}(R_{bc} + R_{ca} - R_{ab})[\Omega]$$

10 누전 차단기

(1) 누전 차단기의 설치

　① 사람이 쉽게 접촉될 우려가 있는 장소에 시설하는 사용 전압이 50[V]를 초과하는 저압의 금속제 외함을 가지는 기계 기구에는 전기를 공급하는 전로에 누전이 발생하였을 때 자동적으로 전로를 차단하는 누전 차단기 등을 설치하여야 한다.

　② 주택의 구내에 시설하는 대지 전압 150[V] 초과 300[V] 이하의 저압 전로 인입구에는 인체 감전 보호용 누전 차단기를 설치한다.

(2) 누전 차단기의 구조 및 역할

　① 누전 차단기 구성
　　• 검출부: ZCT 이용, 누전 검출
　　• 수신부: ZCT에서 검출된 신호를 트립 코일(TC)에 전달
　　• 차단부: 트립 코일이 여자되면서 발생된 전자력으로 차단기 트립

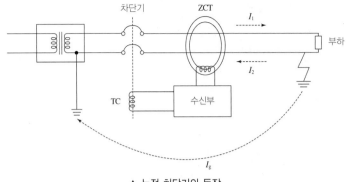

▲ 누전 차단기의 동작

② 평상시: I_1, I_2 전류 크기가 같으면서 방향이 반대이므로 서로 상쇄

③ 누전 발생 시: 귀로 전류 $I_2 = I_1 - I_g$가 되어 완전 상쇄 못하고 발생한 차전류가 트립 코일을 여자시켜 차단기 트립

(3) 누전 차단기 시설 장소

기계 기구의 시설 장소 / 전로의 대지 전압	옥내		옥측		옥외	물기가 있는 장소
	건조한 장소	습기가 많은 장소	우선 내	우선 외		
150[V] 이하	×	×	×	□	□	○
150[V] 초과 300[V] 이하	△	○	×	○	○	○

○: 누전 차단기를 반드시 시설할 것

△: 주택에 기계 기구를 시설하는 경우에는 누전 차단기를 시설할 것

□: 주택 구내 또는 도로에 접한 면에 룸에어컨디셔너, 아이스박스, 진열장, 자동 판매기 등 전동기를 부품으로 한 기계 기구를 시설하는 경우 누전 차단기를 시설하는 것이 바람직한 곳

×: 누전 차단기를 설치하지 않아도 되는 곳

11 피뢰기

(1) 피뢰기의 구조 및 역할

① 피뢰기 구조

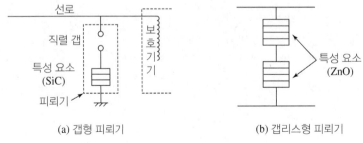

(a) 갭형 피뢰기   (b) 갭리스형 피뢰기

▲ 피뢰기의 종류 및 구조

• 직렬 갭: 뇌전류를 대지로 방전시키고 속류를 차단한다.

• 특성 요소: 뇌전류 방전 시 피뢰기 자신의 전위 상승을 억제하여 자신의 절연 파괴를 방지한다.

② 피뢰기의 역할

이상전압 내습 시 뇌전류를 대지로 방전하고 속류를 차단한다.

(2) 피뢰기의 구비 조건

① 충격 방전개시전압이 낮을 것
② 상용주파 방전개시전압이 높을 것
③ 방전 내량이 크면서 제한 전압이 낮을 것
④ 속류의 차단 능력이 충분할 것

(3) 피뢰기의 정격 전압

① 피뢰기 방전 후 속류를 차단할 수 있는 전압을 말한다.
② 방전 후 피뢰기 단자 간에 인가되는 전압이 높으면 피뢰기는 속류를 차단할 수 없어 퓨즈와 같이 타버린다.
③ 상용 주파수의 전압보다 높은 전압에서 속류를 차단하여 방전을 종료하여야 하는데, 이 전압을 정격 전압이라고 한다.
④ 정격 전압의 계산

$$V = \alpha \beta V_m [\text{kV}]$$

(단, α: 접지 계수, β: 여유 계수, V_m: 계통 최고 전압)

⑤ 적용 장소별 피뢰기 정격 전압

전력 계통		피뢰기 정격 전압[kV]	
전압[kV]	중성점 접지 방식	변전소	배전 선로
345	유효접지	288	–
154	유효접지	144	–
66	PC 접지 또는 비접지	72	–
22	PC 접지 또는 비접지	24	–
22.9	3상 4선 다중접지	21	18

(4) 피뢰기의 제한 전압

① 피뢰기의 동작으로 내습한 충격파 전압이 방전으로 저하되어 피뢰기의 단자 간에 남게 되는 충격 전압을 말한다.
② 피뢰기 동작 중 계속해서 걸리고 있는 피뢰기 단자 전압의 파고값을 말한다.

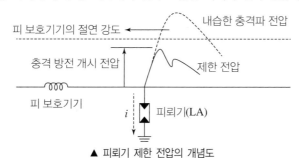

▲ 피뢰기 제한 전압의 개념도

(5) 방전 전류

① 피뢰기가 방전 중 피뢰기에 흐르는 전류를 말한다.

② 피뢰기에 흐르는 방전 전류는 선로 및 발전소의 차폐 유무와 그 지역의 IKL(연간 뇌우 발생 일수)를 참고하여 결정한다.

③ 피뢰기의 공칭 방전 전류를 다음과 같이 결정한다.

공칭 방전 전류	설치 장소	적용 조건
10,000[A]	변전소	• 154[kV] 이상 계통 • 66[kV] 및 그 이하 계통에서 뱅크 용량이 3,000[kVA]를 초과하거나 특히 중요한 곳 • 장거리 송전선 및 콘덴서 뱅크를 개폐하는 곳
5,000[A]	변전소	66[kV] 및 그 이하 계통에서 뱅크 용량이 3,000[kVA] 이하인 곳
2,500[A]	변전소	배전선 피더 인출 측
	선로	배전선로

(6) 상용주파 방전개시전압

① 피뢰기 단자 간에 상용 주파수의 전압을 인가할 경우 방전을 개시하는 전압을 말한다.

② 보통 피뢰기 방전 개시 전압은 피뢰기 정격 전압의 1.5배 이상으로 한다.

(7) 충격 방전개시전압

① 피뢰기 단자 간에 충격 전압을 인가하였을 경우 방전을 개시하는 전압을 말한다.

② 충격비 = $\dfrac{충격\ 방전\ 개시\ 전압}{상용\ 주파\ 방전\ 개시\ 전압의\ 파고값}$

(8) 피뢰기의 설치 장소

① 발전소 및 변전소 또는 이에 준하는 장소의 가공 전선 인입구 및 인출구

② 특고압 옥외 배전용 변압기의 고압 측 및 특고압 측

③ 특고압이나 고압 가공 전선로에서 공급받는 수용 장소의 인입구

④ 가공 전선로와 지중 전선로가 만나는 곳

12 피뢰침

(1) 피뢰침의 역할: 뇌격으로부터 건축물을 보호하는 설비이다.

(2) 피뢰 방식

① 돌침 방식: 일반 건축물 60° 이하 또는 위험물을 취급하는 건물 45° 이하 공중에 돌출하게 한 봉상 금속체를 수뢰부로 하는 방식

② 용마루 위 도체 방식: 일반 건축물 60° 이하 또는 도체에서 수평 거리 10[m] 이내 부분에 적용

③ 케이지 방식: 건조물 주위를 피뢰 도선으로 감싸는 방식으로 완전 보호되는 방식

13 간선 및 분기회로 보호

(1) 과부하 보호장치의 시설

① 과부하 보호장치(P_2)는 분기점(O)에 설치할 것

② 과부하 보호장치(P_2)의 전원 장치에서 분기점(O) 사이에 다른 분기회로 또는 콘센트의 접속이 없고, 단락의 위험과 화재 및 인체에 대한 위험성이 최소화되도록 시설된 경우, 보호장치(P_2)는 분기점(O)으로부터 3[m]까지 이동하여 설치 가능

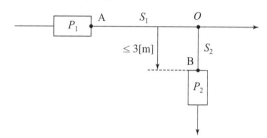

▲ 분기회로(S_2)의 분기점(O)에서 3[m] 이내에 설치된 과부하 보호장치(P_2)

14 단상 3선식 배전선로의 보호

(1) 단상 3선식 회로도

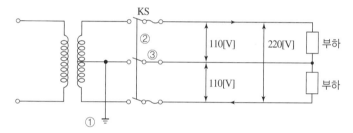

(2) 보호 방법

① 변압기의 중성점은 접지공사를 해야 한다.
② 2차 측 개폐기는 동시 동작형이어야 한다.
③ 중성선에는 퓨즈를 삽입할 수 없다.

(3) 중성선에 퓨즈 설치 시 이상 전압

① 단상 3선식에서 중성선에 퓨즈를 설치할 경우, 퓨즈 용단 시 경부하 측의 전위가 상승하여 위험하게 된다.

② 퓨즈 용단 시 각각의 부하에 걸리는 전압은 전압 분배의 법칙에 의하여 구하면 된다.

$$V_A = \frac{R_A}{R_A + R_B} \times V_2[\text{V}]$$

$$V_B = \frac{R_B}{R_A + R_B} \times V_2[\text{V}]$$

(단, V_2: 단상 3선식의 2차 선간 전압[V], R_A: A 부하의 내부 저항[Ω], R_B: B 부하의 내부 저항[Ω])

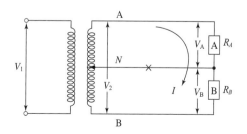

(4) 전압강하

① 허용 전압강하

수용가설비의 전압강하

설비의 유형	조명(%)	기타(%)
A – 저압으로 수전하는 경우	3	5
B – 고압 이상으로 수전하는 경우*	6	8

* 가능한 한 최종회로 내의 전압강하가 A 유형의 값을 넘지 않도록 하는 것이 바람직하다. 사용자의 배선설비가 100[m] 를 넘는 부분의 전압강하는 미터당 0.005[%] 증가할 수 있으나 이러한 증가분은 0.5[%]를 넘지 않아야 한다.

② 전압강하 및 전선의 단면적 계산

전기 방식	전압강하	전선 단면적
단상 3선식 3상 4선식	$e = \dfrac{17.8LI}{1,000A}[\mathrm{V}]$	$A = \dfrac{17.8LI}{1,000e}[\mathrm{mm}^2]$
단상 2선식	$e = \dfrac{35.6LI}{1,000A}[\mathrm{V}]$	$A = \dfrac{35.6LI}{1,000e}[\mathrm{mm}^2]$
3상 3선식	$e = \dfrac{30.8LI}{1,000A}[\mathrm{V}]$	$A = \dfrac{30.8LI}{1,000e}[\mathrm{mm}^2]$

(단, L: 전선 1본의 길이[m], I: 부하 전류[A])

(5) 보호 설비

① 대지 전압

- 접지식 전로: 전선과 대지 사이의 전압
- 비접지식 전로: 전선과 그 전로 중의 임의의 다른 전선 사이의 전압

② 접촉 전압의 계산

- 그림과 같이 전동기에서 완전 지락된 경우의 지락 전류와 접촉 전압은 다음과 같다.

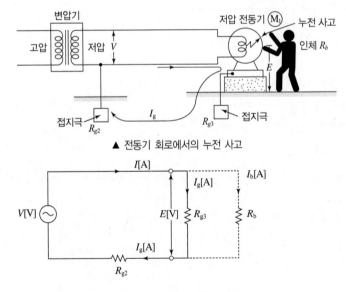

▲ 전동기 회로에서의 누전 사고

R_{g2}, R_{g3} : 접지저항[Ω], R_b : 인체의 내부 저항[Ω]

▲ 등가 회로

• 사람이 감전되기 전

– 지락 전류: $I_g = \dfrac{V}{R_{g3} + R_{g2}}$[A]

– 대지 전압: $E = I_g \times R_{g3} = \dfrac{R_{g3}}{R_{g3} + R_{g2}} V$[V]

• 사람이 감전된 후 인체에 흐르는 전류

– $I_b = \dfrac{R_{g3}}{R_{g3} + R_b} \times \dfrac{V}{R_{g2} + \dfrac{R_{g3}R_b}{R_{g3} + R_b}} = \dfrac{R_{g3}V}{R_{g2}(R_{g3} + R_b) + R_{g3}R_b}$[A]

– 접촉 전압: $E = I_b R_b = \dfrac{R_{g3}R_b V}{R_{g2}(R_{g3} + R_b) + R_{g3}R_b}$[V]

15 전력의 측정법

(1) 2 전력계법

① 단상 전력계 2대로 3상의 전력 및 역률을 측정하는 방법

② 유효 전력

$P = P_1 + P_2$[W]

③ 피상 전력

$P_a = 2\sqrt{P_1^2 + P_2^2 - P_1 P_2}$[VA]

④ 역률

$\cos\theta = \dfrac{P}{P_a} = \dfrac{P_1 + P_2}{2\sqrt{P_1^2 + P_2^2 - P_1 P_2}}$

(2) 3 전압계법

① 전압계 3개로 단상 전력 및 역률을 측정하는 방법

② 유효 전력

$P = \dfrac{V^2}{R} = \dfrac{1}{2R}\left(V_1^2 - V_2^2 - V_3^2\right)$[W]

③ 역률

$\cos\theta = \dfrac{V_1^2 - V_2^2 - V_3^2}{2V_2 V_3}$

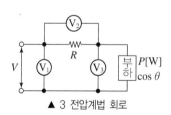

▲ 3 전압계법 회로

(3) 3 전류계법

① 전류계 3개로 단상 전력 및 역률을 측정하는 방법

② 유효 전력

$P = I^2 R = \dfrac{R}{2}\left(I_1^2 - I_2^2 - I_3^2\right)$[W]

③ 역률

$\cos\theta = \dfrac{I_1^2 - I_2^2 - I_3^2}{2I_2 I_3}$

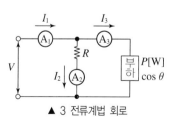

▲ 3 전류계법 회로

(4) 적산 전력계

① 적산 전력계의 측정

$$P = \frac{3,600\,n}{t \times k}\,[\text{kW}]$$

(단, n: 적산 전력계 원판의 회전수[회], t: 시간[sec], k: 계기 정수[Rev/kWh])

② 오차율

$$\varepsilon = \frac{M - T}{T} \times 100\,[\%]$$

(단, M: 측정값, T: 참값)

③ 보정률

$$보정률 = \frac{T - M}{M} \times 100\,[\%]$$

④ 적산 전력계의 구비 조건
- 부하 특성이 양호할 것
- 기계적 강도가 클 것
- 과부하 내량이 클 것
- 온도나 주파수 변화에 보상이 되도록 할 것
- 옥내 및 옥외 설치가 가능할 것

⑤ 적산 전력계의 잠동 현상
- 무부하 상태에서 정격 주파수 및 정격 전압의 110[%]를 인가하여 계기의 원판이 1회전 이상 회전하는 현상을 말한다.
- 잠동 방지 대책
  - 회전 원판에 소철편을 붙인다.
  - 회전 원판에 작은 구멍을 뚫어 놓는다.

⑥ 계기용 변성기(PT, CT) 사용 적산 전력계 결선도

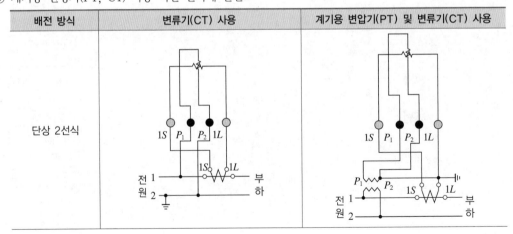

배전 방식	변류기(CT) 사용	계기용 변압기(PT) 및 변류기(CT) 사용
단상 2선식		

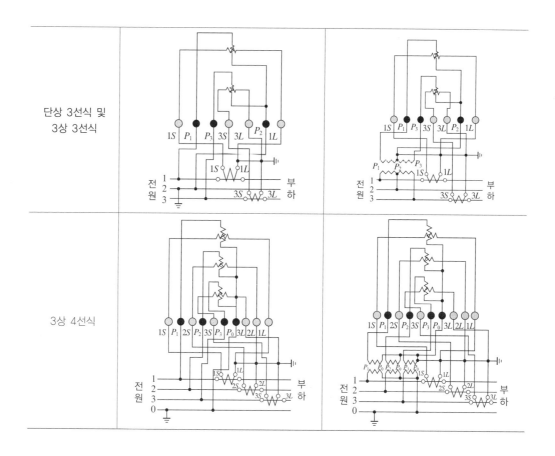

| 단상 3선식 및
3상 3선식 | |
| 3상 4선식 | |

1 접지시스템의 구분 및 종류

(1) 접지시스템의 구분

① 계통접지: 전력계통에서 돌발적으로 발생하는 이상 현상에 대비하여 대지와 계통을 연결하는 것으로 변압기 중성점(저압 측의 1단자 시행 접지계통 포함)을 대지에 접속하는 것을 말하며 일반적으로 중성점 접지라고도 한다.

② 보호접지: 고장 시 감전에 대한 보호를 목적으로 기기의 한 점 또는 여러 점을 접지하는 것을 말한다.

③ 피뢰시스템 접지: 보호하고자 하는 대상물에 근접하는 뇌격을 확실하게 흡인해서 뇌격전류를 대지로 안전하게 방류함으로써 건축물 등을 보호하는 것이며, 피뢰시스템 접지는 그러한 피뢰설비에 흐르는 뇌격전류를 안전하게 대지로 흘려보내기 위해 접지극을 대지에 접속하는 설비를 말한다.

(2) 접지시스템의 시설 종류

① 단독접지: 고압·특고압 계통의 접지극과 저압 계통의 접지극이 독립적으로 설치된 경우를 말한다.

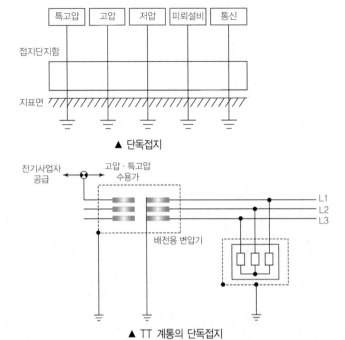

▲ 단독접지

▲ TT 계통의 단독접지

② 공통접지: 등전위가 형성되도록 고압·특고압 접지계통과 저압 접지계통을 공통으로 접지하는 방식이다.

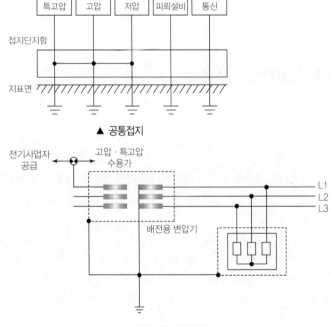

▲ 공통접지

▲ TN 계통의 공통접지

③ 통합접지: 전기설비의 접지계통·건축물의 피뢰설비·전자통신설비 등의 접지극을 통합하여 접지하는 방식이며, 통합접지 시 서지보호장치(SPD)를 시설하여야 할 필요가 있다.

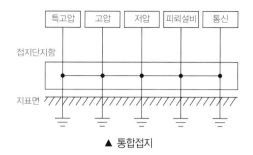

▲ 통합접지

2 접지시스템의 시설

(1) 접지시스템의 구성요소

 ① 접지극(접지도체를 사용해 주 접지단자에 연결)

 ② 접지도체

 ③ 보호도체

 ④ 기타설비

(2) 접지시스템의 요구사항

 ① 전기설비의 보호 요구사항을 충족할 것

 ② 지락전류와 보호도체 전류를 대지에 전달할 것

 ③ 전기설비의 기능적 요구사항을 충족할 것

(3) 접지저항값의 요구사항

 ① 부식, 건조 및 동결 등 대지환경 변화에 충족할 것

 ② 인체감전보호를 위한 값과 전기설비의 기계적 요구에 의한 값을 만족할 것

3 접지극의 시설

(1) 접지극의 종류

 ① 콘크리트에 매입된 기초 접지극

 ② 토양에 매설된 기초 접지극

 ③ 토양에 수직 또는 수평으로 직접 매설된 금속전극(봉, 전선, 테이프, 배관, 판 등)

 ④ 케이블의 금속외장 및 그 밖에 금속피복

 ⑤ 지중 금속구조물(배관 등)

 ⑥ 대지에 매설된 철근콘크리트의 용접된 금속 보강재

(2) 접지극의 매설

 ① 접지극은 동결 깊이를 감안하여 시설하되, 고압 이상의 전기설비와 변압기 중성점 접지에 의하여 시설하는 접지극의 매설깊이는 지표면으로부터 $0.75[\text{m}]$ 이상으로 한다.

 ② 접지도체를 철주 기타의 금속체를 따라 시설하는 경우에는 접지극을 철주의 밑면으로부터 $0.3[\text{m}]$ 이상의 깊이에 매설하는 경우 이외에는 접지극을 지중에서 그 금속체로부터 $1[\text{m}]$ 이상 이격하여 매설하여야 한다.

(3) 접지극의 접속

    ① 발열성 용접

    ② 압착접속

    ③ 클램프

    ④ 그 밖의 적절한 기계적 접속장치

(4) 접지시스템의 부식에 대한 고려

    ① 접지극에 부식을 일으킬 수 있는 폐기물 집하장 및 번화한 장소에 접지극 설치는 피할 것

    ② 서로 다른 재질의 접지극을 연결할 경우 전식을 고려할 것

    ③ 콘크리트 기초 접지극에 접속하는 접지도체가 용융아연도금강제인 경우 접속부를 토양에 직접 매설하지 않을 것

4 접지도체

(1) 접지도체의 선정

접지도체의 최소 단면적

접지도체의 종류	구리(동)	철
큰 고장전류가 접지도체를 통해 흐르지 않는 경우	6[mm²] 이상	50[mm²] 이상
접지도체에 피뢰시스템이 접속되는 경우	16[mm²] 이상	50[mm²] 이상

(2) 접지도체와 접지극의 접속

    ① 접속은 견고하고 전기적인 연속성이 보장되도록, 접속부는 발열성 용접, 압착접속, 클램프 또는 그 밖의 적절한 기계적 접속장치에 의할 것

    ② 클램프를 사용하는 경우, 접지극 또는 접지도체를 손상시키지 않을 것

(3) 접지도체의 시설

    ① 접지도체는 지하 0.75[m]부터 지표상 2[m]까지 부분은 합성수지관(두께 2[mm] 미만의 합성수지제 전선관 및 가연성 콤바인덕트관은 제외) 또는 이와 동등 이상의 절연효과와 강도를 가지는 몰드로 덮어야 한다.

    ② 특고압·고압 전기설비 및 변압기 중성점 접지시스템의 경우, 접지도체가 사람이 접촉할 우려가 있는 곳에 시설되는 고정설비인 경우의 접지도체는 절연전선(옥외용 비닐절연전선은 제외) 또는 케이블(통신용 케이블은 제외)을 사용하여야 한다. 다만, 접지도체를 철주 기타의 금속체를 따라 시설하는 경우 이외의 경우에는 접지도체의 지표상 0.6[m]를 초과하는 부분에 대하여는 절연전선을 사용하지 않을 수 있다.

(4) 접지도체의 굵기

접지도체의 최소 단면적

구분		단면적
특고압·고압 전기설비용		$6[\text{mm}^2]$ 이상
중성점 접지용	7[kV] 이하의 전로 또는 사용전압이 25[kV] 이하(지락이 생겼을 경우 2초 이내에 자동적으로 차단하는 장치가 있는 중성선 다중접지 방식)	$6[\text{mm}^2]$ 이상
	그 외	$16[\text{mm}^2]$ 이상

5 보호도체

(1) 보호도체의 종류
  ① 다심케이블의 도체
  ② 충전도체와 같은 트렁킹에 수납된 절연도체 또는 나도체
  ③ 고정된 절연도체 또는 나도체

(2) 보호도체의 단면적
  ① 보호도체의 최소 단면적은 다음 표에 따라 선정해야 하며, 보호도체용 단자도 이 도체의 크기에 적합하여야 한다.

선도체의 단면적 S ([mm²], 구리)	보호도체의 최소 단면적([mm²], 구리)	
	보호도체의 재질이 선도체와 같은 경우	보호도체의 재질이 선도체와 다른 경우
$S \leq 16$	S	$\left(\dfrac{k_1}{k_2}\right) \times S$
$16 < S \leq 35$	16	$\left(\dfrac{k_1}{k_2}\right) \times 16$
$S > 35$	$\dfrac{S}{2}$	$\left(\dfrac{k_1}{k_2}\right) \times \left(\dfrac{S}{2}\right)$

  ② 보호도체의 단면적은 차단시간이 5초 이하인 경우 다음의 계산값 이상이어야 한다.

$$S = \frac{\sqrt{I^2 t}}{k}$$

(단, S: 단면적[mm²], I: 보호장치를 통해 흐를 수 있는 예상 고장전류 실효값[A], t: 자동차단을 위한 보호장치의 동작시간[s], k: 재질 및 초기온도와 최종온도에 따라 정해지는 계수)

  ③ 보호도체가 케이블의 일부가 아니거나 선도체와 동일 외함에 설치되지 않을 경우 단면적의 굵기

구분	구리[mm²]	알루미늄[mm²]
기계적 손상에 보호가 되는 경우	2.5 이상	16 이상
기계적 손상에 보호가 되지 않는 경우	4 이상	

(3) 보호도체와 계통도체 겸용

보호도체와 계통도체를 겸용하는 겸용도체는 해당하는 계통의 기능에 대한 조건을 만족하여야 하며 고정된 전기설비에서만 사용할 수 있다.

① 겸용도체의 조건
- 단면적은 구리 $10[\text{mm}^2]$ 또는 알루미늄 $16[\text{mm}^2]$ 이상이어야 한다.
- 중성선과 보호도체의 겸용도체는 전기설비의 부하 측으로 시설하여서는 안 된다.
- 폭발성 분위기 장소는 보호도체를 전용으로 하여야 한다.

② 겸용도체의 시설
- 전기설비의 일부에서 중성선·중간도체·선도체 및 보호도체가 별도로 배선되는 경우, 중성선·중간도체·선도체를 전기설비의 다른 접지된 부분에 접속해서는 안 된다. 다만, 겸용도체에서 각각의 중성선·중간도체·선도체와 보호도체를 구성하는 것은 허용한다.
- 겸용도체는 보호도체용 단자 또는 바에 접속되어야 한다.
- 계통외도전부는 겸용도체로 사용해서는 안 된다.

(4) 주접지단자

① 접지시스템은 주접지단자를 설치하고, 다음의 도체들을 접속하여야 한다.
- 등전위본딩도체
- 접지도체
- 보호도체
- 기능성 접지도체

② 여러 개의 접지단자가 있는 장소는 접지단자를 상호 접속하여야 한다.

③ 주접지단자에 접속하는 각 접지도체는 개별적으로 분리할 수 있어야 하며, 접지저항을 편리하게 측정할 수 있어야 한다. 다만, 접속은 견고해야 하며 공구에 의해서만 분리되는 방법으로 하여야 한다.

6 전기수용가 접지

(1) 저압수용가 인입구 접지

① 수용장소 인입구 부근에서 다음의 것을 접지극으로 사용하여 변압기 중성점 접지를 한 저압전선로의 중성선 또는 접지 측 전선에 추가로 접지공사를 할 수 있다.
- 지중에 매설되어 있고 대지와의 전기저항값이 $3[\Omega]$ 이하의 값을 유지하고 있는 금속제 수도관로
- 대지 사이의 전기저항값이 $3[\Omega]$ 이하인 값을 유지하는 건물의 철골

② 접지도체는 공칭단면적 $6[\text{mm}^2]$ 이상의 연동선 또는 이와 동등 이상의 세기 및 굵기의 쉽게 부식하지 않는 금속선으로서 고장 시 흐르는 전류를 안전하게 통할 수 있는 것이어야 한다.

(2) 주택 등 저압수용장소 접지

① 저압수용장소에서 계통접지가 TN-C-S 방식인 경우에 보호도체는 다음에 따라 시설하여야 한다.
- 중성선 겸용 보호도체(PEN)는 고정 전기설비에만 사용할 수 있고 그 도체의 단면적이 구리는 $10[\text{mm}^2]$ 이상, 알루미늄은 $16[\text{mm}^2]$ 이상이어야 하며, 그 계통의 최고전압에 대하여 절연되어야 한다.

② 접지의 경우 감전보호용 등전위본딩을 하여야 한다. 다만, 이 조건을 충족시키지 못하는 경우에는 중성선 겸용 보호도체를 수용장소의 인입구 부근에 추가로 접지하여야 하며, 그 접지저항값은 접촉전압을 허용접촉전압 범위 내로 제한하는 값 이하로 하여야 한다.

7 감전보호용 등전위본딩

(1) 보호등전위본딩의 적용

① 건축물·구조물에서 접지도체, 주접지단자와 다음의 도전성 부분은 등전위본딩하여야 한다. 다만, 이들 부분이 다른 보호도체로 주접지단자에 연결된 경우는 그러하지 아니하다.
  - 수도관·가스관 등 외부에서 내부로 인입되는 금속배관
  - 건축물·구조물의 철근, 철골 등 금속보강재
  - 일상생활에서 접촉이 가능한 금속제 난방배관 및 공조설비 등 계통외도전부

② 주접지단자에 보호등전위본딩도체, 접지도체, 보호도체, 기능성 접지도체를 접속하여야 한다.

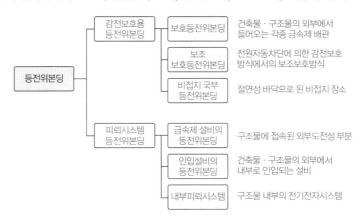

▲ 등전위본딩 분류

(2) 보호등전위본딩

① 건축물·구조물의 외부에서 내부로 들어오는 각종 금속제 배관은 다음과 같이 하여야 한다.
  - 1개소에 집중하여 인입하고, 인입구 부근에서 서로 접속하여 등전위본딩 바에 접속하여야 한다.
  - 대형건축물 등으로 1개소에 집중하여 인입하기 어려운 경우에는 본딩도체를 1개의 본딩 바에 연결한다.

② 수도관·가스관의 경우 내부로 인입된 최초의 밸브 후단에서 등전위본딩을 하여야 한다.

③ 건축물·구조물의 철근, 철골 등 금속보강재는 등전위본딩을 하여야 한다.

(3) 등전위본딩도체

① 주접지단자에 접속하기 위한 등전위본딩도체는 설비 내에 있는 가장 큰 보호접지도체 단면적의 1/2 이상의 단면적을 가져야 하고 다음의 단면적 이상이어야 한다.

구분	단면적[mm^2]
구리	6 이상
알루미늄	16 이상
강철	50 이상

② 노출 도전부를 계통외도전부에 접속하는 보호본딩도체의 도전성은 같은 단면적을 갖는 보호도체의 1/2 이상이어야 한다.

③ 케이블의 일부가 아닌 경우 또는 선로도체와 함께 수납되지 않은 본딩도체는 다음 값 이상이어야 한다.

구분	구리[mm^2]	알루미늄[mm^2]
기계적 보호가 있는 것	2.5 이상	16 이상
기계적 보호가 없는 것	4 이상	

8 계통접지의 방식

(1) 계통접지 구성

① 저압전로의 보호도체 및 중성선의 접속 방식에 따른 접지계통의 분류
- TN 계통
- TT 계통
- IT 계통

② 계통접지에서 사용되는 문자의 정의
- 제1문자 – 전원계통과 대지의 관계
  - T: 한 점을 대지에 직접 접속
  - I: 모든 충전부를 대지와 절연시키거나 높은 임피던스를 통하여 한 점을 대지에 직접 접속
- 제2문자 – 전기설비의 노출도전부와 대지의 관계
  - T: 노출도전부를 대지로 직접 접속. 전원계통의 접지와 무관
  - N: 노출도전부를 전원계통의 접지점(교류 계통에서는 통상적으로 중성점, 중성점이 없을 경우는 선도체)에 직접 접속
- 그 다음 문자(문자가 있을 경우) – 중성선과 보호도체의 배치
  - S: 중성선 또는 접지된 선도체 외에 별도의 도체에 의해 제공되는 보호 기능
  - C: 중성선과 보호 기능을 한 개의 도체로 겸용(PEN 도체)

기호 설명	
	중성선(N), 중간도체(M)
	보호도체(PE)
	중성선과 보호도체겸용(PEN)

▲ 계통에서 사용하는 기호

(2) TN 계통

전원 측의 한 점을 직접접지하고 설비의 노출도전부를 보호도체로 접속시키는 방식이다.

① TN-S 계통: 계통 전체에 대해 별도의 중성선 또는 PE 도체를 사용한다. 배전계통에서 PE 도체를 추가로 접지할 수 있다.

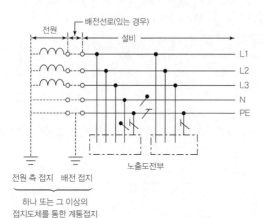

▲ 계통 내에서 별도의 중성선과 보호도체가 있는 TN-S 계통

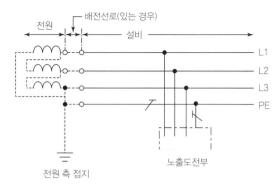

▲ 계통 내에서 별도의 접지된 선도체와 보호도체가 있는 TN-S 계통

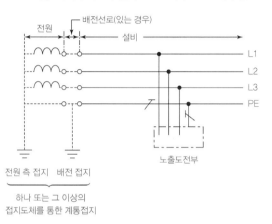

▲ 계통 내에서 접지된 보호도체는 있으나 중성선의 배선이 없는 TN-S 계통

② TN-C 계통: 그 계통 전체에 대해 중성선과 보호도체의 기능을 동일도체로 겸용 PEN 도체를 사용한다. 배전계통에서 PEN 도체를 추가로 접지할 수 있다.

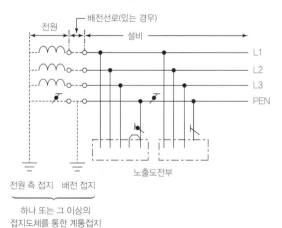

▲ TN-C 계통

③ TN-C-S 계통: 계통의 일부분에서 PEN 도체를 사용하거나, 중성선과 별도의 PE 도체를 사용하는 방식이 있다. 배전계통에서 PEN 도체와 PE 도체를 추가로 접지할 수 있다.

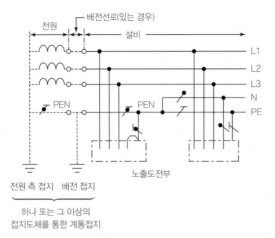

▲ 설비의 어느 곳에서 PEN이 PE와 N으로 분리된 3상 4선식 TN-C-S 계통

(3) TT 계통

전원의 한 점을 직접 접지하고 설비의 노출도전부는 전원의 접지전극과 전기적으로 독립적인 접지극에 접속시킨다. 배전계통에서 PE 도체를 추가로 접지할 수 있다.

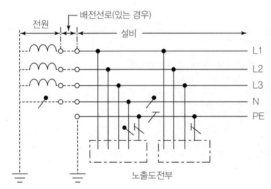

▲ 설비 전체에서 별도의 중성선과 보호도체가 있는 TT 계통

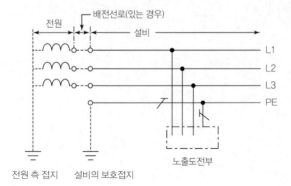

▲ 설비 전체에서 접지된 보호도체가 있으나 배전용 중성선이 없는 TT 계통

(4) IT 계통

① 충전부 전체를 대지로부터 절연시키거나, 한 점을 임피던스를 통해 대지에 접속시킨다. 전기설비의 노출도전부를 단독 또는 일괄적으로 계통의 PE 도체에 접속시킨다. 배전계통에서 추가접지가 가능하다.

② 계통은 충분히 높은 임피던스를 통하여 접지할 수 있다. 이 접속은 중성점, 인위적 중성점, 선도체 등에서 할 수 있다. 중성선은 배선할 수도 있고, 배선하지 않을 수도 있다.

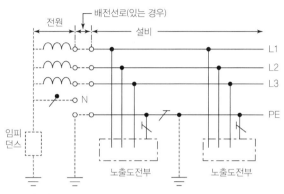

▲ 계통 내의 모든 노출도전부가 보호도체에 의해 접속되어 일괄 접지된 IT 계통

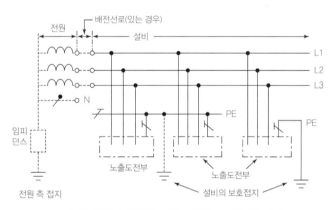

▲ 노출도전부가 조합으로 또는 개별로 접지된 IT 계통

9 피뢰시스템의 적용범위 및 구성

(1) 적용범위

① 전기전자설비가 설치된 건축물·구조물
- 낙뢰로부터 보호가 필요한 것
- 지상으로부터 높이가 20[m] 이상인 것

② 전기설비 및 전자설비 중 낙뢰로부터 보호가 필요한 설비

(2) 피뢰시스템의 구성

① 직격뢰로부터 대상물을 보호하기 위한 외부피뢰시스템

② 간접뢰 및 유도뢰로부터 대상물을 보호하기 위한 내부피뢰시스템

10 외부 피뢰시스템

(1) 수뢰부시스템

① 수뢰부시스템의 선정

돌침, 수평도체, 메시도체의 요소 중에 한 가지 또는 이를 조합한 형식으로 시설

② 수뢰부시스템의 배치

- 보호각법, 회전구체법, 메시법 중 하나 또는 조합된 방법으로 배치
- 건축물·구조물의 뾰족한 부분, 모서리 등에 우선하여 배치

③ 측뢰 보호가 필요한 경우

- 전체 높이 60[m]를 초과할 것
- 건축물·구조물의 최상부로부터 20[%] 부분에 한할 것

(2) 인하도선 시스템

① 인하도선 시스템의 배치

- 건축물·구조물과 분리된 피뢰시스템인 경우
  - 뇌전류의 경로가 보호대상물에 접촉하지 않도록 하여야 한다.
  - 별개의 지주에 설치되어 있는 경우 각 지주마다 1가닥 이상의 인하도선을 시설한다.
  - 수평도체 또는 메시도체인 경우 지지 구조물마다 1가닥 이상의 인하도선을 시설한다.
- 건축물·구조물과 분리되지 않은 피뢰시스템인 경우
  - 벽이 불연성 재료라면 벽의 표면 또는 내부에 시설할 수 있다. 다만, 벽이 가연성 재료인 경우에는 $0.1[m]$ 이상 이격하고, 이격이 불가능한 경우에는 도체의 단면적을 $100[mm^2]$ 이상으로 한다.
  - 인하도선의 수는 2가닥 이상으로 한다.
  - 보호대상 건축물·구조물의 투영에 따른 둘레에 가능한 균등한 간격으로 배치한다. 다만, 노출된 모서리 부분에 우선하여 설치한다.

② 병렬 인하도선의 최대간격

피뢰시스템 등급	최대 간격[m]
I · II	10
III	15
IV	20

(3) 접지극 시스템

① 뇌전류를 대지로 방류시키기 위한 접지극 시스템은 A형 접지극(수평 또는 수직접지극) 또는 B형 접지극(환상도체 또는 기초접지극) 중 하나 또는 조합하여 시설할 수 있다.

② 접지극 시스템의 배치

- A형 접지극은 최소 2개 이상을 균등한 간격으로 배치해야 하고 피뢰시스템 등급별 대지 저항률에 따른 최소 길이 이상으로 한다.
- B형 접지극은 접지극 면적을 환산한 평균 반지름이 최소 길이 이상으로 하여야 하며, 평균 반지름이 최소 길이 미만인 경우에는 해당하는 길이의 수평 또는 수직매설 접지극을 추가로 시설하여야 한다. 다만, 추가하는 수평 또는 수직매설 접지극의 수는 최소 2개 이상으로 한다.

- 접지극 시스템의 접지저항이 10[Ω] 이하인 경우 최소 길이 이하로 할 수 있다.

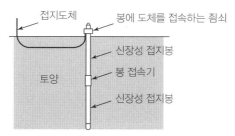

▲ 수직봉 형식 접지봉을 갖춘 A형 접지극 배열

(4) 옥외에 시설된 전기설비의 피뢰시스템
  ① 고압 및 특고압 전기설비에 대한 피뢰시스템은 수뢰부시스템 내지 부품 및 접속에 따른다.
  ② 외부에 낙뢰차폐선이 있는 경우 이것을 접지하여야 한다.
  ③ 자연적 구성부재의 조건에 적합한 강철제 구조체 등을 자연적 구성부재 인하도선으로 사용할 수 있다.

11 내부 피뢰시스템

(1) 전기전자설비 보호
  ① 접지와 본딩
   - 뇌서지 전류를 대지로 방류시키기 위한 접지를 시설하여야 한다.
   - 전위차를 해소하고 자계를 감소시키기 위한 본딩을 구성하여야 한다.
   - 접지극은 다음에 적합하여야 한다.
     - 전자·통신설비(또는 이와 유사한 것)의 접지는 환상도체접지극 또는 기초접지극으로 한다.
     - 개별 접지시스템으로 된 복수의 건축물·구조물 등을 연결하는 콘크리트덕트·금속제 배관의 내부에 케이블(또는 같은 경로로 배치된 복수의 케이블)이 있는 경우, 각각의 접지 상호 간은 병행 설치된 도체로 연결하여야 한다. 다만, 차폐케이블인 경우는 차폐선을 양끝에서 각각의 접지시스템에 등전위본딩하는 것으로 한다.
   - 전자·통신설비(또는 이와 유사한 것)에서 위험한 전위차를 해소하고 자계를 감소시킬 필요가 있는 경우 다음에 의한 등전위본딩망을 시설하여야 한다.
     - 등전위본딩망은 건축물·구조물의 도전성 부분 또는 내부설비 일부분을 통합하여 시설한다.
     - 등전위본딩망은 메시 폭이 5[m] 이내가 되도록 하여 시설하고 구조물과 구조물 내부의 금속 부분은 다중으로 접속한다. 다만, 금속 부분이나 도전성 설비가 피뢰구역의 경계를 지나가는 경우에는 직접 또는 서지보호장치를 통해 본딩한다.
     - 도전성 부분의 등전위본딩은 방사형, 메시형 또는 이들의 조합형으로 한다.
  ② 서지보호장치 시설
   - 전기전자설비 등에 연결된 전선로를 통해 서지가 유입되는 경우 해당 선로에는 서지보호장치를 설치하여야 한다.
   - 지중 저압수전의 경우, 내부에 설치하는 전기전자기기의 과전압범주별 임펄스내전압이 규정값에 충족하는 경우는 서지보호장치를 생략할 수 있다.

(2) 피뢰 등전위본딩

① 일반사항
- 피뢰시스템의 등전위화는 다음과 같은 설비들을 서로 접속함으로써 이루어진다.
  - 금속제 설비
  - 구조물에 접속된 외부 도전성 부분
  - 내부 시스템
- 등전위본딩의 상호 접속
  - 자연적 구성부재로 인한 본딩으로 전기적 연속성을 확보할 수 없는 장소는 본딩도체로 연결한다.
  - 본딩도체로 직접 접속할 수 없는 장소의 경우에는 서지보호장치를 이용한다.
  - 본딩도체로 직접 접속이 허용되지 않는 장소의 경우에는 절연방전갭(ISG)을 이용한다.

② 금속제 설비의 등전위본딩
- 건축물·구조물과 분리된 외부 피뢰시스템의 경우 등전위본딩은 지표면 부근에서 시행하여야 한다.
- 건축물·구조물과 접속된 외부 피뢰시스템의 경우 피뢰 등전위본딩은 다음에 따른다.
  - 기초부분 또는 지표면 부근 위치에서 하여야 하며, 등전위본딩도체는 등전위본딩바에 접속하고, 등전위본딩바는 접지시스템에 접속하여야 한다. 또한 쉽게 점검할 수 있도록 하여야 한다.
  - 전기적 절연 요구조건에 따른 안전이격거리를 확보할 수 없는 경우에는 피뢰시스템과 건축물·구조물 또는 내부설비의 도전성 부분은 등전위본딩하여야 하며, 직접 접속하거나 충전부인 경우는 서지보호장치를 경유하여 접속하여야 한다. 다만, 서지보호장치를 사용하는 경우 보호레벨은 보호구간 기기의 임펄스내전압보다 작아야 한다.
- 건축물·구조물에는 지하 0.5[m]와 높이 20[m]마다 환상도체를 설치한다. 다만, 철근콘크리트, 철골 구조물의 구조체에 인하도선을 등전위본딩하는 경우 환상도체는 설치하지 않아도 된다.

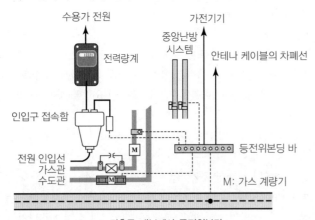

▲ 건축물 내부에서 등전위본딩

③ 인입설비의 등전위본딩
- 건축물·구조물의 외부에서 내부로 인입되는 설비의 도전부에 대한 등전위본딩은 다음에 의한다.
  - 인입구 부근에서 등전위본딩을 한다.
  - 전원선은 서지보호장치를 사용하여 등전위본딩을 한다.
  - 통신 및 제어선은 내부와의 위험한 전위차 발생을 방지하기 위해 직접 또는 서지보호장치를 통해 등전위본딩을 한다.

- 가스관 또는 수도관의 연결부가 절연체인 경우, 해당설비 공급사업자의 동의를 받아 적절한 공법(절연방전갭 등 사용)으로 등전위본딩하여야 한다.

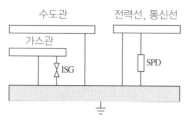

▲ 건축물·구조물의 인입설비 등전위본딩

④ 등전위본딩 바
- 설치 위치는 짧은 도전성 경로로 접지시스템에 접속할 수 있는 위치이어야 한다.
- 접지시스템(환상접지전극, 기초접지전극, 구조물의 접지보강재 등)에 짧은 경로로 접속하여야 한다.
- 외부 도전성 부분, 전원선과 통신선의 인입점이 다른 경우 여러 개의 등전위본딩 바를 설치할 수 있다.

12 전원의 자동차단에 의한 보호대책

(1) 일반 요구사항
① 기본보호는 충전부의 기본절연 또는 격벽이나 외함에 의함
② 고장보호는 보호등전위본딩 및 자동차단에 의함
③ 추가적인 보호로 누전 차단기를 시설 가능

(2) 고장보호의 요구사항
① 보호접지
- 노출도전부는 계통접지별로 규정된 특정 조건에서 보호도체에 접속
- 동시에 접근 가능한 노출도전부는 개별적 또는 집합적으로 같은 접지계통에 접속
② 보호등전위본딩
- 도전성 부분은 보호등전위본딩으로 접속
- 건축물 외부로부터 인입된 도전부는 건축물 안쪽의 가까운 지점에서 본딩
- 통신 케이블의 금속외피는 소유자 또는 운영자의 요구사항을 고려하여 보호등전위본딩에 접속

(3) 누전 차단기의 시설 : 저압전로의 보호대책으로 누전 차단기를 시설해야 할 대상은 다음과 같다.
① 금속제 외함을 가지는 사용전압이 50[V]를 초과하는 저압의 기계기구로서 사람이 쉽게 접촉할 우려가 있는 곳에 시설하는 것에 전기를 공급하는 전로. 다만, 다음의 경우에는 적용하지 않는다.
- 기계 기구를 발전소, 변전소, 개폐소 또는 이에 준하는 곳에 시설하는 경우
- 기계 기구를 건조한 곳에 시설하는 경우
- 대지전압이 150[V] 이하인 기계 기구를 물기가 있는 곳 이외의 곳에 시설하는 경우
- 「전기용품 및 생활용품 안전관리법」의 적용을 받는 이중절연구조의 기계 기구를 시설하는 경우
- 그 전로의 전원 측에 절연변압기(2차 전압이 300[V] 이하인 경우에 한한다)를 시설하고 또한 그 절연변압기의 부하 측의 전로에 접지하지 아니하는 경우
- 기계 기구가 고무·합성수지 기타 절연물로 피복된 경우
- 기계 기구가 유도전동기의 2차 측 전로에 접속되는 것일 경우

- 기계 기구 내에 「전기용품 및 생활용품 안전관리법」의 적용을 받는 누전 차단기를 설치하고 또한 기계 기구의 전원 연결선이 손상을 받을 우려가 없도록 시설하는 경우
② 주택의 인입구 등 누전 차단기 설치를 요구하는 전로
③ 특고압전로, 고압전로 또는 저압전로와 변압기에 의하여 결합되는 사용전압 400[V] 초과의 저압전로 또는 발전기에서 공급하는 사용-전압 400[V] 초과의 저압전로(발전소 및 변전소와 이에 준하는 곳에 있는 부분의 전로를 제외)

13 SELV와 PELV를 적용한 특별저압에 의한 보호

(1) 보호대책 요구사항
① 특별저압계통의 전압한계는 교류 50[V] 이하, 직류 120[V] 이하일 것
② 특별저압 회로를 제외한 모든 회로로부터 특별저압계통을 보호 분리하고, 특별저압계통과 다른 특별저압계통 간에는 기본절연을 할 것
③ SELV 계통과 대지 간에 기본절연을 할 것

(2) SELV와 PELV용 전원
① 안전절연변압기 전원
② 안전절연변압기 및 이와 동등한 절연의 전원
③ 축전지 및 디젤발전기 등과 같은 독립전원
④ 내부고장이 발생한 경우에도 출력단자의 전압이 교류 50[V], 직류 120[V] 이하의 값을 초과하지 않도록 적절한 표준에 따른 전자장치
⑤ 안전절연변압기, 전동발전기 등 저압으로 공급되는 이중 또는 강화절연된 이동용 전원

14 회로의 특성에 따른 요구사항

(1) 선도체의 보호
① 과전류 검출기의 설치
- 모든 선도체에 대하여 과전류 검출기를 설치하여 과전류가 발생할 때 전원을 안전하게 차단해야 한다.
- 3상 전동기 등과 같이 단상(斷相) 차단의 위험을 일으킬 수 있는 경우 적절한 보호 조치를 해야 한다.
② TT 계통 또는 TN 계통에서, 선도체만을 이용하여 전원을 공급하는 회로의 경우, 다음 조건들을 충족하면 선도체 중 어느 하나에는 과전류 검출기를 설치하지 않아도 된다.
- 동일 회로 또는 전원 측에서 부하 불평형을 감지하고 모든 선도체를 차단하기 위한 보호장치를 갖춘 경우
- 보호장치의 부하 측에 위치한 회로의 인위적 중성점으로부터 중성선을 배선하지 않는 경우

(2) 중성선의 보호
① TT 계통 또는 TN 계통: 중성선의 단면적이 선도체의 단면적과 동등 이상의 크기이고 그 중성선의 전류가 선도체의 전류보다 크지 않을 것으로 예상될 경우, 중성선에는 과전류 검출기 또는 차단장치를 설치하지 않아도 된다. 중성선의 단면적이 선도체의 단면적보다 작은 경우 과전류 검출기를 설치할 필요가 있다. 검출된 과전류가 설계전류를 초과하면 선도체를 차단해야 하지만 중성선을 차단할 필요까지는 없다.
② IT 계통: 중성선을 배선하는 경우 중성선에 과전류 검출기를 설치해야 하며, 과전류가 검출되면 중성선을 포함한 해당 회로의 모든 충전도체를 차단해야 한다.

15 보호장치의 특성

(1) 저압전로에 사용하는 범용의 퓨즈

과전류 차단기로 저압전로에 사용하는 범용의 퓨즈는 gG, gM, gD, gN 등의 종류가 있으며, 용단 특성은 다음 표에 적합한 것이어야 한다.

gG, gM 퓨즈의 용단 특성

정격전류의 구분	시간	정격전류의 배수		적용
		불용단전류	용단전류	
4[A] 이하	60분	1.5배	2.1배	gG
4[A] 초과 16[A] 미만	60분	1.5배	1.9배	gG
16[A] 이상 63[A] 이하	60분	1.25배	1.6배	gG, gM
63[A] 초과 160[A] 이하	120분	1.25배	1.6배	gG, gM
160[A] 초과 400[A] 이하	180분	1.25배	1.6배	gG, gM
400[A] 초과	240분	1.25배	1.6배	gG, gM

gD, gN 퓨즈의 용단 특성

정격전류의 구분	시간	정격전류의 배수	
		불용단전류	용단전류
60[A] 이하	60분	1.1배	1.35배
60[A] 초과 600[A] 이하	120분	1.1배	1.35배
600[A] 초과 6,000[A] 이하	240분	1.1배	1.50배

(2) 배선차단기

과전류 차단기로 저압전로에 사용하는 배선차단기는 산업용, 주택용 등의 종류가 있으며 과전류트립 동작 시간 및 특성은 다음과 같다. 다만, 일반인이 접촉할 우려가 있는 장소(세대 내 분전반 및 이와 유사한 장소)에는 주택용 배선차단기를 시설해야 한다.

과전류트립 동작시간 및 특성

정격전류	규정 시간	정격전류의 배수			
		주택용		산업용	
		부동작전류	동작전류	부동작전류	동작전류
63[A] 이하	60분	1.13배	1.45배	1.05배	1.3배
63[A] 초과	120분	1.13배	1.45배	1.05배	1.3배

순시트립에 따른 구분(주택용 배선차단기)

형	순시트립 범위
B	$3I_n$ 초과 $5I_n$ 이하
C	$5I_n$ 초과 $10I_n$ 이하
D	$10I_n$ 초과 $20I_n$ 이하

16 과부하전류에 대한 보호

(1) 도체와 과부하 보호장치 사이의 협조: 과부하에 대해 케이블(전선)을 보호하는 장치의 동작특성은 다음의 조건을 충족해야 한다.

① 조정할 수 있게 설계 및 제작된 보호장치의 경우, 정격전류 I_n은 사용현장에 적합하게 조정된 전류의 설정값이다.

$$I_B \leq I_n \leq I_Z \cdots\cdots\cdots ⓐ$$
$$I_2 \leq 1.45 \times I_Z \cdots\cdots ⓑ$$

(단, I_B: 회로의 설계전류[A], I_Z: 케이블의 허용전류[A], I_n: 보호장치의 정격전류[A], I_2: 보호장치가 규약시간 이내에 유효하게 동작하는 것을 보장하는 전류[A])

② 식 ⓑ에 따른 보호는 조건에 따라서 보호가 불확실한 경우가 발생할 수 있다. 이러한 경우에는 식 ⓑ에 따라 선정된 케이블보다 단면적이 큰 케이블을 선정하여야 한다.

③ I_B는 선도체를 흐르는 설계전류이거나, 함유율이 높은 영상분 고조파(특히 제3고조파)가 지속적으로 흐르는 경우 중성선에 흐르는 전류이다.

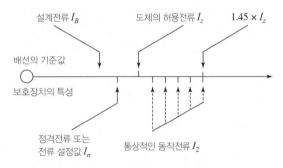

▲ 과부하 보호 설계 조건도

(2) 과부하 보호장치의 설치 위치

과부하 보호장치는 전로 중 도체의 단면적, 특성, 설치방법, 구성의 변경으로 도체의 허용전류값이 줄어드는 곳(이하 분기점이라 함)에 설치해야 한다. 다만, 과부하 보호장치는 분기점(O)에 설치해야 하나, 분기점(O)과 분기회로의 과부하 보호장치의 설치점 사이의 배선 부분에 다른 분기회로나 콘센트 회로가 접속되어 있지 않고, 다음 중 하나를 충족하는 경우에는 변경이 있는 배선에 설치할 수 있다.

① 다음 그림과 같이 분기회로(S_2)의 과부하 보호장치(P_2)의 전원 측에 다른 분기회로 또는 콘센트의 접속이 없고 분기회로에 대한 단락보호가 이루어지고 있는 경우 P_2는 분기회로의 분기점(O)으로부터 부하 측으로 거리에 구애 받지 않고 이동하여 설치할 수 있다.

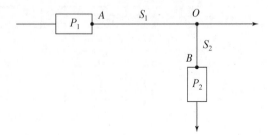

▲ 분기회로(S_2)의 분기점(O)에 설치되지 않은 분기회로 과부하 보호장치(P_2)

② 다음 그림과 같이 분기회로(S_2)의 과부하 보호장치(P_2)는 (P_2)의 전원 측에서 분기점(O) 사이에 다른 분기회로 또는 콘센트의 접속이 없고, 단락의 위험과 화재 및 인체에 대한 위험성이 최소화되도록 시설된 경우, 분기회로의 보호장치(P_2)는 분기회로의 분기점(O)으로부터 3[m]까지 이동하여 설치할 수 있다.

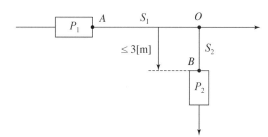

▲ 분기회로(S_2)의 분기점(O)에서 3[m] 이내에 설치된 과부하 보호장치(P_2)

17 병렬 도체의 과부하 보호

하나의 보호장치가 여러 개의 병렬도체를 보호할 경우, 병렬도체는 분기회로, 분리, 개폐장치를 사용할 수 없다. 병렬도체 구성 시 유의사항은 다음과 같다.

① 병렬도체를 구성하는 각 도체는 전류가 균등하게 분담되도록 하여야 한다.

② 병렬도체는 같은 재질, 같은 단면적을 갖고, 길이가 거의 같아야 하며, 그 전체 구간에서 회로의 분기가 없으며, 다심케이블, 꼬인 단심케이블 또는 절연전선을 사용하여야 한다.

③ 병렬도체의 전류는 전류차가 각 도체의 설계전류값의 10[%] 이하가 되어야 한다.

④ 병렬도체의 전류차가 10[%]를 초과하는 불균등한 경우에는 각 도체의 설계전류와 과부하에 관한 요건을 개별적으로 고려하여야 한다.

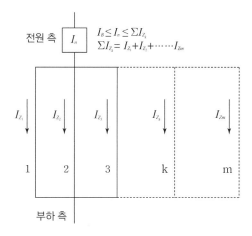

▲ 하나의 과부하 보호장치가 m개의 병렬도체를 보호하는 회로

18 단락전류에 대한 보호

(1) 단락보호장치 시설

단락전류 보호장치는 분기점(O)에 설치해야 한다. 다만, 다음 그림과 같이 분기회로의 단락보호장치 설치점(B)과 분기점(O) 사이에 다른 분기회로 또는 콘센트의 접속이 없고 단락, 화재 및 인체에 대한 위험이 최소화될 경우, 분기회로의 단락보호장치 P_2는 분기점(O)으로부터 3[m]까지 이동하여 설치할 수 있다.

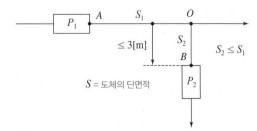

▲ 분기회로 단락보호장치(P_2)의 제한된 위치 변경

(2) 단락보호장치의 생략

배선의 단락위험을 최소화할 수 있는 방법과 가연성 물질 근처에 설치하지 않는 조건이 모두 충족되면 다음과 같은 경우 단락보호장치를 생략할 수 있다.

① 발전기, 변압기, 정류기, 축전지와 보호장치가 설치된 제어반을 연결하는 도체

② 전원차단이 설비의 운전에 위험을 가져올 수 있는 회로

③ 특정 측정회로

(3) 차단용량

정격차단용량은 단락전류보호장치 설치점에서 예상되는 최대 크기의 단락전류보다 커야 한다. 일반적으로 보호장치의 정격차단전류를 선정하는 경우에는 회로에서 발생 가능한 전압의 변동, 온도의 변화, 선로정수의 변화 등을 고려하여 설계여유를 25[%] 정도 가산하여 결정한다.

① 고장전류의 종속차단방식: 예상 단락고장전류가 부하 측 보호장치의 정격차단전류를 초과하는 경우 전원 측에 예상 단락고장전류 이상의 차단능력이 있는 보호장치를 설치하여 후비보호를 하도록 하는 것으로, 경제성이 특별히 요구되는 전로를 구성하는 경우에 사용하는 방식이다.

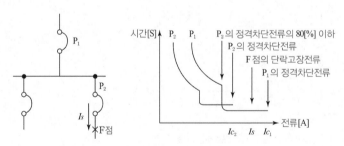

▲ 종속차단방식의 보호협조

- 종속접속의 단수는 2단 이하가 바람직하다.
- 전원 측 보호장치(P_1)의 정격차단전류 및 투입전류는 예상단락고장전류의 125[%] 이상되어야 한다.
- P_1은 F점의 단락고장 시 부하 측 보호장치(P_2)보다 먼저 또는 동시에 차단될 수 있도록 하여야 한다.
- P_1은 P_2의 정격차단전류 80[%] 이하에서 동작하도록 순시트립요소를 설정하여야 한다.
- P_2의 정격차단전류를 P_1에 의하여 제한된 통과전류 이상이 되어야 한다.
- P_2의 정격차단 시간 내 전류는 P_1에 의하여 통과에너지(I^2t)보다 크게 되도록 선정하여야 한다.
- P_2의 기계적 과전류강도는 P_1에 의하여 제한된 통과전류 파고값(i_p)보다 크게 되도록 선정하여야 한다.
- P_2의 아크에너지(E_2)값이 P_2의 허용에너지값을 넘지 않도록 하여야 한다.

(4) 케이블 등의 단락전류

단락지속시간이 5초 이하인 경우, 통상 사용조건에서의 단락전류에 의해 절연체의 허용온도에 도달하기까지의 시간 t는 다음과 같이 계산할 수 있다.

$$t = \left(\frac{kS}{I}\right)^2$$

(단, t : 단락전류 지속시간[초], S : 도체의 단면적[mm²], I : 유효 단락전류(실효값)[A], k : 도체 재료의 저항률, 온도계수, 열용량, 해당 초기온도와 최종온도를 고려한 계수)

19 저압전로 중의 개폐기의 시설

(1) 저압 옥내전로 인입구에서의 개폐기의 시설

저압 옥내전로(화약류 저장소에 시설하는 것을 제외)에는 인입구에 가까운 곳으로 쉽게 개폐할 수 있는 곳에 개폐기를 각 극에 시설하여야 한다.

(2) 개폐기의 시설 생략 조건

사용전압이 400[V] 이하인 옥내전로로서 다른 옥내전로(정격전류가 16[A] 이하인 과전류 차단기 또는 정격전류가 16[A]를 초과하고 20[A] 이하인 배선차단기로 보호하고 있는 것에 한한다.)에 접속하는 길이 15[m] 이하의 전로에서 전기의 공급을 받는 경우 개폐기의 시설을 생략할 수 있다.

20 저압전로 중의 전동기 보호용 과전류 보호장치의 시설

(1) 과전류 차단기로 저압전로에 시설하는 과부하 보호장치와 단락보호전용차단기 또는 과부하보호장치와 단락보호전용퓨즈를 조합한 장치는 전동기에만 연결하는 저압전로에 사용하고 다음 각각에 적합한 것이어야 한다.

① 과부하 보호장치, 단락보호전용 차단기 및 단락보호전용 퓨즈는 다음에 따라 시설하여야 한다.
- 과부하 보호장치로 전자접촉기를 사용할 경우에는 반드시 과부하 계전기가 부착되어 있을 것
- 단락보호전용 차단기의 단락동작설정 전류값은 전동기의 기동방식에 따른 기동돌입전류를 고려할 것

② 과부하 보호장치와 단락보호전용 차단기 또는 단락보호전용 퓨즈를 하나의 전용함 속에 넣어 시설한 것일 것
- 과부하 보호장치가 단락전류에 의하여 손상되기 전에 그 단락전류를 차단하는 능력을 가진 단락보호전용 차단기 또는 단락보호전용 퓨즈를 시설한 것일 것
- 과부하 보호장치와 단락보호 전용 퓨즈를 조합한 장치는 단락보호전용 퓨즈의 정격전류가 과부하 보호장치의 설정전류값 이하가 되도록 시설한 것일 것

(2) 저압 옥내 시설하는 보호장치의 정격전류 또는 전류설정값은 전동기 등이 접속되는 경우에는 그 전동기의 기동방식에 따른 기동전류와 다른 전기사용기계기구의 정격전류를 고려하여 선정하여야 한다.

(3) 옥내에 시설하는 전동기에는 전동기가 손상될 우려가 있는 과전류가 생겼을 때 자동적으로 이를 저지하거나 이를 경보하는 장치를 하여야 한다. 다만, 다음의 어느 하나에 해당하는 경우에는 그러하지 아니하다.
① 전동기를 운전 중 상시 취급자가 감시할 수 있는 위치에 시설하는 경우
② 전동기의 구조나 부하의 성질로 보아 전동기가 손상될 수 있는 과전류가 생길 우려가 없는 경우
③ 단상전동기로서 그 전원 측 전로에 시설하는 과전류 차단기의 정격전류가 16[A](배선차단기는 20[A]) 이하인 경우
④ 정격출력이 0.2[kW] 이하인 전동기

CHAPTER 03 　부하설비

1 부하설비 용량 산정

(1) 표준 부하
① 건축물의 종류에 따른 표준 부하(P)

건축물의 종류	표준 부하[VA/m^2]
공장, 공회당, 사원, 교회, 영화관, 연회장	10
기숙사, 여관, 호텔, 병원, 학교, 음식점, 대중 목욕탕	20
사무실, 은행, 상점, 이발소, 미용실	30
주택, 아파트	40

② 건축물 중 별도 계산할 부분의 표준 부하(Q)

건축물의 부분	표준 부하[VA/m^2]
복도, 계단, 세면장, 창고, 다락	5
강당, 관람석	10

③ 표준 부하에 따라 산출한 수치에 별도로 가산하여야 할 부하(C)
- 주택, 아파트(1세대마다)에 대하여 500 ~ 1,000[VA]
- 상점의 진열장에 대한 진열창 폭 1[m]에 대하여 300[VA]
- 옥외의 광고등, 전광사인, 네온사인 등의 부하[VA]

(2) 부하의 용량 산정

위에서 구한 값들을 건축물의 바닥 면적[m²]을 감안하여 다음과 같은 식에 의해 총 부하설비 용량을 계산한다.

$$부하설비\ 용량 = P \times A + Q \times B + C\,[\text{VA}]$$

(단, A: 건축물의 바닥 면적[m²], B: 별도 계산할 부분의 바닥 면적[m²], C: 별도로 가산하여야 할 부하[VA],
P: A 부분의 표준 부하[VA/m²] Q: B 부분의 표준 부하[VA/m²])

2 분기 회로수 결정

① 부하설비 용량에 맞는 분기 회로수는 다음과 같이 구한다.

$$분기\ 회로수 = \frac{표준\ 부하\ 밀도[\text{VA/m}^2] \times 바닥\ 면적[\text{m}^2]}{전압[\text{V}] \times 분기\ 회로의\ 전류[\text{A}]}$$

② 분기 회로수 계산 결과값에 소수점이 발생하면 소수점 이하 절상한다.
③ 냉방 기기(에어컨디셔너) 및 취사용 기기의 용량이 110[V] 사용 전압에서 1.5[kW], 220[V] 사용 전압에서 3[kW] 이상이면 전용 분기 회로로 하여야 한다.
④ 분기 회로의 전류가 주어지지 않을 때에는 16[A]를 표준으로 한다.

3 설비 불평형률

(1) 저압 수전의 단상 3선식
① 설비 불평형률

$$\frac{중성선과\ 각\ 전압\ 측\ 전선\ 간에\ 접속되는\ 부하설비\ 용량[\text{kVA}]의\ 차}{총\ 부하설비\ 용량[\text{kVA}] \times \frac{1}{2}} \times 100\,[\%]$$

② 단상 3선식의 설비 불평형률은 40[%] 이하이어야 한다.

(2) 저압, 고압 및 특고압 수전의 3상 3선식 또는 3상 4선식
① 설비 불평형률

$$\frac{각\ 선간에\ 접속되는\ 단상\ 부하설비\ 용량의\ 최대와\ 최소의\ 차}{총\ 부하설비\ 용량[\text{kVA}] \times \frac{1}{3}} \times 100\,[\%]$$

② 3상 3선식 및 3상 4선식의 설비 불평형률은 30[%] 이하이어야 한다.
(단, 다음에 해당하는 경우에는 예외로 한다.)
• 저압 수전에서 전용 변압기 등으로 수전하는 경우
• 고압 및 특고압 수전에서 100[kVA] 이하의 단상 부하의 경우
• 고압 및 특고압 수전에서 단상 부하 용량의 최대와 최소의 차가 100[kVA] 이하인 경우
• 특고압 수전에서 100[kVA] 이하의 단상 변압기 2대로 역V 결선하는 경우

4 역률 개선

(1) 역률 개선 방법

① 역률은 부하에 의한 지상 무효전력($-jQ$) 때문에 저하되므로 부하와 병렬로 역률 개선용 콘덴서(진상 무효전력 $+jQ$ 공급) Q_c를 접속한다.

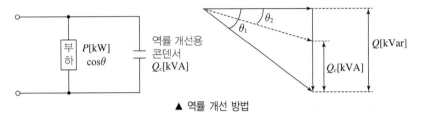

▲ 역률 개선 방법

② 역률 개선용 콘덴서 용량

$$Q_c = P(\tan\theta_1 - \tan\theta_2) = P\left(\frac{\sin\theta_1}{\cos\theta_1} - \frac{\sin\theta_2}{\cos\theta_2}\right)[\text{kVA}]$$

(단, P: 부하 전력[kW], $\cos\theta_1$: 개선 전 역률, $\cos\theta_2$: 개선 후 역률)

(2) 역률 개선 효과

① 배전선로의 전력손실 경감

$$P_l = 3I^2R = 3\left(\frac{P}{\sqrt{3}\,V\cos\theta}\right)^2 R = \frac{P^2R}{V^2\cos^2\theta}\,[\text{kW}]$$로서 $P_l \propto \dfrac{1}{\cos^2\theta}$ 의 관계

② 설비 용량의 여유 증가: 역률을 Q_c[kVA]로 개선시켜 ΔP[kW]만큼의 유효 전력분 증가

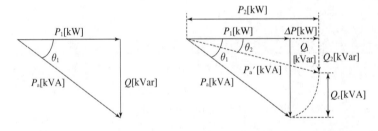

(a) 역률 개선 전 설비 용량(P_1[kW])   (b) 역률 개선 후 설비 용량(P_2[kW])

▲ 역률 개선에 의한 설비 용량 여유 증대

③ 전압강하의 경감

• 역률 개선 전 전압강하

$$\triangle V = I(R\cos\theta_1 + X\sin\theta_1) = \frac{P}{V_r}(R + X\tan\theta_1)$$

• 역률 개선 후 전압강하

$$\triangle V' = I'(R\cos\theta_2 + X\sin\theta_2) = \frac{P}{V_r}(R + X\tan\theta_2)$$로서 $\theta_1 > \theta_2$이므로

$\tan\theta_1 > \tan\theta_2$로 되어 전압강하 경감

④ 역률 개선에 의한 전기요금의 경감
- 전기요금은 계약 전력[kW]으로 정해지는 기본 요금과 사용 전력량[kVA]으로 정해지는 전력량 요금 제도가 있다.
- 고객의 역률이 90[%] 기준으로 미달[%]만큼 요금을 추가로 지불하며, 역률이 90[%] 이상 시 95[%]까지의 초과는 [%]만큼 감액한다.

5 역률 개선용 콘덴서 설비의 부속 장치

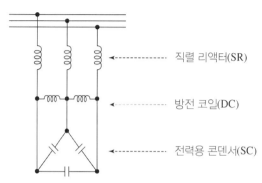

▲ 역률 개선용 콘덴서 회로

(1) 직렬 리액터(SR: Series Reactor)
① 변압기 등에서 발생하는 제5고조파 제거
② 제5고조파 제거를 위한 직렬 리액터 용량
- 이론상: 제5고조파 공진 조건 $5\omega L = \dfrac{1}{5\omega C}$ 에서 $\omega L = \dfrac{1}{25\omega C} = 0.04 \times \dfrac{1}{\omega C}$

  ∴ 콘덴서 용량의 4[%] 설치
- 실제상: 여유를 두어 콘덴서 용량의 6[%] 설치

(2) 방전 코일(DC: Discharge Coil)
① 콘덴서에 남아 있는 잔류 전하를 신속히 방전시켜 인체의 감전 방지
② 5초 이내에 50[V] 이하로 방전

(3) 전력용 콘덴서(SC: Static Capacitor)
부하의 역률을 개선

1 조명의 기초 용어

(1) 광속

① 광원에서 나오는 방사속(복사속)을 눈으로 보아 느껴지는 크기를 나타낸 것이다.

② 기호로는 F, 단위로는 [lm](루멘: lumen)을 사용한다.

③ 광속의 계산

> • 구 광원(백열등): $F = 4\pi I[\text{lm}]$
> • 원통 광원(형광등): $F = \pi^2 I[\text{lm}]$
> • 평판 광원: $F = \pi I[\text{lm}]$
> (단, I: 광도[cd])

(2) 광도

① 모든 방향으로 나오는 광속 중에서 어느 임의의 방향인 단위 입체각에 포함되는 광속수로서, 빛의 세기라고 한다.

② 기호로는 I, 단위로는 [cd](칸델라: candela)를 사용한다.

③ 광도의 계산

▲ 입체각

$$I = \frac{F}{\omega}[\text{cd}]$$

(단, ω: 입체각[sr])

이때, 원뿔의 입체각 $\omega = 2\pi(1 - \cos\theta)[\text{sr}]$

(3) 광속 발산도

① 단위 면적에서 나가는 빛의 양을 말한다.

② 기호로는 R, 단위로는 [rlx](레드룩스: radlux)를 사용한다.

③ 광속 발산도의 계산

$$R = \frac{F}{A}[\text{rlx}]$$

(단, A: 발산 면적[m²], F: 면적 A에서 발산하는 광속[lm])

(4) 휘도

① 단위 면적당 광도로 눈부심의 정도를 나타낸다.

② 기호로는 B, 단위로는 [cd/cm² = sb](스틸브: stilb), 또는 [cd/m² = nt](니트: nit)를 사용한다.

③ 휘도의 계산

$$B = \frac{I}{A}[\text{cd/m}^2 = \text{nt}]$$

(5) 조도

① 어떤 물체에 광속이 입사하면 그 면이 밝게 빛나게 되는 정도로, 어떤 면에 입사되는 광속의 밀도를 나타낸다.

② 기호로는 E, 단위로는 $[lx]$(룩스: lux)를 사용한다.

③ 조도의 계산

$$E = \frac{F}{A} = \frac{I}{r^2}[lx]$$

조도는 광원의 광도(I)에 비례하고, 거리(r)의 제곱에 반비례

- 법선 조도
$$E_n = \frac{I}{r^2}[lx] = \frac{I}{h^2}\cos^2\theta$$
- 수평면 조도
$$E_h = \frac{I}{r^2}\cos\theta[lx] = \frac{I}{h^2}\cos^3\theta$$
- 수직면 조도
$$E_v = \frac{I}{r^2}\sin\theta[lx] = \frac{I}{h^2}\cos^2\theta\sin\theta$$
$$(\cos\theta = \frac{h}{r}\text{에서 } r = \frac{h}{\cos\theta})$$

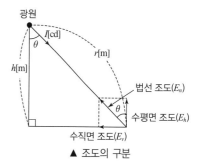
▲ 조도의 구분

(6) 조명률

① 사용 광원의 총 광속과 실제 작업면에 입사하는 광속의 비율을 말한다.

② 조명률의 계산

$$U = \frac{F}{F_0}$$
(단, F: 작업면에 입사하는 광속$[lm]$, F_0: 광원의 총 광속$[lm]$)

(7) 감광 보상률

① 광원이 사용연수가 경과함에 따라 광속의 감소에 대해 여유를 두는 정도를 말한다.

② 유지율(보수율): 감광 보상률의 역수

$$D = \frac{1}{M}$$
(단, D: 감광 보상률, M: 유지율(보수율))

2 조명 설계

(1) 전등의 설치 높이와 간격

① 등의 높이(등고)
- 직접조명 방식: 등 높이 H = 작업면에서 광원까지의 높이
- 간접조명 방식: 등 높이 H = 작업면에서 천장까지의 높이

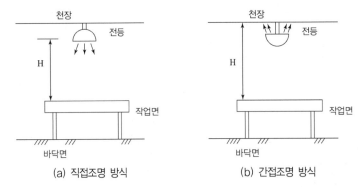

(a) 직접조명 방식   (b) 간접조명 방식

② 등 간격
- 등기구와 등기구의 간격: $S \leq 1.5H$
- 벽과 등기구의 간격

$$S \leq \frac{H}{2} \,(\text{벽면을 사용하지 않을 경우})$$

$$S \leq \frac{H}{3} \,(\text{벽면을 사용할 경우})$$

(2) 실지수 또는 방지수(RI: Room Index)

① 광속법에 의해 실내의 전등 조명 계산을 하는 경우, 조명 기구의 이용률(조명률) U를 구하기 위한 하나의 지수로 방의 보양에 의한 영향을 나타낸 것이다.
② 실지수 RI는 방의 폭 X, 길이 Y, 작업면에서 조명 기구까지의 높이 H의 함수로 나타낸다.
③ 실지수 계산식

$$\mathrm{RI} = \frac{XY}{H(X+Y)}$$

(단, X: 방의 폭[m], Y: 방의 길이[m], H: 작업면에서 광원까지의 높이[m])

(3) 조도(E)의 산출

$$FUN = EAD$$

(단, F: 광속[lm], U: 조명률, N: 사용하는 등의 개수, E: 조도[lx], A: 방의 면적[m²],

D: 감광 보상률($= \frac{1}{M}$), M: 보수율(유지율))

(4) 도로 조명 설계

① 직선 도로: 양측 배열(대칭 배열), 지그재그 배열, 한쪽(일렬) 배열, 중앙 배열로 등기구 배치를 한다.

② 곡선 도로: 멀리서 보더라도 곡선 도로의 굴곡된 모양을 쉽게 알 수 있도록 직선 도로보다 등기구 간격을 조밀하게 배치한다.

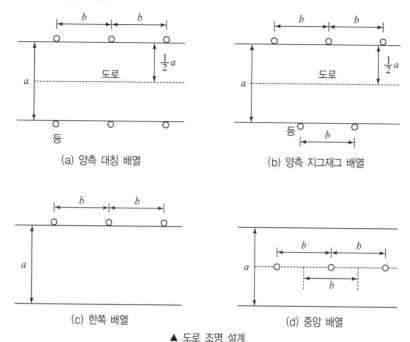

(a) 양측 대칭 배열   (b) 양측 지그재그 배열

(c) 한쪽 배열   (d) 중앙 배열

▲ 도로 조명 설계

③ 등기구 1개당 도로를 비추는 면적

• 양측 대칭 배열, 양측 지그재그 배열

$$A = \frac{a \times b}{2}[\text{m}^2]\,(a: \text{도로의 폭}, \ b: \text{등 간격})$$

• 한쪽 배열, 중앙 배열

$$A = a \times b[\text{m}^2]\,(a: \text{도로의 폭}, \ b: \text{등 간격})$$

④ 조도(E)의 산출

$$FUN = EAD$$

(단, F: 광속[lm], U: 조명률, N: 사용하는 등의 개수, E: 조도[lx], A: 등기구 1개당 비추는 도로의 면적[m²],

D: 감광 보상률($= \frac{1}{M}$), M: 보수율(유지율))

3 광원

(1) 형광등의 장·단점

① 장점
- 수명이 길고 효율이 좋다.
- 휘도가 낮다.
- 임의의 광색을 얻을 수 있다.

형광체	텅스텐산 칼슘	텅스텐산 마그네슘	규산아연	규산카드뮴	붕산카드뮴
광색	청색	청백색	녹색	등색	분홍색

- 열방사가 백열등에 비해 1/4 정도로 작다.

② 단점
- 역률이 나쁘다.
- 점등에 시간이 걸린다.
- 여러 가지 부속 장치가 필요하여 가격이 비싸다.
- 플리커(빛의 깜박임) 현상이 있다.
- 주위 온도의 영향을 받는다.

(2) 고휘도 방전등(HID등)의 종류

① 고압 나트륨등
② 고압 수은등
③ 초고압 수은등
④ 메탈 헬라이드등
⑤ 고압 크세논 방전등

(3) 램프의 효율 비교

① 나트륨등: $80 \sim 150[\text{lm/W}]$
② 메탈 헬라이드등: $75 \sim 105[\text{lm/W}]$
③ 형광등: $48 \sim 80[\text{lm/W}]$
④ 수은등: $35 \sim 55[\text{lm/W}]$
⑤ 할로겐등: $20 \sim 22[\text{lm/W}]$
⑥ 백열등: $7 \sim 20[\text{lm/W}]$

(4) 램프의 효율이 좋은 순서

나트륨등 → 메탈 헬라이드등 → 형광등 → 수은등 → 할로겐등 → 백열등

(5) 조명설비의 에너지 절약 방안

① 고효율 등기구 사용
② 슬림 라인 형광등 및 전구식 형광등 사용
③ 창측 조명기구 개별 점등
④ 재실 감지기 및 카드키 채용
⑤ 고역률 등기구 채용
⑥ 등기구의 격등 제어 회로 구성
⑦ 등기구의 정기 보수 및 유지 관리

⑧ 고조도 저휘도 반사갓 채용

⑨ 전반 조명과 국부 조명의 적절한 병용(TAL 조명)

4 전동기의 용량 산정

(1) 양수 펌프용 전동기 용량

$$P = \frac{9.8QH}{\eta}k[\text{kW}] \text{(단, } Q: \text{양수량}[\text{m}^3/\text{s}], \ H: \text{양정(양수 높이)}[\text{m}], \ k: \text{여유 계수}, \ \eta: \text{효율)}$$

$$P = \frac{QH}{6.12\eta}k[\text{kW}] \text{(단, } Q: \text{양수량}[\text{m}^3/\text{min}])$$

(2) 권상기용 전동기 용량

$$P = \frac{mv}{6.12\eta}k[\text{kW}]$$

(단, m: 물체의 무게[ton], v: 권상 속도[m/min], k: 여유 계수, η: 효율)

5 유도 전동기의 기동 방식

(1) 농형 유도 전동기의 기동 방식

① 전전압 기동(직입 기동)
- 정지 상태의 전동기에 정격 전압을 가해 기동하는 방식이다.
- 5[kW] 이하 소용량 농형 유도 전동기에 적용된다.

② Y−Δ 기동
- 기동 시 1차 권선을 Y 접속으로 기동하고 정격 속도에 가까워지면 Δ 접속으로 교체 운전하는 방식이다.
- 기동할 때 1차 각 상의 권선에는 정격 전압의 $1\sqrt{3}$ 배, 기동 전류는 직입 기동의 1/3배, 기동 토크도 1/3로 감소한다.
- 5~15[kW]급 농형 유도 전동기에 적합하다.

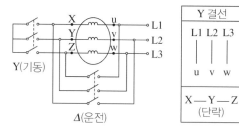

▲ Y−Δ 기동

③ 기동 보상기법
- 기동 보상기로 3상 단권 변압기를 이용하여 기동 전압을 낮추는 방식이다.(약 15[kW] 이상 전동기에 적용)
- 기동 전류를 약 0.5~0.8배로 저감한다.

④ 리액터 기동법
  • 리액터를 고정자 권선에 직렬로 삽입하고 단자 전압을 저감하여 기동시키고, 일정 시간이 지난 후 리액터를 단락시킨다.
  • 리액터의 크기는 보통 정격 전압의 50~80[%]가 되는 값을 선택한다.

(2) 권선형 유도 전동기의 기동 방식
  ① 2차 저항 기동법
    • 2차 저항 조정기를 사용하여 최대 위치에서 저항이 기동한 후 점차 저항을 줄여 정상적으로 운전하는 방식이다.
    • 2차 저항으로는 금속 저항기를 많이 사용하며, 대형기에서는 액체 저항기를 사용한다.
  ② 2차 임피던스 기동법
    • 2차 권선(회전자 권선) 회로에 저항 R과 리액터 L 또는 과포화 리액터의 병렬 접속으로 삽입하는 방식이다.
    • 초기에는 슬립이 크고 회전자 회로의 주파수가 높아 리액턴스가 커지고 대부분의 전류는 저항으로 흘러 2차 저항 상태로 기동한다.
    • 속도가 상승하면서 슬립 감소로 2차 주파수가 낮아져 리액턴스는 단락 상태가 되어 2차 전류는 리액터 쪽으로 흐른다.

1 3상 변압기 결선

(1) $\Delta - \Delta$ 결선법
  ① 결선도 및 전압, 전류
    • 선간 전압과 상전압의 크기가 같다.
    • 선전류는 상전류에 비해 크기가 $\sqrt{3}$ 배이다.
      $V_l = V_p \angle 0°,\ I_l = \sqrt{3}\,I_p \angle -30°$

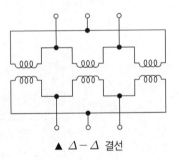

▲ $\Delta - \Delta$ 결선

  ② 장점
    • 제3고조파 전류가 Δ 결선 내를 순환하여, 기전력의 파형이 왜곡되지 않는다.
    • 1상분이 고장나면 나머지 2대로 V 결선 운전이 가능하다.
    • 각 변압기의 상전류가 선전류의 $\frac{1}{\sqrt{3}}$ 이 되어 대전류에 적당하다.
  ③ 단점
    • 중성점을 접지할 수 없으므로 지락 사고의 검출이 곤란하다.
    • 권수비가 다른 변압기를 결선하면 순환 전류가 흐른다.
    • 각 상의 임피던스가 다른 경우, 3상 부하가 평형이 되어도 변압기의 부하 전류는 불평형이 된다.

(2) Y – Y 결선법

① 결선도 및 전압, 전류
- 선간 전압은 상전압에 비해 크기가 $\sqrt{3}$ 배이다.
- 선전류와 상전류의 크기가 같다.
$$V_l = \sqrt{3}\,V_p \angle 30°, \quad I_l = I_p \angle 0°$$

② 장점
- 1차 전압, 2차 전압 사이에 위상차가 없다.
- 1차, 2차 모두 중성점을 접지할 수 있으며, 고압의 경우 이상 전압을 감소시킬 수 있다.
- 상전압이 선간 전압의 $1/\sqrt{3}$ 이므로 절연이 용이하여 고전압에 유리하다.

③ 단점
- 제3고조파 전류의 통로가 없으므로 기전력의 파형이 제3고조파를 포함한 왜형파가 된다.
- 중성점을 접지하면 제3고조파 전류가 흘러 통신선에 유도장해를 일으킨다.
- 부하의 불평형에 의하여 중성점 전위가 변동하여 3상 전압의 불평형을 일으킨다.

▲ Y – Y 결선

(3) Y – Δ 또는 Δ – Y 결선법

① 결선도

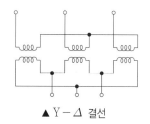 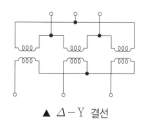

▲ Y – Δ 결선   ▲ Δ – Y 결선

② 장점
- 한쪽 Y 결선의 중성점을 접지할 수 있다.
- Y 결선의 상전압은 선간 전압의 $1/\sqrt{3}$ 이므로 절연이 용이하다.
- 1, 2차 중에 Δ 결선이 있어 제3고조파의 장해가 적다.
- Y – Δ 결선은 강압용으로, Δ – Y 결선은 승압용으로 사용할 수 있어 계통에 융통성 있게 사용된다.

③ 단점
- 1, 2차 선간 전압 사이에 30°의 위상차가 있다.
- 1상에 고장이 생기면 전원 공급이 불가능해진다.
- 중성점 접지로 인한 유도장해를 초래한다.

2 특수한 변압기 결선

(1) V – V 결선법

① Δ – Δ 결선의 출력
1대당 변압기 용량이 $P[\text{kVA}]$인 단상 변압기 3대를 Δ – Δ 결선하여 운전 시 출력은 $P_\Delta = 3 \times EI = 3P[\text{kVA}]$이다.

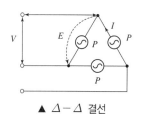

▲ Δ – Δ 결선

② V−V 결선의 출력

V 결선은 그림과 같이 선간 전압과 상전압이 $\sqrt{3}$ 배의 차이가 나므로 이때의 3상 출력은 다음과 같다.

$$P_V = \sqrt{3}\,EI = \sqrt{3}\,E \times \frac{P}{E}$$

$$= \sqrt{3}\,P\,[kVA]$$

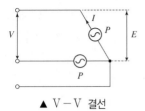

▲ V−V 결선

③ 출력비

$$출력비 = \frac{고장\ 후\ 출력(P_V)}{고장\ 전\ 출력(P_\Delta)} = \frac{\sqrt{3}\,P}{3P} = \frac{1}{\sqrt{3}} = 0.577\,(\therefore\ 57.7[\%])$$

④ 이용률

$$이용률 = \frac{실제출력(P_V{}')}{이론출력(P_V)} = \frac{\sqrt{3}\,P}{2P} = \frac{\sqrt{3}}{2} = 0.866\,(\therefore\ 86.6[\%])$$

⑤ 장점
- $\Delta-\Delta$ 결선에서 1대의 변압기 고장 시 나머지 변압기 2대로 3상 부하에 전력을 공급할 수 있다.
- 설치 방법이 간단하고 소용량이며 가격이 저렴하다.

⑥ 단점
- 설비의 이용률이 86.6[%]로 저하된다.
- Δ 결선에 비해 출력이 57.7[%]로 저하된다.

(2) 3권선 변압기

① 3권선 변압기는 1, 2차 권선에 3차 권선을 설치한 변압기로, 권수비에 따라 1조의 변압기로 두 종류의 전압과 용량을 얻을 수 있다.

② 송배전에 적용되고 있는 $Y-Y-\Delta$ 결선 방식은 $Y-Y$ 결선의 장점에 $\Delta-\Delta$ 결선의 장점을 이용한 것으로, 3상 결선에서 가장 많이 사용되는 결선 방식이다.

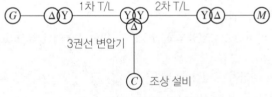

▲ 3권선 변압기 적용 예

③ 특징
- 제3고조파를 권선 내에서 순환시키기 위해 Δ 결선을 가지고 있다.
- 2차 권선에 유도성 부하가 있는 경우 3차 권선에 진상용 콘덴서를 설치하면 1차 회로의 역률을 개선할 수 있다.

④ 3권선 변압기의 주된 용도
- 3차 측의 Δ 결선을 외부로 인출하여 소내 전원과 조상 설비에 접속하여 사용
- 3차 측의 단자를 외부로 인출하여 폐회로를 이루어 외함에 접지하거나, 내부에서 폐회로를 이루어 외함에 접지하는 안정 권선으로 이용

(3) 단권 변압기

① 변압기의 1차 권선과 2차 권선의 일부를 공통 권선으로 한 변압기

② 단권 변압기의 구조

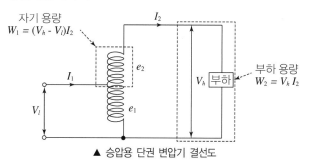

▲ 승압용 단권 변압기 결선도

③ 승압 후 2차 전압

$$V_h = V_l\left(1 + \frac{e_2}{e_1}\right) = V_l\left(1 + \frac{1}{a}\right)[\text{V}] \quad (단, \ a = \frac{e_1}{e_2})$$

④ 단권 변압기의 고유(자기) 용량과 부하 용량의 비

$$\frac{자기용량}{부하용량} = \frac{(V_h - V_l)I_2}{V_h I_2} = \frac{V_h - V_l}{V_h} = 1 - \frac{V_l}{V_h}$$

⑤ 단권 변압기의 용도
- 배전선로의 승압 및 강압용 변압기
- 동기 전동기와 유도 전동기의 기동 보상기용 변압기
- 실험실용 소용량의 슬라이닥스

⑥ 단권 변압기의 장점
- 동량이 감소된다.
- 크기와 중량이 작고 조립 및 수송이 용이하다.
- 변압기의 동손(I^2R)이 줄어 변압기 효율이 증대된다.
- 작은 용량의 변압기로 큰 용량의 부하를 적용할 수 있다.
- 분로 권선에 누설 자속이 거의 없다.

⑦ 단권 변압기의 단점
- 저압 측도 고압 측과 같은 수준의 절연이 요구된다.
- 단락 전류가 크다.
- 변압기 중성점에 피뢰기 설치가 필요하다.

⑧ 단권 변압기의 3상 결선별 자기 용량과 부하 용량의 비(단, V_h: 고압 측 전압[V], V_l: 저압 측 전압[V])

- Y 결선

$$\frac{자기용량}{부하용량} = \frac{V_h - V_l}{V_h}$$

- V 결선

$$\frac{자기용량}{부하용량} = \frac{2(V_h - V_l)}{\sqrt{3}\,V_h}$$

- Δ 결선

$$\frac{자기용량}{부하용량} = \frac{V_h^2 - V_l^2}{\sqrt{3}\,V_h V_l}$$

3 변압기의 병렬 운전

(1) 단상 변압기 병렬 운전 조건

① 각 변압기의 극성이 같을 것

극성이 같지 않을 경우, 2차 권선에 큰 순환 전류가 흘러 권선을 소손시킨다.

② 각 변압기의 권수비 및 1차, 2차 정격 전압이 같을 것

2차 기전력의 크기가 다르면 순환 전류가 흘러 권선을 과열시킨다.

③ 각 변압기의 %임피던스 강하가 같을 것

%임피던스 강하가 다르면 부하 분담이 각 변압기의 용량의 비가 되지 않아, 부하 분담의 균형을 이룰 수 없다.

④ 각 변압기의 저항과 누설 리액턴스 비가 같을 것

변압기 간의 저항과 누설 리액턴스 비가 다르면 각 변압기의 전류 간에 위상차가 생겨 동손이 증가한다.

(2) 3상 변압기 병렬 운전 조건

3상 변압기의 병렬 운전 조건은 단상 변압기의 병렬 운전 조건 이외에도 다음의 조건을 만족해야 한다.

① 상회전 방향이 같을 것: 상회전 방향이 다르면 변압기 간에 단락 상태가 되어 변압기를 소손시킨다.

② 위상 변위가 같을 것: 위상 변위가 다르면 위상차에 따른 내부 순환 전류로 인해 변압기 권선이 과열된다.

(3) 변압기 병렬 운전 가능 결선과 불가능 결선

병렬 운전 가능 결선		병렬 운전 불가능 결선	
A 변압기	B 변압기	A 변압기	B 변압기
$\Delta - \Delta$	$\Delta - \Delta$	$\Delta - \Delta$	$\Delta - Y$
$\Delta - \Delta$	$Y - Y$	$Y - Y$	$Y - \Delta$
$Y - Y$	$Y - Y$	$\Delta - \Delta$	$Y - \Delta$
$\Delta - Y$	$\Delta - Y$	$\Delta - Y$	$Y - Y$
$\Delta - Y$	$Y - \Delta$		
$Y - \Delta$	$Y - \Delta$		

4 변압기의 효율

(1) 실측 효율

① 변압기의 입력과 출력의 실측값으로부터 계산해서 효율을 계산하는 것

② 다음과 같은 식을 통해 실측 효율을 계산한다.

$$실측\ 효율 = \frac{출력의\ 측정값}{입력의\ 측정값} \times 100\,[\%]$$

(2) 규약 효율

① 일정한 규약에 따라 결정한 손실값을 기준으로 계산해서 효율을 계산하는 것

② 실측 효율에서 변압기의 경우 입력을 측정하기는 번거롭지만 출력은 알기 쉬우므로 규약 효율을 많이 사용한다.

③ 다음과 같은 식을 통해 규약 효율을 계산한다.

$$규약 \; 효율 = \frac{출력\,[\mathrm{kW}]}{출력\,[\mathrm{kW}] + 손실\,[\mathrm{kW}]} \times 100\,[\%]$$
$$= \frac{P_o\,[\mathrm{kW}]}{P_o\,[\mathrm{kW}] + P_l\,[kW]} \times 100\,[\%]$$

(3) 전일 효율

① 규약 효율은 주어진 어떤 시각에서의 부하에 대한 값[kW]에 지나지 않으므로 부하가 변동할 경우, 효율을 종합적으로 판정하기 위해서는 전일 효율을 사용해야 한다.

② 전일 효율은 규약 효율에서 변압기의 어느 일정한 기간(주로 1일간) 동안의 전력량[kWh]을 가지고 효율을 계산하는 것이다.

$$\eta(전일 \; 효율) = \frac{W_o\,[\mathrm{kWh}]}{W_o\,[\mathrm{kWh}] + W_l\,[kWh]} \times 100\,[\%]$$
$$= \frac{1일간의 \; 출력 \; 전력량\,[\mathrm{kWh}]}{1일간의 \; 출력 \; 전력량\,[\mathrm{kWh}] + 1일간의 \; 손실 \; 전력량\,[\mathrm{kWh}]} \times 100\,[\%]$$

(4) 변압기의 최대 효율 운전

① 지금 부하를 $P_1[\mathrm{kW}]$, 전부하 동손을 W_c, 변압기의 정격 용량을 P라고 하면, $P_1[\mathrm{kW}]$에서의 동손은 $W_c\left(\dfrac{P_1}{P}\right)^2$가 된다.

② 부하율 $m = \dfrac{P_1}{P}$, 즉 $P_1 = mP$라고 하고 철손을 W_i라고 하면, 변압기의 규약 효율은 다음과 같다.

$$\eta = \frac{출력}{출력 + 철손 + 동손}$$
$$= \frac{P_1}{P_1 + W_i + W_c\left(\dfrac{P_1}{P}\right)^2} = \frac{mP}{mP + W_i + m^2 W_c}$$
$$= \frac{P}{P + \dfrac{W_i}{m} + m W_c}$$

③ 앞 식에서 최대 효율이 되기 위해서는 분모의 $\dfrac{W_i}{m} + m W_c$가 최소로 되어야 한다.

$$\frac{d}{dm}\left(\frac{W_i}{m} + m W_c\right) = -\frac{1}{m^2} W_i + W_c = 0$$

$$\therefore \; W_i = m^2 W_c = \left(\frac{P_1}{P}\right)^2 W_c$$

즉, 최대 효율 조건은 철손 $= P_1$ 부하에서의 동손이다.

(5) 변압기 효율이 저하되는 이유

① 부하 역률이 저하되는 경우

② 경부하 운전하는 경우

③ 부하 변동이 심한 경우

5 변압기 보호 장치

(1) 전기적 보호 장치

① 비율 차동 계전기(87: RDR(Ratio Differential Relay))

• 내부고장 보호용의 동작 전류의 비율이 억제 전류의 일정치 이상일 때 동작

• 동작 원리

– 평상시 외부 고장 시: 차전류 $i_d = |i_1 - i_2| = 0$이 되어 계전기 부동작

– 내부고장 시: 차전류 $i_d = |i_1 - i_2|$가 큰 값이 되어 계전기 동작

– 동작 비율 $= \dfrac{|I_1 - I_2|}{|I_1| \text{ or } |I_2|} \times 100[\%]$($|I_1|$ 또는 $|I_2|$ 중 작은 값을 선택)

• 비율 차동 계전기(87) 결선도

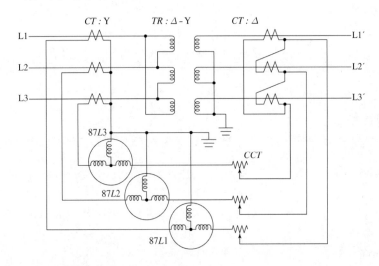

(2) 기계식 보호 계전기의 종류

① 부흐홀츠 계전기(96B): 변압기 본체와 콘서베이터를 연결하는 관 도중에 설치

② 충격압력 계전기(96P): 변압기 내부사고 시 가스 발생으로 충격성의 이상 압력 상승이 생기므로 이 압력 상승을 순시에 검출, 차단한다.

③ 방압안전장치

④ 권선 온도계

⑤ 유면계

6 변압기의 열화

(1) 변압기의 호흡 작용

변압기 외부 온도와 내부 온도 차이에 의해 변압기 내부에 있는 절연유의 부피가 수축 및 팽창하게 되고, 이로 인해 외부의 공기가 변압기 내부로 출입하는 현상이다.

(2) 변압기의 열화 원인

변압기의 호흡 작용에 의해 공기 중의 수분과 산소를 흡수하게 되어 절연유가 산화되고 침전물이 생기게 된다.

(3) 열화에 의한 영향

① 절연내력의 저하
② 냉각효과 감소
③ 침식 작용

(4) 열화 방지 설비

① 흡습 호흡기(브리더)
② 밀폐형(진공 상태)
③ 콘서베이터(질소 봉입)

7 변압기 용량의 결정

(1) 합성 최대 전력 계산

$$합성\ 최대\ 전력 = \frac{각\ 부하의\ 최대\ 수용\ 전력의\ 합계}{부등률}$$
$$= \frac{\Sigma(설비\ 용량[kVA] \times 수용률)}{부등률}$$

(2) 변압기 용량 결정

① 변압기 용량은 위에서 구한 합성 최대 전력 이상인 용량으로 결정해야 한다.
② 즉, 변압기 용량[kVA] ≥ 합성 최대 전력[kVA]이어야 한다.
③ 전력용 3상 변압기 표준 용량[kVA]: 5, 10, 15, 20, 30, 40, 50, 75, 100, 150, 200, 250, 300, 500, 750, 1,000
④ 주상 변압기 표준 용량[kVA]: 1, 2, 3, 5, 7.5, 10, 15, 20, 25, 30, 40, 50

8 변압기 용량의 결정 시 필요한 인자

(1) 수용률

① 의미: 수용설비가 동시에 사용되는 정도를 나타낸다.
② 변압기 등의 적정한 공급설비 용량을 파악하기 위해 사용된다.

$$수용률 = \frac{최대\ 수용\ 전력[kW]}{부하설비\ 합계[kW]} \times 100[\%]$$

(2) 부하율

① 의미: 공급 설비가 어느 정도 유용하게 사용되는지를 나타낸다.

② 부하율이 클수록 공급 설비가 그만큼 유효하게 사용된다는 것을 의미한다.

$$부하율 = \frac{평균\ 수용\ 전력[kW]}{최대\ 수용\ 전력[kW]} \times 100[\%]$$

(3) 부등률

① 의미: 부하의 최대 수용 전력의 발생 시간이 서로 다른 정도를 나타낸다.

② 부등률이 클수록 설비의 이용률이 크다는 것을 의미하므로 그만큼 유리하다.

③ 부등률은 항상 1보다 크다.

$$부등률 = \frac{각\ 부하의\ 최대\ 수용\ 전력의\ 합계[kW]}{합성\ 최대\ 전력[kW]} \geq 1$$

9 변압기 냉각 방식의 종류

(1) 건식 자냉식(AN)

① 변압기 본체가 공기에 의해 자연적으로 냉각되도록 한 것

② 소용량 변압기의 냉각에 사용

(2) 건식 풍냉식(AF)

① 건식 변압기에 송풍기를 이용하여 강제 통풍을 시킨 방식

② 변압기유를 사용하지 않으므로 $22[kV]$ 이하의 변압기에 적용

(3) 유입 자냉식(ONAN)

① 권선과 철심에서 발생한 열을 기름의 대류 작용에 의하여 외함에 전달되도록 하고, 외함에서 열을 대기로 방산시키는 방식

② 보수가 간단하고 취급이 쉽기 때문에 널리 사용

(4) 유입 풍냉식(ONAF)

① 방열기를 설치한 유입 변압기에 송풍기를 이용하여 강제 통풍을 시킴으로써 냉각 효과를 높이는 방식

② 유입 자냉식보다 용량을 $30[\%]$ 증가시킬 수 있어 대형 변압기에 많이 채용

(5) 유입 수냉식(ONWF)

① 펌프로 물을 순환시켜 기름을 냉각하는 방식

② 수질이 좋지 않으면 물때가 끼고 관 부식을 초래

(6) 송유 자냉식(OFAN)

① 송유 펌프로 기름을 강제로 순환시키는 방식

② 소음, 오손 방지를 위하여 변압기 본체를 옥내에, 방열기 탱크를 옥외에 설치

(7) 송유 풍냉식(OFAF)

　① 변압기 외함 내에 들어 있는 기름을 이용하여 외부에 있는 냉각장치로 보내 냉각시킨 후 냉각된 기름을
　　 다시 외함 내부로 공급하는 방식

　② 냉각 효과가 크기 때문에 30,000[kVA] 이상의 대용량 변압기에 채용

(8) 송유 수냉식(OFWF)

　① 송유 자냉식의 방열기 탱크에 수냉식 유닛 쿨러 설치

　② 소음이 적어 도시 및 그 주변 지역에 설치하기에 적합

10 변압기 등가회로를 작성하기 위한 단락 시험과 개방 시험의 회로도

(1) 단락 시험 회로도

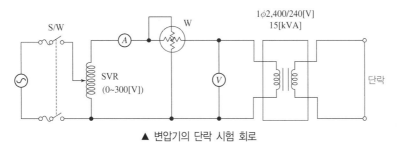

▲ 변압기의 단락 시험 회로

　① 변압기 2차 측(저압 측)을 단락시키고 1차 측에 정격 주파수, 정격 전류가 흐르는 전압(임피던스 전압)을
　　 가한다.

　② 전력계(W)의 지시에 의해 임피던스 전력을 측정한다.

(2) 개방 시험 회로도

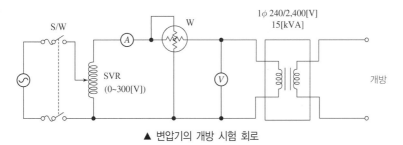

▲ 변압기의 개방 시험 회로

　① 변압기 탱크는 반드시 접지한다.

　② 변압기의 2차 측(고압 측) 권선(단자)을 개방하고 저압 측 권선에 정격 주파수, 정격 전압을 인가한다.

　③ 2 전력계법(또는 3 전력계법)으로 손실 및 여자 전류를 측정한다.

　④ 변압기의 여자 전류는 일반적으로 정격 전류에 대한 비로 표시된다.

(3) 단락 시험과 개방 시험으로 구할 수 있는 사항

단락 시험	개방 시험
• 임피던스 • 동손 • %저항 강하, %리액턴스 강하	• 어드미턴스 크기 • 철손 • 여자 전류의 크기

① %임피던스
- 임피던스 전압: 시험용 변압기의 2차 측을 단락한 상태에서 SVR을 조정하여 1차 측 전류가 1차 정격 전류와 같게 흐를 때 1차 측 단자 전압
- %임피던스: $\%Z = \dfrac{\text{임피던스 전압(교류 전압계 지시값)}}{\text{1차 정격 전압}} \times 100\,[\%]$

② 동손: 교류 전력계의 지시값을 기준 온도 75[℃]로 환산한 값이 된다.(임피던스 와트[W])

③ 철손: 시험용 변압기의 2차 측을 개방한 상태에서 SVR을 조정하여 교류 전압계의 지시값이 1차(저압 측) 정격 전압 값일 때의 전력계 지시값[W]이다.

④ 단락 시험, 무부하 시험으로부터 변압기 효율 계산
- 단락 시험에서의 동손 P_c 값과 무부하 시험에서의 철손 P_i 값, 그리고 시험용 변압기의 정격 출력 [kVA]으로 변압기의 효율을 구할 수 있다.
- 즉, 변압기 효율은 다음과 같다.

$$\eta = \frac{\text{정격출력}}{\text{정격출력} + \text{철손} + \text{동손}} \times 100\,[\%] = \frac{P_0}{P_0 + P_i + m^2 P_c} \times 100\,[\%]$$

$$(\text{단, 부하율 } m = \frac{P_0}{P})$$

⑤ %임피던스와 변압기 고장 시 단락 전류, 변압기 전압 변동률의 관계
- %임피던스와 단락 전류의 관계: %임피던스와 단락 전류는 반비례한다.

$I_s = \dfrac{100}{\%Z} I_n\,[\text{A}] \ \left(\therefore I_s \propto \dfrac{1}{\%Z} \right)$

- %임피던스와 전압 변동률의 관계: %임피던스와 전압 변동률은 비례한다.

$\varepsilon = p\cos\theta + q\sin\theta\,[\%]\,(p = \%R, \ q = \%X)$

11 변압기 절연내력 시험

(1) 절연내력 시험 회로도

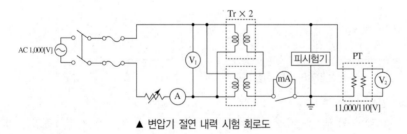

▲ 변압기 절연 내력 시험 회로도

(2) 절연내력
① 최대 사용 전압의 1.5배의 전압에 연속 10분간 견딜 수 있어야 한다.
② 시험전압: $V = (\text{최대 사용 전압}) \times 1.5\,[\text{V}]$

③ 각 측정기의 지시값

- 전압계 Ⓥ_1에 인가되는 전압: $V_1 = \dfrac{1}{2} \times$ 시험전압 $\times$ 권수비 $[\text{V}]$

- 전압계 Ⓥ_2에 인가되는 전압: $V_2 =$ 시험 전압 $\times \dfrac{1}{\text{PT 비}} [\text{V}]$

- 전류계 ⓜ에 흐르는 전류: 절연내력 시험 시 피시험 기기의 누설 전류를 측정하여 절연 강도를 판정
- PT의 설치 목적: 피시험 기기에 인가되는 절연내력 시험전압 측정

CHAPTER 06 도면과 견적

1 전선 및 케이블의 종류와 약호

약호	명칭
ACSR	강심 알루미늄 연선
ACSR-OC	옥외용 강심 알루미늄 도체 가교 폴리에틸렌 절연 전선
ACSR-OE	옥외용 강심 알루미늄 도체 폴리에틸렌 절연 전선
AL-OC	옥외용 알루미늄 도체 가교 폴리에틸렌 절연 전선
AL-OE	옥외용 알루미늄 도체 폴리에틸렌 절연 전선
AL-OW	옥외용 알루미늄 도체 비닐 절연 전선
CNCV	동심 중성선 차수형 전력 케이블
CNCV-W	동심 중성선 수밀형 전력 케이블
CV1	0.6/1[kV] 가교 폴리에틸렌 절연 비닐 시스 케이블
CV10	6/10[kV] 가교 폴리에틸렌 절연 비닐 시스 케이블
CVV	0.6/1[kV] 비닐 절연 비닐 시스 제어 케이블
DV	인입용 비닐 절연 전선
EE	폴리에틸렌 절연 폴리에틸렌 시스 케이블
EV	폴리에틸렌 절연 비닐 시스 케이블
FL	형광 방전등용 비닐전선
MI	미네랄 인슈레이션 케이블
NR	450/750[V] 일반용 단심 비닐 절연 전선
NF	450/750[V] 일반용 유연성 단심 비닐 절연 전선
NFI(70)	300/500[V] 기기 배선용 유연성 단심 비닐 절연 전선(70[℃])
NFI(90)	300/500V] 기기 배선용 유연성 단심 비닐 절연 전선(90[℃])
NRI(70)	300/500[V] 기기 배선용 단심 비닐 절연 전선(70[℃])
NRI(90)	300/500[V] 기기 배선용 단심 비닐 절연 전선(90[℃])
OC	옥외용 가교 폴리에틸렌 절연 전선
OE	옥외용 폴리에틸렌 절연 전선
OW	옥외용 비닐 절연 전선
VCT	0.6/1[kV] 비닐 절연 비닐 캡타이어 케이블
VV	0.6/1[kV] 비닐 절연 비닐 시스 케이블

2 보호 계전기 약호 및 명칭

(1) OCR: 과전류 계전기

(2) OVR: 과전압 계전기

(3) UVR: 부족 전압 계전기

(4) GR: 지락 계전기

(5) SGR: 선택 지락 계전기

(6) OVGR: 지락 과전압 계전기

3 옥내 배선 심벌

(1) ——————————: 천장 은폐 배선

(2) ·······················: 노출 배선

(3) - - - - - - - - - - - -: 바닥 은폐 배선

(4) —··—··—··—··—: 노출 배선 중 바닥면 노출 배선

(5) —·—·—·—·—·—: 천장 은폐 배선 중 천장 속의 배선

4 분전반 및 배전반 심벌

(1) ⊠ : 배전반

(2) ◥ : 분전반

(3) ⬙ : 제어반

(4) ⊠ : 재해 방지 전원 회로용 배전반

(5) ◥ : 재해 방지 전원 회로용 분전반

5 소형 변압기 심벌

(1) ⓣB: 벨 변압기

(2) ⓣR: 리모콘 변압기

(3) ⓣN: 네온 변압기

(4) ⓣF: 형광등용 안정기

(5) ⓣH: HID등(고휘도 방전등)용 안정기

6 점멸기(스위치)

명칭	그림 기호	적요
점멸기 (스위치)	●	• 용량의 표시 방법은 다음과 같다. − 10[A]는 표기하지 않는다. − 15[A] 이상은 전류값을 표기한다. [보기] ● 15A • 극수의 표시 방법은 다음과 같다. − 단극은 표기하지 않는다. − 2극 또는 3로, 4로는 각각 2P 또는 3, 4의 숫자를 표기한다. [보기] ● 2P ● 3 • 방수형은 WP를 표기한다. ● WP • 방폭형은 EX를 표기한다. ● EX • 타이머붙이는 T를 표기한다. ● T
조광기 스위치	✦	조광기 빛의 밝기를 조정하는 스위치
리모콘 스위치	● R	먼 거리에서도 스위치로 램프를 점멸할 수 있는 기기
셀렉터 스위치	⊗	방향 표시기로 선택을 할 수 있는 스위치

7 등기구 일반용

명칭	그림 기호	적요
백열등 HID등	○	• 벽붙이는 벽 옆을 칠한다. ◗ • 옥외등 ⊗ • 기타 등은 다음과 같다. 팬던트 ⊖ 실링라이트 ⓒⓁ 샹들리에 ⒸⒽ 매입가구 ⒹⓁ (◎) • HID등의 종류를 표시하는 경우는 용량 앞에 다음 기호를 붙인다. 수은등 H 메탈 핼라이드등 M 나트륨등 N [보기] H400
형광등	⊏○⊐	• 용량을 표시하는 경우는 램프의 크기(형)×램프 수로 표시한다. 또 용량 앞에 F를 붙인다. [보기] F40 F40×2 • 용량 외에 기구 수를 표시하는 경우는 램프의 크기(형)×램프 수 − 기구 수로 표시한다. [보기] F40−2 F40×2−3

8 등기구 비상용

명칭	그림 기호	적요
비상용 조명 백열등	●	일반용 조명 백열등의 적요를 준용한다. 다만, 기구의 종류를 표시하는 경우는 표기한다.
비상용 형광등	■━○━	• 일반용 조명 백열등의 적요를 준용한다. 다만, 기구의 종류를 표시하는 경우는 표기한다. • 계단에 설치하는 통로 유도등과 겸용인 것은 ■◑■로 한다.
유도등 백열등	⊗	• 일반용 조명 백열등의 적요를 준용한다. • 객석 유도등인 경우 필요에 따라 ⊗S 로 표기한다.

9 콘센트

명칭	그림 기호	적요

콘센트	⬤	• 천장에 부착하는 경우는 다음과 같다.
		⬤
		• 바닥에 부착하는 경우는 다음과 같다.
		⬤▲
		• 용량의 표시 방법은 다음과 같다.
		  − 15[A]는 표기하지 않는다.
		  − 20[A] 이상은 암페어 수를 표기한다.
		  [보기] ⬤20A
		• 2구 이상인 경우는 구수를 표기한다.
		  [보기] ⬤2
		• 3극 이상인 것은 극수를 표기한다.
		  [보기] ⬤3P
		• 종류를 표시하는 경우는 다음과 같다.
		  빠짐방지형 ⬤LK
		  걸림형 ⬤T
		  접지극붙이 ⬤E
		  접지단자붙이 ⬤ET
		  누전차단기붙이 ⬤EL
		• 방수형은 WP를 표기한다. ⬤WP
		• 방폭형은 EX를 표기한다. ⬤EX
		• 의료용은 H를 표기한다. ⬤H

10 전등 및 스위치만으로 이루어진 회로

(1) 전등 1개를 스위치 1개로 1개소에서 점멸시키는 회로

① 단선도

（a) 단극 스위치인 경우   （b) 2극 스위치인 경우

② 실제 배선도

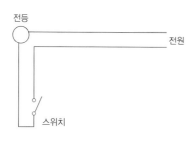 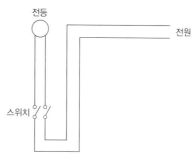

（a) 단극 스위치인 경우   （b) 2극 스위치인 경우

(2) 전등 2개를 스위치 1개로 1개소에서 동시에 점멸시키는 회로

① 단선도

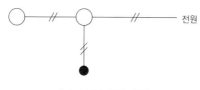 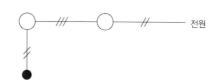

（a) 스위치 중앙 배치   （b) 스위치 편측 배치

② 실제 배선도

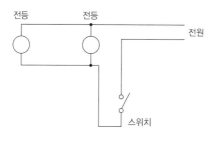 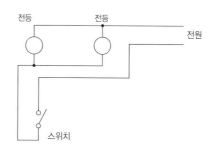

（a) 스위치 중앙 배치   （b) 스위치 편측 배치

11 전등, 콘센트 및 스위치로 이루어진 회로

전등 2개를 스위치 1개로 1개소에서 점멸시키는 회로(콘센트는 점멸하지 않음)

(1) 단선도

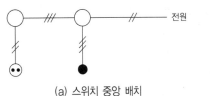

(a) 스위치 중앙 배치　　　　　(b) 스위치 편측 배치

(2) 실제 배선도

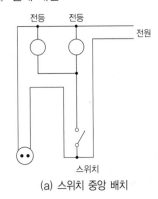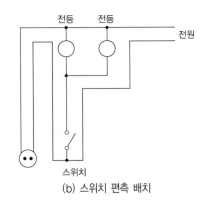

(a) 스위치 중앙 배치　　　　　(b) 스위치 편측 배치

12 3로 스위치를 이용한 회로

(1) 전등 2개를 스위치 2개로 별도로 1개소에서 점멸시키는 회로

① 단선도

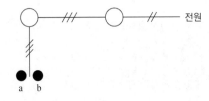

② 실제 배선도

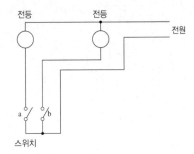

(2) 전등 1개를 스위치 2개로 2개소에서 점멸시키는 회로

    ① 단선도

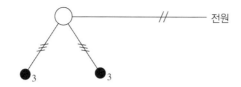

    ② 실제 배선도

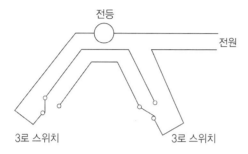

(3) 전등 2개를 동시에 2개소에서 점멸시키는 회로

    ① 단선도

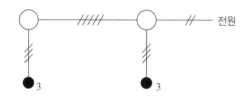

    ② 실제 배선도

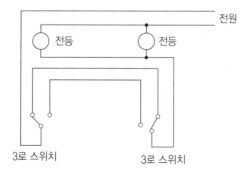

13 견적의 기본 용어

(1) 견적

어떠한 공사의 예정 가격을 산출하기 위해 설계 도서 및 시방서, 시공 현장의 여건에 따른 공사에 소요되는 재료비와 노무의 품을 계산하는 일련의 과정과 업무를 말한다.

(2) 순 공사 원가

① 공사 시공 과정에서 발생하는 재료비 및 노무비, 경비 등을 총 합계한 금액을 말한다.

$$(\text{순}) \text{ 공사 원가} = \text{재료비} + \text{노무비} + \text{경비}$$

② 재료비의 계산에 있어 사전에 알아두어야 할 사항
- 재료비의 내역을 구성하고 있는 세부 내용 및 범위의 설정
- 품목별, 규격별로 적용할 단가의 결정
- 적산 수량의 계산

③ 재료비의 구성
- 직접 재료비: 공사 목적물의 실체를 구성하는 물품이나 자재의 가치
- 간접 재료비: 공사 목적물의 실체를 직접 구성하지는 않으나, 공사에 보조적으로 소비되는 물품의 가치
- 재료의 구입 과정에서 발생되는 운임, 보험료, 보관료 등의 부대 비용은 재료비로 계산한다.
- 재료 구입 후 발생되는 부대 비용은 경비의 항목으로 계산한다.
- 계약 목적물의 시공 중에 발생하는 부산물 등은 그 매각액 또는 이용 가치를 추산하여 재료비에서 공제한다.

④ 노무비
- 직접 노무비: 공사 시공 현장에서 계약 목적물을 완성하기 위해 직접 그 공사에 종사하는 종업원 및 종사자에 제공되는 노동의 대가 합계액
- 간접 노무비: 공사 시공 현장에서 계약 목적물을 완성하기 위해 직접 그 공사에 종사하지는 않으나, 공사 현장에서 보조 작업에 종사하는 노무자, 종업원과 현장 감독자 등의 기본급과 제수당, 상여금, 퇴직 급여 충당금의 합계액
  - 간접 노무비는 직접 노무비의 15[%]를 초과할 수 없다.
  - 간접 노무비 = 직접 노무비×간접 노무 비율
- 간접 노무 비율

$$= \frac{\text{공사 종류별 간접 노무 비율} + \text{공사 규모별 간접 노무 비율} + \text{공사 기간별 간접 노무 비율}}{3}$$

$$= \frac{\text{간접 노무비}}{\text{직접 노무비}} \times 100[\%]$$

⑤ 경비
- 공사의 시공을 위하여 소요되는 공사 원가 중 재료비, 노무비를 제외한 원가를 말한다.
- 기업 유지를 위한 관리 활동 부문에서 발생하는 일반 관리비와 구분된다.
- 경비는 당해 계약 목적물, 시공 기간의 소요량을 측정하거나 원가 계산 자료나 계약서, 영수증 등을 근거로 예정하여야 한다.

14 일반 관리비

(1) 정의

① 기업의 유지를 위한 관리 활동 부문에서 발생하는 제비용으로, 공사 원가에 속하지 않는 모든 영업 비용 중 판매비 등을 제외한 비용을 말한다.

② 일반 관리비는 임원 급료, 사무실 직원의 급료, 제수당, 퇴직 급여 충당금, 복리 후생비, 여비, 교통비, 경상 시험 연구 개발비, 보험료 등을 말한다.

(2) 산출 방법

① 기업 손익 계산서를 기준하여 다음과 같이 산정한다.

- 일반 관리비 = 판매비와 일반 관리비 − (광고 선전비 + 접대비 + 대손상각 등)

- 일반 관리 비율 $= \dfrac{\text{일반 관리비}}{\text{매출 원가}} \times 100 \, [\%]$

② 일반 관리비는 공사 원가에 다음과 같이 정한 일반 관리 비율을 초과하여 계상할 수 없으며, 공사 규모별로 체감 적용한다.

시설 공사		전문, 전기, 전기 통신 공사	
공사 원가	일반 관리 비율	공사 원가	일반 관리 비율
50억 원 미만	6[%]	5억 원 미만	6[%]
50억 원~300억 원 미만	5.5[%]	5억 원~30억 원 미만	5.5[%]
300억 원 이상	5[%]	30억 원 이상	5[%]

15 이윤

영업 이익을 말하며, 공사 원가 중 노무비, 경비와 일반 관리비의 합계액(이 경우 기술료 및 외주 가공비는 제외)에 이윤을 15[%] 초과하여 계상할 수 없다.

CHAPTER 07 자동제어 운용

1 기본 논리 소자 회로

(1) AND 회로

① 2개의 입력 A, B가 모두 '1'일 경우에만 출력이 '1'이 되는 회로를 말하며, 논리식은 X = A · B라고 표시한다.

② AND 유접점 회로, 무접점 회로 및 진리표

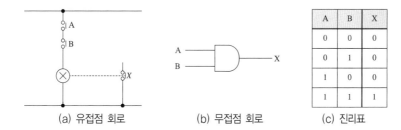

A	B	X
0	0	0
0	1	0
1	0	0
1	1	1

(a) 유접점 회로　　　　(b) 무접점 회로　　　　(c) 진리표

(2) OR 회로

    ① 2개의 입력 A, B 중 어느 한 입력이라도 '1'일 경우에 출력이 '1'이 되는 회로를 말하며, 논리식은
       X = A + B라고 표시한다.

    ② OR 유접점 회로, 무접점 회로 및 진리표

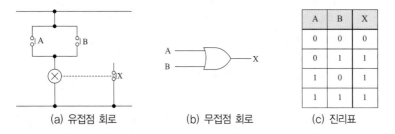

A	B	X
0	0	0
0	1	1
1	0	1
1	1	1

(a) 유접점 회로   (b) 무접점 회로   (c) 진리표

(3) NOT 회로

    ① 입력 신호에 대해 출력 신호가 항상 반대가 나오는 부정 회로를 말하며, 논리식은 X = $\overline{A}$ 라고 표시한다.

    ② NOT 유접점 회로, 무접점 회로 및 진리표

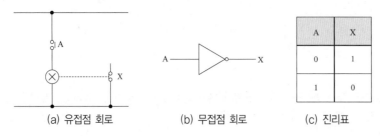

A	X
0	1
1	0

(a) 유접점 회로   (b) 무접점 회로   (c) 진리표

2 조합 논리 소자 회로

(1) NAND 회로

    ① AND 회로와 NOT 회로를 접속한 회로를 말하며, 논리식은 X = $\overline{A \cdot B}$ 라고 표시한다.

    ② NAND 유접점 회로, 무접점 회로 및 진리표

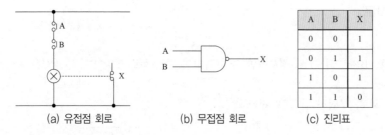

A	B	X
0	0	1
0	1	1
1	0	1
1	1	0

(a) 유접점 회로   (b) 무접점 회로   (c) 진리표

(2) NOR 회로

    ① OR 회로와 NOT 회로를 접속한 회로를 말하며, 논리식은 X = $\overline{A + B}$ 라고 표시한다.

    ② NOR 유접점 회로, 무접점 회로 및 진리표

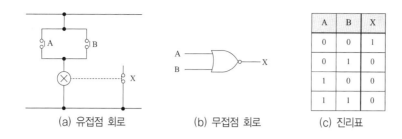

	(a) 유접점 회로		(b) 무접점 회로		(c) 진리표

A	B	X
0	0	1
0	1	0
1	0	0
1	1	0

3 논리 대수 및 드 모르간 정리

교환 법칙	$A+B = B+A$, $A \cdot B = B \cdot A$
결합 법칙	$(A+B)+C = A+(B+C)$, $(A \cdot B) \cdot C = A \cdot (B \cdot C)$
분배 법칙	$A \cdot (B+C) = A \cdot B+A \cdot C$, $A+(B \cdot C) = (A+B) \cdot (A+C)$
동일 법칙	$A+A = A$, $A \cdot A = A$
공리 법칙	$A+0 = A$, $A \cdot 1 = A$, $A+1 = 1$, $A \cdot 0 = 0$
드 모르간 정리	$\overline{A+B} = \overline{A} \cdot \overline{B}$, $\overline{A \cdot B} = \overline{A}+\overline{B}$

4 인터록(Interlock) 회로

(1) 인터록 회로의 기능

어느 한 쪽이 동작하면 다른 한 쪽은 동작할 수 없는 동작을 행하는 논리 회로

(2) 논리 회로 및 타임 차트

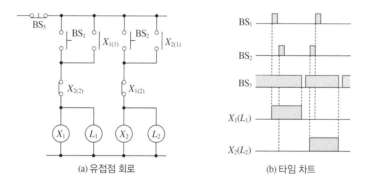

(a) 유접점 회로   (b) 타임 차트

(3) 인터록 회로의 동작

① BS_1을 누르면 X_1 동작 이후에 BS_2를 누르더라도 X_2가 동작하지 않는다.

② BS_2를 누르면 X_2 동작 이후에 BS_1을 누르더라도 X_1가 동작하지 않는다.

5 신입 신호 우선 회로

(1) 신입 신호 우선 회로의 기능
어느 한 쪽이 동작하면 다른 한 쪽이 복구되는 논리 회로

(2) 논리 회로 및 타임 차트

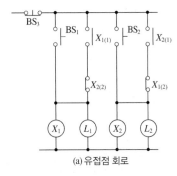

(a) 유접점 회로

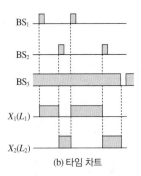

(b) 타임 차트

(3) 신입 신호 우선 회로의 동작
① BS_1을 누르면 $X_1(L_1)$이 동작한다.
② BS_2를 누르면 $X_2(L_2)$가 동작하고 X_1 유지 회로의 직렬 b 접점 $X_{2(2)}$가 열려 동작 중인 $X_1(L_1)$이 복귀한다.
③ 다시 BS_1을 누르면 $X_1(L_1)$이 동작하고, X_2 유지 회로의 직렬 b 접점 $X_{1(2)}$가 열려 동작 중인 $X_2(L_2)$가 복귀한다.

6 동작 우선 회로

(1) 동작 우선 회로의 기능
정해진 순서대로 동작하는 논리 회로

(2) 논리 회로 및 타임 차트

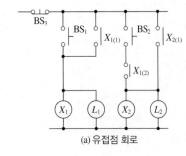

(a) 유접점 회로

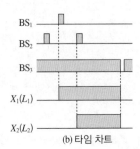

(b) 타임 차트

(3) 동작 우선 회로의 동작
① BS_1을 누르면 $X_1(L_1)$이 동작하며 접점 $X_{1(2)}$가 닫혀 $X_2(L_2)$의 기동 회로를 준비한다.
② 다음 BS_2를 누르면 $X_2(L_2)$가 동작한다. $X_1(L_1)$이 먼저 동작하지 않으면 $X_2(L_2)$가 먼저 동작할 수 없다.

7 시한 회로(On Delay Timer: T_{on})

(1) 시한 회로의 기능

동작 입력을 주면 타이머의 설정 시간(t)이 지난 후 출력이 동작한다.

(2) 기호

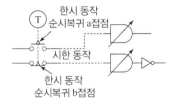

(3) 논리 회로 및 타임 차트

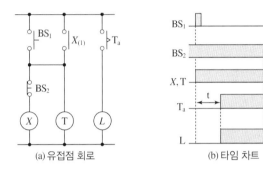

(a) 유접점 회로   (b) 타임 차트

(4) 시한 회로의 동작

① BS_1을 누르면 X가 동작하며 타이머 ⓣ가 여자된다.

② 타이머 설정 시간(t)이 지난 후에 시한 동작 접점 T_a가 닫혀서 출력 L이 동작(점등)한다.

8 시한 복구 회로(Off Delay Timer: T_{off})

(1) 시한 복구 회로의 기능

정지 입력을 주면 타이머의 설정 시간(t)이 지난 후 출력이 복구한다.

(2) 기호

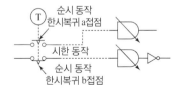

(3) 논리 회로 및 타임 차트

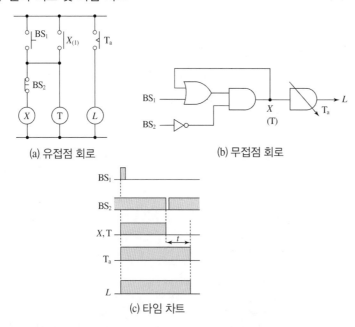

(a) 유접점 회로   (b) 무접점 회로

(c) 타임 차트

(4) 시한 복구 회로의 동작

   ① BS_1을 누르면 X가 동작하며 타이머 ⓣ가 여자된다.

   ② 타이머 설정 시간(t)이 지난 후에 시한 복구 접점 T_a가 열려서 출력 L이 동작(소등)한다.

9 단안정(Monostable) 회로

(1) 단안정 회로의 기능

   정해진 시간(설정 시간) 동안만 출력이 생기는 회로

(2) 논리 회로 및 타임 차트

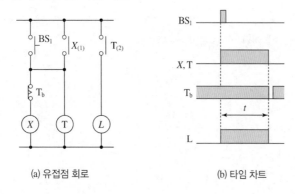

(a) 유접점 회로   (b) 타임 차트

(3) 단안정 회로의 동작

   ① BS_1을 누르면 X가 동작하며 타이머 ⓣ가 여자되고, 접점 $T_{(2)}$에 의하여 L이 동작(점등)한다.

   ② 타이머 설정 시간(t)이 지난 후에 시한 동작 접점 T_b가 열려 출력 X, L, ⓣ가 복구된다.

10 전동기 운전 회로

(1) 구동 회로

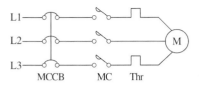

MC의 주접점이 닫히면 전동기 Ⓜ이 구동되고, 열동 계전기 Thr를 접속한다. 단, 회로에서 다음과 같은 의미를 갖는다.

- MCCB(MCB): 배선용 차단기(Molded Case Circuit Breaker)
- MC: 전자 접촉기(Magnetic Contact)
- MS: 전자 개폐기(Magnetic Switch), MS = MC + Thr
- Thr: 열동 계전기(Thermal Relay)

(2) 회로 및 타임 차트

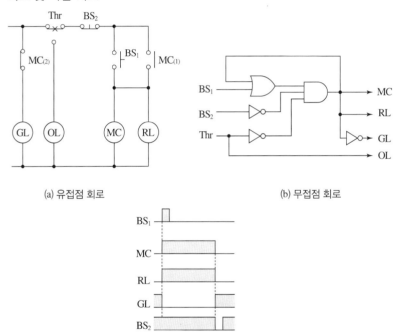

(a) 유접점 회로

(b) 무접점 회로

(c) 타임 차트

(3) 동작 설명

① 전원 투입 – GL 점등

② BS_1 – MC 여자 – RL 점등, GL 소등 – 전동기 운전

③ BS_2 – MC 소자 – GL 점등, RL 소등 – 전동기 정지

④ 전동기 과부하 시 – 열동 계전기(Thr) 동작 – OL 점등

11 전동기 정·역 운전 회로

(1) 구동 회로

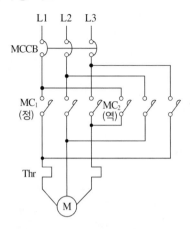

전동기의 정·역 회전은 회전 자장의 방향을 바꾼다.

① 3상 전동기: 전원의 3단자 중 2단자의 접속을 바꾼다.

② 단상 전동기: 기동 권선의 접속을 바꾼다.

(2) 회로 및 타임 차트

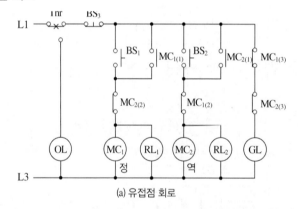

(a) 유접점 회로

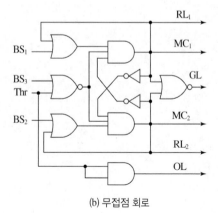

(b) 무접점 회로

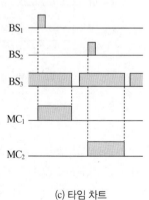

(c) 타임 차트

(3) 동작 설명

① 전원 투입 – GL 점등

② BS_1 – MC_1 여자 – RL_1 점등, GL 소등 – 전동기 정방향 운전(이때 인터록 접점 $MC_{1(2)}$에 의해 BS_2를 투입하여도 MC_2는 동작하지 않는다)

③ BS_3 – MC_1 소자 – RL_1 소등, GL 점등 – 전동기 정지

④ BS_2 – MC_2 여자 – RL_2 점등, GL 소등 – 전동기 역방향 운전(이때 인터록 접점 $MC_{2(2)}$에 의해 BS_1을 투입하여도 MC_1은 동작하지 않는다)

⑤ 전동기 과부하 시 – 열동 계전기(Thr) 동작 – OL 점등

12 전동기 Y–Δ 기동 회로

(1) 전동기의 기동 전류를 줄이기 위하여 Y 결선으로 기동하고, 기동이 끝나면 Δ 결선으로 운전한다.

(2) 구동 회로

① 전전압 기동 시 기동 전류는 정격 전류의 6 ~ 7배 정도

② Y–Δ 기동 시 전전압 기동 전류의 $\frac{1}{3}$배, 즉 정격 전류의 2배

(3) 회로 및 타임 차트

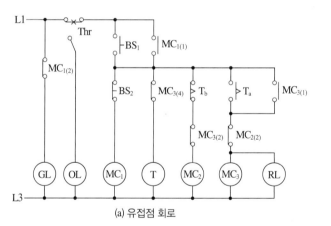

(a) 유접점 회로

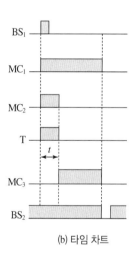

(b) 타임 차트

(4) 동작 설명

① 전원 투입 – GL 점등

② BS_1 – MC_1 여자 – 타이머 T 여자 – MC_2 여자 – 전동기 Y 기동

③ 타이머의 설정 시간 후 MC_2 소자–MC_3 여자 – RL 점등 – 타이머 T 소자 – 전동기 Δ 운전(이때 인터록 접점 $MC_{2(2)}$와 $MC_{3(2)}$에 의해 인터록)

④ BS_2 – MC_1 소자 – 전동기 정지

⑤ 전동기 과부하 시 – 열동 계전기(Thr) 동작 – OL 점등

13 PLC(Programmable Logic Controller) 기초

① 기본 기호 표시

a 접점	b접점
—┤├—	—┤/├—

② 기본 명령어
- 회로 시작: LOAD
- 출력과 내부 출력(회로 끝): OUT
- 직렬: AND
- 병렬: OR
- 부정(b 접점): NOT
- 기타: AND LOAD, OR LOAD, MCS(MCR), TMR(TON), CNT(CTU)

14 명령어와 부호

내용	명령어	부호	기능
시작 입력	LOAD(STR)	┤├	독립된 하나의 회로에서 a 접점에 의한 논리 회로의 시작 명령
	LOAD NOT	┤/├	독립된 하나의 회로에서 b 접점에 의한 논리 회로의 시작 명령
직렬 접속	AND	┤├┤├	독립된 바로 앞의 회로와 a 접점의 직렬 회로 접속, 즉 a 접점 직렬
	AND NOT	┤├┤/├	독립된 바로 앞의 회로와 b 접점의 직렬 회로 접속, 즉 b 접점 직렬
병렬 접속	OR		독립된 바로 위의 회로와 a 접점의 병렬 회로 접속, 즉 a 접점 병렬
	OR NOT		독립된 바로 위의 회로와 b 접점의 병렬 회로 접속, 즉 b 접점 병렬
출력	OUT	─○┤	회로의 결과인 출력 기기(코일) 표시와 내부 출력(보조 기구 기능-코일) 표시
직렬 묶음	AND LOAD	A┤├ B┤├	현재 회로와 바로 앞의 회로의 직렬 A, B 2회로의 직렬 접속, 즉 2개 그룹의 직렬 접속
병렬 묶음	OR LOAD	A┤├ B┤├	현재 회로와 바로 앞의 회로의 병렬 A, B 2회로의 병렬 접속, 즉 2개 그룹의 병렬 접속
타이머	TMR(TIM)	(Ton)○T000 5초	기종에 따라 구분 – TON, TOFF, TMON, TMR, TRTG 등 타이머 종류, 번지, 설정 시간 기입
끝	END	–	프로그램의 끝 표시

15 기본 명령에 의한 프로그램

(1) 입·출력 회로

① LOAD/OUT

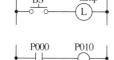

STEP	명령어	번지
0	LOAD	P000
1	OUT	P010

② LOAD NOT/OUT

STEP	명령어	번지
0	LOAD NOT	P000
1	OUT	P010

(2) 직렬, 병렬 회로

① 직렬 − AND/AND NOT

STEP	명령어	번지
0	LOAD	P001
1	AND	M001
2	AND NOT	P002
3	OUT	M002

② 병렬 − OR/OR NOT

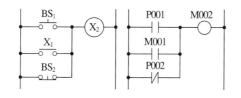

STEP	명령어	번지
0	LOAD	P001
1	OR	M001
2	OR NOT	P002
3	OUT	M002

(3) 그룹 직·병렬 명령에 의한 프로그램

그룹 직렬(병렬 회로들의 직렬)일 때 AND LOAD, 그룹 병렬(직렬 회로들의 병렬)일 때 OR LOAD 명령어를 사용한다.

① 그룹 직렬 − AND LOAD

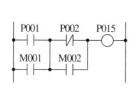

STEP	명령어	번지
0	LOAD	P001
1	OR	M001
2	LOAD NOT	P002
3	OR	M002
4	AND LOAD	−
5	OUT	P015

② 그룹 병렬 - OR LOAD

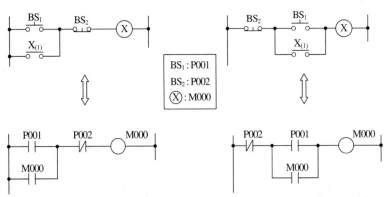

STEP	명령어	번지
0	LOAD	P001
1	AND	M001
2	LOAD NOT	P002
3	AND	M002
4	OR LOAD	–
5	OUT	P015

③ 유지 회로

STEP	명령어	번지
0	LOAD	P001
1	OR	M000
2	AND NOT	P002
3	OUT	M000

STEP	명령어	번지
0	LOAD NOT	P002
1	LOAD	P001
2	OR	M000
3	AND LOAD	–
4	OUT	M000

(4) 타이머 회로의 프로그램

① TON(On Delay Timer: 시한 동작 타이머)

- 동작(기동) 입력을 준 후 설정 시간 t초가 지나면 타이머 접점이 동작하고, 복귀(정지) 입력을 주면 곧바로 타이머가 복귀하고 접점도 복귀하는 시한 동작 순시 복귀형이다.
- 설정 시간 〈DATA〉의 설정값은 0.1초 단위이고, 2step이 소요된다.

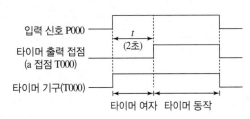

STEP	명령어	번지
0	LOAD	P000
1	TON	T000
2	〈DATA〉	20
3	LOAD	T000

② TOFF(Off Delay Timer: 시한 복귀 타이머)
- 동작(기동) 입력을 주면 곧바로 타이머가 동작하고 접점도 작동하며, 복귀(정지) 입력을 준 후 설정 시간 t초가 지나면 타이머 접점이 복귀하는 순시 동작 시한 복귀형이다.
- 설정 시간 〈DATA〉의 설정값은 0.1초 단위이고, 2step이 소요된다.

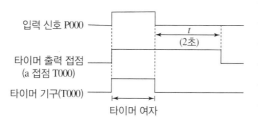

STEP	명령어	번지
0	LOAD	P000
1	TOFF	T000
2	〈DATA〉	20
3	LOAD	T000

CHAPTER 08   수변전설비와 예비전원설비

1 수·변전설비의 설계

(1) 수·변전설비의 정의

① 수·변전설비란 전력회사로부터 수전 받은 고전압의 전기를 사용자의 운전에 적합하도록 낮은 전압의 전기로 변환하여 전기를 공급할 목적으로 사용되는 전기 기기의 총 집합체를 말한다.

② 현재 우리나라의 일반 배전 전압이 $22.9[kV-Y]$이므로 이 전기를 수전하여 고압이나 저압으로 변환하는 설비는 특고압 수전설비가 된다.

(2) 수·변전설비의 구비 조건

① 설비의 신뢰성이 높을 것

② 설비의 운전이 안전한 설비로 될 것

③ 운전보수 및 점검이 용이할 것

④ 장래 확장이나 증설에 대처할 수 있는 구조일 것

⑤ 방재 대책 및 환경 보전에 유의할 것

⑥ 설치비 및 운전 유지 경비가 저렴할 것

(3) 수·변전설비의 기본 설계

① 설비 용량

② 수전 전압 및 수전 방식

③ 주회로의 결선 방식

- 수전 방식

- 모선 방식

- 변압기의 뱅크 수와 뱅크 용량 및 단상 3상별 고려
- 배전 전압 및 방식
- 비상용 또는 예비용 발전기를 시설할 경우 수전과 발전의 절환 방식
- 사용 기기의 결정
④ 감시 제어 방식
⑤ 설비의 형식
⑥ 수·변전실과 발전기실 및 중앙 감시 제어실 등의 위치 크기

(4) 변전실의 위치와 넓이 선정
① 변전실의 위치
- 부하 중심에 가깝고, 배전에 편리한 장소이어야 한다.
- 전원의 인입이 편리해야 한다.
- 기기의 반출 및 반입이 편리해야 한다.
- 습기, 먼지가 적은 장소이어야 한다.
- 기기에 대해 천장의 높이가 충분해야 한다.
- 물이 침입하거나 침투할 우려가 없어야 한다.
- 발전기실, 축전지실 등과의 관련성을 고려하여 가급적 이들과 인접한 장소이어야 한다.
② 변전실의 구조
- 기기를 설치하기에 충분한 높이일 것
- 바닥의 하중 강도는 $500 \sim 1,000[\mathrm{kg/m^2}]$ 이상일 것
- 방화 및 방수 구조일 것
③ 기기의 배치
- 보수 점검이 용이할 것
- 기기의 반출, 반입에 지장이 없을 것
- 안정성이 높을 것
- 증설 계획에 지장이 없을 것
- 합리적 배치로 배선이 경제적일 것
- 미적, 기능적 배치가 되도록 할 것

2 수전설비의 종류

(1) 수전설비는 설치 장소에 따라 분류하면 옥내형과 옥외형으로 나눌 수 있으며, 그 수전설비를 구성하는 기기를 금속함에 넣는 방식(폐쇄형)과 넣지 않는 방식(개방형)으로 나눌 수 있다.

(2) 개방형 수전설비의 문제점
① 비교적 넓은 부지를 필요로 한다.
② 충전부가 노출되어 있기 때문에 위험성이 높다.
③ 가스에 의한 부식이나 염진해를 받기 쉽다.
④ 옥외형에 있어 옥외에 사용하는 기기만을 써야 한다.
⑤ 철골·배선 공사 등은 현지에서 시공되기 위한 준비를 해야 한다.

(3) 폐쇄형 수전설비

① 수전설비를 구성하는 기기를 단위 폐쇄 배전반이라는 금속제 외함에 넣어 수전설비를 구성하는 것을 말한다.

② 폐쇄형 수전설비의 종류
  • 큐비클(Cubicle)
  • 메탈클래드 스위치기어(Metal-Clad Switchgear)
  • 금속 폐쇄형 스위치기어(Metal Enclosed Switchgear)

③ 주차단 장치의 구성에 따른 큐비클의 종류

큐비클의 종류	설명
CB형	차단기(CB)를 사용하는 것
PF-CB형	한류형 전력 퓨즈(PF)와 차단기(CB)를 조합하여 사용하는 것
PF-S형	한류형 전력 퓨즈(PF)와 고압 개폐기(S)를 조합하여 사용하는 것

(4) 폐쇄형 수전설비의 특징

① 충전부가 접지된 금속제 외함 내부에 있으므로 안정성이 높다.
② 단위 회로로 제작소에서 표준화할 수 있으므로 장치에 호환성이 있어 증설이나 보수가 편리하다.
③ 현지 작업이 용이하여 공사 기간이 단축되므로 공사비가 저렴해진다.
④ 개방형에 비해 약 40[%] 정도의 전용 면적을 줄일 수 있다.
⑤ 보수 및 점검이 용이해진다.

3 수변전설비의 구성기기

명칭	약호	심벌(단선도)	용도(역할)
케이블 헤드	CH		가공 전선과 케이블 단말(종단) 접속
단로기	DS		무부하 전류 개폐, 회로의 접속 변경, 기기를 전로로부터 개방
피뢰기	LA		뇌전류를 대지로 방전하고 속류 차단
전력 퓨즈	PF		단락 전류 차단, 부하 전류 통전
전력 수급용 계기용 변성기	MOF	MOF	전력량을 적산하기 위하여 고전압과 대전류를 각각 저전압, 소전류로 변성
영상 변류기	ZCT		지락 전류의 검출
계기용 변압기	PT		고전압을 저전압으로 변성하여 계기나 계전기에 공급
차단기	CB		부하 전류 개폐 및 사고 전류 차단
트립 코일	TC		보호 계전기 신호에 의해 동작하여 차단기를 개로

변류기	CT		대전류를 소전류로 변성하여 계기나 계전기에 공급
접지 계전기	GR	(GR)	영상 전류에 의해 동작하며 차단기 트립 코일 여자
과전류 계전기	OCR	(OCR)	과전류에 의해 동작하며 차단기 트립 코일 여자
전압계용 전환(절환) 개폐기	VS	⊕	1대의 전압계로 3상 전압을 측정하기 위하여 사용하는 전환 개폐기
전류계용 전환(절환) 개폐기	AS	⊗	1대의 전류계로 3상 전류를 측정하기 위하여 사용하는 전환 개폐기
전압계	V	(V)	전압 측정
전류계	A	(A)	전류 측정
전력용 콘덴서	SC		진상 무효 전력을 공급하여 역률 개선
방전 코일	DC		잔류 전하 방전
직렬 리액터	SR		제5고조파 제거
컷아웃 스위치	COS		기계 기구(변압기)를 과전류로부터 보호

4 특고압 수전설비 표준결선도

(1) CB 1차 측에 CT를, CB 2차 측에 PT를 시설하는 경우 표준 결선도

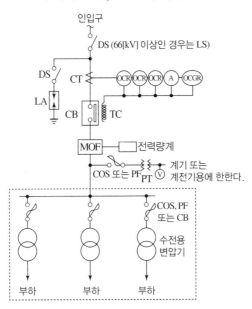

[주요 사항]
① 22.9[kV − Y], 1,000[kVA] 이하인 경우에는 간이 수전설비 결선도에 의할 수 있다.
② 결선도 중 점선 내의 부분은 참고용 예시이다.
③ LA용 DS는 생략이 가능하며 22.9[kV − Y]용의 LA는 반드시 Isolator(또는 Disconnector) 붙임형을 사용하여야 한다.
④ 차단기의 트립 전원은 직류(DC) 또는 콘덴서 방식(CTD)으로 하며 66[kV] 이상의 수전설비에는 반드시 직류(DC) 방식이어야 한다.
⑤ 인입선을 지중선으로 시설하는 경우에는 공동 주택 등 고장 시 정전의 피해가 특히 우려되는 곳은 예비 지중선을 포함하여 2회선으로 시설하는 것이 바람직하다.
⑥ 지중 인입선의 경우에 22.9[kV − Y] 계통은 CNCV-W 케이블(수밀형) 또는 TR CNCV-W(트리억제형)을 사용하여야 한다. 단, 전력구, 공동구, 덕트, 건물 구내 등 화재의 우려가 있는 장소에서는 FR CNCO-W(난연) 케이블을 사용하는 것이 바람직하다.
⑦ DS 대신 자동고장구분 개폐기(7,000[kVA] 초과 시에는 Sectionalizer)를 사용할 수 있으며 66[kV] 이상의 경우는 LS(선로 개폐기)를 사용하여야 한다.

(2) CB 1차 측에 CT와 PT를 시설하는 경우 표준 결선도

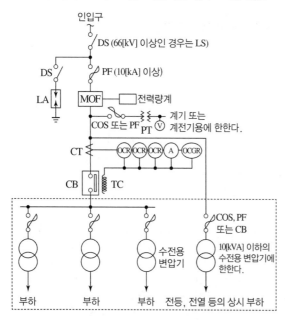

[주요 사항]

① 22.9[kV − Y], 1,000[kVA] 이하인 경우에는 간이 수전설비 결선도에 의할 수 있다.

② 결선도 중 점선 내의 부분은 참고용 예시이다.

③ LA용 DS는 생략이 가능하며 22.9[kV − Y]용의 LA는 반드시 Isolator(또는 Disconnector) 붙임형을 사용하여야 한다.

④ 차단기의 트립 전원은 직류(DC) 또는 콘덴서 방식(CTD)으로 하며 66[kV] 이상의 수전설비에는 반드시 직류(DC) 방식이어야 한다.

⑤ 인입선을 지중선으로 시설하는 경우에는 공동 주택 등 고장 시 정전의 피해가 특히 우려되는 곳은 예비 지중선을 포함하여 2회선으로 시설하는 것이 바람직하다.

⑥ 지중 인입선의 경우에 22.9[kV − Y] 계통은 CNCV−W 케이블(수밀형) 또는 TR CNCV−W(트리억제형)을 사용하여야 한다. 단, 전력구, 공동구, 덕트, 건물 구내 등 화재의 우려가 있는 장소에서는 FR CNCO−W(난연) 케이블을 사용하는 것이 바람직하다.

⑦ DS 대신 자동고장구분 개폐기(7,000[kVA] 초과 시에는 Sectionalizer)를 사용할 수 있으며 66[kV] 이상의 경우는 LS를 사용하여야 한다.

(3) CB 1차 측에 PT를, CB 2차 측에 CT를 시설하는 경우 표준 결선도

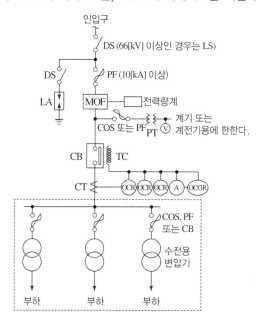

[주요 사항]

① 22.9[kV－Y], 1,000[kVA] 이하인 경우에는 간이 수전설비 결선도에 의할 수 있다.

② 결선도 중 점선 내의 부분은 참고용 예시이다.

③ LA용 DS는 생략이 가능하며 22.9[kV－Y]용의 LA는 반드시 Isolator(또는 Disconnector) 붙임형을 사용하여야 한다.

④ 차단기의 트립 전원은 직류(DC) 또는 콘덴서 방식(CTD)으로 하며 66[kV] 이상의 수전설비에는 반드시 직류(DC) 방식이어야 한다.

⑤ 인입선을 지중선으로 시설하는 경우에는 공동 주택 등 고장 시 정전의 피해가 특히 우려되는 곳은 예비 지중선을 포함하여 2회선으로 시설하는 것이 바람직하다.

⑥ 지중 인입선의 경우에 22.9[kV－Y] 계통은 CNCV-W 케이블(수밀형) 또는 TR CNCV-W(트리억제형)을 사용하여야 한다. 단, 전력구, 공동구, 덕트, 건물 구내 등 화재의 우려가 있는 장소에서는 FR CNCO-W(난연) 케이블을 사용하는 것이 바람직하다.

⑦ DS 대신 자동고장구분 개폐기(7,000[kVA] 초과 시에는 Sectionalizer)를 사용할 수 있으며 66[kV] 이상의 경우는 LS를 사용하여야 한다.

(4) $22.9[kV-Y]$, $1,000[kVA]$ 이하를 시설하는 경우 간이 수전설비 결선도

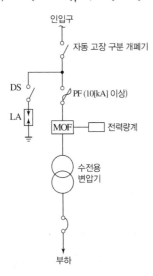

[주요 사항]

① LA용 DS는 생략이 가능하며 $22.9[kV-Y]$용의 LA는 반드시 Isolator(또는 Disconnector) 붙임형을 사용하여야 한다.

② 인입선을 지중선으로 시설하는 경우에는 공동 주택 등 고장 시 정전의 피해가 특히 우려되는 곳은 예비 지중선을 포함하여 2회선으로 시설하는 것이 바람직하다.

③ 지중 인입선의 경우에 $22.9[kV-Y]$ 계통은 CNCV-W 케이블(수밀형) 또는 TR CNCV-W(트리억제형)을 사용하여야 한다. 단, 전력구, 공동구, 덕트, 건물 구내 등 화재의 우려가 있는 장소에서는 FR CNCO-W(난연) 케이블을 사용하는 것이 바람직하다.

④ $300[kVA]$ 이하인 경우 PF 대신 COS(비대칭 차단 전류 $10[kA]$ 이상의 것)을 사용할 수 있다.

⑤ 간이 수전설비는 PF의 용단 등에 의한 결상 사고에 대한 대책이 없으므로 변압기 2차 측에 설치되는 주차단기에는 결상 계전기 등을 설치하여 결상 사고에 대한 보호 능력이 있도록 하는 것이 바람직하다.

5 차단기(CB: Circuit Breaker)

(1) 차단기의 역할

차단기는 부하 전류는 개폐하고, 고장 시에 발생하는 대전류를 신속하게 차단하여 고장 구간을 신속하게 건전 구간으로부터 분리시키는 역할을 수행한다.

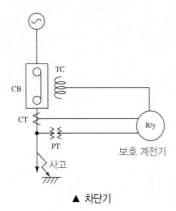

▲ 차단기

(2) 소호 원리에 따른 차단기의 종류

① 유입 차단기(OCB: Oil Circuit Breaker): 절연유가 고온 아크에 의해 발생하는 수소 가스의 높은 열
   전도도를 이용하여 아크를 냉각, 소호

② 자기 차단기(MBB: Magnetic Blow-out Circuit Breaker): 아크와 직각으로 자계를 주어 소호실
   내에 아크를 끌어 넣어 아크 전압을 증대시키고 또한 냉각하여 소호

③ 진공 차단기(VCB: Vacuum Circuit Breaker): 파센의 법칙에 의거하여 $10^{-4}[\text{Torr}]$ 이하의 진공 중
   으로 아크 금속 증기가 확산 후 전류 영점에서 아크 소호

④ 공기 차단기(ABB: Air Blast Circuit Breaker): 아크를 $10 \sim 30[\text{kg/cm}^2]$ 정도의 강력한 압축 공기
   로 불어서 소호

⑤ 가스 차단기(GCB: Gas Circuit Breaker): SF_6 가스의 소호 능력이 공기의 100배 성능임을 이용하여
   아크를 강력하게 흡습하여 소호(치환 효과)

(3) 육불화황(SF_6) 가스의 성질

① 물리·화학적 성질
   • 무색·무취·무독성 기체이다.
   • 안정도가 매우 높은 불활성 기체이다.
   • 비탄성 충돌한다.
   • $-60[℃]$에서 액화한다.(액화 방지 장치가 필요)

② 전기적 성질
   • 공기에 비해 절연 강도가 크다.(소호 능력이 공기의 약 100배)
   • 소호 능력이 우수하다.(아크의 시정수가 작아서 대전류 차단에 유리)
   • 절연 회복이 빠르다.
   • 가스의 성질이 우수하여 차단기가 소형화된다.
   • 전자 친화력이 크다.

(4) 차단기의 정격과 동작 책무

① 정격 전압(V_n)
   • 차단기에 가할 수 있는 사용 회로 전압의 최대 공급 전압을 말한다.
   • 차단기의 정격 전압은 선간 전압의 실효값으로 표시한다.
   • 계통의 공칭 전압(V)별 정격 전압(V_n)의 관계

공칭 전압	6.6[kV]	22.9[kV]	66[kV]	154[kV]	345[kV]	765[kV]
정격 전압	7.2[kV]	25.8[kV]	72.5[kV]	170[kV]	362[kV]	800[kV]

② 정격 전류(I_n)
   • 정격 전압, 정격 주파수에서 규정된 온도 상승 한도를 초과하지 않고 연속적으로 흘릴 수 있는 전류
     한도를 말한다.
   • 보통 교류 전류의 실효치로 나타낸다.

$$I_n = \frac{P}{\sqrt{3}\,V\cos\theta}[\text{A}]$$

③ 정격 차단 전류(I_s)
- 정격 전압, 정격 주파수에서 표준 동작책무에 따라 차단할 수 있는 전류 한도를 말한다.
- 직류 비율 20[%] 미만일 때 교류 성분 대칭분의 실효치로 [kA]로 표시

$$I_s = \frac{100}{\%Z} I_n = \frac{E}{Z}[\text{kA}]$$

④ 정격 차단 용량(P_s)
- 3상 단락사고 시 이를 차단할 수 있는 차단 용량 한도를 말한다.
- 정격 차단 용량 산출식
  - 정격 차단 전류가 주어진 경우

$$P_s = \sqrt{3}\, V_n I_s [\text{MVA}]$$

  - 퍼센트 임피던스(%Z)가 주어진 경우

$$P_s = \frac{100}{\%Z} P_n [\text{MVA}]$$

(P_n: 기준 용량[MVA], %Z: 전원 측으로부터 합성 임피던스)

⑤ 정격 투입 전류
- 규정된 표준 동작책무에 따라 투입할 수 있는 전류 한도를 말한다.
- 통상 정격 차단 전류 I_s(대칭 단락 전류)의 2.5배를 표준으로 한다.

⑥ 정격 차단 시간
- 정격 차단 전류(I_s)를 완전히 차단시키는 시간을 말한다.
- 보통 차단기의 정격 차단 시간이란 개극 시간과 아크 시간의 합을 말한다.
  - 개극 시간: 트립 코일(TC) 여자 순간부터 접촉자 분리 시까지의 시간
  - 아크 시간: 접촉자 분리 시부터 아크 소호까지의 시간
- 정격 차단 시간

정격 전압	25.8[kV]	170[kV]	362[kV]	800[kV]
정격 차단 시간	5[Hz]	3[Hz]	3[Hz]	2[Hz]

⑦ 차단기의 동작책무
차단기에 부과된 1 ~ 2회 이상의 투입, 차단 동작을 일정 시간 간격을 두고 행하는 일련의 동작을 규정한 것이다. 이를 전력 계통 특성에 맞게 표준화한 것을 '표준 동작책무'라고 한다.

6 단로기(DS: Disconnecting Switch)

(1) 단로기(DS)의 역할
① 단로기는 고압 이상의 전로에서 단독으로 선로의 접속 또는 분리하는 것을 목적으로, 무부하 시 선로를 개폐한다.
② 단로기는 차단기와 다르게 아크 소호 능력이 없기 때문에 부하 전류의 개폐를 하지 않는 것이 원칙이다.
③ 충전 전류는 개폐가 가능하다.(부하 전류, 사고 전류는 개폐 불가능)

(2) 접지 개폐기(ES: Earthing Switch)

① 전로를 점검·보수하기 위하여 전로를 대지에 접지시키는 개폐기이다.

② 전로의 충전 전류 또는 이상 시 유입되는 고장 전류를 안전하게 대지로 통전할 수 있는 충분한 용량을 갖추어야 한다.

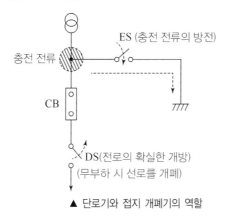

▲ 단로기와 접지 개폐기의 역할

7 전력 퓨즈(PF: Power Fuse)

(1) 전력 퓨즈(PF)의 역할

① 평상시에 부하 전류는 안전하게 통전시킨다.

② 이상 전류나 사고 전류(단락 전류)에 대해서는 즉시 차단시킨다.

(2) 한류형 퓨즈

단락 전류 차단 시 높은 아크 저항이 발생하여 사고 전류를 강제적으로 억제하여 차단하는 퓨즈

(3) 한류형 전력 퓨즈의 장단점

장점	단점
• 소형이면서 차단 용량이 크다.	• 재투입이 불가능하다.(가장 큰 단점)
• 한류 효과가 크다.	• 차단 시 과전압이 발생한다.
• 차단 시 무소음, 무방출이다.	• 과도 전류에 용단되기 쉽다.
• 고속도 차단할 수 있다.	• 용단되어도 차단하지 못하는 전류 범위가 있다.(비보호 영역이 있다)
• 소형, 경량이다.	
• 가격이 저렴하다.	• 동작 시간과 전류 특성을 자유롭게 조정할 수 없다.

(4) 퓨즈의 단점 보완 대책

① 결상 계전기 사용

② 사용 목적에 맞는 전용 전력 퓨즈 사용

③ 계통의 절연 강도를 퓨즈의 과전압 값보다 높게 설정

(5) 퓨즈의 주요 특성

    ① 용단 특성

    ② 단시간 허용 특성

    ③ 전차단 특성

(6) 퓨즈 구입 시 고려 사항

    ① 정격 전압

    ② 정격 전류

    ③ 정격 차단 전류

    ④ 사용 장소

(7) 퓨즈 선정 시 고려 사항

    ① 변압기 여자 돌입 전류에 동작하지 말 것

    ② 전동기와 충전기의 기동 전류에 동작하지 말 것

    ③ 과부하 전류에 동작하지 말 것

    ④ 타 보호기기와 보호 협조를 가질 것

(8) 고압 퓨즈의 규격

    ① 고압 전로에 사용하는 포장 퓨즈는 정격 전류의 1.3배의 전류에 견디고 2배의 전류에서 120분 이내에 용단되는 것이어야 한다.

    ② 고압 전로에 사용하는 비포장 퓨즈는 정격 전류의 1.25배의 전류에 견디고 2배의 전류에서 2분 이내에 용단되는 것이어야 한다.

(9) 퓨즈와 각종 개폐기 및 차단기와의 기능 비교

구분 \ 능력	회로 분리		사고 차단	
	무부하	부하	과부하	단락
퓨즈	○	×	×	○
차단기	○	○	○	○
개폐기	○	○	○	×
단로기	○	×	×	×
전자 접촉기	○	○	○	×

8 변류기(CT: Current Transformer)

(1) 변류기(CT)의 역할

    ① 고압 회로의 대전류를 소전류로 변성하여 측정 계기나 보호 계전기에 안전하게 공급하는 장치이다.

    ② 회로에 직렬로 접속하여 사용한다.

(2) 변류기의 변류비 선정

　① 변압기, 수전 회로

$$변류기\ 1차\ 전류 = \frac{P_1}{\sqrt{3}\ V_1 \cos\theta} \times (1.25 \sim 1.5)[\text{A}]$$

(단, $k = 1.25 \sim 1.5$: 변압기의 여자 돌입 전류를 감안한 여유도)

$$변류비 = \frac{I_1}{I_2}\ (단,\ 정격\ 2차\ 전류\ I_2 = 5[\text{A}])$$

　② 전동기 회로

$$변류기\ 1차\ 전류 = \frac{P_1}{\sqrt{3}\ V_1 \cos\theta} \times (2.0 \sim 2.5)[\text{A}]$$

(단, $k = 2.0 \sim 2.5$: 전동기의 기동 전류를 감안한 여유도)

　③ 계기용 변성기(PCT, MOF)

$$변류기\ 1차\ 전류 = \frac{P_1}{\sqrt{3}\ V_1 \cos\theta}[\text{A}]$$

(단, MOF에서는 이미 충분한 절연 설계가 되어 있어 여유를 두지 않는다.)

　④ 변류비 및 부담
　　• 1차 전류: 5, 10, 15, 20, 30, 40, 50, 75, 100, 150, 200, 300, 400, 500[A]
　　• 2차 전류: 5[A]
　　• 정격 부담: 5, 10, 15, 25, 40, 100[VA]

(3) 변류기의 결선 방식

　① 가동 접속(정상 접속)

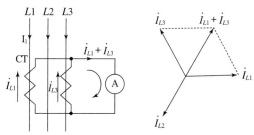

▲ CT의 가동 접속 결선

부하 전류: $I_1 =$ 전류계 Ⓐ의 지시값×CT 비
(단, I_1: 부하 전류[A], I_{L1}, I_{L2}, I_{L3}: CT 2차 전류[A])

② 차동 접속(교차 접속)

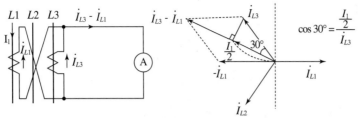

▲ CT의 차동 접속 결선

$$부하\ 전류\ I_1 = 전류계\ Ⓐ의\ 지시값 \times CT\ 비 \times \frac{1}{\sqrt{3}}[A]$$

$$(단,\ \dot{I}_{L3} - \dot{I}_{L1} : 전류계\ Ⓐ의\ 지시값[A])$$

(즉, Ⓐ의 지시값은 CT 2차 전류의 $\sqrt{3}$ 배 전류값 지시)

9 계기용 변압기(PT: Potential Transformer)

(1) 역할
고전압을 저전압으로 변성하여 측정 계기나 보호 계전기에 공급하는 장치이다.

(2) 권선 형태에 따른 PT의 종류
① 권선형: 1차, 2차 권선 모두 철심으로 제작되어 권수비에 따라 변압비 결정
② 결합 콘덴서형(CCPD)
  • 고압 측 주콘덴서로 결합 콘덴서를 사용, 1차 전압 분배 후 권선형 PT로 필요한 2차 전압 변성
  • 변성 특성 우수
③ 부싱 콘덴서형(BCPD)
  • 고압 측 주콘덴서로 부싱형 콘덴서 사용
  • 큰 2차 전압을 얻을 수 있으나 특성이 나쁘고 비경제적임

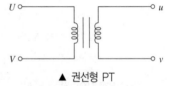

▲ 권선형 PT

(3) CT와 PT의 적용 시 차이점

항목	CT	PT
1차 측 접속	주회로에 직렬 접속	주회로에 병렬 접속
2차 측 접속	임피던스가 작은 부하	임피던스가 큰 부하
2차 정격 전류 및 전압	정격 전류 5[A]	정격 전압 110[V]
점검 시 주의점	2차 측 단락	2차 측 개방

10 특수 변성기

(1) 전력 수급용 계기용 변성기(MOF: Metering Out Fit)

 ① 계기용 변압기와 변류기를 조합하여 하나의 함 내에 수납한 것

 ② 전력 사용량을 측정하기 위해 적절하게 변압 및 변류시켜서 전력량계에 전달시켜 주는 장치

(2) 영상 변류기(ZCT: Zero-phase-sequence Current Transformer)

 지락 사고 시 지락 전류(영상 전류)를 검출하는 것으로 지락 계전기와 조합하여 차단기를 동작시킨다.

(3) 접지형 계기용 변압기(GPT: Grounding Potential Transformer)

 ① 지락 사고 시 영상 전압을 검출한다.

 ② 지락 과전압 계전기(OVGR)를 동작시키기 위해 설치한다.

11 자가 발전 설비

(1) 발전기의 용량 계산

 ① 단순 부하인 경우

$$P_{G_1} = \frac{\sum W_L \times L}{\cos\theta}[\text{kVA}]$$

 (단, $\sum W_L$: 부하 용량 합계[kW], L: 수용률, $\cos\theta$: 역률)

 ② 기동 용량이 큰 전동기 부하인 경우

$$P_{G_2} = \left(\frac{1}{e} - 1\right)X_d P_s[\text{kVA}]$$

 (단, e: 허용 전압강하(소수점), X_d: 발전기의 과도리액턴스(소수점), P_s: 기동 용량[kVA])

(2) 발전기와 부하 사이에 설치하는 기기

 ① 각 극에 개폐기 및 과전류차단기를 설치할 것

 ② 전압계는 각 상의 전압을 측정할 수 있도록 설치할 것

 ③ 전류계는 각 선의 전류를 측정할 수 있도록 설치할 것

(3) 발전기의 병렬 운전 조건

 ① 기전력의 크기가 같을 것

 ② 기전력의 위상이 같을 것

 ③ 기전력의 주파수가 같을 것

 ④ 기전력의 파형이 같을 것

 ⑤ 상회전 방향이 같을 것

12 무정전 전원 공급장치(UPS: Uninterruptible Power Supply)

(1) UPS의 역할

 선로의 정전이나 입력 전원에 이상 상태가 발생하였을 경우에도 정상적으로 전력을 부하 측에 공급하는 무정전 전원 장치이다.

(2) UPS의 구성

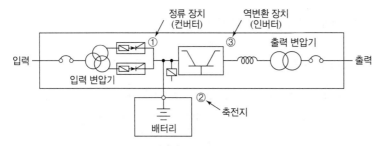

① 정류 장치(컨버터): 교류를 직류로 변환시킨다.

② 축전지: 직류 전력을 저장시킨다.

③ 역변환 장치(인버터): 직류를 교류로 변환시킨다.

(3) 비상 전원으로 사용되는 UPS의 블록 다이어그램

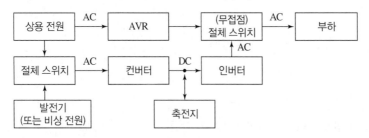

13 축전지

(1) 축전지 설비의 구성 요소

① 축전지

② 제어 장치

③ 보안 장치

④ 충전 장치

(2) 연축전지

① 화학 반응식

$$PbO_2 + 2H_2SO_4 + Pb \underset{충전}{\overset{방전}{\rightleftarrows}} PbSO_4 + 2H_2O + PbSO_4$$

- 양극: 이산화 연(PbO_2)

- 음극: 연(Pb)

- 전해액: 황산(H_2SO_4)

② 공칭 전압: 2.0[V/cell]

③ 공칭 용량: 10시간율[Ah]

④ 연축전지의 종류

- 클래드식(CS형: 완 방전형): 변전소 및 일반 부하에 사용, 부동 충전 전압 2.15[V/cell]

- 페이스트식(HS형: 급 방전형): UPS 설비 등의 대전류용에 사용, 부동 충전 전압 2.18[V/cell]

(3) 알칼리축전지

① 화학 반응식

$$2NiOOH + 2H_2O + Cd \underset{\text{충전}}{\overset{\text{방전}}{\rightleftarrows}} 2Ni(OH)_2 + Cd(OH)_2$$

- 양극: 수산화 니켈($Ni(OH)_2$)
- 음극: 카드뮴(Cd)
- 전해액: 수산화칼륨(KOH)

② 공칭 전압: 1.2[V/cell]

③ 공칭 용량: 5시간율[Ah]

④ 알칼리축전지의 장단점

장점	단점
• 수명이 길다.(연축전지의 3 ~ 4배) • 진동과 충격에 강하다. • 충전 및 방전 특성이 양호하다. • 방전 시 전압 변동이 작다. • 사용 온도 범위가 넓다.	• 연축전지보다 공칭 전압이 낮다. • 가격이 고가이다.

(4) 축전지 충전 방식

① 초기 충전 방식
- 축전지 제작 후 처음 충전하는 것이다.
- 축전지에 전해액을 넣지 않은 미충전 축전지에 전해액을 주입하여 행하는 충전 방식이다.

② 보통 충전 방식
- 일반적인 충전 방식이다.
- 필요할 때마다 표준 시간율로 소정의 전류로 충전하는 방식이다.

③ 부동 충전 방식
- 축전지의 자기 방전을 보충하는 충전 방식이다.
- 상용 부하에 대한 전력 공급은 충전기가 부담하고, 충전기가 공급하기 어려운 일시적인 대전류 부하에 대해서는 축전지로 하여금 부담하게 하는 방식이다.

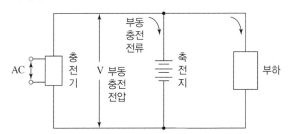

$$\text{충전기 2차 전류[A]} = \frac{\text{축전지 용량[Ah]}}{\text{정격 방전율[h]}} + \frac{\text{상시 부하 용량[VA]}}{\text{표준 전압[V]}}$$

④ 세류 충전 방식
- 자기 방전량만을 상시 충전시키는 방식이다.
- 부동 충전 방식의 일종이다.

⑤ 균등 충전 방식
  - 각 전해조에 일어나는 전위차를 보정하기 위해 충전하는 방식이다.
  - 1 ~ 3개월마다 1회 정전압으로 10 ~ 12시간씩 충전한다.
⑥ 급속 충전 방식
  - 비교적 단시간에 보통 전류의 2 ~ 3배의 전류로 충전시키는 방식이다.
  - 축전지 수명에는 바람직하지 못한 충전 방식이다.
⑦ 회복 충전 방식: 축전지의 가벼운 설페이션(Sulfation) 현상 등이 생겼을 때 기능 회복을 위하여 실시하는 충전 방식이다.

(5) 축전지의 설페이션(Sulfation) 현상
① 설페이션은 축전지 극판이 황산납의 결정체가 되는 것으로 축전지를 방전 상태로 장기간 방치하면 극판이 회백색의 불활성 물질로 덮이는 현상을 말한다.
② 설페이션 현상의 원인
  - 방전 전류가 큰 경우
  - 축전지를 장기간 방전 상태로 방치하였을 경우
  - 전해액의 비중이 너무 낮을 경우
  - 전해액의 부족으로 극판이 노출되었을 경우
  - 전해액에 불순물이 혼입되었을 경우
  - 불충분한 충전을 반복하였을 경우 등
③ 설페이션으로 인해 나타나는 현상
  - 극판이 회백색으로 변하고 극판이 휘어진다.
  - 충전 시 전해액의 온도 상승이 크고 비중 상승이 낮으며 가스의 발생이 심하다.

(6) 축전지의 용량 계산
① 축전지의 용량(C)은 다음의 식으로 구할 수 있다.

$$C = \frac{1}{L} KI [\text{Ah}]$$

(단, C: 축전지 용량[Ah], I: 방전 전류[A], L: 보수율, K: 용량 환산 시간 계수)

② 축전지 용량 계산 예

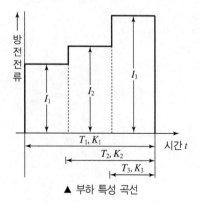

▲ 부하 특성 곡선

$$C = \frac{1}{L} \{ K_1 I_1 + K_2 (I_2 - I_1) + K_3 (I_3 - I_2) \} [\text{Ah}]$$

(단, 축전지 용량은 부하의 면적을 계산하여 구한다.)

(7) 직류 전원의 접지 유무 판별법

① 회로도

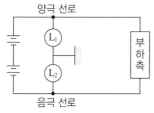

▲ 접지 유무 판정 회로

② 접지 판별법
- 양극 측 선로 접지 시: L_1은 소등, L_2는 밝아짐
- 음극 측 선로 접지 시: L_2는 소등, L_1은 밝아짐
- 양극 측, 음극 측 모두 접지 시: L_1, L_2 모두 소등

출제 유형 **3** (쓰리)

실기시험의 출제유형을 크게 단답형/공식형/복합형으로 나누어 각 유형에 따른 풀이에 적용해 보세요.
무료강의와 함께 하면 학습 소화력이 배가 됩니다.

- 단답형 문제
- 공식형 문제
- 복합형 문제

전기기사 실기 기출문제 풀이 학습 효율을 돋우기 위하여 본권을 펼치기 전 보는 비법노트

CHAPTER 01 **단답형 문제**

활용 방법
① QR 코드를 스캔하거나 에듀윌 도서몰(book.eduwill.net) › 동영상강의실 › [2024 전기기사 실기 20개년 기출문제집 무료특강] 검색
② 로그인 후 강좌 수강
③ 동영상 강의와 함께 본문을 학습

1 피뢰기

(1) 피뢰기의 구조 및 역할

① 피뢰기 구조

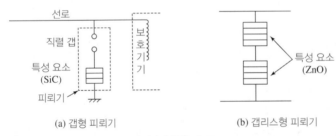

(a) 갭형 피뢰기   (b) 갭리스형 피뢰기

▲ 피뢰기의 종류 및 구조

- 직렬 갭: 뇌전류를 대지로 방전시키고 속류를 차단한다.
- 특성 요소: 뇌전류 방전 시 피뢰기 자신의 전위 상승을 억제하여 자신의 절연 파괴를 방지한다.

② 피뢰기의 역할
- 이상 전압이 침입해서 피뢰기의 단자 전압이 어느 일정값 이상으로 올라가면 즉시 방전을 개시해서 전압 상승을 억제한다.
- 이상 전압이 없어져서 단자 전압이 일정값 이하가 되면 즉시 방전을 정지해서 원래의 송전 상태로 되돌아가게 한다.(속류 차단)

(2) 피뢰기의 구비 조건
① 충격 방전개시전압이 낮을 것
② 상용주파 방전개시전압이 높을 것
③ 방전 내량이 크면서 제한 전압이 낮을 것
④ 속류의 차단 능력이 충분할 것

(3) 피뢰기의 설치 장소
① 발전소 및 변전소 또는 이에 준하는 장소의 가공전선 인입구 및 인출구
② 특고압 옥외 배전용 변압기의 고압 측 및 특고압 측
③ 고압 및 특고압 가공 전선로에서 공급받는 수용장소의 인입구
④ 가공전선로와 지중전선로가 접속되는 곳

낙뢰나 혼촉사고 등에 의하여 이상 전압이 발생하였을 때 선로와 기기를 보호하기 위하여 피뢰기를 설치한다. 전기설비기술기준에 의해 시설해야 하는 곳을 3개소를 쓰시오. [5점]

답안작성 • 발전소 및 변전소 또는 이에 준하는 장소의 가공전선 인입구 및 인출구
• 특고압 옥외 배전용 변압기의 고압 측 및 특고압 측
• 고압 및 특고압 가공전선로에서 공급받는 수용장소의 인입구

2 계기용 변성기(PT, CT) 사용 적산 전력계 결선도

배전 방식	변류기(CT) 사용	계기용 변압기(PT) 및 변류기(CT) 사용
단상 2선식		
단상 3선식 및 3상 3선식		
3상 4선식		

답안지의 그림은 3상 4선식 전력량계의 결선도를 나타낸 것이다. PT와 CT를 사용하여 미완성 부분의 결선도를
완성하시오.   [5점]

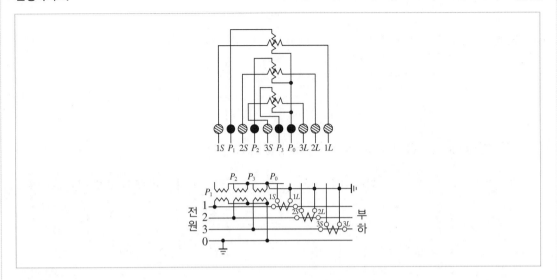

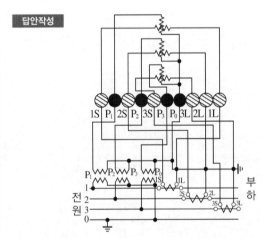

---

3 기본 명령에 의한 프로그램

(1) 입·출력 회로

① LOAD/OUT

STEP	명령어	번지
0	LOAD	P000
1	OUT	P010

② LOAD NOT/OUT

STEP	명령어	번지
0	LOAD NOT	P000
1	OUT	P010

(2) 직렬, 병렬 회로

① 직렬 - AND/AND NOT

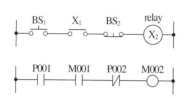

STEP	명령어	번지
0	LOAD	P001
1	AND	M001
2	AND NOT	P002
3	OUT	M002

② 병렬 - OR/OR NOT

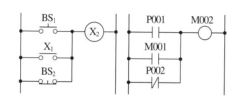

STEP	명령어	번지
0	LOAD	P001
1	OR	M001
2	OR NOT	P002
3	OUT	M002

(3) 타이머 회로의 프로그램

① TON(On Delay Timer: 시한 동작 타이머)

- 동작(기동) 입력을 준 후 설정 시간 t초가 지나면 타이머 접점이 동작하고, 복귀(정지) 입력을 주면 곧바로 타이머가 복귀하고 접점도 복귀하는 시한 동작 순시 복귀형이다.
- 설정 시간 〈DATA〉의 설정값은 0.1초 단위이고, 2step이 소요된다.

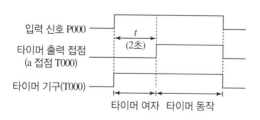

STEP	명령어	번지
0	LOAD	P000
1	TON	T000
2	〈DATA〉	20
3	LOAD	T000

다음과 같은 래더 다이어그램을 보고 PLC 프로그램을 완성하시오.(단, 타이머 설정 시간 t는 0.1초 단위이다.)

[4점]

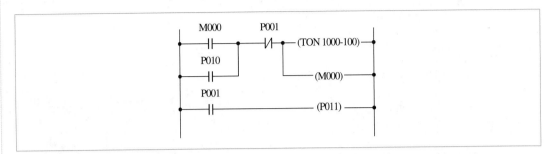

ADD	OP	DATA
0	LOAD	M000
1		
2		
3	TON	1000
4	DATA	100
5		
6		
7	OUT	P011
8	END	–

답안작성

ADD	OP	DATA
0	LOAD	M000
1	OR	P010
2	AND NOT	P001
3	TON	1000
4	DATA	100
5	OUT	M000
6	LOAD	P001
7	OUT	P011
8	END	–

4 전력 퓨즈(PF: Power Fuse)

(1) 전력 퓨즈(PF)의 역할

① 평상시에 부하 전류는 안전하게 통전시킨다.

② 이상 전류나 사고 전류(단락 전류)에 대해서는 즉시 차단시킨다.

(2) 전력 퓨즈의 장단점

장점	단점
• 소형이면서 차단 용량이 크다. • 한류 효과가 크다. • 차단 시 무소음, 무방출이다. • 고속도 차단할 수 있다. • 소형, 경량이다. • 가격이 저렴하다.	• 재투입이 불가능하다.(가장 큰 단점) • 차단 시 과전압이 발생한다. • 과도 전류에 용단되기 쉽다. • 용단되어도 차단하지 못하는 전류 범위가 있다.(비보호 영역이 있다.) • 동작 시간과 전류 특성을 자유롭게 조정할 수 없다.

(3) 퓨즈의 단점 보완 대책

① 결상 계전기 사용

② 사용 목적에 맞는 전용 전력 퓨즈 사용

③ 계통의 절연 강도를 퓨즈의 과전압 값보다 높게 설정

(4) 퓨즈의 주요 특성

① 용단 특성

② 단시간 허용 특성

③ 전차단 특성

(5) 퓨즈 구입 시 고려 사항

① 정격 전압

② 정격 전류

③ 정격 차단 전류

④ 사용 장소

(6) 퓨즈 선정 시 고려 사항

① 변압기 여자 돌입 전류에 동작하지 말 것

② 전동기와 충전기의 기동 전류에 동작하지 말 것

③ 과부하 전류에 동작하지 말 것

④ 타 보호기기와 보호 협조를 가질 것

대표기출문제

전력 퓨즈의 역할이 무엇인지 쓰시오. [4점]

답안작성 평상시의 부하 전류는 안전하게 통전하고, 단락 전류는 즉시 차단하여 계통을 보호한다.

5 조명 기구

(1) 배광에 따른 조명기구 종류
① 직접조명
② 반직접조명
③ 간접조명
④ 반간접조명
⑤ 전반확산조명

(2) 건축화 조명의 종류
① 다운라이트조명
② 광량조명
③ 코퍼조명
④ 핀홀라이트조명
⑤ 루버천장조명

대표기출문제

조명 기구를 배광에 따라 구분할 경우 종류 5가지를 나열하시오. [5점]

답안작성
- 직접 조명
- 반직접 조명
- 전반 확산 조명
- 반간접 조명
- 간접 조명

CHAPTER 02 | 공식형 문제

활용 방법
① QR 코드를 스캔하거나 에듀윌 도서몰(book.eduwill.net) 〉 동영상강의실 〉 [2024 전기기사 실기 20개년 기출문제집 무료특강] 검색
② 로그인 후 강좌 수강
③ 동영상 강의와 함께 본문을 학습

---

1 실지수 또는 방지수(RI: Room Index)

(1) 광속법에 의해 실내의 전등 조명 계산을 하는 경우, 조명 기구의 이용률(조명률) U를 구하기 위한 하나의 지수로 방의 모양에 의한 영향을 나타낸 것이다.

(2) 실지수 RI는 방의 폭 X[m], 길이 Y[m], 작업면에서 조명 기구까지의 높이 H[m]의 함수로 나타낸다.

(3) 실지수 계산식

$$RI = \frac{XY}{H(X+Y)}$$

(단, X: 방의 폭[m], Y: 방의 길이[m], H: 작업면에서 광원까지의 높이[m])

대표기출문제

방의 가로 길이가 10[m], 세로 길이가 8[m], 방바닥에서 천장까지의 높이가 4.85[m]인 방에서 조명기구를 천장에 직접 취부하고자 한다. 이 방의 실지수를 구하시오.(단, 작업면은 방바닥에서 0.85[m]이다.) [4점]

• 계산 과정:

• 답:

답안작성 • 계산 과정

작업면 실제 높이는 $H = 4.85 - 0.85 = 4$[m]이다.

∴ 실지수 $RI = \dfrac{XY}{H(X+Y)} = \dfrac{10 \times 8}{4 \times (10+8)} = 1.11$

• 답: 1.11

---

2 변압기 결선

(1) $\Delta - \Delta$ 결선의 출력

1대당 변압기 용량이 P[kVA]인 단상 변압기 3대를 $\Delta - \Delta$ 결선하여 운전 시 출력은 $P_\Delta = 3 \times EI = 3P$[kVA]이다.

(2) $V - V$ 결선의 출력

V 결선은 그림과 같이 선간 전압과 상전압이 $\sqrt{3}$ 배의 차이가 나므로 이때의 3상 출력은 다음과 같다.

$$P_V = \sqrt{3}\,EI = \sqrt{3}\,E \times \frac{P}{E} = \sqrt{3}\,P\,[\text{kVA}]$$

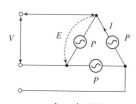

▲ $\Delta - \Delta$ 결선

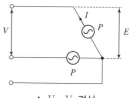

▲ $V - V$ 결선

$500[\mathrm{kVA}]$ 단상 변압기 3대를 3상 $\triangle - \triangle$ 결선으로 사용하고 있었는데 부하증가로 $500[\mathrm{kVA}]$ 예비 변압기 1대를 추가하여 공급한다면 몇 $[\mathrm{kVA}]$로 공급할 수 있는가? **[6점]**

• 계산 과정:

• 답:

답안작성 • 계산 과정
예비 변압기 1대를 추가하면 500[kVA]의 동일한 용량의 변압기가 총 4대이므로 $V-V$ 결선의 2뱅크가 된다.
따라서 $P_a = 2 \times P_v = 2 \times \sqrt{3}\,P = 2 \times \sqrt{3} \times 500 = 1{,}732.05[\mathrm{kVA}]$ 이다.
• 답: $1{,}732.05[\mathrm{kVA}]$

3 설비 불평형률

(1) 저압 수전의 단상 3선식

① 설비 불평형률

$$\frac{\text{중성선과 각 전압 측 전선 간에 접속되는 부하설비 용량}[\mathrm{kVA}]\text{의 차}}{\text{총 부하설비 용량}[\mathrm{kVA}] \times \dfrac{1}{2}} \times 100[\%]$$

② 단상 3선식의 설비 불평형률은 $40[\%]$ 이하이어야 한다.

(2) 저압, 고압 및 특고압 수전의 3상 3선식 또는 3상 4선식

① 설비 불평형률

$$\frac{\text{각 선간에 접속되는 단상 부하설비 용량의 최대와 최소의 차}}{\text{총 부하설비 용량}[\mathrm{kVA}] \times \dfrac{1}{3}} \times 100[\%]$$

② 3상 3선식 및 3상 4선식의 설비 불평형률은 $30[\%]$ 이하이어야 한다.(단, 다음에 해당하는 경우에는 예외로 한다.)
• 저압 수전에서 전용 변압기 등으로 수전하는 경우
• 고압 및 특고압 수전에서 $100[\mathrm{kVA}]$ 이하인 단상 부하의 경우
• 고압 및 특고압 수전에서 단상 부하 용량의 최대와 최소의 차가 $100[\mathrm{kVA}]$ 이하인 경우
• 특고압 수전에서 $100[\mathrm{kVA}]$ 이하의 단상 변압기 2대로 역V 결선하는 경우

다음 그림과 같은 3상 3선식 $380[\mathrm{V}]$ 수전의 경우 설비 불평형률[%]은 얼마인가? [5점]

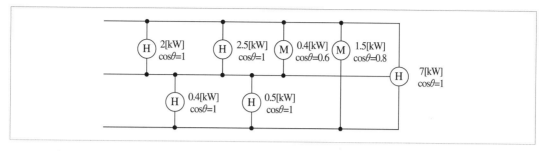

- 계산 과정:

- 답:

답안작성 • 계산 과정

$$\text{설비 불평형률} = \frac{\left(\dfrac{2}{1} + \dfrac{2.5}{1} + \dfrac{0.4}{0.6}\right) - \left(\dfrac{0.4}{1} + \dfrac{0.5}{1}\right)}{\left(\dfrac{2}{1} + \dfrac{2.5}{1} + \dfrac{0.4}{0.6} + \dfrac{0.4}{1} + \dfrac{0.5}{1} + \dfrac{1.5}{0.8} + \dfrac{7}{1}\right) \times \dfrac{1}{3}} \times 100 = 85.67[\%]$$

- 답: $85.67[\%]$

4 변압기 용량의 결정

(1) 합성 최대 전력 계산

$$\text{합성 최대 전력} = \frac{\text{각 부하의 최대 수용 전력의 합계}}{\text{부등률}}$$
$$= \frac{\text{설비 용량}[\mathrm{kVA}] \times \text{수용률}}{\text{부등률}}$$

(2) 변압기 용량 결정

① 변압기 용량은 위에서 구한 합성 최대 전력 이상인 용량으로 결정해야 한다.

② 즉, 변압기 용량$[\mathrm{kVA}] \geq$ 합성 최대 전력$[\mathrm{kVA}]$이어야 한다.

③ 전력용 3상 변압기 표준 용량$[\mathrm{kVA}]$: $5, 10, 15, 20, 30, 40, 50, 75, 100, 150, 200, 250, 300, 500,$ $750, 1,000$

④ 주상 변압기 표준 용량$[\mathrm{kVA}]$: $1,\ 2,\ 3,\ 5,\ 7.5,\ 10,\ 15,\ 20,\ 25,\ 30,\ 40,\ 50$

어떤 부하설비의 최대 수용 전력이 각각 $200[\text{W}]$, $300[\text{W}]$, $800[\text{W}]$, $1{,}200[\text{W}]$, $2{,}500[\text{W}]$이고, 각 부하 간의 부등률이 1.14, 종합 부하 역률은 $90[\%]$일 경우의 변압기 용량을 결정하시오. [5점]

변압기 표준 용량[kVA]												
1	2	3	5	7.5	10	15	20	30	50	100	150	200

• 계산 과정:

• 답:

답안작성 • 계산 과정

변압기 용량 $P_a = \dfrac{200+300+800+1{,}200+2{,}500}{1.14 \times 0.9} \times 10^{-3} = 4.87[\text{kVA}]$

• 답: $5[\text{kVA}]$

5 송·배전선로에 흐르는 전류에 의한 영향

(1) 전압강하

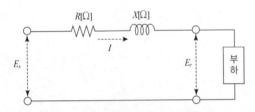

▲ 단거리 송선선로의 등가 회로

① 송·배전선로에 전류가 흐르면 선로의 저항 $R[\Omega]$과 유도성 리액턴스 $X[\Omega]$에 의해 전압의 저하가 발생하는데, 이를 전압강하라고 한다.

② 선로에서 발생하는 전압강하

• 단상 선로: $e = V_s - V_r = I(R\cos\theta + X\sin\theta)[\text{V}]$

(단, V_s: 송전단 선간 전압[kV], V_r: 수전단 선간 전압[kV], I: 부하 전류[A], R: 전선의 저항[Ω] X: 전선의 리액턴스[Ω], $\cos\theta$: 부하 측의 역률, $\sin\theta$: 무효율)

• 3상 선로: $e = V_s - V_r = \sqrt{3}\,I(R\cos\theta + X\sin\theta)[\text{V}] = \dfrac{P_r}{V_r}(R + X\tan\theta)[\text{V}]$

3상 배전선로의 말단에 늦은 역률 $80[\%]$인 평형 3상의 집중 부하가 있다. 변전소 인출구의 전압이 $6{,}600[\text{V}]$인 경우 부하의 단자 전압을 $6{,}000[\text{V}]$ 이하로 떨어뜨리지 않으려면 부하 전력[kW]은 얼마인가?(단, 전선 1선의 저항은 $1.4[\Omega]$, 리액턴스 $1.8[\Omega]$으로 하고 그 이외의 선로 정수는 무시한다.) [4점]

• 계산 과정:

• 답:

• 계산 과정

$$e = \frac{P_r}{V_r}(R + X\tan\theta) \, [\text{V}] \, \text{에서}$$

$$P_r = \frac{e \times V_r}{R + X\tan\theta} = \frac{(6,600 - 6,000) \times 6,000}{1.4 + 1.8 \times \dfrac{0.6}{0.8}} \times 10^{-3} = 1,309.09[\text{kW}]$$

• 답: $1,309.09[\text{kW}]$

CHAPTER 03   복합형 문제

활용 방법

① QR 코드를 스캔하거나 에듀윌 도서몰(book.eduwill.net) 〉 동영상강의실 〉 [2024 전기기사 실기 20개년 기출문제집 무료특강] 검색

② 로그인 후 강좌 수강

③ 동영상 강의와 함께 본문을 학습

---

1   접지저항 측정

(1) 콜라우시 브리지법에 의한 접지저항 측정

① 접지극의 접지저항값 산출식

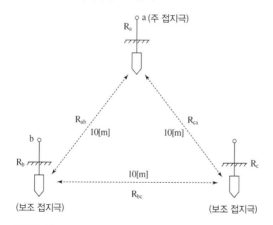

$$R_a = \frac{1}{2}(R_{ab} + R_{ca} - R_{bc})[\Omega]$$

$$R_b = \frac{1}{2}(R_{ab} + R_{bc} - R_{ca})[\Omega]$$

$$R_c = \frac{1}{2}(R_{bc} + R_{ca} - R_{ab})[\Omega]$$

접지저항을 측정하고자 한다. 다음 각 물음에 답하시오. [6점]

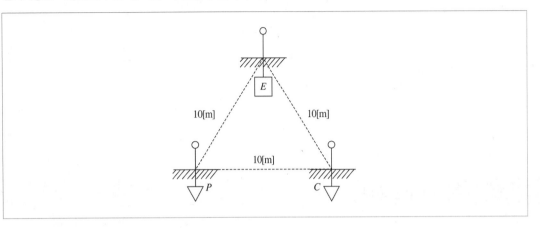

(1) 접지저항을 측정하기 위하여 사용되는 계기는 무엇인가?

(2) 그림의 접지저항측정 방법은 무엇인가?

(3) 그림과 같이 본접지 E에 제1보조접지 P, 제2보조접지 C를 설치하여 본접지 E의 접지저항을 측정하려고 한다. 본 접지 E의 접지저항은 몇 $[\Omega]$인가?(단, 본접지와 P 사이의 저항값은 86$[\Omega]$, 본접지와 C 사이의 접지저항값은 92$[\Omega]$, P와 C 사이의 접지저항값은 160$[\Omega]$이다.)
- 계산 과정:
- 답:

답안작성 (1) 어스테스터
(2) 콜라우시 브리지에 의한 3극 접지저항 측정법
(3) • 계산과정
$$R_E = \frac{1}{2}\left(R_{EP} + R_{CE} - R_{PC}\right) = \frac{1}{2} \times (86 + 92 - 160) = 9[\Omega]$$
• 답: 9$[\Omega]$

2 조명 설계

(1) 실지수 또는 방지수(RI: Room Index)

① 광속법에 의해 실내의 전등 조명 계산을 하는 경우, 조명 기구의 이용률(조명률) U를 구하기 위한 하나의 지수로 방의 모양에 의한 영향을 나타낸 것이다.

② 실지수 RI는 방의 폭 X[m], 길이 Y[m], 작업면에서 조명 기구까지의 높이 H[m]의 함수로 나타낸다.

③ 실지수 계산식

$$\text{RI} = \frac{XY}{H(X+Y)}$$

(단, X: 방의 폭[m], Y: 방의 길이[m], H: 작업면에서 광원까지의 높이[m])

(2) 심벌

명칭	그림 기호	적요
형광등		• 용량을 표시하는 경우는 램프의 크기(형)×램프 수로 표시한다. 또 용량 앞에 F를 붙인다. [보기] F40　　　　F40×2 • 용량 외에 기구 수를 표시하는 경우는 램프의 크기(형)×램프 수 − 기구 수로 표시한다. [보기] F40-2　　　　F40×2-3

(3) 등의 개수(N) 산출

$$FUN = EAD$$

(단, F: 광속[lm], U: 조명률, N: 사용하는 등의 개수, E: 조도[lx], A: 방의 면적[m²], D: 감광 보상률($= \dfrac{1}{M}$),

M: 보수율(유지율))

대표기출문제

가로 $10[\text{m}]$, 세로 $14[\text{m}]$, 천장 높이 $2.75[\text{m}]$, 작업면 높이 $0.75[\text{m}]$인 사무실에 천장 직부 형광등 $F32 \times 2$를 설치하려고 한다. [8점]

(1) 이 사무실의 실지수는 얼마인가?
  • 계산 과정:
  • 답:

(2) $F32 \times 2$의 심벌을 그리시오.

(3) 이 사무실의 작업면 조도를 $250[\text{lx}]$, 천장 반사율 $70[\%]$, 벽 반사율 $50[\%]$, 바닥 반사율 $10[\%]$, $32[\text{W}]$ 형광등 1등의 광속 $3,200[\text{lm}]$, 보수율 $70[\%]$, 조명율 $50[\%]$로 한다면 이 사무실에 필요한 소요 등기구 수는 몇 등인가?
  • 계산 과정:
  • 답:

답안작성 (1) • 계산 과정

$$RI = \frac{XY}{H(X+Y)} = \frac{10 \times 14}{(2.75 - 0.75) \times (10 + 14)} = 2.92 \text{이다.}$$

  • 답: 2.92

(2)

F32×2

(3) • 계산 과정

$$FUN = EAD \text{에서} \quad N = \frac{250 \times (10 \times 14) \times \dfrac{1}{0.7}}{(3,200 \times 2) \times 0.5} = 15.63 \text{이므로 } F32 \times 2 \ 16[\text{등}]\text{이 필요하다.}$$

  • 답: 16[등]

3 변전설비

(1) 수용률

① 수용설비가 동시에 사용되는 정도를 나타낸다.

② 변압기 등의 적정한 공급설비 용량을 파악하기 위해 사용된다.

$$수용률 = \frac{최대\ 수용\ 전력[kW]}{부하설비\ 합계[kW]} \times 100[\%]$$

(2) 부하율

① 공급설비가 어느 정도 유용하게 사용되는지를 나타낸다.

② 부하율이 클수록 공급설비가 그만큼 유효하게 사용된다는 것을 뜻한다.

$$부하율 = \frac{평균\ 수용\ 전력[kW]}{최대\ 수용\ 전력[kW]} \times 100[\%]$$

(3) 부등률

① 부하의 최대 수용 전력의 발생 시간이 서로 다른 정도를 나타낸다.

② 부등률이 클수록 최대 전력을 소비하는 기기의 사용 시간대가 서로 다르다는 것을 의미하므로 그만큼 유리하다.

$$부등률 = \frac{각\ 부하의\ 최대\ 수용\ 전력의\ 합계[kW]}{합성\ 최대\ 전력[kW]} \geq 1$$

대표기출문제

어느 변전소에서 그림과 같은 일부하 곡선을 가진 3개의 부하 A, B, C의 수용가에 있을 때 다음 각 물음에 답하시오.(단, 부하 A, B, C의 평균전력은 각각 4,500[kW], 2,400[kW], 900[kW]라 하고 역률은 각각 100[%], 80[%], 60[%]라 한다.) [10점]

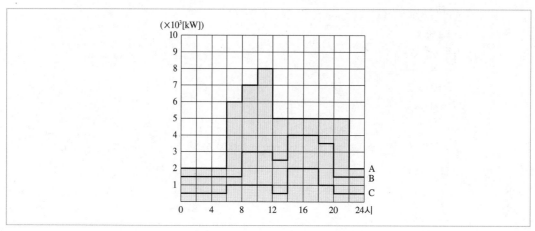

(1) 합성최대전력[kW]을 구하시오.
- 계산 과정:
- 답:

(2) 종합 부하율[%]을 구하시오.
- 계산 과정:
- 답:

(3) 부등률을 구하시오.
- 계산 과정:
- 답:

(4) 최대 부하 시의 종합역률[%]을 구하시오.
- 계산 과정:
- 답:

(5) A수용가에 관한 다음 물음에 답하시오.
① 첨두부하는 몇 [kW]인가?
② 지속첨두부하가 되는 시간은 몇 시부터 몇 시까지인가?

답안작성 (1) • 계산 과정

합성최대전력 $= (8+3+1) \times 10^3 = 12,000 [\text{kW}]$

- 답: $12,000 [\text{kW}]$

(2) • 계산 과정

종합 부하율 $= \dfrac{\text{각 평균전력의 합}}{\text{합성최대전력}} = \dfrac{4,500+2,400+900}{12,000} \times 100 = 65 [\%]$

- 답: $65 [\%]$

(3) • 계산 과정

부등률 $= \dfrac{\text{각 수용가의 최대전력의 합}}{\text{합성최대전력}} = \dfrac{(8+4+2) \times 10^3}{12 \times 10^3} = 1.17$

- 답: 1.17

(4) • 계산 과정

A수용가 유효전력 $= 8,000 [\text{kW}]$

A수용가 무효전력 $= 0 [\text{kVar}] (\because \cos\theta = 1)$

B수용가 유효전력 $= 3,000 [\text{kW}]$

B수용가 무효전력 $= 3,000 \times \dfrac{0.6}{0.8} = 2,250 [\text{kVar}]$

C수용가 유효전력 $= 1,000 [\text{kW}]$

C수용가 무효전력 $= 1,000 \times \dfrac{0.8}{0.6} = 1,333.33 [\text{kVar}]$

유효전력 합계 $= 8,000 + 3,000 + 1,000 = 12,000 [\text{kW}]$

무효전력 합계 $= 0 + 2,250 + 1,333.33 = 3,583.33 [\text{kVar}]$

$\therefore$ 종합 역률 $= \dfrac{12,000}{\sqrt{12,000^2 + 3,583.33^2}} \times 100 = 95.82 [\%]$

- 답: $95.82 [\%]$

(5) ① $8,000 [\text{kW}]$
② 10시~12시

4 수변전설비

(1) 차단기

① 정격 전압(V_n)

- 차단기에 가할 수 있는 사용 회로 전압의 최대 공급 전압을 말한다.
- 차단기의 정격 전압은 선간 전압의 실효값으로 표시한다.
- 계통의 공칭 전압(V)별 정격 전압(V_n)의 관계

공칭 전압	6.6[kV]	22.9[kV]	66[kV]	154[kV]	345[kV]	765[kV]
정격 전압	7.2[kV]	25.8[kV]	72.5[kV]	170[kV]	362[kV]	800[kV]

② 정격 전류(I_n)

- 정격 전압, 정격 주파수에서 규정된 온도 상승 한도를 초과하지 않고 연속적으로 흘릴 수 있는 전류 한도를 말한다.
- 보통 교류 전류의 실효치로 나타낸다.

$$I_n = \frac{P}{\sqrt{3}\,V\cos\theta}[\text{A}]$$

③ 정격 차단전류(I_s)

- 정격 전압, 정격 주파수에서 표준 동작책무에 따라 차단할 수 있는 전류 한도를 말한다.
- 직류 비율 20[%] 미만일 때 교류 성분 대칭분의 실효치로 [kA]로 표시

$$I_s = \frac{100}{\%Z}I_n = \frac{E}{Z}[\text{kA}]$$

④ 정격 차단용량(P_s)

- 3상 단락사고 시 이를 차단할 수 있는 차단용량 한도를 말한다.
- 정격 차단용량 산출식
  - 정격 차단전류가 주어진 경우

  $$P_s = \sqrt{3}\,V_n I_s [\text{MVA}]$$

  - 퍼센트 임피던스(%Z)가 주어진 경우

  $$P_s = \frac{100}{\%Z}P_n [\text{MVA}]$$

  (P_n: 기준 용량[MVA], %Z: 전원 측으로부터 합성 임피던스)

(2) 변류기의 변류비 선정

① 변압기, 수전 회로

$$\text{변류기 1차 전류} = \frac{P_1}{\sqrt{3}\,V_1\cos\theta} \times (1.25 \sim 1.5)[\text{A}]$$

(단, $k = 1.25 \sim 1.5$: 변압기의 여자 돌입 전류를 감안한 여유도)

$$\text{변류비} = \frac{I_1}{I_2}(\text{단, 정격 2차 전류 } I_2 = 5[\text{A}])$$

(3) 접지형 계기용 변압기(GPT)

① 지락 사고 시 영상 전압을 검출한다.

② 지락 과전압 계전기(OVGR)를 동작시키기 위해 설치한다.

(4) 피뢰기의 정격 전압

① 피뢰기 방전 후 속류를 차단할 수 있는 전압을 말한다.

② 정격 전압의 계산

$$V = \alpha\beta V_m \, [\text{kV}]$$

(단, α: 접지 계수, β: 여유 계수, V_m: 계통 최고 전압)

③ 적용 장소별 피뢰기 정격 전압

전력 계통		피뢰기 정격 전압[kV]	
전압[kV]	중성점 접지 방식	변전소	배전 선로
345	유효접지	288	–
154	유효접지	144	–
66	PC 접지 또는 비접지	72	–
22	PC 접지 또는 비접지	24	–
22.9	3상 4선 다중접지	21	18

대표기출문제

도면은 어떤 배전용 변전소의 단선 결선도이다. 이 도면과 주어진 조건을 이용하여 다음 각 물음에 답하시오.

[12점]

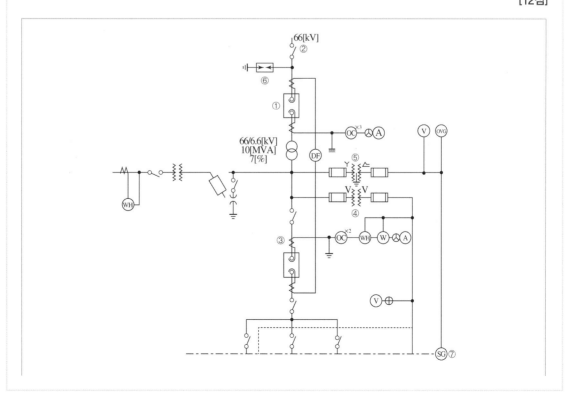

[조건]

- 주변압기의 정격은 1차 정격 전압 66[kV], 2차 정격 전압 6.6[kV], 정격 용량은 3상 10[MVA]라고 한다.
- 주변압기의 1차 측(즉, 1차 모선)에서 본 전원 측 등가 임피던스는 100[MVA] 기준으로 16[%]이고, 변압기의 내부 임피던스는 자기 용량 기준으로 7[%]라고 한다.
- 각 Feeder에 연결된 부하는 거의 동일하다고 한다.
- 차단기의 정격 차단용량, 정격 전류, 단로기의 정격 전류, 변류기의 1차 정격 전류 표준은 다음과 같다.

정격 전압[kV]	공칭 전압[kV]	정격 차단용량[MVA]	정격 전류[A]	정격 차단시간[Hz]
7.2	6.6	25	200	5
		50	400, 600	5
		100	400, 600, 800, 1,200	5
		150	400, 600, 800, 1,200	5
		200	600, 800, 1,200	5
		250	600, 800, 1,200, 2,000	5
72.5	66	1,000	600, 800	3
		1,500	600, 800, 1,200	3
		2,500	600, 800, 1,200	3
		3,500	800, 1,200	3

- 단로기 또는 선로 개폐기 정격 전류의 표준 규격
  72.5[kV] : 600[A], 1,200[A]
  7.2[kV] 이하 : 400[A], 600[A], 1,200[A], 2,000[A]
- CT 1차 정격 전류 표준 규격(단위 : [A])
  50, 75, 100, 150, 200, 300, 400, 600, 800, 1,200, 1,500, 2,000
- CT 2차 정격 전류는 5[A], PT의 2차 정격 전압은 110[V]이다.

(1) 차단기 ①에 대한 정격 차단용량과 정격 전류를 산정하시오.
- 계산 과정:
- 답:

(2) 선로 개폐기 ②에 대한 정격 전류를 산정하시오.
- 계산 과정:
- 답:

(3) 변류기 ③에 대한 1차 정격 전류를 산정하시오.
- 계산 과정:
- 답:

(4) PT ④에 대한 1차 정격 전압은 얼마인가?

(5) ⑤로 표시된 기기의 명칭은 무엇인가?

(6) 피뢰기 ⑥에 대한 정격 전압은 얼마인가?

(7) ⑦의 역할을 간단히 설명하시오.

답안작성 (1) • 계산 과정

$$P_s = \frac{100}{\%Z} P_n = \frac{100}{16} \times 100 = 625 [\text{MVA}] \quad \rightarrow \text{차단 용량은 표에서 } 1,000 [\text{MVA}] \text{ 선정}$$

$$I_n = \frac{P}{\sqrt{3}\,V} = \frac{10 \times 10^3}{\sqrt{3} \times 66} = 87.48 [\text{A}] \quad \rightarrow \text{정격 전류는 표에서 } 600 [\text{A}] \text{ 선정}$$

• 답: 차단 용량 1,000[MVA], 정격 전류: 600[A]

(2) • 계산 과정

$$I_n = \frac{P}{\sqrt{3}\,V} = \frac{10 \times 10^3}{\sqrt{3} \times 66} = 87.48 [\text{A}] \rightarrow \text{문제 조건에서 } 600 [\text{A}] \text{ 선정}$$

• 답: 600[A]

(3) • 계산 과정

$$I_n = \frac{P}{\sqrt{3}\,V} \times k = \frac{10 \times 10^3}{\sqrt{3} \times 6.6} \times (1.25 \sim 1.5) = 1,093.47 \sim 1,312.16 [\text{A}] \rightarrow \text{표에서 } 1,200 [\text{A}] \text{ 선정}$$

• 답: 1,200[A]

(4) 6,600[V]

(5) 접지형 계기용 변압기

(6) 72[kV]

(7) 다회선 배전선로에서 지락사고 시 지락회선을 선택 차단

여러분의 작은 소리
에듀윌은 크게 듣겠습니다.

본 교재에 대한 여러분의 목소리를 들려주세요.
공부하시면서 어려웠던 점, 궁금한 점,
칭찬하고 싶은 점, 개선할 점, 어떤 것이라도 좋습니다.

에듀윌은 여러분께서 나누어 주신 의견을
통해 끊임없이 발전하고 있습니다.

에듀윌 도서몰 book.eduwill.net
• 부가학습자료 및 정오표: 에듀윌 도서몰 → 도서자료실
• 교재 문의: 에듀윌 도서몰 → 문의하기 → 교재(내용, 출간) / 주문 및 배송

2024 에듀윌 전기기사 실기 20개년 기출문제집

발 행 일	2024년 03월 28일 초판
편 저 자	에듀윌 전기수험연구소
펴 낸 이	양형남
펴 낸 곳	(주)에듀윌
등록번호	제25100-2002-000052호
주 소	08378 서울특별시 구로구 디지털로34길 55 코오롱싸이언스밸리 2차 3층

* 이 책의 무단 인용 · 전재 · 복제를 금합니다.

www.eduwill.net
대표전화 1600-6700

핵심이론만 싹!
출제 유형 3(쓰리)

에듀윌
전기기사
실기 20개년 기출문제집

펴낸곳 (주)에듀윌　**펴낸이** 양형남　**출판총괄** 오용철　**에듀윌 대표번호** 1600-6700
주소 서울시 구로구 디지털로 34길 55 코오롱싸이언스밸리 2차 3층　**등록번호** 제25100-2002-000052호

고객의 꿈, 직원의 꿈, 지역사회의 꿈을 실현한다

에듀윌 도서몰
book.eduwill.net

- 부가학습자료 및 정오표: 에듀윌 도서몰 > 도서자료실
- 교재 문의: 에듀윌 도서몰 > 문의하기 > 교재(내용, 출간) / 주문 및 배송

전기기사 6주 플래너

기출 중심의 3회독 합격 시스템
6주 플래너로 완전 정복!

WEEK	DAY	학습내용	공부한 날	완료
1 WEEK	DAY 1	핵심이론만 싹!	_월_일	☐
	DAY 2	출제유형 3 무료특강 1~4강	_월_일	☐
	DAY 3	출제유형 3 무료특강 5~7강	_월_일	☐
	DAY 4	출제유형 3 무료특강 8~10강	_월_일	☐
	DAY 5	2023년 기출 문제 풀이	_월_일	☐
	DAY 6	2022년 기출 문제 풀이	_월_일	☐
2 WEEK	DAY 7	2021년 기출 문제 풀이	_월_일	☐
	DAY 8	2020년 기출 문제 풀이	_월_일	☐
	DAY 9	2019년 기출 문제 풀이	_월_일	☐
	DAY 10	2018년 기출 문제 풀이	_월_일	☐
	DAY 11	2017년 기출 문제 풀이	_월_일	☐
	DAY 12	2016년 기출 문제 풀이	_월_일	☐
3 WEEK	DAY 13	2015년 기출 문제 풀이	_월_일	☐
	DAY 14	2014년 기출 문제 풀이	_월_일	☐
	DAY 15	2013~2012년 기출 문제 풀이	_월_일	☐
	DAY 16	2011~2010년 기출 문제 풀이	_월_일	☐
	DAY 17	2009~2008년 기출 문제 풀이	_월_일	☐
	DAY 18	2007~2006년 기출 문제 풀이	_월_일	☐

WEEK	DAY	학습내용	공부한 날	완료
4 WEEK	DAY 19	2005~2004년 기출 문제 풀이 1회독 완료	_월_일	☐
	DAY 20	기출 오답 전체 풀이	_월_일	☐
	DAY 21	기출 오답 전체 풀이	_월_일	☐
	DAY 22	2023~2021년 기출 문제 풀이	_월_일	☐
	DAY 23	2020~2018년 기출 문제 풀이	_월_일	☐
	DAY 24	2017~2015년 기출 문제 풀이	_월_일	☐
5 WEEK	DAY 25	2014~2012년 기출 문제 풀이	_월_일	☐
	DAY 26	2011~2009년 기출 문제 풀이	_월_일	☐
	DAY 27	2008~2006년 기출 문제 풀이	_월_일	☐
	DAY 28	2005~2004년 기출 문제 풀이 2회독 완료	_월_일	☐
	DAY 29	기출 오답 전체 풀이	_월_일	☐
	DAY 30	기출 오답 전체 풀이	_월_일	☐
6 WEEK	DAY 31	2023~2020년 기출 문제 풀이	_월_일	☐
	DAY 32	2019~2016년 기출 문제 풀이	_월_일	☐
	DAY 33	2015~2012년 기출 문제 풀이	_월_일	☐
	DAY 34	2011~2008년 기출 문제 풀이	_월_일	☐
	DAY 35	2007~2004년 기출 문제 풀이 3회독 완료	_월_일	☐
	DAY 36	기출 오답 전체 풀이	_월_일	☐

※ 빈출 암기 카드는 매일 기출 문제 풀이와 병행하여 학습해주어야 합니다!

빈출 암기 카드
바로가기

에듀윌이
너를
지지할게

ENERGY

세상을 움직이려면
먼저 나 자신을 움직여야 한다.

– 소크라테스(Socrates)

ISSUE
전기설비기술기준 & KEC 용어표준화 및 국문순화

어떻게 변했는가?

- 산업통상자원부에서 전기설비기술기준 및 한국전기설비규정(KEC) 내 일본식 한자, 어려운 축약어, 외래어 등의 순화에 관한 사항을 2023년 10월 12일에 공고하였습니다.
- 용어표준화 및 국문순화는 공고 즉시 시행하였으며 순화된 용어는 총 177개입니다. 순화 대상이 된 용어는 앞으로 전기기사 시험에 반영되어 출제 될 것으로 전망됩니다.

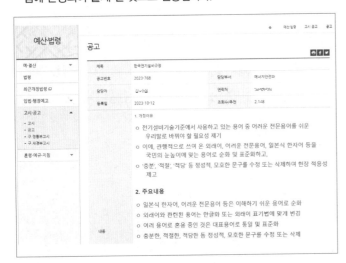

*산업통상자원부 고시 제 2023-197호(전기설비기술기준 변경)
*산업통상자원부 공고 제 2023-768호(한국전기설비규정 변경)

*용어표준화 및 국문순화 대상

용어 변경에 따른 학습의 방향

- 2024년 제1회 시험부터 용어 변경이 적용되더라도 바로 반영되지 않을 수도 있습니다.
- 그러나 전기설비기술기준, 한국전기설비규정(KEC)에는 순화된 용어로 개정되었으므로 시험 문제와 조건 등이 변경될 가능성이 있습니다.
- 따라서 변경전 용어로 학습하되 변경된 용어가 무엇이었는지 PDF를 통해 함께 학습하시면 더욱 완벽하게 시험 대비를 할 수 있습니다.

* KEC 용어 표준화 및 국문순화 신구 비교표 PDF 무료 제공

에듀윌 도서몰(http://book.eduwill.net) > 도서자료실 > 부가학습자료 > 검색창에 '전기기사 실기' 검색

QR 코드를 통해
빠르게 입장하세요!

에듀윌 전기기사

실기 최신 10개년 기출문제

선택의 이유

1 20개년 기출문제 전문가와 학습자가 함께 고민하며 만든 쉬운 해설

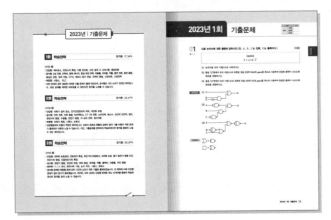

❶ **회차별 합격률 및 난이도**

각 회차별 체감 난이도 확인이 가능합니다.

❷ **문항별 추가 해설**

상세한 풀이를 보고 수월한 독학이 가능합니다.

❸ **빈출 별표 표시**

빈출 위주의 문제 학습이 가능합니다.

2 핵심이론만 싹! 출제 유형 3(쓰리) 합격을 더욱 쉽게 만들어주는 학습자료

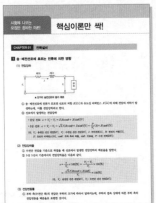

❶ **핵심이론 싹!**

시험에 나오는 중요한 이론을 모았습니다.

❷ **출제 유형 3(쓰리)**

유형별 개념 및 문제 풀이에 익숙해질 수 있습니다.

3 무료특강 최신 3개년 기출 + 출제 유형 3(쓰리)

[무료특강]
전기기사 실기
20개년 기출문제집

❶ 최신 3개년 기출 강의

전기기사 최신 트랜드와 가장 가까운 3개년 기출강의를 통해 최신 기출 경향을
쉽게 파악할 수 있습니다.

❷ 출제 유형 3(쓰리) 강의

공식형/단답형/복합형 각 유형에 대한 접근법을 배울 수 있습니다. 또한 핵심이론
노트에서 학습한 이론이 실제 문제에 적용되는 방법을 이해할 수 있습니다.

4 빈출 암기 카드 언제 어디서든 효율적인 단답 암기

eduwill
전기기사 실기 20개년 기출문제집
암 기 카 드

생활 밀착 학습 가능

QR코드를 통해 빈출 암기 카드를 다운받으면 언제 어디서든 모바일로 단답형 암기
학습이 가능합니다.

빈출 암기 카드

교재 설명서

핵심이론만 싹! 출제 유형 3(쓰리) ｜ 본문 시작 전! 적응력을 높여주는 **비법 노트**

시험에 나오는
요점만 정리한 이론!

핵심이론만 싹!

CHAPTER 01 전력설비

1 송·배전선로에 흐르는 전류에 의한 영향

❶ (1) 전압강하

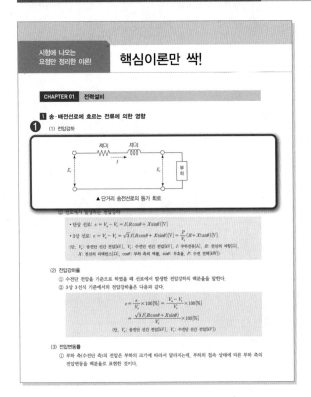

▲ 단거리 송전선로의 등가 회로

② 선로에서 발생하는 전압강하

- 단상 선로: $e = V_s - V_r = I(R\cos\theta + X\sin\theta)$ [V]
- 3상 선로: $e = V_s - V_r = \sqrt{3}I(R\cos\theta + X\sin\theta)$ [V] $= \dfrac{P}{V_r}(R + X\tan\theta)$ [V]

(단, V_s: 송전단 선간 전압[kV], V_r: 수전단 선간 전압[kV], I: 부하전류[A], R: 전선의 저항[Ω], X: 전선의 리액턴스[Ω], $\cos\theta$: 부하 측의 역률, $\sin\theta$: 무효율, P: 수전 전력[kW])

(2) 전압강하율

① 수전단 전압을 기준으로 하였을 때 선로에서 발생한 전압강하의 백분율을 말한다.
② 3상 3선식 기준에서의 전압강하율은 다음과 같다.

$$e = \frac{e}{V_r} \times 100[\%] = \frac{V_s - V_r}{V_r} \times 100[\%]$$
$$= \frac{\sqrt{3}I(R\cos\theta + X\sin\theta)}{V_r} \times 100[\%]$$

(단, V_s: 송전단 선간 전압[kV], V_r: 수전단 선간 전압[kV])

(3) 전압변동률

① 부하 측(수전단 측)의 전압은 부하의 크기에 따라지는데, 부하의 접속 상태에 따른 부하 측의 전압변동을 백분율로 표현한 것이다.

유형별로 정리한
실기시험 챙겨먹는 점수!

출제 유형 3(쓰리)

❷

CHAPTER 01 단답형 문제

활용 방법

① QR 코드를 스캔하거나 에듀윌 도서몰(book.eduwill.net) 〉 동영상강의실 〉 [2024 전기기사 실기 20개년 기출문제집 무료특강] 검색
② 로그인 후 강좌 수강
③ 동영상 강의와 함께 본문을 학습

1 피뢰기

(1) 피뢰기의 구조 및 역할

① 피뢰기 구조

선로 ○────────

❸

대표기출문제

낙뢰나 혼촉사고 등에 의하여 이상 전압이 발생하였을 때 선로와 기기를 보호하기 위하여 피뢰기를 설치한다. 전기설비기술기준에 의해 시설해야 하는 곳을 3개소를 쓰시오. [5점]

답안작성
- 발전소 및 변전소 또는 이에 준하는 장소의 가공전선 인입구 및 인출구
- 특고압 옥외 배전용 변압기의 고압 측 및 특고압 측
- 고압 및 특고압 가공전선로에서 공급받는 수용장소의 인입구

2 계기용 변성기(PT, CT) 사용 적산 전력계 결선도

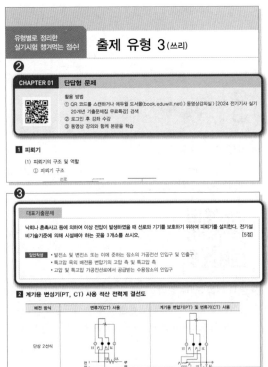

배전 방식	변류기(CT) 사용	계기용 변압기(PT) 및 변류기(CT) 사용
단상 2선식		

---

❶ 전기기사 실기 이론 중 가장 중요한 부분만을 모은 이론입니다. 출제유형 3(쓰리)에서 빈출이론을 효과적으로 학습할 수 있습니다.

❷ QR코드를 찍고 로그인 후 각 유형별(단답형, 공식형, 복합형) '무료강의'를 수강할 수 있습니다.

❸ 유형별 이론을 학습하고 '대표기출문제' 풀이를 통해 학습 내용을 이해하였는지 확인하고 적용해볼 수 있습니다.

기출문제편 [1권~2권] 20개년 총 61회차의 시험 분석을 통한 **스마트 학습**

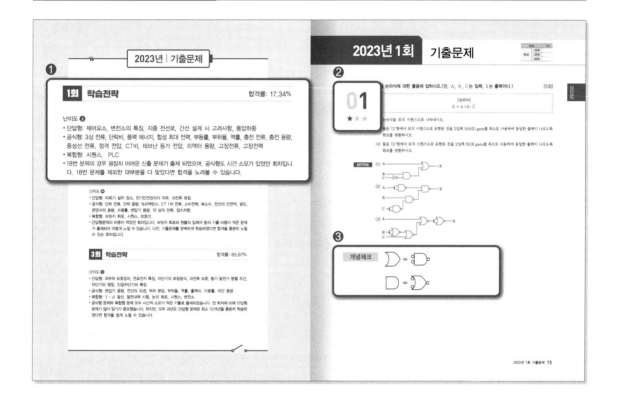

❶ 학습전략

학습전략을 통해 전략적인 학습이 가능하며, 회차별 난이도와 합격률을 통해 보다 정확하게 학습 성과를 확인 할 수 있습니다.

❷ 전문항 빈출도 표기

별표를 통해 각 문제의 빈출도를 확인할 수 있습니다. 시험 직전 빈출도가 높은 별 2~3개 문제에 집중함으로써 시간을 절약하는 효율적인 학습할 수 있습니다.

❸ 개념체크

관련 이론은 '개념체크', 추가 정보는 '해설비법' 단답 풀이에 참고하기 좋은 내용은 '단답 정리함'으로 구분하였습니다.

시험소개

2024 전기기사 시험 일정

구분	필기원서접수 (인터넷)	필기시험	필기합격 (예정자) 발표	실기원서 접수	실기시험	최종합격 발표일
제1회	01.23 ~ 01.26	02.15 ~ 03.07	03.13	03.26 ~ 03.29	04.27 ~ 05.12	06.18
제2회	04.16 ~ 04.19	05.09 ~ 05.28	06.05	06.25 ~ 06.28	07.28 ~ 08.14	09.10
제3회	06.18 ~ 06.21	07.05 ~ 07.27	08.07	09.10 ~ 09.13	10.19 ~ 11.08	12.11

※정확한 시험 일정은 큐넷 (www.q-net.or.kr) 사이트 참조 요망

- 원서접수 시간은 원서접수 첫 날 10:00부터 마지막 날 18:00까지임
- 필기시험 합격(예정)자 및 최종합격자 발표시간은 해당 발표일 09:00임

전기기사 시험 정보

구분	시험과목	검정방법	합격기준
필기	• 전기자기학 • 전력공학 • 전기기기 • 회로이론 및 제어공학 • 전기설비기술기준	객관식 4지 택일형, 과목당 20문항(30분)	과목당 40점 이상, 전과목 평균 60점 이상 (100점 만점 기준)
실기	전기설비 설계 및 관리	필답형(2시간 30분)	60점 이상(100점 만점 기준)

- 원서접수: 큐넷 (www.q-net.or.kr)
- 실시기관: 한국산업인력공단
- 응 시 료: 필기 – 19,400원
  실기 – 22,600원

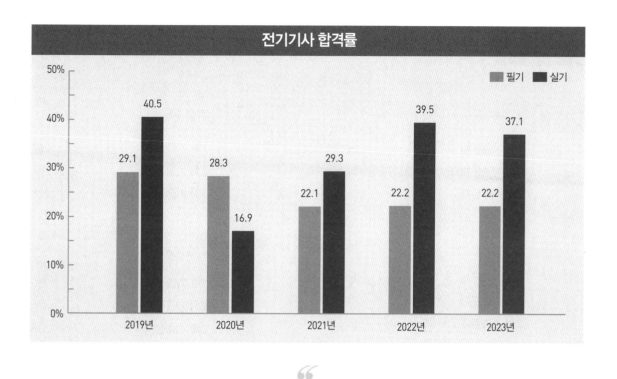

전기기사 합격률

	필기	실기
2019년	29.1	40.5
2020년	28.3	16.9
2021년	22.1	29.3
2022년	22.2	39.5
2023년	22.2	37.1

"
연도별로 실기 합격률의 편차가 있기 때문에
20개년 기출문제를 풀어 확실히 대비하는 게 좋습니다!
"

에듀윌의 **합격 솔루션**

☑ 다년도 기출 반복 → **20개년 기출문제 집중 학습**

☑ 최신 기출 경향 파악 → **최신 3개년 기출 무료특강 수강**

☑ 틈틈이 단답 암기 → **빈출 암기 카드 적극 활용**

☑ 전략적 3회독 → **회차별 3회독 배점표 활용**

차례

1권

최신 10개년
기출문제

[2023년 - 2014년]

학습 레시피

❶ 최신 기출문제부터 과년도순으로 학습해 보세요.

❷ 빈출 유형(★★★)은 다시 출제될 확률이 높으므로 확실히 챙기세요.

❸ 단답이론만 따로 정리해 단답형 문제를 준비하세요.

학습 메뉴

난이도별 학습법

난이도 ♪	난이도 ♪♪	난이도 ♪♪♪
합격률 30% ⬆	합격률 15~30% ⬆	합격률 15% ⬇
해당 난이도의 시험에서 합격할 수 있도록 꼼꼼한 학습 추천	너무 어려운 문제보다는 득점할 수 있는 문제를 선택적으로 학습하는 방법 추천	빈출도가 낮고 너무 어려운 문제는 패스! 2~3회독 이상 시 학습하는 방법 추천

1회 학습전략
합격률: 17.34%

난이도 ⓢ
- 단답형: 제어요소, 변전소의 특징, 지중 전선로, 간선 설계 시 고려사항, 풍압하중
- 공식형: 3상 전류, 단락비, 풍력 에너지, 합성 최대 전력, 부등률, 부하율, 역률, 충전 전류, 충전 용량, 중성선 전류, 정격 전압, CT비, 테브난 등가 전압, 리액터 용량, 고장전류, 고장전력
- 복합형: 시퀀스, PLC
- 18번 문제의 경우 굉장히 어려운 신출 문제가 출제 되었으며, 공식형도 시간 소모가 있었던 회차입니다. 18번 문제를 제외한 대부분을 다 맞았다면 합격을 노려볼 수 있습니다.

2회 학습전략
합격률: 23.47%

난이도 ⓜ
- 단답형: 피뢰기 설치 장소, 전기안전관리자 직무, 과전류 트립
- 공식형: 단락 전류, 단락 용량, %리액턴스, CT 1차 전류, 소비전력, 복소수, 전선의 단면적, 광도, 콘덴서의 용량, 수용률, 변압기 용량, 각 상의 전류, 접지저항
- 복합형: 브릿지 회로, 시퀀스, 보호선
- 단답형문제의 비중이 적었던 회차입니다. 브릿지 회로와 원뿔의 입체각 등의 기출 비중이 적은 문제가 출제되어 어렵게 느낄 수 있습니다. 다만, 기출문제를 완벽하게 학습하였다면 합격을 충분히 노릴 수 있는 회차입니다.

3회 학습전략
합격률: 65.67%

난이도 ⓗ
- 단답형: 과부하 보호장치, 연료전지 특징, 차단기의 트립방식, 과전류 보호, 동기 발전기 병렬 조건, 차단기의 명칭, 진공차단기의 특징
- 공식형: 변압기 용량, 연선의 외경, 부하 분담, 부하율, 역률, 출력비, 이용률, 차단 용량
- 복합형: Y−Δ 결선, 절연내력 시험, 논리 회로, 시퀀스, 변전소
- 공식형 문제와 복합형 문제 모두 시간적 소모가 적은 기출로 출제되었습니다. 전 회차에 비해 단답형 문제가 많아 암기가 중요했습니다. 하지만, 모두 과년도 단답형 문제로 최소 10개년을 충분히 학습하였다면 합격을 쉽게 노릴 수 있습니다.

2023년 1회 기출문제

배점		100
득점	1회독	
	2회독	
	3회독	

2023년

01
★★☆

다음 논리식에 대한 물음에 답하시오.(단, A, B, C는 입력, X는 출력이다.) [5점]

[논리식]
$$X = A + B \cdot \overline{C}$$

(1) 논리식을 로직 시퀀스도로 나타내시오.

(2) 물음 '(1)'항에서 로직 시퀀스도로 표현된 것을 2입력 NAND gate를 최소로 사용하여 동일한 출력이 나오도록 회로를 변환하시오.

(3) 물음 '(1)'항에서 로직 시퀀스도로 표현된 것을 2입력 NOR gate를 최소로 사용하여 동일한 출력이 나오도록 회로를 변환하시오.

답안작성

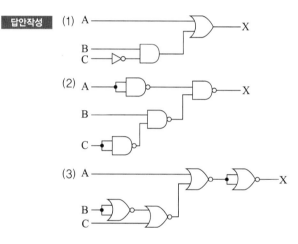

개념체크

02

★★★

1차 정격전압이 $6,600[\text{V}]$, 권수비가 30인 3상 변압기가 있다. 다음 물음에 답하시오.　　　[6점]

(1) 2차 정격전압$[\text{V}]$을 구하시오.

(2) 2차 측에 부하 용량 $50[\text{kW}]$, 역률 0.8인 부하를 접속할 경우 1차 전류 및 2차 전류를 구하시오.

　　① 2차 전류

　　② 1차 전류

(3) 1차 입력$[\text{kVA}]$를 구하시오.

답안작성　(1) • 계산 과정: $V_2 = \dfrac{V_1}{a} = \dfrac{6,600}{30} = 220[\text{V}]$

　　　　　　• 답: $220[\text{V}]$

　　　　(2) ① • 계산 과정: $I_2 = \dfrac{P}{\sqrt{3}\,V_2\cos\theta} = \dfrac{50\times10^3}{\sqrt{3}\times220\times0.8} = 164.02[\text{A}]$

　　　　　　　• 답: $164.02[\text{A}]$

　　　　　② • 계산 과정: $I_1 = \dfrac{I_2}{a} = \dfrac{164.02}{30} = 5.47[\text{A}]$

　　　　　　　• 답: $5.47[\text{A}]$

　　　　(3) • 계산 과정: $P = \sqrt{3}\,V_1 I_1 = \sqrt{3}\times6,600\times5.47\times10^{-3} = 62.53[\text{kVA}]$

　　　　　　• 답: $62.53[\text{kVA}]$

03

★★★

회전날개의 지름이 $31[\text{m}]$인 프로펠러형 풍차의 풍속이 $16.5[\text{m/s}]$일 때 풍력 에너지$[\text{kW}]$를 계산하시오.(단, 공기의 밀도는 $1.225[\text{kg/m}^3]$이다.)　　　[5점]

답안작성　• 계산 과정

$$P = \frac{1}{2}\rho A V^3 = \frac{1}{2}\rho(\pi r^2)V^3 = \frac{1}{2}\rho\times\pi\times\left(\frac{d}{2}\right)^2\times V^3 = \frac{1}{2}\times1.225\times\pi\times\left(\frac{31}{2}\right)^2\times16.5^3\times10^{-3} = 2,076.69[\text{kW}]$$

• 답: $2,076.69[\text{kW}]$

해설비법　풍력 에너지 $P = \dfrac{1}{2}(\rho A V)V^2 = \dfrac{1}{2}\rho A V^3[\text{kW}]$

(단, ρ: 공기의 밀도$[\text{kg/m}^3]$, A: 풍차(날개)의 면적$[\text{m}^2]$, V: 풍속$[\text{m/s}]$)

04
★★★

어느 변전소에서 그림과 같은 일부하 곡선을 가진 3개의 부하 A, B, C의 수용가의 경우 다음 각 물음에 대하여 답하시오.(단, 부하 A, B, C의 역률은 각각 $100[\%]$, $80[\%]$, $60[\%]$라 한다.) [10점]

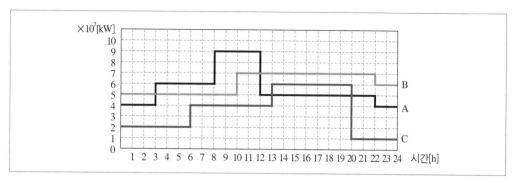

(1) 합성 최대전력$[kW]$을 구하시오.

(2) 부등률을 구하시오.

(3) 종합 부하율$[\%]$을 구하시오.

(4) 최대 부하 시의 종합역률$[\%]$을 구하시오.

답안작성

(1) • 계산 과정: 합성 최대전력$=(9+7+4)\times10^3=20\times10^3[kW]$
   • 답: $20\times10^3[kW]$

(2) • 계산 과정: 부등률$=\dfrac{\text{각 수용가의 최대전력의 합}}{\text{합성 최대전력}}=\dfrac{(9+7+6)\times10^3}{20\times10^3}=1.1$
   • 답: 1.1

(3) • 계산 과정:
   각 수용가 평균전력을 P_A, P_B, P_C라 하면
   $$P_A=\frac{\{(4\times3)+(6\times5)+(9\times4)+(5\times10)+(4\times2)\}\times10^3}{24}=5.67\times10^3[kW]$$
   $$P_B=\frac{\{(5\times10)+(7\times12)+(6\times2)\}\times10^3}{24}=6.08\times10^3[kW]$$
   $$P_C=\frac{\{(2\times6)+(4\times7)+(6\times7)+(1\times4)\}\times10^3}{24}=3.58\times10^3[kW]$$
   $\therefore$ 종합 부하율$=\dfrac{\text{각 수용가의 평균전력의 합}}{\text{합성 최대전력}}\times100=\dfrac{(5.67+6.08+3.58)\times10^3}{20\times10^3}\times100=76.65[\%]$
   • 답: $76.65[\%]$

(4) • 계산 과정
   A 수용가 유효전력 $=9,000[kW]$
   A 수용가 무효전력 $=0[kVar](\because\ \cos\theta=1)$
   B 수용가 유효전력 $=7,000[kW]$
   B 수용가 무효전력 $=7,000\times\dfrac{\sqrt{1-0.8^2}}{0.8}=7,000\times\dfrac{0.6}{0.8}=5,250[kVar]$
   C 수용가 유효전력 $=4,000[kW]$
   C 수용가 무효전력 $=4,000\times\dfrac{\sqrt{1-0.6^2}}{0.6}=4,000\times\dfrac{0.8}{0.6}=5,333.33[kVar]$
   유효전력 합계 $=9,000+7,000+4,000=20,000[kW]$
   무효전력 합계 $=0+5,250+5,333.33=10,583.33[kVar]$
   $\therefore$ 종합 역률$=\dfrac{20,000}{\sqrt{20,000^2+10,583.33^2}}\times100=88.39[\%]$
   • 답: $88.39[\%]$

05 ★★☆

단상 3선식 계통에서 선로에 전열기 부하가 접속되어 있다. 이때 각 선에 흐르는 전류를 구하시오.(단, 부하의 역률은 $100[\%]$이다.) [6점]

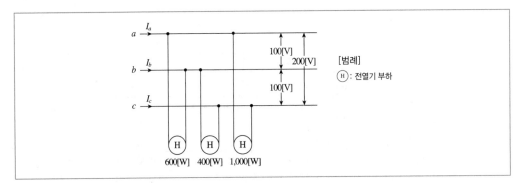

(1) I_a (2) I_b (3) I_c

답안작성

(1) • 계산 과정

a상에 접속된 부하는 $600[\text{W}]$, $1,000[\text{W}]$ 전열기 부하이다.

$600[\text{W}]$ 전열기에 흐르는 I_{ab}전류와 $1,000[\text{W}]$ 전열기에 흐르는 I_{ac}전류는 a상에서 나가는 방향이므로

$$I_a = I_{ab} + I_{ac} = \frac{600}{V_{ab}} + \frac{1,000}{V_{ac}} = \frac{600}{100} + \frac{1,000}{200} = 11[\text{A}]$$

• 답: $11[\text{A}]$

(2) • 계산 과정

b상에 접속된 부하는 $600[\text{W}]$, $400[\text{W}]$ 전열기 부하이다.

$600[\text{W}]$ 전열기에 흐르는 I_{ab}전류는 b상으로 들어오고, $400[\text{W}]$ 전열기에 흐르는 I_{bc}전류는 b상에서 나가는 방향이므로

$$I_b = -I_{ab} + I_{bc} = -\frac{600}{V_{ab}} + \frac{400}{V_{bc}} = -\frac{600}{100} + \frac{400}{100} = -2[\text{A}]$$

• 답: $-2[\text{A}]$

(3) • 계산 과정

c상에 접속된 부하는 $400[\text{W}]$, $1,000[\text{W}]$ 전열기 부하이다.

$400[\text{W}]$ 전열기에 흐르는 I_{bc}전류와 $1,000[\text{W}]$ 전열기에 흐르는 I_{ac}전류는 c상으로 들어오는 방향이므로

$$I_c = -I_{bc} - I_{ac} = -\frac{400}{V_{bc}} - \frac{1,000}{V_{ac}} = -\frac{400}{100} - \frac{1,000}{200} = -9[\text{A}]$$

• 답: $-9[\text{A}]$

개념체크 a, b, c 상에 흐르는 전류를 각각 I_a, I_b, I_c라 하면 다음과 같은 등가회로로 나타낼 수 있다.

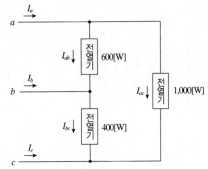

06 ★★★

전력용 콘덴서의 개폐제어는 크게 나누어 수동조작과 자동조작이 있다. 자동조작 방식을 제어요소에 따라 분류할 때 그 제어요소는 어떤 것이 있는지 4가지만 쓰시오. [4점]

답안작성
- 수전점 무효전력에 의한 제어
- 모선 전압에 의한 제어
- 수전점 역률에 의한 제어
- 부하전류에 의한 제어

07 ★★★

전압 $33,000[\text{V}]$, 주파수 $60[\text{Hz}]$, 선로길이 $7[\text{km}]$ 1회선의 3상 지중 송전선로가 있다. 이 지중 전선로의 3상 무부하 충전 전류 및 충전 용량을 구하시오.(단, 케이블의 1선당 작용 정전 용량은 $0.4[\mu\text{F}/\text{km}]$라고 한다.) [6점]

(1) 충전 전류[A]

(2) 충전 용량[kVA]

답안작성

(1) • 계산 과정: $I_c = \omega C E \ell = 2\pi f C E \ell = 2\pi \times 60 \times 0.4 \times 10^{-6} \times \left(\dfrac{33,000}{\sqrt{3}}\right) \times 7 = 20.11[\text{A}]$

    • 답: $20.11[\text{A}]$

(2) • 계산 과정: $Q_c = 3E I_c = 3 \times \left(\dfrac{33,000}{\sqrt{3}}\right) \times 20.11 \times 10^{-3} = 1,149.44[\text{kVA}]$

    • 답: $1,149.44[\text{kVA}]$

08 ★★★

가스절연 변전소의 특징을 5가지만 설명하시오.(단, 경제적이거나 비용에 관한 답은 제외한다.) [5점]

답안작성
- 소형화가 가능하다.
- 충전부가 완전히 밀폐되어 안전성이 높다.
- 소음이 적고, 환경 친화적이다.
- 공장 제작 완료 후 현장 조립이 가능하여 공사기간이 짧다.
- 밀폐 구조이므로 육안으로 점검이 어렵다.

09 ★★★

그림과 같이 3상 4선식 배전선로에 역률 $100[\%]$인 부하 $L1-N$, $L2-N$, $L3-N$이 각 상과 중성선 간에 연결되어 있다. L1, L2, L3상에 흐르는 전류가 $220[A]$, $172[A]$, $190[A]$일 때 중성선에 흐르는 전류를 계산하시오. [5점]

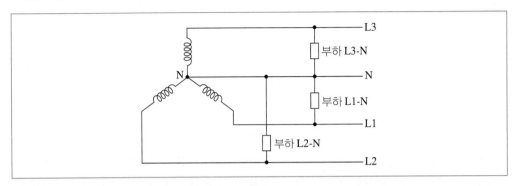

답안작성
- 계산 과정

$$\dot{I}_N = \dot{I}_{L1} + a^2\dot{I}_{L2} + a\dot{I}_{L3}$$

$$= 220 + 172 \times \left(-\frac{1}{2} - j\frac{\sqrt{3}}{2}\right) + 190 \times \left(-\frac{1}{2} + j\frac{\sqrt{3}}{2}\right)$$

$$= 39 + j15.59[A]$$

$$\therefore |\dot{I}_N| = \sqrt{39^2 + 15.59^2} = 42[A]$$

- 답: $42[A]$

10 ★★★

수전 전압 $22.9[kV]$이고 계약전력 $300[kW]$, 3상 단락 전류 $7,000[A]$인 수용가에서 수전용 차단기의 정격차단용량은 몇 $[MVA]$인가?(단, 여유율은 고려하지 않는다.) [4점]

답안작성
- 계산 과정

$22.9[kV]$ 계통에서 차단기의 정격전압은 $25.8[kV]$이므로

차단용량 $P_s = \sqrt{3}\,V_nI_s = \sqrt{3} \times 25.8 \times 7,000 \times 10^{-3} = 312.81[MVA]$

- 답: $312.81[MVA]$

해설비법
차단용량 $P_s = \sqrt{3}\,V_nI_s$

(단, V_n: 정격전압[V], I_s: 정격차단전류[A])

단락 전류만 주어진 경우 단락 전류와 정격차단전류는 동일한 값으로 식을 계산한다.

11
★★☆

다음 조건과 같은 동작이 되도록 제어 회로의 배선과 감시반 회로 배선 단자를 상호 연결하시오.

[5점]

[조건]

• 배선 차단기(MCCB)를 투입(ON)하면 GL1과 GL2가 점등된다.

• 선택 스위치(SS)를 L위치에 놓고 PB2를 누른 후 놓으면 전자 접촉기(MC)에 의하여 전동기가 운전되고, RL1과 RL2는 점등, GL1과 GL2는 소등된다.

• 전동기 운전 중 PB1을 누르면 전동기는 정지하고, RL1과 RL2는 소등, GL1과 GL2는 점등된다.

• 선택 스위치(SS)를 R위치에 놓고 PB3를 누른 후 놓으면 전자 접촉기(MC)에 의하여 전동기가 운전되고, RL1과 RL2는 점등, GL1과 GL2는 소등된다.

• 전동기 운전 중 PB4를 누르면 전동기는 정지하고, RL1과 RL2는 소등되고 GL1과 GL2가 점등된다.

• 전동기 운전 중 과부하에 의하여 EOCR이 작동되면 전동기는 정지하고 모든 램프는 소등되며, EOCR을 RESET하면 초기 상태로 된다.

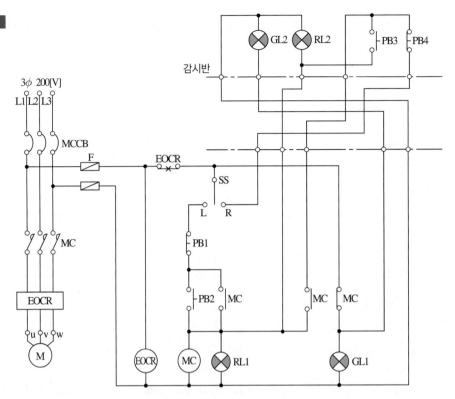

12 지중 전선로는 어떤 방식에 의하여 시설하여야 하는지 3가지만 쓰시오. [3점]
★★★

• 직접매설식
• 관로식
• 암거식

13 건축설비에서 전력설비의 간선을 설계하고자 한다. 간선 설계 시 고려사항을 4가지만 쓰시오.
★★☆ [4점]

• 부하의 산정
• 간선 방식 결정
• 배선 방식 결정
• 분전반 위치 선정

14

★★☆

평형 3상 회로에 변류비 100/5인 변류기 2개를 그림과 같이 접속하였을 때 전류계에 3[A]의 전류가 흘렀다. 1차 전류의 크기는 몇 [A]인지 구하시오. **[5점]**

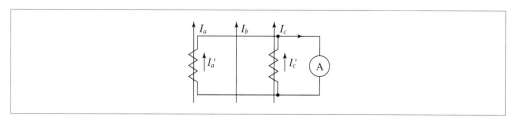

답안작성

• 계산 과정: 가동 접속이므로 1차 전류 $I_1 = I_2 \times CT\text{비} = 3 \times \dfrac{100}{5} = 60[A]$

• 답: $60[A]$

해설비법 변류기의 결선 방식
가동 접속(정상 접속)

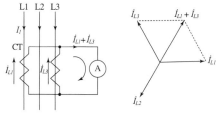

▲ CT의 가동 접속 결선

> 부하 전류 I_1 = 전류계 Ⓐ의 지시값×CT비
> (단, I_1: 부하 전류[A], $\dot{I}_{L1}, \dot{I}_{L2}, \dot{I}_{L3}$: CT 2차 전류[A], $\dot{I}_{L1} + \dot{I}_{L3}$: 전류계 Ⓐ의 지시값[A])
> (즉, Ⓐ의 지시값은 CT 2차 전류와 같은 크기의 전류값 지시: $\dot{I}_{L2}$ 상)

15

★☆☆

다음은 을종 풍압하중에 대한 설명이다. 빈칸에 알맞은 값을 넣으시오. **[5점]**

> 가공 전선로에 사용하는 지지물의 강도 계산에 적용하는 을종 풍압하중은 전선 기타의 가섭선 주위에 두께 (①)[mm], 비중 (②)의 빙설이 부착된 상태에서 수직 투영면적 372[Pa](다도체를 구성하는 전선은 333[Pa]), 그 이외의 것은 갑종 풍압의 2분의 1을 기초로 하여 계산한 것을 적용한다.

답안작성 ① 6   ② 0.9

해설비법 풍압하중의 종별과 적용(한국전기설비규정 331.6)
가공 전선로에 사용하는 지지물의 강도 계산에 적용하는 "을종 풍압하중"은 전선 기타의 가섭선 주위에 두께 6[mm], 비중 0.9의 빙설이 부착된 상태에서 수직 투영면적 372[Pa](다도체를 구성하는 전선은 333[Pa]), 그 이외의 것은 갑종 풍압의 2분의 1을 기초로 하여 계산한 것

16 ★★★

그림의 회로에서 최대전력이 전달되도록 단자 $a-b$ 사이에 저항을 삽입하고자 한다. 다음 각 물음에 답하시오.(단, 효율은 $90[\%]$이다.) [5점]

$$10[\Omega] \quad \overset{\circ a}{\wedge} \quad 40[\Omega]$$
$$\overset{\circ b}{\wedge}$$
$$60[\Omega] \qquad 20[\Omega]$$
$$220[V]$$

(1) 최대전력을 전달하기 위한 단자 $a-b$ 사이에 넣어야 할 저항의 크기는 몇 $[\Omega]$인지 구하시오.

(2) 10분 간 전원을 인가할 경우 삽입한 저항이 한 일의 양은 몇 $[kJ]$인지 구하시오.

답안작성 (1) • 계산 과정

$a-b$ 단자에서 본 테브난 등가저항 $R_{th} = \dfrac{10 \times 40}{10+40} + \dfrac{60 \times 20}{60+20} = 8 + 15 = 23[\Omega]$

최대전력을 전달하기 위해 삽입해야 할 외부저항은 내부저항($R_{th} = 23[\Omega]$)의 크기와 같아야 한다. 따라서 단자 a, b 단자 사이에 삽입할 외부저항의 크기는 $23[\Omega]$이다.

• 답: $23[\Omega]$

(2) • 계산 과정

a, b 단자에서 본 테브난 등가전압은 다음과 같다.

전압 $V_a = \dfrac{40}{10+40} \times 220 = 176[V]$, 전압 $V_b = \dfrac{20}{60+20} \times 220 = 55[V]$

∴ 테브난 등가전압 $V_{th} = V_a - V_b = 176 - 55 = 121[V]$

외부저항에서 소비되는 최대전력

$$P_m = \frac{V_{th}^2}{(R_{th}+R_{외부})^2} \times R_{외부} = \frac{V_{th}^2}{(2R_{외부})^2} \times R_{외부} = \frac{V_{th}^2}{4R_{외부}} = \frac{121^2}{4 \times 23} = 159.14[W]$$

∴ 전력량 $W = P_m t \eta = 159.14 \times 10 \times 60 \times 0.9 = 85,935.6[J] = 85.94[kJ]$

(단, t: 시간[s], η: 효율[%])

• 답: $85.94[kJ]$

해설비법 (1) • 테브난 등가저항

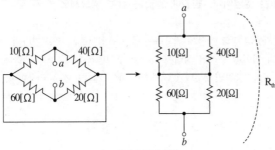

▲ 테브난 등가저항

$a-b$ 단자에서 본 테브난 등가저항 $R_{th} = \dfrac{10 \times 40}{10+40} + \dfrac{60 \times 20}{60+20} = 8 + 15 = 23[\Omega]$

• 테브난 등가회로

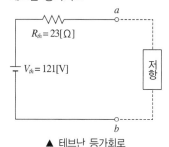

▲ 테브난 등가회로

최대전력조건에 의해 삽입하는 외부저항은 내부저항($R_{th} = 23[\Omega]$)과 같아야 한다.

(2) a, b 단자에서 본 테브난 등가회로를 그린다.

① 테브난 등가전압

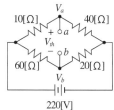

▲ 테브난 등가전압

$$전압 \; V_a = \frac{40}{10+40} \times 220 = 176[V]$$

$$전압 \; V_b = \frac{20}{60+20} \times 220 = 55[V]$$

17
★★★

전력용 콘덴서에 직렬 리액터를 사용하여 제3고조파를 제거할 경우 직렬 리액터의 용량은 콘덴서 용량의 몇 [%]인지 구하시오.(단, 주파수 변동 등을 고려하여 2[%] 여유를 둔다.) [5점]

답안작성

• 계산 과정

제n고조파를 제거하기 위한 조건 $n\omega L = \dfrac{1}{n\omega C}$ 에서 제3고조파를 제거하는 경우이므로

$$3\omega L = \frac{1}{3\omega C} \;\rightarrow\; \omega L = \frac{1}{9} \times \frac{1}{\omega C} = 0.11 \times \frac{1}{\omega C}$$

따라서 이론상 직렬 리액터의 용량은 콘덴서 용량의 11[%]이고, 2[%] 여유를 고려하면 11+2 = 13[%]가 된다.

• 답: 13[%]

18
★★★

다음 그림과 같은 계통에서 모선 ③의 F점에서 3상 단락이 발생하였을 경우 모선 간 즉, 모선 ①-③ 간, 모선 ②-③ 간, 모선 ①-② 간의 고장전력[MVA]과 고장전류[A]를 구하시오.(단, 그림에 표시된 수치는 모두 154[kV], 100[MVA] 기준의 %임피던스이고, ①번 모선의 좌측은 전원 측 %Z이며 40[%], ②번 모선의 우측 %Z는 전원 측 %Z이며 4[%]이다.)   [12점]

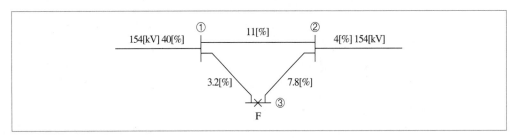

(1) 모선 ①-③ 간의 고장전류 I_{13}을 구하시오.

(2) 모선 ②-③ 간의 고장전류 I_{23}을 구하시오.

(3) 모선 ①-② 간의 고장전류 I_{12}을 구하시오.

(4) 모선 ①-③ 간의 고장전력 P_{s13}를 구하시오.

(5) 모선 ②-③ 간의 고장전력 P_{s23}을 구하시오.

(6) 모선 ①-② 간의 고장전력 P_{s12}을 구하시오.

답안작성 (1) • 계산 과정
[STEP 1]
계통을 회로도로 나타내면 다음과 같다.

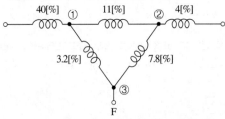

이 회로를 임피던스의 Y-△ 변환 특성을 이용하여 분석하기 쉬운 등가회로로 나타낸다.

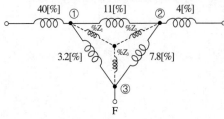

위 회로에서 $\%Z_1$, $\%Z_2$, $\%Z_3$의 값은 $\%$임피던스 값을 $Y-\triangle$ 변환하여 구할 수 있다.

$$\%Z_1 = \frac{11 \times 3.2}{11 + 3.2 + 7.8} = 1.6[\%]$$

$$\%Z_2 = \frac{7.8 \times 11}{11 + 3.2 + 7.8} = 3.9[\%]$$

$$\%Z_3 = \frac{3.2 \times 7.8}{11 + 3.2 + 7.8} = 1.13[\%]$$

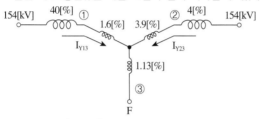

[STEP 2]

위 $\%$임피던스 값을 이용하여 F점에서 바라본 합성 $\%$임피던스를 구하면

$$\%Z_{eq} = \frac{(40+1.6) \times (4+3.9)}{(40+1.6) + (4+3.9)} + 1.13 = 7.77[\%]$$

따라서 F점에서 발생한 단락전류는

$$I_s = \frac{100}{\%Z_{eq}} I_n = \frac{100}{7.77} \times \frac{100 \times 10^6}{\sqrt{3} \times 154 \times 10^3} = 4,825[\text{A}]$$

(단, $I_n[\text{A}]$: 154[kV], 100[MVA] 계통의 정격전류)

Y결선 내 고장전류는 다음 그림과 같이 나타낼 수 있다.

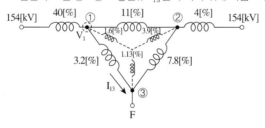

$$I_{Y13} = \frac{(4+3.9)}{(40+1.6) + (4+3.9)} \times 4,825 = \frac{7.9}{49.5} \times 4,825 = 770.05[\text{A}]$$

$$I_{Y23} = \frac{(40+1.6)}{(40+1.6) + (4+3.9)} \times 4,825 = \frac{41.6}{49.5} \times 4,825 = 4,054.95[\text{A}]$$

[STEP 3]

$\triangle$결선의 모선 ①-③ 고장전류 I_{13}을 구하기 위해 다음 그림과 같이 왼쪽 상단(①)의 노드전압 V_1을 구한다.

V_1은 Y결선 내 흐르는 전류의 크기를 이용하여 구할 수 있다.

$$V_1 = Z_1 I_{Y13} + Z_3 I_s \ \cdots\cdots \ \text{㉠}$$

임피던스 Z_1, Z_3을 구하기 위해 공식 $\%Z = \dfrac{PZ}{10V^2}$을 Z에 대해 정리한 후 ㉠ 식에 대입한다.

$$V_1 = \frac{10V^2 \%Z_1}{P} I_{Y13} + \frac{10V^2 \%Z_3}{P} I_s \, [\text{V}] \ \cdots\cdots \ \text{㉡}$$

(단, $V[\text{kV}]$: 계통 전압$(=154[\text{kV}])$, $P[\text{kVA}]$: 계통의 용량$(=100 \times 10^3 \, [\text{kVA}])$)

고장전류 I_{13}이 흐르는 경로에 있는 %임피던스$(3.2[\%])$를 임피던스로 환산하면

$$Z_{13} = \frac{10V^2 \%Z_{13}}{P} \, [\Omega] \ \cdots\cdots \ \text{㉢}$$

따라서 고장전류 I_{23}은 ㉡, ㉢식으로부터

$$I_{13} = \frac{V_1}{Z_{13}} = \frac{\dfrac{10V^2 \%Z_1}{P} I_{Y13} + \dfrac{10V^2 \%Z_3}{P} I_s}{\dfrac{10V^2 \%Z_{13}}{P}}$$

$$= \frac{\%Z_1 I_{Y13} + \%Z_3 I_s}{\%Z_{13}} = \frac{1.6 \times 770.05 + 1.13 \times 4{,}825}{3.2} = 2{,}088.85[\text{A}]$$

- 답: $2{,}088.85[\text{A}]$

(2) • 계산 과정

△결선의 모선 ②-③ 고장전류 I_{23}를 구하기 위해 다음 그림과 같이 오른쪽 상단(②)의 노드전압 V_2를 구한다.

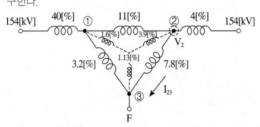

V_2는 Y결선 내 흐르는 전류의 크기를 이용하여 구할 수 있다.

$$V_2 = Z_2 I_{Y23} + Z_3 I_s \ \cdots\cdots \ \text{㉠}$$

임피던스 Z_2, Z_3을 구하기 위해 공식 $\%Z = \dfrac{PZ}{10V^2}$을 Z에 대해 정리한 후 ㉠ 식에 대입한다.

$$V_2 = \frac{10V^2 \%Z_2}{P} I_{Y23} + \frac{10V^2 \%Z_3}{P} I_s \, [\text{V}] \ \cdots\cdots \ \text{㉡}$$

고장전류 I_{23}가 흐르는 경로에 있는 %임피던스$(7.8[\%])$를 임피던스로 환산하면

$$Z_{23} = \frac{10V^2 \%Z_{23}}{P} \, [\Omega] \ \cdots\cdots \ \text{㉢}$$

따라서 고장전류 I_{23}는 ㉡, ㉢식으로부터

$$I_{23} = \frac{V_2}{Z_{23}} = \frac{\dfrac{10V^2 \%Z_2}{P} I_{Y23} + \dfrac{10V^2 \%Z_3}{P} I_s}{\dfrac{10V^2 \%Z_{23}}{P}}$$

$$= \frac{\%Z_2 I_{Y23} + \%Z_3 I_s}{\%Z_{23}} = \frac{3.9 \times 4{,}054.95 + 1.13 \times 4{,}825}{7.8} = 2{,}726.48[\text{A}]$$

- 답: $2{,}726.48[\text{A}]$

(3) • 계산 과정

△결선의 모선 ①-② 고장전류 I_{12}를 구하기 위해 V_1과 V_2의 차이를 구하면

$$V_1 - V_2 = \frac{10V^2 \%Z_1}{P}I_{Y13} + \frac{10V^2\%Z_3}{P}I_s - \left(\frac{10V^2\%Z_2}{P}I_{Y23} + \frac{10V^2\%Z_3}{P}I_s \right)$$

$$= \frac{10V^2\%Z_1}{P}I_{Y13} - \frac{10V^2\%Z_2}{P}I_{Y23}[\text{V}] \ \cdots\cdots\ \text{㉠}$$

고장전류 I_{12}가 흐르는 경로에 있는 %임피던스(11[%])를 임피던스로 환산하면

$$Z_{12} = \frac{10V^2\%Z_{12}}{P}[\Omega] \ \cdots\cdots\ \text{㉡}$$

따라서 고장전류 I_{12}는 ㉠, ㉡식으로부터

$$I_{12} = \frac{V_1 - V_2}{Z_{12}} = \frac{\dfrac{10V^2\%Z_1}{P}I_{Y13} - \dfrac{10V^2\%Z_2}{P}I_{Y23}}{\dfrac{10V^2\%Z_{12}}{P}}$$

$$= \frac{\%Z_1 I_{Y13} - \%Z_2 I_{Y23}}{\%Z_{12}} = \frac{1.6 \times 770.05 - 3.9 \times 4,054.95}{11} = -1,325.66[\text{A}]$$

• 답: $-1,325.66[\text{A}]$

(4) • 계산 과정

△결선의 모선 ①-③의 고장전력 P_{s13}를 구하기 위해 임피던스 Z_{13}의 값을 알아야 한다.

임피던스 Z_{13}는 물음 '(1)'의 ㉢과 같이 $Z_{13} = \dfrac{10V^2\%Z_{13}}{P}[\Omega]$로 구할 수 있다.

$$\therefore \ P_{s13} = 3I_{13}^2 Z_{13} = 3 \times 2,088.85^2 \times \frac{10 \times 154^2 \times 3.2}{100 \times 10^3} \times 10^{-6} = 99.34[\text{MVA}]$$

• 답: $99.34[\text{MVA}]$

(5) • 계산 과정

△결선의 모선 ②-③의 고장전력 P_{s23}를 구하기 위해 임피던스 Z_{23}의 값을 알아야 한다.

임피던스 Z_{23}는 물음 '(2)'의 ㉢과 같이 $Z_{23} = \dfrac{10V^2\%Z_{23}}{P}[\Omega]$로 구할 수 있다.

$$\therefore \ P_{s23} = 3I_{23}^2 Z_{23} = 3 \times 2,726.48^2 \times \frac{10 \times 154^2 \times 7.8}{100 \times 10^3} \times 10^{-6} = 412.54[\text{MVA}]$$

• 답: $412.54[\text{MVA}]$

(6) • 계산 과정

△결선의 모선 ①-②의 고장전력 P_{s12}를 구하기 위해 임피던스 Z_{12}의 값을 알아야 한다.

임피던스 Z_{12}는 물음 '(3)'의 ㉡과 같이 $Z_{12} = \dfrac{10V^2\%Z_{12}}{P}[\Omega]$로 구할 수 있다.

$$\therefore \ P_{s12} = 3I_{12}^2 Z_{12} = 3 \times 1,325.66^2 \times \frac{10 \times 154^2 \times 11}{100 \times 10^3} \times 10^{-6} = 137.54[\text{MVA}]$$

• 답: $137.54[\text{MVA}]$

01
★★★

그림과 같은 송전계통 S점에서 3상 단락사고가 발생하였다. 주어진 도면과 조건을 참고하여 변압기(T_2)의 각각 %리액턴스를 10[MVA] 기준으로 환산하고, 1차, 2차, 3차 %리액턴스를 구하시오.

[14점]

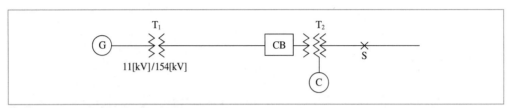

[조건]

번호	기기명	용량	전압	%X[%]
1	G: 발전기	50,000[kVA]	11[kV]	25
2	T_1: 변압기	50,000[kVA]	11/154[kV]	10
3	송전선	–	154[kV]	8(10,000[kVA])
4	T_2: 변압기	1차 25,000[kVA]	154[kV]	12(25,000[kVA] 1차~2차)
		2차 30,000[kVA]	77[kV]	16(25,000[kVA] 2차~3차)
		3차 10,000[kVA]	11[kV]	9.5(10,000[kVA] 3차~1차)
5	C: 조상기	10,000[kVA]	11[kV]	15

(1) 변압기(T_2)의 1차, 2차, 3차의 %리액턴스를 기준용량 10[MVA]로 환산하시오.

(2) 변압기(T_2)의 1차, 2차, 3차 자기 %리액턴스를 구하시오.

(3) 고장점 S에서 바라본 전원 측의 10[MVA] 기준 합성 %리액턴스를 구하시오.

(4) 단락점의 단락 용량[MVA]을 구하시오.

(5) 단락점의 단락 전류[A]를 구하시오.

답안작성 (1) • 계산 과정

$$\%X_{12} = 12 \times \frac{10}{25} = 4.8[\%]$$

$$\%X_{23} = 16 \times \frac{10}{25} = 6.4[\%]$$

$$\%X_{31} = 9.5 \times \frac{10}{10} = 9.5[\%]$$

• 답: $\%X_{12} = 4.8[\%]$, $\%X_{23} = 6.4[\%]$, $\%X_{31} = 9.5[\%]$

(2) • 계산 과정

$$\%X_1 = \frac{1}{2}(X_{12} + X_{31} - X_{23}) = \frac{1}{2} \times (4.8 + 9.5 - 6.4) = 3.95[\%]$$

$$\%X_2 = \frac{1}{2}(X_{12} + X_{23} - X_{31}) = \frac{1}{2} \times (4.8 + 6.4 - 9.5) = 0.85[\%]$$

$$\%X_3 = \frac{1}{2}(X_{23} + X_{31} - X_{12}) = \frac{1}{2} \times (6.4 + 9.5 - 4.8) = 5.55[\%]$$

• 답: $\%X_1 = 3.95[\%]$, $\%X_2 = 0.85[\%]$, $\%X_3 = 5.55[\%]$

(3) • 계산 과정

발전기G의 리액턴스: $\%X_G = 25 \times \frac{10}{50} = 5[\%]$

변압기T_1의 리액턴스: $\%X_{T_1} = 10 \times \frac{10}{50} = 2[\%]$

송전선의 리액턴스: $\%X_l = 8 \times \frac{10}{10} = 8[\%]$

조상기(C)의 리액턴스: $\%X_C = 15 \times \frac{10}{10} = 15[\%]$

문제 (2)에서 구한 변압기(T_2)의 리액턴스를 이용하여 임피던스(리액턴스) 맵으로 표현하면 다음과 같다.

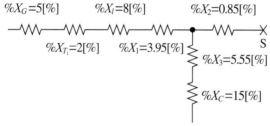

점S에서 바라본 합성 %리액턴스 $\%X = \frac{(5+2+8+3.95) \times (15+5.55)}{(5+2+8+3.95) + (15+5.55)} + 0.85 = \frac{18.95 \times 20.55}{18.95 + 20.55} + 0.85$
$$= 10.71[\%]$$

• 답: $10.71[\%]$

(4) • 계산 과정

$$P_s = \frac{100}{\%X}P_n = \frac{100}{10.71} \times 10 \times 10^6 = 93.37 \times 10^6[\text{VA}] = 93.37[\text{MVA}]$$

• 답: $93.37[\text{MVA}]$

(5) • 계산 과정

$$I_s = \frac{100}{\%X}I_n = \frac{100}{10.71} \times \frac{10 \times 10^6}{\sqrt{3} \times 77 \times 10^3} = 700.1[\text{A}]$$

• 답: $700.1[\text{A}]$

02

★★★

다음 그림은 저항 $R = 20[\Omega]$, 전압 $v = 220\sqrt{2}\sin120\pi t[V]$이고 변압기의 권수비가 1:1일 때 브리지 회로를 나타낸 것이다. 다음 각 물음에 답하시오.(단, 직류 측 평활회로(리플 감소)는 포함하지 않는다.)

[6점]

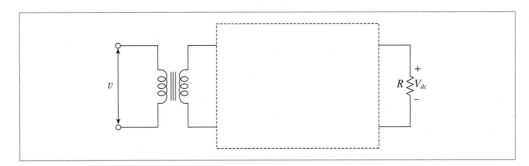

(1) 점선 안에 브리지 회로를 완성하시오.

(2) 평균 전압($V_{dc}[V]$)을 구하시오.

(3) 저항 R에 흐르는 평균 전류[A]를 구하시오.

답안작성 (1)

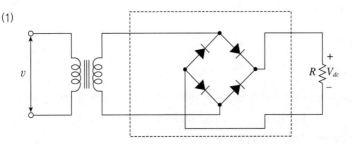

(2) • 계산 과정: $V_{dc} = 0.9 \times \dfrac{220\sqrt{2}}{\sqrt{2}} = 0.9 \times 220 = 198[V]$

　　• 답: 198[V]

(3) • 계산 과정: $I = \dfrac{V_{dc}}{R} = \dfrac{198}{20} = 9.9[A]$

　　• 답: 9.9[A]

해설비법 단상 전파정류 브리지 회로의 평균 출력 전압

$$V_{dc} = \frac{2}{\pi} V_m = \frac{2\sqrt{2}}{\pi} V = 0.9 \times V[V]$$

(단, V_m: 순시 전압의 최댓값[V], V: 전압의 실횻값[V])

03 ★★☆ 변류비 $50/5$인 변류기 2대를 그림과 같이 접속하였을 때, 전류계에 $2[\mathrm{A}]$의 전류가 흘렀다. CT 1차 측 전류를 구하시오. [4점]

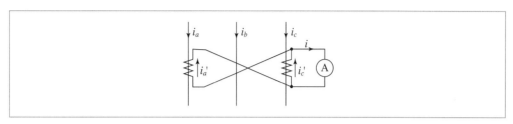

답안작성

• 계산 과정

   CT는 차동 접속되어 있으므로

   CT 1차 전류 $= 2 \times \dfrac{1}{\sqrt{3}} \times \dfrac{50}{5} = 11.55[\mathrm{A}]$

• 답: $11.55[\mathrm{A}]$

04 ★★★ 평형 3상 회로에 그림과 같이 접속된 전압계의 지시치가 $220[\mathrm{V}]$, 전류계의 지시치가 $20[\mathrm{A}]$, 전력계의 지시치가 $2[\mathrm{kW}]$일 때 다음 각 물음에 답하시오. [4점]

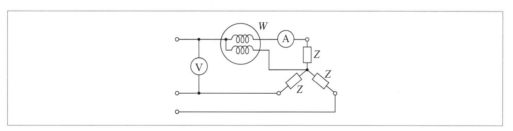

(1) 3상 부하(Z)의 소비전력은 몇 $[\mathrm{kW}]$인가?

(2) 부하의 임피던스 $Z[\Omega]$을 복소수로 나타내시오.

답안작성

(1) • 계산 과정: 전력계의 지시치가 $W = 2[\mathrm{kW}]$이므로 3상 소비전력 $W_3 = 3W = 3 \times 2 = 6[\mathrm{kW}]$

   • 답: $6[\mathrm{kW}]$

(2) • 계산 과정

   1상의 전력 $W = I^2 R$에서 저항 $R = \dfrac{W}{I^2} = \dfrac{2 \times 10^3}{20^2} = 5[\Omega]$

   임피던스의 크기 $Z = \dfrac{E}{I} = \dfrac{\dfrac{220}{\sqrt{3}}}{20} = 6.35[\Omega]$

   리액턴스 $X = \sqrt{Z^2 - R^2} = \sqrt{6.35^2 - 5^2} = 3.91[\Omega]$

   ∴ 임피던스 $Z = 5 + j3.91[\Omega]$

   • 답: $5 + j3.91[\Omega]$

05 ★★★

분전반에서 긍장 $50[\mathrm{m}]$의 거리에 $380[\mathrm{V}]$, 4극 3상 유도전동기 $37[\mathrm{kW}]$를 설치하였다. 전압 강하를 $5[\mathrm{V}]$ 이하로 하기 위해서 전선의 굵기$[\mathrm{mm}^2]$는 얼마로 하는 것이 적당한가?(단, 전동기의 전부하 전류는 $75[\mathrm{A}]$이고 3상 3선식 회로이다.)　　　　[4점]

답안작성
- 계산 과정: $A = \dfrac{30.8LI}{1,000e} = \dfrac{30.8 \times 50 \times 75}{1,000 \times 5} = 23.1[\mathrm{mm}^2] \rightarrow$ 표준 규격 $25[\mathrm{mm}^2]$ 선정
- 답: $25[\mathrm{mm}^2]$

해설비법　전선의 단면적 계산

전기 방식	전선 단면적
단상 3선식 3상 4선식	$A = \dfrac{17.8LI}{1,000e}[\mathrm{mm}^2]$
단상 2선식	$A = \dfrac{35.6LI}{1,000e}[\mathrm{mm}^2]$
3상 3선식	$A = \dfrac{30.8LI}{1,000e}[\mathrm{mm}^2]$

06 ★★☆

그림과 같은 점광원으로부터 원뿔 밑면까지의 거리가 $4[\mathrm{m}]$이고, 밑면의 반지름이 $3[\mathrm{m}]$인 원형면의 평균 조도가 $100[\mathrm{lx}]$라면 이 점광원의 평균 광도$[\mathrm{cd}]$는?　　　　[5점]

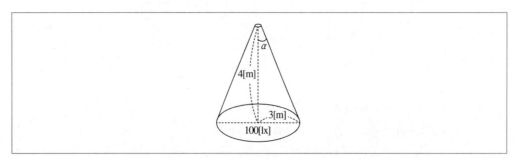

답안작성
- 계산 과정

$\cos\alpha = \dfrac{4}{\sqrt{4^2 + 3^2}} = 0.8$

원뿔의 입체각 $\omega = 2\pi(1 - \cos\alpha)[\mathrm{sr}]$

조도 $E = \dfrac{F}{S} = \dfrac{\omega I}{r^2 \pi} = \dfrac{2\pi(1 - \cos\alpha)I}{r^2 \pi} = \dfrac{2(1 - \cos\alpha)I}{r^2}$ 이므로

평균 광도 $I = \dfrac{E \times r^2}{2(1 - \cos\alpha)} = \dfrac{100 \times 3^2}{2 \times (1 - 0.8)} = 2,250[\mathrm{cd}]$

- 답: $2,250[\mathrm{cd}]$

07
★★★

전동기 부하를 사용하는 곳의 역률개선을 위하여 회로에 병렬로 역률개선용 저압 콘덴서를 설치하여 전동기의 역률을 $90[\%]$ 이상으로 유지하려고 한다. 다음 물음에 답하시오. [6점]

(1) 정격전압 $380[\text{V}]$, 정격출력 $7.5[\text{kW}]$, 역률 $80[\%]$인 전동기의 역률을 $90[\%]$로 개선하고자 하는 경우 필요한 3상 콘덴서의 용량$[\text{kVA}]$을 구하시오.

(2) 물음 "(1)"에서 구한 3상 콘덴서의 용량$[\text{kVA}]$을 $[\mu\text{F}]$로 환산한 용량으로 구하시오.(단, 주파수는 $60[\text{Hz}]$이며 콘덴서는 Δ결선한다.)

답안작성

(1) • 계산 과정: $Q = P(\tan\theta_1 - \tan\theta_2) = 7.5 \times \left(\dfrac{\sqrt{1-0.8^2}}{0.8} - \dfrac{\sqrt{1-0.9^2}}{0.9} \right) = 1.99[\text{kVA}]$

　　• 답: $1.99[\text{kVA}]$

(2) • 계산 과정

　　$Q = 3\omega C E^2 = 3\omega C V^2 = 1.99[\text{kVA}]$

　　$\therefore \ C = \dfrac{Q}{3\omega V^2} = \dfrac{1.99 \times 10^3}{3 \times 2\pi \times 60 \times 380^2} = 12.19 \times 10^{-6}[\text{F}] = 12.19[\mu\text{F}]$

　　• 답: $12.19[\mu\text{F}]$

해설비법

각 결선별 충전 용량

> • Y 결선 시 $Q_c = 3\omega C E^2 = 3\omega C \left(\dfrac{V}{\sqrt{3}} \right)^2 = \omega C V^2[\text{VA}]$
>
> • Δ 결선 시 $Q_c = 3\omega C E^2 = 3\omega C V^2[\text{VA}]$
>
> (단, ω: 각주파수$[\text{rad/s}]$, C: 전선 1선당 정전 용량$[\text{F}]$, E: 상전압$[\text{V}]$, V: 선간 전압$[\text{V}]$)
>
> Δ 결선일 경우 상전압과 선간 전압이 같다.

08
★★☆

유도 전동기 IM을 유도 전동기가 있는 현장뿐 아니라 현장에서 조금 떨어진 위치의 제어실에서도 기동 및 정지가 가능하도록 하는 제어회로를 전자 접촉기 MC와 누름버튼 스위치 PBS−ON 및 PBS−OFF 를 사용하여 다음 점선 안에 그리시오.　　　　　　　　　　　　　　　　　　　　　　　　[5점]

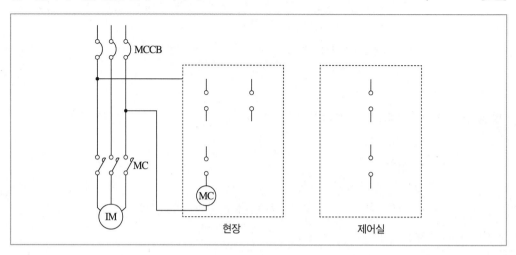

답안작성

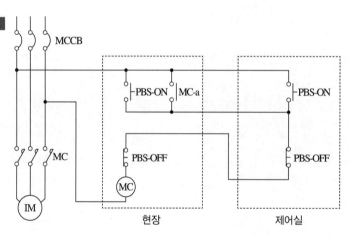

해설비법 ・기동용 스위치(PBS−ON)는 유지 접점과 병렬로 접속한다.
　　　　・정지용 스위치(PBS−OFF)는 직렬로 접속한다.

09
★★★

그림은 설비용량이 $10[\text{kW}]$인 A, B수용가의 부하곡선이다. 다음 각 물음에 답하시오. [6점]

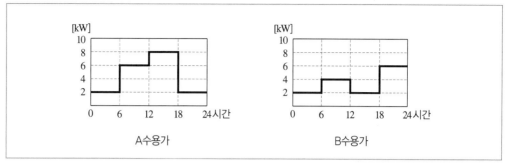

A수용가   B수용가

(1) 각 수용가의 수용률을 구하시오.

구분	계산식	수용률
A		
B		

(2) 각 수용가의 부하율을 구하시오.

구분	계산식	부하율
A		
B		

(3) 부등률을 구하시오.

답안작성

(1)

수용가	계산식	수용률
A	$\dfrac{8 \times 10^3}{10 \times 10^3} \times 100 = 80[\%]$	$80[\%]$
B	$\dfrac{6 \times 10^3}{10 \times 10^3} \times 100 = 60[\%]$	$60[\%]$

(2)

수용가	계산식	부하율
A	$\dfrac{\dfrac{(2+6+8+2) \times 6 \times 10^3}{24}}{8 \times 10^3} = 56.25[\%]$	$56.25[\%]$
B	$\dfrac{\dfrac{(2+4+2+6) \times 6 \times 10^3}{24}}{6 \times 10^3} = 58.33[\%]$	$58.33[\%]$

(3) • 계산 과정

$$\text{부등률} = \frac{\text{각 수용가의 최대전력의 합}}{\text{합성 최대전력}} = \frac{(8+6) \times 10^3}{(8+2) \times 10^3} = 1.4$$

• 답: 1.4

개념체크 (3) 부등률 $= \dfrac{(8+6) \times 10^3}{(6+4) \times 10^3} = 1.4$도 정답이 될 수 있습니다.

10
★★★

[보기]는 한국전기설비규정에 의한 피뢰기의 설치 장소이다. 다음 (   )안에 알맞은 내용을 쓰시오.

[5점]

> **[보기]**
> • (①)의 가공전선 인입구 및 인출구
> • (②)에 접속하는 (③)변압기의 고압 및 특고압 측
> • 고압 및 특고압 가공전선로로부터 공급 받는 (④)의 인입구
> • 가공전선로와 (⑤)가 접속되는 곳

답안작성
① 발전소·변전소 또는 이에 준하는 장소
② 특고압 가공전선로
③ 배전용
④ 수용장소
⑤ 지중전선로

11
★☆☆

다음은 전기안전관리자 직무에 관한 고시의 내용이다. 다음 (   )안에 알맞은 내용을 쓰시오.

[4점]

> (1) 전기안전관리자는 관련 근거에 따라 수립한 점검을 실시하고, 다음 각 호의 내용을 기록하여야 한다. 다만, 전기안전관리자와 점검자가 같은 경우 별지 서식(제2호~제8호)의 서명을 생략할 수 있다.
>   1. 점검자
>   2. 점검 연월일, 설비명(상호) 및 설비 용량
>   3. 점검 실시 내용(점검항목별 기준치, 측정치 및 그 밖에 점검 활동 내용 등)
>   4. 점검의 결과
>   5. 그 밖에 전기설비 안전관리에 관한 의견
> (2) 전기안전관리자는 제(1)항에 따라 기록한 서류(전자문서를 포함한다)를 전기설비 설치장소 또는 사업장마다 갖추어 두고, 그 기록서류를 (①)간 보존하여야 한다.
> (3) 전기안전관리자는 관련 근거에 따른 정기검사 시 제(1)항에 따라 기록한 서류(전자문서를 포함한다)를 제출하여야 한다. 다만, 전기안전종합정보시스템에 매월 (②) 이상 안전관리를 위한 확인·점검 결과 등을 입력한 경우에는 제출하지 아니할 수 있다.

답안작성
① 4년
② 1회

해설비법 전기안전관리자의 직무에 관한 고시 제6조(점검에 관한 기록·보존)

12
★★☆

스위치 S_1, S_2, S_3에 의하여 직접 제어되는 계전기 A, B, C가 있다. 전등 Y_1, Y_2가 진리표와 같이 점등된다고 할 경우 다음 각 물음에 답하시오.(단, 최소 접점수로 접점 표시하시오.) [6점]

A	B	C	Y_1	Y_2
0	0	0	1	1
0	0	1	0	0
0	1	0	0	1
0	1	1	0	1
1	0	0	1	1
1	0	1	0	0
1	1	0	1	1
1	1	1	0	1

접속점 표기 방식	
접속	비접속

(1) Y_1, Y_2의 논리식을 쓰시오.(단, 논리식은 간소화한다.)

(2) 논리식의 무접점 회로를 그리시오.

(3) 논리식의 유접점 회로를 그리시오.

답안작성

(1) $Y_1 = \overline{A}\,\overline{B}\,\overline{C} + A\overline{B}\,\overline{C} + AB\overline{C}$
$\qquad = \overline{A}\,\overline{B}\,\overline{C} + A\overline{B}\,\overline{C} + A\overline{B}\,\overline{C} + AB\overline{C}$
$\qquad = \overline{B}\,\overline{C}(\overline{A}+A) + A\overline{C}(B+\overline{B}) = \overline{B}\,\overline{C} + A\overline{C} = (A+\overline{B})\overline{C}$
$\quad Y_2 = \overline{A}\,\overline{B}\,\overline{C} + \overline{A}B\overline{C} + \overline{A}BC + A\overline{B}\,\overline{C} + AB\overline{C} + ABC$
$\qquad = \overline{A}\,\overline{C}(\overline{B}+B) + BC(\overline{A}+A) + A\overline{C}(\overline{B}+B)$
$\qquad = \overline{A}\,\overline{C} + BC + A\overline{C} = (\overline{A}+A)\overline{C} + BC = \overline{C} + BC$
$\qquad = (\overline{C}+B)(\overline{C}+C) = B+\overline{C}$

(2)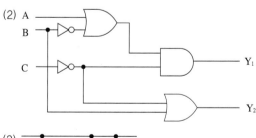

(3)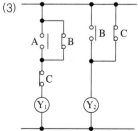

13

★★★

그림은 TN-S 계통접지이다. 중성선(N), 보호선(PE), 보호선과 중성선을 겸한 선(PEN)을 이용하여 도면에 완성하고 표시하시오.(단, 중성선은 ⟋, 보호선은 ⟍, 보호선과 중성선을 겸한 선은 ⟋로 표시한다.)   [5점]

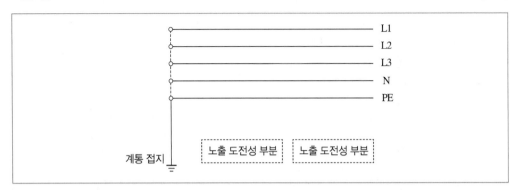

답안작성

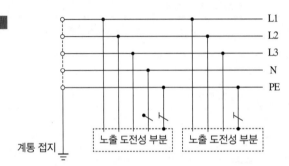

14

★☆☆

3,300/220[V]인 변압기의 용량이 각각 250[kVA], 200[kVA]이고 %임피던스 강하가 각각 2.7[%]와 3[%]일 때 그 병렬 합성 용량 [kVA]은?   [5점]

답안작성
- 계산 과정

변압기 용량이 250[kVA]인 기기를 A라 하고, 200[kVA]인 기기를 B라 할 때 기준 용량을 250[kVA]로 잡으면 A의 %임피던스 강하는 2.7[%]이고 B의 %임피던스 강하는 $\%Z_B = \dfrac{250}{200} \times 3 = 3.75[\%]$가 된다.

이때 A가 공급할 수 있는 용량은 250[kVA]이고, B가 공급할 수 있는 용량은 $P_B = \dfrac{2.7}{3.75} \times 250 = 180[kVA]$이다. 즉 두 변압기의 병렬 합성 용량 $P = 250 + 180 = 430[kVA]$이다.
- 답: 430[kVA]

해설비법 부하분담비 $\dfrac{P_a}{P_b} = \dfrac{\%Z_B}{\%Z_A} \times \dfrac{P_A}{P_B}$ 즉, 부하분담은 %임피던스에 반비례하고 용량에 비례한다.

15 ★★★

다음 그림과 같이 A군, B군의 두 수용가가 있다. 주어진 조건을 참고하여 다음 각 물음에 답하시오.

[6점]

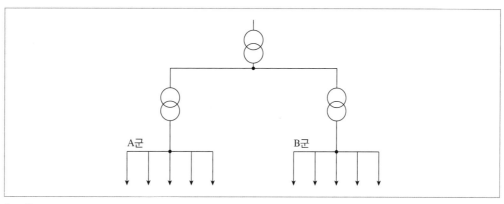

[조건]

구분	A군	B군
설비용량[kW]	50	30
역률	1	1
수용률	0.6	0.5
부등률	1.2	1.2
변압기 간 부등률	1.3	

(1) A군에 필요한 변압기 용량[kVA]을 구하시오.

(2) B군에 필요한 변압기 용량[kVA]을 구하시오

(3) 고압간선에 걸리는 최대 부하[kW]를 구하시오

답안작성

(1) • 계산 과정: $P_A = \dfrac{50 \times 0.6}{1.2 \times 1} = 25[\text{kVA}]$

  • 답: $25[\text{kVA}]$

(2) • 계산 과정: $P_B = \dfrac{30 \times 0.5}{1.2 \times 1} = 12.5[\text{kVA}]$

  • 답: $12.5[\text{kVA}]$

(3) • 계산 과정: 최대 부하 $= \dfrac{25 \times 1 + 12.5 \times 1}{1.3} = 28.85[\text{kW}]$

  • 답: $28.85[\text{kW}]$

개념체크

(1),(2) 변압기 용량 $P = \dfrac{\text{설비용량[kW]} \times \text{수용률}}{\text{부등률} \times \text{역률}} [\text{kVA}]$

해설비법

(3) 부등률 $= \dfrac{\text{개별 최대 수용 전력의 합}}{\text{합성 최대 전력}} = \dfrac{\Sigma(\text{설비용량} \times \text{수용률})}{\text{합성 최대 전력}}$ 에서

합성 최대 전력 $= \dfrac{\Sigma(\text{설비용량} \times \text{수용률})}{\text{부등률}}$

16 ★★☆

각 상의 순서가 a, b, c인 불평형 3상 교류회로에서 대칭분이 다음과 같을 경우 각 상의 전류 $I_a[\mathrm{A}]$, $I_b[\mathrm{A}]$, $I_c[\mathrm{A}]$를 구하시오. [6점]

영상분	$1.8 \angle -159.17°$
정상분	$8.95 \angle 1.14°$
역상분	$2.51 \angle 96.55°$

(1) I_a

(2) I_b

(3) I_c

답안작성

(1) • 계산 과정

$$I_a = I_0 + I_1 + I_2 = 1.8 \angle -159.17° + 8.95 \angle 1.14° + 2.51 \angle 96.55° = 7.27 \angle 16.23°[\mathrm{A}]$$

• 답: $7.27 \angle 16.23°[\mathrm{A}]$

(2) • 계산 과정

$$I_b = I_0 + a^2 I_1 + a I_2 = 1.8 \angle -159.17° + (1 \angle 240° \times 8.95 \angle 1.14°) + (1 \angle 120° \times 2.51 \angle 96.55°)$$
$$= 12.80 \angle -128.8°[\mathrm{A}]$$

• 답: $12.80 \angle -128.8°[\mathrm{A}]$

(3) • 계산 과정

$$I_c = I_0 + a I_1 + a^2 I_2 = 1.8 \angle -159.17° + (1 \angle 120° \times 8.95 \angle 1.14°) + (1 \angle 240° \times 2.51 \angle 96.55°)$$
$$= 7.23 \angle 123.65°[\mathrm{A}]$$

• 답: $7.23 \angle 123.65°[\mathrm{A}]$

해설비법 불평형 3상 전류

• 영상분 전류 $I_0 = \dfrac{1}{3}(I_a + I_b + I_c)[\mathrm{A}]$ • a상 전류 $I_a = I_0 + I_1 + I_2[\mathrm{A}]$

• 정상분 전류 $I_1 = \dfrac{1}{3}(I_a + a I_b + a^2 I_c)[\mathrm{A}]$ • b상 전류 $I_b = I_0 + a^2 I_1 + a I_2[\mathrm{A}]$

• 역상분 전류 $I_2 = \dfrac{1}{3}(I_a + a^2 I_b + a I_c)[\mathrm{A}]$ • c상 전류 $I_c = I_0 + a I_1 + a^2 I_2[\mathrm{A}]$

(단, $a = 1 \angle 120° = -\dfrac{1}{2} + j\dfrac{\sqrt{3}}{2}$, $a^2 = 1 \angle -120° = 1 \angle 240° = -\dfrac{1}{2} - j\dfrac{\sqrt{3}}{2}$)

17 ★★☆ 고압 측 1선 지락 사고 시 지락전류가 $100[\text{A}]$라고 한다. 이 전로에 접속된 주상 변압기 $380[\text{V}]$측 1단자에 중성점 접지공사를 할 때 접지 저항값은 얼마 이하로 유지하여야 하는가?(단, 1초 초과 2초 이내에 자동적으로 전로를 차단하는 장치를 설치한 경우이다.) [4점]

답안작성
- 계산 과정: $R = \dfrac{300}{I_g} = \dfrac{300}{100} = 3[\Omega]$
- 답: $3[\Omega]$

해설비법 변압기 중성점 접지저항값

구분	접지 저항값
일반적인 경우	$\dfrac{150}{I_g}[\Omega]$ 이하
1초 초과 2초 이내에 자동적으로 전로를 차단하는 장치가 시설된 경우	$\dfrac{300}{I_g}[\Omega]$ 이하
1초 이내에 자동적으로 전로를 차단하는 장치가 시설된 경우	$\dfrac{600}{I_g}[\Omega]$ 이하

18 ★☆☆ [보기]는 주택용 배선용차단기 과전류트립 동작시간 및 특성을 나타낸 표이다. 다음 표의 빈칸에 들어갈 알맞은 내용을 쓰시오. [5점]

[보기]	
형	**순시트립범위**
①	$3I_n$ 초과 ~ $5I_n$ 이하
②	$5I_n$ 초과 ~ $10I_n$ 이하
③	$10I_n$ 초과 ~ $20I_n$ 이하

[비고] I_n : 차단기 정격전류

정격전류의 구분	시간	정격전류의 배수	
		부동작전류	동작전류
$63[\text{A}]$ 이하	60분	④	⑤
$63[\text{A}]$ 초과	120분	④	⑤

답안작성
① B
② C
③ D
④ 1.13
⑤ 1.45

01 ★★★

$22.9[\text{kV} - \text{Y}]$ 중성선 다중접지 전선로에 정격 전압 $13.2[\text{kV}]$, 정격 용량 $250[\text{kVA}]$의 단상 변압기 3대를 이용하여 아래 그림과 같이 $\text{Y} - \triangle$ 결선하고자 한다. 다음 각 물음에 답하시오. [6점]

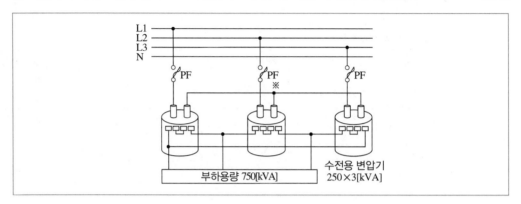

부하용량 750[kVA]
수전용 변압기 250×3[kVA]

(1) 변압기 1차 측 Y 결선의 중성점(※부분)을 전선로의 N선에 연결하여야 하는가? 만약, 연결해야 한다면 연결하여야 하는 이유, 연결해서는 안 된다면 안 되는 이유를 설명하시오.

(2) PF 전력퓨즈의 용량은 아래 표를 참고하여 몇 [A]인지 선정하시오.(단, 퓨즈 용량은 전부하 전류의 1.25배로 선정한다.)

퓨즈용량[A]	10	15	20	25	30	40	50	65	80	100	125

답안작성

(1) 연결여부: 연결해서는 안 된다.
이유: 중성점이 전선로 N선에 연결되어 있는 경우 임의의 변압기 1상 결상 시 나머지 2대의 변압기가 역V 결선되므로 과부하로 인해 변압기가 소손될 수 있다.

(2) • 계산 과정

전부하 전류 $I = \dfrac{750}{\sqrt{3} \times 22.9} = 18.91[\text{A}]$

퓨즈 용량은 전부하 전류의 1.25배를 선정하므로 퓨즈 용량 $= 18.91 \times 1.25 = 23.64[\text{A}]$
따라서 퓨즈의 정격 용량은 25[A]를 선정한다.

• 답: 25[A]

02 ★★★

다음 표와 같은 부하 설비가 있다. 여기에 공급하는 변압기 용량[kVA]을 선정하시오.(단, 변압기 표준용량 표에서 용량을 선정한다.)

[5점]

[부하 설비]

수용가	설비용량[kW]	수용률[%]	부등률	역률[%]
전등	60	80	–	95
전열	40	50	–	90
동력	70	40	1.4	90

[변압기 표준용량]

표준용량[kVA]	50, 75, 100, 150, 200, 300

답안작성

• 계산 과정

[유효전력]

전등부하: $P_1 = 60 \times 0.8 = 48[\text{kW}]$

전열부하: $P_2 = 40 \times 0.5 = 20[\text{kW}]$

동력부하: $P_3 = \dfrac{70 \times 0.4}{1.4} = 20[\text{kW}]$

[무효전력]

전등부하: $Q_1 = 60 \times 0.8 \times \dfrac{\sqrt{1-0.95^2}}{0.95} = 15.78[\text{kVar}]$

전열부하: $Q_2 = 40 \times 0.5 \times \dfrac{\sqrt{1-0.9^2}}{0.9} = 9.69[\text{kVar}]$

동력부하: $Q_3 = \dfrac{70 \times 0.4}{1.4} \times \dfrac{\sqrt{1-0.9^2}}{0.9} = 9.69[\text{kVar}]$

변압기 용량 $P_a = \sqrt{(P_1+P_2+P_3)^2 + (Q_1+Q_2+Q_3)^2} = \sqrt{(48+20+20)^2 + (15.78+9.69+9.69)^2}$

$= \sqrt{88^2 + 35.16^2} = 94.76[\text{kVA}]$

따라서 변압기 표준용량 표에서 100[kVA]를 선정한다.

• 답: 100[kVA]

03

★★☆

현장에서 시험용 변압기가 없을 경우 그림과 같이 주상 변압기 2대와 수저항기를 사용하여 변압기의 절연내력 시험을 할 수 있다. 이때 다음 각 물음에 답하시오.(단, 최대 사용전압 $6,900[\text{V}]$의 변압기의 권선을 시험할 경우이며, $\dfrac{E_2}{E_1} = 105/6,300[\text{V}]$이다.) [8점]

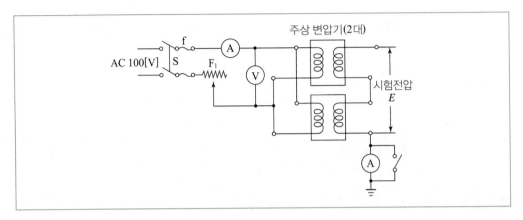

(1) 절연내력 시험전압은 몇 [V]이며, 이 시험전압을 몇 분간 가할 때 이에 견디어야 하는가?

① 절연내력 시험전압

• 계산 과정:

• 답:

② 가하는 시간

(2) 시험 시 전압계 ⓥ로 측정되는 전압은 몇 [V]인가?

• 계산 과정:

• 답:

(3) 도면에서 오른쪽 하단에 접지되어 있는 전류계 Ⓐ는 어떤 용도로 사용되는가?

답안작성 (1) ① • 계산 과정: $V = 6,900 \times 1.5 = 10,350[\text{V}]$

• 답: $10,350[\text{V}]$

② 가하는 시간: 10분

(2) • 계산 과정: $V = 10,350 \times \dfrac{1}{2} \times \dfrac{105}{6,300} = 86.25[\text{V}]$

• 답: $86.25[\text{V}]$

(3) 누설 전류의 측정

해설비법 (2) 전압계 ⓥ에는 변압기 1대가 걸리므로 전압은 $\dfrac{1}{2}$만 측정된다. 따라서 계산 과정에서 $\dfrac{1}{2}$을 곱해 준다.

04
★☆☆

소선의 직경이 $3.2[\text{mm}]$인 37가닥의 연선을 사용할 경우 외경은 몇 $[\text{mm}]$인지 구하시오. [5점]

답안작성

- 계산 과정

$N = 3n(n+1) + 1 = 37 \rightarrow n = 3$

소선의 가닥수가 37인 경우 3층이므로

$D = (2n+1)d = (2 \times 3 + 1) \times 3.2 = 22.4[\text{mm}]$

- 답: $22.4[\text{mm}]$

해설비법

연선의 총 소선수 $N = 3n(n+1) + 1$(단, n : 층 수)

연선의 바깥 지름(외경) $D = (2n+1)d[\text{mm}]$(단, d : 소선의 직경$[\text{mm}]$)

05
★★☆

$6,600/220[\text{V}]$인 두 대의 단상 변압기 A, B가 있다. A는 $30[\text{kVA}]$로서 2차로 환산한 저항과 리액턴스의 값은 각각 $r_A = 0.03[\Omega]$, $x_A = 0.04[\Omega]$이고, B의 용량은 $20[\text{kVA}]$로서 2차로 환산한 값은 $r_B = 0.03[\Omega]$, $x_B = 0.06[\Omega]$이다. 이 두 변압기를 병렬 운전해서 $40[\text{kVA}]$의 부하를 건 경우, A기의 분담 부하$[\text{kVA}]$는 대략 얼마인가? [6점]

답안작성

- 계산 과정

변압기 A의 %임피던스 $\%Z_A = \dfrac{P_A Z_A}{10 V_2^2} = \dfrac{30 \times \sqrt{0.03^2 + 0.04^2}}{10 \times 0.22^2} = 3.1[\%]$

변압기 B의 %임피던스 $\%Z_B = \dfrac{P_B Z_B}{10 V_2^2} = \dfrac{20 \times \sqrt{0.03^2 + 0.06^2}}{10 \times 0.22^2} = 2.77[\%]$

부하분담비 $\dfrac{P_a}{P_b} = \dfrac{\%Z_B}{\%Z_A} \times \dfrac{P_A}{P_B} = \dfrac{2.77}{3.1} \times \dfrac{30}{20} = 1.34$이므로 $P_a = 1.34 P_b$ $P_b = \dfrac{P_a}{1.34}$ 이다.

병렬 운전 시 $40[\text{kVA}]$의 부하를 건다고 하였으므로 $P_a + P_b = 40[\text{kVA}]$이다.

정리하면 $P_a + P_b = P_a + \dfrac{P_a}{1.34} = P_a\left(1 + \dfrac{1}{1.34}\right) = P_a\left(\dfrac{2.34}{1.34}\right) = 40[\text{kVA}]$

$\therefore P_a = 22.91[\text{kVA}]$

- 답: $22.91[\text{kVA}]$

06 ★★★

다음은 과부하 보호장치에 관한 내용이다. ①에 알맞은 내용을 써 넣으시오.(단, 한국전기설비규정을 따른다.) [3점]

> 그림과 같이 분기회로(S_2)의 보호장치(P_2)는 P_2의 전원 측에서 분기점(O) 사이에 다른 분기회로 또는 콘센트의 접속이 없고 단락의 위험과 화재 및 인체에 대한 위험성이 최소화되도록 시설된 경우, 분기회로의 보호장치(P_2)는 분기회로의 분기점(O)으로부터 (①)[m]까지 이동하여 설치할 수 있다.

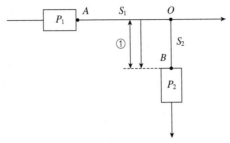

답안작성 ① 3

07 ★★★

연료전지(Fuel cell)의 특징을 3가지만 쓰시오. [5점]

답안작성
- 소음이 적다.
- 친환경적인 발전설비이다.(환경오염의 발생이 적다.)
- 다양한 연료의 사용이 가능하다.

08 ★★★

다음 차단기의 트립방식에 대한 설명을 보고 ①~③에 들어갈 알맞은 내용을 쓰시오. [6점]

트립방식	설명
①	차단기의 주회로에 접속된 변류기의 2차 전류에 의해 트립되는 방식
②	충전된 콘덴서의 에너지에 의해 트립되는 방식
③	부족 전압 트립 장치에 인가되어 있는 전압의 저하에 의해 트립되는 방식

답안작성
① 과전류 트립방식
② 콘덴서 트립방식(CTD방식)
③ 부족 전압 트립방식

09
★★★

어떤 공장의 부하 실적은 1일 평균 전력량 192[kWh], 1일의 최대 전력 12[kW], 최대 전력일 때의 전류값이 34[A]라고 한다. 다음 각 물음에 답하시오.(단, 이 공장은 220[V], 11[kW]인 3상 유도 전동기를 부하 설비로 사용한다.)　　　　[5점]

(1) 일 부하율은 몇 [%]인가?

(2) 최대 공급 전력일 때의 역률은 몇 [%]인가?

답안작성

(1) • 계산 과정: 일 부하율 $= \dfrac{\frac{192}{24}}{12} \times 100[\%] = 66.67[\%]$

　　• 답: 66.67[%]

(2) • 계산 과정: $\cos\theta = \dfrac{12 \times 10^3}{\sqrt{3} \times 220 \times 34} \times 100[\%] = 92.62[\%]$

　　• 답: 92.62[%]

해설비법

• 부하율 $= \dfrac{\text{평균 수용 전력}}{\text{최대 수용 전력}} \times 100[\%]$

• 역률 $= \dfrac{\text{유효 전력}}{\text{피상 전력}} \times 100 = \dfrac{P}{P_a} \times 100 = \dfrac{P}{\sqrt{3}\,VI} \times 100[\%]$

10
★★★

$\triangle - \triangle$ 결선으로 운전하던 중 1상의 변압기에 고장으로 제거되어 $V - V$ 결선으로 공급할 때 변압기의 출력비와 이용률은 각각 몇 [%]인가?　　　　[4점]

(1) 출력비

(2) 이용률

답안작성

(1) • 계산 과정: 출력비 $= \dfrac{\text{고장 후 출력}(P_V)}{\text{고장 전 출력}(P_\triangle)} = \dfrac{\sqrt{3}\,P}{3P} = \dfrac{1}{\sqrt{3}} = 0.5774(\therefore\ 57.74[\%])$

　　• 답: 57.74[%]

(2) • 계산 과정: 이용률 $= \dfrac{\text{실제 출력}(P_V{}')}{\text{이론 출력}(P_V)} = \dfrac{\sqrt{3}\,P}{2P} = \dfrac{\sqrt{3}}{2} = 0.866(\therefore\ 86.6[\%])$

　　• 답: 86.6[%]

11 ★★★

다음은 한국전기설비규정의 과전류에 대한 보호에 관한 설명이다. 다음 빈칸에 알맞은 내용을 쓰시오. [4점]

> 중성선을 (①) 및 (②)하는 회로의 경우에 설치하는 개폐기 및 차단기는 (①) 시에는 중성선이 선도체보다 늦게 (①)되어야 하며, (②) 시에는 선도체와 동시 또는 그 이전에 (②)되는 것을 설치하여야 한다.

답안작성
① 차단
② 재폐로

해설비법 중성선의 차단 및 재폐로(한국전기설비규정 212.2.3)
중성선을 차단 및 재폐로하는 회로의 경우에 설치하는 개폐기 및 차단기는 차단 시에는 중성선이 선도체보다 늦게 차단되어야 하며, 재폐로 시에는 선도체와 동시 또는 그 이전에 재폐로되는 것을 설치하여야 한다.

12 ★★★

VCB의 정격전압이 $170[kV]$이고 정격차단전류가 $24[kA]$일 때 VCB의 정격 차단용량$[MVA]$을 선정하시오.(단, 아래 차단기의 정격 용량표를 이용하여 선정하시오.) [5점]

차단기의 정격 용량$[MVA]$

5,800	6,600	7,300	9,200	12,000

답안작성
• 계산 과정
  차단기의 정격 차단용량 $P_s = \sqrt{3} \times 170 \times 24 = 7,066.77[MVA]$
  따라서 차단 용량 계산값인 $7,066.77[MVA]$보다 큰 $7,300[MVA]$를 선정한다.
• 답: $7,300[MVA]$

13 ★★★

동기 발전기를 병렬 운전시키기 위한 조건을 4가지만 쓰시오. [4점]

답안작성
• 기전력의 크기가 같을 것
• 기전력의 위상이 같을 것
• 기전력의 주파수가 같을 것
• 기전력의 파형이 같을 것

14 ★★★

차단기기는 고장 시 발생하는 고장전류(대전류)를 신속하게 차단하여 고장 구간을 분리하는 역할을 한다. 다음 각 차단기의 약호에 알맞은 명칭을 쓰시오. [4점]

(1) OCB

(2) GCB

(3) ABB

(4) MBB

답안작성 (1) 유입차단기(Oil Circuit Breaker)
(2) 가스차단기(Gas Circuit Breaker)
(3) 공기차단기(Air Blast circuit Breaker)
(4) 자기차단기(Magnetic Blow-out circuit Breaker)

15 ★★☆

다음 논리회로를 보고 다음과 같은 진리표를 완성하시오.(단, L은 Low이고, H는 High이다.) [5점]

A	L	L	L	L	H	H	H	H
B	L	L	H	H	L	L	H	H
C	L	H	L	H	L	H	L	H
X								

답안작성 $X = AB + C$

A	L	L	L	L	H	H	H	H
B	L	L	H	H	L	L	H	H
C	L	H	L	H	L	H	L	H
X	L	H	L	H	L	H	H	H

16 ★★☆

그림은 전자 개폐기 MC에 의한 시퀀스 회로를 개략적으로 그린 것이다. 이 그림을 보고 다음 각 물음에 답하시오.   [5점]

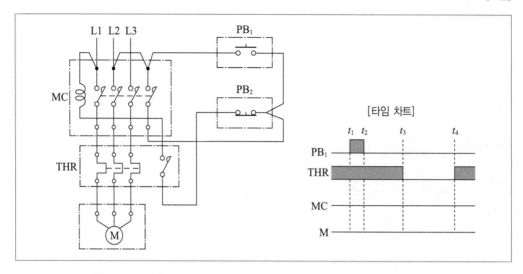

(1) 그림과 같은 회로용 전자 개폐기 MC의 보조 접점을 사용하여 자기 유지가 될 수 있는 일반적인 시퀀스 회로로 다시 작성하여 그리시오.

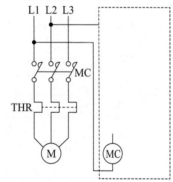

(2) 시간 t_3에 열동 계전기가 작동하고 시간 t_4에서 수동으로 복귀하였다. 이때 전자 개폐기 MC와 전동기 M의 동작을 타임 차트로 표시하시오.

(1)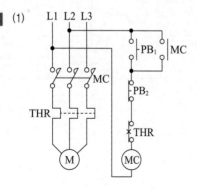

(2)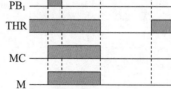

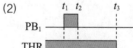

해설비법 유접점 회로의 논리식 $MC = (PB_1 + MC) \cdot \overline{PB_2}, \ \overline{THR}$

17

★★★

진공차단기(VCB)의 특징을 3가지만 적으시오. [6점]

답안작성
- 절연유가 필요 없어 화재의 우려가 없다.
- 차단 시 소음이 작다.
- 차단 시간이 짧고, 차단 성능이 우수하다.

해설비법 진공 차단기(VCB)는 고진공에서 전자의 고속 확산에 의해 아크를 차단한다.

18

★★☆

도면과 같이 $345[\text{kV}]$ 변전소의 단선도와 변전소에 사용되는 주요 제원을 이용하여 다음 각 물음에 답하시오. [14점]

[주변압기]
- 단권 변압기
  $345[\text{kV}]/154[\text{kV}]/23[\text{kV}](\text{Y}-\text{Y}-\varDelta)$
  $166.7[\text{MVA}] \times 3\text{대} \fallingdotseq 500[\text{MVA}]$
- OLTC부 %임피던스($500[\text{MVA}]$ 기준)
  1차~2차: $10[\%]$
  1차~3차: $78[\%]$
  2차~3차: $67[\%]$

[차단기]
- $362[\text{kV}]$ GCB $25[\text{GVA}]$ $4,000[\text{A}] \sim 2,000[\text{A}]$
- $170[\text{kV}]$ GCB $15[\text{GVA}]$ $4,000[\text{A}] \sim 2,000[\text{A}]$
- $25.8[\text{kV}]$ VCB $(\quad)[\text{MVA}]$ $2,500[\text{A}] \sim 1,200[\text{A}]$

[단로기]
- $362[\text{kV}]$ DS $4,000[\text{A}] \sim 2,000[\text{A}]$
- $170[\text{kV}]$ DS $4,000[\text{A}] \sim 2,000[\text{A}]$
- $25.8[\text{kV}]$ DS $2,500[\text{A}] \sim 1,200[\text{A}]$

[피뢰기]
- $288[\text{kV}]$ LA $10[\text{kA}]$
- $144[\text{kV}]$ LA $10[\text{kA}]$
- $21[\text{kV}]$ LA $10[\text{kA}]$

[분로 리액터]
- $22[\text{kV}]$ Sh.R $30[\text{MVAR}]$

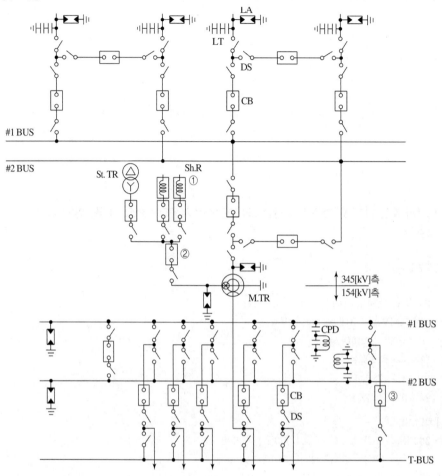

[주모선]

(1) 도면의 345[kV] 측 모선 방식은 어떤 모선 방식인가?

(2) 도면에서 ①번 기기의 설치 목적은 무엇인가?

(3) 도면에 주어진 제원을 참조하여 주변압기에 대한 등가 %임피던스(Z_H, Z_M, Z_L)를 구하고, ②번 23[kV] VCB의 차단 용량을 계산하시오.(단, 그림과 같은 임피던스 회로는 100[MVA] 기준이다.)

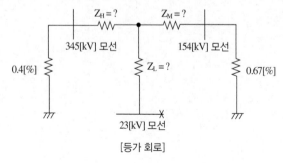

[등가 회로]

      − 등가 %임피던스
        • 계산 과정:
        • 답:
      − VCB 차단 용량
        • 계산 과정:
        • 답:

(4) 도면의 345[kV] GCB에 내장된 계전기 BCT의 오차 계급은 C800이다. 부담은 몇 [VA]인가?
    • 계산 과정:
    • 답:

(5) 도면의 ③번 차단기의 설치 목적을 설명하시오.

(6) 도면의 주변압기 1Bank(단상×3)를 증설하여 병렬 운전시키고자 한다. 이때 병렬 운전 조건 4가지를 쓰시오.

답안작성

(1) 2중 모선 방식

(2) 페란티 현상 방지

(3) • 계산 과정
    − 등가 %임피던스
      100[MVA] 기준이므로 환산하면

$$Z_{HM} = 10 \times \frac{100}{500} = 2[\%]$$

$$Z_{LH} = 78 \times \frac{100}{500} = 15.6[\%]$$

$$Z_{ML} = 67 \times \frac{100}{500} = 13.4[\%] \text{ 이고}$$

      각각의 %등가 임피던스값을 계산하면

$$Z_H = \frac{1}{2}(Z_{HM} + Z_{LH} - Z_{ML}) = \frac{1}{2} \times (2 + 15.6 - 13.4) = 2.1[\%]$$

$$Z_M = \frac{1}{2}(Z_{HM} + Z_{ML} - Z_{LH}) = \frac{1}{2} \times (2 + 13.4 - 15.6) = -0.1[\%]$$

$$Z_L = \frac{1}{2}(Z_{LH} + Z_{ML} - Z_{HM}) = \frac{1}{2} \times (15.6 + 13.4 - 2) = 13.5[\%] \text{ 이다.}$$

• 답: $Z_H = 2.1[\%]$, $Z_M = -0.1[\%]$, $Z_L = 13.5[\%]$
    − VCB 차단 용량
      계산한 등가 %임피던스로 등가 회로를 그리면 다음과 같다.

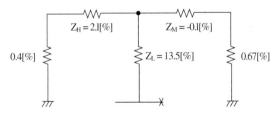

      23[kV] VCB 설치점까지 전체 임피던스

$$\%Z = 13.5 + \frac{(2.1 + 0.4) \times (-0.1 + 0.67)}{(2.1 + 0.4) + (-0.1 + 0.67)} = 13.96[\%]$$

$$\therefore \text{ 23[kV] VCB 차단 용량 } P_s = \frac{100}{\%Z} \times P_n = \frac{100}{13.96} \times 100 = 716.33[\text{MVA}]$$

• 답: 716.33[MVA]

(4) • 계산 과정

$\quad$ C800에서 임피던스는 8[Ω]이므로

$\quad$ 부담$[VA] = I^2Z = 5^2 \times 8 = 200[VA]$

• 답: 200[VA]

(5) 모선 절체 시 또는 모선 점검 시 무정전으로 절체, 점검하기 위하여

(6) • 극성이 같을 것

$\quad$ • 정격 전압(권수비)이 같을 것

$\quad$ • %임피던스 강하가 같을 것

$\quad$ • 내부 저항과 누설 리액턴스 비가 같을 것

$\quad$ • 상회전 방향과 각변위가 같을 것

해설비법 (1) 2중 모선 방식은 선로 점검 시에도 무정전으로 점검이 가능한 방식이다.

(2) 분로 리액터: 페란티 현상(무부하 시 선로 정전용량에 의해 수전단 전압이 송전단 전압보다 높아지는 현상) 방지

(3) 임피던스 맵을 알기 쉽게 그리면 다음과 같다.

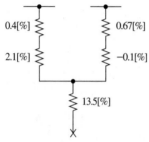

(4) 정격부담[VA]: 변성기 2차 측에 설치할 수 있는 부하 한도

1회 학습전략

합격률: 13.12%

난이도 (上)

- 단답형: 시퀀스, 감리, 과전류차단기의 시설 제한
- 공식형: 네트워크 변압기 용량, 변압비, 피뢰기, 전압변동률, 충전전류, 발전기 용량, 분류기, 전력용 콘덴서, 접지저항, 불평형 전압, 부하 중심거리
- 복합형: 누전차단기, 3권선 변압기
- 신출 비중이 꽤 있었으며, 기출문제 중 다소 까다로운 문제들이 모여 있는 회차입니다. 어렵게 느껴지는 문제는 2~3회독 학습 시에 이해하는 것을 추천합니다.

2회 학습전략

합격률: 47.41%

난이도 (下)

- 단답형: KEC, 감리
- 공식형: 단락용량, 역률, 전압강하, 변압기 효율, 변류비, 불평형 전류, 양수용 전동기, 조명설비, 3전류계법, 부등률, 차단 용량
- 복합형: 시퀀스, 도면
- 넓지 않은 범위의 챕터에서 문제가 출제되었습니다. 시퀀스 문제의 경우 배점은 낮더라도 쉽게 득점할 수 있기에 〈핵심이론만 싹! 출제 유형 3〉에서 확실하게 이해하는 것이 중요합니다.

3회 학습전략

합격률: 66.73%

난이도 (下)

- 단답형: 시퀀스, 수용률, 간이 수전설비 결선도, 계전기 명칭, 방폭구조, 리액터의 종류, 도면
- 공식형: 전력 측정, 역률 개선, 발전기 효율, 변압기 병렬 운전, 접지형 계기용 변압기, 조도
- 복합형: 조명설비, 테이블 스펙
- 최근 가장 쉽게 출제된 회차 중 하나였습니다. 기출 문제에서 자주 보이는 문제가 많아 합격하기 수월한 회차입니다. 조명설비에 관한 개념은 암기해야 할 공식이 많지 않아, 관련 문제에서 고득점을 목표로 하는 것이 좋습니다.

2022년 1회 기출문제

01 ★★★

그림과 같은 논리회로에 대한 다음 각 물음에 답하시오. [6점]

(1) 명칭을 쓰시오.

(2) 출력식을 쓰시오.

(3) 진리표를 완성하시오.

A	B	X
0	0	
0	1	
1	0	
1	1	

답안작성

(1) 배타적 부정 논리합 회로(Exclusive NOR)

(2) $X = \overline{A \oplus B} = A \cdot B + \overline{A} \cdot \overline{B} = A \odot B$

(3)

A	B	X
0	0	1
0	1	0
1	0	0
1	1	1

개념체크

배타적 논리합 회로

• 유접점 회로

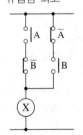

• 진리표

A	B	X
0	0	0
0	1	1
1	0	1
1	1	0

- 무접점 회로

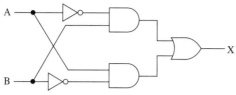

- 논리식

$$X = A \cdot \overline{B} + \overline{A} \cdot B$$

02

★★☆

최대 수요전력이 $5,000[\mathrm{kW}]$, 부하 역률 $90[\%]$, 네트워크(network) 수전 회선수 4회선, 네트워크 변압기의 과부하율이 $130[\%]$인 경우 네트워크 변압기 용량은 몇 $[\mathrm{kVA}]$ 이상이어야 하는가? [5점]

- 계산 과정:
- 답:

답안작성

- 계산 과정

$$\text{네트워크 변압기 용량} = \frac{\dfrac{5,000}{0.9}}{4-1} \times \frac{100}{130} = 1,424.50[\mathrm{kVA}]$$

- 답: $1,424.50[\mathrm{kVA}]$

개념체크

$$\text{과부하율} = \frac{\text{최대 수요전력}[\mathrm{kVA}]}{\text{네트워크 변압기 용량} \times (\text{공급피더수} - 1)} \times 100[\%] \text{에서}$$

$$\text{네트워크 변압기 용량}[\mathrm{kVA}] = \frac{\text{최대 수요전력}[\mathrm{kVA}]}{\text{공급피더수} - 1} \times \frac{100}{\text{과부하율}[\%]}$$

03

★★★

논리식이 다음과 같을 때, 유접점 회로를 그리시오.(단, 각 접점의 식별 문자를 표기하고, 접속점 표기 방식을 참고하여 작성하시오.) [4점]

- 논리식: $L = (X + \overline{Y} + Z) \cdot (\overline{X} + Y)$

접속점 표기 방식

접속	비접속

• 유접점 회로

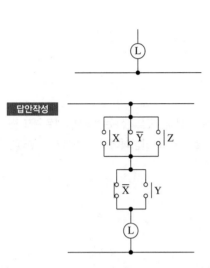

04 다음과 같은 $380[\text{V}]$ 선로의 계기용 변압기 결선에서 다음 각 물음에 답하시오.(단, PT비는 $380/110[\text{V}]$
★★☆ 이다.) [6점]

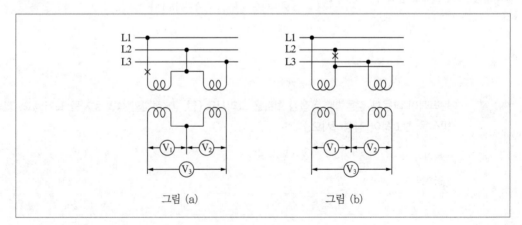

그림 (a)   그림 (b)

(1) 그림 (a)의 X지점에서 단선사고가 발생하였을 때, 전압계 V_1, V_2, V_3 지시값을 구하시오.

　• 계산 과정:

　• 답:

(2) 그림 (b)의 X지점에서 단선사고가 발생하였을 때, 전압계 V_1, V_2, V_3 지시값을 구하시오.

　• 계산 과정:

　• 답:

(1) • 계산 과정: $V_1 = 0[\mathrm{V}]$, $V_2 = 380 \times \dfrac{110}{380} = 110[\mathrm{V}]$, $V_3 = V_1 + V_2 = 0 + 380 \times \dfrac{110}{380} = 110[\mathrm{V}]$

　　　• 답: $V_1 = 0[\mathrm{V}]$, $V_2 = 110[\mathrm{V}]$, $V_3 = 110[\mathrm{V}]$

(2) • 계산 과정

$$V_1 = 380 \times \frac{1}{2} \times \frac{110}{380} = 55[\mathrm{V}], \quad V_2 = 380 \times \frac{1}{2} \times \frac{110}{380} = 55[\mathrm{V}], \quad V_3 = 380 \times \frac{1}{2} \times \frac{110}{380} - 380 \times \frac{1}{2} \times \frac{110}{380} = 0[\mathrm{V}]$$

　　　• 답: $V_1 = 55[\mathrm{V}]$, $V_2 = 55[\mathrm{V}]$, $V_3 = 0[\mathrm{V}]$

05 ★★★

$154[\mathrm{kV}]$ 중성점 직접접지 계통에서 접지 계수가 0.75이고, 여유도가 1.1인 경우 전력용 피뢰기의 정격 전압을 주어진 표에서 선정하시오. [4점]

피뢰기의 정격 전압(표준값[kV])					
126	144	154	168	182	196

• 계산 과정:

• 답:

• 계산 과정: $V = \alpha \beta V_m = 0.75 \times 1.1 \times 170 = 140.25[\mathrm{kV}]$, 표에서 $144[\mathrm{kV}]$ 선정

• 답: $144[\mathrm{kV}]$

피뢰기의 정격 전압은 피뢰기 방전 후 속류를 차단할 수 있는 전압이다.

피뢰기의 정격 전압$[\mathrm{kV}]$ = 접지 계수(α) × 여유도(β) × 계통의 최고 허용 전압$[\mathrm{kV}]$

계통 전압[kV]	22.9	154	345
계통 최고 전압[kV]	25.8	170	362

06 ★★★

단상 변압기가 있다. 전부하에서 2차 측 전압이 $115[\mathrm{V}]$일 때, 전압변동률이 $2[\%]$였다면 1차 측 단자전압은 얼마인지 구하시오.(단, 변압기 권수비는 $20:1$이다.) [5점]

• 계산 과정:

• 답:

• 계산 과정

　　전압변동률 $\delta = \dfrac{V_{20} - V_{2n}}{V_{2n}} \times 100 = \dfrac{V_{20} - 115}{115} \times 100 = 2[\%]$

　　$V_{20} = 115 \times 0.02 + 115 = 117.3[\mathrm{V}]$

　　$\therefore V_1 = V_{20} \times$ 권수비 $= 117.3 \times 20 = 2,346[\mathrm{V}]$

• 답: $2,346[\mathrm{V}]$

• 전압변동률 $\delta = \dfrac{\text{무부하 시 수전단 전압} - \text{부하 시 수전단 전압}}{\text{부하 시 수전단 전압}} \times 100 [\%]$

• 권수비 $= \dfrac{V_1}{V_2} = \dfrac{I_2}{I_1} = \dfrac{N_1}{N_2}$

07
★★★

전압 $22,900[\text{V}]$, 주파수 $60[\text{Hz}]$, 선로 길이 $7[\text{km}]$ 1회선의 3상 지중 송전선로가 있다. 이 지중 전선로의 3상 무부하 충전 전류 및 충전 용량을 구하시오.(단, 케이블의 1선당 작용 정전 용량은 $0.4[\mu\text{F/km}]$라고 한다.) **[6점]**

(1) 충전 전류
 • 계산 과정:
 • 답:

(2) 충전 용량
 • 계산 과정:
 • 답:

답안작성 (1) • 계산 과정: $I_c = \omega CE\ell = 2\pi f CE\ell = 2\pi \times 60 \times 0.4 \times 10^{-6} \times \left(\dfrac{22,900}{\sqrt{3}}\right) \times 7 = 13.96[\text{A}]$

 • 답: $13.96[\text{A}]$

(2) • 계산 과정: $Q_c = 3EI_c = 3 \times \left(\dfrac{22,900}{\sqrt{3}}\right) \times 13.96 \times 10^{-3} = 553.71[\text{kVA}]$

 • 답: $553.71[\text{kVA}]$

개념체크 선로의 충전 전류 및 충전 용량
• 1선당 충전 전류

$$I_c = \omega CE = 2\pi f \cdot C \cdot E = 2\pi f \cdot C \cdot \dfrac{V}{\sqrt{3}}[\text{A}]$$

• 3선에 충전되는 충전 용량

$$Q_c = 3 \times 2\pi f \cdot C \cdot E^2 = 3 \times 2\pi f \cdot C \cdot \left(\dfrac{V}{\sqrt{3}}\right)^2 = 2\pi f \cdot C \cdot V^2[\text{VA}]$$

(단, f: 주파수[Hz], C: 전선 1선당 정전 용량[F], E: 상전압[V], V: 선간 전압[V])

08 설계도서, 법령해석, 감리자의 지시 등이 서로 일치하지 아니하는 경우에 있어 계약으로 그 적용의 우선
★★★ 순위를 정하지 아니할 때, 우선순위를 정하여 높은 순서에서 낮은 순서로 답안을 작성하시오. [5점]

| ㉠ 설계도면 | ㉡ 공사시방서 | ㉢ 산출내역서 |
| ㉣ 전문시방서 | ㉤ 표준시방서 | ㉥ 감리자의 지시사항 |

답안작성 ㉡ → ㉠ → ㉣ → ㉤ → ㉢ → ㉥

개념체크 설계도서 해석의 우선순위

설계도서·법령해석·감리자의 지시 등이 서로 일치하지 않는 경우에 있어 계약으로 그 적용의 우선순위를 정하지
아니할 때에는 다음의 순서를 원칙으로 한다.
1. 공사시방서   2. 설계도면
3. 전문시방서   4. 표준시방서
5. 산출내역서   6. 승인된 상세 시공도면
7. 관계법령의 유권해석   8. 감리자의 지시사항

09 다음 부하에 대한 발전기 최소 용량[kVA]을 아래의 식을 이용하여 산정하시오.(단, 전동기의 [kW]당
★★★ 입력 환산계수(a)는 1.45, 전동기의 기동 계수(c)는 2, 발전기의 허용 전압강하 계수(k)는 1.45이다.)
[5점]

[발전기 용량 산정식]
$$PG \geq \{\Sigma P + (\Sigma P_m - P_L) \times a + (P_L \times a \times c)\} \times k$$

여기서, PG: 발전기 용량
ΣP: 전동기 이외 부하의 입력 용량 합계[kVA]
ΣP_m: 전동기 부하의 용량 합계[kW]
P_L: 전동기 부하 중 기동용량이 가장 큰 전동기 부하 용량[kW]
a: 전동기의 [kW]당 입력[kVA] 용량 계수
c: 전동기의 기동 계수
k: 발전기의 허용 전압강하 계수

No	부하 종류	부하 용량
1	유도 전동기 부하	37[kW]×1대
2	유도 전동기 부하	10[kW]×5대
3	전동기 이외 부하의 입력 용량	30[kVA]

• 계산 과정:

• 답:

답안작성 • 계산 과정: $PG = \{30 + (37 + 10 \times 5 - 37) \times 1.45 + (37 \times 1.45 \times 2)\} \times 1.45 = 304.21$[kVA]
• 답: 304.21[kVA]

10 ★★☆

측정 범위 1[mA], 내부 저항 20[kΩ]의 전류계로 6[mA]까지 측정하고자 한다. 이때 몇 [kΩ]의 분류기를 사용하여야 하는가? [4점]

- 계산 과정:
- 답:

답안작성
- 계산 과정
  주어진 조건에 전류 분배의 법칙을 적용하면

  $$I_m = \frac{R_p}{R_p + R_m} \times I = \frac{R_p}{R_p + 20 \times 10^3} \times (6 \times 10^{-3}) = 1 \times 10^{-3} = 0.001[\text{A}] \text{에서 분류기의 저항 } R_p \text{값은}$$

  $$R_p = \frac{20}{0.006 - 0.001} = 4,000[\Omega] = 4[\text{k}\Omega]$$

- 답: 4[kΩ]

개념체크
- 분류기: 전류계의 측정 범위를 확대시키는 병렬 저항

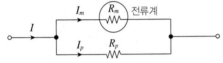

- 측정 전류

  $$I_m = \frac{R_p}{R_p + R_m} \times I[\text{A}]$$

- 배율

  $$m = \frac{I}{I_m} = \frac{R_p + R_m}{R_p} = 1 + \frac{R_m}{R_p}$$

  (단, R_p: 분류기 저항[Ω], R_m: 전류계의 내부 저항[Ω])

11 ★★★

한국전기설비규정에 따라 기계기구 및 전선을 보호하기 위해 과전류차단기를 시설해야 하는데, 과전류차단기를 시설하지 않아도 되는 개소가 있다. 이 과전류차단기의 시설 제한 개소를 3가지 작성하시오. (단, 한국전기설비규정에서 규정하는 과전류차단기 시설 제한 개소 예외사항은 무시한다.) [5점]

답안작성
- 접지공사의 접지도체
- 다선식전로의 중성선
- 전로의 일부에 접지공사를 한 저압 가공전선로의 접지 측 전선

개념체크
과전류차단기의 시설 제한(한국전기설비규정 341.11)
접지공사의 접지도체, 다선식 전로의 중성선 및 전로의 일부에 접지공사를 한 저압 가공전선로의 접지 측 전선에는 과전류차단기를 시설하여서는 안 된다.
다만, 다선식 전로의 중성선에 시설한 과전류차단기가 동작한 경우에 각 극이 동시에 차단될 때 규정에 의한 저항기, 리액터 등을 사용하여 접지공사를 한 때에 과전류차단기의 동작에 의하여 그 접지도체가 비접지 상태로 되지 아니할 때는 적용하지 않는다.

12

★★★

용량이 $500[\mathrm{kVA}]$인 변압기에 역률 $60[\%]$(지상), $500[\mathrm{kVA}]$인 부하가 접속되어있다. 부하에 병렬로 전력용 커패시터를 설치하여 역률을 $90[\%]$로 개선하려고 할 때, 이 변압기에 증설할 수 있는 부하 용량 $[\mathrm{kW}]$을 계산하시오.(단, 증설 부하의 역률은 $90[\%]$이다.) 　　　　　[4점]

- 계산 과정:
- 답:

답안작성 ・ 계산 과정: 증설 가능한 부하 용량 $P' = P_a(\cos\theta_2 - \cos\theta_1) = 500 \times (0.9 - 0.6) = 150[\mathrm{kW}]$
- 답: $150[\mathrm{kW}]$

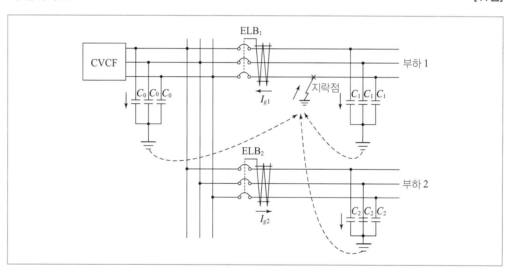

13

★★☆

그림은 누전차단기를 적용하는 것으로 CVCF 출력단의 접지용 콘덴서 C_0는 $5[\mu\mathrm{F}]$이고, 부하 측 라인필터의 대지 정전용량 $C_1 = C_2 = 0.1[\mu\mathrm{F}]$, 누전차단기 ELB_1에서 지락점까지의 케이블의 대지정전용량 $C_{L1} = 0.2[\mu\mathrm{F}]$($\mathrm{ELB}_1$의 출력단에 지락 발생 예상), ELB_2에서 부하 2까지의 케이블의 대지정전용량은 $C_{L2} = 0.2[\mu\mathrm{F}]$이다. 지락저항은 무시하며, 사용 전압은 $220[\mathrm{V}]$, 주파수가 $60[\mathrm{Hz}]$인 경우 다음 각 물음에 답하시오. 　　　　　[11점]

조건

- $I_{g1} = 3 \times 2\pi f CE$에 의하여 계산한다.

- 누전차단기는 지락 시 지락전류의 $\dfrac{1}{3}$에 동작 가능하여야 하며, 부동작 전류는 지락전류의 2배로 한다.

- 누전차단기의 시설 구분에 대한 표시 기호는 다음과 같다.
  ○: 누전차단기를 시설할 것
  △: 주택에 기계기구를 시설하는 경우에는 누전차단기를 시설할 것
  □: 주택 구내 또는 도로에 접한 면에 룸에어컨디셔너, 아이스 박스, 진열장, 자동판매기 등 전동기를 부품으로 한 기계기구를 시설하는 경우에는 누전차단기를 시설하는 것이 바람직하다.
  ※ 사람이 조작하고자 하는 기계기구를 시설한 장소보다 전기적인 조건이 나쁜 장소에서 접촉할 우려가 있는 경우에는 전기적 조건이 나쁜 장소에 시설된 것으로 취급한다.

(1) 도면에서 CVCF는 무엇인지 우리말로 그 명칭을 쓰시오.

(2) 건전 피더(Feeder), ELB_2에 흐르는 지락전류 I_{g2}는 몇 [mA]인가?
- 계산 과정:
- 답:

(3) 누전차단기 ELB_1, ELB_2가 불필요한 동작을 하지 않기 위해서는 정격감도전류 몇 [mA] 범위의 것을 선정하여야 하는가?(단, 소수점 이하는 절사한다.)
- 계산 과정:
- 답:

(4) 누전차단기의 시설 예에 대한 표의 빈 칸에 O, △, □로 표현하시오.

전로의 대지전압 \ 기계기구 시설장소	옥내		옥측		옥외	물기가 있는 장소
	건조한 장소	습기가 많은 장소	우선 내	우선 외		
150[V] 이하	−	−	−			
150[V] 초과 300[V] 이하			−			

답안작성

(1) 정전압 정주파수 공급 장치

(2) • 계산 과정

$$I_{g2} = 3 \times 2\pi f(C_2 + C_{L2}) \times \frac{V}{\sqrt{3}} [\text{A}]$$

$$= 3 \times 2\pi \times 60 \times (0.1 + 0.2) \times 10^{-6} \times \frac{220}{\sqrt{3}} \times 10^3 = 43.1 [\text{mA}]$$

• 답: $43.1[\text{mA}]$

(3) • 계산 과정

① 동작 전류($=$지락전류$\times \frac{1}{3}$)

$$I_{g1} = 3 \times 2\pi f \times (C_0 + C_2 + C_{L2} + C_1 + C_{L1}) \times \frac{V}{\sqrt{3}}$$

$$= 3 \times 2\pi \times 60 \times (5 + 0.1 + 0.2 + 0.1 + 0.2) \times 10^{-6} \times \frac{220}{\sqrt{3}} \times 10^3 = 804.46 [\text{mA}]$$

$$\therefore \text{ELB}_1 = 804.46 \times \frac{1}{3} = 268.15 [\text{mA}]$$

$$I_{g2} = 3 \times 2\pi f \times (C_0 + C_1 + C_{L1} + C_2 + C_{L2}) \times \frac{V}{\sqrt{3}}$$

$$= 3 \times 2\pi \times 60 \times (5 + 0.1 + 0.2 + 0.1 + 0.2) \times 10^{-6} \times \frac{220}{\sqrt{3}} \times 10^3 = 804.46 [\text{mA}]$$

$$\therefore \text{ELB}_2 = 804.46 \times \frac{1}{3} = 268.15 [\text{mA}]$$

② 부동작 전류($=$건전 피더 지락전류 $\times$ 2)
- 부하 1에 지락사고 발생 시

$$I_{g2} = 3 \times 2\pi f(C_2 + C_{L2}) \times \frac{V}{\sqrt{3}}$$

$$= 3 \times 2\pi \times 60 \times (0.1 + 0.2) \times 10^{-6} \times \frac{220}{\sqrt{3}} \times 10^3 = 43.1 [\text{mA}]$$

$$\therefore \text{ELB}_2 = 43.1 \times 2 = 86.2 [\text{mA}]$$

• 부하 2에서 지락사고 발생 시

$$I_{g1} = 3 \times 2\pi f(C_1 + C_{L1}) \times \frac{V}{\sqrt{3}}$$

$$= 3 \times 2\pi \times 60 \times (0.1 + 0.2) \times 10^{-6} \times \frac{220}{\sqrt{3}} \times 10^3 = 43.1 [\text{mA}]$$

$$\therefore \text{ELB}_1 = 43.1 \times 2 = 86.2 [\text{mA}]$$

• 답: ELB_1: $86 \sim 268 [\text{mA}]$, ELB_2: $86 \sim 268 [\text{mA}]$

(4)

전로의 대지전압 \ 기계기구 시설장소	옥내		옥측		옥외	물기가 있는 장소
	건조한 장소	습기가 많은 장소	우선 내	우선 외		
150[V] 이하	–	–	–	□	□	○
150[V] 초과 300[V] 이하	△	○	–	○	○	○

14 ★★★

대지 고유 저항률 $400[\Omega \cdot \text{m}]$, 직경 $19[\text{mm}]$, 길이 $2,400[\text{mm}]$인 접지봉을 전부 매입했다고 한다. 접지 저항(대지저항)값은 얼마인가? **[5점]**

• 계산 과정:

• 답:

답안작성

• 계산 과정: $R = \dfrac{\rho}{2\pi l} \ln\dfrac{2l}{r} = \dfrac{400}{2\pi \times 2,400 \times 10^{-3}} \times \ln\dfrac{2 \times 2,400 \times 10^{-3}}{\dfrac{19 \times 10^{-3}}{2}} = 165.13[\Omega]$

• 답: $165.13[\Omega]$

개념체크

접지봉의 접지저항 계산 공식

$R = \dfrac{\rho}{2\pi l} \ln\dfrac{2l}{r} [\Omega]$ (ρ: 대지 저항률$[\Omega \cdot \text{m}]$, l: 봉 길이$[\text{m}]$, r: 봉 반경$[\text{m}]$)

15 ★★★

$50[\text{Hz}]$에서 사용하던 전력용 커패시터를 같은 전압의 $60[\text{Hz}]$에서 사용한다면 흐르는 전류는 몇 $[\%]$가 증가 또는 감소하는지 구하시오. **[5점]**

• 계산 과정:

• 답:

• 계산 과정

전압이 일정할 때 전류 $I \propto \dfrac{1}{Z_C} = \dfrac{1}{\dfrac{1}{j\omega C}} = j\omega C = j2\pi f C$ $\therefore I \propto f$

$\therefore \dfrac{60}{50} \times 100 = 120[\%]$ 이므로 전류는 $20[\%]$ 증가한다.

• 답: $20[\%]$ 증가

16 ★★★

다음 각 상의 불평형 3상 전압이 $V_a = 7.3 \angle 12.5°[\text{V}]$, $V_b = 0.4 \angle -100°[\text{V}]$, $V_c = 4.4 \angle 154°[\text{V}]$인 경우, 전압의 대칭분 V_0, V_1, V_2를 구하시오. [6점]

(1) V_0
  • 계산 과정:
  • 답:

(2) V_1
  • 계산 과정:
  • 답:

(3) V_2
  • 계산 과정:
  • 답:

(1) • 계산 과정

$$V_0 = \frac{1}{3}(V_a + V_b + V_c) = \frac{1}{3} \times (7.3 \angle 12.5° + 0.4 \angle -100° + 4.4 \angle 154°) = 1.03 + j1.04[\text{V}]$$
$$= 1.46 \angle 45.28°[\text{V}]$$

• 답: $1.46 \angle 45.28°[\text{V}]$

(2) • 계산 과정

$$V_1 = \frac{1}{3}(V_a + aV_b + a^2 V_c)$$
$$= \frac{1}{3} \times (7.3 \angle 12.5° + 1 \angle 120° \times 0.4 \angle -100° + 1 \angle 240° \times 4.4 \angle 154°) = 3.72 + j1.39[\text{V}]$$
$$= 3.97 \angle 20.49°[\text{V}]$$

• 답: $3.97 \angle 20.49°[\text{V}]$

(3) • 계산 과정

$$V_2 = \frac{1}{3}(V_a + a^2 V_b + aV_c)$$
$$= \frac{1}{3} \times (7.3 \angle 12.5° + 1 \angle 240° \times 0.4 \angle -100° + 1 \angle 120° \times 4.4 \angle 154°) = 2.38 - j0.85[\text{V}]$$
$$= 2.53 \angle -19.65°[\text{V}]$$

• 답: $2.53 \angle -19.65°[\text{V}]$

• $A \angle \theta = A(\cos\theta + j\sin\theta)$, $a = 1 \angle 120°$, $a^2 = 1 \angle -120° = 1 \angle 240°$
• $a + jb = \sqrt{a^2 + b^2} \angle \tan^{-1}\left(\dfrac{b}{a}\right)$

17 ★★★ 154[kV] 계통의 변전소에 다음과 같은 정격전압 및 용량을 가진 3권선 변압기가 설치되어 있다. 다음 각 물음에 답하시오.(단, 기타 주어지지 않은 조건은 무시한다.) [9점]

1차 전압 154[kV] 1차 용량 100[MVA] $\%X_{12}=9[\%]$(100[MVA] 기준)	2차 전압 66[kV] 2차 용량 100[MVA] $\%X_{23}=3[\%]$(50[MVA] 기준)	3차 전압 23[kV] 3차 용량 50[MVA] $\%X_{13}=8.5[\%]$(50[MVA] 기준)

(1) 각 권선의 $\%X$를 100[MVA] 기준으로 구하시오.
- $\%X_1$
- $\%X_2$
- $\%X_3$
• 계산 과정:
• 답:

(2) 1차 입력이 100[MVA](역률 0.9 lead)이고, 3차에 50[MVA]의 전력용 커패시터를 접속했을 때, 2차 출력 [MVA]과 그 역률[%]을 구하시오.
- 2차 출력
- 역률
• 계산 과정:
• 답:

(3) "(2)"항의 조건에서 운전하던 도중 1차 전압이 154[kV]일 때 2차 전압[kV]과 3차 전압[kV]을 구하시오.
- 2차 전압
- 3차 전압
• 계산 과정:
• 답:

답안작성 (1) • 계산 과정
100[MVA] 기준으로 $\%X$를 환산하면

1차~2차 간 $\%X_{12}=9[\%]$

2차~3차 간 $\%X_{23}=3\times\dfrac{100}{50}=6[\%]$

3차~1차 간 $\%X_{13}=8.5\times\dfrac{100}{50}=17[\%]$

- 1차 $\%X_1=\dfrac{1}{2}\times(9+17-6)=10[\%]$

- 2차 $\%X_2=\dfrac{1}{2}\times(9+6-17)=-1[\%]$

- 3차 $\%X_3=\dfrac{1}{2}\times(17+6-9)=7[\%]$

• 답: $\%X_1=10[\%]$, $\%X_2=-1[\%]$, $\%X_3=7[\%]$

(2) • 계산 과정
1차 유효전력 $P_1=100\times0.9=90[MW]$

1차 무효전력 $Q_1=100\times\sqrt{1-0.9^2}=43.59[MVar]$(진상)

3차 무효전력 $Q_3=50[MVar]$(진상)

2차 유효전력 $P_2=P_1=90[MW]$

2차 무효전력 $Q_2 = Q_1 - Q_3 = -43.59 - (-50) = 6.41[\text{MVar}]$

2차 피상전력 $P_a = \sqrt{90^2 + 6.41^2} = 90.23[\text{MVA}]$

2차 역률 $\cos\theta_2 = \dfrac{P_2}{P_a} \times 100 = \dfrac{90}{90.23} \times 100 = 99.75[\%]$

• 답: 2차 출력: $90.23[\text{MVA}]$, 역률: $99.75[\%]$

(3) • 계산 과정

$\varepsilon = \pm q\sin\theta$

$\varepsilon_1 = -10 \times \sqrt{1 - 0.9^2} \times \dfrac{100}{100} = -4.359[\%]$

$\varepsilon_2 = +(-1) \times \sqrt{1 - 0.9975^2} \times \dfrac{90.23}{100} = -0.064[\%]$

$\varepsilon_3 = -7 \times 1 \times \dfrac{50}{100} = -3.5[\%]$

$\varepsilon_{12} = \varepsilon_1 + \varepsilon_2 = -4.359 - 0.064 = -4.423[\%]$

$\varepsilon_{13} = \varepsilon_1 + \varepsilon_3 = -4.359 - 3.5 = -7.859[\%]$

따라서 2차 전압 $V_2 = 66 \times (1 - \varepsilon_{12}) = 66 \times (1 + 0.04423) = 68.92[\text{kV}]$

3차 전압 $V_3 = 23 \times (1 - \varepsilon_{13}) = 23 \times (1 + 0.07859) = 24.81[\text{kV}]$

• 답: 2차 전압: $68.92[\text{kV}]$, 3차 전압: $24.81[\text{kV}]$

18 ★★☆

다음은 어느 제조공장의 부하 목록이다. 부하 중심거리 공식을 활용하여 부하 중심 위치(X, Y)를 구하시오.(단, X는 X축 좌표, Y는 Y축 좌표를 의미하며 다른 주어지지 않은 조건은 무시한다.)　　　[5점]

구분	분류	소비전력량[kWh]	위치(X)[m]	위치(Y)[m]
1	물류 저장소	120	4	4
2	유틸리티	60	9	3
3	사무실	20	9	9
4	생산라인	320	6	12

• 계산 과정:

• 답:

답안작성 • 계산 과정

$X = \dfrac{120 \times 4 + 60 \times 9 + 20 \times 9 + 320 \times 6}{120 + 60 + 20 + 320} = 6[\text{m}]$, $\quad Y = \dfrac{120 \times 4 + 60 \times 3 + 20 \times 9 + 320 \times 12}{120 + 60 + 20 + 320} = 9[\text{m}]$

• 답: $X = 6[\text{m}]$, $Y = 9[\text{m}]$

해설비법 부하 중심까지의 거리 $L = \dfrac{\Sigma(L \times I)}{\Sigma I} = \dfrac{L_1 I_1 + L_2 I_2 + L_3 I_3 + L_4 I_4}{I_1 + I_2 + I_3 + I_4}$ 에서

소비전력량은 전류와 비례의 관계에 있으므로($\because W = Pt \propto I$)

부하 중심까지의 거리 $L = \dfrac{\Sigma(L \times W)}{\Sigma W} = \dfrac{L_1 W_1 + L_2 W_2 + L_3 W_3 + L_4 W_4}{W_1 + W_2 + W_3 + W_4}$

2022년 2회 기출문제

배점		100
득점	1회독	
	2회독	
	3회독	

2022년

01
★★☆

그림의 전력계통에서 차단기 a에서의 단락용량[MVA]을 구하시오.(단, 전력계통에서 %임피던스는 10[MVA] 기준으로 환산된 값이다.)　　　　　　　　　　　　　　　　　　　　　　　　[5점]

• 계산 과정:

• 답:

답안작성　• 계산 과정

– 차단기 a 후단에서 단락이 일어난 경우의 단락용량

$$P_s{'} = \frac{100}{5+4} \times 10 = 111.11[\text{MVA}]$$

– 차단기 a 앞단에서 단락이 일어난 경우의 단락용량

$$P_s{''} = \frac{100}{\frac{1}{2} \times (3+4+5)} \times 10 = 166.67[\text{MVA}]$$

$P_s{'}$와 $P_s{''}$ 중 더 큰 단락용량인 166.67[MVA]를 선정한다.

• 답: 166.67[MVA]

개념체크　퍼센트 임피던스(%Z)가 주어진 경우의 단락 용량은 다음과 같다.

$$P_s = \frac{100}{\%Z} P_n [\text{MVA}]$$

(P_n: 기준용량[MVA], %Z: 전원 측으로부터 합성 %임피던스)

02 ★★☆ 입력 A, B, C에 대한 출력 Y1, Y2를 다음 진리표와 같이 동작시키고자 할 때, 다음 각 물음에 답하시오. [6점]

A	B	C	Y1	Y2
0	0	0	0	1
0	0	1	0	1
0	1	0	0	1
0	1	1	0	0
1	0	0	0	1
1	0	1	1	1
1	1	0	1	1
1	1	1	1	0

접속점 표기 방식

접속	비접속
—●——●—	—+—

(1) 출력 Y1, Y2에 대한 논리식을 간략화하여 나타내시오.(단, 간략화된 논리식은 최소한의 논리게이트 및 접점수 사용을 고려한 논리식이다.)

(2) (1)에서 구한 논리식을 논리회로로 나타내시오.

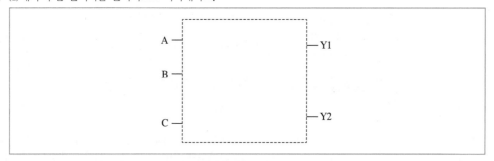

(3) (1)에서 구한 논리식을 시퀀스 회로로 나타내시오.

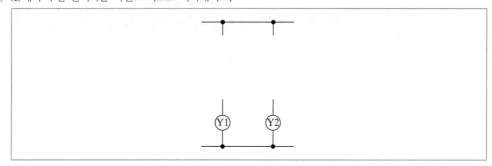

답안작성 (1) $Y1 = A\overline{B}C + AB\overline{C} + ABC = AC(B + \overline{B}) + AB\overline{C} = AC + AB\overline{C} = A(C + B\overline{C}) = A(B + C)$

$Y2 = \overline{A}\,\overline{B}\,\overline{C} + \overline{A}\,\overline{B}C + \overline{A}B\overline{C} + A\overline{B}\,\overline{C} + A\overline{B}C + AB\overline{C} = \overline{A}\,\overline{B}(\overline{C} + C) + A\overline{B}(C + \overline{C}) + B\overline{C}(A + \overline{A})$

$= \overline{A}\,\overline{B} + A\overline{B} + B\overline{C} = \overline{B}(\overline{A} + A) + B\overline{C} = \overline{B} + B\overline{C} = \overline{B} + \overline{C}$

(2)
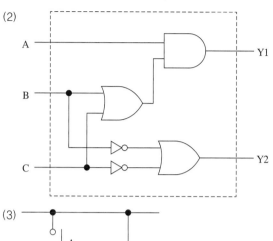

(3)
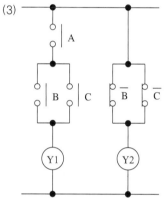

해설비법 (1) $C + B\overline{C} = (C + B) \cdot (C + \overline{C}) = C + B$ ($\because$ 분배 법칙)

(2) $\overline{B} + B\overline{C} = (\overline{B} + B) \cdot (\overline{B} + \overline{C}) = \overline{B} + \overline{C}$ ($\because$ 분배 법칙)

03

★★★

한국전기설비규정에서 규정하는 다음 각 용어의 정의를 적으시오. [4점]

(1) PEM 도체(protective earthing conductor and a mid-point conductor)

(2) PEL 도체(protective earthing conductor and a line conductor)

답안작성 (1) 직류회로에서 중간도체 겸용 보호도체

(2) 직류회로에서 선도체 겸용 보호도체

개념체크 • PEN 도체: 교류회로에서 중성선 겸용 보호도체
• PEM 도체: 직류회로에서 중간도체 겸용 보호도체
• PEL 도체: 직류회로에서 선도체 겸용 보호도체

04 ★★★

용량이 $5,000[\mathrm{kVA}]$인 수전설비의 수용가에서 $5,000[\mathrm{kVA}]$, 역률 $75[\%]$(지상)의 부하가 운전 중이다.
다음 각 물음에 답하시오. [8점]

(1) 이 수용가에 $1,000[\mathrm{kVA}]$ 전력용 커패시터를 설치했을 때 개선된 역률$[\%]$을 구하시오.
 • 계산 과정:
 • 답:

(2) $1,000[\mathrm{kVA}]$ 전력용 커패시터를 설치한 후, 역률 $80[\%]$(지상)의 부하를 추가로 접속하여 운전하려고 한다.
이때 추가할 수 있는 역률 $80[\%]$(지상)의 최대 부하용량$[\mathrm{kW}]$을 구하시오.
 • 계산 과정:
 • 답:

(3) $1,000[\mathrm{kVA}]$ 전력용 커패시터를 설치하고, (2)에서 구한 부하를 추가했을 때 합성 역률$[\%]$을 구하시오.
 • 계산 과정:
 • 답:

답안작성

(1) • 계산 과정

유효전력 $P = 5,000 \times 0.75 = 3,750[\mathrm{kW}]$, 무효전력 $Q = 5,000 \times \sqrt{1-0.75^2} = 3,307.19[\mathrm{kVar}]$
콘덴서 설치 후의 무효전력 $Q' = 3,307.19 - 1,000 = 2,307.19[\mathrm{kVar}]$

$\therefore \cos\theta = \dfrac{3,750}{\sqrt{3,750^2 + 2,307.19^2}} \times 100 = 85.17[\%]$

 • 답: $85.17[\%]$

(2) • 계산 과정

추가로 접속하는 부하의 피상전력을 P_a라 할 때

$5,000 = \sqrt{(3,750 + 0.8P_a)^2 + (3,307.19 - 1,000 + 0.6P_a)^2}$ 에서

$P_a = 599.32[\mathrm{kVA}]$ 이다.

따라서 추가할 수 있는 최대 부하용량 $P = P_a\cos\theta = 599.32 \times 0.8 = 479.46[\mathrm{kW}]$

 • 답: $479.46[\mathrm{kW}]$

(3) • 계산 과정: 새로운 역률 $\cos\theta' = \dfrac{3,750 + 479.46}{5,000} \times 100 = 84.59[\%]$

 • 답: $84.59[\%]$

05
★★★
3상 3선식 1회선 배전선로의 말단에 역률 $80[\%]$(지상)인 평형 3상 부하가 있다. 변전소 인출구의 전압이 $6,600[\text{V}]$, 부하의 단자 전압이 $6,000[\text{V}]$일 때 부하의 소비전력$[\text{kW}]$은 얼마인가?(단, 선로의 저항은 $1.4[\Omega]$, 리액턴스 $1.8[\Omega]$이고, 그 외의 선로 정수는 무시한다.)　　　　[4점]

• 계산 과정:
• 답:

답안작성　• 계산 과정

$e = \dfrac{P}{V_r}(R + X\tan\theta)$에서

$P = \dfrac{e \times V_r}{R + X\tan\theta} = \dfrac{(6,600 - 6,000) \times 6,000}{1.4 + 1.8 \times \dfrac{0.6}{0.8}} \times 10^{-3} = 1,309.09[\text{kW}]$

• 답: $1,309.09[\text{kW}]$

개념체크　3상 선로에서의 전압강하

$e = V_s - V_r = \sqrt{3}\,I(R\cos\theta + X\sin\theta)[\text{V}] = \dfrac{P}{V_r}(R + X\tan\theta)[\text{V}]$

06
★★☆
어느 변압기의 2차 정격전압이 $2,300[\text{V}]$, 2차 정격전류가 $43.5[\text{A}]$, 2차 측에서 본 합성저항이 $0.66[\Omega]$, 무부하손이 $1,000[\text{W}]$이다. 이 변압기에서 다음 조건일 때의 변압기 효율을 구하시오.　　　　[6점]

(1) 전부하 시 역률 $100[\%]$와 $80[\%]$인 경우
　• 계산 과정:
　• 답:

(2) 반부하 시 역률 $100[\%]$와 $80[\%]$인 경우
　• 계산 과정:
　• 답:

답안작성　(1)　• 계산 과정
　　① 전부하 역률 $100[\%]$일 때
　　　$\eta = \dfrac{1 \times 2,300 \times 43.5 \times 1}{1 \times 2,300 \times 43.5 \times 1 + 1,000 + 1^2 \times 43.5^2 \times 0.66} \times 100 = 97.8[\%]$
　　② 전부하 역률 $80[\%]$일 때
　　　$\eta = \dfrac{1 \times 2,300 \times 43.5 \times 0.8}{1 \times 2,300 \times 43.5 \times 0.8 + 1,000 + 1^2 \times 43.5^2 \times 0.66} \times 100 = 97.27[\%]$
　　• 답: 전부하 역률 $100[\%]$일 때: $97.8[\%]$, 전부하 역률 $80[\%]$일 때: $97.27[\%]$

(2)　• 계산 과정
　　① 반부하 역률 $100[\%]$일 때
　　　$\eta = \dfrac{0.5 \times 2,300 \times 43.5 \times 1}{0.5 \times 2,300 \times 43.5 \times 1 + 1,000 + 0.5^2 \times 43.5^2 \times 0.66} \times 100 = 97.44[\%]$
　　② 반부하 역률 $80[\%]$일 때
　　　$\eta = \dfrac{0.5 \times 2,300 \times 43.5 \times 0.8}{0.5 \times 2,300 \times 43.5 \times 0.8 + 1,000 + 0.5^2 \times 43.5^2 \times 0.66} \times 100 = 96.83[\%]$
　　• 답: 반부하 역률 $100[\%]$일 때: $97.44[\%]$, 반부하 역률 $80[\%]$일 때: $96.83[\%]$

개념체크 m 부하로 운전 시 변압기 효율

$$\eta_m = \frac{m V_{2n} I_{2n} \cos\theta}{m V_{2n} I_{2n} \cos\theta + P_i + m^2 I_{2n}^2 r_2} \times 100 [\%]$$

(여기서 P_i: 무부하손(철손), V_{2n}, I_{2n}: 정격 2차 전압 및 전류, $\cos\theta$: 부하 역률, r_2: 저항)

전부하 시에는 $m=1$로 간주한다.

07
★★★
그림과 같이 접속된 3상 3선식 고압 수전설비의 변류기 2차 전류는 언제나 $4.2[\text{A}]$이었다. 이때 수전전력$[\text{kW}]$을 구하시오.(단, 수전전압은 $6,600[\text{V}]$, 변류비는 $50/5[\text{A}]$, 역률은 $100[\%]$이다.) [5점]

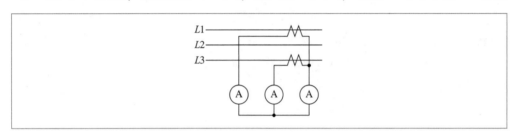

• 계산 과정:

• 답:

답안작성 • 계산 과정: $P = \sqrt{3} V_1 I_1 \cos\theta = \sqrt{3} \times 6,600 \times \left(4.2 \times \dfrac{50}{5}\right) \times 1 \times 10^{-3} = 480.12[\text{kW}]$

• 답: $480.12[\text{kW}]$

개념체크 CT비$=\dfrac{I_1}{I_2}$이므로 1차 전류 $I_1 = I_2 \times \text{CT}$비이다.

08 ★★★ 전기안전관리자의 직무에 관한 고시에 따라 전기설비 용량별 점검횟수 및 간격은 안전관리업무를 대행하는 전기안전관리자는 전기설비가 설치된 장소 또는 사업장을 방문하여 점검을 실시해야 한다. 다음 표의 ①~⑩에 알맞은 숫자를 쓰시오. [5점]

[용량별 점검횟수 및 간격]

용량별		점검횟수	점검간격
저압	1 ~ 300[kW] 이하	월 1회	20일 이상
	300[kW] 초과	월 2회	10일 이상
고압	1 ~ 300[kW] 이하	월 1회	20일 이상
	300[kW] 초과 ~ 500[kW] 이하	월 (①)회	(②)일 이상
	500[kW] 초과 ~ 700[kW] 이하	월 (③)회	(④)일 이상
	700[kW] 초과 ~ 1,500[kW] 이하	월 (⑤)회	(⑥)일 이상
	1,500[kW] 초과 ~ 2,000[kW] 이하	월 (⑦)회	(⑧)일 이상
	2,000[kW] 초과	월 (⑨)회	(⑩)일 이상

답안작성 ① 2 ② 10 ③ 3 ④ 7 ⑤ 4 ⑥ 5 ⑦ 5 ⑧ 4 ⑨ 6 ⑩ 3

개념체크 전기안전관리자의 직무에 관한 고시 제4조(점검주기 및 점검횟수)
안전관리업무를 대행하는 전기안전관리자는 전기설비가 설치된 장소 또는 사업장을 방문하여 점검을 실시해야 하며 그 기준은 다음과 같다.

[용량별 점검횟수 및 간격]

용량별		점검횟수	점검간격
저압	1 ~ 300[kW] 이하	월 1회	20일 이상
	300[kW] 초과	월 2회	10일 이상
고압	1 ~ 300[kW] 이하	월 1회	20일 이상
	300[kW] 초과 ~ 500[kW] 이하	월 2회	10일 이상
	500[kW] 초과 ~700[kW] 이하	월 3회	7일 이상
	700[kW] 초과 ~ 1,500[kW] 이하	월 4회	5일 이상
	1,500[kW] 초과 ~ 2,000[kW] 이하	월 5회	4일 이상
	2,000[kW] 초과	월 6회	3일 이상

[비고] 여행·질병이나 그 밖의 사유로 일시적으로 그 직무를 수행할 수 없는 경우에는 그 기간 동안 해당 설비의 소유자 등과 협의하여 점검 간격을 조정하여 실시할 수 있다.

09 ★★★

상순이 $a-b-c$인 불평형 3상 전류가 $I_a = 7.28\angle 15.95°[\text{A}]$, $I_b = 12.81\angle -128.66°[\text{A}]$, $I_c = 7.21$ $\angle 123.69°[\text{A}]$인 경우, 대칭분(영상분 I_0, 정상분 I_1, 역상분 I_2)을 구하시오. [6점]

(1) I_0
- 계산 과정:
- 답:

(2) I_1
- 계산 과정:
- 답:

(3) I_2
- 계산 과정:
- 답:

답안작성

(1) • 계산 과정

$$I_0 = \frac{1}{3}(I_a + I_b + I_c) = \frac{1}{3}\times(7.28\angle 15.95° + 12.81\angle -128.66° + 7.21\angle 123.69°) = -1.67 - j0.67[\text{A}]$$

$$= 1.8\angle -158.14°[\text{A}]$$

• 답: $1.8\angle -158.14°[\text{A}]$

(2) • 계산 과정

$$I_1 = \frac{1}{3}(I_a + aI_b + a^2 I_c)$$

$$= \frac{1}{3}\times(7.28\angle 15.95° + 1\angle 120°\times 12.81\angle -128.66° + 1\angle 240°\times 7.21\angle 123.69°) = 8.95 + j0.18[\text{A}]$$

$$= 8.95\angle 1.15°[\text{A}]$$

• 답: $8.95\angle 1.15°[\text{A}]$

(3) • 계산 과정

$$I_2 = \frac{1}{3}(I_a + a^2 I_b + aI_c)$$

$$= \frac{1}{3}\times(7.28\angle 15.95° + 1\angle 240°\times 12.81\angle -128.66° + 1\angle 120°\times 7.21\angle 123.69°) = -0.29 + j2.49[\text{A}]$$

$$= 2.51\angle 96.64°[\text{A}]$$

• 답: $2.51\angle 96.64°[\text{A}]$

개념체크
- $A\angle\theta = A(\cos\theta + j\sin\theta)$, $a = 1\angle 120°$, $a^2 = 1\angle -120° = 1\angle 240°$
- $a + jb = \sqrt{a^2 + b^2}\angle\tan^{-1}\left(\dfrac{b}{a}\right)$

10 ★★☆

지표면상 $10[m]$ 높이에 수조가 있다. 이 수조에 초당 $1[m^3]$의 물을 양수하려고 할 때, 다음 물음에 답하시오.(단, 펌프 효율이 $70[\%]$이고, 유도 전동기의 역률은 $100[\%]$이며, 여유율은 $20[\%]$로 한다.) [6점]

(1) 펌프용 3상 농형 유도 전동기의 출력[kW]을 구하시오.
  • 계산 과정:
  • 답:

(2) 단상 변압기 2대를 사용하여 V 결선으로 전력을 공급할 경우 1대의 용량[kVA]을 구하시오.
  • 계산 과정:
  • 답:

답안작성 (1) • 계산 과정

펌프용 전동기의 소요 동력 $P_a = \dfrac{9.8QH}{\eta}k = \dfrac{9.8 \times 1 \times 10}{0.7} \times 1.2 = 168[kW]$

  • 답: $168[kW]$

(2) • 계산 과정

$P_v = \sqrt{3}P_1[kVA]$이므로

$P_1 = \dfrac{P_v}{\sqrt{3}} = \dfrac{168}{\sqrt{3}} = 96.99[kVA]$

  • 답: $96.99[kVA]$

개념체크 (1) 양수 펌프용 전동기 용량

  • $P = \dfrac{9.8QH}{\eta}k[kW]$

  (단, Q: 양수량$[m^3/s]$, H: 양정(양수 높이)$[m]$, k: 여유 계수, η: 효율)

  • $P = \dfrac{QH}{6.12\eta}k[kW]$

  (단, Q: 양수량$[m^3/min]$)
  양수량의 단위가 초당인지, 분당인지에 따라 두 가지 식으로 나타낼 수 있다.
  $[kVA]$로 구하기 위해서는 역률과 여유 계수를 고려하여 다음과 같이 계산한다.

  $P = \dfrac{9.8QH}{\eta\cos\theta}k[kVA]$

(2) V 결선: 단상 변압기 2대로 3상 전력을 공급하는 변압기 결선 방법($P_v = \sqrt{3}P_1[kVA]$)

11 ★★★

폭 $20[m]$인 도로의 양쪽에 간격 $15[m]$를 두고 대칭 배열로 가로등이 점등되어 있다. 한 등의 전광속은 $8,000[lm]$, 조명률은 $45[\%]$일 때, 도로의 평균 조도를 계산하시오. [5점]

• 계산 과정:
• 답:

답안작성 • 계산 과정: $FUN = EAD$에서 $E = \dfrac{FUN}{AD} = \dfrac{8,000 \times 0.45 \times 1}{\left(20 \times 15 \times \dfrac{1}{2}\right) \times 1} = 24[lx]$

• 답: $24[lx]$

- 주어진 도로에 가로등 1개가 빛을 비추어야 하는 면적은 $A = \frac{1}{2}BS\,[\mathrm{m}^2]$ 이다.
- 감광 보상률 D가 주어지지 않을 경우는 $D=1$로 계산한다.

12 ★★★

다음은 전력시설물 공사감리업무 수행지침 중 설계변경 및 계약금액의 조정 관련 감리업무와 관련된 사항이다. 빈칸에 알맞은 내용을 답하시오. [4점]

> 감리원은 설계변경 등으로 인한 계약금액의 조정을 위한 각종 서류를 공사업자로부터 제출받아 검토·확인한 후 감리업자에게 보고하여야 하며, 감리업자는 소속 비상주감리원에게 검토·확인하게 하고 대표자 명의로 발주자에게 제출하여야 한다. 이때 변경설계도서의 설계자는 (①), 심사자는 (②)이 날인하여야 한다. 다만, 대규모 통합감리의 경우, 설계자는 실제 설계 담당 감리원과 책임감리원이 연명으로 날인하고 변경설계도서의 표지양식은 사전에 발주처와 협의하여 정한다.

답안작성
① 책임감리원
② 비상주감리원

13 ★★☆

전선의 식별에 관한 다음 표의 빈칸에 대하여 알맞게 답하시오. [4점]

1. 전선의 색상은 다음 표에 따른다.

상(문자)	색상
L1	(①)
L2	흑색
L3	(②)
N	(③)
보호도체	(④)

2. 색상 식별이 종단 및 연결 지점에서만 이루어지는 나도체 등은 전선 종단부에 색상이 반영구적으로 유지될 수 있는 도색, 밴드, 색 테이프 등의 방법으로 표시해야 한다.
3. '1' 및 '2' 항을 제외한 전선의 식별은 KS C IEC 60445(인간과 기계 간 인터페이스, 표시 식별의 기본 및 안전원칙−장비단자, 도체단자 및 도체의 식별)에 적합하여야 한다.

답안작성
① 갈색   ② 회색   ③ 청색   ④ 녹색−노란색

개념체크 전선의 식별

상(문자)	색상
L1	갈색
L2	흑색
L3	회색
N	청색
보호도체	녹색 – 노란색

14
★★☆

다음과 같은 유접점 회로가 있다. 접속점 표기 방식을 참고하여 다음 물음에 답하시오.　　　[4점]

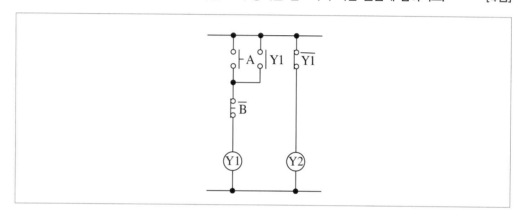

(1) 논리식을 작성하시오.

(2) 무접점 회로로 작성하시오.

답안작성　(1)　$Y1 = (A + Y1) \cdot \overline{B}$

　　　　　　　$Y2 = \overline{Y1}$

(2)

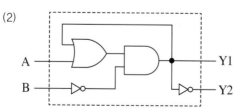

15

★★☆

그림과 같이 전류계 3개를 가지고 부하 전력을 측정하려고 한다. 각 전류계의 지시가 $A_1 = 10[\text{A}]$, $A_2 = 4[\text{A}]$, $A_3 = 7[\text{A}]$이고, $R = 25[\Omega]$일 때 다음을 구하시오.　　　　　[5점]

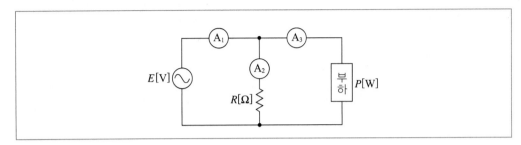

(1) 부하에서 소비되는 전력[W]을 구하시오.
- 계산 과정:
- 답:

(2) 부하 역률[%]을 구하시오.
- 계산 과정:
- 답:

답안작성 (1) • 계산 과정: $P = \dfrac{R}{2}(A_1^2 - A_2^2 - A_3^2) = \dfrac{25}{2} \times (10^2 - 4^2 - 7^2) = 437.5[\text{W}]$

　　　　　• 답: $437.5[\text{W}]$

(2) • 계산 과정: $\cos\theta = \dfrac{A_1^2 - A_2^2 - A_3^2}{2A_2 A_3} = \dfrac{10^2 - 4^2 - 7^2}{2 \times 4 \times 7} = 0.625\,(\therefore 62.5[\%])$

　　　　　• 답: $62.5[\%]$

개념체크 3 전류계법

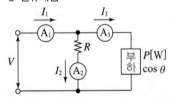

- 전류계 3개로 단상 전력 및 역률을 측정하는 방법
- 유효 전력

$$P = \frac{R}{2}\left(I_1^2 - I_2^2 - I_3^2\right)[\text{W}]$$

- 역률

$$\cos\theta = \frac{I_1^2 - I_2^2 - I_3^2}{2I_2 I_3}$$

주어진 도면은 어떤 수용가의 수전설비의 단선 결선도이다. 도면을 이용하여 다음 각 물음에 답하시오.

[13점]

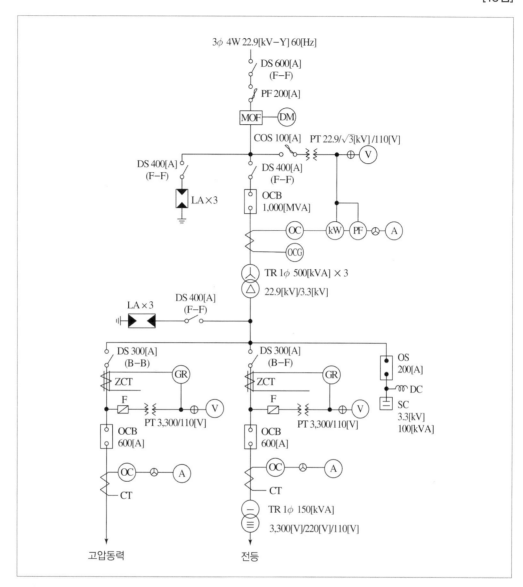

(1) 22.9[kV] 측의 DS의 정격 전압은 몇 [kV]인가?(단, 정격전압을 구하는 식은 기재하지 않는다.)

(2) 22.9[kV] 측의 LA의 정격 전압은 몇 [kV]인가?

(3) ZCT의 기능을 쓰시오.

(4) GR의 기능을 쓰시오.

(5) MOF에 연결되어 있는 Ⓓⓜ의 명칭은 무엇인가?

(6) 1대의 전압계로 3상 전압을 측정하기 위한 개폐기를 약호로 쓰시오.

(7) 1대의 전류계로 3상 전류를 측정하기 위한 개폐기를 약호로 쓰시오.

(8) PF의 기능을 쓰시오.

(9) MOF의 기능을 쓰시오.

(10) CB의 기능을 쓰시오.

(11) SC의 기능을 쓰시오.

(12) OS의 명칭을 쓰시오.

(13) 3.3[kV] 측에 차단기에 적힌 전류값 600[A]는 무엇을 의미하는가?

답안작성
(1) 25.8[kV]

(2) 18[kV]

(3) 지락 사고 시 지락 전류(영상 전류)를 검출하는 것으로 지락 계전기와 조립하여 차단기를 차단시킨다.

(4) 영상 변류기(ZCT)에 의해 검출된 영상 전류에 의해 동작하며 지락 고장 보호용으로 사용한다.

(5) 최대 수요 전력량계

(6) VS

(7) AS

(8) 부하 전류는 안전하게 통전하고, 어떤 일정값 이상의 과전류를 차단하여 전로나 기기를 보호한다.

(9) PT와 CT를 하나의 함 내에 설치하고 고전압, 대전류를 저전압, 소전류로 변성하여 전력량계에 공급한다.

(10) 부하 전류의 개폐 및 사고 전류를 차단한다.

(11) 역률을 개선한다.

(12) 유입 개폐기

(13) 정격 전류

개념체크 계통에서 기구(단로기, 차단기)의 공칭 전압(V)별 정격 전압(V_n)의 관계

공칭 전압	6.6[kV]	22.9[kV]	66[kV]	154[kV]	345[kV]	765[kV]
정격 전압	7.2[kV]	25.8[kV]	72.5[kV]	170[kV]	362[kV]	800[kV]

17
★★☆

다음 표에 대한 부하를 사용하는 수용가의 종합 최대 수요전력(합성 수요전력)을 구하시오.　　[4점]

구분	부하 A	부하 B	부하 C	부하 D
용량[kW]	10	20	20	30
수용률	0.8	0.8	0.6	0.6
부등률	1.3			

• 계산 과정:

• 답:

답안작성 • 계산 과정: 최대 수요전력 $= \dfrac{(10 \times 0.8) + (20 \times 0.8) + (20 \times 0.6) + (30 \times 0.6)}{1.3} = 41.54[\text{kW}]$

• 답: 41.54[kW]

해설비법 부등률 $= \dfrac{\text{개별 최대 수용 전력의 합계}}{\text{합성 최대 전력}} = \dfrac{\Sigma(\text{설비 용량} \times \text{수용률})}{\text{합성 최대 전력}}$ 에서

합성 최대 전력 $= \dfrac{\Sigma(\text{설비 용량} \times \text{수용률})}{\text{부등률}}$

18 ★★★

수전 전압 $6,600[\text{V}]$, 수전점의 3상 단락 전류가 $8,000[\text{A}]$인 경우 다음 각 물음에 답하시오.(단, 단락 지점에서 바라본 가공 전선로의 %임피던스의 총합은 $58.5[\%]$이다.)　　　[6점]

차단기의 정격 용량$[\text{MVA}]$

10	20	30	50	75	100	150	250	300	400	500

(1) 기준 용량
　• 계산 과정:
　• 답:

(2) 차단 용량
　• 계산 과정:
　• 답:

답안작성 (1) • 계산 과정

$I_s = \dfrac{100}{\%Z} I_n$ 에서 $I_n = \dfrac{\%Z}{100} I_s = \dfrac{58.5}{100} \times 8,000 = 4,680[\text{A}]$

$\therefore P_n = \sqrt{3} \times 6.6 \times 4.68 = 53.5[\text{MVA}]$

• 답: $53.5[\text{MVA}]$

(2) • 계산 과정: $P_s = \sqrt{3} \times 7.2 \times 8 = 99.77[\text{MVA}]$, 표에서 $100[\text{MVA}]$ 선정

• 답: $100[\text{MVA}]$

해설비법 (1) 기준 용량 $P_n = \sqrt{3}\, V I_n [\text{MVA}]$

여기서 V: 공칭 전압$[\text{kV}]$, I_n: 정격 전류$[\text{kA}]$

(2) 차단 용량 $P_s = \sqrt{3}\, V_n I_s [\text{MVA}]$

여기서 V_n: 정격 전압 $=$ 공칭 전압$\times \dfrac{1.2}{1.1}[\text{kV}]$, I_s: 정격 차단 전류$[\text{kA}]$

따라서 $V_n = 6.6 \times \dfrac{1.2}{1.1} = 7.2[\text{kV}]$

2022년 3회

기출문제

배점	100
득점	1회독
	2회독
	3회독

01 ★★☆

다음 그림과 같은 사무실이 있다. 이 사무실의 평균 조도를 $200[\text{lx}]$로 하고자 할 때 다음 각 물음에 답하시오. [9점]

```
        20[m](X)
  ┌──────────────┐
  │              │ 10[m](Y)
  └──────────────┘
```

조건
• 형광등은 40[W]를 사용, 이 형광등의 광속은 2,500[lm]으로 한다.
• 조명률은 0.6, 감광 보상률은 1.2로 한다.
• 사무실 내부에 기둥은 없는 것으로 한다.
• 간격은 등기구 센터를 기준으로 한다.
• 등기구는 ○으로 표현하도록 한다.

(1) 이 사무실에 필요한 형광등의 수를 구하시오.
• 계산 과정:
• 답:

(2) 등기구를 답안지에 배치하시오.

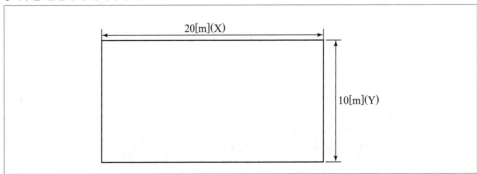

(3) 등간의 간격과 최외각에 설치된 등기구와 건물 벽간의 간격(A, B, C, D)은 각각 몇 [m]인가?

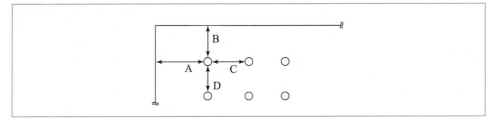

(4) 만일 주파수 60[Hz]에 사용하는 형광방전등을 50[Hz]에서 사용한다면 광속과 점등시간은 어떻게 변화되는지를 설명하시오.

(5) 양호한 전반 조명이라면 등간격은 등높이의 몇 배 이하로 해야 하는가?

(1) • 계산 과정: $N = \dfrac{EAD}{FU} = \dfrac{200 \times (20 \times 10) \times 1.2}{2,500 \times 0.6} = 32$[등]

　　　 • 답: 32[등]

(2)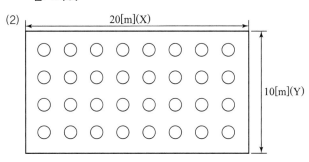

(3) A: 1.25[m], B: 1.25[m], C: 2.5[m], D: 2.5[m]

(4) • 광속: 증가
　　• 점등시간: 늦어짐

(5) 1.5배

(1) 등의 개수 산정

$$FUN = EAD$$

(단, F: 광속[lm], U: 조명률, N: 사용하는 등의 개수, E: 조도[lx], A: 방의 면적[m²], D: 감광 보상률

$\left(= \dfrac{1}{M} \right)$, M: 보수율(유지율))

(3) C, D $= \dfrac{20}{8} = 2.5$[m], A, B(벽과 등기구의 간격) $= 1.25$[m]

(4) • 형광등의 리액턴스는 주파수와 비례관계이므로 주파수가 낮을수록 리액턴스는 작아져 광속이 늘어나는 효과가 생긴다.
　　• 형광등의 주파수와 점등시간은 반비례관계이므로 주파수가 낮을수록 점등시간은 오래 걸린다.

(5) 등간격
　　• 등기구와 등기구의 간격: $S \leq 1.5H$
　　• 벽과 등기구의 간격: $S \leq \dfrac{H}{2}$

02
★★★

그림과 같은 무접점 논리 회로에 대응하는 유접점 회로를 그리고, 논리식으로 표현하시오.　　[3점]

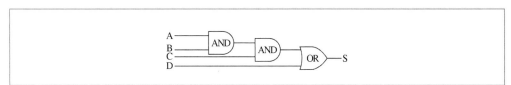

• 유접점 회로

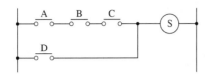

• 논리식: S = A · B · C + D

무접점 회로에서 유접점 회로로의 전환
• AND회로: 직렬 회로
• OR회로: 병렬 회로

03
★★☆

어떤 부하에 그림과 같이 접속된 전압계, 전류계 및 전력계의 지시치가 각각 $V = 220[\text{V}]$, $I = 25[\text{A}]$, $W_1 = 5.6[\text{kW}]$, $W_2 = 2.4[\text{kW}]$이다. 이 부하에 대하여 다음 각 물음에 답하시오. [6점]

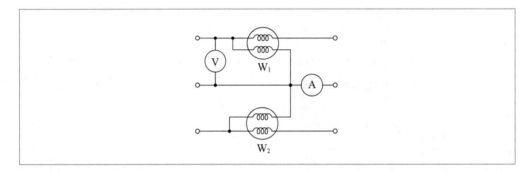

(1) 소비 전력은 몇 [kW]인가?
  • 계산 과정:
  • 답:

(2) 부하 역률은 몇 [%]인가?
  • 계산 과정:
  • 답:

(1) • 계산 과정: $P = W_1 + W_2 = 5.6 + 2.4 = 8[\text{kW}]$
  • 답: 8[kW]

(2) • 계산 과정
    피상 전력 $P_a = \sqrt{3} \times 220 \times 25 \times 10^{-3} = 9.53[\text{kVA}]$

    역률 $\cos\theta = \dfrac{P}{P_a} \times 100[\%] = \dfrac{8}{9.53} \times 100[\%] = 83.95[\%]$

  • 답: 83.95[%]

문제 조건에서 전압계와 전류계의 지시값이 있을 경우 피상 전력은 $P_a = \sqrt{3}\,VI$로 계산해야 한다.
($P_a = 2\sqrt{W_1{}^2 + W_2{}^2 - W_1 W_2}$ 로 계산하지 말 것)

04
★★☆

어떤 기간 중에 수용설비의 최대 수용 전력[kW]과 설비 용량의 합[kW]의 비를 나타내는 말은 무엇인지 답하시오. [4점]

답안작성 수용률

개념체크 수용률
- 의미: 수용설비가 동시에 사용되는 정도를 나타낸다.
- 변압기 등의 적정한 공급설비 용량을 파악하기 위해 사용된다.

$$수용률 = \frac{최대 \ 수용 \ 전력[kW]}{부하 \ 설비 \ 합계[kW]} \times 100[\%]$$

2022년

05
★☆☆

3상 송전선로 $5[km]$ 지점에 $1,000[kW]$, 역률 0.8인 부하가 있다. 전력용 콘덴서를 설치하여 역률을 $95[\%]$로 개선하였다. 다음의 경우에 역률 개선 전의 몇 $[\%]$ 인지 구하시오.(단, 1상당 임피던스는 $0.3 + j0.4[\Omega/km]$, 부하의 전압은 $6,000[V]$로 일정하다.) [10점]

(1) 전압강하
- 계산 과정:
- 답:

(2) 전력손실
- 계산 과정:
- 답:

답안작성

(1) • 계산 과정

개선 전 전압강하 $e' = \dfrac{1,000 \times 10^3}{6,000} \times \left(0.3 \times 5 + 0.4 \times 5 \times \dfrac{0.6}{0.8}\right) = 500[V]$

개선 후 전압강하 $e'' = \dfrac{1,000 \times 10^3}{6,000} \times \left(0.3 \times 5 + 0.4 \times 5 \times \dfrac{\sqrt{1-0.95^2}}{0.95}\right) = 359.56[V]$

$\therefore \dfrac{e''}{e'} \times 100 = \dfrac{359.56}{500} \times 100 = 71.91[\%]$

• 답: $71.91[\%]$

(2) • 계산 과정

3상 선로의 전력손실 $P_l = 3I^2R = 3 \times \left(\dfrac{P}{\sqrt{3}\,V\cos\theta}\right)^2 \times R = \dfrac{P^2R}{V^2\cos^2\theta}$ 에서

$P_l \propto \dfrac{1}{\cos^2\theta}$ 이므로 $\therefore \left(\dfrac{0.8}{0.95}\right)^2 \times 100 = 70.91[\%]$

• 답: $70.91[\%]$

개념체크 3상 선로의 전압강하

$$e = \sqrt{3}\,I(R\cos\theta + X\sin\theta) = \dfrac{P}{V_r}(R + X\tan\theta)[V]$$

06 ★★☆ 발전기의 최대 출력은 $400[\mathrm{kW}]$이며, 일 부하율 $40[\%]$로 운전하고 있다. 중유의 발열량은 $9,600[\mathrm{kcal/L}]$, 열효율은 $36[\%]$일 때, 하루 동안의 소비 연료량$[\mathrm{L}]$은 얼마인지 계산하시오. [5점]

• 계산 과정:
• 답:

답안작성

• 계산 과정

발전기 효율 $\eta = \dfrac{860Pt}{BH} \times 100[\%]$ 에서

연료량 $B = \dfrac{860Pt}{\eta H} = \dfrac{860 \times (400 \times 0.4) \times 24}{0.36 \times 9,600} = 955.56[\mathrm{L}]$

• 답: $955.56[\mathrm{L}]$

개념체크

$$발전기 효율\ \eta = \frac{860W}{BH} \times 100[\%] = \frac{860Pt}{BH} \times 100[\%]$$

$$(단,\ W: 전력량[\mathrm{kWh}],\ B: 사용\ 연료량[\mathrm{L}],\ H: 연료의\ 발열량[\mathrm{kcal/L}])$$

07 ★★★ 정격전압이 같은 두 변압기가 병렬로 운전 중이다. A변압기의 정격용량은 $20[\mathrm{kVA}]$, %임피던스는 $4[\%]$이고, B변압기의 정격용량은 $75[\mathrm{kVA}]$, %임피던스는 $5[\%]$일 때, 다음 각 물음에 답하시오.(단, 변압기 A, B의 내부저항과 누설리액턴스의 비는 같다. $\left(\dfrac{R_a}{X_a} = \dfrac{R_b}{X_b} \right)$) [6점]

(1) 2차 측의 부하용량이 $60[\mathrm{kVA}]$일 때 각 변압기가 분담하는 전력은 얼마인가?
  ① A변압기
  ② B변압기
  • 계산 과정:
  • 답:

(2) 2차 측의 부하용량이 $120[\mathrm{kVA}]$일 때 각 변압기가 분담하는 전력은 얼마인가?
  ① A변압기
  ② B변압기
  • 계산 과정:
  • 답:

(3) 변압기가 과부하되지 않는 범위 내에서 2차 측 최대 부하용량은 얼마인가?
  • 계산 과정:
  • 답:

답안작성

(1) • 계산 과정

부하분담비 $\dfrac{P_a}{P_b} = \dfrac{\%Z_B}{\%Z_A} \times \dfrac{P_A}{P_B} = \dfrac{5}{4} \times \dfrac{20}{75} = \dfrac{1}{3}$

$\therefore P_b = 3P_a$ 이고, 2차 측 부하용량 $P_a + P_b = P_a + 3P_a = 4P_a = 60[\text{kVA}]$

$\therefore$ A변압기의 분담용량 $P_a = 60 \times \dfrac{1}{4} = 15[\text{kVA}]$, B변압기의 분담용량 $P_b = 3P_a = 45[\text{kVA}]$

• 답: ① A변압기: 15[kVA] ② B변압기: 45[kVA]

(2) • 계산 과정

부하분담비 $\dfrac{P_a}{P_b} = \dfrac{\%Z_B}{\%Z_A} \times \dfrac{P_A}{P_B} = \dfrac{5}{4} \times \dfrac{20}{75} = \dfrac{1}{3}$

$\therefore P_b = 3P_a$ 이고, 2차 측 부하용량 $P_a + P_b = P_a + 3P_a = 4P_a = 120[\text{kVA}]$

$\therefore$ A변압기의 분담용량 $P_a = 120 \times \dfrac{1}{4} = 30[\text{kVA}]$, B변압기의 분담용량 $P_b = 3P_a = 90[\text{kVA}]$

• 답: ① A변압기: 30[kVA] ② B변압기: 90[kVA]

(3) • 계산 과정

A변압기가 최대로 공급할 수 있는 용량은 20[kVA]이므로, 변압기가 과부하되지 않는 범위 내의 2차 측 최대 부하용량 $P = P_a + P_b = P_a + 3P_a = 4P_a = 80[\text{kVA}]$ 이다.

• 답: 80[kVA]

해설비법 부하분담비 $\dfrac{P_a}{P_b} = \dfrac{\%Z_B}{\%Z_A} \times \dfrac{P_A}{P_B}$ 즉, 부하분담은 %임피던스에 반비례하고 용량에 비례한다.

08
★★★

다음 무접점 논리회로에 대응하는 유접점 회로를 그리고, 논리식으로 표현하시오. [4점]

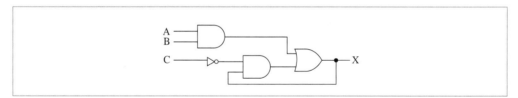

(1) 유접점 회로

(2) 논리식

답안작성 (1)

```
|    A      B          |
•──o o──o o──•──(X)──•
|                     |
|    C̄      X         |
•──o o──o o──•        |
```

(2) $X = A \cdot B + \overline{C} \cdot X$

그림은 $22.9[kV - Y]$, $1,000[kVA]$ 이하에 적용 가능한 특고압 간이 수전설비 표준 결선도이다. 이 결선도를 보고 다음 각 물음에 답하시오.   [6점]

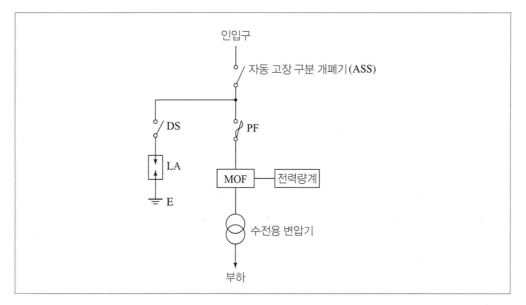

(1) 용량 $300[kVA]$ 이하 ASS 대신 사용할 수 있는 것은?

(2) 본 도면에서 생략할 수 있는 것은?

(3) $22.9[kV - Y]$용의 LA는 (   ) 붙임형을 사용하여야 한다. (   ) 안에 알맞은 것은?

(4) 인입선을 지중선으로 시설하는 경우로 공동 주택 등 사고 시 정전 피해가 큰 수전설비 인입선은 예비선을 포함하여 몇 회선으로 시설하는 것이 바람직한가?

(5) $22.9[kV - Y]$ 지중 인입선에는 어떤 케이블을 사용하여야 하는가?

(6) $300[kVA]$ 이하인 경우 PF 대신 COS를 사용하였다. 이것의 비대칭 차단 전류 용량은 몇 $[kA]$ 이상의 것을 사용하여야 하는가?

답안작성 (1) 인터럽트 스위치

(2) LA용 DS

(3) Disconnector 또는 Isolator

(4) 2회선

(5) CNCV-W(수밀형) 또는 TR CNCV-W(트리 억제형) 케이블

(6) $10[kA]$

개념체크 $22.9[kV-Y]$ $1,000[kVA]$ 이하를 시설하는 경우 간이 수전설비 결선도

[주요 사항]

① LA용 DS는 생략이 가능하며 $22.9[kV-Y]$용의 LA는 반드시 Isolator(또는 Disconnector) 붙임형을 사용하여야 한다.

② 인입선을 지중선으로 시설하는 경우에는 공동주택 등 고장 시 정전의 피해가 특히 우려되는 곳은 예비 지중선을 포함하여 2회선으로 시설하는 것이 바람직하다.

③ 지중 인입선의 경우에 $22.9[kV-Y]$ 계통은 CNCV-W 케이블(수밀형) 또는 TR CNCV-W(트리 억제형)을 사용하여야 한다. 단, 전력구, 공동구, 덕트, 건물 구내 등 화재의 우려가 있는 장소에서는 FR CNCO-W(난연) 케이블을 사용하는 것이 바람직하다.

④ 300[kVA] 이하인 경우 PF 대신 COS(비대칭 차단 전류 10[kA] 이상의 것)을 사용할 수 있다.

⑤ 간이 수전설비는 PF의 용단 등에 의한 결상 사고에 대한 대책이 없으므로 변압기 2차 측에 설치되는 주차단기에는 결상 계전기 등을 설치하여 결상 사고에 대한 보호 능력이 있도록 하는 것이 바람직하다.

10 ★★★ 다음 각 계전기의 명칭을 작성하시오. [4점]

(1) OCR

(2) OVR

(3) UVR

(4) GR

답안작성

(1) 과전류 계전기

(2) 과전압 계전기

(3) 부족전압 계전기

(4) 지락 계전기

개념체크

(1) 과전류 계전기(OCR): 과전류에 의해 동작하며 차단기 트립 코일을 여자

(2) 과전압 계전기(OVR): 정정값 이상의 전압 인가 시 동작하며 차단기 트립 코일을 여자

(3) 부족전압 계전기(UVR): 정정값 이하의 전압 인가 시 동작하며 차단기 트립 코일을 여자

(4) 지락 계전기(GR): 지락 전류에 의해 동작하며 차단기 트립 코일을 여자

11 ★★★ 전기 설비의 방폭구조 종류 중 4가지만 쓰시오. [4점]

답안작성
- 내압 방폭구조
- 유입 방폭구조
- 압력 방폭구조
- 안전증 방폭구조

12 ★★★

가로 $10[\text{m}]$, 세로 $16[\text{m}]$, 천장 높이 $3.85[\text{m}]$, 작업면 높이 $0.85[\text{m}]$인 사무실에 천장 직부 형광등 F40×2를 설치하려고 한다. 다음 물음에 답하시오. [7점]

(1) 이 사무실의 실지수는 얼마인가?
• 계산 과정:
• 답:

(2) 이 사무실의 작업면 조도를 $300[\text{lx}]$, 천장 반사율 $70[\%]$, 벽 반사율 $50[\%]$, 바닥 반사율 $10[\%]$, $40[\text{W}]$ 형광등 1등의 광속 $3,150[\text{lm}]$, 보수율 $70[\%]$, 조명률 $61[\%]$로 한다면 이 사무실에 필요한 소요되는 등기구 수[등]는?
• 계산 과정:
• 답:

답안작성 (1) • 계산 과정: 실지수 $RI = \dfrac{XY}{H(X+Y)} = \dfrac{10 \times 16}{(3.85-0.85) \times (10+16)} = 2.05$
• 답: 2.05

(2) • 계산 과정: $N = \dfrac{EAD}{FU} = \dfrac{300 \times (10 \times 16) \times \dfrac{1}{0.7}}{(3,150 \times 2) \times 0.61} = 17.84$
• 답: $18[\text{등}]$

해설비법 (1) 실지수(RI: Room Index)

$$RI = \frac{XY}{H(X+Y)}$$
(단, X: 방의 폭, Y: 방의 길이, H: 작업면에서 광원까지의 높이)

H = 작업면에서 광원까지의 높이 = 천장 높이 − 작업면 높이 $= 3.85 - 0.85 = 3[\text{m}]$

(2) 등의 개수(N)의 산출

$$FUN = EAD$$
(단, F: 광속[lm], U: 조명률, N: 사용하는 등의 개수, E: 조도[lx], A: 방의 면적[m^2], D: 감광 보상률
($= \dfrac{1}{M}$), M: 보수율(유지율))

$40[\text{W}]$ 2등용이므로 $40[\text{W}]$ 형광등 1등의 광속이 $3,150[\text{lm}]$일 때 전광속 $F = 3,150 \times 2 = 6,300[\text{lm}]$

13

★★☆

전력계통에 이용되는 리액터에 대한 명칭을 작성하시오. [6점]

단락전류 제한	(1)
페란티 현상 방지	(2)
변압기 중성점 아크 소호	(3)

답안작성

(1) 한류 리액터

(2) 분로 리액터

(3) 소호 리액터

개념체크 직렬 리액터: 제5고조파 제거

14

★★☆

다음은 상용 전원과 예비 전원 운전 시 유의하여야 할 사항이다. ( ) 안에 알맞은 내용을 쓰시오. [4점]

상용 전원과 예비 전원 사이에는 병렬 운전을 하지 않는 것이 원칙이므로 수전용 차단기와 발전용 차단기 사이에는 전기적 또는 기계적 (①)을 시설해야 하며, (②)를 사용해야 한다.

답안작성

① 인터록

② 전환 개폐기

★★☆

설비 도면을 보고 다음 각 물음에 답하시오. [5점]

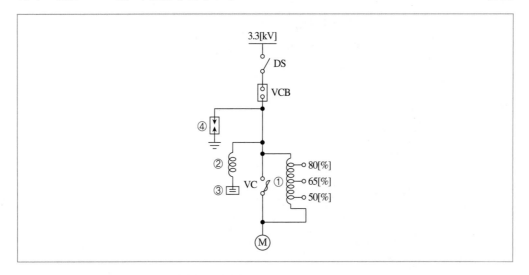

(1) 도면의 고압 유도 전동기 기동방식이 무엇인지 쓰시오.

(2) ①~④의 명칭을 작성하시오.

답안작성 (1) 리액터 기동법

(2) ① 기동용 리액터　② 직렬 리액터　③ 전력용 콘덴서　④ 서지 흡수기

개념체크 (1) 리액터 기동법: 기동 시 유도 전동기에 직렬로 리액터를 설치하여 전동기에 인가되는 전압을 감압시켜 기동하는 방식

(2) ② 직렬 리액터: 제5고조파 제거
　　③ 전력용 콘덴서: 역률 개선
　　④ 서지 흡수기: 개폐 서지 등 내부 이상 전압으로부터 변압기 등의 전력기기를 보호
　　　　　(설치 위치: 진공 차단기(VCB) 2차 측)

16
★★☆

고압 선로에서의 접지사고 검출 및 경보장치를 그림과 같이 시설하였다. A선에 누전사고가 발생하였을 때 다음 각 물음에 답하시오.(단, 전원이 인가되고 경보벨의 스위치는 닫혀있는 상태라고 한다.)

[6점]

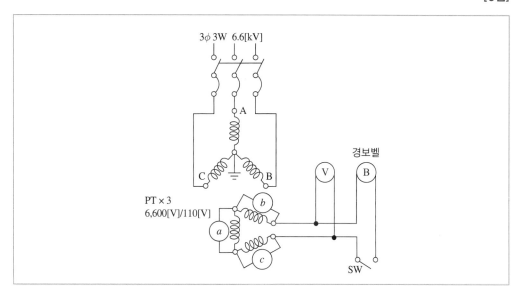

(1) 1차 측 A선의 대지전압이 0[V]인 경우 B선 및 C선의 대지전압은 각각 몇 [V]인가?
　① B선의 대지전압
　② C선의 대지전압
　• 계산 과정:
　• 답:

(2) 2차 측 전구 ⓐ의 전압이 0[V]인 경우 ⓑ 및 ⓒ 전구의 전압과 전압계 Ⓥ의 지시전압, 경보벨 Ⓑ에 걸리는 전압은 각각 몇 [V]인가?
　① ⓑ 전구의 전압
　② ⓒ 전구의 전압
　③ 전압계 Ⓥ의 지시전압
　④ 경보벨 Ⓑ에 걸리는 전압
　• 계산 과정:
　• 답:

답안작성 (1) ① • 계산 과정: $\dfrac{6,600}{\sqrt{3}} \times \sqrt{3} = 6,600[V]$

　　　　• 답: $6,600[V]$

　　② • 계산 과정: $\dfrac{6,600}{\sqrt{3}} \times \sqrt{3} = 6,600[V]$

　　　　• 답: $6,600[V]$

(2) ① • 계산 과정: $\dfrac{110}{\sqrt{3}} \times \sqrt{3} = 110[V]$

　　　　• 답: $110[V]$

　　② • 계산 과정: $\dfrac{110}{\sqrt{3}} \times \sqrt{3} = 110[V]$

　　　　• 답: $110[V]$

　　③ • 계산 과정: $110 \times \sqrt{3} = 190.53[V]$

• 답: $190.53[\mathrm{V}]$

④ • 계산 과정: $110 \times \sqrt{3} = 190.53[\mathrm{V}]$

• 답: $190.53[\mathrm{V}]$

(1) 1선 지락사고 시

• 지락된 상: $0[\mathrm{V}]$

• 건전 상: 대지 전위의 $\sqrt{3}$ 배로 상승

(2) 1선 지락사고 시 전압계와 경보벨에는 건전 상에 대한 선간전압이 걸리므로
$110 \times \sqrt{3} = 190.53[\mathrm{V}]$ 가 나타난다.

17
★★★

그림과 같이 높이 $5[\mathrm{m}]$의 점에 있는 백열 전등에서 광도 $12,500[\mathrm{cd}]$의 빛이 수평 거리 $7.5[\mathrm{m}]$의 점 P에 주어지고 있다. 다음 각 물음에 답하시오. [4점]

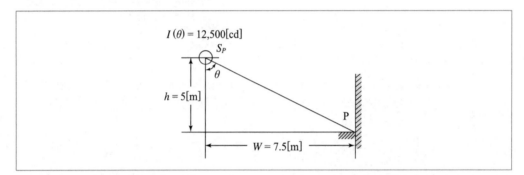

(1) P점의 수평면 조도를 구하시오.

• 계산 과정:

• 답:

(2) P점의 수직면 조도를 구하시오.

• 계산 과정:

• 답:

(1) • 계산 과정

$$\cos\theta = \frac{5}{\sqrt{5^2 + 7.5^2}} = 0.55$$

수평면 조도 $E_h = \dfrac{I}{r^2}\cos\theta = \dfrac{12,500}{(\sqrt{5^2+7.5^2})^2} \times 0.55 = 84.62[\mathrm{lx}]$

• 답: $84.62[\mathrm{lx}]$

(2) • 계산 과정

$$\sin\theta = \frac{7.5}{\sqrt{5^2 + 7.5^2}} = 0.83$$

수직면 조도 $E_v = \dfrac{I}{r^2}\sin\theta = \dfrac{12,500}{(\sqrt{5^2+7.5^2})^2} \times 0.83 = 127.69[\mathrm{lx}]$

• 답: $127.69[\mathrm{lx}]$

- 수평면 조도 $E_h = \dfrac{I}{r^2}\cos\theta = \dfrac{I}{h^2}\cos^3\theta[\mathrm{lx}]$

- 수직면 조도 $E_v = \dfrac{I}{r^2}\sin\theta = \dfrac{I}{h^2}\cos^2\theta\sin\theta[\mathrm{lx}]$

18 ★★☆

단상 3선식 110/220[V]를 채용하고 있는 어떤 건물이 있다. 변압기가 설치된 수전실로부터 100[m] 되는 곳에 부하 집계표와 같은 분전반을 시설하고자 한다. 다음 조건과 표를 참고하여 전압변동률 2[%] 이하, 전압강하율 2[%] 이하가 되도록 다음 사항을 구하시오.(단, 중성선의 전압강하는 무시한다.)

[7점]

> **조건**
> - 후강전선관 공사로 한다.
> - 3선 모두 같은 선으로 한다.
> - 부하의 수용률은 100[%]로 적용
> - 후강전선관 내 전선의 점유율은 48[%] 이내를 유지할 것

[표 1] 전선의 허용전류표

단면적[mm²]	허용전류[A]	전선관 3본 이하 수용 시[A]	피복 포함 단면적[mm²]
5.5	34	31	28
14	61	55	66
22	80	72	88
38	113	102	121
50	133	119	161

[표 2] 부하 집계표

회로 번호	부하 명칭	부하[VA]	부하 분담[VA]		MCCB 크기		
			A	B	극수	AF	AT
1	전등	2,400	1,200	1,200	2	50	15
2	〃	1,400	700	700	2	50	15
3	콘센트	1,000	1,000	–	1	50	20
4	〃	1,400	1,400	–	1	50	20
5	〃	600	–	600	1	50	20
6	〃	1,000	–	1,000	1	50	20
7	팬코일	700	700	–	1	30	15
8	〃	700	–	700	1	30	15
합계		9,200	5,000	4,200			

[표 3] 후강전선관 규격

호칭	G16	G22	G28	G36	G42

(1) 간선의 공칭 단면적[mm²]을 선정하시오.
- 계산 과정:
- 답:

(2) 후강전선관의 호칭을 표에서 선정하시오.
- 계산 과정:
- 답:

(3) 설비 불평형률은 몇 [%]인지 구하시오.
- 계산 과정:
- 답:

답안작성 (1) • 계산 과정

$$I_A = \frac{5,000}{110} = 45.45[\text{A}], \quad I_B = \frac{4,200}{110} = 38.18[\text{A}]$$

I_A, I_B 중 큰 값인 45.45[A]를 기준으로 전선의 굵기를 선정한다.

$$\therefore A = \frac{17.8LI}{1,000e} = \frac{17.8 \times 100 \times 45.45}{1,000 \times (110 \times 0.02)} = 36.77[\text{mm}^2] \text{ 이므로 [표 1]에서 } 38[\text{mm}^2] \text{ 선정}$$

• 답: 38[mm²]

(2) • 계산 과정

[표 1]에서 단면적 38[mm²] 전선의 피복 포함 단면적이 121[mm²]이므로

전선의 총 단면적 $A = 121 \times 3 = 363[\text{mm}^2]$

조건에서 후강전선관 내단면적의 48[%]를 유지하라고 주어졌으므로

$$A = \frac{1}{4}\pi d^2 \times 0.48 \geq 363$$

$$\therefore \text{ 후강전선관의 직경 } d = \sqrt{\frac{363 \times 4}{0.48 \times \pi}} = 31.03[\text{mm}] \text{ 이므로 [표 3]에서 G36 선정}$$

• 답: G36

(3) • 계산 과정

$$\text{설비 불평형률} = \frac{(1,000 + 1,400 + 700) - (600 + 1,000 + 700)}{(5,000 + 4,200) \times \frac{1}{2}} \times 100[\%] = 17.39[\%]$$

• 답: 17.39[%]

해설비법 (1) 단상 3선식에서 전선의 굵기를 선정할 때에 전류는 A선과 B선 중 전류가 큰 쪽인 A선의 부하전류(45.45[A])를 기준으로 한다.

(3) 저압 수전의 단상 3선식에서의 설비 불평형률

$$\frac{\text{중성선과 각 전압 측 전선 간에 접속되는 부하설비 용량[kVA]의 차}}{\text{총 부하설비 용량[kVA]} \times \frac{1}{2}} \times 100[\%]$$

이때 설비 불평형률은 40[%] 이하이어야 한다.

1회 학습전략

합격률: 41.99%

난이도 下

- 단답형: 전압강하, 시퀀스, 단선도, 절연성능, 접지저항, 케이블 사고점 측정, 조명
- 공식형: 오차율·보정률, 전압강하, 전력용 콘덴서의 용량, 전부하 효율, 왜형률, 전열기 효율, 광도, 특성 임피던스
- 복합형: 부하설비 산정 및 계통도 작성
- KEC 개정의 영향으로 수용가 설비에서의 전압강하, 절연성능에 관한 규정을 묻는 문제가 출제되었습니다. 1차 필기시험 과목에서 연계된 계산 문제가 많아 득점을 노릴 수 있습니다. 조명의 광도를 묻는 문제는 다소 난도가 높게 출제되었습니다.
※ 실제 출제된 시험의 오류로 인해 삭제된 문제가 있어 배점 합계가 100점이 되지 않습니다.

2회 학습전략

합격률: 29.1%

난이도 中

- 단답형: 개폐기, 피뢰시스템, 등전위본딩 도체, 시퀀스 회로도
- 공식형: 절연내력 시험전압, 코로나 현상, 적산 전력계, 정현파 교류의 실횻값, 양수용 전동기, 무부하 충전용량, 전류계, 한류 리액터, 전압강하, 연가, 분기 회로수
- 복합형: V 결선 승압기, 수전설비 결선도
- KEC 개정의 영향으로 피뢰시스템, 보호도체의 단면적, 등전위본딩 도체에 관한 다소 난도 높은 문제가 출제되었습니다. 기존 과년도 기출에서 출제된 공식형 문제에서 점수를 취득하는 것이 좋습니다.

3회 학습전략

합격률: 12.1%

난이도 上

- 단답형: 계측장비, PLC, 감리, 비율 차동 계전기, 시퀀스, 케이블 공사
- 공식형: 고조파 전류, 자가용 발전기 용량, 전압강하, 열적 과전류 강도, 수전설비, 보호도체의 단면적, 전력용 콘덴서, 머레이 루프법, 조도
- 복합형: 조명 설계, 절연내력 시험
- 공식형 문제에서는 더 생각해 보아야 하는 과정이 많아 난도가 높았습니다. 단답형 문제에서는 암기 위주의 문제가 출제되었습니다. 복합형 문제로 출제된 조명 설계는 참고 조건이 많아 어려워 보이지만, 단계대로 풀면 득점을 노릴 수 있도록 출제되었습니다.

01

★★☆

보정률이 $-0.8[\%]$일 경우 측정값이 $103[\mathrm{V}]$이면 참값은 얼마가 되는지 구하시오.　　　　[5점]

• 계산 과정:

• 답:

답안작성 • 계산 과정

$$보정률 = \frac{참값 - 103}{103} \times 100 = -0.8[\%]$$

$$\therefore 참값 = (-0.8) \times \frac{103}{100} + 103 = 102.18[\mathrm{V}]$$

• 답: $102.18[\mathrm{V}]$

개념체크 • 오차율 $= \dfrac{측정값 - 참값}{참값} \times 100[\%]$

• 보정률 $= \dfrac{참값 - 측정값}{측정값} \times 100[\%]$

02

★★☆

수전단 전압이 $3,000[\mathrm{V}]$인 3상 3선식 배전선로의 수전단에 역률 0.8(지상)인 $520[\mathrm{kW}]$의 부하가 접속되어 있다. 이 부하에 동일 역률의 부하 $80[\mathrm{kW}]$를 추가하여 $600[\mathrm{kW}]$로 증가시키되, 부하와 병렬로 전력용 콘덴서를 설치하여 수전단 전압 및 선로 전류를 일정하게 불변으로 유지하고자 할 때, 다음 각 물음에 답하시오.(단, 전선의 1선당 저항 및 리액턴스는 각각 $1.78[\Omega]$ 및 $1.17[\Omega]$이다.)　　　　[9점]

(1) 이 경우에 필요한 전력용 콘덴서 용량은 몇 $[\mathrm{kVA}]$인가?

• 계산 과정:

• 답:

(2) 부하 증가 전의 송전단 전압은 몇 $[\mathrm{V}]$인가?

• 계산 과정:

• 답:

(3) 부하 증가 후의 송전단 전압은 몇 $[\mathrm{V}]$인가?

• 계산 과정:

• 답:

(1) • 계산 과정

부하 역률 변경 전과 변경 후의 선로 전류가 같으므로

$$\frac{P_1}{\sqrt{3}\,V\cos\theta_1} = \frac{P_2}{\sqrt{3}\,V\cos\theta_2} \;\rightarrow\; \cos\theta_2 = \frac{P_2}{P_1}\cos\theta_1 = \frac{600}{520}\times 0.8 = 0.92$$

콘덴서 용량 $Q_c = P(\tan\theta_1 - \tan\theta_2) = 600\times\left(\frac{0.6}{0.8} - \frac{\sqrt{1-0.92^2}}{0.92}\right) = 194.4\,[\text{kVA}]$

• 답: 194.4[kVA]

(2) • 계산 과정

$$V_s = V_r + \sqrt{3}\,I_1\,(R\cos\theta_1 + X\sin\theta_1)$$

$$= 3,000 + \sqrt{3}\times\frac{520\times 10^3}{\sqrt{3}\times 3,000\times 0.8}\times(1.78\times 0.8 + 1.17\times 0.6) = 3,460.63\,[\text{V}]$$

• 답: 3,460.63[V]

(3) • 계산 과정

$$V_s{}' = V_r + \sqrt{3}\,I_2\,(R\cos\theta_2 + X\sin\theta_2)$$

$$= 3,000 + \sqrt{3}\times\frac{600\times 10^3}{\sqrt{3}\times 3,000\times 0.92}\times(1.78\times 0.92 + 1.17\times\sqrt{1-0.92^2}) = 3,455.68\,[\text{V}]$$

• 답: 3,455.68[V]

• 역률 개선용 콘덴서 용량

$$Q_c = P(\tan\theta_1 - \tan\theta_2) = P\left(\frac{\sin\theta_1}{\cos\theta_1} - \frac{\sin\theta_2}{\cos\theta_2}\right)[\text{kVA}]$$

(단, P: 부하 전력[kW], $\cos\theta_1$: 개선 전 역률, $\cos\theta_2$: 개선 후 역률)

• 3상 선로에서의 전압강하

$$e = V_s - V_r = \sqrt{3}\,I(R\cos\theta + X\sin\theta)[\text{V}] = \frac{P}{V_r}(R + X\tan\theta)[\text{V}]$$

03 ★★★ 용량 $10[\text{kVA}]$, 철손 $120[\text{W}]$, 전부하 동손 $200[\text{W}]$인 단상 변압기 2대를 V 결선하여 부하를 걸었을 때, 전부하 효율은 몇 $[\%]$인지 구하시오.(단, 부하의 역률은 $\frac{1}{2}$이다.) [5점]

• 계산 과정:

• 답:

• 계산 과정

전부하 효율

$$\eta = \frac{P_0}{P_0 + 2P_i + 2P_c} \times 100 = \frac{\sqrt{3}\,P\cos\theta}{\sqrt{3}\,P\cos\theta + 2P_i + 2P_c} \times 100$$

$$= \frac{\sqrt{3} \times (10 \times 10^3) \times \dfrac{1}{2}}{\sqrt{3} \times (10 \times 10^3) \times \dfrac{1}{2} + 2 \times 120 + 2 \times 200} \times 100 = 93.12[\%]$$

• 답: $93.12[\%]$

• 단상 변압기 2대를 V 결선하여 3상을 구성하므로 출력 $P_0 = \sqrt{3}\,P\cos\theta$로 3상 전력으로 계산한다.

• 단상 변압기 2대를 사용하므로 철손(P_i)과 동손(P_c)은 1대 분량에 2배를 한다.

• 전부하이므로 동손의 부하 $\dfrac{1}{m} = 1$이다.

다음은 한국전기설비규정에서 정하는 수용가설비에서의 전압강하에 관한 내용이다. 다른 조건을 고려하지 않는다면 수용가설비의 인입구로부터 기기까지의 전압강하는 표의 값 이하로 하여야 한다. 다음 각 물음에 답하시오. [6점]

설비의 유형	조명[%]	기타[%]
A-저압으로 수전하는 경우	①	②
B-고압 이상으로 수전하는 경우*	③	④

* 가능한 한 최종회로 내의 전압강하가 A 유형의 값을 넘지 않도록 하는 것이 바람직하다. 사용자의 배선설비가 100[m]를 넘는 부분의 전압강하는 미터당 0.005[%] 증가할 수 있으나 이러한 증가분은 0.5[%]를 넘지 않아야 한다.

(1) 전압강하 표를 완성하시오.

①	②	③	④

(2) 표보다 큰 전압강하를 허용할 수 있는 경우 2가지를 쓰시오.

(1)

①	②	③	④
3	5	6	8

(2) • 기동시간 중의 전동기
   • 돌입전류가 큰 기타 기기

수용가 설비의 전압강하

설비의 유형	조명[%]	기타[%]
A – 저압으로 수전하는 경우	3	5
B – 고압 이상으로 수전하는 경우*	6	8

* 가능한 한 최종회로 내의 전압강하가 A 유형의 값을 넘지 않도록 하는 것이 바람직하다. 사용자의 배선설비가 100[m]를 넘는 부분의 전압강하는 미터당 0.005[%] 증가할 수 있으나 이러한 증가분은 0.5[%]를 넘지 않아야 한다.

05
★★★
그림과 같이 Y 결선된 평형 부하에 전압을 측정할 때 전압계의 지시값이 $V_p = 150[\text{V}]$, $V_l = 220[\text{V}]$로 나타났다. 다음 각 물음에 답하시오.(단, 부하 측에 인가된 전압은 각상 평형 전압이고 기본파와 제3고조파분 전압만이 포함되어 있다.) [5점]

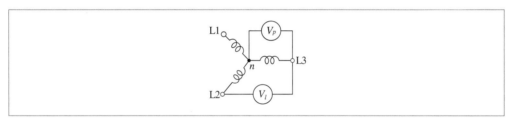

(1) 제3고조파 전압[V]을 구하시오.
   • 계산 과정:
   • 답:

(2) 전압의 왜형률[%]을 구하시오.
   • 계산 과정:
   • 답:

(1) • 계산 과정

$$\text{선간 전압 } V_l = \sqrt{3}\, V_1 = 220[\text{V}] \ \rightarrow \ V_1 = \frac{V_l}{\sqrt{3}} = \frac{220}{\sqrt{3}} = 127.02[\text{V}]$$

$$\text{상전압 } V_p = \sqrt{V_1^2 + V_3^2} = 150[\text{V}]$$

$$\therefore \ V_3 = \sqrt{V_p^2 - V_1^2} = \sqrt{150^2 - 127.02^2} = 79.79[\text{V}]$$

• 답: $79.79[\text{V}]$

(2) • 계산 과정

$$\text{왜형률} = \frac{\text{전 고조파의 실횻값}}{\text{기본파의 실횻값}} \times 100[\%] = \frac{V_3}{V_1} \times 100[\%]$$

$$= \frac{79.79}{127.02} \times 100[\%] = 62.82[\%]$$

• 답: $62.82[\%]$

선간 전압 : Y 결선에서 선간 전압(V_l)에는 각 상의 제3고조파 전압이 서로 상쇄되어 기본파만 존재하므로

$$V_l = \sqrt{3}\, V_1 [\text{V}] \ \rightarrow \ V_1 = \frac{V_l}{\sqrt{3}} [\text{V}] \text{이다.}$$

상전압 : Y 결선에서 상전압(V_p)에는 기본파와 제3고조파 전압이 모두 존재하므로

$$V_p = \sqrt{V_1^2 + V_3^2} [\text{V}] \text{이다.}$$

06

★★★

$4[\text{L}]$의 물을 $15[\text{℃}]$에서 $90[\text{℃}]$로 온도를 높이는 데 $1[\text{kW}]$의 전열기로 25분간 가열하였다. 이 전열기의 효율을 계산하시오. [4점]

• 계산 과정:

• 답:

• 계산 과정: $\eta = \dfrac{1 \times 4 \times (90 - 15)}{860 \times 1 \times \dfrac{25}{60}} \times 100 = 83.72[\%]$

• 답: $83.72[\%]$

전열기의 효율

$$\eta = \frac{cm(T_2 - T_1)}{860Pt} \times 100[\%]$$

(c: 비열[kcal/kg · ℃], m: 질량[kg], T_1: 초기 온도[℃], T_2: 나중 온도[℃], P: 소비 전력[kW], t: 시간[h])

07 ★★★ 어떤 인텔리전트 빌딩에 대한 등급별 추정 전원 용량에 대한 다음 표를 이용하여 각 물음에 답하시오.
[11점]

등급별 추정 전원 용량[VA/m²]

등급별 \ 내용	0등급	1등급	2등급	3등급
조명	32	22	22	29
콘센트	–	13	5	5
사무자동화(OA) 기기	–	–	34	36
일반동력	38	45	45	45
냉방동력	40	43	43	43
사무자동화(OA) 동력	–	2	8	8
합계	110	125	157	166

(1) 연면적 10,000[m²]인 인텔리전트 2등급인 사무실 빌딩의 전력 설비 부하의 용량을 다음 표에 의하여 구하도록 하시오.

부하 내용	면적을 적용한 부하용량[kVA]
조명	
콘센트	
OA 기기	
일반동력	
냉방동력	
OA 동력	
합계	

(2) 물음 "(1)"에서 조명, 콘센트, 사무자동화 기기의 적정 수용률을 0.7, 일반동력 및 사무자동화 동력의 적정 수용률을 0.5, 냉방동력의 적정 수용률을 0.8, 주변압기 부등률을 1.2로 적용한다. 이때 전압방식을 2단 강압 방식으로 채택할 경우 변압기의 용량에 따른 변전설비의 용량을 산출하시오.(단, 조명, 콘센트, 사무자동화 기기를 3상 변압기 1대로, 일반동력 및 사무자동화 동력을 3상 변압기 1대로, 냉방동력을 3상 변압기 1대로 구성하고, 상기 부하에 대한 주변압기 1대를 사용하도록 하며, 변압기 용량은 다음 표에서 정하도록 한다.)

변압기 용량표[kVA]

50	75	100	150	200	300	400	500	750	1,000

① 조명, 콘센트, 사무자동화 기기에 필요한 변압기 용량 산정
  • 계산 과정:
  • 답:
② 일반동력, 사무자동화 동력에 필요한 변압기 용량 산정
  • 계산 과정:
  • 답:

③ 냉방동력에 필요한 변압기 용량 산정
  • 계산 과정:
  • 답:
④ 주변압기 용량 산정
  • 계산 과정:
  • 답:

(3) 주변압기에서부터 각 부하에 이르는 변전설비의 단선 계통도를 간단하게 그리시오.

답안작성

(1)

부하 내용	면적을 적용한 부하용량[kVA]
조명	$22 \times 10,000 \times 10^{-3} = 220[\text{kVA}]$
콘센트	$5 \times 10,000 \times 10^{-3} = 50[\text{kVA}]$
OA 기기	$34 \times 10,000 \times 10^{-3} = 340[\text{kVA}]$
일반동력	$45 \times 10,000 \times 10^{-3} = 450[\text{kVA}]$
냉방동력	$43 \times 10,000 \times 10^{-3} = 430[\text{kVA}]$
OA 동력	$8 \times 10,000 \times 10^{-3} = 80[\text{kVA}]$
합계	$157 \times 10,000 \times 10^{-3} = 1,570[\text{kVA}]$

(2) ① • 계산 과정: $\text{Tr}_1 = (220 + 50 + 340) \times 0.7 = 427[\text{kVA}]$, 표에서 $500[\text{kVA}]$ 선정
   • 답: $500[\text{kVA}]$
② • 계산 과정: $\text{Tr}_2 = (450 + 80) \times 0.5 = 265[\text{kVA}]$, 표에서 $300[\text{kVA}]$ 선정
   • 답: $300[\text{kVA}]$
③ • 계산 과정: $\text{Tr}_3 = 430 \times 0.8 = 344[\text{kVA}]$, 표에서 $400[\text{kVA}]$ 선정
   • 답: $400[\text{kVA}]$
④ • 계산 과정
   $$\text{STr} = \frac{427 + 265 + 344}{1.2} = 863.33[\text{kVA}], \text{ 표에서 } 1,000[\text{kVA}] \text{ 선정}$$
   • 답: $1,000[\text{kVA}]$

(3)

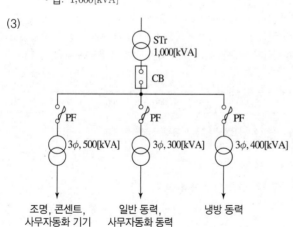

08
★★☆

3상 4선식에서 역률 100[%]의 부하가 각 상과 중성선 간에 연결되어 있다. L1상, L2상, L3상에 흐르는 전류가 각각 10[A], 8[A], 9[A]이다. 중성선에 흐르는 전류의 절대값 크기를 계산하시오.(단, 각 상 전류의 위상차는 120°이다.) [5점]

• 계산 과정:

• 답:

 • 계산 과정: $I_N = I_{L1} + I_{L2}\angle{-120°} + I_{L3}\angle{-240°}$

$$= 10 + 8\times\left(-\frac{1}{2} - j\frac{\sqrt{3}}{2}\right) + 9\times\left(-\frac{1}{2} + j\frac{\sqrt{3}}{2}\right) = \frac{3}{2} + j\frac{\sqrt{3}}{2}[A]$$

$$\therefore |I_N| = 1.73[A]$$

• 답: 1.73[A]

해설비법 • 3상 부하가 불평형: $\dot{I_N} = \dot{I_{L1}} + a^2\dot{I_{L2}} + a\dot{I_{L3}}$
• $A\angle\theta = A(\cos\theta + j\sin\theta)$

09
★★☆

보조 릴레이 A, B, C의 계전기로 출력(H레벨)이 생기는 유접점 회로와 무접점 회로를 그리시오.(단, 보조 릴레이의 접점은 모두 a접점만을 사용하도록 한다.) [6점]

(1) A와 B를 같이 ON하거나 C를 ON할 때 X_1 출력
  ① 유접점 회로
  ② 무접점 회로

(2) A를 ON하고 B 또는 C를 ON할 때 X_2 출력
  ① 유접점 회로
  ② 무접점 회로

답안작성 (1) ① 유접점 회로   ② 무접점 회로

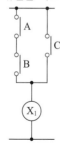 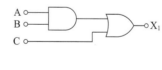

(2) ① 유접점 회로   ② 무접점 회로

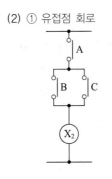
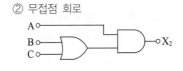

해설비법	(1) 논리식 $X_1 = (A \cdot B) + C$
	(2) 논리식 $X_2 = A \cdot (B + C)$

10
★★★

다음 고압 배전선의 구성과 관련된 미완성 환상(루프식)식 배전간선의 단선도를 완성하시오.   [5점]

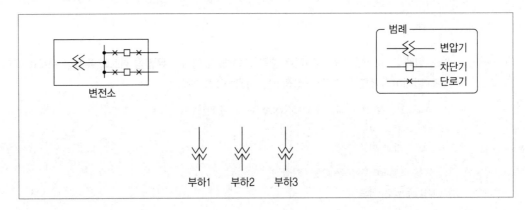

답안작성

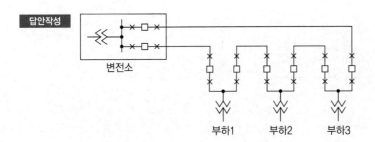

11
★☆☆

지름 $20[\text{cm}]$의 구형 외구의 광속 발산도가 $2,000[\text{rlx}]$라고 한다. 이 외구의 중심에 있는 균등 점광원의 광도는 얼마인가?(단, 외구의 투과율은 $90[\%]$라 한다.) [5점]

• 계산 과정:

• 답:

답안작성

• 계산 과정

$$R = \frac{F}{A}\eta = \frac{4\pi I}{4\pi r^2} \times \frac{\tau}{1-\rho} = \frac{\tau I}{r^2(1-\rho)}[\text{rlx}]\text{에서}$$

$$I = \frac{(1-\rho)r^2}{\tau} \times R = \frac{(1-0) \times 0.1^2}{0.9} \times 2,000 = 22.22[\text{cd}]$$

• 답: $22.22[\text{cd}]$

개념체크

• 광속 발산도 $R = \dfrac{F}{A}\eta$ (여기서 F: 광속[lm], A: 면적[m²], η: 효율)

• 광속의 계산
 − 구 광원(백열등): $F = 4\pi I[\text{lm}]$
 − 원통 광원(형광등): $F = \pi^2 I[\text{lm}]$
 − 평판 광원: $F = \pi I[\text{lm}]$

• 구의 면적 $A = 4\pi r^2$

• 글로브 효율 $\eta = \dfrac{\tau}{1-\rho}$ (τ: 투과율, ρ: 반사율)

12
★★☆

다음은 저압 전로의 절연성능에 관한 표이다. 다음 ①~⑥에 알맞은 숫자를 작성해 완성하시오. [6점]

전로의 사용전압[V]	DC 시험전압[V]	절연저항[MΩ]
SELV 및 PELV	①	② 이상
FELV, $500[\text{V}]$ 이하	③	④ 이상
$500[\text{V}]$ 초과	⑤	⑥ 이상

답안작성

전로의 사용전압[V]	DC 시험전압[V]	절연저항[MΩ]
SELV 및 PELV	① 250	② 0.5 이상
FELV, $500[\text{V}]$ 이하	③ 500	④ 1.0 이상
$500[\text{V}]$ 초과	⑤ 1,000	⑥ 1.0 이상

저압 전로의 절연저항값

전로의 사용전압[V]	DC 시험전압[V]	절연저항[MΩ]
SELV 및 PELV	250	0.5 이상
FELV, 500[V] 이하	500	1.0 이상
500[V] 초과	1,000	1.0 이상

특별저압(Extra Low Voltage)
1) 2차 전압이 AC 50[V], DC 120[V] 이하
2) SELV(Safety Extra Low Voltage) - 비접지회로 구성
3) PELV(Protective Extra Low Voltage) - 접지회로 구성
4) FELV(Functional Extra Low Voltage) - 1차와 2차가 전기적으로 절연되지 않은 회로

13
★★★

접지저항의 결정 요인인 접지저항 요소 3가지를 쓰시오.　　　　　　　　[5점]

 답안작성
• 접지도체와 접지전극의 도체저항
• 접지전극의 표면과 토양 사이의 접촉저항
• 접지전극 주위의 토양성분의 저항(대지저항률)

14
★★★

다음은 지중 케이블의 사고점 측정법과 절연의 건전도를 측정하는 방법을 열거한 것이다. 다음 방법 중
사고점 측정법과 절연 감시법을 구분하시오.　　　　　　　　[6점]

> • Megger법　　　　　　• Tanδ 측정법
> • 부분 방전 측정법　　　• Murray Loop법
> • Capacity Bridge법　　　• Pulse Radar법

(1) 사고점 측정법

(2) 절연 감시법

답안작성　(1) 사고점 측정법
　　• Murray Loop법
　　• Capacity Bridge법
　　• Pulse Radar법

(2) 절연 감시법
　　• Megger법
　　• Tanδ 측정법
　　• 부분 방전 측정법

15
★★☆

다음 조명에 대한 각 물음에 답하시오. [4점]

(1) 어느 광원의 광색이 어느 온도의 흑체의 광색과 같을 때 그 흑체의 온도를 이 광원의 무엇이라 하는지 쓰시오.

(2) 빛의 분광 특성이 색의 보임에 미치는 효과를 말하며, 동일한 색을 가진 것이라도 조명하는 빛에 따라 다르게 보이는 특성을 무엇이라 하는지 쓰시오.

답안작성 (1) 색온도
(2) 연색성

개념체크 연색성이 우수한 광원의 순서
크세논등 > 백색 형광등 > 형광 수은등 > 나트륨등

16
★★★

특성 임피던스가 $Z_0 = 600[\Omega]$이고 거리가 $l[km]$인 장거리 송전선로의 전파속도는 $v = 300,000[km/s]$이며, 주파수는 $60[Hz]$이다. 다음 각 물음에 답하시오. [6점]

(1) $1[km]$당 인덕턴스 $L[H/km]$와 정전용량 $C[F/km]$을 구하시오.
- 계산 과정:
- 답:

(2) 파장을 구하시오.
- 계산 과정:
- 답:

(3) 수전단에서 이 선로의 특성 임피던스와 같은 임피던스를 부하로 접속하였을 경우, 송전단에서 본 부하 측 임피던스$[\Omega]$를 구하시오.
- 계산 과정:
- 답:

답안작성 (1) • 계산 과정

$$L = \frac{\sqrt{\frac{L}{C}}}{\frac{1}{\sqrt{LC}}} = \frac{Z_0}{v} = \frac{600}{300,000} = 2 \times 10^{-3}[H/km]$$

$$C = \sqrt{LC} \times \sqrt{\frac{C}{L}} = \frac{1}{vZ_0} = \frac{1}{300,000 \times 600} = 5.56 \times 10^{-9}[F/km]$$

• 답: $L = 2 \times 10^{-3}[H/km]$, $C = 5.56 \times 10^{-9}[F/km]$

(2) • 계산 과정: $\lambda = \dfrac{v}{f} = \dfrac{3 \times 10^8}{60} = 5 \times 10^6 \, [\text{m}]$

   • 답: $5 \times 10^6 \, [\text{m}]$

(3) • 계산 과정

   $Z_{in} = Z_0 \times \dfrac{Z_L + Z_0 \tanh(\gamma l)}{Z_0 + Z_L \tanh(\gamma l)}$ 에서 선로의 특성 임피던스(Z_0)와 같은 부하 임피던스(Z_L)를 접속하였으므로,

   $Z_0 = Z_L$ 이다.

   즉, $Z_{in} = Z_0 \times 1 = Z_0 = 600 \, [\Omega]$

   • 답: $600 \, [\Omega]$

개념체크 **특성 임피던스와 전파 정수**

• 특성(서지, 파동, 고유) 임피던스

  − $Z_0 = \sqrt{\dfrac{Z}{Y}} = \sqrt{\dfrac{R + j\omega L}{G + j\omega C}} \fallingdotseq \sqrt{\dfrac{L}{C}} \, [\Omega]$

  − 송전선을 이동하는 진행파에 대한 전압과 전류의 비로 그 송전선 고유의 특성을 나타내는 값이 된다.(선로의 길이와 무관)

• 전송선로의 길이 및 주파수에 따른 입력 임피던스

  $Z_{in} = Z_0 \times \dfrac{Z_L + Z_0 \tanh(\gamma l)}{Z_0 + Z_L \tanh(\gamma l)} \, [\Omega]$

해설비법 (2) 파장 $\lambda = \dfrac{v[\text{m/s}]}{f[\text{Hz}]} = \dfrac{3 \times 10^8}{60} = 5 \times 10^6 \, [\text{m}]$

17 실제 출제된 시험의 오류로 인하여 삭제되는 문제입니다.

2021년 2회 기출문제

01 ★☆☆

ALTS의 명칭과 용도에 대해 쓰시오. [4점]

(1) 명칭

(2) 용도

답안작성 (1) 자동 부하 전환 개폐기
(2) 상용 전원 공급 선로의 정전 사고 시 예비 전원 선로로 자동 전환하는 개폐 장치

개념체크 자동 부하 전환 개폐기(ALTS, Automatic Load Transfer Switch)

02 ★★☆

다음 주어진 표에서 절연내력 시험전압은 얼마인가? [5점]

최대 사용전압[V]	접지방식	시험전압[V]
6,900	비접지	①
13,800	중성점 다중접지	②
24,000	중성점 다중접지	③

(1) • 계산 과정:
 • 답:

(2) • 계산 과정:
 • 답:

(3) • 계산 과정:
 • 답:

답안작성 (1) • 계산 과정: $6,900 \times 1.5 = 10,350[V]$
 • 답: $10,350[V]$
(2) • 계산 과정: $13,800 \times 0.92 = 12,696[V]$
 • 답: $12,696[V]$
(3) • 계산 과정: $24,000 \times 0.92 = 22,080[V]$
 • 답: $22,080[V]$

접지방식	최대 사용전압	배율	최저 시험전압
비접지식	7[kV] 이하	1.5	–
	7[kV] 초과 60[kV] 이하	1.25	10.5[kV]
	60[kV] 초과	1.25	–
중성점 다중접지식	7[kV] 초과 25[kV] 이하	0.92	–
중성점 접지식	60[kV] 초과	1.1	75[kV]
중성점 직접접지식	60[kV] 초과 170[kV] 이하	0.72	–
	170[kV] 초과	0.64	–

03 ★★★

154[kV], 60[Hz]의 3상 송전선이 있다. 강심알루미늄의 전선을 사용하고, 지름은 1.6[cm], 등가 선간 거리는 400[cm]이다. 25[℃] 기준으로 날씨계수와 공기밀도는 각각 1이며, 전선의 표면계수는 0.83이다. 코로나 임계전압[kV] 및 코로나 손실[kW/km/line]을 구하시오. [6점]

(1) 코로나 임계전압
- 계산 과정:
- 답:

(2) 코로나 손실(단, 코로나 손실은 피크식을 이용할 것)
- 계산 과정:
- 답:

답안작성 (1) • 계산 과정

$$E_0 = 24.3 m_0 m_1 \delta d \log_{10} \frac{D}{r}$$

$$= 24.3 \times 0.83 \times 1 \times 1 \times 1.6 \times \log_{10} \frac{400}{0.8} = 87.1 [kV]$$

- 답: 87.1[kV]

(2) • 계산 과정

$$P_e = \frac{241}{\delta}(f+25)\sqrt{\frac{d}{2D}} \times (E-E_0)^2 \times 10^{-5}$$

$$= \frac{241}{1} \times (60+25) \times \sqrt{\frac{1.6}{2 \times 400}} \times \left(\frac{154}{\sqrt{3}} - 87.1\right)^2 \times 10^{-5} = 0.03 [kW/km/line]$$

- 답: 0.03[kW/km/line]

개념체크 • 코로나 임계전압

$$E_0 = 24.3 m_0 m_1 \delta d \log_{10} \frac{D}{r} \ [kV]$$

m_0: 전선의 표면 상태에 따른 계수(표면이 매끈한 전선일 경우 1.0, 거친 전선일 경우 0.8 정도를 갖는다.)

m_1: 날씨에 관계된 계수(맑은 날 = 1.0, 우천 시 = 0.8)

δ: 상대 공기 밀도

$\delta = \frac{0.386b}{273+t}$ (b: 기압[mmHg], t: 기온[℃])

d, r: 전선의 지름 및 반지름[cm]

D: 전선의 등가 선간 거리[cm]

코로나 임계전압은 전선의 굵기, 선간 거리와는 비례하고, 표고 및 기온과는 반비례한다.

- 코로나 전력 손실

$$P = \frac{241}{\delta}(f+25)\sqrt{\frac{d}{2D}}\,(E-E_0)^2 \times 10^{-5}\,[\text{kW/km/line}]$$

04 ★★☆

$100[\text{V}]$, $20[\text{A}]$용 단상 적산 전력계에 어느 부하를 가할 때 원판의 회전수 20회에 대하여 40.3초가 걸렸다. 만일 이 계기의 $20[\text{A}]$에 있어서 오차율이 $+2[\%]$라 하면 부하 전력은 몇 $[\text{kW}]$인가?(단, 이 계기의 계기 정수는 $1,000[\text{Rev/kWh}]$이다.) **[5점]**

- 계산 과정:

- 답:

답안작성

- 계산 과정

$$측정값 = \frac{3,600 \times n}{t \times k} = \frac{3,600 \times 20}{40.3 \times 1,000} = 1.79[\text{kW}]$$

$$오차율 = \frac{측정값 - 참값}{참값} \times 100 = \frac{1.79 - 참값}{참값} \times 100 = 2[\%]$$

$$\therefore 참값 = 1.75[\text{kW}]$$

- 답: $1.75[\text{kW}]$

개념체크

적산 전력계

- 적산 전력계의 측정

적산 전력계의 측정값 $P = \dfrac{3,600n}{t \times k}$ [kW]

(단, n: 적산 전력계 원판의 회전수[회], t: 시간[sec], k: 계기 정수[Rev/kWh])

- 오차율

$$\varepsilon = \frac{M-T}{T} \times 100[\%]$$

(단, M: 측정값, T: 참값)

05 ★★★

피뢰시스템의 각 등급은 다음과 같은 특징을 가진다. 위험성 평가를 기초로 하여 요구되는 피뢰시스템의 등급을 관계가 있는 것과 없는 것으로 분류하여 답하시오. [6점]

> ⓐ 회전구체의 반경, 메시(Mesh)의 크기 및 보호각
> ⓑ 인하도선 사이 및 환상도체 사이의 전형적인 최적 거리
> ⓒ 위험한 불꽃방전에 대비한 이격거리
> ⓓ 접지극의 최소길이
> ⓔ 수뢰부시스템으로 사용되는 금속판과 금속관의 최소 두께
> ⓕ 접속도체의 최소치수
> ⓖ 피뢰시스템의 재료 및 사용 조건

(1) 피뢰시스템의 등급과 관계가 있는 데이터

(2) 피뢰시스템의 등급과 관계가 없는 데이터

답안작성

(1) ⓐ, ⓑ, ⓒ, ⓓ

(2) ⓔ, ⓕ, ⓖ

개념체크 피뢰시스템의 등급과 관계가 있는 데이터
- 뇌파라미터
- 회전구체의 반경, 메시(Mesh)의 크기 및 보호각
- 인하도선 사이 및 환상도체 사이의 전형적인 최적 거리
- 위험한 불꽃방전에 대비한 이격거리
- 접지극의 최소 길이

06 ★★★

$i(t) = 10\sin\omega t + 4\sin(2\omega t + 30°) + 3\sin(3\omega t + 60°)[\text{A}]$**의 실횻값은 몇 [A]인지 구하시오.** [4점]

- 계산 과정:

- 답:

답안작성

- 계산 과정: $I = \sqrt{\left(\dfrac{10}{\sqrt{2}}\right)^2 + \left(\dfrac{4}{\sqrt{2}}\right)^2 + \left(\dfrac{3}{\sqrt{2}}\right)^2} = 7.91[\text{A}]$

- 답: $7.91[\text{A}]$

해설비법 비정현파 교류의 실횻값

$$I = \sqrt{\left(\dfrac{I_{1m}}{\sqrt{2}}\right)^2 + \left(\dfrac{I_{2m}}{\sqrt{2}}\right)^2 + \left(\dfrac{I_{3m}}{\sqrt{2}}\right)^2}[\text{A}]$$

개념체크 정현파 교류 전류 $i(t) = I_m \sin\omega t[\text{A}]$에서의 실횻값

$$I = \dfrac{I_m}{\sqrt{2}}[\text{A}]$$

07 ★★★

지표면상 $15[\text{m}]$ 높이에 수조가 있다. 초당 $0.2[\text{m}^3]$의 물을 양수하는 데 사용되는 펌프용 전동기에 3상 전력을 공급하기 위한 단상 변압기 2대를 V 결선하여 수조에 연결하였다. 펌프 효율이 $65[\%]$이고, 펌프 축 동력에 $10[\%]$의 여유를 두는 경우 다음 각 물음에 답하시오.(단, 펌프용 3상 농형 유도 전동기의 역률을 $85[\%]$로 가정한다.) [5점]

(1) 펌프용 전동기의 소요 동력은 몇 $[\text{kVA}]$인가?
- 계산 과정:
- 답:

(2) 단상 변압기 2대를 V 결선하여 전력공급할 경우 변압기 1대 용량$[\text{kVA}]$은 얼마인가?
- 계산 과정:
- 답:

답안작성

(1) • 계산 과정

펌프용 전동기의 소요 동력 $= \dfrac{9.8 \times 0.2 \times 15}{0.65 \times 0.85} \times 1.1 = 58.53[\text{kVA}]$

- 답: $58.53[\text{kVA}]$

(2) • 계산 과정

$P_v = \sqrt{3}\, P_1 [\text{kVA}]$

$P_1 = \dfrac{P_v}{\sqrt{3}} = \dfrac{58.53}{\sqrt{3}} = 33.79[\text{kVA}]$

- 답: $33.79[\text{kVA}]$

해설비법

(1) 양수 펌프용 전동기 용량
- $P = \dfrac{9.8QH}{\eta}k[\text{kW}]$

  (단, Q: 양수량$[\text{m}^3/\text{s}]$, H: 양정(양수 높이)$[\text{m}]$, k: 여유 계수, η: 효율)
- $P = \dfrac{QH}{6.12\eta}k[\text{kW}]$

  (단, Q: 양수량$[\text{m}^3/\text{min}]$)

두 식의 차이점은 초당 양수량과 분당 양수량의 단위 차이이다.

$[\text{kVA}]$로 구하기 위해서는 역률과 여유 계수를 고려하여 다음과 같이 계산한다.

$P = \dfrac{9.8QH}{\eta\cos\theta}k[\text{kVA}]$

(2) V 결선: 단상 변압기 2대로 3상 전력을 공급하는 변압기 결선 방법

08
★★☆

$22,900[\text{V}]$, $60[\text{Hz}]$, 1회선의 3상 지중 송전선의 무부하 충전용량$[\text{kVA}]$은?(단, 송전선의 길이는 $50[\text{km}]$, 1선의 $1[\text{km}]$당 정전 용량은 $0.01[\mu\text{F}]$이다.) [5점]

• 계산 과정:

• 답:

답안작성 • 계산 과정

$$Q = 3 \times 2\pi \times 60 \times (0.01 \times 10^{-6} \times 50) \times \left(\frac{22,900}{\sqrt{3}}\right)^2 \times 10^{-3} = 98.85[\text{kVA}]$$

• 답: $98.85[\text{kVA}]$

개념체크 선로의 충전용량

$$Q = 3\omega CE^2 = 3 \times 2\pi f \times C \times E^2 = 3 \times 2\pi f \times C \times \left(\frac{V}{\sqrt{3}}\right)^2 = 2\pi f \times C \times V^2 [\text{VA}]$$

(단, f: 주파수$[\text{Hz}]$, C: 전선 1선당 정전 용량$[\text{F}]$, E: 상전압$[\text{V}]$, V: 선간 전압$[\text{V}]$)

09 ★☆☆ 그림과 같은 회로에서 최대 눈금 15[A]의 직류 전류계 2개를 접속하고 전류 20[A]를 흘리면 각 전류계의 지시는 몇 [A]인가?(단, 전류계 최대 눈금의 전압강하는 A_1이 75[mV], A_2가 50[mV]이다.) [5점]

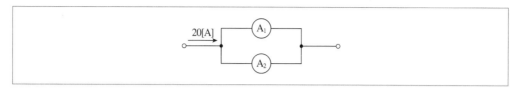

• 계산 과정:

• 답:

답안작성 • 계산 과정

눈금 전압강하비 = 저항비 = $\dfrac{1}{전류비}$

• 전압강하비

$e_1 : e_2 = 75 : 50 = 3 : 2$

• 저항비

$R_1 : R_2 = 3 : 2$

• 전류비

$I_1 : I_2 = 2 : 3$

$\therefore\ I_1 = 20 \times \dfrac{2}{5} = 8[\mathrm{A}]$

$\quad I_2 = 20 \times \dfrac{3}{5} = 12[\mathrm{A}]$

• 답: A_1 전류계의 지시 전류 8[A], A_2 전류계의 지시 전류 12[A]

해설비법 A_1 전류계 최대 눈금의 전압강하 75[mV] = 최대 눈금[A] × $R_1[\Omega] = 15R_1$

A_2 전류계 최대 눈금의 전압강하 50[mV] = 최대 눈금[A] × $R_2[\Omega] = 15R_2$

10
★★☆

정격 전압 1차 $6,600[\mathrm{V}]$, 2차 $210[\mathrm{V}]$, $10[\mathrm{kVA}]$의 단상 변압기 2대를 V 결선하여 $6,300[\mathrm{V}]$의 3상 전원에 접속하였다. 다음 물음에 답하시오.   [6점]

(1) 승압된 전압은 몇 $[\mathrm{V}]$인지 계산하시오.
  • 계산 과정:
  • 답:

(2) 3상 V 결선 승압기의 결선도를 완성하시오.

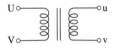

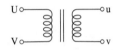

답안작성 (1) • 계산 과정: $V_2 = V_1\left(1 + \dfrac{e_2}{e_1}\right) = 6,300 \times \left(1 + \dfrac{210}{6,600}\right) = 6,500.45[\mathrm{V}]$

  • 답: $6,500.45[\mathrm{V}]$

(2)

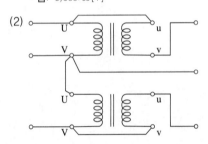

해설비법 (2) 일반적인 V 결선과 결선법이 다른 승압용 V 결선에 대한 결선법이다.

11 ★★☆

다음 그림에서 B점의 차단기 용량을 $100[\text{MVA}]$로 제한하기 위한 한류리액터의 리액턴스는 몇 $[\%]$인지 계산하시오.(단, $10[\text{MVA}]$를 기준으로 한다.) [5점]

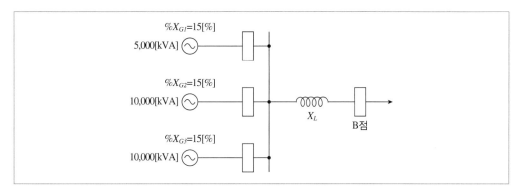

• 계산 과정:

• 답:

• 계산 과정

$10[\text{MVA}]$ 기준 용량으로 환산한 %리액턴스

$$\%X_{G1} = 15 \times \frac{10}{5} = 30[\%]$$

$$\%X_{G2} = 15 \times \frac{10}{10} = 15[\%]$$

$$\%X_{G3} = 15 \times \frac{10}{10} = 15[\%]$$

차단기 용량 $P_s = \dfrac{100}{\%Z} \times P_n$에서 $100 = \dfrac{100}{\dfrac{1}{\dfrac{1}{30}+\dfrac{1}{15}+\dfrac{1}{15}}+\%X_L} \times 10 = \dfrac{100}{6+\%X_L} \times 10$ 이므로

$$\%X_L = \frac{100}{100} \times 10 - 6 = 4[\%]$$

• 답: $4[\%]$

$$\%X_{기준} = \%X_{자기} \times \frac{\text{기준 용량}}{\text{자기 용량}}$$

고장점까지의 합성 $\%Z = \dfrac{1}{\dfrac{1}{\%X_{G1}}+\dfrac{1}{\%X_{G2}}+\dfrac{1}{\%X_{G3}}} + \%X_L[\%]$

12
★★★

3상 배전선로의 말단에 늦은 역률 $80[\%]$인 평형 3상의 집중 부하가 있다. 변전소 인출구의 전압이 $3,300[\mathrm{V}]$인 경우 부하의 단자전압을 $3,000[\mathrm{V}]$ 이하로 떨어뜨리지 않으려면 부하 전력은 얼마인가?(단, 전선 1선의 저항은 $2[\Omega]$, 리액턴스 $1.8[\Omega]$으로 하고 그 이외의 선로정수는 무시한다.) [5점]

• 계산 과정:

• 답:

답안작성　• 계산 과정

전압강하 $e = \dfrac{P}{V_r}(R + X\tan\theta)$이므로

부하전력 $P = \dfrac{e \times V_r}{R + X\tan\theta} \times 10^{-3} = \dfrac{(3,300 - 3,000) \times 3,000}{2 + 1.8 \times \dfrac{0.6}{0.8}} \times 10^{-3} = 268.66[\mathrm{kW}]$

• 답: $268.66[\mathrm{kW}]$

개념체크　3상 선로에서의 전압강하

$e = V_s - V_r = \sqrt{3}\,I(R\cos\theta + X\sin\theta)[\mathrm{V}] = \dfrac{P}{V_r}(R + X\tan\theta)[\mathrm{V}]$

13

다음 각 물음에 답하시오. [5점]

★★☆

(1) 그림과 같은 송전 철탑에서 등가 선간거리[m]는?

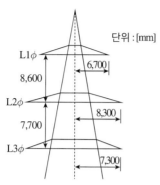

단위 : [mm]

L1φ

6,700

8,600

L2φ

8,300

7,700

L3φ

7,300

• 계산 과정:

• 답:

(2) 간격 400[mm]인 정사각형 배치의 4도체에서 소선 상호 간의 기하학적 평균 거리[m]는?

• 계산 과정:

• 답:

답안작성

(1) • 계산 과정

각 전선 간의 이격거리를 구하면

$$D_{12} = \sqrt{8.6^2 + (8.3-6.7)^2} = 8.75[\text{m}]$$

$$D_{23} = \sqrt{7.7^2 + (8.3-7.3)^2} = 7.76[\text{m}]$$

$$D_{31} = \sqrt{(8.6+7.7)^2 + (7.3-6.7)^2} = 16.31[\text{m}] \text{ 이다.}$$

∴ 등가 선간거리 $D_e = \sqrt[3]{D_{12} \times D_{23} \times D_{31}} = \sqrt[3]{8.75 \times 7.76 \times 16.31} = 10.35[\text{m}]$

• 답: $10.35[\text{m}]$

(2) • 계산 과정: $D = \sqrt[6]{2}\,S = \sqrt[6]{2} \times 0.4 = 0.45[\text{m}]$

• 답: $0.45[\text{m}]$

해설비법

(2) 4도체의 기하학적 평균 거리 산출식

$$D = \sqrt[6]{S \times S \times S \times S \times \sqrt{2}\,S \times \sqrt{2}\,S}$$
$$= \sqrt[6]{2}\,S$$

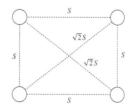

14 ★★☆

사용 전압 220[V]인 옥내 배선에서 소비전력 60[W], 역률 90[%]인 형광등 50개와 소비전력 100[W]인 백열등 60개를 설치하려고 할 때 최소 분기 회로수는 몇 회로인가?(단, 16[A] 분기회로로 한다.)

[5점]

• 계산 과정:

• 답:

답안작성 • 계산 과정

60[W] 형광등의 유효전력 $P_{60} = 60 \times 50 = 3,000[W]$

60[W] 형광등의 무효전력 $Q_{60} = 60 \times \dfrac{\sqrt{1-0.9^2}}{0.9} \times 50 = 1,452.97[Var]$

100[W] 백열등의 유효전력 $P_{100} = 100 \times 60 = 6,000[W]$

100[W] 백열등의 무효전력 $Q_{100} = 0[Var]$ (∵ 역률이 1)

전체 피상전력 $P_a = \sqrt{(P_{60} + P_{100})^2 + Q_{60}^2} = \sqrt{(3,000+6,000)^2 + 1,452.97^2} = 9,116.53[VA]$

∴ 분기 회로수 $n = \dfrac{9,116.53}{220 \times 16} = 2.59 \rightarrow 3$회로

• 답: 16[A] 분기 3회로

개념체크

$$\text{분기 회로수} = \frac{\text{표준 부하 밀도}[VA/m^2] \times \text{바닥 면적}[m^2]}{\text{전압}[V] \times \text{분기 회로의 전류}[A]}$$

이때 분기 회로수 계산 결과값에 소수점이 발생하면 소수점 이하 절상한다.

15 ★★★

발전효율 15[%], 개방전압 22[V], 단락전류 5[A], 모듈크기 833[mm] × 721[mm], 태양전지 모듈 직렬 5개, 병렬 2개로 조합할 때 태양전지 어레이의 발전 최대출력[W]을 구하시오.(단, 표준시험조건(STC)이다.)

[5점]

• 계산 과정:

• 답:

답안작성 • 계산 과정: 최대출력 $P = \dfrac{15}{100} \times 0.833 \times 0.721 \times 5 \times 2 \times 1,000 = 900.89[W]$

• 답: 900.89[W]

해설비법 태양전지의 발전효율 $\eta = \dfrac{\text{전기 에너지}}{\text{빛 에너지}} \times 100 = \dfrac{\text{최대출력}}{\text{모듈면적} \times \text{조사강도}} \times 100[\%]$ 에서

최대출력 $P = \dfrac{\eta}{100} \times \text{모듈면적} \times \text{조사강도}[W]$

개념체크 태양전지 어레이의 표준시험조건

• 태양전지의 온도 25[℃]

• 조사강도: 1,000[W/m²]

16

★★☆

다음은 $3\phi 4W$ $22.9[kV]$ 수전설비 단선 결선도이다. 다음 각 물음에 답하시오. [12점]

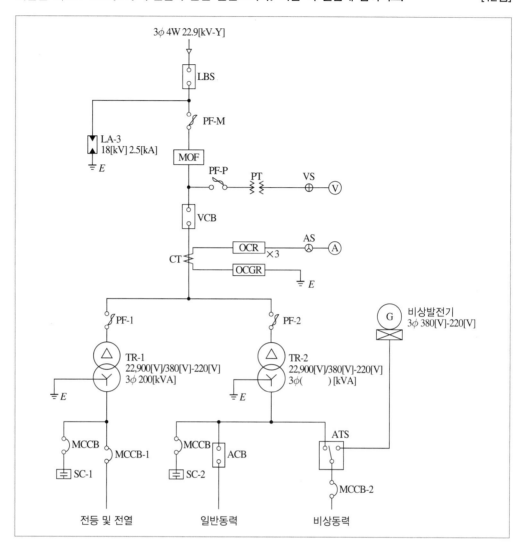

구분	전등 및 전열	일반 동력	비상 동력		
설비 용량 및 효율	합계 350[kW], 100[%]	합계 635[kW], 85[%]	유도 전동기 1: 7.5[kW] 2대, 85[%] 유도 전동기 2: 11[kW] 1대, 85[%] 유도 전동기 3: 15[kW] 1대, 85[%] 비상 조명: 8,000[W], 100[%]		
평균(종합) 역률	80[%]	90[%]	90[%]		
수용률	60[%]	45[%]	100[%]		

(1) 단선 결선도의 LA에 대하여 다음 물음에 답하시오.

 ① 우리말의 명칭을 쓰시오.

 ② 기능과 역할에 대해 설명하시오.

 ③ 성능 조건 2가지를 쓰시오.

(2) 단선 결선도의 부하 집계 및 입력 환산표를 완성하시오.(단, 입력 환산[kVA]의 계산값은 소수점 둘째 자리에서 반올림한다.)

부하 집계 및 입력 환산표

구분		설비 용량[kW]	효율[%]	역률[%]	입력 환산 [kVA]
전등 및 전열		350			
일반 동력		635			
비상 동력	유도 전동기 1	7.5×2			
	유도 전동기 2	11			
	유도 전동기 3	15			
	비상 조명	8			
	소계	–	–	–	

(3) TR-2의 적정 용량은 몇 [kVA]인지 단선 결선도와 (2)의 부하 집계표를 참고하여 구하시오.

[참고 사항]
- 일반 동력군과 비상 동력군 간의 부등률은 1.3이다.
- 변압기의 용량은 15[%] 정도의 여유를 갖는다.
- 변압기의 표준 규격[kVA]은 200, 300, 400, 500, 600이다.

- 계산 과정:
- 답:

(4) 단선 결선도에서 TR-2의 2차 측 중성점의 접지공사의 접지도체 굵기[mm²]를 구하시오.

[참고 사항]
- 접지도체는 GV전선을 사용하고 표준굵기는 6, 10, 16, 25, 35, 50, 70[mm²]으로 한다.
- 접지도체의 절연물의 종류 및 주위온도에 따라 정해지는 계수로 구리의 경우 $k = 143$이다.
- 고장선류는 변압기 2차 정격진류의 20배로 본다.
- 변압기 2차 과전류 보호용 차단기는 고장전류에서 0.1초 이내 차단한다.

- 계산 과정:
- 답:

답안작성 (1) ① 피뢰기
② - 기능: 이상 전압의 내습 시 이를 신속하게 대지로 방전하고 속류를 차단한다.
- 역할: 뇌전류 및 이상 전압으로부터 전기 기계 기구를 보호한다.
③ - 충격 방전 개시 전압이 낮을 것
- 상용 주파 방전 개시 전압이 높을 것

(2)

구분		설비 용량[kW]	효율[%]	역률[%]	입력 환산[kVA]
전등 및 전열		350	100	80	$\dfrac{350}{0.8 \times 1} = 437.5$
일반 동력		635	85	90	$\dfrac{635}{0.9 \times 0.85} = 830.1$
비상 동력	유도 전동기 1	7.5×2	85	90	$\dfrac{7.5 \times 2}{0.9 \times 0.85} = 19.6$
	유도 전동기 2	11	85	90	$\dfrac{11}{0.9 \times 0.85} = 14.4$
	유도 전동기 3	15	85	90	$\dfrac{15}{0.9 \times 0.85} = 19.6$
	비상 조명	8	100	90	$\dfrac{8}{0.9 \times 1} = 8.9$
	소계	–	–	–	62.5

(3) • 계산 과정

변압기 TR-2의 용량

$$P_a = \frac{830.1 \times 0.45 + (19.6 + 14.4 + 19.6 + 8.9) \times 1}{1.3} \times 1.15 = 385.73[\text{kVA}]$$

∴ 표준 규격 400[kVA] 선정

• 답: 400[kVA]

(4) • 계산 과정

$$S = \frac{\sqrt{I^2 t}}{k} = \frac{I\sqrt{t}}{k} = \frac{20 \times \dfrac{400 \times 10^3}{\sqrt{3} \times 380} \times \sqrt{0.1}}{143} = 26.88[\text{mm}^2]$$

$26.88[\text{mm}^2]$보다 큰 표준 굵기 $35[\text{mm}^2]$를 선정한다.

• 답: $35[\text{mm}^2]$

해설비법

(1) 피뢰기의 구비 조건

① 충격 방전 개시 전압이 낮을 것

② 상용 주파 방전 개시 전압이 높을 것

③ 방전 내량이 크면서 제한 전압이 낮을 것

④ 속류의 차단 능력이 충분할 것

(2) 효율 $\eta = \dfrac{출력}{입력}$에서 입력[kVA] $= \dfrac{출력}{\eta} = \dfrac{출력[\text{kW}]}{역률 \times \eta}$

(3) 변압기 용량 $P_a[\text{kVA}] = \dfrac{설비\ 용량[\text{kVA}] \times 수용률}{부등률} \times 여유분$

(4) 보호도체의 단면적(차단시간이 5초 이하인 경우)

$$S = \frac{\sqrt{I^2 t}}{k}$$

(단, S: 단면적[mm²], I: 보호장치를 통해 흐를 수 있는 예상 고장전류 실횻값[A], t: 자동차단을 위한 보호장치의 동작시간[s], k: 재질 및 초기온도와 최종온도에 따라 정해지는 계수)

17

다음은 등전위본딩에 관한 내용이다. 빈칸에 알맞은 값은? [4점]

★★★

- 주접지단자에 접속하기 위한 등전위본딩 도체는 설비 내에 있는 가장 큰 보호접지도체 단면적의 $\frac{1}{2}$ 이상의 단면적을 가져야 하고 다음의 단면적 이상이어야 한다.
  가. 구리 도체 (①)$[\text{mm}^2]$
  나. 알루미늄 도체 (②)$[\text{mm}^2]$
  다. 강철 도체 (③)$[\text{mm}^2]$
- 주접지단자에 접속하기 위한 보호본딩도체의 단면적은 구리도체 (④)$[\text{mm}^2]$ 또는 다른 재질의 동등한 단면적을 초과할 필요는 없다.

답안작성 ① 6 ② 16 ③ 50 ④ 25

규정체크 등전위본딩 도체

- 주접지단자에 접속하기 위한 등전위본딩 도체는 설비 내에 있는 가장 큰 보호접지도체 단면적의 $\frac{1}{2}$ 이상의 단면적을 가져야 하고 다음의 단면적 이상이어야 한다.

구분	단면적$[\text{mm}^2]$
구리	6 이상
알루미늄	16 이상
강철	50 이상

- 주접지단자에 접속하기 위한 보호본딩도체의 단면적은 구리도체 25$[\text{mm}^2]$ 또는 다른 재질의 동등한 단면적을 초과할 필요는 없다.

18

다음 시퀀스 회로도를 보고 물음에 답하시오. [8점]

★★☆

[동작 설명]
1) 전원을 투입하면 WL이 점등한다.
2) PBS_1을 누르면 MC_1, T_1이 여자되어 TB_2가 회전하고, PL_1이 점등된다. (이때 X가 여자될 준비가 된다.)
3) t_1초 후 MC_2, T_2가 여자되어 TB_3가 회전하고, PL_2 점등, PL_1 소등, T_1이 소자된다.
4) t_2초 후 MC_3가 여자되어 TB_4가 회전하고, PL_3 점등, PL_2 소등, T_2가 소자된다.
5) PBS_2를 누르면 X, T_3, T_4가 여자되며 MC_3가 소자된다.
6) t_3초 후 MC_2가 소자된다.
7) t_4초 후 MC_1이 소자된다.
8) 동작사항 진행 중 PBS_3를 누르면 모든 동작사항이 Reset된다.

---

(1) 빈 칸에 알맞은 접점을 넣으시오.

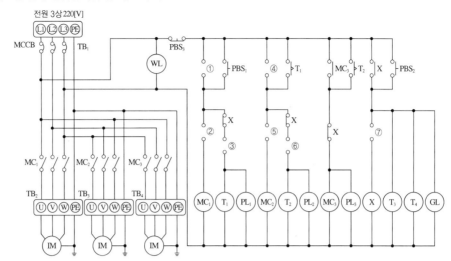

(2) 타임차트를 완성하시오.

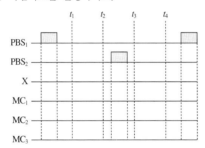

답안작성

(1) ① ┤MC₁   ② ┤T₄   ③ ┤MC₂   ④ ┤MC₂

⑤ ┤T₃   ⑥ ┤MC₃   ⑦ ┤MC₁

(2)

	t_1	t_2	t_3	t_4	
PBS₁					
PBS₂					
X					
MC₁					
MC₂					
MC₃					

해설비법

(1) ① MC₁의 자가유지 a접점

② t_4초 후 MC₁이 소자된다.

③ t_1초 후 MC₂, T₂가 여자되어 TB₃가 회전하고, PL₂ 점등, PL₁ 소등, T₁이 소자된다.

④ MC₂의 자기유지 a접점

⑤ t_3초 후 MC₂가 소자된다.

⑥ t_2초 후 MC₃가 여자되어 TB₄가 회전하고, PL₃ 점등, PL₂ 소등, T₂가 소자된다.

⑦ PBS₁을 누르면 MC₁, T₁이 여자되어 TB₂가 회전하고, PL₁이 점등된다.(이때 X가 여자될 준비가 된다.)

01 ★★★

실내 체육관을 조명 설계하려고 한다. 다음 조건에 따른 물음에 답하시오. [15점]

[조건]

- 직접조명 형광등 LED 160[W], 광효율 123[lm/W], 보수 상태 양호
- 가로 32[m], 세로 20[m]
- 천장반사율 75[%], 벽반사율 50[%], 바닥반사율 10[%]
- 광원의 높이는 작업면으로부터 6[m]
- 조도는 500[lx]
- $S_0 \leq 0.5H$(단, S_0 : 광원과 벽과의 거리[m], 벽면을 이용하지 않는 경우)

[표 1] 실지수 기호표

기호	A	B	C	D	E	F	G	H	I	J
실지수	5.0	4.0	3.0	2.5	2.0	1.5	1.25	1.0	0.8	0.6
범위	4.5 이상	4.5~3.5	3.5~2.75	2.75~2.25	2.25~1.75	1.75~1.38	1.38~1.12	1.12~0.9	0.9~0.7	0.7 이하

[표 2] 실지수 그래프

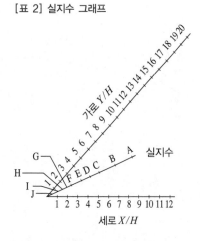

[표 3] 조명률, 감광 보상률 및 설치 간격

번호	배광 / 설치간격	조명기구	감광보상률(D) / 보수 상태 (양/중/부)	실지수	천장 0.75 벽 0.5	0.3	0.1	천장 0.50 벽 0.5	0.3	0.1	천장 0.30 벽 0.3	0.1
①	간접 0.80 / 0 $S \le 1.2H$	전구 / 형광등	전구 1.5 1.7 2.0 / 형광등 1.7 2.0 2.5	J0.6	16	13	11	12	10	08	06	05
				I0.8	20	16	15	15	13	11	08	07
				H1.0	23	20	17	17	14	13	10	08
				G1.25	26	23	20	20	17	15	11	10
				F1.5	29	26	22	22	19	17	12	11
				E2.0	32	29	26	24	21	19	13	12
				D2.5	36	32	30	26	24	22	15	14
				C3.0	38	35	32	28	25	24	16	15
				B4.0	42	39	36	30	29	27	18	17
				A5.0	44	41	39	33	30	29	19	18
②	반간접 0.19 / 0.10 $S \le 1.2H$	전구 / 형광등	전구 1.4 1.5 1.7 / 형광등 1.7 2.0 2.5	J0.6	18	14	12	14	11	09	08	07
				I0.8	22	19	17	17	15	13	10	09
				H1.0	26	22	19	20	17	15	12	10
				G1.25	29	25	22	22	19	17	14	12
				F1.5	32	28	25	24	21	19	15	14
				E2.0	35	32	29	27	24	21	17	15
				D2.5	39	35	32	29	26	24	19	18
				C3.0	42	38	35	31	28	27	20	19
				B4.0	46	42	39	34	31	29	22	21
				A5.0	48	44	42	36	33	31	23	22
③	전반확산 0.40 / 0.40 $S \le 1.2H$	전구 / 형광등	전구 1.3 1.4 1.5 / 형광등 1.4 1.7 2.0	J0.6	24	19	16	22	18	15	16	14
				I0.8	29	25	22	27	23	20	21	19
				H1.0	33	28	26	30	26	24	24	21
				G1.25	37	32	29	33	29	26	26	24
				F1.5	40	36	31	36	32	29	29	26
				E2.0	45	40	36	40	36	33	32	29
				D2.5	48	43	39	43	39	36	34	33
				C3.0	51	46	42	45	41	38	37	34
				B4.0	55	50	47	49	45	42	40	38
				A5.0	57	53	49	51	47	44	41	40
④	반직접 0.25 / 0.55 $S \le H$	전구 / 형광등	전구 1.3 1.4 1.5 / 형광등 1.6 1.7 1.8	J0.6	26	22	19	24	21	18	19	s17
				I0.8	33	28	26	30	26	24	25	23
				H1.0	36	32	30	33	30	28	28	26
				G1.25	40	36	33	36	33	30	30	29
				F1.5	43	39	35	39	35	33	33	31
				E2.0	47	44	40	43	39	36	36	34
				D2.5	51	47	43	46	42	40	39	37
				C3.0	54	49	45	48	44	42	42	38
				B4.0	57	53	50	51	47	45	43	41
				A5.0	58	55	52	53	49	47	47	43

	직접		전구			J0.6	34	29	26	32	29	27	29	27
⑤						I0.8	43	38	35	39	36	35	36	34
			1.3	1.4	1.5	H1.0	47	43	40	41	40	38	40	38
						G1.25	50	47	44	44	43	41	42	41
						F1.5	52	50	47	46	44	43	44	43
			형광등			E2.0	58	55	52	49	48	46	47	46
						D2.5	62	58	56	52	51	49	50	49
			1.4	1.7	2.0	C3.0	64	61	58	54	52	51	51	50
	$S \le 1.3H$					B4.0	67	64	62	55	53	52	52	52
						A5.0	68	66	64	56	54	53	54	52

(1) [표 1]을 이용하여 실지수 기호를 구하시오.
  • 계산 과정:
  • 답:

(2) [표 2]를 이용하여 실지수 기호를 구하시오.
  • 계산 과정:
  • 답:

(3) 조명률을 구하시오.

(4) 등수를 구하시오.
  • 계산 과정:
  • 답:

(5) 220[V], 16[A] 분기 회로수는 얼마인가?
  • 계산 과정:
  • 답:

(6) ⊙ 광원과 광원 사이 간격은 최대 몇 [m] 이하인가?
    • 계산 과정:
    • 답:
  ○ 벽과 광원 사이 간격은 최대 몇 [m] 이하인가?(단, 벽면을 이용하지 않을 때이다.)
    • 계산 과정:
    • 답:

(7) 그림 ▭◯▭ 의 명칭은 무엇인가?

(1) • 계산 과정

실지수 $RI = \dfrac{XY}{H(X+Y)} = \dfrac{20 \times 32}{6 \times (20+32)} = 2.05$

표에서 범위 2.25~1.75에 해당하는 E 선정

• 답: E

(2) • 계산 과정

$\dfrac{Y}{H} = \dfrac{32}{6} = 5.33$, $\dfrac{X}{H} = \dfrac{20}{6} = 3.33$

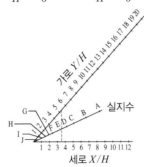

• 답: E

(3) 직접조명이고, 천장반사율이 75[%], 벽반사율이 50[%], 실지수 기호가 E이므로 [표 3]에서 조명률 58[%]를 선택한다.

(4) • 계산 과정

문제의 [조건]에서 직접조명 형광등, 보수 상태 양호라고 하였으므로 [표 3]에서 감광보상률을 1.4를 선택한다.

$N = \dfrac{EAD}{FU} = \dfrac{500 \times (32 \times 20) \times 1.4}{(123 \times 160) \times 0.58} = 39.25 \;\rightarrow\; 40$등

• 답: 40등

(5) • 계산 과정

분기 회로수 $n = \dfrac{40 \times 160}{220 \times 16} = 1.82 \;\rightarrow\; 2$회로

• 답: 16[A] 분기 2회로

(6) ㉠ • 계산 과정: $S \leq 1.3 \times 6 \;\rightarrow\; S \leq 7.8[\text{m}]$

• 답: 7.8[m]

㉡ • 계산 과정: $S_0 \leq 0.5 \times 6 \;\rightarrow\; S_0 \leq 3[\text{m}]$

• 답: 3[m]

(7) 형광등

해설비법 (1)

$$RI = \dfrac{XY}{H(X+Y)}$$

(단, X: 세로, Y: 가로, H: 작업면에서 광원까지의 높이)

[표 2]에 따라 가로가 Y, 세로가 X임에 주의하여야 한다.

(4)

$$FUN = EAD$$

(단, F: 광속[lm], U: 조명률, N: 사용하는 등의 개수, E: 조도[lx], A: 방의 면적[m²], D: 감광보상률 $\left(=\dfrac{1}{M}\right)$, M: 보수율(유지율))

(5)

$$\text{분기 회로수} = \frac{\text{표준 부하 밀도}[\text{VA/m}^2] \times \text{바닥 면적}[\text{m}^2]}{\text{전압}[\text{V}] \times \text{분기 회로의 전류}[\text{A}]}$$

이때, 분기 회로수 계산 결과값에 소수점이 발생하면 소수점 이하 절상한다.

(6) ㉠ 직접조명 형광등이므로 [표 3]-⑤에서 $S \leq 1.3H = 1.3 \times 6 = 7.8[\text{m}]$ 이다.
 ㉡ [조건]에서 $S_0 \leq 0.5H$이므로 $S_0 \leq 0.5 \times 6 = 3[\text{m}]$ 이다.

02
★★★
선간 전압 $200[\text{V}]$, **역률과 효율이 각각** $100[\%]$**이고, 용량** $200[\text{kVA}]$**인 부하를** 6**펄스** 3**상 UPS로 공급 중일 때, 기본파 전류와 제**5**고조파 전류를 계산하시오.**(단, 제5고조파 저감계수 $K_5 = 0.5$이다.) [5점]

(1) 기본파 전류
 • 계산 과정:
 • 답:

(2) 제5고조파 전류
 • 계산 과정:
 • 답:

답안작성 (1) • 계산 과정: $I = \dfrac{P}{\sqrt{3}\,V} = \dfrac{200 \times 10^3}{\sqrt{3} \times 200} = 577.35[\text{A}]$

 • 답: $577.35[\text{A}]$

(2) • 계산 과정: $I_n = 0.5 \times \dfrac{577.35}{5} = 57.74[\text{A}]$

 • 답: $57.74[\text{A}]$

개념체크 고조파 전류의 크기

$$I_n = K_n \times \frac{I_1}{n}[\text{A}]$$

(I_n: n차 고조파 전류$[\text{A}]$, K_n: 고조파 저감계수, n: n차 고조파 차수, I_1: 기본파 전류$[\text{A}]$)

03
★★☆

어느 빌딩 수용가가 자가용 디젤 발전기 설비를 계획하고 있다. 발전기 용량 산출에 필요한 부하의 종류 및 특성이 다음과 같을 때 주어진 조건과 표를 이용하여 전 부하를 운전하는 데 필요한 발전기 용량[kVA]을 산정하시오.(단, 수용률을 적용한 용량[kVA]의 합계는 유효분과 무효분을 고려하여 산정한다.)

[8점]

[조건]

- 전동기 기동 시에 필요한 용량은 무시한다.
- 수용률: 동력 전동기의 대수가 1대인 경우에는 100[%], 2대인 경우에는 80[%]를 적용, 전등, 기타 등은 100[%]를 적용한다.
- 전등, 기타의 역률은 100[%]를 적용한다.

부하의 종류	출력[kW]	극수	대수	적용부하	기동방법
전동기	37	6	1	소화전 펌프	리액터 기동
	22	6	2	급수펌프	리액터 기동
	11	6	2	배풍기	Y−△기동
	5.5	4	1	배수펌프	직입기동
전등, 기타	50	−	−	비상조명	−

[표 1] 저압 특수 농형 2종 전동기(개방형·반밀폐형)

정격 출력 [kW]	극수	동기 속도 [rpm]	전부하 특성 효율 η[%]	전부하 특성 역률 pf [%]	기동 전류 I_{st} (각 상의 평균치) [A]	비고 무부하 전류 I_0 (각 상의 평균치) [A]	비고 전부하 전류 I (각 상의 평균치) [A]	전부하 슬립 s[%]
5.5	4	1,800	82.5 이상	79.5 이상	150 이하	12	23	5.5
7.5			83.5 이상	80.5 이상	190 이하	15	31	5.5
11			84.5 이상	81.5 이상	280 이하	22	44	5.5
15			85.5 이상	82.0 이상	370 이하	28	59	5.0
(19)			86.0 이상	82.5 이상	455 이하	33	74	5.0
22			86.5 이상	83.0 이상	540 이하	38	84	5.0
30			87.0 이상	83.5 이상	710 이하	49	113	5.0
37			87.5 이상	84.0 이상	875 이하	59	138	5.0
5.5	6	1,200	82.0 이상	74.5	150 이하	15	25	5.5
7.5			83.0 이상	75.5	185 이하	19	33	5.5
11			84.0 이상	77.0	290 이하	25	47	5.5
15			85.0 이상	78.0	380 이하	32	62	5.5
(19)			85.5 이상	78.5	470 이하	37	78	5.0
22			86.0 이상	79.0	555 이하	43	89	5.0
30			86.5 이상	80.0	730 이하	54	119	5.0
37			87.0 이상	80.0	900 이하	65	145	5.0

5.5			81.0 이상	72.0	160 이하	16	26	6.0
7.5			82.0 이상	74.0	210 이하	20	34	5.5
11			83.5 이상	75.5	300 이하	26	48	5.5
15	8	900	84.0 이상	76.5	405 이하	33	64	5.5
(19)			85.0 이상	77.0	485 이하	39	80	5.5
22			85.5 이상	77.5	575 이하	47	91	5.0
30			86.0 이상	78.5	760 이하	56	121	5.0
37			87.5 이상	79.0	940 이하	68	148	5.0

[표 2] 자가용 디젤 표준 출력[kVA]

50	100	150	200	300	400

출력[kW]	효율[%]	역률[%]	입력[kVA]	수용률[%]	수용률 적용값[kVA]
37×1	87	80			
22×2	86	79			
11×2	84	77			
5.5×1	82.5	79.5			
50	100	100			
계	–	–		–	

출력[kW]	효율[%]	역률[%]	입력[kVA]	수용률[%]	수용률 적용값[kVA]
37×1	87	80	$\dfrac{37}{0.87\times0.8}=53.16$	100	53.16
22×2	86	79	$\dfrac{22\times2}{0.86\times0.79}=64.76$	80	51.81
11×2	84	77	$\dfrac{11\times2}{0.84\times0.77}=34.01$	80	27.21
5.5×1	82.5	79.5	$\dfrac{5.5}{0.825\times0.795}=8.39$	100	8.39
50	100	100	$\dfrac{50}{1\times1}=50$	100	50
계	–	–	210.32[kVA]	–	190.57[kVA]

• 계산 과정

유효전력 합계

$P = 53.16\times0.8 + 51.81\times0.79 + 27.21\times0.77 + 8.39\times0.795 + 50\times1 = 161.08[kW]$

무효전력 합계

$Q = 53.16\times0.6 + 51.81\times\sqrt{1-0.79^2} + 27.21\times\sqrt{1-0.77^2} + 8.39\times\sqrt{1-0.795^2} + 50\times0 = 86.11[kVar]$

피상전력 합계

$P_a = \sqrt{161.08^2 + 86.11^2} = 182.65[kVA]$

[표 2]에서 발전기 표준 용량 200[kVA]를 선정

• 답: 200[kVA]

04

★★☆

다음 각 물음에 답하시오. [5점]

(1) 공칭전압이 154[kV]인 직접접지식 전로의 절연내력 시험전압[V]은 얼마인가?(최대 사용전압은 정격전압으로 한다.)

    • 계산 과정:

    • 답:

(2) 고압 및 특고압 전로의 절연내력 시험방법에 대해 설명하시오.

답안작성

(1) • 계산 과정: $154 \times 10^3 \times 0.72 = 110,880[\text{V}]$

    • 답: $110,880[\text{V}]$

(2) 절연내력을 시험할 부분에 최대사용전압에 의하여 결정되는 시험전압을 10분간 계속하여 인가하여 견디어야 한다.

개념체크 (1) 전로의 절연내력 시험전압

접지 방식	최대 사용전압	배율	최저 시험전압
비접지식	7[kV] 이하	1.5	–
	7[kV] 초과 60[kV] 이하	1.25	10.5[kV]
	60[kV] 초과	1.25	–
중성점 다중접지식	7[kV] 초과 25[kV] 이하	0.92	–
중성점 접지식	60[kV] 초과	1.1	75[kV]
중성점 직접접지식	60[kV] 초과 170[kV] 이하	0.72	–
	170[kV] 초과	0.64	–

05

★★☆

송전단 전압이 $3,300[\text{V}]$인 변전소로부터 $3[\text{km}]$ 떨어진 곳에 있는 역률 0.8(지상) $1,000[\text{kW}]$의 3상 동력 부하에 대하여 지중 송전선을 설치하여 전력을 공급하고자 한다. 케이블의 허용전류(또한 안전전류) 범위 내에서 수전단 전압이 $3,150[\text{V}]$로 유지되도록 심선의 굵기를 결정하시오.(단, 도체(동선)의 고유저항은 $1.818 \times 10^{-2}[\Omega \cdot \text{mm}^2/\text{m}]$로 하고, 케이블의 정전용량 및 리액턴스 등은 무시한다. 심선의 굵기는 $70, 95, 120, 150, 185[\text{mm}^2]$ 등이다.) [8점]

• 계산 과정:

• 답:

답안작성

• 계산 과정

    3상 선로의 전압강하 $e = \sqrt{3} I(R\cos\theta + X\sin\theta)$

    정전용량 및 리액턴스 등은 무시한다고 하였으므로 위의 식에서 $X=0$이다.

    따라서 $e = \sqrt{3} IR\cos\theta = \sqrt{3} \times \dfrac{P}{\sqrt{3} \, V_r \cos\theta} \times R\cos\theta = \dfrac{PR}{V_r} = \dfrac{P}{V_r} \times \rho \dfrac{l}{S}$

    심선의 굵기 $S = \dfrac{P}{V_r} \times \rho \dfrac{l}{e} = \dfrac{1,000 \times 10^3}{3,150} \times 1.818 \times 10^{-2} \times \dfrac{3,000}{3,300 - 3,150} = 115.43[\text{mm}^2]$

따라서 심선의 굵기는 $120[\text{mm}^2]$를 선정한다.

- 답: $120[\text{mm}^2]$

· 3상 선로에서의 전압강하

$$e = V_s - V_r = \sqrt{3}\,I(R\cos\theta + X\sin\theta)[\text{V}] = \frac{P}{V_r}(R + X\tan\theta)[\text{V}]$$

- 저항(R)

$$R = \rho\frac{l}{S}\,[\Omega] = \frac{l}{kS}[\Omega]$$

(단, ρ: 전선의 고유저항[$\Omega \cdot \text{m}$], k: 도전율[U/m](고유저항의 역수), l: 전선의 길이[m],
S: 전선의 단면적[m^2])

06 ★★★

어느 자가용 전기설비의 3상 단락전류가 $8[\text{kA}]$이고 CT비가 $50/5[\text{A}]$일 때 CT의 열적 과전류강도의 정격(표준)은 얼마인지 쓰시오.(단, 사고 발생 후 0.2초 이내에 차단기가 동작하는 것으로 한다.) [5점]

- 계산 과정:

- 답:

· 계산 과정

$$S_n = S \times \sqrt{t} = \frac{I_s}{I_n} \times \sqrt{t} = \frac{8 \times 10^3}{50} \times \sqrt{0.2} = 71.55$$

따라서 71.55보다 큰 75를 선정한다.

- 답: 75

· 열적 과전류강도 $S = \dfrac{S_n}{\sqrt{t}} = \dfrac{I_s}{I_n}$

(단, S_n: 정격 열적 과전류강도, t: 통전시간[s], I_s: 단락전류[A], I_n: 정격전류[A])
· 정격 열적 과전류강도 표준 S_n: 40, 75, 150, 300

07 ★★★ 다음 그림과 조건 및 표를 이용하여 3상 단락용량, 3상 단락전류, 차단기의 차단용량 등을 계산하시오. [8점]

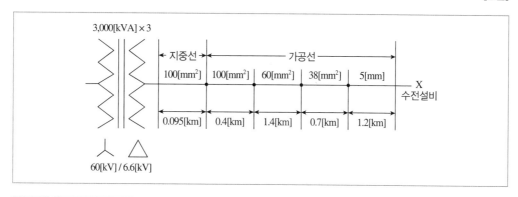

[조건]
① 변압기 1차 측에서 본 발전기의 1상당의 합성 리액턴스 $\%X_g = 1.5[\%]$ 이다.
② 변압기 명판에 $7.4[\%]/9,000[\text{kVA}]$ 라고 기재되어 있다.
③ $\%X_g$ 그리고 [표 2]와 [표 3]의 $\%r$, $\%x$ 의 기준용량은 $10,000[\text{kVA}]$ 이다.

[표 1] 유입차단기, 전력퓨즈의 정격차단용량

정격전압[V]	정격차단용량 표준치(3상[MVA])						
3,600	10	25	50	(75)	100	150	250
7,200	25	50	(75)	100	150	(200)	250

[표 2] 가공전선로(경동선) %임피던스

배선방식		%임피던스[%/km]									
선의 굵기 [mm²] %r, %x		100	80	60	50	38	30	22	14	5[mm]	4[mm]
3φ3W 3[kV]	%r	16.5	21.1	27.9	34.8	44.8	57.2	75.7	119.15	83.1	127.8
	%x	29.3	30.6	31.4	32.0	32.9	33.6	34.4	35.7	35.1	36.4
3φ3W 6[kV]	%r	4.1	5.3	7.0	8.7	11.2	18.9	29.9	29.9	20.8	32.5
	%x	7.5	7.7	7.9	8.0	8.2	8.4	8.6	8.7	8.8	9.1
3φ4W 5.2[kV]	%r	5.5	7.0	9.3	11.6	14.9	19.1	25.2	39.8	27.7	43.3
	%x	10.2	10.5	10.7	10.9	11.2	11.5	11.8	12.2	12.0	12.4

※ 3상 4선식, 5.2[kV] 선로에서 전압선 2선, 중앙선 1선인 경우 단락용량의 계획은 3상 3선식 3[kV] 전로에 따른다.

[표 3] 지중케이블 전로의 %임피던스

배선방식		%임피던스[%/km]										
선의 굵기 [mm²] %r, %x		250	200	150	125	100	80	60	50	38	30	22
3φ3W 3[kV]	%r	6.6	8.2	13.7	13.4	16.8	20.9	27.6	32.7	43.4	55.9	118.5
	%x	5.5	5.6	5.8	5.9	6.0	6.2	6.5	6.6	6.8	7.1	8.3
3φ3W 6[kV]	%r	1.6	2.0	2.7	3.4	4.2	5.2	6.9	8.2	8.6	14.0	29.6
	%x	1.5	1.5	1.6	1.6	1.7	1.8	1.9	1.9	1.9	2.0	−
3φ4W 5.2[kV]	%r	2.2	2.7	3.6	4.5	5.6	7.0	9.2	14.5	14.5	18.6	−
	%x	2.0	2.0	2.1	2.2	2.3	2.3	2.4	2.6	2.6	2.7	−

※ 3상 4선식, 5.2[kV] 전로의 %r, %x의 값은 6[kV] 케이블을 사용한 것으로 계산한 것이다.
※ 3상 3선식 5.2[kV]에서 전압선 2선, 중앙선 1선의 경우 단락용량의 계산은 3상 3선식 3[kV] 전로에 따른다.

(1) 수전설비에서 합성 %임피던스를 계산하시오.
- 계산 과정:
- 답:

(2) 수전설비에서의 3상 단락용량[MVA]을 계산하시오.
- 계산 과정:
- 답:

(3) 수전설비에서의 3상 단락전류[kA]를 계산하시오.
- 계산 과정:
- 답:

(4) 수전설비에서의 정격차단용량[MVA]을 계산하고, [표 1]에서 적당한 용량을 찾아 선정하시오.
- 계산 과정:
- 답:

답안작성 (1) • 계산 과정

발전기의 %리액턴스 $\%X_g = 1.5[\%]$

변압기의 %리액턴스 $\%X_t = \dfrac{10,000}{9,000} \times 7.4 = 8.22[\%]$

지중선의 %임피던스 $\%Z_{t1} = \%r + j\%x = 0.095 \times 4.2 + j(0.095 \times 1.7) = 0.399 + j0.1615[\%]$

[가공선]

① %저항
- 100[mm²] 구간: $0.4 \times 4.1 = 1.64[\%]$
- 60[mm²] 구간: $1.4 \times 7 = 9.8[\%]$
- 38[mm²] 구간: $0.7 \times 11.2 = 7.84[\%]$
- 5[mm] 구간: $1.2 \times 20.8 = 24.96[\%]$

② 합성 %저항 $\%r = 1.64 + 9.8 + 7.84 + 24.96 = 44.24[\%]$

③ %리액턴스
- $100[\mathrm{mm}^2]$ 구간: $0.4 \times 7.5 = 3[\%]$
- $60[\mathrm{mm}^2]$ 구간: $1.4 \times 7.9 = 11.06[\%]$
- $38[\mathrm{mm}^2]$ 구간: $0.7 \times 8.2 = 5.74[\%]$
- $5[\mathrm{mm}]$ 구간: $1.2 \times 8.8 = 10.56[\%]$

④ 합성 %리액턴스 $\%x = 3 + 11.06 + 5.74 + 10.56 = 30.36[\%]$

⑤ %임피던스: $\%Z_{t2} = \%r + j\%x = 44.24 + j30.36[\%]$

⑥ 수전설비에서의 합성 %임피던스

$\%Z = \%r + \%x = (0.399 + 44.24) + j(1.5 + 8.22 + 0.1615 + 30.36) = 44.639 + j40.2415[\%]$

$|\%Z| = \sqrt{44.639^2 + 40.2415^2} = 60.1[\%]$

- 답: $60.1[\%]$

(2) • 계산 과정: $P_s = \dfrac{100}{\%Z} \times P_n = \dfrac{100}{60.1} \times 10,000 \times 10^{-3} = 16.64[\mathrm{MVA}]$

- 답: $16.64[\mathrm{MVA}]$

(3) • 계산 과정: $I_s = \dfrac{100}{\%Z} \times I_n = \dfrac{100}{60.1} \times \dfrac{10,000}{\sqrt{3} \times 6.6} \times 10^{-3} = 1.46[\mathrm{kA}]$

- 답: $1.46[\mathrm{kA}]$

(4) • 계산 과정

$P_s = \sqrt{3} \times V_n \times I_s = \sqrt{3} \times 7.2 \times 1.46 = 18.21[\mathrm{MVA}]$

정격전압이 $7.2[\mathrm{kV}]$이므로 $25[\mathrm{MVA}]$를 선정한다.

- 답: $25[\mathrm{MVA}]$

08 ★★★

자동 차단시간을 위한 보호장치의 동작시간이 0.5초이며 예상 고장전류의 실횻값이 $25[\mathrm{kA}]$인 경우 보호도체 최소 단면적$[\mathrm{mm}^2]$을 계산하시오.(단, 자동 차단시간이 5초 이내인 경우에 사용하는 경우로 온도계수 $k = 159$이며, 보호도체를 동선으로 사용하는 경우이다.) [4점]

- 계산 과정:

- 답:

답안작성 • 계산 과정

$S = \dfrac{\sqrt{(25 \times 10^3)^2 \times 0.5}}{159} = 111.18[\mathrm{mm}^2]$

따라서 보호도체 표준 단면적 규격 $120[\mathrm{mm}^2]$을 선정한다.

- 답: $120[\mathrm{mm}^2]$

개념체크 • 보호도체의 단면적(차단시간이 5초 이하인 경우)

$$S = \frac{\sqrt{I^2 t}}{k}$$

(단, S: 단면적$[\mathrm{mm}^2]$, I: 보호장치를 통해 흐를 수 있는 예상 고장전류 실횻값$[\mathrm{A}]$, t: 자동차단을 위한 보호장치의 동작시간$[\mathrm{s}]$, k: 재질 및 초기온도와 최종온도에 따라 정해지는 계수)

- 전선의 공칭 단면적$[\mathrm{mm}^2]$: 1.5, 2.5, 4, 6, 10, 16, 25, 35, 50, 70, 95, 120, 150, 185, 240

09 ★★☆ 전동기 부하를 사용하는 곳의 역률 개선을 위하여 회로에 병렬로 역률 개선용 저압 콘덴서(Y 결선으로 하는)를 설치하여 전동기의 역률을 90[%] 이상으로 유지하려고 한다. 이때 다음 물음에 답하시오. [6점]

(1) 정격전압 380[V], 정격출력 18.5[kW], 역률 70[%]인 전동기의 역률을 90[%]로 개선하고자 하는 경우 필요한 3상 콘덴서 용량[kVA]을 구하시오.
  • 계산 과정:
  • 답:

(2) 물음 "(1)"에서 구한 콘덴서의 한 상의 용량[kVA]을 [μF]로 환산한 용량으로 계산하시오.(단, 주파수는 60[Hz]이다.)
  • 계산 과정:
  • 답:

답안작성

(1) • 계산 과정: $Q = P(\tan\theta_1 - \tan\theta_2) = 18.5 \times \left(\dfrac{\sqrt{1-0.7^2}}{0.7} - \dfrac{\sqrt{1-0.9^2}}{0.9} \right) = 9.91\,[\text{kVA}]$

  • 답: $9.91\,[\text{kVA}]$

(2) • 계산 과정

$$3\omega C E^2 = 3\omega C \left(\frac{V}{\sqrt{3}} \right)^2 = \omega C V^2 = 9.91\,[\text{kVA}]$$

$$\therefore C = 9.91 \times 10^3 \times \frac{1}{\omega V^2} = 9.91 \times 10^3 \times \frac{1}{2\pi \times 60 \times 380^2} \times 10^6 = 182.04\,[\mu\text{F}]$$

  • 답: $182.04\,[\mu\text{F}]$

개념체크

(1) 역률 개선용 콘덴서 용량

$$Q_c = P(\tan\theta_1 - \tan\theta_2) = P \left(\frac{\sin\theta_1}{\cos\theta_1} - \frac{\sin\theta_2}{\cos\theta_2} \right) [\text{kVA}]$$

(단, P: 부하 전력[kW], $\cos\theta_1$: 개선 전 역률, $\cos\theta_2$: 개선 후 역률)

(2) 3선에 충전되는 충전 용량

$$Q_c = 3 \times 2\pi f \cdot C \cdot E^2 = 3 \times 2\pi f \cdot C \cdot \left(\frac{V}{\sqrt{3}} \right)^2 = 2\pi f \cdot C \cdot V^2 [\text{VA}]$$

(단, f: 주파수[Hz], C: 전선 1선당 정전 용량[F], E: 상전압[V], V: 선간 전압[V])

10 ★★★

전기안전관리자는 전기설비의 유지·운용 업무를 위해 국가표준기본법 제14조 및 교정대상 및 주기설정을 위한 지침 제4조에 따라 다음의 계측장비를 주기적으로 교정하고 또한 안전장구의 성능을 적정하게 유지할 수 있도록 시험을 하여야 한다. 다음 표의 빈칸에 각 계측장비들의 권장 교정 및 시험주기를 알맞게 작성하시오. [5점]

구분	권장 교정 및 시험주기[년]
계전기 시험기	①
절연내력 시험기	②
절연유 내압 시험기	③
적외선 열화상 카메라	④
전원 품질 분석기	⑤

답안작성 ① 1 ② 1 ③ 1 ④ 1 ⑤ 1

11 ★★☆

아래 PLC 래더 다이어그램을 이용하여 입력 2개, 출력 1개로 이루어진 AND, OR, NOT gate 조합의 논리회로를 그리시오. [4점]

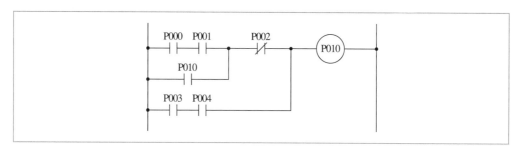

답안작성

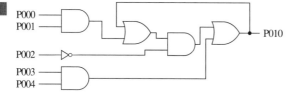

해설비법 논리식

$$\big((P000 \cdot P001 + P010) \cdot \overline{P002}\big) + P003 \cdot P004 = P010$$

12
★★★

설계감리원은 필요한 경우 다음 각 호의 문서를 비치하고, 그 세부양식은 발주자의 승인을 받아 설계감리 과정을 기록하여야 하며, 설계감리 완료와 동시에 발주자에게 제출하여야 한다. 다음 중 비치하지 않아도 되는 문서 3가지를 고르시오.　　　　　　　　　　　　　　　　　　　　[4점]

① 근무상황부
② 공사 예정공정표
③ 설계감리 검토의견 및 조치결과서
④ 설계도서 검토의견서
⑤ 공사 기성신청서
⑥ 설계자와 협의사항 기록부
⑦ 설계 수행계획서
⑧ 설계감리 주요 검토결과
⑨ 해당 용역관련 수발신 공문서 및 서류

답안작성
② 공사 예정공정표
⑤ 공사 기성신청서
⑦ 설계 수행계획서

13
★★★

$55[\text{mm}^2](0.3195[\Omega/\text{km}])$, 전장 $6[\text{km}]$인 3심 전력 케이블의 어떤 중간 지점에서 1선 지락 사고가 발생하여 전기적 사고점 탐지법의 하나인 머레이 루프법으로 측정한 경로가 그림과 같은 상태에서 평형이 되었다고 한다. 측정점에서 사고지점까지의 거리를 구하시오.　　　　　　　　　　[3점]

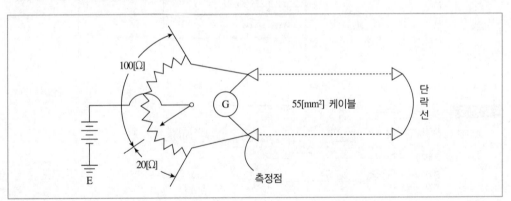

• 계산 과정:

• 답:

• 계산 과정

$$20 \times (2L - x) = 100 \times x$$

$$\therefore \; x = \frac{40L}{120} = \frac{40}{120} \times 6 = 2[\text{km}]$$

• 답: $2[\text{km}]$

개념체크 머레이 루프법

• 브리지 평형 원리를 이용하여 고장점까지의 거리를 측정하는 방법이다.

• 머레이 루프법을 이용한 고장점 측정 방법은 다음의 식과 같다.

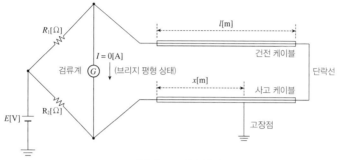

▲ 머레이 루프법의 원리

위 그림에서 머레이 루프 시험기가 설치된 위치에서 고장점까지의 거리 $x[\text{m}]$는

$$R_1 \times \rho \frac{x}{A} = R_2 \times \rho \frac{(2l - x)}{A} \; (\text{브리지 평형 조건})$$

$$R_1 x = R_2 \times (2l - x)$$

$$x = \frac{2l R_2}{R_1 + R_2} [\text{m}] \, \text{이다.}$$

---

14 ★☆☆

가로 $8[\text{m}]$, 세로 $3[\text{m}]$인 냉각탑에 높이가 $2.5[\text{m}]$인 조명 두 개가 $8[\text{m}]$ 간격을 두고 있다. 냉방팬 정중앙에서의 수평면 조도를 구하시오.(단, 광원에서 중앙쪽으로 향하는 광도는 $270[\text{cd}]$이다.) [5점]

• 계산 과정:

• 답:

답안작성

• 계산 과정

조명에서 냉방팬까지의 거리 $r = \sqrt{2.5^2 + 4^2} = 4.72[\text{m}]$

$$\therefore \; \text{수평면 조도} \; E_h = 2 \times \left(\frac{I}{r^2} \times \cos\theta \right) = 2 \times \left(\frac{270}{4.72^2} \times \frac{2.5}{4.72} \right) = 12.84[\text{lx}]$$

• 답: $12.84[\text{lx}]$

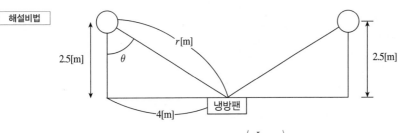

광원이 2개이므로 수평면 조도 $E_h = 2 \times \left(\dfrac{I}{r^2} \cos\theta \right)$[lx]이다.

15
★★☆

$\Delta - Y$ 결선 방식의 주변압기 보호에 사용되는 비율 차동 계전기의 간략화한 회로도이다. 주변압기 1차 및 2차 측 변류기(CT)의 미결선된 2차 회로를 완성하시오. [5점]

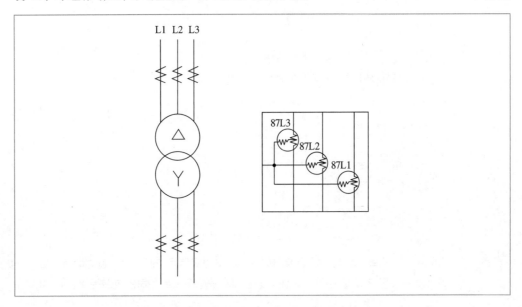

답안작성

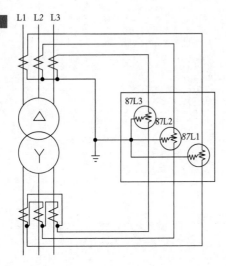

변압기 1, 2차 측 전류 간의 위상차를 없애기 위해 변류기(CT) 결선은 변압기 결선과 반대로 결선한다. 즉, 변압기 결선($\Delta - Y$)과 반대인 $Y - \Delta$ 결선으로 회로를 완성한다.

16 ★★☆

다음 동작사항을 읽고 미완성 시퀀스도를 완성하시오.　　　　　　　　　　　　　　　　[5점]

[동작사항]
① PB$_1$을 누르면 MC$_1$이 여자되어 M$_1$이 회전되고, T$_1$이 여자되며, MC$_1$ 보조접점에 의하여 GL이 점등된다.
② 이때, PB$_1$을 떼어도 자기유지가 된다.
③ T$_1$ 설정시간 후 MC$_2$, T$_2$, FR이 여자된다.
④ MC$_2$ 보조접점에 의하여 RL이 점등되고, MC$_1$이 소자되어 M$_1$이 정지하고 GL이 소등된다.
⑤ FR 여자 시 YL은 플리커 회로 b 접점에 의해 동작한다.
⑥ 부저는 플리커에 의해 YL과 교차로 동작한다.
⑦ T$_2$ 설정시간 후 MC$_2$가 소자되고 M$_2$가 정지하며, RL이 소등된다. 이때, YL과 부저는 동작을 정지한다.
⑧ EOCR이 동작하면 회로를 차단하고 WL을 점등한다.

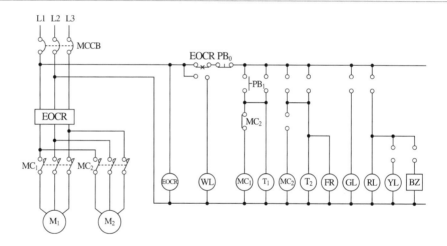

답안작성

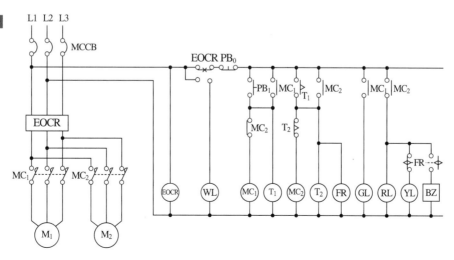

17
★☆☆

옥내 저압 배선을 케이블 공사에 의해 시설하고자 한다. 시설 가능 여부를 아래 표의 빈칸에 시설이 가능하면 ○, 불가능하면 ×로 표현하시오.   [5점]

공사 종류	옥내						옥측/옥외	
	노출 장소		은폐 장소					
			점검 가능		점검 불가능			
	건조한 장소	습기가 많은 장소 또는 물기가 있는 장소	건조한 장소	습기가 많은 장소 또는 물기가 있는 장소	건조한 장소	습기가 많은 장소 또는 물기가 있는 장소	우선 내	우선 외
케이블 공사	○	①	○	②	③	④	○	⑤

답안작성 ① ○ ② ○ ③ ○ ④ ○ ⑤ ○

1회 학습전략

합격률: 8.18%

난이도 ⬆

- 단답형: 배선도, 피뢰기, 건축화 조명, 전선의 진동
- 공식형: 견적, 전선의 외경, 역률, 지락전류, 비율 차동 계전기, V 결선, 조명 설계, 축전지, 비오차
- 복합형: 간이 수전설비도, 부하설비 선정
- 피뢰기 설치 장소에 관한 기준은 자주 출제되는 단답 유형으로 암기하는 게 좋습니다. 출제 기준상에 견적도 포함되어 있기 때문에 노무비와 같은 기본적인 개념은 익혀두도록 합니다.

2회 학습전략

합격률: 14.96%

난이도 ⬆

- 단답형: 금속관 부품, 차단기, 전력 퓨즈, 유도 전동기, 감리, 시퀀스
- 공식형: 조명 설계, 축전지, 접지사고 검출, %리액턴스, 차단용량, 지락전류, 손실계수
- 복합형: 분기회로, 부하설비
- 조명설계는 빈출 유형이고 암기할 공식이 많지 않아 정리하여 챙기도록 합니다. 지엽적인 부분에서 단답형으로 출제된 부분이 많아 계산 문제에서 실수가 없도록 해야 하는 회차였습니다.

3회 학습전략

합격률: 9.52%

난이도 ⬆

- 단답형: 시퀀스, 자기 여자 현상, 비율 차동 계전기, 제어 회로, 옥내용 변류기, 감리
- 공식형: 정전 유도 장해, 단락전류, 변압기, 허용전류, 권상기용 전동기, 조명 설계, 역률
- 복합형: 전동기 결선도, 테이블 스펙, 교류 발전기
- 지엽적인 부분에서 단답형으로 출제된 부분이 많아 계산 문제에서 실수 없이 득점해야 하는 회차였습니다.

4·5회 학습전략

합격률: 28.29%

난이도 ⊕

- 단답형: 방폭구조, 단락용량, 전력량계 결선도, 조명, 감리, PLC
- 공식형: 부하설비, 설비 불평형률, Still식, 종량제, 허용전류
- 복합형: 계기용 변성기, 변압기 선정, 조명설계, 수전설비 계통도
- 복합형 문제가 많았으나 과거 출제된 유형에서 크게 벗어나지 않아 과년도 학습으로 충분히 득점을 노릴 수 있습니다. 공식형 문제도 기본적인 내용 학습으로도 득점이 가능했습니다.

01
★★☆

건물의 보수공사를 하는데 $32[W] \times 2$ 매입 하면 개방형 형광등 30등을 $32[W] \times 3$ 매입 루버형으로 교체하고, $20[W] \times 2$ 펜던트형 형광등 20등을 $20[W] \times 2$ 직부 개방형으로 교체하였다. 철거되는 $20[W] \times 2$ 펜던트형 등기구는 재사용할 것이다. 천장 구멍 뚫기 및 취부테 설치와 등기구 보강 작업은 계상하지 않으며, 공구손료 등을 제외한 직접 노무비만 계산하시오.(단, 인공계산은 소수점 셋째 자리까지 구하고, 내선 전공의 노임은 225,408원으로 한다.) [5점]

형광등 기구 설치 (단위: [인], 내선 전공)

종별	직부형	펜던트형	반매입 및 매입형
$10[W]$ 이하×1	0.123	0.150	0.182
$20[W]$ 이하×1	0.141	0.168	0.214
$20[W]$ 이하×2	0.177	0.215	0.273
$20[W]$ 이하×3	0.223	–	0.335
$20[W]$ 이하×4	0.323	–	0.489
$30[W]$ 이하×1	0.150	0.177	0.227
$30[W]$ 이하×2	0.189	–	0.310
$40[W]$ 이하×1	0.223	0.268	0.340
$40[W]$ 이하×2	0.227	0.332	0.415
$40[W]$ 이하×3	0.359	0.432	0.545
$40[W]$ 이하×4	0.468	–	0.710
$110[W]$ 이하×1	0.414	0.495	0.627
$110[W]$ 이하×2	0.505	0.601	0.764

[비고]
① 하면 개방형 기준임. 루버 또는 아크릴 커버형일 경우 해당 등기구 설치품의 110[%]
② 등기구 조립·설치, 결선, 지지금구류 설치, 장내 소운반 및 잔재 정리 포함
③ 매입 또는 반매입 등기구의 천장 구멍 뚫기 및 취부테 설치 별도 가산
④ 매입 및 반매입 등기구에 등기구 보강대를 별도로 설치할 경우 이 품의 20[%] 별도 계상
⑤ 광천장 방식은 직부형품 적용
⑥ 방폭형 200[%]
⑦ 높이 1.5[m] 이하의 Pole형 등기구는 직부형 품의 150[%] 적용(기초대 설치 별도)
⑧ 형광등 안정기 교환은 해당 등기구 시설품의 110[%]. 다만, 펜던트형은 90[%]
⑨ 아크릴간판의 형광등 안정기 교환은 매입형 등기구 설치품의 120[%]
⑩ 공동주택 및 교실 등과 같이 동일 반복 공정으로 비교적 쉬운 공사의 경우는 90[%]
⑪ 형광램프만 교체 시 해당 등기구 1등용 설치품의 10[%]
⑫ T−5(28[W]) 및 FPL(36[W], 55[W])는 FPL 40[W] 기준품 적용
⑬ 펜던트형은 파이프 펜던트형 기준, 체인 펜던트는 90[%]
⑭ 등의 증가 시 매 증가 1등에 대하여 직부형은 0.005[인], 매입 및 반매입형은 0.015[인] 가산
⑮ 철거 30[%], 재사용 철거 50[%]

• 계산 과정:

• 답:

답안작성

- 계산 과정
  - 철거 인공
    - 32[W]×2 매입 하면 개방형: $0.415 \times 30 \times 0.3 = 3.735$[인]
    - 20[W]×2 펜던트형: $0.215 \times 20 \times 0.5 = 2.15$[인]
  - 설치 인공
    - 32[W]×3 매입 루버형: $0.545 \times 30 \times 1.1 = 17.985$[인]
    - 20[W]×2 직부 개방형: $0.177 \times 20 = 3.54$[인]
  - 총 소요 인공(설치 인공+철거 인공)
    - 내선 전공 $= 17.985 + 3.54 + 3.735 + 2.15 = 27.41$[인]
  - 직접 노무비
    - 직접 노무비 $= 27.41 \times 225,408 = 6,178,433.28$[원]
- 답: $6,178,433.28$[원]

해설비법

- 철거 인공
  - 32[W]×2 매입 하면 개방형: 0.415(40[W] 이하×2, 매입형)×30[등]×0.3(철거 30[%]) = 3.735[인]
  - 20[W]×2 펜던트형: 0.215(20[W] 이하×2, 펜던트형)×20[등]×0.5(재사용 철거 50[%]) = 2.15[인]
- 설치 인공
  - 32[W]×3 매입 루버형: 0.545(40[W] 이하×3, 매입형)×30[등]×1.1(루버형: 개방형의 110[%]) = 17.985[인]
  - 20[W]×2 직부 개방형: 0.177(20[W] 이하×2, 직부형)×20[등] = 3.54[인]

02 ★★★

전등을 3개소에서 점멸하기 위하여 3로 스위치 2개와 4로 스위치 1개를 조합하는 경우 이들의 계통도 (실제 배선도)를 그리시오. **[5점]**

답안작성

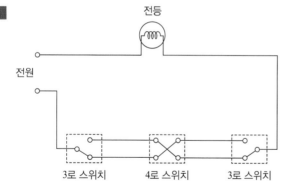

개념체크   전등의 3개소 점멸에 필요한 스위치: 3로 스위치 2개와 4로 스위치 1개

03 ★☆☆

소선의 직경이 $3.2[\text{mm}]$인 37가닥의 연선을 사용할 경우 외경은 몇 $[\text{mm}]$인지 구하시오.　　　　[5점]

- 계산 과정:

- 답:

- 계산 과정

$N = 3n(n+1)+1 = 37 \;\rightarrow\; n=3$

소선의 가닥수가 37인 경우 3층이므로

$D = (2n+1)d = (2\times3+1)\times3.2 = 22.4[\text{mm}]$ 이다.

- 답: $22.4[\text{mm}]$

연선의 총 소선수 $N = 3n(n+1)+1[$가닥$]$

(n: 층 수)

연선의 바깥 지름(외경) $D = (2n+1)d[\text{mm}]$

(d: 소선의 직경$[\text{mm}]$)

04 ★★☆

그림과 같은 평형 3상 회로로 운전하는 유도 전동기가 있다. 이 회로에 그림과 같이 2개의 전력계 W_1, W_2, 전압계 ⓥ, 전류계 ④를 접속한 후 지시값은 $W_1 = 6[\text{kW}]$, $W_2 = 2.9[\text{kW}]$, $V = 200[\text{V}]$, $I = 30[\text{A}]$ 이었다. 다음 각 물음에 답하시오.　　　　[7점]

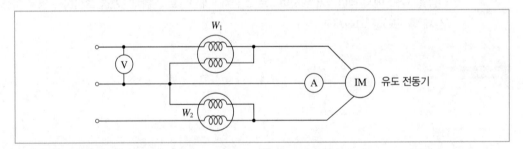

(1) 이 유도 전동기의 역률은 몇 $[\%]$인지 구하시오.

- 계산 과정:

- 답:

(2) 역률을 $90[\%]$로 개선시키려면 몇 $[\text{kVA}]$ 용량의 콘덴서가 필요한지 구하시오.

- 계산 과정:

- 답:

(3) 이 전동기로 만일 매분 $20[\text{m}]$의 속도로 물체를 권상한다면 몇 $[\text{ton}]$까지 가능한지 구하시오.(단, 종합 효율은 $80[\%]$로 한다.)

- 계산 과정:

- 답:

(1) • 계산 과정

유효 전력 $P = W_1 + W_2 = 6 + 2.9 = 8.9[\text{kW}]$

피상 전력 $P_a = \sqrt{3}\,VI = \sqrt{3} \times 200 \times 30 \times 10^{-3} = 10.39[\text{kVA}]$

역률 $\cos\theta = \dfrac{P}{P_a} \times 100 = \dfrac{8.9}{10.39} \times 100 = 85.66[\%]$

• 답: $85.66[\%]$

(2) • 계산 과정

$Q_c = P(\tan\theta_1 - \tan\theta_2) = (6 + 2.9) \times \left(\dfrac{\sqrt{1 - 0.8566^2}}{0.8566} - \dfrac{\sqrt{1 - 0.9^2}}{0.9} \right) = 1.05[\text{kVA}]$

• 답: $1.05[\text{kVA}]$

(3) • 계산 과정

권상용 전동기의 용량 $P = \dfrac{mv}{6.12\eta}\,[\text{kW}]$에서

물체의 중량 $m = \dfrac{P \times 6.12\eta}{v} = \dfrac{(6 + 2.9) \times 6.12 \times 0.8}{20} = 2.18[\text{ton}]$이다.

• 답: $2.18[\text{ton}]$

(1) 2 전력계법

① 단상 전력계 2대로 3상의 전력 및 역률을 측정하는 방법이다.

② 유효 전력: $P = P_1 + P_2[\text{W}]$

③ 피상 전력: $P_a = 2\sqrt{P_1^2 + P_2^2 - P_1 P_2}\,[\text{VA}]$

④ 역률

$\cos\theta = \dfrac{P}{P_a} = \dfrac{P_1 + P_2}{2\sqrt{P_1^2 + P_2^2 - P_1 P_2}}$

※ 문제 조건에서 전압계와 전류계의 지시값이 있을 경우 피상전력은 $P_a = \sqrt{3}\,VI$로 계산해야 한다.

($P_a = 2\sqrt{P_1^2 + P_2^2 - P_1 P_2}$ 공식으로 계산하지 말 것)

(2) 역률 개선용 콘덴서 용량

$$Q_c = P(\tan\theta_1 - \tan\theta_2) = P\left(\dfrac{\sin\theta_1}{\cos\theta_1} - \dfrac{\sin\theta_2}{\cos\theta_2} \right)[\text{kVA}]$$

(단, P: 부하 전력[kW], $\cos\theta_1$: 개선 전 역률, $\cos\theta_2$: 개선 후 역률)

(3) 권상기용 전동기 용량

$$P = \dfrac{mv}{6.12\eta}k[\text{kW}]$$

(단, m: 물체의 무게[ton], v: 권상 속도[m/min], k: 여유 계수, η: 효율)

05
★★★

다음 그림은 변류기를 영상 접속시켜 그 잔류 회로에 지락 계전기 DG를 삽입시킨 것이다. 선로의 전압은 66[kV], 중성점에 300[Ω]의 저항 접지로 하였고 변류기의 변류비는 300/5[A]이다. 송전 전력이 20,000[kW], 역률이 0.8(지상)일 때 L1상에 완전 지락 사고가 발생하였다. 다음 각 물음에 답하시오. (단, 부하의 정상 및 역상 임피던스와 기타의 정수는 무시한다.) [8점]

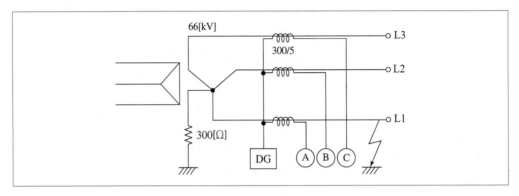

(1) 지락 계전기 DG에 흐르는 전류는 몇 [A]인가?
   • 계산 과정:
   • 답:

(2) L1상 전류계 A에 흐르는 전류는 몇 [A]인가?
   • 계산 과정:
   • 답:

(3) L2상 전류계 B에 흐르는 전류는 몇 [A]인가?
   • 계산 과정:
   • 답:

(4) L3상 전류계 C에 흐르는 전류는 몇 [A]인가?
   • 계산 과정:
   • 답:

답안작성

(1) • 계산 과정

$$I_g = \frac{V/\sqrt{3}}{R} = \frac{66 \times 10^3/\sqrt{3}}{300} = 127.02[\text{A}]$$

∴ 지락 계전기에 흐르는 전류 $I_{DG} = 127.02 \times \frac{5}{300} = 2.12[\text{A}]$

• 답: 2.12[A]

(2) • 계산 과정

전류계 A에는 부하 전류와 지락 전류의 합이 흐른다.

$$I_{L1} = \frac{20,000 \times 10^3}{\sqrt{3} \times 66 \times 10^3 \times 0.8} \times (0.8 - j0.6) + \frac{66 \times 10^3}{\sqrt{3} \times 300} = 301.97 - j131.22[\text{A}]$$

$$|I_{L1}| = \sqrt{(301.97)^2 + (131.22)^2} = 329.25[\text{A}]$$

∴ 전류계 A에 흐르는 전류 $= 329.25 \times \frac{5}{300} = 5.49[\text{A}]$

• 답: 5.49[A]

(3) • 계산 과정

전류계 B에는 부하 전류가 흐르므로

$$I_{L2} = \frac{20,000 \times 10^3}{\sqrt{3} \times 66 \times 10^3 \times 0.8} = 218.69[\text{A}] \text{ 이다.}$$

∴ 전류계 B에 흐르는 전류 $= 218.69 \times \frac{5}{300} = 3.64[\text{A}]$

• 답: 3.64[A]

(4) • 계산 과정

전류계 C에도 부하 전류가 흐르므로 전류계 B에 흐르는 전류(3.64[A])와 같다.

• 답: 3.64[A]

 해설비법

• 지락 전류 $I_g = \dfrac{E}{R} = \dfrac{\dfrac{V}{\sqrt{3}}}{R}$

• 지락 사고 시
  − 지락된 상: 지락 전류 + 부하 전류
  − 건전 상: 부하 전류

• 전류를 구할 때 부하의 역률이 서로 다르다면 실수부와 허수부를 구분하여 계산한다.

06
★★☆

낙뢰나 혼촉 사고 등에 의하여 이상 전압이 발생하였을 때 선로와 기기를 보호하기 위하여 피뢰기를 설치한다. 전기설비기술기준에 의해 시설해야 하는 곳 3개소를 쓰시오. [5점]

답안작성
• 발전소·변전소 또는 이에 준하는 장소의 가공전선 인입구 및 인출구
• 특고압 가공전선로에 접속하는 배전용 변압기의 고압 측 및 특고압 측
• 고압 및 특고압 가공전선로로부터 공급을 받는 수용장소의 인입구

단답 정리함
피뢰기의 설치장소
• 발전소 및 변전소의 가공전선 인입구 및 인출구
• 특고압 옥외 배전용 변압기의 고압 및 특고압 측
• 고압 및 특고압 가공전선로에서 공급받는 수용장소의 인입구
• 가공전선로와 지중전선로가 접속되는 곳

07

★☆☆

설계자가 크기, 형상 등 전체적인 조화를 생각하여 형광등 기구를 벽면 상방 모서리에 숨겨서 설치하는 방식으로 기구로부터의 빛이 직접 벽면을 조명하는 건축화 조명을 무슨 조명이라 하는지 쓰시오.　[3점]

답안작성　코니스 조명

단답 정리함　건축화 조명의 종류
- 다운라이트 조명
- 광량 조명
- 코퍼 조명
- 핀홀라이트 조명
- 루버천장 조명
- 코니스 조명
- 코너 조명

08

★★☆

그림과 같이 차동 계전기에 의하여 보호되고 있는 $\Delta - Y$ 결선 30[MVA], 33/11[kV] 변압기가 있다. 고장전류가 정격전류의 200[%] 이상에서 동작하는 계전기의 전류(i_r)값을 구하시오.(단, 변압기 1차 측 및 2차 측 CT의 변류비는 각각 500/5[A], 2,000/5[A]이다.)　[6점]

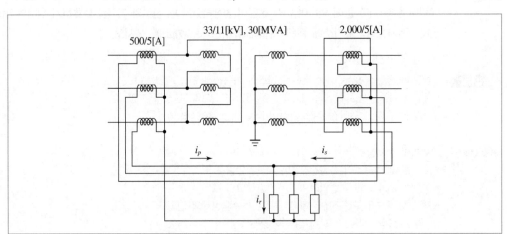

- 계산 과정:

- 답:

• 계산 과정

변압기 1차 측 CT 전류 $i_p = \dfrac{30 \times 10^3}{\sqrt{3} \times 33} \times \dfrac{5}{500} = 5.25[\text{A}]$

변압기 2차 측 CT 전류 $i_s = \dfrac{30 \times 10^3}{\sqrt{3} \times 11} \times \dfrac{5}{2,000} \times \sqrt{3} = 6.82[\text{A}]$

계전기 전류 $i_r = |i_s - i_p| \times 2 = (6.82 - 5.25) \times 2 = 3.14[\text{A}]$

• 답: 3.14[A]

• 변압기 결선이 $\Delta - Y$일 경우 CT 결선은 $Y - \Delta$으로 한다.
• CT 전류 i_s를 구할 때 Δ 결선의 선전류는 상전류의 $\sqrt{3}$ 배를 하여야 한다.
• 문제에서 계전기의 전류는 정격 전류의 200[%] 이상에서 동작한다고 하였으므로 $|i_s - i_p|$의 값에 2를 곱하여 준다.

09
★★☆

$500[\text{kVA}]$ 단상 변압기 3대를 3상 $\Delta - \Delta$ 결선으로 사용하고 있었는데, 부하 증가로 $500[\text{kVA}]$ 예비 변압기 1대를 추가하여 공급한다면 몇 $[\text{kVA}]$로 공급할 수 있는지 구하시오. [6점]

• 계산 과정:

• 답:

• 계산 과정: 공급 용량 $P_a = 2P_v = 2 \times \sqrt{3}\,P = 2 \times \sqrt{3} \times 500 = 1,732.05[\text{kVA}]$
• 답: 1,732.05[kVA]

예비 변압기 1대를 추가하면 500[kVA]의 동일한 용량의 변압기가 총 4대이므로 $V-V$ 결선의 2뱅크가 된다. 즉, 공급 용량 $P_a = 2P_v = 2 \times \sqrt{3}\,P[\text{kVA}]$

10
★★★

방의 가로 길이가 $10[\text{m}]$, 세로 길이가 $8[\text{m}]$, 방바닥에서 천장까지의 높이가 $4.85[\text{m}]$인 방에서 조명기구를 천장에 직접 취부하고자 한다. 이 방의 실지수를 구하시오.(단, 작업면은 방바닥에서 $0.85[\text{m}]$이다.) [4점]

• 계산 과정:

• 답:

• 계산 과정

작업면 실제 높이 $H = 4.85 - 0.85 = 4[m]$

$\therefore$ 실지수 $RI = \dfrac{XY}{H(X+Y)} = \dfrac{10 \times 8}{4 \times (10+8)} = 1.11$

• 답: 1.11

$$RI = \dfrac{XY}{H(X+Y)}$$

(단, X: 방의 폭[m], Y: 방의 길이[m], H: 작업면에서 광원까지의 높이[m])

11 ★★☆

그림과 같은 방전특성을 갖는 부하에 필요한 축전지 용량은 몇 [Ah]인지 구하시오.(단, 방전전류: $I_1 = 200[A]$, $I_2 = 300[A]$, $I_3 = 150[A]$, $I_4 = 100[A]$, **방전 시간:** $T_1 = 130$분, $T_2 = 120$분, $T_3 = 40$분, $T_5 = 5$분, **용량환산시간:** $K_1 = 2.45$, $K_2 = 2.45$, $K_3 = 1.46$, $K_4 = 0.45$, 보수율은 0.7을 적용한다.)

[6점]

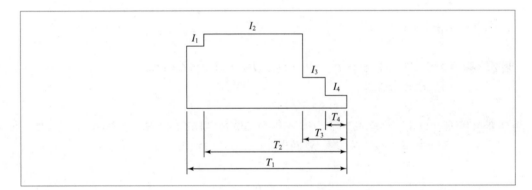

• 계산 과정:

• 답:

• 계산 과정

$C = \dfrac{1}{L} \left[K_1 I_1 + K_2 (I_2 - I_1) + K_3 (I_3 - I_2) + K_4 (I_4 - I_3) \right]$

$= \dfrac{1}{0.7} \{ 2.45 \times 200 + 2.45 \times (300 - 200) + 1.46 \times (150 - 300) + 0.45 \times (100 - 150) \}$

$= 705[Ah]$

• 답: 705[Ah]

축전지의 용량

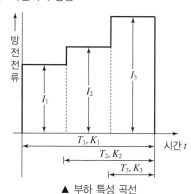

▲ 부하 특성 곡선

$$C = \frac{1}{L}\{K_1 I_1 + K_2(I_2 - I_1) + K_3(I_3 - I_2)\}\,[\text{Ah}]$$

(단, 축전지 용량은 부하의 면적을 계산해서 구한다.)

12
★★★

변류기의 공칭 변류비가 $100/5[\text{A}]$이다. 1차 측에 $250[\text{A}]$를 흘렸을 때 2차에 $10[\text{A}]$ 전류가 흘렀을 경우 비오차$[\%]$는 얼마인지 구하시오.　　　　　　　　　　[4점]

• 계산 과정:

• 답:

답안작성 ・ 계산 과정

$$비오차 = \frac{\dfrac{100}{5} - \dfrac{250}{10}}{\dfrac{250}{10}} \times 100[\%] = -20[\%]$$

• 답: $-20[\%]$

개념체크 $CT\ 비오차 = \dfrac{공칭\ 변류비 - 측정\ 변류비}{측정\ 변류비} \times 100[\%]$

13 다음 간이 수전설비도를 보고 물음에 답하시오. [14점]

★★★

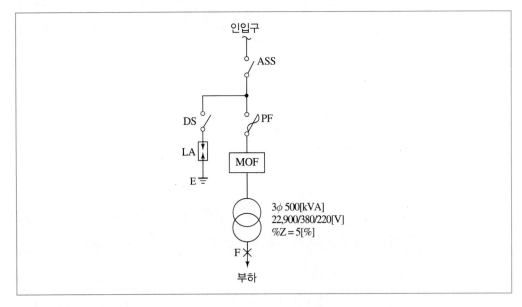

(1) ASS의 LOCK 전류값과 LOCK 전류의 기능은 무엇인지 설명하시오.
- LOCK 전류
- LOCK 전류의 기능

(2) 단선도에 표시된 LA 정격 전압과 제1보호 대상을 쓰시오.
- 정격 전압
- 제1보호 대상

(3) PF(한류퓨즈)의 단점 2가지를 적으시오.

(4) MOF의 정격 과전류 강도는 기기의 설치점에서 단락전류에 의해 계산하되, 60[A] 이하일 때 MOF 최소 과전류 강도는 (①)배이고, 계산한 값이 75배 이상인 경우에는 (②)배를 적용하며, 60[A]를 초과 시 MOF 과전류 강도는 (③)배를 적용한다. ( ) 안에 들어갈 알맞은 숫자를 답하시오.

①	②	③

(5) 고장점 F에 흐르는 3상 단락전류와 선간(2상) 단락전류를 구하시오.
- ① 3상 단락전류
  - 계산 과정:
  - 답:
- ② 선간(2상) 단락전류
  - 계산 과정:
  - 답:

답안작성

(1) • LOCK 전류: $800[A] \pm 10[\%]$
   • LOCK 전류의 기능: 정격 LOCK 전류 이상 발생 시 개폐기는 LOCK되며, 후비보호장치(리클로저) 차단 후 개폐기(ASS)가 개방되어 고장구간을 자동으로 분리하는 기능

(2) • 정격전압: $18[kV]$
   • 제1보호 대상: 전력용 변압기

(3) • 재투입이 불가능하다.
   • 과도전류로 용단되기 쉽고, 결상을 일으킬 우려가 있다.

(4)

①	②	③
75	150	40

(5) ① 3상 단락전류
   • 계산 과정

$$I_{3s} = \frac{100}{\%Z}I_n = \frac{100}{\%Z} \times \frac{P_n}{\sqrt{3}\,V_r} = \frac{100}{5} \times \frac{500 \times 10^3}{\sqrt{3} \times 380} = 15,193.43[A]$$

   • 답: $15,193.43[A]$

② 선간(2상) 단락전류
   • 계산 과정
   선간 단락전류는 3상 단락전류의 $86.6[\%]$에 해당하므로
   $I_{2s} = 15,193.43 \times 0.866 = 13,157.51[A]$ 이다.

   • 답: $13,157.51[A]$

해설비법

(1) 자동 고장 구분 개폐기(ASS): $22.9[kV-Y]$ 중성점 다중접지 배전 선로용에서 사용하며, 고장 구간을 자동으로 구분하여 개방하는 개폐기

(2) 피뢰기의 적용 장소별 정격 전압

전력 계통		피뢰기 정격 전압[kV]	
전압[kV]	중성점 접지 방식	변전소	배전 선로
345	유효 접지	288	–
154	유효 접지	144	–
66	PC 접지 또는 비접지	72	–
22	PC 접지 또는 비접지	24	–
22.9	3상 4선 다중 접지	21	18

(5) • 3상 단락전류: $I_{3s} = \frac{100}{\%Z}I_n = \frac{100}{\%Z} \times \frac{P_n}{\sqrt{3}\,V_r}[A]$

   • 선간(2상) 단락전류: $I_{2s} = 0.866 \times I_{3s}[A]$

단답 정리함   전력퓨즈의 단점
• 재투입이 불가능하다.
• 과도 전류에 용단되기 쉽다.
• 비보호 영역이 있다.

14 ★★★ 다음 변류기의 과전류 강도에 대하여 다음 각 물음에 답하시오. [6점]

(1) 정격 과전류 강도(S_n), 통전시간(t)일 때의 열적 과전류 강도(S)을 나타내는 식은?

(2) CT 1차 정격전류(I_n), 단락전류(I_s)일 때의 기계적 과전류강도(S_n)를 나타내는 식은?

답안작성 (1) $S = \dfrac{S_n}{\sqrt{t}}$

(2) $S_m = \dfrac{I_s}{I_n}$

개념체크 변류기(CT) 선정 시에는 열적 과전류 강도(S)와 기계적 과전류 강도(S_m)를 고려한다.

15 ★★☆ 3층 사무실용 건물에 3상 3선식의 $6,000[\mathrm{V}]$를 $200[\mathrm{V}]$로 강압하여 수전하는 설비이다. 각종 부하설비가 표와 같을 때 참고 자료를 이용하여 다음 물음에 답하시오. [12점]

[표 1] 동력 부하설비

동력 부하설비					
사용 목적	용량[kW]	대수	상용 동력[kW]	하계 동력[kW]	동계 동력[kW]
난방 관계					
• 보일러 펌프	6.0	1			6.0
• 오일 기어 펌프	0.4	1			0.4
• 온수 순환 펌프	3.0	1			3.0
공기 조화 관계					
• 1, 2, 3층 패키지 콤프레셔	7.5	6		45.0	
• 콤프레셔 팬	5.5	3	16.5		
• 냉각수 펌프	5.5	1		5.5	
• 쿨링 타워	1.5	1		1.5	
급수 · 배수 관계					
• 양수 펌프	3.0	1	3.0		
기타					
• 소화 펌프	5.5	1	5.5		
• 셔터	0.4	2	0.8		
합계			25.8	52.0	9.4

[표 2] 조명 및 콘센트 부하설비

조명 및 콘센트 부하설비					
사용 목적	와트수[W]	설치 수량	환산 용량 [VA]	총 용량[VA]	비고
전등 관계 • 수은등 A	200	4	260	1,040	200[V] 고역률
• 수은등 B	100	8	140	1,120	200[V] 고역률
• 형광등	40	820	55	45,100	200[V] 고역률
• 백열전등	60	10	60	600	
콘센트 관계 • 일반 콘센트		80	150	12,000	2P 15[A]
• 환기팬용 콘센트		8	55	440	
• 히터용 콘센트	1,500	2		3,000	
• 복사기용 콘센트		4		3,600	
• 텔레타이프용 콘센트		2		2,400	
• 룸 쿨러용 콘센트		6		7,200	
기타 • 전화 교환용 정류기		1		800	
합계				77,300	

[참고 자료 1] 변압기 보호용 전력 퓨즈의 정격전류

상수	단상				3상			
공칭전압	3.3[kV]		6.6[kV]		3.3[kV]		6.6[kV]	
변압기 용량 [kVA]	변압기 정격전류 [A]	정격 전류 [A]	변압기 정격전류 [A]	정격 전류 [A]	변압기 정격전류 [A]	정격 전류 [A]	변압기 정격전류 [A]	정격 전류 [A]
5	1.52	3	0.76	1.5	0.88	1.5	–	–
10	3.03	7.5	1.52	3	1.75	3	0.88	1.5
15	4.55	7.5	2.28	3	2.63	3	1.3	1.5
20	6.06	7.5	3.03	7.5	–	–	–	–
30	9.10	15	4.56	7.5	5.26	7.5	2.63	3
50	15.2	20	7.60	15	8.45	15	4.38	7.5
75	22.7	30	11.4	15	13.1	15	6.55	7.5
100	30.3	50	15.2	20	17.5	20	8.75	15
150	45.5	50	22.7	30	26.3	30	13.1	15
200	60.7	75	30.3	50	35.0	50	17.5	20
300	91.0	100	45.5	50	52.0	75	26.3	30
400	121.4	150	60.7	75	70.0	75	35.0	50
500	152.0	200	75.8	100	87.5	100	43.8	50

항목			소형 6[kV] 유입 변압기								중형 6[kV] 유입 변압기					
정격용량[kVA]			3	5	7.5	10	15	20	30	50	75	100	150	200	300	500
정격 2차 전류 [A]	단상	105[V]	28.6	47.6	71.4	95.2	143	190	286	476	714	852	1,430	1,904	2,857	4,762
		210[V]	14.3	23.8	35.7	47.6	71.4	95.2	143	238	357	476	714	952	1,429	2,381
	3상	210[V]	8	13.7	20.6	27.5	41.2	55	82.5	137	206	275	412	550	825	1,376
정격 전압	정격 2차 전압		6,300[V] 6/3[kV] 공용: 6,300[V]/3,150[V]								6,300[V] 6/3[kV] 공용: 6,300[V]/3,150[V]					
	정격 2차 전압	단상	210[V] 및 105[V]								200[kVA] 이하의 것: 210[V] 및 105[V] 200[kVA] 초과의 것: 210[V]					
		3상	210[V]								210[V]					
탭 전압	전용량 탭전압	단상	6,900[V], 6,600[V] 6/3[kV] 공용: 6,300[V]/3,150[V] 6,600[V]/3,300[V]								6,900[V], 6,600[V]					
		3상	6,600[V] 6/3[kV] 공용: 6,600[V]/3,300[V]								6/3[kV] 공용: 6,300[V]/3,150[V] 6,600[V]/3,300[V]					
	저감 용량 탭전압	단상	6,000[V], 5,700[V] 6/3[kV] 공용: 6,000[V]/3,000[V], 5,700[V]/2,850[V]								6,000[V], 5,700[V]					
		3상	6,000[V] 6/3[kV] 공용: 6,000[V]/3,300[V]								6/3[kV] 공용: 6,600[V]/3,000[V] 5,700[V]/2,850[V]					
변압기의 결선	단상		2차 권선: 분할 결선								3상	1차 권선: 성형 권선				
	3상		1차 권선: 성형 권선, 2차 권선: 성형 권선									2차 권선: 삼각 권선				

[참고 자료 3] 역률 개선용 콘덴서의 용량 계산표[%]

구분		개선 후의 역률																	
		1.00	0.99	0.98	0.97	0.96	0.95	0.94	0.93	0.92	0.91	0.90	0.89	0.88	0.87	0.86	0.85	0.83	0.80
개선 전의 역률	0.50	173	159	153	148	144	140	137	134	131	128	125	122	119	117	114	111	106	98
	0.55	152	138	132	127	123	119	116	112	108	106	103	101	98	95	92	90	85	77
	0.60	133	119	113	108	104	100	97	94	91	88	85	82	79	77	74	71	66	58
	0.62	127	112	106	102	97	94	90	87	84	81	78	75	73	70	67	65	59	52
	0.64	120	106	100	95	91	87	84	81	78	75	72	69	66	63	61	58	53	45
	0.66	114	100	94	89	85	81	78	74	71	68	65	63	60	57	55	52	47	39
	0.68	108	94	88	83	79	75	72	68	65	62	59	57	54	51	49	46	41	33
	0.70	102	88	82	77	73	69	66	63	59	56	54	51	48	45	43	40	35	27
	0.72	96	82	76	71	67	64	60	57	54	51	48	45	42	40	37	34	29	21
	0.74	91	77	71	68	62	58	55	51	48	45	43	40	37	34	32	29	24	16
	0.76	86	71	65	60	58	53	49	46	43	40	37	34	32	29	26	24	18	11
	0.78	80	66	60	55	51	47	44	41	38	35	32	29	26	24	21	18	13	5
	0.79	78	63	57	53	48	45	41	38	35	32	29	26	24	21	18	16	10	2.6
	0.80	75	61	55	50	46	42	39	36	32	29	27	24	21	18	16	13	8	
	0.81	72	58	52	47	43	40	36	33	30	27	24	21	18	16	13	10	5	
	0.82	70	56	50	45	41	34	34	30	27	24	21	18	16	13	10	8	2.6	
	0.83	67	53	47	42	38	34	31	28	25	22	19	16	13	11	8	5		
	0.84	65	50	44	40	35	32	28	25	22	19	16	13	11	8	5	2.6		
	0.85	62	48	42	37	33	29	25	23	19	16	14	11	8	5	2.7			
	0.86	59	45	39	34	30	28	23	20	17	14	11	8	6	2.6				
	0.87	57	42	36	32	28	24	20	17	14	11	8	6	2.7					
	0.88	54	40	34	29	25	21	18	15	11	8	6	2.8						
	0.89	51	37	31	26	22	18	15	12	9	6	2.8							
	0.90	48	34	28	23	19	16	12	9	6	2.8								
	0.91	46	31	25	21	16	13	9	8	3									
	0.92	43	28	22	18	13	10	8	3.1										
	0.93	40	25	19	14	10	7	3.2											
	0.94	36	22	16	11	7	3.4												
	0.95	33	19	13	8	3.7													
	0.96	29	15	9	4.1														
	0.97	25	11	4.8															
	0.98	20	8																
	0.99	14																	

(1) 동계 난방 때 온수 순환 펌프는 상시 운전하고, 보일러용과 오일 기어 펌프의 수용률이 60[%]일 때 난방 동력 수용 부하는 몇 [kW]인가?
　　• 계산 과정:
　　• 답:

(2) 동력 부하의 역률이 전부 80[%]라고 한다면 피상 전력은 각각 몇 [kVA]인가?(단, 상용 동력, 하계 동력, 동계 동력별로 각각 계산하시오.)

구분	계산 과정	답
상용 동력		
하계 동력		
동계 동력		

(3) 총 전기설비 용량은 몇 [kVA]를 기준으로 하여야 하는가?
　　• 계산 과정:
　　• 답:

(4) 전등의 수용률은 70[%], 콘센트 설비의 수용률은 50[%]라고 한다면 몇 [kVA]의 단상 변압기에 연결하여야 하는가?(단, 전화 교환용 정류기는 100[%] 수용률로서 계산한 결과에 포함시키며 변압기 예비율은 무시한다.)
　　• 계산 과정:
　　• 답:

(5) 동력 설비 부하의 수용률이 모두 60[%]라면 동력 부하용 3상 변압기의 용량은 몇 [kVA]인가?(단, 동력 부하의 역률은 80[%]로 하며 변압기의 예비율은 무시한다.)
　　• 계산 과정:
　　• 답:

(6) 상기 건물에 시설된 변압기 총 용량은 몇 [kVA]인가?
　　• 계산 과정:
　　• 답:

(7) 단상 변압기와 3상 변압기의 1차 측의 전력 퓨즈의 정격 전류는 각각 몇 [A]의 것을 선택하여야 하는가?
　　① 단상 변압기
　　② 3상 변압기

(8) 선정된 동력용 변압기 용량에서 역률을 95[%]로 개선하려면 콘덴서 용량은 몇 [kVA]인가?
　　• 계산 과정:
　　• 답:

답안작성 (1) • 계산 과정: 난방 동력 수용 부하= $3.0+6.0 \times 0.6+0.4 \times 0.6 = 6.84[\text{kW}]$
　　• 답: 6.84[kW]

(2)

구분	계산 과정	답
상용 동력	$\dfrac{25.8}{0.8} = 32.25[\text{kVA}]$	32.25[kVA]
하계 동력	$\dfrac{52.0}{0.8} = 65[\text{kVA}]$	65[kVA]
동계 동력	$\dfrac{9.4}{0.8} = 11.75[\text{kVA}]$	11.75[kVA]

(3) • 계산 과정

　하계 동력설비 용량과 동계 동력 설비 용량 중 큰 값을 선정

　총 전기설비 용량 $= 32.25 + 65 + 77.3 = 174.55[\text{kVA}]$

• 답: $174.55[\text{kVA}]$

(4) • 계산 과정

　－ 전등 관계: $(1,040 + 1,120 + 45,100 + 600) \times 0.7 \times 10^{-3} = 33.5[\text{kVA}]$

　－ 콘센트 관계: $(12,000 + 440 + 3,000 + 3,600 + 2,400 + 7,200) \times 0.5 \times 10^{-3} = 14.32[\text{kVA}]$

　－ 기타: $800 \times 1 \times 10^{-3} = 0.8[\text{kVA}]$

　$P = 33.5 + 14.32 + 0.8 = 48.62[\text{kVA}]$

　$\therefore$ 단상 변압기 용량 $50[\text{kVA}]$ 선정

• 답: $50[\text{kVA}]$

(5) • 계산 과정: $P = \dfrac{(25.8 + 52.0)}{0.8} \times 0.6 = 58.35[\text{kVA}]$, 3상 변압기 용량 $75[\text{kVA}]$ 선정

• 답: $75[\text{kVA}]$

(6) • 계산 과정: 총 용량 $= 50 + 75 = 125[\text{kVA}]$

• 답: $125[\text{kVA}]$

(7) ① 단상 변압기: [참고 자료 1]에서 변압기 용량 $50[\text{kVA}]$과 단상 $6.6[\text{kV}]$의 교차점에서 퓨즈의 정격 전류 $15[\text{A}]$ 선정

　② 3상 변압기: [참고 자료 1]에서 변압기 용량 $75[\text{kVA}]$과 3상 $6.6[\text{kV}]$의 교차점에서 퓨즈의 정격 전류 $7.5[\text{A}]$ 선정

(8) • 계산 과정

　[참고 자료 3]에서 개선 전 역률 $80[\%]$와 개선 후 역률 $95[\%]$가 만나는 교차점에서 $42[\%]$ 선정

　$\therefore Q_c = 75 \times 0.8 \times 0.42 = 25.2[\text{kVA}]$

• 답: $25.2[\text{kVA}]$

해설비법 (1) 수용 부하$[\text{kW}]$ = 설비 용량$[\text{kW}]$ × 수용률

(2) 피상 전력$[\text{kVA}]$ = $\dfrac{\text{유효 전력}[\text{kW}]}{\text{역률}}$

(3) 계절 부하는 동시에 사용되지 않으므로 더 큰 부하인 하계 부하를 기준으로 구한다. 즉, 변압기의 용량 산정 시 총 전기설비 용량은 상용 부하, 하계 부하, 조명 및 콘센트 부하를 고려한다.

(8) 역률 개선용 콘덴서 용량을 표로 구할 때에는 다음의 식에서 단위에 주의해야 한다.

$Q_c = P[\text{kW}] \times \text{K} = (\text{P}_a[\text{kVA}] \times \cos\theta) \times \text{K}$

16

★☆☆

ACSR 전선에 댐퍼를 설치하는 이유를 적으시오.　　　　　　　　　　　　　[4점]

답안작성 전선의 진동 방지

해설비법 강심알루미늄연선(ACSR)은 경동선에 비해 가벼워 전선의 진동 방지를 위해 댐퍼, 아머로드 등을 설치한다.

01
★★☆

3.7[kW]와 7.5[kW]의 직입기동 농형 전동기 및 22[kW]의 기동기 사용 권선형 전동기 등 3대를 그림과 같이 접속하였다. 이때 다음 각 물음에 답하시오.(단, 공사방법 B1이고 XLPE 절연전선을 사용하였으며, 정격 전압은 200[V]이고, 간선 및 분기회로에 사용되는 전선 도체의 재질 및 종류는 같다고 한다.)

[7점]

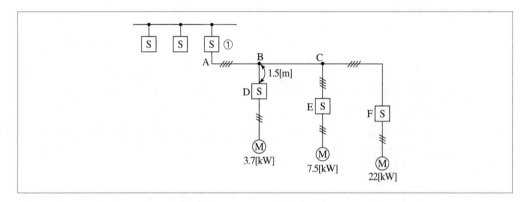

(1) 간선에 사용되는 과전류 차단기와 개폐기(①)의 최소 용량은 몇 [A]인가?
- 과전류 차단기 용량
- 개폐기 용량

(2) 간선의 최소 굵기는 몇 [mm²]인가?
- 전선의 굵기

[표 1] 전동기 공사에서 간선의 전선 굵기·개폐기 용량 및 적정 퓨즈(220[V], B종 퓨즈)

전동기 [kW] 수의 총계 [kW] 이하	최대 사용 전류 [A] 이하	공사 방법 A1 3개선 PVC	공사 방법 A1 3개선 XLPE, EPR	공사 방법 B1 3개선 PVC	공사 방법 B1 3개선 XLPE, EPR	공사 방법 C 3개선 PVC	공사 방법 C 3개선 XLPE, EPR	0.75 이하 / –	1.5 / –	2.2 / –	3.7 / 5.5	5.5 / 7.5	7.5 / 11 15	11 / 18.5 22	15 / –	18.5 / 30 37	22 / –	30 / 45	37~55 / 55
3	15	2.5	2.5	2.5	2.5	2.5	2.5	15/30	20/30	30/30	–	–	–	–	–	–	–	–	–
4.5	20	4	2.5	2.5	2.5	2.5	2.5	20/30	20/30	30/30	50/60	–	–	–	–	–	–	–	–
6.3	30	6	4	6	4	4	2.5	30/30	30/30	50/60	50/60	75/100	–	–	–	–	–	–	–
8.2	40	10	6	10	6	6	4	50/60	50/60	50/60	75/100	75/100	100/100	–	–	–	–	–	–
12	50	16	10	10	10	10	6	50/60	50/60	50/60	75/100	75/100	100/100	150/200	–	–	–	–	–
15.7	75	35	25	25	16	16	16	75/100	75/100	75/100	75/100	100/100	100/100	150/200	150/200	–	–	–	–
19.5	90	50	25	35	25	25	16	100/100	100/100	100/100	100/100	100/100	150/200	150/200	200/200	200/200	–	–	–
23.2	100	50	35	35	25	35	25	100/100	100/100	100/100	100/100	100/100	150/200	200/200	200/200	200/200	200/200	–	–
30	125	70	50	50	35	50	35	150/200	150/200	150/200	150/200	150/200	150/200	150/200	200/200	200/200	200/200	–	–
37.5	150	95	70	70	50	70	50	150/200	150/200	150/200	150/200	150/200	150/200	150/200	200/200	300/300	300/300	300/300	–
45	175	120	70	95	50	70	50	200/200	200/200	200/200	200/200	200/200	200/200	200/200	200/200	300/300	300/300	300/300	300/300
52.5	200	150	95	95	70	95	70	200/200	200/200	200/200	200/200	200/200	200/200	200/200	200/200	300/300	400/400	400/400	400/400
63.7	250	240	150	–	95	120	95	300/300	300/300	300/300	300/300	300/300	300/300	300/300	300/300	300/300	400/400	400/400	500/600
75	300	300	185	–	120	185	120	300/300	300/300	300/300	300/300	300/300	300/300	300/300	300/300	300/300	400/400	400/400	500/600
86.2	350	–	240	–	–	240	150	400/400	400/400	400/400	400/400	400/400	400/400	400/400	400/400	400/400	400/400	400/400	600/600

배선 종류에 의한 간선의 최소 굵기[mm²]
직입 기동 전동기 중 최대 용량의 것 : 0.75 이하 / 1.5 / 2.2 / 3.7 / 5.5 / 7.5 / 11 / 15 / 18.5 / 22 / 30 / 37~55
기동기 사용 전동기 중 최대 용량의 것 : – / – / – / 5.5 / 7.5 / 11·15 / 18.5·22 / – / 30·37 / – / 45 / 55

과전류 차단기[A] ……… (칸 위 숫자)
개폐기 용량[A] ……… (칸 아래 숫자)

※ 최소 전선 굵기는 1회선에 대한 것이며, 2회선 이상일 경우는 복수회로 보정계수를 적용하여야 한다.
※ 공사 방법 A1은 벽 내의 전선관에 공사한 절연전선 또는 단심케이블, 공사 방법 B1은 벽면의 전선관에 공사한 절연전선 또는 단심케이블, 공사방법 C는 벽면에 공사한 단심 또는 다심케이블을 시설하는 경우의 전선 굵기를 표시하였다.
※ 「전동기 중 최대의 것」에는 동시 기동하는 경우를 포함한다.
※ 과전류 차단기의 용량은 해당 조항에 규정되어 있는 범위에서 실용상 거의 최대값을 표시한다.
※ 과전류 차단기의 선정은 최대 용량의 정격전류의 3배에 다른 전동기의 정격전류의 합계를 가산한 값 이하를 표시한다.
※ 고리퓨즈는 300[A] 이하에서 사용하여야 한다.

[표 2] 200[V] 3상 유도 전동기 1대인 경우의 분기 회로(B종 퓨즈의 경우)

정격 출력 [kW]	전부하 전류 [A]	배선 종류에 의한 동 전선의 최소 굵기[mm²]					
		공사 방법 A1		공사 방법 B1		공사 방법 C	
		3개선		3개선		3개선	
		PVC	XLPE, EPR	PVC	XLPE, EPR	PVC	XLPE, EPR
0.2	1.8	2.5	2.5	2.5	2.5	2.5	2.5
0.4	3.2	2.5	2.5	2.5	2.5	2.5	2.5
0.75	4.8	2.5	2.5	2.5	2.5	2.5	2.5
1.5	8	2.5	2.5	2.5	2.5	2.5	2.5
2.2	11.1	2.5	2.5	2.5	2.5	2.5	2.5
3.7	17.4	2.5	2.5	2.5	2.5	2.5	2.5
5.5	26	6	4	4	2.5	4	2.5
7.5	34	10	6	6	4	6	4
11	48	16	10	10	6	10	6
15	65	25	16	16	10	16	10
18.5	79	35	25	25	16	25	16
22	93	50	25	35	25	25	16
30	124	70	50	50	35	50	35
37	152	95	70	70	50	70	50

정격 출력 [kW]	전부하 전류 [A]	개폐기 용량[A]				과전류 차단기(B종 퓨즈)[A]				전동기용 초과 눈금 전류계의 정격 전류[A]	접지도체의 최소 굵기 [mm²]
		직입 기동		기동기 사용		직입 기동		기동기 사용			
		현장 조작	분기	현장 조작	분기	현장 조작	분기	현장 조작	분기		
0.2	1.8	15	15			15	15			3	2.5
0.4	3.2	15	15			15	15			5	2.5
0.75	4.8	15	15			15	15			5	2.5
1.5	8	15	30			15	20			10	4
2.2	11.1	30	30			20	30			15	4
3.7	17.4	30	60			30	50			20	6
5.5	26	60	60	30	60	50	60	30	50	30	6
7.5	34	100	100	60	100	75	100	50	75	30	10
11	48	100	200	100	100	100	150	75	100	60	16
15	65	100	200	100	100	100	150	100	100	60	16
18.5	79	200	200	100	200	150	200	100	150	100	16
22	93	200	200	100	200	150	200	100	150	100	16
30	124	200	400	200	200	200	300	150	200	150	25
37	152	200	400	200	200	200	300	150	200	200	25

※ 최소 전선 굵기는 1회선에 대한 것이며, 2회선 이상일 경우는 복수회로 보정계수를 적용하여야 한다.

※ 공사 방법 A1은 벽 내의 전선관에 공사한 절연전선 또는 단심케이블, 공사 방법 B1은 벽면의 전선관에 공사한 절연전선 또는 단심케이블, 공사방법 C는 벽면에 공사한 단심 또는 다심케이블을 시설하는 경우의 전선 굵기를 표시하였다.

※ 전동기 2대 이상을 동일회로로 할 경우는 간선의 표를 적용한다.

답안작성

(1) • 계산 과정

전동기의 총합 $= 3.7 + 7.5 + 22 = 33.2[kW]$

[표 1]에서 전동기의 총계 37.5[kW]란과 기동기 사용 22[kW]란의 교차점에서 개폐기 200[A] 선정, 과전류 차단기 150[A] 선정

• 답: 과전류 차단기 용량 150[A], 개폐기 용량 200[A]

(2) • 계산 과정

전동기의 총합 $= 3.7 + 7.5 + 22 = 33.2[kW]$

[표 1]에서 전동기의 총계 37.5[kW]란에서 전선 50[mm²] 선정(공사 방법 B1, XLPE 절연전선)

• 답: 50[mm²]

해설비법 표에서 '전동기 수의 총계'가 주어지면, 전동기의 총합을 구한 후 문제의 조건과 표의 공사 방법 등을 활용한다.

전동기[kW] 수의 총계[kW] 이하	최대 사용 전류[A] 이하	배선 종류에 의한 간선의 최소 굵기[mm²]						직입 기동 전동기 중 최대 용량의 것											
		공사 방법 A1 3개선		공사 방법 B1 3개선		공사 방법 C 3개선		0.75 이하	1.5	2.2	3.7	5.5	7.5	11	15	18.5	22	30	37~55
								기동기 사용 전동기 중 최대 용량의 것											
								−	−	−	5.5	7.5	11 15	18.5 22	−	30 37	−	45	55
		PVC	XLPE, EPR	PVC	XLPE, EPR	PVC	XLPE, EPR	과전류 차단기[A] ········ (칸 위 숫자) 개폐기 용량[A] ········ (칸 아래 숫자)											
37.5	150	95	70	70	50	70	50	150 200	150 200	150 200	150 200	150 200	150 200	150 200	200 200	300 300	300 300	300 300	−

※ 문제의 [표] 또는 [참고자료]가 KEC 적용 이전의 산출값으로 되어 있으나, 표를 활용하여 답을 산출하는 유형의 문제풀이 방법 숙지를 위해 수록하였습니다.

02 ★★☆ 도로의 너비가 $30[m]$인 곳의 양쪽으로 $30[m]$ 간격으로 지그재그식으로 등주를 배치하여 도로 위의 평균 조도를 $6[lx]$가 되도록 하고자 한다. 도로면의 광속 이용률은 $32[\%]$, 유지율은 $80[\%]$로 한다고 할 때 각 등주에 사용되는 수은등의 규격은 몇 $[W]$의 것을 사용하여야 하는지 전광속을 계산하고 주어진 수은등 규격표에서 찾아 쓰시오. **[5점]**

수은등의 규격표

크기[W]	전광속[lm]
100	$2,200 \sim 3,000$
200	$4,000 \sim 5,500$
250	$7,700 \sim 8,500$
300	$10,000 \sim 11,000$
500	$13,000 \sim 14,000$

• 계산 과정:

• 답:

답안작성 • 계산 과정

$FUN = EAD$에서

$$F = \frac{EAD}{UN} = \frac{6 \times \frac{30 \times 30}{2} \times \frac{1}{0.8}}{0.32 \times 1} = 10,546.88[lm]$$

∴ 표에서 전광속 $10,000 \sim 11,000[lm]$에 해당하는 $300[W]$ 선정

• 답: $300[W]$

도로 조명 설계

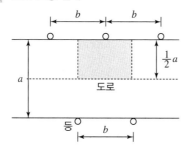

양측 대칭 배열, 양측 지그재그 배열에서 등기구 1개당 도로를 비추는 면적

$A = \dfrac{a \times b}{2}[\text{m}^2]$ (a: 도로의 폭[m], b: 등 간격[m])

$$FUN = EAD$$

(단, F: 광속[lm], U: 조명률, N: 사용하는 등의 개수, E: 조도[lx], A: 등기구 1개당 비추는 도로의 면적 [m²], D: 감광 보상률($= \dfrac{1}{M}$), M: 보수율(유지율))

03

★☆☆

아래의 표에서 금속관 부품의 특징에 해당하는 부품명을 쓰시오. **[8점]**

부품명	특징
①	관과 박스를 접속할 경우 파이프 나사를 죄어 고정시키는 데 사용되며 6각형과 기어형이 있다.
②	전선 관단에 끼우고 전선을 넣거나 빼는 데 있어서 전선의 피복을 보호하여 전선이 손상되지 않게 하는 것으로 금속제와 합성수지제의 2종류가 있다.
③	금속관 상호 접속 또는 관과 노멀 밴드와의 접속에 사용되며 내면에 나사가 있으며 관의 양측을 돌리어 사용할 수 없는 경우 유니온 커플링을 사용한다.
④	노출 배관에서 금속관을 조영재에 고정시키는 데 사용되며 합성수지 전선관, 가요 전선관, 케이블 공사에도 사용된다.
⑤	배관의 직각 굴곡에 사용하며 양단에 나사가 나 있어 관과의 접속에는 커플링을 사용한다.
⑥	금속관을 아웃렛 박스의 노크아웃에 취부할 때 노크아웃의 구멍이 관의 구멍보다 클 때 사용된다.
⑦	매입형의 스위치나 콘센트를 고정하는 데 사용되며 1개용, 2개용, 3개용 등이 있다.
⑧	전선관 공사에 있어 전등 기구나 점멸기 또는 콘센트의 고정, 접속함으로 사용되며 4각 및 8각이 있다.

답안작성

구분	부품명	구분	부품명
①	로크 너트	⑤	노멀 밴드
②	부싱	⑥	링 리듀서
③	커플링	⑦	스위치 박스
④	새들	⑧	아웃렛 박스

04
★★★

축전지의 정격용량 $200[\text{Ah}]$, 상시부하 $10[\text{kW}]$, 표준전압 $100[\text{V}]$인 부동 충전 방식의 2차 충전 전류값은 얼마인지 계산하시오.(단, 연축전지의 방전율은 10시간, 알칼리축전지는 5시간으로 한다.) [4점]

(1) 연축전지
- 계산 과정:
- 답:

(2) 알칼리축전지
- 계산 과정:
- 답:

답안작성

(1) • 계산 과정: $I = \dfrac{200}{10} + \dfrac{10 \times 10^3}{100} = 120[\text{A}]$

- 답: $120[\text{A}]$

(2) • 계산 과정: $I = \dfrac{200}{5} + \dfrac{10 \times 10^3}{100} = 140[\text{A}]$

- 답: $140[\text{A}]$

개념체크 부동 충전 방식

- 축전지의 자기 방전을 보충하는 충전 방식이다.
- 상용 부하에 대한 전력 공급은 충전기가 부담하고, 충전기가 공급하기 어려운 일시적인 대전류 부하에 대해서는 축전지로 하여금 부담하게 하는 방식이다.

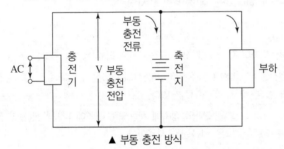

▲ 부동 충전 방식

$$\text{충전기 2차 전류[A]} = \frac{\text{축전지 용량[Ah]}}{\text{정격 방전율[h]}} + \frac{\text{상시 부하 용량[VA]}}{\text{표준 전압[V]}}$$

05 ★★☆

현재 사용되고 있는 특고압 및 저압 차단기 종류 각 3가지의 영문 약호와 한글 명칭을 쓰시오. [6점]

(1) 특고압 차단기

영문 약호	한글 명칭

(2) 저압 차단기

영문 약호	한글 명칭

답안작성

(1) 특고압 차단기

영문 약호	한글 명칭
VCB	진공 차단기
GCB	가스 차단기
ABB	공기 차단기

(2) 저압 차단기

영문 약호	한글 명칭
ACB	기중 차단기
MCCB	배선용 차단기
ELB	누전 차단기

개념체크

특고압 차단기의 종류
- VCB(진공 차단기)
- GCB(가스 차단기)
- ABB(공기 차단기)
- OCB(유입 차단기)
- MBB(자기 차단기)

06 ★★☆ 퓨즈 정격사항에 대하여 주어진 표의 빈칸을 채우시오. [5점]

계통전압[kV]	퓨즈 정격	
	퓨즈 정격전압[kV]	최대 설계전압[kV]
6.6	①	8.25
13.2	15	②
22 또는 22.9	③	25.8
66	69	④
154	⑤	169

답안작성
① 6.9 또는 7.5
② 15.5
③ 23
④ 72.5
⑤ 161

개념체크 전력 퓨즈의 정격

계통전압[kV]	퓨즈 정격	
	퓨즈 정격전압[kV]	최대 설계전압[kV]
6.6	6.9 또는 7.5	8.25
13.2	15	15.5
22 또는 22.9	23	25.8
66	69	72.5
154	161	169

07
★★☆

고압 선로에서의 접지사고 검출 및 경보장치를 그림과 같이 시설하였다. A선에 누전사고가 발생하였을 때 다음 각 물음에 답하시오.(단, 전원이 인가되고 경보벨의 스위치는 닫혀있는 상태라고 한다.) [6점]

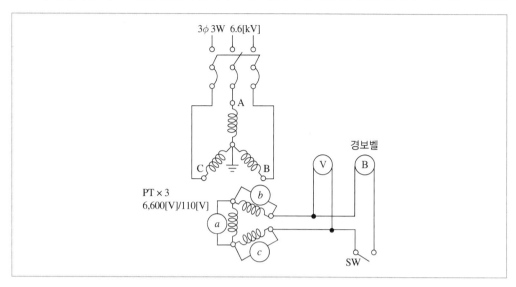

(1) 1차 측 A선의 대지전압이 0[V]인 경우 B선 및 C선의 대지전압은 각각 몇 [V]인가?

① B선의 대지전압
  • 계산 과정:
  • 답:

② C선의 대지전압
  • 계산 과정:
  • 답:

(2) 2차 측 전구 ⓐ의 전압이 0[V]인 경우 ⓑ 및 ⓒ 전구의 전압과 전압계 Ⓥ의 지시전압, 경보벨 Ⓑ에 걸리는 전압은 각각 몇 [V]인가?

① ⓑ 전구의 전압
  • 계산 과정:
  • 답:

② ⓒ 전구의 전압
  • 계산 과정:
  • 답:

③ 전압계 Ⓥ의 지시전압
  • 계산 과정:
  • 답:

④ 경보벨 Ⓑ에 걸리는 전압
  • 계산 과정:
  • 답:

(1) ① • 계산 과정: $\dfrac{6,600}{\sqrt{3}} \times \sqrt{3} = 6,600[\text{V}]$

         • 답: $6,600[\text{V}]$

    ② • 계산 과정: $\dfrac{6,600}{\sqrt{3}} \times \sqrt{3} = 6,600[\text{V}]$

         • 답: $6,600[\text{V}]$

(2) ① • 계산 과정: $\dfrac{110}{\sqrt{3}} \times \sqrt{3} = 110[\text{V}]$

         • 답: $110[\text{V}]$

    ② • 계산 과정: $\dfrac{110}{\sqrt{3}} \times \sqrt{3} = 110[\text{V}]$

         • 답: $110[\text{V}]$

    ③ • 계산 과정: $110 \times \sqrt{3} = 190.53[\text{V}]$

         • 답: $190.53[\text{V}]$

    ④ • 계산 과정: $110 \times \sqrt{3} = 190.53[\text{V}]$

         • 답: $190.53[\text{V}]$

(1) 1선 지락사고 시
  • 지락된 상: $0[\text{V}]$
  • 건전 상: 대지 전위의 $\sqrt{3}$ 배로 상승

(2) 1선 지락사고 시 전압계와 경보벨에는 건전 상에 대한 선간전압이 걸리므로
$110 \times \sqrt{3} = 190.53[\text{V}]$ 이다.

08 ★★★

그림과 같은 송전계통 S 점에서 3상 단락사고가 발생하였다. 주어진 도면과 조건을 참고하여 변압기(T_2)의 각각 %리액턴스를 $100[\text{MVA}]$ 기준으로 환산하고, 1차, 2차, 3차 %리액턴스를 구하시오. [5점]

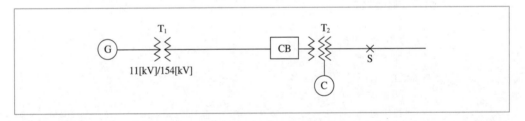

[조건]

번호	기기명	용량	전압	$\%X[\%]$
1	G: 발전기	$50,000[\text{kVA}]$	$11[\text{kV}]$	30
2	T_1: 변압기	$50,000[\text{kVA}]$	$11/154[\text{kV}]$	12
3	송전선		$154[\text{kV}]$	$10(10,000[\text{kVA}])$
4	T_2: 변압기	1차 $25,000[\text{kVA}]$	$154[\text{kV}]$	$12(25,000[\text{kVA}]\ 1차\sim2차)$
		2차 $25,000[\text{kVA}]$	$77[\text{kV}]$	$15(25,000[\text{kVA}]\ 2차\sim3차)$
		3차 $10,000[\text{kVA}]$	$11[\text{kV}]$	$10.8(10,000[\text{kVA}]\ 3차\sim1차)$
5	C: 조상기	$10,000[\text{kVA}]$	$11[\text{kV}]$	$10(10,000[\text{kVA}])$

- 계산 과정:

- 답:

답안작성 • 계산 과정

1차 ~ 2차 간 $\%X_{12} = 12 \times \dfrac{100}{25} = 48[\%]$

2차 ~ 3차 간 $\%X_{23} = 15 \times \dfrac{100}{25} = 60[\%]$

3차 ~ 1차 간 $\%X_{31} = 10.8 \times \dfrac{100}{10} = 108[\%]$

그러므로

1차 $\%X_1 = \dfrac{48+108-60}{2} = 48[\%]$

2차 $\%X_2 = \dfrac{48+60-108}{2} = 0[\%]$

3차 $\%X_3 = \dfrac{60+108-48}{2} = 60[\%]$ 이다.

- 답: 1차 $\%X_1 = 48[\%]$, 2차 $\%X_2 = 0[\%]$, 3차 $\%X_3 = 60[\%]$

해설비법 • $\%X_{기준} = \%X_{자기} \times \dfrac{기준\ 용량}{자기\ 용량}$

• 3권선 변압기의 %리액턴스

1차 $\%X_1 = \dfrac{\%X_{12}+\%X_{31}-\%X_{23}}{2}[\%]$

2차 $\%X_2 = \dfrac{\%X_{12}+\%X_{23}-\%X_{31}}{2}[\%]$

3차 $\%X_3 = \dfrac{\%X_{23}+\%X_{31}-\%X_{12}}{2}[\%]$

09 ★★★

수전 전압 $6,600[\mathrm{V}]$, 가공 전선로의 %임피던스가 $60.5[\%]$일 때 수전점의 3상 단락전류가 $7,000[\mathrm{A}]$인 경우 기준 용량을 구하고 수전용 차단기의 차단 용량을 선정하시오. [6점]

차단기의 정격 용량[MVA]

10	20	30	50	75	100	150	250	300	400	500

(1) 기준 용량을 구하시오.
- 계산 과정:
- 답:

(2) (1)의 기준 용량을 이용하여 차단 용량을 구하시오.
- 계산 과정:
- 답:

(1) • 계산 과정

$$I_n = \frac{\%Z}{100} \times I_s = \frac{60.5}{100} \times 7,000 = 4,235[\text{A}]$$

$$P_n = \sqrt{3}\, VI_n = \sqrt{3} \times 6,600 \times 4,235 \times 10^{-6} = 48.41[\text{MVA}]$$

• 답: 48.41[MVA]

(2) • 계산 과정

$$P_s = \frac{100}{\%Z} \times P_n = \frac{100}{60.5} \times 48.41 = 80.02[\text{MVA}]$$

∴ 표에서 100[MVA] 선정

• 답: 100[MVA]

(1) 단락전류 $I_s = \dfrac{100}{\%Z} \times I_n$, 기준 용량 $P_n = \sqrt{3}\, VI_n[\text{MVA}]$

(여기서 V: 공칭전압[V], I_n: 정격전류[A])

(2) 기준 용량을 이용한 차단 용량 $P_s = \dfrac{100}{\%Z} \times P_n[\text{MVA}]$

10 ★★★

옥내 배선의 시설에 있어서 인입구 부근에 전기 저항치가 $3[\Omega]$ 이하의 값을 유지하는 수도관 또는 철골이 있는 경우에는 이것을 접지극으로 사용하여 이를 변압기 중성점 접지공사를 한 저압 전로의 중성선 또는 접지 측 전선에 추가 접지할 수 있다. 이 추가 접지의 목적은 저압 전로에 침입하는 뇌격이나 고압 혼촉으로 인한 이상 전압에 의한 옥내 배선의 전위 상승을 억제하는 역할을 한다. 또 지락사고 시에 단락 전류를 증가시킴으로써 과전류 차단기의 동작을 확실하게 하는 것이다. 그림에 있어서 (가)점에서 지락이 발생한 경우 추가 접지가 없는 경우의 지락전류와 추가 접지가 있는 경우의 지락전류값을 구하시오. (단, $R_a = R_b = 10[\Omega]$이다.) [6점]

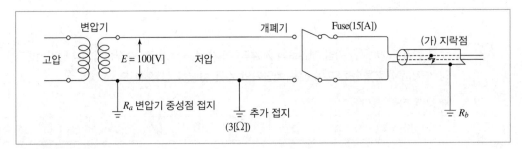

(1) 추가 접지가 없는 경우
  • 계산 과정:
  • 답:

(2) 추가 접지가 있는 경우
  • 계산 과정:
  • 답:

답안작성 (1) • 계산 과정: $I_g = \dfrac{E}{R_a + R_b} = \dfrac{100}{10 + 10} = 5[\text{A}]$

• 답: $5[\text{A}]$

(2) • 계산 과정: $I_g = \dfrac{100}{10 + \dfrac{10 \times 3}{10 + 3}} = 8.13[\text{A}]$

• 답: $8.13[\text{A}]$

해설비법 (2) 추가 접지를 $R[\Omega]$이라고 할 때

지락전류 $I_g = \dfrac{E}{R_b + \dfrac{R_a \times R}{R_a + R}}[\text{A}]$

11 ★★★

다음에 주어진 단상 유도 전동기들의 역회전 방법을 [보기]에서 골라 짝지으시오. [5점]

> [보기]
> ㄱ. 역회전이 불가능하다.   ㄴ. 기동권선의 접속을 반대로 한다.   ㄷ. 브러시의 위치를 이동한다.

(1) 반발 기동형

(2) 분상 기동형

(3) 셰이딩 코일형

답안작성 (1) ㄷ
(2) ㄴ
(3) ㄱ

해설비법 단상 반발 전동기는 브러시 이동으로 속도 제어 및 역회전이 가능하다. 셰이딩 코일형은 역회전이 불가능한 전동기이며, 분상 기동형은 기동권선의 접속을 반대로 하여 역회전한다.

12 ★★★

최대 전류가 흐를 때의 손실이 $100[\text{kW}]$이며 부하율이 $60[\%]$인 전선로의 평균 손실은 몇 $[\text{kW}]$인가?
(단, 배전선로의 손실계수를 구하는 α는 0.2이다.) [5점]

• 계산 과정:

• 답:

답안작성　• 계산 과정

$$H = 0.2 \times 0.6 + (1 - 0.2) \times 0.6^2 = 0.408$$

$$\therefore 평균\ 손실 = 0.408 \times 100 = 40.8[\text{kW}]$$

• 답: $40.8[\text{kW}]$

해설비법　손실계수 $H = \alpha F + (1-\alpha)F^2 = \dfrac{평균\ 손실}{최대\ 손실} \times 100[\%]$

(여기서 α: 손실계수를 구하기 위한 상수, F: 부하율)

따라서 평균 손실[kW] = 손실계수 × 최대 손실[kW]

13
★☆☆

감리원은 공사가 시작된 경우에는 공사업자로부터 다음 서류가 포함된 착공신고서를 제출받아 적정성 여부를 검토하여 7일 이내 발주자에게 보고하여야 한다. 다음 빈칸을 완성하시오.　　　[5점]

> • 시공관리책임자 지정 통지서(현장관리조직, 안전관리자)
> • (①)
> • (②)
> • 공사도급 계약서 사본 및 산출내역서
> • 공사 시작 전 사진
> • 현장기술자 경력사항 확인서 및 자격증
> • (③)
> • 작업인원 및 장비투입 계획서
> • 그 밖에 발주자가 지정한 사항

답안작성　① 공사 예정 공정표
② 품질관리계획서
③ 안전관리계획서

14 ★☆☆

다음 도면을 보고 각 물음에 답하시오.(단, 기준용량은 $100[\mathrm{MVA}]$이며, 소수점 다섯째 자리에서 반올림 하시오.)　　　　　　　　　　　　　　　　　　　　　　　　　　　　　[12점]

```
                KEPCO 1,000[MVA] (X/R 비=10)
                ●
                │
                    CNCV 케이블
                    (0.234 + j0.162[Ω/km])
                    3[km]
                │
                      22.9[kV]/380[V]
            TR ◯◯       3φ 2,500[kVA]
                      %Z=7[%], (X/R 비=8)
                │
          단락지점 ✕
```

(1) 전원 측 $\%R$, $\%X$, $\%Z$를 구하시오.
　　• 계산 과정:
　　• 답:

(2) 케이블의 $\%Z_L$를 구하시오.
　　• 계산 과정:
　　• 답:

(3) 변압기의 $\%R$, $\%X$, $\%Z$를 구하시오.
　　• 계산 과정:
　　• 답:

(4) 단락점까지 합성 $\%Z$를 구하시오.
　　• 계산 과정:
　　• 답:

(5) 단락점의 단락전류를 구하시오.
　　• 계산 과정:
　　• 답:

답안작성　(1) • 계산 과정

$$\%Z = \frac{100}{P_s} \times P_n = \frac{100}{1,000} \times 100 = 10[\%]$$

$X/R = 10$이므로 $\%X = 10\%R$

$$\%Z^2 = \%R^2 + \%X^2 = \%R^2 + (10\%R)^2 = 101\%R^2$$

$10^2 = 101\%R^2$에서 $\%R = \sqrt{\dfrac{10^2}{101}} = 0.99503$

$$\therefore \%X = 10\%R = 10 \times \sqrt{\frac{10^2}{101}} = 9.95037[\%]$$

• 답: $\%R = 0.9950[\%]$, $\%X = 9.9504[\%]$, $\%Z = 10[\%]$

(2) • 계산 과정

$$\%R = \frac{PR}{10V^2} = \frac{100 \times 10^3 \times 0.234 \times 3}{10 \times 22.9^2} = 13.38647[\%]$$

$$\%X = \frac{PX}{10V^2} = \frac{100 \times 10^3 \times 0.162 \times 3}{10 \times 22.9^2} = 9.26755[\%]$$

$$\%Z_L = \sqrt{13.38647^2 + 9.26755^2} = 16.28143[\%]$$

• 답: $\%Z_L = 16.2814[\%]$

(3) • 계산 과정

$$\%Z = \frac{100}{2.5} \times 7 = 280[\%]$$

$X/R = 8$이므로 $\%X = 8\%R$이다.

$$\%Z^2 = \%R^2 + \%X^2 = \%R^2 + (8\%R)^2 = 65\%R^2$$

$$280^2 = 65\%R^2 에서 \ \%R = \sqrt{\frac{280^2}{65}} = 34.72972[\%]$$

$$\%X = 8\%R = 8 \times \sqrt{\frac{280^2}{65}} = 277.83780[\%]$$

• 답: $\%R = 34.7297[\%]$, $\%X = 277.8378[\%]$, $\%Z = 280[\%]$

(4) • 계산 과정

$$\%R_t = 0.9950 + 13.3865 + 34.7297 = 49.1112[\%]$$

$$\%X_t = 9.9504 + 9.2676 + 277.8378 = 297.0558[\%]$$

$$\%Z_t = \sqrt{49.1112^2 + 297.0558^2} = 301.08812[\%]$$

• 답: $\%Z_t = 301.0881[\%]$

(5) • 계산 과정: $I_s = \frac{100}{\%Z}I_n = \frac{100}{301.0881} \times \frac{100 \times 10^6}{\sqrt{3} \times 380} \times 10^{-3} = 50.46173[\text{kA}]$

• 답: $50.4617[\text{kA}]$

개념체크

• 전원 측 용량 $P_s = \frac{100}{\%Z} \times P_n$ (여기서 P_n: 기준 용량)

• %임피던스 $\%Z = \sqrt{\%R^2 + \%X^2}$

• 3상 단락전류 $I_s = \frac{100}{\%Z} \times I_n = \frac{100}{\%Z} \times \frac{P_n}{\sqrt{3}\,V_r}$

15
★★☆

다음 도면은 전동기의 Y − △ 기동 회로에 관한 유접점 시퀀스 회로도이다. 다음 [조건]과 그림을 보고 주회로를 완성하고 틀린 것을 바르게 고치시오.   [5점]

[조건]

PBS(ON)을 누르면 MCM과 MCS로 Y결선 기동하고, 설정시간 t초 후 MCD가 여자되어 자가유지되며 MCS 와 타이머 T가 소자된다. PBS(OFF)를 누르면 전동기는 정지한다.

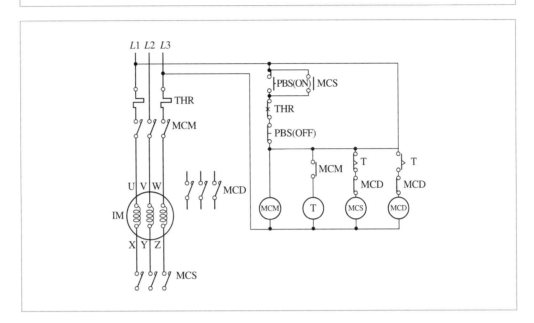

(1) 주회로를 완성하시오.

(2) 틀린 부분을 고쳐 올바르게 그리시오.

답안작성 (1), (2)

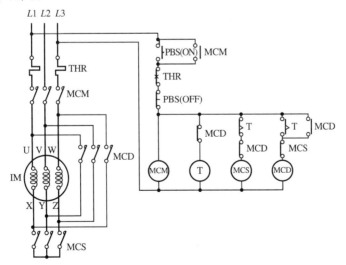

16

★★☆

어느 변전소에서 그림과 같은 일부하 곡선을 가진 3개의 부하 A, B, C의 수용가에 있을 때 다음 각 물음에 답하시오.(단, 부하 A, B, C의 평균 전력은 각각 $4,500[\text{kW}]$, $2,400[\text{kW}]$, $900[\text{kW}]$라 하고 역률은 각각 $100[\%]$, $80[\%]$, $60[\%]$라 한다.) [10점]

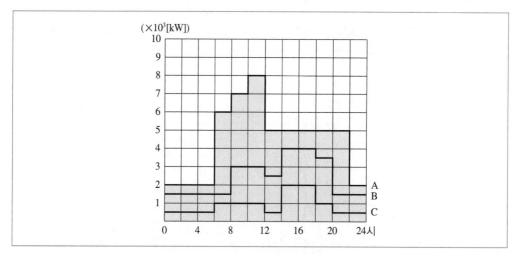

(1) 합성 최대전력[kW]을 구하시오.
  • 계산 과정:
  • 답:

(2) 종합 부하율[%]을 구하시오.
  • 계산 과정:
  • 답:

(3) 부등률을 구하시오.
  • 계산 과정:
  • 답:

(4) 최대 부하 시의 종합 역률[%]을 구하시오.
  • 계산 과정:
  • 답:

(5) A수용가에 관한 다음 물음에 답하시오.
  ① 첨두부하는 몇 [kW]인가?
  ② 지속첨두부하가 되는 시간은 몇 시부터 몇 시까지인가?

답안작성

(1) • 계산 과정: 합성 최대전력 $= (8+3+1)\times10^3 = 12,000[\text{kW}]$
  • 답: $12,000[\text{kW}]$

(2) • 계산 과정: 종합 부하율 $= \dfrac{\text{각 평균전력의 합}}{\text{합성 최대전력}} \times 100 = \dfrac{4,500+2,400+900}{12,000} \times 100 = 65[\%]$
  • 답: $65[\%]$

(3) • 계산 과정: 부등률 $= \dfrac{\text{각 수용가의 최대전력의 합}}{\text{합성 최대전력}} = \dfrac{(8+4+2)\times10^3}{12\times10^3} = 1.17$
  • 답: 1.17

(4) • 계산 과정

$\quad$ A수용가 유효전력 $= 8,000[\mathrm{kW}]$

$\quad$ A수용가 무효전력 $= 0[\mathrm{kVar}]\,(\because\ \cos\theta = 1)$

$\quad$ B수용가 유효전력 $= 3,000[\mathrm{kW}]$

$\quad$ B수용가 무효전력 $= 3,000 \times \dfrac{0.6}{0.8} = 2,250[\mathrm{kVar}]$

$\quad$ C수용가 유효전력 $= 1,000[\mathrm{kW}]$

$\quad$ C수용가 무효전력 $= 1,000 \times \dfrac{0.8}{0.6} = 1,333.33[\mathrm{kVar}]$

$\quad$ 유효전력 합계 $= 8,000 + 3,000 + 1,000 = 12,000[\mathrm{kW}]$

$\quad$ 무효전력 합계 $= 0 + 2,250 + 1,333.33 = 3,583.33[\mathrm{kVar}]$

$\quad \therefore$ 종합 역률 $= \dfrac{12,000}{\sqrt{12,000^2 + 3,583.33^2}} \times 100 = 95.82[\%]$

• 답: $95.82[\%]$

(5) ① $8,000[\mathrm{kW}]$

$\quad$ ② 10시~12시

01

★★★

$154[\text{kV}]$ 2회선 송전선이 있다. 1회선만이 운전 중일 때 휴전 회선에 대한 정전 유도 전압은?(단, 송전 중의 회선과 휴전 중의 회선과의 정전용량은 $C_a = 0.0001[\mu\text{F}]$, $C_b = 0.0006[\mu\text{F}]$, $C_c = 0.0004[\mu\text{F}]$ 이고, 휴전선의 1선 대지 정전 용량은 $C_s = 0.0052[\mu\text{F}]$ 이다.) [5점]

• 계산 과정:

• 답:

답안작성

• 계산 과정

$$E_s = \frac{\sqrt{C_a(C_a - C_b) + C_b(C_b - C_c) + C_c(C_c - C_a)}}{C_a + C_b + C_c + C_s} \times \frac{V}{\sqrt{3}}$$

$$= \frac{\sqrt{0.0001 \times (0.0001 - 0.0006) + 0.0006 \times (0.0006 - 0.0004) + 0.0004 \times (0.0004 - 0.0001)}}{0.0001 + 0.0006 + 0.0004 + 0.0052} \times \frac{154 \times 10^3}{\sqrt{3}}$$

$$= 6,151.72[\text{V}]$$

• 답: $6,151.72[\text{V}]$

개념체크

정전 유도 장해

• 정의: 전력선과 통신선의 상호 정전 용량(C)에 의하여 통신선에 정전 유도 전압이 발생하여 통신선에 생기는 유도 장해이다.

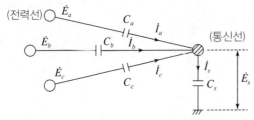

▲ 전력선과 통신선 간의 정전 유도 장해

• 정전 유도 전압의 크기

$$E_s = \frac{\sqrt{C_a(C_a - C_b) + C_b(C_b - C_c) + C_c(C_c - C_a)}}{C_a + C_b + C_c + C_s} \times \frac{V}{\sqrt{3}}[\text{V}]$$

(단, V: 선간 전압으로 $V = \sqrt{3}E[\text{V}]$)

• 정전 유도 장해 경감 대책

송전선의 완전 연가 실시($C_a = C_b = C_c \rightarrow \therefore E_s = 0$)

그림과 같은 논리회로를 보고 다음 물음에 답하시오. [5점]

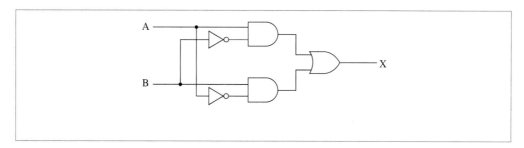

(1) 명칭을 쓰시오.

(2) 출력식을 쓰시오.

(3) 진리표를 완성하시오.

A	B	X
0	0	
0	1	
1	0	
1	1	

답안작성 (1) 배타적 논리합 회로

(2) $X = A \cdot \overline{B} + \overline{A} \cdot B$

(3)

A	B	X
0	0	0
0	1	1
1	0	1
1	1	0

개념체크 배타적 논리합 회로

• 유접점 회로

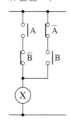

• 무접점 회로

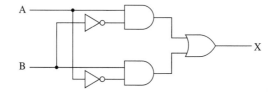

• 진리표

A	B	X
0	0	0
0	1	1
1	0	1
1	1	0

03

★★★

$100[\text{kVA}]$, $6,300/210[\text{V}]$ 단상 변압기 2대를 1차 및 2차에 병렬로 접속하였을 때 2차 측에서 단락 시, 전원에 유입되는 단락전류의 값은?(단, 단상 변압기의 %임피던스는 $6[\%]$이다.) [5점]

• 계산 과정:

• 답:

답안작성 • 계산 과정: 전원 측 단락전류 $I_s = \dfrac{100}{\%Z} \times I_n = \dfrac{100}{\dfrac{6 \times 6}{6+6}} \times \dfrac{100 \times 10^3}{6,300} = 529.1[\text{A}]$

• 답: $529.1[\text{A}]$

해설비법 병렬 접속한 단상 변압기 2대의 총 %임피던스 $\%Z = \dfrac{6 \times 6}{6+6} = 3[\%]$

단상 단락전류 $I_s = \dfrac{100}{\%Z} \times I_n = \dfrac{100}{\%Z} \times \dfrac{P}{V}[\text{A}]$

04

★★★

그림과 같이 $20[\text{kVA}]$의 단상 변압기 3대를 사용하여 $45[\text{kW}]$, 역률 0.8(지상)인 3상 전동기 부하에 전력을 공급하는 배선이 있다. 변압기 a, b의 중성점 n에 1선을 접속하여 a, b 사이에 같은 수의 전구를 점등하고자 한다. $60[\text{W}]$의 전구를 사용하여 변압기가 과부하되지 않는 한도 내에서 몇 등까지 점등할 수 있겠는가? [5점]

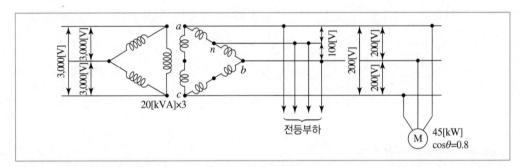

• 계산 과정:

• 답:

답안작성 • 계산 과정

1상의 유효전력 $P = \dfrac{45}{3} = 15[\text{kW}]$

1상의 무효전력 $Q = P\tan\theta = P \times \dfrac{\sin\theta}{\cos\theta} = 15 \times \dfrac{0.6}{0.8} = 11.25[\text{kVar}]$

$P_a^2 = (P + \triangle P)^2 + Q^2$ 이므로 $20^2 = (15 + \triangle P)^2 + 11.25^2$ 에서

$\therefore \triangle P = 1.54[\text{kW}]$

증가시킬 수 있는 부하 $\triangle P' = \dfrac{3}{2} \times \triangle P = \dfrac{3}{2} \times 1.54 = 2.31[\text{kW}]$

$\therefore$ 등 수 $n \leq \dfrac{2.31 \times 10^3}{60} = 38.5$이므로 38등 선정

• 답: 38등

변압기를 과부하시키지 않고 사용하여야 하므로 등수 계산 시 소수점 이하는 버린다. Δ결선에서 1상에만 부하를 접속한다면 나머지 2상은 그 부하의 $\frac{1}{2}$을 분담하므로 전체 부하는 단상 변압기 용량 × $\frac{3}{2}$이 된다.

05
★★☆

전동기에 개별로 콘덴서를 설치할 경우 발생할 수 있는 자기여자 현상의 발생 이유와 현상을 설명하시오. [5점]

(1) 자기여자 현상 발생 이유

(2) 현상

답안작성 (1) 콘덴서의 진상전류가 전동기 부하의 무부하 여자전류(지상전류)보다 크기 때문이다.
(2) 전동기 단자전압이 일시적으로 정격전압을 초과하는 현상이 발생한다.

개념체크 유도 전동기의 자기여자 현상
유도 전동기의 부하 역률을 개선하기 위해 콘덴서가 설치된다. 이때 진상전류에 의해 일시적으로 전동기의 단자전압이 상승하게 되는 현상을 말한다.

06
★★☆

그림은 발전기의 상간 단락 보호 계전 방식을 도면화한 것이다. 이 도면을 보고 다음 물음에 답하시오. [6점]

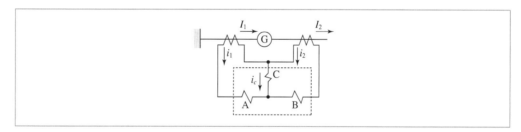

(1) 점선 안의 계전기 명칭은?

(2) A, B, C 코일의 명칭을 쓰시오.

(3) 발전기에 상간 단락이 생길 때 코일 C의 전류 i_c 어떻게 표현되는가?

답안작성 (1) 비율 차동 계전기
(2) A: 억제코일
   B: 억제코일
   C: 동작코일
(3) $i_c = |i_1 - i_2|$

개념체크 비율 차동 계전기
발전기나 변압기의 내부 고장 검출용으로 양쪽 전류 차에 의해 동작한다.

07

★★★

면적 $100[\text{m}^2]$ 강당에 분전반을 설치하려고 한다. 단위 면적당 부하가 $10[\text{VA/m}^2]$이고 공사시공법에 의한 전류 감소율이 0.7이라면, 간선의 최소 허용전류가 얼마인 것을 사용하여야 하는가?(단, 배전전압은 $220[\text{V}]$이다.) [5점]

- 계산 과정:

- 답:

답안작성

- 계산 과정

$P_a = 10[\text{VA/m}^2] \times 100[\text{m}^2] = 1,000[\text{VA}]$

설계전류 $I_B = \dfrac{P_a}{V \times k} = \dfrac{1,000}{220 \times 0.7} = 6.49[\text{A}]$

$I_B \le I_n \le I_Z$ 의 조건을 만족하는 간선의 최소 허용전류 $I_Z \ge 6.49[\text{A}]$

- 답: $6.49[\text{A}]$

08

★★★

다음은 전동기의 결선도이다. 물음에 답하시오.(단, (1), (2)항의 역률은 0.9, 효율은 0.8이다.) [10점]

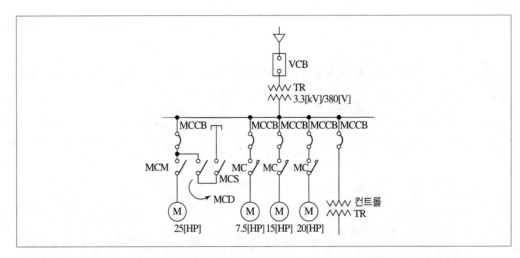

변압기 표준용량[kVA]

50	75	100	150	200	250

(1) 3상 교류 유도 전동기이다. 20[HP] 전동기의 분기회로의 케이블 선정 시 최소 허용전류를 계산하시오.
  - 계산 과정:
  - 답:

(2) 상기 결선도의 3상 교류 유도 전동기의 변압기 용량을 계산하시오.(단, 수용률은 0.65이다.)
  - 계산 과정:
  - 답:

(3) 25[HP] 3상 농형 유도 전동기의 3선 결선도를 작성하시오.(단, MCM은 Main MC, MCD는 △결선 MC, MCS는 Y결선 MC이다)

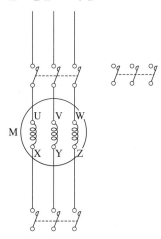

(4) CONTROL TR(제어용 변압기)의 사용 목적을 쓰시오.

답안작성 (1) • 계산 과정

전동기 출력 $P = \dfrac{20[\text{HP}] \times 0.746}{0.9 \times 0.8} = 20.72[\text{kVA}]$

설계전류 $I_B = \dfrac{P}{\sqrt{3}\, V} = \dfrac{20.72 \times 10^3}{\sqrt{3} \times 380} = 31.48[\text{A}]$

$I_B \leq I_n \leq I_Z$ 의 조건을 만족하는 전선의 최소 허용전류 $I_Z \geq 31.48[\text{A}]$
• 답: 31.48[A]

(2) • 계산 과정

변압기 용량 $P_a = \dfrac{(7.5 + 15 + 20 + 25) \times 0.746 \times 0.65}{0.9 \times 0.8} = 45.46[\text{kVA}]$

∴ 표에서 50[kVA] 선정
• 답: 50[kVA]

(3)

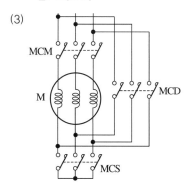

(4) 높은 선압을 제어기기에 적합한 저전압으로 변압하여 제어기기의 조작 전원을 공급하기 위함이다.

• 과부하에 대해 케이블(전선)을 보호하는 장치의 동작특성

$$I_B \leq I_n \leq I_Z$$
$$I_2 \leq 1.45 \times I_Z$$

(단, I_B: 회로의 설계전류[A], I_Z: 케이블의 허용전류[A], I_n: 보호장치의 정격전류[A], I_2: 보호장치가 규약시간 이내에 유효하게 동작하는 것을 보장하는 전류[A])

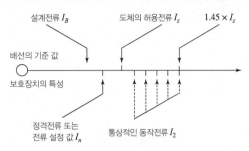

▲ 과부하 보호 설계 조건도

• 변압기 용량[kVA] $= \dfrac{\text{설비 용량[kW]} \times \text{수용률}}{\text{역률} \times \text{효율}}$

• $1[\text{HP}] = 0.746[\text{kW}]$

 09 ★★☆

그림과 같은 $2:1$ 로핑의 기어레스 엘리베이터에서 적재하중은 $1,000[\text{kg}]$, 속도는 $140[\text{m/min}]$이다. 구동 로프 바퀴의 직경은 $760[\text{mm}]$이며, 기체의 무게는 $1,500[\text{kg}]$인 경우 다음 각 물음에 답하시오.(단, 평형률은 0.6, 엘리베이터의 효율은 기어레스에서 $1:1$ 로핑인 경우는 $85[\%]$, $2:1$ 로핑인 경우는 $80[\%]$이다.) [6점]

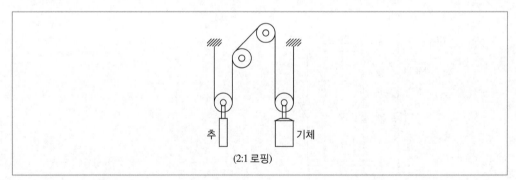

(2:1 로핑)

(1) 권상 소요 동력은 몇 [kW]인지 계산하시오.
- • 계산 과정:
- • 답:

(2) 전동기의 회전수는 몇 [rpm]인지 계산하시오.
- • 계산 과정:
- • 답:

(1) • 계산 과정: 권상 소요 동력 $P = \dfrac{mvk}{6.12\eta} = \dfrac{1 \times 140 \times 0.6}{6.12 \times 0.8} = 17.16[\text{kW}]$

　　　• 답: 17.16[kW]

(2) • 계산 과정: $N = \dfrac{v}{\pi D} = \dfrac{140 \times 2}{\pi \times 760 \times 10^{-3}} = 117.27[\text{rpm}]$

　　　• 답: 117.27[rpm]

(1) 권상기용 전동기 용량

$$P = \frac{mv}{6.12\eta}k[\text{kW}]$$

　　(여기서 m: 물체의 무게[ton], v: 권상 속도[m/min], k: 여유 계수, η: 효율)

(2) 전동기 회전속도

$$v = \pi D N$$

　　(여기서 v: 회전속도[rpm], D: 로프 바퀴의 직경[m], N: 전동기의 회전수[rpm])

주어진 조건에서 2:1 로핑인 경우로 $v = 140 \times 2 = 280$이다.

10 ★★☆

단상 3선식 110/220[V]을 채용하고 있는 어떤 건물이 있다. 변압기가 설치된 수전실로부터 60[m] 되는 곳에 부하 집계표와 같은 분전반을 시설하고자 한다. 다음 표를 참고하여 전압 변동률 2[%] 이하, 전압강하율 2[%] 이하가 되도록 다음 사항을 구하시오. 공사방법 B1이며 전선은 PVC 절연전선이다.(단, 후강전선관 공사로 하고, 3상 모두 같은 선으로 하며, 부하의 수용률은 100[%]로 적용, 후강전선관 내 전선의 점유율은 $\dfrac{1}{3}$ 이내를 유지할 것)　　　　　　　　[11점]

[표 1] 부하 집계표

회로 번호	부하 명칭	부하[VA]	부하 분담[VA]		NFB 크기			비고
			A	B	극수	AF	AT	
1	전등	2,400	1,200	1,200	2	50	15	
2	전등	1,400	700	700	2	50	15	
3	콘센트	1,000	1,000	–	1	50	20	
4	콘센트	1,400	1,400	–	1	50	20	
5	콘센트	600	–	600	1	50	20	
6	콘센트	1,000	–	1,000	1	50	20	
7	팬코일	700	700	–	1	30	15	
8	팬코일	700	–	700	1	30	15	
합계		9,200	5,000	4,200				

[표 2] 전선(피복 절연물을 포함)의 단면적

도체 단면적 [mm²]	절연체 두께 [mm]	평균 완성 바깥지름 [mm]	전선의 단면적 [mm²]
1.5	0.7	3.3	9
2.5	0.8	4.0	13
4	0.8	4.6	17
6	0.8	5.2	21
10	1.0	6.7	35
16	1.0	7.8	48
25	1.2	9.7	74
35	1.2	10.9	93
50	1.4	12.8	128
70	1.4	14.6	167
95	1.6	17.1	230
120	1.6	18.8	277
150	1.8	20.9	343
185	2.0	23.3	426
240	2.2	26.6	555
300	2.4	29.6	688
400	2.6	33.2	865

[비고 1] 전선의 단면적은 평균완성 바깥지름의 상한값을 환산한 값이다.

[비고 2] KS C IEC 60227-3의 450/750[V] 일반용 단심 비닐절연전선(연선)을 기준한 것이다.

[표 3] 공사 방법에서의 허용전류[A]

전선의 공칭 단면적 [mm²]	공사 방법에서의 허용전류[A]					
	A1	A2	B1	B2	C	D
1.5	13.5	13	15.5	15	17.5	18
2.5	18	17.5	21	20	24	24
4	24	23	28	27	32	31
6	31	29	36	34	41	39
10	42	39	50	46	57	52
16	56	52	68	62	76	67
25	73	68	89	80	96	86
35	89	83	110	99	119	103
50	108	99	134	118	144	122
70	136	125	171	149	184	151
95	164	150	207	179	223	179
120	188	172	239	206	259	203
150	216	196	–	–	299	230
185	245	223	–	–	341	258
240	286	261	–	–	403	297
300	328	298	–	–	464	336

※ 전선관 등의 공사에서의 전선의 허용전류[A]
※ PVC 절연, 3개의 부하 전선, 동 또는 알루미늄
※ 전선 온도: 70[℃], 주위 온도: 기중 30[℃], 지중 20[℃]

(1) 간선의 공칭 단면적[mm²]을 선정하시오.

　　• 계산 과정:

　　• 답:

(2) 간선 보호용 과전류 차단기의 용량(AF, AT)을 선정하시오.(단, AF는 30, 50, 100, AT는 10, 20, 32, 40, 50, 63, 80, 100에서 선정한다.)

　　• 계산 과정:

　　• 답:

(3) 분전반의 복선 결선도를 완성하시오.

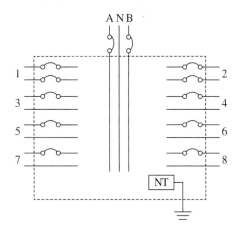

(4) 설비 불평형률은 몇 [%]인지 구하시오.

　　• 계산 과정:

　　• 답:

답안작성 (1) • 계산 과정

A선의 전류 $I_A = \dfrac{5,000}{110} = 45.45[\text{A}]$

B선의 전류 $I_B = \dfrac{4,200}{110} = 38.18[\text{A}]$

I_A, I_B 중 큰 값인 45.45[A]를 기준으로 전선의 굵기를 선정

$A = \dfrac{17.8LI}{1,000e} = \dfrac{17.8 \times 60 \times 45.45}{1,000 \times 110 \times 0.02} = 22.06[\text{mm}^2]$

∴ [표 2]에서 공칭 단면적 25[mm²] 선정

　　• 답: 25[mm²]

(2) • 계산 과정

설계전류 $I_B' = 45.45[\text{A}]$이고, [표 3]에서 25[mm²]란과 공사방법 B1이 교차하는 전선의 허용전류 $I_Z = 89[\text{A}]$이므로

$I_B' \leq I_n \leq I_Z$ 의 조건을 만족하는 정격전류에서 차단기 용량 AT : 80[A]를 선정하고, 이 크기 이상인 AF : 100[A]를 선정한다.

　　• 답: AF : 100[A], AT : 80[A]

(3)

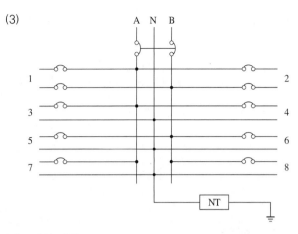

(4) • 계산 과정

$$설비\ 불평형률 = \frac{(1{,}000 + 1{,}400 + 700) - (600 + 1{,}000 + 700)}{(5{,}000 + 4{,}200) \times \frac{1}{2}} \times 100 = 17.39[\%]$$

• 답: 17.39[%]

해설비법

(1) 단상 3선식에서 전선의 굵기를 선정할 때에 전류는 A선과 B선 중 전류가 큰 쪽인 A선의 부하전류($45.45[A]$)를 기준으로 한다.

(2) 과부하에 대해 케이블(전선)을 보호하는 장치의 동작특성

$$I_B \leq I_n \leq I_Z$$
$$I_2 \leq 1.45 \times I_Z$$

(단, I_B: 회로의 설계전류[A], I_Z: 케이블의 허용전류[A], I_n: 보호장치의 정격전류[A], I_2: 보호장치가 규약 시간 이내에 유효하게 동작하는 것을 보장하는 전류[A])

(4) 저압 수전의 단상 3선식에서의 설비 불평형률

$$\frac{중성선과\ 각\ 전압\ 측\ 전선\ 간에\ 접속되는\ 부하설비\ 용량[kVA]의\ 차}{총\ 부하설비\ 용량[kVA] \times \frac{1}{2}} \times 100[\%]$$

이때, 설비 불평형률은 40[%] 이하이어야 한다.

※ 문제의 [표] 또는 [참고자료]가 KEC 적용 이전의 산출값으로 되어 있으나, 표를 활용하여 답을 산출하는 유형의 문제풀이 방법 숙지를 위해 수록하였습니다.

11

★★☆

다음 요구사항을 만족하는 주회로 및 제어회로의 미완성 결선도를 직접 그려 완성하시오.(단, 접점기호와 명칭 등을 정확히 나타내시오.) [5점]

[요구사항]
- 전원 스위치 MCCB를 투입하면 주회로 및 제어회로에 전원이 공급된다.
- 누름버튼 스위치(PB$_1$)를 누르면 MC$_1$이 여자되고 MC$_1$의 보조접점에 의하여 RL이 점등되며, 전동기는 정회전한다.
- 누름버튼 스위치(PB$_1$)를 누른 후 손을 떼어도 MC$_1$은 자기유지되어 전동기는 계속 정회전한다.
- 전동기 운전 중 누름버튼 스위치(PB$_2$)를 누르면 연동에 의하여 MC$_1$이 소자되어 전동기가 정지되고 RL은 소등된다. 이때 MC$_2$는 자기유지되어 전동기는 역회전(역상제동을 함)하고 타이머가 여자되며, GL이 점등된다.
- 타이머 설정시간 후 역회전 중인 전동기는 정지하고 GL도 소등된다. 또한 MC$_1$과 MC$_2$의 보조접점에 의하여 상호 인터록이 되어 동시에 동작되지 않는다.
- 전동기 운전 중 과전류가 감지되어 EOCR이 동작되면, 모든 제어회로의 전원은 차단되고 OL만 점등된다.
- EOCR을 리셋하면 초기상태로 복귀한다.

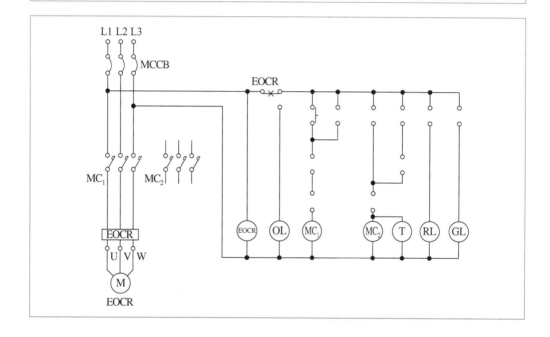

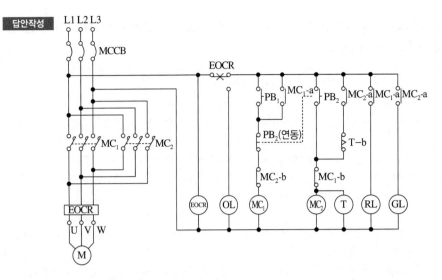

- 정역 운전회로의 주회로: 전원의 3선 중 2선의 접속을 바꾸어 결선한다.
- 정역 운전회로의 보조회로: 자기유지 회로 및 인터록 회로로 구성한다.

12 ★★★

다음 옥내용 변류기의 습도 상태에 대하여 (   ) 안에 알맞은 내용을 기입하시오. [4점]

① 24시간 동안 측정한 상대 습도의 평균값은 (   )[%]를 초과하지 않는다.
② 24시간 동안 측정한 수증기압의 평균값은 (   )[kPa]을 초과하지 않는다.
③ 1달 동안 측정한 상대 습도의 평균값은 (   )[%]를 초과하지 않는다.
④ 1달 동안 측정한 수증기압의 평균값은 (   )[kPa]을 초과하지 않는다.

답안작성
① 95
② 2.2
③ 90
④ 1.8

규정체크 옥내용 변류기의 습도 상태
- 태양열 복사 에너지의 영향은 무시해도 좋다.
- 주위의 공기는 먼지, 연기, 부식 가스, 증기 및 염분에 의해 심각하게 오염되지 않는다.
- 습도의 상태는 다음과 같다.
  - 24시간 동안 측정한 상대 습도의 평균값은 95[%]를 초과하지 않는다.
  - 24시간 동안 측정한 수증기압의 평균값은 2.2[kPa]을 초과하지 않는다.
  - 1달 동안 측정한 상대 습도의 평균값은 90[%]를 초과하지 않는다.
  - 1달 동안 측정한 수증기압의 평균값은 1.8[kPa]을 초과하지 않는다.

13

★★☆

폭 $15[\mathrm{m}]$의 무한히 긴 가로의 양측에 간격 $20[\mathrm{m}]$를 두고 수많은 가로등이 점등되고 있다. 1등당의 전광속은 $3,000[\mathrm{lm}]$으로, $45[\%]$가 가로 전면에 방사하는 것으로 하면 가로면의 평균 조도$[\mathrm{lx}]$는 얼마인지 계산하시오. [5점]

• 계산 과정:

• 답:

답안작성

• 계산 과정

$FUN = EAD$ 에서

$$E = \frac{FUN}{AD} = \frac{3,000 \times 0.45 \times 1}{\left(\dfrac{1}{2} \times 15 \times 20\right) \times 1} = 9[\mathrm{lx}]$$

• 답: $9[\mathrm{lx}]$

개념체크 도로 조명 설계

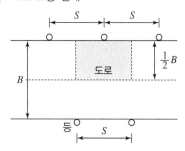

• 양측 대칭 배열, 양측 지그재그 배열 시 등기구 1개당 도로를 비추는 면적

$$A = \frac{a \times b}{2}[\mathrm{m}^2]\,(a:\ \text{도로의 폭},\ b:\ \text{등 간격})$$

• 조도(E)의 산출

> $$FUN = EAD$$
> (단, F: 광속$[\mathrm{lm}]$, U: 조명률, N: 사용하는 등의 개수, E: 조도$[\mathrm{lx}]$, A: 등기구 1개당 비추는 도로의 면적 $[\mathrm{m}^2]$, D: 감광 보상률$\left(= \dfrac{1}{M}\right)$, M: 보수율(유지율))

14

★★★

교류 발전기에 대한 다음 각 물음에 답하시오. [6점]

(1) 정격전압 $6,000[\mathrm{V}]$, 용량 $5,000[\mathrm{kVA}]$인 3상 동기 발전기에서 계자전류가 $10[\mathrm{A}]$, 무부하 단자전압은 $6,000[\mathrm{V}]$, 단락전류는 $700[\mathrm{A}]$라고 한다. 이 발전기의 단락비는 얼마인가?
   • 계산 과정:
   • 답:

(2) 단락비가 큰 동기발전기는 전기자 권선의 권수가 적고 자속수가 (①)하기 때문에 부피가 크고, 중량이 무거우며, 동이 비교적 적고 철을 많이 사용하여 이른바 철기계가 되며 효율은 (②), 안정도는 (③), 선로 충전용량은 증대가 된다. ( ) 안의 내용은 증가(감소), 크고(작고), 높고(낮고), 적고(많고) 등으로 표시한다.

(1) • 계산 과정

$$정격전류 \ I_n = \frac{P}{\sqrt{3}\,V} = \frac{5,000 \times 10^3}{\sqrt{3} \times 6,000} = 481.13[\text{A}]$$

$$단락비 \ K_s = \frac{I_s}{I_n} = \frac{700}{481.13} = 1.45$$

• 답: 1.45

(2) ① 증가
　　② 낮고
　　③ 높고

개념체크 (1) 단락비는 무부하에서 정격전압을 유지하는 데 필요한 계자전류(I_s)를 정격전류와 같은 단락전류를 흘리는 데 필요한 계자전류(I_n)로 나눈 값으로, 다음과 같이 나타낼 수 있다.

$$K_s = \frac{I_s}{I_n}$$

(2) 단락비(K_s)가 큰 발전기의 특성
　• 발전기의 치수가 커지고, 중량이 무거운 철기계로 된다.
　• 발전기 가격이 고가이다.
　• 동기 임피던스가 작다.
　• 전압 변동률이 작다.
　• 과부하 내량이 크고, 안정도가 좋다.
　• 철손이 커 효율이 나쁘다.

15
★★★
책임 설계감리원이 설계감리의 기성 및 준공을 처리한 때에는 다음 각 호의 준공 서류를 구비하여 발주자에게 제출하여야 한다. 준공 서류 중 감리 기록 서류 5가지를 쓰시오.(단, 설계감리업무 수행지침에 따른다.)
[5점]

답안작성 • 설계감리일지
• 설계감리지시부
• 설계감리기록부
• 설계감리요청서
• 설계자와 협의사항 기록부

16

★★☆

3상 3선 380[V] 회로에 전열기 20[A]와 전동기 3.75[kW](역률 88[%]), 전동기 2.2[kW](역률 85[%]), 전동기 7.5[KW](역률 90[%])가 있다. 간선의 최소 허용전류를 계산하시오.

[5점]

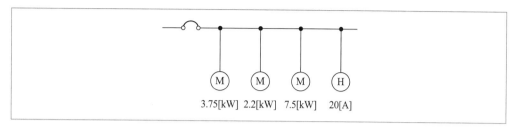

3.75[kW] 2.2[kW] 7.5[kW] 20[A]

• 계산 과정:

• 답:

• 계산 과정

$$I_{M1} = \frac{3.75 \times 10^3}{\sqrt{3} \times 380 \times 0.88} \times (0.88 - j\sqrt{1 - 0.88^2}) = 5.7 - j3.08[A]$$

$$I_{M2} = \frac{2.2 \times 10^3}{\sqrt{3} \times 380 \times 0.85} \times (0.85 - j\sqrt{1 - 0.85^2}) = 3.34 - j2.07[A]$$

$$I_{M3} = \frac{7.5 \times 10^3}{\sqrt{3} \times 380 \times 0.9} \times (0.9 - j\sqrt{1 - 0.9^2}) = 11.4 - j5.52[A]$$

$$I_H = 20[A]$$

따라서 설계전류

$$I_B = \sqrt{(5.7 + 3.34 + 11.4 + 20)^2 + (3.08 + 2.07 + 5.52)^2} = \sqrt{40.44^2 + 10.67^2} = 41.82[A]$$

$I_B \le I_n \le I_Z$의 조건을 만족하는 최소 허용전류 $I_Z \ge 41.82[A]$

• 답: 41.82[A]

과부하에 대해 케이블(전선)을 보호하는 장치의 동작특성

$$I_B \le I_n \le I_Z$$
$$I_2 \le 1.45 \times I_Z$$

(단, I_B: 회로의 설계전류[A], I_Z: 케이블의 허용전류[A], I_n: 보호장치의 정격전류[A], I_2: 보호장치가 규약시간 이내에 유효하게 동작하는 것을 보장하는 전류[A])

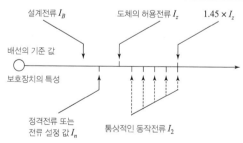

설계전류 I_B 도체의 허용전류 I_Z $1.45 \times I_Z$

배선의 기준 값

보호장치의 특성

정격전류 또는
전류 설정 값 I_n 통상적인 동작전류 I_2

▲ 과부하 보호 설계 조건도

17
★☆☆

변압기 용량이 $1,000[\text{kVA}]$인 변전소에서 $200[\text{kW}]$, $500[\text{kVar}]$ 부하와 역률이 0.8인 $400[\text{kW}]$의 부하에 전력을 공급하고 있다. 여기에 $350[\text{kVA}]$의 커패시터를 병렬로 연결하여 역률을 개선할 때, 다음 각 물음에 답하시오. [7점]

(1) 커패시터 설치 전의 종합 역률을 구하시오.
- 계산 과정:
- 답:

(2) 커패시터 설치 후, 부하 $200[\text{kW}]$를 추가할 때 변압기 $1,000[\text{kVA}]$가 과부하가 되지 않으려면 $200[\text{kW}]$ 부하의 역률은 몇 [%] 이상이어야 하는가?
- 계산 과정:
- 답:

(3) 부하가 추가되었을 때 종합 역률은 얼마인가?
- 계산 과정:
- 답:

답안작성

(1) • 계산 과정

유효전력 $P = 200 + 400 = 600[\text{kW}]$

무효전력 $P_r = 500 + 400 \times \dfrac{0.6}{0.8} = 800[\text{kVar}]$

$\therefore$ 역률 $\cos\theta = \dfrac{600}{\sqrt{600^2 + 800^2}} \times 100 = 60[\%]$

• 답: $60[\%]$

(2) • 계산 과정

변압기가 과부되지 않으려면 전용량까지만 사용이 가능하다. 즉,

$1,000 \geq \sqrt{(P+200)^2 + (P_r - Q_c + Q)^2} = \sqrt{(600+200)^2 + (800-350+Q)^2}$ 에서

$800 - 350 + Q \leq 600$이므로 $Q = 150[\text{kVar}]$ 이하이다.

$\therefore$ $200[\text{kW}]$ 부하의 역률 $\cos\theta = \dfrac{P'}{\sqrt{P'^2 + Q^2}} \times 100 = \dfrac{200}{\sqrt{200^2 + 150^2}} \times 100 = 80[\%]$ 이상을 만족해야 한다.

• 답: $80[\%]$

(3) • 계산 과정

$200[\text{kW}]$ 역률 0.8의 부하가 추가되었으므로

종합 역률 $\cos\theta = \dfrac{P}{\sqrt{P^2 + P_r^2}} \times 100 = \dfrac{600+200}{\sqrt{(600+200)^2 + (800-350+150)^2}} \times 100 = 80[\%]$

• 답: $80[\%]$

01

★★★

3상 $6,600[\text{V}]$ (ACSR 전선굵기 $240[\text{mm}^2]$) 저항 $0.2[\Omega/\text{km}]$, 선로길이 $1,000[\text{m}]$인 경우 다음 각 물음에 답하시오. (단, 부하의 역률은 0.9이다.) [7점]

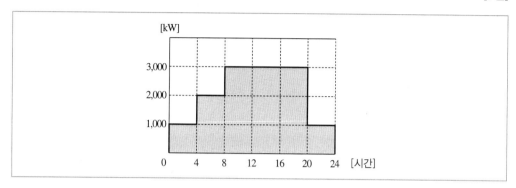

(1) 부하율을 구하시오.
   - 계산 과정:
   - 답:

(2) 손실계수를 구하시오.
   - 계산 과정:
   - 답:

(3) 1일 손실전력량을 구하시오.
   - 계산 과정:
   - 답:

답안작성

(1) • 계산 과정

평균전력 $P_e = \dfrac{1,000 \times 4 + 2,000 \times 4 + 3,000 \times 12 + 1,000 \times 4}{24} = 2,166.67[\text{kW}]$

부하율 $= \dfrac{\text{평균 전력}}{\text{최대 전력}} \times 100[\%] = \dfrac{2,166.67}{3,000} \times 100[\%] = 72.22[\%]$

• 답: $72.22[\%]$

(2) • 계산 과정

$0 \sim 4$시간 동안의 손실 $P_{L_1} = 3 \times \left(\dfrac{1,000 \times 10^3}{\sqrt{3} \times 6,600 \times 0.9}\right)^2 \times (0.2 \times 1) \times 4 = 22,673.42[\text{Wh}]$

$4 \sim 8$시간 동안의 손실 $P_{L_2} = 3 \times \left(\dfrac{2,000 \times 10^3}{\sqrt{3} \times 6,600 \times 0.9}\right)^2 \times (0.2 \times 1) \times (8-4) = 90,693.69[\text{Wh}]$

$8 \sim 20$시간 동안의 손실

$P_{L_3} = 3 \times \left(\dfrac{3,000 \times 10^3}{\sqrt{3} \times 6,600 \times 0.9}\right)^2 \times (0.2 \times 1) \times (20-8) = 612,182.43[\text{Wh}]$

20~24시간 동안의 손실

$$P_{L_4} = 3 \times \left(\frac{1,000 \times 10^3}{\sqrt{3} \times 6,600 \times 0.9}\right)^2 \times (0.2 \times 1) \times (24-20) = 22,673.42[\text{Wh}]$$

∴ 평균 전력손실 $P_{L_{avg}} = \dfrac{22,673.42 + 90,693.69 + 612,182.43 + 22,673.42}{24} = 31,175.96[\text{W}]$

최대 전력손실 $P_{L_{max}} = 3I_m^2 R[\text{W}]$

$I_m = \dfrac{P_m}{\sqrt{3}\, V\cos\theta}[\text{A}]$ 이고 $P_m = 3,000[\text{kW}]$ 이므로

$$P_{L_{max}} = 3 \times \left(\frac{3,000 \times 10^3}{\sqrt{3} \times 6,600 \times 0.9}\right)^2 \times (0.2 \times 1) = 51,015.20[\text{W}]$$

∴ 손실계수 $H = \dfrac{31,175.96}{51,015.20} \times 100 = 61.11[\%]$

- 답: $61.11[\%]$

(3) • 계산 과정

1일 손실전력량

$$W = 3I_m^2 HRt \times 10^{-3} = 3 \times \left(\frac{3,000 \times 10^3}{\sqrt{3} \times 6,600 \times 0.9}\right)^2 \times 0.61 \times (0.2 \times 1) \times 24 \times 10^{-3} = 746.86[\text{kWh}]$$

- 답: $746.86[\text{kWh}]$

해설비법 (1) 부하율 $= \dfrac{\text{평균 전력}[\text{kW}]}{\text{최대 전력}[\text{kW}]} \times 100[\%] = \dfrac{\dfrac{\text{사용 전력량}[\text{kWh}]}{\text{사용 시간}[\text{h}]}}{\text{최대 전력}[\text{kW}]} \times 100[\%]$

(2) 손실계수 $H = \dfrac{\text{평균 전력손실}}{\text{최대 전력손실}} \times 100[\%]$

02 방폭구조에 관한 다음 물음에 답하시오. [5점]

★★☆

(1) 방폭형 전동기에 대하여 설명하시오.

(2) 전기설비의 방폭구조의 종류 3가지를 쓰시오.

답안작성 (1) 지정된 폭발성 가스 중 사용에 적합하도록 구조 및 성능이 특별히 고려된 전동기

(2) • 내압 방폭구조
- 유입 방폭구조
- 안전증 방폭구조

단답 정리함 방폭구조의 종류
- 내압 방폭구조
- 유입 방폭구조
- 압력 방폭구조
- 안전증 방폭구조
- 본질안전 방폭구조
- 특수 방폭구조

03

★★☆

변류기(CT)에 관한 다음 각 물음에 답하시오. [6점]

(1) $Y-\triangle$로 결선한 주변압기의 보호로 비율차동계전기를 사용한다면 CT의 결선은 어떻게 하여야 하는지 설명하시오.

(2) 통전 중에 있는 변류기의 2차 측 기기를 교체하고자 할 때 가장 먼저 취하여야 할 조치를 설명하시오.

(3) 수전전압이 22.9[kV], 수전설비의 부하전류가 40[A]이다. 60/5[A]의 변류기를 통하여 과부하 계전기를 시설하였다. 120[%]의 과부하에서 차단시킨다면 과부하 트립 전류값은 몇 [A]로 설정해야 하는가?
  • 계산 과정:
  • 답:

답안작성 (1) 주변압기의 결선이 $Y-\triangle$ 결선인 경우에는 CT의 결선을 변압기 결선과 반대인 $\triangle-Y$ 결선으로 하여 위상차를 보정해 주어야 한다.

(2) 과전압으로부터 CT 2차 측 절연을 보호하기 위하여 CT 2차 측을 단락시킨다.

(3) • 계산 과정: $I_T = 40 \times \dfrac{5}{60} \times 1.2 = 4[A]$

  • 답: 4[A]

개념체크 • 변압기 1, 2차 측 전류 간의 위상차를 없애기 위해 변류기(CT) 결선은 변압기 결선과 반대로 결선한다.

• 계기용 변성기 점검 시
  CT: 2차 측 단락(2차 측 과전압 및 절연 보호)
  PT: 2차 측 개방(2차 측 과전류 보호)

• 과전류 계전기의 전류 탭: $I_t = $ 부하전류$(I) \times \dfrac{1}{\text{변류비}} \times$ 설정값[A]

• 과전류 계전기(OCR)의 탭 전류 규격: 2, 3, 4, 5, 6, 7, 8, 10, 12 [A]

04

★★★

다음 그림과 같은 3상 3선식 380[V] 수전의 경우 설비 불평형률[%]은 얼마인가? [5점]

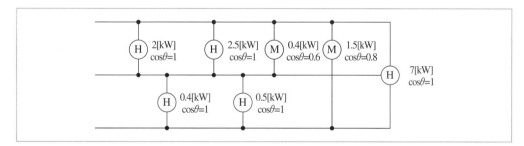

• 계산 과정:

• 답:

• 계산 과정

$$설비 \; 불평형률 = \frac{\left(\dfrac{2}{1} + \dfrac{2.5}{1} + \dfrac{0.4}{0.6}\right) - \left(\dfrac{0.4}{1} + \dfrac{0.5}{1}\right)}{\left(\dfrac{2}{1} + \dfrac{2.5}{1} + \dfrac{0.4}{0.6} + \dfrac{0.4}{1} + \dfrac{0.5}{1} + \dfrac{1.5}{0.8} + \dfrac{7}{1}\right) \times \dfrac{1}{3}} \times 100 = 85.67[\%]$$

• 답: 85.67[%]

저압, 고압 및 특고압 수전의 3상 3선식 또는 3상 4선식에서의 설비 불평형률

$$\frac{각 \; 선간에 \; 접속되는 \; 단상 \; 부하 \; 설비 \; 용량[kVA]의 \; 최대와 \; 최소의 \; 차}{총 \; 부하 \; 설비 \; 용량[kVA] \times \dfrac{1}{3}} \times 100[\%]$$

이때 3상 3선식 및 3상 4선식의 설비 불평형률은 30[%] 이하이어야 한다.
(단, 다음에 해당하는 경우에는 예외로 한다.)
• 저압 수전에서 전용 변압기 등으로 수전하는 경우
• 고압 및 특고압 수전에서 100[kVA] 이하의 단상 부하의 경우
• 고압 및 특고압 수전에서 단상 부하 용량의 최대와 최소의 차가 100[kVA] 이하인 경우
• 특고압 수전에서 100[kVA] 이하의 단상 변압기 2대로 역V결선하는 경우

05
★★★

전력계통의 발전기, 변압기 등의 증설이나 송전선의 신·증설로 인하여 단락 및 지락전류가 증가하여 송변전 기기에의 손상이 증대되고, 부근에 있는 통신선의 유도장해가 증가하는 등의 문제점이 예상되므로 단락 용량의 경감 대책을 세워야 한다. 이 대책을 3가지만 쓰시오.　　　　　　[6점]

• 계통 전압의 승압 실시
• 한류 리액터 채용
• 고장전류 제한기 설치

단락 용량의 경감 대책
• 계통 전압의 승압 실시
• 한류 리액터 채용
• 고장전류 제한기 설치
• 고임피던스 기기 채용
• 모선 계통의 분리 운용

06 ★★★

답안지의 그림은 3상 4선식 전력량계의 결선도를 나타낸 것이다. PT와 CT를 사용하여 미완성 부분의
결선도를 완성하시오. [5점]

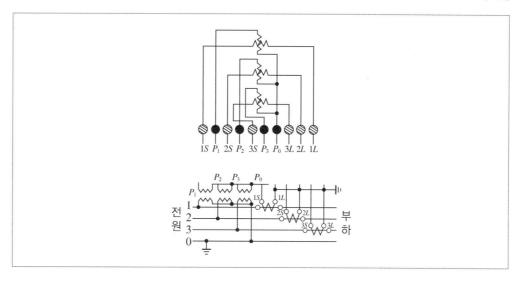

답안작성

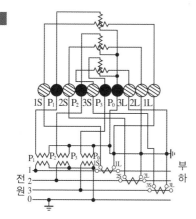

해설비법 PT 2차 측(P_0)과 CT의 2차 측(1L, 2L, 3L)은 접지하여야 한다.

07 ★★☆

우리나라의 초고압 송전전압은 $345[kV]$이다. 선로 길이가 $200[km]$인 경우 1회선당 가능한 송전전력은
몇 $[kW]$인지 Still의 식에 의거하여 구하시오. [5점]

• 계산 과정:

• 답:

• 계산 과정

$$V = 5.5 \sqrt{0.6l + \frac{P}{100}} \, [\text{kV}]$$

$$\therefore \ P = \left(\frac{V^2}{5.5^2} - 0.6l \right) \times 100 = \left(\frac{345^2}{5.5^2} - 0.6 \times 200 \right) \times 100 = 381,471.07 \, [\text{kW}]$$

• 답: $381,471.07 \, [\text{kW}]$

Still식(경제적인 송전전압의 결정)

$$V_s = 5.5 \sqrt{0.6l + \frac{P}{100}} \, [\text{kV}]$$

(여기서 l: 송전 거리[km], P: 송전전력[kW])

08 ★★★

다음과 같은 아파트 단지를 계획하고 있다. 주어진 규모 및 참고자료를 이용하여 다음 각 물음에 답하시오. [11점]

[규모]
• 아파트 동수 및 세대수: 2개동, 300세대
• 세대당 면적과 세대수

동별	세대당 면적[m²]	세대수	동별	세대당 면적[m²]	세대수
1동	50	30	2동	50	50
	70	40		70	30
	90	50		90	40
	110	30		110	30

• 계단, 복도, 지하실 등의 공용면적 1동: 1,700[m²], 2동 : 1,700[m²]

[조건]
• 면적의 [m²]당 상정 부하는 다음과 같다.
  아파트: 40[VA/m²], 공용 면적 부분: 7[VA/m²]
• 세대당 추가로 가산하여야 할 상정 부하는 다음과 같다.
  − 80[m²] 이하의 세대: 750[VA]
  − 150[m²] 이하의 세대: 1,000[VA]
• 아파트 동별 수용률은 다음과 같다.
  − 70세대 이하인 경우: 65[%]
  − 100세대 이하인 경우: 60[%]
  − 150세대 이하인 경우: 55[%]
  − 200세대 이하인 경우: 50[%]
• 모든 계산은 피상전력을 기준으로 한다.
• 역률은 100[%]로 보고 계산한다.
• 주변전실로부터 1동까지는 150[m]이며 동 내부의 전압강하는 무시한다.
• 각 세대의 공급 방식은 110/220[V]의 단상 3선식으로 한다.
• 변전식의 변압기는 단상 변압기 3대로 구성한다.

- 동 간 부등률은 1.4로 본다.
- 공용 부분의 수용률은 100[%]로 한다.
- 주변전실에서 각 동까지의 전압 강하는 3[%]로 한다.
- 간선의 후강 전선관 배선으로는 NR전선을 사용하며, 간선의 굵기는 300[mm²] 이하로 사용하여야 한다.
- 이 아파트 단지의 수전은 13,200/22,900[V−Y] 3상 4선식의 계통에서 수전한다.
- 사용 설비에 의한 계약전력은 사용 설비의 개별 입력의 합계에 대하여 다음 표의 계약전력 환산율을 곱한 것으로 한다.

구분	계약전력 환산율	비고
처음 75[kW]에 대하여	100[%]	계산의 합계치 단수가 1[kW] 미만일 경우, 소수점 이하 첫째 자리에서 반올림한다.
다음 75[kW]에 대하여	85[%]	
다음 75[kW]에 대하여	75[%]	
다음 75[kW]에 대하여	65[%]	
300[kW] 초과분에 대하여	60[%]	

(1) 1동의 상정 부하는 몇 [VA]인가?
- 계산 과정:
- 답:

(2) 2동의 수용 부하는 몇 [VA]인가?
- 계산 과정:
- 답:

(3) 이 단지의 변압기는 단상 몇 [kVA]짜리 3대를 설치하여야 하는가?(단, 변압기의 용량은 10[%]의 여유율을 보며, 단상 변압기의 표준 용량은 75, 100, 150, 200, 300[kVA] 등이다.)
- 계산 과정:
- 답:

(4) 한국전력공사와 변압기 설비에 의하여 계약한다면 몇 [kW]로 계약하여야 하는가?

(5) 한국전력공사와 사용설비에 의하여 계약한다면 몇 [kW]로 계약하여야 하는가?
- 계산 과정:
- 답:

답안작성 (1) • 계산 과정

세대당 면적 [m²]	상정 부하 [VA/m²]	가산 부하 [VA]	세대수	상정 부하[VA]
50	40	750	30	$\{(50 \times 40) + 750\} \times 30 = 82,500$
70	40	750	40	$\{(70 \times 40) + 750\} \times 40 = 142,000$
90	40	1,000	50	$\{(90 \times 40) + 1,000\} \times 50 = 230,000$
110	40	1,000	30	$\{(110 \times 40) + 1,000\} \times 30 = 162,000$
합계				616,500[VA]

1동 공용 면적의 상정 부하 = 1,700 × 7 = 11,900[VA]

∴ 상정 부하 합계 = 616,500 + 11,900 = 628,400[VA]

- 답: 628,400[VA]

(2) • 계산 과정

세대당 면적 [m²]	상정 부하 [VA/m²]	가산 부하 [VA]	세대수	상정 부하[VA]
50	40	750	50	$\{(50 \times 40) + 750\} \times 50 = 137,500$
70	40	750	30	$\{(70 \times 40) + 750\} \times 30 = 106,500$
90	40	1,000	40	$\{(90 \times 40) + 1,000\} \times 40 = 184,000$
110	40	1,000	30	$\{(110 \times 40) + 1,000\} \times 30 = 162,000$
합계				590,000[VA]

2동은 세대수가 150세대이므로 동별 수용률 55[%]를 적용하여 수용 부하를 산출한다.

공용 면적 상정 부하는 $1,700 \times 7 = 11,900[\text{VA}]$ 이므로

2동 수용 부하의 합계 $= 590,000 \times 0.55 + 11,900 = 336,400[\text{VA}]$

• 답: 336,400[VA]

(3) • 계산 과정

$$\text{변압기 용량} \geq \text{합성 최대 전력} = \frac{\text{최대 수용 전력}}{\text{부등률}} = \frac{\text{설비 용량} \times \text{수용률}}{\text{부등률}}$$

$$= \frac{(616,500 \times 0.55 + 1,700 \times 7) + (590,000 \times 0.55 + 1,700 \times 7)}{1.4} \times 10^{-3}$$

$$= 490.98[\text{kVA}]$$

단상 변압기 1대 용량 $= \dfrac{490.98}{3} \times 1.1 = 180.03[\text{kVA}]$

∴ 표준 용량 200[kVA]를 선정

• 답: 200[kVA]

(4) 변압기 용량은 200[kVA] 3대이므로 600[kW]로 계약한다.

(5) • 계산 과정

설비용량 $= (616,500 + 590,000 + 11,900 \times 2) \times 10^{-3} = 1,230.3[\text{kVA}]$

계약전력 $= 75 + 75 \times 0.85 + 75 \times 0.75 + 75 \times 0.65 + (1,230.3 - 300) \times 0.6 = 801.93[\text{kW}]$

• 답: 802[kW]

해설비법 (1) 상정 부하[VA] = (세대당 면적[m²] × 상정 부하[VA/m²]) + 가산 부하[VA]

(2) 수용 부하 = 상정 부하 × 수용률

(4) 계약 전력은 [kW]로 표기한다.

(5) 사용설비에 의하여 계약할 때에는 상정 부하를 기준으로 한다.

09 ★★★

가로 $10[\text{m}]$, 세로 $14[\text{m}]$, 천장 높이 $2.75[\text{m}]$, 작업면 높이 $0.75[\text{m}]$인 사무실에 천장 직부 형광등 $F32 \times 2$를 설치하려고 한다. 다음 각 물음에 답하시오. [8점]

(1) 이 사무실의 실지수는 얼마인가?
 • 계산 과정:

 • 답:

(2) $F32 \times 2$의 심벌을 그리시오.

(3) 이 사무실의 작업면 조도를 $250[\text{lx}]$, 천장 반사율 $70[\%]$, 벽 반사율 $50[\%]$, 바닥 반사율 $10[\%]$, $32[\text{W}]$ 형광등 1등의 광속 $3,200[\text{lm}]$, 보수율 $70[\%]$, 조명률 $50[\%]$로 한다면 이 사무실에 필요한 소요 등기구 수는 몇 등인가?
 • 계산 과정:

 • 답:

답안작성

(1) • 계산 과정: $RI = \dfrac{XY}{H(X+Y)} = \dfrac{10 \times 14}{(2.75-0.75) \times (10+14)} = 2.92$

 • 답: 2.92

(2)

$F32 \times 2$

(3) • 계산 과정: $FUN = EAD$에서 $N = \dfrac{250 \times (10 \times 14) \times \dfrac{1}{0.7}}{(3,200 \times 2) \times 0.5} = 15.63$이므로 16등이 필요하다.

 • 답: 16등

해설비법

(1) 실지수(RI: Room Index)

$$RI = \frac{XY}{H(X+Y)}$$

(단, X: 방의 폭[m], Y: 방의 길이[m], H: 작업면에서 광원까지의 높이[m])

H = 작업면에서 광원까지의 높이 = 천장 높이 − 작업면 높이 = $2.75 - 0.75 = 2[\text{m}]$

(3) 등의 개수(N)의 산출

$$FUN = EAD$$

(단, F: 광속[lm], U: 조명률, N: 사용하는 등의 개수, E: 조도[lx], A: 방의 면적[m²], D: 감광 보상률 ($= \dfrac{1}{M}$), M: 보수율(유지율))

$32[\text{W}]$ 2등용이므로 $32[\text{W}]$ 형광등 1등의 광속이 $3,200[\text{lm}]$일 때
전광속 $F = 3,200 \times 2 = 6,400[\text{lm}]$

다음 그림은 어느 수용가의 수전설비 계통도이다. 다음 각 물음에 답하시오. [16점]

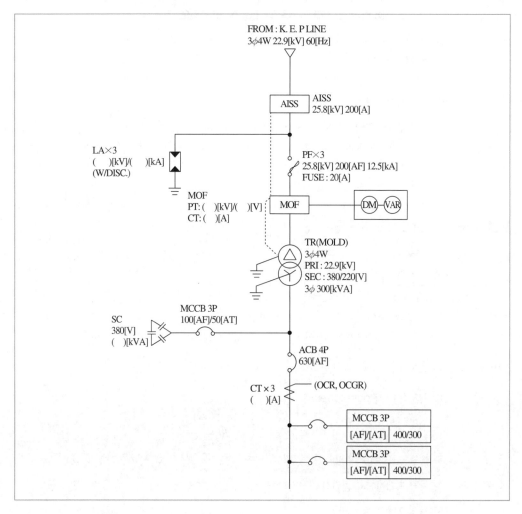

(1) AISS의 명칭을 쓰고 기능을 2가지 쓰시오.
　① 명칭
　② 기능

(2) 피뢰기의 정격전압 및 공칭 방전전류를 쓰고 그림에서의 DISC.의 기능을 간단히 설명하시오.
　① 피뢰기의 정격전압
　② 공칭 방전전류
　③ DISC. 기능

(3) MOF의 정격을 구하시오.
　• 계산 과정:
　• 답:

(4) MOLD TR의 장점 및 단점을 각각 2가지만 쓰시오.(단, 경제성 및 유지보수는 쓰지 말 것)

(5) ACB의 명칭을 쓰시오.

(6) CT의 정격(변류비)을 구하시오.(단, CT의 여유율은 1.25배로 한다.)
　• 계산 과정:
　• 답:

답안작성

(1) ① 명칭: 기중 절연 자동 고장 구분 개폐기

② 기능
- 사고 시 고장 구간을 자동으로 개방시켜 사고의 파급을 방지
- 전부하 상태에서 자동 또는 수동으로 개방시켜 과부하 보호

(2) ① 피뢰기의 정격전압: 18[kV]

② 피뢰기의 공칭 방전전류: 2.5[kA]

③ Disconnector로 피뢰기 고장 시 개방되어 피뢰기를 대지로부터 분리시키는 역할

(3) • 계산 과정

- PT비: $\dfrac{22,900}{\sqrt{3}} / \dfrac{190}{\sqrt{3}}$

- CT비: $I_1 = \dfrac{300}{\sqrt{3}\times 22.9} = 7.56[A]$, ∴ CT비 10/5

• 답: PT비: $\dfrac{13,200}{110}$, CT비: 10/5

(4) • 장점
- 난연성이 우수하다.
- 전력 손실이 적다.

• 단점
- 내전압이 낮아 서지파 등의 충격파에 약하다.
- 수지층에 차폐물이 없으므로 운전 중 코일 표면과 접촉하면 위험하다.

(5) 기중 차단기

(6) • 계산 과정: $I_1 = \dfrac{300\times 10^3}{\sqrt{3}\times 380}\times 1.25 = 569.75[A]$

• 답: 600/5

개념체크

(2) 피뢰기

① 피뢰기의 정격전압

전력 계통		피뢰기 정격전압[kV]	
전압[kV]	중성점 접지 방식	변전소	배전 선로
345	유효접지	288	–
154	유효접지	144	–
66	PC 접지 또는 비접지	72	–
22	PC 접지 또는 비접지	24	–
22.9	3상 4선 다중 접지	21	18

② 피뢰기의 공칭 방전전류

공칭 방전전류	설치장소	적용 조건
10,000[A]	변전소	• 154[kV] 이상 계통 • 66[kV] 및 그 이하 계통에서 뱅크 용량이 3,000[kVA]를 초과하거나 특히 중요한 곳 • 장거리 송전선 및 콘덴서 뱅크를 개폐하는 곳
5,000[A]	변전소	66[kV] 및 그 이하 계통에서 뱅크 용량이 3,000[kVA] 이하인 곳
2,500[A]	변전소	배전선 피더 인출 측
	선로	배전 선로

(3) 전력 수급용 계기용 변성기(MOF)의 변류비 선정

$$변류기 \ 1차 \ 전류 = \frac{P_1}{\sqrt{3} \ V_1 \cos\theta}[A]$$

(단, MOF에서는 이미 충분한 절연 설계가 되어 있어 여유를 두지 않는다.)

$$변류비 = \frac{I_1}{I_2}(단, 정격 \ 2차 \ 전류 \ I_2 = 5[A])$$

- CT 1차 전류: 5, 10, 15, 20, 30, 40, 50, 75, 100, 150, 200, 300, 400, 500, 600, 750, 1,000[A]
- CT 2차 전류: 5[A]

(6) 변압기, 수전 회로

$$변류기 \ 1차 \ 전류 = \frac{P_1}{\sqrt{3} \ V_1 \cos\theta} \times (1.25 \sim 1.5)[A]$$

(단, $k = 1.25 \sim 1.5$: 변압기의 여자 돌입 전류를 감안한 여유도)

$$변류비 = \frac{I_1}{I_2}(단, 정격 \ 2차 \ 전류 \ I_2 = 5[A])$$

단답 정리함 몰드 변압기의 장점

- 내습, 내진성이 좋다.
- 소형, 경량화가 가능하다.
- 유지 보수 및 점검이 용이하다.
- 난연성이 우수하다.
- 전력 손실이 적다.

11
★★★
종량제 요금은 1개월(30일)에 기본요금 100[원] 그리고 1[kWh]당 10[원]이 추가된다. 정액제 요금은 1개월(30일)에 1등당 205원이다. 등수는 8등이고 1등당 전력은 60[W], 전구요금은 65[원]이다. 정액제 사용 시 수용가에서 전구요금은 부담하지 않는다. 종량제에서 일일 평균 몇 시간을 사용해야 정액제 요금과 같아질 수 있겠는가?(단, 전구의 수명은 1,000[h]이다.)　　　　　　　　[5점]

- 계산 과정:

- 답:

답안작성
- 계산 과정

정액제 1개월 요금 $= 205 \times 8 = 1,640[원]$

하루 t시간 사용 시 종량제 1개월 요금 $= 100 + 60 \times 8 \times t \times 30 \times 10^{-3} \times 10 + \frac{65}{1,000} \times 8 \times t \times 30[원]$

1개월 간 종량제와 정액제 요금이 같아야 하므로

$100 + 60 \times 8 \times t \times 30 \times 10^{-3} \times 10 + \frac{65}{1,000} \times 8 \times t \times 30 = 1,640$이다.

$\therefore 159.6t = 1,540$이고, $t = 9.65[시간]$이다.

- 답: 9.65[시간]

• 정액제: 사용한 전력에 상관없이 일정 금액의 요금이 정해져 있는 요금제
• 정액제 요금 = 1등당 1개월 사용 요금 × 등수
• 종량제: 사용한 전력에 따라 요금이 정해지는 요금제
• 종량제 요금 = 기본요금 + 사용량 요금 + 전구 요금

12
★☆☆

조명에서 광원이 발광하는 원리 3가지를 쓰시오. [5점]

• 루미네선스에 의한 방전발광
• 온도 복사에 의한 백열발광
• 유도 방사에 의한 레이저발광

조명에서 광원이 발광하는 원리
• 루미네선스에 의한 방전발광
• 온도 복사에 의한 백열발광
• 유도 방사에 의한 레이저발광
• 화학 반응에 의한 연소발광
• 일렉트로 루미네선스에 의한 전계발광

13
★★☆

$380/220[\text{V}]$ 3상 4선식 선로에서 $180[\text{m}]$ 떨어진 곳에 다음 표와 같이 부하가 연결되어 있다. 간선의 최소 허용전류와 굵기를 구하시오.(단, 전압강하는 $3[\%]$로 한다.) [7점]

종류	출력	수량	역률×효율	수용률
급수펌프	$380[\text{V}]/7.5[\text{kW}]$	4	0.7	0.7
소방펌프	$380[\text{V}]/20[\text{kW}]$	2	0.7	0.7
전열기	$220[\text{V}]/10[\text{kW}]$	3(각 상 평형배치)	1	0.5

(1) 간선의 최소 허용전류를 구하시오.
   • 계산 과정:
   • 답:

(2) 간선의 굵기를 구하시오.
   • 계산 과정:
   • 답:

전선의 공칭 단면적[mm²]		
1.5	2.5	4
6	10	16
25	35	50
70	95	120
150	185	240
300	400	500
630		

답안작성

(1) • 계산 과정

급수펌프의 허용전류 $I_{M1} = \dfrac{7.5 \times 10^3 \times 4}{\sqrt{3} \times 380 \times 0.7} \times 0.7 = 45.58[\text{A}]$

소방펌프의 허용전류 $I_{M2} = \dfrac{20 \times 10^3 \times 2}{\sqrt{3} \times 380 \times 0.7} \times 0.7 = 60.77[\text{A}]$

전열기 전류 $I_H = \dfrac{10 \times 10^3}{220 \times 1} \times 0.5 = 22.73[\text{A}]$

설계전류 $I_B = I_{M1} + I_{M2} + I_H = 45.58 + 60.77 + 22.73 = 129.08[\text{A}]$

$I_B \leq I_n \leq I_Z$ 의 조건을 만족하는 간선의 최소 허용전류 $I_Z \geq 129.08[\text{A}]$

• 답: 129.08[A]

(2) • 계산 과정

$A = \dfrac{17.8LI}{1,000e} = \dfrac{17.8 \times 180 \times 129.08}{1,000 \times 220 \times 0.03} = 62.66[\text{mm}^2]$, 표에서 70[mm²] 선정

• 답: 70[mm²]

해설비법 전열기는 220[V]에서 사용하므로 단상 부하이며, 각 상 평형 배치하였다는 것은 3상 전원의 각 상에 1대씩 배치하였다는 의미이다. 즉, 전열기 전류 $I_H = \dfrac{(10 \times 10^3) \times 1}{220 \times 1} \times 0.5 = 22.73[\text{A}]$ 이다.

개념체크 (1) 과부하에 대해 케이블(전선)을 보호하는 장치의 동작특성

$$I_B \leq I_n \leq I_Z$$
$$I_2 \leq 1.45 \times I_Z$$

(단, I_B: 회로의 설계전류[A], I_Z: 케이블의 허용전류[A], I_n: 보호장치의 정격전류[A], I_2: 보호장치가 규약시간 이내에 유효하게 동작하는 것을 보장하는 전류[A])

(2) 전압강하 및 전선의 단면적 계산

전기 방식	전압강하	전선 단면적
단상 3선식 3상 4선식	$e = \dfrac{17.8LI}{1,000A}[\text{V}]$	$A = \dfrac{17.8LI}{1,000e}[\text{mm}^2]$
단상 2선식	$e = \dfrac{35.6LI}{1,000A}[\text{V}]$	$A = \dfrac{35.6LI}{1,000e}[\text{mm}^2]$
3상 3선식	$e = \dfrac{30.8LI}{1,000A}[\text{V}]$	$A = \dfrac{30.8LI}{1,000e}[\text{mm}^2]$

(단, L: 전선 1본의 길이[m], I: 부하전류[A])

14

★☆☆

감리원은 해당 공사 완료 후 준공검사 전에 사전 시운전 등이 필요한 부분에 대하여 공사업자에게 시운전을 위한 계획을 수립하여 30일 이내에 제출하도록 하여야 한다. 시운전 하기 30일 전의 계획 수립 시 제출해야 할 사항을 5가지 적으시오. [5점]

답안작성
- 시운전 일정
- 시운전 항목 및 종류
- 시운전 절차
- 시험장비 확보 및 보정
- 기계기구의 사용 계획

15

★★☆

다음과 같은 래더 다이어그램을 보고 PLC 프로그램을 완성하시오.(단, 타이머 설정 시간 t는 0.1초 단위이다.) [4점]

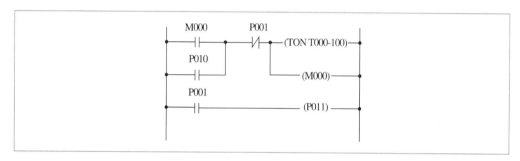

STEP	명령어	번지
0	LOAD	M000
1		
2		
3	TON	T000
4	DATA	100
5		
6		
7	OUT	P011
8	END	–

STEP	명령어	번지
0	LOAD	M000
1	OR	P010
2	AND NOT	P001
3	TON	T000
4	DATA	100
5	OUT	M000
6	LOAD	P001
7	OUT	P011
8	END	–

1회 학습전략

합격률: 58.94%

난이도 下

- 단답형: 수전 방식, 논리회로, 차단설비, 시퀀스, 태양광 발전
- 공식형: 변압기 용량, 전압강하, 조명 설계, 전력손실
- 복합형: 계통 보호 방식, 저항 측정, 설비 불평형률, 역률, 수전설비 계통도
- 대부분의 문항이 과년도 기출 유형으로 구성되어 있습니다. 복합형 문제가 다수 출제되었지만 난도는 높지 않았습니다. 이렇게 쉽게 출제된 회차에서는 계산 실수에 주의하고, 답을 재검토하며 응시한다면 좋은 결과를 얻을 수 있습니다.
- ※ KEC 적용에 의거해 삭제된 문제가 있어 배점 합계가 100점이 되지 않습니다.

2회 학습전략

합격률: 16.82%

난이도 中

- 단답형: 서지 흡수기, 지중 전선로, 유도 전동기 결선도, 감리, 분전반, 지락사고
- 공식형: 접지형 계기용 변압기, 케이블 선정, 변류기, 조명 설계, 전력량계, 충전용량
- 복합형: 수전설비 결선도, 변전소의 단선도, 축전지
- 단선 결선도와 같은 도면 문제가 다수 출제되었습니다. 결선 방법에 대해서는 개념을 충분히 학습한다면 득점을 노리기 수월합니다. 시간 관계상 저빈출 단답형 문제보다는 기본 개념을 숙지하여 다양한 문제에 대비하는 학습방법이 좋습니다.

3회 학습전략

합격률: 37%

난이도 下

- 단답형: 변압기 단락시험, 가스 절연 변전소, PLC, 피뢰기
- 공식형: 오차, 변압기 용량, 전력손실, 승압기, 조명 설계, 전력용 콘덴서
- 복합형: 전동기 조작회로, 피뢰기 접지공사, 차단기 정격, 수전설비 결선도
- 차단기의 정격 및 가스 절연 변전소에 관한 개념을 묻는 문제를 제외하고는 빈출 유형에서 다수 출제되었습니다. 핵심이론 노트에서 기본 공식에 관해 정확히 익혀둔다면 좋은 결과를 기대할 수 있는 난이도입니다.

01 ★★★

단상 변압기 2대로 V 결선하여 출력 $11[\text{kW}]$, 역률 0.8, 효율 0.85의 3상 유도 전동기를 운전하려고 한다. 이 경우 변압기 한 대의 용량을 구하시오. [4점]

변압기의 표준 용량$[\text{kVA}]$

5	7.5	10	15	20	25	50	75	100

• 계산 과정:

• 답:

답안작성

• 계산 과정

$$P_v = \frac{P}{\eta \times cos\theta} = \frac{11}{0.85 \times 0.8} = 16.18[\text{kVA}]$$

변압기 1대의 용량 $P_1 = \frac{P_v}{\sqrt{3}} = \frac{16.18}{\sqrt{3}} = 9.34[\text{kVA}]$ 이므로 표준 용량 표에서 $10[\text{kVA}]$ 선정

• 답: $10[\text{kVA}]$

해설비법

• 변압기의 출력$[\text{kVA}] = \dfrac{\text{설비용량}[\text{kW}]}{\text{역률} \times \text{효율}}$

• V 결선 출력 $P_v = \sqrt{3}\, P_1 [\text{kVA}]$

02 ★★☆

3상 배전선로의 말단에 늦은 역률 $80[\%]$인 평형 3상의 집중 부하가 있다. 변전소 인출구의 전압이 $6,600[\text{V}]$인 경우 부하의 단자 전압을 $6,000[\text{V}]$ 이하로 떨어뜨리지 않으려면 부하 전력$[\text{kW}]$은 얼마인가?(단, 전선 1선의 저항은 $1.4[\Omega]$, 리액턴스 $1.8[\Omega]$으로 하고 그 외의 선로 정수는 무시한다.) [4점]

• 계산 과정:

• 답:

답안작성

• 계산 과정

$$P = \frac{e \times V_r}{R + X\tan\theta} = \frac{(6,600 - 6,000) \times 6,000}{1.4 + 1.8 \times \dfrac{0.6}{0.8}} \times 10^{-3} = 1,309.09[\text{kW}]$$

• 답: $1,309.09[\text{kW}]$

개념체크

3상 선로에서의 전압강하

$$e = V_s - V_r = \sqrt{3}\, I(R\cos\theta + X\sin\theta)[\text{V}] = \frac{P}{V_r}(R + X\tan\theta)[\text{V}]$$

03

★★☆

스폿 네트워크 수전 방식에 대하여 장점 3가지만 쓰시오.　　　　　　　　　　　　　[6점]

답안작성
- 배전선이나 변압기 사고 시에도 무정전 전원 공급이 가능하다.
- 부하 증가 시 수요 변동 탄력성이 우수하다.
- 변압기 2차 측의 병렬 운전으로 부하 분담이 균일화되어 전압 변동률이 낮다.

개념체크　**스폿 네트워크 수전 방식**

변전소로부터 2회선 이상의 고압 배전선으로 수전하여 네트워크 변압기 및 차단기를 통해 저압 측 부하에 공급하는 방식

스폿 네트워크 수전 방식의 장점
- 배전선이나 변압기 사고 시에도 무정전 전원 공급이 가능하다.
- 부하 증가 시 수요 변동 탄력성이 우수하다.
- 변압기 2차 측의 병렬 운전으로 부하 분담이 균일화되어 전압 변동률이 낮다.
- 계통 기기의 이용률이 향상된다.

04

★☆☆

그림과 같이 완전 확산형의 조명 기구가 설치되어 있다. A점에서의 광도와 수평면 조도를 계산하시오.
(단, 조명 기구의 전광속은 $18,500[\mathrm{lm}]$ 이다.)　　　　　　　　　　　　　[6점]

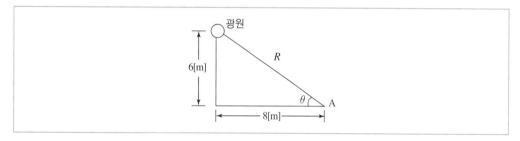

(1) 광도[cd]를 구하시오.
- 계산 과정:
- 답:

(2) A점의 수평면 조도를 구하시오.
- 계산 과정:
- 답:

답안작성 (1) • 계산 과정

$$F = 4\pi I \text{이므로 광도 } I = \frac{F}{4\pi} = \frac{18,500}{4\pi} = 1,472.18[\text{cd}]$$

• 답: $1,472.18[\text{cd}]$

(2) • 계산 과정

$$\text{수평면 조도 } E_h = \frac{I}{R^2}\cos(90°-\theta) = \frac{1,472.18}{(\sqrt{6^2+8^2})^2} \times \frac{6}{\sqrt{6^2+8^2}} = 8.83[\text{lx}]$$

• 답: $8.83[\text{lx}]$

개념체크 • 광도: 광원에서 나오는 빛의 세기

$$I = \frac{F}{\omega} = \frac{E\times S}{2\pi(1-\cos\theta)}[\text{cd}]$$

• 조도: 피조면의 밝기

$$E = \frac{F}{A} = \frac{I}{r^2}[\text{lx}]$$

• 법선 조도 $E_n = \dfrac{I}{r^2}[\text{lx}]$

• 수평면 조도 $E_h = \dfrac{I}{r^2}\cos\theta[\text{lx}]$

• 수직면 조도 $E_v = \dfrac{I}{r^2}\sin\theta[\text{lx}]$

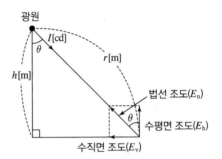

05
★★★ 주어진 논리 회로의 출력을 입력 변수로 나타내고, 이 식을 AND, OR, NOT 소자만의 논리 회로로 변환하여 논리식으로 나타내고, 논리 회로를 그리시오. [4점]

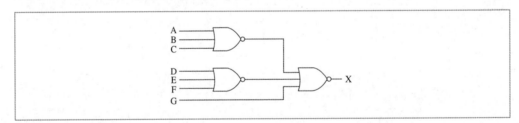

답안작성 • 논리식: $X = \overline{\overline{(A+B+C)} + \overline{(D+E+F)} + G} = (A+B+C) \cdot (D+E+F) \cdot \overline{G}$

• 논리 회로

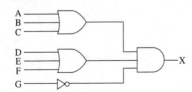

개념체크 드 모르간의 정리

$$\overline{A+B} = \overline{A} \cdot \overline{B}$$

$$\overline{A \cdot B} = \overline{A} + \overline{B}$$

06 ★☆☆ 전등 부하 $250[\mathrm{kW}]$, 일반 부하 $100[\mathrm{kW}]$, 동계 부하 $60[\mathrm{kW}]$, 하계 부하 $140[\mathrm{kW}]$, 역률은 0.9, 부등률 1.35일 경우 변압기 용량을 구하시오.(단, 변압기 용량은 $15[\%]$ 여유를 둔다.) [4점]

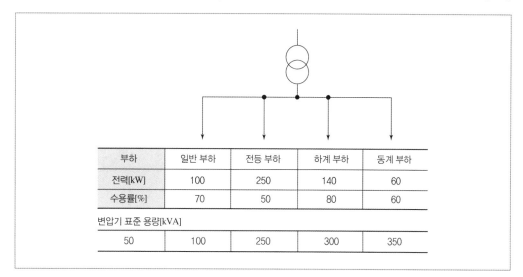

부하	일반 부하	전등 부하	하계 부하	동계 부하
전력[kW]	100	250	140	60
수용률[%]	70	50	80	60

변압기 표준 용량[kVA]

50	100	250	300	350

• 계산 과정:

• 답:

답안작성 • 계산 과정

$$P = \frac{\Sigma(\text{설비용량} \times \text{수용률})}{\text{부등률} \times \text{역률}} \times \text{여유율}$$

$$= \frac{100 \times 0.7 + 250 \times 0.5 + 140 \times 0.8}{1.35 \times 0.9} \times 1.15 = 290.58[\mathrm{kVA}]$$

∴ 표준 용량 $300[\mathrm{kVA}]$ 선정

• 답: $300[\mathrm{kVA}]$

해설비법 계절 부하는 동시에 사용되지 않으므로 더 큰 부하인 하계 부하를 기준으로 구한다. 즉, 변압기의 용량 산정 시 설비용량은 일반 부하, 전등 부하, 하계 부하를 고려한다.

07 ★☆☆ 진공 차단기(VCB)의 특징 3가지를 적으시오. [6점]

답안작성 • 절연유가 필요 없어 화재의 우려가 없다.
• 차단 시 소음이 작다.
• 차단 시간이 짧고, 차단 성능이 우수하다.

개념체크 진공 차단기(VCB)는 고진공에서 전자의 고속 확산에 의해 아크를 차단한다.

08
★★☆

그림은 통상적인 단락, 지락 보호에 쓰이는 방식으로서 주보호와 후비보호의 기능을 지니고 있다. 도면을 보고 다음 각 물음에 답하시오. [15점]

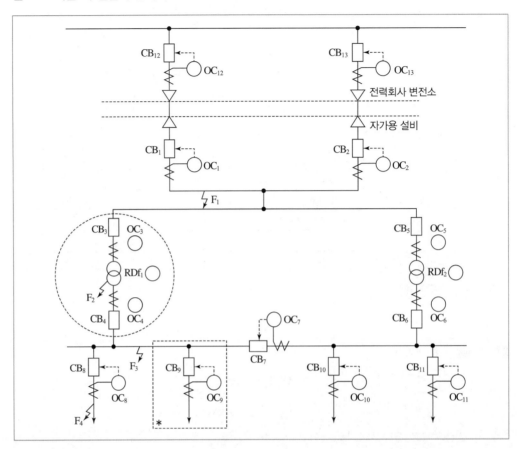

(1) 사고점이 F_1, F_2, F_3, F_4라고 할 때 주보호와 후비보호에 대한 다음 표의 ( ) 안을 채우시오.

사고점	주보호	후비보호
F_1	$OC_1 + CB_1$ AND $OC_2 + CB_2$	(①)
F_2	(②)	$OC_1 + CB_1$ AND $OC_2 + CB_2$
F_3	$OC_4 + CB_4$ AND $OC_7 + CB_7$	$OC_3 + CB_3$ AND $OC_6 + CB_6$
F_4	$OC_8 + CB_8$	$OC_4 + CB_4$ AND $OC_7 + CB_7$

(2) 그림은 도면의 *표 부분을 좀 더 상세하게 나타낸 도면이다. 각 부분 ①~④에 대한 명칭을 쓰고, 보호 기능 구성상 ⑤~⑦의 부분을 검출부, 판정부, 동작부로 나누어 표현하시오.

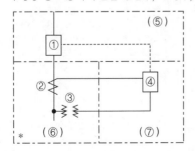

(3) 답란의 그림 F_2 사고와 관련된 검출부, 판정부, 동작부의 도면을 완성하시오. (단, 질문 (2)의 도면을 참고하시오.)

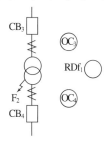

(4) 자가용 전기설비에 발전 시설이 구비되어 있을 경우 자가용 수용가에 설치되어야 할 계전기는 어떤 계전기인지 5가지를 쓰시오.

답안작성

(1) ① $OC_{12} + CB_{12}$ AND $OC_{13} + CB_{13}$
    ② $RDf_1 + OC_4 + CB_4$ AND $OC_3 + CB_3$

(2) ① 차단기
    ② 변류기
    ③ 계기용 변압기
    ④ 과전류 계전기
    ⑤ 동작부
    ⑥ 검출부
    ⑦ 판정부

(3)

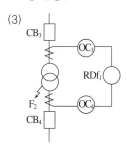

(4) • 과전류 계전기
    • 주파수 계전기
    • 부족 전압 계전기
    • 비율 차동 계전기
    • 과전압 계전기

개념체크   비율 차동 계전기(87: RDR(Ratio Differential Relay))
내부 고장 보호용의 동작 전류의 비율이 억제 전류의 일정치 이상일 때 동작
• 동작 원리
   – 평상시 외부 고장 시: 차전류 $i_d = |i_1 - i_2| = 0$이 되어 계전기 부동작
     내부 고장 시: 치전류 $i_d = |i_1 - i_2|$가 큰 값이 되어 계전기 동직
   – 동작 비율 = $\dfrac{|I_1 - I_2|}{|I_1| \text{ or } |I_2|} \times 100[\%]$ ($|I_1|$ 또는 $|I_2|$ 중 작은 값을 선택)

• 비율 차동 계전기(87) 결선도

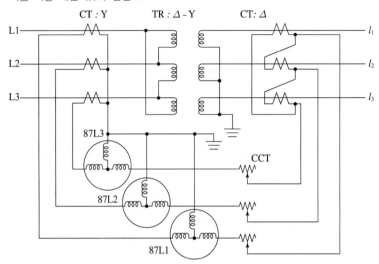

09 KEC 적용에 따라 삭제되는 문제입니다.

10
★★☆

접지저항을 측정하고자 한다. 다음 각 물음에 답하시오.　　　　　　　　　[6점]

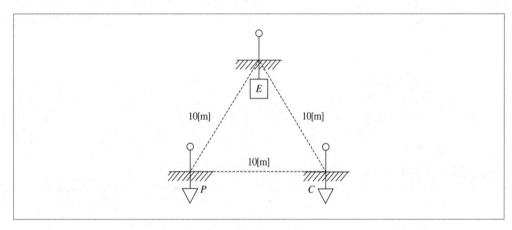

(1) 접지저항을 측정하기 위하여 사용되는 계기는 무엇인가?

(2) 그림의 접지저항 측정 방법은 무엇인가?

(3) 그림과 같이 본접지 E에 제1보조접지 P, 제2보조접지 C를 설치하여 본접지 E의 접지저항을 측정하려고 한다. 본접지 E의 접지저항은 몇 $[\Omega]$인가?(단, 본접지와 P 사이의 접지저항값은 $86[\Omega]$, 본접지와 C 사이의 접지저항값은 $92[\Omega]$, P와 C 사이의 접지저항값은 $160[\Omega]$이다.)
　　• 계산 과정:
　　• 답:

(1) 어스 테스터(또는 접지 저항계)

(2) 콜라우시 브리지에 의한 3극 접지저항 측정법

(3) • 계산 과정: $R_E = \dfrac{1}{2}\left(R_{EP} + R_{CE} - R_{PC}\right) = \dfrac{1}{2} \times (86 + 92 - 160) = 9[\Omega]$

    • 답: $9[\Omega]$

콜라우시 브리지에 의한 3극 접지저항 측정법

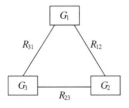

• $R_{G_1} = \dfrac{1}{2}\left(R_{12} + R_{31} - R_{23}\right)[\Omega]$

• $R_{G_2} = \dfrac{1}{2}\left(R_{12} + R_{23} - R_{31}\right)[\Omega]$

• $R_{G_3} = \dfrac{1}{2}\left(R_{31} + R_{23} - R_{12}\right)[\Omega]$

11

★★☆

그림과 같이 3상 3선식 $220[V]$의 수전 회로가 있다. ⒣는 전열 부하이고, Ⓜ은 역률 0.8의 전동기이다. 이 그림을 보고 다음 각 물음에 답하시오.   [5점]

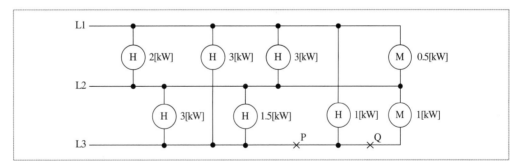

(1) 저압 수전의 3상 3선식 선로인 경우에 설비 불평형률은 몇 $[\%]$ 이하로 하여야 하는가?

(2) 그림의 설비 불평형률은 몇 $[\%]$인가?(단, P, Q점은 단선이 아닌 것으로 계산한다.)

    • 계산 과정:

    • 답:

(3) P, Q점에서 단선이 되었다면 설비 불평형률은 몇 $[\%]$가 되겠는가?

    • 계산 과정:

    • 답:

(1) 30[%] 이하

(2) • 계산 과정

$$설비\ 불평형률 = \frac{\left(3+1.5+\dfrac{1}{0.8}\right)-(3+1)}{\left(3+1.5+\dfrac{1}{0.8}+3+1+2+3+\dfrac{0.5}{0.8}\right)\times\dfrac{1}{3}}\times100 = 34.15[\%]$$

• 답: 34.15[%]

(3) • 계산 과정

$$설비\ 불평형률 = \frac{\left(2+3+\dfrac{0.5}{0.8}\right)-3}{\left(2+3+\dfrac{0.5}{0.8}+3+3+1.5\right)\times\dfrac{1}{3}}\times100 = 60[\%]$$

• 답: 60[%]

3상 3선식 또는 3상 4선식 설비 불평형률

$$\frac{각\ 선간에\ 접속되는\ 단상\ 부하설비\ 용량의\ 최대와\ 최소의\ 차}{총\ 부하설비\ 용량\times\dfrac{1}{3}}\times100[\%]$$

단선 사고 시 회로도

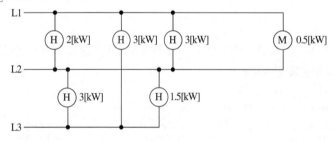

12

★☆☆

아래 회로도를 보고 각 물음에 답하시오.　　　　　　　　　　　　　　　　　　　　[6점]

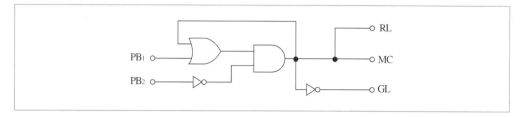

(1) 답안지의 시퀀스 회로도를 완성하시오.

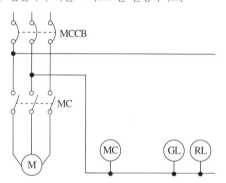

(2) 답란의 논리식을 쓰시오.

- MC
- RL
- GL

답안작성

(1)

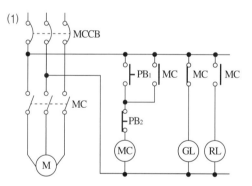

(2) • $MC = (PB_1 + MC) \cdot \overline{PB_2}$

　　• $RL = MC$

　　• $GL = \overline{MC}$

13

★★☆

다음 물음에 답하시오.　　　　　　　　　　　　　　　　　　　　　　　　　　　　[6점]

(1) 태양광 발전의 장점 4가지를 쓰시오.

(2) 태양광 발전의 단점 2가지를 쓰시오.

(1) 장점

- 자원이 반영구적이며, 무공해이다.
- 태양광이 미치는 곳이라면 어디에든 설치가 가능하며, 보수가 용이하다.
- 규모에 관계 없이 발전 효율이 일정하다.
- 확산광(산란광)도 이용할 수 있다.

(2) 단점

- 태양광의 에너지 밀도가 낮다.
- 비가 오거나 흐린 날에는 발전 능력이 저하된다.

14 부하의 역률 개선에 대한 다음 각 물음에 답하시오. [6점]

★★☆

(1) 역률을 개선하는 원리를 간단히 설명하시오.

(2) 부하설비의 역률이 저하하는 경우 수용가가 볼 수 있는 손해를 두 가지만 쓰시오.

(3) 어느 공장의 3상 부하가 30[kW]이고, 역률이 65[%]이다. 이것의 역률을 90[%]로 개선하려면 전력용 콘덴서 몇 [kVA]가 필요한가?
- 계산 과정:
- 답:

(1) 부하에 병렬로 전력용 콘덴서를 설치하여 진상 전류를 흘려줌으로써 무효 전력을 감소시켜 역률을 개선한다.

(2) • 전력손실이 커진다.
- 전압강하가 커진다.

(3) • 계산 과정

$$Q_c = P(\tan\theta_1 - \tan\theta_2) = 30 \times \left(\frac{\sqrt{1-0.65^2}}{0.65} - \frac{\sqrt{1-0.9^2}}{0.9} \right) = 20.54 [\text{kVA}]$$

- 답: $20.54[\text{kVA}]$

부하설비의 역률이 저하하는 경우 수용가가 볼 수 있는 손해

- 전력손실이 커진다.
- 전압강하가 커진다.
- 전기 요금이 증가한다.
- 전원 설비가 부담하는 용량이 증가한다.

역률 개선용 콘덴서(전력용 콘덴서) 용량

$$Q_c = P(\tan\theta_1 - \tan\theta_2) = P\left(\frac{\sin\theta_1}{\cos\theta_1} - \frac{\sin\theta_2}{\cos\theta_2} \right)[\text{kVA}]$$

(단, P: 부하 전력[kW], $\cos\theta_1$: 개선 전 역률, $\cos\theta_2$: 개선 후 역률)

15

★★☆

그림과 같은 3상 3선식 배전선로가 있다. 다음 각 물음에 답하시오.(단, 전선 1가닥의 저항은 $0.5[\Omega/\text{km}]$ 라고 한다.)

[6점]

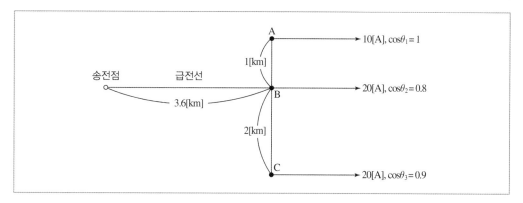

(1) 급전선에 흐르는 전류는 몇 [A]인지 계산하고 답하시오.
   • 계산 과정:

   • 답:

(2) 전체 선로 손실[kW]을 구하시오.
   • 계산 과정:

   • 답:

답안작성 (1) • 계산 과정

$$I = 10 + 20 \times (0.8 - j0.6) + 20 \times (0.9 - j\sqrt{1 - 0.9^2}) = 44 - j20.72[\text{A}]$$

$$\therefore |I| = \sqrt{44^2 + 20.72^2} = 48.63[\text{A}]$$

   • 답: 48.63[A]

(2) • 계산 과정

$$P_l = 3 \times 48.63^2 \times (0.5 \times 3.6) + 3 \times 10^2 \times (0.5 \times 1) + 3 \times 20^2 \times (0.5 \times 2) = 14,120.33[\text{W}]$$

$$= 14.12[\text{kW}]$$

   • 답: 14.12[kW]

해설비법 (1) 전류를 구할 때 부하의 역률이 서로 다르다면 실수부와 허수부를 구분하여 계산한다.

(2) 3상 선로에서의 전력 손실은 $P_l[\text{kW}] = 3I^2R$로 구하며, 여기서 전체 선로 손실은 송전점에서 B점, B점에서 A점, B점에서 C점까지의 손실을 합하여 구한다.

16 ★★★ 그림과 같은 수전설비 계통도의 미완성 도면을 보고 다음 각 물음에 답하시오.　　[12점]

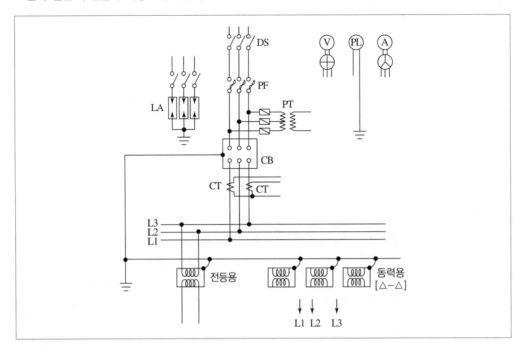

(1) 계통도를 완성하시오.

(2) 통전 중에 있는 변류기 2차 측 기기를 교체하고자 할 때 가장 먼저 취하여야 할 조치는 무엇인가? 그리고 그 이유는?

(3) 인입구 개폐기로서 DS 대신 사용 가능한 것의 명칭과 약호를 쓰시오.

(4) 차단기를 VCB로 설치하고 몰드 변압기를 사용할 때 보호 기기의 명칭과 설치 위치를 쓰시오.

 (1)

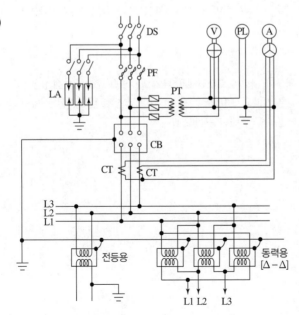

(2) • 조치: 2차 측을 단락시킨다.
  • 이유: 변류기의 2차 측을 개방하면 변류기 1차 측 부하 전류가 모두 여자 전류가 되어 변류기 2차 측에 고전압을 유기하여 변류기의 절연을 파괴할 수 있다.

(3) • 명칭: 자동 고장 구분 개폐기
  • 약호: ASS

(4) • 명칭: 서지 흡수기
  • 설치 위치: 진공 차단기 2차 측과 몰드형 변압기 1차 측 사이에 시설한다.

해설비법 (2) 계기용 변성기 점검 시 주의 사항
  • 변류기(CT): 2차 측 단락(2차 측 과전압 및 절연 보호)
  • 계기용 변압기(PT): 2차 측 개방(2차 측 과전류 보호)

(3) DS 대신 자동 고장 구분 개폐기($7,000[\mathrm{kVA}]$ 초과 시에는 Sectionalizer)를 사용할 수 있으며, $66[\mathrm{kV}]$ 이상의 경우는 LS(선로 개폐기)를 사용하여야 한다.

(4) 서지 흡수기: 개폐 서지 등 이상 전압이 2차 기기에 악영향을 주는 것을 막기 위해 설치

2019년 2회 기출문제

배점		100
득점	1회독	
	2회독	
	3회독	

01
★★★

GPT의 변압비는 $\frac{3,300}{\sqrt{3}}$ / $\frac{110}{\sqrt{3}}$[V]이다. 이때 영상 전압을 구하시오. [4점]

• 계산 과정:

• 답:

답안작성 • 계산 과정: $V_0 = \frac{110}{\sqrt{3}} \times 3 = 110\sqrt{3} = 190.53$[V]

• 답: 190.53[V]

해설비법 GPT 영상 전압 V_0는 GPT 2차 측에 나타나는 정상 상태 전압의 3배 전압값이 나타난다.

02
★★★

고압 수전의 수용가에서 3상 4선식 교류 380[V], 50[kVA] 부하가 변전실 배전반에서 270[m] 떨어져 설치되어 있다. 허용 전압 강하는 얼마이며 이 경우 배전용 케이블의 최소 굵기는 얼마로 하여야 하는지 계산하시오.(단, 전기 사용 장소 내 시설한 변압기이며, 케이블은 IEC 규격에 의한다.) [5점]

케이블 규격[mm^2]

6	10	16	25	35	50	70

(1) 허용 전압강하를 계산하시오.
 • 계산 과정:
 • 답:

(2) 케이블의 굵기를 선정하시오.
 • 계산 과정:
 • 답:

(1) • 계산 과정

전압강하 $e = 380 \times 0.055 = 20.9[\text{V}]$

• 답: $20.9[\text{V}]$

(2) • 계산 과정

$$I = \frac{P}{\sqrt{3}\,V} = \frac{50 \times 10^3}{\sqrt{3} \times 380} = 75.97[\text{A}]$$

$$A = \frac{17.8LI}{1,000e} \text{ 에서 } A = \frac{17.8 \times 270 \times 75.97}{1,000 \times 220 \times 0.055} = 30.17[\text{mm}^2]$$

∴ 표에서 $35[\text{mm}^2]$ 선정

• 답: $35[\text{mm}^2]$

(1) 허용 전압강하

[표] 수용가설비의 전압강하

설비의 유형	조명(%)	기타(%)
A – 저압으로 수전하는 경우	3	5
B – 고압 이상으로 수전하는 경우*	6	8

* 가능한 한 최종회로 내의 전압강하가 A 유형의 값을 넘지 않도록 하는 것이 바람직하다. 사용자의 배선설비가 $100[\text{m}]$를 넘는 부분의 전압강하는 미터당 $0.005[\%]$ 증가할 수 있으나 이러한 증가분은 $0.5[\%]$를 넘지 않아야 한다.

• 가능한 한 최종회로 내의 전압강하가 A 유형의 값을 넘지 않도록 하는 것이 바람직하므로 기타 부하 $5[\%]$를 적용한다.

• 사용자의 배선설비가 $100[\text{m}]$를 넘는 부분$(270-100=170[\text{m}])$에 대해 미터당 $0.005[\%]$ 증가분은 $170 \times 0.005 = 0.85[\%]$이다. 다만, 이러한 증가분이 $0.5[\%]$를 넘어서는 안 되므로 $0.5[\%]$를 적용한다. 즉, 최종적인 허용 전압강하는 $5 + 0.5 = 5.5[\%]$

(2) 전압강하 및 전선의 단면적 계산

전기 방식	전압강하	전선 단면적
단상 3선식 3상 4선식	$e = \dfrac{17.8LI}{1,000A}[\text{V}]$	$A = \dfrac{17.8LI}{1,000e}[\text{mm}^2]$
단상 2선식	$e = \dfrac{35.6LI}{1,000A}[\text{V}]$	$A = \dfrac{35.6LI}{1,000e}[\text{mm}^2]$
3상 3선식	$e = \dfrac{30.8LI}{1,000A}[\text{V}]$	$A = \dfrac{30.8LI}{1,000e}[\text{mm}^2]$

※ 전선 단면적을 계산할 때는 상전압 $220[\text{V}]$를 적용해야 한다.

03

★★☆

주어진 도면은 어떤 수용가의 수전설비의 단선 결선도이다. 도면과 참고표를 이용하여 다음 각 물음에
답하시오.   [14점]

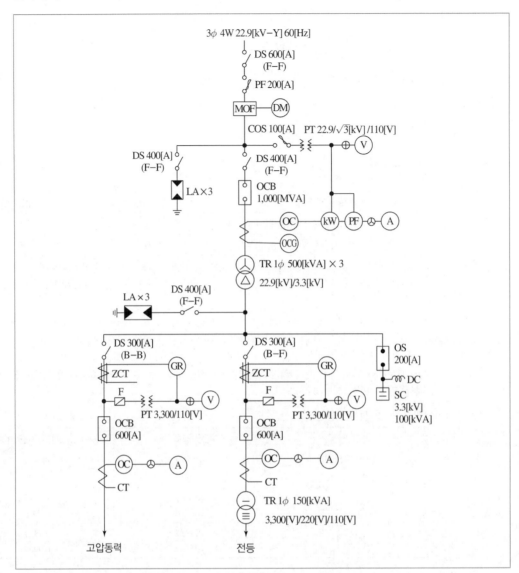

(1) 22.9[kV] 측에 DS의 정격 전압은 몇 [kV]인가?

(2) ZCT의 기능을 쓰시오.

(3) GR의 기능을 쓰시오.

(4) MOF에 연결되어 있는 (DM)은 무엇인가?

(5) 1대의 전압계로 3상 전압을 측정하기 위한 개폐기를 약호로 쓰시오.

(6) 1대의 전류계로 3상 전류를 측정하기 위한 개폐기를 약호로 쓰시오.

(7) PF의 기능을 쓰시오.

(8) MOF의 기능을 쓰시오.

(9) 차단기의 기능을 쓰시오.

(10) SC의 기능을 쓰시오.

(11) OS의 명칭을 쓰시오.

(12) 3.3[kV] 측에 차단기에 적힌 전류값 600[A]는 무엇을 의미하는가?

답안작성
(1) 25.8[kV]
(2) 지락 사고 시 지락 전류(영상 전류)를 검출하는 것으로 지락 계전기와 조립하여 차단기를 차단시킨다.
(3) 영상 변류기(ZCT)에 의해 검출된 영상 전류에 의해 동작하며 지락 고장 보호용으로 사용한다.
(4) 최대 수요 전력량계
(5) VS
(6) AS
(7) • 부하 전류는 안전하게 통전한다.
　　 • 어떤 일정값 이상의 과전류를 차단하여 전로나 기기를 보호한다.
(8) PT와 CT를 하나의 함 내에 설치하고 고전압, 대전류를 저전압, 소전류로 변성하여 전력량계에 공급한다.
(9) • 부하 전류의 개폐
　　 • 고장 전류, 특히 단락 전류와 같은 대전류의 차단
(10) 역률을 개선한다.
(11) 유입 개폐기
(12) 정격 전류

개념체크 계통에서 기구(단로기, 차단기)의 공칭 전압(V) 별 정격 전압(V_n)의 관계

공칭 전압	6.6[kV]	22.9[kV]	66[kV]	154[kV]	345[kV]	765[kV]
정격 전압	7.2[kV]	25.8[kV]	72.5[kV]	170[kV]	362[kV]	800[kV]

04 ★★☆ 도면과 같이 345[kV] 변전소의 단선도와 변전소에 사용되는 주요 제원을 이용하여 다음 각 물음에 답하시오. [13점]

[주변압기]
• 단권 변압기
　345[kV]/154[kV]/23[kV](Y－Y－Δ)
　166.7[MVA]×3대 ≒ 500[MVA]
• OLTC부 %임피던스(500[MVA] 기준)
　1차~2차: 10[%]
　1차~3차: 78[%]
　2차~3차: 67[%]

[차단기]
• 362[kV] GCB 25[GVA] 4,000[A]~2,000[A]
• 170[kV] GCB 15[GVA] 4,000[A]~2,000[A]
• 25.8[kV] VCB (　　)[MVA] 2,500[A]~1,200[A]

[단로기]

- 362[kV] DS 4,000[A] ~ 2,000[A]
- 170[kV] DS 4,000[A] ~ 2,000[A]
- 25.8[kV] DS 2,500[A] ~ 1,200[A]

[피뢰기]

- 288[kV] LA 10[kA]
- 144[kV] LA 10[kA]
- 21[kV] LA 10[kA]

[분로 리액터]

- 22[kV] Sh.R 30[MVAR]

[주모선]

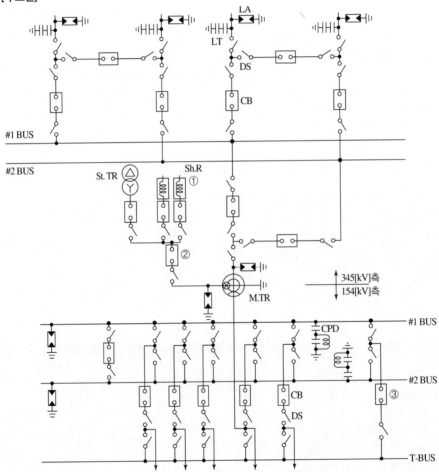

(1) 도면의 345[kV] 측 모선 방식은 어떤 모선 방식인가?

(2) 도면에서 ①번 기기의 설치 목적은 무엇인가?

(3) 도면에 주어진 제원을 참조하여 주변압기에 대한 등가 %임피던스(Z_H, Z_M, Z_L)를 구하고, ②번 23[kV] VCB의 차단 용량을 계산하시오.(단, 그림과 같은 임피던스 회로는 100[MVA] 기준이다.)

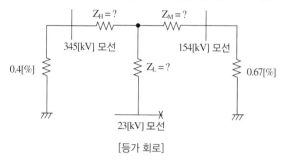

[등가 회로]

　　　 − 등가 %임피던스
　　　　 • 계산 과정:
　　　　 • 답:
　　　 − VCB 차단 용량
　　　　 • 계산 과정:
　　　　 • 답:

(4) 도면의 345[kV] GCB에 내장된 계전기 BCT의 오차 계급은 C800이다. 부담은 몇 [VA]인가?
　　　 • 계산 과정:
　　　 • 답:

(5) 도면의 ③번 차단기의 설치 목적을 설명하시오.

(6) 도면의 주변압기 1Bank(단상×3)를 증설하여 병렬 운전시키고자 한다. 이때 병렬 운전 조건 4가지를 쓰시오.

답안작성 (1) 2중 모선 방식

(2) 페란티 현상 방지

(3) • 계산 과정
　　　 − 등가 %임피던스
　　　　 100[MVA] 기준이므로 환산하면

$$Z_{HM} = 10 \times \frac{100}{500} = 2[\%]$$

$$Z_{LH} = 78 \times \frac{100}{500} = 15.6[\%]$$

$$Z_{ML} = 67 \times \frac{100}{500} = 13.4[\%] \text{이고}$$

　　　　 각각의 %등가 임피던스값을 계산하면

$$Z_H = \frac{1}{2}(Z_{HM} + Z_{LH} - Z_{ML}) = \frac{1}{2} \times (2 + 15.6 - 13.4) = 2.1[\%]$$

$$Z_M = \frac{1}{2}(Z_{HM} + Z_{ML} - Z_{LH}) = \frac{1}{2} \times (2 + 13.4 - 15.6) = -0.1[\%]$$

$$Z_L = \frac{1}{2}(Z_{LH} + Z_{ML} - Z_{HM}) = \frac{1}{2} \times (15.6 + 13.4 - 2) = 13.5[\%] \text{이다.}$$

　　 • 답: $Z_H = 2.1[\%]$, $Z_M = -0.1[\%]$, $Z_L = 13.5[\%]$

– VCB 차단 용량

계산한 등가 %임피던스로 등가 회로를 그리면 다음과 같다.

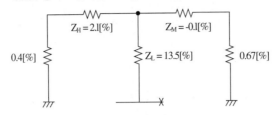

23[kV] VCB 설치점까지 전체 임피던스

$$\%Z = 13.5 + \frac{(2.1+0.4) \times (-0.1+0.67)}{(2.1+0.4) + (-0.1+0.67)} = 13.96[\%]$$

$$\therefore 23[kV] \ \text{VCB 차단 용량} \ P_s = \frac{100}{\%Z} \times P_n = \frac{100}{13.96} \times 100 = 716.33[MVA]$$

• 답: 716.33[MVA]

(4) • 계산 과정

C800에서 임피던스는 8[Ω]이므로

부담$[VA] = I^2 Z = 5^2 \times 8 = 200[VA]$

• 답: 200[VA]

(5) 모선 절체 또는 모선을 무정전으로 점검하기 위하여

(6) • 극성이 같을 것
• 정격 전압(권수비)이 같을 것
• %임피던스 강하가 같을 것
• 내부 저항과 누설 리액턴스 비가 같을 것

해설비법 (1) 2중 모선 방식은 선로 점검 시에도 무정전으로 점검이 가능한 방식이다.

(2) ① 분로 리액터: 페란티 현상(무부하 시 선로 정전용량에 의해 수전단 전압이 송전단 전압보다 높아지는 현상) 방지

(3) 임피던스 맵을 알기 쉽게 그리면 다음과 같다.

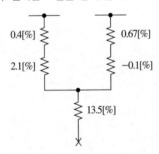

(4) 정격부담[VA]: 변성기 2차 측에 설치할 수 있는 부하 한도

05

★☆☆

CT 비오차에 관하여 다음 물음에 답하시오. [5점]

(1) 비오차가 무엇인지 설명하시오.

(2) 비오차를 구하는 공식을 쓰시오.(단, 비오차 ε, 공칭 변류비 K_n, 측정 변류비 K이다.)

답안작성 (1) 공칭 변류비와 측정 변류비의 차이를 측정 변류비에 대한 백분율로 나타낸 것으로 변류비 오차를 나타낸다.

(2) $\varepsilon = \dfrac{K_n - K}{K} \times 100[\%]$

개념체크 CT 비오차 $= \dfrac{\text{공칭 변류비} - \text{측정 변류비}}{\text{측정 변류비}} \times 100[\%]$

06

★☆☆

차도폭 $20[\text{m}]$, 등주 길이가 $10[\text{m}]$(Pole)인 등을 대칭 배열로 설계하고자 한다. 조도 $22.5[\text{lx}]$, 감광 보상률 1.5, 조명률 0.5, 광속 $20,000[\text{lm}]$, $250[\text{W}]$의 메탈 핼라이드등을 사용한다. 다음 각 물음에 답하시오. [6점]

(1) 등주 간격을 구하시오.
   • 계산 과정:
   • 답:

(2) 운전자의 눈부심을 방지하기 위한 컷오프(Cutoff) 조명일 때 최대 등 간격을 구하시오.
   • 계산 과정:
   • 답:

(3) 보수율을 구하시오.
   • 계산 과정:
   • 답:

답안작성 (1) • 계산 과정

대칭 배열에서 $A = \dfrac{1}{2}BS$(단, B: 폭$[\text{m}]$, S: 등주 간격$[\text{m}]$), $F = \dfrac{EAD}{U} = \dfrac{EBSD}{2U}$

$S = \dfrac{2FU}{EBD} = \dfrac{2 \times 20,000 \times 0.5}{22.5 \times 20 \times 1.5} = 29.63[\text{m}]$

• 답: $29.63[\text{m}]$

(2) • 계산 과정: $S \leq 3H = 3 \times 10 = 30[\text{m}]$
   • 답: $30[\text{m}]$ 이하

(3) • 계산 과정: 보수율 $= \dfrac{1}{\text{감광 보상률}}$에서 $\dfrac{1}{1.5} = 0.67$
   • 답: 0.67

• 조명 계산

$$FUN = EAD$$

(단, F: 광속[lm], U: 조명률, N: 사용하는 등의 개수(주어진 조건이 없을 경우 1), E: 조도[lx], A: 등기구 1개당 비추는 도로의 면적[m²], D: 감광 보상률($= \dfrac{1}{M}$), M: 보수율(유지율))

• 컷오프 조명의 등기구 간격

$S \leq 3H$[m]

여기서 H: 등주 길이

07 ★★☆

다음은 전압 등급 $3[kV]$인 SA의 시설 적용을 나타낸 표이다. 빈칸에 적용 또는 불필요를 구분하여 쓰시오. [5점]

차단기 종류 \ 2차 보호기기	전동기	변압기			콘덴서
		유입식	몰드식	건식	
VCB	①	②	③	④	⑤

① 적용 ② 불필요 ③ 적용 ④ 적용 ⑤ 불필요

서지 흡수기(SA)를 설치하는 이유
내부의 이상전압이 2차 기기에 악영향을 주는 것을 막기 위해 설치한다.

차단기의 종류		VCB				
2차 보호기기 \ 전압 등급		$3[kV]$	$6[kV]$	$10[kV]$	$20[kV]$	$30[kV]$
전동기		적용	적용	적용		
변압기	유입식	불필요	불필요	불필요	불필요	불필요
	몰드식	적용	적용	적용	적용	적용
	건식	적용	적용	적용	적용	적용
콘덴서		불필요	불필요	불필요	불필요	불필요
변압기와 유도기기와의 혼용 사용 시		적용	적용	–	–	–

08 고압 동력 부하의 사용 전력량을 측정하려고 한다. CT 및 PT 취부 3상 적산 전력량계를 그림과 같이 오결선(1S와 1L 및 P1과 P3가 바뀜)하였을 경우 어느 기간 동안 사용 전력량이 $3,000[\text{kWh}]$였다면 그 기간 동안 실제 사용 전력량은 몇 $[\text{kWh}]$이겠는가?(단, 부하 역률은 0.8이라 한다.) [5점]

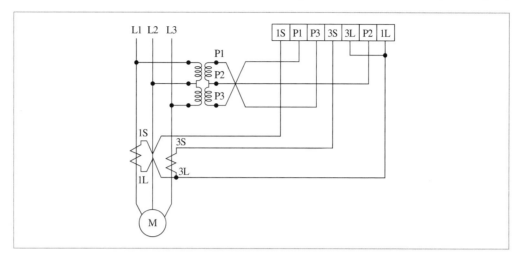

• 계산 과정:

• 답:

 • 계산 과정

$W = W_1 + W_2 = 2VI\sin\theta$ 이므로

$VI = \dfrac{W_1 + W_2}{2\sin\theta} = \dfrac{3,000}{2\times0.6} = 2,500$ 이다.

따라서 실제 사용 전력량은

$W' = \sqrt{3}\,VI\cos\theta = \sqrt{3}\times2,500\times0.8 = 3,464.1[\text{kWh}]$ 이다.

• 답: $3,464.1[\text{kWh}]$

09 지중선을 가공선과 비교하여 이에 대한 장·단점을 각각 3가지만 쓰시오. [6점]

(1) 지중선의 장점

(2) 지중선의 단점

 (1) • 지중에 매설되어 환경 친화적이어서 도시 미관이 깨끗하다.
   • 지중에 매설되어 기후나 자연 환경에 대해 영향이 적다.
   • 지중에 매설되어 사람에 대해 안전하다.

(2) • 가공 전선로에 비해 송전 용량이 적다.
   • 건설비가 고가이고, 공사 기간이 장시간 소요된다.
   • 신규 수용가에 대한 탄력성이 결여된다.

10
★★☆

도면은 유도 전동기 IM의 정회전 및 역회전용 운전의 단선 결선도이다. 이 도면을 이용하여 다음 각 물음에 답하시오.(단, 52F는 정회전용 전자 접촉기이고, 52R은 역회전용 전자 접촉기이다.) [8점]

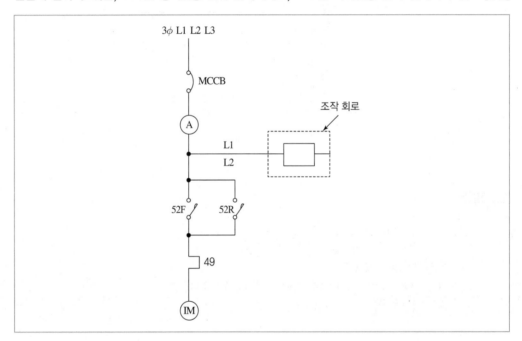

(1) 단선도를 이용하여 3선 결선도를 그리시오.(단, 점선 내의 조작회로는 제외하도록 한다.)

(2) 주어진 단선 결선도를 이용하여 정·역회전을 할 수 있도록 조작 회로를 그리시오.(단, 누름버튼 스위치 OFF 버튼 2개, ON 버튼 2개 및 정회전 표시 램프 RL, 역회전 표시 램프 GL도 사용하도록 한다.)

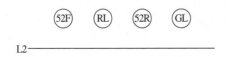

답안작성 (1)

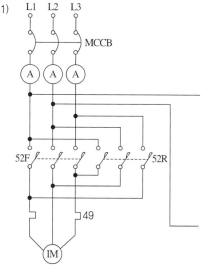

(2)

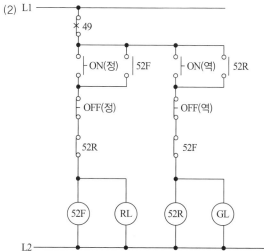

해설비법
- 정역 운전회로의 주회로: 전원의 3선 중 2선의 접속을 바꾸어 결선한다.
- 정역 운전회로의 보조회로: 자기유지 회로 및 인터록 회로로 구성한다.

11
★★★

감리원은 설계도서 등에 대하여 공사 계약문서 상호 간의 모순되는 사항, 현장 실정과의 부합 여부 등 현장 시공을 주안으로 하여 해당 공사 시작 전에 검토하여야 한다. 검토하여야 할 사항 3가지를 적으시오. [6점]

답안작성
- 시공이 실제 가능한지의 여부 검토
- 현장 조건에 부합하는지의 여부 검토
- 다른 사업 또는 공정과의 상호 부합 여부 검토

12

★☆☆

다음은 분전반 설치에 관한 내용이다. 괄호 안에 들어갈 내용을 완성하시오. [6점]

(1) 분전반은 각 층마다 설치한다.

(2) 분전반은 분기 회로의 길이가 (①)[m] 이하가 되도록 설계하며, 사무실 용도인 경우 하나의 분전반에 담당하는 면적은 일반적으로 1,000[m²] 내외로 한다.

(3) 1개 분전반 또는 개폐기함 내에 설치할 수 있는 과전류 장치는 예비 회로(10~20[%])를 포함하여 42개 이하(주개폐기 제외)로 하고, 이 회로 수를 넘는 경우는 2개 분전반으로 분리하거나 (②)으로 한다. 다만, 2극, 3극 배선차단기는 과전류 장치 소자 수량의 합계로 계산한다.

(4) 분전반의 설치 높이는 긴급 시 도구를 사용하거나 바닥에 앉지 않고 조작할 수 있어야 하며, 일반적으로는 분전반 상단을 기준하여 바닥 위 (③)[m]로 하고, 크기가 작은 경우는 분전반의 중간을 기준하여 바닥 위 (④)[m]로 하거나 하단을 기준하여 바닥 위 (⑤)[m] 정도로 한다.

(5) 분전반과 분전반은 도어의 열림 반경 이상으로 이격하여 안전성을 확보하고, 2개 이상의 전원이 하나의 분전반에 수용되는 경우에 각각의 전원 사이에는 해당하는 분전반과 동일한 재질로 (⑥)을 설치해야 한다.

답안작성 ① 30 ② 자립형 ③ 1.8 ④ 1.4 ⑤ 1.0 ⑥ 격벽

13

★☆☆

다음 각 물음에 답하시오. [7점]

(1) 묽은 황산의 농도는 표준이고 액면이 저하하여 극판이 노출되어 있다. 어떤 조치를 하여야 하는가?

(2) 축전지의 과방전 및 방치 상태, 가벼운 Sulfation(설페이션) 현상 등이 생겼을 때 기능 회복을 위해 실시하는 충전 방식은?

(3) 알칼리축전지의 공칭전압은 몇 [V]인가?

(4) 부하의 허용 최저 전압이 115[V]이고, 축전지와 부하 사이의 전압강하가 5[V]일 경우 직렬로 접속한 축전지 개수가 55개라면 축전지 한 셀당 허용 최저전압은 몇 [V]인가?
  • 계산 과정:
  • 답:

답안작성
(1) 증류수를 보충한다.
(2) 회복 충전 방식
(3) 1.2[V]
(4) • 계산 과정: $V = \dfrac{V_s + V_t}{n} = \dfrac{115 + 5}{55} = 2.18[V]$
  • 답: 2.18[V]

개념체크
(3) 공칭전압
  • 알칼리축전지: 1.2[V/cell]
  • 연(납)축전지: 2.0[V/cell]

(4) 축전지 한 셀당 허용 최저 전압[V] = $\dfrac{\text{부하의 허용 최저전압 + 축전지와 부하 사이의 전압강하}}{\text{셀 수}}$

14

★★☆

전압 $22,900[\text{V}]$, 주파수 $60[\text{Hz}]$, 선로 길이 $7[\text{km}]$ 1회선의 3상 지중 송전 선로가 있다. 이 지중 전선로의 3상 무부하 충전 전류 및 충전 용량을 구하시오.(단, 케이블의 1선당 작용 정전 용량은 $0.4[\mu\text{F}/\text{km}]$라고 한다.) [6점]

(1) 충전 전류
   • 계산 과정:
   • 답:

(2) 충전 용량
   • 계산 과정:
   • 답:

답안작성 (1) • 계산 과정: $I_c = 2\pi f C l E = 2\pi \times 60 \times 0.4 \times 10^{-6} \times 7 \times \left(\dfrac{22,900}{\sqrt{3}}\right) = 13.96[\text{A}]$

   • 답: $13.96[\text{A}]$

(2) • 계산 과정: $Q_c = 3EI_c = 3 \times \dfrac{22,900}{\sqrt{3}} \times 13.96 \times 10^{-3} = 553.71[\text{kVA}]$

   • 답: $553.71[\text{kVA}]$

개념체크 선로의 충전 전류 및 충전 용량
• 1선당 충전 전류

$$I_c = 2\pi f \cdot C \cdot E = 2\pi f \cdot C \cdot \frac{V}{\sqrt{3}}[\text{A}]$$

• 3선에 충전되는 충전 용량

$$Q_c = 3 \times 2\pi f \cdot C \cdot E^2 = 3 \times 2\pi f \cdot C \cdot \left(\frac{V}{\sqrt{3}}\right)^2 = 2\pi f \cdot C \cdot V^2[\text{VA}]$$

(단, f: 주파수[Hz], C: 전선 1선당 정전 용량[F], E: 상전압[V], V: 선간 전압[V])

15

★☆☆

지락사고 시 계전기가 동작하기 위하여 영상 전류를 검출하는 방법 3가지를 서술하시오. [4점]

답안작성
• 영상 변류기에 의한 방법
• Y 결선의 잔류 회로를 이용하는 방법
• 3권선 CT를 이용하는 방법(영상 분로 방식)

개념체크 지락사고 시 영상 전류 검출 방법
• 영상 변류기에 의한 방법
• Y 결선의 잔류 회로를 이용하는 방법
• 3권선 CT를 이용하는 방법(영상 분로 방식)
• 콘덴서 접지와 누전차단기를 조합하는 방법
• 중성선 CT를 이용하는 방법

01
★★☆

전압 $1.0183[\text{V}]$를 측정하는 데 측정값이 $1.0092[\text{V}]$이었다. 이 경우의 다음 각 물음에 답하시오.(단, 소수점 이하 넷째 자리까지 구하시오.) [4점]

(1) 오차
- 계산 과정:
- 답:

(2) 오차율
- 계산 과정:
- 답:

(3) 보정(값)
- 계산 과정:
- 답:

(4) 보정률
- 계산 과정:
- 답:

답안작성

(1) • 계산 과정: 오차 = 측정값 − 참값 = 1.0092 − 1.0183 = −0.0091[V]
- 답: −0.0091[V]

(2) • 계산 과정: 오차율 = $\dfrac{\text{오차}}{\text{참값}} = \dfrac{-0.0091}{1.0183} = -0.0089$
- 답: −0.0089

(3) • 계산 과정: 보정값 = 참값 − 측정값 = 1.0183 − 1.0092 = 0.0091[V]
- 답: 0.0091[V]

(4) • 계산 과정: 보정률 = $\dfrac{\text{보정값}}{\text{측정값}} = \dfrac{0.0091}{1.0092} = 0.0090$
- 답: 0.0090

02
★★★

다음과 같이 $50[\text{kW}]$, $30[\text{kW}]$, $15[\text{kW}]$, $25[\text{kW}]$의 부하 설비에 수용률이 각각 $50[\%]$, $65[\%]$, $75[\%]$, $60[\%]$라고 할 경우 변압기 용량을 결정하시오.(단, 부등률은 1.2, 종합 부하 역률은 $80[\%]$로 한다.) [5점]

변압기 표준 용량표[kVA]

25	30	50	75	100	150	200

- 계산 과정:

- 답:

• 계산 과정

합성 최대 전력 $= \dfrac{50 \times 0.5 + 30 \times 0.65 + 15 \times 0.75 + 25 \times 0.6}{1.2 \times 0.8} = 73.7[\text{kVA}]$

∴ 변압기 표준 용량표에서 $75[\text{kVA}]$를 선정한다.

• 답: $75[\text{kVA}]$ 선정

변압기 용량 $\geq \dfrac{\Sigma(\text{설비 용량} \times \text{수용률})}{\text{부등률} \times \text{역률}}[\text{kVA}]$

03

★☆☆

선로의 길이가 $30[\text{km}]$인 3상 3선식 2회선 송전선로가 있다. 수전단에 $30[\text{kV}]$, $6,000[\text{kW}]$, 역률 0.8의 3상 부하에 공급할 경우 송전손실을 $10[\%]$로 하기 위해서는 전선의 굵기를 얼마로 하여야 하는가?(단, 사용 전선의 고유저항은 $1/55[\Omega \cdot \text{mm}^2/\text{m}]$로 한다.) **[5점]**

전선 굵기$[\text{mm}^2]$

2.5	4	6	10	16	25	35	50	70	90

• 계산 과정:

• 답:

• 계산 과정

전력손실 $P_l = 6,000 \times 0.1 \times \dfrac{1}{2} = 300[\text{kW}]$

부하에 흐르는 전류 $I = \dfrac{6,000}{\sqrt{3} \times 30 \times 0.8} \times \dfrac{1}{2} = 72.17[\text{A}]$

$P_l = 3I^2R = 3I^2 \times \rho \times \dfrac{l}{A} = 3I^2 \times \dfrac{1}{55} \times \dfrac{l}{A}$ 에서

$A = \dfrac{3 \times I^2 \times l}{55 \times P_l} = \dfrac{3 \times 72.17^2 \times 30 \times 10^3}{55 \times 300 \times 10^3} = 28.41[\text{mm}^2]$ 이다.

∴ 표에서 $35[\text{mm}^2]$ 선정

• 답: $35[\text{mm}^2]$

• 문제의 조건이 2회선 기준으로 주어졌으므로 1회선당 전력손실과 부하 전류는 주어진 조건에서 $\dfrac{1}{2}$을 곱해 주어야 한다.

• 사용 전선의 고유저항 단위가 $[\Omega \cdot \text{mm}^2/\text{m}]$이므로 계산 과정에서 선로의 길이는 $[\text{km}]$가 아닌 $[\text{m}]$로 계산해야 한다.

• 3상 선로의 전력손실 $P_l = 3I^2R = 3 \times \left(\dfrac{P}{\sqrt{3}\,V\cos\theta}\right)^2 \times R = \dfrac{P^2R}{V^2\cos^2\theta}[\text{W}]$

• 3상 선로의 부하 전류 $I = \dfrac{P}{\sqrt{3}\,V\cos\theta}[\text{A}]$

04 ★★★ 3상 교류 회로의 전압이 $3,000[\mathrm{V}]$이다. $3,000/210[\mathrm{V}]$의 승압기 2대를 사용하여 승압하고 $40[\mathrm{kW}]$, 역률 0.75의 부하에 전력을 공급할 때 승압기 1대의 용량은 얼마인가? [5점]

• 계산 과정:

• 답:

답안작성

• 계산 과정

승압된 전압 $V_2 = V_1 \times \left(1 + \dfrac{1}{a}\right) = 3,000 \times \left(1 + \dfrac{210}{3,000}\right) = 3,210[\mathrm{V}]$

$P_a = e_2 I_2 = (3,210 - 3,000) \times \dfrac{40 \times 10^3}{\sqrt{3} \times 3,210 \times 0.75} \times 10^{-3} = 2.01[\mathrm{kVA}]$

• 답: $2.01[\mathrm{kVA}]$

해설비법

• 부하 전류 $I_2 = \dfrac{P}{\sqrt{3}\, V_2 \cos\theta}[\mathrm{A}]$

• 승압기 1대의 용량 $P_a = e_2 I_2 = (V_2 - V_1) \times I_2$

05 ★★☆ 다음 그림은 리액터 기동 정지 조작 회로의 미완성 도면이다. 이 도면에 대하여 다음 물음에 답하시오. [13점]

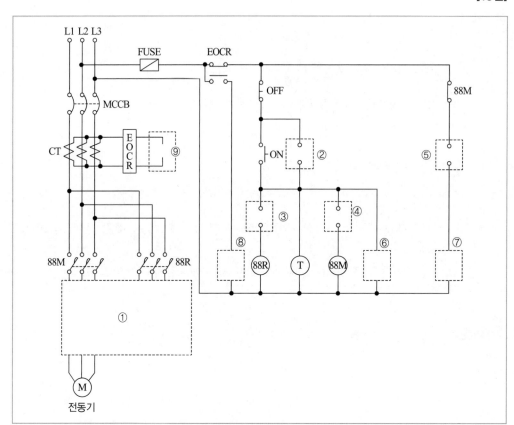

전동기

(1) ① 부분의 미완성 주 회로를 회로도에 직접 그리시오.

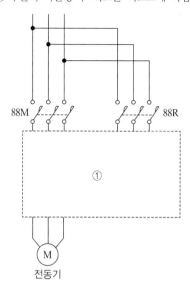

88M　　　　　　　　　88R

①

(M)
전동기

(2) 제어 회로에서 ②, ③, ④, ⑤ 부분의 접점을 완성하고 그 기호를 쓰시오.

구분	②	③	④	⑤
접점 및 기호				

(3) ⑥, ⑦, ⑧, ⑨ 부분에 들어갈 LAMP와 계기의 그림 기호를 그리시오. (예: Ⓖ 정지, Ⓡ 기동 및 운전, Ⓨ 과부하로 인한 정지)

구분	⑥	⑦	⑧	⑨
그림 기호				

(4) 직입 기동 시 시동 전류가 정격 전류의 6배가 되는 전동기를 65[%] 탭에서 리액터 시동한 경우 시동 전류는 약 몇 배 정도가 되는지 계산하시오.
- 계산 과정:
- 답:

(5) 직입 기동 시 시동 토크가 정격 토크의 2배였다고 하면 65[%] 탭에서 리액터 시동한 경우 시동 토크는 어떻게 되는지 설명하시오.
- 계산 과정:
- 답:

(1)

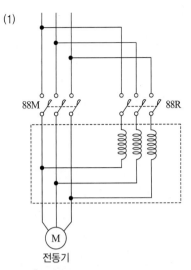

전동기

(2)

구분	②	③	④	⑤
접점 및 기호	T-a	88M	T-a	88R

(3)

구분	⑥	⑦	⑧	⑨
그림 기호	Ⓡ	Ⓖ	Ⓨ	Ⓐ

(4) • 계산 과정: 시동 전류 $I_s \propto V_0$ 에서 $I_s = 6I \times 0.65 = 3.9I$

     • 답: 3.9배

(5) • 계산 과정: 시동 토크 $T_s \propto V_0^2$ 에서 $T_s = 2T \times 0.65^2 = 0.85T$

     • 답: 0.85배

해설비법 (1) 유도 전동기의 리액터 기동은 기동 시 유도 전동기에 리액터를 직렬로 설치하여 전압강하에 의해 단자 전압을 감압시켜 작은 기동 토크로 기동하는 방법이다. 기동 시 88R 계전기가 여자되어 먼저 작동하고 타이머의 설정 시간 후 88M 계전기가 동작하므로 기동용 리액터는 88R 쪽에 직렬로 설치한다.

06

★★★

변압기 단락 시험을 하고자 한다. 그림과 같이 있을 때 다음 각 물음에 답하시오. [8점]

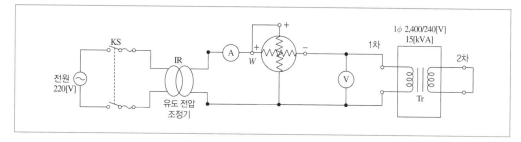

(1) KS를 투입하기 전에 유도 전압 조정기(IR) 핸들은 어디에 위치시켜야 하는가?

(2) 시험할 변압기를 사용할 수 있는 상태로 두고, 유도 전압 조정기의 핸들을 서서히 돌려 전류계의 지시값이 (   )와 같게 될 때까지 전압을 가한다. 이때 어떤 전류가 전류계에 표시되는가?

(3) 유도 전압 조정기의 핸들을 서서히 돌려 전압을 인가하여 단락 시험을 하였다. 이때 전압계의 지시값을 (   ) 전압, 전력계의 지시값을 (   ) 와트라 한다. (   )에 공통으로 들어갈 말은?

(4) %임피던스 = $\dfrac{\text{교류 전압계의 지시값}}{(\quad)} \times 100[\%]$ 이다. (   ) 안에 들어갈 말은?

답안작성

(1) 전압이 0[V]가 되도록 위치한다.
(2) 1차 정격 전류
(3) 임피던스
(4) 1차 정격 전압

개념체크

• 변압기 단락 시험: 변압기 2차 측(저압 측)을 단락시키고 1차 측에 정격 주파수, 정격 전류가 흐르는 전압(임피던스 전압)을 가한다. 이때, 전력계(W)의 지시에 의해 임피던스 전력을 측정한다.

• 임피던스 전압: 시험용 변압기의 2차 측을 단락한 상태에서 SVR을 조정하여 1차 측 전류가 1차 정격 전류와 같게 흐를 때 1차 측 단자 전압

• %임피던스

$$\%Z = \frac{\text{임피던스 전압(교류 전압계 지시값)}}{\text{1차 정격 전압}} \times 100 = \frac{I \cdot Z}{V} \times 100 = \frac{V_s}{V_n} \times 100 = \frac{I_n}{I_s} \times 100[\%]$$

07

★★★

반사율 ρ, 투과율 τ, 반지름 r인 완전 확산성 구형 글로브 중심의 광도 I의 점 광원을 켰을 때 광속 발산도 R의 관계식을 쓰시오. [4점]

• 계산 과정:

• 답:

답안작성

• 계산 과정: $R = \dfrac{F}{A}\eta = \dfrac{4\pi I}{4\pi r^2} \times \dfrac{\tau}{1-\rho} = \dfrac{\tau I}{r^2(1-\rho)}[\text{rlx}]$

• 답: $\dfrac{\tau I}{r^2(1-\rho)}[\text{rlx}]$

• 광속 발산도 $R = \dfrac{F}{A}\eta[\text{rlx}]$

　(여기서 F: 광속[lm], A: 면적)

• 광속의 계산
　– 구 광원(백열등): $F = 4\pi I[\text{lm}]$
　– 원통 광원(형광등): $F = \pi^2 I[\text{lm}]$
　– 평판 광원: $F = \pi I[\text{lm}]$

• 구의 면적: $4\pi r^2$

• 글로브 효율 $\eta = \dfrac{\tau}{1-\rho}$

　(여기서 ρ: 반사율, τ: 투과율)

08
★★★

가스 절연 변전소의 특징을 5가지만 설명하시오.(단, 가격 또는 비용에 관한 답은 제외한다.) [5점]

• 전기적 충전부가 완전 밀폐 구조이므로 안전성이 우수하다.
• 절연 성능이 우수하여 소형화가 가능하다.
• 변전소에서 발생하는 소음이 적고, 환경 친화적이다.
• 변전소의 고장이 적고, 주위 기후의 영향이 덜하다.
• 공장 조립이 가능하여 공사 기간이 줄어든다.

GIS(가스 절연 개폐장치)
금속 용기 내에 모선, 개폐장치, 변성기, 피뢰기 등을 내장시키고 SF_6 가스로 밀폐하여 절연을 유지하는 장치이다.

09
★★★

제3고조파의 유입으로 인한 사고를 방지하기 위하여 콘덴서 회로에 콘덴서 용량의 $11[\%]$인 직렬 리액터를 설치하였다. 이 경우에 콘덴서의 정격 전류(정상 시 전류)가 $10[\text{A}]$라면 콘덴서 투입 시의 전류는 몇 $[\text{A}]$가 되겠는가? [4점]

• 계산 과정:

• 답:

• 계산 과정

$$I = I_n \times \left(1 + \sqrt{\frac{X_C}{X_L}}\right) = I_n \times \left(1 + \sqrt{\frac{X_C}{0.11 X_C}}\right) = 10 \times \left(1 + \sqrt{\frac{1}{0.11}}\right) = 40.15[\text{A}]$$

• 답: $40.15[\text{A}]$

전력용 콘덴서 투입 시 돌입 전류 $I = I_n \times \left(1 + \sqrt{\dfrac{X_C}{X_L}}\right)[\text{A}]$

10
★★☆

피뢰기 접지공사를 실시한 후, 접지저항을 보조 접지 2개(A와 B)를 시설하여 측정하였더니 본접지와 A 사이의 저항은 $86[\Omega]$, A와 B사이의 저항은 $156[\Omega]$, B와 본접지 사이의 저항은 $80[\Omega]$이었다. 이때 다음 각 물음에 답하시오. [6점]

(1) 피뢰기의 접지저항값을 구하시오.
  - 계산 과정:
  - 답:

(2) 접지 공사의 적합 여부를 판단하고, 그 이유를 설명하시오.
  - 적합 여부:
  - 이유:

답안작성

(1) • 계산 과정: $R_E = \dfrac{1}{2}(R_{EA} + R_{BE} - R_{AB}) = \dfrac{1}{2}(86 + 80 - 156) = 5[\Omega]$

  - 답: $5[\Omega]$

(2) • 적합 여부: 적합하다.
  - 이유: 피뢰기의 접지공사는 단독접지 시에 $10[\Omega]$ 이하로 유지해야 한다. 피뢰기의 접지저항값이 $10[\Omega]$ 이하이므로 적합하다.

개념체크

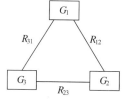

- $R_{G_1} = \dfrac{1}{2}(R_{12} + R_{31} - R_{23})[\Omega]$

- $R_{G_2} = \dfrac{1}{2}(R_{12} + R_{23} - R_{31})[\Omega]$

- $R_{G_3} = \dfrac{1}{2}(R_{31} + R_{23} - R_{12})[\Omega]$

11
★★★

역률이 0.6인 $30[\text{kW}]$ 전동기 부하와 $24[\text{kW}]$의 전열기 부하에 전원을 공급하는 변압기가 있다. 이때 변압기 용량을 구하시오. [4점]

단상 변압기 표준 용량[kVA]

표준 용량[kVA]	1, 2, 3, 5, 7.5, 10, 15, 20, 30, 50, 75, 100, 150, 200

- 계산 과정:

- 답:

• 계산 과정

전동기의 유효 전력 및 무효 전력: $P_M = 30[\text{kW}]$, $Q_M = P_M \tan\theta = 30 \times \dfrac{0.8}{0.6} = 40[\text{kVar}]$

전열기의 유효 전력 및 무효 전력: $P_H = 24[\text{kW}]$, $Q_H = P_H \tan\theta = 24 \times \dfrac{0}{1.0} = 0[\text{kVar}]$

따라서 변압기에 걸리는 피상 전력을 구하면

$$P_a = \sqrt{P^2 + Q^2} = \sqrt{(P_M + P_H)^2 + (Q_M + Q_H)^2} = \sqrt{(30+24)^2 + (40+0)^2} = 67.2[\text{kVA}]$$

• 답: 표에서 75[kVA] 선정

전열기는 역률이 주어지지 않았으므로 기준 역률 100[%]로 계산한다.

12 ★★☆ 다음 PLC의 표를 보고 물음에 답하시오. [6점]

Step	명령어	번지
0	LOAD	P000
1	OR	P010
2	AND NOT	P001
3	AND NOT	P002
4	OUT	P010

(1) 래더 다이어그램을 그리시오.

(2) 논리 회로를 그리시오.

(1)

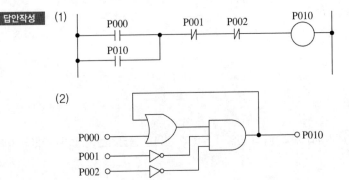

(2)

논리 회로의 논리식

$$\text{P010} = (\text{P000} + \text{P010}) \cdot \overline{\text{P001}} \cdot \overline{\text{P002}}$$

13

★★★

피뢰기에 흐르는 정격 방전 전류는 변전소의 차폐 유무와 그 지방의 연간 뇌우 발생 일수와 관계되나 모든 요소를 고려한 일반적인 시설 장소별 적용할 피뢰기의 공칭 방전 전류를 쓰시오. [6점]

공칭 방전 전류	설치 장소	적용 조건
①	변전소	• 154[kV] 이상의 계통 • 66[kV] 및 그 이하의 계통에서 Bank 용량이 3,000[kVA]를 초과하거나 특히 중요한 곳 • 장거리 송전 케이블(배전 선로 인출용 단거리 케이블은 제외) 및 정전 축전지 Bank를 개폐하는 곳 • 배전 선로 인출 측(배전 간선 인출용 장거리 케이블은 제외)
②	변전소	• 66[kV] 및 그 이하의 계통에서 Bank 용량이 3,000[kVA] 이하인 곳
③	선로	• 배전 선로

답안작성 ① 10,000[A] ② 5,000[A] ③ 2,500[A]

개념체크

공칭 방전 전류	설치 장소	적용 조건
10,000[A]	변전소	• 154[kV] 이상 계통 • 66[kV] 및 그 이하 계통에서 뱅크 용량이 3,000[kVA]를 초과하거나 특히 중요한 곳 • 장거리 송전선 및 콘덴서 뱅크를 개폐하는 곳
5,000[A]	변전소	66[kV] 및 그 이하 계통에서 뱅크 용량이 3,000[kVA] 이하인 곳
2,500[A]	변전소	배전선 피더 인출 측
	선로	배전 선로

14

★★☆

주어진 조건을 참조하여 다음 각 물음에 답하시오. [6점]

> **[조건]**
> 차단기 명판(Name plate)에 BIL 150[kV], 정격 차단 전류 20[kA], 차단 시간 8 사이클, 솔레노이드(Solenoid)형이라고 기재되어 있다. (단, BIL은 절연 계급 20호 이상의 비유효 접지계에서 계산하는 것으로 한다.)

(1) BIL이란 무엇인가?

(2) 이 차단기의 정격 전압은 몇 [kV]인가?
 • 계산 과정:
 • 답:

(3) 이 차단기의 정격 차단 용량은 몇 [MVA]인가?
 • 계산 과정:
 • 답:

(1) 기준 충격 절연 강도

(2) • 계산 과정

$$BIL = 절연\ 계급 \times 5 + 50[kV] 에서$$

$$절연\ 계급 = \frac{BIL - 50}{5} = \frac{150 - 50}{5} = 20[kV]$$

$$공칭\ 전압 = 절연계급 \times 1.1 = 20 \times 1.1 = 22[kV]$$

$$정격\ 전압\ V_n = 22 \times \frac{1.2}{1.1} = 24[kV]$$

$$\therefore 정격\ 전압\ 24[kV]\ 선정$$

• 답: $24[kV]$

(3) • 계산 과정: $P_s = \sqrt{3}\ V_n I_s = \sqrt{3} \times 24 \times 20 = 831.38[MVA]$

• 답: $831.38[MVA]$

개념체크 • $BIL = 절연\ 계급 \times 5 + 50[kV]$

• 공칭 전압 $= 절연\ 계급 \times 1.1$

• 정격 전압 $= 공칭\ 전압 \times \dfrac{1.2}{1.1}$

• 정격 차단 용량$[MVA] = \sqrt{3} \times 정격\ 전압[kV] \times 정격\ 차단\ 전류[kA]$

15
★☆☆

우리나라에서 송전 계통에 사용하는 차단기의 정격 전압과 정격 차단 시간을 나타낸 표이다. 다음 빈칸을 채우시오.(단, 사이클은 $60[Hz]$ 기준이다.)　　　　　　　　　　　　　　　　　　[6점]

공칭 전압[kV]	22.9	154	345
정격 전압[kV]	①	②	③
정격 차단 시간[cycle] (Cycle은 $60[Hz]$ 기준)	④	⑤	⑥

답안작성 ① 25.8

② 170

③ 362

④ 5

⑤ 3

⑥ 3

개념체크 우리나라 송전 계통에 사용하는 차단기의 정격 전압과 정격 차단 시간

공칭 전압[kV]	6.6	22.9	66	154	345	765
정격 전압[kV]	7.2	25.8	72.5	170	362	800
정격 차단 시간[cycle] (Cycle은 $60[Hz]$ 기준)	5	5	5	3	3	2

16 ★★☆

그림은 고압 전동기 100[HP] 미만을 사용하는 고압 수전설비 결선도이다. 이 그림을 보고 다음 각 물음에 답하시오. [13점]

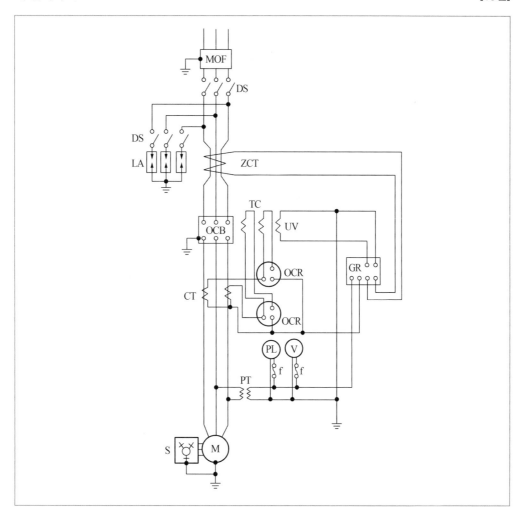

(1) 계전기용 변류기는 차단기의 전원 측에 설치하는 것이 바람직하다. 무슨 이유에서인가?

(2) 본 도면에서 생략할 수 있는 부분은?

(3) 진상 콘덴서에 연결하는 방전 코일의 목적은?

(4) 도면에서 다음의 명칭은?
 • ZCT
 • TC

답안작성 (1) 보호 범위를 넓히기 위하여
(2) LA용 DS
(3) 콘덴서에 축적된 잔류 전하 방전
(4) • ZCT: 영상 변류기
  • TC: 트립 코일

에듀윌이
너를
지지할게

ENERGY

당신이 살아가는 삶을 사랑하고,
당신이 사랑하는 삶을 살아가라.

- 밥 말리(Bob Marley)

1회 학습전략

합격률: 3.21%

난이도 ⬆

- 단답형: 이상전압 발생 방지 대책, 계기용 변성기, 전력 퓨즈, 옥내 배선도, 간선 설계 고려사항, 감리, 시퀀스, 전동기 운전회로
- 공식형: 전압강하, 변압기 용량, 접지도체 단면적, 접지 계통, 차단기 용량, 변압기 권수비
- 복합형: 테이블 스펙, 간이 수전설비 결선도
- 단답형 문제가 다수 출제되었습니다. 평상시 빈출단답 노트를 활용해 틈틈이 학습한다면 고난도 회차에 서 합격률을 높일 수 있습니다. 계산 문제는 한 번 더 고려해야 할 문제들이 많아 어려웠습니다. 기본 개념 문제만 잡고, 어려운 문제는 2~3회독 시에 챙겨가는 학습법을 추천합니다.

2회 학습전략

합격률: 10.73%

난이도 ⬆

- 단답형: 중성점 접지 목적, 개폐 장치, 접지 방식, 조명기구, 논리식, 예비전원설비, 최대전력 억제 방법, PLC
- 공식형: 허용전류, 부하설비, 머레이 루프법, 불평형 전압, 변전설비
- 복합형: 송전 계통, 유도 전동기 회로도, 변전소의 단선 결선도
- 공식형 문제에서는 다소 까다로운 계산 과정이 많았습니다. 평소 학습할 때에 계산 과정을 놓치지 않 도록 주의해야 합니다. 복합형 문제는 난도가 높더라도 독립적인 소문항에서 득점을 노리도록 합니다.

3회 학습전략

합격률: 25.97%

난이도 ⊕

- 단답형: 코로나 현상, 개폐 장치, 용어 정의, 지중 전선로, 변압기 모선 방식, 적산 전력계
- 공식형: 발전기 용량 산정, 전압 분배, 전력손실, 4단자 정수, 부하설비, 발전기 효율, 변전실
- 복합형: 수전설비 결선도
- 적산 전력계, 지중 전선로, 코로나 현상은 빈출단답 유형으로 관련 개념과 공식을 평소에 암기해 두도 록 합니다. 1차 필기시험 때 출제됐던 내용이 2차 때 연계되는 경우가 있어 흐름을 놓치지 않고 꾸준 히 학습하는 것이 좋습니다.

01
★★☆

그림과 같은 단상 3선식 배전선의 a, b, c 각 선간에 부하가 접속되어 있다. 전선의 저항은 같고, 각각 0.06[Ω]이다. ab, bc, ca 간의 전압을 구하시오.(단, 부하의 역률은 변압기의 2차 전압에 대한 것으로 하고, 선로의 리액턴스는 무시한다.)

[6점]

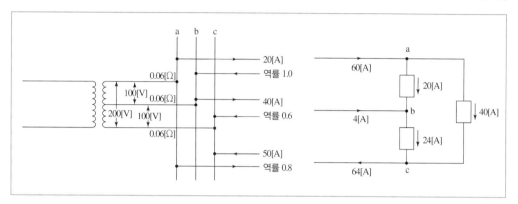

• 계산 과정:

• 답:

답안작성 • 계산 과정

$$V_{ab} = 100 - (60 \times 0.06 - 4 \times 0.06) = 96.64[\text{V}]$$

$$V_{bc} = 100 - (4 \times 0.06 + 64 \times 0.06) = 95.92[\text{V}]$$

$$V_{ca} = 200 - (60 \times 0.06 + 64 \times 0.06) = 192.56[\text{V}]$$

• 답: $V_{ab} = 96.64[\text{V}]$, $V_{bc} = 95.92[\text{V}]$, $V_{ca} = 192.56[\text{V}]$

해설비법 단상 선로에서 발생하는 전압강하 $e = V_s - V_r = I(R\cos\theta + X\sin\theta)[\text{V}]$ 이다.
이때, 선로의 리액턴스를 무시($X=0$)하면 $e = V_s - V_r = IR\cos\theta[\text{V}]$
V_{ab} 계산식에서 b전류는 a전류와 방향이 반대이므로 ($-$) 부호가 붙는다.

02 ★★★ 고압 자가용 수용가가 있다. 이 수용가의 부하는 $\triangle$ 결선 변압기에서 부하 $50[\mathrm{kW}]$(역률 1)와 $100[\mathrm{kW}]$(역률 0.8)인 부하가 연결되어 있다. 다음 물음에 답하시오. [6점]

(1) $\triangle$ 결선 운전 시 변압기 1대에 걸리는 최소 용량을 선정하시오.
 • 계산 과정:
 • 답:

(2) 운전 중 변압기 1대가 고장인 경우 V결선하여 운전한다. V결선 시 과부하율을 구하시오.
 • 계산 과정:
 • 답:

(3) $\triangle$ 결선 시의 동손을 $W_\triangle$, V결선 시의 동손을 W_v라 하였을 때 $\dfrac{W_\triangle}{W_v}$를 구하시오.(단, 변압기는 단상 변압기를 사용하고 부하는 변압기 V결선 시, 과부하시키지 않는 것으로 한다.)
 • 계산 과정:
 • 답:

답안작성 (1) • 계산 과정

$$P = 50 + 100 = 150[\mathrm{kW}], \quad Q = 50 \times \frac{0}{1} + 100 \times \frac{0.6}{0.8} = 75[\mathrm{kVar}]$$

$$P_a = \sqrt{P^2 + Q^2} = \sqrt{150^2 + 75^2} = 167.71[\mathrm{kVA}]$$

$$\therefore P_1 = \frac{167.71}{3} = 55.9[\mathrm{kVA}]$$

 • 답: $75[\mathrm{kVA}]$ 선정

(2) • 계산 과정

$$\text{과부하율} = \frac{167.71}{\sqrt{3} \times 75} \times 100[\%] = 129.1[\%]$$

 • 답: $129.1[\%]$

(3) • 계산 과정

V결선 시 과부하시키지 않는 조건에서

$\triangle$ 결선 시 출력 $P_\triangle = 3VI_\triangle = \sqrt{3}\,VI_v$

$\triangle$ 결선 시 전류 $I_\triangle = \dfrac{I_v}{\sqrt{3}}[\mathrm{A}]$이다.

$$\therefore W_\triangle = 3I_\triangle^2 R = 3\left(\frac{I_v}{\sqrt{3}}\right)^2 R = I_v^2 R[\mathrm{W}], \quad W_v = 2I_v^2 R[\mathrm{W}]$$

$$\therefore \frac{W_\triangle}{W_v} = \frac{I_v^2 R}{2I_v^2 R} = 0.5$$

 • 답: 0.5

해설비법 (1) 단상 변압기 표준 용량: 1, 2, 3, 5, 7.5, 10, 15, 20, 30, 50, 75, 100, 150, 200, 300[kVA]

(2) 과부하율 $= \dfrac{\text{부하 전력}}{\text{공급 전력}} \times 100[\%]$, 여기서 공급전력은 V결선 시 출력 $P_v = \sqrt{3}\,P_1$이다.

03 ★★☆

가공 송전선로에서 이상 전압 발생을 방지하기 위한 대책 3가지를 쓰시오. [6점]

답안작성
- 중성점 직접접지 방식을 채택한다.
- 가공지선을 설치하여 직격뢰 및 유도뢰를 차폐한다.
- 매설지선을 설치하여 역섬락을 방지한다.

04 ★★☆

CT 및 PT에 대한 다음 각 물음에 답하시오. [7점]

(1) CT는 운전 중에 개방하여서는 아니 된다. 그 이유는?

(2) PT의 2차 측 정격 전압과 CT의 2차 측 정격 전류는 일반적으로 얼마로 하는가?

(3) 3상 간선의 전압 및 전류를 측정하기 위하여 PT와 CT를 설치할 때, 다음 그림의 결선도를 답안지에 완성하시오. 접지가 필요한 곳에는 접지 표시를 하시오.(단, 퓨즈는 ▱, PT는 ⦙⦙, CT는 ⦃로 표현하시오.)

답안작성
(1) 변류기 2차 개방 시, 1차 전류가 모두 여자 전류가 되어 2차 측에 고전압이 유기되므로 절연 파괴 우려
(2) PT: 110[V], CT: 5[A]
(3)

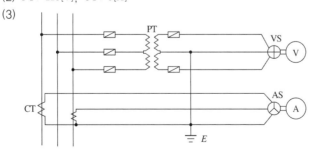

개념체크 계기용 변성기 점검 시 주의 사항
- 변류기(CT): 2차 측 단락(2차 측 과전압 및 절연 보호)
- 계기용 변압기(PT): 2차 측 개방(2차 측 과전류 보호)

05 ★★☆

단상 3선식 110/220[V]를 채용하고 있는 어떤 건물이 있다. 변압기가 설치된 수전실로부터 50[m] 되는 곳에 부하 집계표와 같은 분전반을 시설하고자 한다. 다음 표를 참고하여 전압 변동률 2[%] 이하, 전압 강하율 2[%] 이하가 되도록 다음 사항을 구하시오.(단, 공사 방법은 B1이며, 전선은 PVC 절연 전선이다.) [11점]

- 후강전선관 공사로 한다.
- 3선 모두 같은 선으로 한다.
- 부하의 수용률은 100[%]로 적용
- 후강전선관 내 전선의 점유율은 $\dfrac{1}{3}$ 이내를 유지할 것

[표 1] 부하 집계표

회로 번호	부하 명칭	부하[VA]	부하 분담[VA]		NFB 크기			비고
			A	B	극수	AF	AT	
1	전등	2,400	1,200	1,200	2	50	15	
2	〃	1,400	700	700	2	50	15	
3	콘센트	1,000	1,000	–	1	50	20	
4	〃	1,400	1,400	–	1	50	20	
5	〃	600	–	600	1	50	20	
6	〃	1,000	–	1,000	1	50	20	
7	팬코일	700	700	–	1	30	15	
8	〃	700	–	700	1	30	15	
합계		9,200	5,000	4,200				

[표 2] 전선(피복 절연물을 포함)의 단면적

도체 단면적[mm²]	절연체 두께[mm]	평균 완성 바깥지름[mm]	전선의 단면적[mm²]
1.5	0.7	3.3	9
2.5	0.8	4.0	13
4	0.8	4.6	17
6	0.8	5.2	21
10	1.0	6.7	35
16	1.0	7.8	48
25	1.2	9.7	74
35	1.2	10.9	93
50	1.4	12.8	128
70	1.4	14.6	167
95	1.6	17.1	230
120	1.6	18.8	277
150	1.8	20.9	343
185	2.0	23.3	426
240	2.2	26.6	555
300	2.4	29.6	688
400	2.6	33.2	865

[표 3] 전선관 등의 공사에서의 전선의 허용 전류[A](PVC 절연, 3개의 부하 전선, 동 또는 알루미늄, 전선 온도: 70[℃], 주위 온도: 기중 30[℃], 지중 20[℃])

전선의 공칭 단면적 [mm²]	공사 방법에서의 허용 전류[A]					
	A1	A2	B1	B2	C	D
1.5	13.5	13	15.5	15	17.5	18
2.5	18	17.5	21	20	24	24
4	24	23	28	27	32	31
6	31	29	36	34	41	39
10	42	39	50	46	57	52
16	56	52	68	62	76	67
25	73	68	89	80	96	86
35	89	83	110	99	119	103
50	108	99	134	118	144	122
70	136	125	171	149	184	151
95	164	150	207	179	223	179
120	188	172	239	206	259	203
150	216	196	–	–	299	230
185	245	223	–	–	341	258
240	286	261	–	–	403	297
300	328	298	–	–	464	336

(1) 간선의 공칭 단면적[mm²]을 선정하시오.
- 계산 과정:
- 답:

(2) 간선 보호용 과전류 차단기의 용량(AF, AT)을 선정하시오.(단, AF는 30, 50, 100[A], AT는 10, 20, 32, 40, 50, 63, 80, 100[A]에서 선정한다.)

(3) 분전반의 복선 결선도를 완성하시오.

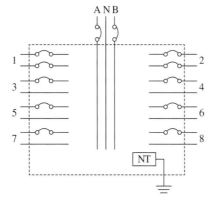

(4) 설비 불평형률은 몇 [%]인지 구하시오.
- 계산 과정:
- 답:

(1) • 계산 과정

$$I_A = \frac{5,000}{110} = 45.45[\text{A}], \quad I_B = \frac{4,200}{110} = 38.18[\text{A}]$$

I_A, I_B 중 큰 값인 45.45[A]를 기준으로 간선 공칭 단면적 선정

$$A = \frac{17.8LI}{1,000e} = \frac{17.8 \times 50 \times 45.45}{1,000 \times (110 \times 0.02)} = 18.39[\text{mm}^2]$$ 이므로 공칭 단면적 $25[\text{mm}^2]$ 선정

• 답: $25[\text{mm}^2]$

(2) • 계산 과정

회로의 설계 전류 $I_B' = 45.45[\text{A}]$이고, [표 3]에서 $25[\text{mm}^2]$란과 공사 방법 B1이 교차하는 전선의 허용 전류 $I_Z = 89[\text{A}]$이므로 $I_B' \leq I_n \leq I_Z$의 조건을 만족하는 정격 전류에서 AT는 50, 63, 80 중 가장 큰 값인 80[A]를 선정하고, AF는 80[A] 이상의 값인 100[A]를 선정한다.

• 답: AF : 100[A], AT : 80[A]

(3)

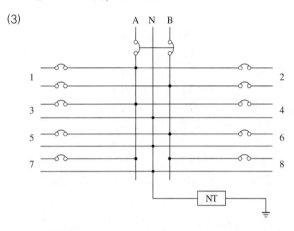

(4) • 계산 과정

설비 불평형률 $= \dfrac{(1,000 + 1,400 + 700) - (600 + 1,000 + 700)}{(5,000 + 4,200) \times \dfrac{1}{2}} \times 100[\%] = 17.39[\%]$

• 답: $17.39[\%]$

---

(1) 단상 3선식에서 전선의 굵기를 선정할 때에 전류는 A선과 B선 중 전류가 큰 쪽인 A선의 부하전류(45.45[A])를 기준으로 한다.

(2) 과부하에 대해 케이블(전선)을 보호하는 장치의 동작특성

$$I_B \leq I_n \leq I_Z$$
$$I_2 \leq 1.45 \times I_Z$$

(단, I_B: 회로의 설계전류[A], I_Z: 케이블의 허용전류[A], I_n: 보호장치의 정격전류[A], I_2: 보호장치가 규약 시간 이내에 유효하게 동작하는 것을 보장하는 전류[A])

(4) 저압 수전의 단상 3선식에서의 설비 불평형률

$$\frac{\text{중성선과 각 전압 측 전선 간에 접속되는 부하설비 용량[kVA]의 차}}{\text{총 부하설비 용량[kVA]} \times \dfrac{1}{2}} \times 100[\%]$$

이때 설비 불평형률은 40[%] 이하이어야 한다.

※ 문제의 [표] 또는 [참고자료]가 KEC 적용 이전의 산출값으로 되어 있으나, 표를 활용하여 답을 산출하는 유형의 문제풀이 방법 숙지를 위해 수록하였습니다.

06 ★★☆ 전력 퓨즈의 역할이 무엇인지 쓰시오. [4점]

답안작성 평상시의 부하 전류는 안전하게 통전하고, 단락 전류는 즉시 차단하여 계통을 보호한다.

07 ★☆☆ 다음 그림은 옥내 배선도의 일부를 표시한 것이다. A 스위치로 ㉠, ㉡ 전등을, B 스위치로 ㉢, ㉣ 전등이 점멸되도록 설계하고자 한다. 각 배선에 필요한 전선의 최소 가닥수를 표시하시오. [5점]

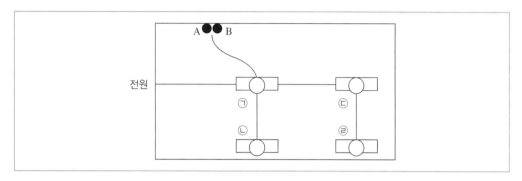

답안작성

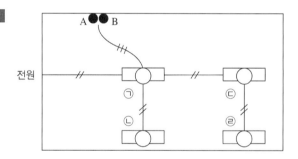

해설비법 실제 배선도

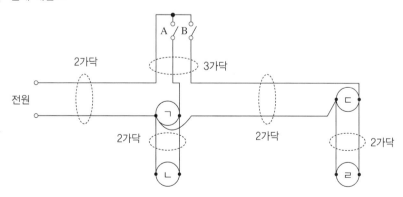

08
★★★

전력 설비에 간선을 설계하고자 할 경우, 간선 설계 시 고려할 사항 5가지를 쓰시오. [5점]

답안작성
- 부하의 산정
- 간선 방식 결정
- 배선 방식 결정
- 분전반 위치 선정
- 간선 용량 계산

개념체크 간선 설계 시 고려 사항
- 부하의 산정(부하 용량, 수용률 등)
- 간선 방식 결정(개별 방식, 병용 방식, 수지식)
- 배선 방식 결정(절연 전선, 케이블, 나도체)
- 분전반 위치 선정(부하의 중심 배치)
- 간선 용량 계산(허용 전류, 전압 강하, 기계적 강도)

09
★★★

감리원은 공사 현장에서 감리 업무 수행에 필요한 서식을 비치하고 기록 및 보관해야 한다. 이 서식 5가지를 쓰시오. [5점]

답안작성
- 감리 업무일지
- 검사 체크리스트
- 기술 검토의견서
- 지시부
- 회의 및 협의내용 관리대장

개념체크 이 외에도 기록 및 보관해야 하는 서식은 다음과 같다.
- 문서 발송대장
- 문서 접수대장
- 근무 상황판
- 안전관리 점검표
- 발주자 지시사항 처리부

다음 그림과 같은 유접점 시퀀스 회로를 무접점 시퀀스 회로로 그리시오. [5점]

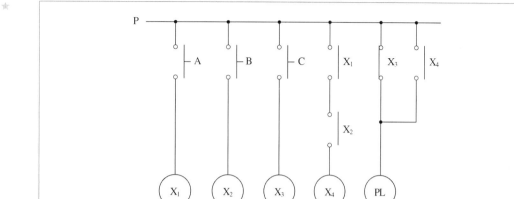

답안작성

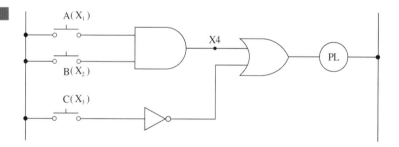

해설비법 유접점 회로의 논리식

$X_4 = X_1 \cdot X_2$

$PL = \overline{X_3} + X_4$

2018년

11 ★★★ 고장 전류(지락 전류) 10,000[A], 전류 통전 시간 0.5[sec], 접지도체(동선)의 허용 온도 상승을 1,000[℃]로 하였을 경우 접지도체의 공칭 단면적[mm²]을 구하시오. [5점]

공칭 단면적[mm²]

2.5	4	6	10	16	25	35

• 계산 과정:

• 답:

• 계산 과정

접지도체 단면적 $A = \sqrt{\dfrac{0.008\,t}{\theta}} \times I = \sqrt{\dfrac{0.008 \times 0.5}{1,000}} \times 10,000 = 20[\mathrm{mm}^2] \rightarrow 25[\mathrm{mm}^2]$ 선정

• 답: 25[mm²]

허용 온도 상승 $\theta = 0.008 \cdot \left(\dfrac{I}{A}\right)^2 \cdot t[℃]$

(단, A: 단면적[mm²], I: 고장 전류[A], t: 통전 시간[sec])

12 ★★★ 다음 그림은 TN−C−S 계통 접지이다. 중성선(N), 보호선(PE), 보호선과 중성선 결합(PEN)을 도면에 완성하고 표시하시오. [5점]

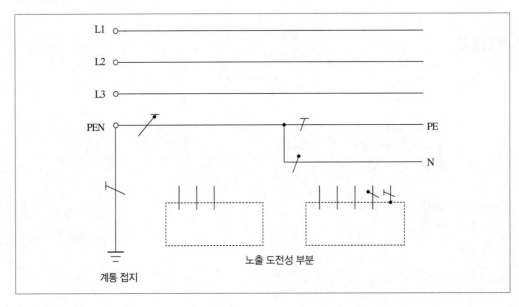

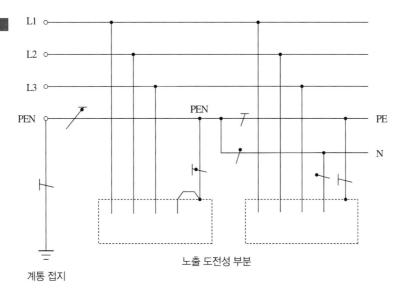

계통 접지

노출 도전성 부분

TN-C-S 계통 접지

- 첫 번째 기호: T = Terra(접지) → 계통 접지
- 두 번째 기호: N = Neutral(중성선)
- 세 번째 기호: C = Combined(결합) → 보호선(PE)과 중성선(N)을 결합
- 네 번째 기호: S = Seperated(분리) → 보호선(PE)과 중성선(N)을 분리

기호 설명	
╱	중성선(N), 중간도체(M)
─ᴛ─	보호도체(PE)
─ᵧ─	중성선과 보호도체 겸용(PEN)

13
★★☆

그림과 같은 $22.9[\text{kV}-\text{Y}]$ 간이 수전설비에 대한 결선도를 보고 다음 각 물음에 답하시오. [13점]

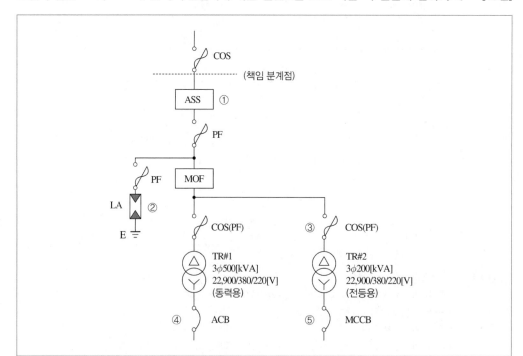

(1) 수전실의 형태를 Cubicle Type으로 할 경우 고압반(HV: High Voltage)과 저압반(LV: Low Voltage)은 몇 개의 면으로 구성되는지 구분하고, 수용되는 기기의 명칭을 쓰시오.

(2) ①, ②, ③ 기기의 최대 설계전압과 정격 전류를 쓰시오.

(3) ④, ⑤ 차단기의 용량(AF, AT)은 어느 것을 선정하면 되겠는가?(단, 역률은 100[%]로 계산한다.)
   • 계산 과정:
   • 답:

답안작성

(1) • 고압반(4면): 피뢰기, 전력 수급용 계기용 변성기, 전등용 변압기, 동력용 변압기, 컷아웃 스위치, 전력 퓨즈
   • 저압반(2면): 기중 차단기, 배선용 차단기

(2) ① ASS
   • 최대 설계전압: 25.8[kV]
   • 정격 전류: 200[A]
   ② LA
   • 최대 설계전압: 18[kV]
   • 정격 전류: 2,500[A]
   ③ COS
   • 최대 설계전압: 25[kV]
   • 정격 전류: 8[A], AF: 100[A]

(3) ④ • 계산 과정: $I_1 = \dfrac{500 \times 10^3}{\sqrt{3} \times 380} = 759.67[\text{A}]$
   • 답: AF 800[A], AT 800[A]

   ⑤ • 계산 과정: $I_1 = \dfrac{200 \times 10^3}{\sqrt{3} \times 380} = 303.87[\text{A}]$
   • 답: AF 400[A], AT 350[A]

14 ★★★

수전 전압 $6{,}600[\text{V}]$, 가공 전선로의 $\%$임피던스가 $58.5[\%]$일 때 수전점의 3상 단락 전류가 $8{,}000[\text{A}]$인 경우 기준 용량과 수전용 차단기의 차단 용량을 구하시오. [6점]

차단기의 정격 용량$[\text{MVA}]$

10	20	30	50	75	100	150	250	300	400	500

(1) 기준 용량
- 계산 과정:
- 답:

(2) 차단 용량
- 계산 과정:
- 답:

답안작성

(1) • 계산 과정

$I_s = \dfrac{100}{\%Z} I_n$ 에서 $I_n = \dfrac{\%Z}{100} I_s = \dfrac{58.5}{100} \times 8{,}000 = 4{,}680[\text{A}]$ 이다.

$\therefore P_n = \sqrt{3}\, VI_n = \sqrt{3} \times 6.6 \times 4.68 = 53.5[\text{MVA}]$

• 답: $53.5[\text{MVA}]$

(2) • 계산 과정: $P_s = \sqrt{3}\, V_n I_s = \sqrt{3} \times 6.6 \times \dfrac{1.2}{1.1} \times 8 = 99.77[\text{MVA}]$, 표에서 $100[\text{MVA}]$ 선정

• 답: $100[\text{MVA}]$

개념체크

(1) 기준 용량 $P_n = \sqrt{3}\, VI_n [\text{MVA}]$

여기서 V: 공칭 전압[kV], I_n: 정격 전류[kA]

(2) 차단 용량 $P_s = \sqrt{3}\, V_n I_s [\text{MVA}]$

여기서 V_n: 정격 전압 = 공칭 전압$\times \dfrac{1.2}{1.1}$[kV], I_s: 정격 차단 전류[kA]

2018년

15 ★★☆

그림은 PB-ON 스위치를 ON한 후 일정 시간이 지난 다음에 MC가 동작하여 전동기 M이 운전되는 회로이다. 여기에 사용한 타이머 T는 입력 신호를 소멸했을 때 열려서 이탈되는 형식인데 전동기가 회전하면 릴레이 X가 복구되어 타이머에 입력 신호가 소멸되고 전동기는 계속 회전할 수 있도록 할 때 이 회로를 수정하여 완성하시오.　　　　　　　　　　　　　　　　　　　　　　　　[5점]

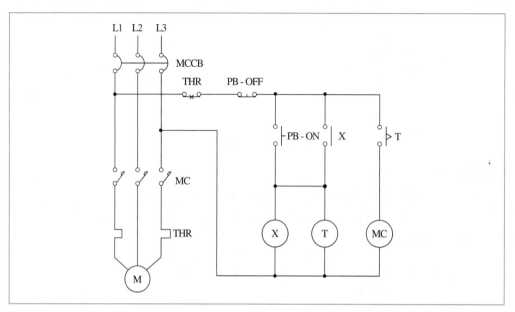

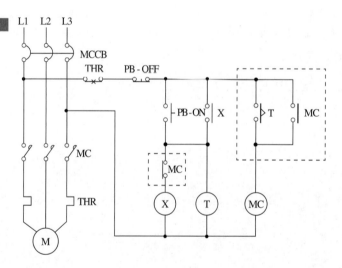

해설비법
- 전동기가 회전하면 릴레이 X가 복구되어 타이머에 입력 신호가 소멸: 릴레이 X에 MC의 b접점을 직렬로 추가 연결
- 전동기는 계속 회전할 수 있도록: MC의 자기유지 a접점을 병렬로 추가 연결

16

★☆☆

1차 측 전압이 $6.6[\text{kV}]$, 권수비 30인 변압기가 있다. 다음 물음에 답하시오. [6점]

(1) 2차 측 정격 전압[V]을 구하시오.
- 계산 과정:
- 답:

(2) 2차에 50[kW], 진상 역률 0.8인 부하를 연결할 경우, 1차 전류 및 2차 전류를 구하시오.
- 계산 과정:
- 답:

(3) 1차 입력[kVA]을 구하시오.
- 계산 과정:
- 답:

답안작성

(1) • 계산 과정

$$a = \frac{N_1}{N_2} = \frac{V_1}{V_2} \rightarrow \therefore V_2 = \frac{V_1}{a} = \frac{6,600}{30} = 220[\text{V}]$$

- 답: $220[\text{V}]$

(2) • 계산 과정

1차 전류: $I_1 = \dfrac{P}{V_1 \cos\theta} = \dfrac{50 \times 10^3}{6,600 \times 0.8} = 9.47[\text{A}]$, 2차 전류: $I_2 = \dfrac{P}{V_2 \cos\theta} = \dfrac{50 \times 10^3}{220 \times 0.8} = 284.09[\text{A}]$

- 답: 1차 전류: $9.47[\text{A}]$, 2차 전류: $284.09[\text{A}]$

(3) • 계산 과정: $P_1 = V_1 I_1 = 6.6 \times 9.47 = 62.5[\text{kVA}]$
- 답: $62.5[\text{kVA}]$

개념체크 변압기의 권수비 $a = \dfrac{N_1}{N_2} = \dfrac{V_1}{V_2} = \dfrac{I_2}{I_1} = \sqrt{\dfrac{Z_1}{Z_2}}$

01 ★★★

그림과 같은 송전 계통 S점에서 3상 단락 사고가 발생하였다. 주어진 도면과 조건을 참고하여 다음 각 물음에 답하시오. [14점]

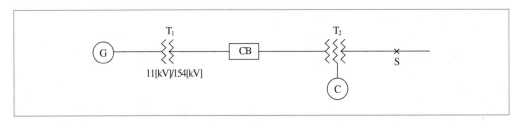

[조건]

번호	기기명	용량	전압	%X[%]
1	G: 발전기	50,000[kVA]	11[kV]	25
2	T₁: 변압기	50,000[kVA]	11/154[kV]	10
3	송전선		154[kV]	8 (10,000[kVA] 기준)
4	T₂: 변압기	1차 25,000[kVA]	154[kV]	12 (25,000[kVA] 기준, 1차 ~ 2차)
		2차 25,000[kVA]	77[kV]	16 (25,000[kVA] 기준, 2차 ~ 3차)
		3차 10,000[kVA]	11[kV]	9.5 (10,000[kVA] 기준, 3차 ~ 1차)
5	C: 조상기	10,000[kVA]	11[kV]	15

(1) 변압기(T_2)의 1차, 2차, 3차 권선의 %리액턴스를 기준 용량 10[MVA]로 환산하시오.
 • 계산 과정:
 • 답:

(2) 변압기(T_2)와 1차, 2차, 3차 자기 리액턴스를 구하시오.
 • 계산 과정:
 • 답:

(3) 고장점 S에서 바라본 전원 측의 10[MVA] 기준 합성 %리액턴스를 구하시오.
 • 계산 과정:
 • 답:

(4) 고장점의 단락 용량[MVA]을 구하시오.
 • 계산 과정:
 • 답:

(5) 고장점의 단락 전류[A]를 구하시오.
 • 계산 과정:
 • 답:

(1) • 계산 과정

$$\%X_{12} = 12 \times \frac{10}{25} = 4.8[\%]$$

$$\%X_{23} = 16 \times \frac{10}{25} = 6.4[\%]$$

$$\%X_{31} = 9.5 \times \frac{10}{10} = 9.5[\%]$$

• 답: $\%X_{12} = 4.8[\%]$, $\%X_{23} = 6.4[\%]$, $\%X_{31} = 9.5[\%]$

(2) • 계산 과정

$$\%X_1 = \frac{1}{2}(X_{12} + X_{31} - X_{23}) = \frac{1}{2} \times (4.8 + 9.5 - 6.4) = 3.95[\%]$$

$$\%X_2 = \frac{1}{2}(X_{12} + X_{23} - X_{31}) = \frac{1}{2} \times (4.8 + 6.4 - 9.5) = 0.85[\%]$$

$$\%X_3 = \frac{1}{2}(X_{23} + X_{31} - X_{12}) = \frac{1}{2} \times (6.4 + 9.5 - 4.8) = 5.55[\%]$$

• 답: $\%X_1 = 3.95[\%]$, $\%X_2 = 0.85[\%]$, $\%X_3 = 5.55[\%]$

(3) • 계산 과정

10[MVA] 기준 %리액턴스 환산

$$\%X_G = 25 \times \frac{10}{50} = 5[\%], \quad \%X_{T_1} = 10 \times \frac{10}{50} = 2[\%], \quad \%X_l = 8 \times \frac{10}{10} = 8[\%], \quad \%X_C = 15 \times \frac{10}{10} = 15[\%]$$

$$\therefore \text{합성 \%리액턴스 } \%X = \frac{(5+2+8+3.95) \times (15+5.55)}{(5+2+8+3.95) + (15+5.55)} + 0.85 = 10.71[\%]$$

• 답: $10.71[\%]$

(4) • 계산 과정

$$P_s = \frac{100}{\%X} P_n = \frac{100}{10.71} \times 10 = 93.37[\text{MVA}]$$

• 답: $93.37[\text{MVA}]$

(5) • 계산 과정

$$I_s = \frac{100}{\%X} I_n = \frac{100}{10.71} \times \frac{10 \times 10^3}{\sqrt{3} \times 77} = 700.1[\text{A}]$$

• 답: $700.1[\text{A}]$

(1) $\%X_{기준} = \%X_{자기} \times \dfrac{\text{기준 용량}}{\text{자기 용량}}$

(3) 임피던스 맵으로 구성하면 다음과 같다.

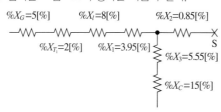

02 ★★★

변압기 중성점 접지 목적 3가지를 서술하시오. [5점]

답안작성
- 1선 지락 사고 시 건전상의 전위 상승 억제
- 보호 계전기의 동작을 확실하게 함
- 고·저압 혼촉 사고 시 저압측 전위 상승 억제

03 ★★★

다음은 상용 전원과 예비 전원 운전 시 유의하여야 할 사항이다. (　　) 안에 알맞은 내용을 쓰시오. [4점]

> 상용 전원과 예비 전원 사이에는 병렬 운전을 하지 않는 것이 원칙이므로 수전용 차단기와 발전용 차단기 사이에는 전기적 또는 기계적 (①)을 시설해야 하며, (②)를 사용해야 한다.

답안작성
① 인터록
② 전환 개폐기

04 ★★★

다음 표의 시험 전압은 몇 [V]인가? [5점]

공칭 전압[V]	최대 사용전압[V]	접지방식	시험 전압[V]
6,600	6,900	비접지	①
13,200	13,800	중성점 다중접지	②
22,900	24,000	중성점 다중접지	③

답안작성
① $6,900 \times 1.5 = 10,350$[V]
② $13,800 \times 0.92 = 12,696$[V]
③ $24,000 \times 0.92 = 22,080$[V]

구분	시험 전압
최대 사용전압 7[kV] 이하인 권선 (단, 시험 전압이 500[V] 미만으로 되는 경우에는 500[V])	최대 사용전압 × 1.5배
7[kV]를 넘고 25[kV] 이하의 권선으로서 중성선 다중접지식에 접속되는 것	최대 사용전압 × 0.92배
7[kV]를 넘고 60[kV] 이하의 권선(중성선 다중접지 제외) (단, 시험 전압이 10.5[kV] 미만으로 되는 경우에는 10.5[kV])	최대 사용전압 × 1.25배
60[kV]를 넘는 권선으로서 중성점 비접지식 전로에 접속되는 것	최대 사용전압 × 1.25배
60[kV]를 넘는 권선으로서 중성점 접지식 전로에 접속하고 또한 성형결선 권선의 경우에는 그 중성점에 T좌 권선과 주좌 권선의 접속점에 피뢰기를 시설하는 것(단, 시험 전압이 75[kV] 미만으로 되는 경우에는 75[kV])	최대 사용전압 × 1.1배
60[kV]를 넘는 권선으로서 중성점 직접접지식 전로에 접속하는 것. 다만, 170[kV]를 초과하는 권선에는 그 중성점에 피뢰기를 시설하는 것	최대 사용전압 × 0.72배
170[kV]를 넘는 권선으로서 중성점 직접접지식 전로에 접속하고 또는 그 중성점을 직접접지하는 것	최대 사용전압 × 0.64배
기타의 권선	최대 사용전압 × 1.1배

05 ★★☆

다음 그림에서 간선의 최소 허용전류[A]를 구하시오. [4점]

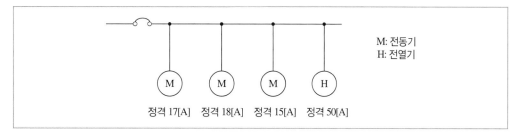

M: 전동기
H: 전열기

정격 17[A]　정격 18[A]　정격 15[A]　정격 50[A]

- 계산 과정:

- 답:

답안작성 　• 계산 과정

전동기 전류의 합 $\sum I_M = 17+18+15 = 50[A]$

전열기 전류의 합 $\sum I_H = 50[A]$

설계전류 $I_B = I_M + I_H = 50+50 = 100[A]$

$I_B \le I_n \le I_Z$의 조건을 만족하는 간선의 최소 허용전류 $I_Z \ge 100[A]$

• 답: 100[A]

과부하에 대해 케이블(전선)을 보호하는 장치의 동작특성

$$I_B \leq I_n \leq I_Z$$
$$I_2 \leq 1.45 \times I_Z$$

(단, I_B: 회로의 설계전류[A], I_Z: 케이블의 허용전류[A], I_n: 보호장치의 정격전류[A], I_2: 보호장치가 규약시 간 이내에 유효하게 동작하는 것을 보장하는 전류[A])

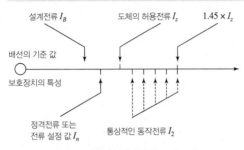

▲ 과부하 보호 설계 조건도

06 ★★★

어느 건물의 부하는 하루에 $240[\text{kW}]$로 5시간, $100[\text{kW}]$로 8시간, $75[\text{kW}]$로 나머지 시간을 사용한다. 이에 따른 수전 설비를 $450[\text{kVA}]$로 하였을 때에 부하의 평균 역률이 0.8이라면 이 건물의 수용률과 일 부하율은 얼마인가? [6점]

(1) 수용률
- 계산 과정:
- 답:

(2) 일 부하율
- 계산 과정:
- 답:

(1) • 계산 과정

$$수용률 = \frac{240}{450 \times 0.8} \times 100 = 66.67[\%]$$

• 답: $66.67[\%]$

(2) • 계산 과정

$$일\ 부하율 = \frac{\dfrac{240 \times 5 + 100 \times 8 + 75 \times 11}{24}}{240} \times 100 = 49.05[\%]$$

• 답: $49.05[\%]$

(1) $수용률 = \dfrac{최대\ 전력[\text{kW}]}{설비\ 용량[\text{kVA}] \times 역률} \times 100[\%]$

(2) $일\ 부하율 = \dfrac{평균\ 전력[\text{kW}]}{최대\ 전력[\text{kW}]} \times 100[\%] = \dfrac{\dfrac{총\ 사용\ 전력량[\text{kWh}]}{사용\ 시간[\text{h}]}}{최대\ 전력[\text{kW}]} \times 100[\%]$

07 ★☆☆

조명 기구를 배광에 따라 구분할 경우 종류 5가지를 나열하시오.　　　　　[5점]

• 직접 조명
• 반직접 조명
• 전반 확산 조명
• 반간접 조명
• 간접 조명

08 ★★★

$55[mm^2](0.3195[\Omega/km])$, 전장 $3.6[km]$인 3심 전력 케이블의 어떤 중간 지점에서 1선 지락 사고가 발생하여 전기적 사고점 탐지법의 하나인 머레이 루프법으로 측정한 결과, 그림과 같은 상태에서 평형이 되었다고 한다. 측정점에서 사고 지점까지의 거리를 구하시오.　　　　　[5점]

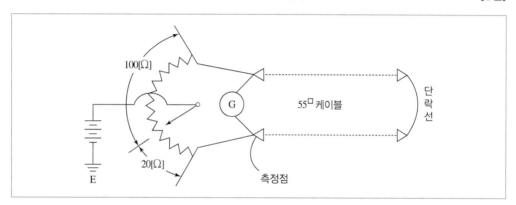

• 계산 과정:

• 답:

• 계산 과정
　측정점에서 고장점까지의 거리를 $x[km]$, 전장을 $L[km]$라 하고 휘스톤 브리지의 원리를 이용하면
　$20 \times (2L - x) = 100 \times x$ 이다.
　$$\therefore x = \frac{40L}{120} = \frac{40}{120} \times 3.6 = 1.2[km]$$
• 답: $1.2[km]$

머레이 루프법

- 브리지 평형 원리를 이용하여 고장점까지의 거리를 측정하는 방법이다.
- 머레이 루프법을 이용한 고장점 측정 방법은 다음의 식과 같다.

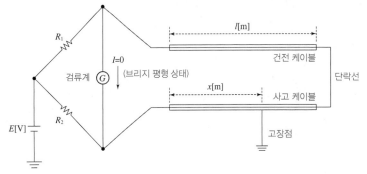

▲ 머레이 루프법의 원리

위 그림에서 머레이 루프 시험기가 설치된 위치에서 고장점까지의 거리 $x[\text{m}]$는

$$R_1 \times \rho \frac{x}{A} = R_2 \times \rho \frac{(2l-x)}{A} \text{(브리지 평형 조건)}$$

$$R_1 x = R_2 \times (2l-x)$$

$$x = \frac{2lR_2}{R_1 + R_2}[\text{m}] \text{이다.}$$

09 다음 논리식을 간단히 하시오. [4점]

★★☆

(1) $Z = (A+B+C) \cdot A$

(2) $Z = \overline{A} \cdot C + B \cdot C + A \cdot B + \overline{B} \cdot C$

(1) $Z = (A+B+C) \cdot A = A \cdot A + A \cdot B + A \cdot C = A + A \cdot B + A \cdot C$
  $= A \cdot (1+B+C) = A$

(2) $Z = \overline{A} \cdot C + B \cdot C + A \cdot B + \overline{B} \cdot C = \overline{A} \cdot C + A \cdot B + C \cdot (B+\overline{B}) = \overline{A} \cdot C + A \cdot B + C$
  $= A \cdot B + C \cdot (\overline{A}+1) = A \cdot B + C$

논리 대수 및 드 모르간 정리

교환 법칙	$A+B = B+A$, $A \cdot B = B \cdot A$
결합 법칙	$(A+B)+C = A+(B+C)$, $(A \cdot B) \cdot C = A \cdot (B \cdot C)$
분배 법칙	$A \cdot (B+C) = A \cdot B + A \cdot C$, $A+(B \cdot C) = (A+B) \cdot (A+C)$
동일 법칙	$A+A = A$, $A \cdot A = A$
공리 법칙	$A+0 = A$, $A \cdot 1 = A$, $A+1 = 1$, $A \cdot 0 = 0$
드 모르간 정리	$\overline{A+B} = \overline{A} \cdot \overline{B}$, $\overline{A \cdot B} = \overline{A}+\overline{B}$

10
★★★

다음 각 상의 불평형 전압이 $V_a = 7.3 \angle 12.5°[\mathrm{V}]$, $V_b = 0.4 \angle -100°[\mathrm{V}]$, $V_c = 4.4 \angle 154°[\mathrm{V}]$인 경우, 대칭분인 V_0, V_1, V_2를 구하시오. [6점]

(1) V_0
  - 계산 과정:
  - 답:

(2) V_1
  - 계산 과정:
  - 답:

(3) V_2
  - 계산 과정:
  - 답:

답안작성

(1) • 계산 과정

$$V_0 = \frac{1}{3}\left(V_a + V_b + V_c\right) = \frac{1}{3} \times (7.3 \angle 12.5° + 0.4 \angle -100° + 4.4 \angle 154°) = 1.03 + j1.04[\mathrm{V}]$$

$$= 1.46 \angle 45.28°[\mathrm{V}]$$

• 답: $1.46 \angle 45.28°[\mathrm{V}]$

(2) • 계산 과정

$$V_1 = \frac{1}{3}\left(V_a + aV_b + a^2 V_c\right)$$

$$= \frac{1}{3} \times (7.3 \angle 12.5° + 1 \angle 120° \times 0.4 \angle -100° + 1 \angle 240° \times 4.4 \angle 154°) = 3.72 + j1.39[\mathrm{V}]$$

$$= 3.97 \angle 20.49°[\mathrm{V}]$$

• 답: $3.97 \angle 20.49°[\mathrm{V}]$

(3) • 계산 과정

$$V_2 = \frac{1}{3}\left(V_a + a^2 V_b + aV_c\right)$$

$$= \frac{1}{3} \times (7.3 \angle 12.5° + 1 \angle 240° \times 0.4 \angle -100° + 1 \angle 120° \times 4.4 \angle 154°) = 2.38 - j0.85[\mathrm{V}]$$

$$= 2.53 \angle -19.65°[\mathrm{V}]$$

• 답: $2.53 \angle -19.65°[\mathrm{V}]$

개념체크
• $A \angle \theta = A(\cos\theta + j\sin\theta)$
• $a + jb = \sqrt{a^2 + b^2} \angle \tan^{-1}\left(\dfrac{b}{a}\right)$

2018년

11 ★★★

인텔리전트 빌딩(Intelligent building)은 빌딩자동화 시스템, 사무자동화 시스템, 정보통신 시스템, 건축 환경을 총 망라한 건설과 유지 관리의 경제성을 추구하는 빌딩이라 할 수 있다. 이러한 빌딩의 전산 시스템을 유지하기 위하여 비상 전원으로 사용되고 있는 UPS에 대해서 다음 물음에 답하시오. [6점]

(1) UPS를 우리말로 하면 어떤 것을 뜻하는가?

(2) UPS에서 AC → DC부와 DC → AC부로 변환하는 부분의 명칭을 각각 무엇이라고 부르는가?

(3) UPS가 동작되면 전력 공급을 위한 축전지가 필요한데, 그때의 축전지 용량을 구하는 공식을 쓰시오.(단, 사용 기호에 대한 의미도 설명하도록 하시오.)

답안작성 (1) 무정전 전원공급장치

(2) • AC → DC부: 컨버터

　　 • DC → AC부: 인버터

(3) $C = \dfrac{1}{L} KI$[Ah]

　　(L: 보수율(경년 용량 저하율), K: 용량 환산 시간 계수, I: 방전 전류[A], C: 축전지 용량[Ah])

개념체크 무정전 전원공급장치(UPS: Uninterruptible Power Supply)

(1) UPS의 역할

　　선로의 정전이나 입력 전원에 이상 상태가 발생하였을 경우에도 정상적으로 전력을 부하 측에 공급하는 무정전 전원장치이다.

(2) UPS의 구성

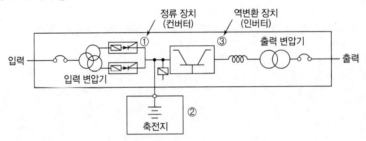

　① 정류 장치(컨버터): 교류를 직류로 변환시킨다.

　② 축전지: 직류 전력을 저장시킨다.

　③ 역변환 장치(인버터): 직류를 교류로 변환시킨다.

12 ★★★

변압기 1대의 용량이 200[kVA]인 단상 변압기 2대로 V 결선하여 전원에 공급하는 경우, 계약 수전 전력에 의한 최대 전력은 몇인가?(단, 계산값은 소수 첫째 자리에서 반올림한다.) [4점]

• 계산 과정:

• 답:

• 계산 과정

$$P_v = \sqrt{3}\,P = \sqrt{3} \times 200 = 346.41\,[\text{kVA}]$$

∴ 최대 수전 전력 346[kW]

• 답: 346[kW]

계약 수전설비에 의한 계약 최대 전력의 단위: [kW]

13 ★☆☆

부하의 최대 전력을 억제하는 방법 3가지를 적으시오.　　　　　　　　　　　　　　　[6점]

• 부하의 피크 컷 제어
• 부하의 피크 시프트 제어
• 부하의 프로그램 제어 방식

부하의 최대 전력 억제 방법
• 부하의 피크 컷 제어
• 부하의 피크 시프트 제어
• 부하의 프로그램 제어 방식
• 자가용 발전설비의 가동에 의한 피크 제어

14 ★★☆

답안지의 도면은 3상 농형 유도 전동기 IM의 Y−Δ 기동 운전 제어의 미완성 회로도이다. 이 회로도를
보고 다음 각 물음에 답하시오.　　　　　　　　　　　　　　　[8점]

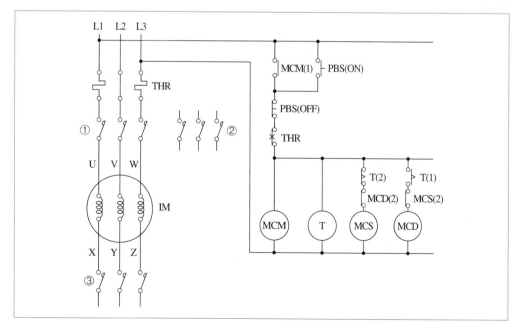

(1) ①~③에 해당되는 전자 접촉기 접점의 약호는 무엇인가?

(2) 전자 접촉기 MCS는 운전 중에는 어떤 상태로 있겠는가?

(3) 미완성 회로도의 주 회로 부분에 Y$-\Delta$ 기동 운전 결선도를 작성하시오.

답안작성 (1) ① MCM ② MCD ③ MCS
(2) 복구(무여자) 상태
(3)

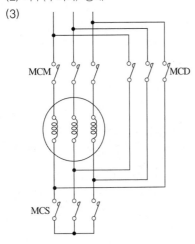

해설비법 PBS(ON)을 눌러 전원을 투입하면 MCM과 MCS, 타이머 T가 여자된다. 타이머의 설정 시간 후(기동 완료 후) MCS는 소자되고, MCD는 여자된다.

15
★★☆

다음 명령어를 참고하여 다음 물음에 답하시오.(단, S: 입력 a 접점 (신호), SN: 입력 b 접점 (신호), A: AND a 접점, AN: AND b 접점, O: OR a 접점, ON: OR b 접점, W: 출력이다.) [6점]

스탭	명령어	번지
0	S	P000
1	AN	M000
2	ON	M001
3	W	P011

(1) PLC 래더 다이어그램을 그리시오.

(2) 논리식을 쓰시오.

답안작성 (1)

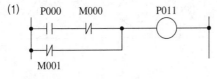

(2) $P011 = P000 \cdot \overline{M000} + \overline{M001}$

16
★☆☆

도면은 어떤 배전용 변전소의 단선 결선도이다. 이 도면과 주어진 조건을 이용하여 다음 각 물음에 답하시오.

[12점]

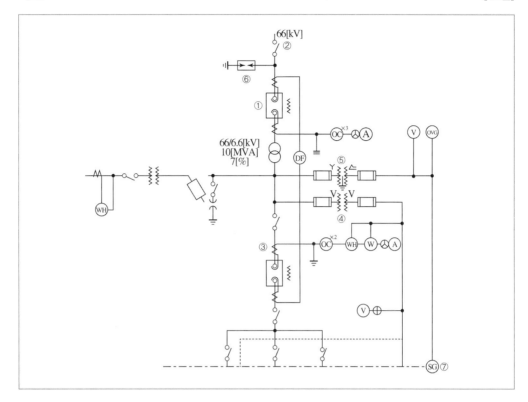

[조건]

- 주변압기의 정격은 1차 정격 전압 66[kV], 2차 정격 전압 6.6[kV], 정격 용량은 3상 10[MVA]라고 한다.
- 주변압기의 1차 측(즉, 1차 모선)에서 본 전원 측 등가 임피던스는 100[MVA] 기준으로 16[%]이고, 변압기의 내부 임피던스는 자기 용량 기준으로 7[%]라고 한다.
- 각 Feeder에 연결된 부하는 거의 동일하다고 한다.
- 차단기의 정격 차단 용량, 정격 전류, 단로기의 정격 전류, 변류기의 1차 정격 전류 표준은 다음과 같다.

정격 전압[kV]	공칭 전압[kV]	정격 차단 용량[MVA]	정격 전류[A]	정격 차단 시간[Hz]
7.2	6.6	25	200	5
		50	400, 600	5
		100	400, 600, 800, 1,200	5
		150	400, 600, 800, 1,200	5
		200	600, 800, 1,200	5
		250	600, 800, 1,200, 2,000	5
72.5	66	1,000	600, 800	3
		1,500	600, 800, 1,200	3
		2,500	600, 800, 1,200	3
		3,500	800, 1,200	3

- 단로기 또는 선로 개폐기 정격 전류의 표준 규격

72.5[kV] : 600[A], 1,200[A]

7.2[kV] 이하 : 400[A], 600[A], 1,200[A], 2,000[A]

- CT 1차 정격 전류 표준 규격(단위: [A])

  50, 75, 100, 150, 200, 300, 400, 600, 800, 1,200, 1,500, 2,000
- CT 2차 정격 전류는 5[A], PT의 2차 정격 전압은 110[V]이다.

(1) 차단기 ①에 대한 정격 차단 용량과 정격 전류를 산정하시오.
- 계산 과정:
- 답:

(2) 선로 개폐기 ②에 대한 정격 전류를 산정하시오.
- 계산 과정:
- 답:

(3) 변류기 ③에 대한 1차 정격 전류를 산정하시오.
- 계산 과정:
- 답:

(4) PT ④에 대한 1차 정격 전압은 얼마인가?

(5) ⑤로 표시된 기기의 명칭은 무엇인가?

(6) 피뢰기 ⑥에 대한 정격 전압은 얼마인가?

(7) ⑦의 역할을 간단히 설명하시오.

답안작성 (1) • 계산 과정

$$P_s = \frac{100}{\%Z} P_n = \frac{100}{16} \times 100 = 625[\text{MVA}] \quad \rightarrow \text{차단 용량은 표에서 } 1,000[\text{MVA}] \text{ 선정}$$

$$I_n = \frac{P_n}{\sqrt{3}\,V_r} = \frac{10 \times 10^3}{\sqrt{3} \times 66} = 87.48[\text{A}] \quad \rightarrow \text{정격 전류는 표에서 } 600[\text{A}] \text{ 선정}$$

- 답: 차단 용량 1,000[MVA], 정격 전류: 600[A]

(2) • 계산 과정

$$I_n = \frac{P_n}{\sqrt{3}\,V_r} = \frac{10 \times 10^3}{\sqrt{3} \times 66} = 87.48[\text{A}] \rightarrow \text{문제 조건에서 } 600[\text{A}] \text{ 선정}$$

- 답: 600[A]

(3) • 계산 과정

$$I_n = \frac{P_n}{\sqrt{3}\,V_r} \times k = \frac{10 \times 10^3}{\sqrt{3} \times 6.6} \times (1.25 \sim 1.5) = 1,093.47 \sim 1,312.16[\text{A}] \rightarrow \text{표에서 } 1,200[\text{A}] \text{ 선정}$$

- 답: 1,200[A]

(4) 6,600[V]

(5) 접지형 계기용 변압기

(6) 72[kV]

(7) 다회선 배전 선로에서 지락 사고 시 지락 회선을 선택 차단

적용 장소별 피뢰기 정격 전압

전력 계통		피뢰기 정격 전압[kV]	
전압[kV]	중성점 접지 방식	변전소	배전 선로
345	유효접지	288	–
154	유효접지	144	–
66	PC 접지 또는 비접지	72	–
22	PC 접지 또는 비접지	24	–
22.9	3상 4선식 다중접지	21	18

배점 100

득점	1회독	
	2회독	
	3회독	

01 ★★☆

다음은 가공 송전선로의 코로나 임계 전압을 나타낸 식이다. 이 식을 보고 다음 물음에 답하시오. [6점]

$$E_0 = 24.3 m_0 m_1 \delta d \log_{10} \frac{D}{r} \, [\text{kV}]$$

(1) 기온 $t[°C]$ 에서의 기압을 $b[\text{mmHg}]$ 라고 할 때 $\delta = \dfrac{0.386b}{273+t}$ 로 나타내는데, 이 δ는 무엇을 의미하는지 쓰시오.

(2) m_1이 날씨에 의한 계수라면, m_0는 무엇에 의한 계수인지 쓰시오.

(3) 코로나에 의한 장해의 종류 2가지만 쓰시오.

(4) 코로나 발생을 방지하기 위한 주요 대책 2가지만 쓰시오.

답안작성

(1) 상대 공기 밀도

(2) 전선의 표면 계수

(3) • 코로나 전력 손실 발생
   • 오존에 의한 전선의 부식

(4) • 굵은 전선 및 복도체(다도체) 사용
   • 가선 금구 개량

개념체크

전선의 코로나 현상

(1) 코로나의 정의

송전 선로의 공기 절연이 부분적으로 파괴되어서 낮은 소리와 푸른 빛을 내면서 방전하게 되는 이상 현상이다.

(2) 코로나 임계 전압(E_0)

코로나 방전이 시작되는 코로나 임계 전압 산출식은 다음과 같다.

$$E_0 = 24.3 m_0 m_1 \delta d \log_{10} \frac{D}{r} \, [\text{kV}]$$

(단, m_0: 전선의 표면 계수(매끈한 전선 = 1, 거친 전선 = 0.8), m_1: 날씨 계수(맑은 날 = 1, 비, 눈, 안개 등 악천우 = 0.8), δ: 상대 공기 밀도$\left(\delta = \dfrac{0.386b}{273+t}\right)$, b: 기압, t: 온도, d: 전선의 직경, r: 도체의 반지름, D: 등가 선간 거리)

(3) 코로나에 의한 악영향

① 코로나 전력 손실 발생

$$P = \frac{241}{\delta} (f+25) \sqrt{\frac{d}{2D}} \ (E - E_0)^2 \times 10^{-5} \, [\text{kW/km/line}]$$

② 코로나 고조파 발생

③ 전력선 주변 통신 선로에 전파 장해 발생

④ 소호 리액터 접지에서 소호 능력의 저하

⑤ 전선 부식(코로나 방전 시 오존(O_3)이 발생하고 공기의 수분과 결합하여 초산 발생)

(4) 코로나 방지 대책
   ① 굵은 전선 사용, 복도체(다도체)를 사용한다.
   ② 전선의 표면을 매끄럽게 유지한다.
   ③ 가선 금구를 매끄럽게 개량한다.

02 ★★★

ALTS의 명칭 및 용도를 쓰시오. [4점]

(1) 명칭

(2) 용도

답안작성 (1) 자동 부하 전환 개폐기
(2) 상용 전원 공급 선로의 정전 사고 시 예비 전원 선로로 자동 전환하는 개폐 장치

개념체크 자동 부하 전환 개폐기(ALTS, Automatic Load Transfer Switch)

03 ★★★

주어진 표는 어떤 부하의 데이터이다. 이 데이터를 수용할 수 있는 발전기 용량을 산정하시오. [6점]

구분	부하의 종류	출력[kW]	전부하 특성			
			역률[%]	효율[%]	입력[kVA]	입력[kW]
No. 1	유도 전동기	37×6	87.0	81	52.5×6	45.7×6
No. 2	유도 전동기	11	84.0	77.0	17	14.3
No. 3	전등·기타	30	100	–	30	30
합계			88.0	–		

(1) 전부하로 운전하는 데 필요한 정격 용량[kVA]은 얼마인가?
   • 계산 과정:
   • 답:

(2) 전부하로 운전하는 데 필요한 엔진 출력은 몇 [PS]인가?(단, 발전기 효율은 92[%]이다.)
   • 계산 과정:
   • 답:

답안작성 (1) • 계산 과정: $P_a = \dfrac{\sum P}{\cos\theta} = \dfrac{45.7 \times 6 + 14.3 + 30}{0.88} = 361.93[\text{kVA}]$
   • 답: 361.93[kVA]

(2) • 계산 과정: $P_G = \dfrac{\sum P}{\eta} \times 1.36 = \dfrac{45.7 \times 6 + 14.3 + 30}{0.92} \times 1.36 = 470.83[\text{PS}]$
   • 답: 470.83[PS]

(1) 발전기 용량 $P_a[\text{kVA}] = \dfrac{\text{전부하 입력[kW]}}{\text{종합 역률}}$

(2) 엔진 출력 $P_G[\text{PS}] = \dfrac{\text{전부하 입력[kW]}}{\text{효율}} \times 1.36$

  • $1[\text{PS}] = 0.736[\text{kW}]$, $1[\text{kW}] = 1.36[\text{PS}]$
  • $1[\text{HP}] = 0.746[\text{kW}]$, $1[\text{kW}] = 1.34[\text{HP}]$
  • $[\text{HP}]$, $[\text{PS}]$: 마력의 단위

04 ★★☆

오실로스코프의 감쇄 Probe는 입력 전압의 크기를 10배의 배율로 감소시키도록 설계되어 있다. 그림에서 오실로스코프의 입력 임피던스 R_s는 $1[\text{M}\Omega]$이고, Probe의 내부 저항 R_p는 $9[\text{M}\Omega]$이다. 다음 각 물음에 답하시오. [9점]

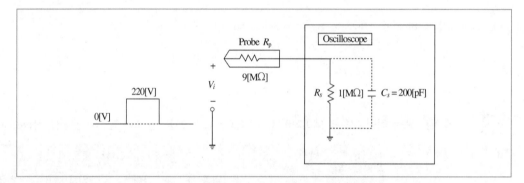

(1) 이때 Probe의 입력 전압이 $V_i = 220[\text{V}]$라면 오실로스코프에 나타나는 전압은?
   • 계산 과정:
   • 답:

(2) 오실로스코프의 내부 저항 $R_s = 1[\text{M}\Omega]$과 $C_s = 200[\text{pF}]$의 콘덴서가 병렬로 연결되어 있을 때 콘덴서 C_s에 대한 테브난의 등가 회로가 다음과 같다면 시정수 τ와 $v_i = 220[\text{V}]$일 때의 테브난의 등가 전압 E_{th}를 구하시오.

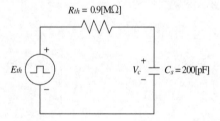

   • 계산 과정:
   • 답:

(3) 인가 주파수가 $10[\text{kHz}]$일 때 주기는 몇 $[\text{ms}]$인가?
   • 계산 과정:
   • 답:

(1) • 계산 과정: $V_0 = \dfrac{220}{10} = 22[\text{V}]$

　　　　• 답: $22[\text{V}]$

(2) • 계산 과정

　　시정수 $\tau = R_{th}\,C_s = 0.9\times10^6\times200\times10^{-12} = 180\times10^{-6}[\text{s}] = 180[\mu\text{s}]$

　　테브난 전압 $E_{th} = \dfrac{R_s}{R_p + R_s}\times V_i = \dfrac{1}{9+1}\times220 = 22[\text{V}]$

　　• 답: 시정수 $180[\mu\text{s}]$, 테브난 전압 $22[\text{V}]$

(3) • 계산 과정: $T = \dfrac{1}{f} = \dfrac{1}{10\times10^3} = 0.1\times10^{-3}[\text{s}] = 0.1[\text{ms}]$

　　• 답: $0.1[\text{ms}]$

오실로스코프의 감쇄 Probe는 입력 전압의 크기를 10배의 배율로 감소시키도록 설계되어 있다고 하였으므로 출력 전압 $V_0 = \dfrac{\text{입력 전압}}{10} = \dfrac{220}{10} = 22[\text{V}]$

05
★☆☆ 그림에서 각 지점 간의 저항이 동일하다고 가정하고 간선 AD 사이에 전원을 공급하려고 한다. 전력 손실을 최소로 하려면 간선 AD 사이에서 어느 지점에 공급해야 되는가? [5점]

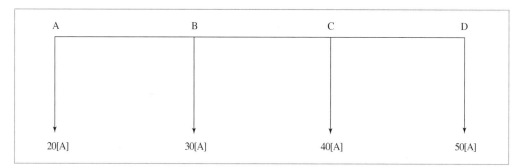

• 계산 과정:

• 답:

• 계산 과정
　각 구간의 저항을 R이라 하면 전력 손실 $P_l = I^2 R$에서
　$P_{lA} = (30+40+50)^2 R + (40+50)^2 R + 50^2 R = 25{,}000R[\text{W}]$
　$P_{lB} = 20^2 R + (40+50)^2 R + 50^2 R = 11{,}000R[\text{W}]$
　$P_{lC} = 20^2 R + (20+30)^2 R + 50^2 R = 5{,}400R[\text{W}]$
　$P_{lD} = 20^2 R + (20+30)^2 R + (20+30+40)^2 R = 11{,}000R[\text{W}]$ 이다.
　따라서 전력 손실이 최소가 되는 지점은 C지점이다.
• 답: C지점에서 공급

06 ★★★

공칭전압이 $140[\text{kV}]$인 송전선로가 있다. 이 선로의 4단자 정수가 $A = D = 0.9$, $B = j70.7$, $C = j0.53 \times 10^{-3}$이라고 한다. 무부하 송전단에 $154[\text{kV}]$를 인가하였을 때 다음을 구하시오. [7점]

(1) 수전단 전압[kV] 및 송전단 전류[A]를 구하시오.
　　• 계산 과정:
　　• 답:

(2) 수전단의 전압을 $140[\text{kV}]$로 유지할 경우 수전단에서 공급하여야 할 무효 전력 $Q_c[\text{kVar}]$을 구하시오.
　　• 계산 과정:
　　• 답:

답안작성　(1) • 계산 과정

$$E_s = AE_r + BI_r = AE_r(\because \text{무부하에서 } I_r = 0) \Rightarrow E_r = \frac{E_s}{A} = \frac{\dfrac{154}{\sqrt{3}}}{0.9} = 98.79[\text{kV}]$$

$$\therefore V_r = \sqrt{3} \times 98.79 = 171.11[\text{kV}]$$

$$I_s = CE_r + DI_r = CE_r(\because \text{무부하에서 } I_r = 0)$$

$$= j0.53 \times 10^{-3} \times 98.79 \times 10^3 = j52.36[\text{A}]$$

　　• 답: 수전단 전압 $171.11[\text{kV}]$, 송전단 전류 $52.36[\text{A}]$

(2) • 계산 과정

$E_s = AE_r' + BI_r'$에 4단자 정수 및 전압값을 대입하면

$$\frac{154}{\sqrt{3}} = 0.9 \times \frac{140}{\sqrt{3}} + j70.7 \times I_r' \times 10^{-3}$$

$$I_r' = \frac{88.91 - 72.75}{j70.7 \times 10^{-3}} = j228.57[\text{A}]$$

$$\therefore Q_c = \sqrt{3}\,VI_r' = \sqrt{3} \times 140 \times 228.57 = 55,425.28[\text{kVar}]$$

　　• 답: $55,425.28[\text{kVar}]$

07 ★★★

다음 용어의 정의를 쓰시오. [6점]

(1) 중성선

(2) 분기 회로

(3) 등전위 본딩

답안작성　(1) 다선식 전로에서 전원의 중성극에 접속된 전선
　　(2) 간선에서 분기하여 분기 과전류 차단기를 거쳐서 부하에 이르는 사이의 배선
　　(3) 등전위를 얻기 위하여 전선 간을 전기적으로 접속하는 것

08
★★★

어느 건물의 부하는 하루에 $240[\mathrm{kW}]$로 5시간, $100[\mathrm{kW}]$로 8시간, $75[\mathrm{kW}]$로 나머지 시간을 사용한다. 이에 수전 설비를 $450[\mathrm{kVA}]$로 하였을 때에 부하의 평균 역률이 0.8이라면, 이 건물의 수용률과 일 부하율은 얼마인가? [5점]

(1) 수용률[%]
   • 계산 과정:
   • 답:

(2) 일 부하율[%]
   • 계산 과정:
   • 답:

답안작성

(1) • 계산 과정

$$수용률 = \frac{240}{450 \times 0.8} \times 100 = 66.67[\%]$$

   • 답: $66.67[\%]$

(2) • 계산 과정

$$일 \ 부하율 = \frac{\dfrac{240 \times 5 + 100 \times 8 + 75 \times 11}{24}}{240} \times 100 = 49.05[\%]$$

   • 답: $49.05[\%]$

2018년

개념체크

(1) $수용률 = \dfrac{최대 \ 전력[\mathrm{kW}]}{설비 \ 용량[\mathrm{kVA}] \times 역률} \times 100[\%]$

(2) $일 \ 부하율 = \dfrac{평균 \ 전력[\mathrm{kW}]}{최대 \ 전력[\mathrm{kW}]} \times 100[\%] = \dfrac{\dfrac{총 \ 사용 \ 전력량[\mathrm{kWh}]}{사용 \ 시간[\mathrm{h}]}}{최대 \ 전력[\mathrm{kW}]} \times 100[\%]$

09
★★☆

지중 전선로에 대한 장·단점을 가공 전선로와 비교하여 각각 4가지씩 적으시오. [8점]

(1) 장점

(2) 단점

답안작성

(1) • 외부의 기후 영향(낙뢰, 비·바람 등)이 없다.
   • 다수의 회선을 같은 경과지 루트에 시설이 가능하다.
   • 지하에 매설되어 설비 보안 유지가 가능하다.
   • 고장이 적고, 통신선 유도 장해가 적다.

(2) • 고장점 발견이 어렵고, 고장 복구가 힘들다.
   • 가공선에 비해 송전 용량이 적다.
   • 신규 수용가에 대한 탄력성이 결여된다.
   • 건설비가 많이 소요된다.

지중 전선로를 건설하는 이유
- 도시의 미관을 중요하게 생각하는 경우
- 수용 밀도가 현저하게 높은 대도시 지역에 전력을 공급하는 경우
- 낙뢰, 풍수해에 의한 사고로부터 높은 공급 신뢰도가 요구되는 경우
- 보안상 등의 이유로 가공 전선로를 건설할 수 없는 경우

10
★★★

변압기 모선 방식 3가지를 쓰시오. [5점]

답안작성
- 단모선 방식
- 복모선 방식
- 환상 모선 방식

개념체크 변압기 모선 방식
- 단모선 방식: 가장 단순한 모선 방식으로 소요 기기가 차지하는 공간이 적어 경제적이다.
- 복모선 방식: 단모선 방식에 비해 계통 운영의 유연성이 높은 방식이다.
- 환상 모선 방식: 부하 절환이 편리하고 전압강하와 전력 손실이 적은 방식이다.

11
★★★

교류용 적산 전력계에 대한 다음 각 물음에 답하시오. [7점]

(1) 잠동(Creeping) 현상에 대하여 설명하고 잠동을 막기 위한 유효한 방법을 2가지만 쓰시오.

(2) 적산 전력계가 구비해야 할 특성을 3가지만 쓰시오.

답안작성 (1) • 설명: 무부하 상태에서 정격 주파수 및 정격 전압의 110[%]를 인가하여 계기의 원판이 1회전 이상 회전하는 현상
  - 잠동 방지 대책
    - 원판에 작은 구멍을 뚫는다.
    - 원판에 작은 철편을 붙인다.

(2) • 온도나 주파수 변화에 보상이 되도록 할 것
  - 부하 특성이 양호하고, 과부하 내량이 클 것
  - 기계적 강도가 클 것

단답 정리함 적산 전력계의 구비 조건
- 기계적 강도가 클 것
- 과부하 내량이 클 것
- 부하특성이 좋을 것
- 온도 및 주파수 변화에 보상이 되도록 할 것
- 옥내 및 옥외에 설치가 가능할 것

12

★★☆

정격 출력 $500[\text{kW}]$의 디젤 엔진 발전기를 발열량 $10,000[\text{kcal/L}]$인 중유 $250[\text{L}]$을 사용하여 $\frac{1}{2}$ 부하에서 운전하는 경우 몇 시간 동안 운전이 가능한지를 구하시오.(단, 발전기의 열효율은 $34.4[\%]$로 한다.)

[5점]

• 계산 과정:

• 답:

답안작성 • 계산 과정

$$\eta = \frac{860\,W}{BH} \times 100[\%] = \frac{860\,Pt}{BH} \times 100[\%]$$

$$\therefore t = \frac{\eta \times BH}{860P \times 100} = \frac{34.4 \times 250 \times 10,000}{860 \times \left(500 \times \dfrac{1}{2}\right) \times 100} = 4$$

• 답: 4시간

개념체크 발전기 효율

$$\eta = \frac{860\,W}{BH} \times 100[\%]$$

(단, W: 발전 전력량$[\text{kWh}]$ B: 연료량$[\text{kg}]$, H: 연료 발열량$[\text{kcal/kg}]$)

13

★☆☆

$22.9[\text{kV}]$, $1,000[\text{kVA}]$ 폐쇄형 큐비클식 수변전설비가 설치된 변전실이 있다. 다음 물음에 답하시오.

[5점]

(1) 변전실의 유효 높이는 몇 $[\text{m}]$인가?

(2) 계획 시 면적은 몇 $[\text{m}^2]$인가?(단, 추정 계수는 1.4이다.)
   • 계산 과정:
   • 답:

답안작성 (1) $4.5[\text{m}]$

(2) • 계산 과정

$$A = K \times (\text{변압기 용량}[\text{kVA}])^{0.7} = 1.4 \times 1,000^{0.7} = 176.25[\text{m}^2]$$

   • 답: $176.25[\text{m}^2]$

개념체크 큐비클식 수변전 설비의 변전실 높이
• 특고압 수전: $4.5[\text{m}]$ 이상
• 고압 수전: $3.0[\text{m}]$ 이상

변전실 추정 면적 산출식
$A = K \times (\text{변압기 용량}[\text{kVA}])^{0.7}$(단, K는 추정 계수)
• 특고압에서 고압 변성 시 $K = 1.7$
• 특고압에서 저압 변성 시 $K = 1.4$
• 고압에서 저압 변성 시 $K = 0.98$

14 ★★☆

도면은 어느 $154[\text{kV}]$ 수용가의 수전설비 결선도의 일부분이다. 주어진 표와 도면을 이용하여 다음 각 물음에 답하시오. [10점]

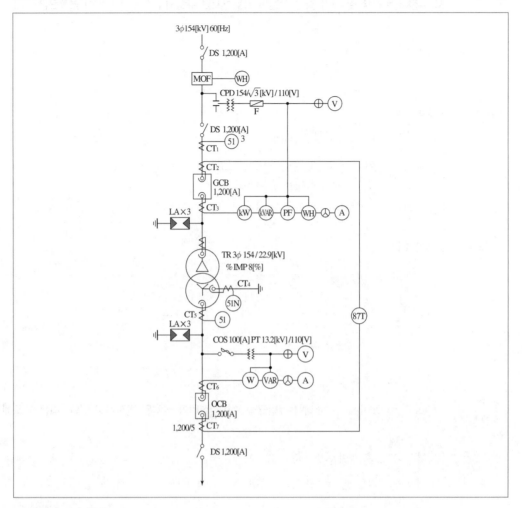

CT 정격

1차 정격 전류[A]	200	400	600	800	1,200
2차 정격 전류[A]			5		

(1) 변압기 2차 부하 설비 용량이 $51[\text{MW}]$, 수용률이 $70[\%]$, 부하 역률이 $90[\%]$일 때 도면의 변압기 용량은 몇 $[\text{MVA}]$가 되겠는가?
  • 계산 과정:
  • 답:

(2) 변압기 1차 측 DS의 정격 전압은 몇 $[\text{kV}]$인가?

(3) CT_1의 비는 얼마인지를 계산하고 표에서 선정하시오.
  • 계산 과정:
  • 답:

(4) GCB 내에 사용되는 가스는 주로 어떤 가스가 사용되는가?

(5) OCB의 정격 차단 전류가 23[kA]일 때, 이 차단기의 차단 용량은 몇 [MVA]인가?
   • 계산 과정:
   • 답:

(6) 과전류 계전기의 정격 부담이 9[VA]일 때 이 계전기의 임피던스는 몇 [Ω]인가?
   • 계산 과정:
   • 답:

(7) CT_7 1차 전류가 600[A]일 때 CT_7의 2차에서 비율 차동 계전기의 단자에 흐르는 전류는 몇 [A]인가?
   • 계산 과정:
   • 답:

답안작성 (1) • 계산 과정

$$변압기 용량[MVA] = \frac{설비 용량 \times 수용률}{부등률 \times 역률} = \frac{51 \times 0.7}{1 \times 0.9} = 39.67[MVA]$$

• 답: 39.67[MVA]

(2) 154[kV] 수전 전압으로 이에 맞는 DS 정격 전압은 170[kV]이다.

(3) • 계산 과정

$$I_1 = \frac{P}{\sqrt{3} \ V} k = \frac{39.67 \times 10^3}{\sqrt{3} \times 154} \times (1.25 \sim 1.5) = 185.9 \sim 223.09[A] \rightarrow 표에서 \ 정격 \ 200/5 \ 선정$$

• 답: 200/5

(4) SF_6(육불화황) 가스

(5) • 계산 과정

$$P_s = \sqrt{3} \ V_n I_s = \sqrt{3} \times 25.8 \times 23 = 1,027.8[MVA]$$

• 답: 1,027.8[MVA]

(6) • 계산 과정

$$P = I^2 Z[VA]에서 \ Z = \frac{P}{I^2} = \frac{9}{5^2} = 0.36[Ω]이다.$$

• 답: 0.36[Ω]

(7) • 계산 과정

$$I_2 = I_1 \times \frac{1}{CT비} \times \sqrt{3} = 600 \times \frac{5}{1,200} \times \sqrt{3} = 4.33[A]$$

• 답: 4.33[A]

해설비법 (2) 차단기 및 단로기의 공칭 전압(V)별 정격 전압(V_n)의 관계

공칭 전압	6.6[kV]	22.9[kV]	66[kV]	154[kV]	345[kV]	765[kV]
정격 전압	7.2[kV]	25.8[kV]	72.5[kV]	170[kV]	362[kV]	800[kV]

(5) 차단기의 차단 용량 $P_s = \sqrt{3} \ V_n I_s[MVA]$에서 V_n: 정격 전압이므로 25.8[kV] 값을 대입한다.

(6) 정격부담이란 변성기 2차 측이 걸 수 있는 부하 한도[VA]를 뜻한다. 즉, 변류기 2차 측의 전류 한도는 5[A]이므로 다음과 같이 계산한다.
   $P[VA] = I^2 \times Z = 5^2 \times Z$

(7) 변압기 결선이 $\Delta - Y$ 결선이므로 비율 차동 계전기의 CT 결선은 $Y - \Delta$ 결선으로 한다. 이때 Δ 결선의 선전류는 상전류의 $\sqrt{3}$ 배이다.

다음은 $3\phi 4W$ $22.9[kV]$ 수전설비 단선 결선도이다. 다음 각 물음에 답하시오. [12점]

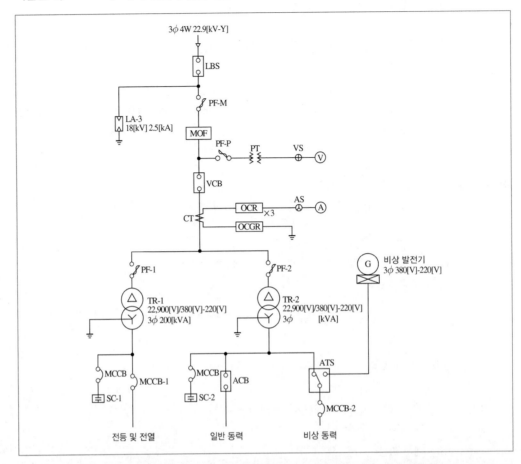

구분	전등 및 전열	일반 동력	비상 동력		
설비 용량 및 효율	합계 350[kW] 100[%]	합계 635[kW] 85[%]	유도 전동기 1: 7.5[kW] 2대 85[%] 유도 전동기 2: 11[kW] 1대 85[%] 유도 전동기 3: 15[kW] 1대 85[%] 비상 조명: 8,000[W] 100[%]		
평균(종합) 역률	80[%]	90[%]	90[%]		
수용률	60[%]	45[%]	100[%]		

(1) 단선 결선도의 LA에 대하여 다음 물음에 답하시오.

 ① 우리말의 명칭을 쓰시오.

 ② 기능과 역할에 대해 설명하시오.

 ③ 성능 조건 2가지를 쓰시오.

(2) 단선 결선도의 부하 집계 및 입력 환산표를 완성하시오.(단, 입력 환산[kVA]의 계산값은 소수점 둘째 자리에서 반올림한다.)

부하 집계 및 입력 환산표

구분		설비 용량[kW]	효율[%]	역률[%]	입력 환산[kVA]
전등 및 전열		350			
일반 동력		635			
비상 동력	유도 전동기 1	7.5×2			
	유도 전동기 2	11			
	유도 전동기 3	15			
	비상 조명	8			
	소계	–	–	–	

(3) TR−2의 적정 용량은 몇 [kVA]인지 단선 결선도와 (2)의 부하 집계표를 참고하여 구하시오.

[참고 사항]

- 일반 동력군과 비상 동력군 간의 부등률은 1.3이다.
- 변압기의 용량은 15[%] 정도의 여유를 갖는다.
- 변압기의 표준 규격[kVA]은 200, 300, 400, 500, 600이다.
- 계산 과정:

  답:

답안작성 (1) ① 피뢰기

② • 기능: 이상 전압의 내습 시 이를 신속하게 대지로 방전하고 속류를 차단한다.
  • 역할: 뇌전류 및 이상 전압으로부터 전기 기계 기구를 보호한다.

③ • 충격 방전 개시 전압이 낮을 것
  • 상용 주파 방전 개시 전압이 높을 것

(2)

구분		설비 용량[kW]	효율[%]	역률[%]	입력 환산[kVA]
전등 및 전열		350	100	80	$\frac{350}{0.8\times1}=437.5$
일반 동력		635	85	90	$\frac{635}{0.9\times0.85}=830.1$
비상 동력	유도 전동기 1	7.5×2	85	90	$\frac{7.5\times2}{0.9\times0.85}=19.6$
	유도 전동기 2	11	85	90	$\frac{11}{0.9\times0.85}=14.4$
	유도 전동기 3	15	85	90	$\frac{15}{0.9\times0.85}=19.6$
	비상 조명	8	100	90	$\frac{8}{0.9\times1}=8.9$
	소계	–			62.5

(3) • 계산 과정

변압기 TR-2의 용량 $P_a = \dfrac{830.1 \times 0.45 + (19.6 + 14.4 + 19.6 + 8.9) \times 1}{1.3} \times 1.15 = 385.73 [\text{kVA}]$

∴ 표준 규격 400[kVA] 선정

• 답: 400[kVA]

해설비법 (1) 피뢰기의 구비 조건
• 충격 방전 개시 전압이 낮을 것
• 상용 주파 방전 개시 전압이 높을 것
• 방전 내량이 크면서 제한 전압이 낮을 것
• 속류의 차단 능력이 충분할 것

(2) 효율 $\eta = \dfrac{\text{출력}}{\text{입력}}$ 에서 입력[kVA] $= \dfrac{\text{출력}}{\eta} = \dfrac{\text{출력}[\text{kW}]}{\text{역률} \times \eta}$

(3) 변압기 용량 $P_a[\text{kVA}] = \dfrac{\Sigma(\text{설비 용량}[\text{kVA}] \times \text{수용률})}{\text{부등률}} \times \text{여유분}$

1회 학습전략

합격률: 22.78%

난이도 ⊕

- 단답형: 조명설비, 변압기 결선 방식, 감리, 에너지 절약 방안, 접지설비, 시퀀스, 유도 전동기의 기동 방식, 전동기의 진동과 소음
- 공식형: 축전지설비, 부하설비, 전압강하, 조명 설계, 변류기, 왜형률, 수전설비
- 복합형: 동기 발전기, 테이블 스펙
- 조명설비에 관한 문제는 꾸준히 출제되므로 기본 개념과 관련 공식을 암기하도록 합니다. 부하설비, 수전설비, 전압강하 등 빈출 유형에서 득점을 놓치지 않게 계산 과정에 유의하여 학습하도록 합니다. 지엽적인 단답 유형은 따로 정리하여 암기하거나, 빈출 유형에 집중하는 것이 효율적입니다.

2회 학습전략

합격률: 61.94%

난이도 ⓣ

- 단답형: 감리, 배전선로, 보호 계전 계통, 저항 측정법, 지락 사고, 고조파 전류, 시퀀스, 전동기 기동 방식
- 공식형: 양수용 전동기, 피뢰기의 정격, 계기용 변성기, 조명 설계, 전압강하, 부하설비
- 복합형: 전력용 콘덴서, 예비전원설비, 변전설비, 단선 결선도
- 기본 공식만 알아도 풀 수 있는 문제가 많았습니다. 난도가 낮은 회차에서 확실한 합격을 위해서는 고조파 전류 방지 대책과 같은 빈출단답 유형에서 득점할 수 있어야 합니다.

3회 학습전략

합격률: 24.15%

난이도 ⊕

- 단답형: 배전선로, 예비전원설비, 전력량계 결선, 절연내력 시험전압, 유도장해, 비접지 선로, 저항 측정법, 콘센트 설치 규정, 시퀀스
- 공식형: 계기용 변성기, 전압강하, 회로 성분, 전력 손실, 조명 설계, 부하설비
- 복합형: 테이블 스펙, 수전설비 결선도
- 전압강하 및 전력 손실 등 빈출 개념에 관한 공식은 반드시 암기해야 합니다. 조명 설계는 암기할 공식이 많지 않으니 별도로 정리하여 챙기도록 합니다. 도면이 주어지고 결선하는 문제는 여러번 그려보면서 학습하면 큰 도움이 될 것입니다.

2017년 1회

기출문제

배점		100
득점	1회독	
	2회독	
	3회독	

01 ★★☆

그림과 같은 방전 특성을 갖는 부하에 대한 축전지 용량[Ah]을 구하시오. (단, 방전 전류 $I_1 = 500[A]$, $I_2 = 300[A]$, $I_3 = 100[A]$, $I_4 = 200[A]$, 방전 시간 $T_1 = 120[분]$, $T_2 = 119.9[분]$, $T_3 = 60[분]$, $T_4 = 1[분]$, 용량 환산 시간 계수 $K_1 = 2.49$, $K_2 = 2.49$, $K_3 = 1.46$, $K_4 = 0.57$, 보수율은 0.8을 적용한다.) [5점]

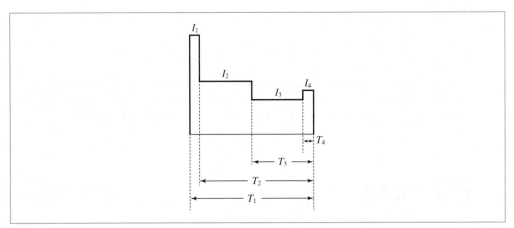

• 계산 과정:

• 답:

답안작성

• 계산 과정

$$C = \frac{1}{L}\{K_1 I_1 + K_2(I_2 - I_1) + K_3(I_3 - I_2) + K_4(I_4 - I_3)\}$$

$$= \frac{1}{0.8} \times \{2.49 \times 500 + 2.49 \times (300 - 500) + 1.46 \times (100 - 300) + 0.57 \times (200 - 100)\}$$

$$= 640[Ah]$$

• 답: 640[Ah]

개념체크 축전지의 용량 계산

$$C = \frac{1}{L}KI[Ah]$$

(단, C: 축전지 용량[Ah], I: 방전 전류[A], L: 보수율, K: 용량 환산 시간 계수)

02

★☆☆

조명의 전등 효율(Lamp efficiency)과 발광 효율(Luminous efficiency)에 대해 설명하시오. [4점]

(1) 전등 효율

(2) 발광 효율

답안작성 (1) 소비 전력에 대한 전 발산 광속의 비율

(2) 방사속에 대한 광속의 비율

개념체크 (1) 전등 효율: $\eta = \dfrac{F}{P}[\text{lm/W}]$ (P: 소비 전력[W], F: 광속[lm])

(2) 발광 효율: $\varepsilon = \dfrac{F}{\phi}[\text{lm/W}]$ (ϕ: 방사속[W])

03

★☆☆

$22.9[\text{kV}]/380 - 220[\text{V}]$ 변압기 결선은 보통 $\Delta - Y$ 결선 방식을 사용하고 있다. 이 결선 방식에 대한 장점과 단점을 각각 2가지씩 쓰시오. [4점]

(1) 장점(2가지)

(2) 단점(2가지)

2017년

답안작성 (1) • Y 결선의 상전압은 선간 전압의 $\dfrac{1}{\sqrt{3}}$ 이므로 절연이 용이하다.

• Δ 결선이 있어 제3고조파의 장해가 적고, 기전력의 파형이 왜곡되지 않는다.

(2) • 1차와 2차 선간 전압 사이에 30°의 위상차가 발생한다.

• 1상에 고장이 생기면 전원 공급이 불가능해진다.

개념체크 $\Delta - Y$ 결선법

① 결선도

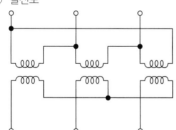

② 장점

• 한쪽 Y 결선의 중성점을 접지할 수 있다.

• Y 결선의 상전압은 선간 전압의 $1/\sqrt{3}$ 이므로 절연이 용이하다.

• 1, 2차 중에 Δ 결선이 있어 제3고조파의 장해가 적다.

• $\Delta - Y$ 결선은 승압용으로 사용할 수 있어 계통에 융통성 있게 사용된다.

③ 단점

• 1, 2차 선간 전압 사이에 30°의 위상차가 있다.

• 1상에 고장이 생기면 전원 공급이 불가능해진다.

• 중성점 접지로 인한 유도장해를 초래한다.

04
★★☆

입력 설비 용량 20[kW] 2대, 30[kW] 2대의 3상 380[V] 유도 전동기 군이 있다. 그 부하 곡선이 아래 그림과 같을 경우 최대 수용 전력[kW], 수용률[%], 일 부하율[%]을 각각 구하시오.　　　　[6점]

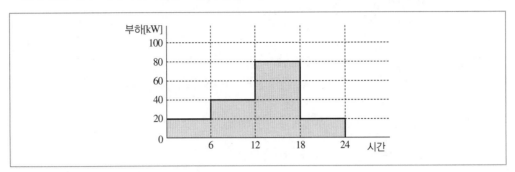

(1) 최대 수용 전력

(2) 수용률
- 계산 과정:
- 답:

(3) 일 부하율
- 계산 과정:
- 답:

답안작성 (1) 80[kW]

(2) • 계산 과정

$$수용률 = \frac{최대\ 수용\ 전력}{설비\ 용량} \times 100[\%] = \frac{80}{20 \times 2 + 30 \times 2} \times 100[\%] = 80[\%]$$

- 답: 80[%]

(3) • 계산 과정

$$일\ 부하율 = \frac{평균\ 전력}{최대\ 수용\ 전력} \times 100[\%]$$

$$= \frac{\dfrac{20 \times 6 + 40 \times 6 + 80 \times 6 + 20 \times 6}{24}}{80} \times 100[\%] = 50[\%]$$

- 답: 50[%]

개념체크 (3) $평균\ 전력[kW] = \dfrac{사용전력량[kWh]}{사용시간[h]}$

05 ★★★
그림과 같은 단상 2선식 회로에서 공급점 A의 전압이 220[V]이고, A−B 사이의 1선마다의 저항이 0.02[Ω], B−C 사이의 1선마다의 저항이 0.04[Ω]이라 하면, 40[A]를 소비하는 B점의 전압 V_B와 20[A]를 소비하는 C점의 전압 V_C를 구하시오.(단, 부하의 역률은 1이다.) [5점]

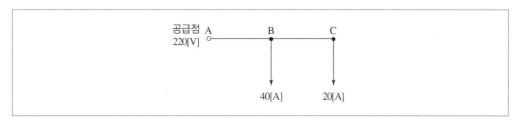

(1) B점의 전압 V_B

 • 계산 과정:

 • 답:

(2) C점의 전압 V_C

 • 계산 과정:

 • 답:

답안작성

(1) • 계산 과정

$$V_B = V_A - 2(I_B + I_C)R_{AB} = 220 - 2 \times (40 + 20) \times 0.02 = 217.6[\text{V}]$$

 • 답: 217.6[V]

(2) • 계산 과정

$$V_C = V_B - 2I_C R_{BC} = 217.6 - 2 \times 20 \times 0.04 = 216[\text{V}]$$

 • 답: 216[V]

개념체크 단상 2선식 회로에서의 전압 강하

$$e = V_s - V_r = 2I(R\cos\theta + X\sin\theta)[\text{V}]$$

06 ★★☆
각 방향에 900[cd]의 광도를 갖는 광원을 높이 3[m]에 취부한 경우 직하로부터 30° 방향의 수평면 조도 [lx]를 구하시오. [5점]

 • 계산 과정:

 • 답:

답안작성 • 계산 과정: $E_h = \dfrac{I}{r^2}\cos\theta = \dfrac{I}{h^2}\cos^3\theta = \dfrac{900}{3^2} \times (\cos 30°)^3 = 64.95[\text{lx}]$

 • 답: 64.95[lx]

수평면 조도: $E_h = \dfrac{I}{r^2}\cos\theta\,[\text{lx}]$

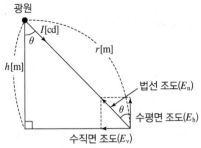

$\cos\theta = \dfrac{h}{r}$ 에서 $r = h/\cos\theta$ 이므로 $r^2 = h^2/\cos^2\theta$ 이다.

즉, 수평면 조도를 다음과 같이 나타낼 수 있다.

$E_h = \dfrac{I}{r^2}\cos\theta = \dfrac{I}{h^2}\cos^3\theta\,[\text{lx}]$

07 교류 동기 발전기에 대한 다음 각 물음에 답하시오. [8점]

★★★

(1) 정격 전압 6,000[V], 용량 5,000[kVA]인 3상 교류 동기 발전기에서 여자 전류가 300[A], 무부하 단자 전압은 6,000[V], 단락 전류는 700[A]라고 한다. 이 발전기의 단락비를 구하시오.
  • 계산 과정:
  • 답:

(2) 다음 ( ) 안에 알맞은 내용을 쓰시오.(단, ①~⑥의 내용은 크다(고), 적다(고), 높다(고), 낮다(고) 등으로 표현한다.)

> 단락비가 큰 교류 발전기는 일반적으로 기계의 치수가 (①), 가격이 (②), 풍손, 마찰손, 철손이 (③), 효율은 (④), 전압 변동률은 (⑤), 안정도는 (⑥).

(3) 비상용 동기 발전기의 병렬 운전 조건 4가지를 쓰시오.

(1) • 계산 과정

$\quad$ 정격 전류 $I_n = \dfrac{P_n}{\sqrt{3}\,V_r} = \dfrac{5{,}000\times10^3}{\sqrt{3}\times6{,}000} = 481.13[\text{A}]$

$\quad$ 단락비 $K_s = \dfrac{I_s}{I_n} = \dfrac{700}{481.13} = 1.45$

$\quad$ • 답: 1.45

(2) ① 크고 ② 높고 ③ 크고 ④ 낮고 ⑤ 적고 ⑥ 높다

(3) • 기전력의 크기가 같을 것
  • 기전력의 위상이 같을 것
  • 기전력의 주파수가 같을 것
  • 기전력의 파형이 같을 것

(1) 단락비는 무부하에서 정격 전압을 유지하는 데 필요한 계자전류(I_s)를 정격 전류와 같은 단락 전류를 흘리는 데 필요한 계자전류(I_n)로 나눈 값으로, 다음과 같이 나타낼 수 있다.

$$K_s = \frac{I_s}{I_n}$$

(2) 단락비(K_s)가 큰 발전기의 특성
- 발전기의 치수가 커지고, 중량이 무거운 철기계로 된다.
- 발전기 가격이 고가이다.
- 동기 임피던스가 작다.
- 전압 변동률이 작다.
- 과부하 내량이 크고, 안정도가 좋다.
- 철손이 커서 효율이 나쁘다.

08
★☆☆

다음은 전력 시설물 공사 감리 업무 수행 지침과 관련된 사항이다. (   ) 안에 알맞은 내용을 답란에 쓰시오. [5점]

감리원은 설계도서 등에 대하여 공사 계약 문서 상호 간의 모순되는 사항, 현장 실정과의 부합 여부 등 현장 시공을 주안으로 하여 해당 공사 시작 전에 검토하여야 하며 검토 내용에는 다음 각 호의 사항 등이 포함되어야 한다.
1. 현장 조건에 부합 여부
2. 시공의 (①) 여부
3. 다른 사업 또는 다른 공정과의 상호 부합 여부
4. (②), 설계 설명서, 기술 계산서, (③) 등의 내용에 대한 상호 일치 여부
5. (④), 오류 등 불명확한 부분의 존재 여부
6. 발주자가 제공한 (⑤)와 공사업자가 제출한 산출 내역서의 수량 일치 여부
7. 시공상의 예상 문제점 및 대책 등

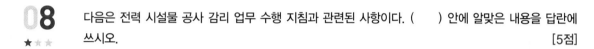

답안작성 ① 실제 가능 ② 설계 도면 ③ 산출 내역서 ④ 설계도서의 누락 ⑤ 물량 내역서

09 ★★☆

에너지 절약을 위한 동력 설비의 대응 방안을 5가지만 쓰시오. [5점]

답안작성
- 고효율 전동기 채용
- 전동기 제어 시스템에 VVVF 등을 채용
- 역률 개선용 콘덴서를 전동기별로 설치하여 부하의 역률 개선
- 에너지 절약형 공조 시스템 설비 채용
- 엘리베이터의 운전 대수 제어 등 효율적 관리

단답 정리함
에너지 절약을 위한 동력 설비 대응 방안
- 고효율 전동기 채용
- 전동기 제어 시스템에 VVVF 등을 채용
- 부하의 역률 개선
- 부하에 맞는 적정 용량의 전동기 선정
- 에너지 절약형 공조기기 시스템 채용
- 엘리베이터의 운전 대수 제어 등 효율적 관리

10 ★★★

그림과 같이 접속된 3상 3선식 고압 수전설비의 변류기 2차 전류는 언제나 $4.2[\text{A}]$이었다. 이때 수전 전력$[\text{kW}]$을 구하시오.(단, 수전 전압은 $6,600[\text{V}]$, 변류비는 $50/5[\text{A}]$, 역률은 $100[\%]$이다.) [5점]

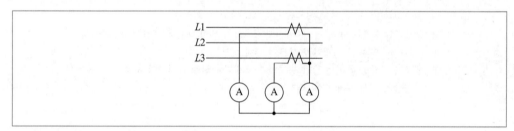

- 계산 과정:

- 답:

답안작성
- 계산 과정: $P = \sqrt{3}\, V_1 I_1 \cos\theta = \sqrt{3} \times 6,600 \times \left(4.2 \times \dfrac{50}{5}\right) \times 1 \times 10^{-3} = 480.12[\text{kW}]$
- 답: $480.12[\text{kW}]$

해설비법
$\text{CT}\,\text{비} = \dfrac{I_1}{I_2}$ 에서 구하고자 하는 1차 전류 $I_1 = I_2 \times \text{CT}\,\text{비}$이다.

11
★★★

그림과 같이 Y 결선된 평형 부하에 전압을 측정할 때 전압계의 지시값이 $V_p = 150[\mathrm{V}]$, $V_l = 220[\mathrm{V}]$로 나타났다. 다음 각 물음에 답하시오.(단, 부하 측에 인가된 전압은 각상 평형 전압이고 기본파와 제3고조파분 전압만이 포함되어 있다.) [5점]

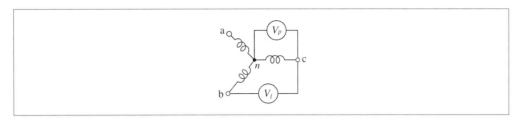

(1) 제3고조파 전압[V]을 구하시오.
 • 계산 과정:
 • 답:

(2) 전압의 왜형률[%]을 구하시오.
 • 계산 과정:
 • 답:

답안작성 (1) • 계산 과정

선간 전압 $V_l = \sqrt{3}\, V_1 = 220[\mathrm{V}] \;\to\; V_1 = \dfrac{V_l}{\sqrt{3}} = \dfrac{220}{\sqrt{3}} = 127.02[\mathrm{V}]$

상전압 $V_p = \sqrt{V_1^2 + V_3^2} = 150[\mathrm{V}]$ 이다.

∴ $V_3 = \sqrt{V_p^2 - V_1^2} = \sqrt{150^2 - 127.02^2} = 79.79[\mathrm{V}]$

 • 답: $79.79[\mathrm{V}]$

(2) • 계산 과정

왜형률 $= \dfrac{V_3}{V_1} \times 100[\%] = \dfrac{79.79}{127.02} \times 100[\%] = 62.82[\%]$

 • 답: $62.82[\%]$

해설비법 (1) 선간 전압: Y 결선에서 선간 전압(V_l)에는 각 상의 제3고조파 전압이 서로 상쇄되어 기본파만 존재하므로

$V_l = \sqrt{3}\, V_1 [\mathrm{V}] \;\to\; V_1 = \dfrac{V_l}{\sqrt{3}} [\mathrm{V}]$ 이다.

상전압: Y 결선에서 상전압(V_p)에는 기본파와 제3고조파 전압이 모두 존재하므로

$V_p = \sqrt{V_1^2 + V_3^2} [\mathrm{V}]$ 이다.

(2) 왜형률 $= \dfrac{\text{전 고조파의 실횻값}}{\text{기본파의 실횻값}} \times 100[\%]$

12 ★☆☆ 접지 설비에서 보호도체에 대한 다음 각 물음에 답하시오. [5점]

(1) 보호도체란 안전을 목적(가령 감전 보호)으로 설치된 도체로서 다음 표의 단면적 이상으로 선정하여야 한다. ①~③에 알맞은 보호도체 최소 단면적의 기준을 각각 쓰시오.

[표] 보호도체의 단면적

선도체의 단면적 S[mm²]	보호도체의 최소 단면적[mm²] (보호도체의 재질이 선도체와 같은 경우)
$S \leq 16$	①
$16 < S \leq 35$	②
$S > 35$	③

(2) 보호도체의 종류를 2가지만 쓰시오.

답안작성 (1)

선도체의 단면적 S[mm²]	보호도체의 최소 단면적[mm²] (보호도체의 재질이 선도체와 같은 경우)
$S \leq 16$	① S
$16 < S \leq 35$	② 16
$S > 35$	③ $\dfrac{S}{2}$

(2) • 다심 케이블의 도체
   • 고정 배선의 나도체 또는 절연 도체

개념체크 보호도체의 단면적

선도체의 단면적 S[mm²]	보호도체의 최소 단면적[mm²]	
	보호도체의 재질이 선도체와 같은 경우	보호도체의 재질이 선도체와 다른 경우
$S \leq 16$	S	$\dfrac{k_1}{k_2} \times S$
$16 < S \leq 35$	16	$\dfrac{k_1}{k_2} \times 16$
$S > 35$	$\dfrac{S}{2}$	$\dfrac{k_1}{k_2} \times \dfrac{S}{2}$

(단, 위 표에서 k_1: 표에서 선정된 선도체에 대한 k의 값, k_2: 표에서 선정된 보호도체에 대한 k의 값)

13
★★☆

그림과 같은 무접점 논리 회로를 유접점 회로로 변환하여 나타내시오. [4점]

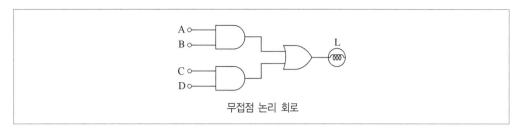

무접점 논리 회로

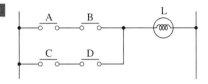

무접점 회로의 논리식

$L = A \cdot B + C \cdot D$

14
★★☆

어느 공장 구내 건물에 $220/440[\text{V}]$ 단상 3선식을 채용하고, 공장 구내 변압기가 설치된 변전실에서 $60[\text{m}]$ 되는 곳의 부하를 부하 집계표와 같이 배분하는 분전반을 시설하고자 한다. 이 건물의 전기설비에 대하여 참고 자료를 이용하여 다음 각 물음에 답하시오.(단, 전압강하는 $2[\%]$로 하여야 하고 후강전선관으로 시설하며, 간선의 수용률은 $100[\%]$로 한다.) [10점]

[표 1] 부하 집계표
※ 전선 굵기 중 상과 중성선(N)의 굵기는 같게 한다.

회로 번호 (NO.)	부하 명칭	총 부하[VA]	부하 분담[VA]		MCCB 규격			비고
			A선	B선	극수	AF	AT	
1	전등 1	4,920	4,920		1	30	20	
2	전등 2	3,920		3,920	1	30	20	
3	전열기 1	4,000	4,000(AB 간)		2	50	20	
4	전열기 2	2,000	2,000(AB 간)		2	30	15	
합계		14,840						

[표 2] 후강전선관 굵기의 선정

도체 단면적[mm²]	전선 본수									
	1	2	3	4	5	6	7	8	9	10
	전선관 최소 굵기[mm]									
2.5	16	16	16	16	22	22	22	28	28	28
4	16	16	16	22	22	22	28	28	28	28
6	16	16	22	22	22	28	28	28	36	36
10	16	22	22	28	28	36	36	36	36	36
16	16	22	28	28	36	36	36	42	42	42
25	22	28	28	36	36	42	54	54	54	54
35	22	28	36	42	54	54	54	70	70	70
50	22	36	54	54	70	70	70	82	82	82
70	28	42	54	54	70	70	70	82	82	92
95	28	54	54	70	70	82	82	92	92	104
120	36	54	54	70	70	82	82	92		
150	36	70	70	82	92	92	104	104		
185	36	70	70	82	92	104				
240	42	82	82	92	104					

※ 전선 1본수는 접지도체 및 직류 회로의 전선에도 적용한다.
※ 이 표는 실험 결과와 경험을 기초로 하여 결정한 것이다.
※ 이 표는 KS C IEC 60227-3의 450/750[V] 일반용 단심 비닐절연전선을 기준으로 한 것이다.

(1) 간선의 굵기를 선정하시오.(단, 중성선의 전압 강하는 무시한다.)

(2) 간선 설비에 필요한 후강전선관의 굵기를 선정하시오.

(3) 분전반의 복선 결선도를 작성하시오.

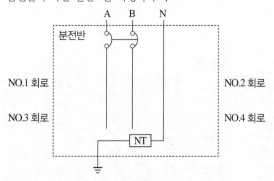

(4) 부하 집계표에 의한 설비 불평형률을 계산하시오.
  • 계산 과정:
  • 답:

(1) • 계산 과정

전류: $I = \dfrac{4{,}920}{220} + \dfrac{4{,}000 + 2{,}000}{440} = 36[\mathrm{A}]$

간선의 굵기: $A = \dfrac{17.8LI}{1{,}000e} = \dfrac{17.8 \times 60 \times 36}{1{,}000 \times (220 \times 0.02)} = 8.74[\mathrm{mm}^2]$

• 답: $10[\mathrm{mm}^2]$ 선정

(2) • 계산 과정: [표 2]에서 도체 단면적 $10[\mathrm{mm}^2]$과 전선 본수 3[본]의 교차 지점에서 전선관의 최소 굵기 $22[\mathrm{mm}]$ 선정

• 답: $22[\mathrm{mm}]$

(3)

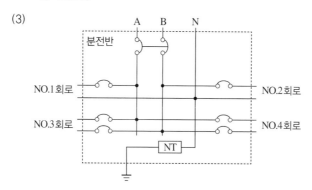

(4) • 계산 과정

설비 불평형률 $= \dfrac{4{,}920 - 3{,}920}{(4{,}920 + 3{,}920 + 4{,}000 + 2{,}000) \times \dfrac{1}{2}} \times 100[\%] = 13.48[\%]$

• 답: $13.48[\%]$

(1) 단상 3선식에서 전선의 굵기를 선정할 때, A선과 B선 중 부하가 많은 쪽을 기준으로 하여 부하전류를 구한다. 즉, A선의 부하전류를 기준으로 한다.

(4) 단상 3선식에서의 설비 불평형률

$$\dfrac{\text{중성선과 각 전압 측 전선 간에 접속되는 부하설비 용량의 차}}{\text{총 부하설비 용량}[\mathrm{kVA}] \times \dfrac{1}{2}} \times 100[\%]$$

(단, 설비 불평형률은 40[%] 이하이어야 한다.)

※ 문제의 [표] 또는 [참고자료]가 KEC 적용 이전의 산출값으로 되어 있으나, 표를 활용하여 답을 산출하는 유형의 문제풀이 방법 숙지를 위해 수록하였습니다.

15 ★★★ 3상 농형 유도 전동기의 기동 방식 중 리액터 기동 방식에 대하여 설명하시오. [5점]

답안작성 기동 시 유도 전동기에 직렬로 리액터를 설치하여 전동기에 인가되는 전압을 감압시켜 기동하는 방식이다.

개념체크 농형 유도 전동기의 기동 방식
- 직입 기동: 정지 상태의 전동기에 정격 전압을 가해 기동하는 방식
- Y−Δ 기동: 기동 시 1차 권선을 Y 결선으로 기동하고 정격 속도에 가까워지면 Δ 결선으로 교체 운전하는 방식
- 리액터 기동: 기동 시 유도 전동기에 직렬로 리액터를 설치하여 전동기에 인가되는 전압을 감압시켜 기동하는 방식
- 기동 보상기법: 기동 보상기로 3상 단권 변압기를 이용하여 기동 전압을 낮춰 기동하는 방식

16 ★★☆ 특고압 수전설비에 대한 다음 각 물음에 답하시오. [6점]

(1) 동력용 변압기에 연결된 동력 부하설비 용량이 350[kW], 부하 역률은 85[%], 효율 85[%], 수용률은 60[%]라고 할 때 동력용 3상 변압기의 용량은 몇 [kVA]인지를 산정하시오.(단, 변압기 표준 정격 용량은 다음 표에서 선정한다.)

동력용 3상 변압기 표준 정격 용량[kVA]

200	250	300	400	500	600

- 계산 과정:
- 답:

(2) 3상 농형 유도 전동기에 진용 차단기를 설치할 때 전용 차단기의 정격 전류[A]를 구하시오.(단, 전동기 160[kW]이고, 정격 전압은 3,300[V], 역률은 85[%], 효율은 85[%]이며, 차단기의 정격 전류는 전동기 정격 전류의 3배로 계산한다.)
- 계산 과정:
- 답:

답안작성 (1) • 계산 과정: 변압기의 용량 $T_r = \dfrac{350 \times 0.6}{0.85 \times 0.85} = 290.66[\text{kVA}]$, 표에서 300[kVA] 선정

• 답: 300[kVA]

(2) • 계산 과정

유도 전동기의 전류 $I = \dfrac{P}{\sqrt{3}\,V\cos\theta\eta} = \dfrac{160 \times 10^3}{\sqrt{3} \times 3,300 \times 0.85 \times 0.85} = 38.74[\text{A}]$

차단기의 정격 전류 $I_n = I \times 3 = 38.74 \times 3 = 116.22[\text{A}]$

• 답: 116.22[A]

개념체크 변압기 용량[kVA] $= \dfrac{\text{설비 용량[kW]} \times \text{수용률}}{\text{역률} \times \text{효율}}$

17 전동기의 진동과 소음이 발생되는 원인에 대하여 다음 각 물음에 답하시오.　　　　[8점]

★★★

(1) 진동이 발생하는 원인을 5가지만 쓰시오.

(2) 전동기 소음을 크게 3가지로 분류하고 각각에 대하여 설명하시오.

답안작성　(1) • 기계적 언밸런스

　　　　　• 전동기의 설치 불량

　　　　　• 베어링의 불량

　　　　　• 부하 기계와의 직결 불량

　　　　　• 부하 기계로부터 오는 불량

　　　　(2) • 기계적 소음: 진동, 베어링 소음, 브러시의 습동, 회전자의 불균형 등으로 발생하는 소음

　　　　　• 전자적 소음: 고정자, 회전자에 작용하는 주기적인 전자기적 기전력에 의한 철심의 진동으로 발생하는 소음

　　　　　• 통풍 소음: 팬, 회전자의 에어덕트 등 통풍상의 회전에 의한 공기의 압축, 팽창에 의해 발생하는 소음

개념체크　전동기 소음의 원인

　　　• 기계적 원인

　　　　- 회전자의 정적·동적 불평형

　　　　- 베어링의 불평형

　　　　- 상대 기기와의 연결 불량 및 설치 불량

　　　　- 기계적 공진

　　　• 전기적 원인

　　　　- 회전자의 편심

　　　　- 공극의 회전 시 변동

　　　　- 회전자 철심의 자기적 성질의 불평등

　　　　- 고조파 자계에 의한 자기력의 불평형

18 공급점에서 $30[\mathrm{m}]$의 지점에 $80[\mathrm{A}]$, $45[\mathrm{m}]$의 지점에 $50[\mathrm{A}]$, $60[\mathrm{m}]$의 지점에 $30[\mathrm{A}]$의 부하가 걸려

★★★　있을 때의 부하 중심까지의 거리를 구하시오.　　　　[5점]

　　• 계산 과정:

　　• 답:

답안작성　• 계산 과정

$$L = \frac{L_1 I_1 + L_2 I_2 + L_3 I_3}{I_1 + I_2 + I_3} = \frac{30 \times 80 + 45 \times 50 + 60 \times 30}{80 + 50 + 30} = 40.31[\mathrm{m}]$$

　　• 답: $40.31[\mathrm{m}]$

개념체크　부하 중심까지의 거리 $L = \dfrac{\Sigma(L \times I)}{\Sigma I} = \dfrac{L_1 I_1 + L_2 I_2 + L_3 I_3}{I_1 + I_2 + I_3}[\mathrm{m}]$

01
★★☆

양수량 $15[\text{m}^3/\text{min}]$, 양정 $20[\text{m}]$의 양수 펌프용 전동기의 소요 전력$[\text{kW}]$을 구하시오.(단, 여유 계수 $k=1.1$, 펌프 효율은 $80[\%]$로 한다.) [3점]

• 계산 과정:

• 답:

답안작성
• 계산 과정: $P = \dfrac{QH}{6.12\eta}k = \dfrac{15\times20}{6.12\times0.8}\times1.1 = 67.4[\text{kW}]$

• 답: $67.4[\text{kW}]$

개념체크 양수 펌프용 전동기 용량

• $P = \dfrac{9.8QH}{\eta}k[\text{kW}]$

(단, Q: 양수량$[\text{m}^3/\text{s}]$, H: 양정(양수 높이)$[\text{m}]$, k: 여유 계수, η: 효율)

• $P = \dfrac{QH}{6.12\eta}k[\text{kW}]$

(단, Q: 양수량$[\text{m}^3/\text{min}]$)

즉, 두 식은 양수량이 초당과 분당의 단위 차이

02
★☆☆

전력 시설물 공사 감리 업무 수행 지침에서 정하는 발주자는 외부적 사업 환경의 변동, 사업 추진 기본 계획의 조정, 민원에 따른 노선 변경, 공법 변경, 그 밖의 시설물 추가 등으로 설계 변경이 필요한 경우에는 다음의 서류를 반드시 서면으로 책임 감리원에게 설계 변경을 하도록 지시하여야 한다. 이 경우 첨부하여야 하는 서류 5가지를 쓰시오. [5점]

답안작성
• 설계 변경 개요서
• 설계 변경 도면
• 설계 설명서
• 계산서
• 수량 산출 조서

03
★★☆

$154[\text{kV}]$ 중성점 직접접지 계통에서 접지 계수가 0.75이고, 여유도가 1.1인 경우 전력용 피뢰기의 정격 전압을 주어진 표에서 선정하시오. [5점]

피뢰기의 정격 전압(표준값[kV])					
126	144	154	168	182	196

• 계산 과정:

• 답:

답안작성

• 계산 과정: $V = \alpha\beta V_m = 0.75 \times 1.1 \times 170 = 140.25[\text{kV}]$

• 답: $144[\text{kV}]$

개념체크

피뢰기의 정격 전압: 피뢰기 방전 후 속류를 차단할 수 있는 전압

피뢰기의 정격 전압[kV] = 접지 계수(α) × 여유도(β) × 계통의 최고 허용 전압[kV]

계통 전압[kV]	22.9	154	345
계통 최고 전압[kV]	25.8	170	362

04
★★☆

3상 4선식 $22.9[\text{kV}]$ 수전설비의 부하 전류가 $30[\text{A}]$이다. $60/5[\text{A}]$의 변류기를 통하여 과전류 계전기를 시설하였다. $120[\%]$의 과부하에서 차단시키려면 트립 전류치를 몇 $[\text{A}]$로 설정하여야 하는지 구하시오. [4점]

• 계산 과정:

• 답:

답안작성

• 계산 과정

트립 전류치 $I_t = 30 \times \dfrac{5}{60} \times 1.2 = 3[\text{A}]$

• 답: $3[\text{A}]$

개념체크

과전류 계전기의 전류 탭(I_t) = 부하전류(I) × $\dfrac{1}{\text{변류비}}$ × 과부하 비율

과전류 계전기(OCR)의 탭 전류: 2, 3, 4, 5, 6, 7, 8, 10, 12[A]

05

★★★

가로의 길이가 $10[m]$, 세로의 길이가 $30[m]$, 높이 $3.85[m]$인 사무실에 $40[W]$ 형광등 1개의 광속이 $2,500[lm]$인 2등용 형광등 기구를 시설하여 $400[lx]$의 평균 조도를 얻고자 할 때 다음 요구 사항을 구하시오.(단, 조명률이 $60[\%]$, 감광 보상률은 1.3, 책상면에서 천장까지의 높이는 $3[m]$이다.) **[5점]**

(1) 실지수
  • 계산 과정:
  • 답:

(2) 형광등 기구 수
  • 계산 과정:
  • 답:

답안작성 (1) • 계산 과정

$$RI = \frac{XY}{H(X+Y)} = \frac{10 \times 30}{3 \times (10+30)} = 2.5$$

  • 답: 2.5

(2) • 계산 과정

$$FUN = EAD \text{에서 } N = \frac{EAD}{FU} = \frac{400 \times (10 \times 30) \times 1.3}{(2,500 \times 2) \times 0.6} = 52$$

  • 답: $52[$등$]$

개념체크 (1) 실지수 계산식

$$RI = \frac{XY}{H(X+Y)}$$

(단, X: 방의 폭, Y: 방의 길이, H: 작업면에서 광원까지의 높이)

(2) 등의 개수 산정

$$FUN = EAD$$

(단, F: 광속[lm], U: 조명률, N: 사용하는 등의 개수, E: 조도[lx], A: 방의 면적[m²], D: 감광 보상률 $(= \frac{1}{M})$, M: 유지율(보수율))

06

★★☆

배전 선로의 전압 조정기를 3가지만 쓰시오. **[3점]**

답안작성 • 자동 전압 조정기
• 병렬 콘덴서
• 고정 승압기

07 ★★★

콘덴서 회로에서 고조파를 감소시키기 위한 직렬 리액터 회로에 대하여 다음 물음에 답하시오. [5점]

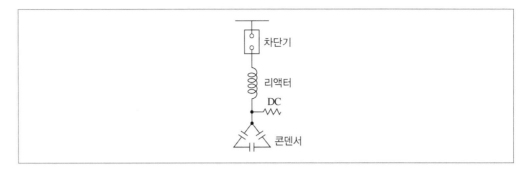

(1) 제5고조파를 감소시키기 위한 리액터의 용량은 콘덴서의 몇 [%] 이상이어야 하는지 쓰시오.

(2) 설계 시 주파수 변동이나 경제성을 고려하여 리액터의 용량은 콘덴서 용량의 몇 [%] 정도를 표준으로 하고 있는지 쓰시오.

(3) 제3고조파를 감소시키기 위한 리액터의 용량은 콘덴서 용량의 몇 [%] 이상이어야 하는지 쓰시오.

답안작성
(1) 4[%]
(2) 6[%]
(3) 11[%]

해설비법 직렬 리액터: 제5고조파 제거

• 제5고조파용: $5\omega L = \dfrac{1}{5\omega C}$ ∴ $\omega L = \dfrac{1}{25} \times \dfrac{1}{\omega C} = 0.04 \times \dfrac{1}{\omega C}$

  단, 실제 용량은 주파수 변동 등의 여유를 고려하여 콘덴서 용량의 6[%] 정도로 한다.

• 제3고조파용: $3\omega L = \dfrac{1}{3\omega C}$ ∴ $\omega L = \dfrac{1}{9} \times \dfrac{1}{\omega C} = 0.11 \times \dfrac{1}{\omega C}$

  단, 실제 용량은 주파수 변동 등의 여유를 고려하여 콘덴서 용량의 13[%] 정도로 한다.

08 ★★★

전력 설비 점검 시 보호 계전 계통의 오동작 원인 3가지만 쓰시오. [3점]

답안작성
• 보호 계전기의 허용 범위를 초과한 온도 상승
• 높은 습도에 의한 절연 성능 저하 및 부식
• 전자파, 서지 및 노이즈 등의 영향

개념체크 보호 계전 계통의 오동작 원인
• 보호 계전기의 허용 범위를 초과한 온도 상승
• 높은 습도에 의한 절연 성능 저하 및 부식
• 전자파, 서지 및 노이즈 등의 영향
• 진동 및 충격
• 계전기의 감도 저하

09 ★★★

정격 전류가 $320[\mathrm{A}]$이고, 역률 0.85인 3상 유도 전동기가 있다. 다음 제시한 자료에 의하여 전압강하를 구하시오. [4점]

> **[참고 자료]**
> - 전선 편도 길이: $150[\mathrm{m}]$
> - 사용 전선의 특징: $R = 0.18[\Omega/\mathrm{km}]$, $\omega L = 0.102[\Omega/\mathrm{km}]$, ωC는 무시한다.

- 계산 과정:

- 답:

답안작성

- 계산 과정

$$e = \sqrt{3}\,I(R\cos\theta + X\sin\theta)$$

$$= \sqrt{3} \times 320 \times \left\{ (0.18 \times 0.15) \times 0.85 + (0.102 \times 0.15) \times \sqrt{1 - 0.85^2} \right\}$$

$$= 17.19[\mathrm{V}]$$

- 답: $17.19[\mathrm{V}]$

해설비법

3상 선로에서의 전압강하

$$e = V_s - V_r = \sqrt{3}\,I(R\cos\theta + X\sin\theta)[\mathrm{V}] = \frac{P}{V_r}(R + X\tan\theta)[\mathrm{V}]$$

10 ★★★

다음 표의 수용가(A, B, C) 사이의 부등률을 1.1로 한다면 합성 최대 전력은 몇 $[\mathrm{kW}]$인가? [3점]

수용가	설비 용량[kW]	수용률[%]
A	300	80
B	200	60
C	100	80

- 계산 과정:
- 답:

답안작성

- 계산 과정

$$\text{합성 최대 전력 } P_m = \frac{300 \times 0.8 + 200 \times 0.6 + 100 \times 0.8}{1.1} = 400[\mathrm{kW}]$$

- 답: $400[\mathrm{kW}]$

해설비법

$$\text{부등률} = \frac{\text{개별 최대 수용 전력의 합계}}{\text{합성 최대 전력}} = \frac{\Sigma(\text{설비 용량} \times \text{수용률})}{\text{합성 최대 전력}} \text{에서}$$

$$\text{합성 최대 전력} = \frac{\Sigma(\text{설비 용량} \times \text{수용률})}{\text{부등률}}$$

11
★★☆

그림은 전위 강하법에 의한 접지저항 측정 방법이다. E, P, C가 일직선상에 있을 때, 다음 물음에 답하시오.(단, E는 반지름 r인 반구 모양 전극(측정 대상 전극)이다.)　　　　[5점]

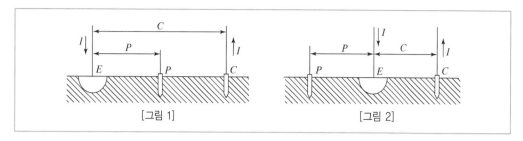

[그림 1]　　　　　　　[그림 2]

(1) [그림 1]과 [그림 2]의 측정 방법 중 접지저항값이 참값에 가까운 측정 방법을 고르시오.

(2) 반구모양 접지 전극의 접지저항을 측정할 때 $E-C$ 간 거리의 몇 [%]인 곳에 전위 전극을 설치하면 정확한 접지저항값을 얻을 수 있는지 답하시오.

답안작성　(1) [그림 1]
　　　　　　(2) 61.8[%]

개념체크　전위 강하법에 의한 접지저항 측정 방법 개념도

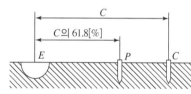

- E: 주 접지극
- P, C: 보조 접지극

보조 접지극의 거리는 저항 구역이 겹치지 않으면 측정값에 큰 오차가 발생하지 않는다. 즉 $E-C$ 간 거리의 61.8[%]의 위치하면 정확한 접지저항값을 구할 수 있다.

2017년

12
★★★

1선 지락 고장 시 접지 계통별 고장 전류의 경로를 답란에 쓰시오.　　　　[5점]

단일 접지 계통	
중성점 접지 계통	
다중 접지 계통	

답안작성

단일 접지 계통	선로 – 지락점 – 대지 – 접지점 – 중성선 – 선로
중성점 접지 계통	선로 – 지락점 – 대지 – 접지점 – 중성선 – 선로
다중 접지 계통	선로 – 지락점 – 대지 – 다중 접지극의 접지점 – 중성선 – 선로

13 ★★☆

알칼리축전지의 정격 용량이 $100[\text{Ah}]$이고, 상시 부하가 $5[\text{kW}]$, 표준 전압이 $100[\text{V}]$인 부동 충전 방식이 있다. 이 부동 충전 방식에서 다음 각 물음에 답하시오. [5점]

(1) 부동 충전 방식의 충전기 2차 전류는 몇 $[\text{A}]$인지 계산하시오.
- 계산 과정:
- 답:

(2) 부동 충전 방식의 회로도를 전원, 축전지, 부하, 충전기(정류기) 등을 이용하여 간단히 답란에 그리시오.(단, 심벌은 일반적인 심벌로 표현하되 심벌 부근에 심벌에 따른 명칭을 쓰도록 하시오.)

답안작성

(1) • 계산 과정: $I = \dfrac{100}{5} + \dfrac{5 \times 10^3}{100} = 70[\text{A}]$
- 답: $70[\text{A}]$

(2)

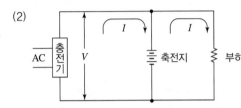

V: 부동 충전 전압[V]
I: 부동 충전 전류[A]

개념체크 부동 충전 방식

$$\text{충전기 2차 전류}[\text{A}] = \frac{\text{축전지 용량}[\text{Ah}]}{\text{정격 방전율}[\text{h}]} + \frac{\text{상시 부하 용량}[\text{VA}]}{\text{표준 전압}[\text{V}]}$$

- 축전지별 정격 방전율
  - 연축전지: $10[\text{h}]$
  - 알칼리축전지: $5[\text{h}]$

14 ★★★

고조파 전류는 각종 선로나 간선에 에너지 절약 기기나 무정전 전원 장치 등이 증가되면서 선로에 발생하여 전원의 질을 떨어뜨리고 과열 및 이상 상태를 발생시키는 원인이 되고 있다. 고조파 전류를 방지하기 위한 대책을 3가지만 쓰시오. [5점]

답안작성
- 전력 변환 장치의 펄스 수를 크게 한다.
- 고조파 제거 필터를 설치한다.
- 변압기 Δ 결선을 채용하여 제3고조파를 제거한다.

단답 정리함 고조파 억제 대책
- 전력용 콘덴서에 직렬 리액터를 설치해 제5고조파 제거
- 변압기 결선에서 Δ 결선을 채용
- 전력 변환 장치의 펄스 수를 크게 함
- 고조파 필터를 사용해서 제거
- 고조파 발생 기기와 충분한 이격거리 확보

2017년

15
★★☆

그림과 같은 논리 회로를 이용하여 다음 각 물음에 답하시오. [6점]

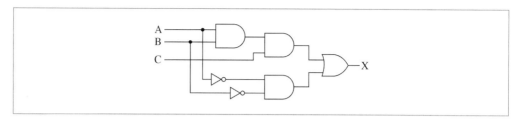

(1) 주어진 논리 회로를 논리식으로 표현하시오.

(2) 논리 회로의 동작 상태에 대한 타임 차트를 완성하시오.

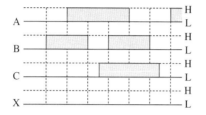

(3) 다음과 같은 진리표를 완성하시오. (단, L은 Low이고, H는 High이다.)

A	L	L	L	L	H	H	H	H
B	L	L	H	H	L	L	H	H
C	L	H	L	H	L	H	L	H
X								

답안작성 (1) $X = A \cdot B \cdot C + \overline{A} \cdot \overline{B}$

(2)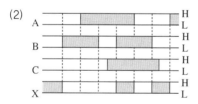

(3)

A	L	L	L	L	H	H	H	H
B	L	L	H	H	L	L	H	H
C	L	H	L	H	L	H	L	H
X	H	H	L	L	L	L	L	H

해설비법 (3) 진리표를 완성하려면 논리식 $X = A \cdot B \cdot C + \overline{A} \cdot \overline{B}$ 에서 X가 H(High)일 때의 조건을 파악하면 된다. 즉, 입력 A, B, C가 모두 H이거나, A, B가 모두 L일 때이다.

16

★★☆

그림은 어떤 변전소의 도면이다. 변압기 상호 간의 부등률이 1.3이고, 부하의 역률이 $90[\%]$이다. STr의 %임피던스가 $4.5[\%]$, Tr_1, Tr_2, Tr_3의 %임피던스가 각각 $10[\%]$, $154[\text{kV}]$ BUS의 %임피던스는 $10[\text{MVA}]$ 기준 $0.4[\%]$이다. 부하는 표와 같다고 할 때 주어진 도면과 참고표를 이용하여 다음 각 물음에 답하시오. [12점]

[부하표]

부하	용량	수용률	부등률
A	$5,000[\text{kW}]$	$80[\%]$	1.2
B	$3,000[\text{kW}]$	$84[\%]$	1.2
C	$7,000[\text{kW}]$	$92[\%]$	1.2

[도면]

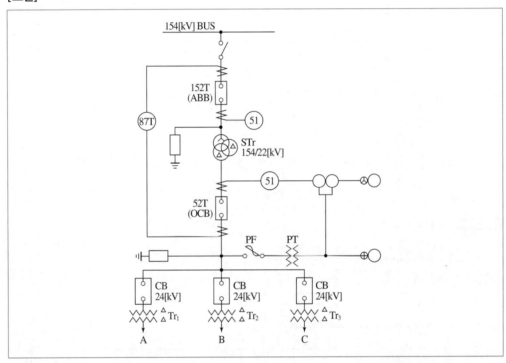

[참고표]

152T ABB 용량표[MVA]											
100	200	300	500	750	1,000	2,000	3,000	4,000	5,000	6,000	7,000

52T OCB 용량표[MVA]											
100	200	300	500	750	1,000	2,000	3,000	4,000	5,000	6,000	7,000

154[kV] 변압기 용량표[kVA]									
5,000	6,000	7,000	8,000	10,000	15,000	20,000	30,000	40,000	50,000

22[kV] 변압기 용량표[kVA]														
200	250	500	750	1,000	1,500	2,000	3,000	4,000	5,000	6,000	7,000	8,000	9,000	10,000

(1) 변압기 Tr_1, Tr_2, Tr_3의 용량[kVA]을 산정하시오.
   - 계산 과정:
   - 답:

(2) 변압기 STr의 용량[kVA]을 산정하시오.
   - 계산 과정:
   - 답:

(3) 차단기 152T의 용량[MVA]을 산정하시오.
   - 계산 과정:
   - 답:

(4) 차단기 52T의 용량[MVA]을 산정하시오.
   - 계산 과정:
   - 답:

(5) 약호 87T의 우리말 명칭을 쓰고 그 역할에 대하여 쓰시오.
   - 명칭:
   - 역할:

(6) 약호 51의 우리말 명칭을 쓰고 그 역할에 대하여 쓰시오.
   - 명칭:
   - 역할:

답안작성

(1) • 계산 과정

$$P_{Tr_1} = \frac{5,000 \times 0.8}{1.2 \times 0.9} = 3,703.7[kVA], \ \text{표에서 } 4,000[kVA] \ \text{선정}$$

$$P_{Tr_2} = \frac{3,000 \times 0.84}{1.2 \times 0.9} = 2,333.33[kVA], \ \text{표에서 } 3,000[kVA] \ \text{선정}$$

$$P_{Tr_3} = \frac{7,000 \times 0.92}{1.2 \times 0.9} = 5,962.96[kVA], \ \text{표에서 } 6,000[kVA] \ \text{선정}$$

   • 답: Tr_1의 용량: 4,000[kVA], Tr_2의 용량: 3,000[kVA], Tr_3의 용량: 6,000[kVA]

(2) • 계산 과정

$$P_{STr} = \frac{3,703.7 + 2,333.33 + 5,962.96}{1.3} = 9,230.76[kVA], \ \text{표에서 } 10,000[kVA] \ \text{선정}$$

   • 답: 10,000[kVA]

(3) • 계산 과정: $P_s = \dfrac{100}{\%Z} P_n = \dfrac{100}{0.4} \times 10 = 2,500[MVA]$, 표에서 3,000[MVA] 선정

   • 답: 3,000[MVA]

(4) • 계산 과정: $P_s = \dfrac{100}{\%Z} P_n = \dfrac{100}{0.4 + 4.5} \times 10 = 204.08[MVA]$, 표에서 300[MVA] 선정

   • 답: 300[MVA]

(5) • 명칭: 주변압기 차동 계전기
   • 역할: 발전기나 변압기의 내부 고장 시 발전기나 변압기를 보호한다.

(6) • 명칭: 과전류 계전기
   • 역할: 정정값 이상의 전류가 흘렀을 때 동작하여 차단기의 트립코일을 여자시킨다.

개념체크 변압기 용량[kVA] $= \dfrac{\text{설비 용량[kW]} \times \text{수용률}}{\text{부등률} \times \text{역률}}$

17

★★☆

그림은 누름버튼 스위치 PB_1, PB_2, PB_3를 ON 조작하여 기계 A, B, C를 운전하는 시퀀스 회로도이다. 이 회로를 타임 차트 1~3의 요구 사항과 같이 병렬 우선 순위 회로로 고쳐서 그리시오.(단, R_1, R_2, R_3는 계전기이며, 이 계전기의 보조 a접점 또는 b접점을 추가 또는 삭제하여 작성하되 불필요한 접점을 사용하지 않도록 하며, 보조 접점에는 접점명을 기입하도록 한다.) [6점]

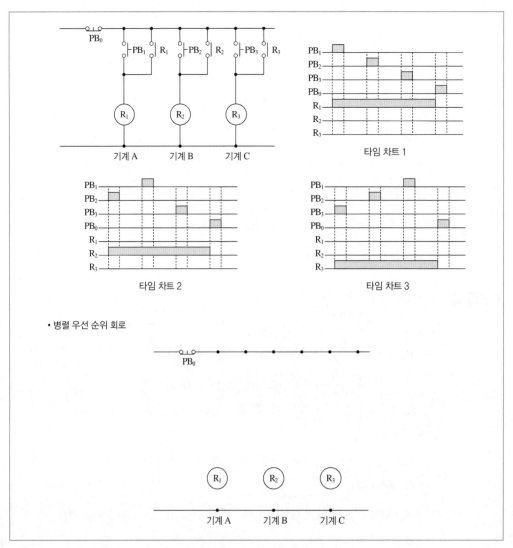

타임 차트 1

타임 차트 2

타임 차트 3

• 병렬 우선 순위 회로

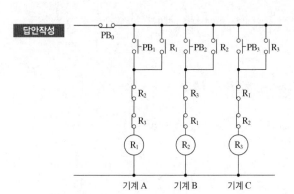

인터록(Interlock) 회로(병렬 회로)

(1) 인터록 회로의 기능: 어느 한 쪽이 동작하면 다른 한 쪽은 동작할 수 없는 동작을 행하는 논리 회로

(2) 논리 회로 및 타임 차트

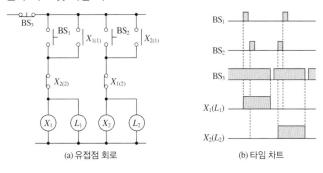

(a) 유접점 회로　　　　　　　(b) 타임 차트

(3) 인터록 회로의 동작

　① BS_1을 누르면 X_1 동작 이후에 BS_2를 누르더라도 X_2가 동작하지 않는다.

　② BS_2를 누르면 X_2 동작 이후에 BS_1을 누르더라도 X_1이 동작하지 않는다.

18 ★★☆

그림의 단선 결선도를 보고 ①~⑤에 들어갈 기기에 대하여 표준 심벌을 그리고, 약호, 명칭, 용도 및 역할에 대하여 답란에 쓰시오.　　　　　　　　　　　　　　　　　　　　[10점]

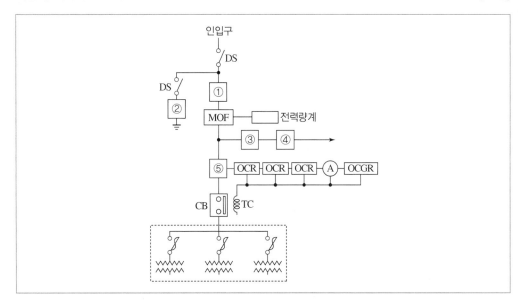

번호	심벌	약호	명칭	용도 및 역할
①				
②				
③				
④				
⑤				

번호	심벌	약호	명칭	용도 및 역할
①		PF	전력 퓨즈	단락 전류 및 고장 전류 차단
②		LA	피뢰기	이상 전압 침입 시 이를 대지로 방전시키고 속류를 차단
③		COS	컷아웃 스위치	계기용 변압기 및 부하 측에 고장 발생 시 이를 고압 회로로부터 분리하여 사고의 확대를 방지
④		PT	계기용 변압기	고전압을 저전압으로 변성하여 계기나 계전기에 공급
⑤		CT	변류기	대전류를 소전류로 변성하여 계기나 계전기에 공급

19 ★★★

Y − △ 기동 방식에 대한 다음 각 물음에 답하시오.(단, 전자 접촉기 MC1은 Y용, MC2는 △용이다.) [6점]

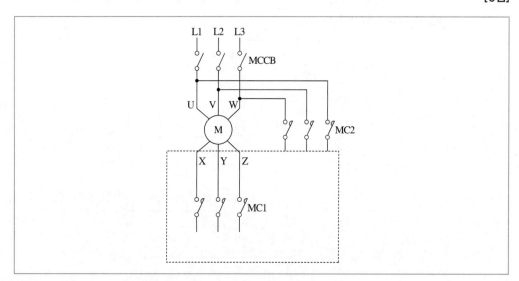

(1) 그림과 같은 주 회로 부분에 대한 미완성 부분의 결선도를 완성하시오.

(2) Y − △ 기동 시와 전전압 기동 시의 기동 전류를 수치를 제시하면서 비교·설명하시오.

(3) 전동기를 운전할 때 실제로 Y − △ 기동·운전한다고 생각하면서 기동 순서를 상세하게 설명하시오.(단, 동시 투입 여부를 포함하여 설명하시오.)

(1)

L1 L2 L3

MCCB

U V W

M

X Y Z

MC2

MC1

(2) Y $-\Delta$ 기동 전류는 전전압 기동 전류의 $\frac{1}{3}$ 배이다.

(3) MCCB를 투입하고 MC1을 단락시켜 Y 결선으로 기동한 후 타이머 설정 시간이 지나면 MC1은 개방, MC2는 단락되어 Δ 결선으로 운전한다. 이때 MC1(Y 결선)과 MC2(Δ 결선)는 동시에 투입되어서는 안 된다.

(2) Y $-\Delta$ 기동 시의 기동 전류

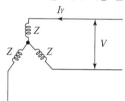
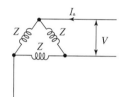

$$I_Y = \frac{\frac{V}{\sqrt{3}}}{Z} = \frac{V}{\sqrt{3}\,Z}, \ \ I_\Delta = \frac{\sqrt{3}\,V}{Z}$$

$$\therefore \ \frac{I_Y}{I_\Delta} = \frac{\frac{V}{\sqrt{3}\,Z}}{\frac{\sqrt{3}\,V}{Z}} = \frac{1}{3}$$

2017년 3회 기출문제

01
★★☆

평형 3상 회로에 변류비 100/5인 변류기 2개를 그림과 같이 접속하였을 때 전류계에 4[A]의 전류가 흘렀다. 1차 전류의 크기는 몇 [A]인가? **[5점]**

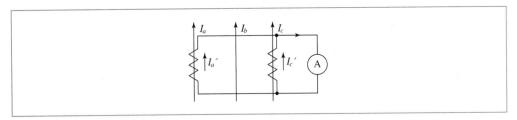

• 계산 과정:

• 답:

답안작성

• 계산 과정: 가동 결선이므로 1차 전류는 $I_1 = I_2 \times a = 4 \times \dfrac{100}{5} = 80[A]$

• 답: $80[A]$

개념체크

• 가동 결선 시 1차 전류 = 2차 전류 × 변류비[A]

• 차동 결선 시 1차 전류 = 2차 전류 × 변류비 × $\dfrac{1}{\sqrt{3}}$[A]

02
★★★

다음 기기의 명칭을 쓰시오. **[4점]**

(1) 가공 배전선로 사고의 대부분은 조류 및 수목에 의한 접촉, 강풍, 낙뢰 등에 의한 플래시 오버 사고이다. 이런 사고 발생 시 신속하게 고장 구간을 차단하고 사고점의 아크를 소멸시킨 후 즉시 재투입이 가능한 개폐 장치이다.

(2) 보안상 책임 분계점에서 보수 점검 시 전로를 개폐하기 위하여 시설하는 것으로 반드시 무부하 상태에서 개방하여야 한다. 근래에는 ASS를 사용하며, 66[kV] 이상의 경우에는 이를 사용한다.

답안작성

(1) 리클로저
(2) 선로 개폐기

개념체크

• **리클로저**: 차단기가 내장되어 고장 전류 차단 능력이 있는 배전선로용 자동 재폐로 차단기

• **선로 개폐기(LS)**: 보수 점검 시 전로를 개폐하기 위해 사용하며 무부하 상태에서 개방

03 ★☆☆

수전 전압이 $6,000[\mathrm{V}]$인 $2[\mathrm{km}]$ 3상 3선식 선로에 $1,000[\mathrm{kW}]$(늦은 역률 0.8) 부하가 연결되어 있다고 한다. 다음 물음에 답하시오.(단, 1선당 저항은 $0.3[\Omega/\mathrm{km}]$, 1선당 리액턴스는 $0.4[\Omega/\mathrm{km}]$이다.)　[6점]

(1) 선로의 전압강하를 구하시오.
- 계산 과정:
- 답:

(2) 선로의 전압강하율을 구하시오.
- 계산 과정:
- 답:

(3) 선로의 전력 손실을 구하시오.
- 계산 과정:
- 답:

답안작성 (1) • 계산 과정

$$e = \frac{P}{V_r}(R + X\tan\theta) = \frac{1,000\times10^3}{6,000}\times\left(0.3\times2 + 0.4\times2\times\frac{0.6}{0.8}\right) = 200[\mathrm{V}]$$

- 답: $200[\mathrm{V}]$

(2) • 계산 과정

$$\varepsilon = \frac{e}{V_r}\times100[\%] = \frac{200}{6,000}\times100[\%] = 3.33[\%]$$

- 답: $3.33[\%]$

(3) • 계산 과정

$$P_l = \frac{P^2 R}{V_r^2 \cos^2\theta} = \frac{(1,000\times10^3)^2\times(0.3\times2)}{6,000^2\times0.8^2}\times10^{-3} = 26.04[\mathrm{kW}]$$

- 답: $26.04[\mathrm{kW}]$

개념체크 (1) 3상 선로에서의 전압강하

$$e = V_s - V_r = \sqrt{3}\,I(R\cos\theta + X\sin\theta)[\mathrm{V}] = \frac{P}{V_r}(R + X\tan\theta)[\mathrm{V}]$$

(2) 전압강하율

$$\varepsilon = \frac{e}{V_r}\times100[\%] = \frac{V_s - V_r}{V_r}\times100[\%]$$

$$= \frac{\sqrt{3}\,I(R\cos\theta + X\sin\theta)}{V_r}\times100[\%]$$

(단, V_s: 송전단 선간 전압[kV], V_r: 수전단 선간 전압[kV])

(3) 전력 손실

$$P_l = 3I^2 R = 3\left(\frac{P}{\sqrt{3}\,V_r\cos\theta}\right)^2 R = \frac{P^2\cdot R}{V_r^2\cdot\cos^2\theta}[\mathrm{W}]$$

(단, I: 부하 전류[A], R: 전선의 저항[Ω], V_r: 수전단 선간 전압[V] $\cos\theta$: 부하 측의 역률)

04

★★☆

다음은 컴퓨터 등의 중요한 부하에 대한 무정전 전원 공급을 위한 그림이다. (가) ~ (마)에 적당한 전기 시설물의 명칭을 쓰시오. [4점]

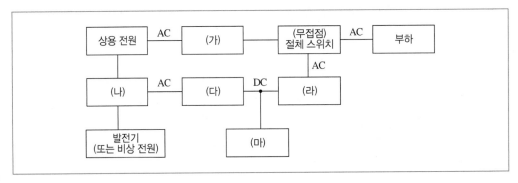

답안작성 (가) 자동 전압 조정기(AVR)

(나) 절체용 개폐기

(다) 정류기(컨버터)

(라) 인버터

(마) 축전지

개념체크 무정전 전원 공급 장치(UPS: Uninterruptible Power Supply)

(1) 역할

선로의 정전이나 입력 전원에 이상 상태가 발생하였을 경우에도 정상적으로 전력을 부하 측에 공급하는 무정전 전원 장치이다.

(2) UPS의 구성

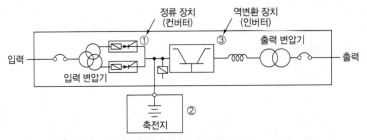

① 정류 장치(컨버터): 교류를 직류로 변환시킨다.

② 축전지: 직류 전력을 저장시킨다.

③ 역변환 장치(인버터): 직류를 교류로 변환시킨다.

(3) 비상 전원으로 사용되는 UPS의 블록 다이어그램

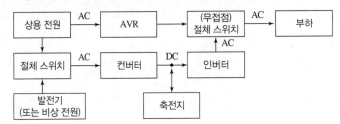

05
★★★

답안지의 그림은 3상 4선식 전력량계의 결선도를 나타낸 것이다. PT와 CT를 사용하여 미완성 부분의 결선도를 완성하시오. [4점]

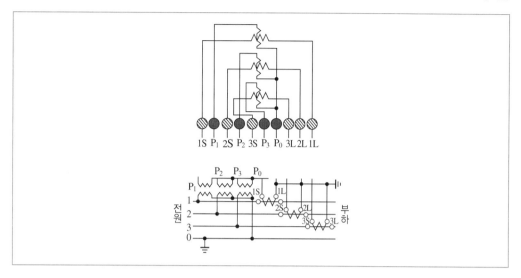

답안작성

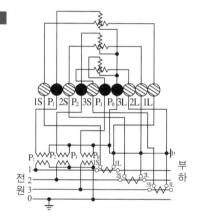

해설비법 PT 2차 측(P_0)과 CT의 2차 측(1L, 2L, 3L)은 접지하여야 한다.

06
★★★

전압 30[V], 저항 4[Ω], 유도 리액턴스 3[Ω]일 때 콘덴서를 병렬로 연결하여 종합 역률을 1로 만들기 위해 병렬 연결하는 용량성 리액턴스는 몇 [Ω]인가? [5점]

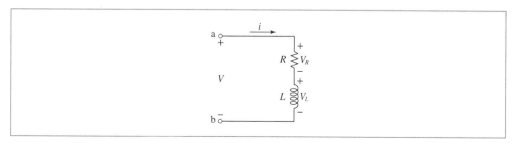

- 계산 과정:

- 답:

• 계산 과정

$$X_C = \frac{1}{\omega C} = \frac{R^2 + (\omega L)^2}{\omega L} = \frac{4^2 + 3^2}{3} = 8.33[\Omega]$$

- 답: $8.33[\Omega]$

문제에 주어진 $R-L$ 직렬 회로에 병렬로 콘덴서를 접속한 회로는 아래와 같다.

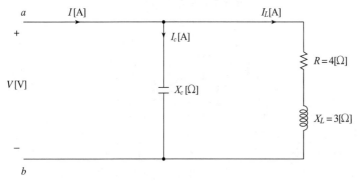

위 그림에 대한 합성 어드미턴스를 구하면

$$Y = j\omega C + \frac{1}{R + j\omega L} = j\omega C + \frac{R - j\omega L}{(R + j\omega L) \times (R - j\omega L)} = j\omega C + \frac{R - j\omega L}{R^2 + (\omega L)^2}$$

$$= \frac{R}{R^2 + (\omega L)^2} + j\left(\omega C - \frac{\omega L}{R^2 + (\omega L)^2}\right) \text{ 이다.}$$

종합 역률이 1이 되려면, 위 어드미턴스 값에서 허수부가 0이 되어야 하므로

$$\omega C - \frac{\omega L}{R^2 + (\omega L)^2} = 0 \rightarrow \therefore \omega C = \frac{\omega L}{R^2 + (\omega L)^2} \text{ 이다.}$$

$$\therefore X_C = \frac{1}{\omega C} = \frac{R^2 + (\omega L)^2}{\omega L} [\Omega]$$

07

★★★

전압과 역률이 일정할 때 전력 손실이 2배가 되려면 전력은 몇 [%] 증가해야 하는가? [5점]

- 계산 과정:

- 답:

• 계산 과정

전력 손실 $P_l = \frac{P^2 R}{V^2 \cos^2\theta}$ 이므로 $P_l \propto P^2$의 관계가 있다. 따라서, $P \propto \sqrt{P_l}$ 로서 구할 수 있다.

조건에서 전력 손실이 2배가 된다고 하였으므로 $P' \propto \sqrt{2 \times P_l} = 1.4142 \times \sqrt{P_l}$ 로 전력은 $41.42[\%]$ 증가한다.

- 답: $41.42[\%]$

전력의 증가율$[\%] = \frac{P' - P}{P} \times 100 = (\sqrt{2} - 1) \times 100 = 41.42[\%]$

08 ★★☆ 변압기의 절연내력 시험전압에 대한 ①~⑦의 알맞은 내용을 빈칸에 쓰시오. [7점]

구분	종류(최대 사용전압을 기준으로)	시험전압
①	최대 사용전압 7[kV] 이하인 권선 (단, 시험전압이 500[V] 미만으로 되는 경우에는 500[V])	최대 사용전압 × ( )배
②	7[kV]를 넘고 25[kV] 이하의 권선으로서 중성선 다중접지식에 접속되는 것	최대 사용전압 × ( )배
③	7[kV]를 넘고 60[kV] 이하의 권선(중성선 다중접지 제외) (단, 시험전압이 10.5[kV] 미만으로 되는 경우에는 10.5[kV])	최대 사용전압 × ( )배
④	60[kV]를 넘는 권선으로서 중성점 비접지식 전로에 접속되는 것	최대 사용전압 × ( )배
⑤	60[kV]를 넘는 권선으로서 중성점 접지식 전로에 접속하고 또한 성형 결선 권선의 경우에는 그 중성점에 T좌 권선과 주좌 권선의 접속점에 피뢰기를 시설하는 것 (단, 시험전압이 75[kV] 미만으로 되는 경우에는 75[kV])	최대 사용전압 × ( )배
⑥	60[kV]를 넘는 권선으로서 중성점 직접접지식 전로에 접속하는 것. 다만, 170[kV]를 초과하는 권선에는 그 중성점에 피뢰기를 시설하는 것	최대 사용전압 × ( )배
⑦	170[kV]를 넘는 권선으로서 중성점 직접접지식 전로에 접속하고 또는 그 중성점을 직접접지하는 것	최대 사용전압 × ( )배
(예시)	기타의 권선	최대 사용전압 × (1.1)배

답안작성

구분	종류(최대 사용전압을 기준으로)	시험전압
①	최대 사용전압 7[kV] 이하인 권선 (단, 시험전압이 500[V] 미만으로 되는 경우에는 500[V])	최대 사용전압 × (1.5)배
②	7[kV]를 넘고 25[kV] 이하의 권선으로서 중성선 다중접지식에 접속되는 것	최대 사용전압 × (0.92)배
③	7[kV]를 넘고 60[kV] 이하의 권선(중성선 다중접지 제외) (단, 시험전압이 10.5[kV] 미만으로 되는 경우에는 10.5[kV])	최대 사용전압 × (1.25)배
④	60[kV]를 넘는 권선으로서 중성점 비접지식 전로에 접속되는 것	최대 사용전압 × (1.25)배
⑤	60[kV]를 넘는 권선으로서 중성점 접지식 전로에 접속하고 또한 성형 결선 권선의 경우에는 그 중성점에 T좌 권선과 주좌 권선의 접속점에 피뢰기를 시설하는 것 (단, 시험전압이 75[kV] 미만으로 되는 경우에는 75[kV])	최대 사용전압 × (1.1)배
⑥	60[kV]를 넘는 권선으로서 중성점 직접접지식 전로에 접속하는 것. 다만, 170[kV]를 초과하는 권선에는 그 중성점에 피뢰기를 시설하는 것	최대 사용전압 × (0.72)배
⑦	170[kV]를 넘는 권선으로서 중성점 직접접지식 전로에 접속하고 또는 그 중성점을 직접접지하는 것	최대 사용전압 × (0.64)배
(예시)	기타의 권선	최대 사용전압 × (1.1)배

규정체크 변압기 전로의 절연내력: 고압 및 특고압의 전로, 변압기, 차단기, 기타의 기구는 시험전압을 전로와 대지 사이에 연속하여 10분간 가하여 절연내력을 시험하였을 때 이에 견뎌야 한다.

09

★★★

그림과 같은 점광원으로부터 원뿔 밑면까지의 거리가 $4[\mathrm{m}]$이고, 밑면의 반지름이 $3[\mathrm{m}]$인 원형면의 평균 조도가 $100[\mathrm{lx}]$라면 이 점광원의 평균 광도$[\mathrm{cd}]$는? [5점]

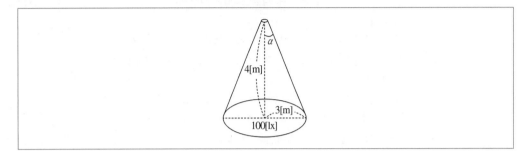

• 계산 과정:

• 답:

답안작성 • 계산 과정

$$\cos\alpha = \frac{4}{\sqrt{4^2+3^2}} = 0.8$$

원뿔의 입체각 $\omega = 2\pi(1-\cos\alpha)[\mathrm{sr}]$이고

조도 $E = \dfrac{F}{S} = \dfrac{\omega I}{\pi r^2} = \dfrac{2\pi(1-\cos\alpha)I}{\pi r^2} = \dfrac{2(1-\cos\alpha)I}{r^2}$ 이므로

평균 광도는 $I = \dfrac{E \times r^2}{2(1-\cos\alpha)} = \dfrac{100 \times 3^2}{2 \times (1-0.8)} = 2,250[\mathrm{cd}]$ 이다.

• 답: $2,250[\mathrm{cd}]$

10

★★★

중성점 직접 접지 계통에 인접한 통신선의 전자 유도 장해 경감에 관한 대책을 경제성이 높은 것부터 설명하시오. [6점]

(1) 근본 대책

(2) 전력선 측 대책(3가지)

(3) 통신선 측 대책(3가지)

답안작성 (1) 통신선에 유기되는 전자 유도 전압을 억제시킨다.

(2) • 전력선 근처에 차폐선을 설치한다.
　　 • 고속도 지락 보호 계전 방식을 채용한다.
　　 • 지중 전선로 방식으로 한다.

(3) • 연피 케이블을 사용한다.
　　 • 배류 코일을 설치한다.
　　 • 절연 변압기를 설치하여 통신 기기를 분리한다.

전자 유도 장해

전력선과 통신선의 상호 인덕턴스(M)에 의하여 통신선에 전자 유도 전압이 발생하여 통신선에 생기는 유도 장해

① 전자 유도 전압의 크기

$$E_m = -j\omega Ml \times 3I_0 [\text{V}]$$

(단, M: 전력선과 통신선 간의 상호 인덕턴스[H/km], l: 전력선과 통신선의 병행 길이[km],

I_0: 지락 사고에 의해 발생하는 영상 전류($\because I_g = 3I_0 [\text{A}]$))

② 전자 유도 장해 근본 억제 대책: 전자 유도 전압의 억제

- 통신선과 전력선 간의 상호 인덕턴스(M) 감소
- 기유도 전류(I_0)의 감소
- 선로의 병행 길이(l) 감소

③ 전자 유도 장해 전력선 측 억제 대책

- 차폐선(Shielding Wire)의 설치
- 중성점 접지 저항을 크게 하거나 소호 리액터 접지 방식 채용
- 고장 회선의 신속한 차단(고속도 차단)
- 3상 연가를 충분히 실시
- 송전 선로를 통신 선로와 충분히 이격시켜 건설

④ 전자 유도 장해 통신선 측 억제 대책

- 통신 선로에 고성능 피뢰기(LA) 설치
- 통신선에 연피 케이블 사용
- 통신선 중간에 배류 코일 설치
- 통신선 도중에 절연 변압기 설치
- 전력선과의 교차는 직각으로 실시

11 ★★☆

사용 전압 380[V]인 3상 직입 기동 전동기 1.5[kW] 1대, 3.7[kW] 2대와 3상 15[kW] 기동기 사용 전동기 1대 및 3상 전열기 3[kW]를 간선에 연결하였다. 이때의 간선 굵기, 간선의 과전류 차단기 용량을 다음 표를 이용하여 구하시오.(단, 공사 방법은 A1, PVC 절연 전선을 사용하였다.)　　　　[5점]

(1) 간선의 굵기

(2) 차단기 용량

[참고 자료]

[표 1] 3상 유도 전동기의 규약 전류값

출력[kW]	규약 전류[A]	
	200[V]용	380[V]용
0.2	1.8	0.95
0.4	3.2	1.68
0.75	4.8	2.53
1.5	8.0	4.21
2.2	11.1	5.84
3.7	17.4	9.16
5.5	26	13.68
7.5	34	17.89

11	48	25.26
15	65	34.21
18.5	79	41.58
22	93	48.95
30	124	65.26
37	152	80
45	190	100
55	230	121
75	310	163
90	360	189.5
110	440	231.6
132	500	263

※ 사용하는 회로의 전압이 220[V]인 경우는 200[V]인 것의 0.9배로 한다.
※ 고효율 전동기는 제작자에 따라 차이가 있으므로 제작자의 기술 자료를 참조할 것

[표 2] 380[V] 3상 유도 전동기의 간선의 굵기 및 기구의 용량(배선차단기의 경우)

전동기 [kW] 수의 총계 [kW] 이하	최대 사용 전류 [A] 이하	공사 방법 A1 3개선 PVC	공사 방법 A1 3개선 XLPE, EPR	공사 방법 B1 3개선 PVC	공사 방법 B1 3개선 XLPE, EPR	공사 방법 C 3개선 PVC	공사 방법 C 3개선 XLPE, EPR	0.75 이하	1.5	2.2	3.7	5.5	7.5	11	15	18.5	22	30	37
		배선 종류에 의한 간선의 최소 굵기[mm²]						직입 기동 전동기 중 최대 용량의 것 (Y-Δ 기동기 사용 전동기 중 최대 용량의 것)											
								과전류 차단기(배선차단기) 용량[A] 직입 기동 – (칸 위 숫자) Y-Δ 기동 – (칸 아래 숫자)											
3	7.9	2.5	2.5	2.5	2.5	2.5	2.5	15 / —	15 / —	15 / —	—	—	—	—	—	—	—	—	—
4.5	10.5	2.5	2.5	2.5	2.5	2.5	2.5	15 / —	15 / —	20 / —	30 / —	—	—	—	—	—	—	—	—
6.3	15.8	2.5	2.5	2.5	2.5	2.5	2.5	20 / —	20 / —	30 / —	30 / —	40 / 30	—	—	—	—	—	—	—
8.2	21	4	2.5	2.5	2.5	2.5	2.5	30 / —	30 / —	30 / —	30 / —	40 / 30	50 / 30	—	—	—	—	—	—
12	26.3	6	4	4	2.5	4	2.5	40 / —	40 / —	40 / —	40 / —	40 / 40	50 / 40	75 / 40	—	—	—	—	—
15.7	39.5	10	6	10	6	6	4	50 / —	50 / —	50 / —	50 / —	50 / 50	60 / 50	75 / 50	100 / 60	—	—	—	—
19.5	47.4	16	10	10	6	10	6	60 / —	60 / —	60 / —	60 / —	60 / 60	75 / 60	75 / 60	100 / 60	125 / 75	—	—	—
23.2	52.6	16	10	16	10	10	10	75 / —	75 / —	75 / —	75 / —	75 / 75	75 / 75	100 / 75	100 / 75	125 / 75	125 / 100	—	—

30	65.8	25	16	16	10	16	10	100 / −	100 / −	100 / −	100 / −	100 / 100	100 / 100	100 / 100	125 / 100	125 / 100	125 / 100	−	−
37.5	78.9	35	25	25	16	25	16	100 / −	100 / −	100 / −	100 / −	100 / 100	100 / 100	100 / 100	125 / 100	125 / 100	125 / 100	125 / 125	−
45	92.1	50	25	35	25	25	16	125 / −	125 / −	125 / −	125 / −	125 / 125	125 / 125	125 / 125	125 / 125	125 / 125	125 / 125	125 / 125	150 / 125
52.5	105.3	50	35	35	25	35	25	250 / −	250 / −	250 / −	250 / −	250 / 250	250 / 250	250 / 250	250 / 250	250 / 250	250 / 250	250 / 250	250 / 250

※ 최소 전선 굵기는 1회선에 대한 것이며, 2회선 이상일 경우는 복수 회로 보정 계수를 적용하여야 한다.
※ 공사 방법 A1은 벽 내의 전선관에 공사한 절연 전선 또는 단심 케이블, 공사 방법 B1은 벽면의 전선관에 공사한 절연 전선 또는 단심 케이블, 공사 방법 C는 벽면에 공사한 단심 또는 다심 케이블을 시설하는 경우의 전선 굵기를 표시하였다.
※ 「전동기 중 최대의 것」에는 동시 기동하는 경우를 포함한다.
※ 배선차단기의 용량은 해당 조항에 규정되어 있는 범위에서 실용상 거의 최댓값을 표시한다.
※ 배선차단기의 선정은 최대 용량의 정격 전류의 3배에 다른 전동기의 정격 전류의 합계를 가산한 값 이하를 표시한다.
※ 배선차단기를 배·분전반, 제어반 등의 내부에 시설하는 경우는 그 반 내의 온도 상승에 주의한다.

답안작성

(1) • 계산 과정

전동기[kW] 총계: $1.5 + 3.7 \times 2 + 15 = 23.9$[kW]

[표 1]에서 전동기 전류를 구하면 $I_M = 4.21 + 9.16 \times 2 + 34.21 = 56.74$[A]

전열기 전류 $I_H = \dfrac{P}{\sqrt{3}\,V} = \dfrac{3{,}000}{\sqrt{3} \times 380} = 4.56$[A]

전부하 전류 $I = I_M + I_H = 56.74 + 4.56 = 61.3$[A]

[표 2]의 전동기 총계 30[kW] 및 최대 사용 전류 65.8[A] 칸과 공사 방법 A1, PVC 절연 전선 칸이 교차하는 지점의 간선의 굵기 25[mm²] 선정

• 답: 25[mm²]

(2) • 계산 과정: [표 2]의 전동기 총계 30[kW] 칸과 $Y - \Delta$기동기 사용 15[kW] 칸이 교차되는 지점의 과전류차단기 100[A] 선정

• 답: 100[A]

해설비법 표에서 '전동기 수의 총계'가 주어지면, 전동기의 총합을 구한 후 문제의 조건과 표의 공사 방법 등을 활용한다.

※ 문제의 [표] 또는 [참고자료]가 KEC 적용 이전의 산출값으로 되어 있으나, 표를 활용하여 답을 산출하는 유형의 문제풀이 방법 숙지를 위해 수록하였습니다.

12 ★★☆

변압기의 1일 부하 곡선이 그림과 같은 분포일 때 다음 물음에 답하시오.(단, 변압기의 전부하 동손은 130[W], 철손은 100[W]이다.) [5점]

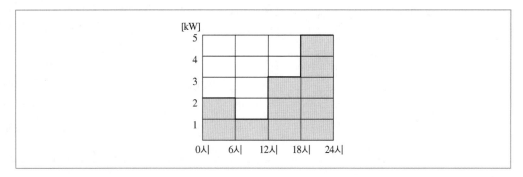

(1) 1일 중의 사용 전력량은 몇 [kWh]인가?
- 계산 과정:
- 답:

(2) 1일 중의 전손실 전력량은 몇 [kWh]인가?
- 계산 과정:
- 답:

(3) 1일 중 전일 효율은 몇 [%]인가?
- 계산 과정:
- 답:

답안작성 (1) • 계산 과정: $W = 2 \times 6 + 1 \times 6 + 3 \times 6 + 5 \times 6 = 66[\text{kWh}]$
- 답: 66[kWh]

(2) • 계산 과정

$$W_l = W_i + W_c = 0.1 \times 24 + 0.13 \times \left\{ \left(\frac{2}{5}\right)^2 \times 6 + \left(\frac{1}{5}\right)^2 \times 6 + \left(\frac{3}{5}\right)^2 \times 6 + \left(\frac{5}{5}\right)^2 \times 6 \right\} = 3.62[\text{kWh}]$$

- 답: 3.62[kWh]

(3) • 계산 과정

$$\eta = \frac{W}{W + W_l} \times 100[\%] = \frac{66}{66 + 3.62} \times 100[\%] = 94.8[\%]$$

- 답: 94.8[%]

해설비법 (1) 사용 전력량[kWh] = 사용 전력[kW] × 시간[h]
(2) 전손실 전력량[kWh] = (철손 + 동손)[kW] × 시간[h]
여기서 철손: P_i, 동손: $m^2 P_c$ (m: 부하율)

$-$ 0시~6시: $m^2 = \left(\frac{2}{5}\right)^2$

$-$ 6시~12시: $m^2 = \left(\frac{1}{5}\right)^2$

$-$ 12시~18시: $m^2 = \left(\frac{3}{5}\right)^2$

$-$ 18시~24시: $m^2 = \left(\frac{5}{5}\right)^2$

13 ★★★

비접지 선로의 접지 전압을 검출하기 위하여 그림과 같은 [$Y-Y-$개방$\varDelta$] 결선을 한 GPT 가 있다. 다음 물음에 답하시오. [5점]

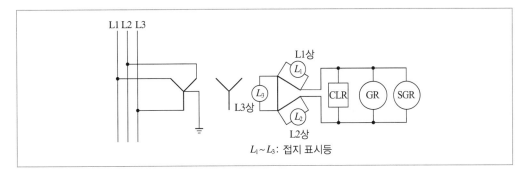

$L_1 \sim L_3$: 접지 표시등

(1) L1상 고장 시(완전 지락 시), 2차 접지 표시등 L_1, L_2, L_3의 점멸과 밝기를 비교하시오.

(2) 1선 지락 사고 시 건전상(사고가 안 난 상)의 대지 전위의 변화를 간단히 설명하시오.

(3) CLR, SGR의 정확한 명칭을 우리말로 쓰시오.
- CLR:
- SGR:

답안작성

(1) L_1: 소등, L_2, L_3: 점등(더욱 밝아짐)

(2) 평상시의 건전상의 대지 전위는 $\dfrac{110}{\sqrt{3}}$[V]이지만, 1선 지락 사고 시 전위가 $\sqrt{3}$ 배 증가하여 110[V]가 된다.

(3) • CLR: 한류 저항기
  • SGR: 선택 지락 계전기

개념체크

(1), (2) 지락 사고 시
- 고장난 상: 소등, 0[V]
- 건전상: 더욱 밝아짐, 건전상의 대지 전위가 $\sqrt{3}$ 배 증가

(3) GR: 지락 계전기

14

★★☆

기자재가 그림과 같이 주어졌다. 다음 각 물음에 답하시오. [6점]

(1) 전압 전류계법으로 저항값을 측정하기 위한 회로를 완성하시오.

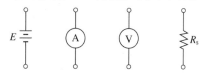

(2) 저항 R_s에 대한 식을 쓰시오.

답안작성 (1)

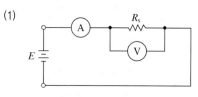

(2) $R_s = \dfrac{\text{전압계의 지시값}}{\text{전류계의 지시값}} = \dfrac{\text{Ⓥ}}{\text{Ⓐ}}[\Omega]$

해설비법
- 전압 전류계법: 전압강하를 이용하여 저항값을 측정
- 전류계: 저항과 직렬로 연결
- 전압계: 저항과 병렬로 연결

15

★☆☆

주택 및 아파트에 설치하는 콘센트의 수는 주택의 크기, 생활 수준, 생활 방식 등이 다르기 때문에 일률적으로 규정하기는 곤란하다. 내선 규정에서는 이 점에 대하여 아래의 표와 같이 규모별로 표준적인 콘센트 수와 바람직한 콘센트 수를 규정하고 있다. 아래 표를 완성하시오. [5점]

방의 크기[m²]	표준적인 설치 수
5 미만	
5 ~ 10 미만	
10 ~ 15 미만	
15 ~ 20 미만	
부엌	

[비고 1] 콘센트 구수에 관계없이 1개로 본다.
[비고 2] 콘센트 2구 이상 콘센트를 설치하는 것이 바람직하다.
[비고 3] 대형 전기 기계 기구의 전용 콘센트 및 환풍기, 전기시계 등을 벽에 붙이는 전용 콘센트는 위 표에 포함되어 있지 않다.
[비고 4] 다용도실이나 세면장에는 방수형 콘센트를 시설하는 것이 바람직하다.

방의 크기[m²]	표준적인 설치 수
5 미만	1
5 ～ 10 미만	2
10 ～ 15 미만	3
15 ～ 20 미만	3
부엌	2

16 ★★★

다음 그림은 인터록 회로의 타임차트이다. 그림을 보고 다음 각 물음에 답하시오.　　　[6점]

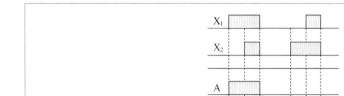

(1) 이 회로를 논리 회로로 고쳐 완성하시오.

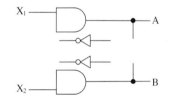

(2) 논리식을 쓰고 진리표를 완성하시오.
- 논리식
- 진리표

X_1	X_2	A	B
0	0		
0	1		
1	0		

(1) 논리 회로

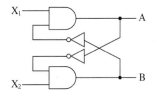

(2) • 논리식: $A = X_1 \cdot \overline{B}$, $B = X_2 \cdot \overline{A}$

• 진리표

X_1	X_2	A	B
0	0	0	0
0	1	0	1
1	0	1	0

인터록(Interlock) 회로(병렬 회로)

(1) 인터록 회로의 기능: 어느 한 쪽이 동작하면 다른 한 쪽은 동작할 수 없는 동작을 행하는 논리 회로

(2) 논리 회로 및 타임 차트

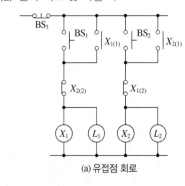

(a) 유접점 회로

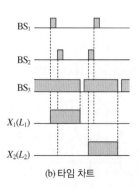

(b) 타임 차트

(3) 인터록 회로의 동작

① BS_1을 누르면 X_1 동작 이후에 BS_2를 누르더라도 X_2가 동작하지 않는다.

② BS_2를 누르면 X_2 동작 이후에 BS_1을 누르더라도 X_1이 동작하지 않는다.

17 ★☆☆

그림은 고압 전동기 100[HP] 미만을 사용하는 고압 수전설비 결선도이다. 이 그림을 보고 다음 각 물음에 답하시오. [10점]

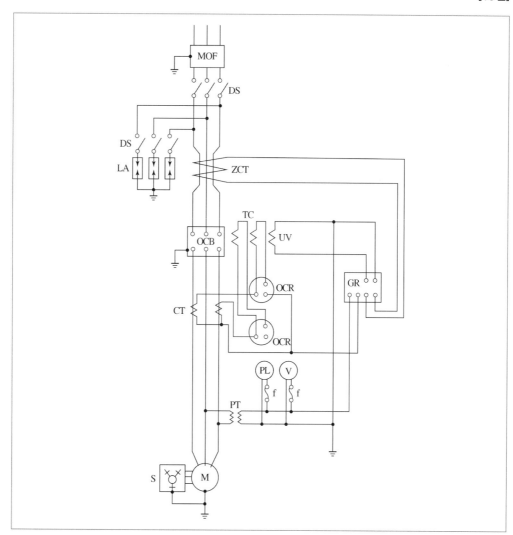

(1) 다음 약호에 대한 명칭과 용도 또는 역할을 쓰시오.

약호	명칭	역할
MOF		
LA		
ZCT		
OCB		
OCR		
G		

(2) 본 도면에서 생략할 수 있는 부분은?

(3) 전력용 콘덴서에 고조파 전류가 흐를 때 사용하는 기기는 무엇인가?

(1)

약호	명칭	역할
MOF	전력 수급용 계기용 변성기	고전압, 대전류를 저전압, 소전류로 변성하여 전력량계에 공급
LA	피뢰기	이상 전압 침입 시 이를 대지로 방전시키고 속류를 차단
ZCT	영상 변류기	지락 사고 시 영상 전류를 검출
OCB	유입 차단기	부하 전류 개폐 및 사고 전류 차단
OCR	과전류 계전기	정정값 이상의 전류가 흐르면 동작하는 계전기
G	지락 계전기	지락 사고 발생 시 동작하는 계전기

(2) LA용 DS

(3) 직렬 리액터

(3) 전력용 콘덴서 설비의 부속 장치

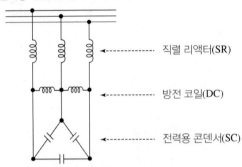

• 직렬 리액터(SR): 제5고조파 제거
• 방전 코일(DC): 잔류 전하 방전
• 전력용 콘덴서(SC): 역률 개선

18 ★☆☆ 그림은 3상 유도 전동기의 역상 제동 시퀀스 회로이다. 물음에 답하시오.(단, 플러킹 릴레이 Sp는 전동기가 회전하면 접점이 닫히고, 속도가 0에 가까우면 열리도록 되어 있다.) [7점]

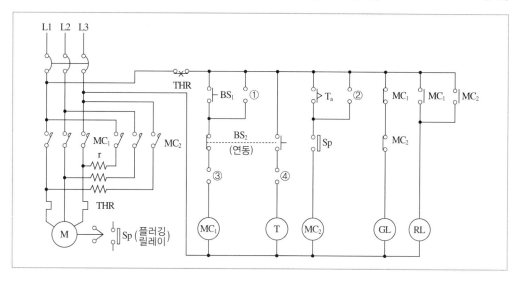

(1) 회로에서 ①~④에 접점과 기호를 넣으시오.

(2) MC₁, MC₂의 동작 과정을 간단히 설명하시오.

(3) 보조 릴레이 T와 저항 r에 대하여 그 용도 및 역할에 대하여 간단히 설명하시오.

답안작성

(1) ① |MC₁   ② |MC₂   ③ |MC₂   ④ |MC₁

(2) • BS₁을 눌러 MC₁을 여자시켜 전동기를 직입 기동시킨다.

• BS₂를 눌러 MC₁이 소자되면 전동기는 전원에서 분리되지만 회전자 관성에 의해 전동기의 회전은 계속된다.

• BS₂의 연동 접점으로 T가 MC₁ 소자 즉시 여자되며 BS₂를 누르고 있는 상태에서 설정 시간 후 MC₂가 여자되어 전동기는 역회전하려고 한다.

• 전동기의 속도가 급격히 감소하여 0에 가까워지면 플러킹 릴레이에 의하여 전동기는 전원에서 완전히 분리되어 정지된다.

(3) • T: 시간 지연 릴레이를 사용하여 제동 시 과전류를 방지하는 시간적인 여유를 준다.

• r: 역상 제동 시 저항의 전압 강하로 전압을 줄이고 제동력을 제한시킨다.

개념체크 역상 제동(플러킹)

전기자 전류의 방향을 바꾸어 역방향의 토크를 발생해 급제동시킬 때 사용

2016년 | 기출문제

1회 학습전략

합격률: 15.02%

난이도 ⊕

- 단답형: 피뢰기, 접지공사, 변압기 특성, 단권 변압기, 감리, 접지형 계기용 변압기, 유도 전동기의 운전, PLC
- 공식형: 승압기, 예비전원설비, 불평형 전류, 소비 전력, 부하설비, 발전기 효율, Still식
- 복합형: 수전 계통도, 조명 설계, 테이블 스펙
- 지엽적인 공식형 문제가 많았습니다. 중요도 및 빈출도가 높은 문제에 대해 집중 학습하는 것이 득점에 더욱 효과적입니다.

2회 학습전략

합격률: 32.61%

난이도 ⓣ

- 단답형: 단락전류, 감리, 변압기 손실, 플리커 현상, 전력 퓨즈, 육안 검사 항목, 제어회로
- 공식형: 변전설비, 비상 발전기 용량, 양수용 전동기, 소비 전력, 조명 설계, 전압강하, 전력용 콘덴서, 조명설비
- 복합형: 부하설비, 수전설비 결선도, 테이블 스펙
- 부하설비와 관련한 문제는 매회 출제될 정도로 빈출 유형입니다. 전압강하, 전력 손실 등 기본 개념을 이해하고 이를 활용할 수 있어야 합니다. 플리커 현상 및 전력 퓨즈에 관한 내용 또한 단답형 문제로 자주 출제되므로 빈출단답 노트를 활용하여 확실히 학습하도록 합니다.

3회 학습전략

합격률: 10.6%

난이도 ⓛ

- 단답형: 유도 전동기 기동법, 피뢰기 설치 장소, 콘센트 시설, 전동기 운전 회로, 감리, 시퀀스
- 공식형: 비상용 발전기 용량, 전열기 효율, 3 전류계법, 전력용 콘덴서, 허용전류, 부하설비, 차단 용량
- 복합형: 절연내력 시험, 피뢰기 접지공사, 수전설비 계통도, 테이블 스펙
- 절연내력 시험전압은 필기 과목인 전기설비기술기준에서도 학습한 내용이므로 연관지어 암기하는 것이 좋습니다. 피뢰기 설비의 경우 공식형 또는 단답형 문제로 빈출되므로 관련 공식과 개념을 이해하도록 합니다. 배점이 높은 복합형 문제는 지문이 길고 조건이 많아 어려워 보일 수 있지만, 차근차근 풀면 득점할 수 있는 부분이 많습니다. 포기하지 말고 끝까지 푸는 연습이 중요합니다.
- ※ KEC 적용에 의거해 삭제된 문제가 있어 배점 합계가 100점이 되지 않습니다.

01
★★☆

피뢰기에 대한 다음 각 물음에 답하시오. [3점]

(1) 현재 사용되고 있는 교류용 피뢰기의 구조는 무엇과 무엇으로 구성되어 있는지 쓰시오.

(2) 피뢰기의 정격 전압은 어떤 전압인지 설명하시오.

(3) 피뢰기의 제한 전압은 어떤 전압인지 설명하시오.

답안작성

(1) 직렬 갭, 특성 요소

(2) 속류를 차단할 수 있는 교류 최고 전압

(3) 피뢰기 방전 중 피뢰기 단자에 남게 되는 충격 전압

개념체크

(1) 피뢰기의 구조

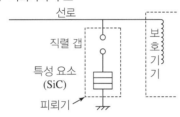

- 직렬 갭: 뇌전류를 대지로 방전시키고 속류를 차단한다.
- 특성 요소: 뇌전류 방전 시 피뢰기 자신의 전위 상승을 억제하여 자신의 절연 파괴를 방지한다.

(2) 피뢰기의 정격 전압

① 피뢰기 방전 후 속류를 차단할 수 있는 전압을 말한다.

② 정격 전압의 계산

$$V = \alpha \beta V_m \, [\text{kV}]$$

(단, α: 접지 계수, β: 여유 계수, V_m: 계통 최고 전압[kV])

02 ★☆☆ 3상 3선식 3,000[V], 200[kVA]의 배전선로 전압을 3,100[V]로 승압하기 위하여 단상 변압기 3대를 그림과 같이 접속하였다. 이 변압기의 1, 2차 전압과 용량을 구하시오.(단, 변압기 손실은 무시한다.)

[5점]

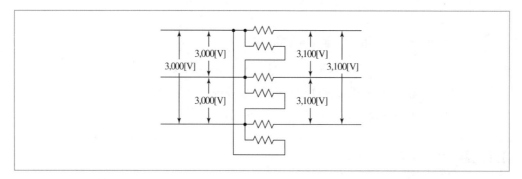

(1) 변압기 1, 2차 전압[V]
- 계산 과정:
- 답:

(2) 변압기 용량[kVA]
- 계산 과정:
- 답:

답안작성 (1) • 계산 과정

$$V_e = -\frac{V_1}{2} + \sqrt{\frac{V_2^2}{3} - \frac{V_1^2}{12}} = -\frac{3,000}{2} + \sqrt{\frac{3,100^2}{3} - \frac{3,000^2}{12}} = 66.31[V]$$

- 답: 변압기 1차 전압: 3,000[V], 2차 전압: 66.31[V]

(2) • 계산 과정

$$\frac{자기용량}{부하용량} = \frac{3V_e I_2}{\sqrt{3}\,V_2 I_2}$$

$$\therefore 자기용량 = \frac{3V_e I_2}{\sqrt{3}\,V_2 I_2} \times 부하용량 = \frac{3 \times 66.31}{\sqrt{3} \times 3,100} \times 200 = 7.41[kVA]$$

- 답: 7.41[kVA]

해설비법 변연장 △ 결선: 3대의 단권변압기로 저고압 공통 부분이 삼각형이 되도록 결선

- $V_e = -\frac{V_1}{2} + \sqrt{\frac{V_2^2}{3} - \frac{V_1^2}{12}}\,[V]$ (V_e: 변압기 2차 전압)

- $\frac{자기용량}{부하용량} = \frac{3V_e I_2}{\sqrt{3}\,V_2 I_2}$

03 ★☆☆ 배전용 변전소에 접지 공사를 하고자 한다. 접지 목적을 3가지로 요약하여 설명하고, 중요한 접지 개소를 4가지만 쓰시오.

[5점]

(1) 접지 목적(3가지)

(2) 접지 개소(4가지)

(1) • 기기의 손상 방지
　　　• 인체의 감전 사고 방지
　　　• 보호 계전기의 확실한 동작

(2) • 피뢰기 접지
　　　• 피뢰침 접지
　　　• 일반기기 및 제어반 외함 접지
　　　• 옥외 철구 및 경계책 접지

접지 공사의 목적
• 이상 전압 억제
• 감전 사고 방지
• 기기 손상 방지
• 보호 계전기의 확실한 동작

04
★★☆

비상용 조명 부하 110[V]용 100[W] 77등, 60[W] 55등이 있다. 방전 시간 30분, 축전지 HS형 54[cell], 허용 최저 전압 100[V], 최저 축전지 온도 5[℃]일 때 축전지 용량은 몇 [Ah]인지 계산하시오.(단, 경년 용량 저하율은 0.8, 용량 환산 시간 계수 $K = 1.2$이다.)　　　　[5점]

• 계산 과정:

• 답:

• 계산 과정
　부하 전류
$$I = \frac{P}{V} = \frac{100 \times 77 + 60 \times 55}{110} = 100[A]$$
　축전지 용량
$$C = \frac{1}{L} KI = \frac{1}{0.8} \times 1.2 \times 100 = 150[Ah]$$
• 답: 150[Ah]

축전지의 용량

$$C = \frac{1}{L} KI [Ah]$$

(단, C: 축전지 용량[Ah], I: 방전 전류[A], L: 보수율, K: 용량 환산 시간 계수)

05
★★☆

3상 4선식에서 역률 100[%]의 부하가 각 상과 중성선 간에 연결되어 있다. L1상, L2상, L3상에 흐르는 전류가 각각 110[A], 86[A], 95[A]이다. 중성선에 흐르는 전류의 크기 $|I_N|$을 구하시오. [5점]

• 계산 과정:

• 답:

• 계산 과정

$$\dot{I_N} = \dot{I_{L1}} + a^2 \dot{I_{L2}} + a\dot{I_{L3}} = I_{L1} \angle 0° + I_{L2} \angle -120° + I_{L3} \angle 120° = 110 + \left(-\frac{1}{2} - j\frac{\sqrt{3}}{2}\right) \times 86 + \left(-\frac{1}{2} + j\frac{\sqrt{3}}{2}\right) \times 95$$

$$= 19.5 + j7.79 \,[\text{A}]$$

$$\therefore |\dot{I_N}| = \sqrt{19.5^2 + 7.79^2} = 21\,[\text{A}]$$

• 답: 21[A]

• 3상 부하가 불평형: $\dot{I_N} = \dot{I_{L1}} + a^2 \dot{I_{L2}} + a\dot{I_{L3}}$

06

★★★

변압기 특성과 관련된 다음 각 물음에 답하시오. [5점]

(1) 변압기의 호흡 작용이란 무엇인지 쓰시오.

(2) 호흡 작용으로 인하여 발생되는 현상 및 방지 대책에 대하여 쓰시오.
  • 발생 현상
  • 방지 대책

(1) 변압기 외부와 내부 온도차에 의해 변압기 내부에 있는 절연유의 부피가 수축 및 팽창하게 되고, 이로 인하여 외부의 공기가 변압기 내부로 출입하는 현상

(2) • 발생 현상: 변압기 내부에 수분 및 불순물이 혼입되어 절연유의 절연 내력을 저하시키고 침전물을 발생시킬 수 있다.
  • 방지 대책: 흡습 호흡기 설치

흡습 호흡기
변압기 절연유의 열화 방지를 위한 습기 제거 장치

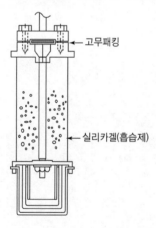

고무패킹

실리카겔(흡습제)

(2) 호흡 작용으로 인한 발생 현상의 방지 대책
  • 흡습 호흡기(브리더) 설치
  • 콘서베이터 설치(질소봉입)
  • 밀폐형(진공)

07 ★★★

단권 변압기는 1차, 2차 양 회로에 공통된 권선 부분을 가진 변압기이다. 이러한 단권 변압기의 장점, 단점, 사용 용도를 쓰시오. [7점]

(1) 장점(3가지)

(2) 단점(2가지)

(3) 사용 용도(2가지)

답안작성
(1) • 변압기의 동량이 감소한다.
  • 동손이 감소하여 효율이 좋다.
  • 부하 용량이 등가 용량에 비해 크다.

(2) • 누설 임피던스가 적어 단락 전류가 크다.
  • 1차 측에 이상 전압 발생 시 2차 측에도 고전압이 걸리므로 위험하다.

(3) • 승압용 및 강압용 단권 변압기
  • 초고압 전력용 변압기

개념체크
단권 변압기

① 단권 변압기의 구조

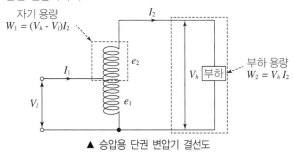

▲ 승압용 단권 변압기 결선도

② 단권 변압기의 장점
  • 동량이 감소된다.
  • 크기와 중량이 작고 조립 및 수송이 용이하다.
  • 변압기의 동손(I^2R)이 줄어 변압기 효율이 증대된다.
  • 작은 용량의 변압기로 큰 용량의 부하를 적용할 수 있다.
  • 분로 권선에 누설 자속이 거의 없다.

③ 단권 변압기의 단점
  • 저압 측도 고압 측과 같은 수준의 절연이 요구된다.
  • 단락 전류가 크다.
  • 변압기 중성점에 피뢰기 설치가 필요하다.

④ 단권 변압기의 용도
  • 배전선로의 승압 및 강압용 변압기
  • 동기 전동기와 유도 전동기의 기동 보상기용 변압기
  • 실험실용 소용량의 슬라이닥스

08
★☆☆

그림과 같은 교류 3상 3선식 선로에 연결된 3상 평형 부하가 있다. 이때 L3상의 X 지점에서 단선되었다면, 이 부하의 소비 전력은 단선 전 소비 전력에 비하여 어떻게 되는지 관계식을 이용하여 설명하시오.   [5점]

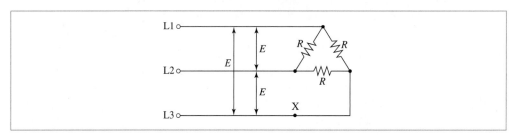

• 계산 과정:

• 답:

답안작성

• 계산 과정

단선 전 소비 전력 $P_1 = 3 \times \dfrac{E^2}{R} = \dfrac{3E^2}{R}$ [W]

단선 후 소비 전력 $P_2 = \dfrac{E^2}{R} + \dfrac{E^2}{2R} = \dfrac{2E^2}{2R} + \dfrac{E^2}{2R} = \dfrac{3E^2}{2R}$ [W]

따라서 단선 전과 후의 소비 전력의 비는

$$\dfrac{P_2}{P_1} = \dfrac{\dfrac{3E^2}{2R}}{\dfrac{3E^2}{R}} = \dfrac{1}{2} \text{이다.}$$

• 답: 단선 전의 소비 전력에 비해 단선 후의 소비 전력이 $\dfrac{1}{2}$ 배가 된다.

해설비법   단선 후 2개의 직렬 저항($R + R = 2R$)과 1개의 저항(R)이 병렬로 연결된다.

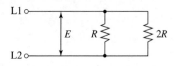

09
★☆☆

어느 전등 수용가의 총부하는 120[kW]이고, 각 수용가의 수용률은 어느 곳이나 0.5라고 한다. 이 수용가군을 설비 용량 50[kW], 40[kW] 및 30[kW]의 3군으로 나누어 그림처럼 변압기 T_1, T_2, T_3로 공급할 때 다음 각 물음에 답하시오. [8점]

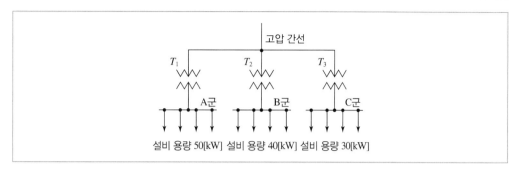

[조건]
• 각 변압기마다 수용가 상호 간의 부등률은 T_1: 1.2, T_2: 1.1, T_3: 1.2
• 각 변압기마다 종합 부하율은 T_1: 0.6, T_2: 0.5, T_3: 0.4
• 각 변압기 부하 상호 간의 부등률은 1.3이라고 하고, 전력 손실은 무시하는 것으로 한다.

(1) 각 군(A군, B군, C군)의 종합 최대 수용 전력[kW]을 구하시오.

구분	계산 과정	답
A군		
B군		
C군		

(2) 고압 간선에 걸리는 최대 부하[kW]를 구하시오.
• 계산 과정:
• 답:

(3) 각 변압기의 평균 수용 전력[kW]을 구하시오.

구분	계산 과정	답
A군		
B군		
C군		

(4) 고압 간선의 종합 부하율[%]을 구하시오.
• 계산 과정:
• 답:

(1)

구분	계산 과정	답
A군	$\dfrac{50 \times 0.5}{1.2} = 20.83[\text{kW}]$	20.83[kW]
B군	$\dfrac{40 \times 0.5}{1.1} = 18.18[\text{kW}]$	18.18[kW]
C군	$\dfrac{30 \times 0.5}{1.2} = 12.5[\text{kW}]$	12.5[kW]

(2) • 계산 과정

　　최대 부하 $P_m = \dfrac{20.83 + 18.18 + 12.5}{1.3} = 39.62[\text{kW}]$

　• 답: 39.62[kW]

(3)

구분	계산 과정	답
A군	$20.83 \times 0.6 = 12.5[\text{kW}]$	12.5[kW]
B군	$18.18 \times 0.5 = 9.09[\text{kW}]$	9.09[kW]
C군	$12.5 \times 0.4 = 5[\text{kW}]$	5[kW]

(4) • 계산 과정

　　종합 부하율 $= \dfrac{12.5 + 9.09 + 5}{39.62} \times 100[\%] = 67.11[\%]$

　• 답: 67.11[%]

• 종합 최대 수용 전력 $= \dfrac{\text{설비 용량} \times \text{수용률}}{\text{부등률}}$

• 부하율 $= \dfrac{\text{평균 수용 전력}[\text{kW}]}{\text{최대 수용 전력}[\text{kW}]} \times 100[\%]$

• 수용률 $= \dfrac{\text{최대 수용 전력}[\text{kW}]}{\text{부하 설비 합계}[\text{kW}]} \times 100[\%]$ 에서 최대 수용 전력[kW] = 부하 설비 합계[kW] × 수용률

• 부등률 $= \dfrac{\text{개별 수용 최대전력의 합}[\text{kW}]}{\text{합성 최대 수용 전력}[\text{kW}]}$

10
★★★

감리원은 해당 공사 완료 후 준공 검사 전에 공사업자로부터 시운전 절차를 준비하도록 하여 시운전에 입회할 수 있다. 이에 따른 시운전 완료 후 성과품을 공사업자로부터 제출받아 검토한 후 발주자에게 인계하여야 할 사항(서류 등)을 5가지만 쓰시오. [5점]

• 운전 개시, 가동 절차 및 방법
• 점검 항목 점검표
• 운전 지침
• 시험 성적서
• 성능 시험 성적서

이 외에도 인계하여야 할 사항은 다음과 같다.
• 실가동 다이어그램(Diagram)
• 기기류 단독 시운전 방법 검토 및 계획서
• 시험 구분, 시험 방법, 사용 매체 검토 및 계획서

11
★★☆

정격 출력 $500[\text{kW}]$의 디젤 엔진 발전기를 발열량 $10,000[\text{kcal/L}]$인 중유 $250[\text{L}]$을 사용하여 $\frac{1}{2}$ 부하에서 운전하는 경우 몇 시간 동안 운전이 가능한지 구하시오.(단, 발전기의 열효율을 $34.4[\%]$로 한다.) [5점]

• 계산 과정:

• 답:

답안작성

• 계산 과정

$$\eta = \frac{860W}{BH} = \frac{860Pt}{BH} \text{에서 } t = \frac{\eta \times BH}{860P} = \frac{0.344 \times 250 \times 10,000}{860 \times \left(500 \times \frac{1}{2}\right)} = 4\text{시간}$$

• 답: 4시간

개념체크

$$\text{발전기 효율: } \eta = \frac{860W}{BH} \times 100[\%] = \frac{860Pt}{BH} \times 100[\%]$$

(단, W: 전력량[kWh], B: 사용 연료량[kg], H: 연료의 발열량[kcal/kg])

12
★★☆

초고압 송전전압이 $345[\text{kV}]$, 선로 거리가 $200[\text{km}]$인 경우 1회선당 가능 송전전력$[\text{kW}]$을 Still식을 이용하여 구하시오. [5점]

• 계산 과정:

• 답:

답안작성

• 계산 과정

Still식 $V_s = 5.5\sqrt{0.6l + \dfrac{P}{100}}$ [kV]에 주어진 값을 대입하면

$$345 = 5.5 \times \sqrt{0.6 \times 200 + \frac{P}{100}}$$

$$\left(\frac{345}{5.5}\right)^2 = 0.6 \times 200 + \frac{P}{100}$$

$$\therefore P = 381,471.07[\text{kW}]$$

• 답: $381,471.07[\text{kW}]$

개념체크

Still식(경제적인 송전전압의 결정)

$$V_s = 5.5\sqrt{0.6l + \frac{P}{100}} \text{ [kV]}$$

(여기서 l: 송전 거리[km], P: 송전전력[kW])

13

★★☆

그림과 같은 수전 계통을 보고 다음 각 물음에 답하시오.　　　　　　　　　　　[9점]

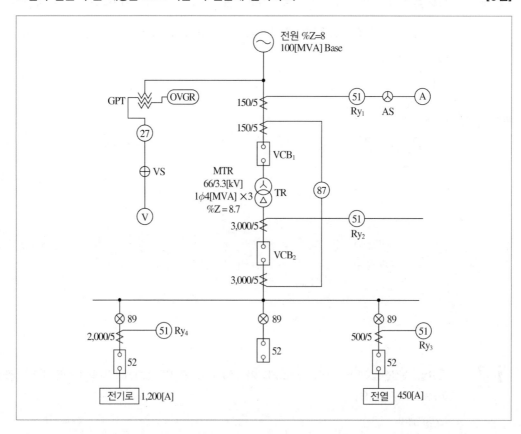

(1) 27과 87 계전기의 명칭과 용도를 설명하시오.

기기	명칭	용도
27		
87		

(2) 다음의 조건에서 과전류 계전기 Ry_1, Ry_2, Ry_3, Ry_4의 탭(Tap) 설정값은 몇 [A]가 가장 적정한지를 계산에 의하여 정하시오.

[조건]

- Ry_1, Ry_2의 탭 설정값은 부하 전류 160[%]에서 설정한다.
- Ry_3의 탭 설정값은 부하 전류 150[%]에서 설정한다.
- Ry_4는 부하가 변동 부하이므로 탭 설정값은 부하 전류 200[%]에서 설정한다.
- 과전류 계전기의 전류탭은 2[A], 3[A], 4[A], 5[A], 6[A], 7[A], 8[A]가 있다.

계전기	계산 과정	설정값
Ry_1		
Ry_2		
Ry_3		
Ry_4		

(3) 차단기 VCB_1의 정격 전압은 몇 [kV]인가?

(4) 전원 측 차단기 VCB₁의 정격 용량을 계산하고, 다음의 표에서 가장 적당한 것을 선정하도록 하시오.

차단기의 정격 표준 용량[MVA]

1,000	1,500	2,500	3,500

- 계산 과정:
- 답:

답안작성 (1)

기기	명칭	용도
27	부족 전압 계전기	상시 전원 정전 시 또는 부족 전압 시 동작하여 경보를 발하거나 차단기를 동작시킨다.
87	비율 차동 계전기	발전기 및 변압기, 모선의 내부 고장에 대한 보호용으로 주로 사용한다.

(2)

계전기	계산 과정	설정값
Ry_1	$I = \dfrac{4 \times 10^6 \times 3}{\sqrt{3} \times 66 \times 10^3} \times \dfrac{5}{150} \times 1.6 = 5.6[\text{A}]$	6[A]
Ry_2	$I = \dfrac{4 \times 10^6 \times 3}{\sqrt{3} \times 3.3 \times 10^3} \times \dfrac{5}{3,000} \times 1.6 = 5.6[\text{A}]$	6[A]
Ry_3	$I = 450 \times \dfrac{5}{500} \times 1.5 = 6.75[\text{A}]$	7[A]
Ry_4	$I = 1,200 \times \dfrac{5}{2,000} \times 2 = 6[\text{A}]$	6[A]

(3) $72.5[\text{kV}]$

(4) • 계산 과정: $P_s = \dfrac{100}{\%Z} P_n = \dfrac{100}{8} \times 100 = 1,250[\text{MVA}]$
- 답: 1,500[MVA] 선정

해설비법 (2) **과전류 계전기의 전류 탭**

- 과전류 계전기의 전류 탭 $I_t =$ 부하 전류$(I) \times \dfrac{1}{\text{변류비}} \times$ 설정값[A]

- 과전류 계전기(OCR)의 탭 전류 규격: 2, 3, 4, 5, 6, 7, 8, 10, 12 [A]

(3) **차단기의 정격 전압**

사용 회로의 공칭 전압[kV]	정격 전압[kV]
6.6	7.2
22	24
22.9	25.8
66	72.5
154	170

(4) 차단기의 정격 용량은 단락 용량을 구한 후 계산값보다 큰 것을 선정한다.
퍼센트 임피던스(%Z)가 주어진 경우의 단락 용량은 다음과 같다.

$$P_s = \dfrac{100}{\%Z} P_n [\text{MVA}]$$

(P_n: 기준 용량[MVA], %Z: 전원 측으로부터 합성 임피던스)

14 ★★★

그림은 $22.9[\text{kV}]$ 수전설비에서 접지형 계기용 변압기(GPT)의 미완성 결선도이다. 다음 각 물음에 답하시오.(단, GPT의 1차 및 2차 보호 퓨즈는 생략한다.) [6점]

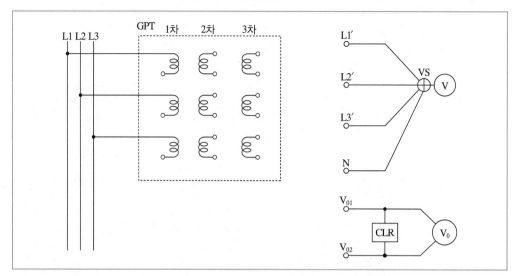

(1) GPT를 활용하여 주 회로의 전압 등을 나타내는 회로이다. 회로도에서 활용 목적에 알맞도록 미완성 부분을 직접 그리시오.(단, 접지 개소는 반드시 표시하여야 한다.)

(2) GPT의 사용 용도를 쓰시오.

(3) GPT의 정격 1차 전압, 2차 전압, 3차 전압을 각각 쓰시오.
   ① 1차 전압
   ② 2차 전압
   ③ 3차 전압

(4) GPT의 3차 권선 각 상에 전압 110[V] 램프를 접속하였을 때, 이느 한 상에서 지락 사고가 발생하였다면 램프의 점등 상태는 어떻게 변화하는지 설명하시오.

답안작성 (1)

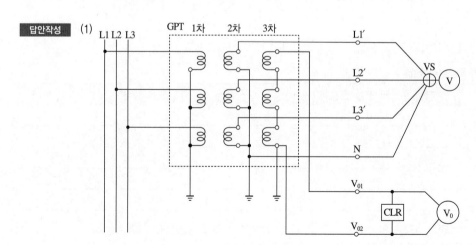

(2) 비접지 선로의 접지 전압을 검출한다.

(3) ① 1차 전압: $\dfrac{22,900}{\sqrt{3}}$[V] ② 2차 전압: $\dfrac{190}{\sqrt{3}}$[V] ③ 3차 전압: $\dfrac{190}{3}$[V]

(4) 지락된 상의 램프는 소등되고, 지락되지 않은 다른 나머지 2상의 램프는 더욱 밝아진다.

개념체크 접지형 계기용 변압기(GPT)
- 용도: 지락 사고 시 영상전압을 검출하여 지락 과전압 계전기(OVGR)를 동작시키기 위하여 설치
- 정격 전압: 1차 전압 $\dfrac{22,900}{\sqrt{3}}$[V], 2차 전압 $\dfrac{190}{\sqrt{3}}$[V], 3차 전압: $\dfrac{190}{3}$[V]

15 ★★★

다음은 콘덴서 기동형 단상 유도 전동기의 정역 회전 회로도이다. 다음 각 물음에 답하시오.(단, 푸시버튼 start₁을 누르면 전동기는 정회전하며, start₂를 누르면 역회전한다.) [6점]

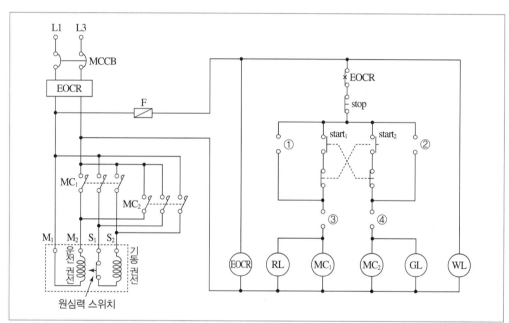

(1) 미완성 회로를 완성하시오.(단, 접점 기호와 명칭을 기입하여야 한다.)

(2) 콘덴서 기동형 단상 유도 전동기의 기동 원리를 쓰시오.

(3) Ⓦ , Ⓖ , Ⓡ 은 무엇을 표시하는 표시등인지 쓰시오.

(1) ① ⊣ ⊢ MC₁　② ⊣ ⊢ MC₂　③ ⊣ ⊢ MC₂　④ ⊣ ⊢ MC₁

(2) 주권선의 전류와 기동 권선 전류의 위상차에 의하여 회전 자계가 발생하는데, 이 회전 자계에 의해 기동된다.

(3) (WL): 전원 공급 표시등　(GL): 역회전 표시등　(RL): 정회전 표시등

(1) 자기유지 접점은 a접점을 병렬로 연결한다.

① ⊣ ⊢ MC₁　② ⊣ ⊢ MC₂

인터록 접점은 b접점을 직렬로 연결한다.

③ ⊣／⊢ MC₂　④ ⊣／⊢ MC₁

16 ★★☆

다음 그림과 같은 유접점 회로에 대한 주어진 미완성 PLC 래더 다이어그램을 완성하고, 표의 빈칸 ① ~⑥에 해당하는 프로그램을 완성하시오.(단, 회로 시작 LOAD, 출력 OUT, 직렬 AND, 병렬 OR, b접점 NOT, 그룹 간 묶음 AND LOAD이다.)　[4점]

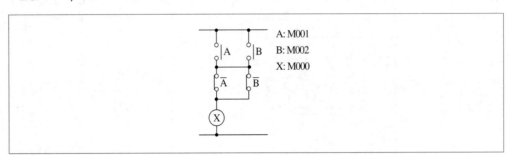

A: M001
B: M002
X: M000

• 래더 다이어그램

• 프로그램

차례	명령	번지
0	LOAD	M001
1	①	M002
2	②	③
3	④	⑤
4	⑥	–
5	OUT	M000

• 래더 다이어그램 완성

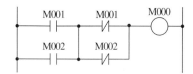

• 프로그램 완성

차례	명령	번지
0	LOAD	M001
1	① OR	M002
2	② LOAD NOT	③ M001
3	④ OR NOT	⑤ M002
4	⑥ AND LOAD	–
5	OUT	M000

• 유접점 회로의 논리식 $X = (A+B) \cdot (\overline{A} + \overline{B})$
• PLC 프로그램 작성 시 두 그룹(M001과 M002, $\overline{M001}$과 $\overline{M002}$)을 직렬 묶음(AND LOAD)한다.

17
★★☆

가로 $12[\text{m}]$, 세로 $18[\text{m}]$, 천장 높이 $3[\text{m}]$, 작업면 높이 $0.8[\text{m}]$인 사무실이 있다. 여기에 천장 직부형광등 기구(T5 $22[\text{W}] \times 2$등용)를 설치하고자 한다. 다음 각 물음에 답하시오. [8점]

[조건]
• 작업면 요구 조도 $500[\text{lx}]$, 천장 반사율 $50[\%]$, 벽면 반사율 $50[\%]$, 바닥 반사율 $10[\%]$이고, 보수율 0.7, T5 $22[\text{W}]$ 1등의 광속은 $2,500[\text{lm}]$으로 본다.
• 조명률 기준표

반사율 [%]	천장	70				50				30			
	벽	70	50	30	20	70	50	30	20	70	50	30	20
	바닥	10				10				10			
실지수		조명률[%]											
1.5		64	55	49	43	58	51	45	41	52	46	42	38
2.0		69	61	55	50	62	56	51	47	57	52	48	44
2.5		72	66	60	55	65	60	56	52	60	55	52	48
3.0		74	69	64	59	68	63	59	55	62	58	55	52
4.0		77	73	69	65	71	67	64	61	65	62	59	56
5.0		79	75	72	69	73	70	67	64	67	64	62	60

(1) 실지수를 구하시오.
- 계산 과정:
- 답:

(2) 조명률을 구하시오.
- 계산 과정:
- 답:

(3) 설치 등기구의 최소 수량을 구하시오.
- 계산 과정:
- 답:

(4) 형광등의 입력과 출력은 같다. 1일 10시간 연속 점등할 경우 30일간의 최소 소비 전력량을 구하시오.
- 계산 과정:
- 답:

답안작성 (1) • 계산 과정

$$RI = \frac{XY}{H(X+Y)} = \frac{12 \times 18}{(3-0.8) \times (12+18)} = 3.27, \text{ 표에서 } 3.0 \text{ 선정}$$

- 답: 3.0

(2) • 계산 과정: 조명률 기준표에서 실지수 3.0 칸과 천장 반사율 50[%], 벽면 반사율 50[%], 바닥 반사율 10[%] 칸이 교차되는 조명률은 63[%]이다.
- 답: 63[%]

(3) • 계산 과정

$$FUN = EAD \text{에서 } N = \frac{EAD}{FU} = \frac{500 \times (12 \times 18) \times \frac{1}{0.7}}{(2,500 \times 2) \times 0.63} = 48.98$$

- 답: 49[개]

(4) • 계산 과정

$$W = Pt = (22 \times 2 \times 49) \times (10 \times 30) \times 10^{-3} = 646.8[\text{kWh}]$$

- 답: 646.8[kWh]

해설비법 (1) 실지수 분류 기호표

기호	A	B	C	D	E
실지수	5.0	4.0	**3.0**	2.5	2.0
범위	4.5 이상	4.5 ~ 3.5	**3.5 ~ 2.75**	2.75 ~ 2.25	2.25 ~ 1.75
기호	F	G	H	I	J
실지수	1.5	1.25	1.0	0.8	0.6
범위	1.75 ~ 1.38	1.38 ~ 1.12	1.12 ~ 0.9	0.9 ~ 0.7	0.7 이하

$$RI = \frac{XY}{H(X+Y)} = \frac{12 \times 18}{(3-0.8) \times (12+18)} = 3.27 \text{이므로 실지수 } 3.0 \text{을 선정한다.(표가 주어진 경우)}$$

(2) 조명률 기준표

반사율 [%] 천장	70				50				30			
벽	70	50	30	20	70	50	30	20	70	50	30	20
바닥	10				10				10			
실지수	조명률[%]											
1.5	64	55	49	43	58	51	45	41	52	46	42	38
2.0	69	61	55	50	62	56	51	47	57	52	48	44
2.5	72	66	60	55	65	60	56	52	60	55	52	48
3.0	74	69	64	59	68	63	59	55	62	58	55	52
4.0	77	73	69	65	71	67	64	61	65	62	59	56
5.0	79	75	72	69	73	70	67	64	67	64	62	60

(3) 등의 개수 계산

$$FUN = EAD$$

(단, F: 광속[lm], U: 조명률, N: 사용하는 등의 개수, E: 조도[lx], A: 방의 면적[m²], D: 감광 보상률 $(=\frac{1}{M})$, M: 유지율(보수율))

형광등 기구가 T5 22[W] × 2등용이므로 광속은 $F = 2,500 \times 2 = 5,000$[lm]

(4) 소비 전력량 $W = Pt = (22[\text{W}] \times 2[\text{등}] \times 49[\text{개}]) \times (10[\text{시간}] \times 30[\text{일}]) \times 10^{-3} = 646.8$[kWh]

18
★★★

380[V], 3상 유도 전동기 회로의 간선의 굵기와 기구의 용량을 주어진 표에 의하여 간이로 설계하고자 한다. 부하의 조건이 다음과 같을 때 간선의 최소 굵기와 과전류 차단기의 용량을 구하시오. **[4점]**

[조건]
• 설계는 전선관에 3본 이하의 전선을 넣을 경우로 한다.
• 공사 방법은 B1, PVC 절연 전선을 사용한다.
• 전동기 부하는 다음과 같다.
  − 0.75[kW] 직입 기동(사용 전류 2.53[A])
  − 1.5[kW] 직입 기동(사용 전류 4.16[A])
  − 3.7[kW] 직입 기동(사용 전류 9.22[A])
  − 3.7[kW] 직입 기동(사용 전류 9.22[A])
  − 7.5[kW] 기동기 사용(사용 전류 17.69[A])

[표] 380[V] 3상 유도 전동기의 간선의 굵기 및 기구의 용량(배선차단기의 경우)(동선)

전동기 [kW] 수의 총계 [kW] 이하	최대 사용 전류 [A] 이하	공사 방법 A1 PVC	공사 방법 A1 XLPE,EPR	공사 방법 B1 PVC	공사 방법 B1 XLPE,EPR	공사 방법 C PVC	공사 방법 C XLPE,EPR	0.75 이하	1.5	2.2	3.7	5.5	7.5	11	15	18.5	22	30	37
3	7.9	2.5	2.5	2.5	2.5	2.5	2.5	15/-	15/-	15/-	-	-	-	-	-	-	-	-	-
4.5	10.5	2.5	2.5	2.5	2.5	2.5	2.5	15/-	15/-	20/-	30/-	-	-	-	-	-	-	-	-
6.3	15.8	2.5	2.5	2.5	2.5	2.5	2.5	20/-	20/-	30/-	30/-	40/30	-	-	-	-	-	-	-
8.2	21	4	2.5	2.5	2.5	2.5	2.5	30/-	30/-	30/-	30/-	40/30	50/30	-	-	-	-	-	-
12	26.3	6	4	4	2.5	4	2.5	40/-	40/-	40/-	40/-	40/40	50/40	75/40	-	-	-	-	-
15.7	39.5	10	6	10	6	6	4	50/-	50/-	50/-	50/-	50/50	60/50	75/50	100/60	-	-	-	-
19.5	47.4	16	10	10	6	10	6	60/-	60/-	60/-	60/-	60/60	75/60	75/60	100/60	125/75	-	-	-
23.5	52.6	16	10	16	10	10	10	75/-	75/-	75/-	75/-	75/75	75/75	100/75	100/75	125/75	125/75	-	-
30	65.8	25	16	16	10	16	10	100/-	100/-	100/-	100/-	100/100	100/100	100/100	125/100	125/100	125/100	-	-
37.5	78.9	35	25	25	16	25	16	100/-	100/-	100/-	100/-	100/100	100/100	100/100	125/100	125/100	125/100	125/125	-
45	92.1	50	25	35	25	25	16	125/-	125/-	125/-	125/-	125/125	125/125	125/125	125/125	125/125	125/125	125/125	125/125
52.5	105.3	50	35	35	25	35	25	125/-	125/-	125/-	125/-	125/125	125/125	125/125	125/125	125/125	125/125	125/125	150/150
63.7	131.6	70	50	50	35	50	35	175/-	175/-	175/-	175/-	175/175	175/175	175/175	175/175	175/175	175/175	175/175	175/175
75	157.9	95	70	70	50	70	50	200/-	200/-	200/-	200/-	200/200	200/200	200/200	200/200	200/200	200/200	200/200	200/200
86.2	184.2	120	95	95	70	95	70	225/-	225/-	225/-	225/-	225/225	225/225	225/225	225/225	225/225	225/225	225/225	225/225

비고: 배선 종류에 의한 간선의 최소 굵기[mm²] — 각 공사 방법은 3개선 기준. 직입 기동 전동기 중 최대 용량의 것 / Y-Δ 기동기 사용 전동기 중 최대 용량의 것 (5.5 이상 구간에서 각각 5.5, 7.5, 11, 15, 18.5, 22, 30, 37). 과전류 차단기(배선차단기) 용량[A]: 직입 기동 – (칸 위 숫자), Y-Δ 기동 – (칸 아래 숫자).

※ 최소 전선의 굵기는 1회선에 대한 것이며, 2회선 이상인 경우는 복수 회로 보정 계수를 적용하여야 한다.
※ 공사 방법 A1은 벽 내의 전선관에 공사한 절연 전선 또는 단심 케이블, 공사 방법 B1은 벽면의 전선관에 공사한 절연 전선 또는 단심 케이블, 공사 방법 C는 벽면에 공사한 단심 또는 다심 케이블을 시설하는 경우의 전선 굵기를 표시하였다.
※ 「전동기 중 최대의 것」에는 동시 기동하는 경우를 포함한다.
※ 배선차단기의 용량은 해당 조항에 규정되어 있는 범위에서 실용상 거의 최댓값을 표시한다.
※ 배선차단기의 선정은 최대 용량의 정격 전류의 3배에 다른 전동기의 정격 전류의 합계를 가산한 값 이하를 표시한다.
※ 배선차단기를 배·분전반, 제어반 내부에 시설하는 경우는 그 반 내의 온도 상승에 주의한다.

(1) 간선의 최소 굵기

- 계산 과정:

- 답:

(2) 과전류 차단기 용량

- 계산 과정:

- 답:

답안작성

(1) • 계산 과정

전동기[kW]의 총 합계 $0.75 + 1.5 + 3.7 + 3.7 + 7.5 = 17.15$[kW]

표에서 전동기[kW]의 총 합계: 19.5[kW] 칸과 공사 방법 B1에서 PVC 칸의 교차 지점에서 간선 굵기 10[mm²] 선정

• 답: 10[mm²]

(2) • 계산 과정

사용 전류[A]의 총 합계: $2.53 + 4.16 + 9.22 + 9.22 + 17.69 = 42.82$[A]

표에서 최대 사용 전류 47.4[A] 칸과 기동기 사용 7.5[kW] 칸의 교차 지점에서 과전류 차단기 60[A] 선정

• 답: 60[A]

해설비법 표에서 '전동기 수의 총계'가 주어지면, 전동기의 총합을 구한 후 문제의 조건과 표의 공사 방법 등을 활용한다.

전동기 [kW] 수의 총계 [kW] 이하	최대 사용 전류 [A] 이하	배선 종류에 의한 간선의 최소 굵기[mm²]						직입 기동 전동기 중 최대 용량의 것											
		공사 방법 A1		공사 방법 B1		공사 방법 C		0.75 이하	1.5	2.2	3.7	5.5	7.5	11	15	18.5	22	30	37
		3개선		3개선		3개선		Y−Δ 기동기 사용 전동기 중 최대 용량의 것											
								−	−	−	−	5.5	7.5	11	15	18.5	22	30	37
		PVC	XLPE, EPR	PVC	XLPE, EPR	PVC	XLPE, EPR	과전류 차단기(배선차단기) 용량[A] 직입 기동 − (칸 위 숫자), Y−Δ 기동 − (칸 아래 숫자)											
3	7.9	2.5	2.5	2.5	2.5	2.5	2.5	15 −	15 −	15 −	−	−	−	−	−	−	−	−	−
4.5	10.5	2.5	2.5	2.5	2.5	2.5	2.5	15 −	15 −	20 −	30 −	−	−	−	−	−	−	−	−
6.3	15.8	2.5	2.5	2.5	2.5	2.5	2.5	20 −	20 −	30 −	30 −	40 30	−	−	−	−	−	−	−
8.2	21	4	2.5	2.5	2.5	2.5	2.5	30 −	30 −	30 30	30 30	40 30	50 30	−	−	−	−	−	−
12	26.3	6	4	4	2.5	4	2.5	40 −	40 −	40 40	40 40	40 40	50 40	75 40	−	−	−	−	−
15.7	39.5	10	6	10	6	6	4	50 −	50 50	50 50	50 50	50 50	60 50	75 50	100 60	−	−	−	−
19.5	47.4	16	10	10	6	10	6	60 −	60 −	60 −	60 −	60 60	75 60	75 60	100 60	125 75	−	−	−

※ 문제의 [표] 또는 [참고자료]가 KEC 적용 이전의 산출값으로 되어 있으나, 표를 활용하여 답을 산출하는 유형의 문제풀이 방법 숙지를 위해 수록하였습니다.

01
★★★

어떤 건축물의 변전설비가 $22.9[\mathrm{kV-Y}]$, 용량 $500[\mathrm{kVA}]$이다. 변압기 2차 측 모선에 연결되어 있는 배선차단기(MCCB)에 대하여 다음 각 물음에 답하시오.(단, 변압기의 $\%Z = 5[\%]$, 2차 전압은 $380[\mathrm{V}]$ 이고, 선로의 임피던스는 무시한다.) [6점]

(1) 변압기 2차 측 정격 전류[A]
  • 계산 과정:
  • 답:

(2) 변압기 2차 측 단락 전류[A] 및 배선차단기의 최소 차단 전류[kA]
  ① 변압기 2차 측 단락 전류[A]
    • 계산 과정:
    • 답:
  ② 배선차단기의 최소 차단 전류[kA]

(3) 차단 용량[MVA]
  • 계산 과정:
  • 답:

답안작성 (1) • 계산 과정

$$I_n = \frac{P}{\sqrt{3}\,V} = \frac{500 \times 10^3}{\sqrt{3} \times 380} = 759.67[\mathrm{A}]$$

• 답: $759.67[\mathrm{A}]$

(2) ① 변압기 2차 측 단락 전류
  • 계산 과정

$$I_s = \frac{100}{5} \times 759.67 = 15,193.4[\mathrm{A}]$$

  • 답: $15,193.4[\mathrm{A}]$
  ② 배선차단기 최소 차단 전류: $15.2[\mathrm{kA}]$

(3) • 계산 과정: $P_s = \sqrt{3} \times 380 \times 15,193.4 \times 10^{-6} = 10[\mathrm{MVA}]$
  • 답: $10[\mathrm{MVA}]$

개념체크 • 변압기 2차 측 단락 전류 $I_s = \dfrac{100}{\%Z} I_n\,[\mathrm{A}]$

• 차단 용량 $P_s = \sqrt{3}\,V_n I_s[\mathrm{MVA}]$
  (여기서 V_n: 정격전압[kV], I_s: 정격차단전류[kA])

• 저압용 차단기의 공칭 전압은 정격 전압이 사용된다.

02
★★★
부하가 유도 전동기이고, 기동 용량이 $500[\text{kVA}]$이다. 기동 시 전압강하는 $20[\%]$이며, 발전기의 과도 리액턴스가 $25[\%]$이다. 이 전동기를 운전할 수 있는 자가 발전기의 최소 용량은 몇 $[\text{kVA}]$인지 구하시오. [5점]

- 계산 과정:

- 답:

답안작성 • 계산 과정

$$P_G \geq \left(\frac{1}{0.2} - 1\right) \times 500 \times 0.25 = 500[\text{kVA}]$$

∴ 발전기 최소 용량은 $500[\text{kVA}]$이다.
- 답: $500[\text{kVA}]$

개념체크 비상 발전기 용량$[\text{kVA}] \geq \left(\dfrac{1}{\text{허용 전압강하}} - 1\right) \times$ 기동 용량 $\times$ 과도 리액턴스

03
★☆☆
변압기와 모선 또는 이를 지지하는 애자는 어떤 전류에 의하여 생기는 기계적 충격에 견디는 강도를 가져야 하는지 쓰시오. [5점]

답안작성 단락전류

개념체크
• 발전기, 변압기, 조상 설비, 모선 및 이를 지지하는 애자류는 단락전류에 의해서 생기는 기계적 충격에 견디어야 한다.
• 수차 또는 풍차 발전기의 회전 부분은 무구속 속도에 대하여 증기 터빈, 가스 터빈 및 내연 기관은 비상 속도에 견디어야 한다.

04
★★★
지표면상 $15[\text{m}]$ 높이에 수조가 있다. 이 수조에 초당 $0.2[\text{m}^3]$의 물을 양수하려고 한다. 여기에 사용되는 펌프용 전동기에 3상 전력을 공급하기 위하여 단상 변압기 2대를 사용하였다. 펌프 효율이 $55[\%]$이면, 변압기 1대의 용량은 몇 $[\text{kVA}]$이며, 이때의 변압기 결선 방법을 쓰시오.(단, 펌프용 3상 농형 유도 전동기의 역률은 $90[\%]$이며, 여유 계수는 1.1로 한다.) [5점]

(1) 변압기 1대의 용량
  - 계산 과정:
  - 답:

(2) 변압기 결선 방법

(1) • 계산 과정

펌프용 전동기 용량

$$P = \frac{9.8 \times 0.2 \times 15}{0.55 \times 0.9} \times 1.1 = 65.33 [\text{kVA}]$$

변압기 1대 용량

$$P_v = \sqrt{3} P_1 \text{에서 } P_1 = \frac{P_v}{\sqrt{3}} = \frac{65.33}{\sqrt{3}} = 37.72 [\text{kVA}]$$

• 답: $37.72 [\text{kVA}]$

(2) 변압기 결선 방법: V 결선

(1) 양수 펌프용 전동기 용량

• $P = \dfrac{9.8 QH}{\eta} k [\text{kW}]$

(단, Q: 양수량 $[\text{m}^3/\text{s}]$, H: 양정(양수 높이) $[\text{m}]$, k: 여유 계수, η: 효율)

• $P = \dfrac{QH}{6.12 \eta} k [\text{kW}]$

(단, Q: 양수량 $[\text{m}^3/\text{min}]$)

두 식은 양수량이 초당과 분당의 단위 차이이다.

문제에서는 $[\text{kVA}]$로 구하라 하였으므로 여유 계수를 고려하여 다음과 같이 계산한다.

$$P = \frac{9.8 QH}{\eta \cos\theta} k [\text{kVA}]$$

(2) V **결선**: 단상 변압기 2대로 3상 전력을 공급하는 변압기 결선 방법

05 감리원은 매 분기마다 공사업자로부터 안전관리 결과 보고서를 제출받아 이를 검토하고 미비한 사항이
★★★ 있을 때에는 시정 조치하여야 한다. 안전관리 결과 보고서에 포함되어야 하는 서류 5가지를 쓰시오.

[5점]

• 안전 관리 조직표
• 재해 발생 현황
• 산재 요양 신청서 사본
• 안전 교육 실적표
• 안전 보건 관리 체제

06

★☆☆

다음 회로에서 소비하는 전력은 몇 $[\text{W}]$인지 구하시오. [5점]

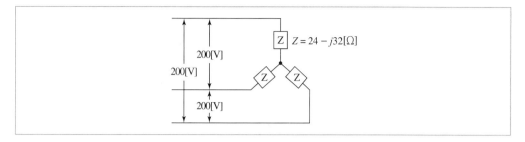

- 계산 과정:

- 답:

답안작성

- 계산 과정

$$P = \frac{3 \times \left(\dfrac{200}{\sqrt{3}} \right)^2 \times 24}{24^2 + 32^2} = 600[\text{W}]$$

- 답: $600[\text{W}]$

개념체크 Y 결선 3상 소비 전력

$$P = 3I_p^2 R = 3 \times \left(\frac{V_p}{Z_p} \right)^2 \times R = 3 \times \left(\frac{V_p}{\sqrt{R^2 + X^2}} \right)^2 \times R = \frac{3V_p^2 R}{R^2 + X^2} \ [\text{W}]$$

07

★☆☆

변압기 손실과 효율에 대하여 다음 각 물음에 답하시오. [6점]

(1) 변압기의 손실에 대하여 설명하시오.
- 무부하손:
- 부하손:

(2) 변압기의 효율을 구하는 공식을 쓰시오.

(3) 최대 효율 조건을 쓰시오.

답안작성

(1) • 무부하손: 부하의 접속에 관계없이 전원만 공급되면 발생하는 손실로, 철손, 유전체손이 있다.
- 부하손: 부하의 증감에 따라 변화하는 손실로, 동손과 표유부하손 등이 있다.

(2) 변압기 효율: $\eta = \dfrac{\text{출력}}{\text{입력}} \times 100[\%] = \dfrac{\text{출력}}{\text{출력} + \text{손실}} \times 100[\%]$

$$= \frac{mP\cos\theta}{mP\cos\theta + P_i + m^2 P_c} \times 100[\%] \, (단, \ P_i: 철손, \ P_c: 동손, \ m: 부하율)$$

(3) 변압기의 철손과 동손이 같을 때이다.

개념체크 변압기의 최대 효율 조건

변압기의 철손과 동손이 같을 때이다. 즉, $P_i = m^2 P_c$ (단, m: 부하율)

08
★★★

가로 $20[\mathrm{m}]$, 세로 $50[\mathrm{m}]$인 사무실에서 평균 조도 $300[\mathrm{lx}]$를 얻고자 형광등 $40[\mathrm{W}]$ 2등용을 시설할 경우 다음 각 물음에 답하시오.(단, $40[\mathrm{W}]$ 2등용 형광등 기구의 전체 광속은 $4{,}600[\mathrm{lm}]$, 조명률은 0.5, 감광 보상률은 1.3, 전기 방식은 단상 2선식 $200[\mathrm{V}]$이며, $40[\mathrm{W}]$ 2등용 형광등의 전체 입력 전류는 $0.87[\mathrm{A}]$이고, 1회로의 최대 전류는 $16[\mathrm{A}]$로 한다.) **[6점]**

(1) 형광등 기구수를 구하시오.
- 계산 과정:
- 답:

(2) 최소 분기 회로수를 구하시오.
- 계산 과정:
- 답:

답안작성 (1) • 계산 과정

$FUN = EAD$ 에서

$$N = \frac{EAD}{FU} = \frac{300 \times (20 \times 50) \times 1.3}{4{,}600 \times 0.5} = 169.57$$

- 답: $170[\text{개}]$

(2) • 계산 과정

$$n = \frac{0.87 \times 170}{16} = 9.24 \rightarrow 10 \text{회로}$$

- 답: $16[\mathrm{A}]$ 분기 10회로

해설비법 (1) 등의 개수 선정

$$FUN = EAD$$

(단, F: 광속[lm], U: 조명률, N: 사용하는 등의 개수, E: 조도[lx], A: 방의 면적[m²], D: 감광 보상률 $(= \frac{1}{M})$, M: 유지율(보수율))

(2) 분기 회로수 결정

$$\text{분기 회로수} = \frac{\text{표준 부하 밀도[VA/m²]} \times \text{바닥 면적[m²]}}{\text{전압[V]} \times \text{분기 회로의 전류[A]}}$$

• 분기 회로수 결정 시 등기구의 전류가 주어지면 다음과 같이 계산하여 구한다.

$$\text{분기 회로수} = \frac{\text{등기구의 전류[A]} \times \text{등기구 개수}}{\text{분기 회로의 전류[A]}}$$

• 분기 회로수 계산 결과값에 소수점이 발생하면 소수점 이하 절상한다.
• 분기 회로의 전류가 주어지지 않을 때에는 $16[\mathrm{A}]$를 표준으로 한다.

09 ★☆☆

부하의 특성에 기인하는 전압의 동요에 의하여 조명등이 깜박거리거나 텔레비전 영상이 일그러지는 등의 현상을 플리커라고 한다. 배전 계통에서 플리커 발생 부하가 증설될 경우에 이를 미리 예측하고 경감을 위하여 수용가 측에서 행하는 방법 중 전원 계통에 리액터분을 보상하는 방법 2가지를 쓰시오. [4점]

답안작성
- 직렬 콘덴서 방식
- 3권선 보상 변압기 방식

개념체크
수용가 측에서의 플리커 감소 방법
- 전원 계통의 리액터분을 보상하는 방법
  - 직렬 콘덴서 방식
  - 3권선 보상 변압기 방식
- 플리커 부하 전류의 변동분을 감소하는 방법
  - 직렬 리액터 방식
  - 직렬 리액터 가포화 방식
- 전압 강하를 보상하는 방법
  - 부스터 방식
  - 상호 보상 리액터 방식
- 부하의 무효 전력 변동분을 흡수하는 방법
  - 동기 조상기와 리액터 투입 방식
  - 사이리스터를 이용한 콘덴서 개폐 방식

10 ★★★

전력용 퓨즈에서 퓨즈에 대한 역할과 기능에 대해서 다음 각 물음에 답하시오. [9점]

(1) 퓨즈의 역할을 크게 2가지로 대별하여 간단하게 설명하시오.

(2) 표와 같은 각종 기구의 능력 비교표에서 관계(동작)되는 해당란에 ○표로 표시하시오.

능력 기구	회로 분리		사고 차단	
	무부하 시	부하 시	과부하 시	단락 시
퓨즈				
차단기				
개폐기				
단로기				
전자 접촉기				

(3) 퓨즈의 성능(특성) 3가지를 쓰시오.

(1) • 부하 전류를 안전하게 통전시킨다.
   • 일정값 이상의 과전류나 사고 전류에는 즉시 차단하여 전로 및 기기를 보호한다.

(2)

기구 \ 능력	회로 분리		사고 차단	
	무부하 시	부하 시	과부하 시	단락 시
퓨즈	○			○
차단기	○	○	○	○
개폐기	○	○	○	
단로기	○			
전자 접촉기	○	○	○	

(3) • 용단 특성
   • 단시간 허용 특성
   • 전차단 특성

11 ★★☆

3상 3선식 배전선로의 각 선간의 전압강하 근사값을 구하고자 하는 경우에 이용할 수 있는 약산식을 다음의 조건을 이용하여 구하시오. [4점]

> [조건]
> • 배전선로의 길이: $L[\text{m}]$, 배전선의 굵기: $A[\text{mm}^2]$, 배전선의 전류: $I[\text{A}]$
> • 표준 연동선의 고유 저항(20[℃]): $\dfrac{1}{58}[\Omega\cdot\text{mm}^2/\text{m}]$, 동선의 도전율: $97[\%]$
> • 선로의 리액턴스를 무시하고 역률은 1로 간주해도 무방한 경우이다.

• 계산 과정:

• 답:

• 계산 과정

저항 $R = \rho\dfrac{L}{A} = \dfrac{1}{58}\times\dfrac{100}{\%C}\times\dfrac{L}{A} = \dfrac{1}{58}\times\dfrac{100}{97}\times\dfrac{L}{A}\,[\Omega]$

전압강하 $e = \sqrt{3}IR = \sqrt{3}\times I\times\dfrac{1}{58}\times\dfrac{100}{97}\times\dfrac{L}{A} = \dfrac{30.8\,LI}{1{,}000A}\,[\text{V}]$

• 답: $e = \dfrac{30.8\,LI}{1{,}000A}\,[\text{V}]$

전압강하 및 전선의 단면적 계산

전기 방식	전압강하	전선 단면적
단상 3선식 3상 4선식	$e = \dfrac{17.8LI}{1{,}000A}[\text{V}]$	$A = \dfrac{17.8LI}{1{,}000e}[\text{mm}^2]$
단상 2선식	$e = \dfrac{35.6LI}{1{,}000A}[\text{V}]$	$A = \dfrac{35.6LI}{1{,}000e}[\text{mm}^2]$
3상 3선식	$e = \dfrac{30.8LI}{1{,}000A}[\text{V}]$	$A = \dfrac{30.8LI}{1{,}000e}[\text{mm}^2]$

(단, L: 전선 1본의 길이[m], I: 부하 전류[A])

12 ★★★

콘덴서 회로에 고조파의 유입으로 인한 사고를 방지하기 위하여 콘덴서 용량의 $13[\%]$인 직렬 리액터를 설치하고자 한다. 이 경우 투입 시의 전류는 콘덴서 정격 전류(정상 시 전류)의 몇 배의 전류가 흐르게 되는지 구하시오.　　　　　　　　　　　　　　　　　　　　　　　　　　[4점]

- 계산 과정:

- 답:

답안작성　• 계산 과정

$$I_C = \left(1 + \sqrt{\frac{X_C}{X_L}}\right)I_n = \left(1 + \sqrt{\frac{X_C}{0.13X_C}}\right)I_n = 3.77\,I_n\,[\text{A}]$$

- 답: 3.77배

개념체크　콘덴서 투입 시의 전류

$$I_C = \left(1 + \sqrt{\frac{X_C}{X_L}}\right)I_n\,[\text{A}]$$

(여기서 X_C: 콘덴서의 리액턴스, X_L: 직렬 리액터의 리액턴스, I_n: 콘덴서 정격 전류[A])

13 ★★☆

어느 변전소에서 그림과 같은 일 부하 곡선을 가진 3개의 부하 A, B, C의 수용가에 있을 때, 다음 각 물음에 대하여 답하시오.(단, 부하 A, B, C의 평균 전력은 각각 $4,500[\text{kW}]$, $2,400[\text{kW}]$ 및 $900[\text{kW}]$라고 하고, 역률은 각각 $100[\%]$, $80[\%]$, $60[\%]$라고 한다.)　　　　　　[10점]

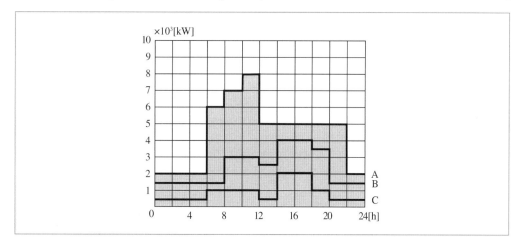

(1) 합성 최대 전력[kW]을 구하시오
- 계산 과정:
- 답:

(2) 종합 부하율[%]을 구하시오.
- 계산 과정:
- 답:

(3) 부등률을 구하시오.
   • 계산 과정:
   • 답:

(4) 최대 부하 시의 종합 역률[%]을 구하시오.
   • 계산 과정:
   • 답:

(5) A 수용가에 관한 다음 물음에 답하시오.
   ① 첨두 부하는 몇 [kW]인가?
   ② 첨두 부하가 지속되는 시간은 몇 시부터 몇 시까지인가?
   ③ 하루 공급된 전력량은 몇 [MWh]인가?
      • 계산 과정:
      • 답:

답안작성 (1) • 계산 과정: 합성 최대 전력 $P_m = 8{,}000 + 3{,}000 + 1{,}000 = 12{,}000[\text{kW}]$
   • 답: $12{,}000[\text{kW}]$

(2) • 계산 과정

   종합 부하율 $F = \dfrac{4{,}500 + 2{,}400 + 900}{12{,}000} \times 100[\%] = 65[\%]$

   • 답: $65[\%]$

(3) • 계산 과정

   부등률 $= \dfrac{8{,}000 + 4{,}000 + 2{,}000}{12{,}000} = 1.17$

   • 답: 1.17

(4) • 계산 과정

   합성 최대 유효 전력

   $P_m = 8{,}000 + 3{,}000 + 1{,}000 = 12{,}000[\text{kW}]$

   합성 최대 무효 전력

   $Q_m = 8{,}000 \times \dfrac{0}{1} + 3{,}000 \times \dfrac{0.6}{0.8} + 1{,}000 \times \dfrac{0.8}{0.6} = 3{,}583.33[\text{kVar}]$

   종합 역률

   $\cos\theta = \dfrac{P}{\sqrt{P^2 + Q^2}} \times 100[\%] = \dfrac{12{,}000}{\sqrt{12{,}000^2 + 3{,}583.33^2}} \times 100[\%] = 95.82[\%]$

   • 답: $95.82[\%]$

(5) ① $8{,}000[\text{kW}]$
   ② 10시부터 12시
   ③ • 계산 과정

   $W = (2 \times 6 + 6 \times 2 + 7 \times 2 + 8 \times 2 + 5 \times 10 + 2 \times 2) \times 10^3$

   $\quad = 108 \times 10^3[\text{kWh}] = 108[\text{MWh}]$

   • 답: $108[\text{MWh}]$

(2) 부하율

① 의미: 공급 설비가 어느 정도 유용하게 사용되는지를 나타낸다.

② 부하율이 클수록 공급 설비가 그만큼 유효하게 사용된다는 것을 뜻한다.

$$부하율 = \frac{평균 \ 수용 \ 전력[kW]}{최대 \ 수용 \ 전력[kW]} \times 100[\%]$$

(3) 부등률

① 의미: 부하의 최대 수용 전력의 발생 시간이 서로 다른 정도를 나타낸다.

② 부등률이 클수록 최대 전력을 소비하는 기기의 사용 시간대가 서로 다르다는 것을 의미하므로 그만큼 유리하다.

$$부등률 = \frac{각 \ 부하의 \ 최대 \ 수용 \ 전력의 \ 합계[kW]}{합성 \ 최대 \ 전력[kW]} \geq 1$$

14 ★★☆

전력용 진상콘덴서의 정기 점검(육안 검사) 항목 3가지를 쓰시오. [3점]

• 단자의 이완 및 과열 유무 점검
• 용기의 발청 유무 점검
• 부싱의 커버 파손 유무

전력용 진상콘덴서 점검 및 검사 항목
• 보호장치 동작 여부
• 애자의 손상 여부
• 기름 누설 여부
• 발청 및 부식 유무
• 단자부 과열 여부
• 부싱의 커버 파손 유무

15 ★★☆

다음의 A, B 전등 중 어느 것을 사용하는 편이 유리한지 다음 표를 이용하여 산정하시오.(단, 1시간당 점등 비용으로 산정한다.) [5점]

전등의 종류	전등의 수명[시간]	1[cd]당 소비 전력[W] (수명 중의 평균)	평균 구면 광도[cd]	1[kWh]당 전력 요금[원]	전등의 단가[원]
A	1,500	1.0	38	70	1,900
B	1,800	1.1	40	70	2,000

• 계산 과정:

• 답:

• 계산 과정

전등	전력비[원/시간]	전구비[원/시간]	합계[원/시간]
A	$1.0 \times 38 \times 10^{-3} \times 70 = 2.66$	$\dfrac{1,900}{1,500} = 1.27$	$2.66 + 1.27 = 3.93$
B	$1.1 \times 40 \times 10^{-3} \times 70 = 3.08$	$\dfrac{2,000}{1,800} = 1.11$	$3.08 + 1.11 = 4.19$

• 답: A 전등이 B 전등보다 유리하다.

16
★★☆

다음은 $3\phi 4W$, $22.9[\mathrm{kV}]$ 수전설비 단선 결선도이다. 도면의 내용을 보고 다음 물음에 답하시오. [8점]

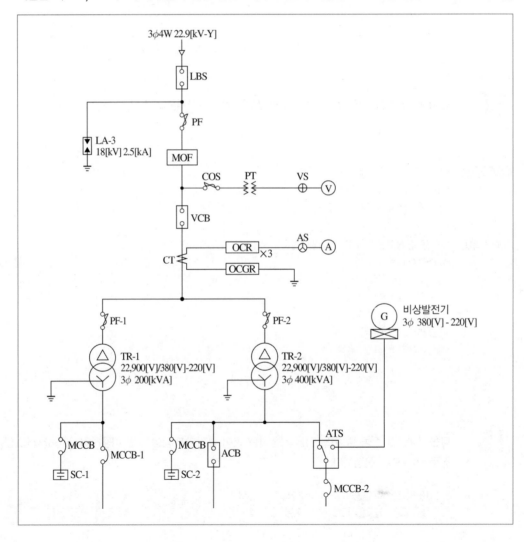

구분	전등 및 전열	일반 동력	비상 동력
설비 용량 및 효율	합계 350[kW] 100[%]	합계 635[kW] 85[%]	유도 전동기 1: 7.5[kW] 2대 85[%] 유도 전동기 2: 11[kW] 1대 85[%] 유도 전동기 3: 15[kW] 1대 85[%] 비상 조명: 8,000[W] 100[%]
평균(종합) 역률	80[%]	90[%]	90[%]
수용률	45[%]	45[%]	100[%]

(1) 수전설비 단선 결선도에서 LBS에 대하여 답하시오.

   ① 우리말의 명칭을 쓰시오.

   ② 기능과 역할에 대해 간단히 설명하시오.

   ③ 같은 용도로 사용되는 기기를 2종류만 쓰시오.

(2) 부하 집계 및 입력 환산표를 완성하시오.(단, 입력 환산[kVA]의 계산에서 소수점 둘째 자리 이하는 버린다.)

부하 집계 및 입력 환산표

구분		설비 용량[kW]	효율[%]	역률[%]	입력 환산[kVA]
전등 및 전열		350			
일반 동력		635			
비상 동력	유도 전동기 1	7.5×2			
	유도 전동기 2	11			
	유도 전동기 3	15			
	비상 조명	8			
	소계	−	−	−	

(3) 위의 수전설비 단선 결선도에서 비상 동력 부하 중에서 (기동[kW] – 입력[kW])의 값이 최대로 되는 전동기를 최후에 기동하는 데 필요한 발전기 용량은 몇 [kVA]인지 구하시오.

> **[참고 사항]**
> • 유도 전동기의 출력 1[kW]당 기동 [kVA]는 7.2로 한다.
> • 유도 전동기의 기동 방식은 모두 직입 기동 방식이다. 따라서 기동 방식에 따른 계수는 1로 한다.
> • 부하의 종합 효율은 0.85를 적용한다.
> • 발전기의 역률은 0.9로 한다.
> • 전동기의 기동 시 역률은 0.4로 한다.

   • 계산 과정:

    답:

(4) 위의 수전설비 단선 결선도에서 VCB의 개폐 시 발생하는 이상 전압으로부터 TR−1과 TR−2를 보호하기 위한 보완 대책을 도면에 그리시오.(단, 보호 대책은 변압기별로 각각 시행한다.)

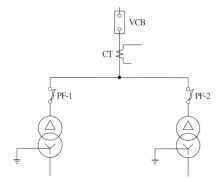

(1) ① 부하 개폐기
② • 기능: 무부하 및 부하 전류가 흐르고 있는 회로의 개폐
    • 역할: 개폐 빈도가 낮은 송배전선 및 수변전 설비의 인입구 개폐
③ 기중 부하 개폐기, 자동 고장 구분 개폐기

(2)

구분		설비 용량[kW]	효율[%]	역률[%]	입력 환산[kVA]
전등 및 전열		350	100	80	$\dfrac{350}{1.0\times0.8}=437.5$
일반 동력		635	85	90	$\dfrac{635}{0.85\times0.9}=830$
비상 동력	유도 전동기 1	7.5×2	85	90	$\dfrac{7.5\times2}{0.85\times0.9}=19.6$
	유도 전동기 2	11	85	90	$\dfrac{11}{0.85\times0.9}=14.3$
	유도 전동기 3	15	85	90	$\dfrac{15}{0.85\times0.9}=19.6$
	비상 조명	8	100	90	$\dfrac{8}{1.0\times0.9}=8.8$
	소계	–	–	–	62.3

(3) • 계산 과정
비상 동력 부하의 출력 합계 $\sum P_L = 7.5\times2+11+15+8=49[\text{kW}]$

$$P_G=\left(\frac{49-15}{0.85}+15\times7.2\times1\times0.4\right)\times\frac{1}{0.9}=92.44[\text{kVA}]$$

• 답: 92.44[kVA]

(4)

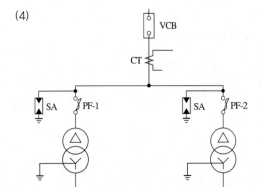

(3) (기동[kW] − 입력[kW])이 최대로 되는 전동기를 최후에 기동하는 데 필요한 발전기 용량

$$P_G=\left(\frac{\sum P_L-P_m}{\eta_L}+P_m\times\beta\times C\times pf_m\right)\times\frac{1}{\cos\theta_L}[\text{kVA}]$$

단, $\sum P_L$: 부하의 출력 합계[kW], P_m: 최대 기동 전류를 갖는 전동기 군의 출력[kW]
η_L: 부하의 종합 역률(문제 조건에 없을 경우 0.85 적용)
β: 전동기 기동 계수, C: 전동기 기동 방식에 따른 계수
pf_m: 최대 기동 전류를 갖는 전동기 기동 시 역률(문제 조건에 없을 경우 0.4 적용)
$\cos\theta_L$: 발전기의 역률(문제 조건에 없을 경우 0.8 적용)

(4) 서지 흡수기(SA)
• 역할: 개폐서지 등의 내부 이상 전압으로부터 변압기 등의 전력기기를 보호
• 설치 위치: 진공 차단기(VCB) 2차 측과 몰드형 변압기 1차 측 사이에 시설한다.

17
★★★

3상 $380[V]$의 전동기 부하가 분전반으로부터 $300[m]$ 되는 지점에(전선 한 가닥의 길이로 본다) 설치되어 있다. 전동기는 1대로 입력이 $78.98[kVA]$라고 하며, 전압강하를 $6[V]$로 하여 분기 회로의 전선을 정하고자 할 때, 전선의 최소 규격과 전선관 규격을 구하시오.(단, 전선은 $450/750[V]$ 일반용 단심 비닐 절연전선으로 하고, 전선관은 후강전선관으로 하며, 부하는 평형되었다.) [5점]

(1) 전선의 최소 규격 선정

(2) 전선관 규격 선정

[참고 자료]
[표 1] 전선 최대 길이(3상 3선식 $380[V]$, 전압강하 $3.8[V]$)

전류 [A]	전선의 굵기$[mm^2]$												
	2.5	4	6	10	16	25	35	50	95	150	185	240	300
	전선 최대 길이[m]												
1	534	854	1,281	2,135	3,416	5,337	7,472	10,674	20,281	32,022	39,494	51,236	64,045
2	267	427	640	1,067	1,708	2,669	3,736	5,337	10,140	16,011	19,747	25,618	32,022
3	178	285	427	712	1,139	1,779	2,491	3,558	6,760	10,674	13,165	17,079	21,348
4	133	213	320	534	854	1,334	1,868	2,669	5,070	8,006	9,874	12,809	16,011
5	107	171	256	427	683	1,067	1,494	2,135	4,056	6,404	7,899	10,247	12,809
6	89	142	213	356	569	890	1,245	1,779	3,380	5,337	6,582	8,539	10,674
7	76	122	183	305	488	762	1,067	1,525	2,897	4,575	5,642	7,319	9,149
8	67	107	160	267	427	667	934	1,334	2,535	4,003	4,937	6,404	8,006
9	59	95	142	237	380	593	830	1,186	2,253	3,558	4,388	5,693	7,116
12	44	71	107	178	285	445	623	890	1,690	2,669	3,291	4,270	5,337
14	38	61	91	152	244	381	534	762	1,449	2,287	2,821	3,660	4,575
15	36	57	85	142	228	356	498	712	1,352	2,135	2,633	3,416	4,270
16	33	53	80	133	213	334	467	667	1,268	2,001	2,468	3,202	4,003
18	30	47	71	119	190	297	415	593	1,127	1,779	2,194	2,846	3,558
25	21	34	51	85	137	213	299	427	811	1,281	1,580	2,049	2,562
35	15	24	37	61	98	152	213	305	579	915	1,128	1,464	1,830
45	12	19	28	47	76	119	166	237	451	712	878	1,139	1,423

※ 전압강하가 2[%] 또는 3[%]의 경우, 전선 길이는 각각 이 표의 2배 또는 3배가 된다.
※ 전류가 20[A] 또는 200[A] 경우의 전선 길이는 각각 이 표 전류 2[A] 경우의 1/10 또는 1/100이 된다.
※ 이 표는 평형 부하의 경우에 대한 것이다.
※ 이 표는 역률을 1로 하여 계산한 것이다.

[표 2] 후강전선관 굵기의 선정

도체 단면적 [mm²]	전선 본수									
	1	2	3	4	5	6	7	8	9	10
	전선관의 최소 굵기[mm]									
2.5	16	16	16	16	22	22	22	28	28	28
4	16	16	16	22	22	22	28	28	28	28
6	16	16	22	22	22	28	28	28	36	36
10	16	22	22	28	28	36	36	36	36	36
16	16	22	28	28	36	36	36	42	42	42
25	22	28	28	36	36	42	54	54	54	54
35	22	28	36	42	54	54	54	70	70	70
50	22	36	54	54	70	70	70	82	82	82
70	28	42	54	54	70	70	70	82	82	92
95	28	54	54	70	70	82	82	92	92	104
120	36	54	54	70	70	82	82	92		
150	36	70	70	82	92	92	104	104		
185	36	70	70	82	92	104				
240	42	82	82	92	104					

※ 전선 1본수는 접지도체 및 직류 회로의 전선에도 적용한다.
※ 이 표는 실험 결과와 경험을 기초로 하여 결정한 것이다.
※ 이 표는 KS C IEC 60227-3의 450/750[V] 일반용 단심 비닐절연전선을 기준으로 한 것이다.

답안작성 (1) • 계산 과정

부하 전류 $I = \dfrac{P}{\sqrt{3}\,V} = \dfrac{78.98 \times 10^3}{\sqrt{3} \times 380} = 120[\text{A}]$

전선 최대 길이 $L = \dfrac{300 \times \dfrac{120}{1}}{\dfrac{6}{3.8}} = 22{,}800[\text{m}]$

[표 1]의 전류 1[A] 칸에서 전선의 길이가 $22{,}800[\text{m}]$보다 긴 $32{,}022[\text{m}]$ 칸에 해당하는 전선 규격 $150[\text{mm}^2]$을 선정

• 답: $150[\text{mm}^2]$

(2) • 계산 과정: [표 2]의 전선 $150[\text{mm}^2]$ 3본에 해당하는 전선관 $70[\text{mm}]$을 선정
• 답: $70[\text{mm}]$

개념체크 • 3상 부하 전류 $I[\text{A}] = \dfrac{\text{설비 용량}[\text{VA}]}{\sqrt{3} \times \text{전압}[\text{V}]}$

• 전선 최대 길이$[\text{m}] = \dfrac{\text{배선 설계 길이}[\text{m}] \times \dfrac{\text{부하 최대 사용 전류}[\text{A}]}{\text{표의 전류}[\text{A}]}}{\dfrac{\text{배선 설계 전압강하}[\text{V}]}{\text{표의 전압강하}[\text{V}]}}$

※ 문제의 [표] 또는 [참고자료]가 KEC 적용 이전의 산출값으로 되어 있으나, 표를 활용하여 답을 산출하는 유형의 문제풀이 방법 숙지를 위해 수록하였습니다.

18

★☆☆

다음 조건과 같은 동작이 되도록 제어 회로의 배선과 감시반 회로 배선 단자를 상호 연결하시오. [5점]

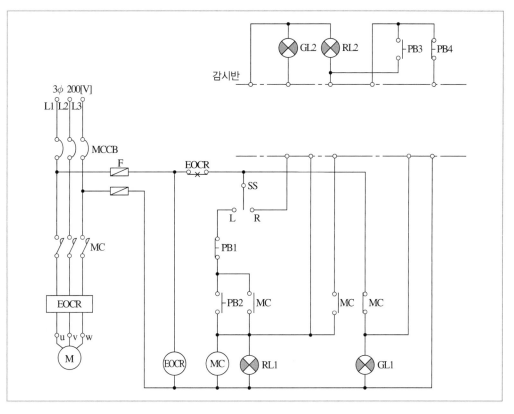

[조건]
- 배선 차단기(MCCB)를 투입(ON)하면 GL1과 GL2가 점등된다.
- 선택 스위치(SS)를 L위치에 놓고 PB2를 누른 후 놓으면 전자 접촉기(MC)에 의하여 전동기가 운전되고, RL1과 RL2는 점등, GL1과 GL2는 소등된다.
- 전동기 운전 중 PB1을 누르면 전동기는 정지하고, RL1과 RL2는 소등, GL1과 GL2는 점등된다.
- 선택 스위치(SS)를 R위치에 놓고 PB3를 누른 후 놓으면 전자 접촉기(MC)에 의하여 전동기가 운전되고, RL1과 RL2는 점등, GL1과 GL2는 소등된다.
- 전동기 운전 중 PB4를 누르면 전동기는 정지하고, RL1과 RL2는 소등되고 GL1과 GL2가 점등된다.
- 전동기 운전 중 과부하에 의하여 EOCR이 작동되면 전동기는 정지하고 모든 램프는 소등되며, EOCR을 RESET 하면 초기 상태로 된다.

2016년

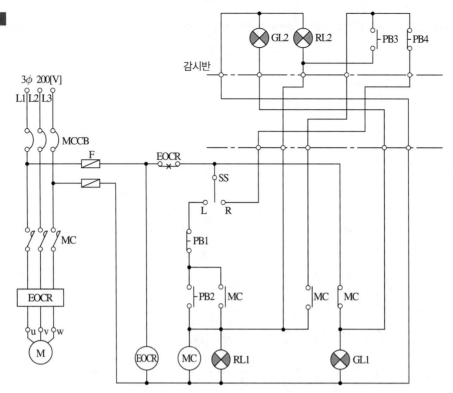

01

KEC 적용에 따라 삭제되는 문제입니다.

02
★★☆

사용 전압이 $154[\text{kV}]$인 중성점 직접 접지식 전로의 절연내력 시험을 하고자 한다. 시험전압$[\text{V}]$과 시험 방법에 대하여 다음 각 물음에 답하시오. **[5점]**

(1) 절연내력 시험전압
  • 계산 과정:
  • 답:

(2) 절연내력 시험방법

답안작성 (1) • 계산 과정: $V = 154,000 \times 0.72 = 110,880[\text{V}]$
  • 답: $110,880[\text{V}]$

(2) 절연내력을 시험할 기기에 최대 사용 전압에 의하여 결정되는 시험전압을 계속해서 인가할 때, 10분간 견뎌야 한다.

개념체크 절연내력 시험전압

접지방식	최대 사용전압	배율	최저 시험전압
비접지식	$7[\text{kV}]$ 이하	1.5	–
	$7[\text{kV}]$ 초과 $60[\text{kV}]$ 이하	1.25	$10.5[\text{kV}]$
	$60[\text{kV}]$ 초과	1.25	–
중성점 다중접지식	$7[\text{kV}]$ 초과 $25[\text{kV}]$ 이하	0.92	–
중성점 접지식	$60[\text{kV}]$ 초과	1.1	$75[\text{kV}]$
중성점 직접접지식	$60[\text{kV}]$ 초과 $170[\text{kV}]$ 이하	0.72	–
	$170[\text{kV}]$ 초과	0.64	–

03
★★★

비상용 자가 발전기를 구입하고자 한다. 부하는 단일 부하로서 유도 전동기이며 기동 용량이 $1,800[\text{kVA}]$ 이고, 기동 시의 전압강하는 $20[\%]$까지 허용하며, 발전기의 과도 리액턴스는 $26[\%]$로 본다면 자가 발전기의 용량은 이론(계산)상 몇 $[\text{kVA}]$ 이상의 것을 구입하여야 하는지 구하시오.　　　　[4점]

• 계산 과정:

• 답:

답안작성

• 계산 과정

$$P_G \geq \left(\frac{1}{0.2} - 1\right) \times 0.26 \times 1,800 = 1,872[\text{kVA}]$$

• 답: $1,872[\text{kVA}]$

개념체크 비상용 자가 발전기 출력

$$P_G \geq \left(\frac{1}{\text{허용 전압강하}} - 1\right) \times \text{과도 리액턴스} \times \text{기동 용량}[\text{kVA}]$$

04
★★★

$15[\text{℃}]$의 물 $4[\text{L}]$를 용기에 넣고 $1[\text{kW}]$의 전열기로 $90[\text{℃}]$로 가열하는 데 30분 소요되었다. 이 장치의 효율$[\%]$은 얼마인가?　　　　[4점]

• 계산 과정:

• 답:

답안작성

• 계산 과정

$$\eta = \frac{1 \times 4 \times (90 - 15)}{860 \times 1 \times \frac{30}{60}} \times 100[\%] = 69.77[\%]$$

• 답: $69.77[\%]$

개념체크 전열기의 효율

$$\eta = \frac{cm(T_2 - T_1)}{860Pt} \times 100[\%]$$

(c: 비열$[\text{kcal/kg} \cdot \text{℃}]$, m: 질량$[\text{kg}]$, T_1: 초기 온도$[\text{℃}]$, T_2: 나중 온도$[\text{℃}]$, P: 소비 전력$[\text{kW}]$, t: 시간$[\text{h}]$)

05
★★★

단상 유도 전동기에서 기동기 사용 이유와 종류 4가지를 쓰시오.　　　　[5점]

• 이유:

• 종류:

답안작성 • **이유**: 단상 유도 전동기는 회전 자계를 발생시킬 수 없어, 자기 기동을 하지 못하므로 보조 권선(기동 권선)을 이용하여 회전 자계를 발생시켜 기동한다.

• **종류**: 반발 기동형, 콘덴서 기동형, 분상 기동형, 셰이딩 코일형

개념체크 단상 유도 전동기의 기동법

• 반발 기동형
• 반발 유도형
• 콘덴서 기동형
• 분상 기동형
• 셰이딩 코일형

06
★★★

다음 그림에서 피뢰기 시설이 의무화되어 있는 장소에 ⊗로 표시하고, 피뢰기 설치 장소 4개소를 쓰시오.

[7점]

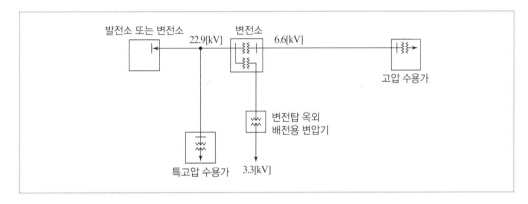

답안작성 • 피뢰기 설치 표시

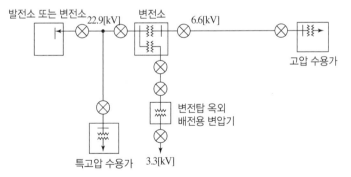

• 피뢰기 설치 장소
  - 발전소 및 변전소 또는 이에 준하는 장소의 가공 전선 인입구 및 인출구
  - 가공 전선로에 접속하는 배전용 변압기의 고압 측 및 특고압 측
  - 고압 및 특고압 가공 전선로로부터 공급을 받는 수용 장소의 인입구
  - 가공 전선로와 지중 전선로가 접속되는 곳

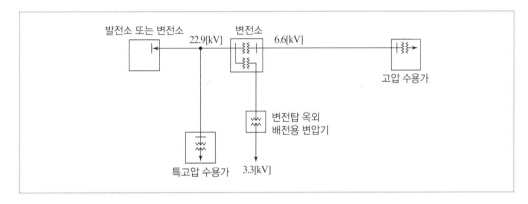 *(추가 라벨)* 발전소 또는 변전소 22.9[kV] 변전소 6.6[kV] 고압 수용가 / 변전탑 옥외 배전용 변압기 / 특고압 수용가 3.3[kV]

07 ★★☆ 그림과 같이 전류계 3대를 가지고 부하 전력 및 역률을 측정하려고 한다. 각 전류계의 눈금이 $A_3 = 10[\text{A}]$, $A_2 = 4[\text{A}]$, $A_1 = 7[\text{A}]$일 때, 부하 전력[W] 및 역률[%]은 얼마인가?(단, 저항 R은 $25[\Omega]$이다.) [5점]

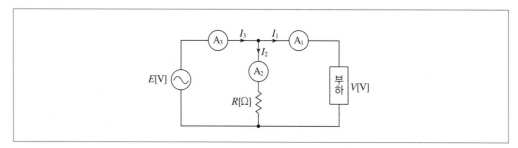

(1) 부하 전력
   • 계산 과정:
   • 답:

(2) 부하 역률
   • 계산 과정:
   • 답:

답안작성 (1) • 계산 과정: $P = \dfrac{R}{2}(A_3^2 - A_1^2 - A_2^2) = \dfrac{25}{2} \times (10^2 - 7^2 - 4^2) = 437.5[\text{W}]$

   • 답: $437.5[\text{W}]$

(2) • 계산 과정

$$\cos\theta = \frac{A_3^2 - A_1^2 - A_2^2}{2A_1 A_2} = \frac{10^2 - 7^2 - 4^2}{2 \times 7 \times 4} = 0.625 \ (\therefore \ 62.5[\%])$$

   • 답: $62.5[\%]$

개념체크 3 전류계법

① 전류계 3개로 단상 전력 및 역률을 측정하는 방법

② 유효 전력 $P = I^2 R = \dfrac{R}{2}\left(I_1^2 - I_2^2 - I_3^2\right)[\text{W}]$

③ 역률 $\cos\theta = \dfrac{I_1^2 - I_2^2 - I_3^2}{2I_2 I_3}$

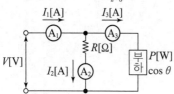

08 ★★☆

피뢰기 접지공사를 실시한 후, 접지 저항을 보조 접지극 2개(a와 b)를 시설하여 측정하였더니 본 접지와 보조 접지극 a 사이의 저항은 $86[\Omega]$, 보조 접지극 a와 보조 접지극 b 사이의 저항은 $156[\Omega]$, 보조 접지극 b와 본 접지 사이의 저항은 $80[\Omega]$이었다. 이때 다음 각 물음에 답하시오. [7점]

(1) 피뢰기의 접지저항값을 구하시오.
  • 계산 과정:
  • 답:

(2) 접지공사의 적합 여부를 판단하고, 그 이유를 설명하시오.
  • 적합 여부:
  • 이유:

답안작성

(1) • 계산 과정: $R_E = \dfrac{1}{2}\left(R_{Ea} + R_{bE} - R_{ab}\right) = \dfrac{1}{2} \times (86 + 80 - 156) = 5[\Omega]$

  • 답: $5[\Omega]$

(2) • 적합 여부: 적합하다.
  • 이유: 피뢰기의 접지공사는 단독접지 시에 $10[\Omega]$ 이하로 유지해야 한다. 피뢰기의 접지저항값이 $10[\Omega]$ 이하이므로 적합하다.

규정체크 피뢰기의 접지
고압 및 특고압의 전로에 시설하는 피뢰기 접지저항값은 $10[\Omega]$ 이하로 하여야 한다.

09 ★☆☆

전기설비기술기준에 의하여 욕실 등 인체가 물에 젖어 있는 상태에서 물을 사용하는 장소에 콘센트를 시설하는 경우 설치해야 하는 저압 차단기의 정확한 명칭을 쓰시오. [3점]

답안작성 인체 감전 보호용 누전 차단기(전류 동작형)

규정체크 콘센트의 시설
욕조나 샤워시설이 있는 욕실 또는 화장실 등 인체가 물에 젖어 있는 상태에서 전기를 사용하는 장소에 콘센트를 시설하는 경우에는 인체 감전 보호용 누전 차단기(정격 감도 전류 15[mA] 이하, 동작 시간 0.03[초] 이하의 전류 동작형) 또는 절연 변압기(정격 용량 3[kVA] 이하)로 보호된 전로에 접속하여야 한다.

10 ★★★

부하설비가 $100[\text{kW}]$이며, 뒤진 역률이 $85[\%]$인 부하를 $100[\%]$로 개선하기 위한 전력용 콘덴서의 용량은 몇 $[\text{kVA}]$가 필요한지 구하시오. [4점]

• 계산 과정:

• 답:

• 계산 과정

무효 전력 $Q = P\tan\theta = 100 \times \dfrac{\sqrt{1-0.85^2}}{0.85} = 61.97[\text{kVar}]$

역률을 100[%]로 하기 위한 콘덴서 용량은 무효 전력의 크기와 같아야 하므로

전력용 콘덴서의 용량 $Q_c = Q = 61.97[\text{kVA}]$이다.

• 답: 61.97[kVA]

역률 개선용 콘덴서 용량

$$Q_c = P(\tan\theta_1 - \tan\theta_2) = P\left(\frac{\sin\theta_1}{\cos\theta_1} - \frac{\sin\theta_2}{\cos\theta_2}\right)[\text{kVA}]$$

(단, P: 부하 전력[kW], $\cos\theta_1$: 개선 전 역률, $\cos\theta_2$: 개선 후 역률)

11 ★★☆

정격전류 15[A]인 전동기 두 대, 정격전류 10[A]인 전열기 한 대에 공급하는 간선이 있다. 옥내 간선을 보호하는 과전류 차단기의 정격전류 최댓값은 몇 [A]인지 계산하시오.(단, 간선의 허용전류는 61[A]이 며, 간선의 수용률은 100[%]로 한다.)　　　　　　　　　　　　　　　　　　　　　　　　　[5점]

• 계산 과정:

• 답:

• 계산 과정

회로의 설계전류 $I_B = (15 \times 2) + 10 = 40[\text{A}]$, 간선의 허용전류 $I_Z = 61[\text{A}]$이다.

$I_B \le I_n \le I_Z$이므로 $40 \le I_n \le 61$을 만족해야 한다.

따라서 구하고자 하는 과전류 차단기 정격전류의 최댓값은 61[A]이다.

• 답: 61[A]

과부하에 대해 케이블(전선)을 보호하는 장치의 동작특성

$$I_B \le I_n \le I_Z$$
$$I_2 \le 1.45 \times I_Z$$

(단, I_B: 회로의 설계전류[A], I_Z: 케이블의 허용전류[A], I_n: 보호장치의 정격전류[A], I_2: 보호장치가 규약시간 이내에 유효하게 동작하는 것을 보장하는 전류[A])

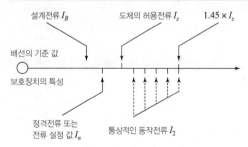

▲ 과부하 보호 설계 조건도

12 ★★★

어떤 부하설비의 최대 수용전력이 각각 $200[\text{W}]$, $300[\text{W}]$, $800[\text{W}]$, $1,200[\text{W}]$, $2,500[\text{W}]$이고, 각 부하 간의 부등률이 1.14, 종합 부하 역률은 $90[\%]$일 경우의 변압기 용량을 결정하시오. [5점]

변압기 표준 용량[kVA]												
1	2	3	5	7.5	10	15	20	30	50	100	150	200

• 계산 과정:

• 답:

답안작성

• 계산 과정

변압기 용량 $P_a = \dfrac{200+300+800+1,200+2,500}{1.14\times0.9}\times10^{-3} = 4.87[\text{kVA}]$, 표에서 $5[\text{kVA}]$ 선정

• 답: $5[\text{kVA}]$

개념체크

변압기 용량$[\text{kVA}] \geq$ 합성 최대 전력$[\text{kVA}]$이어야 한다.

$$합성\ 최대\ 전력 = \frac{각\ 부하의\ 최대\ 수용전력의\ 합계}{부등률}$$

$$= \frac{\Sigma(설비\ 용량[\text{kVA}] \times 수용률)}{부등률}$$

13 ★☆☆

다음 그림과 같은 발전소에서 각 차단기의 차단 용량을 구하시오. [7점]

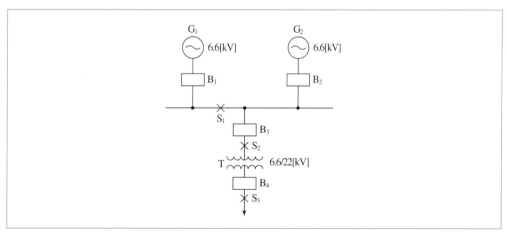

[조건]

• 발전기 G_1: 용량 $10,000[\text{kVA}]$, $\%X_{G_1} = 10[\%]$

• 발전기 G_2: 용량 $20,000[\text{kVA}]$, $\%X_{G_2} = 14[\%]$

• 변압기 T: 용량 $30,000[\text{kVA}]$, $\%X_T = 12[\%]$

• S_1, S_2, S_3는 단락 사고 발생 지점이며, 선로 측으로부터의 단락 전류는 고려하지 않는다.

(1) S_1 지점에서 단락 사고가 발생하였을 때 B_1, B_2 차단기의 차단 용량[MVA]을 계산하시오.
  • 계산 과정:
  • 답:

(2) S_2 지점에서 단락 사고가 발생하였을 때 B_3 차단기의 차단 용량[MVA]을 계산하시오.
  • 계산 과정:
  • 답:

(3) S_3 지점에서 단락 사고가 발생하였을 때 B_4 차단기의 차단 용량[MVA]을 계산하시오.
  • 계산 과정:
  • 답:

답안작성

(1) • 계산 과정

30[MVA] 기준으로 환산하면 다음과 같다.

$$\%X_{G_1} = 10 \times \frac{30}{10} = 30[\%], \quad \%X_{G_2} = 14 \times \frac{30}{20} = 21[\%]$$

$$P_{B_1} = \frac{100}{\%X_{G_1}} P_n = \frac{100}{30} \times 30 = 100[\text{MVA}]$$

$$P_{B_2} = \frac{100}{\%X_{G_2}} P_n = \frac{100}{21} \times 30 = 142.86[\text{MVA}]$$

• 답: $P_{B_1} = 100[\text{MVA}]$, $P_{B_2} = 142.86[\text{MVA}]$

(2) • 계산 과정

G_1과 G_2의 합성 리액턴스 $\%X_G = \dfrac{\%X_{G_1} \times \%X_{G_2}}{\%X_{G_1} + \%X_{G_2}} = \dfrac{30 \times 21}{30 + 21} = 12.35[\%]$

$$P_{B_3} = \frac{100}{\%X_G} P_n = \frac{100}{12.35} \times 30 = 242.91[\text{MVA}]$$

• 답: 242.91[MVA]

(3) • 계산 과정

전체 합성 리액턴스 $\%X = \%X_G + \%X_T = 12.35 + 12 = 24.35[\%]$

$$P_{B_4} = \frac{100}{\%X} P_n = \frac{100}{24.35} \times 30 = 123.2[\text{MVA}]$$

• 답: 123.2[MVA]

★★☆

다음 그림은 어느 수용가의 수전설비 계통도이다. 다음 각 물음에 답하시오. [16점]

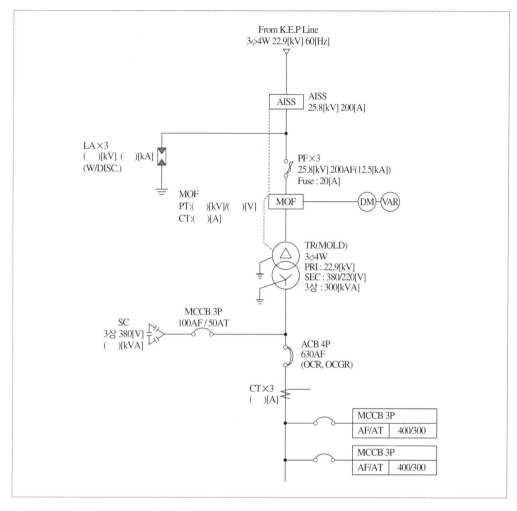

(1) AISS의 명칭을 쓰고, 기능을 2가지 쓰시오.
　① 명칭
　② 기능

(2) 피뢰기의 정격 전압 및 공칭 방전 전류를 쓰고, DISC. 기능을 간단히 설명하시오.
　① 피뢰기의 정격 전압
　② 공칭 방전 전류
　③ DISC. 기능

(3) MOF의 정격을 구하시오.
　• 계산 과정:
　• 답:

(4) MOLD TR의 장점 및 단점을 각각 2가지만 쓰시오.

(5) ACB의 명칭을 쓰시오.

(6) CT의 정격(변류비)을 구하시오.
　• 계산 과정:
　• 답:

(1) ① 기중 절연 자동 고장 구분 개폐기

② • 사고 시 고장 구간을 자동으로 개방시켜 사고의 파급을 방지
   • 전부하 상태에서 자동 또는 수동으로 개방시켜 과부하 보호

(2) ① 18[kV]

② 2.5[kA]

③ Disconnector로 피뢰기 고장 시 개방되어 피뢰기를 대지로부터 분리시키는 역할

(3) • 계산 과정

 – PT비: $\dfrac{22,900}{\sqrt{3}} / \dfrac{190}{\sqrt{3}}$

 – CT비: $I_1 = \dfrac{300 \times 10^3}{\sqrt{3} \times 22,900} = 7.56[A]$, ∴ CT비 10/5

• 답: PT비: 13,200/110, CT비: 10/5

(4) • 장점

 – 난연성이 우수하다.
 – 전력 손실이 적다.

• 단점

 – 내전압이 낮아 서지파 등의 충격파에 약하다.
 – 수지층에 차폐물이 없으므로 운전 중 코일 표면과 접촉하면 위험하다.

(5) 기중 차단기

(6) • 계산 과정: $I_1 = \dfrac{300 \times 10^3}{\sqrt{3} \times 380} \times (1.25 \sim 1.5) = 569.75 \sim 683.7[A]$

• 답: 600/5

개념체크 (2) 피뢰기

① 피뢰기의 정격 전압

전력 계통		피뢰기 정격 전압[kV]	
전압[kV]	중성점 접지 방식	변전소	배전 선로
345	유효 접지	288	–
154	유효 접지	144	–
66	PC 접지 또는 비접지	72	–
22	PC 접지 또는 비접지	24	–
22.9	3상 4선 다중 접지	21	18

② 피뢰기의 공칭 방전 전류

공칭 방전 전류	설치 장소	적용 조건
10,000[A]	변전소	• 154[kV] 이상 계통 • 66[kV] 및 그 이하 계통에서 뱅크 용량이 3,000[kVA]를 초과하거나 특히 중요한 곳 • 장거리 송전선 및 콘덴서 뱅크를 개폐하는 곳
5,000[A]	변전소	66[kV] 및 그 이하 계통에서 뱅크 용량이 3,000[kVA] 이하인 곳
2,500[A]	변전소	배전선 피더 인출 측
	선로	배전선로

(3) 계기용 변성기(MOF)의 변류비 선정

$$변류기\ 1차\ 전류 = \frac{P_1}{\sqrt{3}\ V_1 \cos\theta}[A]$$

(단, MOF에서는 이미 충분한 절연 설계가 되어 있어 여유를 두지 않는다.)

$$변류비 = \frac{I_1}{I_2}(단,\ 정격\ 2차\ 전류\ I_2 = 5[A])$$

- 1차 전류: 5, 10, 15, 20, 30, 40, 50, 75, 100, 150, 200, 300, 400, 500[A]
- 2차 전류: 5[A]

(6) 변압기, 수전 회로에서 변류비 선정

$$변류기\ 1차\ 전류 = \frac{P_1}{\sqrt{3}\ V_1 \cos\theta} \times (1.25 \sim 1.5)[A]$$

(단, $k = 1.25 \sim 1.5$: 변압기의 여자 돌입 전류를 감안한 여유도)

$$변류비 = \frac{I_1}{I_2}(단,\ 정격\ 2차\ 전류\ I_2 = 5[A])$$

단답 정리함 몰드 변압기의 장점
- 내습, 내진성이 좋다.
- 소형, 경량화가 가능하다.
- 유지보수 및 점검이 용이하다.
- 난연성이 우수하다.
- 전력 손실이 적다.

15
★★☆

다음 요구 사항을 만족하는 주회로 및 제어 회로의 미완성 결선도를 직접 그려 완성하시오. (단, 접점 기호와 명칭 등을 정확히 나타내시오.) [5점]

[요구 사항]
- 전원스위치 MCCB를 투입하면 주회로 및 제어 회로에 전원이 공급된다.
- 누름버튼 스위치(PB1)를 누르면 MC1이 여자되고 MC1의 보조 접점에 의하여 RL이 점등되며, 전동기는 정회전한다.
- 누름버튼 스위치(PB1)를 누른 후 손을 떼도 MC1은 자기 유지되어 전동기는 계속 정회전한다.
- 전동기 운전 중 누름버튼 스위치(PB2)를 누르면 연동에 의하여 MC1이 소자되어 전동기가 정지되고, RL은 소등된다. 이때 MC2는 자기 유지되어 전동기는 역회전(역상 제동을 함)하고, 타이머가 여자되며, GL이 점등된다.
- 타이머 설정 시간 후 역회전 중인 전동기는 정지하고, GL도 소등된다. 또한 MC1과 MC2의 보조 접점에 의하여 상호 인터록이 되어 동시에 동작하지 않는다.
- 전동기 운전 중 과전류가 감지되어 EOCR이 동작되면, 모든 제어 회로의 전원은 차단되고 OL만 점등된다.
- EOCR을 리셋(Reset)하면 초기 상태로 복귀된다.

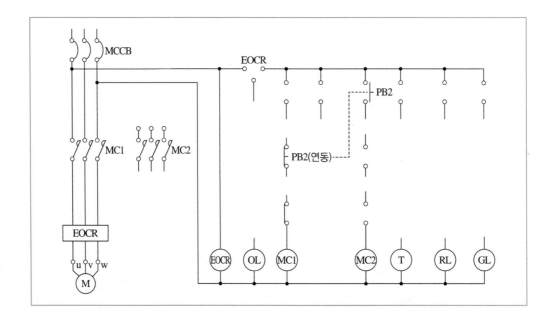

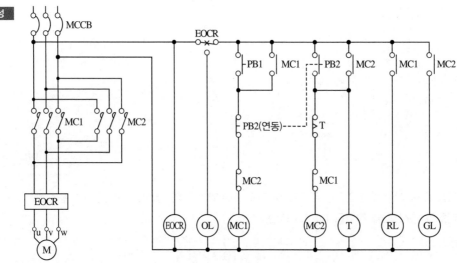

해설비법

- 정·역 운전회로의 주회로: 전원의 3선 중 2선의 접속을 바꾸어 결선한다.
- 정·역 운전회로의 보조회로: 자기유지 회로 및 인터록 회로로 구성한다.

16 ★★☆

사용 전압 $380[V]$인 3상 직입 기동 전동기 $1.5[kW]$ 1대, $3.7[kW]$ 2대와 3상 $15[kW]$ 기동기 사용 전동기 1대를 간선에 연결하였다. 이때의 간선 굵기, 간선의 과전류 차단기 용량을 주어진 표를 이용하여 구하시오.(단, 공사 방법은 B1, PVC 절연 전선을 사용하였다.)　　　　　　[4점]

(1) 간선의 굵기

(2) 차단기 용량

[참고 자료]

[표 1] 3상 유도 전동기의 규약 전류값

출력[kW]	규약 전류[A]	
	200[V]용	380[V]용
0.2	1.8	0.95
0.4	3.2	1.68
0.75	4.8	2.53
1.5	8.0	4.21
2.2	11.1	5.84
3.7	17.4	9.16
5.5	26	13.68
7.5	34	17.89
11	48	25.26
15	65	34.21
18.5	79	41.58
22	93	48.95
30	124	65.26
37	152	80
45	190	100
55	230	121
75	310	163
90	360	189.5
110	440	231.6
132	500	263

※ 사용하는 회로의 전압이 $220[V]$인 경우는 $200[V]$인 것의 0.9배로 한다.
※ 고효율 전동기는 제작자에 따라 차이가 있으므로 제작자의 기술 자료를 참조할 것

[표 2] 380[V] 3상 유도 전동기의 간선의 굵기 및 기구의 용량(배선차단기의 경우)

전동기 [kW] 수의 총계 [kW] 이하	최대 사용 전류 [A] 이하	공사 방법 A1 3개선 PVC	공사 방법 A1 3개선 XLPE, EPR	공사 방법 B1 3개선 PVC	공사 방법 B1 3개선 XLPE, EPR	공사 방법 C 3개선 PVC	공사 방법 C 3개선 XLPE, EPR	0.75 이하 / (5.5)	1.5 / (7.5)	2.2 / (11)	3.7 / (15)	5.5 / (18.5)	7.5 / (22)	11 / (30)	15 / (37)	18.5	22	30	37
3	7.9	2.5	2.5	2.5	2.5	2.5	2.5	15	15	15	–	–	–	–	–	–	–	–	–
								–	–	–	–	–	–	–	–	–	–	–	–
4.5	10.5	2.5	2.5	2.5	2.5	2.5	2.5	15	15	20	30	–	–	–	–	–	–	–	–
								–	–	–	–	–	–	–	–	–	–	–	–
6.3	15.8	2.5	2.5	2.5	2.5	2.5	2.5	20	20	30	30	40	–	–	–	–	–	–	–
								–	–	–	–	30	–	–	–	–	–	–	–
8.2	21	4	2.5	2.5	2.5	2.5	2.5	30	30	30	30	40	50	–	–	–	–	–	–
								–	–	–	–	30	30	–	–	–	–	–	–
12	26.3	6	4	4	2.5	4	2.5	40	40	40	40	40	50	75	–	–	–	–	–
								–	–	–	–	40	40	40	–	–	–	–	–
15.7	39.5	10	6	10	6	6	4	50	50	50	50	50	60	75	100	–	–	–	–
								–	–	–	–	50	50	50	60	–	–	–	–
19.5	47.4	16	10	10	6	10	6	60	60	60	60	60	75	75	100	125	–	–	–
								–	–	–	–	60	60	60	60	75	–	–	–
23.5	52.6	16	10	16	10	10	10	75	75	75	75	75	75	100	100	125	125	–	–
								–	–	–	–	75	75	75	75	75	100	–	–
30	65.8	25	16	16	10	16	10	100	100	100	100	100	100	100	125	125	125	–	–
								–	–	–	–	100	100	100	100	100	100	–	–
37.5	78.9	35	25	25	16	25	16	100	100	100	100	100	100	100	125	125	125	125	–
								–	–	–	–	100	100	100	100	100	100	125	–
45	92.1	50	25	35	25	25	16	125	125	125	125	125	125	125	125	125	125	125	150
								–	–	–	–	125	125	125	125	125	125	125	125
52.5	105.3	50	35	35	25	35	25	250	250	250	250	250	250	250	250	250	250	250	250
								–	–	–	–	250	250	250	250	250	250	250	250

직입 기동 전동기 중 최대 용량의 것 : 0.75 이하 · 1.5 · 2.2 · 3.7 · 5.5 · 7.5 · 11 · 15 · 18.5 · 22 · 30 · 37
Y－Δ 기동기 사용 전동기 중 최대 용량의 것 : – · – · – · – · 5.5 · 7.5 · 11 · 15 · 18.5 · 22 · 30 · 37
과전류 차단기(배선차단기) 용량[A] : 직입 기동 – (칸 위 숫자), Y－Δ 기동 – (칸 아래 숫자)

※ 최소 전선의 굵기는 1회선에 대한 것이며, 2회선 이상일 경우는 복수 회로 보정 계수를 적용하여야 한다.
※ 공사 방법 A1은 벽 내의 전선관에 공사한 절연 전선 또는 단심 케이블, 공사 방법 B1은 벽면의 전선관에 공사한 절연 전선 또는 단심 케이블, 공사 방법 C는 벽면에 공사한 단심 또는 다심 케이블을 시설하는 경우의 전선 굵기를 표시하였다.
※ 「전동기 중 최대의 것」에는 동시 기동하는 경우를 포함한다.
※ 배선차단기의 용량은 해당 조항에 규정되어 있는 범위에서 실용상 거의 최댓값을 표시한다.
※ 배선차단기의 선정은 최대 용량의 정격 전류의 3배에 다른 전동기의 정격 전류의 합계를 가산한 값 이하를 표시한다.
※ 배선차단기를 배·분전반, 제어반 등의 내부에 시설하는 경우는 그 반 내의 온도 상승에 주의한다.

(1) • 계산 과정

　　전동기[kW] 총계: $1.5 + 3.7 \times 2 + 15 = 23.9[\text{kW}]$

　　[표 2]의 전동기 총계 30[kW] 칸과 공사 방법 B1, PVC 절연 전선 칸이 교차하는 지점의 간선의 굵기 $16[\text{mm}^2]$ 선정

• 답: $16[\text{mm}^2]$

(2) • 계산 과정

　　[표 1]에서 전동기 전류를 구하면 $I_M = 4.21 + 9.16 \times 2 + 34.21 = 56.74[\text{A}]$

　　[표 2]의 최대 사용 전류 65.8[A] 칸과 기동기 사용 15[kW] 칸이 교차되는 지점의 과전류 차단기 100[A] 선정

• 답: 100[A]

해설비법　[표 2] 380[V] 3상 유도 전동기의 간선의 굵기 및 기구의 용량(배선차단기의 경우)

전동기 [kW] 수의 총계 [kW] 이하	최대 사용 전류 [A] 이하	배선 종류에 의한 간선의 최소 굵기[mm²]						직입 기동 전동기 중 최대 용량의 것											
		공사 방법 A1		공사 방법 B1		공사 방법 C		0.75 이하	1.5	2.2	3.7	5.5	7.5	11	15	18.5	22	30	37
		ⓢ ⓢ ⓢ		ⓢ		ⓢ		Y − Δ 기동기 사용 전동기 중 최대 용량의 것											
		3개선		3개선		3개선		−	−	−	−	5.5	7.5	11	15	18.5	22	30	37
		PVC	XLPE, EPR	PVC	XLPE, EPR	PVC	XLPE, EPR	과전류 차단기(배선차단기) 용량[A] 직입 기동 − (칸 위 숫자) Y − Δ 기동 − (칸 아래 숫자)											
30	65.8	25	16	16	10	16	10	100 −	100 −	100 −	100 −	100 100	100 100	100 100	125 100	125 100	125 100	−	−

※ 문제의 [표] 또는 [참고자료]가 KEC 적용 이전의 산출값으로 되어 있으나, 표를 활용하여 답을 산출하는 유형의 문제풀이 방법 숙지를 위해 수록하였습니다.

---

17 ★★★

다음은 전력 시설물 공사 감리 업무 수행 지침 중 감리원의 공사 중지 명령과 관련된 사항이다. ①~⑤에 알맞은 내용을 답란에 쓰시오.　[4점]

> 감리원은 시공된 공사가 품질 확보 미흡 또는 중대한 위해를 발생시킬 우려가 있다고 판단되거나 안전상 중대한 위험이 발견된 경우에는 공사 중지를 지시할 수 있으며, 공사 중지는 부분 중지와 전면 중지로 구분한다. 부분 중지의 경우는 다음 각 호와 같다.
>
> • (①)이(가) 이행되지 않는 상태에서는 다음 단계의 공정이 진행됨으로써 (②)이(가) 될 수 있다고 판단될 때
> • 안전 시공상 (③)이(가) 예상되어 물적, 인적 중대한 피해가 예견될 때
> • 동일 공정에 있어 (④)이(가) 이행되지 않을 때
> • 동일 공정에 있어 (⑤)이(가) 있었음에도 이행되지 않을 때

답안작성
① 재시공 지시
② 하자 발생
③ 중대한 위험
④ 3회 이상 시정 지시
⑤ 2회 이상 경고

18

★★★

다음 그림과 같은 유접점 회로를 무접점 회로로 바꾸어 그리시오.　　　　　　[5점]

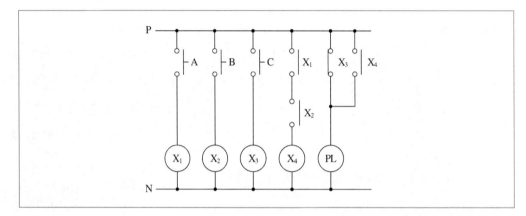

답안작성　무접점 회로

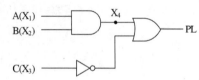

해설비법　유접점 회로의 논리식

$$X_4 = X_1 \cdot X_2$$

$$PL = \overline{X_3} + X_4$$

1회 학습전략

합격률: 27.36%

난이도 ⊕

- 단답형: 지중 전선로, 유도 전동기 제동법, 조명설비, 수전 방식, PLC, 시퀀스
- 공식형: 분류기, 머레이 루프법, 분기 회로, 손실, 계기용 변성기, 전압강하, 축전지 용량
- 복합형: 교류 발전기, 조명 설계, 수전설비 결선도, 테이블 스펙
- 부하설비 산정과 같은 문제의 표를 채워나갈 때에는 각 행과 열의 요구 조건을 살피어 답을 작성하여야 합니다. 전압강하 및 조명 설계는 빈출 유형으로 관련 개념과 공식을 꼼꼼하게 암기하는 것이 좋습니다.
  ※ KEC 적용에 의거해 삭제된 문제가 있어 배점 합계가 100점이 되지 않습니다.

2회 학습전략

합격률: 21.04%

난이도 ⊕

- 단답형: 왜형률, 코로나 현상, 절연내력 시험전압, 조명설비, 예비전원설비, 고장점 탐지법, 모선 보호 방식, 시퀀스, 전동기 운전 회로
- 공식형: 설비 불평형률, 전력 손실, 직류 전동기, 권상기용 전동기, 단락전류, 발전기 효율, 충전 용량
- 복합형: 계기용 변성기, 테이블 스펙, 수전설비 계통도
- 직류 전동기, 왜형률, 코로나 현상, 절연내력 시험전압 등 1차 필기 과목이었던 전기기기, 회로이론, 전기설비기술기준의 이론이 2차 실기 시험에도 연계되어 출제되었습니다. 문항 수가 많은 회차에서는 넓은 범위의 내용을 두루두루 알고 있어야 대비하기가 좋습니다.

3회 학습전략

합격률: 1.41%

난이도 ⊕

- 단답형: 접지공사, 역률, 예비전원설비, 전동기 보호, 배전선로, 병렬운전조건, 방폭 구조
- 공식형: 조명 설계, 계기용 변성기, 전력용 콘덴서, 전선의 단면적, 수력 발전기, 전압강하, 비율 차동 계전기, 부하설비
- 복합형: 변전소의 단선도
- 지엽적인 부분에서 단답형으로 출제된 문제가 많아 다소 어렵게 느껴질 것입니다. 공식형 문제에서도 계산 도중에 한 번 더 생각하고 풀어야 하는 문제가 있었습니다.

01 ★★★

교류 발전기에 대한 다음 각 물음에 답하시오. [6점]

(1) 정격 전압 6,000[V], 정격 출력 5,000[kVA]인 3상 교류 발전기에서 계자 전류가 300[A], 무부하 단자 전압이 6,000[V]이고, 이 계자 전류에 있어서의 3상 단락 전류가 700[A]라고 한다. 이 발전기의 단락비를 구하시오.

• 계산 과정:

• 답:

(2) 다음 ①～⑥에 알맞은 (　　) 안의 내용을 크다(고), 적다(고), 높다(고), 낮다(고) 등으로 답란에 쓰시오.

> 단락비가 큰 교류 발전기는 일반적으로 기계의 치수가 (①), 가격이 (②), 풍손, 마찰손, 철손이 (③), 효율은 (④), 전압 변동률은 (⑤), 안정도는 (⑥).

답안작성

(1) • 계산 과정

정격 전류는 $I_n = \dfrac{P_n}{\sqrt{3}\, V_r} = \dfrac{5,000 \times 10^3}{\sqrt{3} \times 6,000} = 481.13[\text{A}]$

따라서 단락비를 구하면 $K_s = \dfrac{I_s}{I_n} = \dfrac{700}{481.13} = 1.45$ 이다.

• 답: 1.45

(2) ① 크고 ② 높고 ③ 크고 ④ 낮고 ⑤ 적고 ⑥ 높다

개념체크

(1) 단락비는 무부하에서 정격 전압을 유지하는 데 필요한 계자 전류를 정격 전류와 같은 단락 전류를 흘리는 데 필요한 계자 전류로 나눈 값으로, 다음과 같이 나타낼 수 있다.

$$K_s = \frac{I_s}{I_n}$$

(2) 단락비(K_s)가 큰 발전기의 특성

• 발전기의 치수가 커지고, 중량이 무거운 철기계로 된다.

• 발전기 가격이 고가이다.

• 동기 임피던스가 작다.

• 전압 변동률이 작다.

• 과부하 내량이 크고, 안정도가 좋다.

• 철손이 커서 효율이 나쁘다.

02 ★★☆

지중선에 대한 장점과 단점을 가공선과 비교하여 각각 4가지씩 쓰시오. [8점]

(1) 지중선의 장점

(2) 지중선의 단점

답안작성 (1) • 지하에 매설되므로 기상 조건에 영향을 받지 않는다.
　　　　　　• 다수의 케이블을 같은 루트에 시설할 수 있다.
　　　　　　• 지하에 매설되므로 고장이 적다.
　　　　　　• 지하 시설로 설비 보안 유지가 용이하다.

　　　　(2) • 같은 굵기의 도체 기준으로, 가공 전선로에 비해 송전 용량이 작다.
　　　　　　• 건설비가 고가이다.
　　　　　　• 고장점 발견이 어렵고 복구가 곤란하다.
　　　　　　• 신규 수용가에 대한 탄력성이 결여된다.

개념체크 지중 전선로는 지하에 매설한 전선로로 가공 전선로에 비해 교통에 지장을 주지 않고 도시의 미관을 해치지 않는다. 또한 자연재해나 지락 사고 등이 발생할 염려가 적어 공급 신뢰도가 우수하다. 하지만 고장점 발견이 어렵고 송전 용량이 비교적 작다는 단점이 있다.

03 ★☆☆

3상 농형 유도 전동기의 제동 방법인 역상 제동에 대하여 설명하시오. [4점]

답안작성 회전 중인 전동기의 1차 권선 3단자 중 임의의 2단자의 접속을 바꾸면 역방향의 토크가 발생되어 제동하는 방법으로 급속하게 정지시키고자 하는 경우에 주로 적용된다.

개념체크 유도 전동기의 제동법
• 역상(역전) 제동: 회전 중인 전동기의 1차 권선 3단자 중 임의의 2단자의 접속을 바꾸면 역방향의 토크가 발생되어 제동하는 방법
• 발전 제동: 전동기를 전원으로부터 분리한 후 1차 측에 직류 전원을 공급하여 발전기로 동작시킨 후 발생한 전력을 저항에서 열로 소비시키는 방법
• 회생 제동: 유도 전동기를 유도 발전기로 동작시켜 발생한 전력을 전원에 반환하는 방법

04
★★★

측정 범위 $1[\mathrm{mA}]$, 내부 저항 $20[\mathrm{k}\Omega]$의 전류계로 $5[\mathrm{mA}]$까지 측정하고자 한다. 몇 $[\Omega]$의 분류기를 사용하여야 하는가? [4점]

- 계산 과정:

- 답:

답안작성
- 계산 과정
  주어진 조건에 전류 분배의 법칙을 적용하면

  $I_m = \dfrac{R_p}{R_p + 20 \times 10^3} \times (5 \times 10^{-3}) = 1 \times 10^{-3} = 0.001[\mathrm{A}]$에서 분류기의 저항 R_p값은

  $R_p = \dfrac{20}{0.005 - 0.001} = 5,000[\Omega]$ 이다.

- 답: $5,000[\Omega]$

해설비법
분류기: 전류계의 측정 범위를 확대시키는 병렬 저항

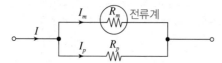

- 측정 전류

  $I_m = \dfrac{R_p}{R_p + R_m} I[\mathrm{A}]$

- 배율

  $m = \dfrac{I}{I_m} = \dfrac{R_p + R_m}{R_p} = 1 + \dfrac{R_m}{R_p}$

  (단, R_p: 분류기 저항$[\Omega]$, R_m: 전류계의 내부 저항$[\Omega]$)

05
★★★

다음 조명에 대한 각 물음에 답하시오. [4점]

(1) 어느 광원의 광색이 어느 온도의 흑체의 광색과 같을 때 그 흑체의 온도를 이 광원의 무엇이라고 하는지 쓰시오.

(2) 빛의 분광 특성이 색의 보임에 미치는 효과를 말하며, 동일한 색을 가진 것이라도 조명하는 빛에 따라 다르게 보이는 특성을 무엇이라고 하는지 쓰시오.

답안작성
(1) 색온도
(2) 연색성

개념체크
연색성이 우수한 광원의 순서
크세논등 > 백색 형광등 > 형광 수은등 > 나트륨등

06 KEC 적용에 따라 삭제되는 문제입니다.

07 스폿 네트워크(Spot network) 수전 방식에 대하여 설명하고 특징을 4가지만 쓰시오. [7점]
★★☆
(1) Spot network 방식이란?

(2) 특징

답안작성

(1) 배전용 변전소로부터 2회선 이상의 배전선으로 수전하는 방식으로 배전선 1회선에 사고가 발생한 경우에도 다른 건전한 회선으로부터 자동적으로 수전할 수 있는 신뢰도가 매우 높은 수전 방식

(2) • 공급 신뢰도가 매우 높은 수전 방식이다.
   • 전압강하 및 전압 변동률이 작다.
   • 부하 증가에 대해 적응성이 뛰어나다.
   • 무정전 전력 공급이 가능하다.

08 머레이 루프(Murray loop)법으로 선로의 고장 지점을 찾고자 한다. 길이가 $4[\text{km}]\,(0.2[\Omega/\text{km}])$인
★★★ 선로가 그림과 같이 접지 고장이 생겼을 때 고장점까지의 거리 X는 몇 $[\text{km}]$인지 구하시오.(단, G는
검류계이고, $P=170[\Omega]$, $Q=90[\Omega]$에서 브리지가 평형되었다고 한다.) [4점]

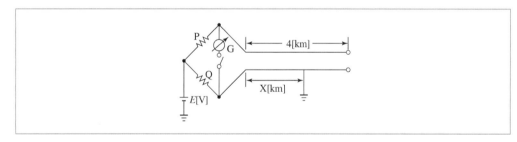

• 계산 과정:

• 답:

답안작성 • 계산 과정
$$PX = Q(2L-X)$$
$$170 \times X = 90 \times (8-X)$$
$$\therefore X = \frac{90 \times 8}{170+90} = 2.77[\text{km}]$$

• 답: 2.77[km]

머레이 루프법
- 브리지 평형 원리를 이용하여 고장점까지의 거리를 측정하는 방법이다.
- 머레이 루프법을 이용한 고장점 측정 방법은 다음의 식과 같다.

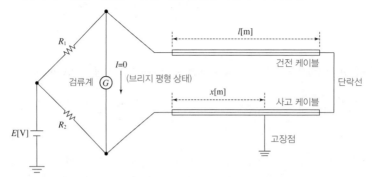

▲ 머레이 루프법의 원리

위 그림에서 머레이 루프 시험기가 설치된 위치에서 고장점까지의 거리 $x[m]$는

$$R_1 \times \rho \frac{x}{A} = R_2 \times \rho \frac{(2l-x)}{A} \text{(브리지 평형 조건)}$$

$$R_1 x = R_2 \times (2l - x)$$

$$x = \frac{2l R_2}{R_1 + R_2}[m] \text{이다.}$$

09 ★★★

단상 2선식 220[V], 28[W]×2등용 형광등 기구 100대를 16[A]의 분기 회로로 설치하려고 하는 경우 필요 회선 수는 최소 몇 회로인지 구하시오.(단, 형광등의 역률은 80[%]이고, 안정기의 손실은 고려하지 않으며, 1회로의 부하 전류는 분기 회로 용량의 80[%]이다.)   [5점]

- 계산 과정:

- 답:

답안작성 • 계산 과정

$$n = \frac{\dfrac{28 \times 2}{0.8} \times 100}{220 \times (16 \times 0.8)} = 2.49$$

- 답: 16[A] 분기 3회로

개념체크 분기 회로수 결정
(1) 부하 설비 용량에 맞는 분기 회로수는 다음과 같이 구한다.

$$\text{분기 회로수} = \frac{\text{표준 부하 밀도}[VA/m^2] \times \text{바닥 면적}[m^2]}{\text{전압}[V] \times \text{분기 회로의 전류}[A]}$$

(2) 분기 회로수 계산 결과값에 소수점이 발생하면 소수점 이하는 절상한다.
(3) 분기 회로의 전류가 주어지지 않을 때에는 16[A]를 표준으로 한다.

10 ★★☆

철손이 $1.2[\text{kW}]$, 전부하 시의 동손이 $2.4[\text{kW}]$인 변압기가 하루 중 7시간 무부하 운전, 11시간 $1/2$ 부하 운전, 그리고 나머지 전부하 운전할 때 하루의 총 손실은 얼마인가? [5점]

• 계산 과정:

• 답:

답안작성

• 계산 과정

철손 $P_i = 1.2 \times 24 = 28.8[\text{kWh}]$

동손 $P_c = m^2 P_c \times t = 0^2 \times 2.4 \times 7 + \left(\dfrac{1}{2}\right)^2 \times 2.4 \times 11 + 1^2 \times 2.4 \times 6 = 21[\text{kWh}]$ (단, m: 부하율)

$\therefore W_l = P_i + P_c = 49.8[\text{kWh}]$

• 답: $49.8[\text{kWh}]$

해설비법

철손 $P_i = 1.2[\text{kW}] \times 24[\text{h}] = 28.8[\text{kWh}]$

동손 $P_c = 2.4[\text{kW}] \times \left\{0^2 \times 7[\text{h}] + \left(\dfrac{1}{2}\right)^2 \times 11[\text{h}] + 1^2 \times (24 - 7 - 11)[\text{h}]\right\} = 21[\text{kWh}]$

총 손실 = 철손 + 동손 = $28.8 + 21 = 49.8[\text{kWh}]$

11 ★☆☆

ACB가 설치되어 있는 배전반 전면에 전압계, 전류계, 전력계, CTT, PTT가 설치되어 있고, 수변전 단선도가 없어 CT비를 알 수 없는 상태이다. 전류계의 지시는 L1, L2, L3상 모두 $240[\text{A}]$이고, CTT 측 단자의 전류를 측정한 결과 $2[\text{A}]$였을 때 CT비(I_1/I_2)를 계산하시오.(단, CT 2차 측 전류는 $5[\text{A}]$로 한다.) [5점]

• 계산 과정:

• 답:

답안작성

• 계산 과정

전류비 $= \dfrac{I_1}{I_2} = \dfrac{240}{2} = \dfrac{120}{1}$

$I_1 = I_2 \times$ 전류비 $= 5 \times 120 = 600[\text{A}]$

• 답: $600/5$

개념체크

• CTT(전류 시험 단자): 전류계 교체 시 CT 2차 측을 단락시킬 때 사용하는 단자
• PTT(전압 시험 단자): 전압계 교체 시 PT 2차 측을 개방시킬 때 사용하는 단자

12 ★☆☆ 3상 3선식 배전선로 1선당 저항이 $7.78[\Omega]$, 리액턴스가 $11.63[\Omega]$ 이고 수전단 전압이 $60[\text{kV}]$, 부하 전류가 $200[\text{A}]$, 역률 0.8(지상)의 3상 평형 부하가 접속되어 있을 경우 다음 물음에 답하시오. [4점]

(1) 송전단 전압[V]을 구하시오.
- 계산 과정:
- 답:

(2) 전압강하율을 구하시오.
- 계산 과정:
- 답:

(1) • 계산 과정

전압강하 $e = V_s - V_r = \sqrt{3}\,I(R\cos\theta + X\sin\theta) = \sqrt{3} \times 200 \times (7.78 \times 0.8 + 11.63 \times 0.6) = 4{,}573.31[\text{V}]$

송전단 전압 $V_s = V_r + e = 60{,}000 + 4{,}573.31 = 64{,}573.31[\text{V}]$

• 답: $64{,}573.31[\text{V}]$

(2) • 계산 과정: $\varepsilon = \dfrac{e}{V_r} \times 100[\%] = \dfrac{4{,}573.31}{60{,}000} \times 100[\%] = 7.62[\%]$

• 답: $7.62[\%]$

• 선로에서 발생하는 전압강하

3상 선로에서의 전압강하 $e = V_s - V_r = \sqrt{3}\,I(R\cos\theta + X\sin\theta)[\text{V}] = \dfrac{P}{V_r}(R + X\tan\theta)[\text{V}]$

• 전압강하율: 수전단 전압을 기준으로 하였을 때 선로에서 발생한 전압강하의 백분율

$$\varepsilon = \frac{e}{V_r} \times 100[\%] = \frac{V_s - V_r}{V_r} \times 100[\%]$$
$$= \frac{\sqrt{3}\,I(R\cos\theta + X\sin\theta)}{V_r} \times 100[\%]$$

(단, V_s: 송전단 선간 전압[kV], V_r: 수전단 선간 전압[kV])

13 ★★★

가로가 $20[\text{m}]$, 세로가 $30[\text{m}]$, 천장 높이가 $4.85[\text{m}]$인 사무실이 있다. 평균 조도를 $300[\text{lx}]$로 하려고 할 때 다음 각 물음에 답하시오. [5점]

> [조건]
> • 사용되는 형광등 $30[\text{W}]$ 1개의 광속은 $2,890[\text{lm}]$이며, 조명률은 $50[\%]$, 보수율은 $70[\%]$라고 한다.
> • 바닥에서 작업면까지의 높이는 $0.85[\text{m}]$이다.

(1) 실지수는 얼마인가?
   • 계산 과정:
   • 답:

(2) 형광등 기구($30[\text{W}]$ 2등용)의 수를 계산하시오.
   • 계산 과정:
   • 답:

답안작성

(1) • 계산 과정: $RI = \dfrac{XY}{H(X+Y)} = \dfrac{20 \times 30}{(4.85 - 0.85) \times (20 + 30)} = 3$

   • 답: 3

(2) • 계산 과정

$$FUN = EAD \text{ 에서 } N = \frac{EAD}{FU} = \frac{300 \times (20 \times 30) \times \dfrac{1}{0.7}}{(2,890 \times 2) \times 0.5} = 88.98$$

   • 답: 89[개]

개념체크 • 실지수 계산식

$$RI = \frac{XY}{H(X+Y)}$$
$$(\text{단, } X\text{: 방의 폭, } Y\text{: 방의 길이, } H\text{: 작업면에서 광원까지의 높이})$$

• 등 기구 수 산출

$$FUN = EAD$$
(단, F: 광속[lm], U: 조명률, N: 사용하는 등의 개수, E: 조도[lx], A: 등기구 1개당 비추는 면적[m²],
D: 감광 보상률($= \dfrac{1}{M}$), M: 보수율(유지율))

해설비법 $30[\text{W}]$ 2등용을 사용하고 등 $30[\text{W}]$ 1개의 광속이 $2,890[\text{lm}]$이므로 전광속 $F = 2,890 \times 2 = 5,780[\text{lm}]$이다.

14

★★☆

그림과 같은 방전 특성을 갖는 부하에 필요한 축전지 용량은 몇 $[\text{Ah}]$ 인지 구하시오.(단, 방전 전류 : $I_1 = 200[\text{A}]$, $I_2 = 300[\text{A}]$, $I_3 = 150[\text{A}]$, $I_4 = 100[\text{A}]$, **방전 시간** : $T_1 = 130[분]$, $T_2 = 120[분]$, $T_3 = 40[분]$, $T_4 = 5[분]$, **용량 환산 시간 계수** : $K_1 = 2.45$, $K_2 = 2.45$, $K_3 = 1.46$, $K_4 = 0.45$, **보수율**은 0.7로 적용한다.) [6점]

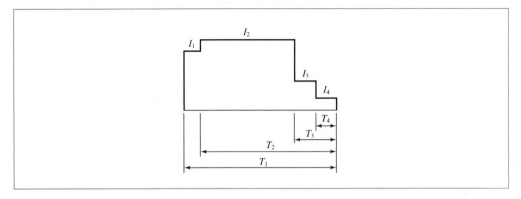

• 계산 과정:

• 답:

답안작성 • 계산 과정

$$C = \frac{1}{L}\{K_1 I_1 + K_2(I_2 - I_1) + K_3(I_3 - I_2) + K_4(I_4 - I_3)\}$$

$$= \frac{1}{0.7} \times \{2.45 \times 200 + 2.45 \times (300 - 200) + 1.46 \times (150 - 300) + 0.45 \times (100 - 150)\}$$

$$= 705[\text{Ah}]$$

• 답: $705[\text{Ah}]$

개념체크 축전지의 용량

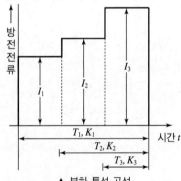

▲ 부하 특성 곡선

$$C = \frac{1}{L}\{K_1 I_1 + K_2(I_2 - I_1) + K_3(I_3 - I_2)\}[\text{Ah}]$$

(단, 축전지 용량은 부하의 면적을 계산하여 구한다.)

다음은 $3\phi 4W$ $22.9[kV]$ 수전설비 단선 결선도이다. 다음 각 물음에 답하시오. [12점]

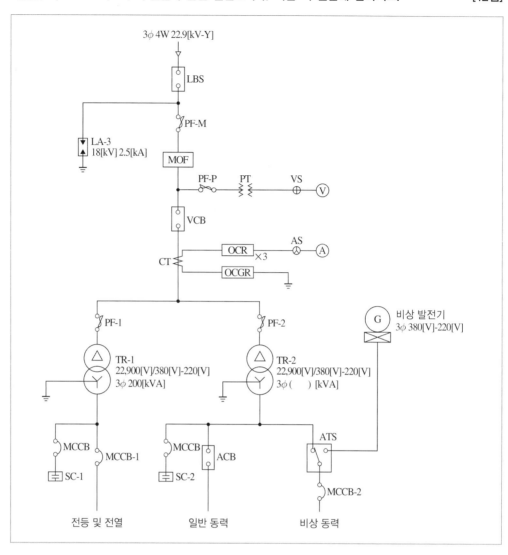

(1) 단선 결선도에서 LA에 대한 다음 물음에 답하시오.

　① 우리말 명칭을 쓰시오.

　② 기능과 역할에 대해 설명하시오.

　③ 요구되는 성능 조건 4가지를 쓰시오.

(2) 수전설비 단선 결선도의 부하 집계 및 입력 환산표를 완성하시오.(단, 입력 환산[kVA]의 계산값은 소수 둘째 자리에서 반올림한다.)

구분	전등 및 전열	일반 동력	비상 동력
설비 용량 및 효율	합계 350[kW] 100[%]	합계 635[kW] 85[%]	유도 전동기 1: 7.5[kW] 2대 85[%] 유도 전동기 2: 11[kW] 1대 85[%] 유도 전동기 3: 15[kW] 1대 85[%] 비상 조명: 8,000[W] 100[%]
평균(종합) 역률	80[%]	90[%]	90[%]
수용률	60[%]	45[%]	100[%]

- 부하 집계 및 입력 환산표

구분		설비 용량[kW]	효율[%]	역률[%]	입력 환산[kVA]
전등 및 전열		350			
일반동력		635			
비상 동력	유도 전동기 1	7.5×2			
	유도 전동기 2	11			
	유도 전동기 3	15			
	비상 조명				
	소계	−	−	−	

(3) TR−2의 적정 용량은 몇 [kVA]인지 단선 결선도와 (2)의 부하 집계표를 참고하여 구하시오.

> [참고 사항]
> - 일반 동력군과 비상 동력군 간의 부등률은 1.3이다.
> - 변압기 용량은 15[%] 정도의 여유를 갖는다.
> - 변압기의 표준 규격[kVA]은 200, 300, 400, 500, 600이다.

- 계산 과정:

  답:

답안작성

(1) ① 피뢰기

② 이상 전압 내습 시 뇌전류를 대지로 방전하고 속류를 차단하여 전기기기를 보호한다.

③ - 충격 방전 개시 전압이 낮을 것
- 상용 주파 방전 개시 전압이 높을 것
- 방전 내량이 크고, 제한 전압이 낮을 것
- 속류의 차단 능력이 충분할 것

(2)

구분		설비 용량[kW]	효율[%]	역률[%]	입력 환산[kVA]
전등 및 전열		350	100	80	$\dfrac{350}{0.8 \times 1} = 437.5$
일반 동력		635	85	90	$\dfrac{635}{0.9 \times 0.85} = 830.1$
비상 동력	유도 전동기 1	7.5×2	85	90	$\dfrac{7.5 \times 2}{0.9 \times 0.85} = 19.6$
	유도 전동기 2	11	85	90	$\dfrac{11}{0.9 \times 0.85} = 14.4$
	유도 전동기 3	15	85	90	$\dfrac{15}{0.9 \times 0.85} = 19.6$
	비상 조명	8	100	90	$\dfrac{8}{0.9 \times 1} = 8.9$
	소계	−	−	−	$19.6 + 14.4 + 19.6 + 8.9 = 62.5$

(3) - 계산 과정

TR−2의 용량 $P_a = \dfrac{830.1 \times 0.45 + 62.5 \times 1}{1.3} \times 1.15 = 385.73[kVA]$

- 답: 400[kVA] 선정

(2) 효율 $\eta = \dfrac{출력}{입력}$ 에서 입력[kVA] $= \dfrac{출력}{\eta} = \dfrac{설비용량[kW]}{\eta \times 역률(\cos\theta)}$

(3) 변압기 용량[kVA] $= \dfrac{\Sigma(설비용량[kVA] \times 수용률)}{부등률} \times 여유분$

16

★★☆

어느 빌딩의 수용가가 자가용 디젤 발전기 설비를 계획하고 있다. 발전기 용량 산출에 필요한 부하의 종류 및 특성이 다음과 같을 때 주어진 조건과 참고 자료를 이용하여 전부하를 운전하는 데 필요한 발전기 용량은 몇 [kVA]인지 표의 빈칸을 채우면서 선정하시오. [6점]

부하의 종류	출력[kW]	극수(극)	대수(대)	적용 부하	가동 방법
전동기	37	6	1	소화전 펌프	리액터 기동
	22	6	2	급수 펌프	리액터 기동
	11	6	2	배풍기	$Y-\Delta$ 기동
	5.5	4	1	배수 펌프	직입 기동
전등, 기타	50	–	–	비상 조명	–

[조건]
• 참고 자료의 수치는 최소치를 적용한다.
• 전동기 기동 시에 필요한 용량은 무시한다.
• 수용률 적용
  – 동력: 적용 부하에 대한 전동기의 대수가 1대인 경우에는 100[%], 2대인 경우에는 80[%]를 적용한다.
  – 전등, 기타: 100[%]를 적용한다.
• 부하의 종류가 전등, 기타인 경우의 역률은 100[%]를 적용한다.
• 자가용 디젤 발전기 용량은 50, 100, 150, 200, 300, 400, 500에서 선정한다.(단위: [kVA])

[표] 발전기 용량 선정

부하의 종류	출력[kW]	극수	전부하 특성			수용률[%]	수용률을 적용한 용량[kVA]
			역률[%]	효율[%]	입력[kVA]		
전동기	37×1	6					
	22×2	6					
	11×2	6					
	5.5×1	4					
전등, 기타	50	–	100	–			
합계	158.5	–	–	–	–	–	

정격 출력 [kW]	극수	동기 회전 속도 [rpm]	전부하 특성		참고값		
			효율 η [%]	역률 pf [%]	무부하 I_0 (각 상의 평균치) [A]	전부하 전류 I (각 상의 평균치) [A]	전부하 슬립 s [%]
0.75	2	3,600	70.0 이상	77.0 이상	1.9	3.5	7.5
1.5			76.5 이상	80.5 이상	3.1	6.3	7.5
2.2			79.5 이상	81.5 이상	4.2	8.7	6.5
3.7			82.5 이상	82.5 이상	6.3	14.0	6.0
5.5			84.5 이상	79.5 이상	10.0	20.9	6.0
7.5			85.5 이상	80.5 이상	12.7	28.2	6.0
11			86.5 이상	82.0 이상	16.4	40.0	5.5
15			88.0 이상	82.5 이상	21.8	53.6	5.5
18.5			88.0 이상	83.0 이상	26.4	65.5	5.5
22			89.0 이상	83.5 이상	30.9	76.4	5.0
30			89.0 이상	84.0 이상	40.9	102.7	5.0
37			90.0 이상	84.5 이상	50.0	125.5	5.0
0.75	4	1,800	71.5 이상	70.0 이상	2.5	3.8	8.0
1.5			78.0 이상	75.0 이상	3.9	6.6	7.5
2.2			81.0 이상	77.0 이상	5.0	9.1	7.0
3.7			83.0 이상	78.0 이상	8.2	14.6	6.5
5.5			85.0 이상	77.0 이상	11.8	21.8	6.0
7.5			86.0 이상	78.0 이상	14.5	29.1	6.0
11			87.0 이상	79.0 이상	20.9	40.9	6.0
15			88.0 이상	79.5 이상	26.4	55.5	5.5
18.5			88.5 이상	80.0 이상	31.8	67.3	5.5
22			89.0 이상	80.5 이상	36.4	78.2	5.5
30			89.5 이상	81.5 이상	47.3	105.5	5.5
37			90.0 이상	81.5 이상	56.4	129.1	5.5
0.75	6	1,200	70.0 이상	63.0 이상	3.4	4.4	8.5
1.5			76.0 이상	69.0 이상	4.7	7.3	8.0
2.2			79.5 이상	71.0 이상	6.2	10.1	7.0
3.7			82.5 이상	73.0 이상	9.1	15.8	6.5
5.5			84.5 이상	72.0 이상	13.6	23.6	6.0
7.5			85.5 이상	73.0 이상	17.3	30.9	6.0
11			86.5 이상	74.5 이상	23.6	43.6	6.0
15			87.5 이상	75.5 이상	30.0	58.2	6.0
18.5			88.0 이상	76.0 이상	37.3	71.8	5.5
22			88.5 이상	77.0 이상	40.0	82.7	5.5
30			89.0 이상	78.0 이상	50.9	111.8	5.5
37			90.0 이상	78.5 이상	60.9	136.4	5.5

부하의 종류	출력 [kW]	극수	전부하 특성			수용률 [%]	수용률을 적용한 용량[kVA]
			역률 [%]	효율 [%]	입력[kVA]		
전동기	37×1	6	78.5	90.0	$\dfrac{37 \times 1}{0.785 \times 0.9} = 52.37$	100	52.37×1 = 52.37
	22×2	6	77.0	88.5	$\dfrac{22 \times 2}{0.77 \times 0.885} = 64.57$	80	64.57×0.8 = 51.66
	11×2	6	74.5	86.5	$\dfrac{11 \times 2}{0.745 \times 0.865} = 34.14$	80	34.14×0.8 = 27.31
	5.5×1	4	77.0	85.0	$\dfrac{5.5 \times 1}{0.77 \times 0.85} = 8.40$	100	8.40×1 = 8.40
전등, 기타	50	–	100	–	$\dfrac{50}{1.0} = 50$	100	50×1 = 50
합계	158.5	–	–	–	209.48	–	189.74

답: 발전기 용량 200[kVA]

해설비법
① '전동기 전부하 특성표'에서 각 전동기 용량과 극수에 맞는 역률과 효율을 찾아 기입한다. 이때 역률과 효율 순서가 바뀌지 않도록 주의한다.

② 효율 $\eta = \dfrac{출력}{입력}$ 에서 입력[kVA] $= \dfrac{출력}{\eta} = \dfrac{설비용량[kW]}{\eta \times 역률(\cos\theta)}$ 을 계산하여 기입한다.

③ 수용률을 적용한 용량[kVA] = 입력[kVA] × 수용률을 계산하여 기입한다.

④ 합계 용량이 189.74[kVA]이므로 조건에서 발전기 용량 200[kVA]를 선정한다.

17
★☆☆

다음은 PLC 래더 다이어그램에 의한 프로그램이다. 아래의 명령어를 활용하여 각 스텝에 알맞은 내용으로 프로그램 하시오. [5점]

[명령어]
• 입력 a 접점 : LD
• 직렬 a 접점 : AND
• 병렬 a 접점 : OR
• 블록 간 병렬 접속 : OB

• 입력 b 접점 : LDI
• 직렬 b 접점 : ANI
• 병렬 b 접점 : ORI
• 블록 간 직렬 접속 : ANB

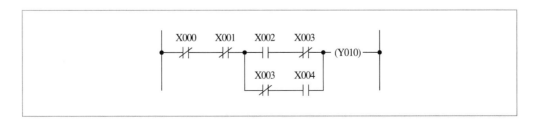

STEP	명령어	번지
1	LDI	X000
2		
3		
4		
5		
6		
7		
8		
9	OUT	Y010

답안작성

STEP	명령어	번지
1	LDI	X000
2	ANI	X001
3	LD	X002
4	ANI	X003
5	LDI	X003
6	AND	X004
7	OB	–
8	ANB	–
9	OUT	Y010

18
★★★

다음 회로를 이용하여 각 물음에 답하시오. [5점]

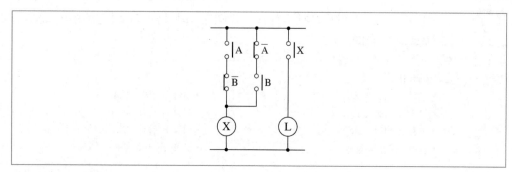

(1) 그림과 같은 회로의 명칭을 쓰시오.

(2) 논리식을 쓰시오.

(3) 무접점 논리 회로를 그리시오.

답안작성

(1) 배타적 논리합 회로

(2) $X = A \cdot \overline{B} + \overline{A} \cdot B,\ L = X$

(3)

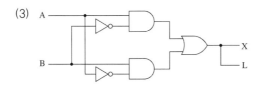

개념체크

배타적 논리합 회로

• 유접점 회로

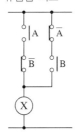

• 무접점 회로

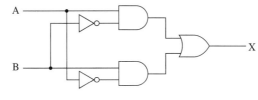

• 진리표

A	B	X
0	0	0
0	1	1
1	0	1
1	1	0

2015년

배점		100
득점	1회독	
	2회독	
	3회독	

01 ★★★ THD(Total Harmonics Distortion)의 정의와 계산식을 쓰시오.(단, 배전선의 기본파 전압 실횻값은 $V_1[V]$, 고조파 전압의 실횻값은 $V_3[V]$, $V_5[V]$, $V_n[V]$ 이다.) [5점]

• 정의

• 계산식

답안작성 • 정의: 기본파 주파수 성분의 실횻값에 대한 모든 고조파 성분의 실횻값 총합의 비율

• 계산식: $V_{THD} = \dfrac{\sqrt{V_3^2 + V_5^2 + V_n^2}}{V_1} \times 100 [\%]$

개념체크 왜형률(THD) $= \dfrac{\text{전 고조파 실횻값}}{\text{기본파 실횻값}} = \dfrac{\sqrt{V_2^2 + V_3^2 + \cdots + V_n^2}}{V_1} \times 100 [\%]$

02 ★★★ 정삼각형 배열의 3상 가공 선로에서 전선의 굵기, 선간 거리, 표고, 기온에 의한 코로나 파괴 임계 전압이 받는 영향을 쓰시오. [4점]

(1) 전선의 굵기

(2) 선간 거리

(3) 표고

(4) 기온

답안작성 (1) 전선의 굵기: 굵은 전선을 사용할수록 코로나 임계 전압이 상승한다.
(2) 선간 거리: 전선 간의 선간 거리가 크면 클수록 임계 전압이 상승한다.
(3) 표고: 전선로는 표고가 높은 곳에 설치될수록 기압이 낮아지므로 코로나 임계 전압은 낮아진다.
(4) 기온: 전선로 주변의 기온이 높아질수록 코로나 임계 전압은 낮아진다.

개념체크 코로나 임계 전압

$E_0 = 24.3 m_0 m_1 \delta d \log_{10} \dfrac{D}{r}$ [kV]

m_0: 전선의 표면 상태에 따른 계수(표면이 매끈한 전선일 경우 1.0, 거친 전선일 경우 0.8)

m_1: 날씨에 관계된 계수(맑은 날 $=$ 1.0, 우천 시 $=$ 0.8)

δ: 상대 공기 밀도

$\delta = \dfrac{0.386b}{273+t}$ (b: 기압[mmHg], t: 기온[℃])

d, r: 전선의 지름 및 반지름[cm]

D: 전선의 등가 선간 거리[cm]

즉, 코로나 임계 전압은 전선의 굵기, 선간 거리와는 비례하고, 표고 및 기온과는 반비례한다.

03

★★★

설비 불평형률에 대한 다음 각 물음에 답하시오. [5점]

(1) 저압, 고압 및 특고압 수전의 3상 3선식 또는 3상 4선식에서 불평형 부하의 한도는 단상 접속 부하로 계산하여 설비 불평형률을 몇 [%] 이하로 하는 것을 원칙으로 하는가?

(2) 아래 그림과 같은 3상 3선식 380[V] 수전인 경우의 설비 불평형률을 구하시오.(단, 전열 부하의 역률은 1이며, 전동기의 출력[kW]을 입력[kVA]으로 환산하면 5.2[kVA]이다.)

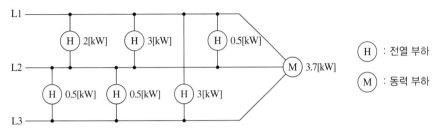

- 계산 과정:
- 답:

답안작성

(1) 30[%]

(2) • 계산 과정

$$\text{설비 불평형률} = \frac{(2+3+0.5)-(0.5+0.5)}{(2+3+0.5+5.2+3+0.5+0.5)\times\frac{1}{3}}\times100[\%] = 91.84[\%]$$

- 답: 91.84[%]

해설비법

(1) 저압, 고압 및 특고압 수전의 3상 3선식 또는 3상 4선식에서의 설비 불평형률

$$\frac{\text{각 선간에 접속되는 단상 부하설비 용량의 최대와 최소의 차}}{\text{총 부하설비 용량[kVA]}\times\frac{1}{3}}\times100[\%]$$

설비 불평형률은 30[%] 이하이어야 한다.

(2) 각 선간에 접속되는 단상 부하설비 용량

$P_{12} = 2+3+0.5 = 5.5[\text{kVA}]$

$P_{23} = 0.5+0.5 = 1[\text{kVA}]$

$P_{31} = 3[\text{kVA}]$

04
★★☆

$6[\mathrm{kW}]$, $200[\mathrm{V}]$, 역률 0.6(늦음)의 부하에 전력을 공급하고 있는 단상 2선식의 배전선이 있다. 전선 1가닥의 저항이 $0.15[\Omega]$, 리액턴스가 $0.1[\Omega]$이라고 할 때, 지금 부하의 역률을 1로 개선한다고 하면 역률 개선 전후의 전력 손실 차이는 몇 $[\mathrm{W}]$인지 계산하시오. [5점]

• 계산 과정:

• 답:

답안작성
• 계산 과정
역률 개선 전의 전력 손실

$$P_{l1} = 2I_1^2 R = 2 \times \left(\frac{P}{V\cos\theta_1}\right)^2 \times R = 2 \times \left(\frac{6 \times 10^3}{200 \times 0.6}\right)^2 \times 0.15 = 750[\mathrm{W}]$$

역률 개선 후의 전력 손실

$$P_{l2} = 2I_2^2 R = 2 \times \left(\frac{P}{V\cos\theta_2}\right)^2 \times R = 2 \times \left(\frac{6 \times 10^3}{200 \times 1.0}\right)^2 \times 0.15 = 270[\mathrm{W}]$$

역률 개선 전과 개선 후의 전력 손실 차이
$$\triangle P_l = P_{l1} - P_{l2} = 750 - 270 = 480[\mathrm{W}]$$
• 답: 480[W]

개념체크
• 전선 1가닥의 저항을 R이라고 할 때, 단상 2선식에서의 전력 손실은 $P_l = 2I^2 R[\mathrm{W}]$
• 전선 1가닥의 저항을 R이라고 할 때, 3상 3선식에서의 전력 손실은 $P_l = 3I^2 R = \dfrac{P^2 R}{V^2 \cos^2\theta}[\mathrm{W}]$

05
★★☆

변압기의 절연내력 시험전압에 대한 ①~⑦의 알맞은 내용을 빈칸에 쓰시오. [5점]

구분	종류(최대 사용전압을 기준으로)	시험전압
①	최대 사용전압 7[kV] 이하인 권선 (단, 시험전압이 500[V] 미만으로 되는 경우에는 500[V])	최대 사용전압 × ( )배
②	7[kV]를 넘고 25[kV] 이하의 권선으로서 중성선 다중접지식에 접속되는 것	최대 사용전압 × ( )배
③	7[kV]를 넘고 60[kV] 이하의 권선(중성선 다중접지 제외) (단, 시험전압이 10.5[kV] 미만으로 되는 경우에는 10.5[kV])	최대 사용전압 × ( )배
④	60[kV]를 넘는 권선으로서 중성점 비접지식 전로에 접속되는 것	최대 사용전압 × ( )배
⑤	60[kV]를 넘는 권선으로서 중성점 접지식 전로에 접속하고 또한 성형 결선 권선의 경우에는 그 중성점에 T좌 권선과 주좌 권선의 접속점에 피뢰기를 시설하는 것(단, 시험전압이 75[kV] 미만으로 되는 경우에는 75[kV])	최대 사용전압 × ( )배
⑥	60[kV]를 넘는 권선으로서 중성점 직접접지식 전로에 접속하는 것. 다만, 170[kV]를 초과하는 권선에는 그 중성점에 피뢰기를 시설하는 것	최대 사용전압 × ( )배
⑦	170[kV]를 넘는 권선으로서 중성점 직접접지식 전로에 접속하고 또는 그 중성점을 직접접지하는 것	최대 사용전압 × ( )배
(예시)	기타의 권선	최대 사용전압 × (1.1)배

답안작성

구분	종류(최대 사용전압을 기준으로)	시험전압
①	최대 사용전압 7[kV] 이하인 권선 (단, 시험전압이 500[V] 미만으로 되는 경우에는 500[V])	최대 사용전압×(1.5)배
②	7[kV]를 넘고 25[kV] 이하의 권선으로서 중성선 다중접지식에 접속되는 것	최대 사용전압×(0.92)배
③	7[kV]를 넘고 60[kV] 이하의 권선(중성선 다중접지 제외) (단, 시험전압이 10.5[kV] 미만으로 되는 경우에는 10.5[kV])	최대 사용전압×(1.25)배
④	60[kV]를 넘는 권선으로서 중성점 비접지식 전로에 접속되는 것	최대 사용전압×(1.25)배
⑤	60[kV]를 넘는 권선으로서 중성점 접지식 전로에 접속하고 또한 성형 결선 권선의 경우에는 그 중성점에 T좌 권선과 주좌 권선의 접속점에 피뢰기를 시설하는 것 (단, 시험전압이 75[kV] 미만으로 되는 경우에는 75[kV])	최대 사용전압×(1.1)배
⑥	60[kV]를 넘는 권선으로서 중성점 직접접지식 전로에 접속하는 것. 다만, 170[kV]를 초과하는 권선에는 그 중성점에 피뢰기를 시설하는 것	최대 사용전압×(0.72)배
⑦	170[kV]를 넘는 권선으로서 중성점 직접접지식 전로에 접속하고 또는 그 중성점을 직접접지하는 것	최대 사용전압×(0.64)배
(예시)	기타의 권선	최대 사용전압×(1.1)배

06 ★★☆

그림과 같은 직류 분권 전동기가 있다. 정격 전압 440[V], 정격 전기자 전류 540[A], 정격 회전 속도 900[rpm], 브러시 접촉 저항을 포함한 전기자 회로의 저항은 0.041[Ω]이고, 자속은 항시 일정할 때 다음 각 물음에 답하시오.　　　　[6점]

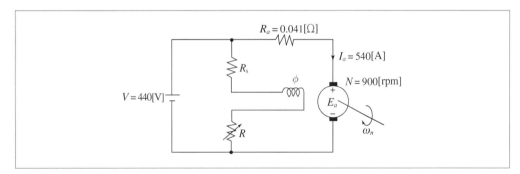

(1) 전기자 유기 전압 E_a는 몇 [V]인지 구하시오.

- 계산 과정:

- 답:

(2) 이 전동기의 정격 부하 시 회전자에서 발생하는 토크 $\tau[\mathrm{N \cdot m}]$를 구하시오.

- 계산 과정:

- 답:

(3) 이 전동기는 75[%] 부하일 때 효율이 최대이다. 이때 고정손(철손 + 기계손)을 계산하시오.

- 계산 과정:

- 답:

답안작성 (1) • 계산 과정: $E_a = V - I_a R_a = 440 - 540 \times 0.041 = 417.86[\text{V}]$

  • 답: $417.86[\text{V}]$

(2) • 계산 과정

$$\tau = 0.975 \frac{E_a I_a}{N} = 0.975 \times \frac{417.86 \times 540}{900} = 244.45[\text{kg} \cdot \text{m}]$$

$$= 244.45[\text{kg} \cdot \text{m}] = 244.45 \times 9.8 = 2,395.61[\text{N} \cdot \text{m}]$$

  • 답: $2,395.61[\text{N} \cdot \text{m}]$

(3) • 계산 과정

$$P_i = m^2 P_c = m^2 \times I_a^2 R_a = 0.75^2 \times 540^2 \times 0.041 = 6,725.03[\text{W}]$$

  • 답: $6,725.03[\text{W}]$

개념체크 직류 분권 전동기

• 역기전력 $E_a = V - I_a R_a[\text{V}]$

 (여기서, V: 정격 전압[V], I_a: 전기자 전류[A], R_a: 전기자 저항[Ω])

• 토크 $\tau = 0.975 \dfrac{P}{N} = 0.975 \times \dfrac{E_a I_a}{N}[\text{kg} \cdot \text{m}] = 0.975 \times \dfrac{E_a I_a}{N} \times 9.8[N \cdot m]$

• 최대 효율 조건: 철손 = 동손

07
★★☆

어느 공장에서 기중기의 권상 하중 $50[\text{ton}]$, $12[\text{m}]$ 높이를 $4[\text{min}]$에 권상하려고 한다. 이것에 필요한 권상 전동기의 출력을 구하시오.(단, 권상 기구의 효율은 $75[\%]$ 이다.)　　　　　[5점]

• 계산 과정:

• 답:

답안작성 • 계산 과정

$$P = \frac{mv}{6.12\eta}k = \frac{50 \times \frac{12}{4}}{6.12 \times 0.75} \times 1.0 = 32.68[\text{kW}]$$

  • 답: $32.68[\text{kW}]$

개념체크 권상기용 전동기 용량

$$P = \frac{mv}{6.12\eta}k[\text{kW}]$$

(단, m: 물체의 무게[ton], v: 권상 속도[m/min], k: 여유 계수, η: 효율)

08

★☆☆

다음 그림의 A점에서 고장이 발생하였을 경우 이 지점에서의 3상 단락 전류를 옴법에 의하여 구하시오. (단, 발전기 G_1, G_2 및 변압기의 %리액턴스는 자기 용량 기준으로 각각 $30[\%]$, $30[\%]$ 및 $8[\%]$이며, 선로의 저항은 $0.5[\Omega/km]$ 이다.) [5점]

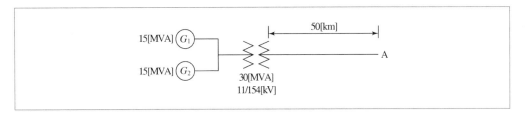

• 계산 과정:

• 답:

답안작성 • 계산 과정

발전기 리액턴스 $X_{G_1} = X_{G_2} = \dfrac{\%X \times 10 V^2}{P} = \dfrac{\%X_{G_1} \times 10 V_1^2}{P} \times \left(\dfrac{V_2}{V_1}\right)^2 = \dfrac{30 \times 10 \times 11^2}{15 \times 10^3} \times \left(\dfrac{154}{11}\right)^2 = 474.32[\Omega]$

고장점에서 본 발전기의 합성 리액턴스 $X_G = \dfrac{X_{G_1} \cdot X_{G_2}}{X_{G_1} + X_{G_2}} = \dfrac{474.32 \times 474.32}{474.32 + 474.32} = 237.16[\Omega]$

변압기 리액턴스 $X_T = \dfrac{\%X \times 10 V_2^2}{P} = \dfrac{8 \times 10 \times 154^2}{30 \times 10^3} = 63.24[\Omega]$

고장점까지의 합성 임피던스

$Z = \sqrt{R^2 + (X_G + X_T)^2} = \sqrt{(0.5 \times 50)^2 + (237.16 + 63.24)^2} = 301.44[\Omega]$

3상 단락 전류

$\therefore I_s = \dfrac{E}{Z} = \dfrac{\dfrac{154 \times 10^3}{\sqrt{3}}}{301.44} = 294.96[A]$

• 답: 294.96[A]

개념체크 • %리액턴스 $\%X = \dfrac{PX}{10 V^2}$ 에서 리액턴스 $X = \dfrac{\%X \times 10 V^2}{P}[\Omega]$

(여기서 P: 3상 용량[kVA], V: 선간 전압[kV])

• 단락전류 $I_s = \dfrac{E}{Z}[A]$

(여기서 Z: 고장점까지의 합성 임피던스[Ω], E: 상전압[V])

해설비법 %임피던스법으로 풀이하면

기준 용량을 15[MVA]라 할 때, $\%X_{G_1} = \%X_{G_2} = 30[\%]$ 이며 두 발전기는 병렬 연결되었으므로

$\%X_G = \dfrac{30 \times 30}{30 + 30} = 15[\%]$ 이다.

변압기의 %리액턴스는 $\%X_T = 8 \times \dfrac{15}{30} = 4[\%]$ 이며 선로의 저항은 $\%R = \dfrac{PR}{10 V^2} = \dfrac{15 \times 10^3 \times 0.5 \times 50}{10 \times 154^2} = 1.58[\%]$

고장점까지의 합성 $\%Z = 1.58 + j(15 + 4) = 1.58 + j19 = \sqrt{1.58^2 + 19^2} = 19.07[\%]$

따라서 구하고자 하는 3상 단락 전류는 $I_s = \dfrac{100}{\%Z} \times I_n = \dfrac{100}{19.07} \times \dfrac{15 \times 10^6}{\sqrt{3} \times 154 \times 10^3} = 294.89[A]$

09 ★★☆

출력 $100\,[\mathrm{kW}]$ 의 디젤 발전기를 발열량 $10,000\,[\mathrm{kcal/kg}]$ 의 연료 $215\,[\mathrm{kg}]$ 를 사용하여 8 시간 운전할 때 발전기의 종합 효율은 몇 $[\%]$ 인가?　　　　　　　　[5점]

• 계산 과정:

• 답:

답안작성　• 계산 과정

$$\eta = \frac{860\,W}{BH} \times 100[\%] = \frac{860 \times (100 \times 8)}{215 \times 10,000} \times 100[\%] = 32[\%]$$

• 답: $32[\%]$

개념체크

발전기 효율: $\eta = \dfrac{860\,W}{BH} \times 100[\%]$

(단, W: 전력량[kWh], B: 사용 연료량[kg], H: 연료의 발열량[kcal/kg])

10 ★★★

조명 용어 중 감광 보상률이란 무엇을 의미하는지 쓰시오.　　　　　　　　[5점]

답안작성　광속의 감소를 고려하여 소요 광속에 여유를 두는 정도를 말한다.

개념체크　감광 보상률 $D = \dfrac{1}{M}$ (단, M: 보수율)

11 ★★☆

변류기(CT)에 관한 다음 각 물음에 답하시오.　　　　　　　　[7점]

(1) $\mathrm{Y} - \Delta$ 로 결선한 주변압기의 보호로 비율 차동 계전기를 사용한다면 CT의 결선은 어떻게 하여야 하는지를 설명하시오.

(2) 통전 중에 있는 변류기의 2차 측 기기를 교체하고자 할 때 가장 먼저 취하여야 할 사항을 설명하시오.

(3) 수전 전압이 $22.9\,[\mathrm{kV}]$, 수전 설비의 부하 전류가 $65\,[\mathrm{A}]$ 이다. $100/5\,[\mathrm{A}]$ 의 변류기를 통하여 과부하 계전기를 시설하였다. $120\,[\%]$ 의 과부하에서 차단기를 차단시킨다면 과부하 계전기의 전류값은 몇 $[\mathrm{A}]$ 로 설정해야 하는가?

• 계산 과정:

• 답:

답안작성 (1) 주변압기 1차 측에 사용되는 변류기는 Δ 결선, 2차 측에 사용되는 변류기는 Y 결선을 한다.

(2) CT의 2차 측을 단락시킨다.

(3) • 계산 과정: $I_t = 65 \times \dfrac{5}{100} \times 1.2 = 3.9[A]$

　　 • 답: 4[A] 설정

개념체크 • 변압기 1, 2차 측 전류간의 위상차를 없애기 위해 변류기(CT) 결선은 변압기 결선과 반대로 결선한다.

• 계기용 변성기 점검 시

　CT: 2차 측 단락(2차 측 과전압 및 절연 보호)

　PT: 2차 측 개방(2차 측 과전류 보호)

• 과전류 계전기의 전류 탭: I_t = 부하 전류(I) $\times \dfrac{1}{\text{변류비}} \times$ 설정값[A]

• 과전류 계전기(OCR)의 탭 전류 규격: 2, 3, 4, 5, 6, 7, 8, 10, 12 [A]

12 다음 물음에 답하시오. [4점]

★★★

(1) 정류기가 축전지의 충전에만 사용되지 않고 평상시 다른 직류 부하의 전원으로 병행하여 사용되는 충전 방식의 명칭을 쓰시오.

(2) 축전지의 각 전해조에 일어나는 전위차를 보정하기 위해 1~3개월마다 1회 정전압으로 10~12시간 충전하는 충전 방식의 명칭을 쓰시오.

답안작성 (1) 부동 충전 방식

(2) 균등 충전 방식

개념체크 **축전지 충전 방식**

① 부동 충전 방식

• 축전지의 자기 방전을 보충하는 충전 방식이다.

• 상용 부하에 대한 전력 공급은 충전기가 부담하고, 충전기가 공급하기 어려운 일시적인 대전류 부하에 대해서는 축전지로 하여금 부담하게 하는 방식이다.

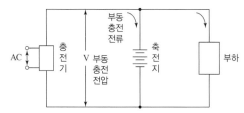

② 균등 충전 방식

• 각 전해조에 일어나는 전위차를 보정하기 위해 충전하는 방식이다.

• 1 ~ 3개월마다 1회 정전압으로 10 ~ 12시간씩 충전한다.

③ 세류 충전 방식

• 자기 방전량만을 상시 충전시키는 방식이다.

• 부동 충전 방식의 일종이다.

④ 급속 충전 방식

• 비교적 단시간에 보통 전류의 2 ~ 3배의 전류로 충전시키는 방식이다.

• 축전지 수명에는 바람직하지 못한 충전 방식이다.

13
★★☆

전압 $22,900\,[\mathrm{V}]$, 주파수 $60\,[\mathrm{Hz}]$, 1회선의 3상 지중 송전 선로의 3상 무부하 충전 전류 및 충전 용량을 구하시오.(단, 송전선의 선로 길이는 $7\,[\mathrm{km}]$, 케이블 1선당 작용 정전 용량은 $0.4\,[\mu\mathrm{F/km}]$ 라고 한다.) [6점]

(1) 충전 전류
- 계산 과정:
- 답:

(2) 충전 용량
- 계산 과정:
- 답:

답안작성 (1) • 계산 과정

$$I_c = 2\pi f C l E = 2\pi f C l \times \frac{V}{\sqrt{3}} = 2\pi \times 60 \times 0.4 \times 10^{-6} \times 7 \times \frac{22,900}{\sqrt{3}} = 13.96\,[\mathrm{A}]$$

- 답: $13.96\,[\mathrm{A}]$

(2) • 계산 과정

$$Q_c = 3\omega C E^2 = 3 E I_c = 3 \times \frac{22,900}{\sqrt{3}} \times 13.96 \times 10^{-3} = 553.71\,[\mathrm{kVA}]$$

- 답: $553.71\,[\mathrm{kVA}]$

개념체크 선로의 충전 전류 및 충전 용량

① 1선당 충전 전류

$$I_c = \omega C E = 2\pi f \cdot C \cdot E = 2\pi f \cdot C \cdot \frac{V}{\sqrt{3}}\,[\mathrm{A}]$$

② 3선에 충전되는 충전 용량

$$Q_c = 3 I_c E = 3\omega C E^2 = 3 \times 2\pi f \cdot C \cdot E^2 = 3 \times 2\pi f \cdot C \cdot \left(\frac{V}{\sqrt{3}}\right)^2 = 2\pi f \cdot C \cdot V^2\,[\mathrm{VA}]$$

(단, f: 주파수[Hz], C: 전선 1선당 정전 용량[F], E: 상전압[V], V: 선간 전압[V])

14

★☆☆

다음에 주어진 지중 케이블의 고장점 탐지법 3가지에 대한 각각의 사용 용도를 쓰시오. [6점]

고장점 탐지법	사용 용도
머레이 루프법	
펄스 측정법	
정전 브리지법	

답안작성

고장점 탐지법	사용 용도
머레이 루프법	1선 지락 사고 및 선간 단락 사고 시 고장점 측정
펄스 측정법	3상 단락 및 지락 사고 시 고장점 측정
정전 브리지법	단선 사고 시 고장점 측정

단답 정리함 케이블 고장점 탐지법

- 머레이 루프법
- 펄스 레이더법
- 수색 코일법
- 정전 용량 브리지법

15

★★☆

발전소 및 변전소에 사용되는 다음 각 모선 보호 방식에 대하여 설명하시오. [6점]

(1) 전류 차동 계전 방식

(2) 전압 차동 계전 방식

(3) 위상 비교 계전 방식

(4) 방향 비교 계전 방식

답안작성

(1) 전류 차동 계전 방식: 각 모선에 설치된 CT의 2차 회로를 차동 접속한 후 과전류 계전기를 설치한 것으로, 모선 내 고장 시 모선에 유입하는 전류와 유출하는 전류의 차를 이용하여 고장 검출

(2) 전압 차동 계전 방식: 각 모선에 설치된 CT의 2차 회로를 차동 접속한 후 임피던스가 큰 과전압 계전기를 설치한 것으로서 모선 내 고장 시 과전압 계전기에 큰 전압이 인가되어 동작하는 방식

(3) 위상 비교 계전 방식: 모선에 접속된 각 회선의 전류 위상을 비교함으로써 모선 내 고장인지 외부 고장인지를 판별하여 동작하는 방식

(4) 방향 비교 계전 방식: 모선에 접속된 각 회선에 전력 방향 계전기나 거리 방향 계전기를 설치하여 모선으로부터 유출하는 고장 전류가 없는데 어느 회선으로부터 모선 방향으로 고장 전류의 유입이 있는지 파악하여 모선 내 고장인지 외부 고장인지를 판별하는 방식

16 ★★☆

3상 농형 유도 전동기 부하가 다음 표와 같을 때 간선의 굵기를 구하려고 한다. 주어진 참고표의 해당 부분을 적용시켜 간선의 최소 전선 굵기를 구하시오.(단, 전선은 PVC 절연 전선을 사용하며, 배선은 공사 방법 B1에 의한다고 한다.) [5점]

부하 내역

상수	전압	용량	대수	기동 방법
3상	200[V]	22[kW]	1대	기동기 사용
		7.5[kW]	1대	직입 기동
		5.5[kW]	1대	직입 기동
		1.5[kW]	1대	직입 기동
		0.75[kW]	1대	직입 기동

[표] 200[V] 3상 유도 전동기의 간선의 굵기 및 기구의 용량

(B종 퓨즈의 경우) (동선)

전동기[kW] 수의 총계[kW] 이하	최대 사용 전류[A] 이하	배선 종류에 의한 간선의 최소 굵기[mm²]						직입 기동 전동기 중 최대 용량의 것											
		공사 방법 A1		공사 방법 B1		공사 방법 C		0.75 이하	1.5	2.2	3.7	5.5	7.5	11	15	18.5	22	30	37~55
		3개선		3개선		3개선		기동기 사용 전동기 중 최대 용량의 것											
		PVC	XLPE, EPR	PVC	XLPE, EPR	PVC	XLPE, EPR	–	–	–	5.5	7.5	11 15	18.5 22	–	30 37	–	45	55
								과전류 차단기[A] ········ (칸 위 숫자)											
								개폐기 용량[A] ········ (칸 아래 숫자)											
3	15	2.5	2.5	2.5	2.5	2.5	2.5	15 30	20 30	30 30	–	–	–	–	–	–	–	–	–
4.5	20	4	2.5	2.5	2.5	2.5	2.5	20 30	20 30	30 30	50 60	–	–	–	–	–	–	–	–
6.3	30	6	4	6	4	4	2.5	30 30	30 30	50 60	50 60	75 100	–	–	–	–	–	–	–
8.2	40	10	6	10	6	6	4	50 60	50 60	50 60	75 100	75 100	100 100	–	–	–	–	–	–
12	50	16	10	10	10	10	6	50 60	50 60	50 60	75 100	75 100	100 100	150 200	–	–	–	–	–
15.7	75	35	25	25	16	16	16	75 100	75 100	75 100	75 100	100 100	100 100	150 200	150 200	–	–	–	–
19.5	90	50	25	35	25	25	16	100 100	100 100	100 100	100 100	100 100	150 200	150 200	200 200	200 200	–	–	–
23.2	100	50	35	35	25	35	25	100 100	100 100	100 100	100 100	150 200	150 200	150 200	200 200	200 200	200 200	–	–
30	125	70	50	50	35	50	35	150 200	150 200	150 200	150 200	150 200	150 200	150 200	200 200	200 200	200 200	–	–
37.5	150	95	70	70	50	70	50	150 200	150 200	150 200	150 200	150 200	150 200	150 200	200 200	300 300	300 300	300 300	–
45	175	120	70	95	50	70	50	200 200	200 200	200 200	200 200	200 200	200 200	200 200	200 200	300 300	300 300	300 300	300 300

52.5	200	150	95	95	70	95	70	200 / 200	200 / 200	200 / 200	200 / 200	200 / 200	200 / 200	200 / 200	200 / 200	300 / 300	300 / 300	400 / 400	400 / 400
63.7	250	240	150	–	95	120	95	300 / 300	300 / 300	300 / 300	300 / 300	300 / 300	300 / 300	300 / 300	300 / 300	300 / 300	400 / 400	400 / 400	500 / 600
75	300	300	185	–	120	185	120	300 / 300	300 / 300	300 / 300	300 / 300	300 / 300	300 / 300	300 / 300	300 / 300	400 / 400	400 / 400	500 / 600
86.2	350	–	240	–	–	240	150	400 / 400	400 / 400	400 / 400	400 / 400	400 / 400	400 / 400	400 / 400	400 / 400	400 / 400	400 / 400	400 / 400	600 / 600

※ 최소 전선 굵기는 1회선에 대한 것이며, 2회선 이상인 경우는 복수 회로 보정 계수를 적용하여야 한다.
※ 공사 방법 A1은 벽 내의 전선관에 공사한 절연 전선 또는 단심 케이블, 공사 방법 B1은 벽면의 전선관에 공사한 절연 전선 또는 단심 케이블, 공사 방법 C는 벽면에 공사한 단심 또는 다심 케이블을 시설하는 경우의 전선 굵기를 표시하였다.
※ 「전동기 중 최대의 것」에는 동시 기동하는 경우를 포함한다.
※ 과전류 차단기의 용량은 해당 조항에 규정되어 있는 범위에서 실용상 거의 최댓값을 표시한다.
※ 과전류 차단기의 선정은 최대 용량의 정격 전류의 3배에 다른 전동기의 정격 전류의 합계를 가산한 값 이하를 표시한다.
※ 고리퓨즈는 300[A] 이하에서 사용하여야 한다.

• 계산 과정:

• 답:

답안작성
• 계산 과정
  전동기 총 [kW] 합: $22 + 7.5 + 5.5 + 1.5 + 0.75 = 37.25$[kW]
  주어진 표에서 37.5[kW] 칸과 공사 방법 B1, PVC 칸이 교차되는 지점의 70[mm²] 선정
• 답: 70[mm²]

※ 문제의 [표] 또는 [참고자료]가 KEC 적용 이전의 산출값으로 되어 있으나, 표를 활용하여 답을 산출하는 유형의 문제풀이 방법 숙지를 위해 수록하였습니다.

17
★★☆
다음 그림은 어느 수전설비의 단선 계통도이다. 각 물음에 답하시오.(단, KEPCO 측의 전원 용량은 500,000[kVA]이고, 선로 손실 등 제시되지 않은 조건은 무시하기로 한다.) [6점]

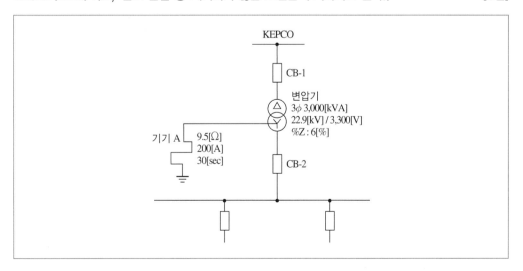

(1) CB-2의 정격을 계산하시오.(단, 차단 용량은 [MVA]로 표기하시오.)

　　• 계산 과정:

　　• 답:

(2) 기기 A의 명칭과 기능을 쓰시오.

(1) • 계산 과정

　　　기준 용량 3,000[kVA]에 대한 합성 %임피던스

　　　$\%Z = \%Z_s + \%Z_T = \dfrac{3,000}{500,000} \times 100 + 6 = 6.6[\%]$

　　　차단 용량 $P_s = \dfrac{100}{\%Z} P_n = \dfrac{100}{6.6} \times 3,000 \times 10^{-3} = 45.45[\text{MVA}]$

　　• 답: 45.45[MVA]

(2) • 명칭: 중성점 접지 저항기

　　• 기능: 지락 사고 시 지락 전류 제한 및 건전상 전위 상승 억제

(1) 합성 %임피던스는 KEPCO(전원) 측 %임피던스와 차단기(CB-2) 측까지의 %임피던스를 더해야 한다. 여기서

전원 측 %임피던스는 $\%Z_s = \dfrac{P_n}{P_s} \times 100\,[\%]$로 구할 수 있다.

18 ★★☆

다음의 유접점 회로를 무접점 회로로 바꾸고, NAND만의 회로로 변환하시오.　　　　　　　　　[4점]

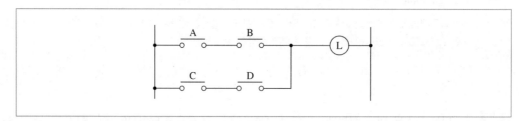

• 무접점 회로

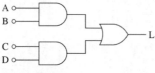

　• NAND만의 회로

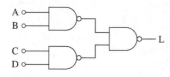

무접점 논리회로 $L = A \cdot B + C \cdot D$이고, NAND만의 회로로 변환하기 위해 드 모르간의 정리

$(\overline{A+B} = \overline{A} \cdot \overline{B})$를 이용하면 다음과 같다. $L = \overline{\overline{A \cdot B} \cdot \overline{C \cdot D}}$

19 ★★★

3상 유도 전동기 Y−Δ 기동 방식의 주 회로 그림을 보고, 다음 각 물음에 답하시오. [6점]

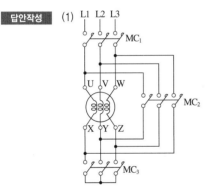

(1) 미완성 회로에 대한 결선을 완성하시오.

(2) Y−Δ 기동 시와 전전압 기동 시의 기동 전류를 수치를 제시하면서 비교·설명하시오.

(3) 3상 유도 전동기를 Y−Δ로 기동하여 운전하기 위한 제어 회로의 동작 사항을 설명하시오.

답안작성 (1)

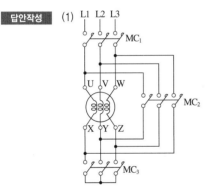

(2) Y−Δ 기동 전류는 전전압 기동 전류의 $\dfrac{1}{3}$ 배이다.

(3) MC₁과 MC₃를 단락시켜 Y 결선으로 기동한 후, 타이머 설정 시간이 지나면 MC₃는 개방, MC₂가 단락되어 Δ 결선으로 운전한다. 이때 Y와 Δ는 동시 투입이 되어서는 안 된다.

해설비법 (1) MC₃(Y 기동), MC₂(Δ 운전)

(2) Y−Δ 기동 시의 기동 전류

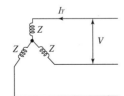 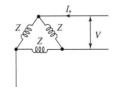

$$I_Y = \frac{\frac{V}{\sqrt{3}}}{Z} = \frac{V}{\sqrt{3}\,Z}, \quad I_\Delta = \frac{\sqrt{3}\,V}{Z}$$

$$\therefore \frac{I_Y}{I_\Delta} = \frac{\frac{V}{\sqrt{3}\,Z}}{\frac{\sqrt{3}\,V}{Z}} = \frac{1}{3}$$

2015년 3회 기출문제

01
★★★

그림과 같이 폭 $30[\text{m}]$인 도로 양쪽에서 지그재그 식으로 $300[\text{W}]$의 고압 수은등을 배치하여 도로의 평균 조도를 $5[\text{lx}]$로 하자면, 각 등의 간격 $S[\text{m}]$은 얼마가 되어야 하는가?(단, 조명률은 0.32, 감광 보상률은 1.3, 수은등의 광속은 $5,500[\text{lm}]$이다.) [5점]

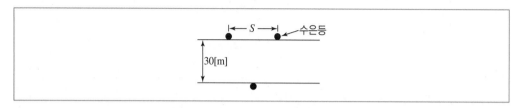

• 계산 과정:

• 답:

답안작성 • 계산 과정

$$FUN = EAD = E \times \left(\frac{B}{2} \times S \right) \times D \text{ 에서}$$

$$S = \frac{FUN}{\frac{B}{2}ED} = \frac{5,500 \times 0.32 \times 1}{\frac{30}{2} \times 5 \times 1.3} = 18.05[\text{m}]$$

• 답: $18.05[\text{m}]$

개념체크 도로 조명 설계 중 양쪽 지그재그 배열

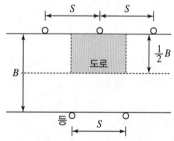

$$A = \frac{B \times S}{2}[\text{m}^2] \, (B: \text{도로의 폭}, \ S: \text{등 간격})$$

$$FUN = EAD$$

(단, F: 광속[lm], U: 조명률, N: 사용하는 등의 개수, E: 조도[lx], A: 등기구 1개당 비추는 도로의 면적[m²],
D: 감광 보상률($= \frac{1}{M}$), M: 보수율(유지율))

02 ★★★ 접지 공사의 목적을 3가지만 쓰시오. [5점]

답안작성
• 기기의 손상 방지
• 인체의 감전 사고 방지
• 보호 계전기의 확실한 동작 확보

단답 정리함 접지 공사의 목적
• 이상 전압 억제
• 감전 사고 방지
• 기기 손상 방지
• 보호 계전기의 확실한 동작

03 ★★★ 역률 과보상 시 발생하는 현상에 대하여 3가지만 쓰시오. [5점]

답안작성
• 전력 손실의 증가
• 단자 전압 상승
• 보호 계전기의 오동작

단답 정리함 역률 과보상 시 발생하는 현상
• 계전기 오동작
• 단자 전압 상승
• 역률 저하
• 전력 손실 증가
• 고조파의 왜곡 확대

개념체크 역률 과보상
역률 개선용 콘덴서의 용량은 부하의 지상 역률에 의한 무효전력보다는 크지 않아야 하는데, 콘덴서 용량이 지상 전류 무효전력을 상쇄하고도 남는 경우이다. 90° 앞선 진상 전류에 의한 모선 전압 상승 및 앞선 역률로 인한 전력 손실 증가, 고조파 왜곡 증가, 계전기 오동작 등을 유발시킬 수 있다.

04 ★★★

사용 중인 UPS의 2차 측에 단락 사고 등이 발생했을 경우 UPS와 고장 회로를 분리하는 방식 3가지를 쓰시오. [5점]

답안작성
- 속단 퓨즈에 의한 보호 방식
- 배선용 차단기에 의한 보호 방식
- 반도체 차단기에 의한 보호 방식

단답 정리함 UPS 고장 회로 분리 방식
- 속단 퓨즈에 의한 보호 방식
- 배선용 차단기에 의한 보호 방식
- 반도체 차단기에 의한 보호 방식

05 ★★★

3상 교류 전동기는 고장이 발생하면 여러 문제가 발생하므로, 전동기를 보호하기 위해 과부하 보호 이외에 여러 가지 보호 장치를 하여야 한다. 3상 교류 전동기 보호를 위한 종류를 5가지만 쓰시오.(단, 과부하 보호는 제외한다.) [5점]

답안작성
- 단락 보호
- 지락 보호
- 불평형 보호
- 저전압 보호
- 회전자 구속 보호

단답 정리함 3상 교류 전동기 보호 종류
- 단락 보호
- 지락 보호
- 회전자 구속 보호
- 불평형 보호
- 과부하 보호
- 저전압 보호

06 ★★★

배전용 변압기의 고압 측(1차 측)에 여러 개의 탭을 설치하는 이유는 무엇인가? [5점]

답안작성 배전용 변압기의 저압 측(2차 측) 전압을 조정하여 부하 단자 전압을 거리에 관계없이 일정하게 유지하기 위함이다.

단답 정리함 배전선로 전압 조정 방법
- 고정 승압기
- 자동전압 조정기
- 주상변압기 탭 조정

07 ★★☆

$6,000[\mathrm{V}]$, 3상 전기 설비에 변압비 30인 계기용 변압기(PT)를 그림과 같이 잘못 접속하였다. 각 전압계 V_1, V_2, V_3에 나타나는 단자 전압은 몇 $[\mathrm{V}]$인가? [5점]

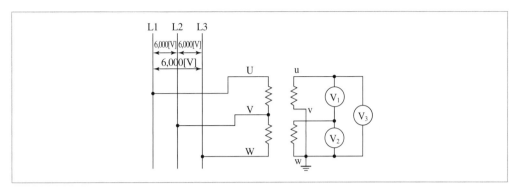

• 계산 과정:

• 답:

• 계산 과정

$$V_1 = \frac{6,000}{30} \times \sqrt{3} = 346.41[\mathrm{V}]$$

$$V_2 = \frac{6,000}{30} = 200[\mathrm{V}]$$

$$V_3 = \frac{6,000}{30} = 200[\mathrm{V}]$$

• 답: V_1: $346.41[\mathrm{V}]$, V_2: $200[\mathrm{V}]$, V_3: $200[\mathrm{V}]$

전압계 V_1은 V_2와 V_3의 벡터 차전압을 지시한다. 따라서 V_1에 나타나는 단자 전압값 $V_1 = V_3 - V_2 = \sqrt{3}\,V_2 = \sqrt{3}\,V_3[\mathrm{V}]$이 나타난다.

2015년

08 ★★☆

역률 $80[\%]$, $10,000[\mathrm{kVA}]$의 부하를 가진 변전소에 $2,000[\mathrm{kVA}]$의 콘덴서를 설치하여 역률을 개선하면 변압기에 걸리는 부하는 몇 $[\mathrm{kVA}]$인가? [4점]

• 계산 과정:

• 답:

• 계산 과정

역률 개선 전의 유효 전력 $P = 10,000 \times 0.8 = 8,000[\mathrm{kW}]$

역률 개선 전의 무효 전력 $Q = 10,000 \times \sqrt{1 - 0.8^2} = 6,000[\mathrm{kVar}]$

역률 개선 후의 무효 전력 $Q' = 6,000 - 2,000 = 4,000[\mathrm{kVar}]$

변압기에 걸리는 부하(피상 전력)

$$P_a = \sqrt{8,000^2 + 4,000^2} = 8,944.27[\mathrm{kVA}]$$

• 답: $8,944.27[\mathrm{kVA}]$

역률 개선용 콘덴서 설치 후 변압기에 걸리는 부하

$$P_a = \sqrt{P^2 + (Q - Q_c)^2} = \sqrt{P^2 + Q'^2}\,[\text{kVA}]$$

(여기서 Q_c: 역률 개선용 콘덴서의 용량[kVA])

09 ★★☆

동기 발전기를 병렬로 접속하여 운전할 때 발생하는 횡류의 종류 3가지를 쓰고, 각각의 작용에 대하여 설명하시오. [6점]

답안작성
- 무효 순환 전류: 양 발전기의 역률을 변화시킨다.
- 동기화 전류: 양 발전기의 유효 전력의 분담을 변화시킨다.
- 고조파 무효 순환 전류: 전기자 권선의 저항손을 증가시킨다.

단답 정리함
동기 발전기의 병렬운전 조건 – 조건에 맞지 않을 경우 나타나는 현상
- 기전력의 크기가 같을 것 – 무효 순환 전류 발생
- 기전력의 위상이 같을 것 – 동기화 전류 발생
- 기전력의 주파수가 같을 것 – 난조 발생
- 기전력의 파형이 같을 것 – 고조파 무효 순환 전류 발생

10 ★★★

전기 방폭설비의 의미를 설명하시오. [4점]

답안작성
위험한 가스 또는 분진 등으로 인한 폭발이 발생할 우려가 있는 곳에 설치하는 전기설비

단답 정리함
방폭구조의 종류
- 내압 방폭구조
- 유입 방폭구조
- 압력 방폭구조
- 안전증 방폭구조
- 본질안전 방폭구조
- 특수 방폭구조

11

★★☆

분전반에서 $50[m]$의 거리에 $380[V]$, 4극 3상 유도 전동기 $37[kW]$를 설치하였다. 전압강하를 $5[V]$ 이하로 하기 위해서 전선의 굵기$[mm^2]$는 얼마로 선정하는 것이 적당한가?(단, 전압강하 계수는 1.1, 전동기의 전부하 전류는 $75[A]$, 3상 3선식 회로이다.) [5점]

• 계산 과정:

• 답:

답안작성

• 계산 과정

$$A = \frac{30.8LI}{1,000e}k = \frac{30.8 \times 50 \times 75}{1,000 \times 5} \times 1.1 = 25.41[mm^2]$$

• 답: $35[mm^2]$

개념체크

• 전선의 단면적 계산 공식

단상 2선식	$A = \frac{35.6LI}{1,000e}$ $[mm^2]$
3상 3선식	$A = \frac{30.8LI}{1,000e}$ $[mm^2]$
단상 3선식 3상 4선식	$A = \frac{17.8LI}{1,000e}$ $[mm^2]$

• 3상 3선식에서의 전선의 굵기 $A = \frac{30.8LI}{1,000e}k[mm^2]$(단, k: 전압 강하 계수, e: 전압강하$[V]$)

• 문제에서 필요한 전선의 굵기를 선정하라고 하였으므로 전선의 실제 규격으로 답해야 한다.

전선 규격$[mm^2]$: 1.5, 2.5, 4, 6, 10, 16, 25, 35, 50, 70, 95, 120, 150, 185, 240, 300

12

★☆☆

유효 낙차 $100[m]$, 최대 사용 수량 $10[m^3/sec]$의 수력 발전소에 발전기 1대를 설치하려고 한다. 적당한 발전기의 용량$[kVA]$은 얼마인지 계산하시오.(단, 수차와 발전기의 종합 효율 및 부하 역률은 각각 $85[\%]$로 한다.) [5점]

• 계산 과정:

• 답:

답안작성

• 계산 과정

$$P_G = \frac{9.8QH\eta}{\cos\theta} = \frac{9.8 \times 10 \times 100 \times 0.85}{0.85} = 9,800[kVA]$$

• 답: $9,800[kVA]$

개념체크

수력 발전기 출력 $P = 9.8QH\eta[kW]$

(여기서 Q: 사용 수량$[m^3/sec]$ H: 유효 낙차$[m]$, η: 종합 효율)

발전기 용량 $P_a = \frac{9.8QH\eta}{\cos\theta}[kVA]$

13
★★★

20개의 가로등이 $500[\mathrm{m}]$ 거리에 균등하게 배치되어 있다. 한 등의 소요 전류 $4[\mathrm{A}]$, 전선(동선)의 단면적 $35[\mathrm{mm}^2]$, 도전율 $97[\%]$라면 한쪽 끝에서 단상 $220[\mathrm{V}]$로 급전할 때 최종 전등에 가해지는 전압$[\mathrm{V}]$은 얼마인지 계산하시오.(단, 표준 연동의 고유 저항은 $1/58[\Omega \cdot \mathrm{mm}^2/\mathrm{m}]$이다.)　　　　[5점]

• 계산 과정:

• 답:

답안작성　• 계산 과정

　말단 집중 부하일 경우의 전압강하

$$e = 2IR = 2I \times \rho \frac{l}{A} = 2I \times \frac{1}{58} \times \frac{100}{\%C} \times \frac{l}{A}$$

$$= 2 \times (4 \times 20) \times \frac{1}{58} \times \frac{100}{97} \times \frac{500}{35} = 40.63[\mathrm{V}]$$

문제에 제시한 균등 부하는 말단 집중 부하에 비하여 전압강하가 $\frac{1}{2}$로 발생하므로

$$V_r = V_s - \frac{e}{2} = 220 - \frac{40.63}{2} = 199.69[\mathrm{V}] \text{ 이다.}$$

• 답: $199.69[\mathrm{V}]$

개념체크

구분	전압강하	전력 손실
말단 집중 부하	IR	$I^2 R$
분산 분포 부하	$\frac{1}{2}IR$	$\frac{1}{3}I^2 R$

14
★★★

과전류 계전기와 수전용 차단기 연동 시험 시 시험 전류를 가하기 전에 준비하여야 하는 기기 3가지를 쓰시오.　　　　[5점]

답안작성　• 물 저항기
• 전류계
• 사이클 카운터

15 ★★☆

그림과 같이 차동 계전기에 의하여 보호되고 있는 3상 $\Delta - Y$ 결선 30[MVA], 33/11[kV] 변압기가 있다. 고장 전류가 정격 전류의 200[%] 이상에서 동작하는 계전기의 전류(i_r)값은 얼마인지 구하시오. (단, 변압기 1차 측 및 2차 측 CT의 변류비는 각각 500/5[A], 2,000/5[A] 이다.) [6점]

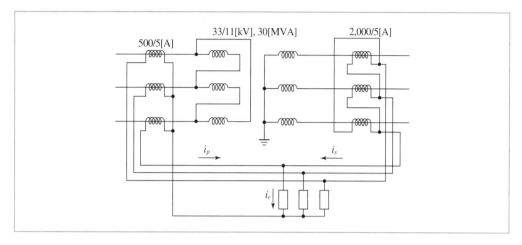

• 계산 과정:

• 답:

답안작성 • 계산 과정

변압기 1차 측 CT 전류 $i_p = \dfrac{30 \times 10^3}{\sqrt{3} \times 33} \times \dfrac{5}{500} = 5.25[A]$

변압기 2차 측 CT 전류 $i_s = \dfrac{30 \times 10^3}{\sqrt{3} \times 11} \times \dfrac{5}{2,000} \times \sqrt{3} = 6.82[A]$

계전기 전류 $i_r = |i_s - i_p| \times 2 = (6.82 - 5.25) \times 2 = 3.14[A]$

• 답: 3.14[A]

해설비법 • 변압기 결선이 $\Delta - Y$일 경우 CT 결선은 $Y - \Delta$으로 한다.
• CT 전류 i_s를 구할 때 Δ 결선의 선전류는 상전류의 $\sqrt{3}$ 배를 하여야 한다.
• 문제에서 계전기의 전류는 정격 전류의 200[%] 이상에서 동작한다고 하였으므로 $|i_s - i_p|$의 값에 2를 곱하여 준다.

2015년

16 ★★☆

변압기 용량이 500[kVA], 1뱅크인 200세대 아파트가 있다. 전등, 전열 설비 부하가 600[kW], 동력 설비 부하가 350[kW]이라면 전부하에 대한 수용률은 얼마인가?(단, 전등, 전열 설비 부하의 역률은 1.0, 동력 설비 부하의 역률은 0.7이며 효율은 무시한다.) [5점]

• 계산 과정:

• 답:

• 계산 과정
　　– 유효 전력
　　　전등, 전열 설비 부하 $P_1 = 600[\text{kW}]$
　　　동력 설비 부하 $P_2 = 350[\text{kW}]$
　　– 무효 전력
　　　전등, 전열 설비 부하 $Q_1 = 600 \times \dfrac{0}{1} = 0[\text{kVar}]$
　　　동력 설비 부하 $Q_2 = 350 \times \dfrac{\sqrt{1-0.7^2}}{0.7} = 357.07[\text{kVar}]$
　　– 총 설비 용량(피상 전력)
　　　$P_a = \sqrt{P^2 + Q^2} = \sqrt{(600+350)^2 + (0+357.07)^2} = 1{,}014.89[\text{kVA}]$
　　– 수용률 $F = \dfrac{\text{최대 수용 전력}}{\text{총 설비 용량}} \times 100[\%] = \dfrac{500}{1{,}014.89} \times 100[\%] = 49.27[\%]$

• 답: $49.27[\%]$

조건에서 최대 수용 전력이 없을 경우 변압기 용량이 최대 수용 전력에 해당한다.

17

★★☆

도면과 같이 $345[\text{kV}]$ 변전소의 단선도와 변전소에 사용되는 주요 제원을 이용하여 다음 각 물음에 답하시오. [13점]

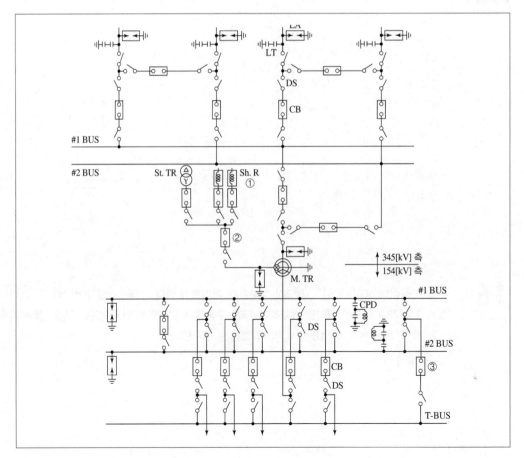

[주변압기]

단권 변압기 $345[kV]/154[kV]/23[kV](Y-Y-\Delta)$

$166.7[MVA] \times 3$대 $\fallingdotseq 500[MVA]$

OLTC부 %임피던스($500[MVA]$ 기준): 1차 ~ 2차: $10[\%]$

• 1차 ~ 3차: $78[\%]$

• 2차 ~ 3차: $67[\%]$

[차단기]

$362[kV] GCB 25[GVA] 4,000[A] \sim 2,000[A]$

$170[kV] GCB 15[GVA] 4,000[A] \sim 2,000[A]$

$25.8[kV] VCB (\quad)[MVA] 2,500[A] \sim 1,200[A]$

[단로기]

$362[kV] DS 4,000[A] \sim 2,000[A]$

$170[kV] DS 4,000[A] \sim 2,000[A]$

$25.8[kV] DS 2,500[A] \sim 1,200[A]$

[피뢰기]

$288[kV] LA 10[kA]$

$144[kV] LA 10[kA]$

$21[kV] LA 10[kA]$

[분로 리액터]

$23[kV] Sh.R 30[MVAR]$

[주모선]

$Al-Tube\ 200\phi$

(1) 도면의 $345[kV]$ 측 모선 방식은 어떤 모선 방식인가?

(2) 도면에서 ① 기기의 설치 목적은 무엇인가?

(3) 도면에 주어진 제원을 참조하여 주변압기에 대한 등가 %임피던스(Z_H, Z_M, Z_L)를 구하고, $23[kV]$ VCB의
차단 용량을 계산하시오.(단, 그림과 같은 임피던스 회로는 $100[MVA]$ 기준이다.)

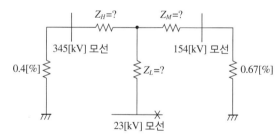

▲ 등가 회로

① 등가 %임피던스(Z_H, Z_M, Z_L)

  • 계산 과정:

  • 답:

② $23[kV]$ VCB 차단 용량

  • 계산 과정:

  • 답:

(4) 도면의 345[kV] GCB에 내장된 계전기용 BCT의 오차 계급은 C800이다. 부담은 몇 [VA]인가?
   - 계산 과정:
   - 답:

(5) 도면의 ③ 차단기의 설치 목적을 설명하시오.

(6) 도면의 주변압기 1Bank(단상×3대)를 증설하여 병렬 운전시키고자 한다. 이때 병렬 운전을 할 수 있는 조건 4가지를 쓰시오.

답안작성

(1) 2중 모선 방식

(2) 페란티 현상 방지

(3) ① 주변압기의 등가 %임피던스
   - **계산 과정**

     100[MVA] 기준 환산 임피던스

     $$Z_{HM} = 10 \times \frac{100}{500} = 2[\%], \ Z_{ML} = 67 \times \frac{100}{500} = 13.4[\%], \ Z_{LH} = 78 \times \frac{100}{500} = 15.6[\%]$$

     등가 임피던스

     $$Z_H = \frac{1}{2}(Z_{HM} + Z_{LH} - Z_{ML}) = \frac{1}{2}(2 + 15.6 - 13.4) = 2.1[\%]$$

     $$Z_M = \frac{1}{2}(Z_{HM} + Z_{ML} - Z_{LH}) = \frac{1}{2}(2 + 13.4 - 15.6) = -0.1[\%]$$

     $$Z_L = \frac{1}{2}(Z_{LH} + Z_{ML} - Z_{HM}) = \frac{1}{2}(15.6 + 13.4 - 2) = 13.5[\%]$$

   - **답**: $Z_H = 2.1[\%], \ Z_M = -0.1[\%], \ Z_L = 13.5[\%]$

   ② 23[kV] VCB 차단 용량
   - **계산 과정**

     합성 임피던스

     $$\%Z = 13.5 + \frac{(2.1 + 0.4) \times (-0.1 + 0.67)}{(2.1 + 0.4) + (-0.1 + 0.67)} = 13.96[\%]$$

     차단 용량

     $$P_s = \frac{100}{\%Z}P_n = \frac{100}{13.96} \times 100 = 716.33[\text{MVA}]$$

   - **답**: 716.33[MVA]

(4) • 계산 과정: 오차 계급 C800에서 임피던스는 8[Ω]이므로 부담은 $I^2Z = 5^2 \times 8 = 200[\text{VA}]$이다.
   - **답**: 200[VA]

(5) 모선 절체: 무정전 점검을 하기 위함이다.

(6) • 변압기의 정격 전압(권수비)이 같을 것
   - 변압기의 극성이 같을 것
   - 변압기의 %임피던스가 같을 것
   - 변압기의 내부 저항과 누설 리액턴스 비가 같을 것

해설비법 (1) 2중 모선 방식은 선로 점검 시에도 무정전으로 점검이 가능한 방식이다.
   (2) 분로 리액터: 페란티 현상(무부하 시 선로 정전용량에 의해 수전단 전압이 송전단 전압보다 높아지는 현상) 방지

(3) ② 등가회로로 그리면 다음과 같다.

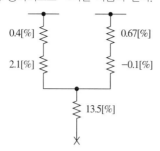

(4) 정격부담[VA]: 변성기 2차 측에 설치할 수 있는 부하 한도

18 ★☆☆ 다음 미완성 시퀀스도는 누름버튼 스위치 하나로 전동기를 기동, 정지를 제어하는 회로이다. 동작 사항과 회로를 보고 각 물음에 답하시오.(단, X_1, X_2: 8핀 릴레이, MC: 5a 2b **전자 접촉기**, PB: **누름버튼 스위치**, RL: **적색 램프이다.**) [7점]

[동작 사항]
- 누름버튼 스위치(PB)를 한 번 누르면 X_1에 의하여 MC동작(전동기 운전), RL램프 점등
- 누름버튼 스위치(PB)를 한 번 더 누르면 X_2에 의하여 MC소자(전동기 정지), RL램프 소등
- 누름버튼 스위치(PB)를 반복하여 누르면 전동기가 기동과 정지를 반복하여 동작

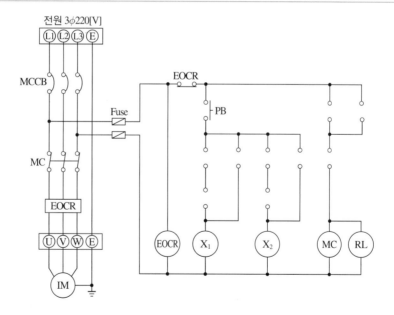

(1) 동작 사항에 맞도록 미완성 시퀀스도를 완성하시오.(단, 회로도에 접점의 그림 기호를 직접 그리고, 접점의 명칭을 정확히 표시하시오.)

[예] X_1 릴레이 a 접점인 경우: ⊙|X_1

(2) MCCB의 명칭을 쓰시오.

(3) EOCR의 명칭과 사용 목적을 쓰시오.
- 명칭
- 사용 목적

답안작성 (1)

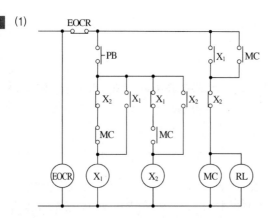

(2) 배선용 차단기

(3) • 명칭: 전자식 과전류 계전기
  • 사용 목적: 전동기에 과전류가 흐르면 동작하여 MC를 트립시켜 전동기를 보호한다.

2014년 | 기출문제

1회 학습전략

난이도 ⊕

- 단답형: 방폭 구조, 예비전원설비, 저항 측정법, 무효 전력, 복도체 방식, 유도 전동기 기동, 논리식 간소화
- 공식형: 차단 용량, 전력 손실, 조명 설계, 양수용 전동기, 전압강하, 중성점 잔류 전압, 분기 회로, 전부하 효율
- 복합형: 승압기, 테이블 스펙, 수전설비 단선 결선도
- 계산 문제가 다소 어렵게 느껴질 수 있는 회차였습니다. 기본 개념에 더해 한번 더 고민해 봐야할 이론이 있었습니다. '해설비법' 및 '개념체크'와 함께 준비한다면 학습 효율을 높일 수 있습니다. 주로 출제되는 예비전원설비, 복도체 방식은 단답 내용을 정리하여 준비해야 합니다.

2회 학습전략

합격률: 37.33%

난이도 ⓣ

- 단답형: 플리커 현상, T-5램프, 전력용 콘덴서, 고조파 억제 대책, 방폭 구조, 영상 변류기, 시퀀스
- 공식형: 부등률, 변압기 병렬 운전, 배선 설계, 유도 전동기, 전력용 콘덴서
- 복합형: 절연내력 시험, 중성점 다중접지, 조명 설계, 발전기설비, 테이블 스펙, 도면
- 복합형 출제가 많아 어려워 보일 수 있지만 과년도에서 출제된 비중이 높아 차근히 풀면 득점하기 용이합니다. 고조파 억제 대책은 단답 내용을 정리하여 준비해야 합니다. 기본 개념에 관한 내용이 출제되어 기출문제로 이론을 준비하기 좋은 회차입니다.

3회 학습전략

합격률: 6.45%

난이도 ⓤ

- 단답형: 역률, 전압 전류계법, 피뢰기, 유도 전동기 기동, PLC
- 공식형: 조명 설계, 전압강하, 직류 발전기, 발전기 용량, 단락 사고, 접지저항, 부하율, 등가 선간 거리, 설비 불평형률, 전력 손실, 변압기 병렬 운전, 전력용 콘덴서
- 복합형: 수전설비 단선 결선도
- 발전기 개념과 관련한 문제는 다소 어렵게 출제되었습니다. 단락 전류를 구하는 문제는 고장점까지의 거리를 그려보며 접근하면 보다 쉽게 접근할 수 있습니다. 다소 지엽적인 부분에서 출제가 많아 중요도 순으로 공부하고, 2~3회독 시에 보완하는 것이 좋습니다.

01
★★☆

전기설비를 방폭화한 방폭 기기의 구조에 따른 종류 4가지를 쓰시오. [4점]

답안작성
- 내압 방폭구조
- 유입 방폭구조
- 압력 방폭구조
- 안전증 방폭구조

단답 정리함 방폭구조의 종류
- 내압 방폭구조
- 유입 방폭구조
- 압력 방폭구조
- 안전증 방폭구조
- 본질안전 방폭구조
- 특수 방폭구조

02
★★★

예비전원으로 사용되는 축전지 설비에 대한 다음 각 물음에 답하시오. [8점]

(1) 연축전지 설비의 초기에 단전지 전압의 비중이 저하되고, 전압계가 역전하였다. 어떤 원인으로 추정할 수 있는가?

(2) 충전 장치 고장, 과충전, 액면 저하로 인한 극판 노출, 교류분 전류의 유입 과대 등의 원인에 의하여 발생될 수 있는 현상은?

(3) 축전지와 부하를 충전기에 병렬로 접속하여 사용하는 충전 방식은?

(4) 축전지 용량은 $C=\dfrac{1}{L}KI$로 계산한다. 공식에서 L, K, I는 무엇을 의미하는가?

답안작성
(1) 축전지의 역접속
(2) 축전지의 현저한 온도 상승 및 소손
(3) 부동 충전 방식
(4) L: 보수율, K: 용량 환산 시간 계수, I: 방전 전류[A]

(1), (2) 축전지 고장 현상 및 원인

고장 현상	고장 원인
단전지 전압의 비중 저하, 전압계의 역전	축전지의 역접속
전체 셀 전압의 불균형이 크고, 비중이 낮다.	• 부동 충전 전압이 낮다. • 균등 충전의 부족 • 방전 후의 회복 충전 부족
어떤 셀만의 비중이 높다.	국부 단락
전체 셀의 비중이 높다.(전압은 정상)	• 액면 저하 • 보수 시 묽은 황산의 혼입
충전 중 비중이 낮고 전압은 높다. 방전 중 전압은 낮고 용량이 감퇴한다.	• 방전 상태에서 장기간 방치 • 충전 부족의 상태에서 장기간 사용 • 극판 노출 • 불순물 혼입
전해액의 변색, 충전하지 않고 방치 중에도 다량으로 가스가 발생한다.	불순물 혼입
전해액의 감소가 빠르다.	• 충전 전압이 높다. • 실온이 높다.
축전지 온도의 현저한 상승 또는 소손	• 충전 장치의 고장 • 과충전 • 액면 저하로 인한 극판의 노출 • 교류 전류의 유입이 크다.

(3) 부동 충전 방식
- 축전지의 자기 방전을 보충하는 충전 방식이다.
- 상용 부하에 대한 전력 공급은 충전기가 부담하고, 충전기가 공급하기 어려운 일시적인 대전류 부하에 대해서는 축전지로 하여금 부담하게 하는 방식이다.

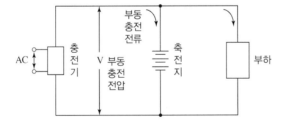

03

★★☆

그림은 전위 강하법에 의한 접지저항 측정방법이다. E, P, C가 일직선상에 있을 때, 다음 물음에 답하시오.(단, E는 반지름 r인 반구 모양 전극(측정 대상 전극)이다.) [5점]

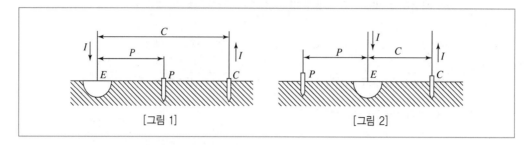

[그림 1]　　　　　　　[그림 2]

(1) [그림 1]과 [그림 2]의 측정방법 중 접지저항값이 참값에 가까운 측정방법은?

(2) 반구 모양 접지 전극의 접지저항을 측정할 때 $E-C$ 간 거리의 몇 [%]인 곳에 전위 전극을 설치하면 정확한 접지저항값을 얻을 수 있는지 답하시오.

답안작성

(1) [그림 1]

(2) 61.8[%]

개념체크 전위 강하법에 의한 접지저항 측정방법 개념도

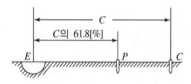

- E: 주 접지극
- P, C: 보조 접지극

보조 접지극의 거리는 저항 구역이 겹지지 않으면 측정값에 큰 오차가 발생하지 않는다. 즉 $E-C$ 간 거리의 61.8[%]의 위치하면 정확한 접지저항값을 구할 수 있다.

04

★★★

수전 전압 $6,600[\text{V}]$, 가공 전선로의 %임피던스가 $60.5[\%]$일 때, 수전점의 3상 단락 전류가 $7,000[\text{A}]$인 경우 기준 용량을 구하고, 수전용 차단기의 차단 용량을 선정하시오. [6점]

차단기의 정격 용량[MVA]

10	20	30	50	75	100	150	250	300	400	500

(1) 기준 용량을 계산하시오.
- 계산 과정:
- 답:

(2) 차단 용량을 선정하시오.
- 계산 과정:
- 답:

(1) • 계산 과정

$$I_s = \frac{100}{\%Z} I_n \text{ 에서 정격 전류 } I_n = \frac{\%Z}{100} I_s = \frac{60.5}{100} \times 7,000 = 4,235[\text{A}] \text{ 이다.}$$

$$\therefore P_n = \sqrt{3} V I_n = \sqrt{3} \times 6,600 \times 4,235 \times 10^{-6} = 48.41[\text{MVA}]$$

• 답: 48.41[MVA]

(2) • 계산 과정: $P_s = \sqrt{3} V_n I_s = \sqrt{3} \times 6,600 \times \frac{1.2}{1.1} \times 7,000 \times 10^{-6} = 87.3[\text{MVA}]$

• 답: 100[MVA] 선정

• $P_s = \sqrt{3} V_n I_s$ 에서 V_n은 정격 전압[kV]이다.(정격 전압 = 공칭 전압$\times \frac{1.2}{1.1}$)

• 차단기의 차단 용량을 선정하여야 하므로 계산된 용량 87.3[MVA]보다 큰 100[MVA]를 선정한다.

05
★★☆
전압 220[V], 1시간 사용 전력량 40[kWh], 역률 80[%]인 3상 부하가 있다. 이 부하의 역률을 개선하기 위하여 용량 30[kVA]의 진상 콘덴서를 설치하는 경우, 개선 후의 무효 전력과 전류는 몇 [A] 감소하였는지 계산하시오.   [6점]

(1) 개선 후의 무효 전력
    • 계산 과정:
    • 답:

(2) 감소된 전류
    • 계산 과정:
    • 답:

(1) • 계산 과정: 개선 후의 무효 전력 $Q' = \frac{40}{0.8} \times \sqrt{1-0.8^2} - 30 = 0[\text{kVar}]$

• 답: 0[kVar]

(2) • 계산 과정: 감소된 전류 $I' = \frac{40 \times 10^3}{\sqrt{3} \times 220 \times 0.8} - \frac{40 \times 10^3}{\sqrt{3} \times 220 \times 1.0} = 26.24[\text{A}]$

• 답: 26.24[A]

• 유효 전력 $P = \frac{40[\text{kWh}]}{1[\text{h}]} = 40[\text{kW}]$

• 개선 후의 무효 전력 = 개선 전의 무효 전력 - 진상 콘덴서 용량

즉, $Q' = \frac{P}{\cos\theta_1} \times \sin\theta_1 - Q_c[\text{kVar}]$

• 전류의 감소 = 개선 전의 전류 - 개선 후의 전류

여기서 개선 전의 전류 $I_1 = \frac{P}{\sqrt{3} V \cos\theta_1}[\text{A}]$, 개선 후의 전류 $I_2 = \frac{P}{\sqrt{3} V \cos\theta_2}[\text{A}]$

• 개선 후의 무효 전력이 0[kVar]이므로 개선 후의 역률은 1이다.

06
★★☆
폭 15[m]인 도로의 양쪽에 간격 20[m]를 두고 대칭 배열로 가로등이 점등되어 있다. 한 등의 전광속은 3,500[lm], 조명률은 45[%]일 때, 도로의 평균 조도를 계산하시오. [5점]

• 계산 과정:

• 답:

답안작성 • 계산 과정: $FUN = EAD$ 에서 $E = \dfrac{FUN}{AD} = \dfrac{3,500 \times 0.45 \times 1}{\left(20 \times 15 \times \dfrac{1}{2}\right) \times 1} = 10.5[\text{lx}]$

• 답: 10.5[lx]

해설비법 • 주어진 도로에 가로등 1개가 빛을 비추어야 하는 면적은 $A = S \times \dfrac{1}{2} B [\text{m}^2]$ 이다. (∵ 대칭 배열)

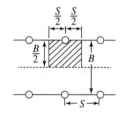

• 감광 보상률 D가 주어지지 않을 경우는 $D = 1$로 계산한다.

07
★★☆
양수량 50[m³/min], 총 양정 15[m]의 양수 펌프용 전동기의 소요 출력[kW]은 얼마인지 계산하시오. (단, 펌프의 효율은 70[%]이며, 여유 계수는 1.1로 한다.) [5점]

• 계산 과정:

• 답:

답안작성 • 계산 과정: $P = \dfrac{QH}{6.12\eta} k = \dfrac{50 \times 15}{6.12 \times 0.7} \times 1.1 = 192.58[\text{kW}]$

• 답: 192.58[kW]

개념체크 양수 펌프용 전동기의 소요 출력 계산식

$$P = \frac{QH}{6.12\eta} k [\text{kW}]$$

(단, Q: 양수량[m³/min], H: 양수 높이[m], k: 여유 계수(손실 계수), η: 펌프 효율)

08 ★☆☆ 길이 2[km]인 3상 배전선에서 전선의 저항이 0.3[Ω/km], 리액턴스 0.4[Ω/km]라고 한다. 지금 송전단 전압 V_s를 3,450[V]로 하고 송전단에서 거리 1[km]인 점에 $I_1 = 100$[A], 역률 0.8(지상), 1.5[km]인 지점에 $I_2 = 100$[A], 역률 0.6(지상), 종단점에 $I_3 = 100$[A] 역률 0(진상)인 3개의 부하가 있다면 종단에서의 선간 전압은 몇 [V]가 되는가? [5점]

• 계산 과정:

• 답:

답안작성

• 계산 과정

송전단에서 1[km] 지점의 전압

$V_{R_1} = V_s - \sqrt{3} \times [(I_1 \cos\theta_1 + I_2 \cos\theta_2 + I_3 \cos\theta_3) \times R_1 + (I_1 \sin\theta_1 + I_2 \sin\theta_2 + I_3 \sin\theta_3) \times X_1]$

$\quad = 3,450 - \sqrt{3} \times [(100 \times 0.8 + 100 \times 0.6 + 100 \times 0) \times (0.3 \times 1) + \{100 \times 0.6 + 100 \times 0.8$
$\quad\quad + 100 \times (-1)\} \times (0.4 \times 1)]$

$\quad = 3,349.54[\text{V}]$

송전단에서 1.5[km] 지점의 전압

$V_{R_2} = V_{R_1} - \sqrt{3} \times [(I_2 \cos\theta_2 + I_3 \cos\theta_3) \times R_2 + (I_2 \sin\theta_2 + I_3 \sin\theta_3) \times X_2]$

$\quad = 3,349.54 - \sqrt{3} \times [(100 \times 0.6 + 100 \times 0) \times (0.3 \times 0.5) + \{100 \times 0.8 + 100 \times (-1)\} \times (0.4 \times 0.5)]$

$\quad = 3,340.88[\text{V}]$

종단(송전단에서 2[km] 지점)에서의 전압

$V_{R_3} = V_{R_2} - \sqrt{3} \times [(I_3 \cos\theta_3) \times R_3 + (I_3 \sin\theta_3) \times X_3]$

$\quad = 3,340.88 - \sqrt{3} \times [(100 \times 0) \times (0.3 \times 0.5) + \{100 \times (-1)\} \times (0.4 \times 0.5)]$

$\quad = 3,375.52[\text{V}]$

• 답: 3,375.52[V]

해설비법

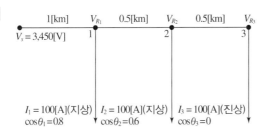

개념체크 3상 배전선로의 전압 강하 $e = \sqrt{3}(I\cos\theta \times R + I\sin\theta \times X)$[V]

09
★☆☆

$154[\text{kV}]$의 송전선이 그림과 같이 연가되어 있을 경우 중성점과 대지 간에 나타나는 잔류 전압을 구하시오.(단, 전선 $1[\text{km}]$당의 대지 정전 용량은 맨 윗선 $0.004[\mu\text{F}]$, 가운뎃선 $0.0045[\mu\text{F}]$, 맨 아랫선 $0.005[\mu\text{F}]$라고 하고, 다른 선로 정수는 무시한다.) [5점]

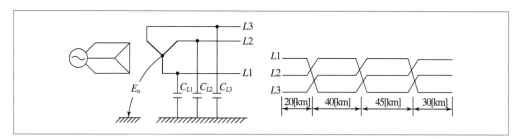

• 계산 과정:

• 답:

• 계산 과정

$L1$상 전선의 대지 정전 용량

$C_{L1} = 0.004 \times 20 + 0.005 \times 40 + 0.0045 \times 45 + 0.004 \times 30 = 0.6025[\mu\text{F}]$

$L2$상 전선의 대지 정전 용량

$C_{L2} = 0.0045 \times 20 + 0.005 \times 40 + 0.004 \times 45 + 0.0045 \times 30 = 0.61[\mu\text{F}]$

$L3$상 전선의 대지 정전 용량

$C_{L3} = 0.005 \times 20 + 0.004 \times 40 + 0.0045 \times 45 + 0.005 \times 30 = 0.61[\mu\text{F}]$

중성점 잔류 전압

$\therefore E_n = \dfrac{\sqrt{0.6025 \times (0.6025 - 0.61) + 0.61 \times (0.61 - 0.61) + 0.61 \times (0.61 - 0.6025)}}{0.6025 + 0.61 + 0.61} \times \dfrac{154{,}000}{\sqrt{3}}$

$= 365.89[\text{V}]$

• 답: $365.89[\text{V}]$

• 중성점 잔류 전압의 정의: 보통의 운전 상태에서 중성점을 접지하지 않을 경우 중성점에 나타나는 전압

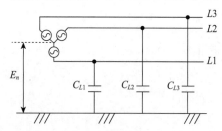

• 중성점 잔류 전압 발생 원인

– 송전선의 3상 각 상의 대지 정전 용량이 불균등($C_{L1} \neq C_{L2} \neq C_{L3}$)할 경우 발생

– 차단기의 개폐가 동시에 이루어지지 않음에 따른 3상 간의 불평형

– 단선 사고 등 계통의 각종 사고에 의해 발생

• 중성점 잔류 전압의 크기

$E_n = \dfrac{\sqrt{C_{L1}(C_{L1} - C_{L2}) + C_{L2}(C_{L2} - C_{L3}) + C_{L3}(C_{L3} - C_{L1})}}{C_{L1} + C_{L2} + C_{L3}} \times \dfrac{V}{\sqrt{3}}[\text{V}]$

(단, 선간 전압 $V = \sqrt{3}\,E[\text{V}]$)

10
★★★
정지형 무효 전력 보상 장치(SVC)에 대하여 간단히 설명하시오. [5점]

답안작성 사이리스터를 이용하여 진상 콘덴서 및 분로 리액터를 신속하게 투입함으로써 계통의 무효 전력을 제어하는 무효 전력 보상 장치

개념체크 정지형 무효 전력 보상 장치(SVC)의 장점
- 응답 특성이 매우 빠르다.
- 사이리스터를 사용하여 조작에 제한이 없다.
- 신뢰성이 높고, 유지보수가 간단하다.

11
★★☆
단상 2선식 220[V] 옥내 배선에서 용량 100[VA], 역률 80[%]의 형광등 50개와 소비 전력 60[W]인 백열등 50개를 설치할 때 최소 분기 회로수는 몇 회로인가?(단, 16[A] 분기 회로로 하며, 수용률은 80[%]로 한다.) [5점]

- 계산 과정:

- 답:

답안작성
- 계산 과정
  유효 전력
  $$P = 100 \times 0.8 \times 50 + 60 \times 1.0 \times 50 = 7,000[\text{W}]$$
  무효 전력
  $$Q = 100 \times 0.6 \times 50 + 60 \times 0 \times 50 = 3,000[\text{Var}]$$
  피상 전력
  $$P_a = \sqrt{P^2 + Q^2} = \sqrt{7,000^2 + 3,000^2} = 7,615.77[\text{VA}]$$
  분기 회로
  $$n = \frac{7,615.77 \times 0.8}{220 \times 16} = 1.73$$
- 답: 16[A] 분기 2회로

해설비법
- 백열등의 역률이 문제에서 주어지지 않는 경우, 백열등의 역률은 100[%]($\cos\theta = 1$)이다.
- 조건에서 수용률이 80[%]라고 주어졌으므로 전체 부하 용량(피상 전력 7,615.77[VA]) 중에서 0.8을 적용하여 분기 회로수를 구한다.
- 분기 회로는 계산값에서 절상한다.

12 ★★☆

송전 선로의 거리가 길어지면서 송전 선로의 전압이 대단히 커지고 있다. 이에 따라 단도체 대신 복도체 또는 다도체 방식이 채용되고 있는데, 단도체 방식과 비교할 때 복도체(또는 다도체) 방식의 장점과 단점을 쓰시오. [6점]

(1) 장점(4가지)

(2) 단점(2가지)

답안작성　(1) 장점
- 선로의 인덕턴스가 감소한다.
- 선로의 리액턴스 감소로 송전 용량이 증대된다.
- 계통의 안정도가 향상된다.
- 코로나 임계 전압이 높아져 코로나 발생을 방지한다.

(2) 단점
- 페란티 현상이 심화되어 수전단의 전압이 상승한다.
- 소도체에서 정전 흡인력이 발생하여 소도체 간의 충돌 현상이 발생한다.

단답 정리함　(1) 복도체 방식의 장점
- 선로의 인덕턴스가 감소한다.
- 선로의 리액턴스 감소로 송전 용량이 증대된다.
- 계통의 안정도가 향상된다.
- 코로나 임계 전압이 높아져 코로나 발생을 방지한다.
- 전선의 정전 용량이 증대된다.

(2) 복도체 방식의 단점
- 페란티 현상이 심화되어 수전단의 전압이 상승한다.
- 소도체에서 정전 흡인력이 발생하여 소도체 간의 충돌 현상이 발생한다.
- 설치 비용이 고가이다.

13 ★★★

용량 $10[\text{kVA}]$, 철손 $120[\text{W}]$, 동손 $200[\text{W}]$인 단상 변압기 2대를 V 결선하여 부하를 걸었을 때, 전부하 효율은 약 몇 $[\%]$인가?(단, 부하의 역률은 $\dfrac{\sqrt{3}}{2}$ 이라고 한다.) [5점]

- 계산 과정:

- 답:

답안작성　• 계산 과정

$$\eta = \frac{P_0}{P_0 + 2P_i + 2P_c} \times 100[\%] = \frac{\sqrt{3}\,V_2 I_2 \cos\theta_2}{\sqrt{3}\,V_2 I_2 \cos\theta_2 + 2P_i + 2P_c} \times 100[\%]$$

$$= \frac{\sqrt{3} \times 10 \times \dfrac{\sqrt{3}}{2}}{\sqrt{3} \times 10 \times \dfrac{\sqrt{3}}{2} + 2 \times 0.12 + 2 \times 0.2} \times 100[\%] = 95.91[\%]$$

- 답: $95.91[\%]$

• 단상 변압기 2대를 V 결선하여 3상을 구성하므로 출력 $P_0 = \sqrt{3}\,V_2 I_2 \cos\theta_2$로 3상 전력으로 계산한다.

• 단상 변압기 2대를 사용하므로 철손(P_i)과 동손(P_c)은 1대 분량에 2배를 한다.

• 전부하이므로 동손의 부하 $\dfrac{1}{m} = 1$이다.

14
★☆☆

정격 전압 1차 $6,600[\mathrm{V}]$, 2차 $210[\mathrm{V}]$, $10[\mathrm{kVA}]$의 단상 변압기 2대를 V 결선하여 $6,300[\mathrm{V}]$의 3상 전원에 접속하였다. 다음 물음에 답하시오.　　　　　　　　　[6점]

(1) 승압된 전압은 몇 $[\mathrm{V}]$인지 계산하시오.
  • 계산 과정:
  • 답:

(2) 3상 V 결선 승압기의 결선도를 완성하시오.

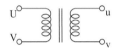

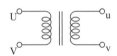

(1) • 계산 과정: $V_2 = V_1\left(1 + \dfrac{e_2}{e_1}\right) = 6,300 \times \left(1 + \dfrac{210}{6,600}\right) = 6,500.45[\mathrm{V}]$

  • 답: $6,500.45[\mathrm{V}]$

(2)

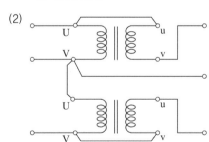

(1) 승압 전압 $V_2 = V_1\left(1 + \dfrac{1}{a}\right) = V_1\left(1 + \dfrac{e_2}{e_1}\right)[\mathrm{V}]$

(2) 일반적인 V 결선과 결선법이 다른 승압용 V 결선에 대한 결선법이다.

15 ★★☆ 3.7[kW]와 7.5[kW]의 직입 기동 3상 농형 유도 전동기 및 22[kW]의 3상 권선형 유도 전동기 등 3대를 그림과 같이 접속하였다. 이때 다음 각 물음에 답하시오.(단, 공사 방법 B1으로 XLPE 절연 전선을 사용하였으며, 정격 전압은 200[V]이고, 간선 및 분기 회로에 사용되는 전선 도체의 재질 및 종류는 같다.) [7점]

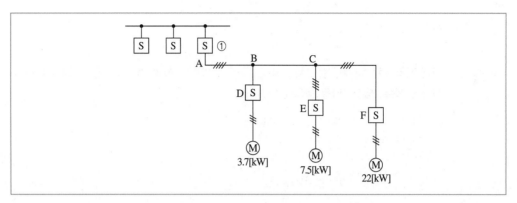

(1) 간선에 사용되는 과전류 차단기와 개폐기 ①의 최소 용량은 몇 [A]인가?
   • 계산 과정:
   • 과전류 차단기 용량:
   • 개폐기 용량:

(2) 간선의 최소 굵기는 몇 [mm²]인가?
   • 계산 과정:
   • 답:

[표] 200[V] 3상 유도 전동기의 간선의 굵기 및 기구의 용량 (B종 퓨즈의 경우) (동선)

배선 종류에 의한 간선의 최소 굵기[mm²] — 공사 방법 A1 (3개선), 공사 방법 B1 (3개선), 공사 방법 C (3개선) / 직입 기동 전동기 중 최대 용량의 것, 기동기 사용 전동기 중 최대 용량의 것. 각 칸 위 숫자는 과전류 차단기[A], 칸 아래 숫자는 개폐기 용량[A] (아래 표에서 "위/아래"로 표기).

전동기[kW] 수의 총계[kW] 이하	최대 사용 전류[A] 이하	A1 PVC	A1 XLPE,EPR	B1 PVC	B1 XLPE,EPR	C PVC	C XLPE,EPR	0.75 이하	1.5	2.2	3.7	5.5	7.5	11	15	18.5	22	30	37~55
(기동기 사용)								–	–	–	5.5	7.5	11 / 15	18.5 / 22	–	30 / 37	–	45	55
3	15	2.5	2.5	2.5	2.5	2.5	2.5	15/30	20/30	30/30	–	–	–	–	–	–	–	–	–
4.5	20	4	2.5	2.5	2.5	2.5	2.5	20/30	20/30	30/30	50/60	–	–	–	–	–	–	–	–
6.3	30	6	4	6	4	4	2.5	30/30	30/30	50/60	50/60	75/100	–	–	–	–	–	–	–
8.2	40	10	6	10	6	6	4	50/60	50/60	50/60	75/100	75/100	100/100	–	–	–	–	–	–
12	50	16	10	10	10	10	6	50/60	50/60	50/60	75/100	75/100	100/100	150/200	–	–	–	–	–
15.7	75	35	25	25	16	16	16	75/100	75/100	75/100	75/100	100/100	100/100	150/200	150/200	–	–	–	–
19.5	90	50	25	35	25	25	16	100/100	100/100	100/100	100/100	100/200	150/200	150/200	200/200	200/200	–	–	–
23.2	100	50	35	35	25	35	25	100/100	100/100	100/100	100/100	100/100	150/200	150/200	200/200	200/200	200/200	–	–
30	125	70	50	50	35	50	35	150/200	150/200	150/200	150/200	150/200	150/200	150/200	200/200	200/200	200/200	–	–
37.5	150	95	70	70	50	70	50	150/200	150/200	150/200	150/200	150/200	150/200	150/200	300/300	300/300	300/300	300/300	–
45	175	120	70	95	50	70	50	200/200	200/200	200/200	200/200	200/200	200/200	200/200	300/300	300/300	300/300	300/300	300/300
52.5	200	150	95	95	70	95	70	200/200	200/200	200/200	200/200	200/200	200/200	200/200	300/300	300/300	300/300	400/400	400/400
63.7	250	240	150	–	95	120	95	300/300	300/300	300/300	300/300	300/300	300/300	300/300	300/300	300/300	400/400	400/400	500/600
75	300	300	185	–	120	185	120	300/300	300/300	300/300	300/300	300/300	300/300	300/300	300/300	300/300	300/300	400/400	500/600
86.2	350	–	240	–	–	240	150	400/400	400/400	400/400	400/400	400/400	400/400	400/400	400/400	400/400	400/400	400/400	600/600

※ 최소 전선 굵기는 1회선에 대한 것이다.

※ 공사 방법 A1은 벽 내의 전선관에 공사한 절연 전선 또는 단심 케이블, 공사 방법 B1은 벽면의 전선관에 공사한 절연 전선 또는 단심 케이블, 공사 방법 C는 벽면에 공사한 단심 또는 다심 케이블을 시설하는 경우의 전선 굵기를 표시하였다.

※ 「전동기 중 최대의 것」에는 동시 기동하는 경우를 포함한다.

※ 과전류 차단기의 용량은 해당 조항에 규정되어 있는 범위에서 실용상 거의 최댓값을 표시한다.

※ 과전류 차단기의 선정은 최대 용량의 정격 전류의 3배에 다른 전동기의 정격 전류의 합계를 가산한 값 이하를 표시한다.

※ 고리퓨즈는 300[A] 이하에서 사용하여야 한다.

(1) • 계산 과정

전동기의 총합 $= 3.7 + 7.5 + 22 = 33.2[\text{kW}]$ 이므로 [표]에서 전동기의 총계 37.5[kW] 칸과 기동기 사용 22[kW] 칸에서 과전류 차단기 150[A]와 개폐기 200[A] 선정

• 답: 과전류 차단기 용량 150[A], 개폐기 용량 200[A]

(2) • 계산 과정

전동기의 총합 $= 3.7 + 7.5 + 22 = 33.2[\text{kW}]$ 이므로 [표]에서 전동기의 총계 37.5[kW] 칸과 공사 방법 B1, XLPE 절연 전선 칸이 교차되는 전선 굵기 50[mm²] 선정

• 답: 50[mm²]

(1), (2) 표에서 '전동기 수의 총계'가 주어지면, 전동기의 총합을 구한 후 문제의 조건과 표의 공사 방법 등을 활용한다.

※ 문제의 [표] 또는 [참고자료]가 KEC 적용 이전의 산출값으로 되어 있으나, 표를 활용하여 답을 산출하는 유형의 문제풀이 방법 숙지를 위해 수록하였습니다.

16

★★☆

그림은 특고압 수전설비에 대한 단선 결선도이다. 이 결선도를 보고 다음 물음에 답하시오.　　[6점]

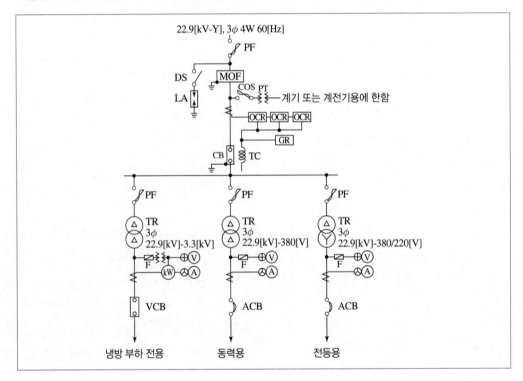

전력용 3상 변압기 표준 용량[kVA]

100	150	200	250	300	400	500

(1) 동력용 변압기에 연결된 동력 부하설비 용량이 300[kW], 부하 역률은 80[%], 효율 85[%], 수용률은 50[%]라고 할 때, 동력용 3상 변압기의 용량 [kVA]을 선정하시오.

• 계산 과정:

• 답:

(2) 냉방 부하용 터보 냉동기 1대를 설치하고자 한다. 냉방 부하 전용 차단기로 VCB를 설치할 때 VCB 2차 측 선로의 전류는 몇 [A]인가?(단, 전동기는 150[kW], 정격 전압 3,300[V], 3상 농형 유도 전동기로서 역률 80[%], 효율은 85[%]이다.)
   • 계산 과정:
   • 답:

답안작성 (1) • 계산 과정: $P_{TR} = \dfrac{300 \times 0.5}{0.8 \times 0.85} = 220.59[kVA]$

   • 답: 표준 용량 250[kVA] 선정

   (2) • 계산 과정: $I = \dfrac{150 \times 10^3}{\sqrt{3} \times 3,300 \times 0.8 \times 0.85} = 38.59[A]$

   • 답: 38.59[A]

개념체크 변압기 용량 $P_{TR} \geq \dfrac{\text{설비 용량} \times \text{수용률}}{\text{역률} \times \text{효율}}[kVA]$

17
★★☆

그림은 3상 유도 전동기의 기동 보상기에 의한 기동 제어 회로 미완성 도면이다. 이 도면을 보고 다음 각 물음에 답하시오.(단, MCCB: 배선 차단기, M1~M3: 전자 접촉기, THR: 과부하(열동) 계전기, T: 타이머, X: 릴레이, PB1, PB2: 누름버튼 스위치이다.)   [7점]

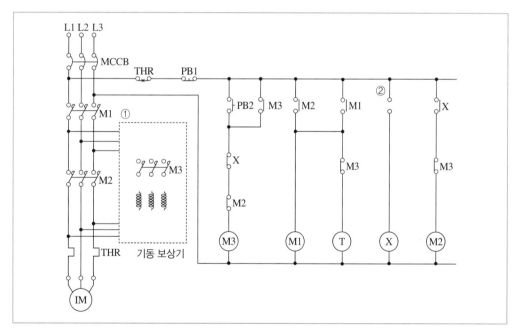

(1) ①의 부분에 들어갈 기동 보상기와 M3의 주회로 배선을 회로도에 직접 그리시오.

(2) ②의 부분에 들어갈 적당한 접점의 기호와 명칭을 회로도에 직접 그리시오.

(3) 제어 회로에서 잘못된 부분이 있으면 모두 ◯로 표시하고 올바르게 나타내시오.

　　[예]

(4) 기동 보상기에 의한 유도 전동기 기동 방법을 간단히 설명하시오.

답안작성 (1)

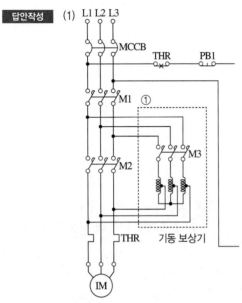

(2), (3)

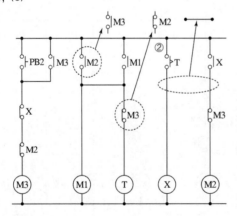

(4) 기동 시 전동기에 대한 인가 전압을 단권 변압기로 감압하여 공급함으로써 기동 전류를 억제시키고, 기동이 완료된 후에는 전전압을 가하여 운전하는 방식

개념체크 기동 보상기법
농형 유도 전동기의 기동법 중 하나로 기동 시 전동기에 대한 인가 전압을 단권 변압기로 감압하여 공급함으로써 기동 전류를 억제시키고, 기동이 완료된 후에는 전전압을 가하여 운전하는 방식

18

★★☆

다음의 논리식을 간단히 하시오. [4점]

(1) $Z = (A+B+C) \cdot A$

(2) $Z = \overline{A} \cdot C + B \cdot C + A \cdot B + \overline{B} \cdot C$

답안작성

(1) $Z = (A+B+C) \cdot A = A \cdot A + A \cdot B + A \cdot C = A + A \cdot B + A \cdot C = A \cdot (1+B+C) = A$

(2) $Z = \overline{A} \cdot C + B \cdot C + A \cdot B + \overline{B} \cdot C = \overline{A} \cdot C + A \cdot B + C \cdot (B+\overline{B}) = \overline{A} \cdot C + A \cdot B + C$

$= A \cdot B + C \cdot (\overline{A}+1)$

$= A \cdot B + C$

개념체크 불대수의 기본 법칙

교환 법칙	$A+B = B+A$, $A \cdot B = B \cdot A$
결합 법칙	$(A+B)+C = A+(B+C)$, $(A \cdot B) \cdot C = A \cdot (B \cdot C)$
분배 법칙	$A \cdot (B+C) = A \cdot B + A \cdot C$, $A+(B \cdot C) = (A+B) \cdot (A+C)$
동일 법칙	$A+A = A$, $A \cdot A = A$
공리 법칙	$A+0 = A$, $A \cdot 1 = A$, $A+1 = 1$, $A \cdot 0 = 0$
드 모르간 정리	$\overline{A+B} = \overline{A} \cdot \overline{B}$, $\overline{A \cdot B} = \overline{A} + \overline{B}$

해설비법

(1) $1+B+C = 1$, $A \cdot 1 = A$

(2) $\overline{A}+1 = 1$, $A \cdot B + C \cdot 1 = A \cdot B + C$

2014년

배점		100
특점	1회독	
	2회독	
	3회독	

01
★★☆

다음 표에 나타낸 어느 수용가들 사이의 부등률을 1.1로 한다면 이들의 합성 최대 전력은 몇 $[kW]$인가?
[4점]

수용가	설비 용량$[kW]$	수용률$[\%]$
A	100	85
B	200	75
C	300	65

• 계산 과정:

• 답:

답안작성 • 계산 과정: 합성 최대 전력 $P_m = \dfrac{100 \times 0.85 + 200 \times 0.75 + 300 \times 0.65}{1.1} = 390.91[kW]$

• 답: $390.91[kW]$

개념체크 합성 최대 전력 $= \dfrac{\Sigma(\text{설비 용량} \times \text{수용률})}{\text{부등률}}$

02
★★☆

TV나 형광등과 같은 전기 제품에서의 깜빡거림 현상을 플리커 현상이라고 하는데, 이 플리커 현상을 경감시키기 위한 전원 측과 수용가 측에서의 대책을 각각 3가지 쓰시오. [6점]

(1) 전원 측

(2) 수용가 측

답안작성 (1) • 공급 전압을 승압
  • 단락 용량이 큰 계통에서 공급
  • 플리커 발생 기기를 전용 계통에서 공급

(2) • 직렬 콘덴서 설치
  • 부스터 설치
  • 직렬 리액터 설치

플리커 현상 경감 대책
- 전원 측
  - 공급 전압을 승압
  - 단락 용량이 큰 계통에서 공급
  - 플리커 발생 기기를 전용 계통에서 공급
  - 전용 변압기로 공급
- 수용가 측
  - 직렬 콘덴서 설치
  - 부스터 설치
  - 직렬 리액터 설치
  - 3권선 보상 변압기 설치
  - 상호 보상 리액터 설치
  - 직렬 리액터 가포화 방식

03

★★★

다음 각 물음에 답하시오. [4점]

(1) 최대 사용전압이 3.3[kV]인 중성점 비접지식 전로의 절연내력 시험전압은 얼마인가?
- 계산 과정:
- 답:

(2) 전로의 사용전압이 350[V] 이상 400[V] 미만인 경우 절연저항값은 몇 [MΩ] 이상이어야 하는가?

(3) 최대 사용전압 380[V]인 전동기의 절연내력 시험전압[V]은?
- 계산 과정:
- 답:

(4) 고압 및 특고압 전로의 절연내력 시험방법에 대하여 설명하시오.

답안작성

(1) • 계산 과정: $V = 3,300 \times 1.5 = 4,950[V]$
- 답: 4,950[V]

(2) 1[MΩ] 이상

(3) • 계산 과정: $V = 380 \times 1.5 = 570[V]$
- 답: 570[V]

(4) 절연내력 시험할 기기에 최대 사용전압에 의하여 결정되는 시험전압을 10분간 계속해서 인가하여 견디는지를 시험한다.

(1) 전로의 절연내력 시험전압

접지 방식	최대 사용전압	배율	최저 시험전압
비접지식	7[kV] 이하	1.5	–
	7[kV] 초과 60[kV] 이하	1.25	10.5[kV]
	60[kV] 초과	1.25	–
중성점 다중접지식	7[kV] 초과 25[kV] 이하	0.92	–
중성점 접지식	60[kV] 초과	1.1	75[kV]
중성점 직접접지식	60[kV] 초과 170[kV] 이하	0.72	–
	170[kV] 초과	0.64	–

(2) 저압 전로의 절연 저항

전로의 사용 전압[V]	DC 시험전압[V]	절연 저항[MΩ]
SELV 및 PELV	250	0.5 이상
FELV, 500[V] 이하	500	1.0 이상
500[V] 초과	1,000	1.0 이상

(3) 전동기의 절연내력 시험전압

종류	최대 사용전압	시험전압
발전기·전동기·조상기·기타 회전기 (회전 변류기를 제외한다.)	최대 사용전압 7[kV] 이하	최대 사용전압의 1.5배의 전압(500[V] 미만으로 되는 경우에는 500[V])
	최대 사용전압 7[kV] 초과	최대 사용전압의 1.25배의 전압(10.5[kV] 미만으로 되는 경우에는 10.5[kV])

04 ★★★

두 대의 변압기 병렬 운전에서 다른 정격은 모두 같고 1차 환산 누설 임피던스가 각각 $2+j3[\Omega]$과 $3+j2[\Omega]$이다. 부하 전류가 50[A]이면 순환 전류[A]는 얼마인가? [5점]

• 계산 과정:

• 답:

답안작성 • 계산 과정

두 변압기의 임피던스의 크기가 같으므로 부하 전류는 각 회로에 25[A]씩 흐르게 된다.

$$I_c = \frac{25 \times (3+j2) - 25 \times (2+j3)}{(3+j2) + (2+j3)} = \frac{25 - j25}{5 + j5} = \frac{(25 - j25) \times (5 - j5)}{(5 + j5) \times (5 - j5)} = -j5[A]$$

$$\therefore |I_c| = 5[A]$$

• 답: 5[A]

해설비법 순환 전류 $I_c = \dfrac{V_1 - V_2}{Z_1 + Z_2} = \dfrac{I_1 Z_1 - I_2 Z_2}{Z_1 + Z_2}[A]$

05 22.9[kV − Y] 중성선 다중접지 전선로에 정격 전압 13.2[kV], 정격 용량 250[kVA]의 단상 변압기 3대
★★★ 를 이용하여 아래 그림과 같이 Y − △ 결선하고자 한다. 다음 각 물음에 답하시오.   [6점]

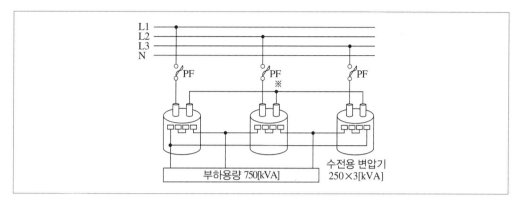

(1) 변압기 1차 측 Y 결선의 중성점(※부분)을 전선로 N선에 연결해야 하는가? 연결해서는 안 되는가?

(2) 연결해야 한다면 연결해야 할 이유를, 연결해서는 안 된다면 연결해서는 안 되는 이유를 설명하시오.

(3) 전력 퓨즈의 용량은 몇 [A]인지 선정하시오.

퓨즈의 정격 용량[A]

1	3	5	10	15	20	30	40	50	60	75	100	125	150	200	250	300	400

• 계산 과정:

• 답:

답안작성 (1) 연결해서는 안 된다.

(2) 중성점이 전선로 N선에 연결되어 있는 경우, 임의의 변압기 1상 결상 시 나머지 2대의 변압기가 역V 결선되
므로 과부하로 인해 변압기가 소손될 수 있다.

(3) • 계산 과정

전부하 전류 $I = \dfrac{750 \times 10^3}{\sqrt{3} \times 22,900} = 18.91[\text{A}]$이며 고압 및 특고압 퓨즈는 전부하 전류의 2배를 고려하면

$18.91 \times 2 = 37.82[\text{A}]$이다.

따라서 표에서 퓨즈의 정격 용량 40[A]를 선정한다.

• 답: 40[A]

06 분전반에서 20[m]의 거리에 있는 단상 2선식, 부하 전류 5[A]인 부하에 배선 설계 전압강하를 0.5[V]
★★★ 이하로 하고자 한다. 필요한 전선의 굵기를 구하시오.(단, 전선의 도체는 구리이다.)   [5점]

• 계산 과정:

• 답:

• 계산 과정: $A = \dfrac{35.6 LI}{1,000e} = \dfrac{35.6 \times 20 \times 5}{1,000 \times 0.5} = 7.12 [\text{mm}^2]$

• 답: $10 [\text{mm}^2]$

• 문제에서 필요한 전선의 굵기를 구하라고 하였으므로 전선의 실제 규격으로 답해야 한다.

전선 규격$[\text{mm}^2]$: 1.5, 2.5, 4, 6, 10, 16, 25, 35, 50, 70, 95, 120, 150, 185, 240, 300

• 전선의 단면적 계산 공식

단상 2선식	$A = \dfrac{35.6 LI}{1,000e} [\text{mm}^2]$
3상 3선식	$A = \dfrac{30.8 LI}{1,000e} [\text{mm}^2]$
단상 3선식 3상 4선식	$A = \dfrac{17.8 LI}{1,000e} [\text{mm}^2]$

07 ★☆☆

기존 형광램프는 관형이 $32[\text{mm}]$, $28[\text{mm}]$, $25.5[\text{mm}]$가 있는데 $\text{T}-5$ 램프는 $15.5[\text{mm}]$로 작아진 최신형 램프를 말한다. 이 램프의 특징 5가지를 쓰시오. [5점]

• 연색성이 우수하다.
• 플리커 현상의 발생이 적다.
• 수명이 길다.
• 열발생이 적다.
• 에너지 절약·호환성·효율이 우수하다.

$\text{T}-5$ 램프의 특징
• 연색성이 우수하다.
• 플리커 현상의 발생이 적다.
• 수명이 길다.
• 열발생이 적다.
• 에너지 절약·호환성·효율이 우수하다.
• 램프 표면 온도가 약 $35[℃]$에서 최대의 밝기가 나온다.
• 기존의 형광 램프에 비하여 발열량이 적은 편이다.

08
★☆☆

4극 10[HP], 200[V], 60[Hz]의 3상 권선형 유도 전동기가 35[kg·m]의 부하를 걸고 슬립 3[%]로 회전하고 있다. 여기에 1.2[Ω]의 저항 3개를 Y결선으로 하여 2차에 삽입하니 1,530[rpm]로 되었다. 2차 권선의 저항[Ω]은 얼마인가? [5점]

• 계산 과정:

• 답:

답안작성 • 계산 과정

$$N_s = \frac{120f}{p} = \frac{120 \times 60}{4} = 1,800[\text{rpm}]$$

기동 시 슬립 $s' = \dfrac{1,800 - 1,530}{1,800} = 0.15$

$\dfrac{r_2}{s} = \dfrac{r_2 + R}{s'}$ 이므로 $\dfrac{r_2}{0.03} = \dfrac{r_2 + 1.2}{0.15}$ 이다.

$$\therefore r_2 = \frac{s}{s' - s} R = \frac{0.03}{0.15 - 0.03} \times 1.2 = 0.3[\Omega]$$

• 답: 0.3[Ω]

개념체크 권선형 유도 전동기의 비례 추이

$$\frac{r_2}{s} = \frac{r_2 + R}{s'}$$

(r_2: 2차 권선의 저항[Ω], R: 2차에 삽입한 저항[Ω], s: 슬립, s': 기동 시 슬립)

 09
★★☆

전력용 콘덴서의 설치 목적 4가지를 쓰시오. [5점]

답안작성
• 전력손실 감소
• 전압강하 감소
• 설비 용량의 여유 증대
• 전기 요금의 절감

개념체크 역률 개선 방법

① 역률은 부하에 의한 지상 무효전력($-jQ$) 때문에 저하되므로 부하와 병렬로 역률 개선용 콘덴서(진상 무효전력 $+jQ$ 공급) Q_c를 접속한다.

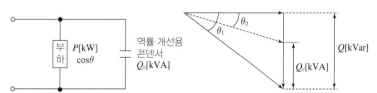

② 역률 개선용 콘덴서 용량

$$Q_c = P(\tan\theta_1 - \tan\theta_2) = P\left(\frac{\sin\theta_1}{\cos\theta_1} - \frac{\sin\theta_2}{\cos\theta_2}\right)[\text{kVA}]$$

(단, P: 부하 전력[kW], $\cos\theta_1$: 개선 전 역률, $\cos\theta_2$: 개선 후 역률)

10 ★★★

선로나 간선에 고조파 전류를 발생시키는 발생 기기가 있을 경우 그 대책을 적절히 세워야 한다. 이 고조파 억제 대책을 5가지만 쓰시오. [5점]

답안작성
- 전력 변환 기기의 펄스 수를 늘린다.
- 부하 측 부근에 고조파 제거 필터를 설치한다.
- 고조파 발생 기기와 일반 부하를 분리시킨다.
- 고조파 발생 기기를 전용으로 공급한다.
- 기기의 접지를 고조파 발생 기기의 접지와 분리시킨다.

단답 정리함 고조파 억제 대책
- 전력 변환 기기의 펄스 수를 늘린다.
- 부하 측 부근에 고조파 제거 필터를 설치한다.
- 고조파 발생 기기와 일반 부하를 분리시킨다.
- 고조파 발생 기기를 전용으로 공급한다.
- 기기의 접지를 고조파 발생 기기의 접지와 분리시킨다.
- 계통의 단락 용량을 증대시킨다.
- 고조파 발생 기기와 충분한 이격 거리 확보 및 차폐 케이블을 사용한다.
- 전력 변환 장치의 전원 측에 교류 리액터(ACL)를 설치한다.

11 ★★☆

방폭구조에 관한 다음 물음에 답하시오. [5점]

(1) 방폭형 전동기에 대하여 설명하시오.

(2) 전기설비의 방폭구조 종류 중 3가지만 쓰시오.

답안작성
(1) 지정된 폭발성 가스 사용에 적합하도록 특별하게 고려하여 설계된 전동기이다.

(2) • 내압 방폭구조
 • 유입 방폭구조
 • 압력 방폭구조

방폭구조의 종류
- 내압 방폭구조
- 유입 방폭구조
- 압력 방폭구조
- 안전증 방폭구조
- 본질안전 방폭구조
- 특수 방폭구조

12

★★★

조명설비에 대한 다음 각 물음에 답하시오. [4점]

(1) 배선 도면에 $\bigcirc_{N400}$ 으로 표현되어 있다. 이것의 의미를 쓰시오.

(2) 평면이 15×10[m]인 사무실에 전광속 $3,100$[lm]인 형광등을 사용하여 평균 조도를 300[lx]로 유지하도록 설계하고자 한다. 이 사무실에 필요한 형광등 수를 산정하시오.(단, 조명률은 0.6이고, 감광 보상률은 1.3이다.)
- 계산 과정:
- 답:

(1) 400[W] 나트륨등

(2) • 계산 과정: $FUN = EAD$에서 $N = \dfrac{EAD}{FU} = \dfrac{300 \times (15 \times 10) \times 1.3}{3,100 \times 0.6} = 31.45$

    • 답: 32[등]

고휘도 방전등(HID) 램프 기호
- N: 나트륨등
- M: 메탈 핼라이드등
- H: 수은등
- X: 크세논등

13

★★☆

다음 각 물음에 답하시오. [10점]

(1) 단순 부하인 경우 부하 입력이 600[kW], 역률 0.8, 효율 0.85일 때, 비상용일 경우 발전기 출력은?
- 계산 과정:
- 답:

(2) 발전기실의 위치를 선정할 때 고려해야 할 사항을 3가지만 쓰시오.

(3) 발전기 병렬 운전 조건을 4가지만 쓰시오.

(1) • 계산 과정: $P = \dfrac{\sum W_L \times L}{\cos\theta \times \eta} = \dfrac{600 \times 1}{0.8 \times 0.85} = 882.35$[kVA]

    • 답: 882.35[kVA]

(2) • 발전기 엔진 기초는 건물의 기초와 관계없는 장소로 할 것
    • 기기의 반출입이 용이할 것
    • 급기 및 배기가 충분히 잘 되는 장소일 것

   • 기전력의 위상이 같을 것
   • 기전력의 주파수가 같을 것
   • 기전력의 파형이 같을 것

개념체크 비상용 발전기 출력 계산식

$$P = \frac{\sum W_L \times L}{\cos\theta \times \eta} \, [\text{kVA}]$$

(단, $\sum W_L$: 부하 합계 용량[kW], L: 수용률, $\cos\theta$: 역률, η: 효율)

단답 정리함 발전기실의 위치 선정 조건
• 발전기 엔진 기초는 건물의 기초와 관계없는 장소로 할 것
• 기기의 반출입이 용이할 것
• 급기 및 배기가 충분히 잘 되는 장소일 것
• 실내 환기를 충분히 할 수 있을 것
• 연료유의 보급이 용이할 것

14 ★★★

$500[\text{kVA}]$의 변압기에 역률 $80[\%]$인 부하 $500[\text{kVA}]$가 접속되어 있다. 지금 변압기에 전력용 콘덴서 $150[\text{kVA}]$를 설치하여 변압기의 전용량까지 사용하고자 할 경우 증가시킬 수 있는 유효 전력은 몇 $[\text{kW}]$인가?(단, 증가되는 부하의 역률은 1이라고 한다.)　　　　[5점]

• 계산 과정:

• 답:

답안작성 • 계산 과정
　유효 전력 $P_1 = 500 \times 0.8 = 400[\text{kW}]$
　무효 전력 $Q_1 = 500 \times 0.6 = 300[\text{kVar}]$
　변압기의 전용량($500[\text{kVA}]$)까지 사용한다고 하였으므로
　$500 = \sqrt{(400+P_2)^2 + (300-150)^2}$ 에서 증가시킬 수 있는 유효 전력
　$P_2 = \sqrt{500^2 - 150^2} - 400 = 76.97[\text{kW}]$ 이다.
• 답: $76.97[\text{kW}]$

15 ★★★

다음과 같은 상태에서 영상 변류기(ZCT)의 영상 전류 검출에 대해 설명하시오.　　　　[5점]

(1) 정상 상태(평형 부하)
(2) 지락 상태

(1) 영상 전류가 검출되지 않는다.

(2) 영상 전류가 검출된다.

지락 전류는 $I_g = 3I_0$ 이고 영상 전류(I_0)는 반드시 지락 사고 시 검출된다.

- 정상 상태(평형 부하)에서는 영상 전류가 검출되지 않는다.
- 지락 상태에서는 영상 전류가 검출된다.

16
★☆☆

다음 그림은 농형 유도 전동기를 공사 방법 B1, XLPE 절연 전선을 사용하여 시설한 것이다. 도면을 충분히 이해한 다음 참고 자료를 이용하여 다음 각 물음에 답하시오.(단, 전동기 4대의 용량은 다음과 같다.) [8점]

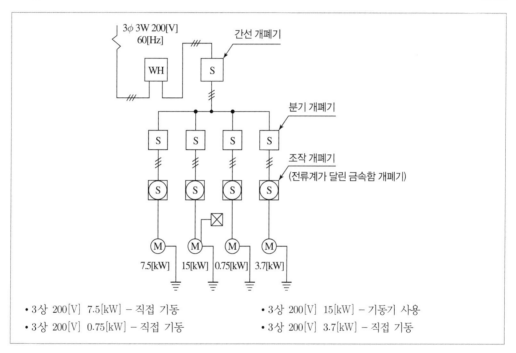

- 3상 200[V] 7.5[kW] − 직접 기동
- 3상 200[V] 0.75[kW] − 직접 기동
- 3상 200[V] 15[kW] − 기동기 사용
- 3상 200[V] 3.7[kW] − 직접 기동

(1) 간선의 최소 굵기[mm²] 및 간선 금속관의 최소 굵기는?

(2) 간선의 과전류 차단기 용량[A] 및 간선의 개폐기 용량[A]은?

(3) 7.5[kW] 전동기의 분기 회로에 대한 다음을 구하시오.

　① 개폐기 용량 $\begin{cases} \text{분기 [A]} \\ \text{조작 [A]} \end{cases}$

　② 과전류 차단기 용량 $\begin{cases} \text{분기 [A]} \\ \text{조작 [A]} \end{cases}$

　③ 접지도체 굵기[mm²]

　④ 초과 눈금 전류계[A]

　⑤ 금속관의 최소 굵기[호]

[참고 자료]

[표 1] 전동기 분기 회로의 전선 굵기·개폐기 용량 및 적정 퓨즈(200[V] 3상 유도 전동기 1대의 경우)

정격 출력 [kW]	전부하 전류 [A]	배선 종류에 의한 동 전선의 최소 굵기[mm²]					
		공사 방법 A1		공사 방법 B1		공사 방법 C	
		3개선		3개선		3개선	
		PVC	XLPE, EPR	PVC	XLPE, EPR	PVC	XLPE, EPR
0.2	1.8	2.5	2.5	2.5	2.5	2.5	2.5
0.4	3.2	2.5	2.5	2.5	2.5	2.5	2.5
0.75	4.8	2.5	2.5	2.5	2.5	2.5	2.5
1.5	8	2.5	2.5	2.5	2.5	2.5	2.5
2.2	11.1	2.5	2.5	2.5	2.5	2.5	2.5
3.7	17.4	2.5	2.5	2.5	2.5	2.5	2.5
5.5	26	6	4	4	2.5	4	2.5
7.5	34	10	6	6	4	6	4
11	48	16	10	10	6	10	6
15	65	25	16	16	10	16	10
18.5	79	35	25	25	16	25	16
22	93	50	25	35	25	25	16
30	124	70	50	50	35	50	35
37	152	95	70	70	50	70	50

정격 출력 [kW]	전부하 전류 [A]	개폐기 용량[A]				과전류 차단기(B종 퓨즈)[A]				전동기용 초과 눈금 전류계의 정격 전류 [A]	접지 도체의 최소 굵기 [mm²]
		직입 기동		기동기 사용		직입 기동		기동기 사용			
		현장 조작	분기	현장 조작	분기	현장 조작	분기	현장 조작	분기		
0.2	1.8	15	15			15	15			3	2.5
0.4	3.2	15	15			15	15			5	2.5
0.75	4.8	15	15			15	15			5	2.5
1.5	8	15	30			15	20			10	4
2.2	11.1	30	30			20	30			15	4
3.7	17.4	30	60			30	50			20	6
5.5	26	60	60	30	60	50	60	30	50	30	6
7.5	34	100	100	60	100	75	100	50	75	30	10
11	48	100	200	100	100	100	150	75	100	60	16
15	65	100	200	100	100	100	150	100	100	60	16
18.5	79	200	200	100	200	150	200	100	150	100	16
22	93	200	200	100	200	150	200	100	150	100	16
30	124	200	400	200	200	200	300	150	200	150	25
37	152	200	400	200	200	200	300	150	200	200	25

※ 최소 전선 굵기는 1회선에 대한 것이며, 2회선 이상일 경우는 복수 회로 보정 계수를 적용하여야 한다.
※ 공사 방법 A1은 벽 내의 전선관에 공사한 절연 전선 또는 단심 케이블, 공사 방법 B1은 벽면의 전선관에 공사한 절연 전선 또는 단심 케이블, 공사 방법 C는 벽면에 공사한 단심 또는 다심 케이블을 시설하는 경우의 전선 굵기를 표시하였다.
※ 전동기 2대 이상을 동일 회로로 할 경우는 간선의 표를 적용할 것

[표 2] 전동기 공사에서 간선의 전선 굵기·개폐기 용량 및 적정 퓨즈(200[V], B종 퓨즈)

배선 종류에 의한 간선의 최소 굵기[mm²] — 공사 방법 A1·B1·C는 각각 3개선 기준.
직입 기동 전동기 중 최대 용량의 것 / 기동기 사용 전동기 중 최대 용량의 것.
각 셀은 과전류 차단기[A](칸 위 숫자) / 개폐기 용량[A](칸 아래 숫자)로 표시.

전동기 수의 총계 [kW] 이하	최대 사용 전류 [A] 이하	A1 PVC	A1 XLPE·EPR	B1 PVC	B1 XLPE·EPR	C PVC	C XLPE·EPR	0.75 이하	1.5	2.2	3.7	5.5	7.5	11	15	18.5	22	30	37~55
(기동기 사용 전동기 최대)								–	–	–	5.5	7.5	11/15	18.5/22	–	30/37	–	45	55
3	15	2.5	2.5	2.5	2.5	2.5	2.5	15/30	20/30	30/30	–	–	–	–	–	–	–	–	–
4.5	20	4	2.5	2.5	2.5	2.5	2.5	20/30	20/30	30/30	50/60	–	–	–	–	–	–	–	–
6.3	30	6	4	6	4	4	2.5	30/30	30/30	50/60	50/60	75/100	–	–	–	–	–	–	–
8.2	40	10	6	10	6	6	4	50/60	50/60	50/60	75/100	75/100	100/100	–	–	–	–	–	–
12	50	16	10	10	10	10	6	50/60	50/60	50/60	75/100	75/100	100/100	150/200	–	–	–	–	–
15.7	75	35	25	25	16	16	16	75/100	75/100	75/100	100/100	100/100	100/200	150/200	150/200	–	–	–	–
19.5	90	50	25	35	25	25	16	100/100	100/100	100/100	100/100	100/100	150/200	200/200	200/200	–	–	–	–
23.2	100	50	35	35	25	35	25	100/100	100/100	100/100	100/100	100/100	150/200	150/200	200/200	200/200	200/200	–	–
30	125	70	50	50	35	50	35	150/200	150/200	150/200	150/200	150/200	150/200	150/200	200/200	200/200	200/200	–	–
37.5	150	95	70	70	50	70	50	150/200	150/200	150/200	150/200	150/200	150/200	150/200	200/200	300/300	300/300	300/300	–
45	175	120	70	95	50	70	50	200/200	200/200	200/200	200/200	200/200	200/200	200/200	200/200	300/300	300/300	300/300	300/300
52.5	200	150	95	95	70	95	70	200/200	200/200	200/200	200/200	200/200	200/200	200/200	200/200	300/300	300/300	400/400	400/400
63.7	250	240	150	–	95	120	95	300/300	300/300	300/300	300/300	300/300	300/300	300/300	300/300	400/400	400/400	400/400	500/600
75	300	300	185	–	120	185	120	300/300	300/300	300/300	300/300	300/300	300/300	300/300	300/300	400/400	400/400	400/400	500/600
86.2	350	–	240	–	–	240	150	400/400	400/400	400/400	400/400	400/400	400/400	400/400	400/400	400/400	400/400	400/400	600/600

※ 최소 전선 굵기는 1회선에 대한 것이며, 2회선 이상일 경우는 복수 회로 보정 계수를 적용하여야 한다.

※ 공사 방법 A1은 벽 내의 전선관에 공사한 절연 전선 또는 단심 케이블, 공사 방법 B1은 벽면의 전선관에 공사한 절연 전선 또는 단심 케이블, 공사 방법 C는 벽면에 공사한 단심 또는 다심 케이블을 시설하는 경우의 전선 굵기를 표시하였다.

※ 「전동기 중 최대의 것」에는 동시 기동하는 경우를 포함한다.

※ 과전류 차단기의 용량은 해당 조항에 규정되어 있는 범위에서 실용상 거의 최댓값을 표시한다.

※ 과전류 차단기의 선정은 최대 용량의 정격 전류의 3배에 다른 전동기의 정격 전류의 합계를 가산한 값 이하를 표시한다.

※ 고리퓨즈는 300[A] 이하에서 사용하여야 한다.

[표 3] 후강전선관 굵기의 선정

도체 단면적 [mm²]	전선 본수									
	1	2	3	4	5	6	7	8	9	10
	전선관의 최소 굵기[호]									
2.5	16	16	16	16	22	22	22	28	28	28
4	16	16	16	22	22	22	28	28	28	28
6	16	16	22	22	22	28	28	28	36	36
10	16	22	22	28	28	36	36	36	36	36
16	16	22	28	28	36	36	36	42	42	42
25	22	28	28	36	36	42	54	54	54	54
35	22	28	36	42	54	54	54	70	70	70
50	22	36	54	54	70	70	70	82	82	82
70	28	42	54	54	70	70	70	82	82	92
95	28	54	54	70	70	82	82	92	92	104
120	36	54	54	70	70	82	82	92		
150	36	70	70	82	92	92	104	104		
185	36	70	70	82	92	104				
240	42	82	82	92	104					

※ 전선 1본수는 접지도체 및 직류 회로의 전선에도 적용한다.
※ 이 표는 실험 결과와 경험을 기초로 하여 결정한 것이다.
※ 이 표는 450/750[V] 일반용 단심 비닐 절연 전선을 기준한 것이다.

답안작성 (1) • 계산 과정
  - 간선의 최소 굵기: 전동기 [kW]의 합계 $= 7.5 + 15 + 0.75 + 3.7 = 26.95$[kW]이므로 [표 2]에서 30[kW] 칸과 공사 방법 B1, XLPE 절연 전선 칸이 교차하는 지점의 간선의 최소 굵기는 35[mm²]이다.
  - 간선 금속관의 최소 굵기: [표 3]에서 전선 35[mm²] 3본인 경우에 후강전선관의 최소 굵기는 36[호]이다.
 • 답: 간선의 최소 굵기 35[mm²], 간선 금속관의 최소 굵기 36[호]

(2) • 계산 과정
  전동기 [kW]의 합계 $= 7.5 + 15 + 0.75 + 3.7 = 26.95$[kW]이므로 [표 2]에서 30[kW] 칸과 기동기 사용 전동기 15[kW] 칸이 교차하는 지점의 과전류 차단기 용량은 150[A], 개폐기 용량은 200[A]이다.
 • 답: 과전류 차단기 용량 150[A], 개폐기 용량 200[A]

(3) 7.5[kW], 200[V] 3상 유도 전동기의 분기 회로에 대한 사항을 [표 1]에서 다음과 같이 산출할 수 있다.

구분	규격
① 개폐기 용량(분기)	100[A]
① 개폐기 용량(조작)	100[A]
② 과전류 차단기 용량(분기)	100[A]
② 과전류 차단기 용량(조작)	75[A]
③ 접지도체 굵기	10[mm²]
④ 초과 눈금 전류계	30[A]
⑤ 금속관 최소 굵기[호]	[표 1]에서 7.5[kV] 칸과 공사 방법 B1, XLPE 절연 전선 칸이 교차하는 지점의 간선의 최소 굵기는 4[mm²], [표 3]에서 4[mm²] 전선 3본을 넣을 수 있는 최소 굵기의 후강전선관은 16[호]

※ 문제의 [표] 또는 [참고자료]가 KEC 적용 이전의 산출값으로 되어 있으나, 표를 활용하여 답을 산출하는 유형의 문제풀이 방법 숙지를 위해 수록하였습니다.

도면을 보고 다음 각 물음에 답하시오.　　　　　　　　　　　　　　　　　　[10점]

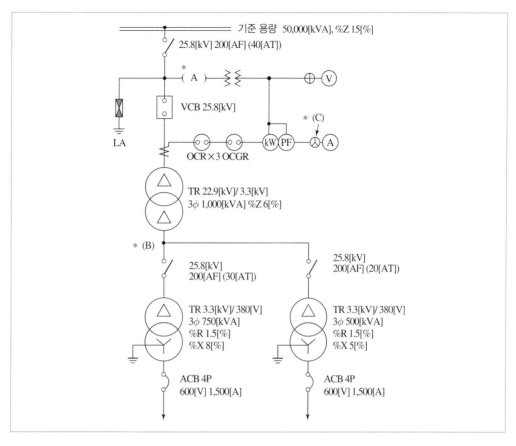

(1) (A)에 사용될 기기를 약호로 답하시오.

(2) (C)의 명칭을 약호로 답하시오.

(3) (B) 지점에서 단락되었을 경우 단락 전류는 몇 [A]인가?(단, 선로 임피던스는 무시한다.)
   • 계산 과정:
   • 답:

(4) VCB의 최소 차단 용량은 몇 [MVA]인가?
   • 계산 과정:
   • 답:

(5) ACB의 우리말 명칭은 무엇인가?

(6) 단상 변압기 3대를 이용한 $\Delta - \Delta$ 결선도 및 $\Delta - Y$ 결선도를 그리시오.

답안작성　(1) COS

(2) AS

(3) • 계산 과정
　　(B) 지점에서의 합성 %임피던스를 기준 용량 50,000[kVA]에서 구하면
　　$\%Z = 15 + 6 \times \dfrac{50,000}{1,000} = 315 [\%]$ 이다.

따라서 단락 전류는

$$I_s = \frac{100}{\%Z} I_n = \frac{100}{315} \times \frac{50,000 \times 10^3}{\sqrt{3} \times 3.3 \times 10^3} = 2,777.06[\text{A}]\ \text{이다.}$$

- 답: 2,777.06[A]

(4) • 계산 과정: $P_s = \dfrac{100}{\%Z} \times P_n = \dfrac{100}{15} \times 50 = 333.33[\text{MVA}]$

   • 답: 333.33[MVA]

(5) 기중 차단기

(6) 변압기 결선도

   • $\Delta - \Delta$ 결선도   • $\Delta - Y$ 결선도

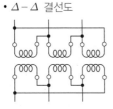   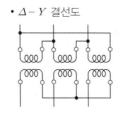

해설비법   (4) 변압기 1차 측에 위치한 VCB의 최소 차단 용량을 구하므로 1차 측 %임피던스만 고려한다.
           (5) ACB(기중 차단기)는 저압용 차단기로 사용된다.

18
★★★

그림과 같은 무접점 논리 회로에 대응하는 유접점 릴레이 회로를 그리고, 논리식으로 표현하시오.

[3점]

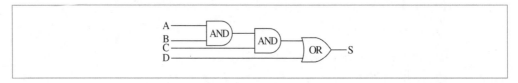

- 유접점 회로

- 논리식

답안작성   • 유접점 회로

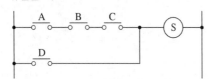

• 논리식: $S = A \cdot B \cdot C + D$

해설비법   무접점 회로에서 유접점 회로로의 전환
         • AND회로: 직렬 회로
         • OR회로: 병렬 회로

2014년 3회

기출문제

배점	100
	1회독
득점	2회독
	3회독

01 ★★☆

폭 $24[\mathrm{m}]$의 도로 양쪽에 $20[\mathrm{m}]$ 간격으로 지그재그 식으로 가로등을 배치하여 노면의 평균 조도를 $5[\mathrm{lx}]$로 한다면 각 등주 상에 몇 $[\mathrm{lm}]$의 전구가 필요한가?(단, 도로면에서의 광속 이용률은 $25[\%]$, 감광 보상률은 1이다.) [4점]

• 계산 과정:

• 답:

답안작성
• 계산 과정: $FUN = EAD$ 에서 $F = \dfrac{EAD}{UN} = \dfrac{5 \times \left(20 \times 24 \times \dfrac{1}{2}\right) \times 1}{0.25 \times 1} = 4,800[\mathrm{lm}]$

• 답: $4,800[\mathrm{lm}]$

해설비법
주어진 도로에 가로등 1개가 빛을 비추어야 하는 면적 $A = S \times \dfrac{1}{2}B[\mathrm{m}^2]$ 이다.($\because$ 지그재그 식 배치)

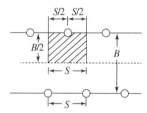

02 ★★★

3상 3선식 배전선로에 역률 0.8, 출력 $180[\mathrm{kW}]$인 3상 평형 유도 부하가 접속되어 있다. 부하단의 수전 전압이 $6,000[\mathrm{V}]$, 배전선 1조의 저항이 $6[\Omega]$, 리액턴스가 $4[\Omega]$라고 하면 송전단 전압은 몇 $[\mathrm{V}]$인지 계산하시오. [5점]

• 계산 과정:

• 답:

답안작성
• 계산 과정

$I = \dfrac{P}{\sqrt{3}\,V_r \cos\theta} = \dfrac{180 \times 10^3}{\sqrt{3} \times 6,000 \times 0.8} = 21.65[\mathrm{A}]$

송전단 전압 $V_s = V_r + \sqrt{3}\,I(R\cos\theta + X\sin\theta)$

$\qquad\qquad\quad = 6,000 + \sqrt{3} \times 21.65 \times (6 \times 0.8 + 4 \times 0.6) = 6,269.99[\mathrm{V}]$

• 답: $6,269.99[\mathrm{V}]$

개념체크
3상 배전선로의 전압강하

$e = V_s - V_r = \sqrt{3}\,I(R\cos\theta + X\sin\theta) = \dfrac{P}{V_r}(R + X\tan\theta)[\mathrm{V}]$

03

★★★

정격이 $5[\text{kW}]$, $50[\text{V}]$인 타여자 직류 발전기가 있다. 무부하로 하였을 경우 단자 전압이 $55[\text{V}]$가 된다면, 발전기의 전기자 회로의 등가 저항은 얼마인지 계산하시오. [5점]

• 계산 과정:

• 답:

• 계산 과정

전기자 전류 $I_a = I = \dfrac{P}{V} = \dfrac{5 \times 10^3}{50} = 100[\text{A}]$

전기자 저항 $E = V + I_a R_a$에서 $R_a = \dfrac{E - V}{I_a} = \dfrac{55 - 50}{100} = 0.05[\Omega]$

• 답: $0.05[\Omega]$

타여자 발전기

타여자 발전기에서는 전기자 전류(I_a)와 부하 전류(I)가 같다.

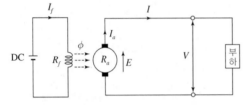

• $E = V + I_a R_a[\text{V}]$

• $I_a = I = \dfrac{P}{V}[\text{A}]$

04

★★★

주어진 표는 어떤 부하 데이터의 예이다. 이 부하 데이터를 수용할 수 있는 발전기 용량을 계산하시오. (단, 발전기 표준 역률은 0.8, 허용 전압강하 $25[\%]$, 발전기 리액턴스 $20[\%]$, 원동기 기관 과부하 내량 1.2이다.) [8점]

예	부하의 종류	출력 [kW]	전부하 특성				기동 특성		기동 순서	비고
			역률[%]	효율[%]	입력 [kVA]	입력 [kW]	역률[%]	입력 [kVA]		
200[V] 60[Hz]	조명	10	100	—	10	10	—	—	1	
	스프링클러	55	86	90	71.1	61.1	40	142.2	2	$Y-\Delta$기동
	소화전 펌프	15	83	87	21.0	17.2	40	42	3	$Y-\Delta$기동
	양수 펌프	7.5	83	86	10.5	8.7	40	63	3	직입 기동

(1) 전부하 정상 운전 시의 입력에 의한 것

　• 계산 과정:

　• 답:

(2) 전동기 기동에 필요한 용량

> [참고]
>
> $$P[\text{kVA}] = \frac{(1 - \triangle\text{E})}{\triangle\text{E}} \cdot \text{x}_\text{d} \cdot \text{Q}_\text{L}\,[\text{kVA}]$$

• 계산 과정:

• 답:

(3) 순시 최대 부하에 의한 용량

> [참고]
>
> $$P[\text{kVA}] = \frac{\sum \text{W}_0[\text{kW}] + \left\{\text{Q}_{\text{L}\,\text{max}}[\text{kVA}] \times \cos\theta_{\text{Q}_\text{L}}\right\}}{\text{K} \times \cos\theta_\text{G}}$$

• 계산 과정:

• 답:

답안작성 (1) • 계산 과정

전부하 정상 운전 시 발전기 용량 $P = \dfrac{10 + 61.1 + 17.2 + 8.7}{0.8} = 121.25[\text{kVA}]$

• 답: $121.25[\text{kVA}]$

(2) • 계산 과정

전동기 기동에 필요한 발전기 용량 $P = \dfrac{(1 - \triangle E)}{\triangle E}\,x_d\,Q_L = \dfrac{1 - 0.25}{0.25} \times 0.2 \times 142.2 = 85.32[\text{kVA}]$

• 답: $85.32[\text{kVA}]$

(3) • 계산 과정

순시 최대 부하에 의한 발전기 용량

$$P = \frac{\sum W_0[\text{kW}] + \left\{\text{Q}_{\text{L}\,\text{max}}[\text{kVA}] \times \cos\theta_{\text{Q}_\text{L}}\right\}}{K \times \cos\theta_G} = \frac{(10 + 61.1) + (42 + 63) \times 0.4}{1.2 \times 0.8} = 117.81[\text{kVA}]$$

• 답: $117.81[\text{kVA}]$

개념체크 (2) 전동기 기동에 필요한 용량(기동용량이 큰 부하가 있는 경우)

$$P[\text{kVA}] = \frac{(1 - \triangle\text{E})}{\triangle\text{E}} \cdot \text{x}_\text{d} \cdot \text{Q}_\text{L}\,[\text{kVA}]$$

($\triangle E$: 허용 전압강하, x_d: 발전기 리액턴스, Q_L: 기동용량[kVA])

(3) 단순 부하와 기동 용량이 큰 부하가 있는 경우(순시 최대 부하에 의한 용량)

$$P[\text{kVA}] = \frac{\sum \text{W}_0[\text{kW}] + \left\{\text{Q}_{\text{L}\,\text{max}}[\text{kVA}] \times \cos\theta_{\text{Q}_\text{L}}\right\}}{\text{K} \times \cos\theta_\text{G}}$$

($\sum W_0[\text{kW}]$: 기운전 중인 부하의 합계, $Q_{Lmax}[\text{kVA}]$: 기동 돌입 부하, $\cos\theta_{Q_L}$: 최대 기동 돌입 부하 시동 시 역률, K: 원동기 기관의 과부하 내량, $\cos\theta_G$: 발전기 역률)

05 ★★★

역률을 개선하면 전기 요금의 저감과 배전선의 손실 경감, 전압강하 감소, 설비 여력의 증가 등을 기할 수 있으나, 너무 과보상하면 역효과가 나타난다. 즉, 경부하 시에 콘덴서가 과대 삽입되는 경우의 결점을 2가지 쓰시오. [4점]

답안작성
- 진상 역률에 의해 전력 손실이 발생한다.
- 모선 전압이 상승한다.

단답 정리함 콘덴서 과대 삽입 시의 결점
- 진상 역률에 의해 전력 손실이 발생한다.
- 모선 전압이 상승한다.
- 고조파 왜곡이 증가한다.
- 설비 용량이 감소하여 과부하가 될 수 있다.

06 ★★★

$66[\text{kV}]$, $500[\text{MVA}]$, **%임피던스** $30[\%]$**인 발전기에 용량이** $600[\text{MVA}]$, **%임피던스** $20[\%]$**인 변압기가 접속되어 있다. 변압기 2차 측** $345[\text{kV}]$ **지점에 단락이 일어났을 때 단락 전류는 몇** $[\text{A}]$**인가?** [5점]

- 계산 과정:

- 답:

답안작성
- 계산 과정

  $600[\text{MVA}]$ 기준 용량에서의 합성 $\%Z = 30 \times \dfrac{600}{500} + 20 = 56\,[\%]$

  단락 전류 $I_s = \dfrac{100}{\%Z}I_n = \dfrac{100}{56} \times \dfrac{600 \times 10^3}{\sqrt{3} \times 345} = 1,793.01[\text{A}]$

- 답: $1,793.01[\text{A}]$

해설비법 주어진 조건은 다음과 같이 볼 수 있다.

$$500[\text{MVA}] \qquad 66[\text{kV}]\,/\,345[\text{kV}] \qquad 고장점$$
$$600[\text{MVA}]$$

고장점까지의 합성 %임피던스 $\%Z = \%Z_G + \%Z_{TR} = 30 \times \dfrac{600}{500} + 20 = 56\,[\%]$

07 ★☆☆

대지 고유 저항률 $400[\Omega \cdot m]$, 직경 $19[\text{mm}]$, 길이 $2,400[\text{mm}]$인 접지봉을 전부 매입했다고 한다. 접지 저항(대지저항)값은 얼마인가? [4점]

• 계산 과정:

• 답:

답안작성

• 계산 과정: $R = \dfrac{\rho}{2\pi l} \ln\dfrac{2l}{r} = \dfrac{400}{2\pi \times 2.4} \times \ln\dfrac{2 \times 2.4}{\dfrac{0.019}{2}} = 165.13[\Omega]$

• 답: $165.13[\Omega]$

개념체크 접지봉의 접지저항 계산 공식

$R = \dfrac{\rho}{2\pi l} \ln\dfrac{2l}{r} [\Omega]$ (ρ: 대지 저항률$[\Omega \cdot m]$, l: 봉 길이$[\text{m}]$, r: 봉 반경$[\text{m}]$)

08 ★☆☆

어떤 공장의 어느 날 부하 실적이 1일 사용 전력량 $192[\text{kWh}]$이며, 1일의 최대 전력이 $12[\text{kW}]$이고, 최대 전력일 때의 전류값이 $34[\text{A}]$이었을 경우 다음 각 물음에 답하시오.(단, 이 공장은 $220[\text{V}]$, $11[\text{kW}]$인 3상 유도 전동기를 부하 설비로 사용한다고 한다.) [6점]

(1) 일 부하율은 몇 $[\%]$인가?

• 계산 과정:

• 답:

(2) 최대 공급 전력일 때의 역률은 몇 $[\%]$인가?

• 계산 과정:

• 답:

답안작성

(1) • 계산 과정: 일 부하율 $= \dfrac{\dfrac{192}{24}}{12} \times 100[\%] = 66.67[\%]$

  • 답: $66.67[\%]$

(2) • 계산 과정: $\cos\theta = \dfrac{12 \times 10^3}{\sqrt{3} \times 220 \times 34} \times 100[\%] = 92.62[\%]$

  • 답: $92.62[\%]$

개념체크

• 부하율 $= \dfrac{\text{평균 수용 전력}}{\text{최대 수용 전력}} \times 100[\%]$

• 역률 $= \dfrac{\text{유효 전력}}{\text{피상 전력}} = \dfrac{P}{P_a} = \dfrac{P}{\sqrt{3}\,VI}$

09

★★☆

기자재가 그림과 같이 주어졌다. 다음 각 물음에 답하시오.   [5점]

(1) 전압 전류계법으로 저항값을 측정하기 위한 회로를 완성하시오.

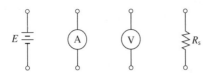

(2) 저항 R_s에 대한 식을 쓰시오.

답안작성

(1)

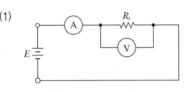

(2) $R_s = \dfrac{\text{Ⓥ}}{\text{Ⓐ}}[\Omega]$

개념체크

전압 전류계법
전압강하를 이용하여 저항값을 측정하는 방법

10

★★☆

피뢰기에 대한 다음 각 물음에 답하시오.   [6점]

(1) 피뢰기의 기능상 필요한 구비 조건을 4가지만 쓰시오.

(2) 피뢰기의 설치 장소 4개소를 쓰시오.

답안작성

(1) • 충격 방전 개시 전압이 낮을 것
 • 상용 주파 방전 개시 전압이 높을 것
 • 방전 내량이 크면서 제한 전압이 낮을 것
 • 속류의 차단 능력이 충분할 것

(2) • 고압 및 특고압 가공 전선로로부터 공급받는 수용 장소의 인입구
 • 발전소 및 변전소 또는 이에 준하는 장소의 가공 전선 인입구 및 인출구
 • 가공 전선로에 접속하는 배전용 변압기의 고압 측 및 특고압 측
 • 가공 전선로와 지중 전선로가 접속되는 곳

11

★★☆

다음 물음에 답하시오. [5점]

(1) 그림과 같은 송전 철탑에서 등가 선간 거리[m]는?

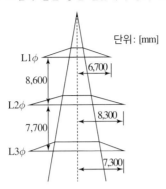

단위: [mm]

L1φ

6,700

8,600

L2φ

8,300

7,700

L3φ

7,300

• 계산 과정:

• 답:

(2) 간격 400[mm]인 정사각형 배치의 4도체에서 소선 상호 간의 기하학적 평균 거리[m]는?

• 계산 과정:

• 답:

답안작성 (1) • 계산 과정

각 전선 간의 이격 거리를 구하면

$D_{12} = \sqrt{8.6^2 + (8.3 - 6.7)^2} = 8.75[m]$

$D_{23} = \sqrt{7.7^2 + (8.3 - 7.3)^2} = 7.76[m]$

$D_{31} = \sqrt{(8.6 + 7.7)^2 + (7.3 - 6.7)^2} = 16.31[m]$ 이다.

∴ 등가 선간 거리 $D_e = \sqrt[3]{D_{12} \times D_{23} \times D_{31}} = \sqrt[3]{8.75 \times 7.76 \times 16.31} = 10.35[m]$

• 답: $10.35[m]$

(2) • 계산 과정: $D = \sqrt[6]{2}\,S = \sqrt[6]{2} \times 0.4 = 0.45[m]$

• 답: $0.45[m]$

개념체크 (2) 4도체의 기하학적 평균 거리 산출식

$D = \sqrt[6]{S \times S \times S \times S \times \sqrt{2}\,S \times \sqrt{2}\,S}$

$= \sqrt[6]{2}\,S$

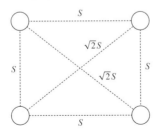

12 ★★★

그림과 같은 3상 3선식 배전선로에서 불평형률을 구하고, 양호하게 되었는지의 여부를 판단하시오.

[5점]

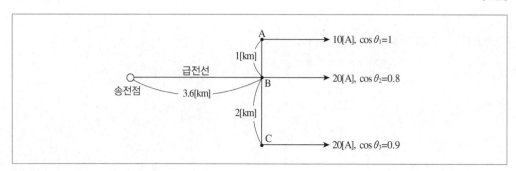

L1
L2
L3
(M) 90[kVA] (M) 30[kVA] (M) 100[kVA] (M) 50[kVA]

• 계산 과정:

• 답:

• 계산 과정

$$설비 불평형률 = \frac{90-30}{(90+30+100+50)\times\frac{1}{3}}\times100[\%] = 66.67[\%]$$

• 답: $66.67[\%]$, $30[\%]$를 초과하였으므로 양호하지 않다.

• 3상 3선식에서의 설비 불평형률 $= \dfrac{각 \ 선간에 \ 접속되는 \ 단상 \ 부하 \ 용량의 \ 최대와 \ 최소의 \ 차}{총 \ 부하설비 \ 용량[kVA]\times\frac{1}{3}}\times100[\%]$

• 설비 불평형률이 $30[\%]$ 이하이어야 양호한 상태이다.

13 ★★☆

다음 그림과 같은 3상 3선식 배전선로가 있다. 각 물음에 답하시오.(단, 전선 1가닥의 저항은 $0.5[\Omega/\mathrm{km}]$ 라고 한다.)

[6점]

A
10[A], $\cos\theta_1=1$
1[km]
급전선
송전점
3.6[km]
B
20[A], $\cos\theta_2=0.8$
2[km]
C
20[A], $\cos\theta_3=0.9$

(1) 급전선에 흐르는 전류는 몇 [A]인가?

• 계산 과정:

• 답:

(2) 전체 선로 손실은 몇 [W]인가?

• 계산 과정:

• 답:

(1) • 계산 과정

$$I = 10 + 20 \times (0.8 - j0.6) + 20 \times (0.9 - j\sqrt{1 - 0.9^2}) = 44 - j20.72[\text{A}]$$

$$\therefore |I| = \sqrt{44^2 + 20.72^2} = 48.63[\text{A}]$$

• 답: 48.63[A]

(2) • 계산 과정

$$P_l = 3 \times 48.63^2 \times (0.5 \times 3.6) + 3 \times 10^2 \times (0.5 \times 1) + 3 \times 20^2 \times (0.5 \times 2) = 14,120.34[\text{W}]$$

• 답: 14,120.34[W]

• 부하마다 역률이 모두 다를 경우에는 전류를 계산할 때 유효 전류($I\cos\theta$)와 무효 전류($I\sin\theta$)로 나누어 계산하여야 한다.

• 주어진 부하의 역률은 문제에서 특별하게 언급하지 않더라도 지상 역률로 생각하여 풀어야 한다. 즉,

$$\dot{I} = |I| \angle -\theta = |I|(\cos\theta - j\sin\theta)[\text{A}]$$

14
★☆☆

3,150/210[V]인 변압기의 용량이 각각 250[kVA], 200[kVA]이고, %임피던스 강하가 각각 2.5[%]와 3[%]일 때 그 병렬 합성 용량[kVA]은 얼마인가? [5점]

• 계산 과정:

• 답:

• 계산 과정

$$\frac{P_A}{P_B} = \frac{P_{an}}{P_{bn}} \times \frac{\%Z_b}{\%Z_a} = \frac{250}{200} \times \frac{3}{2.5} = \frac{3}{2}$$

$$P_B = \frac{2}{3} P_A = \frac{2}{3} \times 250 = 166.67[\text{kVA}]$$

합성 용량 $P = P_A + P_B = 250 + 166.67 = 416.67[\text{kVA}]$

• 답: 416.67[kVA]

15

★★☆

도면은 어느 $154[\text{kV}]$ 수용가의 수전설비 단선 결선도의 일부분이다. 주어진 표와 도면을 이용하여 다음 각 물음에 답하시오. [10점]

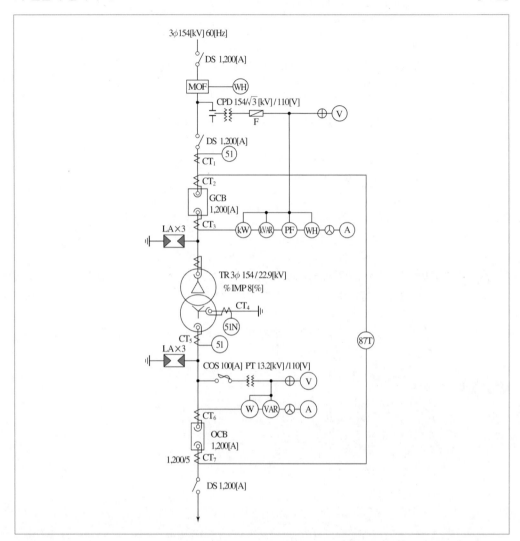

CT의 정격

1차 정격 전류[A]	200	400	600	800	1,200	1,500
2차 정격 전류[A]	5					

(1) 변압기 2차 부하설비 용량이 $51[\text{MW}]$, 수용률이 $70[\%]$, 부하 역률이 $90[\%]$일 때 도면의 변압기 최소 용량은 몇 $[\text{MVA}]$가 되는가?
   • 계산 과정:
   • 답:

(2) 변압기 1차 측 DS의 정격 전압은 몇 $[\text{kV}]$인가?

(3) CT_1의 비는 얼마인지를 계산하고 표에서 선정하시오.
   • 계산 과정:
   • 답:

(4) GCB 내에 사용되는 가스는 주로 어떤 가스가 사용되는지 그 가스의 명칭을 쓰시오.

(5) OCB의 정격 차단 전류가 23[kA]일 때, 이 차단기의 차단 용량은 몇 [MVA]인가?
  • 계산 과정:
  • 답:

(6) 과전류 계전기의 정격 부담이 9[VA]일 때 이 계전기의 임피던스는 몇 [Ω]인가?
  • 계산 과정:
  • 답:

(7) CT_7 1차 전류가 600[A]일 때 CT_7의 2차에서 비율 차동 계전기의 단자에 흐르는 전류는 몇 [A]인가?
  • 계산 과정:
  • 답:

답안작성

(1) • 계산 과정

$$변압기\ 용량 = \frac{51 \times 0.7}{0.9} = 39.67[MVA]$$

  • 답: 39.67[MVA]

(2) 170[kV]

(3) • 계산 과정

$$I_1 = \frac{39.67 \times 10^6}{\sqrt{3} \times 154 \times 10^3} \times (1.25 \sim 1.5) = 185.9 \sim 223.09[A]$$

   따라서 표에서 200/5 선정
  • 답: 200/5

(4) SF_6(육불화황) 가스

(5) • 계산 과정: $P_s = \sqrt{3}\,V_n I_s = \sqrt{3} \times 25.8 \times 23 = 1,027.8[MVA]$
  • 답: 1,027.8[MVA]

(6) • 계산 과정: $P = I^2 Z$ 에서 $Z = \dfrac{P}{I^2} = \dfrac{9}{5^2} = 0.36[\Omega]$
  • 답: 0.36[Ω]

(7) • 계산 과정: $I_2 = 600 \times \dfrac{5}{1,200} \times \sqrt{3} = 4.33[A]$
  • 답: 4.33[A]

해설비법

(1) 변압기 용량[MVA] $\geq \dfrac{설비\ 용량 \times 수용률}{부등률 \times 역률}$

(2) 도면에서 변압기 1차 측 전압은 154[kV]이다. 따라서 단로기의 정격은 $154 \times \dfrac{1.2}{1.1} = 168[kV]$로 계산되므로 단로기의 정격 전압은 170[kV]이다.

(3) 수전설비에서 변류기 1차 전류 $I_1 = \dfrac{P_1}{\sqrt{3}\,V_1 \cos\theta} \times (1.25 \sim 1.5)[A]$

(4) 가스 차단기(GCB): SF_6(육불화황) 가스의 소호 작용을 활용해 아크를 소호

(5) 차단기 용량 $P_s = \sqrt{3}\,V_n I_s$[MVA]
   (변압기 2차 측 전압 22.9[kV]의 유입 차단기(OCB) 정격전압 $V_n = 25.8$[kV])

(6) 정격부담이란 변성기 2차 측에 걸 수 있는 부하의 한도[VA]를 말한다. 즉, 변류기 2차 전류는 5[A]이므로 $P = I^2 Z$에서 계전기의 임피던스를 구한다.

(7) 변압기 결선이 $\Delta - Y$이므로 비율 차동 계전기의 CT 결선은 $Y - \Delta$로 역결선이다. 따라서 비율 차동 계전기에 흐르는 전류는 선전류로 상전류의 $\sqrt{3}$ 배가 된다.

16 ★☆☆

정격 출력 $1,500[\text{kVA}]$, 역률 $65[\%]$인 전동기 회로에 역률 개선용 콘덴서를 설치하여 역률 $96[\%]$로 개선하기 위하여 다음 표를 이용하여 콘덴서 용량을 구하시오. [5점]

[표] 부하에 대한 콘덴서 용량 산출표[%]

구분		개선 후의 역률													
		1.0	0.99	0.98	0.97	0.96	0.95	0.94	0.93	0.92	0.91	0.9	0.875	0.85	0.825	0.8
개선 전의 역률	0.4	230	216	210	205	201	197	194	190	187	184	182	175	168	161	155
	0.425	213	198	192	188	184	180	176	173	170	167	164	157	151	144	138
	0.45	198	183	177	173	168	165	161	158	155	152	149	143	136	129	123
	0.475	185	171	165	161	156	153	149	146	143	140	137	130	123	116	110
	0.5	173	159	153	148	144	140	137	134	130	128	125	118	111	104	93
	0.525	162	148	142	137	133	129	126	122	119	117	114	107	100	93	87
	0.55	152	138	132	127	123	119	116	112	109	106	104	97	90	83	77
	0.575	142	128	122	117	114	110	106	103	99	96	94	87	80	73	67
	0.6	133	119	113	108	104	101	97	94	91	88	85	78	71	65	58
	0.625	125	111	105	100	96	92	89	85	82	79	77	70	63	56	50
	0.65	116	103	97	92	88	84	81	77	74	71	69	62	55	48	42
	0.675	109	95	89	84	80	76	73	70	66	64	61	54	47	40	34
	0.7	102	88	81	77	73	69	66	62	59	56	54	46	40	33	27
	0.725	95	81	75	70	66	62	59	55	52	49	46	39	33	26	20
	0.75	88	74	67	63	58	55	52	49	45	43	40	33	26	19	13
	0.775	81	67	61	57	52	49	45	42	39	36	33	26	19	12	6.5
	0.8	75	61	54	50	46	42	39	35	32	29	27	19	13	6	
	0.825	69	54	48	44	40	36	32	29	26	23	21	14	7		
	0.85	62	48	42	37	33	29	26	22	19	16	14	7			
	0.875	55	41	35	30	26	23	19	16	13	10	7				
	0.9	48	34	28	23	19	16	12	9	6	2.8					

• 계산 과정:

• 답:

답안작성 • 계산 과정

주어진 표에서 개선 전의 역률 0.65와 개선 후의 역률 0.96이 교차하는 지점의 계수는 $k = 0.88$이므로 $Q_c = (1,500 \times 0.65) \times 0.88 = 858[\text{kVA}]$이다.

• 답: $858[\text{kVA}]$

해설비법 역률 개선용 콘덴서 용량을 표로 구할 때에는 다음 식에서 단위에 주의하여야 한다.
$Q_c = P[\text{kW}] \times k = (P_a[\text{kVA}] \times \cos\theta) \times \text{k}$

17
★★☆

도면과 같은 시퀀스도는 기동 보상기에 의한 전동기의 기동 제어 회로의 미완성 도면이다. 이 도면을 보고 다음 각 물음에 답하시오. [7점]

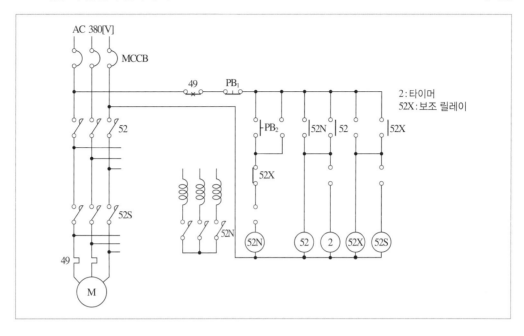

(1) 전동기의 기동 보상기 기동 제어는 어떤 기동 방법인지 그 방법을 상세히 설명하시오.

(2) 주 회로에 대한 미완성 부분을 완성하시오.

(3) 보조 회로의 미완성 접점을 그리고, 그 접점 명칭을 표기하시오.

답안작성 (1) 기동 시 전동기에 대한 인가 전압을 단권 변압기로 감압하여 공급함으로써 기동 전류를 억제하고 기동 완료 후 전전압을 가하는 방식

(2), (3)

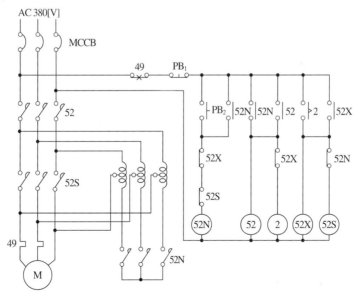

18

★★★

다음의 PLC 프로그램을 보고, 래더 다이어그램을 완성하시오.　　　　　　　　　[5점]

차례	명령	번지
0	STR	P00
1	OR	P01
2	STR NOT	P02
3	OR	P03
4	AND STR	−
5	AND NOT	P04
6	OUT	P10

답안작성

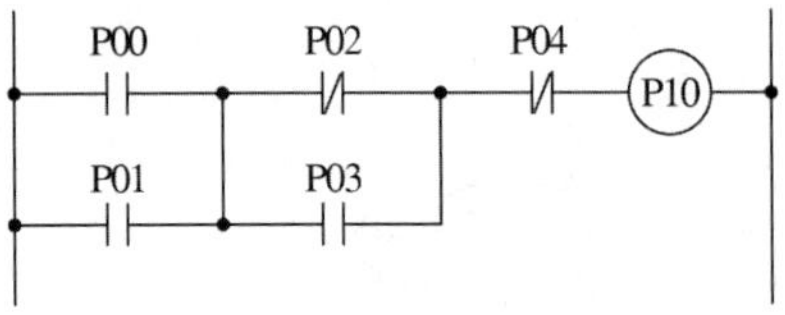

개념체크　STR: 시작 입력, OR: 병렬 접속, AND STR: 직렬 묶음, NOT: 부정, OUT: 출력

해설비법　논리식으로 나타내면 다음과 같다.
$$P10 = (P00 + P01) \cdot (\overline{P02} + P03) \cdot \overline{P04}$$

내가 꿈을 이루면
나는 누군가의 꿈이 된다.

– 이도준

여러분의 작은 소리
에듀윌은 크게 듣겠습니다.

본 교재에 대한 여러분의 목소리를 들려주세요.
공부하시면서 어려웠던 점, 궁금한 점,
칭찬하고 싶은 점, 개선할 점, 어떤 것이라도 좋습니다.

에듀윌은 여러분께서 나누어 주신 의견을
통해 끊임없이 발전하고 있습니다.

에듀윌 도서몰 book.eduwill.net
- 부가학습자료 및 정오표: 에듀윌 도서몰 → 도서자료실
- 교재 문의: 에듀윌 도서몰 → 문의하기 → 교재(내용, 출간) / 주문 및 배송

2024 에듀윌 전기기사 실기 20개년 기출문제집

발 행 일	2024년 03월 28일 초판
편 저 자	에듀윌 전기수험연구소
펴 낸 이	양형남
펴 낸 곳	(주)에듀윌
등록번호	제25100-2002-000052호
주 소	08378 서울특별시 구로구 디지털로34길 55
	코오롱싸이언스밸리 2차 3층

* 이 책의 무단 인용 · 전재 · 복제를 금합니다.

www.eduwill.net
대표전화 1600-6700

처음에는 당신이 원하는 곳으로
갈 수는 없겠지만,
당신이 지금 있는 곳에서
출발할 수는 있을 것이다.

– 작자 미상

에듀윌 전기기사

실기 PLUS 10개년 기출문제

차례

학습 레시피

❶ 고난도 회차에서 출제된 문제는 앞으로 재출제될 가능성이 높아요.

❷ 빈출 유형(★★★)은 다시 출제될 확률이 높으므로 확실히 챙기세요.

❸ 단답이론만 따로 정리해 단답형 문제를 준비하세요.

❹ 2권(2013년~2004년)은 회차별 합격률이 제공되지 않습니다. 회차별 난이도를 고려하여 학습에 참고하세요.

학습 메뉴

난이도별 학습법

난이도 🎵	난이도 🎵🎵	난이도 🎵🎵🎵
합격률 30% ⬆	합격률 15~30% ⬆	합격률 15% ⬇
해당 난이도의 시험에서 합격할 수 있도록 꼼꼼한 학습 추천	너무 어려운 문제보다는 득점할 수 있는 문제를 선택적으로 학습하는 방법 추천	빈출도가 낮고, 너무 어려운 문제는 패스! 2~3회독 이상 시 학습하는 방법 추천

1회 학습전략

합격률: 24.62%

난이도 ⊕

- 단답형: 변압기 사고, 자기여자현상, 스코트 결선, 예비전원설비, 계기용 변성기, 단락용량 경감 대책, 개폐기 종류
- 공식형: 3상 4선식 선로, 조명 설계, 전력 손실, 발전기 용량, 전력용 콘덴서, 변압기 용량
- 복합형: 수전 계통도, 테이블 스펙, 유도 전동기 기동, 부하설비
- 설비계통에 관한 개념과 계산을 동시에 요하는 복합형 문제의 배점이 높았습니다. 이론을 정리하면서 관련있는 내용을 정확히 학습해야 합니다. 단답형 문제는 다소 지엽적인 내용에서도 출제되므로 평소에 미리 대비해야 득점할 수 있습니다.

2회 학습전략

합격률: 13.77%

난이도 ⊕

- 단답형: 아몰퍼스 변압기, 예비전원설비, 설비 부하 평형, 전력용 콘덴서, 접지 종류, 계기용 변성기, 시퀀스, 심벌, 3로 스위치
- 공식형: 예비전원설비, 지락 사고, 계약전력, 권상기용 전동기, 부하설비, 절연내력 시험
- 복합형: 단락 사고, 테이블 스펙, 조명 설계
- 단답형 문제의 경우 지엽적인 부분에서 높은 난도로 출제되었습니다. 본인이 득점할 수 있는 문제부터 준비하고, 2~3회독 시에 고난도 문제를 대비하는 것이 좋습니다. 잡고 갈 문제는 확실히 챙겨갈 수 있도록 준비해야 합니다.

3회 학습전략

합격률: 7.15%

난이도 ⊕

- 단답형: 수전설비 단선도, 서지 흡수기, 4전극법, 전력용 콘덴서, PLC, 지중 전선로, 예비전원설비, 접지저항 저감, 유도 전동기 운전, 변압기 병렬 운전
- 공식형: 효율, 분기회로, 발전기 용량, 조명 설계, 변압기 용량, 3상 4선식 선로, 부등률
- 단답형 문제의 출제 비율이 높았습니다. 4전극법, 서지 흡수기의 적용, 접지저항 등 자주 출제되는 문제 주제가 아닐 뿐만 아니라 난도가 높았습니다. 문제수가 많고 문제당 배점이 낮아 넓은 범위의 학습이 요구되었습니다.

※ KEC 적용에 의거해 삭제된 문제가 있어 배점 합계가 100점이 되지 않습니다.

2013년 1회

기출문제

배점	100
	1회독
득점	2회독
	3회독

2013년

01
★★☆

그림과 같은 수전 계통을 보고 다음 각 물음에 답하시오.　　　　　　　　　　　　　　　　[9점]

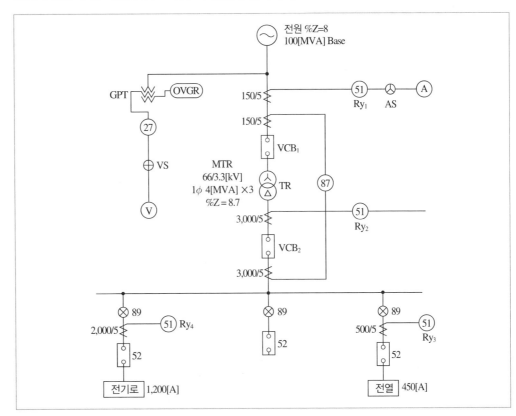

(1) 27과 87 계전기의 명칭과 용도를 설명하시오.

기기	명칭	용도
27		
87		

(2) 다음의 조건에서 과전류 계전기 Ry_1, Ry_2, Ry_3, Ry_4의 탭(Tap) 설정값은 몇 [A]가 가장 적정한지를 계산에 의하여 정하시오.

[조건]
- Ry_1, Ry_2의 탭 설정값은 부하 전류 160[%]에서 설정한다.
- Ry_3의 탭 설정값은 부하 전류 150[%]에서 설정한다.
- Ry_4는 부하가 변동 부하이므로 탭 설정값은 부하 전류 200[%]에서 설정한다.
- 과전류 계전기의 전류탭은 2[A], 3[A], 4[A], 5[A], 6[A], 7[A], 8[A]가 있다.

계전기	계산 과정	설정값
Ry_1		
Ry_2		
Ry_3		
Ry_4		

(3) 차단기 VCB_1의 정격 전압은 몇 [kV]인가?

(4) 전원 측 차단기 VCB_1의 정격 용량을 계산하고, 다음의 표에서 가장 적당한 것을 선정하도록 하시오.

차단기의 정격 표준 용량[MVA]

1,000	1,500	2,500	3,500

• 계산 과정:

• 답:

답안작성 (1)

기기	명칭	용도
27	부족 전압 계전기	전압이 설정값 이하로 저하되면 동작하여 차단기의 트립 코일을 여자
87	비율 차동 계전기	발전기 및 변압기, 모선의 내부 고장에 대한 보호용

(2)

계전기	계산 과정	설정값
Ry_1	$I = \dfrac{4 \times 10^6 \times 3}{\sqrt{3} \times 66 \times 10^3} \times \dfrac{5}{150} \times 1.6 = 5.6[A]$	6[A]
Ry_2	$I = \dfrac{4 \times 10^6 \times 3}{\sqrt{3} \times 3.3 \times 10^3} \times \dfrac{5}{3,000} \times 1.6 = 5.6[A]$	6[A]
Ry_3	$I = 450 \times \dfrac{5}{500} \times 1.5 = 6.75[A]$	7[A]
Ry_4	$I = 1,200 \times \dfrac{5}{2,000} \times 2 = 6[A]$	6[A]

(3) 72.5[kV]

(4) • 계산 과정: $P_s = \dfrac{100}{\%Z} P_n = \dfrac{100}{8} \times 100 = 1,250[MVA]$, 1,500[MVA] 선정

• 답: 1,500[MVA]

해설비법 (2) 과전류 계전기의 전류 탭

• 과전류 계전기의 전류 탭 I_t = 부하 전류(I) $\times \dfrac{1}{\text{변류비}} \times$ 설정값[A]

• 과전류 계전기(OCR)의 탭 전류 규격: 2, 3, 4, 5, 6, 7, 8, 10, 12[A]

(3) 차단기의 정격 전압

사용 회로의 공칭 전압[kV]	정격 전압[kV]
6.6	7.2
22	24
22.9	25.8
66	72.5
154	170

(4) 차단기의 정격 용량은 단락 용량을 구한 후 계산값보다 큰 것을 선정한다.
퍼센트 임피던스($\%Z$)가 주어진 경우의 단락 용량(P_s)은 다음과 같다.

$$P_s = \frac{100}{\%Z} P_n \,[\text{MVA}]$$

(P_n: 기준 용량[MVA], $\%Z$: 전원 측으로부터 합성 임피던스)

02 ★★☆

그림과 같이 3상 4선식 배전선로에 역률 $100[\%]$인 부하 $L1-N$, $L2-N$, $L3-N$이 각 상과 중성선 간에 연결되어 있다. $L1$, $L2$, $L3$상에 흐르는 전류가 $220[\text{A}]$, $172[\text{A}]$, $190[\text{A}]$일 때 중성선에 흐르는 전류를 계산하시오. [5점]

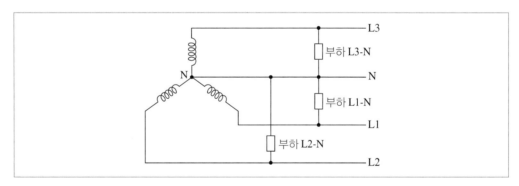

• 계산 과정:

• 답:

답안작성

• 계산 과정

$$\dot{I}_N = \dot{I}_{L1} + a^2\dot{I}_{L2} + a\dot{I}_{L3} = I_{L1}\angle 0° + I_{L2}\angle -120° + I_{L3}\angle 120°$$

$$= 220 + \left(-\frac{1}{2} - j\frac{\sqrt{3}}{2}\right)\times 172 + \left(-\frac{1}{2} + j\frac{\sqrt{3}}{2}\right)\times 190$$

$$= 39 + j15.59 = \sqrt{39^2 + 15.59^2} = 42[\text{A}]$$

• 답: $42[\text{A}]$

해설비법 3상 부하가 불평형: $\dot{I}_N = \dot{I}_{L1} + a^2\dot{I}_{L2} + a\dot{I}_{L3}$

03 ★☆☆ 다음은 개폐기의 종류를 나열한 것이다. 기기의 특징에 알맞은 명칭을 빈칸에 쓰시오. [5점]

구분	명칭	특징
①		• 전로의 접속을 바꾸거나 끊는 목적으로 사용 • 전류의 차단능력은 없음 • 무부하 상태에서 전로 개폐 • 변압기, 차단기 등의 보수점검을 위한 회로 분리용 및 전력계통 변환을 위한 회로분리용으로 사용
②		• 평상시 부하전류의 개폐는 가능하나 이상 시(과부하, 단락) 보호기능은 없음 • 개폐 빈도가 적은 부하의 개폐용 스위치로 사용 • 전력 퓨즈와 사용 시 결상방지 목적으로 사용
③		• 평상시 부하전류 혹은 과부하 전류까지 안전하게 개폐 • 부하의 개폐·제어가 주목적이고, 개폐 빈도가 많음 • 부하의 조작, 제어용 스위치로 이용 • 전력 퓨즈와의 조합에 의해 Combination switch로 널리 사용
④		• 평상시 전류 및 사고 시 대전류를 지장 없이 개폐 • 회로보호가 주목적이며 기구, 제어회로가 Tripping 우선으로 되어 있음 • 주회로 보호용 사용
⑤		• 일정치 이상의 과부하전류에서 단락전류까지 대전류 차단 • 전로의 개폐 능력은 없다. • 고압개폐기와 조합하여 사용

답안작성

① 단로기
② 부하 개폐기
③ 전자 접촉기
④ 차단기
⑤ 전력 퓨즈

개념체크 각종 기구의 능력 비교표

기구 \ 능력	회로 분리		사고 차단	
	무부하 시	부하 시	과부하 시	단락 시
퓨즈	○			○
차단기	○	○	○	○
개폐기	○	○	○	
단로기	○			
전자 접촉기	○	○	○	

04
★★☆

전동기에 개별로 콘덴서를 설치할 경우 발생할 수 있는 자기여자현상의 발생 이유와 현상을 설명하시오.

[5점]

(1) 자기여자현상 발생 이유

(2) 현상

답안작성 (1) 콘덴서의 진상전류가 전동기 부하의 무부하 여자전류(지상전류)보다 크기 때문이다.
(2) 전동기 단자전압이 일시적으로 정격 전압을 초과하는 현상이 발생한다.

개념체크 유도 전동기의 자기여자현상

유도 전동기의 부하 역률을 개선하기 위해 콘덴서가 설치된다. 이때 진상전류에 의해 일시적으로 전동기의 단자전압이 상승하게 되는 현상을 말한다.

05
★★★

3상 전원에 단상 전열기 2대를 연결하여 사용할 경우 3상 평형전류가 흐르는 변압기의 결선 방법이 있다. 3상을 2상으로 변환하는 이 결선 방법의 명칭과 결선도를 그리시오.(단, 단상 변압기 2대를 사용한다.)

[5점]

(1) 명칭

(2) 결선도

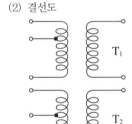

답안작성 (1) 명칭: 스코트 결선

(2) 결선도

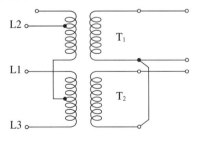

스코트 결선

3상을 2상으로 변환하는 결선 방법으로 용량이 동일한 2대의 변압기에서 T_1 변압기 1차 권선의 $\frac{1}{2}$이 되는 점에 접속한 후, 1차 측 3단자 A, B, C에 평형 3상 전압을 공급하면 2차 측에 위상차 90°인 평형 2상 전압을 얻는 방식이다.

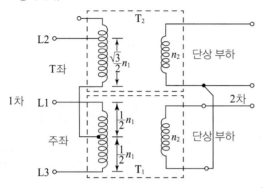

06
★★★

그림은 축전지 충전회로이다. 다음 물음에 답하시오. **[5점]**

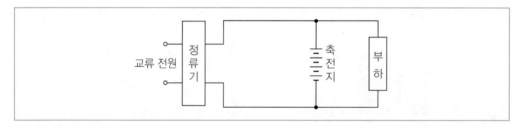

(1) 충전 방식은 무엇인가?
(2) 이 방식의 역할(특징)을 쓰시오.

답안작성
(1) 부동 충전 방식
(2) 축전지의 자기 방전을 보충함과 동시에 상용 부하에 대한 전력공급은 충전기가 부담하도록 하되, 충전기가 부담하기 어려운 일시적인 대전류 부하는 축전지가 부담하도록 하는 방식

개념체크 부동 충전 방식
• 축전지의 자기 방전을 보충하는 충전 방식이다.
• 상용 부하에 대한 전력 공급은 충전기가 부담하고, 충전기가 공급하기 어려운 일시적인 대전류 부하에 대해서는 축전지로 하여금 부담하게 하는 방식이다.

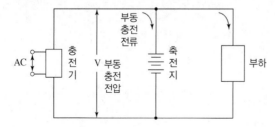

07 ★☆☆ 전동기 $M_1 \sim M_5$의 사양이 주어진 조건과 같고 이것을 그림과 같이 배치하여 금속관 공사로 시설하고자 한다. 간선 및 분기회로의 설계에 필요한 자료를 주어진 표를 이용하여 각 물음에 답하시오.(단, 공사방법은 B1, XLPE 절연전선을 사용한다.)　　　[7점]

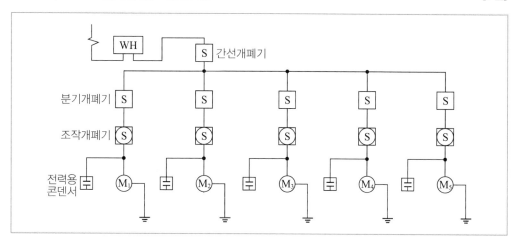

[조건]

M_1 : 3상 200[V], 0.75[kW] 농형 유도 전동기(직입 기동)

M_2 : 3상 200[V], 3.7[kW] 농형 유도 전동기(직입 기동)

M_3 : 3상 200[V], 5.5[kW] 농형 유도 전동기(직입 기동)

M_4 : 3상 200[V], 15[kW] 농형 유도 전동기(Y-△ 기동)

M_5 : 3상 200[V], 30[kW] 농형 유도 전동기(기동보상기 기동)

(1) 각 전동기 분기회로의 설계에 필요한 자료를 답란에 기입하시오.

구 분		M_1	M_2	M_3	M_4	M_5
규약전류[A]						
전선 최소 굵기[mm²]						
개폐기 용량[A]	분기					
	현장 조작					
과전류 차단기[A]	분기					
	현장 조작					
초과눈금 전류계[A]						
접지도체의 굵기[mm²]						
금속관의 굵기[mm]						
콘덴서 용량[μF]						

(2) 간선의 설계에 필요한 자료를 답란에 기입하시오.

전선 최소 굵기[mm²]	개폐기 용량[A]	과전류 차단기 용량[A]	금속관의 굵기[mm]

[표 1] 후강전선관 굵기의 선정

도체 단면적[mm²]	전선 본수									
	1	2	3	4	5	6	7	8	9	10
	전선관 최소 굵기[mm]									
2.5	16	16	16	16	22	22	22	28	28	28
4	16	16	16	22	22	22	28	28	28	28
6	16	16	22	22	22	28	28	28	36	36
10	16	22	22	28	28	36	36	36	36	36
16	16	22	28	28	36	36	36	42	42	42
25	22	28	28	36	36	42	54	54	54	54
35	22	28	36	42	54	54	54	70	70	70
50	22	36	54	54	70	70	70	82	82	82
70	28	42	54	54	70	70	70	82	82	92
95	28	54	54	70	70	82	82	92	92	104
120	36	54	54	70	70	82	82	92		
150	36	70	70	82	92	92	104	104		
185	36	70	70	82	92	104				
240	42	82	82	92	104					

※ 전선 1본수는 접지도체 및 직류 회로의 전선에도 적용한다.
※ 이 표는 실험 결과와 경험을 기초로 하여 결정한 것이다.
※ 이 표는 450/750[V] 일반용 단심 비닐절연전선을 기준으로 한 것이다.

[표 2] 콘덴서 설치용량 기준표(200[V], 380[V], 3상 유도 전동기)

정격출력[kW]	설치하는 콘덴서 용량(90[%] 까지)					
	220[V]		380[V]		440[V]	
	[μF]	[kVA]	[μF]	[kVA]	[μF]	[kVA]
0.2	15	0.2262	–	—		
0.4	20	0.3016	–	—		
0.75	30	0.4524	–	–		
1.5	50	0.754	10	0.544	10	0.729
2.2	75	1.131	15	0.816	15	1.095
3.7	100	1.508	20	1.088	20	1.459
5.5	175	2.639	50	2.720	40	2.919
7.5	200	3.016	75	4.080	40	2.919
11	300	4.524	100	5.441	75	5.474
15	400	6.032	100	5.441	75	5.474
22	500	7.54	150	8.161	100	7.299
30	800	12.064	200	10.882	175	12.744
37	900	13.572	250	13.602	200	14.598

※ 200[V]용과 380[V]용은 전기공급약관 시행세칙에 의한다.
※ 440[V]용은 계산하여 제시한 값으로 참고용이다.
※ 콘덴서가 일부 설치되어 있는 경우는 무효전력([kVar]) 또는 용량([kVA] 또는 [μF]) 합계에서 설치되어 있는 콘덴서의 용량([kVA] 또는 [μF])의 합계를 뺀 값을 설치하면 된다.

[표 3] $200[V]$ 3상 유도 전동기의 간선의 굵기 및 기구의 용량

전동기 [kW] 수의 총계 [kW] 이하	최대 사용 전류 [A] 이하	공사 방법 A1 3개선 PVC	공사 방법 A1 3개선 XLPE, EPR	공사 방법 B1 3개선 PVC	공사 방법 B1 3개선 XLPE, EPR	공사 방법 C 3개선 PVC	공사 방법 C 3개선 XLPE, EPR	0.75 이하	1.5	2.2	3.7 / 5.5	5.5 / 7.5	7.5 / 11,15	11 / 18.5,22	15	18.5 / 30,37	22
3	15	2.5	2.5	2.5	2.5	2.5	2.5	15/30	20/30	30/30	-	-	-	-	-	-	-
4.5	20	4	2.5	2.5	2.5	2.5	2.5	20/30	20/30	30/30	50/60	-	-	-	-	-	-
6.3	30	6	4	6	4	4	2.5	30/30	30/30	50/60	50/60	75/100	-	-	-	-	-
8.2	40	10	6	10	6	6	4	50/60	50/60	50/60	75/100	75/100	100/100	-	-	-	-
12	50	16	10	10	10	10	6	50/60	50/60	50/60	75/100	75/100	100/100	150/200	-	-	-
15.7	75	35	25	25	16	16	16	75/100	75/100	75/100	75/100	100/100	100/100	150/200	150/200	-	-
19.5	90	50	25	35	25	25	16	100/100	100/100	100/100	100/100	100/100	150/200	150/200	200/200	200/200	-
23.2	100	50	35	35	25	35	25	100/100	100/100	100/100	100/100	100/100	150/200	150/200	200/200	200/200	200/200
30	125	70	50	50	35	50	35	150/200	150/200	150/200	150/200	150/200	150/200	150/200	200/200	200/200	200/200
37.5	150	95	70	70	50	70	50	150/200	150/200	150/200	150/200	150/200	150/200	200/200	200/200	300/300	300/300
45	175	120	70	95	50	70	50	200/200	200/200	200/200	200/200	200/200	200/200	200/200	200/200	300/300	300/300
52.5	200	150	95	95	70	95	70	200/200	200/200	200/200	200/200	200/200	200/200	200/200	200/200	300/300	300/300
63.7	250	240	150	-	95	120	95	300/300	300/300	300/300	300/300	300/300	300/300	300/300	300/300	300/300	400/400
75	300	300	185	-	120	185	120	300/300	300/300	300/300	300/300	300/300	300/300	300/300	300/300	300/300	400/400
86.2	350	-	240	-	-	240	150	400/400	400/400	400/400	400/400	400/400	400/400	400/400	400/400	400/400	400/400

※ 직입 기동 전동기 중 최대 용량의 것 / 기동기 사용 전동기 중 최대 용량의 것 / 과전류 차단기[A] ········ (칸 위 숫자) / 개폐기 용량[A] ········ (칸 아래 숫자)

※ 최소 전선 굵기는 1회선에 대한 것이다.

※ 공사 방법 A1은 벽 내의 전선관에 공사한 절연 전선 또는 단심 케이블, 공사 방법 B1은 벽면의 전선관에 공사한 절연 전선 또는 단심 케이블, 공사 방법 C는 벽면에 공사한 단심 또는 다심 케이블을 시설하는 경우의 전선 굵기를 표시하였다.

※ 「전동기 중 최대의 것」에는 동시 기동하는 경우를 포함한다.

※ 과전류 차단기의 용량은 해당 조항에 규정되어 있는 범위에서 실용상 거의 최대값을 표시한다.

※ 과전류 차단기의 선정은 최대 용량의 정격 전류의 3배에 다른 전동기의 정격 전류의 합계를 가산한 값 이하를 표시함

※ 고리퓨즈는 $300[A]$ 이하에서 사용하여야 한다.

[표 4] 3상 유도 전동기 1대인 경우의 분기 회로(B종 퓨즈의 경우)

정격 출력 [kW]	전부하 전류 [A]	배선 종류에 의한 동 전선의 최소 굵기[mm²]					
		공사 방법 A1		공사 방법 B1		공사 방법 C	
		3개선		3개선		3개선	
		PVC	XLPE, EPR	PVC	XLPE, EPR	PVC	XLPE, EPR
0.2	1.8	2.5	2.5	2.5	2.5	2.5	2.5
0.4	3.2	2.5	2.5	2.5	2.5	2.5	2.5
0.75	4.8	2.5	2.5	2.5	2.5	2.5	2.5
1.5	8	2.5	2.5	2.5	2.5	2.5	2.5
2.2	11.1	2.5	2.5	2.5	2.5	2.5	2.5
3.7	17.4	2.5	2.5	2.5	2.5	2.5	2.5
5.5	26	6	4	4	2.5	4	2.5
7.5	34	10	6	6	4	6	4
11	48	16	10	10	6	10	6
15	65	25	16	16	10	16	10
18.5	79	35	25	25	16	25	16
22	93	50	25	35	25	25	16
30	124	70	50	50	35	50	35
37	152	95	70	70	50	70	50

| 정격 출력 [kW] | 전부하 전류 [A] | 개폐기 용량[A] | | | | 과전류 차단기(B종 퓨즈)[A] | | | | 전동기용 초과 눈금 전류계의 정격 전류 [A] | 접지 도체의 최소 굵기 [mm²] |
| | | 직입 기동 | | 기동기 사용 | | 직입 기동 | | 기동기 사용 | | | |
		현장 조작	분기	현장 조작	분기	현장 조작	분기	현장 조작	분기		
0.2	1.8	15	15			15	15			3	2.5
0.4	3.2	15	15			15	15			5	2.5
0.75	4.8	15	15			15	15			5	2.5
1.5	8	15	30			15	20			10	4
2.2	11.1	30	30			20	30			15	4
3.7	17.4	30	60			30	50			20	6
5.5	26	60	60	30	60	50	60	30	50	30	6
7.5	34	100	100	60	100	75	100	50	75	30	10
11	48	100	200	100	100	100	150	75	100	60	16
15	65	100	200	100	100	100	150	100	100	60	16
18.5	79	200	200	100	200	150	200	100	150	100	16
22	93	200	200	100	200	150	200	100	150	100	16
30	124	200	400	200	200	200	300	150	200	150	25
37	152	200	400	200	200	200	300	150	200	200	25

※ 최소 전선 굵기는 1회선에 대한 것이며, 2회선 이상일 경우는 복수회로 보정계수를 적용하여야 한다.

※ 공사 방법 A1은 벽 내의 전선관에 공사한 절연전선 또는 단심케이블, 공사 방법 B1은 벽면의 전선관에 공사한 절연전선 또는 단심 케이블, 공사방법 C는 벽면에 공사한 단심 또는 다심케이블을 시설하는 경우의 전선 굵기를 표시하였다.

※ 전동기 2대 이상을 동일회로로 할 경우는 간선의 표를 적용할 것

(1)

구 분		M_1	M_2	M_3	M_4	M_5
규약전류[A]		4.8	17.4	26	65	124
전선 최소 굵기[mm²]		2.5	2.5	2.5	10	35
개폐기 용량[A]	분기	15	60	60	100	200
	현장 조작	15	30	60	100	200
과전류 차단기[A]	분기	15	50	60	100	200
	현장 조작	15	30	50	100	150
초과눈금 전류계[A]		5	20	30	60	150
접지도체의 굵기[mm²]		2.5	6	6	16	25
금속관의 굵기[mm]		16	16	16	36	36
콘덴서 용량[μF]		30	100	175	400	800

(2) 전동기 용량의 합 $=0.75+3.7+5.5+15+30=54.95[\text{kW}]$

간선에 흐르는 전류의 합$=4.8+17.4+26+65+124=237.2[\text{A}]$

따라서 전선 최소 굵기, 개폐기·과전류 차단기 용량은 [표 3]에서 63.7[kW], 250[A]란에 따라 선정한다.

금속관의 굵기는 [표 1] 95[mm²], 3[본]란에서 선정한다.

전선 최소 굵기[mm²]	개폐기 용량[A]	과전류 차단기 용량[A]	금속관의 굵기 [mm]
95	300	300	54

(1) M_4 전동기(Y-△ 기동)

M_4 전동기는 Y-△ 기동이므로 MCC Panel로부터 전동기까지의 전선은 6가닥이다.

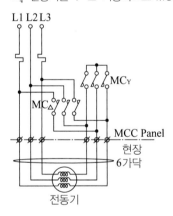

L1 L2 L3
MC$_Y$
MC$_△$
MCC Panel
현장
6가닥
전동기

※ 문제의 [표] 또는 [참고자료]가 KEC 적용 이전의 산출값으로 되어 있으나, 표를 활용하여 답을 산출하는 유형의 문제풀이 방법 숙지를 위해 수록하였습니다.

08

★ ★ ★

그림과 같이 부하를 운전 중인 상태에서 변류기의 2차 측의 전류계를 교체할 때에는 어떠한 순서로 작업을 하여야 하는지 쓰시오.(단, K와 L은 변류기 1차 단자, k와 l은 변류기 2차 단자, a와 b는 전류계 단자이다.) [5점]

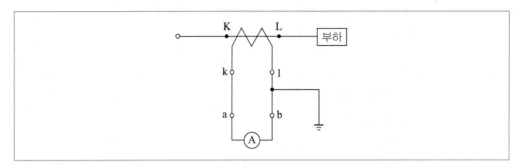

답안작성 변류기 2차 단자 k와 l을 단락한다. 이후 전류계 단자 a와 b를 분리하여 전류계를 교체하고 단락하였던 변류기 2차 단자 k와 l을 개방한다.

개념체크 계기용 변성기 점검 시 주의사항
• 변류기(CT): 2차 측 단락(2차 측 고전압 유기에 따른 절연 보호)
• 계기용 변압기(PT): 2차 측 개방(2차 측 과전류 보호)

09

★ ★ ★

그림과 같은 배전선로가 있다. 이 선로의 전력손실은 몇 $[kW]$인지 계산하시오. [5점]

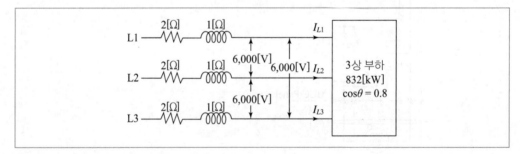

• 계산 과정:

• 답:

답안작성
- 계산 과정: $P_l = 3I^2 R = 3 \times \left(\dfrac{832 \times 10^3}{\sqrt{3} \times 6,000 \times 0.8} \right)^2 \times 2 \times 10^{-3} = 60.09 [\text{kW}]$
- 답: $60.09[\text{kW}]$

해설비법 3상 선로의 전력 손실 $P_l = 3I^2 R$에서 부하 전류 $I = \dfrac{P}{\sqrt{3}\,V\cos\theta}[\text{A}]$이므로

$$\therefore P_l = 3I^2 R = 3 \times \left(\dfrac{P}{\sqrt{3}\,V\cos\theta} \right)^2 \times R = \dfrac{P^2 R}{V^2 \cos^2\theta}$$

10 ★★★

부하가 유도 전동기이며, 기동용량이 $1,000[\text{kVA}]$이고, 기동 시 전압강하는 $20[\%]$이며, 발전기의 과도 리액턴스가 $25[\%]$이다. 이 전동기를 운전할 수 있는 자가발전기의 최소용량은 몇 $[\text{kVA}]$인지 계산하시오. [5점]

- 계산 과정:
- 답:

답안작성
- 계산 과정: $P_G \geq \left(\dfrac{1}{0.2} - 1 \right) \times 1,000 \times 0.25 = 1,000[\text{kVA}]$
- 답: $1,000[\text{kVA}]$

개념체크 비상 발전기 용량 $\geq \left(\dfrac{1}{\text{허용 전압강하}} - 1 \right) \times 기동용량 \times 과도리액턴스[\text{kVA}]$

11 ★★☆

전력계통의 발전기, 변압기 등의 증설이나 송전선의 신·증설로 인하여 단락 및 지락전류가 증가하여 송변전 기기에의 손상이 증대되고, 부근에 있는 통신선의 유도장해가 증가하는 등의 문제점이 예상되므로 단락 용량의 경감 대책을 세워야 한다. 이 대책을 3가지만 쓰시오. [6점]

답안작성
- 계통 전압의 승압 실시
- 한류 리액터 채용
- 고장전류 제한기 설치

단답 정리함 단락 용량의 경감 대책
- 계통 전압의 승압 실시
- 한류 리액터 채용
- 고장전류 제한기 설치
- 고임피던스 기기 채용
- 모선계통의 분리 운용

12 그림은 리액터 기동 정지 조작 회로의 미완성 도면이다. 이 도면에 대하여 다음 물음에 답하시오. [12점]

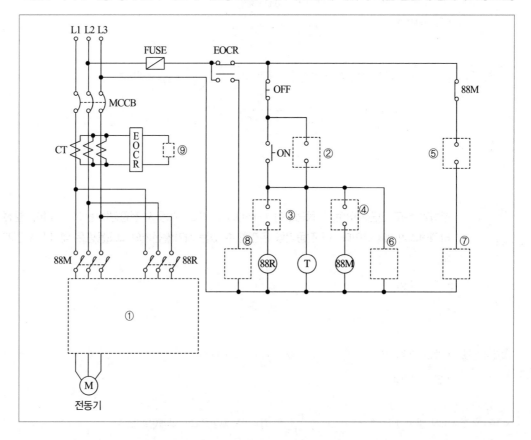

(1) ① 부분의 미완성 주회로를 회로도에 직접 그리시오.

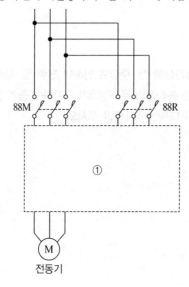

(2) 제어 회로에서 ②, ③, ④, ⑤ 부분의 접점을 완성하고 그 기호를 쓰시오.

구분	②	③	④	⑤
접점 및 기호				

(3) ⑥, ⑦, ⑧, ⑨ 부분에 들어갈 LAMP와 계기의 그림 기호를 그리시오. (예: Ⓖ 정지, Ⓡ 기동 및 운전, Ⓨ 과부하로 인한 정지)

구분	⑥	⑦	⑧	⑨
그림 기호				

2013년

(4) 직입 기동 시 시동 전류가 정격 전류의 6배가 되는 전동기를 65[%] 탭에서 리액터 시동한 경우 시동 전류는 약 몇 배 정도가 되는지 계산하시오.
- 계산 과정:
- 답:

(5) 직입 기동 시 시동 토크가 정격 토크의 2배였다고 하면 65[%] 탭에서 리액터 시동한 경우 시동 토크는 어떻게 되는지 설명하시오.
- 계산 과정:
- 답:

답안작성

(1)

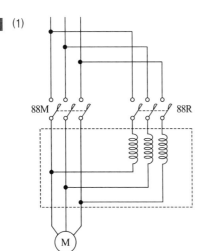

전동기

(2)

구분	②	③	④	⑤
접점 및 기호	T–a	88M	T–a	88R

(3)

구분	⑥	⑦	⑧	⑨
그림 기호	Ⓡ	Ⓖ	Ⓨ	Ⓐ

(4) • 계산 과정: 시동 전류 $I_s \propto V_0$에서 $I_s = 6I \times 0.65 = 3.9I$
   • 답: 3.9배

(5) • 계산 과정: 시동 토크 $T_s \propto V_0^2$에서 $T_s = 2T \times 0.65^2 = 0.85T$
   • 답: 0.85배

13
★★☆

정격 용량 $100[\text{kVA}]$인 변압기에서 지상 역률 $60[\%]$의 부하에 $100[\text{kVA}]$를 공급하고 있다. 역률 $90[\%]$로 개선하여 변압기의 전용량까지 부하에 공급하고자 한다. 다음 각 물음에 답하시오. [5점]

(1) 소요되는 전력용 콘덴서의 용량은 몇 $[\text{kVA}]$인지 계산하시오.
  • 계산 과정:
  • 답:

(2) 역률 개선에 따른 유효전력의 증가분은 몇 $[\text{kW}]$인지 계산하시오.
  • 계산 과정:
  • 답:

답안작성 (1) • 계산 과정

역률 개선 전 무효전력 $Q_1 = P_a \sin\theta_1 = 100 \times \sqrt{1-0.6^2} = 100 \times 0.8 = 80[\text{kVar}]$

역률 개선 후 무효전력 $Q_2 = P_a \sin\theta_2 = 100 \times \sqrt{1-0.9^2} = 43.59[\text{kVar}]$

따라서 소요되는 콘덴서의 용량 $Q_c = Q_1 - Q_2 = 80 - 43.59 = 36.41[\text{kVA}]$

  • 답: $36.41[\text{kVA}]$

(2) • 계산 과정: $\triangle P = P_a(\cos\theta_2 - \cos\theta_1) = 100 \times (0.9 - 0.6) = 30[\text{kW}]$

  • 답: $30[\text{kW}]$

개념체크 역률 개선 방법

역률은 부하에 의한 지상 무효전력$(-jQ)$ 때문에 저하되므로 부하와 병렬로 역률 개선용 콘덴서(진상 무효전력 $+jQ$ 공급) Q_c를 접속한다.

해설비법 (1) 변압기의 전용량까지 부하에 공급하고자 하므로 피상분 P_a를 이용하여 무효전력을 구한 후, 소요되는 콘덴서의 용량을 구한다.

14 ★★☆

옥외용 변전소 내의 변압기 사고라고 생각할 수 있는 사고의 종류 5가지만 쓰시오. [5점]

- 권선과 철심 간 절연파괴에 의한 지락
- 권선의 상간 및 층간 단락
- 권선의 단선
- 저·고압 권선의 혼촉
- 부싱 리드선의 절연 파괴

변압기의 고장(소손) 원인

- 권선과 철심 간 절연파괴에 의한 지락
- 권선의 상간 및 층간 단락
- 권선의 단선
- 저·고압 권선의 혼촉
- 부싱 리드선의 절연 파괴

15 ★☆☆

길이 $30[\text{m}]$, 폭 $50[\text{m}]$인 방에 평균 조도 $200[\text{lx}]$를 얻기 위해 전광속 $2,500[\text{lm}]$의 $40[\text{W}]$ 형광등을 사용했을 때 필요한 등수를 계산하시오.(단, 조명률 0.6, 감광 보상률 1.2이고 기타 요인은 무시한다.) [5점]

- 계산 과정:

- 답:

- 계산 과정: $N = \dfrac{EAD}{FU} = \dfrac{200 \times (30 \times 50) \times 1.2}{2,500 \times 0.6} = 240[\text{등}]$
- 답: $240[\text{등}]$

등의 개수 계산

$$FUN = EAD$$

(단, F: 광속[lm], U: 조명률, N: 사용하는 등의 개수, E: 조도[lx], A: 방의 면적[m²], D: 감광 보상률

($= \dfrac{1}{M}$), M: 보수율(유지율))

16

★★★

그림과 같은 부하를 갖는 변압기의 최대 수용 전력은 몇 $[kVA]$인지 계산하시오. **[5점]**

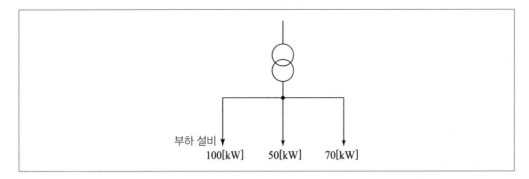

부하 설비
100[kW]　50[kW]　70[kW]

[조건]

① 부하 간 부등률은 1.2이다.
② 부하의 역률은 모두 85[%]이다.
③ 부하에 대한 수용률은 다음 표와 같다.

부하	수용률
10[kW] 이상 50[kW] 미만	70[%]
50[kW] 이상 100[kW] 미만	60[%]
100[kW] 이상 150[kW] 미만	50[%]
150[kW] 이상	45[%]

• 계산 과정:

• 답:

답안작성

• 계산 과정: 최대 수용 전력$[kVA] = \dfrac{100 \times 0.5 + 50 \times 0.6 + 70 \times 0.6}{1.2 \times 0.85} = 119.61[kVA]$

• 답: 119.61$[kVA]$

개념체크

최대 수용 전력$[kVA] = \dfrac{\Sigma(설비\ 용량[kW] \times 수용률)}{부등률 \times 역률}$

17
★★☆

수용가들의 일 부하곡선이 그림과 같을 때 다음 각 물음에 답하시오.(단, 실선은 A 수용가, 이중 실선은 B 수용가이다.)　　　　　　　　　　　　　　　　　　　　　　　　　　[6점]

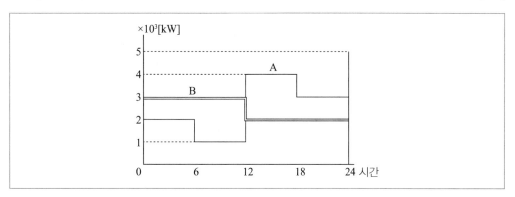

(1) A, B 각 수용가의 수용률을 계산하시오.(단, 설비용량은 수용가 모두 $10 \times 10^3 [\text{kW}]$ 이다.)

수용가	계산 과정	수용률[%]
A		
B		

(2) A, B 각 수용가의 일 부하율을 계산하시오.

수용가	계산 과정	일 부하율[%]
A		
B		

(3) A, B 각 수용가 상호 간의 부등률을 계산하고, 부등률의 정의를 간단히 쓰시오.
　•부등률 계산:
　•부등률의 정의:

(1)

수용가	계산 과정	수용률
A	$\dfrac{4 \times 10^3}{10 \times 10^3} \times 100 = 40[\%]$	$40[\%]$
B	$\dfrac{3 \times 10^3}{10 \times 10^3} \times 100 = 30[\%]$	$30[\%]$

(2)

수용가	계산 과정	일 부하율
A	$\dfrac{\dfrac{(2+1+4+3) \times 10^3 \times 6}{24}}{4 \times 10^3} \times 100 = 62.5[\%]$	$62.5[\%]$
B	$\dfrac{\dfrac{(3+2) \times 10^3 \times 12}{24}}{3 \times 10^3} \times 100 = 83.33[\%]$	$83.33[\%]$

(3) •부등률 계산: $\dfrac{(4+3) \times 10^3}{(4+2) \times 10^3} = 1.17$

　•부등률의 정의: 합성 최대 전력에 대한 각 부하 최대 수용 전력의 합의 비

(1) 수용률

① 의미: 수용설비가 동시에 사용되는 정도를 나타낸다.

② 변압기 등의 적정한 공급설비 용량을 파악하기 위해 사용된다.

$$수용률 = \frac{최대 \ 수용 \ 전력[kW]}{부하설비 \ 합계[kW]} \times 100[\%]$$

(2) 부하율

① 의미: 공급설비가 어느 정도 유용하게 사용되는지를 나타낸다.

② 부하율이 클수록 공급설비가 그만큼 유효하게 사용된다는 것을 의미한다.

$$부하율 = \frac{평균 \ 수용 \ 전력[kW]}{최대 \ 수용 \ 전력[kW]} \times 100[\%]$$

(3) 부등률

① 의미: 부하의 최대 수용 전력의 발생 시간이 서로 다른 정도를 나타낸다.

② 부등률이 클수록 최대 전력을 소비하는 기기의 사용 시간대가 서로 다르다는 것을 의미하므로 그만큼 유리하다.

$$부등률 = \frac{각 \ 부하의 \ 최대 \ 수용 \ 전력의 \ 합계[kW]}{합성 \ 최대 \ 전력[kW]} \geq 1$$

2013년 2회

기출문제

배점		100
득점	1회독	
	2회독	
	3회독	

2013년

01
★★★
그림과 같은 송전계통 S 점에서 3상 단락사고가 발생하였다. 주어진 도면과 조건을 참고하여 다음 각 물음에 답하시오.
[13점]

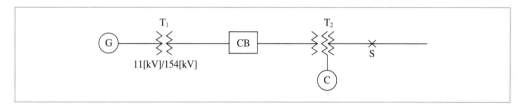

[조건]

번호	기기명	용량	전압	%X[%]
1	G: 발전기	50,000[kVA]	11[kV]	30
2	T_1: 변압기	50,000[kVA]	11/154[kV]	12
3	송전선		154[kV]	10(10,000[kVA])
4	T_2: 변압기	1차 25,000[kVA]	154[kV]	12(25,000[kVA] 1차~2차)
		2차 25,000[kVA]	77[kV]	15(25,000[kVA] 2차~3차)
		3차 10,000[kVA]	11[kV]	10.8(10,000[kVA] 3차~1차)
5	C: 조상기	10,000[kVA]	11[kV]	20(10,000[kVA])

(1) 발전기, 변압기(T_1), 송전선 및 조상기의 %리액턴스를 기준출력 100[MVA]로 환산하시오.
  • 계산 과정:
  • 답:

(2) 변압기(T_2)의 각각의 %리액턴스를 100[MVA] 출력으로 환산하고, 1차(P), 2차(T), 3차(S)의 %리액턴스를 구하시오.
  • 계산 과정:
  • 답:

(3) 고장점과 차단기를 통과하는 각각의 단락전류를 구하시오.
  • 계산 과정:
  • 답:

(4) 차단기의 차단용량은 몇 [MVA]인가?
  • 계산 과정:
  • 답:

(1) • 계산 과정

발전기 $\%X_G = \dfrac{100}{50} \times 30 = 60[\%]$

변압기 $\%X_{T_1} = \dfrac{100}{50} \times 12 = 24[\%]$

송전기 $\%X_l = \dfrac{100}{10} \times 10 = 100[\%]$

조상기 $\%X_C = \dfrac{100}{10} \times 20 = 200[\%]$

• 답: $\%X_G = 60[\%]$, $\%X_{T_1} = 24[\%]$, $\%X_l = 100[\%]$, $\%X_C = 200[\%]$

(2) • 계산 과정

1차 ~ 2차 간: $\%X_{P-T} = \dfrac{100}{25} \times 12 = 48[\%]$

2차 ~ 3차 간: $\%X_{T-S} = \dfrac{100}{25} \times 15 = 60[\%]$

3차 ~ 1차 간: $\%X_{S-P} = \dfrac{100}{10} \times 10.8 = 108[\%]$

1차 $\%X_P = \dfrac{48+108-60}{2} = 48[\%]$

2차 $\%X_T = \dfrac{48+60-108}{2} = 0[\%]$

3차 $\%X_S = \dfrac{60+108-48}{2} = 60[\%]$

• 답: 1차 $\%X_P = 48[\%]$, 2차 $\%X_T = 0[\%]$, 3차 $\%X_S = 60[\%]$

(3) • 계산 과정

발전기에서 T_2 변압기 1차까지 $\%X_1 = 60+24+100+48 = 232[\%]$
조상기에서 T_2 변압기 3차까지 $\%X_2 = 200+60 = 260[\%]$

합성 $\%Z = \dfrac{\%X_1 \times \%X_2}{\%X_1 + \%X_2} + \%X_T = \dfrac{232 \times 260}{232+260} + 0 = 122.6[\%]$

– 고장점의 단락전류

$I_s = \dfrac{100}{\%Z} \times I_n = \dfrac{100}{122.6} \times \dfrac{100 \times 10^6}{\sqrt{3} \times 77 \times 10^3} = 611.59[\mathrm{A}]$

– 차단기의 단락전류

$I_{s1} = I_s \times \dfrac{\%X_2}{\%X_1 + \%X_2} = 611.59 \times \dfrac{260}{232+260} = 323.2[\mathrm{A}]$

이를 $154[\mathrm{kV}]$로 환산하면 $I_{s1'} = 323.2 \times \dfrac{77}{154} = 161.6[\mathrm{A}]$

• 답: 고장점의 단락전류: $611.59[\mathrm{A}]$, 차단기의 단락전류: $161.6[\mathrm{A}]$

(4) • 계산 과정: $P_s = \sqrt{3}\, V_n I_{s1'} = \sqrt{3} \times 170 \times 161.6 \times 10^{-3} = 47.58[\mathrm{MVA}]$

• 답: $47.58[\mathrm{MVA}]$

해설비법 (1) $\%X_{기준} = \%X_{자기} \times \dfrac{기준\ 용량}{자기\ 용량}$

(3) 임피던스 맵으로 구성하면 다음과 같다.

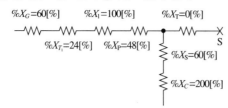

(4) 차단용량 $P_s = \sqrt{3} \times$ 정격전압 $\times$ 정격차단전류

02

★☆☆

아몰퍼스 변압기의 장점 3가지와 단점 3가지를 서술하시오. [6점]

(1) 장점 3가지

(2) 단점 3가지

답안작성 (1) • 손실이 적어 변압기 운전 및 보수 비용이 절감된다.
　　 • 고주파 대역에서 우수한 자기적 특성에 의한 고효율이 가능하다.
　　 • 결정 자기이방성이 없다.

(2) • 아몰퍼스 합금의 높은 경도로 인해 제작상 어려움이 있다.
　　 • 낮은 자속밀도·점적률로 인해 원가가 상승한다.
　　 • 유입식에 비해 소음이 크다.

03
★★☆

다음은 컴퓨터 등의 중요한 부하에 대한 무정전 전원공급을 위한 그림이다. "(가)~(마)"에 적당한 전기 시설물의 명칭을 쓰시오. [5점]

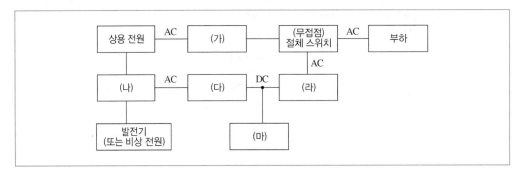

답안작성 (가) 자동 전압 조정기(AVR)
(나) 절체용 개폐기
(다) 정류기(컨버터)
(라) 인버터
(마) 축전지

개념체크 무정전 전원 공급장치(UPS: Uninterruptible Power Supply)

(1) 역할

선로의 정전이나 입력 전원에 이상 상태가 발생하였을 경우에도 정상적으로 전력을 부하 측에 공급하는 무정전 전원 장치이다.

(2) UPS의 구성

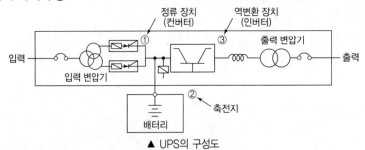

▲ UPS의 구성도

① 정류 장치(컨버터): 교류를 직류로 변환시킨다.
② 축전지: 직류 전력을 저장시킨다.
③ 역변환 장치(인버터): 직류를 교류로 변환시킨다.

(3) 비상 전원으로 사용되는 UPS의 블록 다이어그램

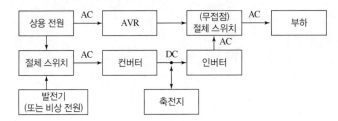

04 ★☆☆ 특고압 및 고압 수전에서 대용량의 단상 전기로 등의 사용으로 설비 부하평형의 제한에 따르기가 어려울 경우는 전기사업자와 협의하여 다음 각 호에 의하여 시설하는 것을 원칙으로 한다. 빈칸에 들어갈 말은 무엇인지 쓰시오. [3점]

(1) 단상 부하 1개의 경우는 (　　) 결선에 의할 것, 다만, 300[kVA]를 초과하지 말 것

(2) 단상 부하 2개의 경우는 (　　) 접속에 의할 것(다만, 1개의 용량이 200[kVA] 이하인 경우는 부득이한 경우에 한하여 보통의 변압기 2대를 사용하여 별개의 선간에 부하를 접속할 수 있다.)

(3) 단상 부하 3개 이상인 경우는 가급적 선로 전류가 (　　)이 되도록 각 선간에 부하를 접속할 것

답안작성
(1) 2차 역V
(2) 스코트
(3) 평형

규정체크 특고압 및 고압 수전에서 대용량의 단상 전기로 등의 사용으로 설비 부하 평형의 제한에 따르기가 어려울 때에는 전기사업자와 협의하여 다음에 의하여 시설하는 것을 원칙으로 한다.
• 단상 부하 1개의 경우는 2차 역V 결선에 의할 것. 다만, 300[kVA]를 초과하지 말 것
• 단상 부하 2개의 경우는 스코트 접속에 의할 것
• 단상 부하 3개 이상인 경우는 가급적 선로 전류가 평형이 되도록 각 선간에 부하를 접속할 것

05 ★★★ 연축전지의 정격 용량 100[Ah], 상시 부하 5[kW], 표준전압 100[V]인 부동 충전 방식이 있다. 이 부동 충전 방식의 충전기 2차 전류는 몇 [A]인가? [5점]

• 계산 과정:

• 답:

답안작성
• 계산 과정: $I = \dfrac{100}{10} + \dfrac{5 \times 10^3}{100} = 60[A]$

• 답: 60[A]

개념체크 부동 충전 방식

$$충전기\ 2차\ 전류[A] = \frac{축전지\ 용량[Ah]}{정격\ 방전율[h]} + \frac{상시\ 부하\ 용량[VA]}{표준\ 전압[V]}$$

• 축전지별 정격 방전율
  – 연축전지: 10[h]
  – 알칼리축전지: 5[h]

06

★★★

다음 각 물음에 답하시오.　　　　　　　　　　　　　　　　　　　　　　[5점]

(1) 역률을 개선하기 위한 전력용 콘덴서 용량은 최대 무슨 전력 이하로 설정하여야 하는지 쓰시오.

(2) 고조파를 제거하기 위해 콘덴서에 무엇을 설치해야 하는지 쓰시오.

(3) 역률 개선 시 나타나는 효과 3가지를 쓰시오.

답안작성
(1) 부하의 지상 무효전력
(2) 직렬 리액터
(3) • 전력손실 감소
　　 • 전압강하의 감소
　　 • 설비 용량의 여유 증가

개념체크
(1) **역률 개선 방법**
역률은 부하에 의한 지상 무효전력($-jQ$)때문에 저하되므로 부하와 병렬로 역률 개선용 콘덴서(진상 무효전력 $+jQ$ 공급) Q_c 를 접속한다.

(2) **전력용 콘덴서 설비의 부속 장치**

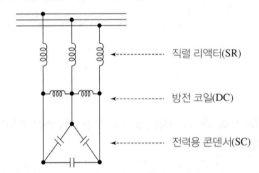

　　　　　　　　　← 직렬 리액터(SR)

　　　　　　　　　← 방전 코일(DC)

　　　　　　　　　← 전력용 콘덴서(SC)

직렬 리액터(SR: Series Reactor): 변압기 등에서 발생하는 제5고조파 제거

단답 정리함 **역률 개선 효과**
• 전력손실 감소
• 전압강하 감소
• 설비 용량의 여유 증가
• 전기 요금 절감

07

★★★

다음 논리식을 유접점 회로와 무접점 회로로 나타내시오.　　　　　　　[5점]

> 논리식: $X = A \cdot \overline{B} + (\overline{A} + B) \cdot \overline{C}$

(1) 유접점 회로

(2) 무접점 회로

답안작성   (1) 유접점 회로   (2) 무접점 회로

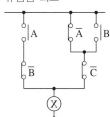   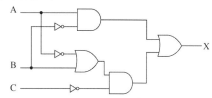

08 다음 미완성 부분의 결선도를 완성하고, 필요한 곳에 접지를 하시오.   [6점]

★☆☆   (1) CT와 AS와 전류계 결선도

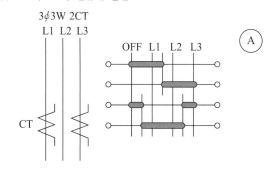

(2) PT와 VS와 전압계 결선도

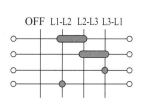

답안작성   (1)

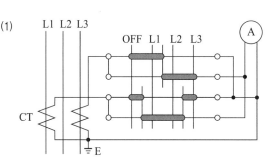

(2)

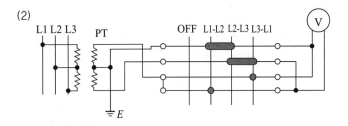

| 해설비법 | 접점의 동작기호 설명 |

●: 폐로 위치

⬭: 폐로 위치의 구간

09 ★★★

다음 그림은 변류기를 영상 접속시켜 그 잔류 회로에 지락계전기 DG를 삽입시킨 것이다. 선로의 전압은 $66[\mathrm{kV}]$, 중성점에 $300[\Omega]$의 저항접지로 하였고 변류기의 변류비는 $300/5$이다. 송전전력이 $20,000[\mathrm{kW}]$, 역률이 0.8(지상)일 때 $L1$상에 완전 지락사고가 발생하였다. 다음 각 물음에 답하시오.(단, 부하의 정상 및 역상 임피던스와 기타의 정수는 무시한다.) [5점]

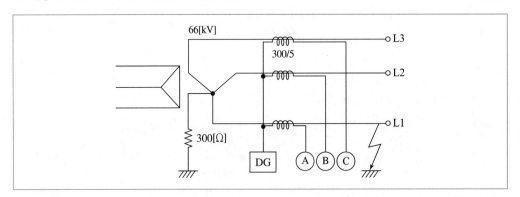

(1) 지락계전기 DG에 흐르는 전류는 몇 $[\mathrm{A}]$인가?
   • 계산 과정:
   • 답:

(2) L1상 전류계 A에 흐르는 전류는 몇 $[\mathrm{A}]$인가?
   • 계산 과정:
   • 답:

(3) L2상 전류계 B에 흐르는 전류는 몇 $[\mathrm{A}]$인가?
   • 계산 과정:
   • 답:

(4) L3상 전류계 C에 흐르는 전류는 몇 $[\mathrm{A}]$인가?
   • 계산 과정:
   • 답:

(1) • 계산 과정

$$I_g = \frac{V/\sqrt{3}}{R} = \frac{66 \times 10^3 / \sqrt{3}}{300} = 127.02[\text{A}]$$

∴ 지락계전기에 흐르는 전류 $I_{DG} = 127.02 \times \frac{5}{300} = 2.12[\text{A}]$

• 답: 2.12[A]

(2) • 계산 과정

전류계 A에는 부하 전류와 지락 전류의 합이 흐른다.

$$I_a = \frac{20,000 \times 10^3}{\sqrt{3} \times 66 \times 10^3 \times 0.8} \times (0.8 - j0.6) + \frac{66 \times 10^3}{\sqrt{3} \times 300} = 301.97 - j131.22[\text{A}]$$

$$|I_a| = \sqrt{(301.97)^2 + (131.22)^2} = 329.25[\text{A}]$$

∴ 전류계 A에 흐르는 전류 $= 329.25 \times \frac{5}{300} = 5.49[\text{A}]$

• 답: 5.49[A]

(3) • 계산 과정

전류계 B에는 부하 전류가 흐르므로

$$I_b = \frac{20,000 \times 10^3}{\sqrt{3} \times 66 \times 10^3 \times 0.8} = 218.69[\text{A}] \text{ 이다.}$$

∴ 전류계 B에 흐르는 전류 $= 218.69 \times \frac{5}{300} = 3.64[\text{A}]$

• 답: 3.64[A]

(4) • 계산 과정: 전류계 C에도 부하 전류가 흐르므로 전류계 B에 흐르는 전류(3.64[A])와 같다.

• 답: 3.64[A]

• 지락 전류 $I_g = \dfrac{E}{R} = \dfrac{V/\sqrt{3}}{R}[\text{A}]$

• 지락 사고 시
 − 지락된 상: 지락 전류 + 부하 전류
 − 건전 상: 부하 전류

• 전류를 구할 때 부하의 역률이 서로 다르다면 실수부와 허수부를 구분하여 계산한다.

10 ★☆☆

아래의 그림에 계통접지와 기기접지의 접지도체를 연결하고 그 기능을 설명하시오.(접지극과 연결된 부위를 선으로 연결하시오.) [4점]

(1) 고압   저압

(2)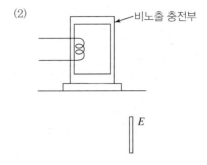
비노출 충전부

E

E

답안작성

(1) • 결선

고압   저압

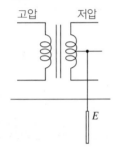

E

• **기능**: 저고압 혼촉 시 저압 측 전위 상승 억제

(2) • 결선

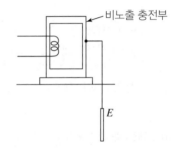
비노출 충전부

E

• **기능**: 인축의 감전 사고 예방 및 화재 예방

개념체크
• **계통접지**: 변압기 중성점을 대지에 접속
• **기기접지**: 기계기구 철대 및 외함에 접지

11 ★★☆

도면은 어느 건물의 구내 간선 계통도이다. 주어진 조건과 참고 자료를 이용하여 다음 각 물음에 답하시오. [12점]

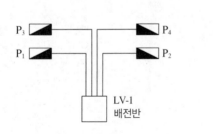

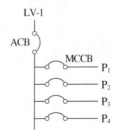

(1) P_1의 전부하 시 전류를 구하고, 여기에 사용될 배선용 차단기(MCCB)의 규격을 선정하시오.
• 계산 과정:
• 답:

(2) P₁에 사용될 케이블의 굵기는 몇 $[mm^2]$인가?

- 계산 과정:

- 답:

(3) 배전반에 설치된 ACB의 최소 규격을 산정하시오.

- 계산 과정:

- 답:

(4) 0.6/1[kV] 가교 폴리에틸렌 절연 비닐 시스 케이블의 영문 약호는?

[조건]

- 전압은 380[V]/220[V]이며, 3φ4W이다.
- CABLE은 TRAY 배선으로 한다.(공중, 암거 포설)
- 전선은 가교 폴리에틸렌 절연 비닐 시스 케이블이다.
- 허용 전압강하는 2[%]이다.
- 분전반 간 부등률은 1.1이다.
- 주어진 조건이나 참고 자료의 범위 내에서 가장 적절한 부분을 적용시키도록 한다.
- CABLE 배선 거리 및 부하 용량은 표와 같다.

분전반	거리 [m]	연결 부하 [kVA]	수용률 [%]
P₁	50	240	65
P₂	80	320	65
P₃	210	180	70
P₄	150	60	70

[참고 자료]

[표 1] 배선용 차단기(MCCB)

Frame	100			225			400		
기본 형식	A11	A12	A13	A21	A22	A23	A31	A32	A33
극수	2	3	4	2	3	4	2	3	4
정격 전류[A]	60, 75, 100			125, 150, 175, 200, 225			250, 300, 350, 400		

[표 2] 기중 차단기(ACB)

TYPE	G1	G2	G3	G4
정격 전류[A]	600	800	1,000	1,250
정격 절연 전압[V]	1,000	1,000	1,000	1,000
정격 사용 전압[V]	660	660	660	660
극수	3, 4	3, 4	3, 4	3, 4
과전류 Trip 장치의 정격 전류	200, 400, 630	400, 630, 800	630, 800, 1,000	800, 1,000, 1,250

[표 3] 전선 최대 길이(3상 3선식, $380[V]$, 전압강하 $3.8[V]$)

전류 [A]	전선의 굵기[mm²]												
	2.5	4	6	10	16	25	35	50	95	150	185	240	300
	전선 최대 길이[m]												
1	534	854	1,281	2,135	3,416	5,337	7,422	10,674	20,281	32,022	39,494	51,236	64,045
2	267	427	640	1,067	1,708	2,669	3,736	5,337	10,140	16,011	19,747	25,618	32,022
3	178	285	427	712	1,139	1,779	2,491	3,558	6,760	10,674	13,165	17,079	21,348
4	133	213	320	534	854	1,334	1,868	2,669	5,070	8,006	9,874	12,809	16,011
5	107	171	256	427	633	1,067	1,494	2,135	4,056	6,404	7,899	10,247	12,809
6	89	142	213	356	569	890	1,245	1,779	3,380	5,337	6,582	8,539	10,674
7	76	122	183	305	488	762	1,067	1,525	2,897	4,575	5,642	7,319	9,149
8	67	107	160	267	427	667	934	1,334	2,535	4,003	4,937	6,404	8,006
9	59	95	142	237	380	593	830	1,186	2,253	3,558	4,388	5,693	7,116
12	44	71	107	178	285	445	623	890	1,690	2,669	3,291	4,270	5,337
14	38	61	91	152	244	381	534	762	1,449	2,287	2,821	3,660	4,575
15	36	57	85	142	228	356	498	712	1,352	2,135	2,633	3,416	4,270
16	33	53	80	133	213	334	467	667	1,268	2,001	2,468	3,202	4,003
18	30	47	71	119	190	297	415	593	1,127	1,779	2,194	2,846	3,558
25	21	34	51	85	137	213	299	427	811	1,281	1,580	2,049	2,562
35	15	24	37	61	98	152	213	305	579	915	1,128	1,464	1,830
45	12	19	28	47	76	119	166	237	451	712	878	1,139	1,423

※ 전압강하가 2[%] 또는 3[%]의 경우, 전선 길이는 각각 이 표의 2배 또는 3배가 된다. 다른 경우에도 이 예에 따른다.

※ 전류가 20[A] 또는 200[A] 경우의 전선 길이는 각각 이 표의 전류 2[A] 경우의 1/10 또는 1/100이 된다. 다른 경우에도 이 예에 따른다.

※ 이 표는 평형 부하의 경우에 의한 것이다.

※ 이 표는 역률을 1로 하여 계산한 것이다.

답안작성

(1) • 계산 과정

$$I = \frac{(240 \times 10^3) \times 0.65}{\sqrt{3} \times 380} = 237.02[A]$$

MCCB 규격은 [표 1]에 의해 표준 용량을 선정하면 AF: 400[A], AT: 250[A] MCCB를 선정한다.

• 답: 전부하 전류: 237.02[A], 배선용 차단기(AF: 400[A], AT: 250[A])

(2) • 계산 과정

전선 최대 길이 $L = \dfrac{50 \times \dfrac{237.02}{1}}{\dfrac{380 \times 0.02}{3.8}} = 5,925.5[m]$

[표 3]의 전류 1[A] 칸에서 5,925.5[m]를 초과하는 7,422[m] 칸에 해당하는 전선 규격 35[mm²] 선정

• 답: 35[mm²]

(3) • 계산 과정

$$I = \frac{240 \times 0.65 + 320 \times 0.65 + 180 \times 0.7 + 60 \times 0.7}{\sqrt{3} \times 380 \times 1.1} \times 10^3 = 734.81[A] 이므로$$

[표 2]에서 G2 Type의 정격 전류 800[A]를 선정한다.

• 답: G2 Type 800[A] 선정

(4) CV1

(2) 전선 최대 길이(3상 3선식, 380[V], 전압강하 3.8[V])

전류 [A]	전선의 굵기[mm²]												
	2.5	4	6	10	16	25	35	50	95	150	185	240	300
	전선 최대 길이[m]												
1	534	854	1,281	2,135	3,416	5,337	7,422	10,674	20,281	32,022	39,494	51,236	64,045

개념체크 • 3상 부하 전류 $I[\text{A}] = \dfrac{\text{설비 용량[VA]} \times \text{수용률}}{\sqrt{3} \times \text{전압[V]}}$

• 전선 최대 길이[m] $= \dfrac{\text{배선 설계 길이[m]} \times \dfrac{\text{부하 최대 사용 전류[A]}}{\text{표의 전류[A]}}}{\dfrac{\text{배선 설계 전압강하[V]}}{\text{표의 전압강하[V]}}}$

12

★☆☆

다음 심벌의 명칭을 쓰시오. [5점]

(1) | MD |

(2) ----□----
LD

(3) – – – – –
(F7)

답안작성 (1) 금속 덕트
(2) 라이팅 덕트
(3) 플로어 덕트

13

★★☆

권상 하중이 $2,000[\text{kg}]$, 권상 속도가 $40[\text{m/min}]$인 권상기용 전동기 용량 $[\text{kW}]$을 구하시오.(단, 여유율은 $30[\%]$, 효율은 $80[\%]$로 한다.) [5점]

• 계산 과정:

• 답:

답안작성 • 계산 과정: $P = \dfrac{2,000 \times 10^{-3} \times 40}{6.12 \times 0.8} \times 1.3 = 21.24[\text{kW}]$

• 답: 21.24[kW]

개념체크 권상기용 전동기 용량

$$P = \frac{mv}{6.12\eta} k[\text{kW}]$$

(단, m: 물체의 무게[ton], v: 권상 속도[m/min], k: 여유 계수, η: 효율)

14 ★★☆

다음 그림과 같은 사무실이 있다. 이 사무실의 평균 조도를 $200[\text{lx}]$로 하고자 할 때 다음 각 물음에 답하시오. [5점]

20[m](X)

10[m](Y)

[조건]
- 형광등은 40[W]를 사용, 이 형광등의 광속은 2,500[lm]으로 한다.
- 조명률은 0.6, 감광 보상률은 1.2로 한다.
- 사무실 내부에 기둥은 없는 것으로 한다.
- 간격은 등기구 센터를 기준으로 한다.
- 등기구는 ○으로 표현하도록 한다.
- 건물의 천장 높이는 3.85[m], 작업면은 0.85[m]로 한다.

(1) 이 사무실에 필요한 형광등의 수를 구하시오.
- 계산 과정:
- 답:

(2) 등기구를 답안지에 배치하시오.

(3) 등간의 간격과 최외각에 설치된 등기구와 건물 벽간의 간격(A, B, C, D)은 각각 몇 [m]인가?

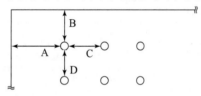

(4) 만일 주파수 60[Hz]에 사용하는 형광방전등을 50[Hz]에서 사용한다면 광속과 점등시간은 어떻게 변화되는지를 설명하시오.

(5) 양호한 전반 조명이라면 등간격은 등높이의 몇 배 이하로 해야 하는가?

답안작성

(1) • 계산 과정: $N = \dfrac{EAD}{FU} = \dfrac{200 \times (20 \times 10) \times 1.2}{2,500 \times 0.6} = 32[\text{등}]$

• 답: 32[등]

(2)

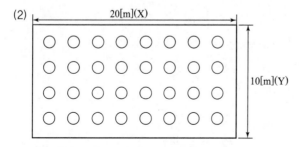

20[m](X)

10[m](Y)

(3) A: 1.25[m], B: 1.25[m], C: 2.5[m], D: 2.5[m]

(4) • 광속: 증가
    • 점등시간: 늦어짐

(5) 1.5배

개념체크   • 등의 개수 산정

$$FUN = EAD$$

(단, F: 광속[lm], U: 조명률, N: 사용하는 등의 개수, E: 조도[lx], A: 방의 면적[m²], D: 감광 보상률 $(=\dfrac{1}{M})$, M: 보수율(유지율))

• 등 간격
    – 등기구와 등기구의 간격: $S \leq 1.5H$
    – 벽과 등기구의 간격: $S \leq \dfrac{H}{2}$

해설비법   (3) C, D $= \dfrac{20}{8} = 2.5$[m], A, B(벽과 등기구의 간격)$= 1.25$[m]

(4) • 형광등의 리액턴스는 주파수와 비례관계이므로 주파수가 낮을수록 리액턴스는 작아져 광속이 늘어나는 효과가 생긴다.
    • 형광등의 주파수와 점등시간은 반비례관계이므로 주파수가 낮을수록 점등시간은 오래 걸린다.

---

15 ★★☆

표와 같은 수용가 A, B, C에 공급하는 배전선로의 최대 전력이 $800[\text{kW}]$라고 할 때 다음 각 물음에 답하시오.   [4점]

수용가	설비 용량[kW]	수용률[%]
A	250	60
B	300	70
C	350	80
D	400	80

(1) 수용가의 부등률은 얼마인가?
    • 계산 과정:
    • 답:

(2) 부등률이 크다는 것은 어떤 것을 의미하는가?

답안작성   (1) • 계산 과정: $\dfrac{250 \times 0.6 + 300 \times 0.7 + 350 \times 0.8 + 400 \times 0.8}{800} = 1.2$

    • 답: 1.2

(2) 최대 전력을 소비하는 기기의 사용 시간대가 서로 다르다.

개념체크 부등률

① 의미: 부하의 최대 수용 전력의 발생 시간이 서로 다른 정도를 나타낸다.

② 부등률이 클수록 최대 전력을 소비하는 기기의 사용 시간대가 서로 다르다는 것을 의미하므로 그만큼 유리하다.

$$\text{부등률} = \frac{\text{각 부하의 최대 수용 전력의 합계[kW]}}{\text{합성 최대 전력[kW]}} \geq 1$$

16 ★☆☆

다음 동작 설명과 같이 동작될 수 있는 시퀀스 제어도를 그리시오.　　　　　　　[5점]

[동작 설명]
- 3로 스위치 S_{3-1} 을 ON, S_{3-2} 를 ON했을 시 R_1, R_2 가 직렬 점등되고, S_{3-1} 을 OFF, S_{3-2} 를 OFF했을 시 R_1, R_2 가 병렬 점등한다.
- 푸시버튼 스위치 PB를 누르면 R_3 와 부저 B가 병렬로 동작한다.

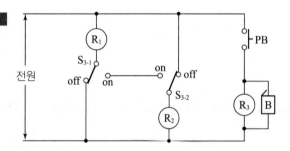

17 ★☆☆

그림과 같이 변압기 2대를 사용하여 정전용량 $1[\mu F]$인 케이블의 절연내력 시험을 행하였다. $60[Hz]$인 시험전압으로 $5,000[V]$를 가했을 때 전압계 ⓥ, 전류계 Ⓐ의 지시값은?(단, 여기서 변압기 탭 전압은 저압 측 $105[V]$, 고압 측 $3,300[V]$로 하고 내부 임피던스 및 여자전류는 무시한다.)　　　[4점]

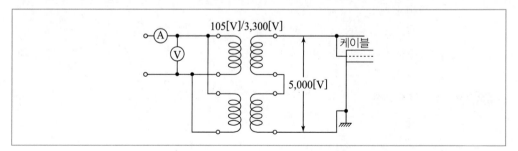

(1) 전압계 ⓥ 지시값
- 계산 과정:
- 답:

(2) 전류계 ⓐ 지시값
- 계산 과정:
- 답:

답안작성 (1) • 계산 과정: $ⓥ = 5,000 \times \dfrac{1}{2} \times \dfrac{105}{3,300} = 79.55[\text{V}]$

- 답: $79.55[\text{V}]$

(2) • 계산 과정

케이블에 흐르는 충전전류 $I_c = 2\pi \times 60 \times 1 \times 10^{-6} \times 5,000 = 1.88[\text{A}]$

$ⓐ = 1.88 \times \dfrac{3,300}{105} \times 2 = 118.17[\text{A}]$

- 답: $118.17[\text{A}]$

해설비법 (1) 전압계 ⓥ에는 2대의 변압기 중 1대에 걸리는 전압이므로 $\dfrac{1}{2}$만 지시된다.

(2) • 충전 전류 $I_c = 2\pi f C E[\text{A}]$

- 전류계 ⓐ에는 동일한 전류가 흐르는 변압기 전류의 합이 지시되므로

$ⓐ = 1.88 \times \dfrac{3,300}{105} \times 2 = 118.17[\text{A}]$

18 ★★☆

계약 부하설비에 의한 계약 최대전력을 정하는 경우에 부하설비 용량이 $900[\text{kW}]$인 경우 전력회사와의 계약 최대전력은 몇 $[\text{kW}]$인가?(단, 계약 최대전력 환산표는 다음과 같다.) [3점]

구분	계약전력 환산율	비고
처음 $75[\text{kW}]$에 대하여	$100[\%]$	
다음 $75[\text{kW}]$에 대하여	$85[\%]$	계산의 합계치 단수가 $1[\text{kW}]$
다음 $75[\text{kW}]$에 대하여	$75[\%]$	미만일 경우, 소수점 이하 첫째
다음 $75[\text{kW}]$에 대하여	$65[\%]$	자리에서 반올림한다.
$300[\text{kW}]$ 초과분에 대하여	$60[\%]$	

- 계산 과정:
- 답:

답안작성 • 계산 과정: $75 + 75 \times 0.85 + 75 \times 0.75 + 75 \times 0.65 + (900 - 300) \times 0.6 = 603.75[\text{kW}]$
- 답: $604[\text{kW}]$

해설비법 계약 전력은 $[\text{kW}]$로 표기하며, 비고에서 주어진 소수점 이하 첫째 자리에서 반올림하여 계약 최대전력은 $604[\text{kW}]$ 이다.

01 미완성된 단선도의 □□□□ 안에 유입 차단기, 피뢰기, 전압계, 전류계, 지락 보호 계전기, 과전류 계전
★★★ 기, 계기용 변압기, 변류기, 영상 변류기, 전압계용 전환 개폐기, 전류계용 전환 개폐기 등을 사용하여
$3\phi 3W$ 식 $6,600[V]$ 수전 설비 계통의 단선도를 완성하시오.(단, 단로기, 컷아웃 스위치, 퓨즈 등도 필요
개소가 있으면, 도면의 알맞은 개소에 삽입하여 그리도록 하며, 또한 각 심벌은 KS 규정에 의하고 심벌
옆에는 약호를 쓰도록 한다.) [5점]

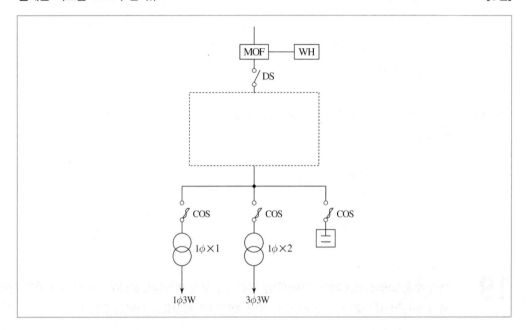

답안작성

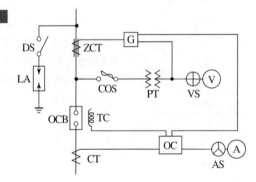

02
★☆☆

전압 $3,300[V]$, 전류 $43.5[A]$, 저항 $0.66[\Omega]$, 무부하손 $1,000[W]$인 변압기에서 다음 조건일 때의 효율을 구하시오. [8점]

(1) 전부하 시 역률 $100[\%]$와 $80[\%]$인 경우
- 계산 과정:
- 답:

(2) 반부하 시 역률 $100[\%]$와 $80[\%]$인 경우
- 계산 과정:
- 답:

답안작성 (1) • 계산 과정

① 전부하 역률 $100[\%]$일 때

$$\eta = \frac{1 \times 3,300 \times 43.5 \times 1}{1 \times 3,300 \times 43.5 \times 1 + 1,000 + 1^2 \times 43.5^2 \times 0.66} \times 100 = 98.46[\%]$$

② 전부하 역률 $80[\%]$일 때

$$\eta = \frac{1 \times 3,300 \times 43.5 \times 0.8}{1 \times 3,300 \times 43.5 \times 0.8 + 1,000 + 1^2 \times 43.5^2 \times 0.66} \times 100 = 98.08[\%]$$

- 답: 전부하 역률 $100[\%]$일 때: $98.46[\%]$, 전부하 역률 $80[\%]$일 때: $98.08[\%]$

(2) • 계산 과정

① 반부하 역률 $100[\%]$일 때

$$\eta = \frac{0.5 \times 3,300 \times 43.5 \times 1}{0.5 \times 3,300 \times 43.5 \times 1 + 1,000 + 0.5^2 \times 43.5^2 \times 0.66} \times 100 = 98.2[\%]$$

② 반부하 역률 $80[\%]$일 때

$$\eta = \frac{0.5 \times 3,300 \times 43.5 \times 0.8}{0.5 \times 3,300 \times 43.5 \times 0.8 + 1,000 + 0.5^2 \times 43.5^2 \times 0.66} \times 100 = 97.77[\%]$$

- 답: 반부하 역률 $100[\%]$일 때: $98.2[\%]$, 반부하 역률 $80[\%]$일 때: $97.77[\%]$

해설비법 (1) 전부하 시 변압기 효율

$$\eta = \frac{V_{2n} I_{2n} \cos\theta}{V_{2n} I_{2n} \cos\theta + P_i + I_{2n}^2 r_2} \times 100[\%]$$

문제에서 '3상'이라는 언급이 없는 고압의 조건은 단상으로 계산한다.

(2) m 부하로 운전 시 변압기 효율

$$\eta_m = \frac{m V_{2n} I_{2n} \cos\theta}{m V_{2n} I_{2n} \cos\theta + P_i + m^2 I_{2n}^2 r_2} \times 100[\%]$$

(여기서 P_i: 무부하손(철손), V_{2n}, I_{2n}: 정격 2차 전압 및 전류, $\cos\theta$: 부하 역률, r_2: 저항)

03 ★★★

그림과 같은 평면도의 2층 건물에 대한 배선 설계를 하기 위하여 주어진 조건을 이용하여 1층 및 2층을 분리하여 분기 회로수를 결정하고자 한다. 다음 각 물음에 답하시오. **[6점]**

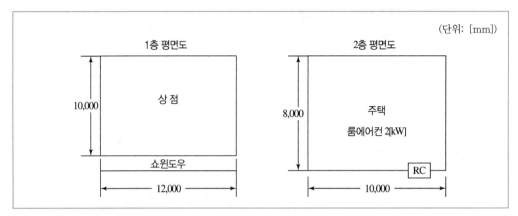

[조건]
- 분기 회로는 16[A] 분기 회로로 하고 80[%]의 정격이 되도록 한다.
- 배전 전압은 220[V]를 기준으로 하여 적용 가능한 최대 부하를 산정한다.
- 주택 및 상점의 표준 부하는 각각 40[VA/m²], 30[VA/m²]으로 하되 1층, 2층을 분리하여 분기 회로수를 결정하고 상점과 주거용에 각각 1,000[VA]를 가산하여 적용한다.
- 상점의 쇼윈도우에 대해서는 길이 1[m]당 300[VA]를 적용한다.
- 옥외 광고등 500[VA]짜리 2등이 상점에 있는 것으로 하고 하나의 전용 분기 회로로 구성한다.
- 예상이 곤란한 콘센트, 틀어끼우는 접속기, 소켓 등이 있을 경우라도 이를 고려하지 않는다.
- RC는 전용 분기 회로로 한다.

(1) 1층의 부하 용량과 분기 회로 수를 구하시오.
- 계산 과정:
- 답:

(2) 2층의 부하 용량과 분기 회로 수를 구하시오.
- 계산 과정:
- 답:

답안작성

(1) • 계산 과정

1층의 부하 용량 $P_1 = 30 \times (12 \times 10) + (300 \times 12) + 1,000 = 8,200[\text{VA}]$

1층의 분기 회로 수 $N_1 = \dfrac{8,200}{220 \times 16 \times 0.8} = 2.91$

• 답: 16[A] 분기 4회로(옥외 광고등 1회로 포함)

(2) • 계산 과정

2층의 부하 용량 $P_2 = 40 \times (10 \times 8) + 1,000 = 4,200[\text{VA}]$

2층의 분기 회로 수 $N_2 = \dfrac{4,200}{220 \times 16 \times 0.8} = 1.49$

• 답: 16[A] 분기 3회로(RC 1회로 포함)

(1) • 1층 부하 용량=표준부하×바닥면적+쇼윈도 부하+가산부하

　　　• 옥외 광고등은 전용 분기 회로 구성

(2) • 2층 부하 용량=표준부하×바닥면적+가산부하

　　　• RC는 전용 분기 회로로 구성

개념체크 **분기 회로수 결정**

(1) 부하설비 용량에 맞는 분기 회로수는 다음과 같이 구한다.

$$\text{분기 회로수} = \frac{\text{표준 부하 밀도}[VA/m^2] \times \text{바닥 면적}[m^2]}{\text{전압}[V] \times \text{분기 회로의 전류}[A]}$$

(2) 분기 회로수 계산 결과값에 소수점이 발생하면 소수점 이하 절상한다.

(3) 분기 회로의 전류가 주어지지 않을 때에는 16[A]를 표준으로 한다.

04 ★☆☆

다음은 전압 등급 3[kV]인 SA의 시설 적용을 나타낸 표이다. 빈칸에 적용 또는 불필요를 구분하여 쓰시오. [5점]

차단기 종류 ＼ 2차 보호기기	전동기	변압기			콘덴서
		유입식	몰드식	건식	
VCB	①	②	③	④	⑤

답안작성 ① 적용 ② 불필요 ③ 적용 ④ 적용 ⑤ 불필요

개념체크 서지 흡수기(SA)를 설치하는 이유: 내부의 이상전압이 2차 기기에 악영향을 주는 것을 막기 위해 설치한다.

차단기의 종류 ＼	VCB				
2차 보호기기 ＼ 전압 등급	3[kV]	6[kV]	10[kV]	20[kV]	30[kV]
전동기		적용	적용	적용	−	−
변압기	유입식	불필요	불필요	불필요	불필요	불필요
	몰드식	적용	적용	적용	적용	적용
	건식	적용	적용	적용	적용	적용
콘덴서		불필요	불필요	불필요	불필요	불필요
변압기와 유도기기와의 혼용 사용 시		적용	적용	−	−	−

05 Wenner의 4전극법에 대한 공식을 쓰고, 원리도를 그려 설명하시오. [5점]

★ ★ ★
(1) 공식

(2) 원리도

답안작성

(1) 대지저항률 $\rho = 2\pi aR$
   (단, a: 전극 간격[m], R: 접지저항[Ω])

(2)

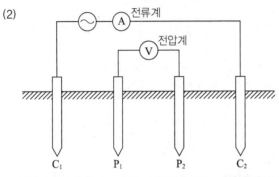

4개의 측정 전극(C_1, P_1, P_2, C_2)을 일정한 간격으로 매설하고 측정 장비 내에서 저주파 전류를 C_1, C_2 전극을 통해 대지에 흘려보낸 후 P_1, P_2 사이의 전압을 측정하여 대지저항률을 구하는 방법이다.

06 전력용 콘덴서의 부속설비인 방전 코일과 직렬 리액터의 사용 목적은 무엇인지 쓰시오. [4점]

★ ★ ★
(1) 방전 코일

(2) 직렬 리액터

답안작성

(1) 콘덴서에 축적된 잔류 전하를 방전
(2) 제5고조파를 제거하여 파형을 개선

개념체크 역률 개선용 콘덴서(진상 콘덴서) 설비의 부속 장치

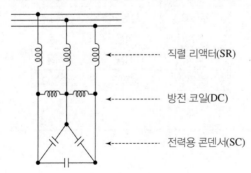

직렬 리액터(SR)

방전 코일(DC)

전력용 콘덴서(SC)

(1) 방전 코일(DC: Discharge Coil)

    ① 콘덴서에 남아 있는 잔류 전하를 신속히 방전시켜 인체의 감전 방지

    ② 5초 이내에 50[V] 이하로 방전

(2) 직렬 리액터(SR: Series Reactor)

    ① 변압기 등에서 발생하는 제5고조파 제거

    ② 제5고조파 제거를 위한 직렬 리액터 용량

        • 이론상: 제5고조파 공진 조건 $5\omega L = \dfrac{1}{5\omega C}$에서 $\omega L = \dfrac{1}{25\omega C} = 0.04 \times \dfrac{1}{\omega C}$

          $\therefore$ 콘덴서 용량의 4[%] 설치

        • 실제상: 여유를 두어 콘덴서 용량의 6[%] 설치

07 ★★☆

어느 빌딩의 수용가가 자가용 디젤 발전기설비를 계획하고 있다. 발전기 용량 산출에 필요한 부하의 종류 및 특성이 다음과 같을 때 주어진 조건과 참고 자료를 이용하여 전부하를 운전하는 데 필요한 발전기 용량은 몇 [kVA]인지 표의 빈칸을 채우면서 선정하시오.   [7점]

부하의 종류	출력[kW]	극수(극)	대수(대)	적용 부하	기동 방법
전동기	37	6	1	소화전 펌프	리액터 기동
	22	6	2	급수 펌프	리액터 기동
	11	6	2	배풍기	$Y-\Delta$ 기동
	5.5	4	1	배수 펌프	직입 기동
전등, 기타	50	-	-	비상 조명	-

[조건]

• 참고 자료의 수치는 최소치를 적용한다.

• 전동기 기동 시에 필요한 용량은 무시한다.

• 수용률 적용

  - 동력: 적용 부하에 대한 전동기의 대수가 1대인 경우에는 100[%], 2대인 경우에는 80[%]를 적용한다.

  - 전등, 기타: 100[%]를 적용한다.

• 부하의 종류가 전등, 기타인 경우의 역률은 100[%]를 적용한다.

• 자가용 디젤 발전기 용량은 50, 100, 150, 200, 300, 400, 500에서 선정한다.(단위: [kVA])

[표] 발전기 용량 선정

부하의 종류	출력[kW]	극수	전부하 특성			수용률[%]	수용률을 적용한 용량[kVA]
			역률[%]	효율[%]	입력[kVA]		
전동기	37×1	6					
	22×2	6					
	11×2	6					
	5.5×1	4					
전등, 기타	50	-	100	-			
합계	158.5	-	-	-	-	-	

[참고 자료] 전동기 전부하 특성표

정격 출력 [kW]	극수	동기 회전 속도 [rpm]	전부하 특성		참고값		
			효율 η [%]	역률 pf [%]	무부하 I_0 (각 상의 평균치) [A]	전부하 전류 I (각 상의 평균치) [A]	전부하 슬립 s[%]
0.75			70.0 이상	77.0 이상	1.9	3.5	7.5
1.5			76.5 이상	80.5 이상	3.1	6.3	7.5
2.2			79.5 이상	81.5 이상	4.2	8.7	6.5
3.7			82.5 이상	82.5 이상	6.3	14.0	6.0
5.5			84.5 이상	79.5 이상	10.0	20.9	6.0
7.5	2	3,600	85.5 이상	80.5 이상	12.7	28.2	6.0
11			86.5 이상	82.0 이상	16.4	40.0	5.5
15			88.0 이상	82.5 이상	21.8	53.6	5.5
18.5			88.0 이상	83.0 이상	26.4	65.5	5.5
22			89.0 이상	83.5 이상	30.9	76.4	5.0
30			89.0 이상	84.0 이상	40.9	102.7	5.0
37			90.0 이상	84.5 이상	50.0	125.5	5.0
0.75			71.5 이상	70.0 이상	2.5	3.8	8.0
1.5			78.0 이상	75.0 이상	3.9	6.6	7.5
2.2			81.0 이상	77.0 이상	5.0	9.1	7.0
3.7			83.0 이상	78.0 이상	8.2	14.6	6.5
5.5			85.0 이상	77.0 이상	11.8	21.8	6.0
7.5	4	1,800	86.0 이상	78.0 이상	14.5	29.1	6.0
11			87.0 이상	79.0 이상	20.9	40.9	6.0
15			88.0 이상	79.5 이상	26.4	55.5	5.5
18.5			88.5 이상	80.0 이상	31.8	67.3	5.5
22			89.0 이상	80.5 이상	36.4	78.2	5.5
30			89.5 이상	81.5 이상	47.3	105.5	5.5
37			90.0 이상	81.5 이상	56.4	129.1	5.5
0.75			70.0 이상	63.0 이상	3.4	4.4	8.5
1.5			76.0 이상	69.0 이상	4.7	7.3	8.0
2.2			79.5 이상	71.0 이상	6.2	10.1	7.0
3.7			82.5 이상	73.0 이상	9.1	15.8	6.5
5.5			84.5 이상	72.0 이상	13.6	23.6	6.0
7.5	6	1,200	85.5 이상	73.0 이상	17.3	30.9	6.0
11			86.5 이상	74.5 이상	23.6	43.6	6.0
15			87.5 이상	75.5 이상	30.0	58.2	6.0
18.5			88.0 이상	76.0 이상	37.3	71.8	5.5
22			88.5 이상	77.0 이상	40.0	82.7	5.5
30			89.0 이상	78.0 이상	50.9	111.8	5.5
37			90.0 이상	78.5 이상	60.9	136.4	5.5

답안작성

부하의 종류	출력 [kW]	극수	전부하 특성			수용률 [%]	수용률을 적용한 용량[kVA]
			역률[%]	효율[%]	입력[kVA]		
전동기	37×1	6	78.5	90.0	$\dfrac{37 \times 1}{0.785 \times 0.9} = 52.37$	100	$52.37 \times 1 = 52.37$
	22×2	6	77.0	88.5	$\dfrac{22 \times 2}{0.77 \times 0.885} = 64.57$	80	$64.57 \times 0.8 = 51.66$
	11×2	6	74.5	86.5	$\dfrac{11 \times 2}{0.745 \times 0.865} = 34.14$	80	$34.14 \times 0.8 = 27.31$
	5.5×1	4	77.0	85.0	$\dfrac{5.5 \times 1}{0.77 \times 0.85} = 8.4$	100	$8.4 \times 1 = 8.4$
전등, 기타	50	–	100	–	$\dfrac{50}{1.0} = 50$	100	$50 \times 1 = 50$
합계	158.5	–	–	–	209.48	–	189.74

• 답: 발전기 용량 200[kVA]

해설비법

① '전동기 전부하 특성표'에서 각 전동기 용량과 극수에 맞는 역률과 효율을 찾아 기입한다. 이때 역률과 효율 순서가 바뀌지 않도록 주의한다.

② 효율 $\eta = \dfrac{출력}{입력}$ 에서 입력[kVA] $= \dfrac{출력}{\eta} = \dfrac{설비용량[kW]}{\eta \times 역률(\cos\theta)}$ 을 계산하여 기입한다.

③ 수용률을 적용한 용량[kVA] = 입력[kVA]×수용률을 계산하여 기입한다.

④ 합계 용량이 189.74[kVA]이므로 조건에서 발전기 용량 200[kVA]를 선정한다.

08 ★☆☆

어느 수용가의 부하설비 용량이 950[kW], 수용률 65[%], 부하 역률 76[%]일 때 변압기 최소 용량은 몇 [kVA]인가? [5점]

• 계산 과정:

• 답:

답안작성

• 계산 과정: $P_a = \dfrac{950 \times 0.65}{0.76} = 812.5[\text{kVA}]$

• 답: 812.5[kVA]

개념체크 변압기 용량[kVA] ≥ 합성 최대 전력[kVA]이어야 한다.

$$합성\ 최대\ 전력 = \frac{각\ 부하의\ 최대\ 수용\ 전력의\ 합계}{부등률}$$

$$= \frac{설비\ 용량[\text{kVA}] \times 수용률}{부등률}$$

09

★☆☆

그림과 같은 PLC 시퀀스(래더 다이어그램)가 있다. 물음에 답하시오.　　　　　[7점]

(1) PLC 프로그램에서의 신호 흐름은 단방향이므로 시퀀스를 수정해야 한다. 문제의 도면을 바르게 작성하시오.

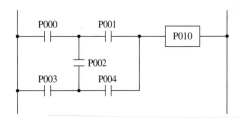

(2) PLC 프로그램을 표의 ①~⑧에 완성하시오.(단, 명령어는 LOAD, AND, OR, NOT, OUT을 사용한다.)

차례	명령어	번지	차례	명령어	번지
0	LOAD	P000	7	AND	P002
1	AND	P001	8	⑤	⑥
2	①	②	9	OR LOAD	–
3	AND	P002	10	⑦	⑧
4	AND	P004	11	AND	P004
5	OR LOAD	–	12	OR LOAD	–
6	③	④	13	OUT	P010

답안작성 (1)

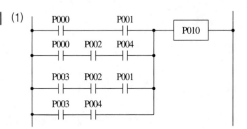

(2) ① LOAD ② P000 ③ LOAD ④ P003 ⑤ AND ⑥ P001 ⑦ LOAD ⑧ P003

해설비법 PLC 프로그램의 논리식은 다음과 같다.
$$P010 = (P000 \cdot P001) + (P000 \cdot P002 \cdot P004) + (P003 \cdot P002 \cdot P001) + (P003 \cdot P004)$$

10

★★★

지중 전선로의 시설에 관한 다음 각 물음에 답하시오.　　　　　[7점]

(1) 지중 전선로는 어떤 방식에 의하여 시설하여야 하는지 3가지만 쓰시오.

(2) 특고압용 지중전선에 사용하는 케이블의 종류를 2가지만 쓰시오.

답안작성 (1) 직접 매설식, 관로식, 암거식
(2) 알루미늄피케이블, 파이프형 압력케이블

단답 정리함 지중 케이블 포설 방식
• 직접 매설식
• 관로식
• 암거식

특고압 케이블

사용전압이 특고압인 전로에 전선으로 사용하는 케이블
- 절연체가 에틸렌 프로필렌고무혼합물 또는 가교폴리에틸렌 혼합물인 케이블로서 선심 위에 금속제의 전기적 차폐층을 설치한 것
- 파이프형 압력케이블
- 연피케이블
- 알루미늄피케이블

11
★★☆

UPS 장치 시스템의 중심 부분을 구성하는 CVCF의 기본 회로를 보고 다음 각 물음에 답하시오. [5점]

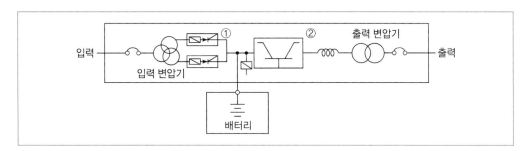

(1) UPS 장치는 어떤 장치인가?

(2) CVCF는 무엇을 뜻하는가?

(3) 도면의 ①, ②에 해당되는 것은 무엇인가?

(1) 무정전 전원 공급 장치
(2) 정전압 정주파수 장치
(3) ① 컨버터
　　② 인버터

UPS(무정전 전원 공급 장치: 선로의 정전이나 입력 전원에 이상 상태가 발생하였을 경우에도 정상적으로 전력을 부하 측에 공급)

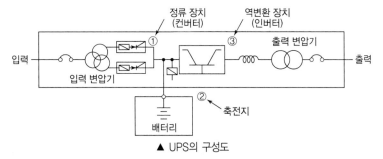

▲ UPS의 구성도

- 정류 장치(컨버터): 교류를 직류로 변환시킨다.
- 축전지: 직류 전력을 저장시킨다.
- 역변환 장치(인버터): 직류를 교류로 변환시킨다.

12
★☆☆

접지저항의 저감법 중 물리적 방법 4가지와 대지저항률을 낮추기 위한 저감재의 구비조건 4가지를 쓰시오. [6점]

답안작성 (1) 물리적인 저감법
- 접지극의 길이를 길게 한다.
- 접지극의 병렬로 접속한다.
- 접지봉의 매설깊이를 깊게 한다.
- 심타공법으로 시공한다.

(2) 저감재의 구비조건
- 환경 오염을 시키지 않을 것
- 접지전극을 부식시키지 말 것
- 지속성이 있을 것
- 작업성이 좋을 것

단답 정리함 접지저항을 저감시키는 방법
- 접지극을 매설지선으로 한다.
- 접지극을 병렬로 접속한다.
- 접지봉을 가능한 깊게 매설한다.
- 접지저항 저감제를 사용한다.
- 심타공법으로 시공한다.

접지저항 저감재 구비조건
- 저감 효과가 클 것
- 지속성이 있을 것
- 작업성이 좋을 것
- 환경 오염을 시키지 않을 것
- 접지전극을 부식시키지 말 것

13

KEC 적용에 따라 삭제되는 문제입니다.

14
★☆☆

도면은 유도 전동기의 정전, 역전용 운전 단선 결선도이다. 정·역회전을 할 수 있도록 조작 회로를 그리시오.(단, 인입 전원은 위상(Phase) 전원을 사용하고 OFF 버튼 1개, ON－OFF(1a 1b) 버튼 2개 및 정·역회전 시 표시 Lamp가 나타나도록 하시오.) [5점]

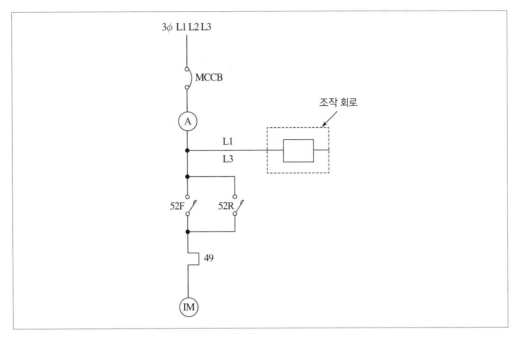

답안작성

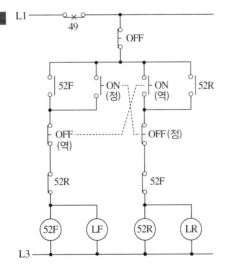

(LF) : 정회전 기동 시 켜지는 램프

(LR) : 역회전 기동 시 켜지는 램프

해설비법
- 자기유지 접점: 52F, 52R a접점
- 인터록 접점: 52F, 52R b접점

개념체크 인터록 회로
어느 한 쪽이 동작하면 다른 한 쪽은 동작할 수 없는 동작을 행하는 논리 회로

15

★★☆

그림과 같은 배광 곡선을 갖는 반사갓형 수은등 $400[\mathrm{W}]$ $(22,000[\mathrm{lm}])$을 사용할 경우 기구 직하 $7[\mathrm{m}]$ 점으로부터 수평으로 $5[\mathrm{m}]$ 떨어진 점의 수평면 조도를 구하시오.(단, $\cos^{-1}0.814=35.5°$, $\cos^{-1}0.707=45°$, $\cos^{-1}0.583=54.3°$ 이다.)

[5점]

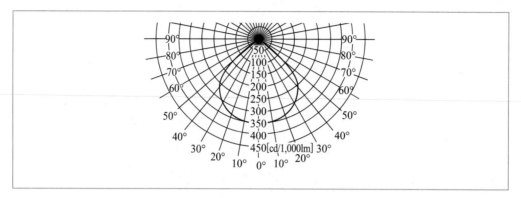

• 계산 과정:

• 답:

• 계산 과정

$$\cos\theta = \frac{h}{\sqrt{h^2+a^2}} = \frac{7}{\sqrt{7^2+5^2}} = 0.814$$

$$\therefore \ \theta = \cos^{-1}0.814 = 35.5°$$

표에서 각도 $35.5°$에서의 광도값은 약 $280[\mathrm{cd/1,000lm}]$ 이므로

수은등의 광도 $I = 280 \times \dfrac{22,000}{1,000} = 6,160[\mathrm{cd}]$ 이다.

$$\therefore \ \text{수평면 조도} \ E_h = \frac{I}{r^2}\cos\theta = \frac{6,160}{(\sqrt{7^2+5^2})^2} \times 0.814 = 67.76[\mathrm{lx}]$$

• 답: $67.76[\mathrm{lx}]$

약 $280[\mathrm{cd/1,000lm}]$

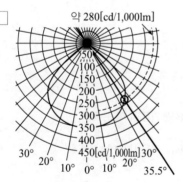

• 조도: 피조면의 밝기

$$E = \frac{F}{A} = \frac{I}{r^2}[\text{lx}]$$

조도는 광원의 광도(I)에 비례하고, 거리(r)의 제곱에 반비례한다.

• 법선 조도

$$E_n = \frac{I}{r^2}[\text{lx}]$$

• 수평면 조도

$$E_h = \frac{I}{r^2}\cos\theta[\text{lx}]$$

• 수직면 조도

$$E_v = \frac{I}{r^2}\sin\theta[\text{lx}]$$

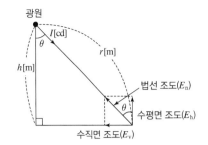

16
★★☆

3상 4선식에서 역률 100[%]의 부하가 각 상과 중성선 간에 연결되어 있다. L1상, L2상, L3상에 흐르는 전류가 각각 220[A], 180[A], 180[A]이다. 중성선에 흐르는 전류의 크기의 절대값은 몇 [A]인가? [5점]

• 계산 과정:

• 답:

• 계산 과정

$$\dot{I_N} = \dot{I_{L1}} + a^2\dot{I_{L2}} + a\dot{I_{L3}} = I_{L1}\angle 0° + I_{L2}\angle -120° + I_{L3}\angle 120°$$

$$= 220 + \left(-\frac{1}{2} - j\frac{\sqrt{3}}{2}\right)\times 180 + \left(-\frac{1}{2} + j\frac{\sqrt{3}}{2}\right)\times 180$$

$$= 220 - 90 - 90 = 40[\text{A}]$$

• 답: 40[A]

• 3상 부하가 불평형: $\dot{I_N} = \dot{I_{L1}} + a^2\dot{I_{L2}} + a\dot{I_{L3}}$

17
★★★

부하설비가 각각 A−10[kW], B−20[kW], C−20[kW], D−30[kW]인 수용가가 있다. 이 수용장소의 수용률이 A와 B는 각각 80[%], C와 D는 각각 60[%]이고 이 수용장소의 부등률은 1.3이다. 이 수용장소의 종합 최대 전력은 몇 [kW]인지 구하시오. [4점]

• 계산 과정:

• 답:

답안작성

• 계산 과정: $P_a = \dfrac{10 \times 0.8 + 20 \times 0.8 + 20 \times 0.6 + 30 \times 0.6}{1.3} = 41.54[\text{kW}]$

• 답: 41.54[kW]

개념체크

$$합성\ 최대\ 전력 = \frac{각\ 부하의\ 최대\ 수용\ 전력의\ 합계}{부등률}$$

$$= \frac{\sum(설비\ 용량[\text{kVA}] \times 수용률)}{부등률}$$

18
★★★

단상 변압기의 병렬 운전 조건 4가지를 쓰고, 이들 각각에 대하여 조건이 맞지 않을 경우에 어떤 현상이 나타나는지 쓰시오. [5점]

(1) • 조건:　　　　　　　　　• 현상:

(2) • 조건:　　　　　　　　　• 현상:

(3) • 조건:　　　　　　　　　• 현상:

(4) • 조건:　　　　　　　　　• 현상:

답안작성

(1) • 조건: 극성이 같을 것
　　• 현상: 큰 순환전류가 흘러 권선이 소손

(2) • 조건: 권수비 및 1차, 2차 정격전압이 같을 것
　　• 현상: 순환전류가 흘러 권선이 과열

(3) • 조건: %임피던스 강하가 같을 것
　　• 현상: 부하 분담이 각 변압기의 용량의 비가 되지 않아 부하 분담이 불균형

(4) • 조건: 내부 저항과 누설 리액턴스의 비가 같을 것
　　• 현상: 각 변압기의 전류 간에 위상차가 생겨 동손 증가

단답 정리함

단상 변압기의 병렬운전 조건 − 조건에 맞지 않을 경우 나타나는 현상

• 극성이 같을 것 − 큰 순환전류가 흘러 권선이 소손
• 권수비 및 1차, 2차 정격전압이 같을 것 − 순환전류가 흘러 권선이 과열
• %임피던스 강하가 같을 것 − 부하 분담이 각 변압기의 용량의 비가 되지 않아 부하 분담이 불균형
• 내부 저항과 누설 리액턴스의 비가 같을 것 − 각 변압기의 전류 간에 위상차가 생겨 동손 증가

1회 학습전략

난이도 ⊕

- 단답형: 역률 개선, 전력용 콘덴서, 역V결선, 공구 및 자재, 변압기 개방시험, PLC, 콘덴서설비, 시퀀스, 콘센트 시설
- 공식형: 승압기, 소비전력, 허용전류, 네트워크 변압기, 양수용 전동기, 조명 설계
- 복합형: 변전설비, 지락 사고
- 시퀀스 및 PLC, 도면에 관한 문제가 많았습니다. 도면 문제의 경우 주어진 내용과 조건을 명확히 파악한 후 접근해야 실수 없이 문제를 풀 수 있습니다. 네트워크 변압기의 용량을 결정하는 문제와 역V결선 문제는 출제 빈도가 낮으나 난도가 높은 문제입니다.

2회 학습전략

난이도 ⊕

- 단답형: 계기용 변성기, 전자유도장해, 비율 차동 계전기, 공구 및 자재, 콘덴서 보호 방식, 인터록, 시퀀스
- 공식형: 수변전설비, 비상용 발전기, 임피던스, 전압강하, 풍력에너지, 차단기
- 복합형: 예비전원설비, 조명 설계, 단상 3선식 회로
- 단답형 문제와 공식형 문제의 난도가 높아 학습하는 데 주의가 필요합니다. 빈출 유형 위주로 우선 학습한 다음에 고난도 문제를 푸는 것도 좋습니다. 앞선 소문항의 값을 이용하여 푸는 문제의 경우는 계산값이 뒤쪽에도 영향을 미치므로 실수하지 않도록 주의하여 풉니다.
- ※ KEC 적용에 의거해 삭제된 문제가 있어 배점 합계가 100점이 되지 않습니다.

3회 학습전략

난이도 ⊕

- 단답형: 수변전설비, 기기 점검항목, 비접지 선로, 전력용 콘덴서, 공구 및 자재, 시퀀스, 보호 계전기, 변압기 보호
- 공식형: 평형 전류, 조명설비, 디젤 발전기, 3상 단락용량, 전압강하, 단권 변압기
- 복합형: 테이블 스펙, 누전 차단기, 조명 설계
- 난도가 가장 높은 회차 중 하나인 2012년 3회는 중요도가 높은 문제를 우선으로 학습하는 것이 좋습니다. 이번 회차는 반복 학습을 통해 난도가 높은 문제도 익숙하게 풀 수 있도록 준비합니다.

01 ★★☆ 어떤 인텔리전트 빌딩에 대한 등급별 추정 전원 용량에 대한 다음 표를 이용하여 각 물음에 답하시오.

[8점]

등급별 추정 전원 용량[VA/m²]

내용 \ 등급별	0등급	1등급	2등급	3등급
조명	32	22	22	29
콘센트	–	13	5	5
사무자동화(OA) 기기	–	–	34	36
일반동력	38	45	45	45
냉방동력	40	43	43	43
사무자동화(OA) 동력	–	2	8	8
합계	110	125	157	166

(1) 연면적 10,000[m²]인 인텔리전트 2등급인 사무실 빌딩의 전력 설비 부하의 용량을 다음 표에 의하여 구하도록 하시오.

부하 내용	면적을 적용한 부하용량[kVA]
조명	
콘센트	
OA 기기	
일반동력	
냉방동력	
OA 동력	
합계	

(2) 물음 "(1)"에서 조명, 콘센트, 사무자동화 기기의 적정 수용률을 0.7, 일반동력 및 사무자동화 동력의 적정 수용률을 0.5, 냉방동력의 적정 수용률을 0.8, 주변압기 부등률을 1.2로 적용한다. 이때 전압방식을 2단 강압방식으로 채택할 경우 변압기의 용량에 따른 변전설비의 용량을 산출하시오.(단, 조명, 콘센트, 사무자동화 기기를 3상 변압기 1대로, 일반동력 및 사무자동화 동력을 3상 변압기 1대로, 냉방동력을 3상 변압기 1대로 구성하고, 상기 부하에 대한 주변압기 1대를 사용하도록 하며, 변압기 용량은 표에서 정하도록 한다.)

변압기 용량표[kVA]

50	75	100	150	200	300	400	500	750	1,000

① 조명, 콘센트, 사무자동화 기기에 필요한 변압기 용량 산정
  • 계산 과정:
  • 답:

② 일반동력, 사무자동화 동력에 필요한 변압기 용량 산정
　• 계산 과정:
　• 답:
③ 냉방동력에 필요한 변압기 용량 산정
　• 계산 과정:
　• 답:
④ 주변압기 용량 산정
　• 계산 과정:
　• 답:

(3) 주변압기에서부터 각 부하에 이르는 변전설비의 단선 계통도를 간단하게 그리시오.

답안작성 (1)

부하 내용	면적을 적용한 부하용량[kVA]
조명	$22 \times 10,000 \times 10^{-3} = 220$[kVA]
콘센트	$5 \times 10,000 \times 10^{-3} = 50$[kVA]
OA 기기	$34 \times 10,000 \times 10^{-3} = 340$[kVA]
일반동력	$45 \times 10,000 \times 10^{-3} = 450$[kVA]
냉방동력	$43 \times 10,000 \times 10^{-3} = 430$[kVA]
OA 동력	$8 \times 10,000 \times 10^{-3} = 80$[kVA]
합계	$157 \times 10,000 \times 10^{-3} = 1,570$[kVA]

(2) ① • 계산 과정: $Tr_1 = (220 + 50 + 340) \times 0.7 = 427$[kVA], 표에서 500[kVA] 선정
　　• 답: 500[kVA]
② • 계산 과정: $Tr_2 = (450 + 80) \times 0.5 = 265$[kVA], 표에서 300[kVA] 선정
　　• 답: 300[kVA]
③ • 계산 과정: $Tr_3 = 430 \times 0.8 = 344$[kVA], 표에서 400[kVA] 선정
　　• 답: 400[kVA]
④ • 계산 과정: $STr = \dfrac{427 + 265 + 344}{1.2} = 863.33$[kVA], 표에서 1,000[kVA] 선정
　　• 답: 1,000[kVA]

(3)

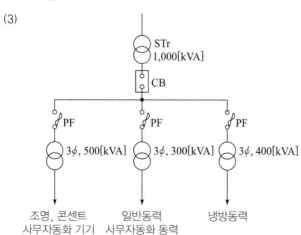

02 ★★☆

단자전압 $3,000[\text{V}]$인 선로에 전압비가 $3,300/220[\text{V}]$인 승압기를 접속하여 $60[\text{kW}]$, 역률 0.85의 부하에 공급할 때 몇 $[\text{kVA}]$의 승압기를 사용하여야 하는가? [5점]

- 계산 과정:

- 답:

답안작성
- 계산 과정

2차 전압 $V_2 = 3,000 \times \left(1 + \dfrac{220}{3,300}\right) = 3,200[\text{V}]$

2차 전류 $I_2 = \dfrac{P}{V_2 \cos\theta} = \dfrac{60 \times 10^3}{3,200 \times 0.85} = 22.06[\text{A}]$

승압기 용량 $P_a = e_2 I_2 = 220 \times 22.06 \times 10^{-3} = 4.85[\text{kVA}]$

- 답: $5[\text{kVA}]$ 승압기 선정

개념체크
- 승압된 전압 $V_2 = V_1 \times \left(1 + \dfrac{1}{a}\right)[\text{V}]\ (a:\ 권수비)$

- 2차 전류 $I_2 = \dfrac{P}{V_2 \cos\theta}[\text{A}]$

- 승압기 1대의 용량 $P_a = e_2 I_2 = (V_2 - V_1) \times I_2[\text{kVA}]$

03 ★★★

역률을 개선하면 전기 요금의 저감과 배전선의 손실 경감, 전압 강하 감소, 설비 여력의 증가 등을 기할 수 있으나, 너무 과보상하면 역효과가 나타난다. 즉, 경부하 시에 콘덴서가 과대 삽입되는 경우의 결점을 4가지 쓰시오. [3점]

답안작성
- 계전기 오동작
- 단자 전압 상승
- 역률 저하
- 전력 손실 증가

단답 정리함
역률 과보상 시 발생하는 현상
- 계전기 오동작
- 단자 전압 상승
- 역률 저하
- 전력 손실 증가
- 고조파 왜곡 확대

개념체크
역률 과보상
역률 개선용 콘덴서의 용량은 부하의 지상 역률에 의한 무효전력보다는 크지 않아야 하는데, 콘덴서 용량이 지상 전류 무효전력을 상쇄하고도 남는 경우이다. $90°$ 앞선 진상 전류에 의한 모선 전압 상승 및 앞선 역률로 인한 전력 손실 증가, 고조파 왜곡 증가, 계전기 오동작 등을 유발시킬 수 있다.

04
★★☆

그림과 같은 시퀀스 제어 회로를 AND, OR, NOT의 기본 논리 회로(Logic symbol)를 이용한 무접점 회로로 나타내시오. [6점]

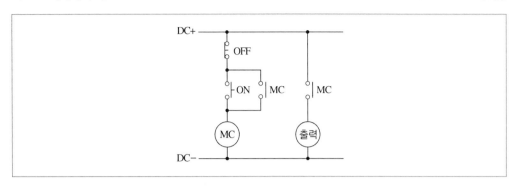

답안작성

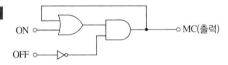

해설비법 유접점 회로의 논리식

$MC = \overline{OFF} \cdot (ON + MC)$

05
★★☆

평균 조도 600[lx]인 전반조명을 시설한 50[m²]의 방이 있다. 이 방에 조명기구 1대당 광속 6,000[lm], 조명률 80[%], 유지율 62.5[%]인 등기구를 설치하려고 한다. 이때 조명기구 1대의 소비 전력을 80[W]라면 이 방에서 24시간 연속 점등한 경우 하루의 소비전력량은 몇 [kWh]인가? [5점]

• 계산 과정:

• 답:

답안작성 • 계산 과정

등의 개수 $N = \dfrac{EAD}{FU} = \dfrac{EA \times \frac{1}{M}}{FU} = \dfrac{600 \times 50 \times \frac{1}{0.625}}{6,000 \times 0.8} = 10[등]$

소비전력량 $W = Pt = (80 \times 10) \times 24 \times 10^{-3} = 19.2[kWh]$

• 답: 19.2[kWh]

해설비법 소비전력량 $W = Pt = 80[W] \times 10[등] \times 24[h] \times 10^{-3} = 19.2[kWh]$

개념체크 등의 개수 산정

$$FUN = EAD$$

(단, F: 광속[lm], U: 조명률, N: 사용하는 등의 개수, E: 조도[lx], A: 방의 면적[m²], D: 감광 보상률
($= \dfrac{1}{M}$), M: 보수율(유지율))

06

★★★

답안지의 그림은 3상 4선식 배전 선로에 단상 변압기 2대가 있는 미완성 회로이다. 이것을 역 V결선하여 2차에 3상 전원 방식으로 결선하시오. [5점]

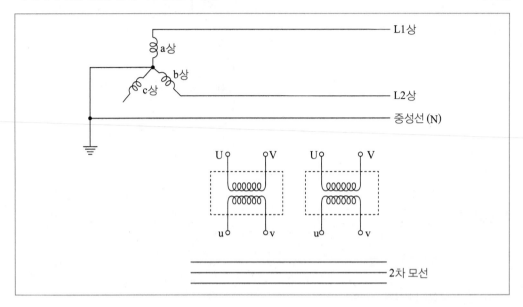

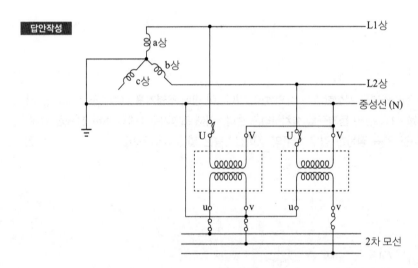

07 정크션 박스(Joint box)와 풀 박스(Pull box) 용도를 쓰시오. [6점]

★★★

(1) 정크션 박스(Joint box)

(2) 풀 박스(Pull box)

답안작성
(1) 전선 상호 간의 접속 시 접속 부분이 외부로 노출되지 않도록 하기 위해 설치
(2) 전선의 통과를 용이하게 하기 위하여 배관의 도중에 설치

08 다음 그림은 저압 전로에 있어서의 지락고장을 표시한 그림이다. 그림의 전동기 ⓜ(단상 110[V])의 내

★★★ 부와 외함 간에 누전으로 지락사고를 일으킨 경우 변압기 저압 측 전로의 1선은 전기설비기술기준에 의
하여 고·저압 혼촉 시의 대지전위 상승을 억제하기 위한 접지공사를 하도록 규정하고 있다. 다음 물음에
답하시오. [10점]

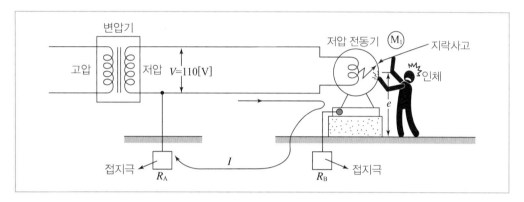

(1) 앞의 그림에 대한 등가회로를 그리면 아래와 같다. 각 물음에 답하시오.

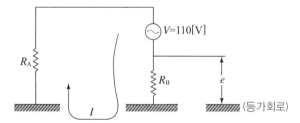

① 등가회로상의 e는 무엇을 의미하는가?

② 등가회로상의 e의 값을 표시하는 수식을 표시하시오.

③ 저압 회로의 지락전류 $I = \dfrac{V}{R_A + R_B}$[A]로 표시할 수 있다. 고압 측 전로의 중성점이 비접지식인 경우에

고압 측 전로의 1선 지락전류가 4[A]라고 하면 변압기의 2차 측(저압 측)에 대한 접지저항값은 얼마인가?
또, 위에서 구한 접지저항값(R_A)을 기준으로 하였을 때의 R_B의 값을 구하고, 위 등가회로상의 I, 즉 저압
측 전로의 1선 지락전류를 구하시오.(단, e의 값은 25[V]로 제한하도록 한다.)
• 계산 과정:
• 답:

(2) 접지극의 매설 깊이[m]는 얼마 이하로 하는가?

(3) 변압기 2차 측 접지도체는 단면적 몇 $[\text{mm}^2]$ 이상의 연동선이나 이와 동등 이상의 세기 및 굵기의 것을 사용하는가?

답안작성

(1) ① 접촉전압

② $e = \dfrac{R_B}{R_A + R_B} \times V[\text{V}]$

③ • 계산 과정

접지저항 $R_A = \dfrac{150}{I} = \dfrac{150}{4} = 37.5[\Omega]$

$e = \dfrac{R_B}{R_A + R_B} \times V$에서 $25 = \dfrac{R_B}{37.5 + R_B} \times 110$이므로 $R_B = 11.03[\Omega]$

지락전류 $I_g = \dfrac{V}{R_A + R_B} = \dfrac{110}{37.5 + 11.03} = 2.27[\text{A}]$

• 답: R_A: $37.5[\Omega]$, R_B: $11.03[\Omega]$, I_g: $2.27[\text{A}]$

(2) $0.75[\text{m}]$

(3) $6[\text{mm}^2]$

해설비법

(1) ③ 변압기 중성점 접지저항 R_A는 일반적으로 1선 지락전류로 150을 나눈 값과 같은 저항값 이하로 한다.

즉, $R_A = \dfrac{150}{I} = \dfrac{150}{4} = 37.5[\Omega]$

09 ★★☆

3상 3선 $380[\text{V}]$ 회로에 그림과 같이 부하가 연결되어 있다. 간선의 최소 허용전류$[\text{A}]$를 구하시오.(단, 전동기의 평균 역률은 $80[\%]$이다.) [5점]

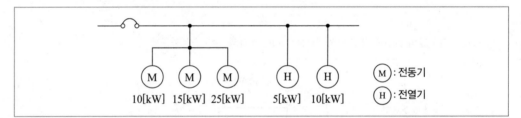

• 계산 과정:

• 답:

답안작성

• 계산 과정

전동기 정격전류의 합 $\sum I_M = \dfrac{(10+15+25) \times 10^3}{\sqrt{3} \times 380 \times 0.8} = 94.96[\text{A}]$

전동기의 유효전류 $I = 94.96 \times 0.8 = 75.97[\text{A}]$

전동기의 무효전류 $I_q = 94.96 \times \sqrt{1 - 0.8^2} = 56.98[\text{A}]$

전열기 정격전류의 합 $\sum I_H = \dfrac{(5+10) \times 10^3}{\sqrt{3} \times 380} = 22.79[\text{A}]$

설계전류 $I_B = \sqrt{(75.97 + 22.79)^2 + 56.98^2} = 114.02[\text{A}]$

따라서 $I_B \le I_n \le I_Z$ 조건을 만족하는 전선의 최소 허용전류 $I_Z \ge 114.02[\text{A}]$

• 답: $114.02[\text{A}]$

개념체크 과부하에 대해 케이블(전선)을 보호하는 장치의 동작특성

$$I_B \le I_n \le I_Z$$
$$I_2 \le 1.45 \times I_Z$$

(단, I_B: 회로의 설계전류[A], I_Z: 케이블의 허용전류[A], I_n: 보호장치의 정격전류[A], I_2: 보호장치가 규약시간 이내에 유효하게 동작하는 것을 보장하는 전류[A])

10 ★★☆ 그림은 구내에 설치할 $3,300[V]$, $220[V]$, $10[kVA]$인 주상 변압기의 무부하 시험 방법이다. 이 도면을 보고 다음 각 물음에 답하시오. [7점]

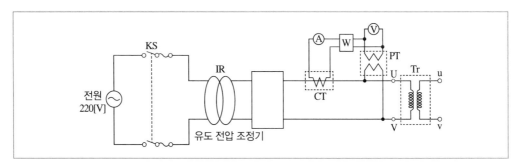

(1) 유도 전압 조정기의 오른쪽 박스 속에는 무엇이 설치되어야 하는가?

(2) 시험할 주상 변압기의 2차 측은 어떤 상태에서 시험을 하여야 하는가?

(3) 시험할 변압기를 사용할 수 있는 상태로 두고 유도 전압 조정기의 핸들을 서서히 돌려 전압계의 지시값이 1차 정격 전압이 되었을 때, 전력계가 지시하는 값은 어떤 값을 지시하는가?

답안작성
(1) 승압용 변압기
(2) 개방
(3) 철손

개념체크 개방 시험 회로도

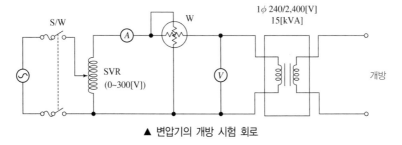

▲ 변압기의 개방 시험 회로

① 변압기 탱크는 반드시 접지한다.

② 변압기의 2차 측(고압 측) 권선(단자)을 개방하고 저압 측 권선에 정격 주파수, 정격 전압을 인가한다.

③ 2 전력계법(또는 3 전력계법)으로 손실 및 여자 전류를 측정한다.

④ 변압기의 여자 전류는 일반적으로 정격 전류에 대한 비로 표시된다.

⑤ 단락 시험과 개방 시험으로 구할 수 있는 사항

단락 시험	개방 시험
• 임피던스	• 어드미턴스 크기
• 동손	• 철손
• %저항 강하, %리액턴스 강하	• 여자 전류의 크기

11 ★☆☆

표의 빈칸 ㉮~㉒에 알맞은 내용을 써서 그림 PLC 시퀀스의 프로그램을 완성하시오.(단, 사용 명령어는 회로 시작(R), 출력(W), AND(A), OR(O), NOT(N), 시간 지연(DS)이고, 0.1초 단위이다.) [6점]

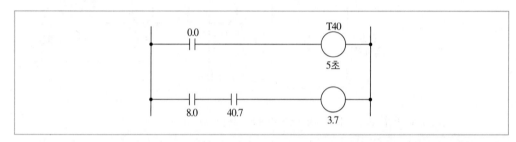

STEP	명령어	번지
0	R	㉮
1	DS	㉯
2	W	㉰
3	㉱	8.0
4	㉲	㉳
5	㉴	㉵

답안작성 ㉮ 0.0 ㉯ 50 ㉰ T40 ㉱ R ㉲ A ㉳ 40.7 ㉴ W ㉵ 3.7

해설비법 ㉯ 0.1초 단위에서 5초의 시간 지연을 설정하려면 $\dfrac{5}{0.1} = 50$

12 ★☆☆

다음 그림은 콘덴서설비의 단선도이다. 주어진 그림의 ①, ②번과 각 기기의 우리말 이름을 쓰고, 역할을 쓰시오.　　　　　　　　　　　　　　　　　　　　　　　　　　　　　　　　　　　　[5점]

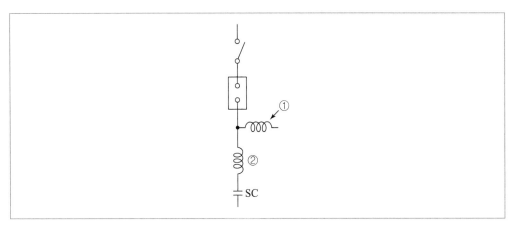

답안작성

① 방전 코일: 콘덴서에 축적된 잔류 전하 방전
② 직렬 리액터: 제5고조파 제거

개념체크

역률 개선용 콘덴서(진상 콘덴서)설비의 부속 장치

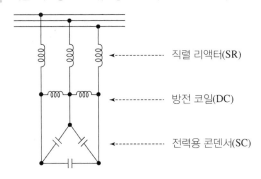

직렬 리액터(SR)

방전 코일(DC)

전력용 콘덴서(SC)

(1) **직렬 리액터(SR: Series Reactor)**
　　① 변압기 등에서 발생하는 제5고조파 제거
　　② 제5고조파 제거를 위한 직렬 리액터 용량

　　　　• 이론상: 제5고조파 공진 조건 $5\omega L=\dfrac{1}{5\omega C}$에서 $\omega L=\dfrac{1}{25\omega C}=0.04\times\dfrac{1}{\omega C}$

　　　　　∴ 콘덴서 용량의 4[%] 설치
　　　　• 실제상: 여유를 두어 콘덴서 용량의 6[%] 설치

(2) **방전 코일(DC: Discharge Coil)**
　　① 콘덴서에 남아 있는 잔류 전하를 신속히 방전시켜 인체의 감전 방지
　　② 5초 이내에 50[V] 이하로 방전

(3) **전력용 콘덴서(SC: Static Capacitor)**: 부하의 역률을 개선

13 ★☆☆

최대 수요 전력이 $7{,}000[\text{kW}]$, 부하 역률 0.92, 네트워크(Network) 수전 회선수 3회선, 네트워크 변압기의 과부하율 $130[\%]$인 경우 네트워크 변압기 용량은 몇 $[\text{kVA}]$ 이상이어야 하는가?   **[5점]**

• 계산 과정:

• 답:

답안작성 • 계산 과정

$$\text{네트워크 변압기 용량} = \frac{\dfrac{7{,}000}{0.92}}{3-1} \times \frac{100}{130} = 2{,}926.42[\text{kVA}]$$

• 답: $2{,}926.42[\text{kVA}]$

해설비법 과부하율$[\%] = \dfrac{\text{최대 수요 전력}[\text{kVA}]}{\text{네트워크 변압기 용량} \times (\text{공급피더수} - 1)} \times 100$ 에서

$$\text{네트워크 변압기 용량}[\text{kVA}] = \frac{\text{최대 수요 전력}[\text{kVA}]}{\text{공급피더수} - 1} \times \frac{100}{\text{과부하율}[\%]}$$

14 ★★★

매분 $12[\text{m}^3]$의 물을 높이 $15[\text{m}]$인 탱크에 양수하는 데 필요한 전력을 V결선한 변압기로 공급한다면, 여기에 필요한 단상 변압기 1대의 용량은 몇 $[\text{kVA}]$인가?(단, 펌프와 전동기의 합성 효율은 $65[\%]$이고, 전동기의 전부하 역률은 $80[\%]$이며, 펌프의 축동력은 $15[\%]$의 여유를 본다고 한다.)   **[5점]**

• 계산 과정:

• 답:

답안작성 • 계산 과정

전동기 용량 $P = \dfrac{12 \times 15}{6.12 \times 0.65} \times 1.15 = 52.04[\text{kW}]$

$[\text{kVA}]$로 환산한 전동기 용량 $= \dfrac{52.04}{0.8} = 65.05[\text{kVA}]$

V결선 시 공급 용량은 전동기 용량과 같으므로 $P_V = \sqrt{3}\,P_1 = 65.05[\text{kVA}]$에서

구하고자 하는 단상 변압기 1대의 용량 $P_1 = \dfrac{P_V}{\sqrt{3}} = \dfrac{65.05}{\sqrt{3}} = 37.56[\text{kVA}]$

• 답: $37.56[\text{kVA}]$

개념체크 양수 펌프용 전동기 용량

$$P = \frac{QH}{6.12\eta}k[\text{kW}]$$

(단, Q: 양수량$[\text{m}^3/\text{min}]$, H: 양정(양수 높이)$[\text{m}]$, k: 여유 계수, η: 효율)

15 ★☆☆

저항 $4[\Omega]$과 정전용량 $C[\text{F}]$인 직렬 회로에 주파수 $60[\text{Hz}]$의 전압을 인가한 경우 역률이 0.8이었다. 이 회로에 $30[\text{Hz}]$, $220[\text{V}]$의 교류 전압을 인가하면 소비전력은 몇 $[\text{W}]$가 되겠는가? [5점]

• 계산 과정:

• 답:

답안작성

• 계산 과정

주파수 $60[\text{Hz}]$일 때의 역률 $\cos\theta = \dfrac{R}{Z} = \dfrac{R}{\sqrt{R^2 + X_c^2}} = \dfrac{4}{\sqrt{4^2 + X_c^2}} = 0.80$이므로

$X_c = \sqrt{\left(\dfrac{4}{0.8}\right)^2 - 4^2} = 3[\Omega]$

$X_c = \dfrac{1}{2\pi f C}$에서 용량성 리액턴스는 주파수에 반비례$\left(X_c \propto \dfrac{1}{f}\right)$하므로

주파수가 $60[\text{Hz}]$의 $\dfrac{1}{2}$인 $30[\text{Hz}]$인 경우의 용량성 리액턴스 $X_c' = 3 \times 2 = 6[\Omega]$

$\therefore$ 소비 전력 $P = \dfrac{V^2 R}{R^2 + (X_c')^2} = \dfrac{220^2 \times 4}{4^2 + 6^2} = 3,723.08[\text{W}]$

• 답: $3,723.08[\text{W}]$

해설비법 저항 R과 리액턴스 X의 직렬 회로에서 소비되는 전력 $P = I^2 R = \left(\dfrac{V}{\sqrt{R^2 + X^2}}\right)^2 R = \dfrac{V^2 R}{R^2 + X^2}[\text{W}]$

16 ★☆☆

역률을 높게 유지하기 위하여 각각의 부하에 고압 및 특고압 진상용 콘덴서를 설치하는 경우에는 현장 조작 개폐기보다도 부하 측에 접속하여야 한다. 콘덴서의 용량, 접속 방법 등은 어떻게 시설하는 것을 원칙으로 하는지와 고조파 전류의 증대 등에 대한 다음 각 물음에 답하시오. [5점]

(1) 콘덴서의 용량은 부하의 (　　)보다 크게 하지 말 것

(2) 콘덴서는 본선에 직접 접속하고 특히 전용의 (　　), (　　), (　　) 등을 설치하지 말 것

(3) 고압 및 특고압 진상용 콘덴서의 설치로 공급회로의 고조파전류가 현저하게 증대할 경우는 콘덴서 회로에 유효한 (　　)를 설치하여야 한다.

(4) 가연성유봉입의 고압진상용 콘덴서를 설치하는 경우는 가연성의 벽, 천장 등과 (　　)[m] 이상 이격하는 것이 바람직하다.

답안작성
(1) 무효분
(2) 개폐기, 퓨즈, 유입 차단기
(3) 직렬 리액터
(4) 1

17 ★★★

전동기, 가열장치 또는 전력장치의 배선에는 이것에 공급하는 부하회로의 배선에서 기계기구 또는 장치를 분리할 수 있도록 단로용 기구로 각개에 개폐기 또는 콘센트를 시설하여야 한다. 그렇지 않아도 되는 경우 2가지를 쓰시오. [4점]

> **답안작성** • 배선 중에 시설하는 현장조작개폐기가 전로의 각 극을 개폐할 수 있을 경우
> • 전용 분기 회로에서 공급될 경우

---

18 ★★★

그림은 PB−ON 스위치를 ON한 후 일정 시간이 지난 다음에 MC가 동작하여 전동기 M이 운전되는 회로이다. 여기에 사용한 타이머 ⓣ는 입력 신호를 소멸했을 때 열려서 이탈되는 형식인데 전동기가 회전하면 릴레이 ⓧ가 복구되어 타이머에 입력 신호가 소멸되고 전동기는 계속 회전할 수 있도록 할 때 이 회로를 수정하여 완성하시오. [5점]

> **답안작성**

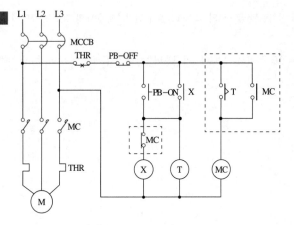

> **해설비법** 전동기가 회전하면 릴레이 ⓧ가 복구되어 타이머에 입력 신호가 소멸될 때: 릴레이 ⓧ에 직렬로 $\overline{MC}$를 연결
> 전동기는 계속 회전할 수 있도록 할 때: 자기유지 접점 MC를 병렬로 연결

01
★★★

다음과 같은 아파트 단지를 계획하고 있다. 주어진 규모 및 참고자료를 이용하여 다음 각 물음에 답하시오. [8점]

[규모]

- 아파트 동수 및 세대수: 2개 동, 300세대
- 세대당 면적과 세대수

동별	세대당 면적[m²]	세대수	동별	세대당 면적[m²]	세대수
1동	50	30	2동	50	50
	70	40		70	30
	90	50		90	40
	110	30		110	30

- 계단, 복도, 지하실 등의 공용면적 1동: 1,700[m²], 2동: 1,700[m²]

[참고자료]

- 면적의 [m²]당 상정 부하는 다음과 같다.
  아파트: 40[VA/m²], 공용 면적 부분: 7[VA/m²]
- 세대당 추가로 가산하여야 할 상정부하는 다음과 같다.
  - 80[m²] 이하의 세대: 750[VA]
  - 150[m²] 이하의 세대: 1,000[VA]
- 아파트 동별 수용률은 다음과 같다.
  - 70세대 이하인 경우: 65[%]
  - 100세대 이하인 경우: 60[%]
  - 150세대 이하인 경우: 55[%]
  - 200세대 이하인 경우: 50[%]
- 모든 계산은 피상전력을 기준으로 한다.
- 역률은 100[%]로 보고 계산한다.
- 주변전실로부터 1동까지는 150[m]이며 동 내부의 전압강하는 무시한다.
- 각 세대의 공급 방식은 110/220[V]의 단상 3선식으로 한다.
- 변전식의 변압기는 단상 변압기 3대로 구성한다.
- 동 간 부등률은 1.4로 본다.
- 공용 부분의 수용률은 100[%]로 한다.
- 주변전실에서 각 동까지의 전압강하는 3[%]로 한다.
- 간선의 후강 전선관 배선으로는 NR전선을 사용하며, 간선의 굵기는 300[mm²] 이하로 사용하여야 한다.
- 이 아파트 단지의 수전은 13,200/22,900[V-Y] 3상 4선식의 계통에서 수전한다.

(1) 1동의 상정 부하는 몇 [VA]인가?
  - 계산 과정:
  - 답:

(2) 2동의 수용 부하는 몇 [VA]인가?
   - 계산 과정:

   - 답:

(3) 이 단지의 변압기는 단상 몇 [kVA]짜리 3대를 설치하여야 하는가?(단, 변압기의 용량은 10[%]의 여유율을 보며, 단상 변압기의 표준 용량은 75, 100, 150, 200, 300[kVA] 등이다.)
   - 계산 과정:

   - 답:

답안작성 (1) • 계산 과정

세대당 면적 [m²]	상정 부하 [VA/m²]	가산 부하 [VA]	세대수	상정 부하[VA]
50	40	750	30	$[(50 \times 40) + 750] \times 30 = 82,500$
70	40	750	40	$[(70 \times 40) + 750] \times 40 = 142,000$
90	40	1,000	50	$[(90 \times 40) + 1,000] \times 50 = 230,000$
110	40	1,000	30	$[(110 \times 40) + 1,000] \times 30 = 162,000$
합계				616,500[VA]

1동 공용 면적의 상정 부하 $= 1,700 \times 7 = 11,900$[VA]
∴ 상정 부하 합계 $= 616,500 + 11,900 = 628,400$[VA]
- 답: 628,400[VA]

(2) • 계산 과정

세대당 면적 [m²]	상정 부하 [VA/m²]	가산 부하 [VA]	세대수	상정 부하[VA]
50	40	750	50	$[(50 \times 40) + 750] \times 50 = 137,500$
70	40	750	30	$[(70 \times 40) + 750] \times 30 = 106,500$
90	40	1,000	40	$[(90 \times 40) + 1,000] \times 40 = 184,000$
110	40	1,000	30	$[(110 \times 40) + 1,000] \times 30 = 162,000$
합계				590,000[VA]

2동은 세대수가 150세대이므로 동별 수용률 55[%]를 적용하여 수용 부하를 산출한다.
공용 면적 상정 부하는 $1,700 \times 7 = 11,900$[VA]이므로
2동 수용 부하의 합계 $= 590,000 \times 0.55 + 11,900 = 336,400$[VA]
- 답: 336,400[VA]

(3) 변압기 용량 ≥ 합성 최대 전력 $= \dfrac{\text{최대 수용 전력}}{\text{부등률}} = \dfrac{\text{설비 용량} \times \text{수용률}}{\text{부등률}}$

$= \dfrac{(616,500 \times 0.55 + 1,700 \times 7) + (590,000 \times 0.55 + 1,700 \times 7)}{1.4} \times 10^{-3}$

$= 490.98$[kVA]

단상 변압기 1대 용량 $= \dfrac{490.98}{3} \times 1.1 = 180.03$[kVA]

∴ 표준 용량 200[kVA]를 선정
- 답: 200[kVA]

해설비법 (1) 상정 부하[VA] = (세대당 면적[m²] × 상정 부하[VA/m²]) + 가산 부하[VA]
(2) 수용 부하 = 상정 부하 × 수용률

02 ★★☆

중성점 직접 접지 계통에 인접한 통신선의 전자 유도 장해 경감에 관한 대책을 경제성이 높은 것부터 설명하시오. [8점]

(1) 근본 대책

(2) 전력선 측 대책(5가지)

(3) 통신선 측 대책(5가지)

답안작성 (1) 통신선에 유기되는 전자 유도 전압을 억제시킨다.

(2) • 전력선 근처에 차폐선을 설치한다.
   • 고속도 지락 보호 계전 방식을 채용한다.
   • 지중 전선로 방식으로 한다.
   • 3상 연가를 충분히 실시한다.
   • 송전 선로를 통신 선로와 충분히 이격시켜 건설한다.

(3) • 연피 케이블을 사용한다.
   • 배류 코일을 설치한다.
   • 절연 변압기를 설치하여 통신 기기를 분리한다.
   • 통신 선로에 고성능 피뢰기를 설치한다.
   • 전력선과의 교차는 직각으로 실시한다.

개념체크 **전자 유도 장해**
전력선과 통신선의 상호 인덕턴스(M)에 의하여 통신선에 전자 유도 전압이 발생하여 통신선에 생기는 유도 장해
① 전자 유도 전압의 크기
$$E_m = -j\omega Ml \times 3I_0 [\text{V}]$$
(단, M: 전력선과 통신선 간의 상호 인덕턴스[mH/km], l: 전력선과 통신선의 병행 길이[km],
I_0: 지락 사고에 의해 발생하는 영상 전류($\because I_g = 3I_0 [\text{A}]$))
② 전자 유도 장해 근본 억제 대책: 전자 유도 전압의 억제
   • 통신선과 전력선 간의 상호 인덕턴스(M) 감소
   • 기유도 전류(I_0)의 감소
   • 선로의 병행 길이(l) 감소
③ 전자 유도 장해 전력선 측 억제 대책
   • 차폐선(Shielding Wire)의 설치
   • 중성점 접지 저항을 크게 하거나 소호 리액터 접지 방식 채용
   • 고장 회선의 신속한 차단(고속도 차단)
   • 3상 연가를 충분히 실시
   • 송전 선로를 통신 선로와 충분히 이격시켜 건설
④ 전자 유도 장해 통신선 측 억제 대책
   • 통신 선로에 고성능 피뢰기(LA) 설치
   • 통신선에 연피 케이블 사용
   • 통신선 중간에 배류 코일 설치
   • 통신선 도중에 절연 변압기 설치
   • 전력선과의 교차는 직각으로 실시

03 ★★★

알칼리축전지의 정격 용량이 $100[\text{Ah}]$이고, 상시 부하가 $6[\text{kW}]$, 표준 전압이 $100[\text{V}]$인 부동 충전 방식이 있다. 이 부동 충전 방식에서 다음 각 물음에 답하시오. [4점]

(1) 부동 충전 방식의 충전기 2차 전류는 몇 $[\text{A}]$인지 계산하시오.
- 계산 과정:
- 답:

(2) 부동 충전 방식의 회로도를 전원, 축전지, 부하, 충전기(정류기) 등을 이용하여 간단히 답란에 그리시오.(단, 심벌은 일반적인 심벌로 표현하되 심벌 부근에 심벌에 따른 명칭을 쓰도록 하시오.)

답안작성

(1) • 계산 과정: $I = \dfrac{100}{5} + \dfrac{6 \times 10^3}{100} = 80[\text{A}]$
   • 답: $80[\text{A}]$

(2)

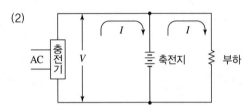

V: 부동 충전 전압[V]
I: 부동 충전 전류[A]

개념체크   부동 충전 방식

$$\text{충전기 2차 전류}[\text{A}] = \frac{\text{축전지 용량}[\text{Ah}]}{\text{정격 방전율}[\text{h}]} + \frac{\text{상시 부하 용량}[\text{VA}]}{\text{표준 전압}[\text{V}]}$$

• 축전지별 정격 방전율
  – 연축전지: $10[\text{h}]$
  – 알칼리축전지: $5[\text{h}]$
• 부동 충전 방식은 상용 부하에 대한 전력 공급은 충전기가 부담하고, 충전기가 공급하기 어려운 일시적인 대전류 부하에 대해서는 축전지로 하여금 부담하게 하는 방식이다.

---

04 ★☆☆

그림은 교류 차단기에 장치하는 경우에 표시하는 전기용 기호의 단선도용 그림 기호이다. 이 그림 기호의 정확한 명칭을 쓰시오. [4점]

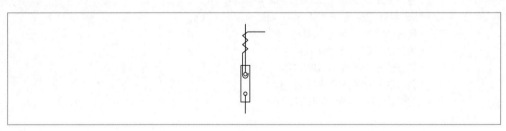

답안작성   부싱형 변류기

주어진 임피던스 맵(Impedance map)과 조건을 보고 다음 각 물음에 답하시오. [9점]

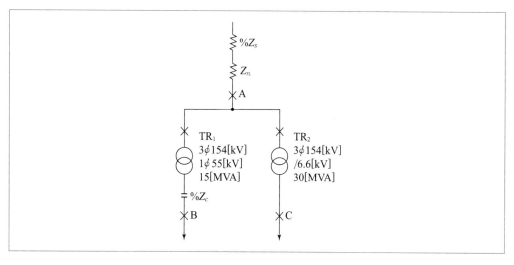

[조건]

$\%Z_s$: 한전 s/s의 154[kV] 인출 측의 전원 측 정상 임피던스 1.2[%](100[MVA] 기준)

Z_{TL} : 154[kV] 송전 선로의 임피던스 1.83[Ω]

$\%Z_{TR_1} = 10[\%]\,(15[\text{MVA}]\ 기준)$

$\%Z_{TR_2} = 10[\%]\,(30[\text{MVA}]\ 기준)$

$\%Z_c = 50[\%]\,(100[\text{MVA}]\ 기준)$

(1) 다음 임피던스의 100[MVA] 기준 %임피던스를 계산하시오.

　① $\%Z_{TL}$　　　　　② $\%Z_{TR_1}$　　　　　③ $\%Z_{TR_2}$

　• 계산 과정:
　• 답:

(2) A, B, C 각 점에서 합성 %임피던스를 계산하시오.

　① $\%Z_A$　　　　　② $\%Z_B$　　　　　③ $\%Z_C$

　• 계산 과정:
　• 답:

(3) A, B, C 각 점에서 차단기의 소요 차단전류는 몇 [kA]가 되겠는가?(단, 비대칭분을 고려한 상승계수는 1.6으로 한다.)

　① I_A　　　　　② I_B　　　　　③ I_C

　• 계산 과정:
　• 답:

답안작성 (1) • 계산 과정

　① $\%Z_{TL} = \dfrac{PZ}{10\,V^2} = \dfrac{100 \times 10^3 \times 1.83}{10 \times 154^2} = 0.77[\%]$

　② $\%Z_{TR_1} = 10[\%] \times \dfrac{100}{15} = 66.67[\%]$

　③ $\%Z_{TR_2} = 10[\%] \times \dfrac{100}{30} = 33.33[\%]$

　• 답: $\%Z_{TL} = 0.77[\%],\ \ \%Z_{TR_1} = 66.67[\%],\ \ \%Z_{TR_2} = 33.33[\%]$

(2) • 계산 과정

　　① $\%Z_A = \%Z_s + \%Z_{TL} = 1.2 + 0.77 = 1.97[\%]$

　　② $\%Z_B = \%Z_s + \%Z_{TL} + \%Z_{TR_1} - \%Z_c = 1.2 + 0.77 + 66.67 - 50 = 18.64[\%]$

　　③ $\%Z_C = \%Z_s + \%Z_{TL} + \%Z_{TR_2} = 1.2 + 0.77 + 33.33 = 35.3[\%]$

• 답: $\%Z_A = 1.97[\%]$, $\%Z_B = 18.64[\%]$, $\%Z_C = 35.3[\%]$

(3) • 계산 과정

　　① $I_A = \dfrac{100}{\%Z_A}I_n = \dfrac{100}{1.97} \times \dfrac{100 \times 10^3}{\sqrt{3} \times 154} \times 1.6 \times 10^{-3} = 30.45[\text{kA}]$

　　② $I_B = \dfrac{100}{\%Z_B}I_n = \dfrac{100}{18.64} \times \dfrac{100 \times 10^3}{55} \times 1.6 \times 10^{-3} = 15.61[\text{kA}]$

　　③ $I_C = \dfrac{100}{\%Z_C}I_n = \dfrac{100}{35.3} \times \dfrac{100 \times 10^3}{\sqrt{3} \times 6.6} \times 1.6 \times 10^{-3} = 39.65[\text{kA}]$

• 답: $I_A = 30.45[\text{kA}]$, $I_B = 15.61[\text{kA}]$, $I_C = 39.65[\text{kA}]$

해설비법 (1) $\%Z = \dfrac{PZ}{10V^2}$ (여기서 $P[\text{kVA}]$, $V[\text{kV}]$의 단위에 주의한다.)

$P_s = \dfrac{100}{\%Z}P_n[\text{MVA}]$ (P_n: 기준 용량[MVA], $\%Z$: 전원 측으로부터 합성 임피던스)

(2) 콘덴서의 경우 위상이 반대이므로 합성 %임피던스 계산 시 (−)를 취해준다.

(3) ①, ③ 3상: $I_s = \dfrac{100}{\%Z}I_n = \dfrac{100}{\%Z} \times \dfrac{P}{\sqrt{3}\,V}[\text{A}]$

② 단상: $I_s = \dfrac{100}{\%Z}I_n = \dfrac{100}{\%Z} \times \dfrac{P}{V}[\text{A}]$

06 ★★★ 비상용 자가 발전기를 구입하고자 한다. 부하는 단일 부하로서 유도 전동기이며 기동 용량이 $1,800[\text{kVA}]$이고, 기동 시의 전압강하는 $20[\%]$까지 허용하며, 발전기의 과도 리액턴스는 $26[\%]$로 본다면 자가 발전기의 용량은 이론(계산)상 몇 $[\text{kVA}]$ 이상의 것을 구입하여야 하는지 구하시오. [5점]

• 계산 과정:

• 답:

답안작성 • 계산 과정

$P_G \geq \left(\dfrac{1}{0.2} - 1\right) \times 0.26 \times 1,800 = 1,872[\text{kVA}]$

• 답: $1,872[\text{kVA}]$

개념체크 비상용 자가 발전기 출력

$P_G \geq \left(\dfrac{1}{\text{허용 전압강하}} - 1\right) \times \text{과도 리액턴스} \times \text{기동 용량}[\text{kVA}]$

07
★☆☆

$\triangle - Y$ 결선 방식의 주변압기 보호에 사용되는 비율 차동 계전기의 간략화한 회로도이다. 주변압기 1차 및 2차 측 변류기(CT)의 미결선된 2차 회로를 완성하시오. [5점]

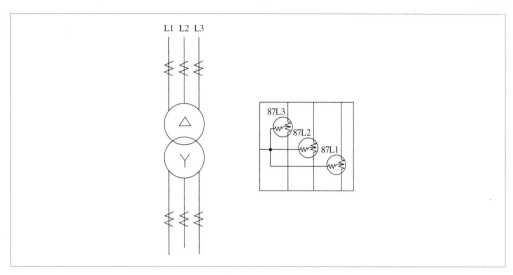

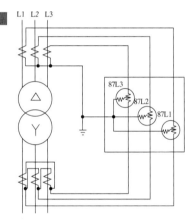

답안작성

해설비법 변압기 결선이 $\triangle - Y$ 결선이므로 비율 차동 계전기의 CT 결선은 $Y - \triangle$ 결선으로 한다.

개념체크 비율 차동 계전기(87) 결선도

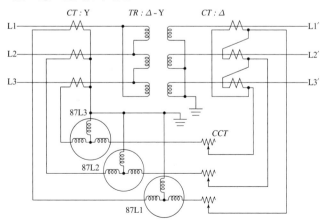

08
★★★

지중전선에 화재가 발생한 경우 화재의 확대 방지를 위하여 케이블이 밀집 시설되는 개소의 케이블은 난연성 케이블을 사용하여 시설하는 것이 원칙이다. 부득이 전력구에 일반케이블로 시설하고자 할 경우, 케이블에 방지대책을 하여야하는데 케이블과 접속재에 사용하는 방재용 자재 2가지를 쓰시오. [4점]

답안작성
- 난연테이프
- 난연도료

개념체크
- 케이블 및 접속재: 난연테이프 및 난연도료
- 바닥, 벽, 천장 등의 케이블 관통부: 난연실, 난연보드, 난연레진, 모래

09
★★★

고압 진상용 콘덴서의 내부 고장 보호 방식으로 NCS 방식과 NVS 방식이 있다. 다음 각 물음에 답하시오. [6점]

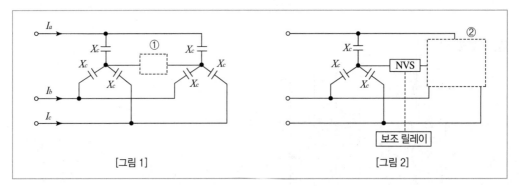

[그림 1]　　　　　[그림 2]

(1) NCS와 NVS의 기능을 설명하시오.

(2) [그림 1] ①, [그림 2] ②에 누락된 부분을 완성하시오.

답안작성
(1) • NCS: 중성점 전류 검출 방식
　　 • NVS: 중성점 전압 검출 방식

(2)

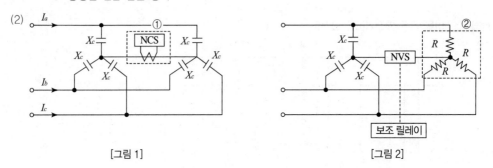

[그림 1]　　　　　[그림 2]

개념체크
- 중성점 전류 검출 방식(NCS): Y결선된 콘덴서를 2조로 하여 중성점 간에 흐르는 전류를 검출하는 방식
- 중성점 전압 검출 방식(NVS): 콘덴서 뱅크 운전 중 내부 소자 절연파괴 시 중성점 전압 변화를 감지해 계통의 파급을 신속하게 차단하기 위한 방식

10 ★☆☆

다음 상용전원과 예비전원 운전 시 유의하여야 할 사항이다. (　　) 안에 알맞은 내용을 쓰시오. [4점]

> 상용전원과 예비전원 사이에는 병렬운전을 하지 않는 것이 원칙이므로 수전용 차단기와 발전용 차단기 사이에는 전기적 또는 기계적 (①)을 시설해야 하며, 적절한 연동기능을 갖춘 (②)를 사용해야 한다.

답안작성
① 인터록
② 자동 절환 개폐장치

---

11 ★★☆

송전단 전압 $66[kV]$, 수전단 전압 $61[kV]$인 송전선로에서 수전단의 부하를 끊은 경우의 수전단 전압이 $63[kV]$라 할 때 다음 각 물음에 답하시오. [6점]

(1) 전압강하율을 계산하시오.
- 계산 과정:
- 답:

(2) 전압변동률을 계산하시오.
- 계산 과정:
- 답:

답안작성

(1) • 계산 과정: 전압강하율 $\varepsilon = \dfrac{V_s - V_r}{V_r} \times 100 = \dfrac{66 - 61}{61} \times 100 = 8.2[\%]$

　　• 답: $8.2[\%]$

(2) • 계산 과정: 전압변동률 $\delta = \dfrac{V_{r0} - V_r}{V_r} \times 100 = \dfrac{63 - 61}{61} \times 100 = 3.28[\%]$

　　• 답: $3.28[\%]$

개념체크

• 전압강하율: 수전단 전압을 기준으로 하였을 때 선로에서 발생한 전압강하의 백분율

$$\varepsilon = \frac{e}{V_r} \times 100[\%] = \frac{V_s - V_r}{V_r} \times 100[\%]$$

$$= \frac{\sqrt{3}\,I(R\cos\theta + X\sin\theta)}{V_r} \times 100[\%]$$

(단, V_s: 송전단 선간 전압[kV], V_r: 수전단 선간 전압[kV])

• 전압변동률: 부하 측(수전단 측)의 전압은 부하의 크기에 따라서 달라지는데, 부하의 접속 상태에 따른 부하 측 전압변동의 백분율

$$\delta = \frac{V_{r0} - V_r}{V_r} \times 100[\%]$$

(단, V_{r0}: 무부하 시 수전단 선간 전압[kV], V_r: 전부하 시 수전단 선간 전압[kV])

12 ★★☆ 다음의 진리표를 보고 각 물음에 답하시오. [5점]

입력			출력
A	B	C	X
0	0	0	0
0	0	1	0
0	1	0	0
0	1	1	0
1	0	0	1
1	0	1	0
1	1	0	0
1	1	1	1

(1) 논리식을 간략화하여 나타내시오.

(2) 무접점 회로

(3) 유접점 회로

답안작성 (1) $X = A \cdot \overline{B} \cdot \overline{C} + A \cdot B \cdot C = A \cdot (\overline{B} \cdot \overline{C} + B \cdot C)$

(2)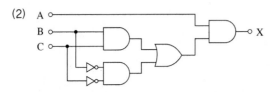

(3)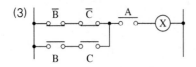

13 ★★☆ 회전날개의 지름이 $31[\mathrm{m}]$인 프로펠러형 풍차의 풍속이 $16.5[\mathrm{m/s}]$일 때 풍력 에너지$[\mathrm{kW}]$를 계산하시오.(단, 공기의 밀도는 $1.225[\mathrm{kg/m^3}]$이다.) [4점]

• 계산 과정:

• 답:

답안작성 • 계산 과정

$$P = \frac{1}{2}\rho A V^3 = \frac{1}{2}\rho (\pi r^2) V^3 = \frac{1}{2}\rho \times \pi \times \left(\frac{d}{2}\right)^2 \times V^3 = \frac{1}{2} \times 1.225 \times \pi \times \left(\frac{31}{2}\right)^2 \times 16.5^3 \times 10^{-3} = 2,076.69[\mathrm{kW}]$$

• 답: $2,076.69[\mathrm{kW}]$

$$P = \frac{1}{2}mV^2 = \frac{1}{2}(\rho A V)V^2 = \frac{1}{2}\rho A V^3$$

(여기서, P: 에너지[W], m: 질량[kg], V: 풍속[m/s], ρ: 공기의 밀도[kg/m³], A: 단면적[m²])

14 ★☆☆

공급전압을 $6,600[\text{V}]$로 수전하고자 한다. 수전점에서 계산한 3상 단락 용량은 $70[\text{MVA}]$이다. 이 수용 장소에 시설하는 수전용 차단기의 정격 차단전류[kA]를 계산하시오. [5점]

• 계산 과정:

• 답:

답안작성
• 계산 과정

$$I_s = \frac{P_s}{\sqrt{3}\,V_r} = \frac{70 \times 10^6}{\sqrt{3} \times 6,600} \times 10^{-3} = 6.12[\text{kA}]$$

• 답: $6.12[\text{kA}]$

15 ★★★

가로 $10[\text{m}]$, 세로 $16[\text{m}]$, 천장 높이 $3.85[\text{m}]$, 작업면 높이 $0.85[\text{m}]$인 사무실에 천장 직부 형광등 $F40 \times 2$를 설치하려고 한다. 다음 물음에 답하시오. [7점]

(1) $F40 \times 2$의 그림기호를 그리시오.

(2) 이 사무실의 실지수는 얼마인가?
  • 계산 과정:
  • 답:

(3) 이 사무실의 작업면 조도를 $300[\text{lx}]$, 천장 반사율 $70[\%]$, 벽 반사율 $50[\%]$, 바닥 반사율 $10[\%]$, $40[\text{W}]$ 형광등 1등의 광속 $3,150[\text{m}]$, 보수율 $70[\%]$, 조명률 $61[\%]$로 한다면 이 사무실에 필요한 소요되는 등기구 수는?
  • 계산 과정:
  • 답:

(1)

F40×2

(2) ・계산 과정: 실지수 $RI = \dfrac{XY}{H(X+Y)} = \dfrac{10 \times 16}{(3.85-0.85) \times (10+16)} = 2.05$

・답: 2.05

(3) ・계산 과정: $N = \dfrac{EAD}{FU} = \dfrac{300 \times (10 \times 16) \times \dfrac{1}{0.7}}{(3,150 \times 2) \times 0.61} = 17.84$

・답: 18[등]

(1) 실지수(RI: Room Index)

$$RI = \frac{XY}{H(X+Y)}$$

(단, X: 방의 폭, Y: 방의 길이, H: 작업면에서 광원까지의 높이)

H = 작업면에서 광원까지의 높이 = 천장 높이 − 작업면 높이 = 3.85 − 0.85 = 3[m]

(3) 등의 개수(N)의 산출

$$FUN = EAD$$

(단, F: 광속[lm], U: 조명률, N: 사용하는 등개수, E: 조도[lx], A: 방의 면적[m²], D: 감광 보상률 $(= \dfrac{1}{M})$, M: 보수율(유지율))

40[W] 2등용이므로 40[W] 형광등 1등의 광속이 3,150[lm]일 때 전광속

$F = 3,150 \times 2 = 6,300[lm]$

16 ★☆☆

그림과 같은 $100/200$[V] 단상 3선식 회로를 보고 다음 물음에 답하시오. [5점]

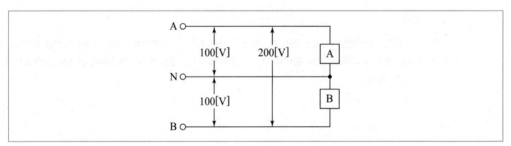

[부하정격]

A : 소비전력 2[kW], 역률 0.8

B : 소비전력 3[kW], 역률 0.8

(1) 중성선 N에 흐르는 전류는 몇 [A]인가?

・계산 과정:

・답:

(2) 중성선의 굵기를 결정할 때의 전류는 몇 [A]를 기준으로 하여야 하는가?

(1) • 계산 과정

$$I_A = \frac{2 \times 10^3}{100 \times 0.8} = 25[\text{A}], \quad I_B = \frac{3 \times 10^3}{100 \times 0.8} = 37.5[\text{A}]$$

중성선에 흐르는 전류 $I_N = |I_A - I_B| = |25 - 37.5| = 12.5[\text{A}]$

• 답: $12.5[\text{A}]$

(2) $37.5[\text{A}]$

(2) 중성선의 굵기를 결정하는 전류는 I_A와 I_B 중 큰 전류를 허용할 수 있는 굵기로 선정한다.

17 ★★☆

그림은 누름버튼 스위치 PB_1, PB_2, PB_3를 ON 조작하여 기계 A, B, C를 운전하는 시퀀스 회로도이다. 이 회로를 타임 차트 1 ~ 3의 요구 사항과 같이 병렬 우선 순위 회로로 고쳐서 그리시오.(단, R_1, R_2, R_3는 계전기이며, 이 계전기의 보조 a접점 또는 b접점을 추가 또는 삭제하여 작성하되 불필요한 접점을 사용하지 않도록 하며, 보조 접점에는 접점명을 기입하도록 한다.) [6점]

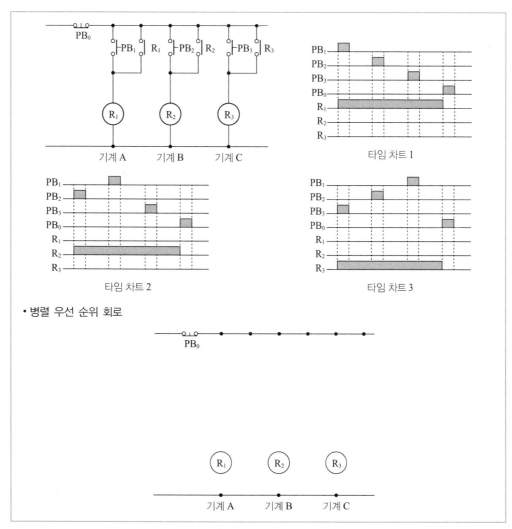

• 병렬 우선 순위 회로

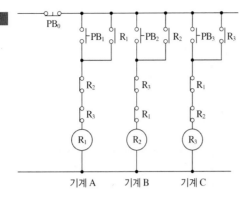

기계 A   기계 B   기계 C

개념체크   인터록(Interlock) 회로

(1) 인터록 회로의 기능

　: 어느 한 쪽이 동작하면 다른 한 쪽은 동작할 수 없는 동작을 행하는 논리 회로

(2) 논리 회로 및 타임 차트

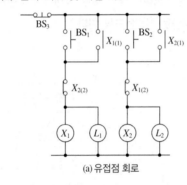 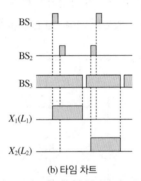

(a) 유접점 회로   (b) 타임 차트

(3) 인터록 회로의 동작

　① BS_1을 누르면 X_1 동작 이후에 BS_2를 누르더라도 X_2가 동작하지 않는다.

　② BS_2를 누르면 X_2 동작 이후에 BS_1을 누르더라도 X_1이 동작하지 않는다.

18   KEC 적용에 따라 삭제되는 문제입니다.

01 ★☆☆

단권 변압기 3대를 사용한 3상 △ 결선 승압기에 의해 $45[\mathrm{kVA}]$인 3상 평형 부하의 전압을 $3,000[\mathrm{V}]$에서 $3,300[\mathrm{V}]$로 승압하는 데 필요한 변압기의 총 용량은 얼마인지 표준용량으로 답하시오.　　　　[5점]

• 계산 과정:

• 답:

답안작성

• 계산 과정

$$\text{자기 용량} = \frac{V_h^2 - V_l^2}{\sqrt{3}\,V_h\,V_l} \times \text{부하 용량} = \frac{3,300^2 - 3,000^2}{\sqrt{3} \times 3,300 \times 3,000} \times 45 = 4.96[\mathrm{kVA}], \ 5[\mathrm{kVA}] \ \text{선정}$$

• 답: $5[\mathrm{kVA}]$

개념체크

단권 변압기의 3상 결선별 자기 용량과 부하 용량의 비(단, V_h: 고압 측 전압[V], V_l: 저압 측 전압[V])

• Y 결선: $\dfrac{\text{자기 용량}}{\text{부하 용량}} = \dfrac{V_h - V_l}{V_h}$

• △ 결선: $\dfrac{\text{자기 용량}}{\text{부하 용량}} = \dfrac{V_h^2 - V_l^2}{\sqrt{3}\,V_h\,V_l}$

• V 결선: $\dfrac{\text{자기 용량}}{\text{부하 용량}} = \dfrac{2(V_h - V_l)}{\sqrt{3}\,V_h}$

02 ★★★

조명설비에 대한 다음 각 물음에 답하시오.　　　　[4점]

(1) 배선 도면에 $\bigcirc_{\mathrm{H250}}$으로 표현되어 있다. 이것의 의미를 쓰시오.

(2) 평면이 $30 \times 15[\mathrm{m}^2]$인 사무실에 32[W], 전광속 3,000[lm]인 형광등을 사용하여 평균 조도를 450[lx]로 유지하도록 설계하고자 한다. 이 사무실에 필요한 형광등 수를 산정하시오.(단, 조명률은 0.6이고, 감광 보상률은 1.3이다.)

　• 계산 과정:

　• 답:

답안작성

(1) 250[W] 수은등

(2) • 계산 과정: $N = \dfrac{EAD}{FU} = \dfrac{450 \times 30 \times 15 \times 1.3}{3,000 \times 0.6} = 146.25$

　　• 답: 147[등]

해설비법　(2) 등의 개수 산정 시 계산값에서 소수점 이하가 발생하면 절상하여 구한다.

03
★★☆

3층 사무실용 건물에 3상 3선식의 $6,000[V]$를 $200[V]$로 강압하여 수전하는 설비이다. 각종 부하설비가 표와 같을 때 참고자료를 이용하여 다음 물음에 답하시오. [12점]

[표 1]

동력 부하설비					
사용 목적	용량[kW]	대수	상용 동력[kW]	하계 동력[kW]	동계 동력[kW]
난방 관계					
• 보일러 펌프	6.0	1			6.0
• 오일 기어 펌프	0.4	1			0.4
• 온수 순환 펌프	3.0	1			3.0
공기 조화 관계					
• 1, 2, 3층 패키지 콤프레셔	7.5	6		45.0	
• 콤프레셔 팬	5.5	3	16.5		
• 냉각수 펌프	5.5	1		5.5	
• 쿨링 타워	1.5	1		1.5	
급수·배수 관계					
• 양수 펌프	3.0	1	3.0		
기타					
• 소화 펌프	5.5	1	5.5		
• 셔터	0.4	2	0.8		
합계			25.8	52.0	9.4

[표 2]

조명 및 콘센트 부하설비					
사용 목적	와트수[W]	설치 수량	환산 용량[VA]	총 용량[VA]	비고
진등 관계					
• 수은등 A	200	4	260	1,040	200[V] 고역률
• 수은등 B	100	8	140	1,120	200[V] 고역률
• 형광등	40	820	55	45,100	200[V] 고역률
• 백열전등	60	10	60	600	
콘센트 관계					
• 일반 콘센트		80	150	12,000	2P 15[A]
• 환기팬용 콘센트		8	55	440	
• 히터용 콘센트	1,500	2		3,000	
• 복사기용 콘센트		4		3,600	
• 텔레타이프용 콘센트		2		2,400	
• 룸 쿨러용 콘센트		6		7,200	
기타					
• 전화 교환용 정류기		1		800	
합계				77,300	

[참고자료 1] 변압기 보호용 전력 퓨즈의 정격전류

상수	단상				3상			
공칭전압	3.3[kV]		6.6[kV]		3.3[kV]		6.6[kV]	
변압기 용량 [kVA]	변압기 정격전류[A]	정격 전류[A]	변압기 정격전류[A]	정격 전류[A]	변압기 정격전류[A]	정격 전류[A]	변압기 정격전류[A]	정격 전류[A]
5	1.52	3	0.76	1.5	0.88	1.5	–	–
10	3.03	7.5	1.52	3	1.75	3	0.88	1.5
15	4.55	7.5	2.28	3	2.63	3	1.3	1.5
20	6.06	7.5	3.03	7.5	–	–	–	–
30	9.10	15	4.56	7.5	5.26	7.5	2.63	3
50	15.2	20	7.60	15	8.45	15	4.38	7.5
75	22.7	30	11.4	15	13.1	15	6.55	7.5
100	30.3	50	15.2	20	17.5	20	8.75	15
150	45.5	50	22.7	30	26.3	30	13.1	15
200	60.7	75	30.3	50	35.0	50	17.5	20
300	91.0	100	45.5	50	52.0	75	26.3	30
400	121.4	150	60.7	75	70.0	75	35.0	50
500	152.0	200	75.8	100	87.5	100	43.8	50

[참고자료 2] 배전용 변압기의 정격

항목			소형 6[kV] 유입 변압기								중형 6[kV] 유입 변압기					
정격용량[kVA]			3	5	7.5	10	15	20	30	50	75	100	150	200	300	500
정격 2차 전류 [A]	단상	105[V]	28.6	47.6	71.4	95.2	143	190	286	476	714	852	1,430	1,904	2,857	4,762
		210[V]	14.3	23.8	35.7	47.6	71.4	95.2	143	238	357	476	714	952	1,429	2,381
	3상	210[V]	8	13.7	20.6	27.5	41.2	55	82.5	137	206	275	412	550	825	1,376
정격 전압	정격 2차 전압		6,300[V] 6/3[kV] 공용: 6,300[V]/3,150[V]								6,300[V] 6/3[kV] 공용: 6,300[V]/3,150[V]					
	정격 2차 전압	단상	210[V] 및 105[V]								200[kVA] 이하의 것: 210[V] 및 105[V] 200[kVA] 초과의 것: 210[V]					
		3상	210[V]								210[V]					
탭 전압	전용량 탭전압	단상	6,900[V], 6,600[V] 6/3[kV] 공용: 6,300[V]/3,150[V] 6,600[V]/3,300[V]								6,900[V], 6,600[V]					
		3상	6,600[V] 6/3[kV] 공용: 6,600[V]/3,300[V]								6/3[kV] 공용: 6,300[V]/3,150[V] 6,600[V]/3,300[V]					
	저감용량 탭전압	단상	6,000[V], 5,700[V] 6/3[kV] 공용: 6,000[V]/3,000[V], 5,700[V]/2,850[V]								6,000[V], 5,700[V]					
		3상	6,000[V] 6/3[kV] 공용: 6,000[V]/3,300[V]								6/3[kV] 공용: 6,600[V]/3,000[V] 5,700[V]/2,850[V]					
변압기의 결선	단상		2차 권선: 분할 결선								3상	1차 권선: 성형 권선				
	3상		1차 권선: 성형 권선, 2차 권선: 성형 권선									2차 권선: 삼각 권선				

[참고자료 3] 역률 개선용 콘덴서의 용량 계산표[%]

구분		개선 후의 역률																	
		1.00	0.99	0.98	0.97	0.96	0.95	0.94	0.93	0.92	0.91	0.90	0.89	0.88	0.87	0.86	0.85	0.83	0.80
개선 전의 역률	0.50	173	159	153	148	144	140	137	134	131	128	125	122	119	117	114	111	106	98
	0.55	152	138	132	127	123	119	116	112	108	106	103	101	98	95	92	90	85	77
	0.60	133	119	113	108	104	100	97	94	91	88	85	82	79	77	74	71	66	58
	0.62	127	112	106	102	97	94	90	87	84	81	78	75	73	70	67	65	59	52
	0.64	120	106	100	95	91	87	84	81	78	75	72	69	66	63	61	58	53	45
	0.66	114	100	94	89	85	81	78	74	71	68	65	63	60	57	55	52	47	39
	0.68	108	94	88	83	79	75	72	68	65	62	59	57	54	51	49	46	41	33
	0.70	102	88	82	77	73	69	66	63	59	56	54	51	48	45	43	40	35	27
	0.72	96	82	76	71	67	64	60	57	54	51	48	45	42	40	37	34	29	21
	0.74	91	77	71	68	62	58	55	51	48	45	43	40	37	34	32	29	24	16
	0.76	86	71	65	60	58	53	49	46	43	40	37	34	32	29	26	24	18	11
	0.78	80	66	60	55	51	47	44	41	38	35	32	29	26	24	21	18	13	5
	0.79	78	63	57	53	48	45	41	38	35	32	29	26	24	21	18	16	10	2.6
	0.80	75	61	55	50	46	42	39	36	32	29	27	24	21	18	16	13	8	
	0.81	72	58	52	47	43	40	36	33	30	27	24	21	18	16	13	10	5	
	0.82	70	56	50	45	41	34	34	30	27	24	21	18	16	13	10	8	2.6	
	0.83	67	53	47	42	38	34	31	28	25	22	19	16	13	11	8	5		
	0.84	65	50	44	40	35	32	28	25	22	19	16	13	11	8	5	2.6		
	0.85	62	48	42	37	33	29	25	23	19	16	14	11	8	5	2.7			
	0.86	59	45	39	34	30	28	23	20	17	14	11	8	6	2.6				
	0.87	57	42	36	32	28	24	20	17	14	11	8	6	2.7					
	0.88	54	40	34	29	25	21	18	15	11	8	6	2.8						
	0.89	51	37	31	26	22	18	15	12	9	6	2.8							
	0.90	48	34	28	23	19	16	12	9	6	2.8								
	0.91	46	31	25	21	16	13	9	8	3									
	0.92	43	28	22	18	13	10	8	3.1										
	0.93	40	25	19	14	10	7	3.2											
	0.94	36	22	16	11	7	3.4												
	0.95	33	19	13	8	3.7													
	0.96	29	15	9	4.1														
	0.97	25	11	4.8															
	0.98	20	8																
	0.99	14																	

(1) 동계 난방 때 온수 순환 펌프는 상시 운전하고, 보일러용과 오일 기어 펌프의 수용률이 60[%]일 때 난방 동력 수용 부하는 몇 [kW]인가?

• 계산 과정:

• 답:

(2) 동력 부하의 역률이 전부 80[%]라고 한다면 피상 전력은 각각 몇 [kVA]인가?(단, 상용 동력, 하계 동력, 동계 동력별로 각각 계산하시오.)

구분	계산 과정	답
상용 동력		
하계 동력		
동계 동력		

(3) 총 전기설비 용량은 몇 [kVA]를 기준으로 하여야 하는가?
- 계산 과정:
- 답:

(4) 전등의 수용률은 70[%], 콘센트 설비의 수용률은 50[%]라고 한다면 몇 [kVA]의 단상 변압기에 연결하여야 하는가?(단, 전화 교환용 정류기는 100[%] 수용률로서 계산한 결과에 포함시키며 변압기 예비율은 무시한다.)
- 계산 과정:
- 답:

(5) 동력설비 부하의 수용률이 모두 60[%]라면 동력 부하용 3상 변압기의 용량은 몇 [kVA]인가?(단, 동력 부하의 역률은 80[%]로 하며 변압기의 예비율은 무시한다.)
- 계산 과정:
- 답:

(6) 상기 건물에 시설된 변압기 총 용량은 몇 [kVA]인가?
- 계산 과정:
- 답:

(7) 단상 변압기와 3상 변압기의 1차 측의 전력 퓨즈의 정격 전류는 각각 몇 [A]의 것을 선택하여야 하는가?
① 단상 변압기
② 3상 변압기

(8) 선정된 동력용 변압기 용량에서 역률을 95[%]로 개선하려면 콘덴서 용량은 몇 [kVA]인가?
- 계산 과정:
- 답:

답안작성 (1) • 계산 과정: 난방 동력 수용부하 $= 3.0 \times 1.0 + 6.0 \times 0.6 + 0.4 \times 0.6 = 6.84$[kW]
- 답: 6.84[kW]

(2)

구분	계산 과정	답
상용 동력	$\dfrac{25.8}{0.8} = 32.25$[kVA]	32.25[kVA]
하계 동력	$\dfrac{52.0}{0.8} = 65$[kVA]	65[kVA]
동계 동력	$\dfrac{9.4}{0.8} = 11.75$[kVA]	11.75[kVA]

(3) • 계산 과정: 하계 동력설비 용량과 동계 동력설비 용량 중 큰 값을 선정
총 전기설비 용량 $= 32.25 + 65 + 77.3 = 174.55$[kVA]
- 답: 174.55[kVA]

(4) • 계산 과정

전등 관계: $(1,040+1,120+45,100+600)\times0.7\times10^{-3}=33.5[\text{kVA}]$

콘센트 관계: $(12,000+440+3,000+3,600+2,400+7,200)\times0.5\times10^{-3}=14.32[\text{kVA}]$

기타: $800\times1\times10^{-3}=0.8[\text{kVA}]$

$P=33.5+14.32+0.8=48.62[\text{kVA}]$

∴ 단상 변압기 50[kVA] 선정

• 답: 50[kVA]

(5) • 계산 과정: $P=\dfrac{25.8+52.0}{0.8}\times0.6=58.35[\text{kVA}]$, 3상 변압기 용량 75[kVA] 선정

• 답: 75[kVA]

(6) • 계산 과정: 총 용량 $=50+75=125[\text{kVA}]$

• 답: 125[kVA]

(7) ① 단상 변압기: [참고자료 1]에서 변압기 용량 50[kVA]과 단상 6.6[kV]의 교차점에서 퓨즈의 정격전류 15[A] 선정

② 3상 변압기: [참고자료 1]에서 변압기 용량 75[kVA]과 3상 6.6[kV]의 교차점에서 퓨즈의 정격전류 7.5[A] 선정

(8) • 계산 과정

[참고자료 3]에서 개선 전 역률 80[%]와 개선 후 역률 95[%]가 만나는 교차점에서 42[%] 선정

∴ $Q_c=(75\times0.8)\times0.42=25.2[\text{kVA}]$

• 답: 25.2[kVA]

해설비법 (1) 수용 부하[kW] = 설비 용량[kW]×수용률

(2) 피상 전력[kVA] = $\dfrac{\text{유효 전력[kW]}}{\text{역률}}$

(3) 계절 부하는 동시에 사용되지 않으므로 더 큰 부하인 하계 부하를 기준으로 구한다. 즉, 변압기의 용량 산정 시에 설비용량은 상용 부하, 하계 부하, 조명 및 콘센트 부하를 고려한다.

(8) 역률 개선용 콘덴서 용량을 표로 구할 때에는 다음 식에서 단위에 주의해야 한다.

$Q_c=P[\text{kW}]\times\text{K}=(P_a[\text{kVA}]\times\cos\theta)\times\text{K}$

 04
★★☆

전력용 진상콘덴서의 정기 점검(육안 검사) 항목 3가지를 쓰시오.　　　　　　　　　　　[3점]

답안작성
• 기름 누설 여부
• 발청 및 부식 유무
• 단자부 과열 여부

단답 정리함　전력용 진상콘덴서 점검 및 검사 항목
• 기름 누설 여부
• 발청 및 부식 유무
• 단자부 과열 여부
• 부싱의 커버 파손 유무
• 보호장치 동작 여부
• 애자의 손상 여부

05

★☆☆

지름 $30[\text{cm}]$인 완전 확산성 반구형 전구를 사용하여 평균 휘도가 $0.3[\text{cd/cm}^2]$인 천장등을 가설하려고 한다. 기구 효율을 0.75라 하면, 이 전구의 광속은 몇 $[\text{lm}]$ 정도이어야 하는지 계산하시오.(단, 광속 발산도는 $0.95[\text{lm/cm}^2]$라 한다.) [4점]

- 계산 과정:

- 답:

답안작성 · 계산 과정

광속 $F = RA = R \times \dfrac{\pi D^2}{2} = 0.95 \times \dfrac{\pi \times 30^2}{2} = 1,343.03[\text{lm}]$

기구 효율을 적용하면

$\therefore F_0 = \dfrac{F}{\eta} = \dfrac{1,343.03}{0.75} = 1,790.71[\text{lm}]$

· 답: $1,790.71[\text{lm}]$

해설비법 반구의 표면적 $A = \dfrac{4\pi r^2}{2} = \dfrac{\pi D^2}{2}\left(\because r = \dfrac{D}{2}\right)$

광속 발산도 $R = \dfrac{F}{A}$이므로 광속 $F = RA = R \times \dfrac{\pi D^2}{2}$이 된다.

06

★★★

비접지선로의 접지전압을 검출하기 위하여 그림과 같은 $[\text{Y}-\text{Y}-\text{개방}\varDelta]$ 결선을 한 GPT가 있다. 다음 물음에 답하시오. [6점]

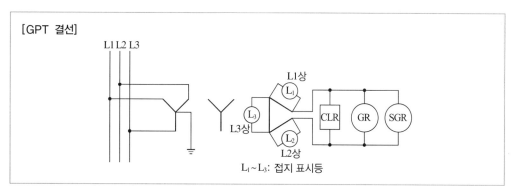

(1) L1상 고장 시(완전 지락 시), 2차 접지 표시등 L_1, L_2, L_3의 점멸과 밝기를 비교하시오.

(2) 1선 지락 사고 시 건전상(사고가 안 난 상)의 대지 전위의 변화를 간단히 설명하시오.

(3) CLR, SGR의 정확한 명칭을 우리말로 쓰시오.
    - CLR
    - SGR

답안작성 (1) L_1: 소등, L_2, L_3: 점등(더욱 밝아짐)

(2) 평상시의 건전상의 대지 전위는 $\dfrac{110}{\sqrt{3}}$[V]이지만, 1선 지락 사고 시 전위가 $\sqrt{3}$ 배 증가하여 110[V]가 된다.

(3) • CLR: 한류 저항기

　　• SGR: 선택 지락 계전기

개념체크 (1), (2) 지락 사고 시

• 고장난 상: 소등, 0[V]

• 건전상: 더욱 밝아짐, 건전상의 대지 전위가 $\sqrt{3}$ 배 증가

(3) GR: 지락 계전기

---

07 ★★☆

디젤 발전기를 5시간 전부하로 운전할 때 중유의 소비량이 287[kg]이었다. 이 발전기의 정격 출력을 계산하시오.(단, 중유의 열량은 10^4[kcal/kg], **기관 효율** 35.3[%], **발전기 효율** 85.7[%], **전부하 시 발전기 역률** 85[%]이다.)　　　**[5점]**

• 계산 과정:

• 답:

답안작성 • 계산 과정: $P_a = \dfrac{BH\eta_g\eta_t}{860t\cos\theta} = \dfrac{287 \times 10^4 \times 0.353 \times 0.857}{860 \times 5 \times 0.85} = 237.55$[kVA]

• 답: 237.55[kVA]

개념체크 화력 발전기 출력

$$P_a = \dfrac{BH\eta}{860t\cos\theta}[\text{kVA}]$$

(여기서 B: 연료량[kg], H: 연료 발열량[kcal/kg], η: 효율, t: 발전 시간[h], $\cos\theta$: 역률)

08
★★☆

그림은 누전차단기를 적용하는 것으로 CVCF 출력단의 접지용 콘덴서 C_0는 $6[\mu\mathrm{F}]$이고, 부하 측 라인필터의 대지 정전용량 $C_1 = C_2 = 0.1[\mu\mathrm{F}]$, 누전차단기 ELB_1에서 지락점까지의 케이블의 대지정전용량 $C_{L1} = 0(\mathrm{ELB}_1$의 출력단에 지락 발생 예상), ELB_2에서 부하 2까지의 케이블의 대지정전용량은 $C_{L2} = 0.2[\mu\mathrm{F}]$이다. 지락저항은 무시하며, 사용 전압은 $200[\mathrm{V}]$, 주파수가 $60[\mathrm{Hz}]$인 경우 다음 각 물음에 답하시오.   [10점]

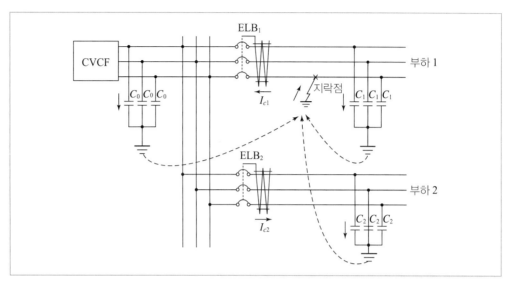

[조건]

• ELB_1에 흐르는 지락전류 I_{c1}은 약 $796[\mathrm{mA}]$($I_{c1} = 3 \times 2\pi f\,CE$에 의하여 계산)이다.

• 누전차단기는 지락 시의 지락전류의 $\dfrac{1}{3}$에 동작 가능하여야 하며, 부동작 전류는 건전 피더에 흐르는 지락전류의 2배 이상의 것으로 한다.

• 누전차단기의 시설 구분에 대한 표시 기호는 다음과 같다.

> ○: 누전차단기를 시설할 것
> △: 주택에 기계기구를 시설하는 경우에는 누전차단기를 시설할 것
> □: 주택 구내 또는 도로에 접한 면에 룸에어컨디셔너, 아이스 박스, 진열장, 자동판매기 등 전동기를 부품으로 한 기계기구를 시설하는 경우에는 누전차단기를 시설하는 것이 바람직하다.
> ※ 사람이 조작하고자 하는 기계기구를 시설한 장소보다 전기적인 조건이 나쁜 장소에서 접촉할 우려가 있는 경우에는 전기적 조건이 나쁜 장소에 시설된 것으로 취급한다.

(1) 도면에서 CVCF는 무엇인지 우리말로 그 명칭을 쓰시오.

(2) 건전 피더(Feeder), ELB_2에 흐르는 지락전류 I_{c2}는 몇 $[\mathrm{mA}]$인가?
 • 계산 과정:
 • 답:

(3) 누전차단기 ELB_1, ELB_2가 불필요한 동작을 하지 않기 위해서는 정격감도전류 몇 $[\mathrm{mA}]$ 범위의 것을 선정하여야 하는가?
 • 계산 과정:
 • 답:

(4) 누전차단기의 시설 예에 대한 표의 빈칸에 ○, △, □로 표현하시오.

전로의 대지전압	기계기구 시설장소	옥내		옥측		옥외	물기가 있는 장소
		건조한 장소	습기가 많은 장소	우선 내	우선 외		
150[V] 이하		–	–	–			
150[V] 초과 300[V] 이하				–			

답안작성

(1) 정전압 정주파수 공급 장치

(2) • 계산 과정

$$I_{c2} = 3 \times 2\pi f (C_2 + C_{L2}) \times \frac{V}{\sqrt{3}} [\text{A}]$$

$$= 3 \times 2\pi \times 60 \times (0.1 + 0.2) \times 10^{-6} \times \frac{200}{\sqrt{3}} [\text{A}] = 0.03918 [\text{A}] = 39.18 [\text{mA}]$$

• 답: $39.18[\text{mA}]$

(3) • 계산 과정

① 동작 전류($= 지락전류 \times \frac{1}{3}$)

$$I_{c1} = 796 [\text{mA}]$$

$$\therefore \text{ELB}_1 = 796 \times \frac{1}{3} = 265.33 [\text{mA}]$$

$$I_{c2} = 3 \times 2\pi f \times (C_0 + C_1 + C_{L1} + C_2 + C_{L2}) \times \frac{V}{\sqrt{3}}$$

$$= 3 \times 2\pi \times 60 \times (6 + 0.1 + 0 + 0.1 + 0.2) \times 10^{-6} \times \frac{200}{\sqrt{3}} = 0.835798 [\text{A}] = 835.8 [\text{mA}]$$

$$\therefore \text{ELB}_2 = 835.8 \times \frac{1}{3} = 278.6 [\text{mA}]$$

② 부동작 전류($= 건전 피더 지락전류 \times 2$)

• Cable ①에 지락 시 Cable ② 흐르는 지락전류

$$I_{c2} = 3 \times 2\pi f (C_2 + C_{L2}) \times \frac{V}{\sqrt{3}}$$

$$= 3 \times 2\pi \times 60 \times (0.1 + 0.2) \times 10^{-6} \times \frac{200}{\sqrt{3}} = 0.039178 [\text{A}] = 39.18 [\text{mA}]$$

$$\therefore \text{ELB}_2 = 39.18 \times 2 = 78.36 [\text{mA}]$$

• Cable ② 지락 시 Cable ①에 흐르는 지락전류

$$I_{c1} = 3 \times 2\pi f (C_1 + C_{L1}) \times \frac{V}{\sqrt{3}}$$

$$= 3 \times 2\pi \times 60 \times (0.1 + 0) \times 10^{-6} \times \frac{200}{\sqrt{3}} = 0.01306 [\text{A}] = 13.06 [\text{mA}]$$

$$\therefore \text{ELB}_1 = 13.06 \times 2 = 26.12 [\text{mA}]$$

• 답: ELB_1: $26.12 \sim 265.33[\text{mA}]$, ELB_2: $78.36 \sim 278.6[\text{mA}]$

(4)

전로의 대지전압	기계기구 시설장소	옥내		옥측		옥외	물기가 있는 장소
		건조한 장소	습기가 많은 장소	우선 내	우선 외		
150[V] 이하		–	–	–	□	□	○
150[V] 초과 300[V] 이하		△	○	–	○	○	○

개념체크 (4) 누전차단기 시설장소

전로의 대지전압	기계기구 시설장소	옥내		옥측		옥외	물기가 있는 장소
		건조한 장소	습기가 많은 장소	우선 내	우선 외		
150[V] 이하		–	–	–	□	□	○
150[V] 초과 300[V] 이하		△	○	–	○	○	○

○: 누전차단기를 반드시 시설할 것

△: 주택에 기계기구를 시설하는 경우에는 누전차단기를 시설할 것

□: 주택 구내 또는 도로에 접한 면에 룸에어컨디셔너, 아이스박스, 진열장, 자동 판매기 등 전동기를 부품으로 한 기계기구를 시설하는 경우 누전차단기를 시설하는 것이 바람직한 곳

–: 누전 차단기를 설치하지 않아도 되는 곳

09 ★★★

전력용 콘덴서에 설치하는 직렬 리액터의 용량 산정에 대하여 설명하시오. [5점]

답안작성 이론상 전력용 콘덴서 용량의 4[%]로 설치하며, 실제로는 주파수 변동 등의 여유를 두어 콘덴서 용량의 6[%]로 설치한다.

개념체크 역률 개선용 콘덴서 설비의 부속 장치

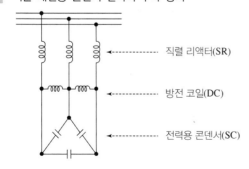

직렬 리액터(SR)

방전 코일(DC)

전력용 콘덴서(SC)

(1) 직렬 리액터(SR: Series Reactor)

① 변압기 등에서 발생하는 제5고조파 제거

② 제5고조파 제거를 위한 직렬 리액터 용량

• 이론상: 제5고조파 공진 조건 $5\omega L = \dfrac{1}{5\omega C}$에서 $\omega L = \dfrac{1}{25\omega C} = 0.04 \times \dfrac{1}{\omega C}$

∴ 콘덴서 용량의 4[%] 설치

• 실제상: 여유를 두어 콘덴서 용량의 6[%] 설치

(2) 방전 코일(DC: Discharage Coil)

① 콘덴서에 남아 있는 잔류 전하를 신속히 방전시켜 인체의 감전 방지

② 5초 이내에 50[V] 이하로 방전

(3) 전력용 콘덴서(SC: Static Capacitor): 부하의 역률을 개선

10 ★ ★ ★

다음 그림과 조건 및 표를 이용하여 다음 각 물음에 답하시오. [8점]

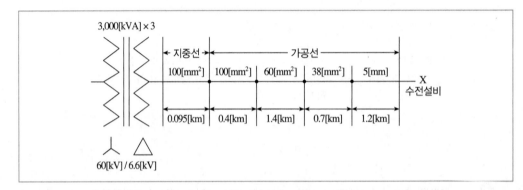

[조건]

① 변압기 1차 측에서 본 발전기의 1상당의 합성 리액턴스 $\%X_g = 1.5[\%]$ 이다.

② 변압기 명판에 7.4[%]/9,000[kVA]라고 기재되어 있다.

③ $\%X_g$ 그리고 [표 2]와 [표 3]의 $\%r$, $\%x$의 기준용량은 10,000[kVA]이다.

[표 1] 유입차단기 전력퓨즈의 정격 차단용량

정격 전압[V]	정격 차단용량 표준치(3상[MVA])						
3,600	10	25	50	(75)	100	150	250
7,200	25	50	(75)	100	150	(200)	250

[표 2] 가공전선로(경동선) %임피던스

배선방식		%임피던스[%/km]									
선의 굵기 [mm²] %r, %x		100	80	60	50	38	30	22	14	5[mm]	4[mm]
3φ3W 3[kV]	%r	16.5	21.1	27.9	34.8	44.8	57.2	75.7	119.15	83.1	127.8
	%x	29.3	30.6	31.4	32.0	32.9	33.6	34.4	35.7	35.1	36.4
3φ3W 6[kV]	%r	4.1	5.3	7.0	8.7	11.2	18.9	29.9	29.9	20.8	32.5
	%x	7.5	7.7	7.9	8.0	8.2	8.4	8.6	8.7	8.8	9.1
3φ4W 5.2[kV]	%r	5.5	7.0	9.3	11.6	14.9	19.1	25.2	39.8	27.7	43.3
	%x	10.2	10.5	10.7	10.9	11.2	11.5	11.8	12.2	12.0	12.4

※ 3상4선식, 5.2[kV] 선로에서 전압선 2선, 중앙선 1선인 경우 단락용량의 계획은 3상 3선식 3[kV] 전로에 따른다.

[표 3] 지중케이블 전로의 %임피던스

배선방식		%임피던스[%/km]									
선의 굵기 [mm²] %r, %x		250	200	150	125	100	80	60	50	38	30	22
3φ3W 3[kV]	%r	6.6	8.2	13.7	13.4	16.8	20.9	27.6	32.7	43.4	55.9	118.5
	%x	5.5	5.6	5.8	5.9	6.0	6.2	6.5	6.6	6.8	7.1	8.3
3φ3W 6[kV]	%r	1.6	2.0	2.7	3.4	4.2	5.2	6.9	8.2	8.6	14.0	29.6
	%x	1.5	1.5	1.6	1.6	1.7	1.8	1.9	1.9	1.9	2.0	—
3φ4W 5.2[kV]	%r	2.2	2.7	3.6	4.5	5.6	7.0	9.2	14.5	14.5	18.6	—
	%x	2.0	2.0	2.1	2.2	2.3	2.3	2.4	2.6	2.6	2.7	—

※ 3상4선식, 5.2[kV] 전로의 %r, %x의 값은 6[kV] 케이블을 사용한 것으로 계산한 것이다.
※ 3상3선식 5.2[kV]에서 전압선 2선, 중앙선 1선의 경우 단락용량의 계산은 3상 3선식 3[kV] 전로에 따른다.

(1) 수전설비에서 합성 %임피던스를 계산하시오.
  • 계산 과정:
  • 답:

(2) 수전설비에서의 3상 단락용량[MVA]을 계산하시오.
  • 계산 과정:
  • 답:

(3) 수전설비에서의 3상 단락전류[kA]를 계산하시오.
  • 계산 과정:
  • 답:

(4) 수전설비에서의 정격 차단용량[MVA]을 계산하고, [표 1]에서 적당한 용량을 찾아 선정하시오.
  • 계산 과정:
  • 답:

답안작성 (1) • 계산 과정

- 발전기의 %리액턴스 $\%X_g = 1.5[\%]$

- 변압기의 %리액턴스 $\%X_t = \dfrac{10,000}{9,000} \times 7.4 = 8.22[\%]$

- 지중선의 %임피던스 $\%Z_{l1} = \%r + j\%x = 0.095 \times 4.2 + j(0.095 \times 1.7)$
$$= 0.399 + j0.1615[\%]$$

- 가공선

① %저항

- $100[\mathrm{mm}^2]$ 구간: $0.4 \times 4.1 = 1.64[\%]$

- $60[\mathrm{mm}^2]$ 구간: $1.4 \times 7 = 9.8[\%]$

- $38[\mathrm{mm}^2]$ 구간: $0.7 \times 11.2 = 7.84[\%]$

- $5[\mathrm{mm}]$ 구간: $1.2 \times 20.8 = 24.96[\%]$

② 합성 %저항 $\%r = 44.24[\%]$

③ %리액턴스

- $100[\mathrm{mm}^2]$ 구간: $0.4 \times 7.5 = 3[\%]$

- $60[\mathrm{mm}^2]$ 구간: $1.4 \times 7.9 = 11.06[\%]$

- $38[\mathrm{mm}^2]$ 구간: $0.7 \times 8.2 = 5.74[\%]$

- $5[\mathrm{mm}]$ 구간: $1.2 \times 8.8 = 10.56[\%]$

④ 합성 %리액턴스 $\%x = 30.36[\%]$

⑤ %임피던스: $\%Z_{l2} = \%r + j\%x = 44.24 + j30.36[\%]$

- 수전설비에서의 합성 %임피던스

$\%Z = \%r + \%x = (44.24 + 0.399) + j(1.5 + 8.22 + 0.1615 + 30.36) = 44.639 + j40.2415$

$|\%Z| = \sqrt{44.639^2 + 40.2415^2} = 60.1[\%]$

• 답: $60.1[\%]$

(2) • 계산 과정: $P_s = \dfrac{100}{\%Z} \times P_n = \dfrac{100}{60.1} \times 10,000 \times 10^{-3} = 16.64[\mathrm{MVA}]$

• 답: $16.64[\mathrm{MVA}]$

(3) • 계산 과정: $I_s = \dfrac{100}{\%Z} \times I_n = \dfrac{100}{60.1} \times \dfrac{10,000}{\sqrt{3} \times 6.6} \times 10^{-3} = 1.46[\mathrm{kA}]$

• 답: $1.46[\mathrm{kA}]$

(4) • 계산 과정

$P_s = \sqrt{3} \times V_n \times I_s = \sqrt{3} \times 7.2 \times 1.46 = 18.21[\mathrm{MVA}]$

정격전압이 $7.2[\mathrm{kV}]$이므로 [표 1]에서 $25[\mathrm{MVA}]$를 선정

• 답: $25[\mathrm{MVA}]$

11 ★☆☆

아래의 표에서 금속관 부품의 특징에 해당하는 부품명을 쓰시오. [8점]

부품명	특징
①	관과 박스를 접속할 경우 파이프 나사를 죄어 고정시키는 데 사용되며 6각형과 기어형이 있다.
②	전선 관단에 끼우고 전선을 넣거나 빼는 데 있어서 전선의 피복을 보호하여 전선이 손상되지 않게 하는 것으로 금속제와 합성수지제의 2종류가 있다.
③	금속관 상호 접속 또는 관과 노멀밴드와의 접속에 사용되며 내면에 나사가 있으며 관의 양측을 돌리어 사용할 수 없는 경우 유니온 커플링을 사용한다.
④	노출 배관에서 금속관을 조영재에 고정시키는 데 사용되며 합성수지 전선관, 가요 전선관, 케이블 공사에도 사용된다.
⑤	배관의 직각 굴곡에 사용하며 양단에 나사가 나 있어 관과의 접속에는 커플링을 사용한다.
⑥	금속관을 아웃렛 박스의 노크아웃에 취부할 때 노크아웃의 구멍이 관의 구멍보다 클 때 사용된다.
⑦	매입형의 스위치나 콘센트를 고정하는 데 사용되며 1개용, 2개용, 3개용 등이 있다.
⑧	전선관 공사에 있어 전등 기구나 점멸기 또는 콘센트의 고정, 접속함으로 사용되며 4각 및 8각이 있다.

답안작성

구분	부품명	구분	부품명
①	로크너트	⑤	노멀밴드
②	부싱	⑥	링 리듀서
③	커플링	⑦	스위치 박스
④	새들	⑧	아웃렛 박스

12 ★★☆

고압 수전의 수용가에서 3상 4선식 교류 $380[V]$, $50[kVA]$ 부하가 변전실 배전반에서 $270[m]$ 떨어져 설치되어 있다. 허용전압강하는 얼마이며, 이 경우 배전용 케이블의 최소 굵기는 얼마로 하여야 하는지 계산하시오.(단, 전기 사용 장소 내 시설한 변압기이며, 케이블은 규격에 의한다.) [5점]

케이블 규격$[mm^2]$

6	10	16	25	35	50	70

(1) 허용전압강하를 계산하시오.
- 계산 과정:
- 답:

(2) 케이블의 굵기를 선정하시오.
- 계산 과정:
- 답:

(1) • 계산 과정: 전압강하 $e = 380 \times 0.055 = 20.9[V]$

　　　　• 답: $20.9[V]$

(2) • 계산 과정

$$I = \frac{P}{\sqrt{3}\,V} = \frac{50 \times 10^3}{\sqrt{3} \times 380} = 75.97[A]$$

$$A = \frac{17.8LI}{1,000e} \text{에서 } A = \frac{17.8 \times 270 \times 75.97}{1,000 \times 220 \times 0.055} = 30.17[\text{mm}^2] \text{이다.}$$

　　　　$\therefore$ 표에서 $35[\text{mm}^2]$ 선정

　　　　• 답: $35[\text{mm}^2]$

(1) 수용가설비의 전압강하

설비의 유형	조명(%)	기타(%)
A – 저압으로 수전하는 경우	3	5
B – 고압 이상으로 수전하는 경우*	6	8

* 가능한 한 최종회로 내의 전압강하가 A 유형의 값을 넘지 않도록 하는 것이 바람직하다. 사용자의 배선설비가 100[m]를 넘는 부분의 전압강하는 미터당 0.005[%] 증가할 수 있으나 이러한 증가분은 0.5[%]를 넘지 않아야 한다.

• 가능한 한 최종회로 내의 전압강하가 A 유형의 값을 넘지 않도록 하는 것이 바람직하므로 기타 부하 5[%]를 적용한다.

• 사용자의 배선설비가 100[m]를 넘는 부분($270 - 100 = 170[m]$)에 대해 미터당 0.005[%] 증가분은 $170 \times 0.005 = 0.85[\%]$이다. 다만, 이러한 증가분이 0.5[%]를 넘지 않아야 하므로 0.5[%]를 적용한다. 즉, 최종적인 허용전압강하는 $5 + 0.5 = 5.5[\%]$

(2) 전압강하 및 전선의 단면적 계산

전기 방식	전압강하	전선 단면적
단상 3선식 3상 4선식	$e = \dfrac{17.8LI}{1,000A}[V]$	$A = \dfrac{17.8LI}{1,000e}[\text{mm}^2]$
단상 2선식	$e = \dfrac{35.6LI}{1,000A}[V]$	$A = \dfrac{35.6LI}{1,000e}[\text{mm}^2]$
3상 3선식	$e = \dfrac{30.8LI}{1,000A}[V]$	$A = \dfrac{30.8LI}{1,000e}[\text{mm}^2]$

• 전선의 굵기를 선정할 때 전압강하 $e =$ 상전압 $\times$ 허용전압강하[V]이다.

13 ★☆☆

간이 수변전설비에서는 1차 측 개폐기로 ASS(Auto Section Switch)나 인터럽터 스위치를 사용하고 있다. 이 두 스위치의 차이점을 비교 설명하시오. [6점]

(1) ASS(Automatic Section Switch)
(2) 인터럽터 스위치(Interrupter Switch)

답안작성
(1) 자동 고장 구분 개폐기로 과부하 시 자동으로 개폐할 수 있는 고장 구분 개폐기로, 과부하 보호가 가능하다.

(2) 수동 조작으로 부하전류는 개폐가 가능하나 고장전류 차단은 불가하며, 용량 300[kVA] 이하에서 ASS 대신에 주로 사용하고 있다.

14 ★☆☆

다음 그림과 같이 CT비 200/5[A]인 CT 1차 측에 150[A]의 3상 평형 전류가 흐를 때 전류계 A_3에 흐르는 전류는 몇 [A]인지 구하시오. [5점]

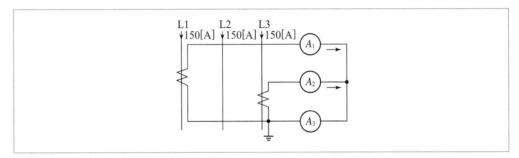

• 계산 과정:

• 답:

답안작성
• 계산 과정

$$CT비 = \frac{200}{5}$$

$$I_2 = I_1 \times \frac{1}{CT비} = I_1 \times \frac{5}{200} = 150 \times \frac{5}{200} = 3.75[A]$$

$$\therefore A_3 = |A_1 + A_2| = \sqrt{A_1^2 + A_2^2 + 2A_1 A_2 \cos\theta}$$
$$= \sqrt{3.75^2 + 3.75^2 + 2 \times 3.75^2 \times \cos 120°} = 3.75[A]$$

• 답: 3.75[A]

해설비법 각 선간에 150[A]씩 동일하게 흐르므로 평형 3상이다. 이 경우 전류계 A_3에 흐르는 전류는 다음과 같다.
$$A_3 = |A_1 + A_2|$$

15 ★★★

카르노표에 나타낸 것과 같이 논리식과 무접점 논리 회로를 나타내시오.(단, '0': L(Low Level), '1': H(High Level)이며 입력은 A, B, C, 출력은 X이다.) [4점]

A \ BC	0 0	0 1	1 1	1 0
0		1		1
1		1		1

(1) 논리식으로 나타낸 후 간략화하시오.

(2) 무접점 논리 회로를 그리시오.

답안작성

(1) $X = \overline{A} \cdot \overline{B} \cdot C + \overline{A} \cdot B \cdot \overline{C} + A \cdot \overline{B} \cdot C + A \cdot B \cdot \overline{C} = \overline{B} \cdot C \cdot (\overline{A} + A) + B \cdot \overline{C} \cdot (\overline{A} + A) = \overline{B} \cdot C + B \cdot \overline{C}$

(2)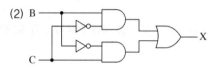

16 ★★☆

일반적으로 보호계전 시스템은 사고 시의 오작동이나 부작동에 따른 손해를 줄이기 위해 그림과 같이 주보호와 후비 보호로 구성된다. 각 사고점(F_1, F_2, F_3, F_4)별 주보호 및 후비 보호 요소들의 보호계전 기와 해당 CB를 빈칸에 쓰시오. [7점]

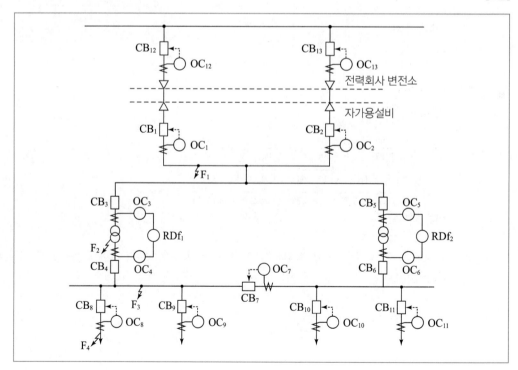

사고점	주보호	후비 보호
F_1	예시) $OC_1 + CB_1$, $OC_2 + CB_2$	①
F_2	②	③
F_3	④	⑤
F_4	⑥	⑦

답안작성

① $OC_{12} + CB_{12}$, $OC_{13} + CB_{13}$

② $RDf_1 + OC_4 + CB_4$, $OC_3 + CB_3$

③ $OC_1 + CB_1$, $OC_2 + CB_2$

④ $OC_4 + CB_4$, $OC_7 + CB_7$

⑤ $OC_3 + CB_3$, $OC_6 + CB_6$

⑥ $OC_8 + CB_8$

⑦ $OC_4 + CB_4$, $OC_7 + CB_7$

개념체크

• **주보호**: 주 사고를 차단한다.
• **후비 보호**: 주보호 장치가 동작하지 않았을 시에 동작한다.

17 ★★★

특고압 대용량 유입 변압기의 내부고장이 생겼을 경우 보호하는 장치를 설치하여야 한다. 특고압 유입 변압기의 기계적인 보호장치 3가지를 쓰시오.　　　　[3점]

답안작성

• 방압 안전장치
• 부흐홀츠 계전기
• 충격압력 계전기

단답 정리함 대용량 변압기의 내부고장 보호 장치

• 유온계
• 방압 안전장치
• 부흐홀츠 계전기
• 비율차동 계전기(전기적인 보호장치)
• 충격압력 계전기

1회 학습전략

난이도 下
- 단답형: 점멸기, 시퀀스, 전력계통, 수전설비, 부하율, 유도 전동기
- 공식형: 변압기 용량 산정, 전압강하, 양수용 전동기, 분기회로, 전력용 콘덴서, 접지저항, 수평면 조도, 접촉전압
- 복합형: 예비전원설비
- 수험생이 어렵게 생각할 수 있는 복합형 유형의 출제가 적었습니다. 다이오드 회로가 나오는 시퀀스 문제를 제외하면 난도가 비교적 평이하였습니다.
- ※ KEC 적용에 의거해 삭제된 문제가 있어 배점 합계가 100점이 되지 않습니다.

2회 학습전략

난이도 中
- 단답형: 유도 전동기, 태양광 발전, 플리커 현상, 시퀀스, 몰드 변압기, 과전류, 피뢰기, 접지저항계
- 공식형: 정류회로, 주상 변압기 탭, 양수용 전동기, 전력용 콘덴서, 수전설비, 조명설비, 가공전선, 허용전류
- 복합형: 설비 불평형률, 변전설비
- 정류회로 및 가공전선에 대해 묻는 문제는 1차 필기 과목에서 학습했던 내용이 출제되었습니다. 암기가 필요한 개념을 묻는 문제가 다수 출제되어 준비가 철저하지 않았다면 어려웠을 회차였습니다.

3회 학습전략

난이도 中
- 단답형: 변압기 보호장치, 이도, 2중 모선, 눈부심 현상, 배전선로의 사고, 시퀀스, 접지설비, 조명설비
- 공식형: 단락사고, 축전지 용량, 전압강하, 병렬 저항회로, 변전설비, 조명설계, 절연내력 시험
- 복합형: 전력용 콘덴서, 수전설비
- 공식 암기 여부를 묻는 간단한 계산 문제도 있었으며, 여러 가지 조건을 함께 고려하는 계산 문제도 있었습니다. 단답형 문제에서 득점하면 합격 확률을 높일 수 있으므로 학습에 참고하기 바랍니다.

01
★★★

그림과 같은 3상 배전선에서 변전소(A점)의 전압은 $3,300[\text{V}]$, 중간(B점) 지점의 부하는 $50[\text{A}]$, 역률 0.8(지상), 말단(C점)의 부하는 $50[\text{A}]$, 역률 0.8이고, A와 B 사이의 길이는 $2[\text{km}]$, B와 C 사이의 길이는 $4[\text{km}]$이며, 선로의 $[\text{km}]$당 임피던스는 저항 $0.9[\Omega]$, 리액턴스 $0.4[\Omega]$이라고 할 때 다음 각 물음에 답하시오. **[9점]**

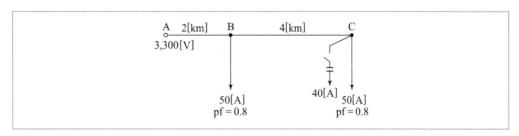

(1) 이 경우의 B점과 C점의 전압은 몇 $[\text{V}]$인가?

    ① B점의 전압

      • 계산 과정:

      • 답:

    ② C점의 전압

      • 계산 과정:

      • 답:

(2) C점에 전력용 콘덴서를 설치하여 진상 전류 $40[\text{A}]$를 흘릴 때 B점과 C점의 전압은 각각 몇 $[\text{V}]$인가?

    ① B점의 전압

      • 계산 과정:

      • 답:

    ② C점의 전압

      • 계산 과정:

      • 답:

(3) 전력용 콘덴서를 설치하기 전과 후의 선로의 전력 손실$[\text{kW}]$을 구하시오.

    ① 전력용 콘덴서 설치 전

      • 계산 과정:

      • 답:

    ② 전력용 콘덴서 설치 후

      • 계산 과정:

      • 답:

(1) ① B점의 전압
  • 계산 과정

$$V_B = V_A - \sqrt{3}\,I_1\,(R_1\cos\theta + X_1\sin\theta)[\text{V}]$$
$$= 3,300 - \sqrt{3}\times100\times(0.9\times2\times0.8+0.4\times2\times0.6) = 2,967.45[\text{V}]$$

  • 답: 2,967.45[V]

② C점의 전압
  • 계산 과정

$$V_C = V_B - \sqrt{3}\,I_2\,(R_2\cos\theta + X_2\sin\theta)[\text{V}]$$
$$= 2,967.45 - \sqrt{3}\times50\times(0.9\times4\times0.8+0.4\times4\times0.6) = 2,634.9[\text{V}]$$

  • 답: 2,634.9[V]

(2) ① B점의 전압
  • 계산 과정

$$V_B = V_A - \sqrt{3}\times\{I_1\cos\theta \cdot R_1 + (I_1\sin\theta - I_C)\cdot X_1\}[\text{V}]$$
$$= 3,300 - \sqrt{3}\times\{100\times0.8\times0.9\times2 + (100\times0.6-40)\times0.4\times2\} = 3,022.87[\text{V}]$$

  • 답: 3,022.87[V]

② C점의 전압
  • 계산 과정

$$V_C = V_B - \sqrt{3}\times\{I_2\cos\theta \cdot R_2 + (I_2\sin\theta - I_C)\cdot X_2\}[\text{V}]$$
$$= 3,022.87 - \sqrt{3}\times\{50\times0.8\times0.9\times4 + (50\times0.6-40)\times0.4\times4\} = 2,801.17[\text{V}]$$

  • 답: 2,801.17[V]

(3) ① 설치 전
  • 계산 과정: $P_{l1} = 3I_1^2 R_1 + 3I_2^2 R_2 = 3\times100^2\times0.9\times2 + 3\times50^2\times0.9\times4 = 81,000[\text{W}] = 81[\text{kW}]$
  • 답: 81[kW]

② 설치 후
  • 계산 과정

$$I_1 = 100\times(0.8-j0.6)+j40 = 80-j20 = 82.46[\text{A}]$$
$$I_2 = 50\times(0.8-j0.6)+j40 = 40+j10 = 41.23[\text{A}]$$
$$\therefore P_{l2} = 3\times82.46^2\times0.9\times2 + 3\times41.23^2\times0.9\times4 = 55,077[\text{W}] = 55.08[\text{kW}]$$

  • 답: 55.08[kW]

해설비법 (1) $R_1 = 0.9[\Omega/\text{km}]\times2[\text{km}] = 1.8[\Omega]$, $R_2 = 0.9[\Omega/\text{km}]\times4[\text{km}] = 3.6[\Omega]$
$X_1 = 0.4[\Omega/\text{km}]\times2[\text{km}] = 0.8[\Omega]$, $X_2 = 0.4[\Omega/\text{km}]\times4[\text{km}] = 1.6[\Omega]$

(2) 전력용 콘덴서를 설치하여 진상 전류를 흘려주면 무효 전류가 감소한다.

(3) 3상 배전선로의 전력 손실 $P_l = 3I^2 R[\text{W}]$

개념체크 3상 선로에서 발생하는 전압강하 $e = V_s - V_r = \sqrt{3}\,I(R\cos\theta + X\sin\theta)[\text{V}]$

02 ★★★

그림과 같이 부하가 A, B, C에 시설될 경우, 이것에 공급할 변압기 Tr의 용량을 계산하여 표준 용량을 선정하시오.(단, 부등률은 1.1, 부하 역률은 80[%]로 한다.) [4점]

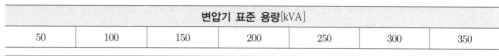

변압기 표준 용량[kVA]						
50	100	150	200	250	300	350

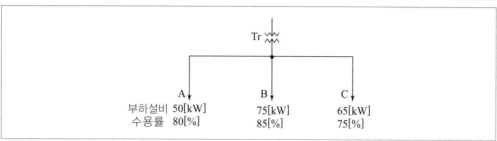

부하설비 A 50[kW] B 75[kW] C 65[kW]
수용률 80[%] 85[%] 75[%]

• 계산 과정:

• 답:

답안작성 • 계산 과정

$$P_a = \frac{50 \times 0.8 + 75 \times 0.85 + 65 \times 0.75}{1.1 \times 0.8} = 173.3[kVA], \quad \text{표준 용량 } 200[kVA] \text{ 선정}$$

• 답: 200[kVA]

개념체크 변압기 용량$[kVA] = \dfrac{\text{설비 용량}[kW] \times \text{수용률}}{\text{부등률} \times \text{역률}}$

03 ★★★

사용 중인 변류기 2차 측을 개로하면 변류기에는 어떤 현상이 발생하는지 원인과 결과를 쓰시오. [3점]

답안작성 변류기 1차 측 부하 전류가 모두 여자 전류가 되어 변류기 2차 측에 고전압을 유기하여 변류기의 절연을 파괴할 수 있다.

개념체크 계기용 변성기 점검 시 주의 사항
변류기(CT): 2차 측 단락(2차 측 고전압 및 절연 보호)
계기용 변압기(PT): 2차 측 개방(2차 측 과전류 보호)

04 ★★★

지표면상 $10[\text{m}]$ 높이에 수조가 있다. 이 수조에 초당 $1[\text{m}^3]$의 물을 양수하는 데 사용되는 펌프용 전동기에 3상 전력을 공급하기 위하여 단상 변압기 2대를 V 결선하였다. 펌프 효율이 $70[\%]$이고, 펌프축 동력에 $20[\%]$의 여유를 두는 경우 다음 각 물음에 답하시오.(단, 펌프용 3상 농형 유도 전동기의 역률을 $100[\%]$로 가정한다.) [5점]

(1) 펌프용 전동기의 소요 동력은 몇 $[\text{kW}]$인가?
　　• 계산 과정:
　　• 답:

(2) 변압기 1대의 용량은 몇 $[\text{kVA}]$인가?
　　• 계산 과정:
　　• 답:

답안작성 (1) • 계산 과정

$$P = \frac{9.8QH}{\eta} \times k = \frac{9.8 \times 1 \times 10}{0.7} \times 1.2 = 168[\text{kW}]$$

　　• 답: $168[\text{kW}]$

(2) • 계산 과정

$$P_v = \sqrt{3}\,P_1\,[\text{kVA}]$$

$$P_1 = \frac{P_v}{\sqrt{3}} = \frac{168}{\sqrt{3}} = 96.99[\text{kVA}]$$

　　• 답: $96.99[\text{kVA}]$

해설비법 (1) 양수 펌프용 전동기 용량

• $P = \dfrac{9.8QH}{\eta}k[\text{kW}]$

(Q: 양수량$[\text{m}^3/\text{s}]$, H: 양정(양수 높이)$[\text{m}]$, k: 여유 계수, η: 효율)

• $P = \dfrac{QH}{6.12\eta}k[\text{kW}]$

(Q: 양수량$[\text{m}^3/\text{min}]$)

두 식의 차이점은 초당 양수량과 분당 양수량의 단위 차이이다.

(2) V결선: 단상 변압기 2대로 3상 전력을 공급하는 변압기 결선 방법

05

★★☆

점멸기의 그림 기호에 대한 다음 각 물음에 답하시오. [6점]

(1) 용량 표시 방법에서 몇 [A] 이상일 때 전류치를 표기하는가?

(2) ●$_{2P}$와 ●$_4$는 어떻게 구분되는가?
    ① ●$_{2P}$
    ② ●$_4$

(3) 방수형과 방폭형은 어떤 문자를 표기하는가?
    ① 방수형
    ② 방폭형

답안작성

(1) 15[A]

(2) ① 2극 스위치
    ② 4로 스위치

(3) ① WP
    ② EX

개념체크 점멸기(스위치)

명칭	그림 기호	적요
점멸기 (스위치)	●	• 용량의 표시방법은 다음과 같다. 　− 10[A]는 표기하지 않는다. 　− 15[A] 이상은 전류값을 표기한다. 　[보기] ●$_{15A}$ • 극수의 표시방법은 다음과 같다. 　− 단극은 표기하지 않는다. 　− 2극 또는 3로, 4로는 각각 2P 또는 3, 4의 숫자를 표기한다. 　[보기] ●$_{2P}$　　●$_3$ • 방수형은 WP를 표기한다.　　●$_{WP}$ • 방폭형은 EX를 표기한다.　　●$_{EX}$ • 타이머 붙이는 T를 표기한다.　●$_T$

06 ★★★ 그림에 제시된 건물의 표준 부하표를 보고 건물 단면도의 16[A] 분기 회로수를 산출하시오.(단, ① 사용 전압은 220[V]로 하고 룸 에어컨은 별도 회로로 하며, ② 가산해야 할 [VA] 수는 표에 제시된 값 범위 내에서 큰 값을 적용하고, ③ 부하의 상정은 표준 부하법에 의해 설비 부하 용량을 산출한다.) [6점]

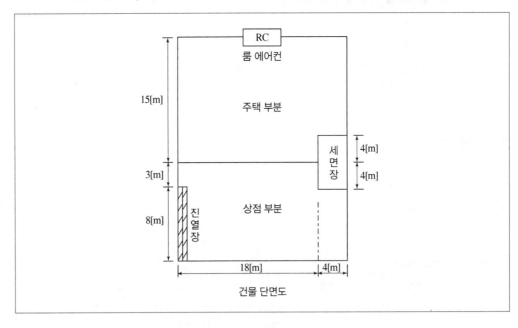

건물 단면도

[건물의 표준 부하표]

	건물의 종류	표준 부하[VA/m²]
P	공장, 공회당, 사원, 교회, 극장, 연회장 등	10
	기숙사, 여관, 호텔, 병원, 학교, 음식점, 다방, 대중목욕탕 등	20
	사무실, 은행, 상점, 이발소, 미용실	30
	주택, 아파트	40
Q	복도, 계단, 세면장, 창고, 다락	5
	강당, 관람석	10
C	주택, 아파트(1세대마다)에 대하여	500 ~ 1,000[VA]
	상점의 진열장은 폭 1[m]에 대하여	300[VA]
	옥외의 광고등, 광전사인, 네온사인 등	실 [VA] 수
	극장, 댄스홀 등의 무대 조명, 영화관의 특수 전등 부하	실 [VA] 수

(단, P: 주 건축물의 바닥 면적[m²], Q: 건축물 부분의 바닥 면적[m²], C: 가산해야 할 [VA])

• 계산 과정:

• 답:

- 계산 과정

  주택 부분 상정 부하 = $\{(15 \times 22) - (4 \times 4)\} \times 40 + 1{,}000 = 13{,}560[\text{VA}]$

  상점 부분 상정 부하 = $\{(11 \times 22) - (4 \times 4)\} \times 30 + 8 \times 300 = 9{,}180[\text{VA}]$

  세면장 상정 부하 = $(8 \times 4) \times 5 = 160[\text{VA}]$

  분기 회로수 = $\dfrac{13{,}560 + 9{,}180 + 160}{220 \times 16} = 6.51 \rightarrow 7$회로

  총 분기 회로수는 룸 에어컨 별도 회로를 포함해 8회로이다.
- 답: 16[A] 분기 8회로

$$\text{분기 회로수} = \frac{\text{표준 부하 밀도}[\text{VA/m}^2] \times \text{바닥 면적}[\text{m}^2]}{\text{전압}[\text{V}] \times \text{분기 회로의 전류}[\text{A}]}$$

- 이때 분기 회로수 계산 결과값에 소수점이 발생하면 소수점 이하 절상한다.
- 조건에서 '룸 에어컨은 별도 회로로 한다'이므로 계산값에 1회로를 추가한다.
- 주어진 조건에서 가산해야 할 [VA] 수는 표에 제시된 값 범위 내에서 큰 값을 적용하라 하였으므로, 주택 부분에 대하여 1,000[VA]를 가산한다.

07 ★★★

다음 결선도는 수동 및 자동(하루 중 설정 시간 동안 운전) $Y-\triangle$ 배기팬 MOTOR 결선도 및 조작 회로이다. 다음 각 물음에 답하시오. [8점]

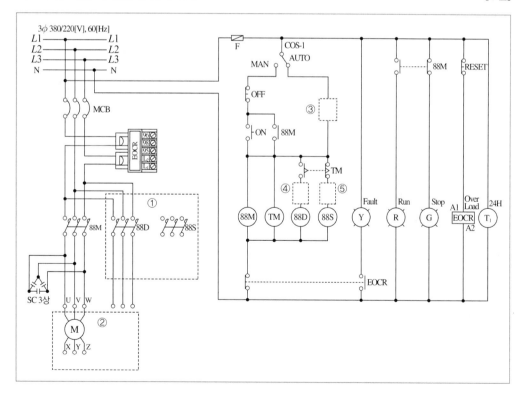

(1) ①, ② 부분의 누락된 회로를 완성하시오.

(2) ③, ④, ⑤의 미완성 부분의 접점을 그리고, 그 접점 기호를 표기하시오.

(3) ─○─⌒─○─의 접점 명칭을 쓰시오.

(4) Time Chart를 완성하시오.(단, t_3는 타이머 TM의 설정 시간이 끝나는 시점이다.)

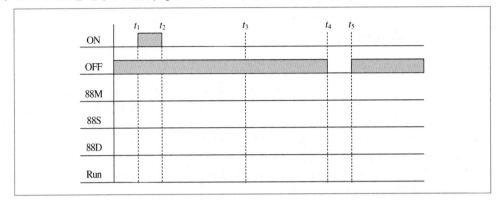

답안작성 (1)

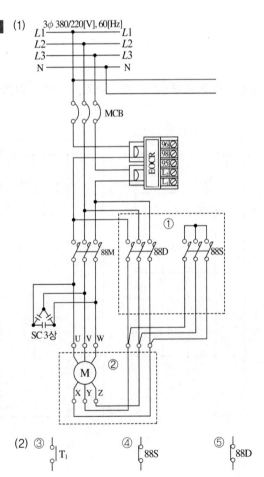

(2) ③ T_1 ④ 88S   ⑤ 88D

(3) 한시 동작 순시 복귀 a접점

(4)

| | t_1 | t_2 | | t_3 | | t_4 | t_5 |

ON

OFF

88M

88S

88D

Run

해설비법
(1) 88S: Y 기동용 전자 접촉기, 88D: △ 운전용 전자 접촉기

(4) 88S는 ON 스위치를 누르면 즉시 여자되었다가 타이머의 설정 시간이 끝난 t_3에 소자된다. 88D는 한시 동작 순시 복귀 접점이 설정 시간 이후 동작하여 여자된다.

08
★★☆

역률 $80[\%]$, $500[\mathrm{kVA}]$의 부하를 가지는 변압설비에 $150[\mathrm{kVA}]$의 콘덴서를 설치해서 역률을 개선하는 경우 변압기에 걸리는 부하는 몇 $[\mathrm{kVA}]$인지 계산하시오. [5점]

• 계산 과정:
• 답:

답안작성
• 계산 과정
역률 개선 전의 유효전력 $P = 500 \times 0.8 = 400[\mathrm{kW}]$
역률 개선 전의 무효전력 $Q = 500 \times \sqrt{1 - 0.8^2} = 300[\mathrm{kVar}]$
역률 개선 후의 무효전력 $Q' = Q - Q_c = 300 - 150 = 150[\mathrm{kVar}]$
따라서 역률을 개선하는 경우 변압기에 걸리는 부하는
$P_a = \sqrt{P^2 + Q'^2} = \sqrt{400^2 + 150^2} = 427.2[\mathrm{kVA}]$
• 답: $427.2[\mathrm{kVA}]$

개념체크
역률 개선 방법
역률은 부하에 의한 지상 무효전력$(-jQ)$ 때문에 저하되므로 부하와 병렬로 역률 개선용 콘덴서(진상 무효전력 $+jQ$ 공급) Q_c를 접속한다.

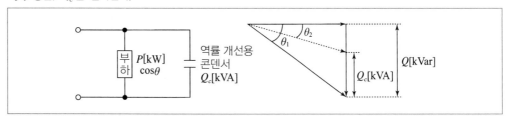

09 ★★☆

3개의 접지판 상호 간의 저항을 측정한 값이 그림과 같이 G_1과 G_2 사이는 $30[\Omega]$, G_2과 G_3 사이는 $50[\Omega]$, G_1 과 G_3 사이는 $40[\Omega]$이었다면, G_3의 접지저항값은 몇 $[\Omega]$인지 계산하시오.　　　[5점]

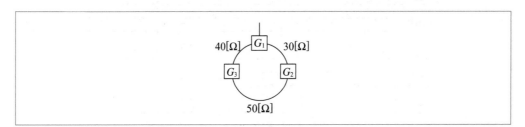

- 계산 과정:
- 답:

답안작성
- 계산 과정

$$R_{G_3} = \frac{1}{2} \times (40 + 50 - 30) = 30[\Omega]$$

- 답: $30[\Omega]$

개념체크 콜라우시 브리지에 의한 3극 접지저항 측정법

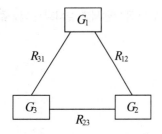

- $R_{G_1} = \dfrac{1}{2}\left(R_{12} + R_{31} - R_{23}\right)[\Omega]$

- $R_{G_2} = \dfrac{1}{2}\left(R_{12} + R_{23} - R_{31}\right)[\Omega]$

- $R_{G_3} = \dfrac{1}{2}\left(R_{31} + R_{23} - R_{12}\right)[\Omega]$

10

KEC 적용에 따라 삭제되는 문제입니다.

11
★★☆

각 방향에 900[cd]의 광도를 갖는 광원을 높이 3[m]에 취부한 경우 직하로부터 30° 방향의 수평면 조도 [lx]를 구하시오. [5점]

• 계산 과정:

• 답:

• 계산 과정

수평면 조도 $E_h = \dfrac{I}{r^2}\cos\theta = \dfrac{I}{h^2}\cos^3\theta = \dfrac{900}{3^2}\times(\cos 30°)^3 = 64.95[lx]$

• 답: 64.95[lx]

수평면 조도 $E_h = \dfrac{I}{r^2}\cos\theta\,[lx]$

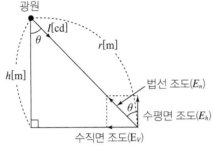

$\cos\theta = \dfrac{h}{r}$ 에서 $r\cos\theta = h$ 이므로 $r^2 = \dfrac{h^2}{\cos^2\theta}$ 이다.

따라서 수평면 조도를 다음과 같이 나타낼 수 있다.

$E_h = \dfrac{I}{r^2}\cos\theta = \dfrac{I}{h^2}\cos^3\theta\,[lx]$

12
★★☆

수전전압 22.9[kV − Y]에 진공 차단기와 몰드 변압기를 사용하는 경우, 개폐 시 이상 전압으로부터 변압기 등 기기보호 목적으로 사용되는 것으로 LA와 같은 구조와 특성을 가진 것을 쓰시오. [4점]

서지 흡수기

서지 흡수기(SA)
개폐 서지 등 이상 전압이 2차 기기에 악영향을 주는 것을 막기 위해 설치

13

★★☆

다음 그림은 전력 계통의 일부를 나타낸 것이다. 다음 각 물음에 답하시오.　　　　　　[9점]

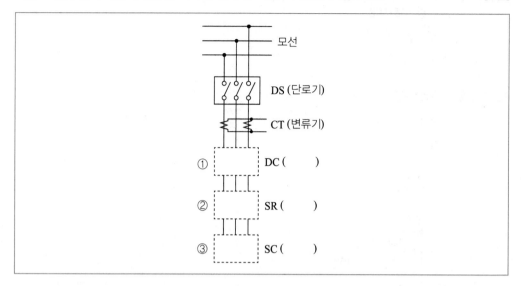

(1) ①, ②, ③의 회로를 완성하시오.

(2) ①, ②, ③의 명칭을 한글로 쓰시오.

(3) ①, ②, ③의 설치 사유를 쓰시오.

답안작성

(1)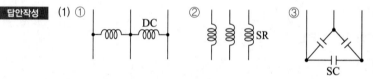

(2) ① 방전 코일　　② 직렬 리액터　　③ 전력용 콘덴서

(3) ① 콘덴서에 축적된 잔류전하 방전
　　② 제5고조파 제거
　　③ 역률 개선

개념체크 역률 개선용 콘덴서 설비의 부속 장치

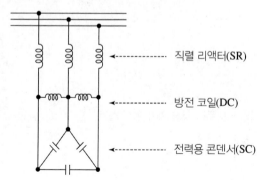

(1) 직렬 리액터(SR: Series Reactor)
   ① 변압기 등에서 발생하는 제5고조파 제거
   ② 제5고조파 제거를 위한 직렬 리액터 용량

   • 이론상: 제5고조파 공진 조건 $5\omega L = \dfrac{1}{5\omega C}$에서 $\omega L = \dfrac{1}{25\omega C} = 0.04 \times \dfrac{1}{\omega C}$

      ∴ 콘덴서 용량의 4[%] 설치
   • 실제상: 여유를 두어 콘덴서 용량의 6[%] 설치

(2) 방전 코일(DC: Discharge Coil)
   ① 콘덴서에 남아 있는 잔류전하를 신속히 방전시켜 인체의 감전 방지
   ② 5초 이내에 50[V] 이하로 방전

(3) 전력용 콘덴서(SC: Static Capacitor)
   부하의 역률을 개선

14 ★☆☆ 그림에서 3개의 접점 A, B, C 가운데 둘 이상이 ON 되었을 때, RL이 동작하는 회로이다. 다음 물음에 답하시오. [5점]

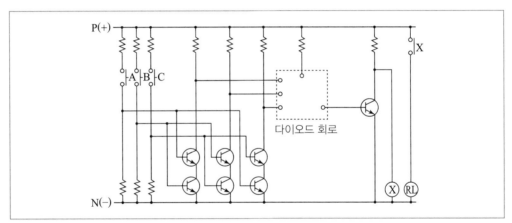

(1) 회로에서 점선 안의 내부회로를 다이오드 소자(─▶├─)를 이용하여 올바르게 연결하시오.

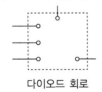

다이오드 회로

(2) 진리표를 완성하시오.

입력			출력
A	B	C	X

(3) X의 논리식을 간소화하시오.

답안작성 (1)

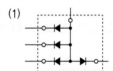

(2)

입력			출력
A	B	C	X
0	0	0	0
0	0	1	0
0	1	0	0
0	1	1	1
1	0	0	0
1	0	1	1
1	1	0	1
1	1	1	1

(3) $X = A \cdot B + B \cdot C + A \cdot C$

해설비법 (2) 입력 A, B, C 중 둘 이상이 1인 경우에 출력 X가 1이 나오도록 표기한다.

(3) 논리식 간소화

$X = \overline{A} \cdot B \cdot C + A \cdot \overline{B} \cdot C + A \cdot B \cdot \overline{C} + A \cdot B \cdot C$

$= \overline{A} \cdot B \cdot C + A \cdot \overline{B} \cdot C + A \cdot B \cdot \overline{C} + A \cdot B \cdot C + A \cdot B \cdot C + A \cdot B \cdot C \, (\because A + A = A)$

$= (\overline{A} + A) \cdot B \cdot C + (\overline{B} + B) \cdot A \cdot C + (\overline{C} + C) \cdot A \cdot B$

$= A \cdot B + B \cdot C + A \cdot C \, (\because \overline{A} + A = 1)$

15
★★☆

그림과 같은 회로에서 단상 전압 $105[\mathrm{V}]$ 전동기의 전압 측 리드선과 전동기 외함 사이가 완전히 지락되었다. 변압기의 저압 측은 계통접지로 저항이 $20[\Omega]$, 전동기의 저항은 보호 접지공사로 저항이 $30[\Omega]$이라 할 때 변압기 및 선로의 임피던스를 무시한 경우 접촉한 사람에게 위험을 줄 대지 전압은 몇 $[\mathrm{V}]$인지 계산하시오. [4점]

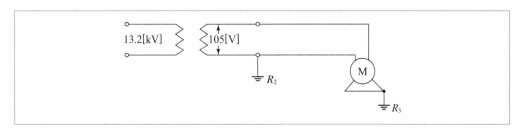

- 계산 과정:
- 답:

답안작성
- 계산 과정: $e = \dfrac{30}{20+30} \times 105 = 63[\mathrm{V}]$
- 답: $63[\mathrm{V}]$

해설비법 주어진 회로는 다음과 같이 나타낼 수 있다.

다음 회로에서 전압 e는 전압 분배 공식을 활용하여 구할 수 있다.

$$e = \frac{R_3}{R_2 + R_3} \times V = \frac{30}{20+30} \times 105 = 63[\mathrm{V}]$$

16

★★☆

예비전원으로 이용되는 축전지에 대한 다음 각 물음에 답하시오.　　　　　　　　　　　[8점]

(1) 그림과 같은 부하 특성을 갖는 축전지를 사용할 때 보수율이 0.8, 최저 축전지 온도가 5[℃], 허용 최저 전압이 90[V]일 때 몇 [Ah] 이상인 축전지를 선정하여야 하는가?(단, $K_1 = 1.15$, $K_2 = 0.91$이고, 셀당 전압은 1.06[V/cell]이다.)

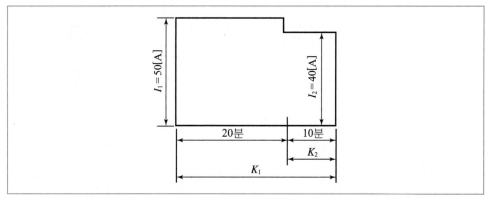

• 계산 과정:

• 답:

(2) 축전지의 과방전 및 방치 상태, 가벼운 설페이션 현상 등이 생겼을 때, 기능 회복을 위하여 실시하는 충전 방식은 무엇인가?

(3) 연축전지와 알칼리 축전지의 공칭 전압은 각각 몇 [V]인가?

　• 연축전지

　• 알칼리 축전지

(4) 축전지 설비를 하려고 한다. 그 구성요소를 크게 4가지로 구분하시오.

답안작성

(1) • 계산 과정

$$C = \frac{1}{L}\{K_1 I_1 + K_2(I_2 - I_1)\}$$
$$= \frac{1}{0.8} \times \{1.15 \times 50 + 0.91 \times (40 - 50)\} = 60.5[\text{Ah}]$$

• 답: 60.5[Ah]

(2) 회복 충전 방식

(3) • 연축전지: 2.0[V]

　• 알칼리 축전지: 1.2[V]

(4) • 축전지

　• 제어장치

　• 보안장치

　• 충전장치

축전지의 용량 계산

① 축전지의 용량(C)은 다음의 식으로 구할 수 있다.

$$C = \frac{1}{L} KI[\text{Ah}]$$

(단, C: 축전지 용량[Ah], I: 방전 전류[A], L: 보수율, K: 용량 환산 시간 계수)

② 축전지 용량 계산 예

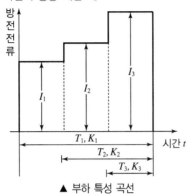

▲ 부하 특성 곡선

$$C = \frac{1}{L} \{ K_1 I_1 + K_2 (I_2 - I_1) + K_3 (I_3 - I_2) \}[\text{Ah}]$$

(단, 축전지 용량은 부하의 면적을 계산하여 구한다.)

단답 정리함 축전지 설비의 구성요소

- 축전지
- 제어장치
- 보안장치
- 충전장치

17 ★★☆

"부하율"에 대하여 설명하고, 부하율이 적다는 것은 무엇을 의미하는지 2가지를 쓰시오. [5점]

(1) 부하율

(2) "부하율이 적다"의 의미 2가지

답안작성 (1) 어떤 기간 중 최대 수용 전력에 대한 평균 수용 전력의 비를 나타낸다.

즉, 부하율 $= \dfrac{\text{평균 수용 전력}}{\text{최대 수용 전력}} \times 100[\%]$

(2) • 공급설비를 유용하게 사용하지 못한다.
  • 부하설비의 가동률이 저하된다.

해설비법 부하율은 공급설비 이용률 및 부하설비 가동률과 비례한다.

• 수용률
  – 의미: 수용설비가 동시에 사용되는 정도를 나타낸다.
  – 변압기 등의 적정한 공급설비 용량을 파악하기 위해 사용된다.

$$수용률 = \frac{최대\ 수용\ 전력[kW]}{부하설비\ 합계[kW]} \times 100[\%]$$

• 부하율
  – 공급설비가 어느 정도 유용하게 사용되는지를 나타낸다.
  – 부하율이 클수록 공급설비가 그만큼 유효하게 사용된다는 것을 의미한다.

$$부하율 = \frac{평균\ 수용\ 전력[kW]}{최대\ 수용\ 전력[kW]} \times 100[\%]$$

• 부등률
  – 의미: 부하의 최대 수용 전력의 발생 시간이 서로 다른 정도를 나타낸다.
  – 부등률이 클수록 최대 전력을 소비하는 기기의 사용 시간대가 서로 다르다는 것을 의미하므로 그만큼 유리하다.

$$부등률 = \frac{각\ 부하의\ 최대\ 수용\ 전력의\ 합[kW]}{합성\ 최대\ 전력[kW]} \geq 1$$

18
★★☆

3상 유도 전동기는 농형과 권선형으로 구분되는데 각 형식별 기동법을 다음 빈칸에 쓰시오.　　[5점]

전동기 형식	기동법	기동법의 특징
농형	①	전동기에 직접 전원을 접속하여 기동하는 방식으로 5[kW] 이하의 소용량에 사용
	②	1차 권선을 Y접속으로 하여 전동기를 기동 시 상전압을 감압하여 기동하고 속도가 상승되어 운전속도에 가깝게 도달하였을 때 △접속으로 바꿔 큰 기동전류를 흘리지 않고 기동하는 방식으로, 보통 5.5 ~ 37[kW] 정도의 용량에 사용
	③	기동전압을 떨어뜨려 기동전류를 제한하는 기동방식으로 고전압 농형 유도 전동기를 기동할 때 사용
권선형	④	유도 전동기의 비례추이 특성을 이용하여 기동하는 방법으로 회전자 슬립링을 통하여 2차 저항을 연결한 다음 저항값을 조정하여 기동 전류는 줄이고, 기동 토크는 크게 하여 기동하는 방법
	⑤	회전자 회로에 고정저항과 리액터를 병렬 접속한 것을 삽입하여 기동하는 방법

답안작성
① 직입 기동
② Y-△ 기동
③ 기동보상기법
④ 2차 저항 기동법
⑤ 2차 임피던스 기동법

2011년 2회

기출문제

배점		100
득점	1회독	
	2회독	
	3회독	

01 ★★★

그림의 단상 전파 정류회로에서 교류 측 공급 전압 $628\sin 314t[\text{V}]$, 직류 측 부하 저항 $20[\Omega]$이다. 다음 각 물음에 답하시오. [5점]

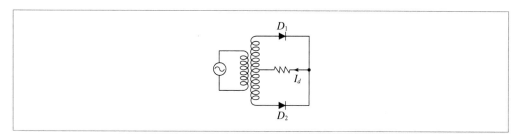

(1) 직류 부하 전압의 평균값은?
  • 계산 과정:
  • 답:

(2) 직류 부하 전류의 평균값은?
  • 계산 과정:
  • 답:

(3) 교류 전류의 실횻값은?
  • 계산 과정:
  • 답:

답안작성

(1) • 계산 과정: $E_d = 0.9E = 0.9 \times \dfrac{628}{\sqrt{2}} = 399.66[\text{V}]$

  • 답: $399.66[\text{V}]$

(2) • 계산 과정: $I_d = \dfrac{E_d}{R} = \dfrac{399.66}{20} = 19.98[\text{A}]$

  • 답: $19.98[\text{A}]$

(3) • 계산 과정: $I = \dfrac{E}{R} = \dfrac{V_m/\sqrt{2}}{R} = \dfrac{628/\sqrt{2}}{20} = 22.2[\text{A}]$

  • 답: $22.2[\text{A}]$

개념체크

• 직류 전압의 평균값

① 단상 반파 정류회로

$$E_d = \frac{1}{2\pi}\int_0^\pi \sqrt{2}\,E\sin\theta \cdot d\theta = \frac{\sqrt{2}\,E}{\pi} = 0.45E[\text{V}]$$

② 단상 전파 정류회로

$$E_d = \frac{1}{\pi}\int_0^\pi \sqrt{2}\,E\sin\theta \cdot d\theta = \frac{2\sqrt{2}\,E}{\pi} = 0.9E[\text{V}]$$

• 교류 전압의 실횻값

$$E = \frac{V_m}{\sqrt{2}}[\text{V}]\,(\,V: 실횻값[\text{V}],\ \ V_m: 최댓값[\text{V}])$$

02 단상 유도 전동기에 대한 다음 각 물음에 답하시오. [5점]

★★☆

(1) 기동 방식을 4가지만 쓰시오.

(2) 분상 기동형 단상 유도 전동기의 회전 방향을 바꾸려면 어떻게 하면 되는가?

(3) 단상 유도 전동기의 절연을 E종 절연물로 하였을 경우 허용 최고온도는 몇 [℃]인가?

답안작성

(1) • 반발 기동형
   • 콘덴서 기동형
   • 분상 기동형
   • 셰이딩 코일형

(2) 기동권선의 접속을 반대로 바꾸어 준다.

(3) 120[℃]

개념체크 절연 종류별 허용 최고온도

종류	Y종	A종	E종	B종	F종	H종	C종
허용 최고온도[℃]	90	105	120	130	155	180	180 초과

03 불평형 부하의 제한에 관련된 다음 물음에 답하시오. [8점]

★★★

(1) 저압, 고압 및 특고압 수전의 3상 3선식 또는 3상 4선식에서 불평형 부하의 한도는 단상 접속 부하로 계산하여 설비 불평형률을 몇 [%] 이하로 하는 것을 원칙으로 하는가?

(2) "(1)"항 문제의 제한 원칙에 따르지 않아도 되는 경우를 2가지만 쓰시오.

(3) 부하 설비가 그림과 같을 때 설비 불평형률은 몇 [%]인가?(단, Ⓗ는 전열기 부하이고, Ⓜ은 전동기 부하이다.)

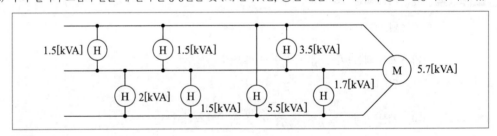

• 계산 과정:
• 답:

답안작성

(1) 30[%] 이하

(2) • 저압 수전에서 전용 변압기 등으로 수전하는 경우
   • 고압 및 특고압 수전에서 100[kVA] 이하의 단상 부하인 경우

(3) • 계산 과정

$$설비\ 불평형률 = \frac{(3.5+1.5+1.5)-(2+1.5+1.7)}{(1.5+1.5+3.5+5.7+2+1.5+1.7+5.5) \times \frac{1}{3}} \times 100 = 17.03[\%]$$

• 답: 17.03[%]

저압, 고압 및 특고압 수전의 3상 3선식 또는 3상 4선식에서의 설비 불평형률

$$\frac{\text{각 선간에 접속되는 단상 부하설비 용량[kVA]의 최대와 최소의 차}}{\text{총 부하설비 용량[kVA]} \times \frac{1}{3}} \times 100[\%]$$

이때 3상 3선식 및 3상 4선식의 설비 불평형률은 30[%] 이하이어야 한다.

단, 다음에 해당하는 경우에는 예외로 한다.

• 저압 수전에서 전용 변압기 등으로 수전하는 경우
• 고압 및 특고압 수전에서 100[kVA] 이하의 단상 부하의 경우
• 고압 및 특고압 수전에서 단상 부하 용량의 최대와 최소의 차가 100[kVA] 이하인 경우
• 특고압 수전에서 100[kVA] 이하의 단상 변압기 2대로 역V결선하는 경우

04 다음 물음에 답하시오. [6점]

★★☆

(1) 태양광 발전의 장점 4가지를 쓰시오.

(2) 태양광 발전의 단점 2가지를 쓰시오.

답안작성

(1) • 자원이 반영구적이며, 무공해이다.
   • 태양광이 미치는 곳이라면 어디에든 설치가 가능하며, 유지보수가 용이하다.
   • 규모에 관계 없이 발전 효율이 일정하다.
   • 확산광(산란광)도 이용할 수 있다.

(2) • 태양광의 에너지 밀도가 낮다.
   • 비가 오거나 흐린 날에는 발전 능력이 저하된다.

05 TV나 형광등과 같은 전기 제품에서의 깜빡거림 현상을 플리커 현상이라고 하는데, 이 플리커 현상을 경감시키기 위한 전원 측과 수용가 측에서의 대책을 각각 3가지 쓰시오. [8점]

★★☆

(1) 전원 측

(2) 수용가 측

답안작성

(1) • 공급 전압을 승압한다.
   • 단락 용량이 큰 계통에서 공급한다.
   • 플리커 발생 기기를 전용 계통에서 공급한다.

(2) • 직렬 콘덴서를 설치한다.
   • 부스터를 설치한다.
   • 직렬 리액터를 설치한다.

플리커 현상 경감 대책
- 전원 측
  - 공급 전압을 승압한다.
  - 단락 용량이 큰 계통에서 공급한다.
  - 플리커 발생 기기를 전용 계통에서 공급한다.
  - 전용 변압기로 공급한다.
- 수용가 측
  - 직렬 콘덴서를 설치한다.
  - 부스터를 설치한다.
  - 직렬 리액터를 설치한다.
  - 3권선 보상 변압기를 설치한다.
  - 상호 보상 리액터를 설치한다.
  - 직렬 리액터 가포화 방식으로 한다.

06
★ ★ ★

다음 그림은 변전설비의 단선 결선도이다. 물음에 답하시오. [8점]

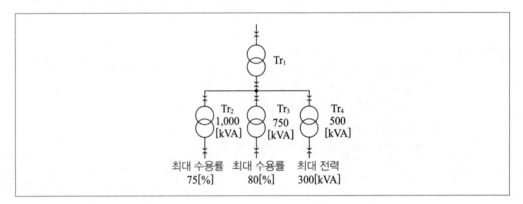

(1) 부등률 적용 변압기는?

(2) (1)의 변압기에 부등률을 적용하는 이유를 변압기를 이용하여 설명하시오.

(3) Tr_1의 부등률은 얼마인가?(단, 최대 합성 전력은 1,375[kVA]이다.)
- 계산 과정:
- 답:

(4) 수용률의 의미를 간단히 설명하시오.

(5) 변압기 1차 측에 설치할 수 있는 차단기 3가지를 쓰시오.

답안작성 (1) Tr_1

(2) 변압기 Tr_2, Tr_3, Tr_4는 각자의 최대 수용 전력이 생기는 시각이 다르므로 Tr_1에 부등률을 적용해야 한다.

(3) • 계산 과정: 부등률 $= \dfrac{1,000 \times 0.75 + 750 \times 0.8 + 300}{1,375} = 1.2$

  • 답: 1.2

(4) 수용설비가 동시에 사용되는 정도

(5) 진공 차단기, 유입 차단기, 가스 차단기

• 수용률

① 의미: 수용설비가 동시에 사용되는 정도

② 변압기 등의 적정한 공급설비 용량을 파악하기 위해 사용된다.

$$수용률 = \frac{최대\ 수용\ 전력[kW]}{부하설비\ 합계[kW]} \times 100[\%]$$

• 부하율

① 의미: 공급설비가 어느 정도 유용하게 사용되는지를 나타내는 정도

② 부하율이 클수록 공급설비가 그만큼 유효하게 사용된다는 것을 의미한다.

$$부하율 = \frac{평균\ 수용\ 전력[kW]}{최대\ 수용\ 전력[kW]} \times 100[\%]$$

• 부등률

① 의미: 부하의 최대 수용 전력의 발생 시간이 서로 다른 정도

② 부등률이 클수록 최대 전력을 소비하는 기기의 사용 시간대가 서로 다르다는 것을 의미하므로 그만큼 유리하다.

$$부등률 = \frac{각\ 부하의\ 최대\ 수용\ 전력의\ 합계[kW]}{합성\ 최대\ 전력[kW]} \geq 1$$

고압 이상에 사용되는 차단기의 종류 – 소호 매체

• 진공 차단기 – 고진공
• 유입 차단기 – 절연유
• 가스 차단기 – SF_6 가스
• 공기 차단기 – 압축 공기
• 자기 차단기 – 전자력

07
★ ★ ★

다음 논리 회로에 대한 물음에 답하시오.　　　　　　　　　　　　　　　　　　　[4점]

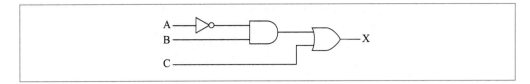

(1) NOR만의 회로를 그리시오.

(2) NAND만의 회로를 그리시오.

답안작성

(1)

(2)

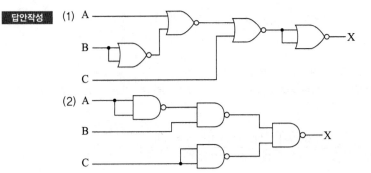

해설비법　무접점 회로의 논리식

$X = \overline{A} \cdot B + C$

(1) 주어진 논리 회로는 다음 그림과 같이 바꿀 수 있다.

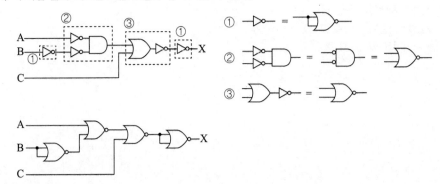

(2) 주어진 논리 회로는 다음 그림과 같이 바꿀 수 있다.

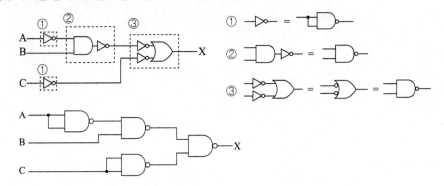

08
★★☆

유입 변압기와 비교한 몰드 변압기의 장점 5가지를 쓰시오.　　　　　　　　　[5점]

답안작성

- 내습, 내진성이 좋다.
- 소형, 경량화가 가능하다.
- 유지보수 및 점검이 용이하다.
- 난연성이 우수하다.
- 전력 손실이 적다.

단답 정리함　몰드 변압기의 장단점

[장점]
- 내습, 내진성이 좋다.
- 소형, 경량화가 가능하다.
- 유지보수 및 점검이 용이하다.
- 난연성이 우수하다.
- 전력 손실이 적다.
- 코로나 특성 및 임펄스 강도가 높다.

[단점]
- 충격파 내전압이 낮아 서지에 대한 대책이 필요하다.
- 가격이 고가이다.

09
★★★

수전 전압 $6,600[V]$, 가공 전선로의 %임피던스가 $58.5[\%]$일 때 수전점의 3상 단락 전류가 $8,000[A]$인 경우 기준 용량과 수전용 차단기의 차단 용량을 구하시오.　　　　　　　　　[6점]

차단기의 정격 용량[MVA]

10	20	30	50	75	100	150	250	300	400	500

(1) 기준 용량
- 계산 과정:
- 답:

(2) 차단 용량
- 계산 과정:
- 답:

(1) • 계산 과정

$$I_s = \frac{100}{\%Z} I_n \text{에서 } I_n = \frac{\%Z}{100} I_s = \frac{58.5}{100} \times 8,000 = 4,680 [\text{A}] \text{이다.}$$

$$\therefore P_n = \sqrt{3} \, VI_n = \sqrt{3} \times 6.6 \times 4.68 = 53.5 [\text{MVA}]$$

• 답: 53.5[MVA]

(2) • 계산 과정: $P_s = \sqrt{3} \, V_n I_s = \sqrt{3} \times 6.6 \times \frac{1.2}{1.1} \times 8 = 99.77 [\text{MVA}]$, 표에서 100[MVA] 선정

• 답: 100[MVA]

(1) 기준 용량 $P_n = \sqrt{3} \, VI_n [\text{MVA}]$

여기서 V: 공칭 전압[kV], I_n: 정격 전류[kA]

(2) 차단 용량 $P_s = \sqrt{3} \, V_n I_s [\text{MVA}]$

여기서 V_n: 정격 전압 = 공칭 전압 $\times \frac{1.2}{1.1} [\text{kV}]$, I_s: 정격 차단 전류[kA]

---

10 ★☆☆

평균 조도 $500[\text{lx}]$ 전반 조명을 시설한 $40[\text{m}^2]$의 방이 있다. 이 방에 조명기구 1대당 광속 $500[\text{lm}]$, 조명률 $50[\%]$, 유지율 $80[\%]$인 등기구를 설치하려고 한다. 이때 조명기구 1대의 소비 전력이 $70[\text{W}]$라면 이 방에서 24시간 연속 점등한 경우 하루의 소비 전력량은 몇 $[\text{kWh}]$인가? [5점]

• 계산 과정:

• 답:

• 계산 과정

전등 수 $N = \dfrac{EAD}{FU} = \dfrac{500 \times 40 \times \dfrac{1}{0.8}}{500 \times 0.5} = 100 [\text{등}]$

소비 전력량 $W = Pt = 70 \times 100 \times 24 \times 10^{-3} = 168 [\text{kWh}]$

• 답: 168[kWh]

소비 전력량 $W = Pt = 70[\text{W}] \times 100[\text{등}] \times 24[\text{h}] \times 10^{-3} = 168[\text{kWh}]$

등의 개수 산정

$$FUN = EAD$$

(단, F: 광속[lm], U: 조명률, N: 사용하는 등의 개수, E: 조도[lx], A: 방의 면적[m²], D: 감광 보상률 $(= \frac{1}{M})$, M: 유지율)

11

★★☆

일반용 전기설비 및 자가용 전기설비에서의 과전류 종류 2가지와 각각에 대한 용어의 정의를 쓰시오. [5점]

답안작성

- 과부하전류: 기기에 대하여는 그 정격전류, 전선에 대하여는 그 허용전류를 어느 정도 초과하여 계속되는 시간을 합하여 생각하였을 때, 기기 또는 전선의 손상 방지상 자동차단을 필요로 하는 전류
- 단락전류: 전로의 선간이 임피던스가 적은 상태로 접촉되었을 경우에 그 부분을 통해 흐르는 큰 전류

개념체크

과전류의 종류
- 과부하전류
- 단락전류

12

★★★

피뢰기에 흐르는 정격 방전 전류는 변전소의 차폐 유무와 그 지방의 연간 뇌우 발생 일수와 관계되나 모든 요소를 고려한 일반적인 시설 장소별 적용할 피뢰기의 공칭 방전 전류를 쓰시오. [4점]

공칭 방전 전류	설치 장소	적용 조건
①	변전소	• 154[kV] 이상의 계통 • 66[kV] 및 그 이하의 계통에서 Bank 용량이 3,000[kVA]를 초과하거나 특히 중요한 곳 • 장거리 송전 케이블(배전 선로 인출용 단거리 케이블은 제외) 및 정전 축전지 Bank를 개폐하는 곳 • 배전선로 인출 측(배전 간선 인출용 장거리 케이블은 제외)
②	변전소	66[kV] 및 그 이하의 계통에서 Bank 용량이 3,000[kVA] 이하인 곳
③	선로	배전선로

답안작성

① 10,000[A] ② 5,000[A] ③ 2,500[A]

개념체크

공칭 방전 전류	설치 장소	적용 조건
10,000[A]	변전소	• 154[kV] 이상 계통 • 66[kV] 및 그 이하 계통에서 뱅크 용량이 3,000[kVA]를 초과하거나 특히 중요한 곳 • 장거리 송전선 및 콘덴서 뱅크를 개폐하는 곳
5,000[A]	변전소	66[kV] 및 그 이하 계통에서 뱅크 용량이 3,000[kVA] 이하인 곳
2,500[A]	변전소	배전선 피더 인출 측
	선로	배전선로

13 ★☆☆

최대 사용전압 $360[\text{kV}]$의 가공 전선이 최대 사용전압 $161[\text{kV}]$ 가공 전선과 교차하여 시설되는 경우 양자 간의 최소 이격거리는 몇 $[\text{m}]$인가? [3점]

- 계산 과정:
- 답:

답안작성
- 계산 과정

$$단수 = \frac{360 - 60}{10} = 30$$

$$\therefore \ 이격거리 = 2 + 30 \times 0.12 = 5.6[\text{m}]$$

- 답: $5.6[\text{m}]$

규정체크 특고압 가공전선 상호 간의 접근 또는 교차

사용전압의 구분	이격 거리
$60[\text{kV}]$ 이하	$2[\text{m}]$ 이상
$60[\text{kV}]$ 초과	• 이격거리 $= 2 +$ 단수 $\times 0.12[\text{m}]$ 이상 • 단수 $= \dfrac{전압[\text{kV}] - 60}{10}$ 단수 계산에서 소수점 이하는 절상한다.

14 ★★☆

다음 그림은 전자식 접지저항계를 사용하여 접지극의 접지저항을 측정하기 위한 배치도이다. 물음에 답하시오. [8점]

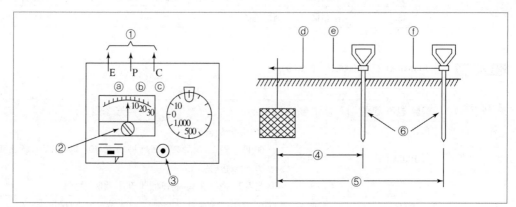

(1) 보조 접지극을 설치하는 이유는 무엇인가?

(2) ⑤와 ⑥의 설치 간격은 얼마인가?

(3) 그림에서 ①의 측정 단자 접속은?

(4) 접지극의 매설 깊이는?

답안작성 (1) 전압과 전류를 공급하여 접지저항을 측정하기 위해 설치한다.

(2) ⑤ 20[m]

⑥ 10[m]

(3) ⓐ → ⓓ, ⓑ → ⓔ, ⓒ → ⓕ

(4) 0.75[m] 이상

15
★★☆

다음과 같이 전열기 Ⓗ와 전동기 Ⓜ이 간선에 접속되어 있을 때 간선 허용전류의 최솟값은 몇 [A]인가? (단, 수용률은 100[%]이며, 전동기의 기동계급은 표시가 없다고 본다.) [5점]

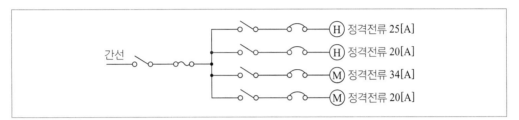

- 계산 과정:
- 답:

답안작성
- 계산 과정

전동기 전류의 합 $\Sigma I_M = 34 + 20 = 54[A]$

전열기 전류의 합 $\Sigma I_H = 25 + 20 = 45[A]$

설계전류 $I_B = \Sigma I_M + \Sigma I_H = 54 + 45 = 99[A]$

$I_B \leq I_n \leq I_Z$의 조건을 만족하는 간선의 최소 허용전류 $I_Z \geq 99[A]$

- 답: 99[A]

개념체크 과부하에 대해 케이블(전선)을 보호하는 장치의 동작특성

$$I_B \leq I_n \leq I_Z$$
$$I_2 \leq 1.45 \times I_Z$$

(단, I_B: 회로의 설계전류[A], I_Z: 케이블의 허용전류[A], I_n: 보호장치의 정격전류[A], I_2: 보호장치가 규약 시간 이내에 유효하게 동작하는 것을 보장하는 전류[A])

16 ★★☆

지표면상 $18[\text{m}]$ 높이의 수조가 있다. 이 수조에 $25[\text{m}^3/\text{min}]$ 물을 양수하는 데 필요한 펌프용 전동기의 소요 동력은 몇 $[\text{kW}]$인가?(단, 펌프의 효율은 $82[\%]$로 하고, 여유계수는 1.1로 한다.) [5점]

• 계산 과정:
• 답:

답안작성

• 계산 과정: $P = \dfrac{25 \times 18}{6.12 \times 0.82} \times 1.1 = 98.64[\text{kW}]$

• 답: $98.64[\text{kW}]$

개념체크 양수 펌프용 전동기 용량

• $P = \dfrac{9.8QH}{\eta}k[\text{kW}]$

  (단, Q: 양수량$[\text{m}^3/\text{s}]$, H: 양정(양수 높이)$[\text{m}]$, k: 여유 계수, η: 효율)

• $P = \dfrac{QH}{6.12\eta}k[\text{kW}]$(단, Q: 양수량$[\text{m}^3/\text{min}]$)

두 식의 차이점은 초당 양수량과 분당 양수량의 단위 차이이다.

17 ★★☆

3상 $380[\text{V}]$, $20[\text{kW}]$, **역률 $80[\%]$인 부하의 역률을 개선하기 위하여** $15[\text{kVA}]$의 진상 콘덴서를 설치하는 경우 전류의 차(역률 개선 전과 역률 개선 후)는 몇 $[\text{A}]$가 되겠는가? [5점]

• 계산 과정:
• 답:

답안작성

• 계산 과정

역률 개선 전 전류 I_1

$I_1 = \dfrac{P}{\sqrt{3}\,V\cos\theta_1} = \dfrac{20 \times 10^3}{\sqrt{3} \times 380 \times 0.8} = 37.98[\text{A}]$

역률 개선 후 전류 I_2

– 콘덴서 설치 전 무효전력 $Q = P\tan\theta = P \times \dfrac{\sin\theta_1}{\cos\theta_1} = 20 \times \dfrac{0.6}{0.8} = 15[\text{kVar}]$

– 콘덴서 설치 후 무효전력 $Q' = Q - Q_c = 15 - 15 = 0[\text{kVar}]$

– 콘덴서 설치 후 역률 $\cos\theta_2 = \dfrac{P}{\sqrt{P^2 + Q'^2}} = \dfrac{20}{\sqrt{20^2 + 0^2}} = 1$

– 역률 개선 후 전류 $I_2 = \dfrac{P}{\sqrt{3}\,V\cos\theta_2} = \dfrac{20 \times 10^3}{\sqrt{3} \times 380 \times 1} = 30.39[\text{A}]$

전류의 차 $I = I_1 - I_2 = 37.98 - 30.39 = 7.59[\text{A}]$

• 답: $7.59[\text{A}]$

18
★★★

주상 변압기의 고압 측의 사용탭이 $6,600[V]$인 때에 저압 측의 전압이 $95[V]$였다. 저압 측의 전압을 약 $100[V]$로 유지하기 위해서는 고압 측의 사용탭은 얼마로 하여야 하는가?(단, 변압기의 정격전압은 $6,600/105[V]$이다.) [5점]

• 계산 과정:
• 답:

답안작성

• 계산 과정

변경 전 권수비 $a = \dfrac{V_1}{V_2} = \dfrac{6,600}{105}$

1차 공급전압 $E_1 = aE_2 = \dfrac{6,600}{105} \times 95 = 5,971.43[V]$

1차 공급전압 $E_1 = 5,971.43[V]$일 때

2차 측 전압을 $100[V]$로 유지하기 위한 새로운 권수비 a'는

$a' = \dfrac{E_1}{E_2'} = \dfrac{5,971.43}{100} = 59.71$

새로운 고압 측 탭 전압 $= a' \times 105 = 59.71 \times 105 = 6,269.55[V]$

∴ 탭 전압의 표준값인 $6,300[V]$ 탭으로 선정한다.

• 답: $6,300[V]$ 탭 선정

개념체크

주상 변압기의 표준 탭($6,600[V]$급)
$5,700[V]$, $6,000[V]$, $6,300[V]$, $6,600[V]$, $6,900[V]$

2011년 3회

기출문제

배점	100
득점	1회독
	2회독
	3회독

01 ★☆☆

1개의 건축물에는 그 건축물 대지전위의 기준이 되는 접지극, 접지도체 및 주 접지단자를 그림과 같이 구성한다. 건축물 내 전기기기의 노출 도전성 부분 및 계통 외 도전성 부분(건축구조물의 금속제 부분 및 가스, 물, 난방 등의 금속배관설비) 모두를 주 접지단자에 접속한다. 이것에 의해 하나의 건축물 내 모든 금속제 부분에 주 등전위 접속이 시설된 것이 된다. 다음 그림에서 ①~⑤까지의 명칭을 쓰시오. [5점]

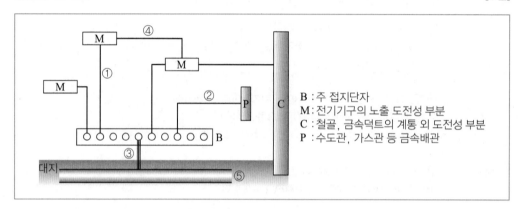

B : 주 접지단자
M : 전기기구의 노출 도전성 부분
C : 철골, 금속덕트의 계통 외 도전성 부분
P : 수도관, 가스관 등 금속배관

답안작성
① 보호도체(PE)
② 주 등전위 본딩도체
③ 접지도체
④ 보조 등전위 본딩도체
⑤ 접지극

02 ★☆☆

그림과 같이 외등 3등을 거실, 현관, 대문의 세 장소에 각각 점멸할 수 있도록 아래 번호의 가닥수를 쓰고, 각 점멸기의 기호를 그리시오. [6점]

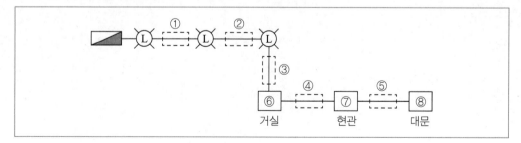

(1) ①~⑤까지 전선 가닥수를 쓰시오.

(2) ⑥~⑧까지 점멸기의 전기 기호를 그리시오.

답안작성

(1) ① 3가닥

② 3가닥

③ 2가닥

④ 3가닥

⑤ 3가닥

(2) ⑥ $\bullet_3$

⑦ $\bullet_4$

⑧ $\bullet_3$

해설비법

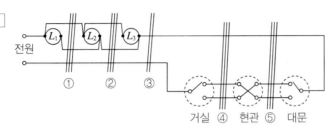

03

★★☆

최대 사용전압이 $154,000[\text{V}]$인 중성점 직접접지식 전로의 절연내력 시험전압은 몇 $[\text{V}]$인가? [3점]

• 계산 과정:

• 답:

답안작성

• 계산 과정: $154,000 \times 0.72 = 110,880[\text{V}]$

• 답: $110,880[\text{V}]$

개념체크

전로의 절연내력 시험전압

접지방식	최대 사용전압	배율	최저 시험전압
비접지식	$7[\text{kV}]$ 이하	1.5	−
	$7[\text{kV}]$ 초과 $60[\text{kV}]$ 이하	1.25	$10.5[\text{kV}]$
	$60[\text{kV}]$ 초과	1.25	−
중성점 다중접지식	$7[\text{kV}]$ 초과 $25[\text{kV}]$ 이하	0.92	−
중성점 접지식	$60[\text{kV}]$ 초과	1.1	$75[\text{kV}]$
중성점 직접접지식	$60[\text{kV}]$ 초과 $170[\text{kV}]$ 이하	0.72	−
	$170[\text{kV}]$ 초과	0.64	−

04 ★★★

그림과 같은 송전계통 S점에서 3상 단락사고가 발생하였다. 주어진 도면과 조건을 참고하여 발전기, 변압기(T_1), 송전선 및 조상기의 %리액턴스를 기준출력 $100[MVA]$로 환산하시오. [6점]

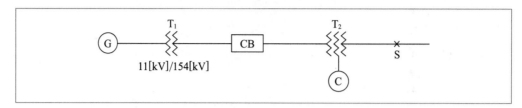

[조건]

번호	기기명	용량	전압	$\%X[\%]$
1	G: 발전기	$50,000[kVA]$	$11[kV]$	30
2	T_1: 변압기	$50,000[kVA]$	$11/154[kV]$	12
3	송전선	–	$154[kV]$	$10(10,000[kVA])$
4	T_2: 변압기	1차 $25,000[kVA]$	$154[kV]$	$12(25,000[kVA]$ 1차~2차$)$
		2차 $25,000[kVA]$	$77[kV]$	$15(25,000[kVA]$ 2차~3차$)$
		3차 $10,000[kVA]$	$11[kV]$	$10.8(10,000[kVA]$ 3차~1차$)$
5	C: 조상기	$10,000[kVA]$	$11[kV]$	$20(10,000[kVA])$

① 발전기
  • 계산 과정:
  • 답:
② 변압기(T_1)
  • 계산 과정:
  • 답:
③ 송전선
  • 계산 과정:
  • 답:
④ 조상기
  • 계산 과정:
  • 답:

답안작성 ① 발전기

  • 계산 과정: $\%X_G = 30 \times \dfrac{100}{50} = 60[\%]$

  • 답: $60[\%]$

② 변압기(T_1)

  • 계산 과정: $\%X_{T_1} = 12 \times \dfrac{100}{50} = 24[\%]$

  • 답: $24[\%]$

③ 송전선

  • 계산 과정: $\%X_L = 10 \times \dfrac{100}{10} = 100[\%]$

  • 답: $100[\%]$

④ 조상기

- 계산 과정: $\%X_C = 20 \times \dfrac{100}{10} = 200[\%]$

- 답: $200[\%]$

해설비법	$\%$리액턴스 환산: $\%X_{기준} = \%X_{자기} \times \dfrac{기준\ 용량}{자기\ 용량}$

---

05 ★★☆

부하 전력이 $4{,}000[\mathrm{kW}]$, **역률** $80[\%]$인 부하에 전력용 콘덴서 $1{,}800[\mathrm{kVA}]$를 설치하였다. 이때 다음 각 물음에 답하시오. [8점]

(1) 역률은 몇 $[\%]$로 개선되었는가?
- 계산 과정:
- 답:

(2) 부하설비의 역률이 $90[\%]$ 이하일 경우(즉, 낮은 경우) 수용가 측면에서 어떤 손해가 있는지 3가지만 쓰시오.

(3) 전력용 콘덴서와 함께 설치되는 방전 코일과 직렬 리액터의 용도를 간단히 설명하시오.

답안작성	(1) • 계산 과정

무효 전력 $Q = 4{,}000 \times \dfrac{0.6}{0.8} = 3{,}000[\mathrm{kVar}]$

$\cos\theta = \dfrac{4{,}000}{\sqrt{4{,}000^2 + (3{,}000 - 1{,}800)^2}} \times 100 = 95.78[\%]$

- 답: $95.78[\%]$

(2) • 전력손실이 커진다.
- 전압강하가 커진다.
- 전기요금이 증가한다.

(3) • 방전 코일: 콘덴서에 축적된 잔류전하 방전
- 직렬 리액터: 제5고조파 제거

해설비법	(1) $\cos\theta = \dfrac{P}{\sqrt{P^2 + (Q - Q_c)^2}} \times 100[\%]$

(Q: 무효 전력[kVar], Q_c: 전력용 콘덴서 용량[kVA])

단답 정리함	역률이 낮은 경우 수용가 측면에서의 손해

- 전력손실 증가
- 전압강하 증가
- 전원설비 용량 증가
- 전기요금 증가

06 ★★☆

배전선로 사고 종류에 따라 보호장치 및 보호조치를 다음 표의 ①~③에 답하시오.(단, ①, ②는 보호장치이고, ③은 보호조치이다.) [3점]

구분	사고 종류	보호장치 및 보호조치
고압 배전선	접지 사고	①
	과부하, 단락 사고	②
	뇌해 사고	피뢰기, 가공지선
주상 변압기	과부하, 단락 사고	고압 퓨즈
저압 배전선	고저압 혼촉	③
	과부하, 단락 사고	저압 퓨즈

답안작성 ① 접지 계전기 ② 과전류 계전기 ③ 중성점 접지공사

07 ★★★

축전지 설비의 부하 특성 곡선이 그림과 같을 때 주어진 조건을 이용하여 필요한 축전지의 용량을 산정하시오.(단, $K_1 = 1.45$, $K_2 = 0.69$, $K_3 = 0.25$이고, 보수율은 0.8이다.) [5점]

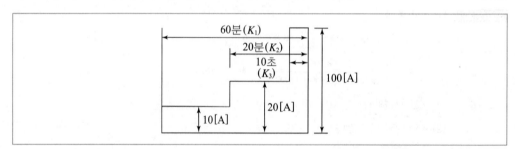

• 계산 과정:
• 답:

답안작성 • 계산 과정

$$C = \frac{1}{L}\{K_1 I_1 + K_2(I_2 - I_1) + K_3(I_3 - I_2)\}$$

$$= \frac{1}{0.8} \times \{1.45 \times 10 + 0.69 \times (20 - 10) + 0.25 \times (100 - 20)\} = 51.75[\text{Ah}]$$

• 답: $51.75[\text{Ah}]$

축전지의 용량

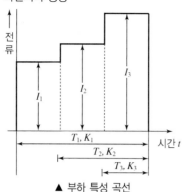

▲ 부하 특성 곡선

$$C = \frac{1}{L}\{K_1 I_1 + K_2(I_2 - I_1) + K_3(I_3 - I_2)\}[\text{Ah}]$$

(단, 축전지 용량은 부하의 면적을 계산하여 구한다.)

08 ★☆☆

3상 3선식 송전선로가 있다. 수전단 전압이 $60[\text{kV}]$, 역률 $80[\%]$, 전력손실률이 $10[\%]$이고 저항은 $0.3[\Omega/\text{km}]$, 리액턴스는 $0.4[\Omega/\text{km}]$, 전선의 길이는 $20[\text{km}]$일 때 이 송전선로의 송전단 전압은 몇 $[\text{kV}]$인가?

[5점]

• 계산 과정:

• 답:

답안작성

• 계산 과정

$R = 0.3[\Omega/\text{km}] \times 20[\text{km}] = 6[\Omega]$

$X = 0.4[\Omega/\text{km}] \times 20[\text{km}] = 8[\Omega]$

전력손실률이 $10[\%]$이므로 $K = \dfrac{PR}{V_r^2 \cos^2\theta} = 0.1$이다.

즉, $P = \dfrac{0.1 \times V_r^2 \times \cos^2\theta}{R} = \dfrac{0.1 \times 60^2 \times 0.8^2}{6} = 38.4 = \sqrt{3}\, V_r I \cos\theta$에서

$I = \dfrac{38.4}{\sqrt{3}\, V_r \cos\theta} \times 10^3 = \dfrac{38.4}{\sqrt{3} \times 60 \times 0.8} \times 10^3 = 461.88[\text{A}]$

송전 전압(V_s)은

$V_s = V_r + \sqrt{3}\, I(R\cos\theta + X\sin\theta)$

$\quad = 60 + \sqrt{3} \times 461.88 \times (6 \times 0.8 + 8 \times 0.6) \times 10^{-3} = 67.68[\text{kV}]$

• 답: $67.68[\text{kV}]$

개념체크

• 3상 선로에서의 전압강하

$e = V_s - V_r = \sqrt{3}\, I(R\cos\theta + X\sin\theta)[\text{V}] = \dfrac{P}{V_r}(R + X\tan\theta)[\text{V}]$

• 전력손실률 $K = \dfrac{P_l}{P} \times 100 = \dfrac{PR}{V^2 \cos^2\theta} \times 100[\%]$

09
★★☆

다음 그림과 같이 L_1 전등 $100[V]$, $200[W]$, L_2 전등 $100[V]$, $250[W]$을 직렬로 연결하고 $200[V]$를 인가하였을 때 L_1, L_2 전등에 걸리는 전압을 동일하게 유지하기 위하여 어느 전등에 몇 $[\Omega]$의 저항을 병렬로 설치하여야 하는가?   [5점]

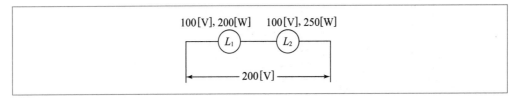

$100[V], 200[W]$ $100[V], 250[W]$

L_1 L_2

$\longleftarrow$ $200[V]$ $\longrightarrow$

• 계산 과정:
• 답:

답안작성 • 계산 과정

단상 전력 $P = \dfrac{V^2}{R}$ 에서 $R = \dfrac{V^2}{P}$ 이므로

L_1 전등의 저항 $R_1 = \dfrac{V^2}{P_1} = \dfrac{100^2}{200} = 50[\Omega]$

L_2 전등의 저항 $R_2 = \dfrac{V^2}{P_2} = \dfrac{100^2}{250} = 40[\Omega]$

전압을 동일하게 유지하려면 저항이 동일해야 하므로 L_1 전등에 저항을 병렬로 설치하여야 한다.

$40[\Omega] = \dfrac{50R}{50+R}[\Omega] \rightarrow 40 \times (50+R) = 50R$

$200 + 4R = 5R$

$\therefore R = 200[\Omega]$

• 답: L_1 전등에 $200[\Omega]$의 저항을 병렬로 설치하여야 한다.

해설비법 저항은 병렬로 연결하면 합성저항값이 감소한다. 따라서 저항값이 보다 큰 L_1 전등의 저항에 병렬로 설치하여 $40[\Omega]$이 되도록 하여야 한다.

10
★★★

주어진 논리회로의 출력을 입력 변수로 나타내고, 이 식을 AND, OR, NOT 소자만의 논리회로로 변환하여 논리식과 논리회로를 그리시오. [4점]

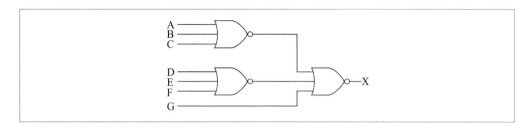

(1) 논리식

(2) 논리회로

답안작성

(1) $X = \overline{\overline{(A+B+C)} + \overline{(D+E+F)} + G} = (A+B+C) \cdot (D+E+F) \cdot \overline{G}$

(2)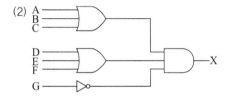

개념체크 드 모르간의 정리

$\overline{A+B} = \overline{A} \cdot \overline{B}$

$\overline{A \cdot B} = \overline{A} + \overline{B}$

11
★★☆

어느 수용가의 총 설비부하 용량은 전등 $600[\text{kW}]$, 동력 $1,000[\text{kW}]$라고 한다. 각 수용가의 수용률은 $50[\%]$이고, 각 수용가 간의 부등률은 전등 1.2, 동력 1.5, 전등과 동력 상호 간은 1.4라고 하면 여기에 공급되는 변전시설 용량은 몇 $[\text{kVA}]$인가?(단, 부하의 전력 손실은 $5[\%]$로 하며, 역률은 1로 계산한다.) [4점]

• 계산 과정:

• 답:

답안작성

• 계산 과정

$$P_a = \frac{\dfrac{600 \times 0.5}{1.2} + \dfrac{1,000 \times 0.5}{1.5}}{1.4} \times (1+0.05) = 437.5[\text{kVA}]$$

• 답: $437.5[\text{kVA}]$

해설비법 변압기 용량$[\text{kVA}] = \dfrac{\text{설비 용량}[\text{kW}] \times \text{수용률}}{\text{부등률} \times \text{역률}}$

부하의 전력 손실을 감안하여 여유율로 $(1+0.05)$를 곱하여 준다.

12

★★☆

아래 도면은 어느 수전설비의 단선 결선도이다. 다음 각 물음에 답하시오. [18점]

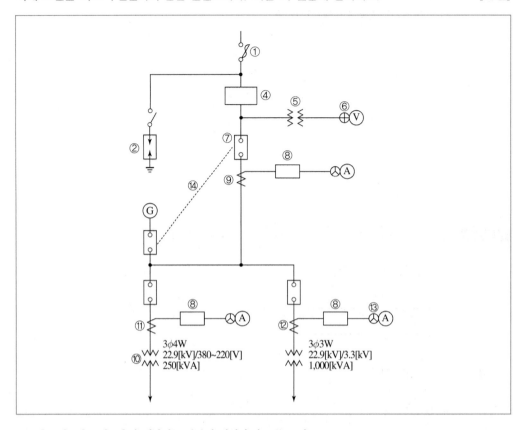

(1) ①~②, ④~⑨, ⑬에 해당되는 부분의 명칭과 용도를 쓰시오.

(2) ⑤의 1차, 2차 전압은?

(3) ⑩의 2차 측 결선 방법은?

(4) ⑪, ⑫의 1차, 2차 전류는?(단, CT 정격 전류는 부하 정격 전류의 1.5배로 한다.)
  • 계산 과정:
  • 답:

(5) ⑭의 목적은?

답안작성 (1) ① 전력 퓨즈: 일정값 이상의 과전류 및 단락 전류를 차단하여 사고 확대를 방지
  ② 피뢰기: 이상 전압이 내습하면 뇌전류를 즉시 대지로 방전시키고, 속류를 차단
  ④ 전력 수급용 계기용 변성기: 전력량을 적산하기 위하여 고전압을 저전압으로, 대전류를 소전류로 변성하여 전력량계에 공급
  ⑤ 계기용 변압기: 고전압을 저전압으로 변성하여 계기 및 계전기의 전원으로 사용
  ⑥ 전압계용 전환 개폐기: 1대의 전압계로 3상 각 상의 전압을 측정하기 위한 전환 개폐기
  ⑦ 차단기: 사고 전류 차단 및 부하 전류 개폐
  ⑧ 과전류 계전기: 계통에 과전류가 흐르면 동작하여 차단기의 트립 코일을 여자시킴
  ⑨ 변류기: 대전류를 소전류로 변성시켜 계기 및 계전기에 공급
  ⑬ 전류계용 전환 개폐기: 1대의 전류계로 3상 각 상의 전류를 측정하기 위한 전환 개폐기

(2) 1차 전압: $\dfrac{22,900}{\sqrt{3}}$[V], 2차 전압: $\dfrac{190}{\sqrt{3}}$[V]

(3) Y 결선

(4) ⑪ • 계산 과정

$$I_1 = \frac{250}{\sqrt{3} \times 22.9} = 6.3[\text{A}], \quad \therefore 6.3 \times 1.5 = 9.45[\text{A}]\text{이므로 변류비 10/5 선정}$$

$$I_2 = \frac{250}{\sqrt{3} \times 22.9} \times \frac{5}{10} = 3.15[\text{A}]$$

• 답: 1차 전류: 6.3[A], 2차 전류: 3.15[A]

⑫ • 계산 과정

$$I_1 = \frac{1,000}{\sqrt{3} \times 22.9} = 25.21[\text{A}], \quad \therefore 25.21 \times 1.5 = 37.82[\text{A}]\text{이므로 변류비 40/5 선정}$$

$$I_2 = \frac{1,000}{\sqrt{3} \times 22.9} \times \frac{5}{40} = 3.15[\text{A}]$$

• 답: 1차 전류: 25.21[A], 2차 전류: 3.15[A]

(5) 상용전원과 예비전원의 동시 투입을 방지한다.(인터록 장치)

해설비법 (3) 2가지 종류의 전압(380, 220[V])을 사용할 수 있는 결선 방법은 Y 결선이다.

(4) CT 1차 측 정격전류: 5, 10, 15, 20, 30, 40, 50, 75, 100, 150, 200, 300, 400, 500[A]

13
★★★

1,000[lm]을 복사하는 전등 10개를 100[m²]의 사무실에 설치하고 있다. 그 조명률을 0.5라고 하고, 감광 보상률을 1.5라 하면 그 사무실의 평균 조도는 몇 [lx]인가? [5점]

• 계산 과정:

• 답:

답안작성 • 계산 과정: $E = \dfrac{FUN}{AD} = \dfrac{1,000 \times 0.5 \times 10}{100 \times 1.5} = 33.33[\text{lx}]$

• 답: 33.33[lx]

개념체크 조도(E)의 산출

$$FUN = EAD$$

(단, F: 광속[lm], U: 조명률, N: 사용하는 등의 개수, E: 조도[lx], A: 방의 면적[m²], D: 감광 보상률 ($= \dfrac{1}{M}$), M: 보수율(유지율))

14 ★★★

2중 모선에서 평상시에 No.1 T/L은 A 모선에서, No.2 T/L은 B 모선에서 공급하고 모선 연락용 CB는 개방되어 있다. 다음 각 물음에 답하시오. [8점]

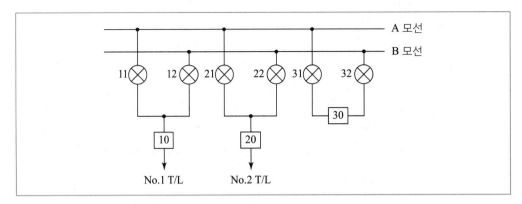

(1) B 모선을 점검하기 위하여 절체하는 순서는?(단, 10-OFF, 20-ON 등으로 표시)

(2) B 모선을 점검 후 원상 복구하는 조작 순서는?(단, 10-OFF, 20-ON 등으로 표시)

(3) 10, 20, 30에 대한 기기의 명칭은?

(4) 11, 21에 대한 기기의 명칭은?

(5) 2중 모선의 장점은?

답안작성 (1) 31-ON, 32-ON, 30-ON, 21-ON, 22-OFF, 30-OFF, 31-OFF, 32-OFF

(2) 31-ON, 32-ON, 30-ON, 22-ON, 21-OFF, 30-OFF, 31-OFF, 32-OFF

(3) 차단기

(4) 단로기

(5) 모선 점검 중에도 무정전으로 부하에 전력 공급을 계속할 수 있어 전원의 공급 신뢰도가 높다.

해설비법 단로기는 부하 전류를 개폐할 수 없어 무부하 상태에서만 개폐가 가능하다. 따라서 단로기를 조작하기 전에 31-32-30의 순서로 투입하여 A, B 모선을 연결해 등전위로 하여야 한다.

15 ★★★

눈부심이 있는 경우 작업능률의 저하, 재해 발생, 시력의 감퇴 등이 발생하므로 조명설계의 경우 이 눈부심을 적극 피할 수 있도록 고려해야 한다. 눈부심을 일으키는 원인 5가지만 쓰시오. [5점]

답안작성
- 눈에 입사하는 광속이 너무 많은 경우
- 눈부심을 주는 광원을 오래 바라보는 경우
- 순응이 잘되지 않는 경우
- 광원과 배경 사이의 휘도 대비가 큰 경우
- 광원의 휘도가 과대한 경우

16

★★☆

가공전선로의 이도가 너무 크거나 너무 작을 시 전선로에 미치는 영향 4가지만 쓰시오.　　　[5점]

답안작성
- 이도가 너무 크면 지지물의 높이가 높아져 건설비가 증가한다.
- 이도가 너무 크면 전선의 진동이 증가하여 다른 상의 전선이나 수목에 접촉할 우려가 있다.
- 이도가 너무 크면 도로, 철도 등의 횡단 장소에 접촉될 위험이 있다.
- 이도가 너무 작으면 전선의 장력이 증가해 전선 단선의 우려가 있다.

개념체크　이도: 전선의 최고 높은 지점에서 밑으로 내려온 길이로, 전선의 처진 정도

$$D = \frac{WS^2}{8T}[\text{m}] \, (\, W: \text{전선당 무게[kg/m]}, \quad S: \text{경간[m]}, \quad T: \text{수평 장력[kg]})$$

단답 정리함　가공전선로의 이도가 너무 크거나 너무 작을 시 전선로에 미치는 영향
- 이도가 너무 크면 지지물의 높이가 높아져 건설비가 증가한다.
- 이도가 너무 크면 전선의 진동이 증가하여 다른 상의 전선이나 수목에 접촉할 우려가 있다.
- 이도가 너무 크면 도로, 철도 등의 횡단 장소에 접촉될 위험이 있다.
- 이도가 너무 작으면 전선의 장력이 증가해 전선 단선의 우려가 있다.

17

★☆☆

대용량 변압기의 내부고장을 보호할 수 있는 보호 장치 5가지만 쓰시오.　　　[5점]

답안작성
- 유온계
- 방압 안전장치
- 부흐홀츠 계전기
- 비율 차동 계전기
- 충격압력 계전기

단답 정리함　대용량 변압기의 내부고장 보호 장치
- 유온계
- 방압 안전장치
- 부흐홀츠 계전기
- 비율 차동 계전기
- 충격압력 계전기

1회 학습전략

난이도 ⊕
- 단답형: 피뢰기의 구조, 차단 작업, 시퀀스, PLC, 가스절연 개폐장치, 변압기의 호흡 작용, 에너지 절감 방안, 전동기 보호장치
- 공식형: 조도, 3 전류계법, 양수용 전동기, 전등 단가, 전력 손실, 화력 발전기
- 복합형: 비율 차동 계전기
- 난도가 평이한 시퀀스 파트의 출제가 많았습니다. 다만, 지엽적인 부분의 단답형 문제와 계산을 요구하는 문제가 있었던 회차입니다.
※ KEC 적용에 의거해 삭제된 문제가 있어 배점 합계가 100점이 되지 않습니다.

2회 학습전략

난이도 ⬆
- 단답형: 수배전반 설계 시 검토 사항, 에너지 절약 방안, PLC, 시퀀스, 변압기, 수변전설비, 콘덴서 설비 사고, 전동기 소손 방지
- 공식형: 전압 측정, 양수용 전동기, 접지저항, 가동 코일형 계기, 발전기, 전력용 콘덴서, 부하설비, 분기 회로수
- 고난도 문제가 다수 출제되었습니다. 발전기 연료 소비량 문제 및 가동 코일형 계기 문제와 같은 저빈출 문제(별의 개수 1개)는 학습 우선순위에서 뒤로 하는 것을 추천합니다.

3회 학습전략

난이도 ⊕
- 단답형: 비접지 선로, 에너지 절약 방안, 전기화재 발생원인, 감리, 콘센트, 전선 가닥수, 케이블의 트리현상, 시퀀스, PLC
- 공식형: 머레이 루프법, 전력용 콘덴서, 양수용 전동기, 적산 전력계, 전압 측정, 분기 회로
- 복합형: 비상용 발전기, 설비 불평형률, 변전설비
- 단답형 문제에서 득점하기 쉽지 않은 회차였습니다. 이런 회차의 시험에선 계산 과정을 완벽하게 작성해야 합격 확률을 높일 수 있습니다.

01 ★☆☆ 그림과 같이 높이 $5[\mathrm{m}]$의 점에 있는 백열 전등에서 광도 $12{,}500[\mathrm{cd}]$의 빛이 수평 거리 $7.5[\mathrm{m}]$의 점 P에 주어지고 있다. [표 1], [표 2]를 이용하여 다음 각 물음에 답하시오. [6점]

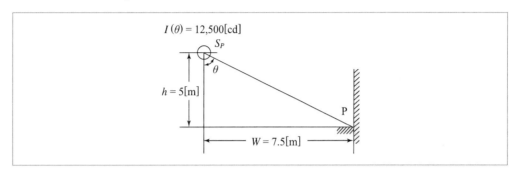

[표 1] W/h에서 구한 $\cos^2\theta\sin\theta$의 값

W	$\dfrac{0.1}{h}$	$\dfrac{0.2}{h}$	$\dfrac{0.3}{h}$	$\dfrac{0.4}{h}$	$\dfrac{0.5}{h}$	$\dfrac{0.6}{h}$	$\dfrac{0.7}{h}$	$\dfrac{0.8}{h}$	$\dfrac{0.9}{h}$	$\dfrac{1.0}{h}$	$\dfrac{1.5}{h}$	$\dfrac{2.0}{h}$	$\dfrac{3.0}{h}$	$\dfrac{4.0}{h}$	$\dfrac{5.0}{h}$
$\cos^2\theta\sin\theta$	.099	.189	.264	.320	.358	.378	.385	.381	.370	.354	.256	.179	.095	.057	.038

[표 2] W/h에서 구한 $\cos^3\theta$의 값

W	$\dfrac{0.1}{h}$	$\dfrac{0.2}{h}$	$\dfrac{0.3}{h}$	$\dfrac{0.4}{h}$	$\dfrac{0.5}{h}$	$\dfrac{0.6}{h}$	$\dfrac{0.7}{h}$	$\dfrac{0.8}{h}$	$\dfrac{0.9}{h}$	$\dfrac{1.0}{h}$	$\dfrac{1.5}{h}$	$\dfrac{2.0}{h}$	$\dfrac{3.0}{h}$	$\dfrac{4.0}{h}$	$\dfrac{5.0}{h}$
$\cos^3\theta$	.985	.943	.879	.800	.716	.631	.550	.476	.411	.354	.171	.089	.032	.014	.008

(1) P점의 수평면 조도를 구하시오.
- 계산 과정:
- 답:

(2) P점의 수직면 조도를 구하시오.
- 계산 과정:
- 답:

답안작성 (1) • 계산 과정

그림에서 $\dfrac{W}{h} = \dfrac{7.5}{5}$ 이므로 $W = 1.5h$ 이다.

[표 2]에서 $1.5h$에 해당하는 $\cos^3\theta$의 값은 0.171이므로

수평면 조도 $E_h = \dfrac{I}{r^2}\cos\theta = \dfrac{I}{h^2}\cos^3\theta = \dfrac{12{,}500}{5^2} \times 0.171 = 85.5[\mathrm{lx}]$

- 답: $85.5[\mathrm{lx}]$

(2) ・계산 과정

[표 1]에서 1.5h에 해당하는 $\cos^2\theta \sin\theta$의 값은 0.256이므로

수직면 조도 $E_v = \dfrac{I}{r^2}\sin\theta = \dfrac{I}{h^2}\cos^2\theta\sin\theta = \dfrac{12,500}{5^2}\times 0.256 = 128\,[\mathrm{lx}]$

・답: $128\,[\mathrm{lx}]$

개념체크

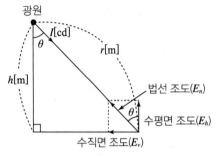
광원
$I[\mathrm{cd}]$
θ
$r[\mathrm{m}]$
$h[\mathrm{m}]$
법선 조도(E_n)
θ
수평면 조도(E_h)
수직면 조도(E_v)

・법선 조도

$E_n = \dfrac{I}{r^2}\,[\mathrm{lx}]$

・수평면 조도

$E_h = \dfrac{I}{r^2}\cos\theta = \dfrac{I}{h^2}\cos^3\theta\,[\mathrm{lx}]\left(\because \cos\theta = \dfrac{h}{r}\text{에서 } r = \dfrac{h}{\cos\theta}\right)$

・수직면 조도

$E_v = \dfrac{I}{r^2}\sin\theta = \dfrac{I}{h^2}\cos^2\theta\sin\theta\,[\mathrm{lx}]$

02 KEC 적용에 따라 삭제되는 문제입니다.

03

★★☆

그림과 같이 전류계 3개를 가지고 부하 전력을 측정하려고 한다. 전류가 $A_1 = 7[\text{A}]$, $A_2 = 4[\text{A}]$, $A_3 = 10[\text{A}]$이고, $R = 25[\Omega]$일 때 다음을 구하시오. [5점]

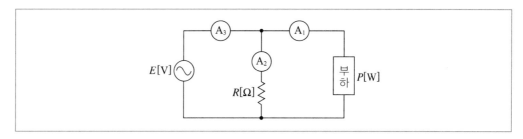

(1) 부하 전력[W]을 구하시오.
- 계산 과정:
- 답:

(2) 부하 역률을 구하시오.
- 계산 과정:
- 답:

답안작성

(1) • 계산 과정: $P = \dfrac{R}{2}(A_3^2 - A_1^2 - A_2^2) = \dfrac{25}{2} \times (10^2 - 7^2 - 4^2) = 437.5[\text{W}]$
- 답: $437.5[\text{W}]$

(2) • 계산 과정: $\cos\theta = \dfrac{A_3^2 - A_1^2 - A_2^2}{2A_1 A_2} = \dfrac{10^2 - 7^2 - 4^2}{2 \times 7 \times 4} = 0.625(\therefore 62.5[\%])$
- 답: $62.5[\%]$

개념체크 3 전류계법

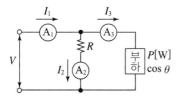

① 전류계 3개로 단상 전력 및 역률을 측정하는 방법
② 유효 전력

$$P = I^2 R = \frac{R}{2}\left(I_1^2 - I_2^2 - I_3^2\right)[\text{W}]$$

③ 역률

$$\cos\theta = \frac{I_1^2 - I_2^2 - I_3^2}{2I_2 I_3}$$

04 ★★☆

전동기에는 소손을 방지하기 위하여 전동기용 과부하 보호장치를 시설하여 자동적으로 회로를 차단하거나 과부하 시에 경보를 내는 장치를 하여야 한다. 전동기 소손 방지를 위한 과부하 보호장치의 종류를 4가지만 쓰시오. [5점]

답안작성
- 전동기용 퓨즈
- 전동기 보호용 배선용 차단기
- 열동 계전기
- 정지형 계전기

단답 정리함 전동기 과부하 보호장치의 종류
- 전동기용 퓨즈
- 전동기 보호용 배선용 차단기
- 열동 계전기
- 정지형 계전기

05 ★★☆

디젤 발전기를 5시간 전부하 운전할 때 연료 소비량이 $287[\mathrm{kg}]$이었다. 이 발전기의 정격 출력은 몇 $[\mathrm{kVA}]$인가?(단, 중유의 열량은 $10^4[\mathrm{kcal/kg}]$, 기관 효율 $36.3[\%]$, 발전기 효율 $82.7[\%]$, 전부하 시 발전기 역률 $80[\%]$이다.) [5점]

- 계산 과정:
- 답:

답안작성
- 계산 과정

$$P_a = \frac{BH\eta_g\eta_t}{860t\cos\theta} = \frac{287\times10^4\times0.363\times0.827}{860\times5\times0.8} = 250.46[\mathrm{kVA}]$$

- 답: $250.46[\mathrm{kVA}]$

개념체크 화력 발전기 출력

$$P_a = \frac{BH\eta}{860t\cos\theta}[\mathrm{kVA}]$$

(여기서 B: 연료량$[\mathrm{kg}]$, H: 연료 발열량$[\mathrm{kcal/kg}]$, η: 효율, t: 발전 시간$[\mathrm{h}]$, $\cos\theta$: 역률)

06

★☆☆

전용 배전선에서 $800[\text{kW}]$ 역률 0.8의 한 부하에 공급할 경우 배전선 전력 손실은 $90[\text{kW}]$이다. 지금 이 부하와 병렬로 $300[\text{kVA}]$의 콘덴서를 시설할 때 배전선의 전력 손실은 몇 $[\text{kW}]$인가? [5점]

- 계산 과정:
- 답:

답안작성

- 계산 과정

콘덴서 시설 후의 역률

$$\cos\theta_2 = \frac{P}{P_a} = \frac{800}{\sqrt{800^2 + \left(800 \times \frac{0.6}{0.8} - 300\right)^2}} = 0.94$$

전력 손실 $P_l = \dfrac{P^2 R}{V^2 \cos^2\theta} \propto \dfrac{1}{\cos^2\theta}$ 이므로

$$\frac{P_l}{P_l'} = \frac{\left(\frac{1}{0.8}\right)^2}{\left(\frac{1}{0.94}\right)^2} = \left(\frac{0.94}{0.8}\right)^2$$

$$\therefore P_l' = \left(\frac{0.8}{0.94}\right)^2 \times P_l = \left(\frac{0.8}{0.94}\right)^2 \times 90 = 65.19[\text{kW}]$$

- 답: $65.19[\text{kW}]$

해설비법 콘덴서 시설 후의 피상 전력 $P_a = \sqrt{P^2 + (Q - Q_c)^2} = \sqrt{P^2 + (P\tan\theta - Q_c)^2} = \sqrt{P^2 + \left(P \times \dfrac{\sin\theta}{\cos\theta} - Q_c\right)^2}[\text{kVA}]$

07

★☆☆

그림은 갭형 피뢰기와 갭리스형 피뢰기의 구조를 나타낸 것이다. 화살표로 표시된 각 부분의 명칭을 쓰시오. [5점]

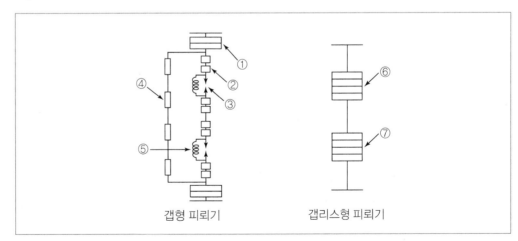

갭형 피뢰기   갭리스형 피뢰기

개념체크 피뢰기의 구조

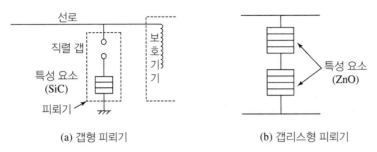

(a) 갭형 피뢰기 　　　　(b) 갭리스형 피뢰기

• 직렬 갭: 뇌전류를 대지로 방전시키고 속류를 차단한다.
• 특성 요소: 뇌전류 방전 시 피뢰기 자신의 전위 상승을 억제하여 자신의 절연 파괴를 방지한다.

08
★★☆

DS 및 CB로 된 선로와 접지용구에 대한 그림을 보고 다음 각 물음에 답하시오.　　　　[6점]

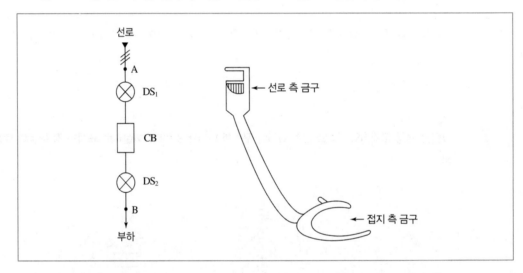

(1) 접지 용구를 사용하여 접지를 하고자 할 때 접지 순서 및 접지 개소에 대하여 설명하시오.
  • 접지 순서
  • 접지 개소

(2) 부하 측에서 휴전 작업을 할 때의 조작 순서를 설명하시오.

(3) 휴전 작업이 끝난 후 부하 측에 전력을 공급하는 조작 순서를 설명하시오.(단, 접지되지 않은 상태에서 작업한다고 가정한다.)

(4) 긴급할 때 DS로 개폐 가능한 전류의 종류를 2가지만 쓰시오.

(1) • 접지 순서: 대지에 먼저 연결한 후 선로에 연결한다.
      • 접지 개소: 선로 측 A와 부하 측 B 양측에 접지한다.

(2) CB(OFF) → DS_2(OFF) → DS_1(OFF)

(3) DS_2(ON) → DS_1(ON) → CB(ON)

(4) • 무부하 충전 전류
      • 변압기 여자 전류

(2), (3)
차단(휴전) 작업 시 조작 순서: CB(OFF) → DS_2(OFF) → DS_1(OFF)
투입(전력 공급) 작업 시 조작 순서: DS_2(ON) → DS_1(ON) → CB(ON)

09 ★★★

다음 회로는 환기팬의 자동운전회로이다. 이 회로와 동작 개요를 보고 다음 물음에 답하시오. [7점]

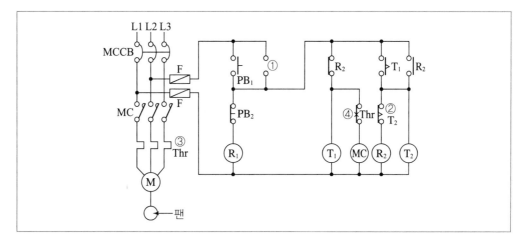

[동작 개요]
• 연속 운전을 할 필요가 없는 환기용 팬 등의 운전회로에서 기동 버튼에 의하여 운전을 개시하면 그 다음에는 자동적으로 운전 정지를 반복하는 회로이다.
• 기동 버튼 PB_1을 "ON" 조작하면 타이머 T_1의 설정 시간만 환기팬이 운전하고 자동적으로 정지한다. 그리고 타이머 T_2의 설정 시간에만 정지하고 재차 자동적으로 운전을 개시한다.
• 운전 도중에 환기팬을 정지시키려고 할 경우에는 버튼 스위치 PB_2를 "ON" 조작하여 행한다.

(1) 위 시퀀스도에서 릴레이 $\textcircled{R_1}$에 의하여 자기 유지될 수 있도록 ①로 표시된 곳에 접점기호를 그려 넣으시오.

(2) ②로 표시된 접점기호의 명칭과 동작을 간단히 설명하시오.
   • 명칭
   • 동작

(3) Thr로 표시된 ③, ④의 명칭과 동작을 간단히 설명하시오.
   • 명칭
   • 동작

답안작성　(1)

$\bigg|$ R₁

(2) • 명칭: 한시동작 순시복귀 b접점
   • 동작: 타이머 T_2가 여자되면 일정 시간 후 개로되어 R_2와 T_2를 소자시킨다.

(3) • 명칭: ③ 열동 계전기 ④ 수동복귀 b접점
   • 동작: 전동기에 과전류가 흐르면 열동 계전기 ③이 동작하여 ④ 접점이 개로되어 전동기를 정지시키며 접점의 복귀는 수동으로 한다.

10 ★★★ 다음 명령어를 참고하여 미완성 PLC 래더 다이어그램을 완성하시오.　　　[5점]

차례	명령어	번지
0	LOAD	P000
1	LOAD	P001
2	OR	P010
3	AND LOAD	–
4	AND NOT	P003
5	OUT	P010

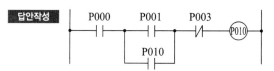

PLC 기본 기호 및 명령어

① 기본 기호 표시

a접점	b접점
─┤├─	─┤/├─

② 기본 명령어
- 회로 시작: LOAD
- 출력: OUT
- 직렬: AND
- 병렬: OR
- 부정(b 접점): NOT
- 기타: AND LOAD, OR LOAD

11

★★★

다음 릴레이 접점에 관한 다음 각 물음에 답하시오. [7점]

(1) 한시동작 순시복귀 a접점 기호를 그리시오.

(2) 한시동작 순시복귀 a접점의 타임차트를 완성하시오.

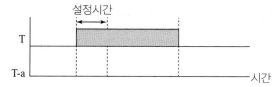

(3) 한시동작 순시복귀 a접점의 동작상황을 설명하시오.

(1)

(2)

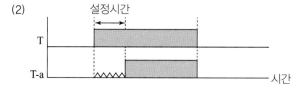

(3) 타이머가 여자되면 설정된 시간 후에 a접점은 폐로되고 타이머가 소자되면 순시 복귀한다.

시한 회로(On Delay Timer: T_{on})

(1) 시한 회로의 기능

동작 입력을 주면 타이머의 설정 시간(t)이 지난 후 출력이 동작한다.

(2) 기호

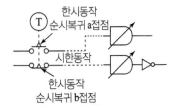

한시동작
순시복귀 a접점 (T)
시한동작
한시동작
순시복귀 b접점

(3) 논리회로 및 타임차트

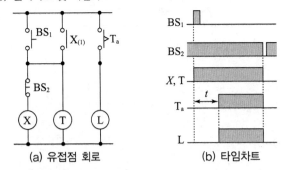

(a) 유접점 회로   (b) 타임차트

(4) 시한회로의 동작

① BS₁ 을 누르면 X가 동작하며 타이머 ⊤가 여자된다.

② 타이머 설정 시간(t)이 지난 후에 시한 동작 접점 Tₐ가 닫혀서 출력 L이 동작(점등)한다.

12

★ ★ ★

다음의 유접점 시퀀스 회로를 무접점 논리회로로 전환하여 그리시오.   [4점]

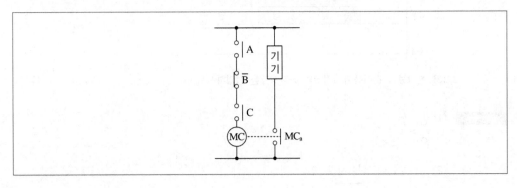

답안작성

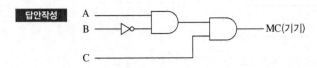

A ——
B —— ▷○ ——
C ——
MC(기기)

해설비법

회로의 논리식

$MC = A \cdot \overline{B} \cdot C$

13

★☆☆

가스절연 개폐장치(GIS)에 대한 다음 각 물음에 답하시오. [6점]

(1) 가스절연 개폐장치(GIS)의 장점 4가지를 쓰시오.

(2) 가스절연 개폐장치(GIS)에 사용되는 가스는 어떤 가스인가?

답안작성

(1) • 소형화 할 수 있다.

　　• 충전부가 완전히 밀폐되어 안정성이 높다.

　　• 소음이 적고 환경 조화를 기할 수 있다.

　　• 대기 중 오염물의 영향을 받지 않으므로 신뢰도가 높다.

(2) SF_6(육불화황) 가스

개념체크　GIS(가스절연 개폐장치)

금속 용기 내에 모선, 개폐장치, 변성기, 피뢰기 등을 내장시키고 SF_6 가스로 밀폐하여 절연을 유지하는 장치이다.

단답 정리함　SF_6(육불화황)가스의 장점

• 무색, 무취, 무독성 가스이다.

• 절연내력이 공기의 약 2~3배이다.

• 소호 능력이 공기의 약 100배이다.

14

★★☆

답안지의 그림은 1, 2차 전압이 66/22[kV]이고, Y−△ 결선된 전력용 변압기이다. 1, 2차에 CT를 이용하여 변압기의 차동 계전기를 동작시키려고 한다. 주어진 도면을 이용하여 다음 물음에 답하시오. [6점]

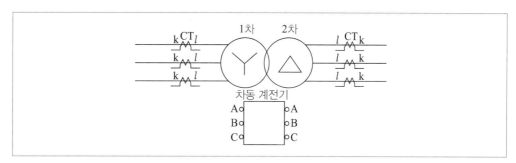

(1) CT와 차동 계전기의 결선을 주어진 도면에 완성하시오.

(2) 1차 측 CT의 권수비를 200/5로 했을 때 2차 측 CT의 권수비는 얼마가 좋은지를 쓰고, 그 이유를 설명하시오.

　　• 2차 측 CT의 권수비

　　• 이유

(3) 변압기를 전력 계통에 투입할 때 여자 돌입 전류에 의한 차동 계전기의 오동작을 방지하기 위하여 이용되는 차동 계전기의 종류(또는 방식)를 한 가지만 쓰시오.

(4) 우리 나라에서 사용되는 CT의 극성은 일반적으로 어떤 극성의 것을 사용하는가?

답안작성 (1)

(2) • 2차 측 CT의 권수비: $\dfrac{600}{5}$

   • 이유: 변압기의 권수비 $a = \dfrac{V_1}{V_2} = \dfrac{66}{22} = 3 = \dfrac{I_2}{I_1}$

   따라서 2차 측 CT의 권수비는 1차 측 CT의 권수비의 3배이어야 한다.

   2차 측 CT의 권수비 $= \dfrac{200}{5} \times 3 = \dfrac{600}{5}$

(3) 감도 저하법

(4) 감극성

해설비법 (1) 1, 2차 전류의 크기 및 각 변위를 일치시키기 위해 CT의 결선은 변압기의 결선(Y−△)과 반대인 △−Y 결선으로 한다.

단답 정리함 여자 돌입 전류에 대한 오동작 방지법
• 감도 저하법
• 비대칭파 저지법
• 고조파 억제법

15

★★☆ 변압기 특성과 관련된 다음 각 물음에 답하시오. [9점]

(1) 변압기의 호흡 작용이란 무엇인지 쓰시오.

(2) 호흡 작용으로 인하여 발생되는 문제점을 쓰시오.

(3) 호흡 작용으로 발생되는 문제점을 방지하기 위한 대책은?

답안작성 (1) 변압기 외부 온도와 내부 온도차에 의해 변압기 내부에 있는 절연유의 부피가 수축 및 팽창하게 되고, 이로 인하여 외부의 공기가 변압기 내부로 출입하는 현상

(2) 변압기 내부에 수분 및 불순물이 혼입되어 절연유의 절연 내력을 저하시키고 침전물을 발생시킬 수 있다.

(3) 흡습 호흡기 설치

흡습 호흡기
변압기 절연유의 열화 방지를 위한 습기 제거 장치

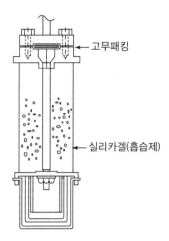

← 고무패킹

← 실리카겔(흡습제)

(3) 호흡 작용으로 인한 발생 현상의 방지 대책
- 흡습 호흡기(브리더) 설치
- 콘서베이터 설치(질소봉입)
- 밀폐형(진공)

16
★☆☆

수변전설비에서 에너지 절감 방안 4가지를 쓰시오. [5점]

- 변압기 운전대수 제어가 가능하도록 뱅크를 구성해 효율적인 운전관리
- 전력용 콘덴서를 설치해 역률 개선
- 최대 수요전력 제어 시스템 채택
- 고효율 변압기 채용

수변전설비에서의 에너지 절감 방안
- 변압기 운전대수 제어가 가능하도록 뱅크를 구성해 효율적인 운전관리
- 전력용 콘덴서를 설치해 역률 개선
- 최대 수요전력 제어 시스템 채택
- 고효율 변압기 채용

17 ★★★

매분 $12[\text{m}^3]$의 물을 높이 $15[\text{m}]$인 탱크에 양수하는 데 필요한 전력을 V결선한 변압기로 공급한다면, 여기에 필요한 단상 변압기 1대의 용량은 몇 $[\text{kVA}]$인가?(단, 펌프와 전동기의 합성 효율은 $65[\%]$이고, 전동기의 전부하 역률은 $80[\%]$이며, 펌프의 축동력은 $15[\%]$의 여유를 본다고 한다.) [4점]

• 계산 과정:

• 답:

답안작성 • 계산 과정

전동기 용량 $P = \dfrac{12 \times 15}{6.12 \times 0.65} \times 1.15 = 52.04[\text{kW}]$

이를 $[\text{kVA}]$로 환산하면 부하 용량 $= \dfrac{P}{\cos\theta} = \dfrac{52.04}{0.8} = 65.05[\text{kVA}]$

V결선 시 용량 $P_V = \sqrt{3}\,P_1 = 65.05[\text{kVA}]$에서

구하고자 하는 단상 변압기 1대의 용량 $P_1 = \dfrac{P_V}{\sqrt{3}} = \dfrac{65.05}{\sqrt{3}} = 37.56[\text{kVA}]$

• 답: $37.56[\text{kVA}]$

개념체크 양수 펌프용 전동기 용량

• $P = \dfrac{9.8QH}{\eta}k[\text{kW}]$(단, Q: 양수량$[\text{m}^3/\text{s}]$, H: 양정(양수 높이)$[\text{m}]$, k: 여유 계수, η: 효율)

• $P = \dfrac{QH}{6.12\eta}k[\text{kW}]$(단, Q: 양수량$[\text{m}^3/\text{min}]$)

두 식의 차이점은 초당 양수량과 분당 양수량의 단위 차이이다.

18 ★★☆

다음의 A, B 전등 중 어느 것을 사용하는 편이 유리한지 다음 표를 이용하여 산정하시오.(단, 1시간당 점등 비용으로 산정한다.) [5점]

전등의 종류	전등의 수명[시간]	1[cd]당 소비 전력[W] (수명 중의 평균)	평균 구면 광도[cd]	1[kWh]당 전력 요금[원]	전등의 단가[원]
A	1,500	1.0	38	20	90
B	1,800	1.1	40	20	100

• 계산 과정:

• 답:

답안작성 • 계산 과정

전등	전력비[원/시간]	전구비[원/시간]	합계[원/시간]
A	$1.0 \times 38 \times 10^{-3} \times 20 = 0.76$	$\dfrac{90}{1,500} = 0.06$	0.82
B	$1.1 \times 40 \times 10^{-3} \times 20 = 0.88$	$\dfrac{100}{1,800} = 0.06$	0.94

• 답: A 전등이 B 전등보다 유리하다.

01 ★★☆

어떤 전기설비에서 $3,300[\text{V}]$의 고압 3상 회로에 변압비 33의 계기용 변압기 2대를 그림과 같이 설치하였다. 다음 각 물음에 답하시오. [5점]

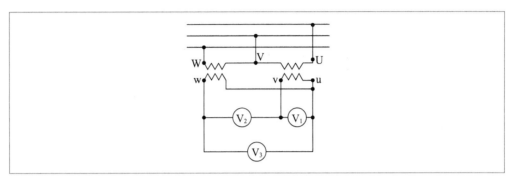

(1) V_1의 지시값[V]을 구하시오.
  • 계산 과정:
  • 답:

(2) V_2의 지시값[V]을 구하시오.
  • 계산 과정:
  • 답:

(3) V_3의 지시값[V]을 구하시오.
  • 계산 과정:
  • 답:

답안작성

(1) • 계산 과정: $V_1 = \dfrac{3,300}{33} = 100[\text{V}]$

  • 답: $100[\text{V}]$

(2) • 계산 과정: $V_2 = \dfrac{3,300}{33} \times \sqrt{3} = 173.21[\text{V}]$

  • 답: $173.21[\text{V}]$

(3) • 계산 과정: $V_3 = \dfrac{3,300}{33} = 100[\text{V}]$

  • 답: $100[\text{V}]$

해설비법 전압계 V_2은 V_1와 V_3의 벡터 차전압을 지시한다. 따라서 V_2에 나타나는 단자 전압값 $V_2 = V_1 - V_3 = \sqrt{3}\,V_1 = \sqrt{3}\,V_3[\text{V}]$이 나타난다.

02
★★☆

수변전설비를 설계하고자 한다. 기본설계에 있어서 검토할 주요 사항을 5가지만 쓰시오.(단, "경제적일 것" 등의 표현은 제외하고, 기능적인 측면과 기술적인 측면을 고려하여 작성한다.)　　　　[5점]

답안작성
- 주회로의 결선 방법
- 변전설비의 형식
- 변전실의 위치와 면적
- 감시 및 제어방식
- 필요한 전력 추정

단답 정리함 수변전설비 설계 시 검토해야 할 사항
- 주회로의 결선 방법
- 변전설비의 형식
- 변전실의 위치와 면적
- 감시 및 제어방식
- 필요한 전력 추정
- 수전방식 및 수전전압

03
★★☆

에너지 절약을 위한 동력설비의 대응방안을 5가지만 쓰시오.　　　　[5점]

답안작성
- 고효율 전동기 채용
- 전동기 제어시스템에 VVVF 등을 채용
- 부하의 역률 개선
- 엘리베이터의 운전 대수 제어 등 효율적 관리
- 에너지 절약형 공조기기 시스템 채용

단답 정리함 에너지 절약을 위한 동력설비 대응방안
- 고효율 전동기 채용
- 전동기 제어시스템에 VVVF 등을 채용
- 부하의 역률 개선
- 에너지 절약형 공조기기 시스템 채용
- 엘리베이터의 운전 대수 제어 등 효율적 관리
- 부하에 맞는 적정 용량의 전동기 선정

04
★★☆

1시간에 $18[\mathrm{m}^3]$로 솟아나오는 지하수를 $5[\mathrm{m}]$의 높이에 배수하고자 한다. 이때 $5[\mathrm{kW}]$의 전동기를 사용한다면 매 시간당 몇 분씩 운전하면 되는지 구하시오.(단, 펌프의 효율은 $75[\%]$로 하고, 관로의 손실계수는 1.1로 한다.) [5점]

- 계산 과정:
- 답:

답안작성

- 계산 과정

지하수의 양 $18\left[\dfrac{\mathrm{m}^3}{\mathrm{h}}\right] = Q\left[\dfrac{\mathrm{m}^3}{\min}\right] \times t\left[\dfrac{\min}{\mathrm{h}}\right]$

$\therefore t\left[\dfrac{\min}{\mathrm{h}}\right] = \dfrac{18\left[\dfrac{\mathrm{m}^3}{\mathrm{h}}\right]}{Q\left[\dfrac{\mathrm{m}^3}{\min}\right]} = \dfrac{18}{\dfrac{6.12P\eta}{Hk}} = \dfrac{18}{\dfrac{6.12 \times 5 \times 0.75}{5 \times 1.1}} = 4.31[\min/\mathrm{h}]$

- 답: $4.31[\min/\mathrm{h}]$

해설비법

양수 펌프용 전동기 용량

$P = \dfrac{QH}{6.12\eta}k[\mathrm{kW}]$

(단, Q: 양수량$[\mathrm{m}^3/\min]$, H: 양정(양수 높이)$[\mathrm{m}]$, k: 여유 계수(손실 계수), η: 효율)

05
★★★

다음의 PLC 래더 다이어그램을 보고 주어진 표의 빈칸 ㉮~㉯에 명령어를 채워 프로그램을 완성하시오. [5점]

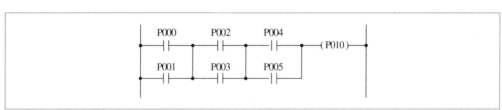

[보기]
- 입력: LOAD
- 병렬: OR
- 블록 간 직렬 결합: AND LOAD
- 직렬: AND
- 블록 간 병렬 결합: OR LOAD

차례	명령어	번지
0	LOAD	P000
1	(㉮)	P001
2	(㉯)	(㉺)
3	(㉰)	(㉻)
4	AND LOAD	–
5	(㉱)	(㉼)
6	(㉲)	P005
7	AND LOAD	–
8	OUT	P010

㉮ OR
㉯ LOAD
㉰ OR
㉱ LOAD
㉲ OR
㉳ P002
㉴ P003
㉵ P004

06
★★★

220[V] 전동기의 철대를 접지해 절연 파괴로 인한 철대와 대지 사이의 위험 전압을 25[V] 이하로 하고자 한다. 공급 변압기의 계통 접지저항값이 10[Ω], 저압 전로의 임피던스를 무시할 경우, 전동기의 보호접지저항의 최댓값[Ω]을 구하시오.　　　　　　　　　　　　　[5점]

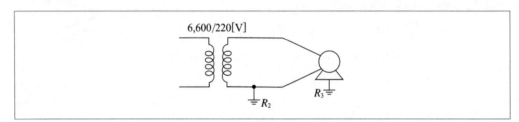

6,600/220[V]

• 계산 과정:
• 답:

• 계산 과정

지락전류 $I_g = \dfrac{220}{R_2 + R_3}$[A]

접촉전압 $E_g = I_g R_3 = \dfrac{220}{R_2 + R_3} \times R_3 = \dfrac{220 R_3}{10 + R_3} \leq 25$[V]

$220 R_3 \leq 250 + 25 R_3$

∴ 보호접지저항 $R_3 \leq \dfrac{250}{220 - 25} = 1.28$[Ω]

• 답: 1.28[Ω]

07
★☆☆

$220[\text{V}]$, $60[\text{Hz}]$의 정현파 전원에 정류기를 그림과 같이 연결하여 $20[\Omega]$의 부하에 전류를 통한다. 이 회로에 직렬로 접속한 가동 코일형 전류계 A_1과 가동 철편형 전류계 A_2는 각각 몇 $[\text{A}]$를 지시하는지 구하시오.(단, 정류기는 이상적인 정류기이고, 전류계의 저항은 무시한다.) [5점]

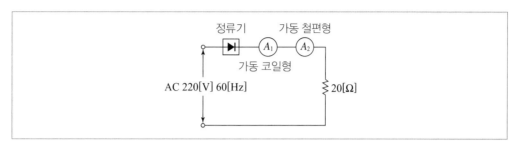

(1) 가동 코일형 전류계 A_1 지시 값
   - 계산 과정:
   - 답:

(2) 가동 철편형 전류계 A_2 지시 값
   - 계산 과정:
   - 답:

답안작성

(1) • 계산 과정

$$A_1 = I_{av} = \frac{V_{av}}{R} = \frac{\frac{V_m}{\pi}}{R} = \frac{\frac{220\sqrt{2}}{\pi}}{20} = 4.95[\text{A}]$$

   • 답: $4.95[\text{A}]$

(2) • 계산 과정

$$A_2 = I = \frac{V}{R} = \frac{\frac{V_m}{2}}{R} = \frac{\frac{220\sqrt{2}}{2}}{20} = 7.78[\text{A}]$$

   • 답: $7.78[\text{A}]$

해설비법 가동 코일형 계기는 평균값을, 가동 철편형 계기는 실횻값을 지시한다.

구분	실횻값(V)	평균값(V_{av})
전파정류(정현파)	$\dfrac{V_m}{\sqrt{2}}$	$\dfrac{2V_m}{\pi}$
반파정류	$\dfrac{V_m}{2}$	$\dfrac{V_m}{\pi}$

08 ★★★

용량이 $1,000[\text{kVA}]$인 발전기를 역률 $80[\%]$로 운전할 때 시간당 연료소비량$[\text{L/h}]$을 구하시오.(단, 발전기의 효율은 0.93, 엔진의 연료 소비율은 $190[\text{g/ps·h}]$, 연료의 비중은 0.92이다.)　　　　[5점]

• 계산 과정:

• 답:

답안작성 • 계산 과정

발전기 입력 $P = \dfrac{1,000 \times 0.8}{0.93} = 860.22[\text{kW}]$

시간당 연료량 $= 190[\text{g/ps·h}] \times \dfrac{860.22 \times 10^3}{735.5}[\text{ps}] = 222.22 \times 10^3[\text{g/h}] = 222.22[\text{kg/h}]$

시간당 연료소비량 $= 222.22[\text{kg/h}] \times \dfrac{1}{0.92}[\text{L/kg}] = 241.54[\text{L/h}]$

• 답: $241.54[\text{L/h}]$

개념체크 $1[\text{ps}] = 735.5[\text{W}]$, 비중$[\text{kg/L}]$

09 ★★★

그림에서 고장 표시 접점 F가 닫혀 있을 때는 부저 BZ가 울리나 표시등 L은 켜지지 않으며, 스위치 24에 의하여 벨이 멈추는 동시에 표시등 L이 켜지도록 SCR의 게이트와 스위치 등을 접속하여 회로를 완성하시오.(단, 회로 작성에 필요한 저항이 있으면 그것도 삽입하여 도면을 완성하도록 하시오.)　　　　[5점]

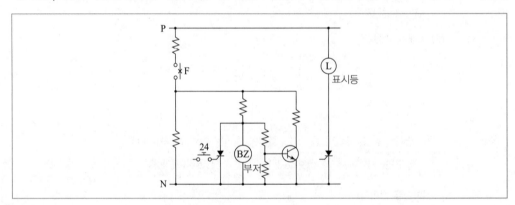

답안작성

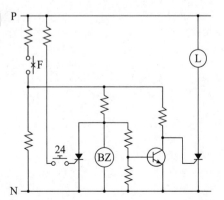

10
★ ★ ★

전동기 부하를 사용하는 곳의 역률 개선을 위하여 회로에 병렬로 역률 개선용 저압 콘덴서를 설치하여 전동기의 역률을 $90[\%]$ 이상으로 개선하려고 한다. 주어진 표를 이용하여 다음 각 물음에 답하시오.

[6점]

[표 1] 부하에 대한 콘덴서 용량 산출표[%]

구분		개선 후의 역률														
		1.00	0.99	0.98	0.97	0.96	0.95	0.94	0.93	0.92	0.91	0.90	0.87	0.85	0.825	0.8
개선 전의 역률	0.4	230	216	210	205	201	197	194	190	187	184	182	175	168	161	155
	0.425	213	198	192	188	184	180	176	173	170	167	164	157	151	144	138
	0.45	198	183	177	173	168	165	161	158	155	152	149	143	136	129	123
	0.475	185	171	165	161	156	153	149	146	143	140	137	130	123	116	110
	0.5	173	159	153	148	144	140	137	134	130	128	125	118	111	104	93
	0.525	162	148	142	137	133	129	126	122	119	117	114	107	100	93	87
	0.55	152	138	132	127	123	119	116	112	109	106	104	97	90	83	77
	0.575	142	128	122	117	114	110	106	103	99	96	94	87	80	73	67
	0.6	133	119	113	108	104	101	97	94	91	88	85	78	71	65	58
	0.625	125	111	105	100	96	92	89	85	82	79	77	70	63	56	50
	0.65	116	103	97	92	88	84	81	77	74	71	69	62	55	48	42
	0.675	109	95	89	84	80	76	73	70	66	64	61	54	47	40	34
	0.7	102	88	81	77	73	69	66	62	59	56	54	46	40	33	27
	0.725	95	81	75	70	66	62	59	55	52	49	46	39	33	26	20
	0.75	88	74	67	63	58	55	52	49	45	43	40	33	26	19	13
	0.775	81	67	61	57	52	49	45	42	39	36	33	26	19	12	6.5
	0.8	75	61	54	50	46	42	39	35	32	29	27	19	13	6	
	0.825	69	54	48	44	40	36	32	29	26	23	21	14	7		
	0.85	62	48	42	37	33	29	26	22	19	16	14	7			
	0.875	55	41	35	30	26	23	19	16	13	10	7				
	0.9	48	34	28	23	19	16	12	9	6	2.8					

[표 2] 저압($200[\text{V}]$)용 콘덴서 규격표, 정격 주파수: $60[\text{Hz}]$

상수	단상 및 3상								
정격 용량$[\mu\text{F}]$	10	15	20	30	40	50	75	100	150

(1) 정격 전압 $200[\text{V}]$, 정격 출력 $7.5[\text{kW}]$, 역률 $80[\%]$인 전동기의 역률을 $90[\%]$로 개선하고자 하는 경우 필요한 3상 콘덴서의 용량$[\text{kVA}]$을 구하시오.

• 계산 과정:

• 답:

(2) 물음 "(1)"에서 구한 3상 콘덴서의 용량$[\text{kVA}]$을 $[\mu\text{F}]$로 환산한 용량으로 구하고, [표 2]를 이용하여 적합한 콘덴서를 선정하시오.(단, 정격 주파수는 $60[\text{Hz}]$로 계산하며, 용량은 최소치를 구하도록 한다.)

• 계산 과정:

• 답:

답안작성 (1) • 계산 과정: [표 1]에서 계수 $K = 27[\%]$이므로 $Q_c = KP = 0.27 \times 7.5 = 2.03[\text{kVA}]$

• 답: $2.03[\text{kVA}]$

(2) • 계산 과정

$$C = \frac{Q_c}{2\pi f V^2} = \frac{2.03 \times 10^3}{2\pi \times 60 \times 200^2} \times 10^6 = 134.62[\mu\text{F}]$$

[표 2]에서 정격 용량 $150[\mu\text{F}]$ 선정

• 답: $150[\mu\text{F}]$

해설비법 (1)

구분		개선 후의 역률														
		1.0	0.99	0.98	0.97	0.96	0.95	0.94	0.93	0.92	0.91	0.9	0.875	0.85	0.825	0.8
개선 전의 역률	0.4	230	216	210	205	201	197	194	190	187	184	182	175	168	161	155
	0.425	213	198	192	188	184	180	176	173	170	167	164	157	151	144	138
	0.45	198	183	177	173	168	165	161	158	155	152	149	143	136	129	123
	0.475	185	171	165	161	156	153	149	146	143	140	137	130	123	116	110
	0.5	173	159	153	148	144	140	137	134	130	128	125	118	111	104	93
	0.525	162	148	142	137	133	129	126	122	119	117	114	107	100	93	87
	0.55	152	138	132	127	123	119	116	112	109	106	104	97	90	83	77
	0.575	142	128	122	117	114	110	106	103	99	96	94	87	80	73	67
	0.6	133	119	113	108	104	101	97	94	91	88	85	78	71	65	58
	0.625	125	111	105	100	96	92	89	85	82	79	77	70	63	56	50
	0.65	116	103	97	92	88	84	81	77	74	71	69	62	55	48	42
	0.675	109	95	89	84	80	76	73	70	66	64	61	54	47	40	34
	0.7	102	88	81	77	73	69	66	62	59	56	54	46	40	33	27
	0.725	95	81	75	70	66	62	59	55	52	49	46	39	33	26	20
	0.75	88	74	67	63	58	55	52	49	45	43	40	33	26	19	13
	0.775	81	67	61	57	52	49	45	42	39	36	33	26	19	12	6.5
	0.8	75	61	54	50	46	42	39	35	32	29	27	19	13	6	
	0.825	69	54	48	44	40	36	32	29	26	23	21	14	7		
	0.85	62	48	42	37	33	29	26	22	19	16	14	7			
	0.875	55	41	35	30	26	23	19	16	13	10	7				
	0.9	48	34	28	23	19	16	12	9	6	2.8					

$Q_c = KP = 0.27 \times 7.5 = 2.03[\text{kVA}]$

(여기서 P: 전동기 용량[kW])

(2) 3상 콘덴서 용량 $Q_c = 3\omega C E^2 = 3 \times 2\pi f C \times \left(\dfrac{V}{\sqrt{3}}\right)^2 = 2\pi f C V^2[\text{kVA}]$

11

변압기에 대한 다음 각 물음에 답하시오. [8점]

★☆☆

(1) 유입 풍냉식은 어떤 냉각방식인지를 쓰시오.

(2) 무부하 탭 절환장치는 어떠한 장치인지를 쓰시오.

(3) 비율 차동 계전기는 어떤 목적으로 이용되는지 쓰시오.

(4) 무부하손은 어떤 손실을 말하는지 쓰시오.

답안작성 (1) 유입 변압기에 방열기를 부착하고 송풍기에 의해 강제 통풍시켜 냉각 효과를 증대시킨 방식이다.

(2) 무부하 시 변압기 1차 측 권수비를 조정하여 2차 측 전압을 조정하는 장치이다.

(3) 발전기나 변압기의 내부 고장 검출용으로 이용한다.

(4) 부하에 관계없이 발생하는 손실로 철손, 유전체손 등이 있다.

개념체크 유입 풍냉식(FA): 유입 변압기에 방열기를 부착하고 송풍기에 의해 강제 통풍시켜 냉각 효과를 증대시킨 방식

12

어느 건물의 부하는 하루에 $240[\text{kW}]$로 5시간, $100[\text{kW}]$로 8시간, $75[\text{kW}]$로 나머지 시간을 사용한다.

★★★ 이에 수전 설비를 $450[\text{kVA}]$로 하였을 때에 부하의 평균 역률이 0.8이라면, 이 건물의 수용률과 일 부하율은 얼마인가? [6점]

(1) 수용률[%]
- 계산 과정:
- 답:

(2) 일 부하율[%]
- 계산 과정:
- 답:

답안작성 (1) • 계산 과정

$$수용률 = \frac{240}{450 \times 0.8} \times 100 = 66.67[\%]$$

• 답: 66.67[%]

(2) • 계산 과정

$$일 \; 부하율 = \frac{\dfrac{240 \times 5 + 100 \times 8 + 75 \times 11}{24}}{240} \times 100 = 49.05[\%]$$

• 답: 49.05[%]

개념체크 (1) $수용률 = \dfrac{최대 \; 전력[\text{kW}]}{설비 \; 용량[\text{kVA}] \times 역률} \times 100[\%]$

(2) $일 \; 부하율 = \dfrac{평균 \; 전력[\text{kW}]}{최대 \; 전력[\text{kW}]} \times 100[\%] = \dfrac{\dfrac{총 \; 사용 \; 전력량[\text{kWh}]}{사용 \; 시간[\text{h}]}}{최대 \; 전력[\text{kW}]} \times 100[\%]$

13 ★★★ 그림과 같은 수변전 결선도를 보고 다음 물음에 답하시오. [8점]

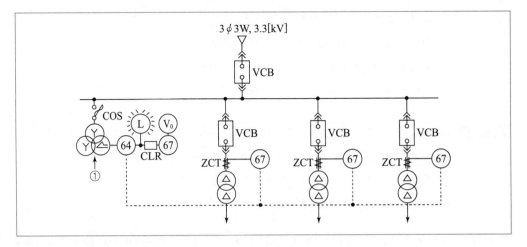

(1) ①에 알맞은 기기의 명칭을 쓰시오.

(2) 위 배전 계통의 접지 방식을 쓰시오.

(3) 도면에서 CLR의 명칭을 쓰시오.

(4) 위 도면에서 계전기 67의 명칭을 쓰시오.

답안작성
(1) 접지형 계기용 변압기

(2) 비접지 방식

(3) 한류 저항기

(4) 지락 방향 계전기

개념체크
접지형 계기용 변압기(GPT)
비접지 계통의 선로에서 접지 전압을 검출

14 ★★★ 가로 $20[m]$, 세로 $50[m]$인 사무실에서 평균 조도 $300[lx]$를 얻고자 형광등 $40[W]$ 2등용을 시설할 경우 다음 각 물음에 답하시오.(단, $40[W]$ 2등용 형광등 기구의 전체 광속은 $4,600[lm]$, 조명률은 0.5, 감광 보상률은 1.3, 전기 방식은 단상 2선식 $200[V]$이며, $40[W]$ 2등용 형광등의 전체 입력 전류는 $0.87[A]$이고, 1회로의 최대 전류는 $16[A]$로 한다.) [5점]

(1) 형광등 기구수를 구하시오.
  • 계산 과정:
  • 답:

(2) 최소 분기 회로수를 구하시오.
  • 계산 과정:
  • 답:

답안작성 (1) • 계산 과정

$FUN = EAD$ 에서

$$N = \frac{EAD}{FU} = \frac{300 \times (20 \times 50) \times 1.3}{4,600 \times 0.5} = 169.57$$

• 답: 170[개]

(2) • 계산 과정

$$n = \frac{0.87 \times 170}{16} = 9.24 \rightarrow 10 회로(절상)$$

• 답: 16[A] 분기 10회로

해설비법 (1) 등의 개수 선정

$$FUN = EAD$$

(단, F: 광속[lm], U: 조명률, N: 사용하는 등의 개수, E: 조도[lx], A: 방의 면적[m²], D: 감광 보상률
$(= \frac{1}{M})$, M: 유지율)

(2) 분기 회로수 결정

$$분기\ 회로수 = \frac{표준\ 부하\ 밀도[VA/m^2] \times 바닥\ 면적[m^2]}{전압[V] \times 분기\ 회로의\ 전류[A]}$$

• 분기 회로수 결정 시 등기구의 전류가 주어지면 다음과 같이 계산하여 구한다.

$$분기\ 회로수 = \frac{등기구의\ 전류[A] \times 등기구\ 개수}{분기\ 회로의\ 전류[A]}$$

• 분기 회로수 계산 결과값에 소수점이 발생하면 소수점 이하 절상한다.
• 분기 회로의 전류가 주어지지 않을 때에는 16[A]를 표준으로 한다.

15

★★★

그림은 유도 전동기의 정·역 운전의 미완성 회로도이다. 주어진 조건을 이용하여 주회로 및 보조회로의 미완성 부분을 완성하시오.(단, 전자접촉기의 보조 a, b접점에는 전자접촉기의 기호도 함께 표시하도록 한다.) [7점]

[조건]

• Ⓕ는 정회전용, Ⓡ은 역회전용 전자접촉기이다.
• 정회전을 하다가 역회전을 하려면 전동기를 정지시킨 후, 역회전시키도록 한다.
• 역회전을 하다가 정회전을 하려면 전동기를 정지시킨 후, 정회전시키도록 한다.
• 정회전 시 정회전용 램프 Ⓦ가 점등되고, 역회전 시 역회전용 램프 Ⓨ가 점등되며, 정지 시에는 정지용 램프 Ⓖ가 점등되도록 한다.
• 과부하 시에는 전동기가 정지되고 정회전용 램프와 역회전용 램프는 소등되며, 정지 시의 램프만 점등되도록 한다.
• 스위치는 누름버튼 스위치 ON용 2개를 사용하고, 전자접촉기의 보조 a접점은 F-a 1개, R-a 1개, b접점은 F-b 2개, R-b 2개를 사용하도록 한다.

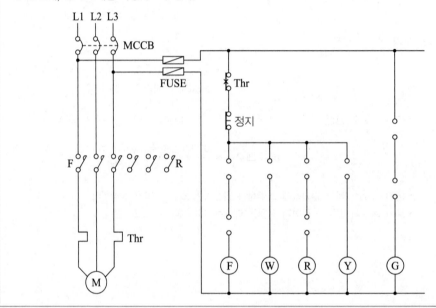

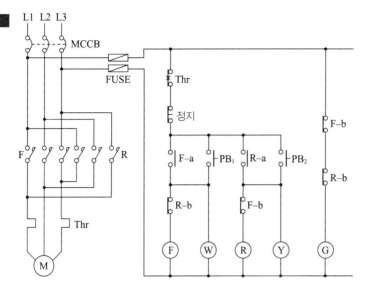

16

★ ★ ☆

다음 논리식에 대한 물음에 답하시오.(단, A, B, C는 입력, X는 출력이다.) [5점]

[논리식]
$$X = A + B \cdot \overline{C}$$

(1) 논리식을 로직 시퀀스도로 나타내시오.

(2) 물음 '(1)'항에서 로직 시퀀스도로 표현된 것을 2입력 NAND gate를 최소로 사용하여 동일한 출력이 나오도록 회로를 변환하시오.

(3) 물음 '(1)'항에서 로직 시퀀스도로 표현된 것을 2입력 NOR gate를 최소로 사용하여 동일한 출력이 나오도록 회로를 변환하시오.

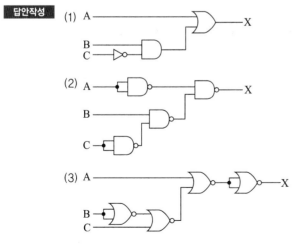

(2) $X = A + B \cdot \overline{C} = \overline{\overline{A + B \cdot \overline{C}}} = \overline{\overline{A} \cdot \overline{B \cdot \overline{C}}}$

(3) $X = A + B \cdot \overline{C} = A + \overline{\overline{B} + C} = \overline{A + \overline{\overline{B} + C}}$

개념체크 드 모르간의 정리

$\overline{A + B} = \overline{A} \cdot \overline{B}$

$\overline{A \cdot B} = \overline{A} + \overline{B}$

17 ★★★

전동기에는 소손을 방지하기 위하여 전동기용 과부하 보호장치를 설치하여야 하나 설치하지 아니하여도 되는 경우가 있다. 설치하지 아니하여도 되는 경우의 예를 4가지만 쓰시오. [5점]

답안작성
- 전동기의 출력이 0.2[kW] 이하일 경우
- 전동기를 운전 중 상시 취급자가 감시할 수 있는 위치에 시설하는 경우
- 전동기의 구조나 부하의 성질로 보아 전동기가 손상될 수 있는 과전류가 생길 우려가 없는 경우
- 단상 전동기로서 그 전원 측 전로에 시설하는 과전류 차단기의 정격전류가 16[A](배선 차단기는 20[A]) 이하인 경우

규정체크 옥내에 시설하는 전동기에는 전동기가 손상될 우려가 있는 과전류가 생겼을 때 자동적으로 이를 저지하거나 이를 경보하는 장치를 하여야 한다. 다만, 다음의 어느 하나에 해당하는 경우에는 그러하지 아니하다.
- 전동기의 출력이 0.2[kW] 이하일 경우
- 전동기를 운전 중 상시 취급자가 감시할 수 있는 위치에 시설하는 경우
- 전동기의 구조나 부하의 성질로 보아 전동기가 손상될 수 있는 과전류가 생길 우려가 없는 경우
- 단상 전동기로서 그 전원 측 전로에 시설하는 과전류 차단기의 정격전류가 16[A](배선 차단기는 20[A]) 이하인 경우

18 ★★★

콘덴서(Condenser) 설비의 주요 사고 원인 3가지를 예로 들어 설명하시오. [5점]

답안작성
- 콘덴서 설비의 모선 단락 및 지락
- 콘덴서 소체 파괴 및 층간 절연 파괴
- 콘덴서 설비 내의 배선 단락

01
★★☆

어떤 공장에 예비전원설비로 발전기를 설계하고자 한다. 이 공장의 조건을 이용하여 다음 각 물음에 답하시오.

[6점]

[부하]
- 부하는 전동기 부하 150[kW] 2대, 100[kW] 3대, 50[kW] 2대이며, 전등 부하는 40[kW]이다.
- 전동기 부하의 역률은 모두 0.9이고 전등 부하의 역률은 1이다.
- 동력부하의 수용률은 용량이 최대인 전동기 1대는 100[%], 나머지 전동기는 그 용량의 합계를 80[%]로 계산하며, 전등 부하는 100[%]로 계산한다.
- 발전기 용량의 여유율은 10[%]를 주도록 한다.
- 발전기 과도 리액턴스는 25[%]를 적용한다.
- 허용 전압강하는 20[%]를 적용한다.
- 시동 용량은 750[kVA]를 적용한다.
- 기타 주어지지 않은 조건은 무시하고 계산하도록 한다.
---

(1) 발전기에 걸리는 부하의 합계로부터 발전기 용량을 구하시오.
- 계산 과정:
- 답:

(2) 부하 중 가장 큰 전동기 시동 시의 용량으로부터 발전기의 용량을 구하시오.
- 계산 과정:
- 답:

(3) 다음 "(1)"과 "(2)"에서 계산된 값 중 어느 쪽 값을 기준하여 발전기 용량을 정하는지 그 값을 쓰고, 실제 필요한 발전기 용량을 정하시오.

답안작성

(1) • 계산 과정: $P = \left(\dfrac{150 \times 1 + (150 + 100 \times 3 + 50 \times 2) \times 0.8}{0.9} + \dfrac{40}{1} \right) \times 1.1 = 765.11[\text{kVA}]$
- 답: 765.11[kVA]

(2) • 계산 과정: $P \geq \left(\dfrac{1}{0.2} - 1 \right) \times 750 \times 0.25 \times 1.1 = 825[\text{kVA}]$
- 답: 825[kVA]

(3) 발전기 용량은 둘 중 큰 값인 825[kVA]를 기준으로 정하며, 표준용량 1,000[kVA]를 적용한다.

(1) 단순 부하(전부하 정상 운전 시의 소요입력에 의한 용량)

발전기의 출력 $P = \dfrac{\Sigma W_L \times L}{\cos\theta}$ [kVA]

(ΣW_L: 부하 입력 총계, L: 부하 수용률, $\cos\theta$: 발전기의 역률)

(2) 부하 중 가장 큰 전동기 시동 시의 용량

발전기 용량 $\geq \left(\dfrac{1}{\text{허용 전압강하}} - 1 \right) \times$ 기동 용량 $\times$ 과도 리액턴스[kVA]

02

★★★

머레이 루프(Murray loop)법으로 선로의 고장 지점을 찾고자 한다. 길이가 $4\,[\text{km}](0.2\,[\Omega/\text{km}])$인 선로가 그림과 같이 접지 고장이 생겼을 때 고장점까지의 거리 X는 몇 $[\text{km}]$인지 구하시오.(단, G는 검류계이고, $P = 270\,[\Omega]$, $Q = 90\,[\Omega]$에서 브리지가 평형되었다고 한다.) [4점]

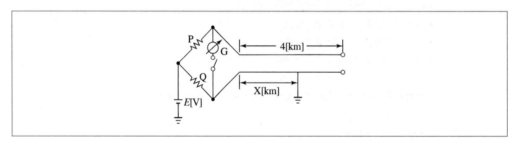

• 계산 과정:

• 답:

• 계산 과정

$PX = Q(8-X)$

$270 \times X = 90 \times (8-X)$

$\therefore X = \dfrac{90 \times 8}{270 + 90} = 2\,[\text{km}]$

• 답: $2\,[\text{km}]$

머레이 루프법

- 브리지 평형 원리를 이용하여 고장점까지의 거리를 측정하는 방법이다.
- 머레이 루프법을 이용한 고장점 측정 방법은 다음의 식과 같다.

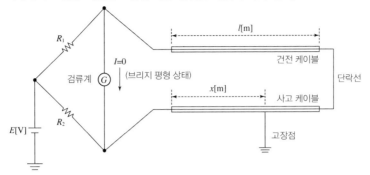

▲ 머레이 루프법의 원리

위 그림에서 머레이 루프 시험기가 설치된 위치에서 고장점까지의 거리 $x[\text{m}]$는

$$R_1 \times \rho \frac{x}{A} = R_2 \times \rho \frac{(2l-x)}{A} \, (\text{브리지 평형 조건})$$

$$R_1 x = R_2 \times (2l-x)$$

$$x = \frac{2lR_2}{R_1 + R_2}[\text{m}] \, \text{이다}.$$

03
★★☆

그림과 같이 3상 3선식 220[V]의 수전 회로가 있다. Ⓗ는 전열 부하이고, Ⓜ은 역률 0.8의 전동기이다. 이 그림을 보고 다음 각 물음에 답하시오. [6점]

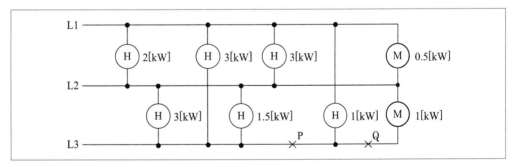

(1) 저압 수전의 3상 3선식 선로인 경우에 설비 불평형률은 몇 [%] 이하로 하여야 하는가?

(2) 그림의 설비 불평형률은 몇 [%]인가?(단, P, Q점은 단선이 아닌 것으로 계산한다.)
   - 계산 과정:
   - 답:

(3) P, Q점에서 단선이 되었다면 설비 불평형률은 몇 [%]가 되겠는가?
   - 계산 과정:
   - 답:

(1) 30[%] 이하

(2) • 계산 과정

$$설비\ 불평형률 = \frac{\left(3 + 1.5 + \dfrac{1}{0.8}\right) - (3 + 1)}{\left(3 + 1.5 + \dfrac{1}{0.8} + 3 + 1 + 2 + 3 + \dfrac{0.5}{0.8}\right) \times \dfrac{1}{3}} \times 100[\%] = 34.15[\%]$$

• 답: 34.15[%]

(3) • 계산 과정

$$설비\ 불평형률 = \frac{\left(2 + 3 + \dfrac{0.5}{0.8}\right) - 3}{\left(2 + 3 + \dfrac{0.5}{0.8} + 3 + 1.5 + 3\right) \times \dfrac{1}{3}} \times 100[\%] = 60[\%]$$

• 답: 60[%]

개념체크 3상 3선식 또는 3상 4선식 설비 불평형률

$$\frac{각\ 선간에\ 접속되는\ 단상\ 부하설비\ 용량의\ 최대와\ 최소의\ 차}{총\ 부하설비\ 용량[kVA] \times \dfrac{1}{3}} \times 100[\%]$$

해설비법 단선 사고 시 회로도

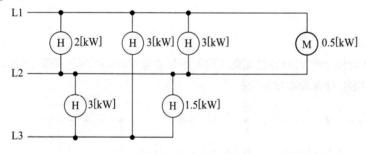

04 ★★★

비접지 선로의 접지 전압을 검출하기 위하여 그림과 같은 [Y−Y−개방△] 결선을 한 GPT가 있다. 다음 물음에 답하시오. [6점]

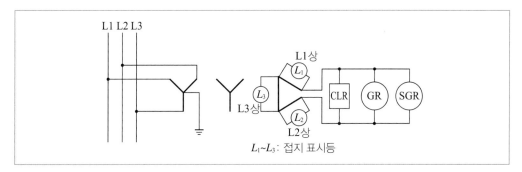

L_1~L_3: 접지 표시등

(1) L1상 고장 시(완전 지락 시), 2차 접지 표시등 L_1, L_2, L_3의 점멸과 밝기를 비교하시오.

(2) 1선 지락 사고 시 건전상(사고가 안 난 상)의 대지 전위의 변화를 간단히 설명하시오.

(3) CLR, SGR의 정확한 명칭을 우리말로 쓰시오.
   • CLR
   • SGR

답안작성

(1) L_1: 소등, L_2, L_3: 점등(더욱 밝아짐)

(2) 건전상의 대지 전위: $\dfrac{110}{\sqrt{3}}$[V]

   1선 지락 사고 시: 전위가 $\sqrt{3}$배 증가하여 110[V]

(3) • CLR: 한류 저항기
   • SGR: 선택 지락 계전기

개념체크

(1), (2) 지락 사고 시
고장난 상: 소등, 0[V]
건전상: 더욱 밝아짐, 건전상의 대지 전위가 $\sqrt{3}$배 증가
(3) GR: 지락 계전기

05 ★★☆

어느 수용가가 당초 역률(지상) $80[\%]$로 $150[\mathrm{kW}]$의 부하를 사용하고 있는데, 새로 역률(지상) $60[\%]$, $100[\mathrm{kW}]$의 부하를 증가하여 사용하게 되었다. 이때 콘덴서로 합성 역률을 $90[\%]$로 개선하는 데 필요한 용량은 몇 $[\mathrm{kVA}]$인가? [5점]

• 계산 과정:

• 답:

답안작성 • 계산 과정

무효 전력 $Q = 150 \times \dfrac{0.6}{0.8} + 100 \times \dfrac{0.8}{0.6} = 245.83[\mathrm{kVar}]$

유효 전력 $P = 150 + 100 = 250[\mathrm{kW}]$

합성 역률 $\cos\theta = \dfrac{P}{\sqrt{P^2 + Q^2}} = \dfrac{250}{\sqrt{250^2 + 245.83^2}} = 0.71$

$\therefore Q_c = P(\tan\theta_1 - \tan\theta_2) = 250 \times \left(\dfrac{\sqrt{1-0.71^2}}{0.71} - \dfrac{\sqrt{1-0.9^2}}{0.9} \right) = 126.88[\mathrm{kVA}]$

• 답: $126.88[\mathrm{kVA}]$

개념체크 역률 개선용 콘덴서 용량

$$Q_c = P(\tan\theta_1 - \tan\theta_2) = P\left(\frac{\sin\theta_1}{\cos\theta_1} - \frac{\sin\theta_2}{\cos\theta_2} \right)[\mathrm{kVA}]$$

(단, P: 부하 전력[kW], $\cos\theta_1$: 개선 전 역률, $\cos\theta_2$: 개선 후 역률)

06 ★★★

지표면상 $10[\mathrm{m}]$ 높이의 수조가 있다. 이 수조에 시간당 $3,600[\mathrm{m^3}]$의 물을 양수하는 데 필요한 펌프용 전동기의 소요 동력은 몇 $[\mathrm{kW}]$인가?(단, 펌프 효율은 $80[\%]$이고, 펌프축 동력에 $20[\%]$ 여유를 준다.) [4점]

• 계산 과정:

• 답:

답안작성 • 계산 과정

$$P = \frac{\dfrac{3,600}{60} \times 10}{6.12 \times 0.8} \times 1.2 = 147.06[\mathrm{kW}]$$

• 답: $147.06[\mathrm{kW}]$

개념체크 양수 펌프용 전동기 용량

• $P = \dfrac{9.8QH}{\eta}k[\mathrm{kW}]$

(단, Q: 양수량[m³/s], H: 양수 높이[m], k: 여유 계수(손실 계수), η: 펌프 효율)

• $P = \dfrac{QH}{6.12\eta}k[\mathrm{kW}]$

(단, Q: 양수량[m³/min])

두 식의 차이점은 초당 양수량과 분당 양수량의 단위 차이이다.

07
★★☆

그림은 어떤 변전소의 도면이다. 변압기 상호 부등률이 1.3이고, 부하의 역률 $90[\%]$이다. STr의 내부 임피던스 $4.6[\%]$, Tr_1, Tr_2, Tr_3의 내부 임피던스가 $10[\%]$, $154[kV]$ BUS의 내부 임피던스가 $10[MVA]$ 기준 $0.4[\%]$일 때 다음 각 물음에 답하시오.　　　　[17점]

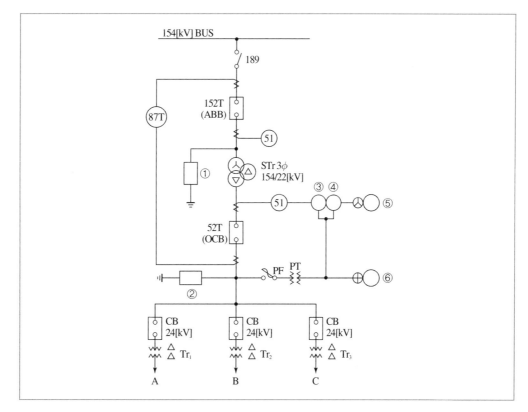

(1) Tr_1, Tr_2, Tr_3 변압기 용량[kVA]은?

　• 계산 과정:

　• 답:

(2) STr의 변압기 용량[kVA]은?

　• 계산 과정:

　• 답:

(3) 차단기 152T의 용량[MVA]은?

　　• 계산 과정:

　　• 답:

(4) 차단기 52T의 용량[MVA]은?

　　• 계산 과정:

　　• 답:

(5) 87T의 명칭은?

(6) 51의 명칭은?

(7) ① ~ ⑥에 알맞은 심벌을 기입하시오.

부하	용량	수용률	부등률
A	4,000[kW]	80[%]	1.2
B	3,000[kW]	84[%]	1.2
C	6,000[kW]	92[%]	1.2

154[kV] ABB 용량표[MVA]

2,000	3,000	4,000	5,000	6,000	7,000

22[kV] OCB 용량표[MVA]

200	300	400	500	600	700

154[kV] 변압기 용량표[kVA]

10,000	15,000	20,000	30,000	40,000	50,000

22[kV] 변압기 용량표[kVA]

2,000	3,000	4,000	5,000	6,000	7,000

답안작성

(1) • 계산과정

$$\text{Tr}_1 = \frac{4,000 \times 0.8}{1.2 \times 0.9} = 2,962.96[\text{kVA}], \ \text{표에서 } 3,000[\text{kVA}] \ \text{선정}$$

$$\text{Tr}_2 = \frac{3,000 \times 0.84}{1.2 \times 0.9} = 2,333.33[\text{kVA}], \ \text{표에서 } 3,000[\text{kVA}] \ \text{선정}$$

$$\text{Tr}_3 = \frac{6,000 \times 0.92}{1.2 \times 0.9} = 5,111.11[\text{kVA}], \ \text{표에서 } 6,000[\text{kVA}] \ \text{선정}$$

• 답: Tr_1: 3,000[kVA], Tr_2: 3,000[kVA], Tr_3: 6,000[kVA]

(2) • 계산과정: $\text{STr} = \dfrac{2,962.96 + 2,333.33 + 5,111.11}{1.3} = 8,005.69[\text{kVA}]$, 표에서 10,000[kVA] 선정

• 답: 10,000[kVA]

(3) • 계산과정: $P_s = \dfrac{100}{\%Z} P_n = \dfrac{100}{0.4} \times 10 = 2,500[\text{MVA}]$, 표에서 3,000[MVA] 선정

• 답: 3,000[MVA]

(4) $P_s = \dfrac{100}{\%Z} P_n = \dfrac{100}{0.4 + 4.6} \times 10 = 200[\text{MVA}]$, 표에서 200[MVA] 선정

• 답: 200[MVA]

(5) 주변압기 차동 계전기

(6) 과전류 계전기

(7) ① ② ③ (kW) ④ (PF) ⑤ (A) ⑥ (V)

개념체크 변압기 용량[kVA] $= \dfrac{\text{설비 용량[kW]} \times \text{수용률}}{\text{부등률} \times \text{역률}}$

08
★☆☆

100[V], 20[A]용 단상 적산 전력계에 어느 부하를 가할 때 원판의 회전수 20회에 대하여 40.3초가 걸렸다. 만일 이 계기의 20[A]에 있어서 오차가 +2[%]라 하면 부하 전력은 몇 [kW]인가?(단, 이 계기의 계기 정수는 1,000[Rev/kWh]이다.) [5점]

• 계산 과정:

• 답:

답안작성

• 계산 과정

측정값 $P = \dfrac{3,600 \times n}{t \times k} = \dfrac{3,600 \times 20}{40.3 \times 1,000} = 1.79[\text{kW}]$

오차율 $= \dfrac{\text{측정값} - \text{참값}}{\text{참값}} \times 100[\%] = \dfrac{1.79 - \text{참값}}{\text{참값}} \times 100 = 2 \;\rightarrow\; 102 \times \text{참값} = 179$

$\therefore$ 참값 $= \dfrac{179}{102} = 1.75[\text{kW}]$

• 답: 1.75[kW]

개념체크

적산 전력계

① 적산 전력계의 측정

$$적산\ 전력계의\ 측정값\ \ P = \frac{3,600n}{t \times k}\ [\text{kW}]$$

(단, n: 적산 전력계 원판의 회전수[회], t: 시간[sec], k: 계기 정수[Rev/kWh])

② 오차율

$$\varepsilon = \frac{M - T}{T} \times 100[\%]$$

(단, M: 측정값, T: 참값)

09
★☆☆

예상이 곤란한 콘센트, 비틀어 끼우는 접속기, 소켓 등이 있는 경우 수구의 종류에 따른 예상 부하[VA/개]를 쓰시오. [4점]

(1) 콘센트

(2) 소형 전등수구

(3) 대형 전등수구

답안작성

(1) 150[VA/개]

(2) 150[VA/개]

(3) 300[VA/개]

10
★★★
그림과 같이 $6,300/210[\mathrm{V}]$인 단상 변압기 3대를 $\Delta-\Delta$ 결선하여 수전단 전압이 $6,000[\mathrm{V}]$인 배전선로에 접속하였다. 이 중 2대의 변압기는 감극성이고 $\mathrm{L}3-\mathrm{L}1$ 상에 연결된 변압기 1대가 가극성이라고 한다. 이때 아래 그림과 같이 접속된 전압계에는 몇 $[\mathrm{V}]$의 전압이 유기되는가?　　　　[5점]

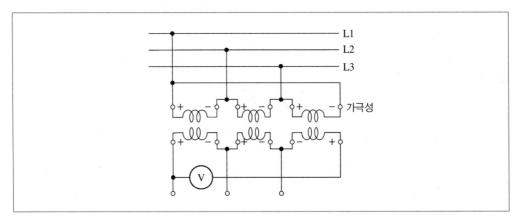

• 계산 과정:
• 답:

답안작성　• 계산 과정

변압기 2차 측 전압을 구하면

$V = 6,000 \times \dfrac{210}{6,300} = 200[\mathrm{V}]$ 이다.

2차 측 변압기에서 키르히호프의 전압 법칙을 적용하면

$V = V_{12} + V_{23} + V_{31} = 200\angle 0° + 200\angle -120° - 200\angle -240°$

$= 200 + 200 \times \left(-\dfrac{1}{2} - j\dfrac{\sqrt{3}}{2}\right) - 200 \times \left(-\dfrac{1}{2} + j\dfrac{\sqrt{3}}{2}\right) = 200 - j200\sqrt{3}\ [\mathrm{V}]$

따라서 전압계에 유기되는 전압의 크기

$|V| = \sqrt{200^2 + \left(200\sqrt{3}\right)^2} = 400[\mathrm{V}]$

• 답: $400[\mathrm{V}]$

11
★★★
공사시방서란 무엇인지 설명하시오.　　　　[5점]

답안작성　도면에 대한 설명 또는 도면에 기재하기 어려운 기술적인 사항을 표시해 놓은 도서로서, 공사에 쓰이는 재료, 설비, 시공체계, 시공기준 및 시공기술에 대한 설명서

12 ★★☆

조명설비에서 전력을 절약하는 효율적인 방법에 대하여 4가지만 쓰시오.　　　　[4점]

답안작성
- 고효율 등기구 사용
- 고역률 등기구 사용
- 고조도 저휘도 반사갓 사용
- 적절한 조광제어 실시

단답 정리함　조명설비에서 에너지 절약 방안
- 고효율 등기구 사용
- 고역률 등기구 사용
- 고조도 저휘도 반사갓 사용
- 적절한 조광제어 실시
- 합리적인 등기구 유지·관리
- 자연광을 최대한 이용

2010년

13 ★☆☆

전기화재 발생원인 5가지를 쓰시오.　　　　[5점]

답안작성
- 누전
- 과전류(과부하)
- 단락
- 불꽃방전(스파크)
- 도체접속부 과열

단답 정리함　전기화재 발생원인
- 누전
- 과전류(과부하)
- 단락
- 불꽃방전(스파크)
- 도체접속부 과열
- 지락사고
- 용접불꽃
- 낙뢰

14 ★★★ 점포가 붙어 있는 주택이 그림과 같을 때 주어진 참고 자료를 이용하여 예상되는 설비 부하 용량을 상정하여 16[A] 분기 회로수는 원칙적으로 몇 회로로 하여야 하는지를 산정하시오.(단, 사용 전압은 220[V]라고 한다.) [4점]

* RC는 룸에어컨디셔너 1.1[kW]
* 주어진 참고 자료의 수치 적용은 최댓값을 적용하도록 한다.

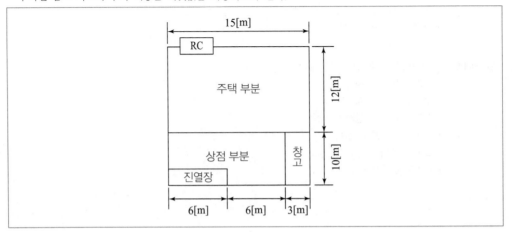

[참고 자료]

가. 설비 부하 용량은 다만 "가" 및 "나"에 표시하는 종류 및 그 부분에 해당하는 표준 부하에 바닥 면적을 곱한 값에 "다"에 표시하는 건물 등에 대응하는 표준 부하[VA]를 가한 값으로 할 것

표준 부하

건축물의 종류	표준 부하[VA/m²]
공장, 공회당, 사원, 교회, 극장, 영화관, 연회장 등	10
기숙사, 여관, 호텔, 병원, 학교, 음식점, 다방, 대중 목욕탕	20
사무실, 은행, 상점, 이발소, 미용실	30
주택, 아파트	40

※ 건물이 음식점과 주택 부분의 2 종류로 될 때에는 각각 그에 따른 표준 부하를 사용할 것
※ 학교와 같이 건물의 일부분이 사용되는 경우에는 그 부분만을 적용할 것

나. 건물(주택, 아파트 제외) 중 별도 계산할 부분의 표준 부하

부분적인 표준 부하

건축물의 종류	표준 부하[VA/m²]
복도, 계단, 세면장, 창고, 다락	5
강당, 관람석	10

다. 표준 부하에 따라 산출한 수치에 가산하여야 할 [VA] 수
　① 주택, 아파트(1세대마다)에 대하여는 500~1,000[VA] 가산
　② 상점의 진열장에 대하여는 진열장 폭 1[m]에 대하여 300[VA] 가산
　③ 옥외의 광고등, 전광 사인등의 [VA] 수
　④ 극장, 댄스홀 등의 무대 조명, 영화관 등의 특수 전등부하의 [VA] 수

• 계산 과정:

• 답:

답안작성

- 계산 과정

  설비 부하 용량 $P = 12 \times 15 \times 40 + 12 \times 10 \times 30 + 3 \times 10 \times 5 + 6 \times 300 + 1.1 \times 10^3 + 1,000 = 14,850[\text{VA}]$

  분기 회로수 $= \dfrac{\text{설비 부하 용량[VA]}}{\text{사용 전압[V]} \times \text{분기회로 전류[A]}} = \dfrac{14,850}{220 \times 16} = 4.22$

- 답: 16[A] 분기 5회로

해설비법 설비 부하 용량 = (주택 바닥 면적 × 표준 부하) + (상점 바닥 면적 × 표준 부하)
                                          + (창고 바닥 면적 × 표준 부하) + (상점의 진열장 폭 × 300)
                                          + 룸에어컨디셔너 + 주택 최대 가산 부하

15

★☆☆

그림과 같은 PLC 시퀀스의 프로그램을 표의 차례 1 ~ 9에 알맞은 명령어를 각각 쓰시오.(단, 시작(회로) 입력 STR, 출력 OUT, 직렬 AND, 병렬 OR, 부정 NOT, 그룹 직렬 AND STR, 그룹 병렬 OR STR의 명령을 사용한다.)   [5점]

차례	명령어	번지	차례	명령어	번지
0	STR	1	6		7
1		2	7		–
2		3	8		–
3		4	9		–
4		5	10	OUT	20
5		6			

답안작성

차례	명령어	번지	차례	명령어	번지
0	STR	1	6	OR NOT	7
1	STR NOT	2	7	AND STR	–
2	AND	3	8	OR STR	–
3	STR	4	9	AND STR	–
4	STR	5	10	OUT	20
5	AND NOT	6			

16

다음 그림에서 (가), (나) 부분의 전선 수를 쓰시오.   [5점]

★ ★ ★

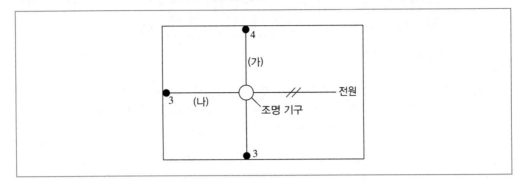

답안작성   (가) 4가닥
             (나) 3가닥

해설비법

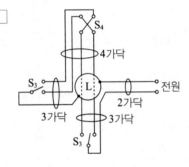

17

케이블의 트리현상이란 무엇인지 쓰고, 종류 3가지를 쓰시오.   [5점]

★ ★ ★   (1) 케이블의 트리현상

      (2) 종류

답안작성   (1) 케이블의 트리현상: 고체절연물 속에서 나뭇가지 모양의 방전흔적을 남기는 절연열화 현상

             (2) 종류: 수 트리, 전기적 트리, 화학적 트리

18
★★☆

그림은 전자 개폐기 MC에 의한 시퀀스 회로를 개략적으로 그린 것이다. 이 그림을 보고 다음 각 물음에 답하시오. [5점]

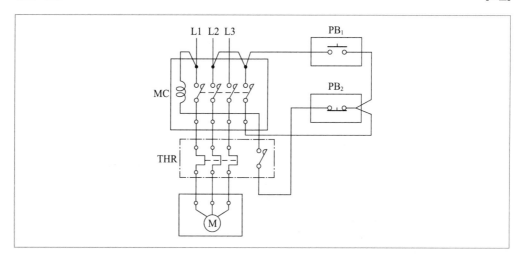

(1) 그림과 같은 회로용 전자 개폐기 MC의 보조 접점을 사용하여 자기 유지가 될 수 있는 일반적인 시퀀스 회로로 다시 작성하여 그리시오.

(2) 시간 t_3에 열동 계전기가 작동하고 시간 t_4에서 수동으로 복귀하였다. 이때의 동작을 타임 차트로 표시하시오.

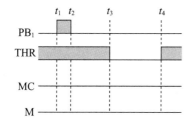

답안작성 (1)

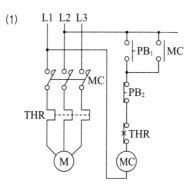

(2)

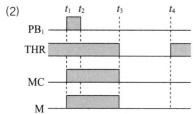

1회 학습전략

난이도 🔛
- 단답형: 다이오드 매트릭스, 모선 보호 방식, 시퀀스, 콘덴서용 방전장치, 수전설비, 변압기 냉각방식, 배전반 등의 최소 유지거리, 콘덴서 설비 부속 장치
- 공식형: 부하설비, 에스컬레이터용 전동기, 3 전압계법, V결선, 오실로스코프, KCL, 전력용 콘덴서
- 복합형: 설비 불평형률
- 고난도 저빈출 문제가 많아 어려운 회차였습니다. 모든 문제를 확실하게 숙지하고 가면 좋지만, 효율적인 학습을 위해 별의 개수가 2개 이상인 문제부터 학습하는 방법을 추천합니다.

2회 학습전략

난이도 🔛
- 단답형: 차단기의 동작책무, 심벌, 축전지 충전 방식, 시퀀스, 유도 전동기의 정역 운전, 변압기의 보호장치, 수전 방식, 감전피해 결정 요인, PLC, 배전선로 사고
- 공식형: 권상기용 전동기, 피뢰기, 분기 회로, 계기용 변성기, 변류기, 부하설비
- 복합형: 단락 사고
- 복잡한 계산을 요구하는 문제가 많았습니다. 시험장에서 이런 출제 경향의 문제와 마주하면 우선 쉽게 풀이 가능한 문제를 먼저 답한 후, 고난도 문제를 접근하는 것이 계산 실수를 방지하는 데 도움이 됩니다.
- ※ KEC 적용에 의거해 삭제된 문제가 있어 배점 합계가 100점이 되지 않습니다.

3회 학습전략

난이도 🔛
- 단답형: PLC, 심벌, 단선 결선도, 감전 용어, 전력 퓨즈의 정격, 무한대 모선, 시퀀스, 코로나 현상, 보호 계전기, 발전기의 병렬 운전, 무정전 전원장치, 전동기 보호장치, 다중접지
- 공식형: 오차 및 보정, 전압강하율, 권상 소요 동력, 지락전류
- 복합형: 조명 설계
- 예비전원설비 및 조명설비에 관한 문제는 매회 꾸준히 출제되고 있습니다. 난도가 높은 편이 아니므로 꼭 학습하여 득점하는 것이 좋습니다. 별의 개수가 1개인 단답형 문제는 2~3회독 이상에서 챙겨가는 방법을 추천합니다.

01 ★☆☆

전등만의 수용가를 두 군으로 나누어 각 군에 변압기 1대씩을 설치하여 각 군의 수용가의 총 설비용량을 각각 30[kW], 40[kW]라 한다. 각 수용가의 수용률을 0.6, 수용가 간의 부등률을 1.2, 변압기군의 부등률을 1.4라 하면 고압 간선에 대한 최대 부하[kW]는? [5점]

• 계산 과정:
• 답:

답안작성
• 계산 과정

고압 간선에 대한 최대 부하 $= \dfrac{\dfrac{30 \times 0.6}{1.2} + \dfrac{40 \times 0.6}{1.2}}{1.4} = 25[\text{kW}]$

• 답: 25[kW]

해설비법
$$\text{부등률} = \frac{\text{개별 최대 수용 전력의 합}}{\text{합성 최대 수용 전력}} = \frac{\Sigma(\text{설비 용량} \times \text{수용률})}{\text{합성 최대 수용 전력}}$$

고압 간선에 대한 최대 부하는 각 군의 변압기 최대 수용 전력의 합을 변압기군의 부등률로 다시 나누어 주어야 한다.

02 ★☆☆

에스컬레이터용 전동기의 용량[kW]을 계산하시오.(단, 에스컬레이터 속도: 30[m/s], 경사각: 30°, 에스컬레이터 적재하중: 1,200[kgf], 에스컬레이터 총 효율: 0.6, 승객 승입률: 0.85이다.) [5점]

• 계산 과정:
• 답:

답안작성
• 계산 과정

$$P = \frac{1,200 \times (30 \times 60) \times 0.5 \times 0.85}{6,120 \times 0.6} = 250[\text{kW}]$$

• 답: 250[kW]

개념체크
에스컬레이터용 전동기 용량

$$P = \frac{G \times V \times sin\theta \times \beta}{6,120\eta}$$

(G: 적재하중[kgf], V: 속도[m/min], θ: 경사각, η: 총 효율, β: 승객 승입률)

03

★★☆

그림과 같은 전자 릴레이 회로를 미완성 다이오드 매트릭스 회로에 다이오드를 추가시켜 다이오드 매트릭스로 바꾸어 그리시오. [11점]

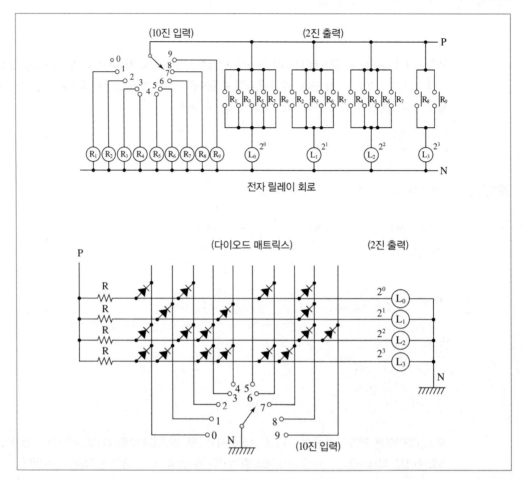

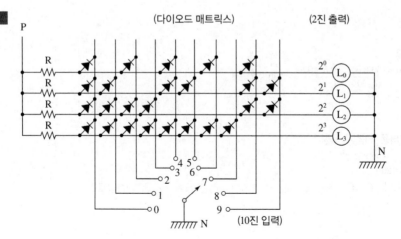

10진법	1	2	3	4	5	6	7	8	9
2진법	2^0	2^1	2^1+2^0	2^2	2^2+2^0	2^2+2^1	$2^2+2^1+2^0$	2^3	2^3+2^0

그림에 주어진 (10진 입력) 중 '9'의 (2진 출력)은 표와 같이 2^3+2^0가 되어야 한다. 따라서 셀렉터 스위치를 9로 맞추었을 때 L_3 및 L_0에는 전원 P가 다이오드를 통한 회로 구성이 되면 안 되고, 전원 P가 L_3 및 L_0에 바로 접속되어야 한다.

04 발전소 및 변전소에 사용되는 다음 각 모선 보호 방식에 대하여 설명하시오. [6점]

★★☆

(1) 전류차동 계전방식

(2) 전압차동 계전방식

(3) 위상비교 계전방식

(4) 방향비교 계전방식

답안작성

(1) 전류차동 계전방식: 각 모선에 설치된 CT의 2차 회로를 차동 접속한 후 과전류 계전기를 설치한 것으로, 모선 내 고장 시 모선에 유입 전류와 유출 전류의 차를 이용하여 고장을 검출하는 방식

(2) 전압차동 계전방식: 각 모선에 설치된 CT의 2차 회로를 차동 접속한 후 임피던스가 큰 전압 계전기를 설치한 것으로서, 모선 내 고장 시 전압 계전기에 큰 전압이 인가되어 동작하는 방식

(3) 위상비교 계전방식: 모선에 접속된 각 회선의 전류 위상을 비교함으로써 모선 내 고장인지 외부 고장인지를 판별하여 동작하는 방식

(4) 방향비교 계전방식: 모선에 접속된 각 회선에 전력 방향 계전기나 거리 방향 계전기를 설치하여 모선으로부터 유출하는 고장 전류가 없을 때 어느 회선으로부터 모선 방향으로 고장 전류의 유입이 있는지 파악하여 모선 내 고장인지 외부 고장인지 파악하는 방식

05

★ ★ ★

다음의 요구사항에 의하여 동작이 되도록 회로의 미완성된 부분(①～⑦)에 접점기호를 그리시오. [5점]

[요구사항]
- 전원이 투입되면 GL이 점등하도록 한다.
- 누름버튼 스위치(PB-ON 스위치)를 누르면 MC에 전류가 흐름과 동시에 MC의 보조접점에 의하여 GL이 소등되고 RL이 점등되도록 한다. 이때 전동기는 운전된다.
- 누름버튼 스위치(PB-ON 스위치) ON에서 손을 떼어도 MC는 계속 동작하여 전동기의 운전은 계속된다.
- 타이머 T에 설정된 일정 시간이 지나면 MC에 전류가 끊기고 전동기는 정지, RL은 소등, GL은 점등된다.
- 타이머 T에 설정된 시간 전이라도 누름버튼 스위치(PB-OFF 스위치)를 누르면 전동기는 정지되며, RL은 소등, GL은 점등된다.
- 전동기 운전 중 사고로 과전류가 흘러 열동 계전기가 동작되면 모든 제어 회로의 전원이 차단된다.

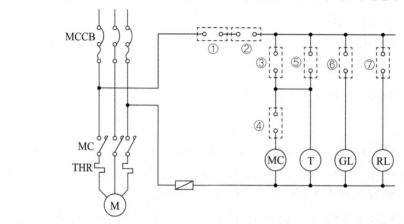

답안작성 ① $\overset{\circ\!\!\times\!\!\circ}{\text{THR-b}}$ ② $\overset{\circ\!\!\perp\!\!\circ}{\text{PB-OFF}}$ ③ $\underset{\phi}{\overset{\phi}{|}}\text{-PB-ON}$ ④ $\overset{\phi}{\underset{\phi}{\triangleright}}\text{T-b}$

⑤ $\overset{\phi}{\underset{\phi}{|}}\text{MC-a}$ ⑥ $\overset{\phi}{\underset{\phi}{\triangleright}}\text{MC-b}$ ⑦ $\overset{\phi}{\underset{\phi}{|}}\text{MC-a}$

해설비법 ① 전동기 운전 중 사고로 과전류가 흐르면 THR-b접점이 열려 모든 제어 회로의 전원이 차단
② 누름버튼 스위치(PB-OFF 스위치)를 누르면 전동기는 정지
③ 누름버튼 스위치(PB-ON 스위치)를 누르면 MC에 전류가 흐름
④ 타이머 T에 설정된 일정 시간이 지나면 MC에 전류가 끊김
⑤ 누름버튼 스위치(PB-ON 스위치) ON에서 손을 떼어도 MC는 계속 동작
⑥ 누름버튼 스위치(PB-ON 스위치)를 누르면 MC에 전류가 흐름과 동시에 MC의 보조접점에 의하여 GL이 소등
⑦ 누름버튼 스위치(PB-ON 스위치)를 누르면 MC에 전류가 흐름과 동시에 MC의 보조접점에 의하여 RL이 점등

06

★★★

그림의 회로에서 저항 R은 아는 값이다. 전압계 1개를 사용하여 부하의 역률을 구하는 방법에 대하여 쓰시오. [5점]

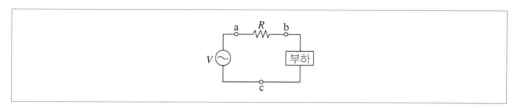

답안작성 3 전압계법을 이용하여 ac 사이의 전압을 V_3, ab 사이의 전압을 V_2, bc 사이의 전압을 V_1 이라고 하면

$V_3^2 = V_1^2 + V_2^2 + 2V_1 V_2 \cos\theta$ 이므로 $\cos\theta = \dfrac{V_3^2 - V_1^2 - V_2^2}{2V_1 V_2}$ 가 된다.

개념체크 3 전압계법

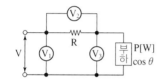

① 전압계 3개로 단상 전력 및 역률을 측정하는 방법

② 유효 전력 $P = \dfrac{V^2}{R} = \dfrac{1}{2R}\left(V_1^2 - V_2^2 - V_3^2\right)$[W]

③ 역률 $\cos\theta = \dfrac{V_1^2 - V_2^2 - V_3^2}{2V_2 V_3}$

07

★★★

다음은 고압 및 특고압 진상용 콘덴서 관련 방전장치에 관한 사항이다. (①), (②)에 알맞은 내용을 쓰시오. [5점]

"고압 및 특고압 진상용 콘덴서 회로에 설치하는 방전장치는 콘덴서 회로에 직접 접속하거나 또는 콘덴서 회로를 개방하였을 경우 자동적으로 접속되도록 장치하고, 또한 개로 후 (①)초 이내에 콘덴서의 잔류전하를 (②)[V] 이하로 저하시킬 능력이 있는 것을 설치하는 것을 원칙으로 한다."

답안작성 ① 5 ② 50

개념체크 고압 및 특고압 콘덴서용 방전장치

방전장치는 콘덴서 개로 후 5초 이내에 콘덴서의 잔류전하를 50[V] 이하로 저하시킬 수 있는 능력을 가질 것(저압의 경우, 3분 이내에 75[V] 이하)

08 불평형 부하의 제한에 관련된 다음 물음에 답하시오. [8점]

★★★

(1) 저압, 고압 및 특고압 수전의 3상 3선식 또는 3상 4선식에서 불평형 부하의 한도는 단상 접속 부하로 계산하여 설비 불평형률을 몇 [%] 이하로 하는 것을 원칙으로 하는가?

(2) "(1)"항 문제의 제한 원칙에 따르지 않아도 되는 경우를 2가지만 쓰시오.

(3) 부하설비가 그림과 같을 때 설비 불평형률은 몇 [%]인가?(단, Ⓗ는 전열기 부하이고, Ⓜ은 전동기 부하이다.)

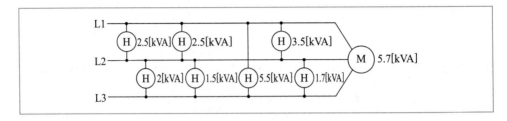

- 계산 과정:
- 답:

답안작성

(1) 30[%] 이하

(2) • 저압 수전에서 전용 변압기 등으로 수전하는 경우
   • 고압 및 특고압 수전에서 100[kVA] 이하의 단상 부하인 경우

(3) • 계산 과정

$$설비\ 불평형률 = \frac{(2.5+2.5+3.5)-(2+1.5+1.7)}{(2.5+2.5+3.5+5.7+2+1.5+1.7+5.5)\times\frac{1}{3}}\times100 = 39.76[\%]$$

- 답: 39.76[%]

개념체크 저압, 고압 및 특고압 수전의 3상 3선식 또는 3상 4선식에서의 설비 불평형률

$$\frac{각\ 선간에\ 접속되는\ 단상\ 부하설비\ 용량[kVA]의\ 최대와\ 최소의\ 차}{총\ 부하설비\ 용량[kVA]\times\frac{1}{3}}\times100[\%]$$

이때, 3상 3선식 및 3상 4선식의 설비 불평형률은 30[%] 이하이어야 한다.
(단, 다음에 해당하는 경우에는 예외로 한다.)
- 저압 수전에서 전용 변압기 등으로 수전하는 경우
- 고압 및 특고압 수전에서 100[kVA] 이하의 단상 부하의 경우
- 고압 및 특고압 수전에서 단상 부하 용량의 최대와 최소의 차가 100[kVA] 이하인 경우
- 특고압 수전에서 100[kVA] 이하의 단상 변압기 2대로 역V결선하는 경우

해설비법 (3) 각 선간에 접속되는 단상 부하설비 용량[kVA]

$$P_{12} = 2.5+2.5+3.5 = 8.5[kVA]$$
$$P_{23} = 2+1.5+1.7 = 5.2[kVA]$$
$$P_{31} = 5.5[kVA]$$

그림은 $22.9[kV-Y]$ $1,000[kVA]$ 이하에 적용 가능한 특고압 간이 수전설비 결선도이다. 각 물음에 답하시오. [6점]

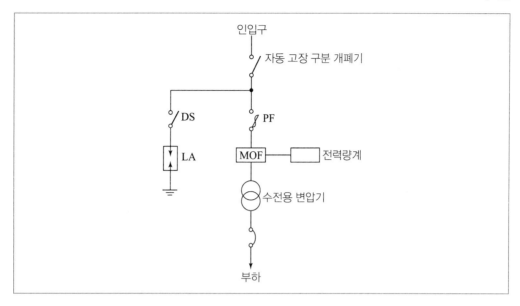

(1) 위 결선도에서 생략할 수 있는 것은?

(2) $22.9[kV-Y]$용의 LA는 어떤 것을 사용하여야 하는가?

(3) 인입선을 지중선으로 시설하는 경우로 공동주택 등 고장 시 정전피해가 큰 경우에는 예비 지중선을 포함하여 몇 회선으로 시설하는 것이 바람직한가?

(4) 지중 인입선의 경우에 $22.9[kV-Y]$ 계통은 CNCV-W 케이블(수밀형) 또는 TR CNCV -W(트리 억제형)을 사용하여야 한다. 다만, 전력구·공동구·덕트·건물 구내 등 화재의 우려가 있는 장소에서는 어떤 케이블을 사용하는 것이 바람직한가?

(5) $300[kVA]$ 이하인 경우는 PF 대신 어떤 것을 사용할 수 있는가?

답안작성

(1) LA용 DS

(2) Disconnector 또는 Isolator 붙임형

(3) 2회선

(4) FR CNCO-W(난연) 케이블

(5) COS(비대칭 차단 전류 10[kA] 이상의 것)

22.9[kV − Y] 1,000[kVA] 이하를 시설하는 경우 간이 수전설비 결선도

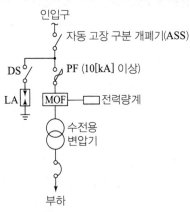

인입구

자동 고장 구분 개폐기(ASS)

DS

PF (10[kA] 이상)

LA

MOF ──[ ]전력량계

수전용 변압기

부하

[주요 사항]

① LA용 DS는 생략이 가능하며 22.9[kV − Y]용의 LA는 반드시 Isolator(또는 Disconnector) 붙임형을 사용하여야 한다.

② 인입선을 지중선으로 시설하는 경우에는 공동주택 등 고장 시 정전의 피해가 특히 우려되는 곳은 예비 지중선을 포함하여 2회선으로 시설하는 것이 바람직하다.

③ 지중 인입선의 경우에 22.9[kV − Y] 계통은 CNCV−W 케이블(수밀형) 또는 TR CNCV−W(트리 억제형)을 사용하여야 한다. 단, 전력구, 공동구, 덕트, 건물 구내 등 화재의 우려가 있는 장소에서는 FR CNCO−W(난연) 케이블을 사용하는 것이 바람직하다.

④ 300[kVA] 이하인 경우 PF 대신 COS(비대칭 차단 전류 10[kA] 이상의 것)을 사용할 수 있다.

⑤ 간이 수전설비는 PF의 용단 등에 의한 결상 사고에 대한 대책이 없으므로 변압기 2차 측에 설치되는 주차단기에는 결상 계전기 등을 설치하여 결상 사고에 대한 보호 능력이 있도록 하는 것이 바람직하다.

10 ★★★

500[kVA] 단상 변압기 3대를 3상 △ − △ 결선으로 사용하고 있었는데, 부하 증가로 500[kVA] 예비 변압기 1대를 추가하여 공급한다면 몇 [kVA]로 공급할 수 있는지 구하시오. [5점]

• 계산 과정:

• 답:

답안작성 • 계산 과정: $P_a = 2 \times P_v = 2 \times \sqrt{3} P = 2 \times \sqrt{3} \times 500 = 1,732.05[kVA]$

• 답: 1,732.05[kVA]

해설비법 예비 변압기 1대를 추가하면 500[kVA]의 동일한 용량의 변압기가 총 4대이므로 $V − V$ 결선의 2뱅크가 된다. 즉, 공급 용량 $P_a = 2 \times P_v = 2 \times \sqrt{3} P[kVA]$

11
★★☆

오실로스코프의 감쇄 Probe는 입력 전압의 크기를 10배의 배율로 감소시키도록 설계되어 있다. 그림에서 오실로스코프의 입력 임피던스 R_s는 $1[\text{M}\Omega]$이고, Probe의 내부 저항 R_p는 $9[\text{M}\Omega]$이다. 다음 각 물음에 답하시오.   [9점]

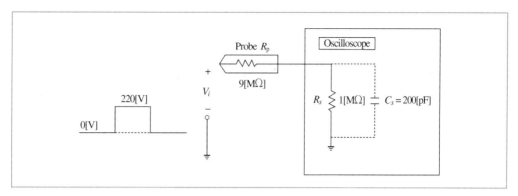

(1) 이때 Probe의 입력 전압이 $V_i = 220[\text{V}]$라면 오실로스코프에 나타나는 전압은?
   - 계산 과정:
   - 답:

(2) 오실로스코프의 내부 저항 $R_s = 1[\text{M}\Omega]$과 $C_s = 200[\text{pF}]$의 콘덴서가 병렬로 연결되어 있을 때 콘덴서 C_s에 대한 테브난의 등가 회로가 다음과 같다면, 시정수 τ와 $v_i = 220[\text{V}]$일 때의 테브난의 등가 전압 E_{th}를 구하시오.

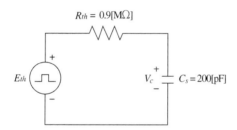

   - 계산 과정:
   - 답:

(3) 인가 주파수가 $10[\text{kHz}]$일 때 주기는 몇 $[\text{ms}]$인가?
   - 계산 과정:
   - 답:

답안작성

(1) • 계산 과정: $V_0 = \dfrac{220}{10} = 22[\text{V}]$

   • 답: $22[\text{V}]$

(2) • 계산 과정

   시정수 $\tau = R_{th} C_s = 0.9 \times 10^6 \times 200 \times 10^{-12} = 180 \times 10^{-6}[\text{s}] = 180[\mu s]$

   테브난 전압 $E_{th} = \dfrac{R_s}{R_p + R_s} \times V_i = \dfrac{1}{9+1} \times 220 = 22[\text{V}]$

   • 답: 시정수 $180[\mu s]$, 테브난 전압 $22[\text{V}]$

(3) • 계산 과정: $T = \dfrac{1}{f} = \dfrac{1}{10 \times 10^3} = 0.1 \times 10^{-3}[\text{s}] = 0.1[\text{ms}]$

   • 답: $0.1[\text{ms}]$

(1) 오실로스코프의 감쇄 Probe가 입력 전압의 크기를 10배의 배율로 감소시키도록 설계되어 있으므로

$$출력\ 전압\ \ V_0 = \frac{입력\ 전압}{10} = \frac{220}{10} = 22[\text{V}]$$

12
★★★
그림과 같이 환상 직류 배전선로에서 각 구간의 왕복 저항은 $0.1[\Omega]$, 급전점 A의 전압은 $100[\text{V}]$, 부하점 B, D의 부하전류는 각각 $25[\text{A}]$, $50[\text{A}]$라 할 때 부하점 B의 전압은 몇 $[\text{V}]$인가?　　　　　[5점]

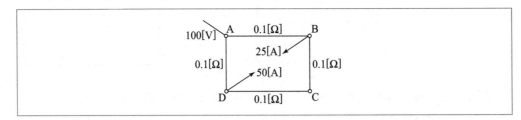

• 계산 과정:

• 답:

• 계산 과정

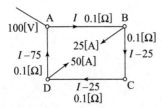

그림과 같이 전류 방향을 가정하면 폐회로 내의 전압강하의 합은 0이므로

$0.1I + 0.1(I-25) + 0.1(I-25) + 0.1(I-75) = 0$

∴ $I = 31.25[\text{A}]$

부하점 B의 전압 $V_B = V_A - IR = 100 - 31.25 \times 0.1 = 96.88[\text{V}]$

• 답: $96.88[\text{V}]$

키르히호프의 전류 법칙(KCL)

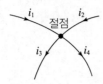

회로의 어느 한 절점에 유입하는 전류와 유출하는 전류의 합은 항상 같다.

$i_1 + i_2 = i_3 + i_4$ 또는 $i_1 + i_2 - i_3 - i_4 = 0$

13

★★★

다음 변압기 냉각방식의 명칭은 무엇인지 답하시오. [5점]

[예] AA(AN): 건식 자냉식

① OA(ONAN)   ② FA(ONAF)   ③ OW(ONWF)   ④ FOA(OFAF)   ⑤ FOW(OFWF)

답안작성

① OA(ONAN): 유입 자냉식
② FA(ONAF): 유입 풍냉식
③ OW(ONWF): 유입 수냉식
④ FOA(OFAF): 송유 풍냉식
⑤ FOW(OFWF): 송유 수냉식

14

★★★

수전설비의 수전실 등의 시설에 있어서 변압기, 배전반 등 수전설비의 주요부분이 원칙적으로 유지하여야 할 거리 기준과 관련 수전설비의 배전반 등의 최소 유지거리에 대하여 빈칸 ㉮~㉰에 알맞은 내용을 쓰시오. [10점]

수전설비의 배전반 등의 최소 유지거리 (단위: [m])

위치별 / 기기별	앞면 또는 조작·계측면	뒷면 또는 점검면	열상호 간 (점검하는 면)	기타의 면
특고압 배전반	㉮	㉯	㉰	—
고압 배전반 저압 배전반	㉱	㉲	㉳	–
변압기 등	㉴	㉵	㉶	㉷

※ 앞면 또는 조작계측면은 배전반 앞에서 계측기를 판독할 수 있거나 필요조작을 할 수 있는 최소거리임

※ 뒷면 또는 점검 면은 사람이 통행할 수 있는 최소거리임. 무리 없이 편안히 통행하기 위하여 0.9[m] 이상으로 함이 좋다.

※ 열상호 간(점검 면)은 기기류를 2열 이상 설치하는 경우를 말하며, 배전반류의 내부에 기기가 설치되는 경우는 이의 인출을 대비하여 내장기기의 최대폭에 적절한 안전거리(통상 0.3[m] 이상)를 가산한 거리를 확보하는 것이 좋다.

※ 기타 면은 변압기 등을 벽 등에 면하여 설치하는 경우 최소 확보거리이다. 이 경우도 사람의 통행이 필요할 경우는 0.6[m] 이상으로 함이 바람직하다.

답안작성

위치별 / 기기별	앞면 또는 조작·계측면	뒷면 또는 점검면	열상호 간 (점검하는 면)	기타의 면
특고압 배전반	㉮ 1.7[m]	㉯ 0.8[m]	㉰ 1.4[m]	—
고압 배전반 저압 배전반	㉱ 1.5[m]	㉲ 0.6[m]	㉳ 1.2[m]	–
변압기 등	㉴ 0.6[m]	㉵ 0.6[m]	㉶ 1.2[m]	㉷ 0.3[m]

15 ★★★ 다음 그림은 전력 계통의 일부를 나타낸 것이다. 그림에서 가, 나, 다의 명칭과 역할에 대하여 쓰시오. [5점]

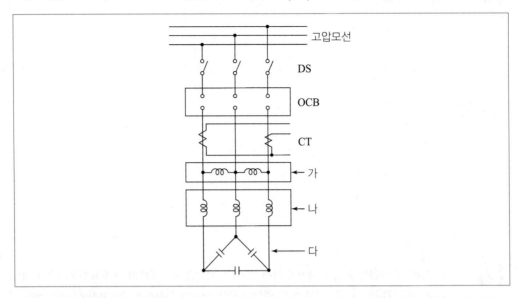

번호	명칭	역할
가		
나		
다		

답안작성

번호	명칭	역할
가	방전 코일	콘덴서에 축적된 잔류 전하를 방전
나	직렬 리액터	제5고조파를 제거
다	전력용 콘덴서	역률을 개선

개념체크 역률 개선용 콘덴서 설비의 부속 장치

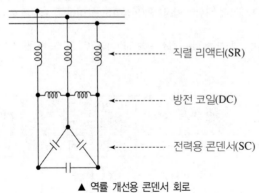

▲ 역률 개선용 콘덴서 회로

(1) 직렬 리액터(SR: Series Reactor)
　① 변압기 등에서 발생하는 제5고조파 제거
　② 제5고조파 제거를 위한 직렬 리액터 용량

- 이론상: 제5고조파 공진 조건 $5\omega L = \dfrac{1}{5\omega C}$에서 $\omega L = \dfrac{1}{25\omega C} = 0.04 \times \dfrac{1}{\omega C}$

  ∴ 콘덴서 용량의 4[%] 설치
- 실제상: 여유를 두어 콘덴서 용량의 6[%] 설치

(2) 방전 코일(DC: Discharge Coil)

  ① 콘덴서에 남아 있는 잔류 전하를 신속히 방전시켜 인체의 감전 방지

  ② 5초 이내에 50[V] 이하로 방전

(3) 전력용 콘덴서(SC: Static Capacitor): 부하의 역률을 개선

16 ★☆☆

어떤 수용가에서 뒤진 역률 $80[\%]$로 $60[\text{kW}]$의 부하를 사용하고 있었으나 새로이 뒤진 역률 $60[\%]$, $40[\text{kW}]$의 부하를 증가하여 사용하게 되었다. 이때 콘덴서를 이용하여 합성 역률을 $90[\%]$로 개선하려고 한다면 필요한 전력용 콘덴서 용량은 몇 $[\text{kVA}]$가 되겠는가?   [5점]

- 계산 과정:
- 답:

답안작성

- 계산 과정

  무효전력 $Q = \dfrac{60}{0.8} \times 0.6 + \dfrac{40}{0.6} \times 0.8 = 98.33[\text{kVar}]$

  유효전력 $P = 60 + 40 = 100[\text{kW}]$

  합성 역률 $\cos\theta = \dfrac{P}{\sqrt{P^2 + Q^2}} = \dfrac{100}{\sqrt{100^2 + 98.33^2}} = 0.71$

  $\therefore Q_c = P(\tan\theta_1 - \tan\theta_2) = 100 \times \left(\dfrac{\sqrt{1 - 0.71^2}}{0.71} - \dfrac{\sqrt{1 - 0.9^2}}{0.9} \right) = 50.75[\text{kVA}]$

- 답: $50.75[\text{kVA}]$

개념체크

역률 개선 방법

① 역률은 부하에 의한 지상 무효전력$(-jQ)$ 때문에 저하되므로 부하와 병렬로 역률 개선용 콘덴서(진상 무효전력 $+jQ$ 공급) Q_c를 접속한다.

② 역률 개선용 콘덴서 용량

$$Q_c = P(\tan\theta_1 - \tan\theta_2) = P\left(\dfrac{\sin\theta_1}{\cos\theta_1} - \dfrac{\sin\theta_2}{\cos\theta_2} \right)[\text{kVA}]$$

(단, P: 부하전력[kW], $\cos\theta_1$: 개선 전 역률, $\cos\theta_2$: 개선 후 역률)

01
★★☆

$66[kV]/6.6[kV]$, $6,000[kVA]$의 3상 변압기 1대를 설치한 배전 변전소로부터 선로 길이 $1.5[km]$의 1회선 고압 배전선로에 의해 공급되는 수용가 인입구에서 3상 단락고장이 발생하였다. 선로의 전압강하를 고려하여 다음 물음에 답하시오.(단, 변압기 1상당의 리액턴스는 $0.4[\Omega]$, 배전선 1선당의 저항은 $0.9[\Omega/km]$, 리액턴스는 $0.4[\Omega/km]$라 하고, 기타의 정수는 무시하는 것으로 한다.)   [6점]

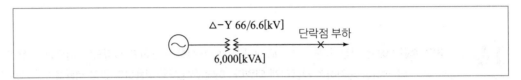

(1) 1상분의 단락회로를 그리시오.

(2) 수용가 인입구에서의 3상 단락 전류를 구하시오.
  • 계산 과정:
  • 답:

(3) 이 수용가에서 사용하는 차단기로서는 몇 [MVA] 것이 적당하겠는가?
  • 계산 과정:
  • 답:

답안작성 (1)

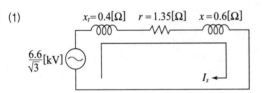

(2) • 계산 과정
  선로 임피던스는
  $r = 0.9 \times 1.5 = 1.35[\Omega]$
  $x = 0.4 \times 1.5 = 0.6[\Omega]$
  변압기 리액턴스 $x_t = 0.4[\Omega]$

  $\therefore$ 단락 전류 $I_s = \dfrac{E}{\sqrt{r^2 + (x_t + x)^2}} = \dfrac{\dfrac{6.6 \times 10^3}{\sqrt{3}}}{\sqrt{1.35^2 + (0.4 + 0.6)^2}} = 2,268.12[A]$

  • 답: $2,268.12[A]$

(3) • 계산 과정: $P_s = \sqrt{3} V_n I_s = \sqrt{3} \times 6,600 \times \dfrac{1.2}{1.1} \times 2,268.12 \times 10^{-6} = 28.29[MVA]$

  • 답: $28.29[MVA]$

해설비법 (3) 차단 용량 $P_s = \sqrt{3} V_n I_s [MVA]$

  V_n: 정격전압 = 공칭전압$\times \dfrac{1.2}{1.1}[kV]$, I_s: 정격 차단 전류[kA](차단기가 차단할 수 있는 단락 전류의 한도)

02 ★★★
차단기 "동작책무"란 무엇인지 작성하시오. [5점]

답안작성 차단기에 부과된 1회 또는 2회 이상의 투입, 차단 동작을 일정 시간 간격을 두고 행하는 일련의 동작을 규정한 것

개념체크 차단기의 동작책무
차단기에 부과된 1~2회 이상의 투입, 차단 동작을 일정 시간 간격을 두고 행하는 일련의 동작을 규정한 것이다. 이를 전력 계통 특성에 맞게 표준화한 것을 '표준 동작책무'라고 한다.

03 ★★★
다음과 같은 소형 변압기 심벌의 명칭을 쓰시오. [5점]

(1) (2) (3) (4) (5)

답안작성
(1) T_B : 벨 변압기 (2) T_R : 리모콘 변압기

(3) T_N : 네온 변압기 (4) T_F : 형광등용 안정기

(5) T_H : HID 등(고휘도 방전등)용 안정기

04 ★★☆
권상기용 전동기의 출력이 $50[\text{kW}]$이고 분당 회전속도가 $950[\text{rpm}]$일 때 그림을 참고하여 물음에 답하시오.(단, 기중기의 기계 효율은 $100[\%]$이다.) [6점]

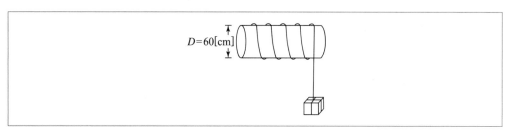

(1) 권상 속도는 몇 $[\text{m/min}]$인가?
   • 계산 과정:
   • 답:

(2) 권상기의 권상 중량은 몇 $[\text{kgf}]$인가?
   • 계산 과정:
   • 답:

(1) • 계산 과정: $v = \pi D N = \pi \times 0.6 \times 950 = 1,790.71\,[\text{m/min}]$

   • 답: $1,790.71\,[\text{m/min}]$

(2) • 계산 과정: $P = \dfrac{mv}{6.12\eta}$, $m = \dfrac{6.12P\eta}{v} = \dfrac{6.12 \times 50 \times 1}{1,790.71} \times 1,000 = 170.88\,[\text{kgf}]$

   • 답: $170.88\,[\text{kgf}]$

(1) $v = \pi D N$

   (v: 권상 속도[m/min], D: 회전체의 지름[m], N: 회전 속도[rpm])

(2) 권상기용 전동기 용량

   $$P = \frac{mv}{6.12\eta}k\,[\text{kW}]$$

   (단, m: 물체의 무게[ton], v: 권상 속도[m/min], k: 여유 계수, η: 효율)

05 ★★★ 다음과 같은 충전 방식에 대해 간단히 설명하시오. [5점]

(1) 보통 충전　　　　(2) 세류 충전　　　　(3) 균등 충전

(4) 부동 충전　　　　(5) 급속 충전

(1) 보통 충전: 필요할 때마다 표준 시간율로 소정의 충전을 하는 방식

(2) 세류 충전: 자기 방전량만을 항시 충전하는 방식

(3) 균등 충전: 각 전해조에서 일어나는 전위차를 보정하기 위하여 1~3개월마다 1회, 정전압 충전하여 각 전해조의 용량을 균일화하기 위해 행하는 충전 방식

(4) 부동 충전: 축전지의 자기 방전을 보충함과 동시에 상용 부하에 대한 전력 공급은 충전기가 부담하도록 하되, 충전기가 부담하기 어려운 일시적인 대전류 부하는 축전지가 부담하도록 하는 방식

(5) 급속 충전: 짧은 시간에 보통 충전 전류의 2~3배의 전류로 충전하는 방식

축전지 충전 방식

• 보통 충전 – 필요할 때마다 표준 시간율로 소정의 충전을 하는 방식
• 세류 충전 – 자기 방전량만을 항시 충전하는 방식
• 균등 충전 – 각 전해조에서 일어나는 전위차를 보정하기 위하여 1~3개월마다 한 번씩 정전압으로 10~12시간 충전하여 전해조의 용량을 균일화하기 위한 방식
• 부동 충전 – 축전지의 자기방전을 보충함과 동시에 상용부하에 대한 전력 공급은 충전기가 부담하도록 하되, 충전기가 부담하기 어려운 일시적인 대전류 부하는 축전지가 부담하도록 하는 방식
• 급속 충전 – 보통 충전 전류의 2~3배의 전류로 빠르게 충전하는 방식
• 회복 충전 – 축전지의 과방전 및 방치 상태, 가벼운 설페이션 현상 등이 생겼을 때 기능 회복을 위해 실시하는 충전 방식

06
★★☆

$154[\mathrm{kV}]$ 중성점 직접접지 계통에서 접지 계수가 0.75이고, 여유도가 1.1인 경우 전력용 피뢰기의 정격 전압을 주어진 표에서 선정하시오. [5점]

피뢰기의 정격 전압(표준값[kV])					
126	144	154	168	182	196

• 계산 과정:
• 답:

답안작성

• 계산 과정: $V = \alpha\beta V_m = 0.75 \times 1.1 \times 170 = 140.25[\mathrm{kV}]$, 표에서 $144[\mathrm{kV}]$ 선정
• 답: $144[\mathrm{kV}]$

개념체크

피뢰기의 정격 전압: 피뢰기 방전 후 속류를 차단할 수 있는 전압
피뢰기의 정격 전압[kV] = 접지 계수(α) × 여유도(β) × 계통의 최고 허용 전압[kV]

계통 전압[kV]	22.9	154	345
계통 최고 전압[kV]	25.8	170	362

07
★★☆

다음 논리식에 대한 물음에 답하시오.(단, A, B, C는 입력, X는 출력이다.) [7점]

[논리식]
$$X = A + B \cdot \overline{C}$$

(1) 논리식을 로직 시퀀스도로 나타내시오.

(2) 물음 '(1)'항에서 로직 시퀀스도로 표현된 것을 2입력 NAND gate를 최소로 사용하여 동일한 출력이 나오도록 회로를 변환하시오.

(3) 물음 '(1)'항에서 로직 시퀀스도로 표현된 것을 2입력 NOR gate를 최소로 사용하여 동일한 출력이 나오도록 회로를 변환하시오.

답안작성

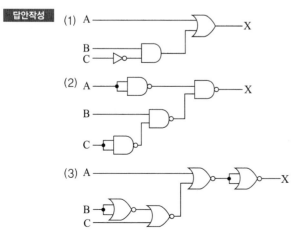

(2) $X = A + B \cdot \overline{C} = \overline{\overline{A + B \cdot \overline{C}}} = \overline{\overline{A} \cdot \overline{B \cdot \overline{C}}}$

(3) $X = A + B \cdot \overline{C} = A + \overline{\overline{B} + C} = \overline{\overline{A + \overline{B} + C}}$

08 ★★☆

도면은 유도 전동기 IM의 정회전 및 역회전용 운전의 단선 결선도이다. 이 도면을 이용하여 다음 각 물음에 답하시오.(단, 52F는 정회전용 전자 접촉기이고, 52R은 역회전용 전자 접촉기이다.) [8점]

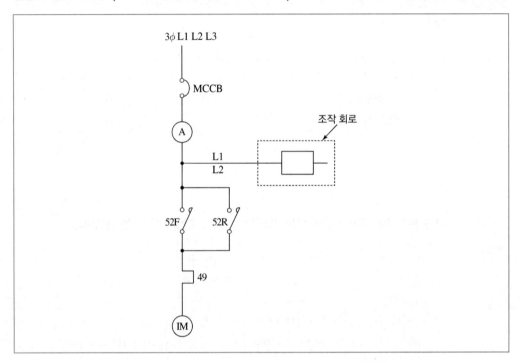

(1) 단선도를 이용하여 3선 결선도를 그리시오.(단, 점선 내의 조작 회로는 제외하도록 한다.)

(2) 주어진 단선 결선도를 이용하여 정·역회전을 할 수 있도록 조작 회로를 그리시오.(단, 누름버튼 스위치 OFF 버튼 2개, ON 버튼 2개 및 정회전 표시 램프 RL, 역회전 표시 램프 GL도 사용하도록 한다.)

L1 ——————————————————

L2 ——————————————————

답안작성 (1)

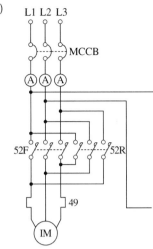

(2)

해설비법 (1) 정·역 운전 주회로 결선 시에는 두 상을 바꾸어 주면 된다.

09
★★★

변압기 본체 탱크 내에 발생한 가스 또는 이에 따른 유류를 검출하여 변압기 내부고장을 검출하는 데 사용되는 계전기로서, 본체와 콘서베이터 사이에 설치하는 계전기는?   [5점]

답안작성 부흐홀츠 계전기

개념체크 변압기 보호 장치 중 기계식 보호 계전기의 종류
  • 부흐홀츠 계전기: 변압기 본체와 콘서베이터를 연결하는 관 도중에 설치
  • 충격압력 계전기: 변압기 내부사고 시 가스 발생으로 이상 압력 상승이 생기는데 이 압력 상승을 검출
  • 방압 안전 장치   • 권선 온도계   • 유면계

10 스폿 네트워크(Spot Network) 수전 방식에 대하여 설명하고, 그 특징을 4가지만 쓰시오. [7점]

★★☆

(1) Spot network 방식이란?

(2) 특징

답안작성

(1) 배전용 변전소로부터 2회선 이상의 배전선으로 수전하는 방식으로, 배전선 1회선에 사고가 발생한 경우에도 다른 건전한 회선으로부터 자동적으로 수전할 수 있는 신뢰도가 높은 수전 방식

(2) • 공급 신뢰도가 높은 수전 방식이다.
     • 전압강하 및 전압 변동률이 작다.
     • 부하 증가에 대해서 적응성이 뛰어나다.
     • 무정전 전력 공급이 가능하다.

11 인체가 전기설비에 접촉되어 감전재해가 발생하였을 때 감전 피해의 위험도를 결정하는 요인 4가지를 쓰시오. [5점]

★★★

답안작성

• 통전 전류의 크기
• 통전 경로
• 통전 시간
• 전원의 종류

12 ★★★

면적 $216[\text{m}^2]$인 사무실의 조도를 $200[\text{lx}]$로 할 경우에 램프 2개의 전광속 $4,600[\text{lm}]$, 램프 2개의 전류가 $1[\text{A}]$인, $40[\text{W}]\times 2$ 형광등을 시설할 경우에 조명률 $51[\%]$, 감광 보상률 1.3으로 가정하고, 전기방식은 $220[\text{V}]$ 단상 2선식으로 할 때 이 사무실의 $16[\text{A}]$ 분기 회로수는?(단, 콘센트는 고려하지 않는다.) **[5점]**

- 계산 과정:
- 답:

답안작성

- 계산 과정

$$N = \frac{EAD}{FU} = \frac{200 \times 216 \times 1.3}{4,600 \times 0.51} = 23.94 \rightarrow 24[\text{등}]$$

분기 회로수 $n = \dfrac{1 \times 24}{16} = 1.5$회로(절상) $\rightarrow$ 2회로

- 답: $16[\text{A}]$ 분기 2회로

해설비법 램프 2개의 전광속이 $4,600[\text{lm}]$이라고 주어졌으므로 계산 과정에서 $F = 4,600[\text{lm}]$ 그대로 대입한다.

개념체크 (1) 등의 개수 선정

$$FUN = EAD$$

(단, F: 광속[lm], U: 조명률, N: 사용하는 등의 개수, E: 조도[lx], A: 방의 면적[m²], D: 감광 보상률 $(= \dfrac{1}{M})$, M: 보수율(유지율))

(2) 분기 회로수 결정

$$분기\ 회로수 = \frac{표준\ 부하\ 밀도[\text{VA/m}^2] \times 바닥\ 면적[\text{m}^2]}{전압[\text{V}] \times 분기\ 회로의\ 전류[\text{A}]}$$

- 분기 회로수 결정 시 등기구의 전류가 주어지면 다음과 같이 계산하여 구한다.

$$분기\ 회로수 = \frac{등기구의\ 전류[\text{A}] \times 등기구\ 개수}{분기\ 회로의\ 전류[\text{A}]}$$

- 분기 회로수 계산 결과값에 소수점이 발생하면 소수점 이하 절상한다.
- 분기 회로의 전류가 주어지지 않을 때에는 $16[\text{A}]$를 표준으로 한다.

13 ★☆☆ PLC 래더 다이어그램이 그림과 같을 때 표에 ①~⑥의 프로그램을 완성하시오.(단, 회로 시작(STR), 출력(OUT), AND, OR, NOT 등의 명령어를 사용한다.) [6점]

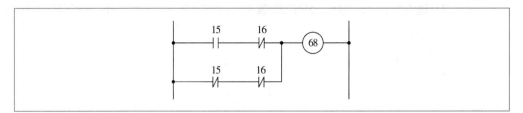

차례	명령어	번지
0	(①)	15
1	AND NOT	16
2	(②)	(③)
3	(④)	16
4	OR STR	−
5	(⑤)	(⑥)

답안작성 ① STR ② STR NOT ③ 15 ④ AND NOT ⑤ OUT ⑥ 68

14 ★☆☆ 변류비가 200/5인 CT의 1차 전류가 150[A]일 때 CT 2차 측 전류는 몇 [A]인가? [5점]

• 계산 과정:

• 답:

답안작성 • 계산 과정: $I_2 = I_1 \times \dfrac{1}{\text{CT비}} = 150 \times \dfrac{5}{200} = 3.75[\text{A}]$

• 답: 3.75[A]

해설비법 CT 2차 측 전류=1차 전류 $\times \dfrac{1}{\text{CT비}}$

CT 1차 측 전류=2차 전류 $\times$ CT비

15 ★★☆ 고압 동력 부하의 사용 전력량을 측정하려고 한다. CT 및 PT 취부 3상 적산 전력량계를 그림과 같이 오결선(1S와 1L 및 P1과 P3가 바뀜)하였을 경우 어느 기간 동안 사용 전력량이 3,000[kWh]였다면 그 기간 동안 실제 사용 전력량은 몇 [kWh]이겠는가?(단, 부하 역률은 0.8이라 한다.) [5점]

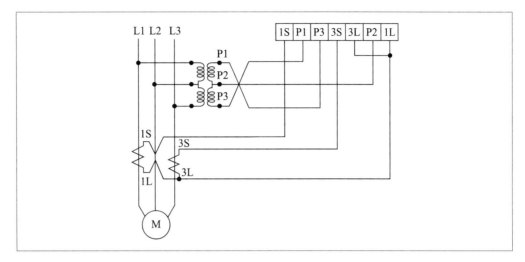

• 계산 과정:

• 답:

• 계산 과정

$W = W_1' + W_2' = 2VI\sin\theta$ 이므로

$VI = \dfrac{W_1' + W_2'}{2\sin\theta} = \dfrac{3,000}{2 \times 0.6} = 2,500$ 이다.

따라서 실제 사용 전력량은

$W' = \sqrt{3}\,VI\cos\theta = \sqrt{3} \times 2,500 \times 0.8 = 3,464.1\,[kWh]$ 이다.

• 답: 3,464.1[kWh]

16 ★★☆

배전선로 사고 종류에 따라 보호장치 및 보호조치를 다음 표의 ①~③까지 답하시오.(단, ①, ②는 보호장치이고, ③은 보호조치이다.) [5점]

구분	사고 종류	보호장치 및 보호조치
고압 배전선	접지사고	①
	과부하, 단락사고	②
	뇌해사고	피뢰기, 가공지선
주상 변압기	과부하, 단락사고	고압 퓨즈
저압 배전선	고저압 혼촉	③
	과부하, 단락사고	저압 퓨즈

답안작성 ① 접지 계전기 ② 과전류 계전기 ③ 중성점 접지공사

17 ★★★

고압 간선에 다음과 같은 A, B 수용가가 있다. A, B 각 수용가의 개별 부등률은 1.0이고 A, B 간 합성 부등률은 1.2라고 할 때, 고압 간선에 걸리는 최대 부하용량은 몇 $[kVA]$인가? [6점]

회선	부하설비$[kW]$	수용률$[\%]$	역률$[\%]$
A	250	60	80
B	150	80	80

• 계산 과정:
• 답:

답안작성 • 계산 과정

고압 간선에 걸리는 최대 부하용량 $= \dfrac{\dfrac{250 \times 0.6}{1.0 \times 0.8} + \dfrac{150 \times 0.8}{1.0 \times 0.8}}{1.2} = 281.25[kVA]$

• 답: $281.25[kVA]$

해설비법 부등률 $= \dfrac{\text{개별 최대 수용 전력의 합}}{\text{합성 최대 수용 전력}} = \dfrac{\Sigma(\text{설비 용량} \times \text{수용률})}{\text{합성 최대 수용 전력}}$

고압 간선에 대한 최대 부하는 각 군의 변압기 최대 수용 전력의 합을 변압기군의 부등률로 다시 나누어주어야 한다.

18

KEC 적용에 따라 삭제되는 문제입니다.

2009년 3회

기출문제

배점		100
득점	1회독	
	2회독	
	3회독	

01
★★☆

다음 그림과 같은 유접점 회로에 대한 주어진 미완성 PLC 래더 다이어그램을 완성하고, 표의 빈칸 ①
~⑥에 해당하는 프로그램을 완성하시오.(단, 회로 시작 LOAD, 출력 OUT, 직렬 AND, 병렬 OR,
b접점 NOT, 그룹 간 묶음 AND LOAD이다.)   [5점]

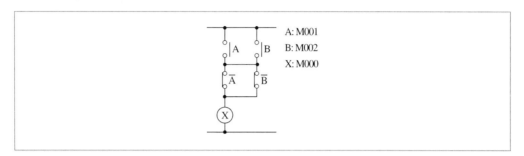

• 래더 다이어그램

• 프로그램

차례	명령	번지
0	LOAD	M001
1	①	M002
2	②	③
3	④	⑤
4	⑥	–
5	OUT	M000

답안작성   • 래더 다이어그램

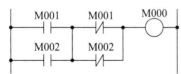

• 프로그램

차례	명령	번지
0	LOAD	M001
1	① OR	M002
2	② LOAD NOT	③ M001
3	④ OR NOT	⑤ M002
4	⑥ AND LOAD	–
5	OUT	M000

• 유접점 회로의 논리식 $X = (A+B) \cdot (\overline{A}+\overline{B})$
• PLC 프로그램 작성 시 두 그룹(M001과 M002, $\overline{M001}$과 $\overline{M002}$)을 직렬 묶음(AND LOAD)한다.

02 ★★★

다음 그림 기호는 일반 옥내 배선의 전등·전력·통신·신호·재해방지·피뢰시설 등의 배선, 기기 및 부착 위치, 부착 방법을 표시하는 도면에 사용하는 그림 기호이다. 각 그림 기호의 명칭을 쓰시오. [5점]

(1) $\boxed{E}$ (2) $\boxed{B}$ (3) $\boxed{EC}$ (4) $\boxed{S}$ (5) $\bigotimes_G$

답안작성 (1) 누전 차단기 (2) 배선용 차단기 (3) 접지 센터 (4) 개폐기 (5) 누전 경보기

03 ★★☆

그림의 단선 결선도를 보고 ①~⑤에 들어갈 기기에 대하여 표준 심벌을 그리고, 약호, 명칭, 용도 및 역할에 대하여 답란에 쓰시오. [5점]

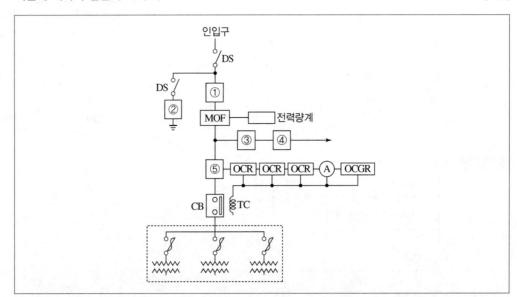

번호	심벌	약호	명칭	용도 및 역할
①				
②				
③				
④				
⑤				

번호	심벌	약호	명칭	용도 및 역할
①		PF	전력 퓨즈	단락 전류 및 고장 전류 차단
②		LA	피뢰기	이상 전압 내습 시 이를 대지로 방전시키고 그 속류를 차단
③		COS	컷아웃 스위치	계기용 변압기 및 부하 측에 고장 발생 시 이를 고압 회로로부터 분리하여 사고의 확대를 방지
④		PT	계기용 변압기	고전압을 저전압으로 변성하여 계기나 계전기에 공급
⑤		CT	변류기	대전류를 소전류로 변성하여 계기나 계전기에 공급

04

★★★

다음은 인체에 전류가 흘러 감전된 정도를 설명한 것이다. (   ) 안에 알맞은 용어를 쓰시오. [5점]

(1) (   )전류: 인체에 흐르는 전류가 수[mA]를 넘으면 자극으로서 느낄 수 있게 되는데 사람에 따라서는 1[mA] 이하에서 느끼는 경우도 있다.

(2) (   )전류: 도체를 잡은 상태로 인체에 흐르는 전류를 증가시켜가면 5 ~ 20[mA] 정도의 범위에서 근육이 수축 경련을 일으켜 사람 스스로 도체에서 손을 뗄 수 없는 상태로 된다.

(3) (   )전류: 인체 통과 전류가 수십[mA]에 이르면 심장 근육이 경련을 일으켜 신체 내의 혈액 공급이 정지되며 사망에 이르게 될 우려가 있으며, 단시간 내에 통전을 정지시키면 죽음을 면할 수 있다.

답안작성   (1) 감지   (2) 경련   (3) 심실세동

05

★★☆

전압 $1.0183[\text{V}]$를 측정하는 데 측정값이 $1.0092[\text{V}]$이었다. 이 경우의 다음 각 물음에 답하시오.(단, 소수점 이하 넷째 자리까지 구하시오.) [8점]

(1) 오차
- 계산 과정:
- 답:

(2) 오차율
- 계산 과정:
- 답:

(3) 보정(값)
- 계산 과정:
- 답:

(4) 보정률
- 계산 과정:
- 답:

답안작성

(1) • 계산 과정: 오차 = 측정값 − 참값 = $1.0092 - 1.0183 = -0.0091[\text{V}]$
- 답: $-0.0091[\text{V}]$

(2) • 계산 과정: 오차율 $= \dfrac{\text{오차}}{\text{참값}} = \dfrac{-0.0091}{1.0183} = -0.0089$
- 답: -0.0089

(3) • 계산 과정: 보정값 = 참값 − 측정값 = $1.0183 - 1.0092 = 0.0091[\text{V}]$
- 답: $0.0091[\text{V}]$

(4) • 계산 과정: 보정률 $= \dfrac{\text{보정값}}{\text{측정값}} = \dfrac{0.0091}{1.0092} = 0.0090$
- 답: 0.0090

해설비법 소수점 이하 넷째 자리까지 구하려면 소수점 이하 다섯째 자리에서 반올림한다.

06

★★★

보호계전기의 기억 작용이란 무엇인지 설명하시오. [5점]

답안작성 계전기의 입력이 급변했을 때 변화 전의 전기량을 계전기에 일시적으로 잔류시키게 하는 것을 말하며, 주로 모우형 거리계전기에 사용한다.

07 ★★☆

그림과 같은 $2:1$ 로핑의 기어레스 엘리베이터에서 적재하중은 $1,000[\text{kg}]$, 속도는 $140[\text{m/min}]$이다. 구동 로프 바퀴의 직경은 $760[\text{mm}]$이며, 기체의 무게는 $1,500[\text{kg}]$인 경우 다음 각 물음에 답하시오.(단, 평형률은 0.6, 엘리베이터의 효율은 기어레스에서 $1:1$ 로핑인 경우는 $85[\%]$, $2:1$ 로핑인 경우는 $80[\%]$이다.) [6점]

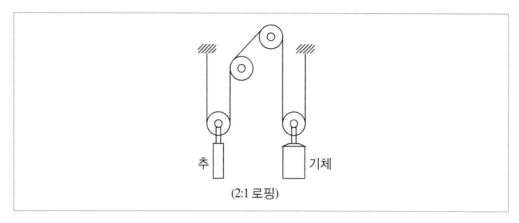

(2:1 로핑)

(1) 권상 소요 동력은 몇 $[\text{kW}]$인지 계산하시오.
   • 계산 과정:
   • 답:

(2) 전동기의 회전수는 몇 $[\text{rpm}]$인지 계산하시오.
   • 계산 과정:
   • 답:

답안작성 (1) • 계산 과정

   권상 소요 동력 $P = \dfrac{mv}{6.12\eta}C = \dfrac{1\times140}{6.12\times0.8}\times0.6 = 17.16[\text{kW}]$

   • 답: $17.16[\text{kW}]$

(2) • 계산 과정

   $N = \dfrac{v}{\pi D} = \dfrac{140\times2}{\pi\times760\times10^{-3}} = 117.27[\text{rpm}]$

   • 답: $117.27[\text{rpm}]$

개념체크 엘리베이터 전동기 용량

$P = \dfrac{mv}{6.12\eta}C[\text{kW}]$

(여기서 m: 물체의 무게$[\text{ton}]$, v: 권상 속도$[\text{m/min}]$, C: 평형률, η: 효율)

해설비법 (2) 전동기 회전속도 $v = \pi DN$에서 전동기의 회전수 $N = \dfrac{v}{\pi D}[\text{rpm}]$

   (여기서 v: 회전속도$[\text{m/min}]$, D: 로프 바퀴의 직경$[\text{m}]$)

   주어진 조건에서 $2:1$ 로핑인 경우로 $v = 140\times2 = 280$이다.

08
★★☆

3상 3선식 송전선에서 수전단의 선간 전압이 $30[\mathrm{kV}]$, 부하 역률이 0.8인 경우 전압강하율이 $10[\%]$라 하면 이 송전선은 몇 $[\mathrm{kW}]$까지 수전할 수 있는가?(단, 전선 1선의 저항은 $15[\Omega]$, 리액턴스는 $20[\Omega]$이라 하고, 기타의 선로 정수는 무시하는 것으로 한다.) [5점]

- 계산 과정:
- 답:

답안작성 · 계산 과정

전압강하율 $\varepsilon = \dfrac{V_s - V_r}{V_r} \times 100 = \dfrac{P_r}{V_r^2}(R + X\tan\theta) \times 100[\%]$ 에서

수전 전력 $P_r = \dfrac{\varepsilon V_r^2}{R + X\tan\theta} \times 10^{-3}[\mathrm{kW}]$

$\therefore P_r = \dfrac{0.1 \times (30 \times 10^3)^2}{\left(15 + 20 \times \dfrac{0.6}{0.8}\right)} \times 10^{-3} = 3{,}000[\mathrm{kW}]$

- 답: $3{,}000[\mathrm{kW}]$

해설비법 전압강하율 $\varepsilon = \dfrac{V_s - V_r}{V_r} \times 100 = \dfrac{\dfrac{P_r}{V_r} \times (R + X\tan\theta)}{V_r} \times 100 = \dfrac{P_r}{V_r^2}(R + X\tan\theta) \times 100[\%]$

개념체크 · 3상 선로에서 전압강하

$e = V_s - V_r = \sqrt{3}\,I(R\cos\theta + X\sin\theta)[\mathrm{V}] = \dfrac{P_r}{V_r}(R + X\tan\theta)[\mathrm{V}]$

- 전압강하율: 수전단 전압을 기준으로 하였을 때 선로에서 발생한 전압강하의 백분율
  3상 3선식 기준에서의 전압강하율은 다음과 같다.

$$\varepsilon = \dfrac{e}{V_r} \times 100[\%] = \dfrac{V_s - V_r}{V_r} \times 100[\%]$$

$$= \dfrac{\sqrt{3}\,I(R\cos\theta + X\sin\theta)}{V_r} \times 100[\%]$$

(단, V_s: 송전단 선간 전압$[\mathrm{kV}]$, V_r: 수전단 선간 전압$[\mathrm{kV}]$)

09 ★★★

퓨즈 정격사항에 대하여 주어진 표의 빈칸을 채우시오. [5점]

계통전압[kV]	퓨즈 정격	
	퓨즈 정격전압[kV]	최대 설계전압[kV]
6.6	①	8.25
13.2	15	②
22 또는 22.9	③	25.8
66	69	④
154	⑤	169

① 6.9 또는 7.5
② 15.5
③ 23
④ 72.5
⑤ 161

전력 퓨즈의 정격

계통전압[kV]	퓨즈 정격	
	퓨즈 정격전압[kV]	최대 설계전압[kV]
6.6	6.9 또는 7.5	8.25
13.2	15	15.5
22 또는 22.9	23	25.8
66	69	72.5
154	161	169

10 ★★★

발·변전소에는 전력의 집합, 융통, 분배 등을 위하여 모선을 설치한다. 무한대 모선(Infinite bus)이란 무엇인지 설명하시오. [3점]

내부 임피던스가 0이고 전압은 그 크기와 위상이 부하의 증감에 관계없이 변화하지 않고, 극히 큰 관성 정수를 가지고 있다고 생각되는 용량 무한대의 전원

모선: 발전기와 변압기, 변압기와 모선, 모선과 부하를 연결하는 도체

11
★★★

그림은 기동 입력 BS_1을 준 후 일정 시간이 지난 후에 전동기 M이 기동 운전되는 회로의 일부이다. 여기서 전동기 M이 기동하면 릴레이 X와 타이머 T가 복구되고 램프 RL이 점등되며 램프 GL은 소등되고, Thr이 트립되면 램프 OL이 점등하도록 회로의 점선 부분을 아래의 수정된 회로에 완성하시오. (단, MC의 보조 접점 (2a, 2b)를 모두 사용한다.)　　　　　　　　　　　　　　[6점]

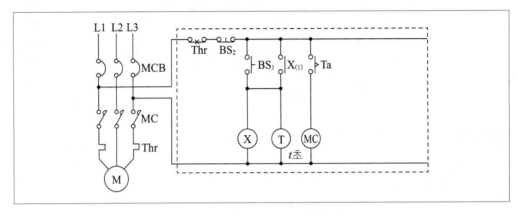

• 수정된 회로

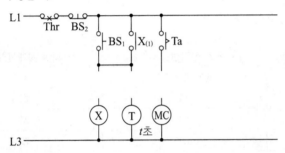

답안작성

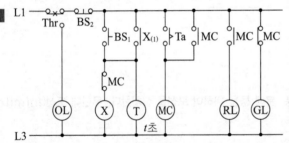

해설비법　전동기 M이 기동하면 릴레이 X와 타이머 T가 복구(릴레이 X에 MC의 b접점 설치)되고
램프 RL이 점등(램프 RL에 MC의 a접점 설치)되며
램프 GL은 소등(램프 GL에 MC의 b접점 설치)되고,
Thr이 트립되면 램프 OL이 점등(열동 계전기의 수동복귀 b접점 설치)

12 ★★☆

다음은 가공 송전선로의 코로나 임계 전압을 나타낸 식이다. 이 식을 보고 다음 각 물음에 답하시오.

[6점]

$$E_0 = 24.3 m_0 m_1 \delta d \log_{10} \frac{D}{r} \, [\text{kV}]$$

(1) 기온 $t\,[℃]$에서의 기압을 $b[\text{mmHg}]$라고 할 때 $\delta = \dfrac{0.386b}{273+t}$ 로 나타내는데, 이 δ는 무엇을 의미하는지 쓰시오.

(2) m_1이 날씨에 의한 계수라면, m_0는 무엇에 의한 계수인지 쓰시오.

(3) 코로나에 의한 장해의 종류 2가지만 쓰시오.

(4) 코로나 발생을 방지하기 위한 주요 대책 2가지만 쓰시오.

답안작성

(1) 상대 공기 밀도

(2) 전선의 표면 계수

(3) • 코로나 전력 손실 발생
　　• 전선의 부식

(4) • 굵은 전선 및 복도체(다도체) 사용
　　• 가선 금구 개량

개념체크　전선의 코로나 현상

(1) 코로나의 정의

송전선로의 공기 절연이 부분적으로 파괴되어서 낮은 소리와 푸른 빛을 내면서 방전하게 되는 이상 현상

(2) 코로나 임계 전압(E_0)

코로나 방전이 시작되는 코로나 임계 전압 산출식은 다음과 같다.

$$E_0 = 24.3 m_0 m_1 \delta d \log_{10} \frac{D}{r}[\text{kV}]$$

(단, m_0: 전선의 표면 계수(매끈한 전선 = 1, 거친 전선 = 0.8), m_1: 날씨 계수(맑은 날 = 1, 비, 눈, 안개 등 악천후 = 0.8), δ: 상대 공기 밀도$\left(\delta = \dfrac{0.386b}{273+t}\right)$, b: 기압, t: 온도, d: 전선의 직경, r: 도체의 반지름, D: 등가 선간 거리)

(3) 코로나에 의한 악영향
　① 코로나 전력 손실 발생
　② 코로나 고조파 발생
　③ 전력선 주변 통신 선로에 전파 장해 발생
　④ 소호 리액터 접지에서 소호 능력의 저하
　⑤ 전선 부식(코로나 방전 시 오존(O_3)이 발생하고 공기의 수분과 결합하여 초산 발생)

(4) 코로나 방지 대책
　① 굵은 전선 사용, 복도체(다도체)를 사용한다.
　② 전선의 표면을 매끄럽게 유지한다.
　③ 가선 금구를 매끄럽게 개량한다.

13 ★★☆

동기 발전기를 병렬로 접속하여 운전하는 경우에 생기는 횡류 3가지를 쓰고, 각각의 작용에 대하여 설명하시오. [6점]

종류	작용

답안작성

종류	작용
무효순환전류	양 발전기의 역률을 변화시킨다.
동기화 전류	양 발전기의 유효전력의 분담을 변화시킨다.
고조파 무효순환전류	전기자 권선의 저항손을 증가시킨다.

단답 정리함 동기 발전기의 병렬 운전 조건 – 조건에 맞지 않을 경우 나타나는 현상
- 기전력의 크기가 같을 것 – 무효 순환전류 발생
- 기전력의 위상이 같을 것 – 동기화 전류 발생
- 기전력의 주파수가 같을 것 – 난조 발생
- 기전력의 파형이 같을 것 – 고조파 무효 순환전류 발생

14 ★★★

인텔리전트 빌딩(Intelligent building)은 빌딩자동화 시스템, 사무자동화 시스템, 정보통신 시스템, 건축 환경을 총 망라한 건설과 유지 관리의 경제성을 추구하는 빌딩이라 할 수 있다. 이러한 빌딩의 전산 시스템을 유지하기 위하여 비상 전원으로 사용되고 있는 UPS에 대해 다음 각 물음에 답하시오.　　　[6점]

(1) UPS를 우리말로 하면 어떤 것을 뜻하는가?

(2) UPS에서 AC → DC부와 DC → AC부로 변환하는 부분의 명칭을 각각 무엇이라고 부르는가?
　　• AC → DC부
　　• DC → AC부

(3) UPS가 동작되면 전력 공급을 위한 축전지가 필요한데, 그때의 축전지 용량을 구하는 공식을 쓰시오.(단, 사용 기호에 대한 의미도 설명하도록 하시오.)

답안작성

(1) 무정전 전원 공급 장치

(2) • AC → DC부: 컨버터
　　• DC → AC부: 인버터

(3) $C = \dfrac{1}{L} KI$[Ah]

(L: 보수율(경년 용량 저하율), K: 용량 환산 시간 계수, I: 방전 전류[A], C: 축전지 용량[Ah])

개념체크

무정전 전원 공급 장치(UPS: Uninterruptible Power Supply)

(1) UPS의 역할
선로의 정전이나 입력 전원에 이상 상태가 발생하였을 경우에도 정상적으로 전력을 부하 측에 공급하는 무정전 전원 공급 장치이다.

(2) UPS의 구성

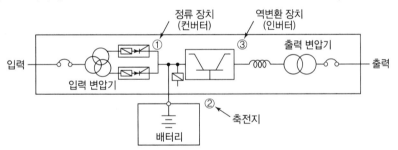

① 정류 장치(컨버터): 교류를 직류로 변환시킨다.
② 축전지: 직류 전력을 저장시킨다.
③ 역변환 장치(인버터): 직류를 교류로 변환시킨다.

2009년

15

★★☆

도로의 조명설계에 관한 다음 각 물음에 답하시오. [8점]

(1) 도로 조명설계에 있어서 성능상 고려하여야 할 중요 사항을 5가지만 쓰시오.

(2) 도로의 너비가 40[m]인 곳의 양쪽으로 35[m] 간격으로 지그재그식으로 등주를 배치하여 도로 위의 평균 조도를 6[lx]가 되도록 하고자 한다. 도로면의 광속 이용률은 30[%], 유지율은 75[%]로 한다고 할 때 각 등주에 사용되는 수은등의 규격은 몇 [W]의 것을 사용하여야 하는지 전광속을 계산하고 주어진 수은등 규격표에서 찾아 쓰시오.

수은등의 규격표

크기[W]	램프 전류[A]	전광속[lm]
100	1.0	3,200 ~ 4,000
200	1.9	7,700 ~ 8,500
250	2.1	10,000 ~ 11,000
300	2.5	13,000 ~ 14,000
400	3.7	18,000 ~ 20,000

• 계산 과정:

• 답:

답안작성 (1) • 연색성이 양호할 것

• 조명기구의 눈부심이 불쾌감을 주지 않을 것

• 조명시설이 도로나 그 주변의 경관을 해치지 않을 것

• 도로상의 조도가 충분히 밝아 서로 간의 보행자를 알아볼 수 있을 것

• 운전자 방향에서 본 노면의 휘도가 충분히 높고, 조도 균제도가 일정할 것

(2) • 계산 과정

$$F = \frac{6 \times \dfrac{40 \times 35}{2} \times \dfrac{1}{0.75}}{0.3 \times 1} = 18,666.67[\text{lm}], \text{ 표에서 } 400[\text{W}] \text{ 선정}$$

• 답: 400[W]

해설비법 (2) $FUN = EAD$에서

$$F = \frac{EAD}{UN} = \frac{E \times \dfrac{a \times b}{2} \times \dfrac{1}{M}}{UN} = \frac{6 \times \dfrac{40 \times 35}{2} \times \dfrac{1}{0.75}}{0.3 \times 1} = 18,666.67[\text{lm}]$$

크기[W]	램프 전류[A]	전광속[lm]
100	1.0	3,200 ~ 4,000
200	1.9	7,700 ~ 8,500
250	2.1	10,000 ~ 11,000
300	2.5	13,000 ~ 14,000
400	3.7	**18,000 ~ 20,000**

도로 조명 설계

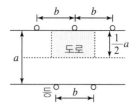

양측 대칭 배열, 양측 지그재그 배열에서 등기구 1개당 도로를 비추는 면적

$A = \dfrac{a \times b}{2}[\text{m}^2]$ (a: 도로의 폭, b: 등 간격)

$$FUN = EAD$$

(단, F: 광속[lm], U: 조명률, N: 사용하는 등의 개수, E: 조도[lx], A: 등기구 1개당 비추는 도로의 면적[m²],

D: 감광 보상률($= \dfrac{1}{M}$), M: 유지율(보수율))

16
★★☆

전동기에는 소손을 방지하기 위하여 전동기용 과부하 보호장치를 시설하여 자동적으로 회로를 차단하거나 과부하 시에 경보를 내는 장치를 하여야 한다. 전동기 소손방지를 위한 과부하 보호장치의 종류를 4가지만 쓰시오. [5점]

답안작성
- 전동기용 퓨즈
- 전동기 보호용 배선용 차단기
- 열동 계전기
- 정지형 계전기

단답 정리함 전동기 과부하 보호장치의 종류
- 전동기용 퓨즈
- 전동기 보호용 배선용 차단기
- 열동 계전기
- 정지형 계전기

17

★★★

비접지 3상 3선식 배전방식과 비교하여, 3상 4선식 다중접지 배전방식의 장점 및 단점을 각각 4가지씩 쓰시오. [6점]

(1) 장점

(2) 단점

답안작성 (1) 장점
- 1선 지락 사고 시 건전상의 대지 전압은 거의 상승하지 않는다.
- 개폐 서지의 값을 저감시킬 수 있으므로 피뢰기의 책무를 경감시키고 그 효과를 증대시킬 수 있다.
- 변압기의 단절연이 가능하고, 변압기 및 부속설비의 중량과 가격을 저하시킬 수 있다.
- 1선 지락 사고 시 보호 계전기의 동작이 확실하다.

(2) 단점
- 지락 사고 시 병행 통신선에 유도장해를 크게 미친다.
- 지락전류가 역률이 낮은 대전류이기 때문에 과도 안정도가 나빠진다.
- 지락전류가 매우 커 기기에 대한 기계적 충격이 크다.
- 차단기가 대전류를 차단할 기회가 많아진다.

18

★★★

그림과 같이 △ 결선된 배전선로에 접지 콘덴서 $C_s = 2[\mu\mathrm{F}]$를 사용할 때 L1상에 지락이 발생한 경우의 지락전류[mA]를 구하시오.(단, 주파수는 60[Hz]로 한다.) [5점]

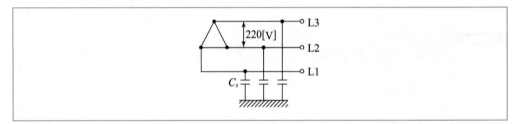

- 계산 과정:
- 답:

답안작성
- 계산 과정: $I_g = 3\omega C_s E = \sqrt{3}\,\omega C_s V = \sqrt{3} \times 2\pi \times 60 \times 2 \times 10^{-6} \times 220 \times 10^3 = 287.31[\mathrm{mA}]$
- 답: $287.31[\mathrm{mA}]$

개념체크 비접지 선로에서의 지락전류

$$I_g = \frac{E}{X_c} = \frac{E}{\dfrac{1}{3\omega C}} = 3\omega CE = 3\omega C \times \frac{V}{\sqrt{3}} = \sqrt{3}\,\omega CV[\mathrm{A}]$$

해설비법 △ 결선은 상전압과 선간전압이 같다.

1회 학습전략

난이도 ❺

- 단답형: 간이 수전설비 결선도, 접지저항 저감법, 고조파 전류, 시퀀스, 배전선로, 수배전반 설계 시 검토사항, 에너지 절약 방안
- 공식형: 접지사고 검출, 전력용 콘덴서, 양수용 전동기, 전압강하율, 전력 손실, 전압강하
- 복합형: 차단기, 절연내력 시험
- 공식형 문제가 많은 회차였습니다. 실기시험 시간이 길기 때문에 남는 시간은 계산 과정을 검토해서 실수를 최소로 해야 합니다. 빈출단답 노트를 학습하여 단답형 문제에서 득점한다면 합격률을 높일 수 있습니다.

2회 학습전략

난이도 ❺

- 단답형: 몰드 변압기, 상별 색상, 수전설비 결선도, 2중 모선, 4전극법, 3로 스위치
- 공식형: 소비전력, 연동선의 온도, 양수용 전동기, 소호 리액터, 수전설비, 승압, 전력용 콘덴서, 견적
- 상별 색상을 묻는 문제는 KEC 개정과 관련하여 다시 출제될 수 있는 문제입니다. 또한 견적 문제는 주로 공사기사에서 다루어지나, 전기기사 출제 기준에 포함되어 있으므로 순 공사원가(재료비+노무비+경비)는 알고 있으면 좋습니다.
- ※ KEC 적용에 의거해 삭제된 문제가 있어 배점 합계가 100점이 되지 않습니다.

3회 학습전략

난이도 ❶

- 단답형: 시퀀스, 비율 차동 계전기, 무정전 전원 공급장치, 과전류, 발전기실 위치 선정, 절연협조, 케이블의 고장점 측정, 통합접지, 코로나 현상, 은폐배선공사, 계기용 변성기
- 공식형: 승압기, 계약전력, 전압강하, 수전설비, 전력 손실
- 시퀀스에 대한 문제는 순서에 따라 천천히 이해하면 쉽게 득점할 수 있습니다. 또한 해당 회차처럼 단답형 출제가 많을 경우를 위해 '단답 정리함'을 참고하면 좋습니다.

01
★★☆

그림은 $22.9[kV-Y]$, $1,000[kVA]$ 이하에 적용 가능한 특고압 간이 수전설비 표준 결선도이다. 이 결선도를 보고 다음 각 물음에 답하시오. [6점]

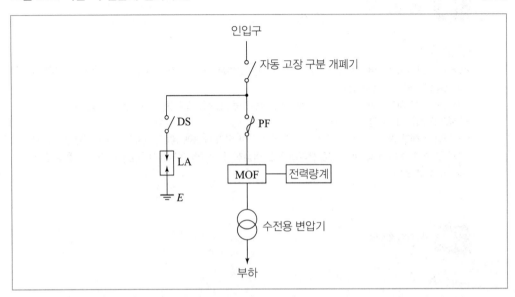

(1) 본 도면에서 생략할 수 있는 것은?

(2) $22.9[kV-Y]$용의 LA는 (　　) 붙임형을 사용하여야 한다. (　　) 안에 알맞은 것은?

(3) 인입선을 지중선으로 시설하는 경우로 공동주택 등 사고 시 정전 피해가 큰 수전설비 인입선은 예비선을 포함하여 몇 회선으로 시설하는 것이 바람직한가?

(4) $22.9[kV-Y]$ 지중 인입선에는 어떤 케이블을 사용하여야 하는가?

(5) $300[kVA]$ 이하인 경우 PF 대신 COS를 사용하였다. 이것의 비대칭 차단 전류 용량은 몇 $[kA]$ 이상의 것을 사용하여야 하는가?

답안작성

(1) LA용 DS

(2) Disconnector 또는 Isolator

(3) 2회선

(4) CNCV-W 케이블(수밀형) 또는 TR CNCV-W(트리 억제형)

(5) 10[kA]

22.9[kV − Y], 1,000[kVA] 이하를 시설하는 경우 간이 수전설비 결선도

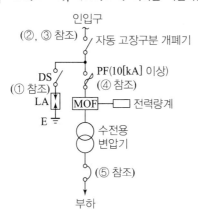

[주요 사항]

① LA용 DS는 생략이 가능하며, 22.9[kV − Y]용의 LA는 반드시 Isolator(또는 Disconnector) 붙임형을 사용하여야 한다.

② 인입선을 지중선으로 시설하는 경우에는 공동주택 등 고장 시 정전의 피해가 특히 우려되는 곳은 예비 지중선을 포함하여 2회선으로 시설하는 것이 바람직하다.

③ 지중 인입선의 경우에 22.9[kV − Y] 계통은 CNCV−W 케이블(수밀형) 또는 TR CNCV−W(트리 억제형)을 사용하여야 한다. 단, 전력구, 공동구, 덕트, 건물 구내 등 화재의 우려가 있는 장소에서는 FR CNCO−W(난연) 케이블을 사용하는 것이 바람직하다.

④ 300[kVA] 이하인 경우 PF 대신 COS(비대칭 차단 전류 10[kA] 이상의 것)을 사용할 수 있다.

⑤ 간이 수전설비는 PF의 용단 등에 의한 결상 사고에 대한 대책이 없으므로 변압기 2차 측에 설치되는 주차단기에는 결상 계전기 등을 설치하여 결상 사고에 대한 보호 능력이 있도록 하는 것이 바람직하다.

02
★★★

조명설비에서 전력을 절약하는 효율적인 방법에 대하여 5가지만 쓰시오.　　　　[10점]

답안작성
- 고효율 등기구 사용
- 고역률 등기구 사용
- 고조도 저휘도 반사갓 사용
- 적절한 조광제어 실시
- 합리적인 등기구 유지관리

단답 정리함　조명설비에서 에너지 절약 방안
- 고효율 등기구 사용
- 고역률 등기구 사용
- 고조도 저휘도 반사갓 사용
- 적절한 조광제어 실시
- 합리적인 등기구 유지관리
- 자연광을 최대한 이용

03
★★☆

고압 선로에서의 접지사고 검출 및 경보장치를 그림과 같이 시설하였다. A선에 누전사고가 발생하였을 때 다음 물음에 답하시오.(단, 전원이 인가되고 경보벨의 스위치는 닫혀 있는 상태라고 한다.) [5점]

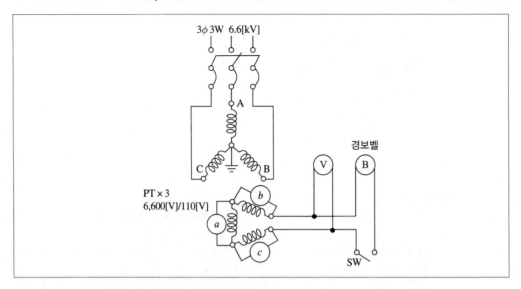

(1) 1차 측 A선의 대지 전압이 0[V]인 경우 B선 및 C선의 대지 전압은 각각 몇 [V]인가?

① B선의 대지 전압

• 계산 과정:

• 답:

② C선의 대지 전압

• 계산 과정:

• 답:

(2) 2차 측 전구 ⓐ의 전압이 0[V]인 경우 ⓑ 및 ⓒ 전구의 전압과 전압계 Ⓥ의 지시 전압, 경보벨 Ⓑ에 걸리는 전압은 각각 몇 [V]인가?

① ⓑ 전구의 전압

• 계산 과정:

• 답:

② ⓒ 전구의 전압

• 계산 과정:

• 답:

③ 전압계 Ⓥ의 지시 전압

• 계산 과정:

• 답:

④ 경보벨 Ⓑ에 걸리는 전압

• 계산 과정:

• 답:

(1) ① • 계산 과정: $\dfrac{6,600}{\sqrt{3}} \times \sqrt{3} = 6,600[\text{V}]$

　　　• 답: $6,600[\text{V}]$

② • 계산 과정: $\dfrac{6,600}{\sqrt{3}} \times \sqrt{3} = 6,600[\text{V}]$

　　　• 답: $6,600[\text{V}]$

(2) ① • 계산 과정: $\dfrac{110}{\sqrt{3}} \times \sqrt{3} = 110[\text{V}]$

　　　• 답: $110[\text{V}]$

② • 계산 과정: $\dfrac{110}{\sqrt{3}} \times \sqrt{3} = 110[\text{V}]$

　　　• 답: $110[\text{V}]$

③ • 계산 과정: $110 \times \sqrt{3} = 190.53[\text{V}]$

　　　• 답: $190.53[\text{V}]$

④ • 계산 과정: $110 \times \sqrt{3} = 190.53[\text{V}]$

　　　• 답: $190.53[\text{V}]$

(1) 1선 지락 사고 시

• 지락된 상: $0[\text{V}]$

• 건전상: 대지전위의 $\sqrt{3}$ 배로 상승

(2) 1선 지락 사고 시 전압계와 경보벨에는 건전상에 대한 선간 전압이 걸리므로
$110 \times \sqrt{3} = 190.53[\text{V}]$ 이 나타난다.

04
★★★

정격 용량 $100[\text{kVA}]$인 변압기에서 지상 역률 $60[\%]$의 부하에 $100[\text{kVA}]$를 공급하고 있다. 역률 $90[\%]$로 개선하여 변압기의 전용량까지 부하에 공급하고자 한다. 다음 각 물음에 답하시오. [5점]

(1) 소요되는 전력용 콘덴서의 용량은 몇 $[\text{kVA}]$인지 계산하시오.

• 계산 과정:

• 답:

(2) 역률 개선에 따른 유효전력의 증가분은 몇 $[\text{kW}]$인지 계산하시오.

• 계산 과정:

• 답:

(1) • 계산 과정

역률 개선 전 무효전력 $Q_1 = P_a \sin\theta_1 = 100 \times \sqrt{1-0.6^2} = 100 \times 0.8 = 80[\text{kVar}]$

역률 개선 후 무효전력 $Q_2 = P_a \sin\theta_2 = 100 \times \sqrt{1-0.9^2} = 43.59[\text{kVar}]$

필요한 콘덴서의 용량 $Q = Q_1 - Q_2 = 80 - 43.59 = 36.41[\text{kVA}]$

• 답: $36.41[\text{kVA}]$

(2) • 계산 과정

$$\triangle P = P_a(\cos\theta_2 - \cos\theta_1) = 100 \times (0.9 - 0.6) = 30\,[\text{kW}]$$

• 답: 30[kW]

개념체크 역률 개선 방법

역률은 부하에 의한 지상 무효전력($-jQ$) 때문에 저하되므로 부하와 병렬로 역률 개선용 콘덴서(진상 무효전력 $+jQ$ 공급) Q_c를 접속한다.

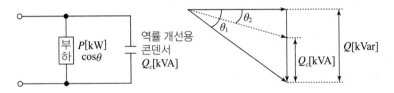

해설비법 (1) 변압기의 전용량까지 부하에 공급하고자 하므로 피상분 P_a를 이용하여 무효전력을 구한 후, 소요되는 콘덴서의 용량을 구한다.

05

★ ★ ★

접지공사에서 접지저항을 저감시키는 방법을 5가지만 쓰시오.　　　　　[5점]

답안작성
• 접지극을 매설지선으로 한다.
• 접지극을 병렬로 접속한다.
• 접지봉을 가능한 깊게 매설한다.
• 접지저항 저감제를 사용한다.
• 심타공법으로 시공한다.

단답 정리함 접지저항을 저감시키는 방법
• 접지극을 매설지선으로 한다.
• 접지극을 병렬로 접속한다.
• 접지봉을 가능한 깊게 매설한다.
• 접지저항 저감제를 사용한다.
• 심타공법으로 시공한다.

06
★★☆

고조파 전류는 SCR 등 전력제어소자 등에 의하여 발생하고 있는데, 이러한 고조파 전류가 회로에 흐를 때 미치는 영향과 그 대책을 각각 3가지씩 쓰시오. [6점]

(1) 영향

(2) 대책

답안작성 (1) • 콘덴서 및 리액터에 과전류가 흘러 과열, 소손, 진동 등 발생
　　　　 • 전자 유도에 의해 통신선에 잡음 전압 발생
　　　　 • 유도 전동기에 손실이 증가

(2) • 전력용 콘덴서에 직렬 리액터를 설치해 제5고조파 제거
　　 • 변압기 결선에서 △결선을 채용
　　 • 전력변환장치의 펄스 수를 크게 함

단답 정리함 고조파 억제 대책
• 전력용 콘덴서에 직렬 리액터를 설치해 제5고조파 제거
• 변압기 결선에서 △결선을 채용
• 전력변환장치의 펄스 수를 크게 함
• 고조파 필터를 사용해서 제거
• 고조파 발생 기기와 충분한 이격거리 확보

고조파 전류의 발생 원인
• 정지형 전력변환장치
• 전기로, 아크로 등에 의한 부하 급변
• 용접기
• 변압기, 전동기 등의 여자전류

스위치 S_1, S_2, S_3, S_4에 의하여 직접 제어되는 계전기 A_1, A_2, A_3, A_4가 있다. 전등 X, Y, Z가 동작표와 같이 점등되었다고 할 때 다음 각 물음에 답하시오. [8점]

A_1	A_2	A_3	A_4	X	Y	Z
0	0	0	0	0	1	0
0	0	0	1	0	0	0
0	0	1	0	0	0	0
0	0	1	1	0	0	0
0	1	0	0	0	0	0
0	1	0	1	0	0	0
0	1	1	0	1	0	0
0	1	1	1	1	0	0
1	0	0	0	0	0	0
1	0	0	1	0	0	1
1	0	1	0	0	0	0
1	0	1	1	1	1	0
1	1	0	0	0	0	1
1	1	0	1	0	0	1
1	1	1	0	0	0	0
1	1	1	1	1	0	0

• 출력 램프 X에 대한 논리식

$$X = \overline{A_1} \cdot A_2 \cdot A_3 \cdot \overline{A_4} + \overline{A_1} \cdot A_2 \cdot A_3 \cdot A_4 + A_1 \cdot \overline{A_2} \cdot A_3 \cdot A_4 + A_1 \cdot A_2 \cdot A_3 \cdot A_4 = A_3 \cdot (\overline{A_1} \cdot A_2 + A_1 \cdot A_4)$$

• 출력 램프 Y에 대한 논리식

$$Y = \overline{A_1} \cdot \overline{A_2} \cdot \overline{A_3} \cdot \overline{A_4} + A_1 \cdot \overline{A_2} \cdot A_3 \cdot A_4 = \overline{A_2} \cdot (\overline{A_1} \cdot \overline{A_3} \cdot \overline{A_4} + A_1 \cdot A_3 \cdot \Lambda_4)$$

• 출력 램프 Z에 대한 논리식

$$Z = A_1 \cdot \overline{A_2} \cdot \overline{A_3} \cdot A_4 + A_1 \cdot A_2 \cdot \overline{A_3} \cdot \overline{A_4} + A_1 \cdot A_2 \cdot \overline{A_3} \cdot A_4 = A_1 \cdot \overline{A_3} \cdot (A_2 + A_4)$$

(1) 답란에 미완성 부분을 최소 접점 수로 접점 표시를 하고 접점 기호를 써서 유접점 회로를 완성하시오.

(예: A_1 $\overline{A_1}$)

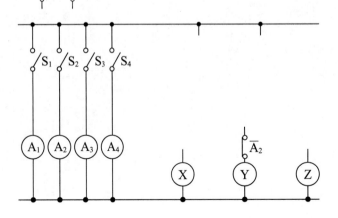

(2) 답란에 미완성 무접점 회로도를 완성하시오.

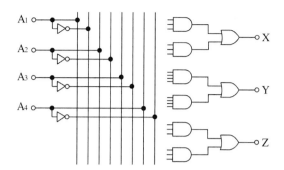

답안작성

(1)

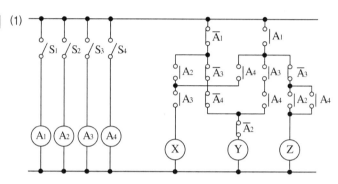

(2)

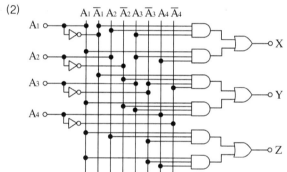

08
★★★

지표면상 10[m] 높이에 수조가 있다. 이 수조에 초당 1[m³]의 물을 양수하는 데 사용되는 펌프용 전동기에 3상 전력을 공급하기 위하여 단상 변압기 2대를 V 결선하였다. 펌프 효율이 70[%]이고, 펌프 축동력에 20[%]의 여유를 두는 경우 다음 각 물음에 답하시오.(단, 펌프용 3상 농형 유도 전동기의 역률을 100[%]로 가정한다.) [6점]

(1) 펌프용 전동기의 소요 동력은 몇 [kW]인가?
  • 계산 과정:
  • 답:

(2) 변압기 1대의 용량은 몇 [kVA]인가?
  • 계산 과정:
  • 답:

(1) • 계산 과정

$$P = \frac{9.8QH}{\eta} \times k = \frac{9.8 \times 1 \times 10}{0.7} \times 1.2 = 168[\mathrm{kW}]$$

• 답: $168[\mathrm{kW}]$

(2) • 계산 과정

$$P_v = \sqrt{3}\,P_1\,[\mathrm{kVA}]$$

$$P_1 = \frac{P_v}{\sqrt{3}} = \frac{168}{\sqrt{3}} = 96.99[\mathrm{kVA}]$$

• 답: $96.99[\mathrm{kVA}]$

(1) 양수 펌프용 전동기 용량

• $P = \dfrac{9.8QH}{\eta} k[\mathrm{kW}]$ (단, Q: 양수량$[\mathrm{m^3/s}]$, H: 양정(양수 높이)$[\mathrm{m}]$, k: 여유 계수, η: 효율)

• $P = \dfrac{QH}{6.12\eta} k[\mathrm{kW}]$ (단, Q: 양수량$[\mathrm{m^3/min}]$)

두 식의 차이점은 초당 양수량과 분당 양수량의 단위 차이이다.

(2) V결선: 단상 변압기 2대로 3상 전력을 공급하는 변압기 결선 방법

09 다음 고압 배전선의 구성과 관련된 미완성 환상(루프식)식 배전 간선의 단선도를 완성하시오. [5점]

★★★

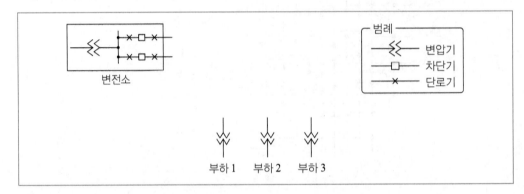

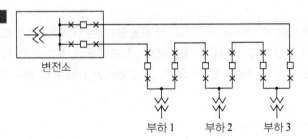

10
★★☆

3상 3선식 송전선에서 수전단의 선간 전압이 $30[\text{kV}]$, 부하 역률이 0.8인 경우 전압강하율이 $10[\%]$라 하면 이 송전선은 몇 $[\text{kW}]$까지 수전할 수 있는가?(단, 전선 1선의 저항은 $15[\Omega]$, 리액턴스는 $20[\Omega]$이라 하고, 기타의 선로 정수는 무시하는 것으로 한다.)   [5점]

• 계산 과정:

• 답:

답안작성 • 계산 과정

전압강하율 $\varepsilon = \dfrac{V_s - V_r}{V_r} \times 100 = \dfrac{P_r}{V_r^2}(R + X\tan\theta) \times 100[\%]$ 에서

수전 전력 $P_r = \dfrac{\varepsilon V_r^2}{R + X\tan\theta} \times 10^{-3}[\text{kW}]$

$\therefore P_r = \dfrac{0.1 \times (30 \times 10^3)^2}{\left(15 + 20 \times \dfrac{0.6}{0.8}\right)} \times 10^{-3} = 3,000[\text{kW}]$

• 답: $3,000[\text{kW}]$

해설비법 전압강하율 $\varepsilon = \dfrac{V_s - V_r}{V_r} \times 100 = \dfrac{\dfrac{P_r}{V_r} \times (R + X\tan\theta)}{V_r} = \dfrac{P_r}{V_r^2}(R + X\tan\theta) \times 100[\%]$

개념체크 • 3상 선로에서 전압강하

$e = V_s - V_r = \sqrt{3}\,I(R\cos\theta + X\sin\theta)[\text{V}] = \dfrac{P_r}{V_r}(R + X\tan\theta)[\text{V}]$

• 전압강하율: 수전단 전압을 기준으로 하였을 때 선로에서 발생한 전압강하의 백분율
  3상 3선식 기준에서의 전압강하율은 다음과 같다.

$$\varepsilon = \dfrac{e}{V_r} \times 100[\%] = \dfrac{V_s - V_r}{V_r} \times 100[\%]$$
$$= \dfrac{\sqrt{3}\,I(R\cos\theta + X\sin\theta)}{V_r} \times 100[\%]$$

(단, V_s: 송전단 선간 전압[kV], V_r: 수전단 선간 전압[kV])

11 주어진 조건을 참조하여 다음 각 물음에 답하시오. [7점]

★★★

> **[조건]**
> 차단기 명판(Name plate)에 BIL 150[kV], 정격 차단 전류 20[kA], 차단 시간 8 사이클, 솔레노이드 (Solenoid)형이라고 기재되어 있다.(단, BIL은 절연 계급 20호 이상의 비유효 접지계에서 계산하는 것으로 한다.)

(1) BIL이란 무엇인가?

(2) 이 차단기의 정격 전압은 몇 [kV]인가?
 · 계산 과정:
 · 답:

(3) 이 차단기의 정격 차단 용량은 몇 [MVA]인가?
 · 계산 과정:
 · 답:

답안작성 (1) 기준 충격 절연 강도

(2) · 계산 과정

$\text{BIL} = 절연\ 계급 \times 5 + 50[\text{kV}]$ 에서

$절연\ 계급 = \dfrac{\text{BIL} - 50}{5} = \dfrac{150 - 50}{5} = 20[\text{kV}]$

$공칭\ 전압 = 절연\ 계급 \times 1.1 = 20 \times 1.1 = 22[\text{kV}]$

$정격\ 전압\ V_n = 22 \times \dfrac{1.2}{1.1} = 24[\text{kV}]$

∴ 정격 전압 24[kV] 선정

· 답: 24[kV]

(3) · 계산 과정: $P_s = \sqrt{3}\,V_n I_s = \sqrt{3} \times 24 \times 20 = 831.38[\text{MVA}]$

· 답: 831.38[MVA]

개념체크 · $\text{BIL} = 절연\ 계급 \times 5 + 50[\text{kV}]$

· $공칭\ 전압 = 절연\ 계급 \times 1.1$

· $정격\ 전압 = 공칭\ 전압 \times \dfrac{1.2}{1.1}$

· $정격\ 차단\ 용량[\text{MVA}] = \sqrt{3} \times 정격\ 전압[\text{kV}] \times 정격\ 차단\ 전류[\text{kA}]$

12 ★★☆

유도 전동기를 정·역 운전하기 위한 시퀀스 도면을 작성하려고 한다. 주어진 조건을 이용하여 시퀀스 도면을 그리시오. [7점]

[조건]
• 기구는 누름버튼 스위치 PBS ON용 2개, OFF용 1개, 정전용 전자접촉기 MCF 1개, 역전용 전자접촉기 MCR 1개, 열동계전기 THR 1개를 사용한다.
• 접점의 최소 수를 사용하여야 하며, 접점에는 반드시 접점의 명칭을 쓰도록 한다.
• 과전류가 발생할 경우 열동계전기가 동작하여 전동기가 정지하도록 한다.
• 정회전과 역회전의 방향은 고려하지 않는다.

L1 L2 L3
MCCB

답안작성

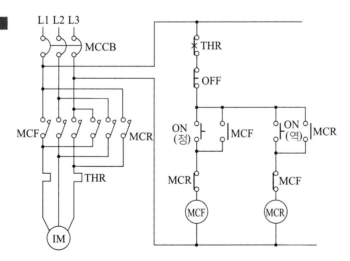

해설비법
• 정·역 운전 주회로 결선 시에는 두 상을 바꾸어주면 된다.
• 열동계전기 THR접점은 반드시 b접점으로 한다.

13 ★☆☆

$20[\text{kVA}]$ 단상 변압기가 있다. 역률이 1일 때 전부하 효율은 $97[\%]$이고 $75[\%]$ 부하에서 최고 효율이 되었다. 전부하 시에 철손은 몇 $[\text{W}]$인가? [5점]

• 계산 과정:

• 답:

• 계산 과정

효율 $\eta = \dfrac{P_a \cos\theta}{P_a \cos\theta + P_i + P_c} \times 100[\%]$

손실 $P_i + P_c = \dfrac{P_a \cos\theta}{\eta} - P_a \cos\theta = \left(\dfrac{20 \times 1}{0.97} - 20 \times 1\right) \times 10^3 = 618.56[\text{W}]$

동손 $P_c = 618.56 - P_i [\text{W}]$

최대 효율조건 $P_i = m^2 P_c$에서

최대 효율이 나타나는 부하 $m = \sqrt{\dfrac{P_i}{P_c}} = 0.75$ 이므로 $P_c = \dfrac{1}{0.75^2} P_i$

∴ 철손 $P_i = 0.75^2 \times (618.56 - P_i)$

$P_i + 0.75^2 P_i = 0.75^2 \times 618.56$

∴ $P_i = 222.68[\text{W}]$

• 답: $222.68[\text{W}]$

변압기의 최대 효율 조건

변압기의 철손과 동손이 같을 때이다. $P_i = m^2 P_c$ (P_i: 철손, P_c: 동손, m: 부하율)

14 ★★☆

그림과 같은 3상 배전선이 있다. 변전소(A점)의 전압은 $3,300[\text{V}]$, 중간(B점) 지점의 부하는 $50[\text{A}]$, 역률 0.8(지상), 말단(C점)의 부하는 $50[\text{A}]$, 역률 0.8이다. AB 사이의 길이는 $2[\text{km}]$, BC 사이의 길이는 $4[\text{km}]$이고, 선로의 $[\text{km}]$당 임피던스는 저항 $0.9[\Omega]$, 리액턴스 $0.4[\Omega]$이다. 다음 각 물음에 답하시오. [9점]

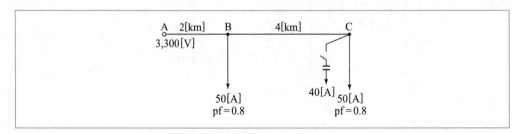

(1) 이 경우의 B점, C점의 전압은?
  • 계산 과정:
  • 답:

(2) C점에 전력용 콘덴서를 설치하여 진상 전류 $40[\text{A}]$를 흘릴 때 B점, C점의 전압은?
  • 계산 과정:
  • 답:

(3) 전력용 콘덴서를 설치하기 전과 후의 선로의 전력 손실을 구하시오.
  • 계산 과정:
  • 답:

(1) • 계산 과정

① B점의 전압
$$V_B = V_A - \sqrt{3}\,I_1(R_1\cos\theta + X_1\sin\theta) = 3,300 - \sqrt{3}\times100\times(0.9\times2\times0.8 + 0.4\times2\times0.6) = 2,967.45[\text{V}]$$
• 답: 2,967.45[V]

② C점의 전압
$$V_C = V_B - \sqrt{3}\,I_2(R_2\cos\theta + X_2\sin\theta) = 2,967.45 - \sqrt{3}\times50\times(0.9\times4\times0.8 + 0.4\times4\times0.6) = 2,634.9[\text{V}]$$
• 답: 2,634.9[V]

(2) • 계산 과정

① B점의 전압
$$V_B = V_A - \sqrt{3}\times\{I_1\cos\theta\cdot R_1 + (I_1\sin\theta - I_C)\cdot X_1\}$$
$$= 3,300 - \sqrt{3}\times\{100\times0.8\times1.8 + (100\times0.6 - 40)\times0.8\} = 3,022.87[\text{V}]$$
• 답: 3,022.87[V]

② C점의 전압
$$V_C = V_B - \sqrt{3}\times\{I_2\cos\theta\cdot R_2 + (I_2\sin\theta - I_C)\cdot X_2\}$$
$$= 3,022.87 - \sqrt{3}\times\{50\times0.8\times3.6 + (50\times0.6 - 40)\times1.6\} = 2,801.17$$
• 답: 2,801.17[V]

(3) • 계산 과정

① 설치 전
$$P_{L1} = 3I_1^2 R_1 + 3I_2^2 R_2 = 3\times100^2\times1.8 + 3\times50^2\times3.6 = 81,000[\text{W}] = 81[\text{kW}]$$
• 답: 81[kW]

② 설치 후
$$I_1 = 100\times(0.8 - j0.6) + j40 = 80 - j20 = 82.46[\text{A}]$$
$$I_2 = 50\times(0.8 - j0.6) + j40 = 40 + j10 = 41.23[\text{A}]$$
$$\therefore P_{L2} = (3\times82.46^2\times1.8 + 3\times41.23^2\times3.6)\times10^{-3} = 55.08[\text{kW}]$$
• 답: 55.08[kW]

• 3상 선로에서의 전압강하
$$e = V_s - V_r = \sqrt{3}\,I(R\cos\theta + X\sin\theta)[\text{V}] = \sqrt{3}\,(I\cos\theta\times R + I\sin\theta\times X)[\text{V}]$$
• 저항 및 리액턴스
$$R_1 = 0.9[\Omega/\text{km}]\times2[\text{km}] = 1.8[\Omega]$$
$$R_2 = 0.9[\Omega/\text{km}]\times4[\text{km}] = 3.6[\Omega]$$
$$X_1 = 0.4[\Omega/\text{km}]\times2[\text{km}] = 0.8[\Omega]$$
$$X_2 = 0.4[\Omega/\text{km}]\times4[\text{km}] = 1.6[\Omega]$$
• 전력용 콘덴서를 설치하여 진상 전류(I_C)를 흘려주면 무효 전류가 감소한다. 즉, 계산 과정에서 $I_2\sin\theta - I_C$로 무효분 전류를 구할 수 있다.
• 3상 선로에서의 전력 손실
$$P_L = 3I^2 R[\text{W}]$$

15 ★☆☆

현장에서 시험용 변압기가 없을 경우 그림과 같이 주상 변압기 2대와 수저항기를 사용하여 변압기의 절연내력 시험을 할 수 있다. 이때 다음 각 물음에 답하시오.(단, 최대 사용전압 $6,900[\mathrm{V}]$의 변압기의 권선을 시험할 경우이며, $\dfrac{E_2}{E_1} = 105/6,300[\mathrm{V}]$이다.) [6점]

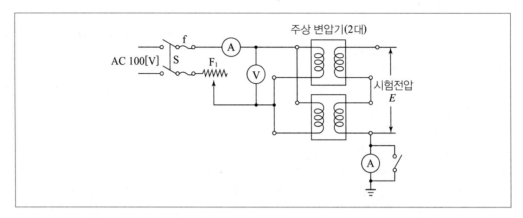

(1) 절연내력 시험전압은 몇 [V]이며, 이 시험전압을 몇 분간 가하여 이에 견디어야 하는가?

   ① 절연내력 시험전압

     • 계산 과정:

     • 답:

   ② 가하는 시간

(2) 시험 시 전압계 Ⓥ로 측정되는 전압은 몇 [V]인가?

   • 계산 과정:

   • 답:

(3) 도면에서 오른쪽 하난의 접지되어 있는 전류계는 어떤 용도로 사용되는가?

답안작성 (1) ① • 계산 과정: $V = 6,900 \times 1.5 = 10,350[\mathrm{V}]$

      • 답: $10,350[\mathrm{V}]$

   ② 가하는 시간: 10분

(2) • 계산 과정: $V = 10,350 \times \dfrac{1}{2} \times \dfrac{105}{6,300} = 86.25[\mathrm{V}]$

   • 답: $86.25[\mathrm{V}]$

(3) 누설 전류의 측정

해설비법 (2) 전압계 Ⓥ에는 변압기 1대가 걸리므로 전압은 $\dfrac{1}{2}$만 측정된다. 따라서 계산 과정상에 $\dfrac{1}{2}$을 곱해 준다.

변압기 전로의 절연내력

변압기의 전로는 표에서 정하는 시험전압을 권선과 다른 권선, 철심 및 외함 간에 시험전압을 연속하여 10분간 가하여 절연내력을 시험하였을 때에 이에 견디는 것이어야 한다.

접지방식	최대 사용전압	배율	최저 시험전압
비접지식	7[kV] 이하	1.5	500[V]
	7[kV] 초과 60[kV] 이하	1.25	10.5[kV]
	60[kV] 초과	1.25	-
중성점 다중접지식	7[kV] 초과 25[kV] 이하	0.92	-
중성점 접지식	60[kV] 초과	1.1	75[kV]
중성점 직접접지식	60[kV] 초과 170[kV] 이하	0.72	-
	170[kV] 초과	0.64	-

16
★★★

수변전설비를 설계하고자 한다. 기본설계에 있어서 검토할 주요 사항을 5가지만 쓰시오.(단, "경제적일 것" 등의 표현은 제외하고, 기능적인 측면과 기술적인 측면을 고려하여 작성한다.) [5점]

답안작성
• 주회로의 결선 방법
• 변전설비의 형식
• 변전실의 위치와 면적
• 감시 및 제어방식
• 필요한 전력 추정

단답 정리함 수배전반 설계 시 검토해야 할 사항
• 주회로의 결선 방법
• 변전설비의 형식
• 변전실의 위치와 면적
• 감시 및 제어방식
• 필요한 전력 추정
• 수전방식 및 수전전압

01 ★★★

저항 $4[\Omega]$과 정전용량 $C[\text{F}]$인 직렬회로에 주파수 $60[\text{Hz}]$의 전압을 인가한 경우 역률이 0.8이었다. 이 회로에 $30[\text{Hz}]$, $220[\text{V}]$의 교류 전압을 인가하면 소비전력은 몇 $[\text{W}]$가 되겠는가?   [5점]

• 계산 과정:

• 답:

답안작성

• 계산 과정

주파수 $60[\text{Hz}]$일 때의 역률 $\cos\theta = \dfrac{R}{Z} = \dfrac{R}{\sqrt{R^2 + X_c^2}} = \dfrac{4}{\sqrt{4^2 + X_c^2}} = 0.8$이므로

$$X_c = \sqrt{\left(\dfrac{4}{0.8}\right)^2 - 4^2} = 3[\Omega]$$

$X_c = \dfrac{1}{2\pi f C}$에서 용량성 리액턴스는 주파수에 반비례$(X_c \propto \dfrac{1}{f})$하므로

주파수가 $60[\text{Hz}]$의 $\dfrac{1}{2}$인 $30[\text{Hz}]$인 경우의 용량성 리액턴스 $X_c' = 6[\Omega]$

$\therefore$ 소비 전력 $P = \dfrac{V^2 R}{R^2 + (X_c')^2} = \dfrac{220^2 \times 4}{4^2 + 6^2} = 3,723.08[\text{W}]$

• 답: $3,723.08[\text{W}]$

해설비법 저항 R과 리액턴스 X의 직렬회로에서 소비되는 전력 $P = I^2 R = \left(\dfrac{V}{\sqrt{R^2 + X^2}}\right)^2 R = \dfrac{V^2 R}{R^2 + X^2}[\text{W}]$

02 ★★☆

빌딩설비나 대규모 공장설비, 지하철 및 전기철도설비의 수배전설비에는 각각 전기적 특성을 감안한 몰드(Mold) 변압기가 사용되고 있다. 몰드 변압기의 특징을 5가지 쓰시오.   [5점]

답안작성
• 내습, 내진성이 좋다.
• 소형, 경량화가 가능하다.
• 유지보수 및 점검이 용이하다.
• 난연성이 우수하다.
• 전력 손실이 적다.

단답 정리함 몰드 변압기의 장단점
[장점]
• 내습, 내진성이 좋다.
• 소형, 경량화가 가능하다.
• 유지보수 및 점검이 용이하다.
• 난연성이 우수하다.

- 전력 손실이 적다.
- 코로나 특성 및 임펄스 강도가 높다.

[단점]
- 충격파 내전압이 낮아 서지에 대한 대책이 필요하다.
- 가격이 고가이다.

03

★★★

3상 4선식 Y접속 시 전등과 동력을 공급하는 옥내배선의 경우 상별 부하전류가 평형으로 유지되도록 상별로 결선하기 위하여 전압 측 전선에 색별 배선을 하거나 색테이프를 감는 등의 방법으로 표시를 하여야 한다. 다음 그림의 L1상, L2상, N상, L3상의 (   ) 안에 알맞은 색을 쓰시오.(단, 상별 색이 1가지 이상인 경우 해당 색을 모두 쓰시오.)　　　　　　　　　　　　　　　　　　　　　　　　　[6점]

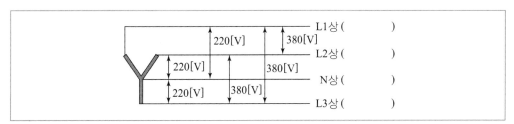

답안작성　　L1상 : 갈색, L2상: 흑색, N상 : 청색, L3상: 회색

규정체크　　전선의 식별

상(문자)	색상
L1	갈색
L2	흑색
L3	회색
N	청색
보호도체	녹색-노란색

04
★★★

그림은 특고압 수전설비 표준 결선도의 미완성 도면이다. 도면에 대한 다음 물음에 답하시오. [10점]

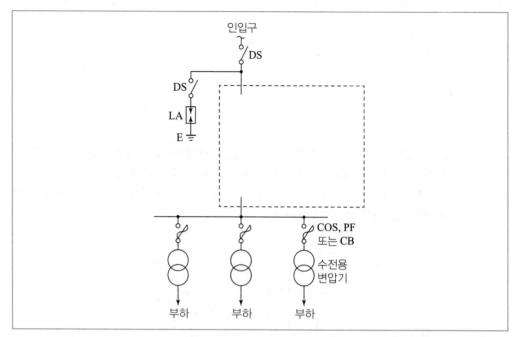

(1) 미완성 부분(점선 내 부분)에 대한 결선도를 완성하시오.(단, CB 1차 측에 PT를, CB 2차 측에 CT를 시설하는 경우로 미완성 부분만 작성하도록 하되, 미완성 부분에는 CB, OCGR, OCR×3, MOF, CT, PF, COS, TC 등을 사용하도록 한다.)

(2) 사용 전압이 22.9[kV]라고 할 때, 차단기의 트립 전원은 어떤 방식이 바람직한지 2가지를 쓰시오.

(3) 수전 전압이 66[kV] 이상인 경우에는 DS 대신 어떤 것을 사용하여야 하는가?

(4) 22.9[kV − Y], 1,000[kVA] 이하인 경우에는 간이 수전 결선도에 의할 수 있다. 본 결선도에 대한 간이 수전 결선도를 그리시오.

답안작성 (1)

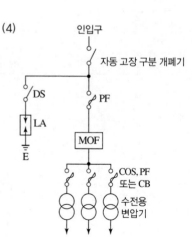

(2) • 직류(DC) 방식
    • 콘덴서 트립(CTD) 방식

(3) LS(선로 개폐기)

05 ★★★ 연동선을 사용한 코일의 저항이 $0[℃]$에서 $4,000[\Omega]$이었다. 이 코일에 전류를 흘렸더니 그 온도가 상승하여 코일의 저항이 $4,500[\Omega]$으로 되었다고 한다. 이때 연동선의 온도를 구하시오. [5점]

• 계산 과정:

• 답:

답안작성

• 계산 과정

$0[℃]$에서 연동선의 온도 계수 $\alpha_0 = \dfrac{1}{234.5}$

$R_T = R_t \{ 1 + \alpha_0 (T - t) \}$

∴ $4,500 = 4,000 \times \left\{ 1 + \dfrac{1}{234.5} (T - 0) \right\}$

∴ $T = \left(\dfrac{4,500}{4,000} - 1 \right) \times 234.5 = 29.31[℃]$

• 답: $29.31[℃]$

개념체크

$t[℃]$에서 $T[℃]$로 온도가 상승한 경우의 저항값

$R_T = R_t \{ 1 + \alpha_t (T - t) \}[\Omega]$

(R_T: $T[℃]$에서의 저항값, R_t: $t[℃]$에서의 저항값, $\alpha_t = \dfrac{1}{234.5 + t}$: $t[℃]$에서의 저항 온도 계수)

06 ★★★ 매분 $10[\text{m}^3]$의 물을 높이 $15[\text{m}]$인 탱크에 양수하는 데 필요한 전력을 V 결선한 변압기로 공급한다면, 여기에 필요한 단상 변압기 1대의 용량은 몇 $[\text{kVA}]$인가?(단, 펌프와 전동기의 합성 효율은 $65[\%]$이고, 전동기의 전부하 역률은 $90[\%]$이며, 펌프의 축동력은 $15[\%]$의 여유를 본다고 한다.) [5점]

• 계산 과정:

• 답:

답안작성

• 계산 과정

전동기 용량 $P = \dfrac{10 \times 15}{6.12 \times 0.65} \times 1.15 = 43.36[\text{kW}]$

이를 $[\text{kVA}]$로 환산하면 부하 용량 $= \dfrac{43.36}{0.9} = 48.18[\text{kVA}]$

V결선 시 용량 $P_V = \sqrt{3} P_1 = 48.18[\text{kVA}]$에서

구하고자 하는 단상 변압기 1대의 용량 $P_1 = \dfrac{P_V}{\sqrt{3}} = \dfrac{48.18}{\sqrt{3}} = 27.82[\text{kVA}]$

• 답: $27.82[\text{kVA}]$

개념체크

양수 펌프용 전동기 용량

$$P = \frac{QH}{6.12\eta} k[\text{kW}]$$

(Q: 양수량$[\text{m}^3/\text{min}]$, H: 양정(양수 높이)$[\text{m}]$, k: 여유 계수, η: 효율)

07

★☆☆

그림과 같은 전력계통의 모선 도면이다. 이 도면을 보고 다음 각 물음에 답하시오.(단, 도면에서 T/L은 송전선로, CB는 차단기, Tr은 변압기이다.)   [8점]

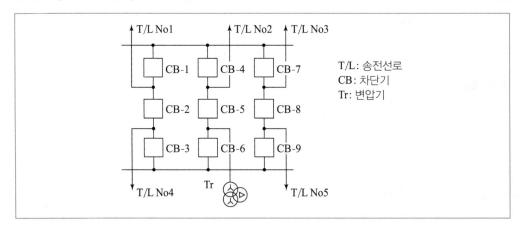

(1) 이 모선 방식의 명칭을 구체적으로 쓰시오.

(2) T/L No4에서 지락 고장이 발생하였을 때 차단되는 차단기 2개를 쓰시오.

(3) T/L No1이 고장일 때 CB−1이 고장 상태이기 때문에 고장을 차단하지 못하였다. 이때 차단기 고장 보호 (Breaker Failure Protection)를 채택한 경우라면 차단되는 차단기는 어느 것인지 그 2가지를 쓰시오.(단, 상대 S/S, CB는 생략한다.)

(4) 유입 변압기 Tr은 도면의 그림 기호로 볼 때, 어떤 종류의 변압기인지 그 명칭을 쓰시오.

답안작성 (1) 2중 모선 방식의 1.5 차단 방식

(2) CB−2, CB−3   (3) CB−4, CB−7   (4) 3권선 변압기

해설비법 2중 모선 방식은 선로 점검 시에도 무정전으로 점검이 가능하다.

08

★☆☆

154[kV], 60[Hz], 선로의 길이 200[km]인 3상 송전선에 설치한 소호리액터의 공진탭의 용량은 몇 [kVA]인가?(단, 1선당 대지 정전용량은 0.0043[μF/km]이다.)   [5점]

• 계산 과정:

• 답:

답안작성 • 계산 과정

$P = 2\pi f C l V^2 \times 10^{-3}$[kVA]

$\quad = 2\pi \times 60 \times 0.0043 \times 10^{-6} \times 200 \times (154 \times 10^3)^2 \times 10^{-3} = 7,689.02$[kVA]

• 답: 7,689.02[kVA]

해설비법 소호리액터의 용량

$P = 3EI_c = 3 \times \dfrac{V}{\sqrt{3}} \times 2\pi f C \times \dfrac{V}{\sqrt{3}} = 2\pi f C V^2$[kVA]

1선당 대지 정전용량값이 0.0043[μF/km]로 주어졌으므로 선로의 길이를 곱하여 정전용량값을 구한다.

09
★☆☆

접지시스템 설계에 가장 기본적인 과정은 시공 현장의 대지저항률을 측정하여 분석하는 것이다. 4개의 측정탐침(4-Test probe)을 지표면에 일직선상에 등거리로 박아서 측정 장비 내에서 저주파 전류를 탐침을 통해 대지에 흘려보내어 대지저항률을 측정하는 방법을 무엇이라 하는가?　　　　[5점]

답안작성　Wenner의 4전극법

개념체크　Wenner의 4전극법

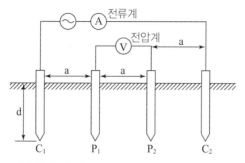

- 4개의 측정 전극(C_1, P_1, P_2, C_2)을 일정한 간격으로 매설하고 측정 장비 내에서 저주파 전류를 C_1, C_2 전극을 통해 대지에 흘려보낸 후, P_1, P_2 사이의 전압을 측정하여 대지저항률을 구하는 방법이다.
- 대지저항률 $\rho = 2\pi a R$(단, a: 전극 간격[m], R: 접지저항[Ω])

10
★★☆

다음과 같은 아파트 단지를 계획하고 있다. 주어진 규모 및 조건을 이용하여 다음 각 물음에 답하시오.　　　　[11점]

[규모]
- 아파트 동수 및 세대수: 2개동, 300세대
- 세대당 면적과 세대수

동별	세대당 면적[m²]	세대수	동별	세대당 면적[m²]	세대수
1동	50	30	2동	50	50
	70	40		70	30
	90	50		90	40
	110	30		110	30

- 계단, 복도, 지하실 등의 공용면적 1동: 1,700[m²], 2동 : 1,700[m²]

[조건]
- 면적의 [m²]당 상정 부하는 다음과 같다.
  아파트: 40[VA/m²], 공용 면적 부분: 7[VA/m²]
- 세대당 추가로 가산하여야 할 상정 부하는 다음과 같다.
  − 80[m²] 이하의 세대: 750[VA]
  − 150[m²] 이하의 세대: 1,000[VA]

- 아파트 동별 수용률은 다음과 같다.
  - 70세대 이하인 경우: 65[%]
  - 100세대 이하인 경우: 60[%]
  - 150세대 이하인 경우: 55[%]
  - 200세대 이하인 경우: 50[%]
- 모든 계산은 피상전력을 기준으로 한다.
- 역률은 100[%]로 보고 계산한다.
- 주변전실로부터 1동까지는 150[m]이며 동 내부의 전압강하는 무시한다.
- 각 세대의 공급 방식은 110/220[V]의 단상 3선식으로 한다.
- 변전식의 변압기는 단상 변압기 3대로 구성한다.
- 동 간 부등률은 1.4로 본다.
- 공용 부분의 수용률은 100[%]로 한다.
- 주변전실에서 각 동까지의 전압강하는 3[%]로 한다.
- 간선의 후강전선관 배선으로는 NR전선을 사용하며, 간선의 굵기는 300[mm²] 이하로 사용하여야 한다.
- 이 아파트 단지의 수전은 13,200/22,900[V−Y] 3상 4선식의 계통에서 수전한다.
- 사용 설비에 의한 계약전력은 사용 설비의 개별 입력의 합계에 대하여 다음 표의 계약전력 환산율을 곱한 것으로 한다.

구분	계약전력 환산율	비고
처음 75[kW]에 대하여	100[%]	계산의 합계치 단수가 1[kW] 미만일 경우, 소수점 이하 첫째자리에서 반올림한다.
다음 75[kW]에 대하여	85[%]	
다음 75[kW]에 대하여	75[%]	
다음 75[kW]에 대하여	65[%]	
300[kW] 초과분에 대하여	60[%]	

(1) 1동의 상정 부하는 몇 [VA]인가?
  - 계산 과정:
  - 답:

(2) 2동의 수용 부하는 몇 [VA]인가?
  - 계산 과정:
  - 답:

(3) 이 단지의 변압기는 단상 몇 [kVA]짜리 3대를 설치하여야 하는가?(단, 변압기의 용량은 10[%]의 여유율을 보며, 단상 변압기의 표준 용량은 75, 100, 150, 200, 300[kVA] 등이다.)
  - 계산 과정:
  - 답:

(4) 한국전력공사와 변압기 설비에 의하여 계약한다면 몇 [kW]로 계약하여야 하는가?

(5) 한국전력공사와 사용설비에 의하여 계약한다면 몇 [kW]로 계약하여야 하는가?
  - 계산 과정:
  - 답:

(1) • 계산 과정

세대당 면적[m²]	상정 부하[VA/m²]	가산 부하[VA]	세대수	상정 부하[VA]
50	40	750	30	$[(50 \times 40) + 750] \times 30 = 82,500$
70	40	750	40	$[(70 \times 40) + 750] \times 40 = 142,000$
90	40	1,000	50	$[(90 \times 40) + 1,000] \times 50 = 230,000$
110	40	1,000	30	$[(110 \times 40) + 1,000] \times 30 = 162,000$
합계				616,500[VA]

1동 공용 면적의 상정 부하 $= 1,700 \times 7 = 11,900[VA]$

∴ 상정 부하 합계 $= 616,500 + 11,900 = 628,400[VA]$

• 답: 628,400[VA]

(2) • 계산 과정

세대당 면적[m²]	상정 부하[VA/m²]	가산 부하[VA]	세대수	상정 부하[VA]
50	40	750	50	$[(50 \times 40) + 750] \times 50 = 137,500$
70	40	750	30	$[(70 \times 40) + 750] \times 30 = 106,500$
90	40	1,000	40	$[(90 \times 40) + 1,000] \times 40 = 184,000$
110	40	1,000	30	$[(110 \times 40) + 1,000] \times 30 = 162,000$
합계				590,000[VA]

2동은 세대수가 150세대이므로 동별 수용률 55[%]를 적용하여 수용 부하를 산출한다.

공용 면적 상정 부하는 $1,700 \times 7 = 11,900[VA]$ 이므로

2동 수용 부하의 합계 $= 590,000 \times 0.55 + 11,900 = 336,400[VA]$

• 답: 336,400[VA]

(3) • 계산 과정

변압기 용량 ≥ 합성 최대 전력 $= \dfrac{\text{최대 수용 전력}}{\text{부등률}} = \dfrac{\text{설비 용량} \times \text{수용률}}{\text{부등률}}$

$$= \dfrac{(616,500 \times 0.55 + 1,700 \times 7) + (590,000 \times 0.55 + 1,700 \times 7)}{1.4} \times 10^{-3}$$

$$= 490.98[kVA]$$

단상 변압기 1대 용량 $= \dfrac{490.98}{3} \times 1.1 = 180.03[kVA]$

∴ 표준 용량 200[kVA]를 선정

• 답: 200[kVA]

(4) 변압기 용량은 200[kVA] 3대이므로 600[kW]로 계약한다.

(5) • 계산 과정

설비용량 $= (616,500 + 590,000 + 11,900 \times 2) \times 10^{-3} = 1,230.3[kVA]$

계약전력 $= 75 + 75 \times 0.85 + 75 \times 0.75 + 75 \times 0.65 + (1,230.3 - 300) \times 0.6 = 801.93[kW]$

• 답: 802[kW]

(1) 상정 부하[VA] = (세대당 면적[m²] × 상정 부하[VA/m²]) + 가산 부하[VA]

(2) 수용 부하 = 상정 부하 × 수용률

(4) 계약 전력은 [kW]로 표기한다.

(5) 사용설비에 의하여 계약할 때에는 상정 부하를 기준으로 한다.

11

★★☆

부하전력 및 역률을 일정하게 유지하고 전압을 2배로 승압하면 전압강하, 전압강하율, 선로손실 및 선로손실률은 승압 전과 비교하여 각각 어떻게 되는가? **[8점]**

(1) 전압강하
- 계산 과정:
- 답:

(2) 전압강하율
- 계산 과정:
- 답:

(3) 선로손실
- 계산 과정:
- 답:

(4) 선로손실률
- 계산 과정:
- 답:

답안작성

(1) • 계산 과정: 전압강하 $e \propto \dfrac{1}{V}$ 이므로 전압을 2배로 승압하면 $e' = \dfrac{1}{2}e$

  • 답: $\dfrac{1}{2}$ 배

(2) • 계산 과정: 전압강하율 $\varepsilon \propto \dfrac{1}{V^2}$ 이므로 전압을 2배로 승압하면 $\varepsilon' = \left(\dfrac{1}{2}\right)^2 \varepsilon = \dfrac{1}{4}\varepsilon$

  • 답: $\dfrac{1}{4}$ 배

(3) • 계산 과정: 선로손실 $P_L \propto \dfrac{1}{V^2}$ 이므로 전압을 2배로 승압하면 $P_L' = \left(\dfrac{1}{2}\right)^2 P_L = \dfrac{1}{4}P_L$

  • 답: $\dfrac{1}{4}$ 배

(4) • 계산 과정: 선로손실률 $k \propto \dfrac{1}{V^2}$ 이므로 전압을 2배로 승압하면 $k' = \left(\dfrac{1}{2}\right)^2 k = \dfrac{1}{4}k$

  • 답: $\dfrac{1}{4}$ 배

개념체크

승압
- 승압 효과
  - 공급능력 증대
  - 공급전력 증대
  - 전력손실 감소
  - 전압강하 및 전압강하율 감소
  - 고압 배전선 연장의 감소
  - 대용량 전기기기 사용이 용이

- 승압 관련 공식 정리
  - 공급능력: $P_a \propto V$(전압에 비례)
  - 공급전력: $P \propto V^2$(전압의 제곱에 비례)
  - 전압강하: $e \propto \dfrac{1}{V}$ (전압에 반비례), $e = \dfrac{P}{V}(R + X\tan\theta)[\text{V}]$
  - 전압강하율: $\varepsilon \propto \dfrac{1}{V^2}$ (전압의 제곱에 반비례), $\varepsilon = \dfrac{e}{V} \times 100 = \dfrac{P}{V^2}(R + X\tan\theta) \times 100[\%]$
  - 전압변동률: $\delta \propto \dfrac{1}{V^2}$ (전압의 제곱에 반비례)
  - 전력손실: $P_L \propto \dfrac{1}{V^2}$ (전압의 제곱에 반비례), $P_L = \dfrac{P^2 R}{V^2 \cos^2\theta}[\text{kW}]$
  - 전력손실률: $k \propto \dfrac{1}{V^2}$ (전압의 제곱에 반비례), $k = \dfrac{P_L}{P} \times 100 = \dfrac{PR}{V^2 \cos^2\theta} \times 100[\%]$

12 ★★★

어느 수용가가 당초 역률(지상) $80[\%]$로 $150[\text{kW}]$의 부하를 사용하고 있는데, 새로 역률(지상) $60[\%]$, $100[\text{kW}]$의 부하를 증가하여 사용하게 되었다. 이때 콘덴서로 합성 역률을 $90[\%]$로 개선하는 데 필요한 용량은 몇 $[\text{kVA}]$인가?　　　　　　　　　　　　　　　　　　　　　　[5점]

- 계산 과정:

- 답:

답안작성

- 계산 과정

유효 전력 $P = 150 + 100 = 250[\text{kW}]$

무효 전력 $Q = 150 \times \dfrac{0.6}{0.8} + 100 \times \dfrac{0.8}{0.6} = 245.83[\text{kVar}]$

합성 역률 $\cos\theta = \dfrac{P}{\sqrt{P^2 + Q^2}} = \dfrac{250}{\sqrt{250^2 + 245.83^2}} = 0.71$

$\therefore Q_c = P(\tan\theta_1 - \tan\theta_2) = 250 \times \left(\dfrac{\sqrt{1 - 0.71^2}}{0.71} - \dfrac{\sqrt{1 - 0.9^2}}{0.9} \right) = 126.88[\text{kVA}]$

- 답: $126.88[\text{kVA}]$

개념체크 역률 개선용 콘덴서 용량

$$Q_c = P(\tan\theta_1 - \tan\theta_2) = P\left(\dfrac{\sin\theta_1}{\cos\theta_1} - \dfrac{\sin\theta_2}{\cos\theta_2} \right)[\text{kVA}]$$

(단, P: 부하 전력[kW], $\cos\theta_1$: 개선 전 역률, $\cos\theta_2$: 개선 후 역률)

13
★★★

건물의 보수공사를 하는데 $32[\text{W}] \times 2$ 매입하면 개방형 형광등 30등을 $32[\text{W}] \times 3$ 매입 루버형으로 교체하고, $20[\text{W}] \times 2$ 펜던트형 형광등 20등을 $20[\text{W}] \times 2$ 직부 개방형으로 교체하였다. 철거되는 $20[\text{W}] \times 2$ 펜던트형 등기구는 재사용 할 것이다. 천장 구멍 뚫기 및 취부테 설치와 등기구 보강 작업은 계상하지 않으며, 공구손료 등을 제외한 직접 노무비만 계산하시오.(단, 인공계산은 소수점 셋째 자리까지 구하고, 내선전공의 노임은 95,000원으로 한다.) [5점]

형광등 기구 설치   (단위: 등, 적용직종: 내선전공)

종별	직부형	펜던트형	반매입 및 매입형
$10[\text{W}]$ 이하$\times 1$	0.123	0.150	0.182
$20[\text{W}]$ 이하$\times 1$	0.141	0.168	0.214
$20[\text{W}]$ 이하$\times 2$	0.177	0.215	0.273
$20[\text{W}]$ 이하$\times 3$	0.223	–	0.335
$20[\text{W}]$ 이하$\times 4$	0.323	–	0.489
$30[\text{W}]$ 이하$\times 1$	0.150	0.177	0.227
$30[\text{W}]$ 이하$\times 2$	0.189	–	0.310
$40[\text{W}]$ 이하$\times 1$	0.223	0.268	0.340
$40[\text{W}]$ 이하$\times 2$	0.277	0.332	0.415
$40[\text{W}]$ 이하$\times 3$	0.359	0.432	0.545
$40[\text{W}]$ 이하$\times 4$	0.468	–	0.710
$110[\text{W}]$ 이하$\times 1$	0.414	0.495	0.627
$110[\text{W}]$ 이하$\times 2$	0.505	0.601	0.764

[해설]
① 하면 개방형 기준임. 루버 또는 아크릴 커버형일 경우 해당 등기구 설치품의 110[%]
② 등기구 조립·설치, 결선, 지지금구류 설치, 장내 소운반 및 잔재 정리 포함
③ 매입 또는 반매입 등기구의 천장 구멍 뚫기 및 취부테 설치 별도 가산
④ 매입 및 반매입 등기구에 등기구 보강대를 별도로 설치할 경우 이 품의 20[%] 별도 계상
⑤ 광천장 방식은 직부형품 적용
⑥ 방폭형 200[%]
⑦ 높이 1.5[m] 이하의 Pole형 등기구는 직부형 품의 150[%] 적용(기초대 설치 별도)
⑧ 형광등 안정기 교환은 해당 등기구 시설품의 110[%]. 다만, 펜던트형은 90[%]
⑨ 아크릴 간판의 형광등 안정기 교환은 매입형 등기구 설치품의 120[%]
⑩ 공동주택 및 교실 등과 같이 동일 반복 공정으로 비교적 쉬운 공사의 경우는 90[%]
⑪ 형광램프만 교체 시 해당 등기구 1등용 설치품의 10[%]
⑫ $T-5(28[\text{W}])$ 및 FPL($36[\text{W}]$, $55[\text{W}]$)는 FPL $40[\text{W}]$ 기준품 적용
⑬ 펜던트형은 파이프 펜던트형 기준, 체인 펜던트는 90[%]
⑭ 등의 증가 시 매 증가 1등에 대하여 직부형은 0.005[인], 매입 및 반매입형은 0.015[인] 가산
⑮ 철거 30[%], 재사용 철거 50[%]

• 계산 과정:

• 답:

• 계산 과정

① 설치인공

- $32[W] \times 3$ 매입 루버형: $0.545 \times 30 \times 1.1 = 17.985[\text{인}]$
- $20[W] \times 2$ 직부 개방형: $0.177 \times 20 = 3.54[\text{인}]$

② 철거인공

- $32[W] \times 2$ 매입 하면 개방형: $0.415 \times 30 \times 0.3 = 3.735[\text{인}]$
- $20[W] \times 2$ 펜던트형: $0.215 \times 20 \times 0.5 = 2.15[\text{인}]$

③ 총 소요인공

- 내선전공 $= 17.985 + 3.54 + 3.735 + 2.15 = 27.41[\text{인}]$

④ 직접노무비 $= 27.41 \times 95,000 = 2,603,950[\text{원}]$

• 답: $2,603,950[\text{원}]$

① 설치인공

- $32[W] \times 3$ 매입 루버형: $0.545(40[W]$ 이하$\times 3$, 매입형$) \times 30[\text{등}] \times 1.1($루버형: 개방형의 $110[\%]) = 17.985[\text{인}]$
- $20[W] \times 2$ 직부 개방형: $0.177(20[W]$ 이하$\times 2$, 직부형$) \times 20[\text{등}] = 3.54[\text{인}]$

② 철거인공

- $32[W] \times 2$ 매입 하면 개방형: $0.415(40[W]$ 이하$\times 2$, 매입형$) \times 30[\text{등}] \times 0.3($철거 $30[\%]) = 3.735[\text{인}]$
- $20[W] \times 2$ 펜던트형: $0.215(20[W]$ 이하$\times 2$, 펜던트형$) \times 20[\text{등}] \times 0.5($재사용 철거 $50[\%]) = 2.15[\text{인}]$

14

★☆☆

다음 동작사항을 읽고 미완성 시퀀스도를 완성하시오. [5점]

[동작사항]

① 3로 스위치 S_3 가 OFF 상태에서 푸시버튼 스위치 PB_1 을 누르면 부저 B_1 이, PB_2 를 누르면 B_2 가 울린다.

② 3로 스위치 S_3 가 ON 상태에서 푸시버튼 스위치 PB_1 을 누르면 R_1 이, PB_2 를 누르면 R_2 가 점등된다.

③ 콘센트에는 항상 전압이 걸린다.

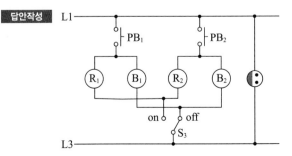

15

★☆☆

평형 3상 회로에 그림과 같이 접속된 전압계의 지시치가 $220[\mathrm{V}]$, 전류계의 지시치가 $20[\mathrm{A}]$, 전력계의 지시치가 $2[\mathrm{kW}]$일 때 다음 각 물음에 답하시오. [5점]

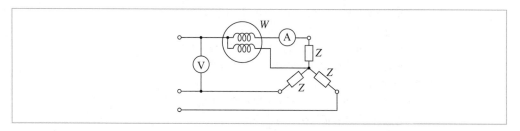

(1) 회로의 소비전력은 몇 $[\mathrm{kW}]$인가?
  • 계산 과정:
  • 답:

(2) 부하의 저항은 몇 $[\Omega]$인가?
  • 계산 과정:
  • 답:

(3) 부하의 리액턴스는 몇 $[\Omega]$인가?
  • 계산 과정:
  • 답:

답안작성

(1) • 계산 과정: 전력계의 지시치가 $W=2[\mathrm{kW}]$이므로 3상 소비전력 $W_3 = 3W = 3 \times 2 = 6[\mathrm{kW}]$
  • 답: $6[\mathrm{kW}]$

(2) • 계산 과정: 1상의 전력 $W=I^2 R$ 에서 저항 $R = \dfrac{W}{I^2} = \dfrac{2 \times 10^3}{20^2} = 5[\Omega]$
  • 답: $5[\Omega]$

(3) • 계산 과정

  임피던스 $Z = \dfrac{E}{I} = \dfrac{\dfrac{220}{\sqrt{3}}}{20} = 6.35[\Omega]$

  리액턴스 $X = \sqrt{Z^2 - R^2} = \sqrt{6.35^2 - 5^2} = 3.91[\Omega]$
  • 답: $3.91[\Omega]$

해설비법 (3) 임피던스 $Z = \sqrt{R^2 + X^2}$ 에서
  리액턴스 $X = \sqrt{Z^2 - R^2}[\Omega]$을 구한다.

16

KEC 적용에 따라 삭제되는 문제입니다.

01

★☆☆

단자전압 $3,000[\text{V}]$인 선로에 전압비가 $3,300/220[\text{V}]$ 승압기를 접속하여 $60[\text{kW}]$, 역률 0.85의 부하에 공급할 때 몇 $[\text{kVA}]$의 승압기를 사용하여야 하는가?　　　　[5점]

• 계산 과정:

• 답:

답안작성

• 계산 과정

　2차 전압 $V_2 = 3,000 \times \left(1 + \dfrac{220}{3,300}\right) = 3,200[\text{V}]$

　2차 전류 $I_2 = \dfrac{P}{V_2\cos\theta} = \dfrac{60 \times 10^3}{3,200 \times 0.85} = 22.06[\text{A}]$

　승압기 용량 $P_a = e_2 I_2 = 220 \times 22.06 \times 10^{-3} = 4.85[\text{kVA}]$

• 답: $5[\text{kVA}]$ 승압기 선정

개념체크

• 승압된 전압 $V_2 = V_1 \times \left(1 + \dfrac{1}{a}\right)[\text{V}]\,(a:\text{권수비})$

• 2차 전류 $I_2 = \dfrac{P}{V_2\cos\theta}[\text{A}]$

• 승압기 1대의 용량 $P_a = e_2 I_2 = (V_2 - V_1) \times I_2[\text{kVA}]$

02

★☆☆

발전기실의 위치를 선정할 때 고려하여야 할 사항을 4가지만 쓰시오.　　　　[5점]

답안작성

• 발전기 엔진 기초는 건물의 기초와 관계없는 장소로 할 것
• 기기의 반출입이 용이할 것
• 급기 및 배기가 충분히 잘 되는 장소일 것
• 실내 환기를 충분히 할 수 있을 것

단답 정리함

발전기실의 위치 선정 조건

• 발전기 엔진 기초는 건물의 기초와 관계없는 장소로 할 것
• 기기의 반출입이 용이할 것
• 급기 및 배기가 충분히 잘 되는 장소일 것
• 실내 환기를 충분히 할 수 있을 것
• 연료유의 보급이 용이할 것

03
★★★

도면은 전동기 A, B, C 3대를 기동시키는 제어 회로이다. 이 회로를 보고 다음 각 물음에 답하시오. (단, MA : 전동기 A의 기동 정지 개폐기, MB : 전동기 B의 기동 정지 개폐기, MC : 전동기 C의 기동 정지 개폐기이다.) [8점]

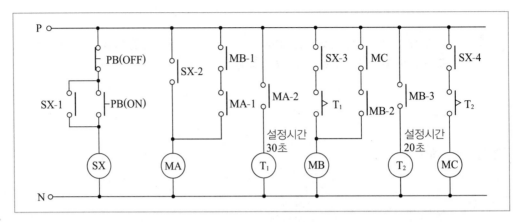

(1) 전동기를 기동시키기 위하여 PB(ON)을 누르면 전동기는 어떻게 기동되는지 그 기동 과정을 상세히 설명하시오.

(2) SX-1 접점의 역할은 무엇인가?

(3) 전동기(A, B, C)를 정지시키고자 PB(OFF)를 눌렀을 때, 전동기가 정지되는 순서는 어떻게 되는가?

(1) ⓈⓍ가 여자되고 SX-2 접점이 폐로되어 ⓂⒶ가 동작한다. 이어서 MA-2 접점이 폐로되어 Ⓣ₁이 여자되며, 설정시간 30초 후에 T_1의 한시동작 순시복귀 a접점이 폐로되어 ⓂⒷ가 여자된다. 이어서 MB-3 접점이 폐로되어 Ⓣ₂가 여자되고, 설정시간 20초 후 T_2의 한시동작 순시복귀 a접점이 폐로되어 ⓂⒸ가 여자된다.

(2) 자기 유지

(3) C → B → A

04
★★☆

계약 부하설비에 의한 계약 최대전력을 정하는 경우에 부하설비 용량이 $900[kW]$인 경우 전력회사와의 계약 최대전력은 몇 $[kW]$인가?(단, 계약 최대전력 환산표는 다음과 같다.) [5점]

구분	계약전력 환산율	비고
처음 75[kW]에 대하여	100[%]	
다음 75[kW]에 대하여	85[%]	계산의 합계치 단수가 1[kW] 미만일 경우, 소수점 이하 첫째 자리에서 반올림한다.
다음 75[kW]에 대하여	75[%]	
다음 75[kW]에 대하여	65[%]	
300[kW] 초과분에 대하여	60[%]	

• 계산 과정:

• 답:

• 계산 과정: $75 + 75 \times 0.85 + 75 \times 0.75 + 75 \times 0.65 + (900 - 300) \times 0.6 = 603.75[\text{kW}]$

• 답: $604[\text{kW}]$

계약 전력은 $[\text{kW}]$로 표기하며, 비고에서 주어진 소수점 이하 첫째 자리에서 반올림하여 계약 최대전력은 $604[\text{kW}]$
이다.

05
★★☆

다음 그림은 변압기 1뱅크의 미완성 단선도이다. 이 단선도에 전기적으로 변압기 내부 고장을 보호하는
계전기(비율 차동 계전기) 회로를 주어진 그림에 그려 넣어 완성하시오.　　　　　　　　　　[5점]

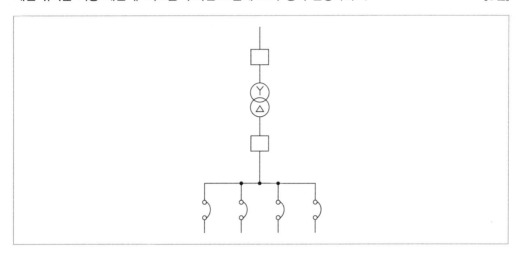

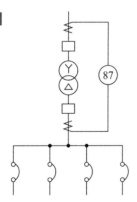

비율 차동 계전기(87)
발전기, 변압기 내부 고장시 양쪽 전류의 차에 의해 동작

06 ★★★
비상전원으로 사용되는 UPS의 원리에 대해서 개략의 블록다이어그램을 그리고 설명하시오.　[5점]

답안작성

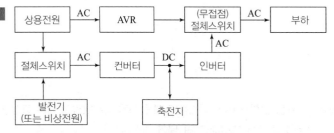

UPS 설비는 직류 전원 장치와 사이리스터(컨버터, 인버터)를 조합한 것으로서, 블록선도와 같이 평상시에는 교류 전원을 정류기(컨버터)로서 직류로 변환하고 인버터에 의해 안정된 교류로 역변환하여 부하에 전력을 공급한다. 교류 전원의 정전 시에는 축전지가 방전하여 이것을 인버터로서 교류로 역변환하여 부하에 전력을 공급한다.

개념체크

무정전 전원공급장치(UPS: Uninterruptible Power Supply)

(1) UPS의 역할

선로의 정전이나 입력 전원에 이상 상태가 발생하였을 경우에도 정상적으로 전력을 부하 측에 공급하는 무정전 전원장치이다.

(2) UPS의 구성

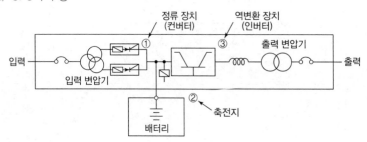

① 정류 장치(컨버터): 교류를 직류로 변환시킨다.
② 축전지: 직류 전력을 저장시킨다.
③ 역변환 장치(인버터): 직류를 교류로 변환시킨다.

07 ★★★
일반용 전기설비 및 자가용 전기설비에 있어서의 과전류 종류 2가지와 각각에 대한 용어의 정의를 쓰시오.　[6점]

답안작성

• 과부하 전류

기기에 대하여는 그 정격전류, 전선에 대하여는 그 허용전류를 어느 정도 초과하여 그 계속되는 시간을 합하여 생각하였을 때, 기기 또는 전선의 손상 방지상 자동차단을 필요로 하는 전류

• 단락 전류

전로의 선간이 임피던스가 적은 상태로 접촉되었을 경우에 그 부분을 통하여 흐르는 큰 전류

08 ★★★

송전 계통에는 변압기, 차단기, 전력 수급용 계기용 변성기, 애자 등 많은 기기와 기구 등이 사용되고 있는데, 이들의 절연 강도는 서로 균형을 이루어야 한다. 만약 대충 정해져 있다면 그다지 중요하지 않는 개소의 절연을 강화하였기 때문에 중요한 기기의 절연이 파괴될 수도 있게 된다. 그러므로 절연 설계에 있어 계통에서 발생하는 이상 전압, 기기 등의 절연 강도, 피뢰 장치로 저감된 전압쪽 보호 레벨(Level) 3가지 사이의 관련을 합리적으로 해야 하는데, 이것을 절연 협조(Insulation coordination)라 한다. 그림은 이와 같이 하여 정한 절연 협조의 보기를 든 것이다. 각 개소에 해당되는 것을 다음 [보기]에서 골라 쓰시오. [5점]

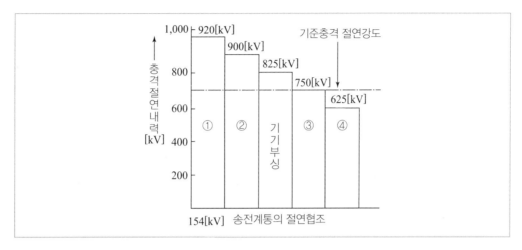

송전계통의 절연협조

[보기]
변압기, 피뢰기, 결합 콘덴서, 선로 애자

답안작성 ① 선로 애자 ② 결합 콘덴서 ③ 변압기 ④ 피뢰기

개념체크 절연 협조
계통 내의 각 기기, 기구 및 애자 등의 상호 간에 적정한 절연 강도를 지니게 함으로써 계통 설계를 합리적, 경제적으로 할 수 있게 한 것을 말한다.

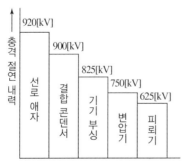

09

★★☆

지중 배전선로에서 사용하는 대부분의 전력케이블은 합성수지의 절연체를 사용하고 있어 사용 기간의 경과에 따라 충격전압 등의 영향으로 절연 성능이 떨어진다. 이러한 전력케이블의 고장점 측정을 위해 사용되는 방법을 3가지만 쓰시오. [5점]

답안작성
- 머레이 루프법
- 펄스 레이더법
- 수색 코일법

단답 정리함 케이블 고장점 탐지법
- 머레이 루프법
- 펄스 레이더법
- 수색 코일법
- 정전용량 브리지법

10

★★★

3상 4선식의 $13,200/22,900[V]$, 특고압 수전설비를 시설하고자 한다. 책임 분계 개폐기로부터 주변압기까지의 기기배치를 보기에서 골라 주어진 번호로 나열하시오.(단, CB 1차 측에 CT를, CB 2차 측에 PT를 시설하는 경우로, 조작용 또는 비상전원용 10[kVA] 이하인 용량의 변압기는 없는 것으로 하며 계전기류는 생략한다.) [5점]

[보기]
① MOF
② 차단기(CB)
③ 피뢰기(LA)
④ 변압기(TR)
⑤ 계기용 변압기(PT)
⑥ 변류기(CT)
⑦ 단로기(DS)
⑧ 컷아웃스위치(COS)

답안작성 ⑦-③-⑥-②-①-⑧-⑤-④

개념체크

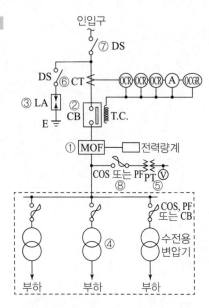

11 ★☆☆

접지방식은 각기 다른 목적이나 종류의 접지를 상호 연접시키는 통합접지와 개별적으로 접지하되 상호 일정한 거리 이상 이격하는 독립접지(단독접지)로 구분할 수 있다. 독립접지와 비교하여 통합접지의 장점과 단점을 각각 3가지만 쓰시오. [6점]

(1) 통합접지의 장점

(2) 통합접지의 단점

답안작성 (1) • 접지극의 신뢰도가 향상된다.
- 접지도체가 짧아져 접지계통이 단순해지므로 보수가 용이하다.
- 접지극의 연접으로 합성저항 저감 효과가 있다.

(2) • 피뢰침용과 공용하므로 뇌서지 영향을 받을 수 있다.
- 다른 기기 계통으로부터 사고 파급이 우려된다.
- 보호대상물을 제한할 수 없다.

단답 정리함 공용(통합)접지 장단점
[장점]
- 접지극의 신뢰도가 향상된다.
- 접지도체가 짧아져 접지계통이 단순해지므로 보수가 용이하다.
- 접지극의 연접으로 합성저항 저감 효과가 있다.
[단점]
- 피뢰침용과 공용하므로 뇌서지 영향을 받을 수 있다.
- 다른 기기 계통으로부터 사고 파급이 우려된다.
- 보호대상물을 제한할 수 없다.

12 ★★★

3상 배전선로의 말단에 늦은 역률 $80[\%]$인 평형 3상의 집중 부하가 있다. 변전소 인출구의 전압이 $3,300[\mathrm{V}]$인 경우 부하의 단자전압을 $3,000[\mathrm{V}]$ 이하로 떨어뜨리지 않으려면 부하 전력은 얼마인가?(단, 전선 1선의 저항은 $2[\Omega]$, 리액턴스 $1.8[\Omega]$으로 하고 그 외의 선로정수는 무시한다.) [5점]

- 계산 과정:

- 답:

답안작성 • 계산 과정

전압강하 $e = \dfrac{P}{V_r}(R + X\tan\theta)[\mathrm{V}]$ 이므로

부하 전력 $P = \dfrac{e \times V_r}{R + X\tan\theta} \times 10^{-3} = \dfrac{(3,300 - 3,000) \times 3,000}{2 + 1.8 \times \dfrac{0.6}{0.8}} \times 10^{-3} = 268.66[\mathrm{kW}]$

- 답: $268.66[\mathrm{kW}]$

개념체크 3상 선로에서의 전압강하

$e = V_s - V_r = \sqrt{3}\,I(R\cos\theta + X\sin\theta)[\mathrm{V}] = \dfrac{P}{V_r}(R + X\tan\theta)[\mathrm{V}]$

13

★☆☆

그림과 같이 수용가 인입구의 전압이 $22.9[\mathrm{kV}]$, 주차단기의 차단 용량이 $250[\mathrm{MVA}]$이며, $10[\mathrm{MVA}]$, $22.9/3.3[\mathrm{kV}]$ 변압기의 임피던스가 $5.5[\%]$일 때 다음 각 물음에 답하시오.　　　　　[9점]

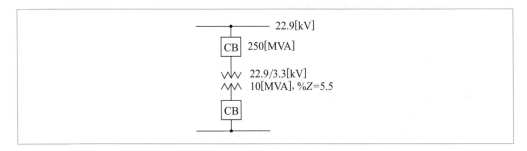

(1) 기준용량은 $10[\mathrm{MVA}]$로 정하고 임피던스 맵(Impedance map)을 그리시오.

(2) 합성 %임피던스를 구하시오.

　• 계산 과정:

　• 답:

(3) 변압기 2차 측에 필요한 차단기 용량을 구하고, 제시된 표(차단기의 정격 차단용량표)를 참조하여 차단기 용량을 선정하시오.

차단기의 정격 차단용량[MVA]

10	20	30	50	75	100	150	250	300	400	500	750	1,000

　• 계산 과정:

　• 답:

답안작성 (1) 기준용량을 $10[\mathrm{MVA}]$로 할 때 전원 측 임피던스

$$P_s = \frac{100}{\%Z_s} \times P_n \text{에서 } \%Z_s = \frac{100}{P_s} \times P_n = \frac{100}{250} \times 10 = 4[\%]$$

전원 측 %Z_s=4[%]

변압기 %Z_{tr}=5.5[%]

단락점

(2) • 계산 과정: 합성 %임피던스 $\%Z = \%Z_s + \%Z_{tr} = 4 + 5.5 = 9.5[\%]$

　• 답: $9.5[\%]$

(3) • 계산 과정

　단락용량 $P_s = \dfrac{100}{\%Z} \times P_n = \dfrac{100}{9.5} \times 10 = 105.26[\mathrm{MVA}]$

　∴ 차단용량은 단락용량보다 커야하므로 표에서 $150[\mathrm{MVA}]$를 선정한다.

　• 답: $150[\mathrm{MVA}]$

14
★★☆

전선로 부근이나 애자 부근(애자와 전선의 접속 부근)에 임계전압 이상이 가해지면 전선로나 애자 부근에 발생하는 코로나 현상에 대하여 다음 각 물음에 답하시오. [9점]

(1) 코로나 현상이란?

(2) 코로나 현상이 미치는 영향에 대하여 4가지만 쓰시오.

(3) 코로나 방지 대책 중 2가지만 쓰시오.

답안작성
(1) 송전선로의 공기 절연이 부분적으로 파괴되어서 낮은 소리와 푸른 빛을 내면서 방전하는 이상 현상

(2) • 코로나 전력 손실 발생
  • 코로나 고조파 발생
  • 전력선 주변 통신 선로에 전파 장해 발생
  • 소호 리액터 접지에서 소호 능력의 저하

(3) • 굵은 전선 사용
  • 복도체(다도체) 사용

개념체크
전선의 코로나 현상

(1) **코로나의 정의**
    송전선로의 공기 절연이 부분적으로 파괴되어서 낮은 소리와 푸른 빛을 내면서 방전하는 이상 현상이다.

(2) **코로나 임계 전압(E_0)**
    코로나 방전이 시작되는 코로나 임계 전압 산출식은 다음과 같다.

$$E_0 = 24.3 m_0 m_1 \delta d \log_{10} \frac{D}{r} [\text{kV}]$$

(단, m_0: 전선의 표면 계수(매끈한 전선 = 1, 거친 전선 = 0.8), m_1: 날씨 계수(맑은 날 = 1, 비, 눈, 안개 등 악천후 = 0.8), δ: 상대 공기 밀도$\left(\delta = \dfrac{0.386b}{273+t}\right)$, b: 기압, t: 온도, d: 전선의 직경, r: 도체의 반지름, D: 등가 선간 거리)

(3) **코로나에 의한 악영향**
    ① 코로나 전력 손실 발생
    ② 코로나 고조파 발생
    ③ 전력선 주변 통신 선로에 전파 장해 발생
    ④ 소호 리액터 접지에서 소호 능력의 저하
    ⑤ 전선 부식(코로나 방전 시 오존(O_3)이 발생하고 공기의 수분과 결합하여 초산 발생)

(4) **코로나 방지 대책**
    ① 굵은 전선 사용
    ② 복도체(다도체)를 사용
    ③ 전선의 표면을 매끄럽게 유지
    ④ 가선 금구를 매끄럽게 개량

15 ★★☆ 그림과 같은 릴레이 시퀀스도를 이용하여 다음 각 물음에 답하시오. [7점]

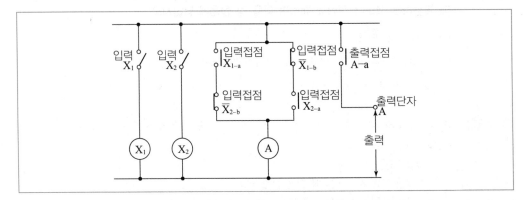

(1) AND, OR, NOT 등의 논리게이트를 이용하여 주어진 릴레이 시퀀스도를 논리회로로 바꾸어 그리시오.

(2) 물음 "(1)"에서 작성된 회로에 대한 논리식을 쓰시오.

(3) 논리식에 대한 진리표를 완성하시오.

입력		출력
X_1	X_2	A
0	0	
0	1	
1	0	
1	1	

(4) 진리표를 만족할 수 있는 로직회로를 간소화하여 그리시오.

(5) 주어진 타임차트를 완성하시오.

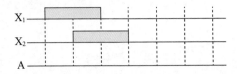

답안작성

(1)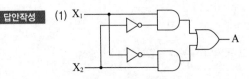

(4)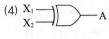

(2) $A = X_1 \cdot \overline{X}_2 + \overline{X}_1 \cdot X_2$

(3)

X_1	X_2	A
0	0	0
0	1	1
1	0	1
1	1	0

(5)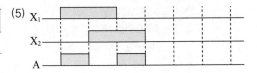

개념체크 배타적 논리합(Exclusive OR) 회로
입력이 서로 다를 때만 출력이 나오는 회로

16
★☆☆

옥내 저압 배선을 설계하고자 한다. 이때 시설 장소의 조건에 관계없이 한 가지 배선방법으로 배선하고자 할 때 옥내에는 건조한 장소, 습기진 장소, 노출배선 장소, 은폐배선을 하여야 할 장소, 점검이 불가능한 장소 등으로 되어 있다고 한다면 적용가능한 배선 공사 방법은 어떤 방법이 있는지 그 방법을 4가지만 쓰시오.(단, 사용전압이 $400[\text{V}]$ 이하인 경우이다.)　　　　　　　　　　　　[5점]

답안작성
- 금속관 공사
- 합성수지관 공사(CD관 제외)
- 케이블 공사
- 2종 비닐피복 가요전선관 공사

17
★★☆

$50,000[\text{kVA}]$의 변압기가 있다. 이 변압기의 손실은 $80[\%]$ 부하율일 때 $53.4[\text{kW}]$이고, $60[\%]$ 부하율일 때 $36.6[\text{kW}]$이다. 다음 각 물음에 답하시오.　　　　　　　　[5점]

(1) 이 변압기의 $40[\%]$ 부하율일 때의 손실을 구하시오.
- 계산 과정:
- 답:

(2) 최고 효율은 몇 $[\%]$ 부하율일 때인가?
- 계산 과정:
- 답:

답안작성 (1) • 계산 과정

손실 $P_l = P_i + m^2 P_c$이므로

$m = 0.8$일 때 손실 $P_l = P_i + 0.8^2 P_c = 53.4[\text{kW}]$

$m = 0.6$일 때 손실 $P_l' = P_i + 0.6^2 P_c = 36.6[\text{kW}]$

철손이 일정하므로 위의 두 식을 빼면 다음과 같다.

$53.4 - 36.6 = (0.8^2 - 0.6^2)P_c$

$P_c = \dfrac{53.4 - 36.6}{0.8^2 - 0.6^2} = 60[\text{kW}]$

그러므로 철손은 $P_i = 53.4 - 0.8^2 \times 60 = 15[\text{kW}]$

따라서 $m = 0.4$일 때 손실 $P_l'' = 15 + 0.4^2 \times 60 = 24.6[\text{kW}]$

• 답: $24.6[\text{kW}]$

(2) • 계산 과정: $m = \sqrt{\dfrac{P_i}{P_c}} \times 100 = \sqrt{\dfrac{15}{60}} \times 100 = 50[\%]$

• 답: $50[\%]$

개념체크 변압기의 최대 효율 조건

변압기의 철손과 동손이 같을 때이다. $P_i = m^2 P_c (P_i$: 철손, P_c: 동손, m: 부하율)

1회 학습전략

난이도 ❸

- 단답형: 고조파 전류, 시퀀스, 변압기 사고, 수전설비 결선도, 유도 전동기의 정·역 운전, 타이머, 진상 콘덴서 설비의 부속장치, 디지털형 계전기
- 공식형: 역률 개선, 전류 측정, 변류기, 등가 선간 거리, 케이블 굵기 선정, 단락사고
- 시퀀스 문제는 지문과 조건이 많아도 소문항별로 득점하기 좋습니다. 이번 회차는 계산 과정이 다소 복잡한 공식형 문제가 많았습니다. 1회독 학습 시에는 쉬운 계산 문제 위주로 학습하는 방법도 좋습니다.

2회 학습전략

난이도 ⊕

- 단답형: 개폐기, 방폭 구조, 시퀀스, 리액터 기동 정지 회로, 유도 전동기 기동법, 수전설비 심벌 및 명칭
- 공식형: 단락사고, 전압강하, 콘덴서, 단상 전력, 변류기, 변압기 용량, 조명 설계, 역률 개선
- %임피던스 및 차단전류 계산 문제는 고난도 문제이므로 학습에 참고하기 바랍니다. 조명 설계 문제에서 광속과 관련하여 혼동될 수 있는 부분은 '해설비법'과 함께 하면 좋습니다.
- ※ KEC 적용에 의거해 삭제된 문제가 있어 배점 합계가 100점이 되지 않습니다.

3회 학습전략

난이도 ❸

- 단답형: 적외선 전구, 시퀀스, 수전설비 결선도, 절연 협조, 몰드형 변압기, MCC반, 고조파 전류, 피뢰기 정격, 유도 전동기의 수동 및 자동 운전, 변압기 결선 방식
- 공식형: 조도, 부하설비, 허용전류, 단위법 계산
- 복합형: 수변전설비
- 지엽적인 부분에서 출제된 문제들이 다소 어렵게 느껴질 수 있는 회차입니다. 별 2개 이상의 빈출 문제들을 우선적으로 공부하고, 추후에 남은 문제를 챙기는 학습 방법을 추천합니다.

01
★★☆

3상 $200[\text{V}]$, $20[\text{kW}]$, **역률** $80[\%]$인 부하의 역률을 개선하기 위하여 $15[\text{kVA}]$의 진상 콘덴서를 설치하는 경우 전류의 차(역률 개선 전과 역률 개선 후)는 몇 $[\text{A}]$가 되겠는지 구하시오.　　　[5점]

• 계산 과정:

• 답:

답안작성

• 계산 과정

역률 개선 전 전류 I_1

$$I_1 = \frac{P}{\sqrt{3}\,V\cos\theta_1} = \frac{20 \times 10^3}{\sqrt{3} \times 200 \times 0.8} = 72.17[\text{A}]$$

역률 개선 후 전류 I_2

－ 콘덴서 설치 전 무효전력 $Q = P \times \dfrac{\sin\theta_1}{\cos\theta_1} = 20 \times \dfrac{0.6}{0.8} = 15[\text{kVar}]$

－ 콘덴서 설치 후 무효전력 $Q' = Q - Q_c = 15 - 15 = 0[\text{kVar}]$

－ 콘덴서 설치 후 역률 $\cos\theta_2 = \dfrac{P}{\sqrt{P^2 + Q^2}} = \dfrac{20}{\sqrt{20^2 + 0^2}} = 1$

－ 역률 개선 후 전류 $I_2 = \dfrac{P}{\sqrt{3}\,V\cos\theta_2} = \dfrac{20 \times 10^3}{\sqrt{3} \times 200 \times 1} = 57.74[\text{A}]$

전류의 차 $I = I_1 - I_2 = 72.17 - 57.74 = 14.43[\text{A}]$

• 답: $14.43[\text{A}]$

해설비법 무효전력 $Q = P\tan\theta = P \times \dfrac{\sin\theta}{\cos\theta}[\text{kVar}]$

02
★★☆

전원에 고조파 성분이 포함되어 있는 경우 부하설비의 과열 및 이상현상이 발생하는 경우가 있다. 이러한 고조파 전류가 발생하는 주원인과 그 대책을 각각 3가지씩 쓰시오.　　　[8점]

(1) 고조파 전류의 발생 원인

(2) 대책

답안작성

(1) • 정지형 전력변환장치
  • 전기로, 아크로 등에 의한 부하 급변
  • 용접기

(2) • 전력용 콘덴서에 직렬 리액터를 설치해 제5고조파 제거
  • 변압기 결선에서 △결선을 채용
  • 전력변환장치의 펄스 수를 크게 함

고조파 전류의 발생 원인
- 정지형 전력변환장치
- 전기로, 아크로 등에 의한 부하 급변
- 용접기
- 변압기, 전동기 등의 여자전류

고조파 억제 대책
- 전력용 콘덴서에 직렬 리액터를 설치해 제5고조파 제거
- 변압기 결선에서 △결선을 채용
- 전력변환장치의 펄스 수를 크게 함
- 고조파 필터를 사용해서 제거
- 고조파 발생 기기와 충분한 이격거리 확보

03
★★☆

보조 릴레이 A, B, C의 계전기로 출력(H레벨)이 생기는 유접점 회로와 무접점 회로를 그리시오.(단, 보조 릴레이의 접점을 모두 a접점만을 사용하도록 한다.)　　　　　　　　　[6점]

(1) A와 B를 같이 ON하거나 C를 ON할 때 X_1출력
　　① 유접점 회로
　　② 무접점 회로

(2) A를 ON하고 B 또는 C를 ON할 때 X_2출력
　　① 유접점 회로
　　② 무접점 회로

(1) ① 유접점 회로　　　　　　　② 무접점 회로

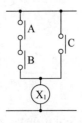

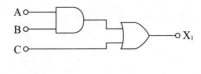

(2) ① 유접점 회로　　　　　　　② 무접점 회로

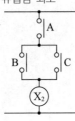

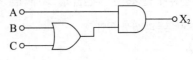

(1) $X_1 = (A \cdot B) + C$
(2) $X_2 = A \cdot (B + C)$

04 ★☆☆ 그림과 같은 회로에서 최대 눈금 15[A]의 직류 전류계 2개를 접속하고 전류 20[A]를 흘리면 각 전류계의 지시는 몇 [A]인가?(단, 전류계 최대 눈금의 전압강하는 A_1이 75[mV], A_2가 50[mV]이다.) [5점]

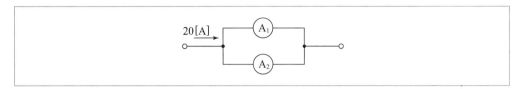

• 계산 과정:

• 답:

• 계산 과정

A_1 전류계의 내부 저항 $R_1 = \dfrac{75 \times 10^{-3}}{15} = 5 \times 10^{-3}[\Omega]$

A_2 전류계의 내부 저항 $R_2 = \dfrac{50 \times 10^{-3}}{15} = 3.33 \times 10^{-3}[\Omega]$

A_1 전류계에 흐르는 전류 $I_1 = \dfrac{R_2}{R_1 + R_2} \times I = \dfrac{3.33 \times 10^{-3}}{5 \times 10^{-3} + 3.33 \times 10^{-3}} \times 20 = 8[A]$

A_2 전류계에 흐르는 전류 $I_2 = I - I_1 = 20 - 8 = 12[A]$

• 답: A_1 전류계의 지시 전류 8[A], A_2 전류계의 지시 전류 12[A]

A_1 전류계 최대 눈금의 전압강하 75[mV] = 최대 눈금[A] $\times R_1[\Omega] = 15R_1$

A_2 전류계 최대 눈금의 전압강하 50[mV] = 최대 눈금[A] $\times R_2[\Omega] = 15R_2$

전류 분배의 법칙 $I_1 = \dfrac{R_2}{R_1 + R_2} I[A]$, $I_2 = \dfrac{R_1}{R_1 + R_2} I[A]$

05 ★★☆ 평형 3상 회로에 변류비 100/5인 변류기 2개를 그림과 같이 접속하였을 때 전류계에 3[A]의 전류가 흘렀다. 1차 전류의 크기는 몇 [A]인지 구하시오. [5점]

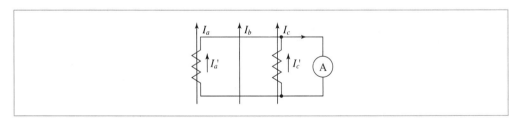

• 계산 과정:

• 답:

• 계산 과정: 가동 결선이므로 1차 전류는 $I_1 = I_2 \times CT$비 $= 3 \times \dfrac{100}{5} = 60[A]$

• 답: 60[A]

06 ★★★ 그림과 같은 송전 철탑에서 등가 선간거리[cm]는 얼마인지 구하시오. [6점]

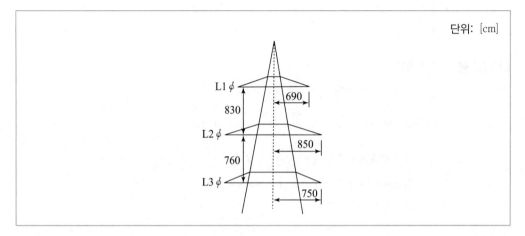

• 계산 과정:

• 답:

답안작성 • 계산 과정

각 전선 간의 이격거리를 구하면

$$D_{12} = \sqrt{830^2 + (850-690)^2} = 845.28[\text{cm}]$$

$$D_{23} = \sqrt{760^2 + (850-750)^2} = 766.55[\text{cm}]$$

$$D_{31} = \sqrt{(830+760)^2 + (750-690)^2} = 1,591.13[\text{cm}]$$

∴ 등가 선간거리 $D_e = \sqrt[3]{D_{12} \times D_{23} \times D_{31}} = \sqrt[3]{845.28 \times 766.55 \times 1,591.13} = 1,010.22[\text{cm}]$

• 답: 1,010.22[cm]

개념체크 등가 선간거리

선간거리를 동일하게 환산한 거리

$$D_e = \sqrt[3]{D_1 \times D_2 \times D_3}$$

(단, 세제곱근은 전선 간 이격거리가 3개임을 의미한다.)

07
★★★

송전단 전압이 $3,300[\text{V}]$인 변전소로부터 $6[\text{km}]$ 떨어진 곳까지 지중으로 역률 0.9(지상) $600[\text{kW}]$의 3상 동력 부하에 전력을 공급할 때 케이블의 허용전류(또는 안전전류) 범위 내에서 전압강하가 $10[\%]$를 초과하지 않는 케이블을 다음 표에서 선정하시오.(단, 도체(동선)의 고유저항은 $1/55[\Omega \cdot \text{mm}^2/\text{m}]$로 하고, 케이블의 정전용량 및 리액턴스 등은 무시한다.) [8점]

[심선의 굵기와 허용전류]

심선의 굵기[mm²]	35	50	95	150	185
허용전류[A]	175	230	300	410	465

• 계산 과정:

• 답:

답안작성 • 계산 과정

전압강하율 $\varepsilon = \dfrac{V_s - V_r}{V_r} \times 100[\%]$ 에서

$V_r = \dfrac{V_s}{1 + \dfrac{\varepsilon}{100}} = \dfrac{3,300}{1 + \dfrac{10}{100}} = 3,000[\text{V}]$

부하전류 $I = \dfrac{P}{\sqrt{3}\,V_r \cos\theta} = \dfrac{600 \times 10^3}{\sqrt{3} \times 3,000 \times 0.9} = 128.3[\text{A}]$

전압강하 $e = V_s - V_r = 3,300 - 3,000 = 300[\text{V}]$

$e = \sqrt{3}\,I(R\cos\theta + X\sin\theta)[\text{V}]$ 에서 조건에 주어진 정전용량 및 리액턴스 등을 무시하면($X = 0$)

$e = \sqrt{3}\,IR\cos\theta[\text{V}]$

$\therefore R = \dfrac{e}{\sqrt{3}\,I\cos\theta} = \dfrac{300}{\sqrt{3} \times 128.3 \times 0.9} = 1.5[\Omega]$

$R = \rho \times \dfrac{l}{A}[\Omega]$ 에서

$A = \dfrac{\rho \times l}{R} = \dfrac{\dfrac{1}{55} \times 6 \times 10^3}{1.5} = 72.73[\text{mm}^2]$

• 답: $95[\text{mm}^2]$ 선정

개념체크 • 3상 선로에서의 전압강하

$e = V_s - V_r = \sqrt{3}\,I(R\cos\theta + X\sin\theta)[\text{V}] = \dfrac{P}{V_r}(R + X\tan\theta)[\text{V}]$

• 저항(R)

$$R = \rho\dfrac{l}{A}[\Omega] = \dfrac{l}{kA}[\Omega]$$

(단, ρ: 전선의 고유 저항$[\Omega \cdot \text{m}]$, k: 도전율$[\text{℧}/\text{m}]$(고유 저항의 역수), l: 전선의 길이$[\text{m}]$, A: 전선의 단면적$[\text{m}^2]$)

★★☆

그림은 특고압 수전설비 표준 결선도이다. 다음 괄호 안에 알맞은 내용을 쓰시오. [5점]

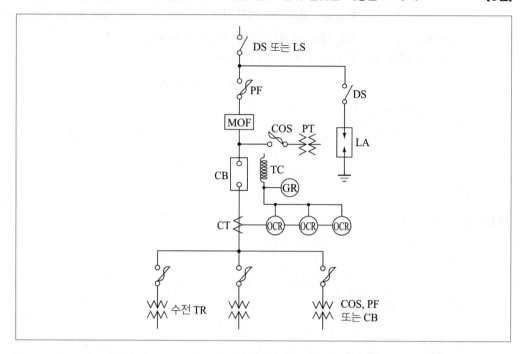

(1) 수전 전압이 154[kV], 수전 전력이 2,000[kVA]인 경우 차단기의 트립 전원은 (　　) 방식으로 한다.

(2) 아파트 및 공동 주택 등의 수전설비 인입선을 지중선으로 인입하는 경우, 수전 전압이 22.9[kV - Y]일 때, 지중선으로 사용할 케이블은 (　　) 케이블을 사용한다.

(3) 위의 '(2)'항에서 수전설비 인입선은 사고 시 정전에 대비하기 위하여 (　　)회선으로 인입하는 것이 바람직하다.

(4) 그림에서 수전 전압이 (　　)[kV] 이상인 경우에는 LS를 사용하여야 한다.

답안작성

(1) 직류(DC)

(2) CNCV - W(수밀형) 또는 TR CNCV - W(트리억제형)

(3) 2

(4) 66

CB 1차 측에 PT를, CB 2차 측에 CT를 시설하는 경우 표준 결선도

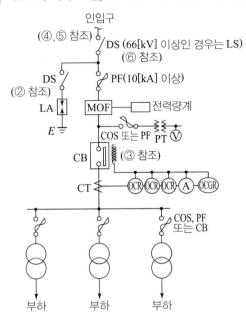

[주요 사항]

① 22.9[kV-Y], 1,000[kVA] 이하인 경우에는 간이 수전설비 결선도에 의할 수 있다.

② LA용 DS는 생략이 가능하며 22.9[kV-Y]용의 LA는 반드시 Isolator(또는 Disconnector) 붙임형을 사용하여야 한다.

③ 차단기의 트립 전원은 직류(DC) 또는 콘덴서 방식(CTD)으로 하며, 66[kV] 이상의 수전설비에는 반드시 직류(DC) 방식이어야 한다.

④ 인입선을 지중선으로 시설하는 경우에는 공동 주택 등 고장 시 정전의 피해가 특히 우려되는 곳은 예비 지중선을 포함하여 2회선으로 시설하는 것이 바람직하다.

⑤ 지중 인입선의 경우에 22.9[kV-Y] 계통은 CNCV-W 케이블(수밀형) 또는 TR CNCV-W(트리 억제형)을 사용하여야 한다. 단, 전력구, 공동구, 덕트, 건물 구내 등 화재의 우려가 있는 장소에서는 FR CNCO-W(난연) 케이블을 사용하는 것이 바람직하다.

⑥ DS 대신 자동 고장 구분 개폐기(7,000[kVA] 초과 시에는 Sectionalizer)를 사용할 수 있으며, 66[kV] 이상의 경우는 LS를 사용하여야 한다.

09 주어진 시퀀스도와 작동원리를 이용하여 다음 각 물음에 답하시오. [9점]

★☆☆

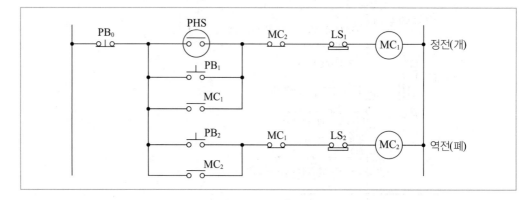

[작동원리]

자동차 차고의 셔터에 라이트가 비치면 PHS에 의해 셔터가 자동으로 열리며, 또한 PB_1을 조작(ON)해도 열린다. 셔터를 닫을 때는 PB_2를 조작(ON)하면 셔터는 닫힌다. 리미트 스위치 LS_1은 셔터의 상한이고, LS_2는 셔터의 하한이다.

(1) MC_1, MC_2의 a접점은 어떤 역할을 하는 접점인가?

(2) MC_1, MC_2의 b접점은 상호 간에 어떤 역할을 하는가?

(3) LS_1, LS_2의 명칭을 쓰고, 그 역할을 설명하시오.
 • 명칭
 • 역할

(4) 시퀀스도에서 PHS(또는 PB_1)과 PB_2를 타임차트와 같은 타이밍으로 ON 조작하였을 때의 타임차트를 완성하시오.

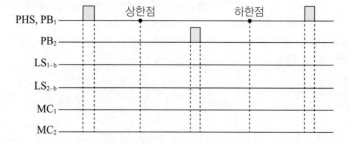

답안작성 (1) 자기 유지

(2) 인터록(동시 투입 방지)

(3) • 명칭
　　LS_1 : 상한 리미트 스위치
　　LS_2 : 하한 리미트 스위치
　　• 역할
　　LS_1 : 셔터의 상한점을 감시하여 MC_1을 소자시킨다.
　　LS_2 : 셔터의 하한점을 감시하여 MC_2를 소자시킨다.

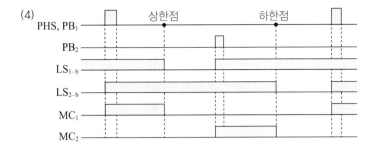

(4)

| PHS, PB₁ | 상한점 | 하한점 |

10
★☆☆

그림과 같은 시퀀스도는 3상 농형 유도전동기의 정·역 및 $Y - \Delta$ 기동회로이다. 이 시퀀스도를 보고 다음 각 물음에 답하시오.(단, $MC_{1\sim4}$: 전자접촉기, PB_0 : 누름버튼 스위치, PB_1과 PB_2 : 1a와 1b 접점을 가지고 있는 누름버튼 스위치, $PL_{1\sim3}$: 표시등, T : 한시동작 순시복귀 타이머이다.)   [9점]

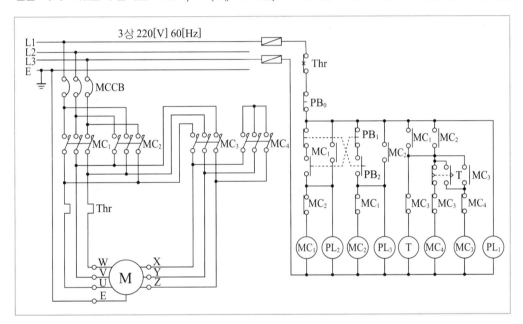

(1) MC_1을 정회전용 전자접촉기라고 가정하면 역회전용 전자접촉기는 어느 것인가?

(2) 유도전동기를 Y결선과 Δ결선을 시키는 전자접촉기는 어느 것인가?
   • Y결선
   • Δ결선

(3) 유도전동기를 정·역 운전할 때, 정회전 전자접촉기와 역회전 전자접촉기가 동시에 작동하지 못하도록 보조회로에서 전기적으로 안전하게 구성하는 것을 무엇이라 하는가?

(4) 유도전동기를 $Y - \Delta$로 기동하는 이유에 대하여 설명하시오.

(5) 유도전동기가 Y결선에서 Δ결선으로 되는 것은 어느 기계기구의 어떤 접점에 의한 입력신호를 받아서 Δ결선 전자접촉기가 작동하여 운전되는가?(단, 접점 명칭은 작동 원리에 따른 우리말 용어로 답하도록 하시오.)

(6) MC_1을 정회전 전자접촉기로 가정할 경우, 유도전동기가 역회전 $Y - \Delta$로 운전할 때 작동(여자)되는 전자접촉기를 모두 쓰시오.

(7) MC_1을 정회전 전자접촉기로 가정할 경우, 유도전동기가 역회전할 경우만 점등되는 표시램프는 어떤 것인가?

(8) 주회로에서 Thr는 무엇인가?

답안작성

(1) MC_2

(2) • Y 결선: MC_4 • △결선: MC_3

(3) 인터록

(4) 기동전류를 제한하기 위하여

(5) 한시동작 순시복귀 a접점

(6) MC_2, MC_3

(7) PL_3

(8) 열동 계전기

11

★★★

그림은 타이머 내부 결선도이다. 아래 그림의 점선 부분*에 대한 접점의 동작 설명을 하시오. [5점]

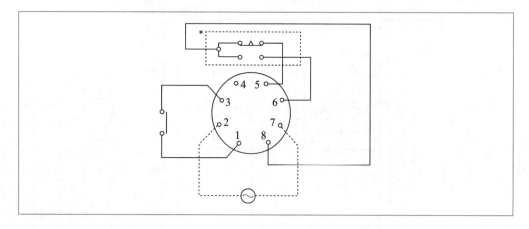

답안작성 한시동작 순시복귀 a, b 접점으로 타이머가 여자되면 8, 5번이 유지되고 설정 시간 후 8, 6번이 동작되며 무여자되면 즉시 복구된다.

해설비법 타이머 릴레이의 구성은 다음과 같다.
2, 7번: 전원, 1, 3번: 자기 유지

12 ★★☆

그림은 고압 진상용 콘덴서 설치도이다. 다음 물음에 답하시오.　　　　　　　　　[9점]

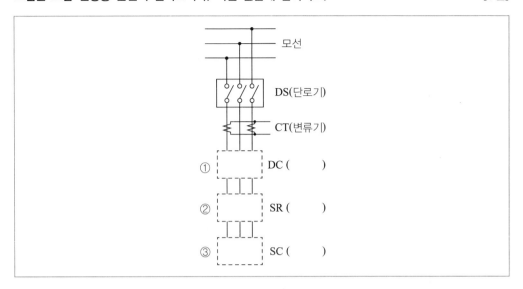

(1) ①, ②, ③의 명칭을 우리말로 쓰시오.

(2) ①, ②, ③의 설치 사유를 쓰시오.

(3) ①, ②, ③의 회로를 완성하시오.

답안작성

(1) ① 방전 코일　　　② 직렬 리액터　　　③ 전력용 콘덴서

(2) ① 콘덴서에 축적된 잔류 전하 방전
　　② 제5고조파 제거
　　③ 역률 개선

(3) ①　　　　　　②　　　　　　③

개념체크

역률 개선용 콘덴서(진상 콘덴서) 설비의 부속 장치

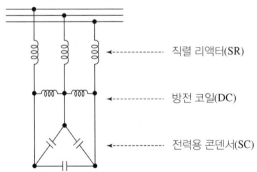

직렬 리액터(SR)

방전 코일(DC)

전력용 콘덴서(SC)

(1) 직렬 리액터(SR: Series Reactor)
　　① 변압기 등에서 발생하는 제5고조파 제거
　　② 제5고조파 제거를 위한 직렬 리액터 용량

- 이론상: 제5고조파 공진 조건 $5\omega L = \dfrac{1}{5\omega C}$에서 $\omega L = \dfrac{1}{25\omega C} = 0.04 \times \dfrac{1}{\omega C}$

  ∴ 콘덴서 용량의 4[%] 설치
- 실제상: 여유를 두어 콘덴서 용량의 6[%] 설치

(2) 방전 코일(DC: Discharge Coil)
   ① 콘덴서에 남아 있는 잔류 전하를 신속히 방전시켜 인체의 감전 방지
   ② 5초 이내에 50[V] 이하로 방전

(3) 전력용 콘덴서(SC: Static Capacitor): 부하의 역률을 개선

13 ★☆☆

옥외용 변전소 내의 변압기 사고라고 생각할 수 있는 사고의 종류 5가지만 쓰시오.　　　[5점]

답안작성
- 권선과 철심 간 절연파괴에 의한 지락
- 권선의 상간 및 층간 단락
- 권선의 단선
- 저·고압 권선의 혼촉
- 부싱 리드선의 절연파괴

단답 정리함　변압기의 고장(소손) 원인
- 권선과 철심 간 절연파괴에 의한 지락
- 권선의 상간 및 층간 단락
- 권선의 단선
- 저·고압 권선의 혼촉
- 부싱 리드선의 절연파괴

14 ★★☆

그림과 같은 송전계통 S 점에서 3상 단락사고가 발생하였다. 주어진 도면과 조건을 참고하여 다음 각 물음에 답하시오. [10점]

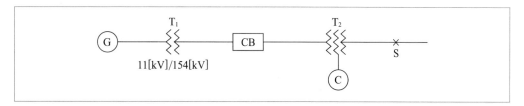

[조건]

번호	기기명	용량	전압	%X[%]
1	G: 발전기	50,000[kVA]	11[kV]	30
2	T_1: 변압기	50,000[kVA]	11/154[kV]	12
3	송전선		154[kV]	10(10,000[kVA])
4	T_2: 변압기	1차 25,000[kVA]	154[kV]	12(25,000[kVA] 1차 ~ 2차)
		2차 25,000[kVA]	77[kV]	15(25,000[kVA] 2차 ~ 3차)
		3차 10,000[kVA]	11[kV]	10.8(10,000[kVA] 3차 ~ 1차)
5	C: 조상기	10,000[kVA]	11[kV]	20(10,000[kVA])

(1) 고장점의 단락전류
   • 계산 과정:
   • 답:

(2) 차단기의 단락전류
   • 계산 과정:
   • 답:

답안작성 (1) • 계산 과정
   – 100[MVA] 기준으로 환산

   발전기: $\%X_G = \dfrac{100}{50} \times 30 = 60[\%]$

   변압기(T_1): $\%X_{T_1} = \dfrac{100}{50} \times 12 = 24[\%]$

   송전선: $\%X_l = \dfrac{100}{10} \times 10 = 100[\%]$

   조상기: $\%X_C = \dfrac{100}{10} \times 20 = 200[\%]$

   – 100[MVA] 기준 T_2 변압기의 1차(P), 2차(T), 3차(S) %리액턴스

   1차 ~ 2차 간: $\%X_{P-T} = \dfrac{100}{25} \times 12 = 48[\%]$

   2차 ~ 3차 간: $\%X_{T-S} = \dfrac{100}{25} \times 15 = 60[\%]$

   3차 ~ 1차 간: $\%X_{S-P} = \dfrac{100}{10} \times 10.8 = 108[\%]$

   1차 $\%X_P = \dfrac{48 + 108 - 60}{2} = 48[\%]$

   2차 $\%X_T = \dfrac{48 + 60 - 108}{2} = 0[\%]$

$$3차\ \%X_S = \frac{60+108-48}{2} = 60[\%]$$

발전기에서 T_2 변압기 1차까지 $\%X_1 = 60+24+100+48 = 232[\%]$

조상기에서 T_2 변압기 3차까지 $\%X_2 = 200+60 = 260[\%]$

합성 $\%Z = \dfrac{\%X_1 \times \%X_2}{\%X_1 + \%X_2} + \%X_T = \dfrac{232 \times 260}{232 + 260} + 0 = 122.6[\%]$

$\therefore$ 고장점의 단락전류

$$I_s = \frac{100}{\%Z} \times I_N = \frac{100}{122.6} \times \frac{100 \times 10^6}{\sqrt{3} \times 77 \times 10^3} = 611.59[A]$$

- 답: 611.59[A]

(2) · 계산 과정

차단기의 단락전류 $I_{s1} = I_s \times \dfrac{\%X_2}{\%X_1 + \%X_2} = 611.59 \times \dfrac{260}{232 + 260} = 323.2[A]$

이를 154[kV]로 환산하면 $I_{s10} = 323.2 \times \dfrac{77}{154} = 161.6[A]$

- 답: 161.6[A]

해설비법

- $\%X_{기준} = \%X_{자기} \times \dfrac{기준\ 용량}{자기\ 용량}$

- 등가회로

발전기에서 T_2 변압기 1차까지 $\%X_1 = 60+24+100+48 = 232[\%]$

조상기에서 T_2 변압기 3차까지 $\%X_2 = 200+60 = 260[\%]$

---

15 ★★★

아날로그형 계전기에 비교할 때 디지털형 계전기의 장점 5가지만 쓰시오. [5점]

답안작성
- 고성능, 다기능화가 가능하다.
- 변성기의 부담이 작다.
- 융통성이 높다.
- 소형화가 가능하다.
- 신뢰도가 높다.

단답 정리함 디지털형 계전기의 장점
- 고성능, 다기능화가 가능하다.
- 변성기의 부담이 작다.
- 융통성이 높다.
- 소형화가 가능하다.
- 신뢰도가 높다.

01
★★☆

그림과 같은 임피던스 맵(Impedance map)과 조건을 보고 다음 각 물음에 답하시오. [9점]

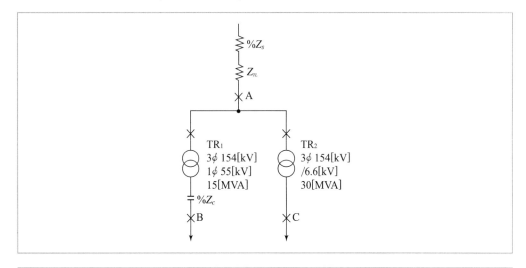

[조건]

$\%Z_s$: 한전 S/S의 154[kV] 인출 측의 전원 측 정상 임피던스 1.2[%] (100[MVA] 기준)

Z_{TL} : 154[kV] 송전 선로의 임피던스 1.83[Ω]

$\%Z_{TR_1} = 10[\%] (15[MVA]$ 기준)

$\%Z_{TR_2} = 10[\%] (30[MVA]$ 기준)

$\%Z_c = 50[\%] (100[MVA]$ 기준)

(1) $\%Z_{TL}$, $\%Z_{TR_1}$, $\%Z_{TR_2}$에 대하여 100[MVA] 기준 %임피던스를 구하시오.

　• 계산 과정:

　• 답:

(2) A, B, C 각 점에서의 합성 %임피던스인 $\%Z_A$, $\%Z_B$, $\%Z_C$를 구하시오.

　• 계산 과정:

　• 답:

(3) A, B, C 각 점에서의 차단기의 소요 차단전류 I_A, I_B, I_C는 몇 [kA]가 되겠는가?(단, 비대칭분을 고려한 상승 계수는 1.6으로 한다.)

　• 계산 과정:

　• 답:

(1) • 계산 과정

$$\%Z_{TL} = \frac{PZ}{10V^2} = \frac{100 \times 10^3 \times 1.83}{10 \times 154^2} = 0.77[\%]$$

$$\%Z_{TR_1} = 10[\%] \times \frac{100}{15} = 66.67[\%]$$

$$\%Z_{TR_2} = 10[\%] \times \frac{100}{30} = 33.33[\%]$$

• 답: $\%Z_{TL} = 0.77[\%]$, $\%Z_{TR_1} = 66.67[\%]$, $\%Z_{TR_2} = 33.33[\%]$

(2) • 계산 과정

$$\%Z_A = \%Z_s + \%Z_{TL} = 1.2 + 0.77 = 1.97[\%]$$
$$\%Z_B = \%Z_s + \%Z_{TL} + \%Z_{TR_1} - \%Z_C = 1.2 + 0.77 + 66.67 - 50 = 18.64[\%]$$
$$\%Z_C = \%Z_s + \%Z_{TL} + \%Z_{TR_2} = 1.2 + 0.77 + 33.33 = 35.3[\%]$$

• 답: $\%Z_A = 1.97[\%]$, $\%Z_B = 18.64[\%]$, $\%Z_C = 35.3[\%]$

(3) • 계산 과정

$$I_A = \frac{100}{\%Z_A}I_n = \frac{100}{1.97} \times \frac{100 \times 10^3}{\sqrt{3} \times 154} \times 1.6 \times 10^{-3} = 30.45[\text{kA}]$$

$$I_B = \frac{100}{\%Z_B}I_n = \frac{100}{18.64} \times \frac{100 \times 10^3}{55} \times 1.6 \times 10^{-3} = 15.61[\text{kA}]$$

$$I_C = \frac{100}{\%Z_C}I_n = \frac{100}{35.3} \times \frac{100 \times 10^3}{\sqrt{3} \times 6.6} \times 1.6 \times 10^{-3} = 39.65[\text{kA}]$$

• 답: $I_A = 30.45[\text{kA}]$, $I_B = 15.61[\text{kA}]$, $I_C = 39.65[\text{kA}]$

(1) %임피던스 $\%Z = \frac{PZ}{10V^2}[\%]$ (여기서 $P[\text{kVA}]$, $V[\text{kV}]$)

(2) 단락전류 $I_s = \frac{100}{\%Z}I_n[\text{A}]$

• 단상 $I_s = \frac{100}{\%Z} \times \frac{P}{V}[\text{A}]$

• 3상 $I_s = \frac{100}{\%Z} \times \frac{P}{\sqrt{3}\,V}[\text{A}]$

02 ★★☆

그림과 같이 지상 역률 0.8인 부하와 유도성 리액턴스를 병렬로 접속한 회로에 교류전압 220[V]를 인가할 때 각 전류계 A_1, A_2 및 A_3의 지시는 18[A], 20[A] 및 34[A]이었다. 다음 물음에 답하시오. [6점]

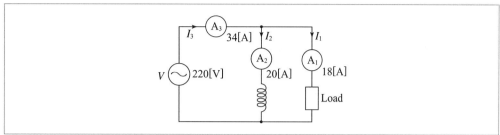

(1) 이 부하의 무효전력 Q는 몇 [kVar]인가?
  • 계산 과정:

  • 답:

(2) 이 부하의 소비전력 P는 몇 [kW]인가?
  • 계산 과정:

  • 답:

답안작성 (1) • 계산 과정: $Q = VI_1\sin\theta = 220 \times 18 \times 0.6 \times 10^{-3} = 2.38[\text{kVar}]$

  • 답: 2.38[kVar]

(2) • 계산 과정: $P = VI_1\cos\theta = 220 \times 18 \times 0.8 \times 10^{-3} = 3.17[\text{kW}]$

  • 답: 3.17[kW]

개념체크 단상 전력(피상전력, 유효전력, 무효전력)
  • 피상전력 $P_a = VI[\text{VA}] = \sqrt{P^2 + Q^2}$
  • 유효전력 $P = VI\cos\theta[\text{W}]$
  • 무효전력 $Q = VI\sin\theta[\text{Var}]$

03 ★★☆

제3고조파의 유입으로 인한 사고를 방지하기 위하여 콘덴서 회로에 콘덴서 용량의 11[%]인 직렬 리액터를 설치하였다. 이 경우에 콘덴서의 정격 전류(정상 시 전류)가 10[A]라면 콘덴서 투입 시의 전류는 몇 [A]가 되겠는가? [5점]

  • 계산 과정:

  • 답:

답안작성 • 계산 과정

$$I = I_n \times \left(1 + \sqrt{\frac{X_C}{X_L}}\right) = I_n \times \left(1 + \sqrt{\frac{X_C}{0.11X_C}}\right) = 10 \times \left(1 + \sqrt{\frac{1}{0.11}}\right) = 40.15[\text{A}]$$

  • 답: 40.15[A]

개념체크 전력용 콘덴서 투입 시 돌입 전류 $I = I_n \times \left(1 + \sqrt{\frac{X_C}{X_L}}\right)[\text{A}]$

04 ★★☆

3상 3선식 배전선로의 각 선간의 전압강하 근사값을 구하고자 하는 경우에 이용할 수 있는 약산식을 다음의 [조건]을 이용하여 구하시오.   [4점]

> **[조건]**
> • 배전선로의 길이: L[m], 배전선의 굵기: A[mm²], 배전선의 전류: I[A]
> • 표준 연동선의 고유 저항(20[℃]): $\frac{1}{58}$[Ω·mm²/m], 동선의 도전율: 97[%]
> • 선로의 리액턴스를 무시하고 역률은 1로 간주해도 무방한 경우이다.

• 계산 과정:
• 답:

답안작성

• 계산 과정

저항 $R = \rho\frac{L}{A} = \frac{1}{58}\times\frac{100}{\%C}\times\frac{L}{A} = \frac{1}{58}\times\frac{100}{97}\times\frac{L}{A}$ [Ω]

전압강하 $e = \sqrt{3}IR = \sqrt{3}\times I\times\frac{1}{58}\times\frac{100}{97}\times\frac{L}{A} = \frac{30.8LI}{1,000A}$ [V]

• 답: $e = \frac{30.8LI}{1,000A}$ [V]

개념체크 전압강하 및 전선의 단면적 계산

전기 방식	전압강하	전선 단면적
단상 3선식 3상 4선식	$e = \frac{17.8LI}{1,000A}$[V]	$A = \frac{17.8LI}{1,000e}$[mm²]
단상 2선식	$e = \frac{35.6LI}{1,000A}$[V]	$A = \frac{35.6LI}{1,000e}$[mm²]
3상 3선식	$e = \frac{30.8LI}{1,000A}$[V]	$A = \frac{30.8LI}{1,000e}$[mm²]

(단, L: 전선 1본의 길이[m], I: 부하 전류[A])

05 ★★☆

개폐기 중에서 다음 기호(심벌)가 의미하는 것은 무엇인지 모두 쓰시오.   [5점]

3P50A
f20A
A5

답안작성 정격 전류 5[A]인 전류계 붙이 3극 50[A] 개폐기로 퓨즈 정격 20[A]

06

★★★

그림과 같은 릴레이 시퀀스도를 이용하여 다음 각 물음에 답하시오.   [7점]

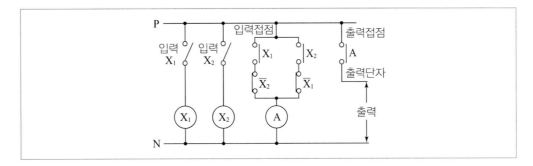

(1) AND, OR, NOT 등의 논리게이트를 이용하여 주어진 릴레이 시퀀스도를 논리회로로 바꾸어 그리시오.

(2) 물음 "(1)"에서 작성된 회로에 대한 논리식을 쓰시오.

(3) 논리식에 대한 진리표를 완성하시오.

입력		출력
X_1	X_2	A
0	0	
0	1	
1	0	
1	1	

(4) 진리표를 만족할 수 있는 로직회로를 간소화하여 그리시오.

(5) 주어진 타임차트를 완성하시오.

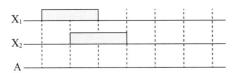

답안작성

(1)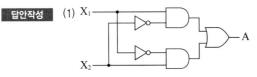

(4)
X_1
X_2 >—— A

(2) $A = X_1 \cdot \overline{X}_2 + \overline{X}_1 \cdot X_2$

(3)
입력		출력
X_1	X_2	A
0	0	0
0	1	1
1	0	1
1	1	0

(5)

개념체크   배타적 논리합(Exclusive OR) 회로
입력이 서로 다를 때만 출력이 나오는 회로

다음 그림은 리액터 기동 정지 조작 회로의 미완성 도면이다. 이 도면에 대하여 다음 물음에 답하시오.
[10점]

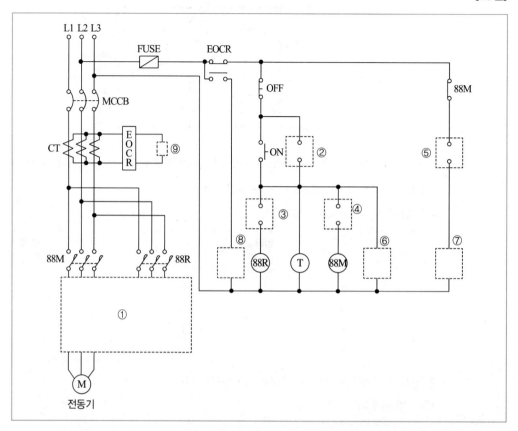

(1) ① 부분의 미완성 주회로를 회로도에 직접 그리시오.

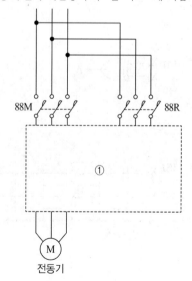

(2) 제어 회로에서 ②, ③, ④, ⑤ 부분의 접점을 완성하고 그 기호를 쓰시오.

구분	②	③	④	⑤
접점 및 기호				

(3) ⑥, ⑦, ⑧, ⑨ 부분에 들어갈 LAMP와 계기의 그림 기호를 그리시오. (예: Ⓖ 정지, Ⓡ 기동 및 운전, Ⓨ 과부하로 인한 정지)

구분	⑥	⑦	⑧	⑨
그림 기호				

(4) 직입 기동 시 시동 전류가 정격 전류의 6배가 되는 전동기를 65[%] 탭에서 리액터 시동한 경우, 시동 전류는 약 몇 배 정도가 되는지 계산하시오.
  • 계산 과정:
  • 답:

(5) 직입 기동 시 시동 토크가 정격 토크의 2배였다고 하면 65[%] 탭에서 리액터 시동한 경우, 시동 토크는 어떻게 되는지 설명하시오.
  • 계산 과정:
  • 답:

답안작성 (1)

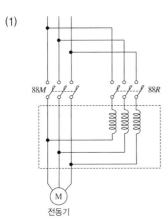

전동기

(2)

구분	②	③	④	⑤
접점 및 기호	T-a	88M	T-a	88R

(3)

구분	⑥	⑦	⑧	⑨
그림 기호	Ⓡ	Ⓖ	Ⓨ	Ⓐ

(4) • 계산 과정: 시동 전류 $I_s \propto V_0$ 에서 $I_s = 6I \times 0.65 = 3.9I$
  • 답: 3.9배

(5) • 계산 과정: 시동 토크 $T_s \propto V_0^2$ 에서 $T_s = 2T \times 0.65^2 = 0.85T$
  • 답: 0.85배

08

KEC 적용에 따라 삭제되는 문제입니다.

09
★★★

변류비 $160/5$인 CT 2개를 그림과 같이 접속할 때, 전류계에 $2.5[A]$가 흐른다면 CT 1차 측에 흐르는 전류는 몇 $[A]$인가?　　　　　　　　　　　　　　　　　[5점]

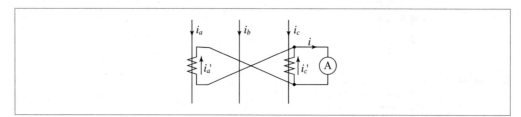

• 계산 과정:

• 답:

답안작성 • 계산 과정: CT 1차 전류 $= 2.5 \times \dfrac{1}{\sqrt{3}} \times \dfrac{160}{5} = 46.19[A]$

• 답: $46.19[A]$

해설비법 변류기(CT) 차동 접속 시

CT 1차 전류 $=$ 전류계 지시값 $\times \dfrac{1}{\sqrt{3}} \times$ 변류비 $= 2.5 \times \dfrac{1}{\sqrt{3}} \times \dfrac{160}{5} = 46.19[A]$

10
★★★

부하의 종류가 전등뿐인 수용가에서 그림과 같이 변압기가 설치되어 있다. 도면과 조건을 이용하여 다음 각 물음에 답하시오. [6점]

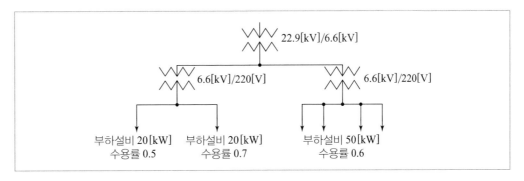

[조건]
① 수용가의 수용률
   A군: 20[kW], 0.5 / 20[kW], 0.7
   B군: 50[kW], 0.6
② 수용가 상호 간의 부등률: 1.2
③ 변압기 상호 간의 부등률: 1.2
④ 변압기 표준 용량[kVA]: 5, 10, 15, 20, 25, 50, 75, 100

(1) A군에 필요한 표준 변압기 용량을 구하시오.
   • 계산 과정:
   • 답:

(2) B군에 필요한 표준 변압기 용량을 구하시오.
   • 계산 과정:
   • 답:

(3) 고압 간선에 필요한 표준 변압기 용량을 구하시오.
   • 계산 과정:
   • 답:

답안작성

(1) • 계산 과정: $P_A = \dfrac{20 \times 0.5 + 20 \times 0.7}{1.2} = 20[\text{kVA}]$

   • 답: 20[kVA]

(2) • 계산 과정: $P_B = \dfrac{50 \times 0.6}{1.2} = 25[\text{kVA}]$

   • 답: 25[kVA]

(3) • 계산 과정: $P_a = \dfrac{\dfrac{20 \times 0.5 + 20 \times 0.7}{1.2} + \dfrac{50 \times 0.6}{1.2}}{1.2} = 37.5[\text{kVA}]$

   • 답: 50[kVA]

변압기 용량[kVA] ≥ 합성 최대 전력[kVA]이어야 한다.

$$합성\ 최대\ 전력 = \frac{각\ 부하의\ 최대\ 수용전력의\ 합계}{부등률}$$

$$= \frac{\Sigma(설비\ 용량[kVA] \times 수용률)}{부등률}$$

11 ★★★

가로 $12[m]$, 세로 $24[m]$인 사무실 공간에 $40[W]$ 2등용 형광등 기구의 전광속이 $5,600[lm]$이고 램프 전류 $0.87[A]$인 조명기구를 설치하여 평균 조도를 $400[lx]$로 할 경우, 이 사무실의 최소 분기 회로수는 얼마인가?(단, 조명률 $61[\%]$, 감광 보상률 1.3이며, 전기방식은 $220[V]$ 단상 2선식으로 $16[A]$ 분기 회로로 한다.) **[5점]**

- 계산 과정:

- 답:

• 계산 과정

$$N = \frac{EAD}{FU} = \frac{400 \times (12 \times 24) \times 1.3}{5,600 \times 0.61} = 43.84 \rightarrow 44[등]$$

분기 회로수 $n = \dfrac{44 \times 0.87}{16} = 2.39$

- 답: $16[A]$ 분기 3회로

조건에서 $40[W]$ 2등용 형광등 기구의 전광속이 주어졌으므로 $F = 5,600[lm]$을 대입하여 계산한다.

등의 개수 산정

$$FUN = EAD$$

(단, F: 광속[lm], U: 조명률, N: 사용하는 등의 개수, E: 조도[lx], A: 방의 면적[m²], D: 감광 보상률 $(= \frac{1}{M})$, M: 보수율(유지율))

분기 회로수 결정

$$분기\ 회로수 = \frac{등기구의\ 전류[A] \times 등기구\ 개수}{분기\ 회로의\ 전류[A]}$$

분기 회로수 계산 결과값에 소수점이 발생하면 소수점 이하 절상한다.

12 ★☆☆

3상 유도 전동기는 농형과 권선형으로 구분되는데 각 형식별 기동법을 다음 빈칸에 쓰시오. [5점]

전동기 형식	기동법	기동법의 특징
농형	①	전동기에 직접 전원을 접속하여 기동하는 방식으로 5[kW] 이하의 소용량에 사용
	②	1차 권선을 Y접속으로 하여 전동기를 기동 시 상전압을 감압하여 기동하고 속도가 상승되어 운전속도에 가깝게 도달하였을 때 △접속으로 바꿔 큰 기동전류를 흘리지 않고 기동하는 방식으로 보통 5.5~37[kW] 정도의 용량에 사용
	③	기동전압을 떨어뜨려서 기동전류를 제한하는 기동방식으로 고전압 농형 유도 전동기를 기동할 때 사용
권선형	④	유도전동기의 비례추이 특성을 이용하여 기동하는 방법으로 회전자 회로에 슬립 링을 통하여 가변저항을 접속하고 그의 저항을 속도의 상승과 더불어 순차적으로 바꾸어서 적게 하면서 기동하는 방법
	⑤	회전자 회로에 고정저항과 리액터를 병렬 접속한 것을 삽입하여 기동하는 방법

답안작성

① 직입 기동
② Y−△ 기동
③ 기동보상기법
④ 2차 저항 기동법
⑤ 2차 임피던스 기동법

개념체크 3상 유도 전동기 기동법

• 농형
 − 직입 기동
 − Y−△ 기동
 − 기동보상기법
• 권선형
 − 2차 저항 기동법
 − 2차 임피던스 기동법

13
★☆☆
도면은 $154[kV]$를 수전하는 어느 공장의 수전설비에 대한 단선도이다. 이 단선도를 보고 다음 각 물음에 답하시오.

[14점]

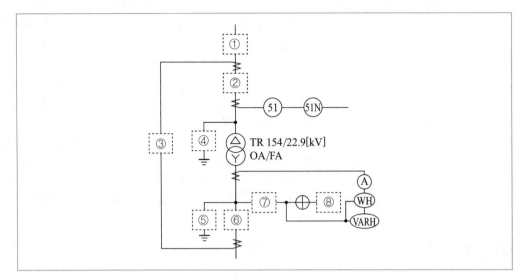

(1) ①에 설치되어야 할 기기의 심벌을 그리고, 그 명칭을 쓰시오.

(2) ②에 설치되어야 할 기기의 심벌을 그리고, 그 명칭을 쓰시오.

(3) ③에 설치되어야 할 기기의 심벌을 그리고, 그 명칭을 쓰시오.

(4) ④에 설치되어야 할 기기의 심벌을 그리고, 그 명칭을 쓰시오.

(5) ⑤에 설치되어야 할 기기의 심벌을 그리고, 그 명칭을 쓰시오.

(6) ⑥에 설치되어야 할 기기의 심벌을 그리고, 그 명칭을 쓰시오.

(7) ⑦에 설치되어야 할 기기의 심벌을 그리고, 그 명칭을 쓰시오.

(8) ⑧에 설치되어야 할 기기의 심벌을 그리고, 그 명칭을 쓰시오.

답안작성

(1) • 심벌: /LS   • 명칭: 선로 개폐기

(2) • 심벌: [차단기 심벌]   • 명칭: 차단기

(3) • 심벌: (87T)   • 명칭: 주변압기 차동 계전기

(4) • 심벌: [피뢰기 심벌]   • 명칭: 피뢰기

(5) • 심벌: [피뢰기 심벌]   • 명칭: 피뢰기

(6) • 심벌: [차단기 심벌]   • 명칭: 차단기

(7) • 심벌: [계기용 변압기 심벌]   • 명칭: 계기용 변압기

(8) • 심벌: (V)   • 명칭: 전압계

14
★★☆

정격용량 $500[\text{kVA}]$의 변압기에서 배전선의 전력손실은 $40[\text{kW}]$, 부하 L_1, L_2에 전력을 공급하고 있다. 지금 그림과 같이 전력용 콘덴서를 기존 부하와 병렬로 연결하여 합성 역률을 $90[\%]$로 개선하고 새로운 부하를 증설하려고 할 때 다음 물음에 답하시오.(단, 여기서 부하 L_1은 역률 $60[\%]$, $180[\text{kW}]$이고, 부하 L_2의 전력은 $120[\text{kW}]$, $160[\text{kVar}]$이다.) [10점]

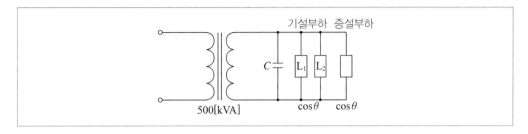

(1) 부하 L_1과 L_2의 합성용량$[\text{kVA}]$과 합성역률은?

　① 합성용량

　② 합성역률

　• 계산 과정:

　• 답:

(2) 합성역률을 $90[\%]$로 개선하는 데 필요한 콘덴서 용량(Q_c)는 몇 $[\text{kVA}]$인가?

　• 계산 과정:

　• 답:

(3) 역률 개선 시 배전의 전력손실은 몇 $[\text{kW}]$인가?

　• 계산 과정:

　• 답:

(4) 역률 개선 시 변압기 용량의 한도까지 부하설비를 증설하고자 할 때 증설 부하용량은 몇 $[\text{kVA}]$인가?(단, 증설 부하의 역률은 기존부하의 합성역률과 같은 것으로 한다.)

　• 계산 과정:

　• 답:

답안작성 (1) ① 합성용량

　　• 계산 과정

　　유효전력 $P = P_1 + P_2 = 180 + 120 = 300[\text{kW}]$

　　무효전력 $Q = Q_1 + Q_2 = \dfrac{P_1}{\cos\theta_1} \times \sin\theta_1 + Q_2 = \dfrac{180}{0.6} \times 0.8 + 160 = 400[\text{kVar}]$

　　합성용량 $P_a = \sqrt{P^2 + Q^2} = \sqrt{300^2 + 400^2} = 500[\text{kVA}]$

　　• 답: $500[\text{kVA}]$

　② 합성역률

　　• 계산 과정

　　$\cos\theta = \dfrac{P}{P_a} \times 100 = \dfrac{300}{500} \times 100 = 60[\%]$

　　• 답: $60[\%]$

(2) • 계산 과정: $Q_c = P(\tan\theta_1 - \tan\theta_2) = 300 \times \left(\dfrac{0.8}{0.6} - \dfrac{\sqrt{1-0.9^2}}{0.9} \right) = 254.7[\text{kVA}]$

　• 답: $254.7[\text{kVA}]$

(3) • 계산 과정: $P_l = \dfrac{P^2 R}{V^2 \cos^2\theta}$ 에서 $P_l \propto \dfrac{1}{\cos^2\theta}$ 이므로

$40 : P_l' = \dfrac{1}{0.6^2} : \dfrac{1}{0.9^2}$

$P_l' = \left(\dfrac{0.6}{0.9}\right)^2 \times 40 = 17.78[\text{kW}]$

• 답: $17.78[\text{kW}]$

(4) • 계산 과정

역률 개선 후 변압기에 인가되는 부하는

$P_a = \sqrt{(P + P_l')^2 + (Q - Q_c)^2} = \sqrt{(300 + 17.78)^2 + (400 - 254.7)^2} = 349.42[\text{kVA}]$

증설 부하용량 $P_a' = 500 - 349.42 = 150.58[\text{kVA}]$

• 답: $150.58[\text{kVA}]$

15
★★☆

전기설비를 방폭화한 방폭기기의 구조에 따른 종류 4가지를 쓰시오. [5점]

답안작성
• 내압 방폭구조
• 유입 방폭구조
• 압력 방폭구조
• 안전증 방폭구조

단답 정리함 방폭구조의 종류
• 내압 방폭구조
• 유입 방폭구조
• 압력 방폭구조
• 안전증 방폭구조
• 본질안전 방폭구조
• 특수 방폭구조

01 ★☆☆

적외선 전구에 대한 다음 각 물음에 답하시오. [5점]

(1) 주로 어떤 용도에 사용되는가?

(2) 주로 몇 [W] 정도의 크기로 사용되는가?

(3) 효율은 몇 [%] 정도 되는가?

(4) 필라멘트의 온도는 절대온도로 몇 [K] 정도 되는가?

(5) 적외선 전구에서 가장 많이 나오는 빛의 파장은 몇 [μm]인가?

답안작성 (1) 적외선에 의한 가열 및 건조(표면 가열)

(2) 250[W] (3) 75[%] (4) 2,500[K] (5) 1 ~ 3[μm]

02 ★☆☆

그림과 같은 배광 곡선을 갖는 반사갓형 수은등 400[W](22,000[lm])을 사용할 경우 기구 직하 7[m] 점으로부터 수평으로 5[m] 떨어진 점의 수평면 조도를 구하시오.(단, $\cos^{-1}0.814 = 35.5°$, $\cos^{-1}0.707 = 45°$, $\cos^{-1}0.583 = 54.3°$ 이다.) [5점]

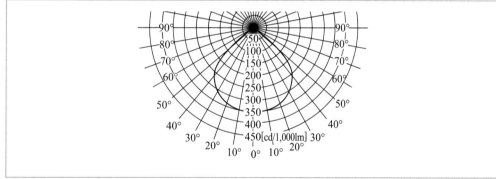

• 계산 과정:

• 답:

답안작성 • 계산 과정

$$\cos\theta = \frac{h}{\sqrt{h^2 + a^2}} = \frac{7}{\sqrt{7^2 + 5^2}} = 0.814$$

$$\therefore \theta = \cos^{-1}0.814 = 35.5°$$

표에서 각도 35.5°에서의 광도값은 약 280[cd/1,000lm]이므로

수은등의 광도 $I = 280 \times \frac{22,000}{1,000} = 6,160$[cd]이다.

$$\therefore \text{수평면 조도 } E_h = \frac{I}{r^2}\cos\theta = \frac{6,160}{(\sqrt{7^2 + 5^2})^2} \times 0.814 = 67.76[\text{lx}]$$

- 답: $67.76[\text{lx}]$

해설비법

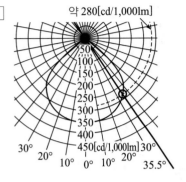

약 280[cd/1,000lm]

$$\cos\theta = \frac{h}{\sqrt{h^2 + a^2}} = \frac{7}{\sqrt{7^2 + 5^2}} = 0.814$$

$$\therefore \ \theta = \cos^{-1} 0.814 = 35.5°$$

개념체크

- 조도: 피조면의 밝기

$$E = \frac{F}{A} = \frac{I}{r^2}[\text{lx}]$$

조도는 광원의 광도(I)에 비례하고, 거리(r)의 제곱에 반비례한다.

- 법선 조도

$$E_n = \frac{I}{r^2}[\text{lx}]$$

- 수평면 조도

$$E_h = \frac{I}{r^2}\cos\theta[\text{lx}]$$

- 수직면 조도

$$E_v = \frac{I}{r^2}\sin\theta[\text{lx}]$$

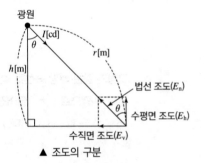

▲ 조도의 구분

03 ★★☆

어떤 인텔리전트 빌딩에 대한 등급별 추정 전원 용량에 대한 다음 표를 이용하여 각 물음에 답하시오.
[13점]

등급별 추정 전원 용량[VA/m²]

내용 \ 등급별	0등급	1등급	2등급	3등급
조명	32	22	22	29
콘센트	–	13	5	5
사무자동화(OA) 기기	–	–	34	36
일반동력	38	45	45	45
냉방동력	40	43	43	43
사무자동화(OA) 동력	–	2	8	8
합계	110	125	157	166

(1) 연면적 $10,000[\text{m}^2]$인 인텔리전트 2등급인 사무실 빌딩의 전력설비 부하의 용량을 다음 표에 의하여 구하도록 하시오.

부하 내용	면적을 적용한 부하용량[kVA]
조명	
콘센트	
OA 기기	
일반동력	
냉방동력	
OA 동력	
합계	

(2) 물음 "(1)"에서 조명, 콘센트, 사무자동화 기기의 적정 수용률을 0.7, 일반동력 및 사무자동화 동력의 적정 수용률을 0.5, 냉방동력의 적정 수용률은 0.8이고, 주변압기 부등률을 1.2로 적용한다. 이때 전압방식을 2단 강압방식으로 채택할 경우 변압기의 용량에 따른 변전설비의 용량을 산출하시오. (단, 조명, 콘센트, 사무자동화 기기를 3상 변압기 1대로, 일반동력 및 사무자동화 동력을 3상 변압기 1대로, 냉방동력을 3상 변압기 1대로 구성하고, 상기 부하에 대한 주변압기 1대를 사용하도록 하며, 변압기 용량은 용량표에서 정하도록 한다.)

변압기 용량표[kVA]

50	75	100	150	200	300	400	500	750	1,000

① 조명, 콘센트, 사무자동화 기기에 필요한 변압기 용량 산정
   • 계산 과정:
   • 답:
② 일반동력, 사무자동화 동력에 필요한 변압기 용량 산정
   • 계산 과정:
   • 답:
③ 냉방동력에 필요한 변압기 용량 산정
   • 계산 과정:
   • 답:

④ 주변압기 용량 산정
  • 계산 과정:
  • 답:

(3) 주변압기에서부터 각 부하에 이르는 변전설비의 단선 계통도를 간단하게 그리시오.

답안작성 (1)

부하 내용	면적을 적용한 부하용량[kVA]
조명	$22 \times 10,000 \times 10^{-3} = 220[\text{kVA}]$
콘센트	$5 \times 10,000 \times 10^{-3} = 50[\text{kVA}]$
OA 기기	$34 \times 10,000 \times 10^{-3} = 340[\text{kVA}]$
일반동력	$45 \times 10,000 \times 10^{-3} = 450[\text{kVA}]$
냉방동력	$43 \times 10,000 \times 10^{-3} = 430[\text{kVA}]$
OA 동력	$8 \times 10,000 \times 10^{-3} = 80[\text{kVA}]$
합계	$157 \times 10,000 \times 10^{-3} = 1,570[\text{kVA}]$

(2) ① • 계산과정: $Tr_1 = (220 + 50 + 340) \times 0.7 = 427[\text{kVA}]$, 표에서 500[kVA] 선정
     • 답: 500[kVA]
   ② • 계산과정: $Tr_2 = (450 + 80) \times 0.5 = 265[\text{kVA}]$, 표에서 300[kVA] 선정
     • 답: 300[kVA]
   ③ • 계산과정: $Tr_3 = 430 \times 0.8 = 344[\text{kVA}]$, 표에서 400[kVA] 선정
     • 답: 400[kVA]
   ④ • 계산과정
     $$STr = \frac{427 + 265 + 344}{1.2} = 863.33[\text{kVA}], \text{ 표에서 } 1,000[\text{kVA}] \text{ 선정}$$
     • 답: 1,000[kVA]

(3)

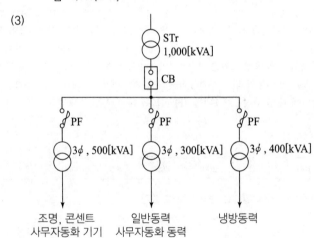

04 그림은 A, B공장에 대한 일 부하의 분포도이다. 다음 각 물음에 답하시오. [5점]
★★☆

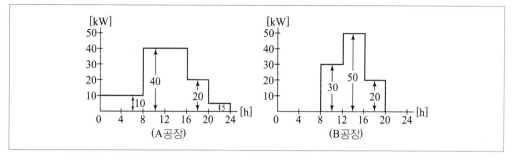

(1) A공장의 일 부하율은 얼마인가?
　　• 계산 과정:
　　• 답:

(2) 변압기 1대로 A, B공장에 전력을 공급할 경우의 종합 부하율과 변압기 용량을 구하시오.
　　① 종합 부하율
　　② 변압기 용량
　　• 계산 과정:
　　• 답:

답안작성 (1) • 계산 과정

$$평균전력 = \frac{10 \times 8 + 40 \times 8 + 20 \times 4 + 5 \times 4}{24} = 20.83[kW]$$

$$일\ 부하율 = \frac{평균전력}{최대전력} \times 100 = \frac{20.83}{40} \times 100 = 52.08[\%]$$

　　• 답: 52.08[%]

(2) ① 종합 부하율
　　　• 계산 과정
　　　A공장의 평균전력 = 20.83[kW]

$$B공장의\ 평균전력 = \frac{30 \times 4 + 50 \times 4 + 20 \times 4}{24} = 16.67[kW]$$

$$종합\ 부하율 = \frac{20.83 + 16.67}{40 + 50} \times 100 = 41.67[\%]$$

　　　• 답: 41.67[%]
　　② 변압기 용량
　　　• 계산 과정
　　　A, B 공장 합성 최대 수용전력은 12시에서 16시 사이에 발생하므로
　　　변압기 용량 ≥ 합성 최대 수용전력 = 40 + 50 = 90[kW]
　　　• 답: 90[kVA]

05 ★★☆

그림과 같은 무접점 논리회로에 대응하는 유접점 회로를 그리시오.　　　　　　　　[5점]

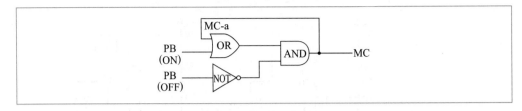

답안작성

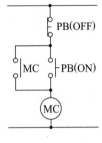

해설비법　무접점 논리회로의 논리식
$$MC = (PB(ON) + MC) \cdot \overline{PB(OFF)}$$

06 ★★★

전력계통의 절연협조에 대하여 설명하고, 관련 기기에 대한 기준충격 절연강도를 비교하여 절연협조가 어떻게 되어야 하는지를 쓰시오.(단, 관련 기기는 선로 애자, 결합 콘덴서, 피뢰기, 변압기에 대하여 비교하도록 한다.)　　　　　　　　[5점]

- 절연협조
- 기준충격 절연강도 비교

답안작성
- 절연협조: 계통 내의 각 기기, 기구 및 애자 등의 상호간에 적정한 절연 강도를 지니게 함으로써 계통 설계를 합리적, 경제적으로 할 수 있게 한 것
- 기준충격 절연강도 비교: 선로 애자 > 결합 콘덴서 > 변압기 > 피뢰기

개념체크　절연협조
계통 내의 각 기기, 기구 및 애자 등의 상호 간에 적정한 절연 강도를 지니게 함으로써 계통 설계를 합리적, 경제적으로 할 수 있게 한 것을 말한다.

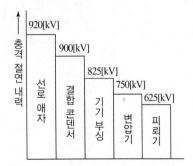

07
★★☆

다음과 같이 전열기 Ⓗ와 전동기 Ⓜ이 간선에 접속되어 있을 때 간선 허용전류의 최솟값은 몇 [A]인가?
(단, 수용률은 $100[\%]$이며, 전동기의 기동계급은 표시가 없다고 본다.)　　　　　　　　[5점]

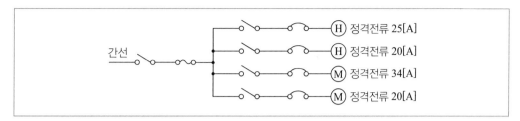

• 계산 과정:

• 답:

답안작성　• 계산 과정

　　전동기 전류의 합 $\Sigma I_M = 34 + 20 = 54[\text{A}]$

　　전열기 전류의 합 $\Sigma I_H = 25 + 20 = 45[\text{A}]$

　　설계전류 $I_B = \Sigma I_M + \Sigma I_H = 54 + 45 = 99[\text{A}]$

　　$I_B \leq I_n \leq I_Z$의 조건을 만족하는 간선의 최소 허용전류 $I_Z \geq 99[\text{A}]$

• 답: $99[\text{A}]$

개념체크　과부하에 대해 케이블(전선)을 보호하는 장치의 동작특성

$$I_B \leq I_n \leq I_Z$$
$$I_2 \leq 1.45 \times I_Z$$

(단, I_B: 회로의 설계전류[A], I_Z: 케이블의 허용전류[A], I_n: 보호장치의 정격전류[A], I_2: 보호장치가 규약시간
이내에 유효하게 동작하는 것을 보장하는 전류[A])

08
★★☆

$3\phi 4W$, $22.9[kV]$ 수전설비 단선 결선도이다. ①~⑩까지 표준 심벌을 사용하여 도면을 완성하고, 표의
빈칸 ②~⑨에 알맞은 내용을 쓰시오. [8점]

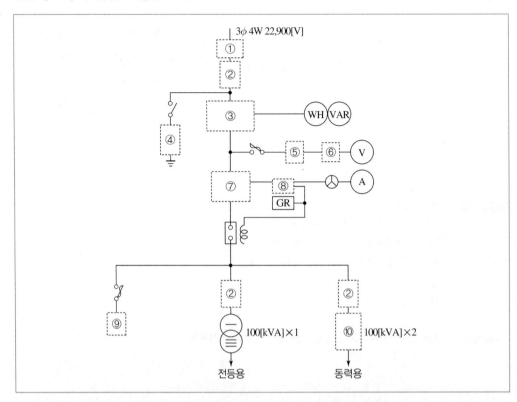

번호	약호	명칭	용도 및 역할
①	CH	케이블 헤드	가공 전선과 케이블 단말 접속
②			
③			
④			
⑤			
⑥			
⑦			
⑧			
⑨			
⑩	TR	변압기	교류 전압 및 전류의 크기를 변환하기 위해 사용되는 전력변환기기

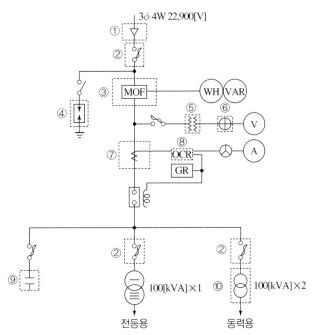

번호	약호	명칭	용도 및 역할
①	CH	케이블 헤드	가공 전선과 케이블 단말 접속
②	PF	전력 퓨즈	회로 및 기기의 단락 보호용으로 사용
③	MOF	전력 수급용 계기용 변성기	전력량을 적산하기 위해 PT와 CT를 하나의 함 내에 넣은 것
④	LA	피뢰기	이상 전압을 대지로 방전시키고 그 속류를 차단
⑤	PT	계기용 변압기	고전압을 저전압으로 변성하여 계기나 계전기의 전원으로 사용
⑥	VS	전압계용 전환 개폐기	3상 회로에서 각 상의 전압을 1개의 전압계로 측정하기 위하여 사용하는 전환 개폐기
⑦	CT	계기용 변류기	대전류를 소전류로 변성하여 계기나 계전기에 공급
⑧	OCR	과전류 계전기	정정값 이상의 전류가 흐르면 동작하여 차단기의 트립코일을 여자
⑨	SC	전력용 콘덴서	부하의 역률 개선
⑩	TR	변압기	교류 전압 및 전류의 크기를 변환하기 위해 사용되는 전력변환기기

09

★★☆

다음은 유입 변압기와 몰드형 변압기를 비교하였을 때 몰드형 변압기의 장점(5가지)과 단점(2가지)을 쓰시오. [7점]

(1) 장점

(2) 단점

답안작성

(1) • 내습, 내진성이 좋다.
  • 소형, 경량화가 가능하다.
  • 유지보수 및 점검이 용이하다.
  • 난연성이 우수하다.
  • 전력 손실이 적다.

(2) • 충격파 내전압이 낮아 서지에 대한 대책이 필요하다.
  • 가격이 고가이다.

단답 정리함

몰드 변압기의 장단점

[장점]
• 내습, 내진성이 좋다.
• 소형, 경량화가 가능하다.
• 유지보수 및 점검이 용이하다.
• 난연성이 우수하다.
• 전력 손실이 적다.
• 코로나 특성 및 임펄스 강도가 높다.

[단점]
• 충격파 내전압이 낮아 서지에 대한 대책이 필요하다.
• 가격이 고가이다.

10 ★☆☆

그림과 같이 3상 농형 유도 전동기 4대가 있다. 이에 대한 MCC반을 구성하고자 할 때, 다음 각 물음에 답하시오. [8점]

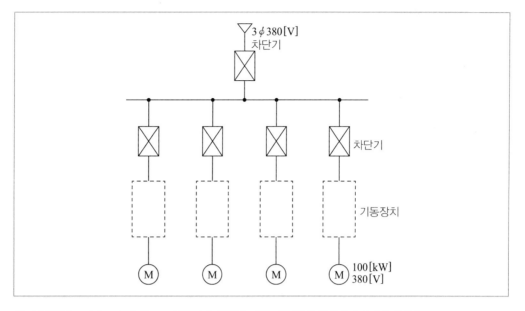

(1) MCC(Motor Control Center)의 기기 구성에 대한 대표적인 장치를 3가지만 쓰시오.

(2) 전동기 기동 방식을 기기의 수명과 경제적인 면을 고려한다면 어떤 방식이 적합한가?

(3) 콘덴서 설치 시 제5고조파를 제거하고자 한다. 그 대책에 대하여 설명하시오.

(4) 차단기는 보호 계전기의 4가지 요소에 의해 동작되도록 하는데 그 4가지 요소를 쓰시오.

답안작성

(1) • 차단 장치
  • 기동 장치
  • 제어 및 보호 장치

(2) 기동보상기법

(3) 콘덴서 용량의 6[%] 정도인 직렬 리액터를 설치

(4) • 단일 전류 요소
  • 단일 전압 요소
  • 전압, 전류 요소
  • 2전류 요소

해설비법 주어진 전동기 100[kW]에 적절한 기동장치로서 기동보상기와 리액터 기동을 모두 적용할 수 있으나, 경제적인 측면에서 기동보상기가 더 적합하다.

11 ★★★

고조파 전류는 각종 선로나 간선에 에너지 절약 기기나 무정전 전원 장치 등이 증가되면서 선로에 발생하여 전원의 질을 떨어뜨리고 과열 및 이상 상태를 발생시키는 원인이 되고 있다. 고조파 전류를 방지하기 위한 대책을 3가지만 쓰시오. [5점]

답안작성
- 전력변환장치의 펄스 수를 크게 한다.
- 고조파 제거 필터를 설치한다.
- 변압기 Δ결선을 채용하여 제3고조파를 제거한다.

단답 정리함 고조파 억제 대책
- 전력용 콘덴서에 직렬 리액터를 설치해 제5고조파 제거
- 변압기 결선에서 Δ결선을 채용
- 전력변환장치의 펄스 수를 크게 함
- 고조파 필터(수동 필터, 능동 필터)를 사용해서 제거
- 고조파 발생 기기와 충분한 이격거리 확보

12 ★★☆

피뢰기에 흐르는 정격 방전 전류는 변전소의 차폐 유무와 그 지방의 연간 뇌우 발생 일수와 관계되나 모든 요소를 고려한 일반적인 시설 장소별 적용할 피뢰기의 공칭 방전 전류를 쓰시오. [5점]

공칭 방전 전류	설치 장소	적용 조건
①	변전소	• 154[kV] 이상의 계통 • 66[kV] 및 그 이하의 계통에서 뱅크 용량이 3,000[kVA]를 초과하거나 특히 중요한 곳 • 장거리 송전 케이블(배전 선로 인출용 단거리 케이블은 제외) 및 정전 축전지 뱅크를 개폐하는 곳 • 배전선로 인출 측(배전 간선 인출용 장거리 케이블은 제외)
②	변전소	66[kV] 및 그 이하의 계통에서 뱅크 용량이 3,000[kVA] 이하인 곳
③	선로	배전선로

답안작성 ① 10,000[A] ② 5,000[A] ③ 2,500[A]

개념체크

공칭 방전 전류	설치 장소	적용 조건
10,000[A]	변전소	• 154[kV] 이상 계통 • 66[kV] 및 그 이하 계통에서 뱅크 용량이 3,000[kVA]를 초과하거나 특히 중요한 곳 • 장거리 송전선 및 콘덴서 뱅크를 개폐하는 곳
5,000[A]	변전소	66[kV] 및 그 이하 계통에서 뱅크 용량이 3,000[kVA] 이하인 곳
2,500[A]	변전소	배전선 피더 인출 측
	선로	배전선로

13 ★☆☆

다음은 펌프용 유도 전동기의 수동 및 자동절환 운전회로도이다. 그림에서 ①~⑦의 기기의 명칭을 쓰시오. [7점]

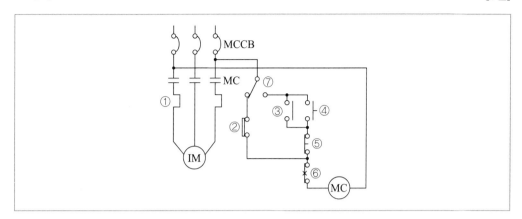

① 열동계전기   ② 플로트 스위치
③ 자기유지 a접점   ④ 푸시버튼 스위치(ON)
⑤ 푸시버튼 스위치(OFF)   ⑥ 수동복귀 b접점
⑦ 수동 및 자동전환 스위치

⑦ 수동 및 자동전환 스위치가 ② 쪽으로 결선되면 자동 운전으로 물의 수위에 따라 자동으로 운전된다. ④ 쪽으로 결선되면 푸시버튼 스위치를 누를 때 운전하는 수동 운전회로로 구성된다.

14 ★★☆

변압기의 △－△ 결선 방식의 장점과 단점을 3가지씩 쓰시오. [6점]

(1) 장점

(2) 단점

(1) 장점
- 제3고조파 전류가 △결선 내를 순환해 정현파 교류 전압을 유기하여 기전력의 파형이 왜곡되지 않음
- 1상분이 고장나면 나머지 2대로 V결선 운전이 가능
- 각 변압기의 상전류가 선전류의 $\dfrac{1}{\sqrt{3}}$ 이 되어 대전류에 적합

(2) 단점
- 중성점을 접지할 수 없으므로 지락 사고의 검출이 곤란
- 권수비가 다른 변압기를 결선하면 순환전류가 흐름
- 각 상의 임피던스가 다르면 3상 부하가 평형이 되어도 변압기의 부하전류는 불평형

15 ★★☆

변압기가 있는 회로에서 전류 I_1, I_2를 단위법(pu)으로 구하는 과정이다. 다음 [조건]을 이용하여 [풀이 과정]의 (①∼⑪) 안에 알맞은 내용을 쓰시오. [11점]

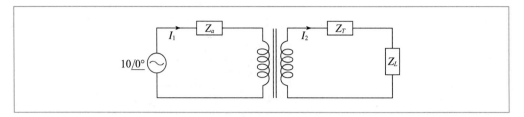

[조건]

① 단상 발전기의 정격전압과 용량은 각각 $10\angle 0°$[kV], 100[kVA]이고, pu 임피던스 $Z = j0.8$[pu]이다.

② 변압기의 변압비는 5 : 1이고, 정격용량 100[kVA] 기준으로 %임피던스는 $j12$[%]이고, 부하 임피던스 $Z_L = j120$[Ω]이다.

[풀이 과정]

(1) 변압기 1차 측의 전압 및 용량의 기준값을 10[kV], 100[kVA]로 하면
2차 측의 전압 기준값은 (①   [kV])로 된다.
· 계산 과정:
· 답:

(2) 그러므로 변압기 1, 2차 측의 전압 pu값은 각각
$V_{1pu} =$ (②   [pu]), $V_{2pu} =$ (③   [pu])이다.
· 계산 과정:
· 답:

(3) 변압기 1, 2차 측 전류의 기준값은 각각
$I_{1b} =$ (④   [A]), $I_{2b} =$ (⑤   [A])이고
· 계산 과정:
· 답:

(4) 변압기의 2차 측 회로의 임피던스 기준값 $Z_{2b} =$ (⑥   [Ω])이므로
부하의 임피던스 단위값 $Z_{Lpu} =$ (⑦   [pu])로 되므로
회로전체의 임피던스 단위값 $Z_{pu} = Z_{Gpu} + Z_{Tpu} + Z_{Lpu} =$ (⑧   [pu]) 이다.
· 계산 과정:
· 답:

(5) 전류의 단위값은 $I_{1pu} = I_{2pu} =$ (⑨   [pu])로 되므로
· 계산 과정:
· 답:

(6) 회로의 실제 전류 $I_1 =$ (⑩   [A]), $I_2 =$ (⑪   [A])이다.
· 계산 과정:
· 답:

(1) • 계산 과정

권수비 $a = \dfrac{n_1}{n_2} = \dfrac{V_1}{V_2}$ 에서

$$V_2 = \dfrac{n_2}{n_1} V_1 = \dfrac{1}{5} \times 10 = 2[\text{kV}]$$

• 답: ① $2[\text{kV}]$

(2) • 계산 과정

$$V_{1\text{pu}} = \dfrac{V_1}{V_{1n}} = \dfrac{10}{10} = 1[\text{pu}]$$

$$V_{2\text{pu}} = \dfrac{V_2}{V_{2n}} = \dfrac{2}{2} = 1[\text{pu}]$$

• 답: ② $1[\text{pu}]$ ③ $1[\text{pu}]$

(3) • 계산 과정

$$I_{1b} = \dfrac{P_n}{V_{1n}} = \dfrac{100}{10} = 10[\text{A}]$$

$$I_{2b} = \dfrac{P_n}{V_{2n}} = \dfrac{100}{2} = 50[\text{A}]$$

• 답: ④ $10[\text{A}]$ ⑤ $50[\text{A}]$

(4) • 계산 과정

$$Z_{2\text{pu}} = \dfrac{I_{2n} \times Z_{2b}}{V_{2n}} \text{ 에서}$$

$$Z_{2b} = \dfrac{V_{2n} \times Z_{2\text{pu}}}{I_{2n}} = \dfrac{2,000 \times 1}{50} = 40[\Omega]$$

$$Z_{L\text{pu}} = \dfrac{Z_2}{Z_{2b}} = \dfrac{120}{40} = 3[\text{pu}]$$

$$Z_{\text{pu}} = 0.8 + \dfrac{12}{100} + 3 = 3.92[\text{pu}]$$

• 답: ⑥ $40[\Omega]$ ⑦ $3[\text{pu}]$ ⑧ $3.92[\text{pu}]$

(5) • 계산 과정

$$I_{1\text{pu}} = \dfrac{V_{1pu}}{Z_{pu}} = \dfrac{1}{3.92} = 0.26[\text{pu}]$$

$$I_{2\text{pu}} = \dfrac{V_{2pu}}{Z_{pu}} = \dfrac{1}{3.92} = 0.26[\text{pu}]$$

• 답: ⑨ $0.26[\text{pu}]$

(6) • 계산 과정

$$I_1 = I_{1\text{pu}} \times I_{1b} = 0.26 \times 10 = 2.6[\text{A}]$$

$$I_2 = I_{2\text{pu}} \times I_{2b} = 0.26 \times 50 = 13[\text{A}]$$

• 답: ⑩ $2.6[\text{A}]$ ⑪ $13[\text{A}]$

1회 학습전략

난이도 ⊕
- 단답형: HID등, 단락 전류, 진상 콘덴서 설비의 보호장치, 시퀀스, 전력량계 결선
- 공식형: 오실로스코프, 유도 전동기, 단락 사고, 전력 손실, 전압강하
- 복합형: 종량제, 예비전원설비, 허용전류, 수전설비 결선도
- 복합형 문제와 지문이 긴 문제가 많이 출제되어 어려움을 느낄 수 있는 회차였습니다. 이럴 때에는 포기하지 말고 득점할 수 있는 소문항을 골라 답안을 작성한다면 부분 점수를 받을 수 있어 합격 확률을 높일 수 있습니다.

2회 학습전략

난이도 ⊕
- 단답형: 전력 퓨즈, 시퀀스, 유도 전동기 기동 회로, 전선 가닥수, 고조파 전류, UPS
- 공식형: 수용률, 케이블의 규격, 변압기의 용량, 분기 회로, 계기용 변성기
- 복합형: 수전설비 결선도, 예비전원설비, 비율 차동 계전기
- 계산 과정상 어렵게 느낄 수 있는 문제가 많았습니다. 기본 개념만을 묻기보다 이해해서 풀어야 하는 과정이 있었습니다. 소문항이 많은 회차였기 때문에 부분 점수를 위해서라도 끝까지 답안을 작성하는 집중력이 필요합니다.

3회 학습전략

난이도 ⊕
- 단답형: 시퀀스, 개폐기, 유도 전동기 기동 방식, 계기용 변성기, UPS, 가스절연 개폐기, 전력량계 결선, 접지저항 측정
- 공식형: 비상용 발전기, 머레이 루프법, 역률 개선, 변압기 용량 산정
- 복합형: 테이블 스펙, 조명 설계, 수전설비 결선도
- 과년도 기출문제에서 출제되었던 문제가 많았습니다. 조건이 바뀌어 출제될 수 있기 때문에 단순 암기보다는 계산 과정에 사용하는 공식을 잘 알고 활용할 줄 알아야 합격 확률이 더 높아집니다.

01 ★★☆

오실로스코프의 감쇄 Probe는 입력 전압의 크기를 10배의 배율로 감소시키도록 설계되어 있다. 다음 각 물음에 답하시오.(단, 그림에서 오실로스코프의 입력 임피던스 R_s는 1[MΩ]이고, Probe의 내부 저항 R_p는 9[MΩ]이다.) [9점]

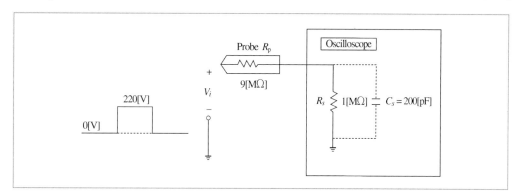

(1) 이때 Probe의 입력 전압이 $V_i = 220$[V]라면 오실로스코프에 나타나는 전압은?
　• 계산 과정:　　　　　　　　　　• 답:

(2) 오실로스코프의 내부 저항 $R_s = 1$[MΩ]과 $C_s = 200$[pF]의 콘덴서가 병렬로 연결되어 있을 때 콘덴서 C_s에 대한 테브난의 등가 회로가 다음과 같다면 시정수 τ와 $v_i = 220$[V]일 때의 테브난의 등가 전압 E_{th}를 구하시오.

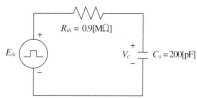

　• 계산 과정:
　• 답:

(3) 인가 주파수가 10[kHz]일 때 주기는 몇 [ms]인가?
　• 계산 과정:
　• 답:

답안작성 (1) • 계산 과정: $V_0 = \dfrac{220}{10} = 22$[V]

　　• 답: 22[V]

(2) • 계산 과정

　　시정수 $\tau = R_{th} C_s = 0.9 \times 10^6 \times 200 \times 10^{-12} = 180 \times 10^{-6}$[s] $= 180[\mu s]$

　　테브난 전압 $E_{th} = \dfrac{R_s}{R_p + R_s} \times V_i = \dfrac{1}{9+1} \times 220 = 22$[V]

　　• 답: 시정수 $180[\mu s]$, 테브난 전압 22[V]

2006년

(3) • 계산 과정: $T = \dfrac{1}{f} = \dfrac{1}{10 \times 10^3} = 0.1 \times 10^{-3} \, [\text{s}] = 0.1 [\text{ms}]$

    • 답: 0.1[ms]

(1) 오실로스코프의 감쇄 Probe는 입력 전압의 크기를 10배의 배율로 감소시키도록 설계되어 있으므로 출력 전압

    $V_0 = \dfrac{\text{입력 전압}}{10} = \dfrac{220}{10} = 22 [\text{V}]$

02
★ ★ ★

고압 회로용 진상 콘덴서 설비의 보호장치에 사용되는 계전기를 3가지 쓰시오.   [3점]

답안작성
• 과전압 계전기
• 부족전압 계전기
• 과전류 계전기

단답 정리함 고압 회로용 진상 콘덴서 설비의 보호장치에 사용하는 계전기
• 과전압 계전기(OVR)
• 부족전압 계전기(UVR)
• 과전류 계전기(OCR)
• 지락 과전류 계전기(OCGR)
• 지락 과전압 계전기(OVGR)

03
★ ★ ★

극수 변환식 3상 농형 유도 전동기가 있다. 고속 측은 4극이고 정격 출력은 30[kW]이다. 저속 측은 고속 측의 $\dfrac{1}{3}$ 속도라면 저속 측의 극수와 정격 출력은 얼마인지 구하시오.(단, 슬립 및 정격 토크는 저속 측과 고속 측이 같다고 본다.)   [6점]

(1) 극수
    • 계산 과정:
    • 답:

(2) 출력
    • 계산 과정:
    • 답:

(1) • 계산 과정

$$N = \frac{120f}{p} \text{에서} \quad p \propto \frac{1}{N} \text{이므로} \quad \frac{\text{저속}}{\text{고속}} = \frac{p}{4} = \frac{\frac{1}{3}N}{\frac{1}{N}} = 3$$

∴ 극수 $p = 12[극]$
• 답: $12[극]$

(2) • 계산 과정

$$P_0 = 2\pi NT \text{에서} \quad \propto N \text{이므로} \quad \frac{\text{저속}}{\text{고속}} = \frac{P_0}{30} = \frac{\frac{1}{3}N}{N} = \frac{1}{3}$$

∴ 출력 $P_0 = 10[kW]$
• 답: $10[kW]$

04
★★★

그림과 같은 계통에서 $6.6[kV]$ 모선에서 본 전원 측 %리액턴스는 $100[MVA]$ 기준으로 $110[\%]$이고, 각 변압기의 %리액턴스는 자기 용량 기준으로 모두 $3[\%]$이다. 지금 $6.6[kV]$ 모선 F_1점, $380[V]$ 모선 F_2점에 각각 3상 단락 고장 및 $110[V]$의 모선 F_3점에서 단락 고장이 발생하였을 경우 각각의 경우에 대한 고장 전력 및 고장 전류를 구하시오. [9점]

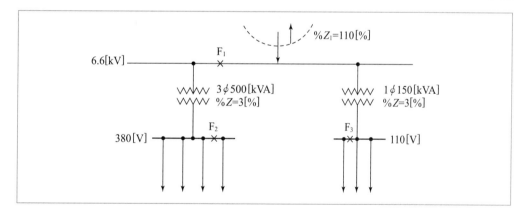

(1) F_1
• 계산 과정:
• 답:

(2) F_2
• 계산 과정:
• 답:

(3) F_3
• 계산 과정:
• 답:

(1) • 계산 과정

계통의 기준 용량을 100[MVA]로 적용하면

고장 전력 $P_{S1} = \dfrac{100}{\%Z_1} P_n = \dfrac{100}{110} \times 100 = 90.91[\text{MVA}]$

고장 전류 $I_{S1} = \dfrac{100}{\%Z_1} I_n = \dfrac{100}{110} \times \dfrac{100 \times 10^3}{\sqrt{3} \times 6.6} = 7,952.48[\text{A}]$

• 답: $P_{S1} = 90.91[\text{MVA}]$, $I_{S1} = 7,952.48[\text{A}]$

(2) • 계산 과정

계통의 기준 용량을 100[MVA]로 적용하면

합성 $\%Z_2 = \%Z_1 + \%Z_T = 110 + 3 \times \dfrac{100 \times 10^3}{500} = 110 + 600 = 710[\%]$

$\therefore P_{S2} = \dfrac{100}{\%Z_2} P_n = \dfrac{100}{710} \times 100 = 14.08[\text{MVA}]$

$\therefore I_{S2} = \dfrac{100}{\%Z_2} I_n = \dfrac{100}{710} \times \dfrac{100 \times 10^6}{\sqrt{3} \times 380} = 21,399.19[\text{A}]$

• 답: $P_{S2} = 14.08[\text{MVA}]$, $I_{S2} = 21,399.19[\text{A}]$

(3) • 계산 과정

계통의 기준 용량을 100[MVA]로 적용하면

합성 $\%Z_3 = \%Z_1 + \%Z_t = 110 + 3 \times \dfrac{100 \times 10^3}{150} = 110 + 2,000 = 2,110[\%]$

$\therefore P_{S3} = \dfrac{100}{\%Z_3} P_n = \dfrac{100}{2,110} \times 100 = 4.74[\text{MVA}]$

$\therefore I_{S3} = \dfrac{100}{\%Z_3} I_n = \dfrac{100}{2,110} \times \dfrac{100 \times 10^6}{110} = 43,084.88[\text{A}]$

• 답: $P_{S3} = 4.74[\text{MVA}]$, $I_{S3} = 43,084.88[\text{A}]$

심야 전력용 기기의 전력요금을 종량제로 하는 경우 인입구 장치의 배선은 다음과 같다. 다음 각 물음에 답하시오. [9점]

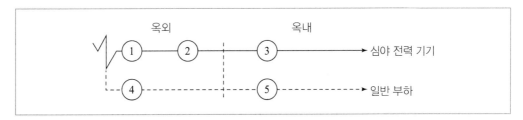

(1) ①~⑤에 해당되는 곳에는 어떤 기구를 사용하여야 하는가?

(2) 인입구 장치에서 심야 전력 기기의 배선 공사 방법으로는 어떤 방법이 사용될 수 있는지 그 가능한 방법을 4가지만 쓰시오.

(3) 심야 전력 기기로 보일러를 사용하며 부하 전류가 30[A], 일반 부하 전류가 25[A]이다. 오후 10시부터 오전 6시까지의 중첩률이 0.6이라고 할 때, 부하 공용 부분에 대한 전선의 허용 전류는 몇 [A] 이상이어야 하는가?
  • 계산 과정:
  • 답:

답안작성 (1) ① 타임 스위치 ② 전력량계 ③ 배선용 차단기(인입구 장치) ④ 전력량계 ⑤ 인입구 장치

(2) 금속관 공사, 케이블 공사, 합성수지관 공사, 가요전선관 공사

(3) • 계산 과정: $I = I_1 + I_0 \times$ 중첩률 $= 30 + 25 \times 0.6 = 45[\text{A}]$
  • 답: 45[A] 이상

해설비법 (3) 부하 공용 부분에 대한 전선의 허용 전류
  $I = I_1 + I_0 \times$ 중첩률[A]
  (I_0 : 일반 부하 전류[A], I_1 : 심야 전력 부하의 부하 전류[A])
  중첩률은 일반 부하 전류에 곱해 준다.

06 예비전원으로 이용되는 축전지에 대한 다음 각 물음에 답하시오. [8점]

★★★

(1) 그림과 같은 부하 특성을 갖는 축전지를 사용할 때 보수율이 0.8, 최저 축전지 온도가 5[℃], 허용 최저전압이 90[V]일 때 몇 [Ah] 이상인 축전지를 선정하여야 하는가? (단, $I_1 = 50[A]$, $I_2 = 40[A]$, $K_1 = 1.15$, $K_2 = 0.91$ 이고, 셀당 전압은 1.06[V/cell]이다.)

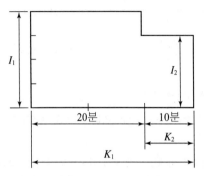

- 계산 과정:
- 답:

(2) 축전지의 과방전 및 방치 상태, 가벼운 설페이션(Sulfation) 현상 등이 생겼을 때, 기능 회복을 위하여 실시하는 충전 방식은 무엇인가?

(3) 연축전지와 알칼리축전지의 공칭전압은 각각 몇 [V]인가?
- 연축전지
- 알칼리축전지

(4) 축전지 설비를 하려고 한다. 그 구성 요소를 크게 4가지로 구분하시오.

답안작성 (1) • 계산 과정

$$C = \frac{1}{L}\{K_1 I_1 + K_2(I_2 - I_1)\}$$
$$= \frac{1}{0.8} \times \{1.15 \times 50 + 0.91 \times (40 - 50)\} = 60.5[Ah]$$

- 답: 60.5[Ah]

(2) 회복 충전 방식

(3) • 연축전지: 2.0[V]
- 알칼리축전지: 1.2[V]

(4) • 축전지
- 제어장치
- 보안장치
- 충전장치

단답 정리함 축전지 설비의 구성요소
- 축전지
- 제어장치
- 보안장치
- 충전장치

개념체크 축전지의 용량

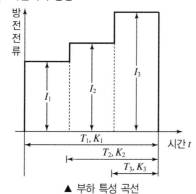

▲ 부하 특성 곡선

$$C = \frac{1}{L}\{K_1 I_1 + K_2(I_2 - I_1) + K_3(I_3 - I_2)\}[\text{Ah}]$$

(단, 축전지 용량은 부하의 면적을 계산하여 구한다.)

07
★★★

수전설비에 있어서 계통의 각 점에 흐르는 단락전류의 값을 정확하게 파악하는 것이 수전설비의 보호 방식을 검토하는 데 아주 중요하다. 단락전류를 계산하는 것은 주로 어떤 요소에 적용하고자 하는 것인지 그 적용 요소에 대하여 3가지만 설명하시오. [5점]

답안작성
- 차단기의 차단용량 결정
- 보호 계전기의 정정
- 기기에 가해지는 전자력의 추정

해설비법 '차단기 용량 = $\sqrt{3}$ × 정격전압 × 정격차단전류'에서 정격차단전류는 차단기가 차단할 수 있는 단락전류의 한도값으로, 단락전류를 계산하는 것은 차단기의 용량을 결정한다. 그리고 보호 계전기의 정정값을 정하는 데에도 사용한다.

그림은 유도 전동기의 기동 회로를 표시한 것이다. 이 도면을 보고 다음 각 물음에 답하시오. [6점]

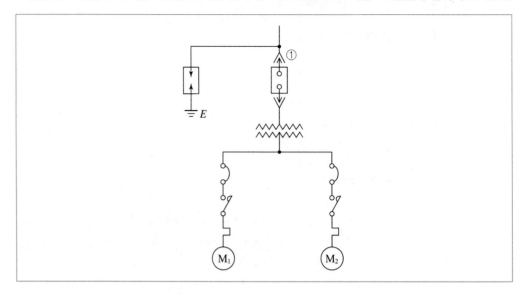

(1) ①과 같이 화살표로 표시되어 있는 그림 기호의 명칭을 구체적으로 쓰시오.

(2) M_1, M_2의 전부하 전류가 각각 20[A], 7[A]이다. 저압 옥내 간선의 최소 허용전류는 몇 [A]인가?
  • 계산 과정:
  • 답:

답안작성 (1) 인출형 차단기

(2) • 계산 과정

설계전류 $I_B = 20 + 7 = 27[A]$

$I_B \leq I_n \leq I_Z$에서 간선의 최소 허용전류 $I_Z \geq 27$

• 답: 27[A]

개념체크 과부하에 대해 케이블(전선)을 보호하는 장치의 동작특성

$$I_B \leq I_n \leq I_Z$$
$$I_2 \leq 1.45 \times I_Z$$

(단, I_B: 회로의 설계전류[A], I_Z: 케이블의 허용전류[A], I_n: 보호장치의 정격전류[A], I_2: 보호장치가 규약시간 이내에 유효하게 동작하는 것을 보장하는 전류[A])

도면은 수전설비의 단선 결선도를 나타내고 있다. 이 도면을 보고 다음 물음에 답하시오.   [10점]

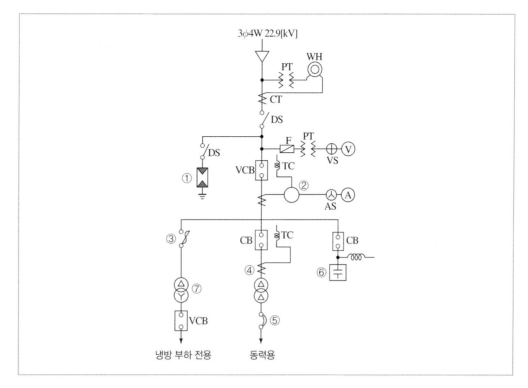

(1) 동력용 변압기에 연결된 동력 부하설비 용량이 400[kW], 부하 역률 85[%], 수용률 65[%]라고 할 때, 변압기 용량은 몇 [kVA]를 사용하여야 하는가?

변압기 표준 용량[kVA]

100	150	200	250	300	400	500

• 계산 과정:

• 답:

(2) ①~⑤로 표시된 곳의 명칭을 쓰시오.

(3) 냉방용 냉동기 1대를 설치하고자 할 때, 냉방 부하 전용 차단기로 VCB를 설치한다면 VCB 2차 측 정격 전류는 몇 [A]인가?(단, 냉방용 냉동기의 전동기는 100[kW], 정격 전압 3,300[V]인 3상 유도 전동기로 역률 85[%], 효율은 90[%]이고, 차단기 2차 측 정격 전류는 전동기 정격 전류의 3배로 한다고 한다.)

• 계산 과정:

• 답:

(4) 도면에 표시된 ⑥의 기기에 코일을 연결한 이유를 설명하시오.

(5) 도면에 표시된 ⑦의 부분의 복선 결선도를 그리시오.

(1) • 계산 과정

변압기 용량 $= \dfrac{400 \times 0.65}{0.85} = 305.88[\text{kVA}]$, 표에서 $400[\text{kVA}]$ 선정

• 답: $400[\text{kVA}]$

(2) ① 피뢰기
② 과전류 계전기
③ 컷아웃 스위치
④ 변류기
⑤ 기중 차단기

(3) • 계산 과정

$$I = \frac{100 \times 10^3}{\sqrt{3} \times 3,300 \times 0.85 \times 0.9} = 22.87[\text{A}]$$

VCB 2차 측 정격 전류는 전동기 전류의 3배라고 주어졌으므로

$22.87 \times 3 = 68.61[\text{A}]$

• 답: $400[\text{A}]$

(4) 콘덴서에 축적된 잔류 전하의 신속한 방전

(5)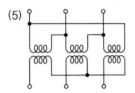

(1) 변압기 용량$[\text{kVA}] = \dfrac{\text{설비 용량}[\text{kW}] \times \text{수용률}}{\text{부등률} \times \text{역률}}$

(2) ① 피뢰기(LA)
② 과전류 계전기(OCR)
③ 컷아웃 스위치(COS)
④ 변류기(CT)
⑤ 기중 차단기(ACB)

(3) VCB 정격 전류 $400[\text{A}]$, $630[\text{A}]$, $1,250[\text{A}]$ 중 $68.61[\text{A}]$보다 큰 $400[\text{A}]$ 선정

10

★★★

그림은 전자 개폐기 MC에 의한 시퀀스 회로를 개략적으로 그린 것이다. 이 그림을 보고 다음 각 물음에 답하시오.   [7점]

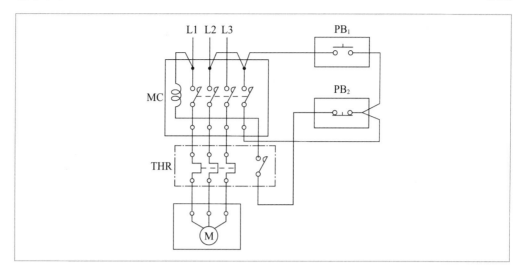

(1) 그림과 같은 회로용 전자 개폐기 MC의 보조 접점을 사용하여 자기 유지가 될 수 있는 일반적인 시퀀스 회로로 다시 작성하여 그리시오.

(2) 시간 t_3에 열동 계전기가 작동하고 시간 t_4에서 수동으로 복귀하였다. 이때의 동작을 타임 차트로 표시하시오.

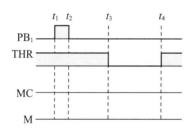

답안작성 (1)

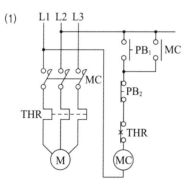

해설비법 (1) 문제에서 주회로 – 보조회로 인출선이 L1, L2라는 것에 유의하여 시퀀스 회로를 작성해야 한다.

11
★☆☆

변압비가 $6,600/220[\mathrm{V}]$이고, 정격용량이 $50[\mathrm{kVA}]$인 변압기 3대를 그림과 같이 Δ결선하여 $100[\mathrm{kVA}]$인 3상 평형 부하에 전력을 공급하고 있을 때, 변압기 1대가 소손되어 V결선하여 운전하려고 한다. 이때 다음 각 물음에 답하시오.(단, 변압기 1대당 정격 부하 시의 동손은 $500[\mathrm{W}]$, 철손은 $150[\mathrm{W}]$이며, 각 변압기는 $120[\%]$까지 과부하 운전할 수 있다고 한다.) [12점]

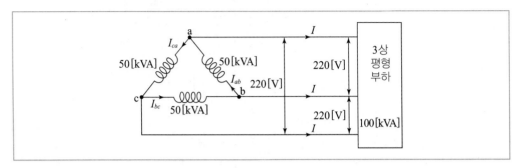

(1) 소손이 되기 전의 부하전류와 변압기의 상전류는 몇 [A]인가?
 • 계산 과정:
 • 답:

(2) Δ결선할 때 전체 변압기의 동손과 철손은 각각 몇 [W]인가?
 • 계산 과정:
 • 답:

(3) 소손 후의 부하 전류와 변압기의 상전류는 각각 몇 [A]인가?
 • 계산 과정:
 • 답:

(4) 변압기의 V결선 운전이 가능한지의 여부를 그 근거를 밝혀서 설명하시오.
 • 계산 과정:
 • 답:

(5) V결선 할 때 전체 변압기의 동손과 철손은 각각 몇 [W]인가?
 • 계산 과정:
 • 답:

답안작성 (1) • 계산 과정

부하전류 $I = \dfrac{P}{\sqrt{3}\,V} = \dfrac{100 \times 10^3}{\sqrt{3} \times 220} = 262.43[\mathrm{A}]$

Δ결선이므로 상전류 I_p는 선전류 I의 $\dfrac{1}{\sqrt{3}}$배이다.

$I_p = \dfrac{I}{\sqrt{3}} = \dfrac{262.43}{\sqrt{3}} = 151.51[\mathrm{A}]$

 • 답: 부하전류: $262.43[\mathrm{A}]$, 변압기의 상전류: $151.51[\mathrm{A}]$

(2) • 계산 과정
 − 동손

변압기의 부하율 $L_F = \dfrac{100}{50 \times 3} \times 100 = 66.67[\%]$

동손은 부하율의 제곱에 비례하므로 $P_C = 0.6667^2 \times 500 \times 3 = 666.73[\mathrm{W}]$

            – 철손

               철손은 부하전류와 무관하므로 $150 \times 3 = 450[\text{W}]$

        • 답: 동손: $666.73[\text{W}]$, 철손: $450[\text{W}]$

(3) • 계산 과정

        소손 후 V결선에서 상전류는 선전류와 같으므로

$$I = \frac{P}{\sqrt{3}\,V} = \frac{100 \times 10^3}{\sqrt{3} \times 220} = 262.43[\text{A}]$$

        • 답: 부하전류: $262.43[\text{A}]$, 변압기의 상전류: $262.43[\text{A}]$

(4) • 계산 과정

        V결선으로 $120[\%]$ 과부하 시 V결선 출력 P_V

        $P_V = \sqrt{3} \times 50 \times 1.2 = 103.92[\text{kVA}]$ 이므로 $100[\text{kVA}]$ 부하에 전력을 공급할 수 있다.

        • 답: V결선 운전이 가능하다.

(5) • 계산 과정

            – 동손

               V결선 시 변압기 1대에 인가되는 부하$= \dfrac{100}{\sqrt{3}} = 57.74[\text{kVA}]$

               부하율 $L_F = \dfrac{57.74}{50} \times 100 = 115.48[\%]$

               동손은 부하율의 제곱에 비례하므로

               $P_C = 1.1548^2 \times 500 \times 2 = 1{,}333.56[\text{W}]$

            – 철손

               철손은 부하전류와 무관하므로 $150 \times 2 = 300[\text{W}]$

        • 답: 동손: $1{,}333.56[\text{W}]$, 철손: $300[\text{W}]$

2006년

12
★★★ 답안지의 그림은 3상 4선식 전력량계의 결선도를 나타낸 것이다. PT와 CT를 사용하여 미완성 부분의 결선도를 완성하시오. [5점]

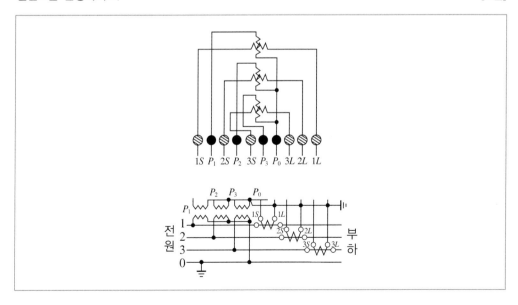

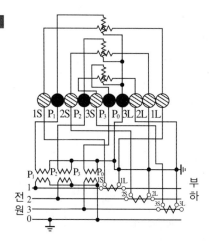

1S P₁ 2S P₂ 3S P₃ P₀ 3L 2L 1L

P₁ P₂ P₃ P₀
1
전 2
원 3
0

부
하

PT 2차 측(P_0)과 CT의 2차 측(1L, 2L, 3L)은 접지하여야 한다.

13 ★★☆ 송전단 전압이 $3,300[\text{V}]$인 변전소로부터 $6[\text{km}]$ 떨어진 곳까지 지중으로 역률 0.9(지상) $600[\text{kW}]$의 3상 동력 부하에 전력을 공급할 때 케이블의 허용전류(또는 안전전류) 범위 내에서 전압강하가 $10[\%]$를 초과하지 않는 케이블을 다음 표에서 선정하시오.(단, 도체(동선)의 고유저항은 $1/55[\Omega \cdot \text{mm}^2/\text{m}]$로 하고 케이블의 정전용량 및 리액턴스 등은 무시한다.) **[5점]**

[심선의 굵기와 허용전류]

심선의 굵기$[\text{mm}^2]$	35	50	95	150	185
허용전류$[\text{A}]$	175	230	300	410	465

• 계산 과정:

• 답:

• 계산 과정

전압강하율 $\varepsilon = \dfrac{V_s - V_r}{V_r} \times 100[\%]$ 에서

$$V_r = \frac{V_s}{1 + \dfrac{\varepsilon}{100}} = \frac{3,300}{1 + \dfrac{10}{100}} = 3,000[\text{V}]$$

부하전류 $I = \dfrac{P}{\sqrt{3}\,V_r \cos\theta} = \dfrac{600 \times 10^3}{\sqrt{3} \times 3,000 \times 0.9} = 128.3[\text{A}]$

전압강하 $e = V_s - V_r = 3,300 - 3,000 = 300[\text{V}]$

$e = \sqrt{3}\,I(R\cos\theta + X\sin\theta)[\text{V}]$에서 조건에 주어진 정전용량 및 리액턴스 등을 무시하면$(X = 0)$

$e = \sqrt{3}\,IR\cos\theta[\text{V}]$

$\therefore R = \dfrac{e}{\sqrt{3}\,I\cos\theta} = \dfrac{300}{\sqrt{3} \times 128.3 \times 0.9} = 1.5[\Omega]$

$R = \rho \times \dfrac{l}{A}[\Omega]$에서

$$A = \frac{\rho \times l}{R} = \frac{\frac{1}{55} \times 6{,}000}{1.5} = 72.73[\text{mm}^2]$$

- 답: $95[\text{mm}^2]$ 선정

개념체크 • 3상 선로에서의 전압강하

$$e = V_s - V_r = \sqrt{3}\,I(R\cos\theta + X\sin\theta)[\text{V}] = \frac{P}{V_r}(R + X\tan\theta)[\text{V}]$$

- 저항(R)

$$R = \rho\frac{l}{A}\,[\Omega] = \frac{l}{kA}[\Omega]$$

(단, ρ: 전선의 고유 저항$[\Omega \cdot m]$, k: 도전율$[\mho/m]$(고유 저항의 역수), l: 전선의 길이$[m]$, A: 전선의 단면적$[m^2]$)

14 HID Lamp에 대한 다음 각 물음에 답하시오. [6점]

★★☆

(1) 이 램프는 어떠한 램프를 말하는가?(우리말 명칭 또는 이 램프의 의미에 대한 설명을 쓰시오.)

(2) HID Lamp로서 가장 많이 사용되는 등기구의 종류를 3가지만 쓰시오.

답안작성 (1) 고휘도 방전등

(2) 고압 수은등, 고압 나트륨등, 메탈 핼라이드등

개념체크 고휘도 방전등(HID) 기호

- N: 나트륨등
- M: 메탈 핼라이드등
- H: 수은등
- X: 크세논등

01

★★☆

수변전설비에 설치하고자 하는 전력 퓨즈(Power Fuse)에 대해서 다음 각 물음에 답하시오. [8점]

(1) 전력 퓨즈의 가장 큰 단점은 무엇인지를 설명하시오.

(2) 전력 퓨즈를 구입하고자 한다. 기능상 고려해야 할 주요 요소 3가지를 쓰시오.

(3) 전력 퓨즈의 성능(특성) 3가지를 쓰시오.

(4) PF-S형 큐비클은 큐비클의 주차단 장치로서 어떤 종류의 전력 퓨즈와 무엇을 조합한 것인가?

답안작성
(1) 재투입 불가
(2) • 정격 전압　　• 정격 전류　　　• 정격 차단 전류
(3) • 용단 특성　　• 전차단 특성　　• 단시간 허용 특성
(4) 한류형 전력 퓨즈와 고압 개폐기의 조합

개념체크
• **전력 퓨즈(PF)의 역할**
　① 평상시에 부하 전류는 안전하게 통전시킨다.
　② 이상 전류나 사고 전류(단락 전류)에 대해서는 즉시 차단시킨다.

• **한류형 전력 퓨즈의 장단점**

장점	단점
• 소형이면서 차단 용량이 크다.	• 재투입이 불가능하다.(가장 큰 단점)
• 한류 효과가 크다.	• 차단 시 과전압이 발생한다.
• 차단 시 무소음, 무방출이다.	• 과도 전류에 용단되기 쉽다.
• 고속도 차단할 수 있다.	• 용단되어도 차단하지 못하는 전류 범위가 있다.(비보호 영역이 있다.)
• 소형, 경량이다.	• 동작 시간과 전류 특성을 자유롭게 조정할 수 없다.
• 가격이 저렴하다.	

• **퓨즈 구입 시 고려 사항**
　① 정격 전압
　② 정격 전류
　③ 정격 차단 전류
　④ 사용 장소

02 ★★☆ 그림과 같은 논리회로를 이용하여 다음 각 물음에 답하시오. [6점]

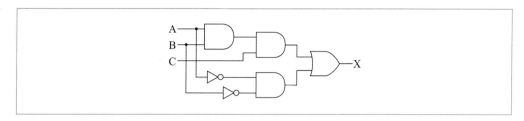

(1) 주어진 논리회로를 논리식으로 표현하시오.

(2) 논리회로의 동작 상태에 대한 타임 차트를 완성하시오.

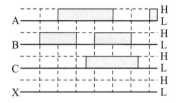

(3) 다음과 같은 진리표를 완성하시오.(단, L은 Low이고, H는 High이다.)

A	L	L	L	L	H	H	H	H
B	L	L	H	H	L	L	H	H
C	L	H	L	H	L	H	L	H
X								

답안작성 (1) $X = A \cdot B \cdot C + \overline{A} \cdot \overline{B}$

(2)
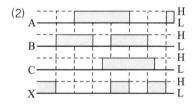

(3)

A	L	L	L	L	H	H	H	H
B	L	L	H	H	L	L	H	H
C	L	H	L	H	L	H	L	H
X	H	H	L	L	L	L	L	H

그림과 같은 결선도를 보고 다음 각 물음에 답하시오.　　　　　　[13점]

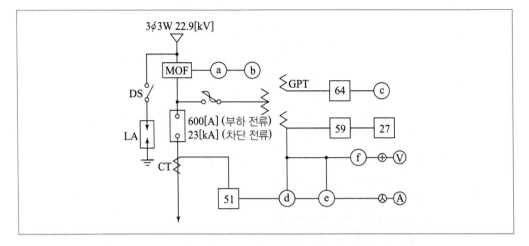

(1) 그림에서 ⓐ~ⓒ까지의 계기의 명칭을 우리말로 쓰시오.

(2) VCB의 정격 전압과 차단 용량을 산정하시오.
　　① 정격 전압
　　　　• 계산 과정:
　　　　• 답:
　　② 차단 용량
　　　　• 계산 과정:
　　　　• 답:

(3) MOF의 우리말 명칭과 그 용도를 쓰시오.
　　① 명칭
　　② 용도

(4) 그림에서 ☐속에 표시되어 있는 제어기구 번호에 대한 우리말 명칭을 쓰시오.

(5) 그림에서 ⓓ~ⓕ까지에 대한 계기의 약호를 쓰시오.

답안작성　(1) ⓐ 최대 수요 전력량계
　　　　　　　　ⓑ 무효 전력량계
　　　　　　　　ⓒ 영상 전압계

　　　　　　(2) ① 정격 전압
　　　　　　　　　　• 계산 과정: $22.9 \times \dfrac{1.2}{1.1} = 24.98$
　　　　　　　　　　• 답: 25.8[kV]
　　　　　　　　② 차단 용량
　　　　　　　　　　• 계산 과정: $P_s = \sqrt{3} \times 25.8 \times 23 = 1{,}027.8$
　　　　　　　　　　• 답: 1,027.8[MVA]

　　　　　　(3) ① 명칭: 전력 수급용 계기용 변성기
　　　　　　　　② 용도: 대전류를 소전류로, 고전압을 저전압으로 변성하여 전력량계에 전원 공급

　　　　　　(4) 51: 과전류 계전기, 59: 과전압 계전기, 27: 부족전압 계전기, 64: 지락 과전압 계전기

　　　　　　(5) ⓓ kW ⓔ PF ⓕ F

04 그림은 한시 계전기를 사용한 유도 전동기의 Y−△ 기동 회로의 미완성 회로이다. 이 회로를 이용하여
★★★ 다음 각 물음에 답하시오. [7점]

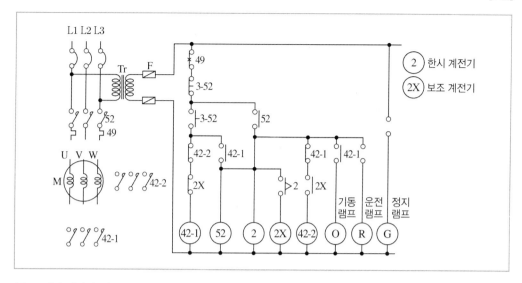

(1) 도면의 미완성 회로를 완성하시오.(단, 주회로 부분과 보조회로 부분)

(2) 기동 완료 시 열려(Open) 있는 접촉기를 모두 쓰시오.

(3) 기동 완료 시 닫혀(Close) 있는 접촉기를 모두 쓰시오.

답안작성 (1)

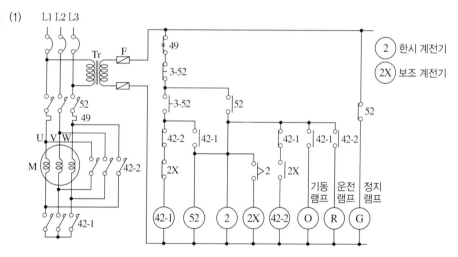

(2) 42−1

(3) 52, 42−2

해설비법 전자 접촉기
- 42−1: Y 기동
- 42−2: △ 운전
- 52: 주전원

05 ★★★

전자 블로우형 차단기(MBB) 조작회로에 케이블을 사용할 때 다음 조건을 이용하여 각 물음에 답하시오. [6점]

[조건]
① 대상이 되는 제어 케이블의 길이: 왕복 1,200[m]
② 케이블의 저항치

케이블의 규격[mm²]	2.5	4	6	10	16
저항치[Ω/km]	9.4	5.3	3.4	2.4	1.4

③ • MBB의 조작회로(투입 코일 제외)의 투입 보조 릴레이(52X)의 코일 저항 66[Ω]
  • MBB의 투입 허용 최소 동작 전압: 94[V]
  • 트립코일 저항 19.8[Ω]
  • MBB 트립 허용 최소 동작 전압: 75[V]
④ 전원 전압
  • 정격 전압: DC 125[V]
  • 축전지의 방전 말기 전압: DC 1.7[V/cell], 102[V]

(1) MBB 투입 회로(투입 코일은 제외)의 경우 다음 전압일 때 케이블의 규격은 몇 [mm²]를 사용하는 것이 가장 적당한가?
  ① 전원 전압 DC 125[V]의 경우
    • 계산 과정:
    • 답:
  ② 전원 전압 DC 102[V]의 경우
    • 계산 과정:
    • 답:

(2) MBB 트립 회로의 경우 다음 전압일 때 케이블의 규격은 몇 [mm²]를 사용하는 것이 가장 적당한가?
  ① 전원 전압 DC 125[V]의 경우
    • 계산 과정:
    • 답:
  ② 전원 전압 DC 102[V]의 경우
    • 계산 과정:
    • 답:

답안작성

(1) ① 전원 전압 DC 125[V]의 경우
  • 계산 과정
    투입 코일의 허용 최저 동작 전압이 94[V]이므로
    선로의 허용 전압강하 $e = 125 - 94 = 31[V]$
    투입 코일에 흐르는 전류 $I = \dfrac{94}{66} = 1.42[A]$
    즉, 전압강하 $e = IR$에서 $R = \dfrac{e}{I} = \dfrac{31}{1.42} = 21.83[\Omega]$
    전선 1[km]당 최대 허용 저항 $r = \dfrac{21.83}{1.2} = 18.19[\Omega/km]$
    ∴ 표에서 2.5[mm²] 선정
  • 답: 2.5[mm²]

② 전원 전압 DC 102[V]의 경우
- **계산 과정**

  선로의 허용 전압강하 $e = 102 - 94 = 8[V]$

  전압강하 $e = IR$에서 $R = \dfrac{e}{I} = \dfrac{8}{1.42} = 5.63[\Omega]$

  전선 1[km]당 최대 허용 저항 $r = \dfrac{5.63}{1.2} = 4.69[\Omega/km]$

  $\therefore$ 표에서 6[mm²] 선정
- **답**: 6[mm²]

(2) ① 전원 전압 DC 125[V]의 경우
- **계산 과정**

  선로의 허용 전압강하 $e = 125 - 75 = 50[V]$

  트립 코일에 흐르는 전류 $I = \dfrac{75}{19.8} = 3.79[A]$

  전압강하 $e = IR$에서 $R = \dfrac{e}{I} = \dfrac{50}{3.79} = 13.19[\Omega]$

  전선 1[km]당 최대 허용 저항 $r = \dfrac{13.19}{1.2} = 10.99[\Omega/km]$

  즉, 표에서 2.5[mm²] 선정
- **답**: 2.5[mm²]

② 전원 전압 DC 102[V]의 경우
- **계산 과정**

  선로의 허용 전압강하 $e = 102 - 75 = 27[V]$

  트립 코일에 흐른 전류 $I = \dfrac{75}{19.8} = 3.79[A]$

  전압강하 $e = IR$에서 $R = \dfrac{e}{I} = \dfrac{27}{3.79} = 7.12[\Omega]$

  전선 1[km]당 최대 허용 저항 $r = \dfrac{7.12}{1.2} = 5.93[\Omega/km]$

  표에서 4[mm²] 선정
- **답**: 4[mm²]

06
★★★

선로에서 발생하는 고조파가 전기설비에 미치는 장해를 4가지만 설명하시오. [6점]

답안작성
- 전력용 기기의 과열 및 소손
- 3상 4선식 회로의 중성선 과열
- 통신선의 유도장해
- 보호 계전기의 오동작 및 부동작

07
★★★

그림은 어떤 사무실의 조명설비 도면이다. ①~④ 부분의 전선 가닥수는 각각 몇 가닥이 필요한지 답하시오.(단, 점멸기 A는 A 형광등, B는 B 형광등, C는 C 형광등만 점멸시키는 것으로 한다.) [6점]

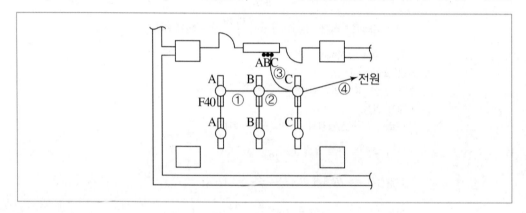

답안작성 ① 2가닥 ② 3가닥 ③ 4가닥 ④ 2가닥

해설비법

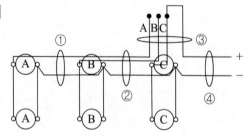

08 ★☆☆

$210[\mathrm{V}]$, $10[\mathrm{kW}]$, **역률** $\sqrt{3}/2$**(지상)인** 3상 **부하와** $210[\mathrm{V}]$, $5[\mathrm{kW}]$, **역률** 1.0인 **단상 부하가 있다.** **그림과 같이 단상 변압기** 2**대로** V **결선하여 이들 부하에 전력을 공급하고자 한다. 다음 각 물음에 답하시오.** [6점]

변압기의 표준 용량[kVA]

5	7.5	10	15	20	25	50	75	100

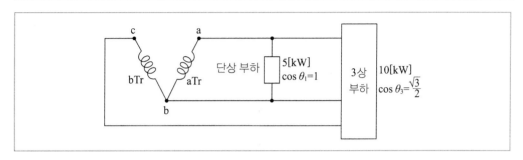

(1) **공용상과 전용상을 동일한 용량의 것으로 하는 경우에 변압기의 용량은 몇** $[\mathrm{kVA}]$**를 사용하여야 하는가?**
- **계산 과정:**
- **답:**

(2) **공용상과 전용상을 각각 다른 용량의 것으로 하는 경우에 변압기의 용량은 각각 몇** $[\mathrm{kVA}]$**를 사용하여야 하는가?**

답안작성 (1) • **계산 과정**
- **전용 변압기 부하**

$$P_v = \sqrt{3}\,P_1\,[\mathrm{kVA}] \text{에서 } P_1 = \frac{P_v}{\sqrt{3}} = \frac{1}{\sqrt{3}} \times \frac{10}{\frac{\sqrt{3}}{2}} = 6.67[\mathrm{kVA}]$$

- **공용 변압기 부하**

$$P_a = \sqrt{\left(5 + 6.67 \times \frac{\sqrt{3}}{2}\right)^2 + \left(6.67 \times \frac{1}{2}\right)^2} = 11.28[\mathrm{kVA}]$$

∴ **변압기 용량 표에서** $15[\mathrm{kVA}]$ **선정**

- **답: 동일한 용량의 것으로 하는 경우 변압기 용량은** $15[\mathrm{kVA}]$ **사용**

(2) **공용상** $15[\mathrm{kVA}]$ **사용, 전용상 변압기** $7.5[\mathrm{kVA}]$ **사용**

해설비법 (1) • **공용상과 전용상을 동일 용량의 것으로 하는 경우, 큰 용량을 기준으로 선정**
- **두 개의 부하가 있는 경우 변압기 용량** $P_a = \sqrt{[\mathrm{kW}]^2 + [\mathrm{kVar}]^2}$

09 ★★★ 단상 2선식 220[V], 40[W] 2등용 형광등 기구 60대를 설치하려고 한다. 16[A]의 분기 회로로 할 경우, 몇 회로로 하여야 하는가?(단, 형광등 역률은 80[%]이고, 안정기의 손실은 고려하지 않으며, 1회로의 부하전류는 분기 회로 용량의 80[%]로 본다.) [4점]

• 계산 과정:

• 답:

• 계산 과정

부하 용량 $P_a = \dfrac{40 \times 2}{0.8} \times 60 = 6,000[\text{VA}]$

분기 회로수 $N = \dfrac{6,000}{220 \times 16 \times 0.8} = 2.13$

• 답: 16[A] 분기 3회로

$$\text{분기 회로수} = \frac{\text{표준 부하 용량[VA]}}{\text{전압[V]} \times \text{분기 회로의 전류[A]} \times \text{분기 회로 용량}}$$

• 분기 회로수 계산 결과값에 소수점이 발생하면 소수점 이하 절상한다.
• 분기 회로의 전류가 주어지지 않을 때에는 16[A]를 표준으로 한다.

10 ★★★ 고압 동력 부하의 사용 전력량을 측정하려고 한다. CT 및 PT 취부 3상 적산 전력량계를 그림과 같이 오결선(1S와 1L 및 P1과 P3가 바뀜)하였을 경우 어느 기간 동안 사용 전력량이 300[kWh]였다면 그 기간 동안 실제 사용 전력량은 몇 [kWh]이겠는가?(단, 부하 역률은 0.8이라 한다.) [4점]

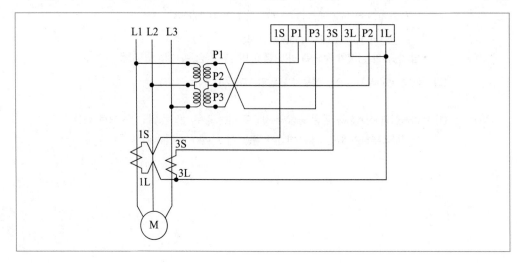

• 계산 과정:

• 답:

· 계산 과정

$$W = W_1 + W_2 = 2VI\sin\theta$$ 이므로

$$VI = \frac{W_1 + W_2}{2\sin\theta} = \frac{300}{2 \times 0.6} = 250$$ 이다.

따라서 실제 사용 전력량은

$$W' = \sqrt{3}\ VI\cos\theta = \sqrt{3} \times 250 \times 0.8 = 346.41[\text{kWh}]$$ 이다.

· 답: 346.41[kWh]

11

★★☆

자가용 전기 설비에 대한 다음 각 물음에 답하시오. [6점]

(1) 자가용 전기 설비의 중요 검사(시험) 사항을 3가지만 쓰시오.

(2) 예비용 자가 발전 설비를 시설하고자 한다. 다음 [조건]에서 발전기의 정격 용량은 최소 몇 [kVA]를 초과하여 야 하는가?

[조건]
① 부하: 유도 전동기 부하로서 기동 용량은 1,500[kVA]
② 기동 시의 전압강하: 25[%]
③ 발전기의 과도 리액턴스: 30[%]

· 계산 과정:

· 답:

답안작성 (1) · 절연저항 시험

· 접지저항 시험

· 절연내력 시험

(2) · 계산 과정: $P \geq \left(\dfrac{1}{0.25} - 1\right) \times 1,500 \times 0.3 = 1,350[\text{kVA}]$

· 답: 1,350[kVA]

단답 정리함 자가용 전기설비의 중요 검사(시험) 항목

· 절연저항 시험

· 접지저항 시험

· 절연내력 시험

· 계전기 동작 시험

· 외관 검사

· 절연유 내압 시험

개념체크 비상용 자가 발전기 출력

$$P_G \geq \left(\frac{1}{\text{허용 전압강하}} - 1\right) \times \text{과도 리액턴스} \times \text{기동 용량}[\text{kVA}]$$

12 ★★★ 그림에서 고장 표시 접점 F가 닫혀 있을 때는 부저 BZ가 울리나 표시등 L은 켜지지 않으며, 스위치 24에 의하여 벨이 멈추는 동시에 표시등 L이 켜지도록 SCR의 게이트와 스위치 등을 접속하여 회로를 완성하시오. 또한 회로 작성에 필요한 저항이 있으면 그것도 삽입하여 도면을 완성하도록 하시오.(단, 트랜지스터는 NPN 트랜지스터이며, SCR은 P게이트형을 사용한다.) [4점]

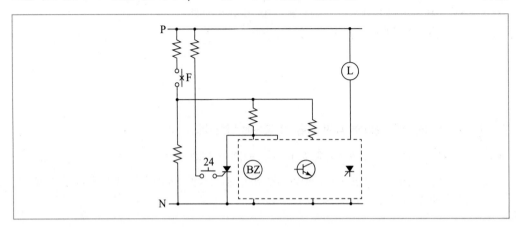

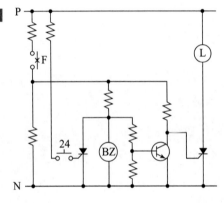

13

★☆☆

답안지의 그림은 1, 2차 전압이 $66/22[\text{kV}]$이고, $Y-\Delta$ 결선된 전력용 변압기이다. 1, 2차에 CT를 이용하여 변압기의 차동 계전기를 동작시키려고 한다. 주어진 도면을 이용하여 다음 물음에 답하시오.　[8점]

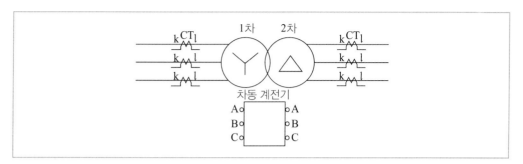

(1) CT와 차동 계전기의 결선을 주어진 도면에 완성하시오.

(2) 1차 측 CT의 권수비를 200/5로 했을 때 2차 측 CT의 권수비는 얼마가 좋은지를 쓰고, 그 이유를 설명하시오.
　• 2차 측 CT의 권수비
　• 이유

(3) 변압기를 전력 계통에 투입할 때 여자 돌입 전류에 의한 차동 계전기의 오동작을 방지하기 위하여 이용되는 차동 계전기의 종류(또는 방식)를 한 가지만 쓰시오.

(4) 우리나라에서 사용되는 CT의 극성은 일반적으로 어떤 극성의 것을 사용하는가?

답안작성　(1)

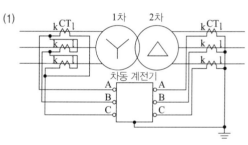

(2) • 2차 측 CT의 권수비: $\dfrac{600}{5}$

　　• 이유: 변압기의 권수비 $a = \dfrac{V_1}{V_2} = \dfrac{66}{22} = 3 = \dfrac{I_2}{I_1}$

　　따라서 2차 측 CT의 권수비는 1차 측 CT의 권수비의 3배이어야 한다.

　　2차 측 CT의 권수비 $= \dfrac{200}{5} \times 3 = \dfrac{600}{5}$

(3) 감도 저하법

(4) 감극성

해설비법　(1) 1, 2차 전류의 크기 및 각 변위를 일치시키기 위해 CT의 결선은 변압기의 결선($Y-\Delta$)과 반대인 $\Delta-Y$ 결선으로 한다.

단답 정리함　여자 돌입 전류에 대한 오동작 방지법
　• 감도 저하법
　• 비대칭파 저지법
　• 고조파 억제법

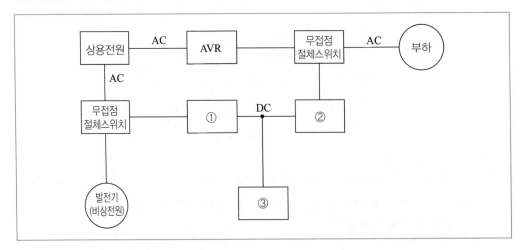

14 ★★☆

그림은 어느 인텔리전트 빌딩에 사용되는 컴퓨터 정보 설비 등 중요 부하에 대한 무정전 전원 공급을 하기 위한 블록다이어그램을 나타내었다. 이 블록다이어그램을 보고 다음 각 물음에 답하시오.   [10점]

(1) ① ~ ③에 알맞은 전기 시설물의 명칭을 쓰시오.

(2) ①, ②에 시설되는 것의 전력 변환 방식을 각각 1가지씩만 쓰시오.

(3) 무정전 전원은 정전 시 사용하지만 평상 운전 시에는 예비전원으로 200[Ah]의 연축전지 100개가 설치되었다고 한다. 충전 시에 발생되는 가스와 충전이 부족할 경우 극판에 발생되는 현상 등에 대하여 설명하시오.
   • 발생 가스
   • 현상

(4) 발전기(비상전원)에서 발생된 전압을 공급하기 위하여 부하에 이르는 전로에는 발전기에 가까운 곳에서 쉽게 개폐 및 점검을 할 수 있는 곳에 기기 및 기구들을 설치하여야 한다. 이 설치하여야 할 것들을 4가지만 쓰시오.

답안작성 (1) ① 컨버터   ② 인버터   ③ 축전지

(2) ① 교류를 직류로 변환
   ② 직류를 교류로 변환

(3) • 발생 가스: 수소 가스
   • 현상: 설페이션 현상

(4) 개폐기, 과전류 차단기, 전압계, 전류계

단답 정리함 발전기와 부하 사이에 설치하는 기기
   • 개폐기
   • 과전류 차단기
   • 전압계
   • 전류계

15 ★★★

어느 건물의 부하는 하루에 $240[\mathrm{kW}]$로 5시간, $100[\mathrm{kW}]$로 8시간, $75[\mathrm{kW}]$로 나머지 시간을 사용한다. 이에 따른 수전설비를 $450[\mathrm{kVA}]$로 하였을 때에 부하의 평균 역률이 0.8이라면 이 건물의 수용률과 일 부하율은 얼마인지 구하시오. [6점]

(1) 수용률
 • 계산 과정:
 • 답:

(2) 일 부하율
 • 계산 과정:
 • 답:

답안작성

(1) • 계산 과정

$$수용률 = \frac{240}{450 \times 0.8} \times 100 = 66.67[\%]$$

 • 답: $66.67[\%]$

(2) • 계산 과정

$$일\ 부하율 = \frac{\dfrac{240 \times 5 + 100 \times 8 + 75 \times 11}{24}}{240} \times 100 = 49.05[\%]$$

 • 답: $49.05[\%]$

개념체크

(1) $수용률 = \dfrac{최대\ 전력[\mathrm{kW}]}{설비\ 용량[\mathrm{kVA}] \times 역률} \times 100[\%]$

(2) $일\ 부하율 = \dfrac{평균\ 전력[\mathrm{kW}]}{최대\ 전력[\mathrm{kW}]} \times 100[\%] = \dfrac{\dfrac{총\ 사용\ 전력량[\mathrm{kWh}]}{사용\ 시간[\mathrm{h}]}}{최대\ 전력[\mathrm{kW}]} \times 100[\%]$

01 ★★☆

전력 퓨즈 및 각종 개폐기들의 능력을 비교할 때, 그 능력이 가능한 곳에 ○표를 하시오. [5점]

능력 \ 기구	회로 분리		사고 차단	
	무부하 시	부하 시	과부하 시	단락 시
퓨즈				
차단기				
개폐기				
단로기				
전자 접촉기				

답안작성

능력 \ 기구	회로 분리		사고 차단	
	무부하 시	부하 시	과부하 시	단락 시
퓨즈	○			○
차단기	○	○	○	○
개폐기	○	○	○	
단로기	○			
전자 접촉기	○	○	○	

02 ★★★

스위치 S_1, S_2, S_3, S_4에 의하여 직접 제어되는 계전기 A_1, A_2, A_3, A_4가 있다. 전등 X, Y, Z가 동작표와 같이 점등되었다고 할 때 다음 각 물음에 답하시오. [8점]

A_1	A_2	A_3	A_4	X	Y	Z
0	0	0	0	0	1	0
0	0	0	1	0	0	0
0	0	1	0	0	0	0
0	0	1	1	0	0	0
0	1	0	0	0	0	0
0	1	0	1	0	0	0
0	1	1	0	1	0	0
0	1	1	1	1	0	0
1	0	0	0	0	0	0
1	0	0	1	0	0	1
1	0	1	0	0	0	0
1	0	1	1	1	1	0
1	1	0	0	0	0	1
1	1	0	1	0	0	1
1	1	1	0	0	0	0
1	1	1	1	1	0	0

• 출력 램프 X에 대한 논리식

$$X = \overline{A_1} \cdot A_2 \cdot A_3 \cdot \overline{A_4} + \overline{A_1} \cdot A_2 \cdot A_3 \cdot A_4 + A_1 \cdot \overline{A_2} \cdot A_3 \cdot A_4 + A_1 \cdot A_2 \cdot A_3 \cdot A_4 = A_3 \cdot (\overline{A_1} \cdot A_2 + A_1 \cdot A_4)$$

• 출력 램프 Y에 대한 논리식

$$Y = \overline{A_1} \cdot \overline{A_2} \cdot \overline{A_3} \cdot \overline{A_4} + A_1 \cdot \overline{A_2} \cdot A_3 \cdot A_4 = \overline{A_2} \cdot (\overline{A_1} \cdot \overline{A_3} \cdot \overline{A_4} + A_1 \cdot A_3 \cdot A_4)$$

• 출력 램프 Z에 대한 논리식

$$Z = A_1 \cdot \overline{A_2} \cdot \overline{A_3} \cdot A_4 + A_1 \cdot A_2 \cdot \overline{A_3} \cdot \overline{A_4} + A_1 \cdot A_2 \cdot \overline{A_3} \cdot A_4 = A_1 \cdot \overline{A_3} \cdot (A_2 + A_4)$$

(1) 답란에 미완성 부분을 최소 접점 수로 접점 표시를 하고 접점 기호를 써서 유접점 회로를 완성하시오.

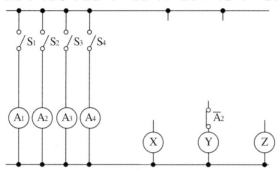

(2) 답란에 미완성 무접점 회로도를 완성하시오.

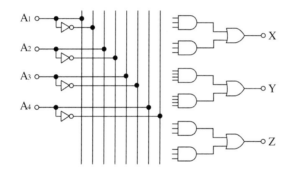

(1)

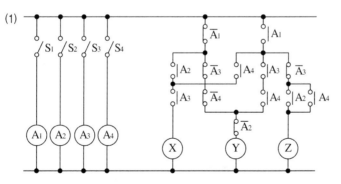

(2)

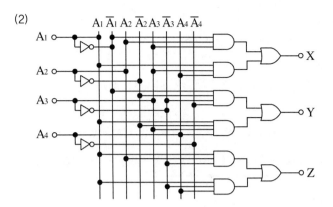

03
★★★

비상용 자가 발전기를 구입하고자 한다. 부하는 단일 부하로서 유도 전동기이며 기동 용량이 $1,800\,[\mathrm{kVA}]$ 이고, 기동 시의 전압강하는 $20\,[\%]$까지 허용하며, 발전기의 과도 리액턴스는 $26\,[\%]$로 본다면 자가 발전기의 용량은 이론(계산)상 몇 $[\mathrm{kVA}]$ 이상의 것을 구입하여야 하는지 구하시오. [5점]

• 계산 과정:

• 답:

답안작성
• 계산 과정

$$P_G \ge \left(\frac{1}{0.2} - 1\right) \times 0.26 \times 1,800 = 1,872\,[\mathrm{kVA}]$$

• 답: $1,872\,[\mathrm{kVA}]$

개념체크
비상용 자가 발전기 출력

$$P_G \ge \left(\frac{1}{\text{허용 전압강하}} - 1\right) \times \text{과도 리액턴스} \times \text{기동 용량}[\mathrm{kVA}]$$

04 ★★☆ 사무실로 사용하는 건물에 단상 3선식 $110/220[\text{V}]$를 채용하고 변압기가 설치된 수전실에서 $60[\text{m}]$ 되는 곳의 부하를 부하 집계표와 같이 배분하는 분전반을 시설하고자 한다. 주어진 조건과 참고 자료를 이용하여 다음 각 물음에 답하시오. [11점]

- 공사 방법은 A1으로 PVC 절연 전선을 사용한다.
- 전압강하는 3[%] 이하로 되어야 한다.
- 부하 집계표는 다음과 같다.

회로 번호	부하 명칭	총 부하[VA]	부하 분담[VA]		비고
			A선	B선	
1	전등	2,920	1,460	1,460	
2	〃	2,680	1,340	1,340	
3	콘센트	1,100	1,100		
4	〃	1,400	1,400		
5	〃	800		800	
6	〃	1,000		1,000	
7	팬코일	750	750		
8		700		700	
합계		11,350	6,050	5,300	

[참고 자료]
[표 1] 간선의 굵기, 개폐기 및 과전류 차단기의 용량

최대 상정 부하 전류 [A]	배선 종류에 의한 간선의 동 전선 최소 굵기[mm²]												개폐기의 정격 [A]	과전류 차단기의 정격[A]	
	공사 방법 A1				공사 방법 B1				공사 방법 C					B종 퓨즈	A종 퓨즈 또는 배선용 차단기
	2개선		3개선		2개선		3개선		2개선		3개선				
	PVC	XLPE, EPR	PVC	XLPE, EPR	PVC	XLPE, EPR	PVC	XLPE, EPR	PVC	XLPE, EPR	PVC	XLPE, EPR			
20	4	2.5	4	2.5	2.5	2.5	2.5	2.5	2.5	2.5	2.5	2.5	30	20	20
30	6	4	6	4	4	2.5	6	4	4	2.5	4	2.5	30	30	30
40	10	6	10	6	6	4	10	6	6	4	6	4	60	40	40
50	16	10	16	10	10	6	10	10	10	6	10	6	60	50	50
60	16	10	25	16	16	10	16	10	10	10	16	10	60	60	60
75	25	16	35	25	16	10	25	16	16	10	16	16	100	75	75
100	50	25	50	35	25	16	35	25	25	16	35	25	100	100	100
125	70	35	70	50	35	25	50	35	35	25	50	35	200	125	125
150	70	50	95	70	50	35	70	50	50	35	70	50	200	150	150
175	95	70	120	70	70	50	95	50	70	50	70	50	200	200	175
200	120	70	150	95	95	70	95	70	70	50	95	70	200	200	200
250	185	120	240	150	120	70	—	95	95	70	120	95	300	250	250
300	240	150	300	185	—	95	—	120	150	95	185	120	300	300	300
350	300	185	—	240	—	120	—	—	185	120	240	150	400	400	350
400	—	240	—	300	—	—	—	240	120	240	185		400	400	400

※ 단상 3선식 또는 3상 4선식 간선에서 전압강하를 감소하기 위하여 전선을 굵게 할 경우라도 중성선은 표의 값보다 굵은 것으로 할 필요는 없다.

※ 최소 전선 굵기는 1회선에 대한 것이며, 2회선 이상일 경우에는 복수 회로 보정 계수를 적용하여야 한다.

※ 공사 방법 A1은 벽 내의 전선관에 공사한 절연 전선 또는 단심 케이블, 공사 방법 B1은 벽면의 전선관에 공사한 절연 전선 또는 단심 케이블, 공사 방법 C는 벽면에 공사한 단심 또는 다심 케이블을 시설하는 경우의 전선 굵기를 표시하였다.

※ B종류 퓨즈의 정격 전류는 전선의 허용 전류의 0.96배를 초과하지 않는 것으로 한다.

[표 2] 후강전선관 굵기의 선정

도체 단면적 [mm²]	전선 본수									
	1	2	3	4	5	6	7	8	9	10
	전선관의 최소 굵기[mm]									
2.5	16	16	16	16	22	22	22	28	28	28
4	16	16	16	22	22	22	28	28	28	28
6	16	16	22	22	22	28	28	28	36	36
10	16	22	22	28	28	36	36	36	36	36
16	16	22	28	28	36	36	36	42	42	42
25	22	28	28	36	36	42	54	54	54	54
35	22	28	36	42	54	54	54	70	70	70
50	22	36	54	54	70	70	70	82	82	82
70	28	42	54	54	70	70	70	82	82	92
95	28	54	54	70	70	82	82	92	92	104
120	36	54	54	70	70	82	82	92	–	–
150	36	70	70	82	92	92	104	104	–	–
185	36	70	70	82	92	104	–	–	–	–
240	42	82	82	92	104	–	–	–	–	–

※ 전선 1본수는 접지도체 및 직류 회로의 전선에도 적용한다.

※ 이 표는 실험 결과와 경험을 기초하여 결정한 것이다.

※ 이 표는 450/750[V] 일반용 단심 비닐 절연 전선을 기준한 것이다.

[표 3] 간선의 수용률

건축물의 종류	수용률[%]
주택, 기숙사, 여관, 호텔, 병원, 창고	50
학교, 사무실, 은행	70

※ 전등 및 소형 전기 기계 기구의 용량 합계가 10[kVA]를 초과하는 것은 그 초과 용량에 대해서는 표의 수용률을 적용할 수 있다.

(1) 간선으로 사용하는 전선(동도체)의 단면적은 몇 [mm²]인가?
  • 계산 과정:
  • 답:

(2) 간선 보호용 퓨즈(A종)의 정격 전류는 몇 [A]인가?
  • 계산 과정:
  • 답:

(3) 이 곳에 사용되는 후강전선관의 지름은 몇 [mm]인가?
- 계산 과정:
- 답:

(4) 설비 불평형률은 몇 [%]가 되겠는가?
- 계산 과정:
- 답:

(1) • 계산 과정

전압강하 $e = 110 \times 0.03 = 3.3[\text{V}]$

A선 전류: $I_A = \dfrac{6,050}{110} = 55[\text{A}]$, B선 전류: $I_B = \dfrac{5,300}{110} = 48.18[\text{A}]$

(∴ 전류값이 큰 A선 전류를 기준으로 한다.)

단상 3선식에서의 전선 단면적 $A = \dfrac{17.8LI}{1,000e} = \dfrac{17.8 \times 60 \times 55}{1,000 \times 3.3} = 17.8[\text{mm}^2]$

- 답: $25[\text{mm}^2]$ 선정

(2) • 계산 과정

[표 1]에서 공사 방법 A1, PVC 절연 전선 3개선을 사용하는 경우 전선의 굵기가 $25[\text{mm}^2]$일 때 과전류 차단기(A종 퓨즈)의 정격 전류 60[A] 선정

- 답: 60[A] 선정

(3) • 계산 과정

[표 2]에서 $25[\text{mm}^2]$ 전선 3본이 들어갈 수 있는 전선관 28[mm] 선정

- 답: 28[mm] 선정

(4) • 계산 과정: 설비 불평형률 = $\dfrac{(1,100+1,400+750) - (800+1,000+700)}{(6,050+5,300) \times \dfrac{1}{2}} \times 100[\%] = 13.22[\%]$

- 답: $13.22[\%]$

(1) A선과 B선 전류 중 큰 값을 기준으로 하여 전선의 굵기를 선정한다.

저압 수전의 단상 3선식에서의 설비 불평형률

$$\dfrac{\text{중성선과 각 전압 측 전선 간에 접속되는 부하 설비 용량[kVA]의 차}}{\text{총 부하 설비 용량[kVA]} \times \dfrac{1}{2}} \times 100[\%]$$

이때 단상 3선식의 설비 불평형률은 40[%] 이하이어야 한다.

※ 문제의 [표] 또는 [참고자료]가 KEC 적용 이전의 산출값으로 되어 있으나, 표를 활용하여 답을 산출하는 유형의 문제풀이 방법 숙지를 위해 수록하였습니다.

3상 유도 전동기 Y−Δ 기동 방식의 주회로 그림을 보고, 다음 각 물음에 답하시오. [9점]

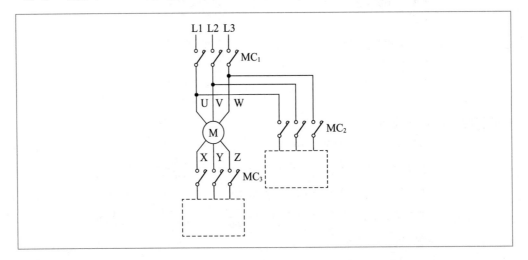

(1) 미완성 회로에 대한 결선을 완성하시오.

(2) Y−Δ 기동 시와 전전압 기동 시의 기동 전류를 수치를 제시하면서 비교·설명하시오.

(3) 3상 유도 전동기를 Y−Δ로 기동하여 운전하기 위한 제어 회로의 동작 사항을 설명하시오.

답안작성

(1)

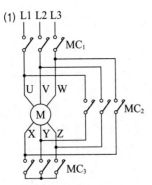

(2) Y−Δ 기동 전류는 전전압 기동 전류의 $\frac{1}{3}$ 배이다.

(3) MC₁과 MC₃를 단락시켜 Y 결선으로 기동한 후, 타이머 설정 시간이 지나면 MC₃는 개방, MC₂가 단락되어 Δ 결선으로 운전한다. 이때 MC₃와 MC₂는 동시 투입이 되어서는 안 된다.

(3) MC₁과 MC₃를 단락시켜 Y 결선으로 기동한 후, 타이머 설정 시간이 지나면 MC₃는 개방, MC₂가 단락되어
Δ 결선으로 운전한다. 이때 MC₃와 MC₂는 동시 투입이 되어서는 안 된다.

해설비법

(1) MC₃(Y 기동) MC₂(Δ 운전)

(2) Y−Δ 기동 시의 기동 전류

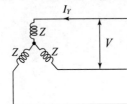 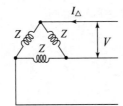

$$I_Y = \frac{\frac{V}{\sqrt{3}}}{Z} = \frac{V}{\sqrt{3}\,Z}, \quad I_\Delta = \frac{\sqrt{3}\,V}{Z} \qquad \therefore \frac{I_Y}{I_\Delta} = \frac{\frac{V}{\sqrt{3}\,Z}}{\frac{\sqrt{3}\,V}{Z}} = \frac{1}{3}$$

06 ★★★ UPS 장치 시스템의 중심 부분을 구성하는 CVCF의 기본 회로를 보고 다음 물음에 답하시오. [8점]

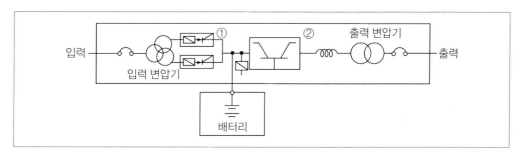

(1) UPS 장치는 어떤 장치인가?

(2) CVCF는 무엇을 뜻하는가?

(3) 도면의 ①, ②에 해당되는 것은 무엇인가?

답안작성 (1) 무정전 전원 공급장치

(2) 정전압 정주파수 장치

(3) ① 정류기
② 인버터

07 ★★★ 가스절연 개폐기(GIS)에 대하여 다음 물음에 답하시오. [9점]

(1) 가스절연 개폐기(GIS)에 사용되는 가스의 종류는?

(2) 가스절연 개폐기에 사용하는 가스는 공기에 비하여 절연내력이 몇 배 정도 좋은가?

(3) 가스절연 개폐기에 사용되는 가스의 장점을 3가지 쓰시오.

답안작성 (1) SF_6 가스

(2) 2~3배

(3) • 절연 성능과 안전성이 우수한 불활성 기체이다.
• 소호 능력이 뛰어나다(공기의 약 100배).
• 절연내력은 공기의 2~3배 정도이다.

단답 정리함 SF_6(육불화황) 가스의 장점

• 무색, 무취, 무독성 가스이다.
• 절연내력이 공기의 약 2~3배이다.
• 소호 능력이 공기의 약 100배이다.

개념체크 GIS(가스절연 개폐장치)
금속 용기 내에 모선, 개폐장치, 변성기, 피뢰기 등을 내장시키고 SF_6 가스로 밀폐하여 절연을 유지하는 장치이다.

08
★★☆

머레이 루프(Murray loop)법으로 선로의 고장 지점을 찾고자 한다. 길이가 $4[\text{km}]\,(0.2\,[\Omega/\text{km}])$인 선로가 그림과 같이 접지 고장이 생겼을 때 고장점까지의 거리 X는 몇 $[\text{km}]$인지 구하시오.(단, G는 검류계이고, $P=270\,[\Omega]$, $Q=90\,[\Omega]$에서 브리지가 평형되었다고 한다.) [4점]

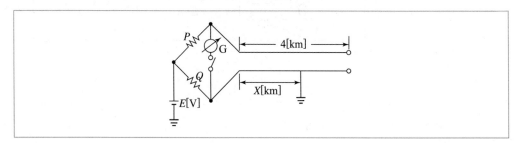

• 계산 과정:

• 답:

• 계산 과정

브리지 평형 조건을 적용하면 다음과 같다.

$PX = Q(2L-X)$

$270 \times X = 90 \times (8-X)$

$\therefore X = \dfrac{90 \times 8}{270 + 90} = 2[\text{km}]$

• 답: $2[\text{km}]$

머레이 루프법

• 브리지 평형 원리를 이용하여 고장점까지의 거리를 측정하는 방법이다.

• 머레이 루프법을 이용한 고장점 측정 방법은 다음의 식과 같다.

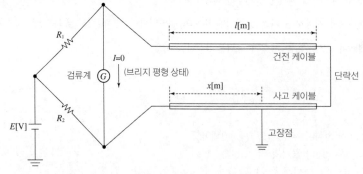

▲ 머레이 루프법의 원리

위 그림에서 머레이 루프 시험기가 설치된 위치에서 고장점까지의 거리 $x[\text{m}]$는

$R_1 \times \rho\dfrac{x}{A} = R_2 \times \rho\dfrac{(2l-x)}{A}$ (브리지 평형 조건)

$R_1 x = R_2 \times (2l-x)$

$x = \dfrac{2lR_2}{R_1 + R_2}[\text{m}]$ 이다.

09
★★★

가로 $10[\mathrm{m}]$, 세로 $14[\mathrm{m}]$, **천장 높이** $2.75[\mathrm{m}]$, **작업면 높이** $0.75[\mathrm{m}]$인 사무실에 천장 직부 형광등 F32×2를 설치하려고 한다. 다음 각 물음에 답하시오.   [8점]

(1) 이 사무실의 실지수는 얼마인가?
- 계산 과정:
- 답:

(2) F32×2의 심벌을 그리시오.

(3) 이 사무실의 작업면 조도를 $250[\mathrm{lx}]$, 천장 반사율 $70[\%]$, 벽 반사율 $50[\%]$, 바닥 반사율 $10[\%]$, $32[\mathrm{W}]$ 형광등 1등의 광속 $3,200[\mathrm{lm}]$, 보수율 $70[\%]$, 조명률 $50[\%]$로 한다면 이 사무실에 필요한 소요 등기구 수는 몇 등인가?
- 계산 과정:
- 답:

답안작성

(1) • 계산 과정: $RI = \dfrac{XY}{H(X+Y)} = \dfrac{10 \times 14}{(2.75 - 0.75) \times (10 + 14)} = 2.92$이다.
- 답: 2.92

(2)

F32×2

(3) • 계산 과정: $FUN = EAD$에서 $N = \dfrac{250 \times (10 \times 14) \times \dfrac{1}{0.7}}{(3,200 \times 2) \times 0.5} = 15.63 \;\rightarrow\; 16[\text{등}]$
- 답: $16[\text{등}]$

해설비법

(1) 실지수(RI: Room Index)

$$RI = \frac{XY}{H(X+Y)}$$
(단, X: 방의 폭, Y: 방의 길이, H: 작업면에서 광원까지의 높이)

H = 작업면에서 광원까지의 높이 = 천장 높이 − 작업면 높이 = $2.75 - 0.75 = 2[\mathrm{m}]$

(3) 등의 개수(N) 산출

$$FUN = EAD$$
(단, F: 광속$[\mathrm{lm}]$, U: 조명률, N: 사용하는 등의 개수, E: 조도$[\mathrm{lx}]$, A: 방의 면적$[\mathrm{m}^2]$, D: 감광 보상률 $(= \dfrac{1}{M})$, M: 보수율(유지율))

$32[\mathrm{W}]$ 2등용이므로 $32[\mathrm{W}]$ 형광등 1등의 광속이 $3,200[\mathrm{lm}]$일 때 전광속
$F = 3,200 \times 2 = 6,400[\mathrm{lm}]$

10
★★★

답안지의 그림은 3상 4선식 전력량계의 결선도를 나타낸 것이다. PT와 CT를 사용하여 미완성 부분의
결선도를 완성하시오.   [4점]

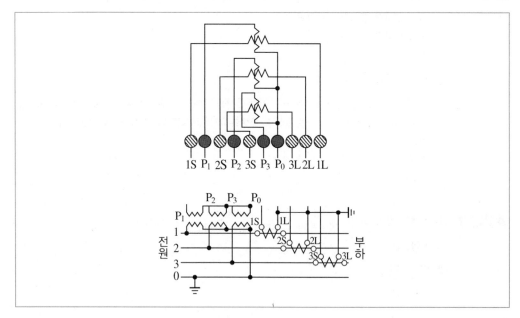

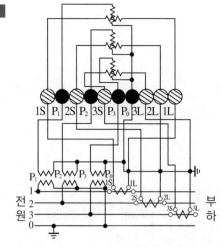

해설비법 PT 2차 측(P_0)과 CT의 2차 측(1L, 2L, 3L)은 접지하여야 한다.

11 ★★★

다음 그림은 전자식 접지저항계를 사용하여 접지극의 접지저항을 측정하기 위한 배치도이다. 다음 각 물음에 답하시오. [8점]

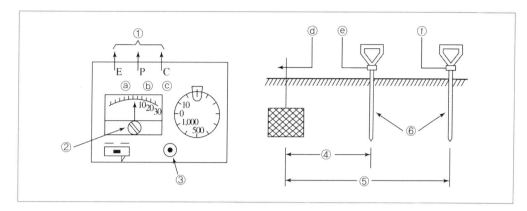

(1) 보조 접지극을 설치하는 이유는 무엇인가?

(2) ⑤와 ⑥의 설치 간격은 얼마인가?

(3) 그림에서 ①의 측정 단자 접속은?

(4) 접지극의 매설 깊이는?

답안작성

(1) 전압과 전류를 공급하여 접지저항을 측정하기 위해 설치한다.

(2) ⑤ 20[m]
   ⑥ 10[m]

(3) ⓐ → ⓓ, ⓑ → ⓔ, ⓒ → ⓕ

(4) 0.75[m] 이상

12 ★★☆

계기용 변압기 1차 측 및 2차 측에 퓨즈를 부착하는지 여부를 밝히고, 퓨즈를 부착하는 경우에 그 이유를 간단히 설명하시오. [4점]

• 여부

• 이유

답안작성

• 여부: 1차 측 및 2차 측에 부착한다.

• 이유: 계기용 변압기 2차 부하의 단락 및 과부하나 계기용 변압기 자체의 단락 시 퓨즈가 차단되어 사고가 확대되는 것을 방지한다.

개념체크

계기용 변압기(PT) 퓨즈 시설
1차 측: 선로를 통해 들어오는 과전압으로 인한 사고로부터 PT 보호
2차 측: PT 2차 측 단락 시 사고 확대 방지

13
★★☆

어느 수용가가 당초 역률(지상) $80[\%]$로 $100[\mathrm{kW}]$의 부하를 사용하고 있는데, 새로 역률(지상) $60[\%]$, $80[\mathrm{kW}]$의 부하를 증가하여 사용하게 되었다. 이때 콘덴서로 합성 역률을 $90[\%]$로 개선하는 데 필요한 용량은 몇 $[\mathrm{kVA}]$인가?　　　　　　　[5점]

• 계산 과정:

• 답:

답안작성　• 계산 과정

유효전력 $P = 100 + 80 = 180[\mathrm{kW}]$

무효전력 $Q = 100 \times \dfrac{0.6}{0.8} + 80 \times \dfrac{0.8}{0.6} = 181.67[\mathrm{kVar}]$

합성 역률 $\cos\theta = \dfrac{P}{\sqrt{P^2 + Q^2}} = \dfrac{180}{\sqrt{180^2 + 181.67^2}} = 0.7038$

$\therefore Q_c = P(\tan\theta_1 - \tan\theta_2) = 180 \times \left(\dfrac{\sqrt{1 - 0.7038^2}}{0.7038} - \dfrac{\sqrt{1 - 0.9^2}}{0.9} \right) = 94.51[\mathrm{kVA}]$

• 답: $94.51[\mathrm{kVA}]$

개념체크　역률 개선용 콘덴서 용량

$$Q_c = P(\tan\theta_1 - \tan\theta_2) = P\left(\dfrac{\sin\theta_1}{\cos\theta_1} - \dfrac{\sin\theta_2}{\cos\theta_2} \right)[\mathrm{kVA}]$$

(단, P: 부하전력$[\mathrm{kW}]$, $\cos\theta_1$: 개선 전 역률, $\cos\theta_2$: 개선 후 역률)

14 ★★☆ 어떤 건물의 연면적이 $420[\text{m}^2]$이다. 이 건물에 표준 부하를 적용하여 전등, 일반 동력 및 냉방 동력 공급용 변압기 용량을 각각 다음 표를 이용하여 구하시오.(단, 전등은 단상 부하로서 역률은 1이며, 일반 동력, 냉방 동력은 3상 부하로서 각 역률은 0.95, 0.9이다.)   [5점]

표준 부하

부하	표준 부하[W/m²]	수용률[%]
전등	30	75
일반 동력	50	65
냉방 동력	35	70

변압기 용량

상별	표준 용량[kVA]
단상	3, 5, 7.5, 10, 15, 20, 30, 50
3상	3, 5, 7.5, 10, 15, 20, 30, 50

(1) 전등용 변압기
- 계산 과정:
- 답:

(2) 일반 동력용 변압기
- 계산 과정:
- 답:

(3) 냉방 동력용 변압기
- 계산 과정:
- 답:

답안작성

(1) • 계산 과정: $\text{Tr} = 30 \times 420 \times 0.75 \times 10^{-3} = 9.45[\text{kVA}]$, 표에서 단상 변압기 용량 10[kVA] 선정
   • 답: 10[kVA]

(2) • 계산 과정: $\text{Tr} = \dfrac{50 \times 420 \times 0.65 \times 10^{-3}}{0.95} = 14.37[\text{kVA}]$, 표에서 3상 변압기 용량 15[kVA] 선정
   • 답: 15[kVA]

(3) • 계산 과정: $\text{Tr} = \dfrac{35 \times 420 \times 0.7 \times 10^{-3}}{0.9} = 11.43[\text{kVA}]$, 표에서 3상 변압기 용량 15[kVA] 선정
   • 답: 15[kVA]

수용가의 수전설비의 결선도이다. 다음 물음에 답하시오.   [7점]

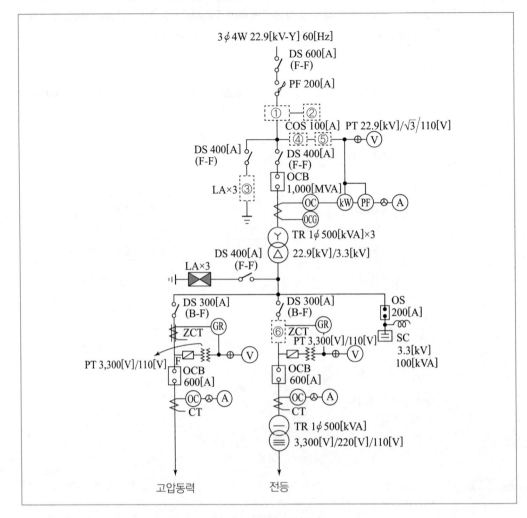

(1) 미완성 결선도에 알맞은 심벌(①~⑤)을 넣어 도면을 완성하시오.

(2) 22.9[kV] 측의 DS의 정격전압[kV]은?

(3) 22.9[kV] 측의 LA의 정격전압[kV]은?

(4) 3.3[kV] 측의 옥내용 PT는 주로 어떤 형을 사용하는가?

(5) 22.9[kV] 측 CT의 변류비는?(단, 1.25배의 값으로 변류비를 결정한다.)
 • 계산 과정:
 • 답:

답안작성

(1)

(2) 25.8[kV]   (3) 18[kV]   (4) 몰드형

(5) • 계산 과정: $I = \dfrac{500 \times 3}{\sqrt{3} \times 22.9} \times 1.25 = 47.27$ ∴ 50/5 선정

   • 답: 50/5

1회 학습전략

난이도 ⊕

- 단답형: 축전지, 유도 전동기의 기동 회로, 전압조정장치, UPS, 적산 전력계, 시퀀스
- 공식형: 수변전설비, 직렬 리액터, 단락사고, 부하율
- 복합형: 조명 설계, 누전 차단기, 설비 불평형률, 수전설비 결선도
- 단답형 및 공식형 문제의 난이도는 평이했던 반면, 복합형 문제는 어렵게 출제되었습니다. 특히, 누전 차단기 및 수전설비 결선도의 계산문제는 2회독 이상 학습하여 정확히 이해하도록 합니다.

2회 학습전략

난이도 ⊕

- 단답형: 차단기의 트립 방식, UPS, 전력개폐장치, 시퀀스, 심벌, 유도 전동기의 운전, 단락용량 경감 대책
- 공식형: 전압강하율, 조명 설계, 비상용 발전기, 분기 회로수
- 복합형: 수전설비 결선도, 접지저항 측정, 설비 불평형률, 변류기
- 단답형 문제들의 난도가 높은 회차였습니다. 빈출도가 높은 내용을 우선적으로 정리하여 암기하는 것이 좋습니다. 복합형으로 출제된 문제들은 빈출 내용이므로 확실히 학습해 두도록 합니다.

3회 학습전략

난이도 ⊤

- 단답형: 지중 전선로, 시퀀스, 깜빡임 현상, 수전설비 결선도, 건식 변압기, UPS, 2중 모선, 적산 전력계
- 공식형: 부등률, 지락 사고, 부하설비
- 복합형: 조명 설계, 단락비, 설비 불평형률
- 100점 방지를 위한 지엽적인 문제도 있었지만, 전체적으로 난도가 낮아 합격하기 좋은 회차였습니다. 또한, 기초 개념에 관한 공식이 많이 출제되어 전체적으로 기본 내용에 대한 확실한 이해가 필요합니다.

01 ★★☆

특고압 수전설비에 대한 다음 각 물음에 답하시오.　　　　　　　　　　　　　　　　[6점]

(1) 동력용 변압기에 연결된 동력 부하설비 용량이 350[kW], 부하 역률은 85[%], 효율 85[%], 수용률은 60[%]라고 할 때 동력용 3상 변압기의 용량은 몇 [kVA]인지를 산정하시오.(단, 변압기 표준 정격 용량은 다음 표에서 선정한다.)

동력용 3상 변압기 표준 정격 용량[kVA]

200	250	300	400	500	600

　• 계산 과정:

　• 답:

(2) 3상 농형 유도 전동기에 전용 차단기를 설치할 때 전용 차단기의 정격 전류[A]를 구하시오.(단, 전동기 160[kW]이고, 정격 전압은 3,300[V], 역률은 85[%], 효율은 85[%]이며, 차단기의 정격 전류는 전동기 정격 전류의 3배로 계산한다.)

　• 계산 과정:

　• 답:

답안작성 (1) • 계산 과정: 변압기의 용량 $P_a = \dfrac{350 \times 0.6}{0.85 \times 0.85} = 290.66[kVA]$, 표에서 300[kVA] 선정

　　　• 답: 300[kVA]

(2) • 계산 과정

　　유도 전동기의 전류: $I = \dfrac{P}{\sqrt{3}\,V\cos\theta\,\eta} = \dfrac{160 \times 10^3}{\sqrt{3} \times 3,300 \times 0.85 \times 0.85} = 38.74[A]$

　　차단기의 정격 전류: $I_n = 38.74 \times 3 = 116.22[A]$

　　• 답: 116.22[A]

개념체크 변압기 용량$[kVA] = \dfrac{\text{설비 용량}[kW] \times \text{수용률}}{\text{역률} \times \text{효율}}$

02

★★☆

도로의 조명설계에 관한 다음 각 물음에 답하시오. [8점]

(1) 도로 조명설계에 있어서 성능상 고려하여야 할 중요 사항을 5가지만 쓰시오.

(2) 도로의 너비가 40[m]인 곳의 양쪽으로 30[m] 간격으로 지그재그식으로 등주를 배치하여 도로 위의 평균 조도를 5[lx]가 되도록 하고자 한다. 도로면의 광속 이용률은 30[%], 유지율은 75[%]로 한다고 할 때 각 등주에 사용되는 수은등의 규격은 몇 [W]의 것을 사용하여야 하는지, 전광속을 계산하고 주어진 수은등 규격표에서 찾아 쓰시오.

수은등의 규격표

크기[W]	램프전류[A]	전광속[lm]
100	1.0	3,200 ~ 4,000
200	1.9	7,700 ~ 8,500
250	2.1	10,000 ~ 11,000
300	2.5	13,000 ~ 14,000
400	3.7	18,000 ~ 20,000

- 계산 과정:
- 답:

답안작성 (1) • 연색성이 양호할 것
- 조명기구의 눈부심이 불쾌감을 주지 않을 것
- 조명시설이 도로나 그 주변의 경관을 해치지 않을 것
- 도로상의 조도가 충분히 밝아 서로 간의 보행자를 알아볼 수 있을 것
- 운전자 방향에서 본 노면의 휘도가 충분히 높고, 조도 균제도가 일정할 것

(2) • 계산 과정: $F = \dfrac{5 \times \dfrac{40 \times 30}{2} \times \dfrac{1}{0.75}}{0.3 \times 1} = 13,333.33[\text{lm}]$, 표에서 300[W] 선정

- 답: 300[W]

해설비법 (2) $FUN = EAD$에서 $F = \dfrac{EAD}{UN} = \dfrac{E \times \dfrac{a \times b}{2} \times \dfrac{1}{M}}{UN} = \dfrac{5 \times \dfrac{40 \times 30}{2} \times \dfrac{1}{0.75}}{0.3 \times 1} = 13,333.33[\text{lm}]$

크기[W]	램프전류[A]	전광속[lm]
100	1.0	3,200 ~ 4,000
200	1.9	7,700 ~ 8,500
250	2.1	10,000 ~ 11,000
300	**2.5**	**13,000 ~ 14,000**
400	3.7	18,000 ~ 20,000

도로 조명 설계

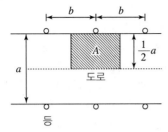

등

양측 대칭 배열, 양측 지그재그 배열에서 등기구 1개당 도로를 비추는 면적

$A = \dfrac{a \times b}{2}[\text{m}^2]$ (a: 도로의 폭[m], b: 등 간격[m])

> $$FUN = EAD$$
> (단, F: 광속[lm], U: 조명률, N: 사용하는 등의 개수, E: 조도[lx], A: 등기구 1개당 비추는 도로의 면적
> [m²], D: 감광 보상률($= \dfrac{1}{M}$), M: 보수율(유지율))

03
★★★

콘덴서 회로에 고조파의 유입으로 인한 사고를 방지하기 위하여 콘덴서 용량의 $13[\%]$인 직렬 리액터를 설치하고자 한다. 이 경우 투입 시의 전류는 콘덴서 정격 전류(정상 시 전류)의 몇 배의 전류가 흐르게 되는지 구하시오. [5점]

• 계산 과정:

• 답:

답안작성 • 계산 과정

$$I_C = \left(1 + \sqrt{\dfrac{X_C}{X_L}}\right)I_n = \left(1 + \sqrt{\dfrac{X_C}{0.13X_C}}\right)I_n = 3.77\,I_n\,[\text{A}]$$

• 답: 3.77배

개념체크 콘덴서 투입 시의 전류

$$I_C = \left(1 + \sqrt{\dfrac{X_C}{X_L}}\right)I_n\,[\text{A}]$$

(여기서 X_C: 콘덴서의 리액턴스[Ω], X_L: 직렬 리액터의 리액턴스[Ω], I_n: 콘덴서 정격 전류[A])

04
★☆☆

연축전지의 고장 현상이 다음과 같을 때 이의 추정 원인을 쓰시오. [3점]

(1) 전 셀의 전압 불균일이 크고 비중이 낮다.

(2) 전 셀의 비중이 높다.

(3) 전해액 변색, 충전하지 않고 그냥 두어도 다량으로 가스가 발생한다.

답안작성

(1) 충전 부족으로 장시간 방치한 경우

(2) 증류수가 부족한 경우(액면 저하로 극판 노출)

(3) 전해액 불순물의 혼입

개념체크 축전지 고장 현상 및 원인

고장 현상	고장 원인
단전지 전압의 비중 저하, 전압계의 역전	축전지의 역접속
전체 셀 전압의 불균형이 크고, 비중이 낮음	• 부동 충전 전압이 낮음 • 균등 충전의 부족 • 방전 후의 회복 충전 부족
어떤 셀만의 비중이 높음	국부 단락
전체 셀의 비중이 높음(전압은 정상)	• 액면 저하 • 보수 시 묽은 황산의 혼입
충전 중 비중이 낮고 전압은 높음 방전 중 전압은 낮고 용량이 감퇴	• 방전 상태에서 장기간 방치 • 충전 부족의 상태에서 장기간 사용 • 극판 노출 • 불순물 혼입
전해액의 변색, 충전하지 않고 방치 중에도 다량으로 가스 발생	불순물 혼입
전해액의 감소가 빠름	• 충전 전압이 높음 • 실온이 높음
축전지 온도의 현저한 상승 또는 소손	• 충전 장치의 고장 • 과충전 • 액면 저하로 인한 극판의 노출 • 교류 전류의 유입이 큼

05 ★★☆

답란의 그림은 농형 유도 전동기의 Y-△ 기동 회로도이다. 이중 미완성 부분인 ①~⑨까지 완성하시오. (단, 접점 등에는 접점 기호를 반드시 쓰도록 하며, MC△, MCY, MCL은 전자접촉기, Ⓞ, Ⓡ, Ⓖ는 각 경우의 표시등이다.) [9점]

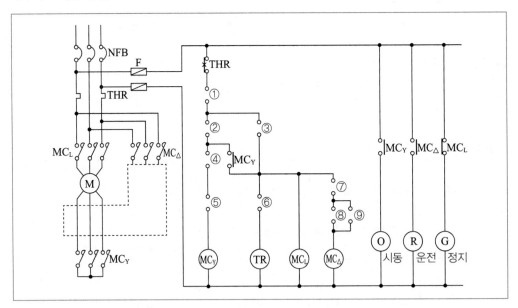

 답안작성

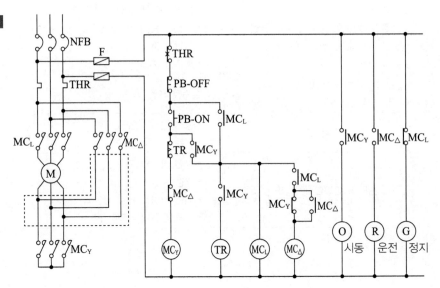

06
★★★

그림은 누전차단기를 적용하는 것으로 CVCF 출력단의 접지용 콘덴서 C_0는 $6[\mu\text{F}]$이고, 부하 측 라인필터의 대지정전용량 $C_1 = C_2 = 0.1[\mu\text{F}]$, 누전차단기 ELB_1에서 지락점까지의 케이블의 대지정전용량 $C_{L1} = 0(\text{ELB}_1$의 출력단에 지락 발생 예상), ELB_2에서 부하 2까지의 케이블의 대지정전용량은 $C_{L2} = 0.2[\mu\text{F}]$이다. 지락저항은 무시하며, 사용 전압은 $200[\text{V}]$, 주파수가 $60[\text{Hz}]$인 경우 다음 각 물음에 답하시오.   [10점]

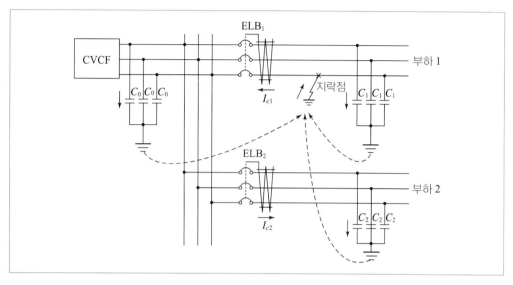

[조건]

• ELB_1에 흐르는 지락전류 I_{c1}은 약 $796[\text{mA}](I_{c1} = 3 \times 2\pi f CE$에 의하여 계산)이다.

• 누전차단기는 지락 시의 지락전류의 $\dfrac{1}{3}$에 동작 가능하여야 하며, 부동작 전류는 건전 피더에 흐르는 지락전류의 2배 이상의 것으로 한다.

• 누전차단기의 시설 구분에 대한 표시 기호는 다음과 같다.

 ○: 누전차단기를 시설할 것

 △: 주택에 기계기구를 시설하는 경우에는 누전차단기를 시설할 것

 □: 주택 구내 또는 도로에 접한 면에 룸에어컨디셔너, 아이스 박스, 진열장, 자동판매기 등 전동기를 부품으로 한 기계기구를 시설하는 경우에는 누전차단기를 시설 하는 것이 바람직한 곳

 ※ 사람이 조작하고자 하는 기계기구를 시설한 장소보다 전기적인 조건이 나쁜 장소에서 접촉할 우려가 있는 경우에는 전기적 조건이 나쁜 장소에 시설된 것으로 취급한다.

(1) 도면에서 CVCF는 무엇인지 우리말로 그 명칭을 쓰시오.

(2) 건전 피더(Feeder), ELB_2에 흐르는 지락전류 I_{c2}는 몇 $[\text{mA}]$인가?

 • 계산 과정:

 • 답:

(3) 누전차단기 ELB_1, ELB_2가 불필요한 동작을 하지 않기 위해서는 정격감도전류 몇 $[\text{mA}]$ 범위의 것을 선정하여야 하는가?

 • 계산 과정:

 • 답:

(4) 누전차단기의 시설 예에 대한 표의 빈칸에 ○, △, □로 표현하시오.

전로의 대지전압 \ 기계기구 시설장소	옥내		옥측		옥외	물기가 있는 장소
	건조한 장소	습기가 많은 장소	우선 내	우선 외		
150[V] 이하	–	–	–			
150[V] 초과 300[V] 이하				–		

답안작성 (1) 정전압 정주파수 공급 장치

(2) • 계산 과정

$$I_{c2} = 3 \times 2\pi f(C_2 + C_{L2}) \times \frac{V}{\sqrt{3}}[A]$$

$$= 3 \times 2\pi \times 60 \times (0.1 + 0.2) \times 10^{-6} \times \frac{200}{\sqrt{3}}[A] = 39.18[mA]$$

• 답: $39.18[mA]$

(3) • 계산 과정

① 동작 전류($=$지락전류 $\times \frac{1}{3}$)

$$I_{c1} = 796[mA]$$

$$\therefore ELB_1 = 796 \times \frac{1}{3} = 265.33[mA]$$

$$I_{c2} = 3 \times 2\pi f \times (C_0 + C_1 + C_{L1} + C_2 + C_{L2}) \times \frac{V}{\sqrt{3}}$$

$$= 3 \times 2\pi \times 60 \times (6 + 0.1 + 0 + 0.1 + 0.2) \times 10^{-6} \times \frac{200}{\sqrt{3}} = 0.835798[A] = 835.8[mA]$$

$$\therefore ELB_2 = 835.8 \times \frac{1}{3} = 278.6[mA]$$

② 부동작 전류($=$건전 피더 지락전류 $\times 2$)

• Cable ①에 지락 시 Cable ②에 흐르는 지락전류

$$I_{c2} = 3 \times 2\pi f(C_2 + C_{L2}) \times \frac{V}{\sqrt{3}}$$

$$= 3 \times 2\pi \times 60 \times (0.1 + 0.2) \times 10^{-6} \times \frac{200}{\sqrt{3}} = 0.039178[A] = 39.18[mA]$$

$$\therefore ELB_2 = 39.18 \times 2 = 78.36[mA]$$

• Cable ② 지락 시 Cable ①에 흐르는 지락전류

$$I_{c1} = 3 \times 2\pi f(C_1 + C_{L1}) \times \frac{V}{\sqrt{3}}$$

$$= 3 \times 2\pi \times 60 \times (0.1 + 0) \times 10^{-6} \times \frac{200}{\sqrt{3}} = 0.01306[A] = 13.06[mA]$$

$$\therefore ELB_1 = 13.06 \times 2 = 26.12[mA]$$

• 답: ELB_1: $26.12 \sim 265.33[mA]$, ELB_2: $78.36 \sim 278.6[mA]$

(4) 전로의 대지전압 \ 기계기구 시설장소	옥내		옥측		옥외	물기가 있는 장소
	건조한 장소	습기가 많은 장소	우선 내	우선 외		
150[V] 이하	–	–	–	□	□	○
150[V] 초과 300[V] 이하	△	○	–	○	○	○

개념체크 (4) 누전차단기 시설장소

전로의 대지전압 \ 기계기구 시설장소	옥내		옥측		옥외	물기가 있는 장소
	건조한 장소	습기가 많은 장소	우선 내	우선 외		
150[V] 이하	–	–	–	□	□	○
150[V] 초과 300[V] 이하	△	○	–	○	○	○

○: 누전차단기를 반드시 시설할 것
△: 주택에 기계 기구를 시설하는 경우에는 누전차단기를 시설할 것
□: 주택 구내 또는 도로에 접한 면에 룸에어컨디셔너, 아이스박스, 진열장, 자동판매기 등 전동기를 부품으로 한 기계기구를 시설하는 경우 누전차단기를 시설하는 것이 바람직한 곳
–: 누전차단기를 설치하지 않아도 되는 곳

07 ★★★

불평형 부하의 제한에 관련된 다음 물음에 답하시오. [6점]

(1) 저압, 고압 및 특고압 수전의 3상 3선식 또는 3상 4선식에서 불평형 부하의 한도는 단상 접속 부하로 계산하여 설비 불평형률을 몇 [%] 이하로 하는 것을 원칙으로 하는가?

(2) "(1)"항 문제의 제한 원칙에 따르지 않아도 되는 경우를 2가지만 쓰시오.

(3) 부하설비가 그림과 같을 때 설비 불평형률은 몇 [%]인가?(단, Ⓗ는 전열기 부하이고, Ⓜ은 전동기 부하이다.)

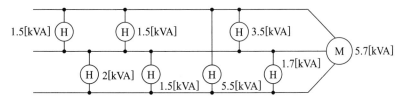

• 계산 과정:
• 답:

답안작성

(1) 30[%] 이하

(2) • 저압 수전에서 전용 변압기 등으로 수전하는 경우
 • 고압 및 특고압 수전에서 100[kVA] 이하의 단상 부하인 경우

(3) • 계산 과정

$$설비\ 불평형률 = \frac{(1.5+1.5+3.5)-(2+1.5+1.7)}{(1.5+1.5+3.5+5.7+2+1.5+5.5+1.7)\times\frac{1}{3}}\times100 = 17.03[\%]$$

• 답: 17.03[%]

개념체크 저압, 고압 및 특고압 수전의 3상 3선식 또는 3상 4선식에서의 설비 불평형률

$$\frac{각\ 선간에\ 접속되는\ 단상\ 부하설비\ 용량[kVA]의\ 최대와\ 최소의\ 차}{총\ 부하설비\ 용량[kVA]\ \times\ \frac{1}{3}}\times100[\%]$$

이때, 3상 3선식 및 3상 4선식의 설비 불평형률은 30[%] 이하이어야 한다.
(단, 다음에 해당하는 경우에는 예외로 한다.)
• 저압 수전에서 전용 변압기 등으로 수전하는 경우
• 고압 및 특고압 수전에서 100[kVA] 이하의 단상 부하인 경우
• 고압 및 특고압 수전에서 단상 부하 용량의 최대와 최소의 차가 100[kVA] 이하인 경우
• 특고압 수전에서 100[kVA] 이하의 단상 변압기 2대로 역V결선하는 경우

08
★★☆

그림과 같은 3상 배전선에서 변전소(A점)의 전압은 3,300[V], 중간(B점) 지점의 부하는 50[A], 역률 0.8(지상), 말단(C점)의 부하는 50[A], 역률 0.8이고, A와 B 사이의 길이는 2[km], B와 C 사이의 길이는 4[km]이며, 선로의 [km]당 임피던스는 저항 0.9[Ω], 리액턴스 0.4[Ω]이라고 할 때 다음 각 물음에 답하시오.   [9점]

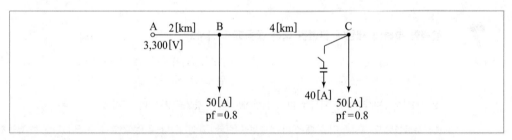

(1) 이 경우의 B점과 C점의 전압은 몇 [V]인가?
   ① B점의 전압
      • 계산 과정:
      • 답:
   ② C점의 전압
      • 계산 과정:
      • 답:

(2) C점에 전력용 콘덴서를 설치하여 진상 전류 40[A]를 흘릴 때 B점과 C점의 전압은 각각 몇 [V]인가?
   ① B점의 전압
      • 계산 과정:
      • 답:

② C점의 전압
- 계산 과정:
- 답:

(3) 전력용 콘덴서를 설치하기 전과 후의 선로의 전력손실을 구하시오.
① 전력용 콘덴서 설치 전
- 계산 과정:
- 답:
② 전력용 콘덴서 설치 후
- 계산 과정:
- 답:

답안작성

(1) ① B점의 전압
- 계산 과정: $V_B = V_A - \sqrt{3}\,I_1\,(R_1\cos\theta + X_1\sin\theta)$
$$= 3{,}300 - \sqrt{3} \times 100 \times (1.8 \times 0.8 + 0.8 \times 0.6) = 2{,}967.45[\text{V}]$$
- 답: $2{,}967.45[\text{V}]$
② C점의 전압
- 계산 과정: $V_C = V_B - \sqrt{3}\,I_2\,(R_2\cos\theta + X_2\sin\theta)$
$$= 2{,}967.45 - \sqrt{3} \times 50 \times (3.6 \times 0.8 + 1.6 \times 0.6) = 2{,}634.9[\text{V}]$$
- 답: $2{,}634.9[\text{V}]$

(2) ① B점의 전압
- 계산 과정: $V_B = V_A - \sqrt{3} \times \{I_1\cos\theta \cdot R_1 + (I_1\sin\theta - I_C) \cdot X_1\}$
$$= 3{,}300 - \sqrt{3} \times \{100 \times 0.8 \times 1.8 + (100 \times 0.6 - 40) \times 0.8\} = 3{,}022.87[\text{V}]$$
- 답: $3{,}022.87[\text{V}]$
② C점의 전압
- 계산 과정: $V_C = V_B - \sqrt{3} \times \{I_2\cos\theta \cdot R_2 + (I_2\sin\theta - I_C) \cdot X_2\}$
$$= 3{,}022.87 - \sqrt{3} \times \{50 \times 0.8 \times 3.6 + (50 \times 0.6 - 40) \times 1.6\} = 2{,}801.17[\text{V}]$$
- 답: $2{,}801.17[\text{V}]$

(3) ① 설치 전
- 계산 과정: $P_{l1} = 3I_1^2 R_1 + 3I_2^2 R_2 = 3 \times 100^2 \times 1.8 + 3 \times 50^2 \times 3.6 = 81{,}000[\text{W}] = 81[\text{kW}]$
- 답: $81[\text{kW}]$
② 설치 후
- 계산 과정: $I_1 = 100 \times (0.8 - j0.6) + j40 = 80 - j20 = 82.46[\text{A}]$
$$I_2 = 50 \times (0.8 - j0.6) + j40 = 40 + j10 = 41.23[\text{A}]$$
$$\therefore P_{l2} = 3 \times 82.46^2 \times 1.8 + 3 \times 41.23^2 \times 3.6 = 55{,}077[\text{W}] = 55.08[\text{kW}]$$
- 답: $55.08[\text{kW}]$

해설비법

(1) $R_1 = 0.9[\Omega/\text{km}] \times 2[\text{km}] = 1.8[\Omega]$, $R_2 = 0.9[\Omega/\text{km}] \times 4[\text{km}] = 3.6[\Omega]$
$X_1 = 0.4[\Omega/\text{km}] \times 2[\text{km}] = 0.8[\Omega]$, $X_2 = 0.4[\Omega/\text{km}] \times 4[\text{km}] = 1.6[\Omega]$

(2) 전력용 콘덴서를 설치하여 진상 전류를 흘려주면 무효 전류가 감소한다.

(3) 3상 배전선로의 전력손실: $P_l = 3I^2 R[\text{W}]$

09

배전선로의 전압 조정 장치를 3가지만 쓰시오. [3점]

★★☆

답안작성
- 자동 전압 조정기
- 병렬 콘덴서
- 고정 승압기

10

그림과 같은 $22.9[kV-Y]$ 간이 수전설비에 대한 결선도를 보고 다음 각 물음에 답하시오. [11점]

★★★

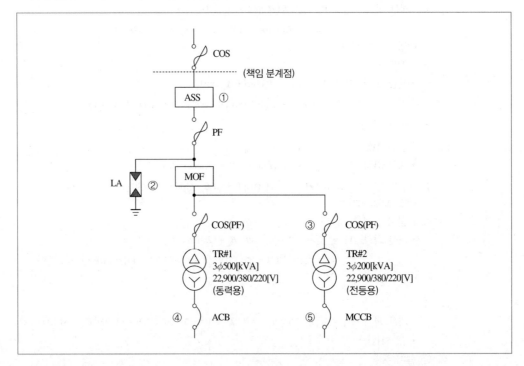

(1) 수전실의 형태를 Cubicle type으로 할 경우 고압반(HV: High Voltage)과 저압반(LV: Low Voltage)은 몇 개의 면으로 구성되는지 구분하고, 수용되는 기기의 명칭을 쓰시오.

(2) ①, ②, ③ 기기의 최대 설계전압과 정격 전류를 쓰시오.

(3) ④, ⑤ 차단기의 용량(AF, AT)은 어느 것을 선정하면 되겠는가?(단, 역률은 100[%]로 계산한다.)
- 계산 과정:
- 답:

(1) • 고압반(4면): 피뢰기, 전력 수급용 계기용 변성기, 전등용 변압기, 동력용 변압기, 컷아웃 스위치, 전력 퓨즈
　　　 • 저압반(2면): 기중 차단기, 배선용 차단기

(2) ① ASS(자동 고장 구분 개폐기)
　　　 • 최대 설계전압: 25.8[kV]
　　　 • 정격 전류: 200[A]
　　② LA(피뢰기)
　　　 • 최대 설계전압: 18[kV]
　　　 • 정격 전류: 2,500[A]
　　③ COS(컷아웃 스위치)
　　　 • 최대 설계전압: 25[kV]
　　　 • 정격 전류: 8[A], AF 100[A]

(3) ④ • 계산 과정: $I_1 = \dfrac{500 \times 10^3}{\sqrt{3} \times 380} = 759.67$[A]
　　　 • 답: AF 800[A], AT 800[A]
　　⑤ • 계산 과정: $I_1 = \dfrac{200 \times 10^3}{\sqrt{3} \times 380} = 303.87$[A]
　　　 • 답: AF 400[A], AT 350[A]

11 ★★★ 다음은 컴퓨터 등의 중요한 부하에 대한 무정전 전원 공급을 위한 그림이다. "(가)~(마)"에 적당한 전기 시설물의 명칭을 쓰시오. [5점]

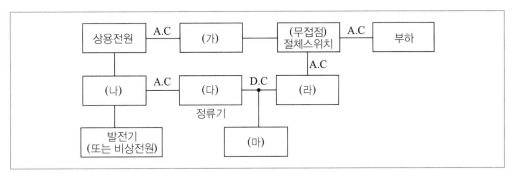

(가) 자동 전압 조정기(AVR)
(나) 절체용 개폐기
(다) 정류기(컨버터)
(라) 인버터
(마) 축전지

무정전 전원 공급 장치(UPS: Uninterruptible Power Supply)

(1) UPS의 역할
　　선로의 정전이나 입력 전원에 이상 상태가 발생하였을 경우에도 정상적으로 전력을 부하 측에 공급하는 무정전 전원 공급 장치이다.

(2) UPS의 구성

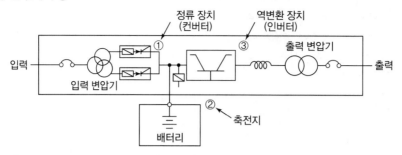

① 정류 장치(컨버터): 교류를 직류로 변환시킨다.
② 축전지: 직류 전력을 저장시킨다.
③ 역변환 장치(인버터): 직류를 교류로 변환시킨다.

(3) 비상 전원으로 사용되는 UPS의 블록 다이어그램

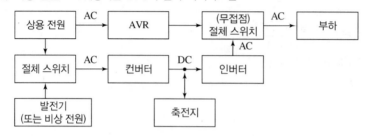

12
★★★

그림과 같은 송전계통 S점에서 3상 단락 사고가 발생하였다. 주어진 도면과 조건을 참고하여 발전기, 변압기(T_1), 송전선 및 조상기의 %리액턴스를 기준 출력 100[MVA]로 환산하시오. [8점]

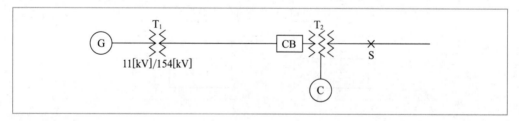

[조건]

번호	기기명	용량	전압	%X[%]
1	G: 발전기	50,000[kVA]	11[kV]	30
2	T_1: 변압기	50,000[kVA]	11/154[kV]	12
3	송전선		154[kV]	10(10,000[kVA])
4	T_2: 변압기	1차 25,000[kVA]	154[kV]	12(25,000[kVA] 1차~2차)
		2차 25,000[kVA]	77[kV]	15(25,000[kVA] 2차~3차)
		3차 10,000[kVA]	11[kV]	10.8(10,000[kVA] 3차~1차)
5	C: 조상기	10,000[kVA]	11[kV]	20(10,000[kVA])

– 발전기　　　　　　　　　　　　　 – 변압기(T_1)

– 송전선　　　　　　　　　　　　　 – 조상기

• 계산 과정:

• 답:

– 발전기

　　• 계산 과정: $\%X_G = 30 \times \dfrac{100}{50} = 60[\%]$

　　• 답: $60[\%]$

　– 변압기(T_1)

　　• 계산 과정: $\%X_T = 12 \times \dfrac{100}{50} = 24[\%]$

　　• 답: $24[\%]$

　– 송전선

　　• 계산 과정: $\%X_l = 10 \times \dfrac{100}{10} = 100[\%]$

　　• 답: $100[\%]$

　– 조상기

　　• 계산 과정: $\%X_C = 20 \times \dfrac{100}{10} = 200[\%]$

　　• 답: $200[\%]$

해설비법　$\%X_{기준} = \%X_{자기} \times \dfrac{기준\ 용량}{자기\ 용량}$

13
★★☆

그림과 같은 무접점의 논리 회로도를 보고 다음 각 물음에 답하시오.　　　　　[5점]

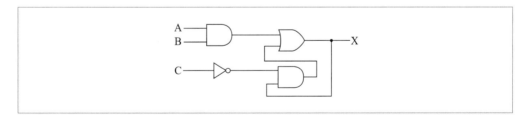

(1) 출력식을 나타내시오.

(2) 주어진 무접점 논리 회로를 유접점 회로로 바꾸어 그리시오.

답안작성　(1) $X = A \cdot B + \overline{C} \cdot X$

(2)

14
★★★

그림은 제1공장과 제2공장의 2개의 공장에 대한 어느 날의 일 부하 곡선이다. 이 그림을 이용하여 다음 각 물음에 답하시오. [5점]

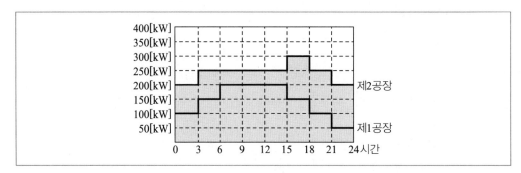

(1) 제1공장의 일 부하율은 몇 [%]인가?
- 계산 과정:
- 답:

(2) 제1공장과 제2공장 상호 간의 부등률은 얼마인가?
- 계산 과정:
- 답:

답안작성

(1) • 계산 과정: 일 부하율 $= \dfrac{\dfrac{100\times3+150\times3+200\times9+150\times3+100\times3+50\times3}{24}}{200}\times100 = 71.88[\%]$

- 답: $71.88[\%]$

(2) • 계산 과정: 부등률 $= \dfrac{200+300}{200+250} = 1.11$

- 답: 1.11

개념체크

(1) 일 부하율 $= \dfrac{\text{평균 전력}}{\text{최대 전력}}\times100[\%] = \dfrac{\text{사용 전력량}[\text{kWh}]/\text{시간}[\text{h}]}{\text{최대 전력}[\text{kW}]}\times100[\%]$

(2) 부등률 $= \dfrac{\text{각각의 최대전력의 합계}}{\text{합성 최대 전력}} \geq 1$

15

★★☆

교류용 적산 전력계에 대한 다음 각 물음에 답하시오. [7점]

(1) 잠동(Creeping) 현상에 대하여 설명하고 잠동을 막기 위한 유효한 방법을 2가지만 쓰시오.
- 잠동 현상
- 잠동 방지 대책

(2) 적산 전력계가 구비해야 할 특성 5가지를 쓰시오.

답안작성

(1) • 잠동 현상: 무부하 상태에서 정격 주파수 및 정격 전압의 110[%]를 인가하여 계기의 원판이 1회전 이상 회전하는 현상
   • 잠동 방지 대책
      – 원판에 작은 구멍을 뚫는다.
      – 원판에 작은 철편을 붙인다.

(2) • 기계적 강도가 클 것
   • 과부하 내량이 클 것
   • 부하특성이 좋을 것
   • 온도 및 주파수 변화에 보상이 되도록 할 것
   • 옥내 및 옥외에 설치가 가능할 것

단답 정리함 적산 전력계의 구비 조건
- 기계적 강도가 클 것
- 과부하 내량이 클 것
- 부하특성이 좋을 것
- 온도 및 주파수 변화에 보상이 되도록 할 것
- 옥내 및 옥외에 설치가 가능할 것

01 ★★☆

3상 3선식 $200[\mathrm{V}]$ 회로에서 $400[\mathrm{A}]$의 부하를 전선의 길이 $100[\mathrm{m}]$인 곳에 사용할 경우 전압강하율은 몇 $[\%]$인가?(단, 사용 전선의 단면적은 $300[\mathrm{mm}^2]$이다.) [4점]

- 계산 과정:

- 답:

답안작성

- 계산 과정

3상 3선식에서의 전압강하 $e = \dfrac{30.8LI}{1,000A} = \dfrac{30.8 \times 100 \times 400}{1,000 \times 300} = 4.11[\mathrm{V}]$

전압강하율 $\varepsilon = \dfrac{V_s - V_r}{V_r} \times 100 = \dfrac{e}{V_r} \times 100 = \dfrac{4.11}{200} \times 100 = 2.06[\%]$

- 답: $2.06[\%]$

개념체크

전압강하 및 전선의 단면적 계산

전기 방식	전압강하	전선 단면적
단상 3선식 3상 4선식	$e = \dfrac{17.8LI}{1,000A}[\mathrm{V}]$	$A = \dfrac{17.8LI}{1,000e}[\mathrm{mm}^2]$
단상 2선식	$e = \dfrac{35.6LI}{1,000A}[\mathrm{V}]$	$A = \dfrac{35.6LI}{1,000e}[\mathrm{mm}^2]$
3상 3선식	$e = \dfrac{30.8LI}{1,000A}[\mathrm{V}]$	$A = \dfrac{30.8LI}{1,000e}[\mathrm{mm}^2]$

(단, L: 전선 1본의 길이$[\mathrm{m}]$, I: 부하 전류$[\mathrm{A}]$)

3상 3선식 기준에서의 전압강하율은 다음과 같다.

$$\varepsilon = \dfrac{e}{V_r} \times 100[\%] = \dfrac{V_s - V_r}{V_r} \times 100[\%]$$
$$= \dfrac{\sqrt{3}\,I(R\cos\theta + X\sin\theta)}{V_r} \times 100[\%]$$

(단, V_s: 송전단 선간 전압$[\mathrm{kV}]$, V_r: 수전단 선간 전압$[\mathrm{kV}]$)

02 ★☆☆

컴퓨터나 마이크로프로세서에 사용하기 위하여 전원 장치로 UPS를 구성하려고 한다. 주어진 그림을 보고 다음 각 물음에 답하시오. [9점]

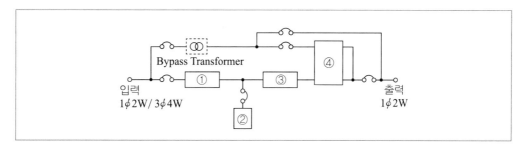

(1) 그림의 ①~④에 들어갈 기기 또는 명칭을 쓰고, 그 역할에 대하여 간단히 설명하시오.

번호	명칭	역할
①		
②		
③		
④		

(2) Bypass Transformer를 설치하여 회로를 구성하는 이유를 설명하시오.

(3) 전원 장치인 UPS, CVCF, VVVF 장치에 대한 비교표를 다음과 같이 구성할 때 빈칸을 채우시오.(단, 출력전압에 대하여서는 가능은 ○, 불가능은 ×로 표시하시오.)

구분		장치	UPS	CVCF	VVVF
우리말 명칭					
주회로 방식					
스위칭 방식	컨버터				
	인버터				
주회로 디바이스	컨버터				
	인버터				
출력전압	무정전				
	정전압 정주파수				
	가변전압 가변주파수				

답안작성 (1)

번호	명칭	역할
①	컨버터	교류를 직류로 변환
②	축전지	충전 장치에 의해 변환된 직류 전력을 저장
③	인버터	직류를 사용 주파수의 교류 전압으로 변환
④	절체 스위치	상용전원 정전 시 인버터 회로로 절체되어 부하에 무정전으로 전력을 공급하기 위한 장치

(2) UPS나 축전지의 점검 또는 고장에 대해서도 교류입력 전압과 부하 정격전압의 크기를 같게 하여 중요 부하에 응급적으로 상용 교류전력을 공급하기 위한 회로

(3)

구분 \ 장치		UPS	CVCF	VVVF
우리말 명칭		무정전 전원공급 장치	정전압 정주파수 장치	가변전압 가변주파수 장치
주회로 방식		전압형 인버터	전압형 인버터	전류형 인버터
스위칭 방식	컨버터	PWM 제어 또는 위상제어	PWM 제어	PWM 제어 또는 위상제어
	인버터	PWM 제어	PWM 제어	PWM 제어
주회로 디바이스	컨버터	IGBT	IGBT	IGBT
	인버터	IGBT	IGBT	IGBT
출력 전압	무정전	○	×	×
	정전압 정주파수	○	○	×
	가변전압 가변주파수	×	×	○

03 ★★☆

폭 16[m], 길이 22[m], 천장 높이 3.2[m]인 사무실이 있다. 주어진 조건을 이용하여 이 사무실의 조명 설계를 하고자 할 때 다음 각 물음에 답하시오.　　　　[6점]

[조건]
- 천장은 백색 텍스로, 벽면은 옅은 크림색으로 마감한다.
- 이 사무실의 평균 조도는 550[lx]로 한다.
- 램프는 40[W] 2등용(H형) 펜던트를 사용하되, 노출형을 기준으로 하여 설계한다.
- 펜던트의 길이는 0.5[m], 책상면의 높이는 0.85[m]로 한다.
- 램프의 광속은 형광등 한 등당 3,500[lm]으로 한다.
- 보수율은 중(中)으로서 0.75를 사용한다.
- 조명률은 반사율 천장 50[%], 벽 30[%], 바닥 10[%]를 기준으로 하여 0.64로 한다.
- 기구 간격의 최대 한도는 1.4H를 적용한다. 여기서, H[m]는 피조면에서 조명기구까지의 높이이다.
- 경제성과 실제 설계에 반영할 사항을 가장 최적의 상태로 적용하여 설계하도록 한다.

(1) 이 사무실의 실지수를 구하시오.
   - 계산 과정:
   - 답:

(2) 이 사무실에 시설되어야 할 조명기구의 수를 계산하고, 실제로 몇 열, 몇 행으로 하여 몇 조를 시설하는 것이 합리적인지를 쓰시오.
   - 계산 과정:
   - 답:

답안작성 (1) • 계산 과정: $RI = \dfrac{XY}{H(X+Y)} = \dfrac{16 \times 22}{(3.2-0.5-0.85) \times (16+22)} = 5.01$

　　　　• 답: 5.01

(2) • 계산 과정

조도 기준상 필요한 등수

$N = \dfrac{EAD}{FU} = \dfrac{550 \times (16 \times 22) \times \dfrac{1}{0.75}}{(3,500 \times 2) \times 0.64} = 57.62 \to 58[조]$

조건에서 등 간격 $\leq 1.4H = 1.4 \times 1.85 = 2.59$[m]

$\dfrac{16}{2.59} = 6.18 \to 7$열

$\dfrac{22}{2.59} = 8.49 \to 9$행

전체 등 수는 $7 \times 9 = 63$

• 답: 시설되어야 할 조명기구의 수: 58[조], 실제 시설: 7열 9행 63[조]

개념체크 실지수(RI) 계산식

$$RI = \frac{XY}{H(X+Y)}$$

(단, X: 방의 폭, Y: 방의 길이, H: 작업면에서 광원까지의 높이)

등의 개수 산정

$$FUN = EAD$$

(단, F: 광속[lm], U: 조명률, N: 사용하는 등의 개수, E: 조도[lx], A: 방의 면적[m²], D: 감광 보상률 ($= \frac{1}{M}$), M: 보수율(유지율))

04
★☆☆

차단기의 트립 방식 4가지를 쓰고 각 방식을 간단히 설명하시오. [4점]

답안작성
- 직류 전압 트립 방식: 축전지 등의 제어용 직류 전원의 에너지에 의하여 트립되는 방식
- 과전류 트립 방식: 차단기의 주회로에 접속된 변류기의 2차 전류에 의하여 차단기가 트립되는 방식
- 콘덴서 트립 방식: 충전된 콘덴서의 에너지에 의하여 트립되는 방식
- 부족 전압 트립 방식: 부족 전압 트립 장치에 인가되어 있는 전압의 저하에 의하여 차단기가 트립되는 방식

05
★★☆

도면은 어느 $154[kV]$ 수용가의 수전설비 결선도의 일부분이다. 주어진 표와 도면을 이용하여 다음 각 물음에 답하시오.

[13점]

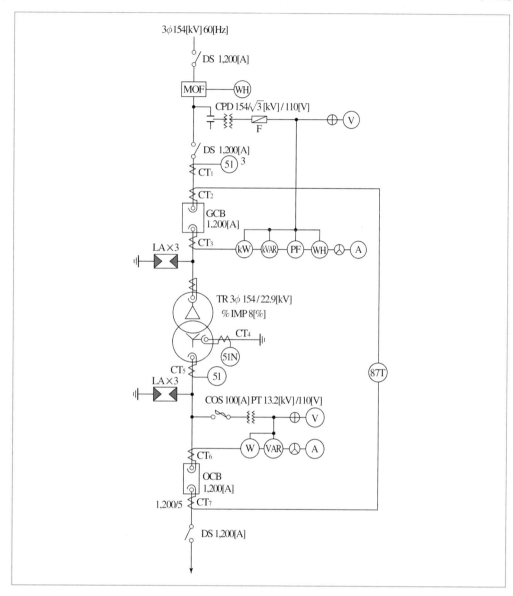

CT 정격

1차 정격 전류[A]	200	400	600	800	1,200
2차 정격 전류[A]			5		

(1) 변압기 2차 부하설비 용량이 51[MW], 수용률이 70[%], 부하 역률이 90[%]일 때 도면의 변압기 최소 용량은 몇 [MVA]가 되겠는가?
   - 계산 과정:
   - 답:

(2) 변압기 1차 측 DS의 정격 전압은 몇 [kV]인가?

(3) CT_1의 비는 얼마인지를 계산하고 표에서 선정하시오.

- 계산 과정:
- 답:

(4) GCB의 정격 전압은 몇 [kV]인가?

(5) 변압기 명판에 표시되어 있는 OA/FA의 뜻을 설명하시오.
- OA
- FA

(6) GCB 내에 사용되는 가스는 주로 어떤 가스가 사용되는가?

(7) 154[kV] 측 LA의 정격 전압은 몇 [kV]인가?

(8) ULTC의 구조상의 종류 2가지를 쓰시오.

(9) CT_5의 비는 얼마인지를 계산하고 표에서 선정하시오.
- 계산 과정:
- 답:

(10) OCB의 정격 차단 전류가 23[kA]일 때, 이 차단기의 차단 용량은 몇 [MVA]인가?
- 계산 과정:
- 답:

(11) 변압기 2차 측 DS의 정격 전압은 몇 [kV]인가?

(12) 과전류 계전기의 정격 부담이 9[VA]일 때 이 계전기의 임피던스는 몇 [Ω]인가?
- 계산 과정:
- 답:

(13) CT_7 1차 전류가 600[A]일 때 CT_7의 2차에서 비율 차동 계전기의 단자에 흐르는 전류는 몇 [A]인가?
- 계산 과정:
- 답:

답안작성 (1) • 계산 과정

$$변압기\ 용량[MVA] = \frac{설비\ 용량 \times 수용률}{부등률 \times 역률} = \frac{51 \times 0.7}{1 \times 0.9} = 39.67[MVA]$$

- 답: 39.67[MVA]

(2) 170[kV]

(3) • 계산 과정

$$I_1 = \frac{P}{\sqrt{3}\,V}k = \frac{39.67 \times 10^3}{\sqrt{3} \times 154} \times (1.25 \sim 1.5) = 185.9 \sim 223.09[A] \rightarrow 표에서\ 정격\ 200/5\ 선정$$

- 답: 200/5

(4) 170[kV]

(5) • OA: 유입자냉식
- FA: 유입풍냉식

(6) SF_6(육불화황) 가스

(7) 144[kV]

(8) • 병렬 구분식
- 단일 회로식

(9) • 계산 과정

$$I_1 = \frac{P}{\sqrt{3}\,V}k = \frac{39.67 \times 10^3}{\sqrt{3} \times 22.9} \times (1.25 \sim 1.5) = 1,250.19 \sim 1,500.23[\text{A}]$$

→ 표에서 주어진 정격이 1,200이 최대이므로 1,200/5 선정

• 답: 1,200/5

(10) • 계산 과정: $P_s = \sqrt{3}\,V_n I_s = \sqrt{3} \times 25.8 \times 23 = 1,027.8[\text{MVA}]$

• 답: 1,027.8[MVA]

(11) 25.8[kV]

(12) • 계산 과정: $P = I^2 Z[\text{VA}]$에서 $Z = \dfrac{P}{I^2} = \dfrac{9}{5^2} = 0.36[\Omega]$이다.

• 답: 0.36[Ω]

(13) • 계산 과정: $I_2 = I_1 \times \dfrac{1}{\text{CT 비}} \times \sqrt{3} = 600 \times \dfrac{5}{1,200} \times \sqrt{3} = 4.33[\text{A}]$

• 답: 4.33[A]

해설비법 (2), (4) 차단기 및 단로기의 공칭 전압(V)별 정격 전압(V_n)의 관계

공칭 전압	6.6[kV]	22.9[kV]	66[kV]	154[kV]	345[kV]	765[kV]
정격 전압	7.2[kV]	25.8[kV]	72.5[kV]	170[kV]	362[kV]	800[kV]

(9) 주어진 표의 정격이 1,200[A]가 최대이므로 1,200/5를 선정한다.

(10) 차단기의 차단 용량 $P_s = \sqrt{3}\,V_n I_s$[MVA]에서 V_n: 정격 전압이므로 25.8[kV]값을 대입한다.

(12) 정격 부담이란 변성기 2차 측의 걸 수 있는 부하 한도[VA]를 뜻한다. 즉, 변류기 2차 측의 전류 한도는 5[A]이므로 다음과 같이 계산한다.

$$P[\text{VA}] = I^2 \times Z = 5^2 \times Z$$

(13) 변압기 결선이 $\Delta - Y$ 결선이므로 비율 차동 계전기의 CT 결선은 $Y - \Delta$ 결선으로 한다. 이때 Δ 결선의 선전류는 상전류의 $\sqrt{3}$ 배이다.

06 ★★★

접지저항을 측정하고자 한다. 다음 각 물음에 답하시오. [6점]

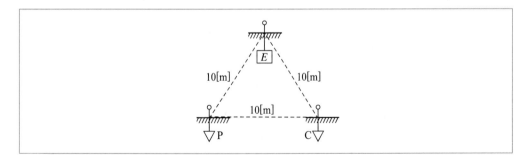

(1) 접지저항을 측정하기 위하여 사용되는 계기는 무엇인가?

(2) 그림의 접지저항 측정 방법은 무엇인가?

(3) 그림과 같이 본접지 E에 제1보조접지 P, 제2보조접지 C를 설치하여 본접지 E의 접지저항을 측정하려고 한다. 본 접지 E의 접지저항은 몇 [Ω]인가?(단, 본접지와 P 사이의 저항값은 86[Ω], 본접지와 C 사이의 접지저항값은 92[Ω], P와 C 사이의 접지저항값은 160[Ω]이다.)
  • 계산 과정:
  • 답:

답안작성
(1) 어스 테스터(또는 접지저항계)
(2) 콜라우시 브리지에 의한 3극 접지저항 측정법
(3) • 계산 과정: $R_E = \dfrac{1}{2}(R_{EP} + R_{CE} - R_{PC}) = \dfrac{1}{2} \times (86 + 92 - 160) = 9[Ω]$
  • 답: 9[Ω]

개념체크 콜라우시 브리지에 의한 3극 접지저항 측정법

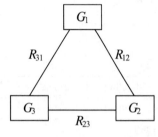

• $R_{G_1} = \dfrac{1}{2}(R_{12} + R_{31} - R_{23})[Ω]$

• $R_{G_2} = \dfrac{1}{2}(R_{12} + R_{23} - R_{31})[Ω]$

• $R_{G_3} = \dfrac{1}{2}(R_{31} + R_{23} - R_{12})[Ω]$

07
★★☆

어떤 공장에 예비전원설비로 발전기를 설계하고자 한다. 이 공장의 조건을 이용하여 다음 각 물음에 답하시오. [9점]

[조건]
• 부하는 전동기 부하 150[kW] 2대, 100[kW] 3대, 50[kW] 2대이며, 전등 부하는 40[kW]이다.
• 전동기 부하의 역률은 모두 0.9이고 전등 부하의 역률은 1이다.
• 동력 부하의 수용률은 용량이 최대인 전동기 1대는 100[%], 나머지 전동기는 그 용량의 합계를 80[%]로 계산하며, 전등 부하는 100[%]로 계산한다.
• 발전기 용량의 여유율은 10[%]를 주도록 한다.
• 발전기 과도 리액턴스는 25[%] 적용한다.
• 허용 전압강하는 20[%]를 적용한다.
• 기동 용량은 750[kVA]를 적용한다.
• 기타 주어지지 않은 조건은 무시하고 계산하도록 한다.

(1) 발전기에 걸리는 부하의 합계로부터 발전기 용량을 구하시오.
- 계산 과정:
- 답:

(2) 부하 중 가장 큰 전동기 기동 시의 용량으로부터 발전기의 용량을 구하시오.
- 계산 과정:
- 답:

(3) 다음 "(1)"과 "(2)"에서 계산된 값 중 어느 쪽 값을 기준하여 발전기 용량을 정하는지 그 값을 쓰고, 실제 필요한 발전기 용량을 정하시오.
- 계산 과정:
- 답:

답안작성 (1) • 계산 과정: $P = \left(\dfrac{150 + (150 + 100 \times 3 + 50 \times 2) \times 0.8}{0.9} + \dfrac{40}{1} \right) \times 1.1 = 765.11 [\text{kVA}]$

　　　　　• 답: $765.11 [\text{kVA}]$

(2) • 계산 과정: $P \geq \left(\dfrac{1}{0.2} - 1 \right) \times 750 \times 0.25 \times 1.1 = 825 [\text{kVA}]$

　　　　• 답: $825 [\text{kVA}]$

(3) 발전기 용량은 둘 중 큰 값인 $825[\text{kVA}]$를 기준으로 정하며, 표준 용량 $1,000[\text{kVA}]$를 적용한다.

해설비법 (1) 단순 부하(전부하 정상 운전 시의 소요 입력에 의한 용량)

발전기의 출력 $P = \dfrac{\Sigma W_L \times L}{\cos\theta} [\text{kVA}]$

(단, ΣW_L: 부하 입력 총계, L: 부하 수용률, $\cos\theta$: 발전기의 역률)

(2) 부하 중 가장 큰 전동기 기동 시의 용량

발전기 용량 $\geq \left(\dfrac{1}{\text{허용 전압강하}} - 1 \right) \times$ 기동 용량 $\times$ 과도 리액턴스$[\text{kVA}]$

08 ★★☆ 전력 계통의 발전기, 변압기 등의 증설이나 송전선의 신·증설로 인하여 단락 및 지락전류가 증가하여 송변전 기기에의 손상이 증대되고, 부근에 있는 통신선의 유도 장해가 증가하는 등의 문제점이 예상되므로 단락 용량의 경감 대책을 세워야 한다. 이 대책을 3가지만 쓰시오. [5점]

답안작성
- 계통 전압의 승압 실시
- 한류 리액터 채용
- 고장전류 제한기 설치

단답 정리함 단락 용량의 경감 대책
- 계통 전압의 승압 실시
- 한류 리액터 채용
- 고장전류 제한기 설치
- 고임피던스 기기 채용
- 모선 계통의 분리 운용

09 ★★★ 다음의 표와 같은 전력개폐장치의 정상 전류와 이상 전류 시의 통전, 개·폐 등의 가능 유무를 빈칸에 표시하시오.(단, ○: 가능, △: 때에 따라 가능, ×: 불가능) [5점]

기구 명칭	정상 전류			이상 전류		
	통전	개	폐	통전	투입	차단
차단기						
퓨즈						
단로기						
개폐기						

답안작성

기구 명칭	정상 전류			이상 전류		
	통전	개	폐	통전	투입	차단
차단기	○	○	○	○	○	○
퓨즈	○	×	×	×	×	○
단로기	○	△	×	○	×	×
개폐기	○	○	○	○	△	×

10

★ ★ ★

그림과 같은 로직 시퀀스 회로를 보고 다음 각 물음에 답하시오.

[9점]

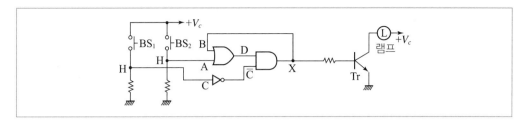

(1) 주어진 도면을 점선으로 구획하여 3단계로 구분하여 표시하되, 입력회로 부분, 제어회로 부분, 출력회로 부분으로 구획하고 그 구획단 하단에 회로의 명칭을 쓰시오.

(2) 로직 시퀀스 회로에 대한 논리식을 쓰시오.

(3) 주어진 미완성 타임차트와 같이 버튼 스위치 BS_1과 BS_2를 ON 하였을 때의 출력에 대한 타임차트를 완성하시오.

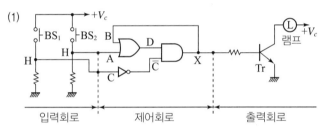

답안작성

(1)

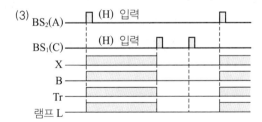

입력회로　　　제어회로　　　출력회로

(2) $X = (BS_2 + X) \cdot \overline{BS_1}$

(3)
BS₂(A)　(H) 입력

BS₁(C)　(H) 입력

X

B

Tr

램프 L

2005년

11 변류기(CT)에 관한 다음 각 물음에 답하시오. [6점]

★★☆

(1) $Y-\triangle$로 결선한 주변압기의 보호로 비율 차동 계전기를 사용한다면 CT의 결선은 어떻게 하여야 하는지 설명하시오.

(2) 통전 중에 있는 변류기의 2차 측 기기를 교체하고자 할 때 가장 먼저 취하여야 할 조치를 설명하시오.

(3) 수전전압이 22.9[kV], 수전설비의 부하 전류가 40[A]이다. 60/5[A]의 변류기를 통하여 과부하 계전기를 시설하였다. 120[%]의 과부하에서 차단시킨다면 과부하 트립 전류값을 몇 [A]로 설정해야 하는가?
· 계산 과정:
· 답:

답안작성 (1) 주변압기의 결선이 $Y-\triangle$ 결선인 경우에는 CT의 결선을 변압기 결선과 반대인 $\triangle-Y$ 결선으로 하여 위상차를 보정해 주어야 한다.

(2) 고전압으로부터 CT 2차 측 절연을 보호하기 위하여 CT 2차 측을 단락시킨다.

(3) · 계산 과정: $I_T = 40 \times \dfrac{5}{60} \times 1.2 = 4[\text{A}]$

· 답: 4[A]

개념체크 · 변압기 1, 2차 측 전류 간의 위상차를 없애기 위해 변류기(CT) 결선은 변압기 결선과 반대로 결선한다.
· 계기용 변성기 점검 시
CT: 2차 측 단락(2차 측 과전압 및 절연 보호)
PT: 2차 측 개방(2차 측 과전류 보호)
· 과전류 계전기의 전류 탭: $I_t = $ 부하 전류$(I) \times \dfrac{1}{\text{변류비}} \times$ 설정값[A]
· 과전류 계전기(OCR)의 탭 전류 규격: 2, 3, 4, 5, 6, 7, 8, 10, 12 [A]

12 연면적 $300[\text{m}^2]$의 주택이 있다. 이때 전등, 전열용 부하는 $40[\text{VA/m}^2]$이며, 5,000[VA] 용량의 에어컨

★★★ 이 2대 가설되어 있으며, 사용하는 전압은 220[V] 단상이고 예비 부하로 1,500[VA]가 필요하다면 분전반의 분기 회로수는 몇 회로인가?(단, 에어컨은 30[A] 전용 회선으로 하고, 기타는 16[A] 분기 회로로 한다.) [4점]
· 계산 과정:
· 답:

답안작성 · 계산 과정
분기 회로수 $n = \dfrac{300 \times 40 + 1,500}{220 \times 16} = 3.84 \rightarrow 4$회로
· 답: 16[A] 분기 4회로, 에어컨 전용 30[A] 분기 2회로

분기 회로수 결정

(1) 부하설비 용량에 맞는 분기 회로수는 다음과 같이 구한다.

$$분기\ 회로수 = \frac{표준\ 부하\ 밀도[VA/m^2] \times 바닥\ 면적[m^2]}{전압[V] \times 회로의\ 전류[A]}$$

(2) 분기 회로수 계산 결과값에 소수점이 발생하면 소수점 이하 절상한다.

13
★ ☆ ☆

유도 전동기 IM을 정·역 운전하기 위한 시퀀스 도면을 그리려고 한다. 주어진 조건을 이용하여 유도 전동기의 정·역 운전 시퀀스 회로를 그리시오.　　　　　　　　　　　　　[6점]

[조건]
• 기구는 누름버튼 스위치 PBS ON용 2개, OFF용 1개, 정전용 전자접촉기 MCF 1개, 역전용 전자접촉기 MCR 1개, 열동계전기 THR 1개를 사용한다.
• 접점의 최소 수를 사용하여야 하며, 접점에는 반드시 접점의 명칭을 쓰도록 한다.
• 과전류가 발생할 경우 열동계전기가 동작하여 전동기가 정지하도록 한다.
• 정회전과 역회전의 방향은 고려하지 않는다.

```
    L1  L2  L3
    |   |   |




            \|/
            (IM)
```

답안작성

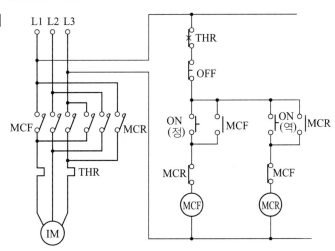

14 ★☆☆

그림은 콘센트의 종류를 표시한 옥내 배선용 그림 기호이다. 각 그림 기호는 어떤 의미를 가지고 있는지 명칭을 작성하시오. [5점]

(1) ⊙ET   (2) ⊙E   (3) ⊙WP   (4) ⊙H

답안작성

(1) 접지단자붙이 콘센트

(2) 접지극붙이 콘센트

(3) 방수형 콘센트

(4) 의료용 콘센트

개념체크

명칭	그림 기호	적요

콘센트	⊙	• 천장에 부착하는 경우는 다음과 같다.
		⊙
		• 바닥에 부착하는 경우는 다음과 같다.
		⊙
		
		• 용량의 표시 방법은 다음과 같다.
		  – 15[A]는 표기하지 않는다.
		  – 20[A] 이상은 암페어 수를 표기한다.
		[보기] ⊙20A
		• 2구 이상인 경우는 구수를 표기한다.
		[보기] ⊙2
		• 3극 이상인 것은 극수를 표기한다.
		[보기] ⊙3P
		• 종류를 표시하는 경우는 다음과 같다.
		  빠짐 방지형 ⊙LK
		  걸림형 ⊙T
		  접지극붙이 ⊙E
		  접지단자붙이 ⊙ET
		  누전차단기붙이 ⊙EL
		• 방수형은 WP를 표기한다. ⊙WP
		• 방폭형은 EX를 표기한다. ⊙EX
		• 의료용은 H를 표기한다. ⊙H

15

★★★

불평형 부하의 제한에 관련된 다음 물음에 답하시오. [9점]

(1) 저압, 고압 및 특고압 수전의 3상 3선식 또는 3상 4선식에서 불평형 부하의 한도는 단상 접속 부하로 계산하여 설비 불평형률을 몇 [%] 이하로 하는 것을 원칙으로 하는가?

(2) "(1)"항 문제의 제한 원칙에 따르지 않아도 되는 경우를 2가지만 쓰시오.

(3) 부하설비가 그림과 같을 때 설비 불평형률은 몇 [%]인가?(단, Ⓗ는 전열기 부하이고, Ⓜ은 전동기 부하이다.)

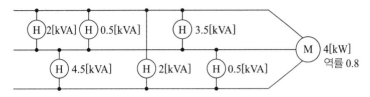

- 계산 과정:
- 답:

---

(1) 30[%] 이하

(2) • 저압 수전에서 전용 변압기 등으로 수전하는 경우
   • 고압 및 특고압 수전에서 100[kVA] 이하의 단상 부하인 경우

(3) • 계산 과정

$$\text{설비 불평형률} = \frac{(2+0.5+3.5)-2}{\left(2+0.5+3.5+4.5+0.5+2+\dfrac{4}{0.8}\right) \times \dfrac{1}{3}} \times 100 = 66.67[\%]$$

   • 답: 66.67[%]

저압, 고압 및 특고압 수전의 3상 3선식 또는 3상 4선식에서의 설비 불평형률

$$\frac{\text{각 선간에 접속되는 단상 부하설비 용량[kVA]의 최대와 최소의 차}}{\text{총 부하설비 용량[kVA]} \times \dfrac{1}{3}} \times 100[\%]$$

이때 3상 3선식 및 3상 4선식의 설비 불평형률은 30[%] 이하이어야 한다.
(단, 다음에 해당하는 경우에는 예외로 한다.)
- 저압 수전에서 전용 변압기 등으로 수전하는 경우
- 고압 및 특고압 수전에서 100[kVA] 이하의 단상 부하인 경우
- 고압 및 특고압 수전에서 단상 부하 용량의 최대와 최소의 차가 100[kVA] 이하인 경우
- 특고압 수전에서 100[kVA] 이하의 단상 변압기 2대로 역V결선하는 경우

01
★★★
인텔리전트 빌딩(Intelligent building)은 빌딩자동화 시스템, 사무자동화 시스템, 정보통신 시스템, 건축 환경을 총 망라한 건설과 유지 관리의 경제성을 추구하는 빌딩이라 할 수 있다. 이러한 빌딩의 전산 시스템을 유지하기 위하여 비상 전원으로 사용되고 있는 UPS에 대해서 다음 각 물음에 답하시오.   [6점]

(1) UPS를 우리말로 하면 어떤 것을 뜻하는가?

(2) UPS에서 AC → DC부와 DC → AC부로 변환하는 부분의 명칭을 각각 무엇이라고 부르는가?
   • AC → DC부
   • DC → AC부

(3) UPS가 동작되면 전력 공급을 위한 축전지가 필요한데, 그때의 축전지 용량을 구하는 공식을 쓰시오. (단, 사용 기호에 대한 의미도 설명하도록 하시오.)

답안작성 (1) 무정전 전원 공급 장치

(2) • AC → DC부: 컨버터
   • DC → AC부: 인버터

(3) $C = \dfrac{1}{L} KI \, [\text{Ah}]$

   (L: 보수율(경년 용량 저하율), K: 용량 환산 시간 계수, I: 방전 전류[A], C: 축전지 용량[Ah])

개념체크 무정전 전원 공급 장치(UPS: Uninterruptible Power Supply)

(1) UPS의 역할
   선로의 정전이나 입력 전원에 이상 상태가 발생하였을 경우에도 정상적으로 전력을 부하 측에 공급하는 무정 전 전원 공급 장치이다.

(2) UPS의 구성

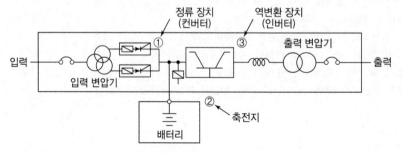

① 정류 장치(컨버터): 교류를 직류로 변환시킨다.
② 축전지: 직류 전력을 저장시킨다.
③ 역변환 장치(인버터): 직류를 교류로 변환시킨다.

02
★★★

그림과 같은 회로의 출력을 입력 변수로 나타내고, AND 회로 1개, OR 회로 2개, NOT 회로 1개를 이용한 등가회로를 그리시오. [5점]

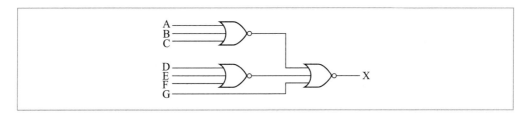

(1) 출력식

(2) 등가회로

답안작성 (1) $X = (A+B+C) \cdot (D+E+F) \cdot \overline{G}$

(2)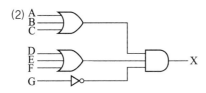

해설비법 $X = \overline{\overline{A+B+C} + \overline{D+E+F} + G} = \overline{\overline{(A+B+C)} \cdot \overline{(D+E+F)}} \cdot \overline{G} = (A+B+C) \cdot (D+E+F) \cdot \overline{G}$

03
★★★

조명설비의 깜빡임 현상을 줄일 수 있는 조치는 다음의 경우 어떻게 하여야 하는가? [5점]

(1) 백열전등의 경우

(2) 3상 전원인 경우

(3) 전구가 2개씩인 방전등 기구

답안작성 (1) 직류를 사용하여 점등한다.

(2) 전체 램프를 1/3씩 3군으로 나누어 각 군의 위상이 120°가 되도록 접속하고 각각의 빛을 혼합한다.

(3) 2등용으로 하나는 콘덴서, 다른 하나는 코일을 설치하여 위상차를 발생시켜 점등한다.

04 ★★★

다음은 수중 펌프용 전동기의 MCC(Moter Control Center)반 미완성 회로도이다. 다음 각 물음에 답하시오. [8점]

(1) 펌프를 현장과 중앙 감시반에서 조작하고자 한다. 다음 조건을 이용하여 미완성 회로도를 완성하시오.

> [조건]
> ① 절체 스위치에 의하여 자동, 수동 운전이 가능하도록 작성
> ② 자동 운전은 리미트 스위치 또는 플로트 스위치에 의하여 자동 운전이 가능하도록 작성
> ③ 표시등은 현장과 중앙 감시반에서 동시에 확인이 가능하도록 설치
> ④ 운전등은 (RL), 정지등은 (GL)등, 열동계전기 동작에 의한 등은 (YL)등으로 작성

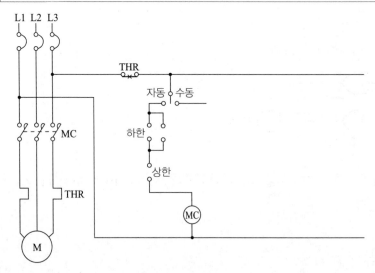

(2) 현장 조작반에서 MCC반까지 전선은 어떤 종류의 케이블을 사용하는 것이 적합한지 그 케이블의 종류를 쓰시오.

(3) 차단기는 어떤 종류의 차단기를 사용하는 것이 가장 좋은지 그 차단기의 종류를 쓰시오.

답안작성 (1)

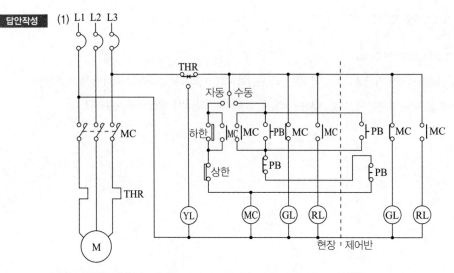

(2) CCV(0.6/1[kV] 제어용 가교폴리에틸렌 절연 비닐 시스 케이블)

(3) 누전차단기

400 PLUS 10개년 기출문제

05 ★★☆

그림은 특고압 수전설비 표준 결선도의 미완성 도면이다. 이 도면에 대한 다음 물음에 답하시오. [8점]

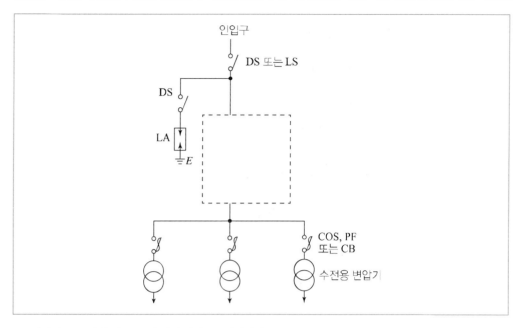

(1) 미완성 부분(점선 내 부분)에 대한 결선도를 완성하시오.(단, CB 1차 측에 PT를, CB 2차 측에 CT를 시설하는 경우로 미완성 부분만 작성하도록 하되, 미완성 부분에는 CB, OCGR, OCR×3, MOF, CT, PF, COS, TC 등을 사용하도록 한다.)

(2) 사용 전압이 22.9[kV]라고 할 때, 차단기의 트립 전원은 어떤 방식이 바람직한지 2가지를 쓰시오.

(3) 수전 전압이 66[kV] 이상인 경우에는 DS 대신 어떤 것을 사용하여야 하는가?

(4) 22.9[kV-Y], 1,000[kVA] 이하인 경우에는 간이 수전 결선도에 의할 수 있다. 본 결선도에 대한 간이 수전 결선도를 그리시오.

답안작성

(1)   (4)

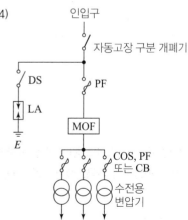

(2) • 직류(DC) 방식
    • 콘덴서 트립(CTD) 방식

(3) LS(선로 개폐기)

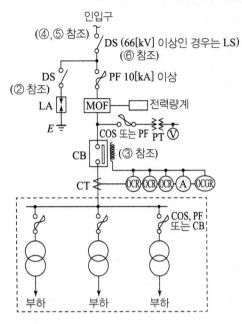

[주요 사항]

① 22.9[kV-Y], 1,000[kVA] 이하인 경우에는 간이 수전설비 결선도에 의할 수 있다.

② LA용 DS는 생략이 가능하며, 22.9[kV-Y]용의 LA는 반드시 Isolator(또는 Disconnector) 붙임형을 사용하여야 한다.

③ 차단기의 트립 전원은 직류(DC) 또는 콘덴서 방식(CTD)으로 하며, 66[kV] 이상의 수전설비에는 반드시 직류(DC) 방식이어야 한다.

④ 인입선을 지중선으로 시설하는 경우에는 공동 주택 등 고장 시 정전의 피해가 특히 우려되는 곳은 예비 지중선을 포함하여 2회선으로 시설하는 것이 바람직하다.

⑤ 지중 인입선의 경우에 22.9[kV-Y] 계통은 CNCV-W 케이블(수밀형) 또는 TR CNCV-W(트리 억제형)을 사용하여야 한다. 단, 전력구, 공동구, 덕트, 건물 구내 등 화재의 우려가 있는 장소에서는 FR CNCO-W(난연) 케이블을 사용하는 것이 바람직하다.

⑥ DS 대신 자동 고장 구분 개폐기(7,000[kVA] 초과 시에는 Sectionalizer)를 사용할 수 있으며, 66[kV] 이상의 경우는 LS를 사용하여야 한다.

06 ★★★

H종 건식 변압기를 사용하려고 한다. 같은 용량의 유입 변압기를 사용할 때와 비교하여 그 이점을 4가지만 쓰시오.(단, 변압기의 가격, 설치 시의 비용 등 금전에 관한 사항은 제외한다.) [4점]

답안작성
- 소형, 경량화할 수 있다.
- 절연에 대한 신뢰성이 높다.
- 난연성이 우수하여 화재의 발생이나 연소의 우려가 적으므로 안정성이 높다.
- 절연유를 사용하지 않으므로 유지보수가 용이하다.

07

★★☆

지중 전선로의 시설에 관한 다음 각 물음에 답하시오.　　　　　　　　　　　　[5점]

(1) 지중 전선로는 어떤 방식에 의하여 시설하여야 하는지 그 3가지만 쓰시오.

(2) 지중 전선로의 전선으로는 어떤 것을 사용하는가?

답안작성　(1) 직접 매설식, 관로식, 암거식

　　　　　(2) 케이블

규정체크　지중 전선로의 시설

지중 전선로는 전선에 케이블을 사용하고 또한 관로식, 암거식 또는 직접 매설식에 의하여 시설하여야 한다.

단답 정리함　지중 케이블 포설 방식

• 직접 매설식

• 관로식

• 암거식

08

★★★

다음 표에 나타낸 어느 수용가들 사이의 부등률을 1.1로 한다면 이들의 합성 최대 전력은 몇 $[kW]$인가?
　　　　　　　　　　　　　　　　　　　　　　　　　　　　　　　　　　　[3점]

수용가	설비 용량[kW]	수용률[%]
A	300	80
B	200	60
C	100	80

• 계산 과정:

• 답:

답안작성　• 계산 과정: 합성 최대 전력 $P_m = \dfrac{300 \times 0.8 + 200 \times 0.6 + 100 \times 0.8}{1.1} = 400[kW]$

　　　　　• 답: $400[kW]$

개념체크　합성 최대 전력 $= \dfrac{\Sigma(\text{설비 용량} \times \text{수용률})}{\text{부등률}}$

09 ★★☆

다음 그림과 같은 사무실이 있다. 이 사무실의 평균 조도를 $200[\text{lx}]$로 하고자 할 때 다음 각 물음에 답하시오. [9점]

20[m] (X)

10[m] (Y)

[조건]
- 형광등은 40[W]를 사용, 이 형광등의 광속은 2,500[lm]으로 한다.
- 조명률은 0.6, 감광 보상률은 1.2로 한다.
- 사무실 내부에 기둥은 없는 것으로 한다.
- 간격은 등기구 센터를 기준으로 한다.
- 등기구는 ○으로 표현하도록 한다.
- 건물의 천장 높이는 3.85[m], 작업면은 0.85[m]로 한다.

(1) 이 사무실에 필요한 형광등의 수를 구하시오.
- 계산 과정:
- 답:

(2) 등기구를 답안지에 배치하시오.

(3) 등간의 간격과 최외각에 설치된 등기구와 건물 벽 간의 간격(A, B, C, D)은 각각 몇 [m]인가?

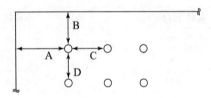

(4) 만일 주파수 60[Hz]에 사용하는 형광방전등을 50[Hz]에서 사용한다면 광속과 점등 시간은 어떻게 변화되는지를 설명하시오.

(5) 양호한 전반 조명이라면 등간격은 등높이의 몇 배 이하로 해야 하는가?

답안작성

(1) • 계산 과정: $N = \dfrac{EAD}{FU} = \dfrac{200 \times (10 \times 20) \times 1.2}{2,500 \times 0.6} = 32[\text{등}]$
- 답: 32[등]

(2)

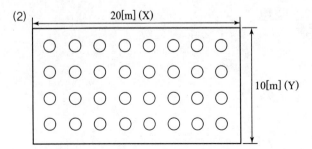

20[m] (X)

10[m] (Y)

(3) A: 1.25[m], B: 1.25[m], C: 2.5[m], D: 2.5[m]

(4) • 광속 : 증가   • 점등 시간 : 늦음

(5) 1.5배

개념체크 • 등의 개수 산정

$$FUN = EAD$$

(단, F: 광속[lm], U: 조명률, N: 사용하는 등의 개수, E: 조도[lx], A: 방의 면적[m²], D: 감광 보상률 $(= \frac{1}{M})$, M: 보수율(유지율))

• 등 간격
  − 등기구와 등기구의 간격: $S \le 1.5H$
  − 벽과 등기구의 간격: $S \le \frac{H}{2}$

해설비법 (3) C, D $= \frac{20}{8} = 2.5$[m], A, B(벽과 등기구의 간격)$= 1.25$[m]

10
★★☆

다음 그림은 변류기를 영상 접속시켜 그 잔류 회로에 지락 계전기 DG를 삽입시킨 것이다. 선로의 전압은 66[kV], 중성점에 300[Ω]의 저항 접지로 하였고 변류기의 변류비는 300/5[A]이다. 송전 전력이 20,000[kW], 역률이 0.8(지상)일 때 L1상에 완전 지락 사고가 발생하였다. 다음 각 물음에 답하시오. (단, 부하의 정상 및 역상 임피던스와 기타의 정수는 무시한다.) [8점]

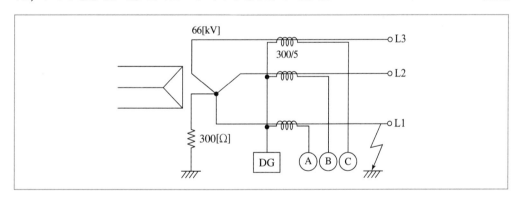

(1) 지락 계전기 DG에 흐르는 전류는 몇 [A]인가?
  • 계산 과정 :
  • 답 :

(2) L1상 전류계 A에 흐르는 전류는 몇 [A]인가?
  • 계산 과정 :
  • 답 :

(3) L2상 전류계 B에 흐르는 전류는 몇 [A]인가?
  • 계산 과정 :
  • 답 :

(4) L3상 전류계 C에 흐르는 전류는 몇 [A]인가?
  - 계산 과정:
  - 답:

답안작성 (1) • 계산 과정

$$I_g = \frac{V/\sqrt{3}}{R} = \frac{66 \times 10^3}{300 \times \sqrt{3}} = 127.02[\text{A}]$$

∴ 지락 계전기 DG에 흐르는 전류 $I_{DG} = 127.02 \times \dfrac{5}{300} = 2.12[\text{A}]$

  - 답: 2.12[A]

(2) • 계산 과정

전류계 A에는 부하 전류와 지락 전류의 합이 흐른다.

$$I_{L1} = \frac{20,000 \times 10^3}{\sqrt{3} \times 66 \times 10^3 \times 0.8} \times (0.8 - j0.6) + \frac{66 \times 10^3}{\sqrt{3} \times 300} = 301.97 - j131.22[\text{A}]$$

$$|I_{L1}| = \sqrt{(301.97)^2 + (131.22)^2} = 329.25[\text{A}]$$

∴ 전류계 A에 흐르는 전류 $= 329.25 \times \dfrac{5}{300} = 5.49[\text{A}]$

  - 답: 5.49[A]

(3) • 계산 과정

전류계 B에는 부하 전류가 흐른다.

$$I_{L2} = \frac{20,000 \times 10^3}{\sqrt{3} \times 66 \times 10^3 \times 0.8} = 218.69[\text{A}] \text{ 이다.}$$

∴ 전류계 B에 흐르는 전류 $= 218.69 \times \dfrac{5}{300} = 3.64[\text{A}]$

  - 답: 3.64[A]

(4) • 계산 과정: 전류계 C에도 부하 전류가 흐르므로 전류계 B에 흐르는 전류(3.64[A])와 같다.
  - 답: 3.64[A]

해설비법 • 지락 전류 $I_g = \dfrac{E}{R} = \dfrac{\frac{V}{\sqrt{3}}}{R}[\text{A}]$

• 지락 사고 시
  – 지락된 상: 지락 전류+부하 전류
  – 건전 상: 부하 전류
• 전류를 구할 때 부하의 역률이 서로 다르다면 실수부와 허수부를 구분하여 계산한다.

11
★☆☆

2중 모선에서 평상시에 No.1 T/L은 A 모선에서, No.2 T/L은 B모선에서 공급하고 모선 연락용 CB 는 개방되어 있다. 다음 각 물음에 답하시오.　　　　　　　　　　　　　　　　　　　[5점]

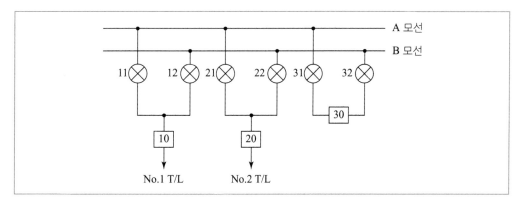

(1) B모선을 점검하기 위하여 절체하는 순서는?(단, 10-OFF, 20-ON 등으로 표시)

(2) B모선을 점검 후 원상 복구하는 조작 순서는?(단, 10-OFF, 20-ON 등으로 표시)

(3) 10, 20, 30에 대한 기기의 명칭은?

(4) 11, 21에 대한 기기의 명칭은?

(5) 2중 모선의 장점은?

답안작성

(1) 31-ON, 32-ON, 30-ON, 21-ON, 22-OFF, 30-OFF, 31-OFF, 32-OFF

(2) 31-ON, 32-ON, 30-ON, 22-ON, 21-OFF, 30-OFF, 31-OFF, 32-OFF

(3) 차단기

(4) 단로기

(5) 모선 점검 중에도 무정전으로 부하에 전력 공급을 계속할 수 있어 높은 공급 신뢰도를 유지한다.

해설비법　단로기는 부하 전류를 개폐할 수 없어 무부하 상태에서만 개폐가 가능하다. 따라서 단로기를 조작하기 전에 31-32-30의 순서로 투입해서 A, B 모선을 연결하여 등전위로 하여야 한다.

12 ★★☆

다음과 같은 아파트 단지를 계획하고 있다. 주어진 규모 및 조건을 이용하여 다음 각 물음에 답하시오.
[15점]

[규모]
- 아파트 동수 및 세대수: 2개동, 300세대
- 세대당 면적과 세대수

동별	세대당 면적[m²]	세대수	동별	세대당 면적[m²]	세대수
1동	50	30	2동	50	50
	70	40		70	30
	90	50		90	40
	110	30		110	30

- 계단, 복도, 지하실 등의 공용면적 1동: 1,700[m²], 2동 : 1,700[m²]

[조건]
- 면적의 [m²]당 상정 부하는 다음과 같다.
  아파트: 40[VA/m²], 공용 면적 부분: 7[VA/m²]
- 세대당 추가로 가산하여야 할 상정 부하는 다음과 같다.
  − 80[m²] 이하의 세대: 750[VA]
  − 150[m²] 이하의 세대: 1,000[VA]
- 아파트 동별 수용률은 다음과 같다.
  − 70세대 이하인 경우: 65[%]
  − 100세대 이하인 경우: 60[%]
  − 150세대 이하인 경우: 55[%]
  − 200세대 이하인 경우: 50[%]
- 모든 계산은 피상전력을 기준으로 한다.
- 역률은 100[%]로 보고 계산한다.
- 주변전실로부터 1동까지는 150[m]이며 동 내부의 전압강하는 무시한다.
- 각 세대의 공급 방식은 110/220[V]의 단상 3선식으로 한다.
- 변전식의 변압기는 단상 변압기 3대로 구성한다.
- 동 간 부등률은 1.4로 본다.
- 공용 부분의 수용률은 100[%]로 한다.
- 주변전실에서 각 동까지의 전압강하는 3[%]로 한다.
- 간선의 후강전선관 배선으로는 NR전선을 사용하며, 간선의 굵기는 300[mm²] 이하로 사용하여야 한다.
- 이 아파트 단지의 수전은 13,200/22,900[V−Y] 3상 4선식의 계통에서 수전한다.
- 사용 설비에 의한 계약전력은 사용 설비의 개별 입력의 합계에 대하여 다음 표의 계약전력 환산율을 곱한 것으로 한다.

구분	계약전력 환산율	비고
처음 75[kW]에 대하여	100[%]	
다음 75[kW]에 대하여	85[%]	계산의 합계치 단수가 1[kW]
다음 75[kW]에 대하여	75[%]	미만일 경우, 소수점 이하
다음 75[kW]에 대하여	65[%]	첫째자리에서 반올림한다.
300[kW] 초과분에 대하여	60[%]	

(1) 1동의 상정 부하는 몇 [VA]인가?
- 계산 과정:
- 답:

(2) 2동의 수용 부하는 몇 [VA]인가?
- 계산 과정:

- 답:

(3) 이 단지의 변압기는 단상 몇 [kVA]짜리 3대를 설치하여야 하는가?(단, 변압기의 용량은 10[%]의 여유율을 보며, 단상 변압기의 표준 용량은 75, 100, 150, 200, 300[kVA] 등이다.)
- 계산 과정:

- 답:

(4) 한국전력공사와 변압기 설비에 의하여 계약한다면 몇 [kW]로 계약하여야 하는가?

(5) 한국전력공사와 사용설비에 의하여 계약한다면 몇 [kW]로 계약하여야 하는가?
- 계산 과정:

- 답:

답안작성 (1) • 계산 과정: 1동의 상정 부하

세대당 면적 [m²]	상정 부하 [VA/m²]	가산 부하 [VA]	세대수	상정 부하[VA]
50	40	750	30	$[(50 \times 40) + 750] \times 30 = 82,500$
70	40	750	40	$[(70 \times 40) + 750] \times 40 = 142,000$
90	40	1,000	50	$[(90 \times 40) + 1,000] \times 50 = 230,000$
110	40	1,000	30	$[(110 \times 40) + 1,000] \times 30 = 162,000$
합계				616,500[VA]

1동 공용 면적의 상정 부하 $= 1,700 \times 7 = 11,900[VA]$

∴ 상정 부하 합계 $= 616,500 + 11,900 = 628,400[VA]$

- 답: 628,400[VA]

(2) • 계산 과정: 2동의 수용 부하

세대당 면적 [m²]	상정 부하 [VA/m²]	가산 부하 [VA]	세대수	상정 부하[VA]
50	40	750	50	$[(50 \times 40) + 750] \times 50 = 137,500$
70	40	750	30	$[(70 \times 40) + 750] \times 30 = 106,500$
90	40	1,000	40	$[(90 \times 40) + 1,000] \times 40 = 184,000$
110	40	1,000	30	$[(110 \times 40) + 1,000] \times 30 = 162,000$
합계				590,000[VA]

2동은 세대수가 150세대이므로 동별 수용률 55[%]를 적용하여 수용 부하를 산출한다.

공용 면적 상정 부하는 $1,700 \times 7 = 11,900[VA]$이므로

2동 수용 부하의 합계 $= 590,000 \times 0.55 + 11,900 = 336,400[VA]$

- 답: 336,400[VA]

(3) • 계산 과정

$$변압기 용량 \geq 합성 최대 전력 = \frac{최대 수용 전력}{부등률} = \frac{설비 용량 \times 수용률}{부등률}$$

$$= \frac{(616,500 \times 0.55 + 1,700 \times 7) + (590,000 \times 0.55 + 1,700 \times 7)}{1.4} \times 10^{-3}$$

$$= 490.98[kVA]$$

단상 변압기 1대 용량 $= \dfrac{490.98}{3} \times 1.1 = 180.03[\text{kVA}]$

∴ 표준 용량 200[kVA]를 선정

- 답: 200[kVA]

(4) 변압기 용량은 200[kVA] 3대이므로 600[kW]로 계약한다.

(5) • 계산 과정

설비용량 $= (616,500 + 590,000 + 11,900 \times 2) \times 10^{-3} = 1,230.3[\text{kVA}]$

계약전력 $= 75 + 75 \times 0.85 + 75 \times 0.75 + 75 \times 0.65 + (1,230.3 - 300) \times 0.6 = 801.93[\text{kW}]$

- 답: 802[kW]

───

해설비법

(1) 상정 부하[VA] = (세대당 면적[m²]×상정 부하[VA/m²]) + 가산 부하[VA]

(2) 수용 부하 = 상정 부하 × 수용률

(4) 계약전력은 [kW]로 표기한다.

(5) 사용설비에 의하여 계약할 때에는 상정 부하를 기준으로 한다.

13 ★★★ 교류 발전기에 대한 다음 각 물음에 답하시오. [7점]

(1) 정격 전압 6,000[V], 정격 출력 5,000[kVA]인 3상 교류 발전기에서 계자 전류가 300[A], 무부하 단자 전압이 6,000[V]이고, 이 계자 전류에 있어서의 3상 단락 전류가 700[A]라고 한다. 이 발전기의 단락비를 구하시오.

- 계산 과정:
- 답:

(2) 다음 ①∼⑥에 알맞은 ( ) 안의 내용을 크다(고), 적다(고), 높다(고), 낮다(고) 등으로 답란에 쓰시오.

> 단락비가 큰 교류 발전기는 일반적으로 기계의 치수가 (①), 가격이 (②), 풍손, 마찰손, 철손이 (③), 효율은 (④), 전압 변동률은 (⑤), 안정도는 (⑥).

답안작성

(1) • 계산 과정

정격 전류는 $I_n = \dfrac{5,000 \times 10^3}{\sqrt{3} \times 6,000} = 481.13[\text{A}]$

단락비 $K_s = \dfrac{I_s}{I_n} = \dfrac{700}{481.13} = 1.45$

- 답: 1.45

(2) ① 크고 ② 높고 ③ 크고 ④ 낮고 ⑤ 적고 ⑥ 높다

개념체크

(1) 단락비는 무부하에서 정격 전압을 유지하는 데 필요한 계자 전류(I_s)를 정격 전류와 같은 단락 전류를 흘리는 데 필요한 계자 전류(I_n)로 나눈 값으로, 다음과 같이 나타낼 수 있다.

$$K_s = \dfrac{I_s}{I_n}$$

(2) 단락비(K_s)가 큰 발전기의 특성

- 발전기의 치수가 커지고, 중량이 무거운 철기계로 된다.
- 발전기 가격이 고가이다.
- 동기 임피던스가 작다.
- 전압 변동률이 작다.
- 과부하 내량이 크고, 안정도가 좋다.
- 철손이 커서 효율이 나쁘다.

14 ★★★ 설비 불평형률에 대한 다음 각 물음에 답하시오. [5점]

(1) 저압, 고압 및 특고압 수전의 3상 3선식 또는 3상 4선식에서 불평형 부하의 한도는 단상 접속 부하로 계산하여 설비 불평형률을 몇 [%] 이하로 하는 것을 원칙으로 하는가?

(2) 아래 그림과 같은 3상 3선식 380[V] 수전인 경우의 설비 불평형률을 구하시오.(단, 전열 부하의 역률은 1이며, 동력 부하의 출력[kW]을 입력[kVA]으로 환산하면 5.2[kVA]이다.)

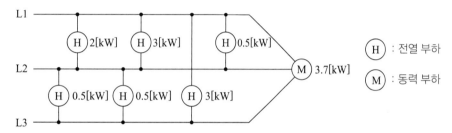

- 계산 과정:
- 답:

(1) 30[%]

(2) • 계산 과정

$$설비\ 불평형률 = \frac{(2+3+0.5)-(0.5+0.5)}{(2+3+0.5+5.2+3+0.5+0.5) \times \frac{1}{3}} \times 100[\%] = 91.84[\%]$$

- 답: 91.84[%]

(1) 저압, 고압 및 특고압 수전의 3상 3선식 또는 3상 4선식에서의 설비 불평형률

$$\frac{각\ 선간에\ 접속되는\ 단상\ 부하설비\ 용량[kVA]의\ 최대와\ 최소의\ 차}{총\ 부하설비\ 용량[kVA] \times \frac{1}{3}} \times 100[\%]$$

여기서 설비 불평형률은 30[%] 이하이어야 한다.

(2) 각 선간에 접속되는 단상 부하설비 용량

$P_{12} = 2+3+0.5 = 5.5[kVA]$

$P_{23} = 0.5+0.5 = 1[kVA]$

$P_{31} = 3[kVA]$

15

★★☆

교류용 적산 전력계에 대한 다음 각 물음에 답하시오. [7점]

(1) 잠동(Creeping) 현상에 대하여 설명하고, 잠동을 막기 위한 유효한 방법을 2가지만 쓰시오.
- 잠동 현상
- 잠동 방지 대책

(2) 적산 전력계가 구비해야 할 특성 5가지를 쓰시오.

답안작성

(1) • 잠동 현상: 무부하 상태에서 정격 주파수 및 정격 전압의 110[%]를 인가하여 계기의 원판이 1회전 이상 회전하는 현상
- 잠동 방지 대책
  - 원판에 작은 구멍을 뚫는다.
  - 원판에 작은 철편을 붙인다.

(2) • 기계적 강도가 클 것
- 과부하 내량이 클 것
- 부하특성이 좋을 것
- 온도 및 주파수 변화에 보상이 되도록 할 것
- 옥내 및 옥외에 설치가 가능할 것

단답 정리함 적산 전력계의 구비 조건
- 기계적 강도가 클 것
- 과부하 내량이 클 것
- 부하특성이 좋을 것
- 온도 및 주파수 변화에 보상이 되도록 할 것
- 옥내 및 옥외에 설치가 가능할 것

1회 학습전략

난이도 ⊕
- 단답형: 전동기의 정·역운전, 역률 과보상, 플리커 현상, 조명 배선, 슬림라인 형광등, 피뢰기, 수변 전실 결선도, 시퀀스
- 공식형: 권상기용 전동기, 전력 측정, 조명 설계
- 복합형: 단락 사고, 수전설비, 축전지
- 조명 배선과 관련한 문제는 자주 출제되지 않기 때문에 마지막에 학습하는 것을 추천합니다. 그 대신 조명 설계, 피뢰기, 축전지와 같은 빈출 유형은 꼭 챙겨가는 것이 좋습니다.

2회 학습전략

난이도 ⊤
- 단답형: UPS, 지중전선로, 간이 수전설비 결선도, 시퀀스, 수전반, 변압기 결선 방식, 유도 전동기의 정·역운전 회로
- 공식형: 비상용 발전기, 변압기 용량, 접지사고 검출, 지락 사고, 부하설비, 허용전류
- 복합형: 조명 설계, 설비 불평형률
- 간이 수전설비 결선도 문제는 '개념체크'의 주요 사항 내용 위주로 학습하는 것이 좋습니다. 이번 회차 에서 나온 단답형 문제는 중요하고 자주 출제되는 문항으로 완벽하게 학습하는 것을 추천합니다.

3회 학습전략

난이도 ⊤
- 단답형: 수전설비 결선도, 다이오드 매트릭스, 유도 전동기, 시퀀스, 과전류 계전기 동작 시험, 인버터
- 공식형: 분기 회로수, 한류리액터
- 복합형: 단락비, 설비 불평형률, 수배전설비, 역률 개선, 조명 설계, 부하설비
- 단락비 문제는 1차 필기 과목인 전기기기에서 학습했던 내용으로, 쉽게 접근할 수 있을 것입니다. 복합 형 문제의 출제가 많았지만 난이도가 평이하였고 배점도 높아 수월하게 합격 가능한 회차였습니다.

01
★★☆

권상기용 전동기의 출력이 $50[\text{kW}]$이고 분당 회전 속도가 $950[\text{rpm}]$일 때 그림을 참고하여 물음에 답하시오.(단, 기중기의 기계 효율은 $100[\%]$이다.) [6점]

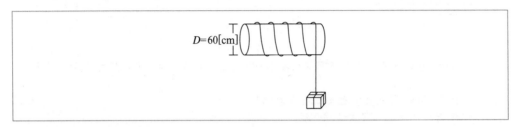

$D=60[\text{cm}]$

(1) 권상 속도는 몇 $[\text{m/min}]$인가?
- 계산 과정:
- 답:

(2) 권상기의 권상 중량은 몇 $[\text{kgf}]$인가?
- 계산 과정:
- 답:

답안작성

(1) • 계산 과정: $v = \pi DN = \pi \times 0.6 \times 950 = 1{,}790.71[\text{m/min}]$
- 답: $1{,}790.71[\text{m/min}]$

(2) • 계산 과정: $P = \dfrac{mv}{6.12\eta}$ 에서 $m = \dfrac{6.12P\eta}{v} = \dfrac{6.12 \times 50 \times 1}{1{,}790.71} \times 1{,}000 = 170.88[\text{kgf}]$
- 답: $170.88[\text{kgf}]$

개념체크

(1) 권상 속도

$v = \pi DN$

(v: 권상 속도[m/min], D: 회전체의 지름[m], N: 회전 속도[rpm])

(2) 권상기용 전동기 용량

$P = \dfrac{mv}{6.12\eta}k[\text{kW}]$

(단, m: 물체의 무게[ton], v: 권상 속도[m/min], k: 여유 계수, η: 효율)

02
★★☆

$66[kV]/6.6[kV]$, $6,000[kVA]$의 3상 변압기 1대를 설치한 배전 변전소로부터 선로 길이 $1.5[km]$의 1회선 고압 배전선로에 의해 공급되는 수용가 인입구에서 3상 단락고장이 발생하였다. 선로의 전압강하를 고려하여 다음 물음에 답하시오.(단, 변압기 1상당의 리액턴스는 $0.4[\Omega]$, 배전선 1선당의 저항은 $0.9[\Omega/km]$, 리액턴스는 $0.4[\Omega/km]$라 하고 기타의 정수는 무시하는 것으로 한다.) **[10점]**

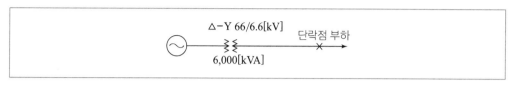

(1) 1상분의 단락회로를 그리시오.

(2) 수용가 인입구에서의 3상 단락전류를 구하시오.
   • 계산 과정:
   • 답:

(3) 이 수용가에서 사용하는 차단기로서는 몇 $[MVA]$ 것이 적당하겠는가?
   • 계산 과정:
   • 답:

답안작성 (1)

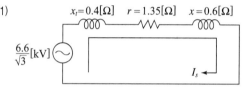

(2) • 계산 과정
   선로 임피던스는
   $r = 0.9 \times 1.5 = 1.35[\Omega]$
   $x = 0.4 \times 1.5 = 0.6[\Omega]$
   변압기 리액턴스 $x_t = 0.4[\Omega]$

   $\therefore$ 단락전류 $I_s = \dfrac{E}{\sqrt{r^2 + (x_t + x)^2}} = \dfrac{\dfrac{6.6 \times 10^3}{\sqrt{3}}}{\sqrt{1.35^2 + (0.4 + 0.6)^2}} = 2,268.12[A]$

   • 답: $2,268.12[A]$

(3) • 계산 과정: $P_s = \sqrt{3}\, V_n I_s = \sqrt{3} \times 6,600 \times \dfrac{1.2}{1.1} \times 2,268.12 \times 10^{-6} = 28.29[MVA]$

   • 답: $28.29[MVA]$

해설비법 (3) 차단용량 $P_s = \sqrt{3}\, V_n I_s$

   여기서 V_n: 정격 전압$\left(= 공칭 전압 \times \dfrac{1.2}{1.1}\right)$, I_s: 정격 차단전류

아래의 그림은 전동기의 정·역운전 회로도의 일부분이다. 동작 설명과 미완성 도면을 이용하여 다음 각 물음에 답하시오. [6점]

L1 L2 L3
MCCB
MCF MCR
THR
M

[동작 설명]
• MCCB를 투입하여 전원을 인가하면 ⑥등이 점등되도록 한다.
• 누름버튼 스위치 PB_1을 ON하면 MCF가 여자되며, 이때 ⑥등은 소등되고 ®등은 점등되도록 하며, 또한 정회전한다.
• 누름버튼 스위치 PB_0를 누르면 전동기는 정지하며, 이때 ®등은 소등되고 ⑥등은 점등된다.
• 누름버튼 스위치 PB_2를 ON하면 MCR이 여자되며, 이때 ⓨ등이 점등되고 ⑥등은 소등되도록 하며, 또한 역회전한다.
• 과부하 시에는 열동계전기 THR이 동작되어 THR의 b접점이 개방되어 전동기는 정지된다.
※ 위와 같은 사항으로 동작되며, 특이한 사항은 MCF 또는 MCR 중 어느 하나가 여자되면 나머지 하나는 전동기 정지 후 동작시켜야 동작이 가능하다.
※ MCF, MCR의 보조 접점으로는 각각 a접점 1개, b접점 2개를 사용한다.

(1) 다음 주회로 부분을 완성하시오.

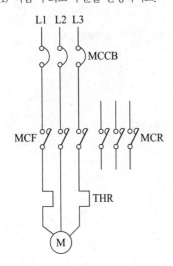

L1 L2 L3
MCCB
MCF MCR
THR
M

(2) 다음 보조회로 부분을 완성하시오.

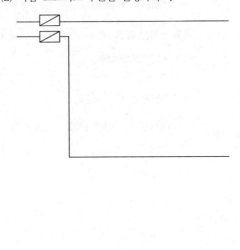

답안작성

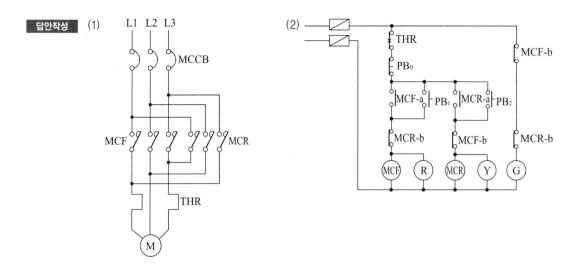

(1) (2)

해설비법 정·역운전 주회로 결선 시에는 두 상을 바꾸어 주면 된다. 열동계전기 THR 접점은 반드시 b접점으로 한다.

04 ★★★

역률을 개선하면 전기 요금의 저감과 배전선의 손실 경감, 전압강하 감소, 설비 여력의 증가 등을 기할 수 있으나, 너무 과보상하면 역효과가 나타난다. 즉, 경부하 시에 콘덴서가 과대 삽입되는 경우의 결점을 3가지 쓰시오. [5점]

답안작성
- 계전기 오동작
- 단자 전압 상승
- 역률 저하

단답 정리함 역률 과보상 시 발생하는 현상
- 계전기 오동작
- 단자 전압 상승
- 역률 저하
- 전력 손실 증가
- 고조파 왜곡 확대

개념체크 역률 과보상
역률 개선용 콘덴서의 용량을 부하의 지상 역률에 의한 무효전력보다는 크지 않아야 하는데, 콘덴서 용량이 지상 전류 무효전력을 상쇄하고도 남는 경우이다. 90° 앞선 진상 전류에 의한 모선 전압 상승 및 앞선 역률로 인한 전력 손실 증가, 고조파 왜곡 증가, 계전기 오동작 등을 유발시킬 수 있다.

단상 3선식 110/220[V]을 채용하고 있는 어떤 건물이 있다. 변압기가 설치된 수전실로부터 60[m]가 되는 곳에 부하 집계표와 같은 분전반을 시설하고자 한다. 다음 표를 참고하여 전압변동률 2[%] 이하, 전압강하율 2[%] 이하가 되도록 다음 사항을 구하시오. 공사방법 B1이며 전선은 PVC 절연전선이다. (단, 후강전선관 공사로 하고, 3상 모두 같은 선으로 하며, 부하의 수용률은 100[%]로 적용, 후강전선관 내 전선의 점유율은 $\frac{1}{3}$ 이내를 유지한다.)   [14점]

[표 1] 부하 집계표

회로 번호	부하 명칭	부하[VA]	부하 분담[VA]		NFB 크기			비고
			A	B	극수	AF	AT	
1	전등	2,400	1,200	1,200	2	50	15	
2	전등	1,400	700	700	2	50	15	
3	콘센트	1,000	1,000	–	1	50	20	
4	콘센트	1,400	1,400	–	1	50	20	
5	콘센트	600	–	600	1	50	20	
6	콘센트	1,000	–	1,000	1	50	20	
7	팬코일	700	700	–	1	30	15	
8	팬코일	700	–	700	1	30	15	
합계		9,200	5,000	4,200				

[표 2] 전선(피복 절연물을 포함)의 단면적

도체 단면적[mm²]	절연체 두께[mm]	평균 완성 바깥지름[mm]	전선의 단면적[mm²]
1.5	0.7	3.3	9
2.5	0.8	4.0	13
4	0.8	4.6	17
6	0.8	5.2	21
10	1.0	6.7	35
16	1.0	7.8	48
25	1.2	9.7	74
35	1.2	10.9	93
50	1.4	12.8	128
70	1.4	14.6	167
95	1.6	17.1	230
120	1.6	18.8	277
150	1.8	20.9	343
185	2.0	23.3	426
240	2.2	26.6	555
300	2.4	29.6	688
400	2.6	33.2	865

[비고 1] 전선의 단면적은 평균완성 바깥지름의 상한값을 환산한 값이다.

[비고 2] 450/750[V] 일반용 단심 비닐절연전선(연선)을 기준으로 한 것이다.

[표 3] 공사 방법에서의 허용전류[A]

전선의 공칭 단면적[mm²]	공사 방법에서의 허용전류[A]					
	A1	A2	B1	B2	C	D
1.5	13.5	13	15.5	15	17.5	18
2.5	18	17.5	21	20	24	24
4	24	23	28	27	32	31
6	31	29	36	34	41	39
10	42	39	50	46	57	52
16	56	52	68	62	76	67
25	73	68	89	80	96	86
35	89	83	110	99	119	103
50	108	99	134	118	144	122
70	136	125	171	149	184	151
95	164	150	207	179	223	179
120	188	172	239	206	259	203
150	216	196	–	–	299	230
185	245	223	–	–	341	258
240	286	261	–	–	403	297
300	328	298	–	–	464	336

※ 전선관 등의 공사에서의 전선의 허용전류[A]
※ PVC 절연, 3개의 부하 전선, 동 또는 알루미늄
※ 전선 온도: 70[℃], 주위 온도: 기중 30[℃], 지중 20[℃]

(1) 간선의 공칭 단면적[mm²]을 선정하시오.
  • 계산 과정:

  • 답:

(2) 간선 보호용 과전류 차단기의 용량(AF, AT)을 선정하시오.(단, AF는 30, 50, 100, AT는 10, 20, 32, 40, 50, 63, 80, 100에서 선정한다.)
  • 계산 과정:

  • 답:

(3) 분전반의 복선 결선도를 완성하시오.

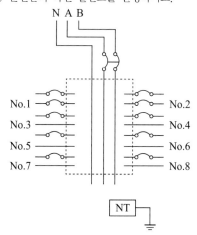

(4) 설비 불평형률은 몇 [%]인지 구하시오.
  • 계산 과정:

  • 답:

(1) • 계산 과정

간선의 굵기

A선의 전류 $I_A = \dfrac{5,000}{110} = 45.45[\text{A}]$

B선의 전류 $I_B = \dfrac{4,200}{110} = 38.18[\text{A}]$

I_A, I_B 중 큰 값인 45.45[A]를 기준으로 전선의 굵기를 선정

$A = \dfrac{17.8LI}{1,000e} = \dfrac{17.8 \times 60 \times 45.45}{1,000 \times 110 \times 0.02} = 22.06[\text{mm}^2]$

∴ 공칭 단면적 [표 2]에서 25[mm²] 선정

• 답: 25[mm²]

(2) • 계산 과정

설계 전류 $I_B' = 45.45[\text{A}]$이고, [표 3]에서 25[mm²]란과 공사방법 B1이 교차하는 전선의 허용전류 $I_Z = 89[\text{A}]$이므로 $I_B' \leq I_n \leq I_Z$의 조건을 만족하는 정격전류에서 차단기 용량 AT : 80[A]을 선정하고, 이 크기 이상인 AF : 100[A]를 선정한다.

• 답: AF : 100[A], AT : 80[A]

(3)

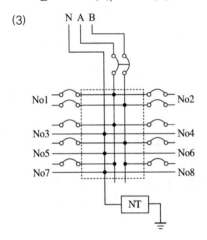

(4) • 계산 과정

설비 불평형률 $= \dfrac{(1,000 + 1,400 + 700) - (600 + 1,000 + 700)}{(5,000 + 4,200) \times \dfrac{1}{2}} \times 100 = 17.39[\%]$

• 답: 17.39[%]

해설비법 (1) 단상 3선식에서 전선의 굵기를 선정할 때에 전류는 A선과 B선 중 전류가 큰 쪽인 A선의 부하전류(45.45[A])를 기준으로 한다.

(2) 과부하에 대해 케이블(전선)을 보호하는 장치의 동작특성

$$I_B \leq I_n \leq I_Z$$
$$I_2 \leq 1.45 \times I_Z$$

(단, I_B : 회로의 설계전류[A], I_Z : 케이블의 허용전류[A], I_n : 보호장치의 정격전류[A], I_2 : 보호장치가 규약 시간 이내에 유효하게 동작하는 것을 보장하는 전류[A])

(4) 저압 수전의 단상 3선식에서의 설비 불평형률

$$\frac{\text{중성선과 각 전압 측 전선 간에 접속되는 부하설비 용량[kVA]의 차}}{\text{총 부하설비 용량[kVA]} \times \frac{1}{2}} \times 100[\%]$$

이때 설비 불평형률은 40[%] 이하이어야 한다.

※ 문제의 [표] 또는 [참고자료]가 KEC 적용 이전의 산출값으로 되어 있으나, 표를 활용하여 답을 산출하는 유형의 문제풀이 방법 숙지를 위해 수록하였습니다.

06 ★★★

연축전지의 정격 용량이 100[Ah]이고, 상시 부하가 5[kW], 표준 전압이 100[V]인 부동 충전 방식이 있다. 이 부동 충전 방식에서 다음 각 물음에 답하시오. [6점]

(1) 부동 충전 방식의 충전기 2차 전류는 몇 [A]인지 계산하시오.
- 계산 과정:
- 답:

(2) 부동 충전 방식의 회로도를 전원, 축전지, 부하, 충전기(정류기) 등을 이용하여 간단히 답란에 그리시오. (단, 심벌은 일반적인 심벌로 표현하되 심벌 부근에 심벌에 따른 명칭을 쓰도록 하시오.)

답안작성 (1) • 계산 과정: $I = \dfrac{100}{10} + \dfrac{5 \times 10^3}{100} = 60[\text{A}]$

- 답: 60[A]

(2)

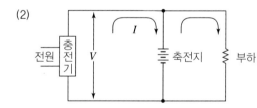

V: 부동 충전 전압[V]
I: 부동 충전 전류[A]

개념체크 • 부동 충전 방식

$$\text{충전기 2차 전류[A]} = \frac{\text{축전지 용량[Ah]}}{\text{정격 방전율[h]}} + \frac{\text{상시 부하 용량[VA]}}{\text{표준 전압[V]}}$$

- 축전지별 정격 방전율
  - 연축전지: 10[h]
  - 알칼리축전지: 5[h]
- 부동 충전 방식은 상용 부하에 대한 전력 공급은 충전기가 부담하고, 충전기가 공급하기 어려운 일시적인 대전류 부하에 대해서는 축전지로 하여금 부담하게 하는 방식이다.

07
★★☆

TV나 형광등과 같은 전기 제품에서의 깜빡거림 현상을 플리커 현상이라고 하는데, 이 플리커 현상을 경감시키기 위한 전원 측과 수용가 측에서의 대책을 각각 3가지 쓰시오.　　　　[8점]

(1) 전원 측

(2) 수용가 측

답안작성 (1) • 공급 전압을 승압한다.
　　　　• 단락 용량이 큰 계통에서 공급한다.
　　　　• 플리커 발생 기기를 전용 계통에서 공급한다.

　　　　(2) • 직렬 콘덴서를 설치한다.
　　　　• 부스터를 설치한다.
　　　　• 직렬 리액터를 설치한다.

단답 정리함 플리커 현상 경감 대책
• 전원 측
　– 공급 전압을 승압한다.
　– 단락 용량이 큰 계통에서 공급한다.
　– 플리커 발생 기기를 전용 계통에서 공급한다.
　– 전용 변압기로 공급한다.
• 수용가 측
　– 직렬 콘덴서를 설치한다.
　– 부스터를 설치한다.
　– 직렬 리액터를 설치한다.
　– 3권선 보상 변압기를 설치한다.
　– 상호 보상 리액터를 설치한다.
　– 직렬 리액터 가포화 방식으로 한다.

08

★☆☆

그림과 같은 배선 평면도와 주어진 조건을 이용하여 다음 각 물음에 답하시오. [12점]

(1) 점선으로 표시된 위치(Ⓐ～Ⓕ)에 기구를 배치하여 배선 평면도를 완성하려고 한다. 해당되는 기구의 그림 기호를 그리시오.

(2) 배선 평면도의 ①～③의 배선 가닥수는 몇 가닥인가?

(3) 도면의 ④에 대한 그림 기호의 명칭은 무엇인가?

(4) 본 배선 평면도에 소요되는 4각 박스와 부싱은 몇 개인가?(단, 자재의 규격은 구분하지 않고 개수만 산정한다.)

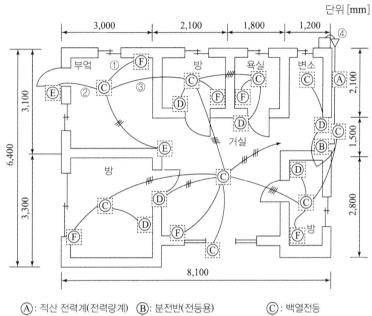

단위 [mm]

Ⓐ: 적산 전력계(전력량계)   Ⓑ: 분전반(전등용)   Ⓒ: 백열전등
Ⓓ: 덤블러 스위치   Ⓔ: 덤블러 스위치(3로 스위치)   Ⓕ: 10[A]콘센트

[조건]
• 사용하는 전선은 모두 NR 4.0[mm²]이다.
• 박스는 모두 4각 박스를 사용하며, 기구 1개에 박스 1개를 사용한다. 2개 연등인 경우에는 각 1개씩을 사용하는 것으로 한다.
• 전선관은 콘크리트 매입 후강 금속관이다.
• 층고는 3[m]이고, 분전반의 설치 높이는 1.5[m]이다.
• 3로 스위치 이외의 스위치는 단극 스위치를 사용하며, 2개를 나란히 사용한 개소는 2개소이다.

답안작성 (1) Ⓐ [WH]   Ⓑ ◣   Ⓒ ○   Ⓓ ●   Ⓔ ●₃   Ⓕ

(2) ① 2가닥   ② 3가닥   ③ 4가닥

(3) 케이블 헤드

(4) 4각 박스 25개, 부싱 46개

해설비법 (4) • 4각 박스: 25개
－ C: 9개   • D: 6개   • E: 2개   • F: 6개
－ 스위치 2개를 나란히 사용한 장소에 추가되는 스위치 박스: 2개
• 부싱 : 46개
스위치 2개를 나란히 사용한 장소를 제외한 4각 박스 수×2＝23×2＝46개

09
★ ★ ★
어떤 부하에 그림과 같이 접속된 전압계, 전류계 및 전력계의 지시치가 각각 $V = 200[\text{V}]$, $I = 30[\text{A}]$, $W_1 = 5.96[\text{kW}]$, $W_2 = 2.36[\text{kW}]$이다. 이 부하에 대하여 다음 각 물음에 답하시오. [5점]

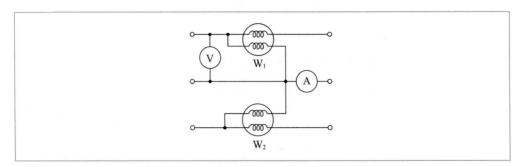

(1) 소비 전력은 몇 [kW]인가?
- 계산 과정:
- 답:

(2) 피상 전력은 몇 [kVA]인가?
- 계산 과정:
- 답:

(3) 부하 역률은 몇 [%]인가?
- 계산 과정:
- 답:

답안작성

(1) • 계산 과정: $P = W_1 + W_2 = 5.96 + 2.36 = 8.32[\text{kW}]$
- 답: 8.32[kW]

(2) • 계산 과정: $P_a = \sqrt{3}\,VI = \sqrt{3} \times 200 \times 30 \times 10^{-3} = 10.39[\text{kVA}]$
- 답: 10.39[kVA]

(3) • 계산 과정: $\cos\theta = \dfrac{P}{P_a} \times 100[\%] = \dfrac{8.32}{10.39} \times 100[\%] = 80.08[\%]$
- 답: 80.08[%]

해설비법 문제 조건에서 전압계와 전류계의 지시값이 있을 경우 피상 전력은 $P_a = \sqrt{3}\,VI$로 계산해야 한다.

10 피뢰기에 대한 다음 각 물음에 답하시오. [6점]

★★☆

(1) 현재 사용되고 있는 교류용 피뢰기의 구조는 무엇과 무엇으로 구성되어 있는지 쓰시오.

(2) 피뢰기의 정격 전압은 어떤 전압인지 설명하시오.

(3) 피뢰기의 제한 전압은 어떤 전압인지 설명하시오.

답안작성

(1) 직렬 갭, 특성 요소

(2) 피뢰기 방전 후 속류를 차단할 수 있는 교류 최고 전압

(3) 피뢰기 방전 중 피뢰기 단자에 남게 되는 충격 전압

개념체크 • 피뢰기의 구조

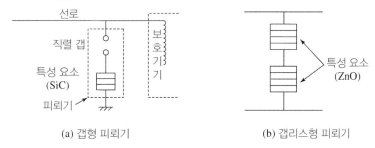

(a) 갭형 피뢰기　　　　　(b) 갭리스형 피뢰기

- 직렬 갭: 뇌전류를 대지로 방전시키고 속류를 차단한다.
- 특성 요소: 뇌전류 방전 시 피뢰기 자신의 전위 상승을 억제하여 자신의 절연 파괴를 방지한다.

• 피뢰기의 정격 전압
- 피뢰기 방전 후 속류를 차단할 수 있는 전압을 말한다.
- 정격 전압의 계산

$$V = \alpha \beta V_m \, [\text{kV}]$$
(단, α: 접지 계수, β: 여유 계수, V_m: 계통 최고 전압)

11

★★★

$3\phi 4W$, $22.9[kV]$ **수변전실 단선 결선도이다. 그림에서 표시된 ①~⑩까지의 명칭을 쓰시오. [6점]**

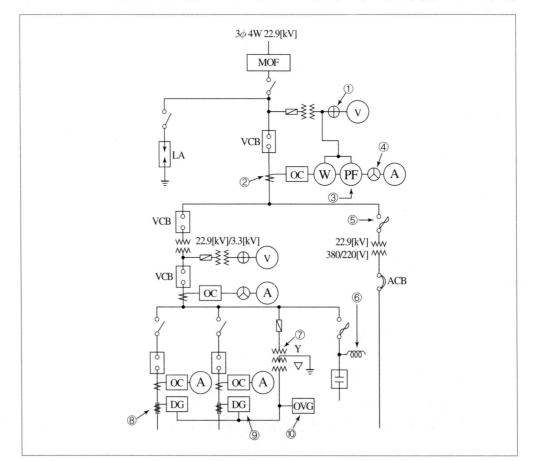

답안작성

① 전압계용 전환 개폐기   ② 변류기   ③ 역률계
④ 전류계용 전환 개폐기   ⑤ 전력 퓨즈   ⑥ 방전 코일
⑦ 접지형 계기용 변압기   ⑧ 영상 변류기   ⑨ 지락 방향 계전기
⑩ 지락 과전압 계전기

해설비법

① 전압계용 전환 개폐기(VS): 1대의 전압계로 3상 각 상의 전압을 측정하기 위해 사용하는 전환 개폐기
② 변류기(CT): 대전류를 소전류로 변류하여 계기 및 계전기에 공급
③ 역률계: 역률 측정
④ 전류계용 전환 개폐기(AS): 1대의 전류계로 3상 각 상의 전류를 측정하기 위해 사용하는 전환 개폐기
⑤ 전력 퓨즈(PF): 평상 시 부하전류는 안전하게 통전하고, 이상전류나 단락전류에 대해 즉시 차단
⑥ 방전 코일(DC): 콘덴서 개방 시 잔류 전하를 신속히 방전하여 인체의 감전 사고 방지
⑦ 접지형 계기용 변압기(GPT): 비접지 계통에서 지락 사고 시 영상 전압 검출
⑧ 영상 변류기(ZCT): 지락 사고 시 지락 전류를 검출
⑨ 지락 방향 계전기(DGR): 루프 계통의 지락 사고 검출용
⑩ 지락 과전압 계전기(OVGR): 지락 사고 시 발생하는 영상전압 검출

12

★★☆

가로 $8[\text{m}]$, 세로 $18[\text{m}]$, 천장 높이 $3[\text{m}]$, 작업면 높이 $0.75[\text{m}]$인 사무실이 있다. 여기에 천장 직부 형광등($40[\text{W}] \times 2$등용)을 설치하고자 한다. 다음 각 물음에 답하시오. [6점]

[조건]

· 작업면 요구 조도 $1,000[\text{lx}]$, 천장 반사율 $70[\%]$, 벽면 반사율 $50[\%]$, 바닥 반사율 $10[\%]$이고, 보수율 0.7, $40[\text{W}]$ 1등의 광속은 $4,400[\text{lm}]$으로 본다.

· 조명률 기준표

반사율 [%] 천장	70				50				30			
벽	70	50	30	20	70	50	30	20	70	50	30	20
바닥	10				10				10			
실지수	조명률[%]											
1.5	64	55	49	43	58	51	45	41	52	46	42	38
2.0	69	61	55	50	62	56	51	47	57	52	48	44
2.5	72	66	60	55	65	60	56	52	60	55	52	48
3.0	74	69	64	59	68	63	59	55	62	58	55	52
4.0	77	73	69	65	71	67	64	61	65	62	59	56
5.0	79	75	72	69	73	70	67	64	67	64	62	60

(1) 실지수를 구하시오.
· 계산 과정:
· 답:

(2) 조명률을 구하시오.
· 계산 과정:
· 답:

(3) 설치 등기구의 최소 수량을 구하시오.
· 계산 과정:
· 답:

답안작성 (1) · 계산 과정

$$H = 3 - 0.75 = 2.25[\text{m}], \quad \text{RI} = \frac{XY}{H(X+Y)} = \frac{8 \times 18}{2.25 \times (8+18)} = 2.46$$

표에서 실지수 2.5를 선정한다.

· 답: 2.5

(2) · 계산 과정

조명률 기준표에서 실지수 2.5 칸과 천장 반사율 $70[\%]$, 벽면 반사율 $50[\%]$, 바닥 반사율 $10[\%]$ 칸이 교차되는 조명률은 $66[\%]$이다.

· 답: $66[\%]$

(3) · 계산 과정

$$FUN = EAD \text{에서} \quad N = \frac{EAD}{FU} = \frac{1,000 \times (8 \times 18) \times \dfrac{1}{0.7}}{(4,400 \times 2) \times 0.66} = 35.42\text{이다.}$$

· 답: $36[\text{개}]$

(2) 조명률 기준표

반사율 [%]	천장	70				50				30			
	벽	70	50	30	20	70	50	30	20	70	50	30	20
	바닥	10				10				10			
실지수		조명률[%]											
1.5		64	55	49	43	58	51	45	41	52	46	42	38
2.0		69	61	55	50	62	56	51	47	57	52	48	44
2.5		72	66	60	55	65	60	56	52	60	55	52	48
3.0		74	69	64	59	68	63	59	55	62	58	55	52
4.0		77	73	69	65	71	67	64	61	65	62	59	56
5.0		79	75	72	69	73	70	67	64	67	64	62	60

(3) 등의 개수 계산

$$FUN = EAD$$

(단, F: 광속[lm], U: 조명률, N: 사용하는 등의 개수, E: 조도[lx], A: 방의 면적[m²], D: 감광 보상률 $(= \dfrac{1}{M})$, M: 유지율(보수율))

형광등 기구가 $40[\text{W}] \times 2$등용이므로 광속은 $F = 4,400 \times 2[\text{lm}]$

13
★★★

일반적으로 사용되고 있는 열음극 형광등과 비교하여 슬림라인(Slim line) 형광등의 장점 5가지와 단점 3가지를 쓰시오. [5점]

(1) 장점

(2) 단점

답안작성

(1) • 필라멘트를 예열할 필요가 없어 점등관 등 기동 장치가 불필요하다.
  • 순시 기동으로 점등에 시간이 걸리지 않는다.
  • 점등 불량으로 인한 고장이 없다.
  • 관이 길어 양광주가 길고 효율이 좋다.
  • 전압 변동에 의한 수명의 단축이 없다.

(2) • 점등 장치의 가격이 고가이다.
  • 전압이 높아 위험하다.
  • 전압이 높아 기동 시에 음극이 손상되기 쉽다.

14
★★☆

아래 그림의 회로에 대해서 각 물음에 답하시오. [5점]

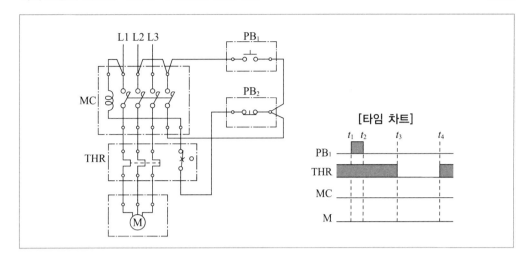

(1) 시퀀스도로 표시하시오.

(2) 시간 t_3에 서멀 릴레이가 작동하고, 시간 t_4에서 수동으로 복귀하였다. 이때의 동작을 타임 차트로 표시하시오.

답안작성

(1)

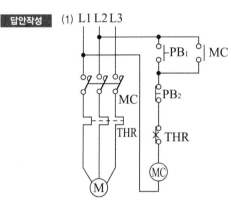

(2)

해설비법 유접점 회로의 논리식

$$MC = (PB_1 + MC) \cdot \overline{PB_2} \cdot \overline{THR}$$

2004년

01 ★★★

조명설비에 대한 다음 각 물음에 답하시오. [6점]

(1) 배선 도면에 $\bigcirc_{H400}$으로 표현되어 있다. 이것의 의미를 쓰시오.

(2) 비상용 조명을 건축기준법에 따른 형광등으로 시설하고자 할 때 이것을 일반적인 경우의 그림 기호로 표현하시오.

(3) 평면이 $15 \times 10[m^2]$인 사무실에 $40[W]$, 전광속 $2,500[lm]$인 형광등을 사용하여 평균 조도를 $300[lx]$로 유지하도록 설계하고자 한다. 이 사무실에 필요한 형광등 수를 산정하시오.(단, 조명률은 0.6이고, 감광 보상률은 1.3이다.)
  • 계산 과정:
  • 답:

답안작성

(1) $400[W]$ 수은등

(2) ▬●▬

(3) • 계산 과정: $N = \dfrac{EAD}{FU} = \dfrac{300 \times 15 \times 10 \times 1.3}{2,500 \times 0.6} = 39[등]$
  • 답: $39[등]$

해설비법

(1) 고휘도 방전등(HID) 기호
  • N: 나트륨등
  • M: 메탈 헬라이드등
  • H: 수은등
  • X: 크세논등

(3) 등의 개수 계산

$$FUN = EAD$$

(단, F: 광속[lm], U: 조명률, N: 사용하는 등의 개수, E: 조도[lx], A: 방의 면적[m²], D: 감광 보상률 $(= \dfrac{1}{M})$, M: 유지율(보수율))

02

★★★

지중 전선로의 시설에 관한 다음 각 물음에 답하시오. [7점]

(1) 지중 전선로는 어떤 방식에 의하여 시설하여야 하는지 그 3가지만 쓰시오.

(2) 지중 전선로의 전선으로는 어떤 것을 사용하는가?

답안작성 (1) 직접 매설식, 관로식, 암거식

(2) 케이블

규정체크 지중 전선로의 시설

지중 전선로는 전선에 케이블을 사용하고 또한 관로식, 암거식 또는 직접 매설식에 의하여 시설하여야 한다.

단답 정리함 지중 케이블 포설 방식

• 직접 매설식
• 관로식
• 암거식

03

★★★

비상용 자가 발전기를 구입하고자 한다. 부하는 단일 부하로서 유도 전동기이며 기동용량이 $1,800[\mathrm{kVA}]$ 이고, 기동 시의 전압강하는 $20[\%]$까지 허용하며, 발전기의 과도 리액턴스는 $26[\%]$로 본다면 자가 발전기의 용량은 이론(계산)상 몇 $[\mathrm{kVA}]$ 이상의 것을 구입하여야 하는지 구하시오. [4점]

• 계산 과정:

• 답:

답안작성 • 계산 과정: $P_G \geq \left(\dfrac{1}{0.2} - 1\right) \times 0.26 \times 1,800 = 1,872[\mathrm{kVA}]$

• 답: $1,872[\mathrm{kVA}]$

개념체크 비상용 자가 발전기 출력

$$P_G \geq \left(\frac{1}{\text{허용 전압강하}} - 1\right) \times \text{과도 리액턴스} \times \text{기동 용량}[\mathrm{kVA}]$$

04

★★★

인텔리전트 빌딩(Intelligent building)은 빌딩자동화 시스템, 사무자동화 시스템, 정보통신 시스템, 건축 환경을 총 망라한 건설과 유지 관리의 경제성을 추구하는 빌딩이라 할 수 있다. 이러한 빌딩의 전산 시스템을 유지하기 위하여 비상 전원으로 사용되고 있는 UPS에 대해서 다음 각 물음에 답하시오. [7점]

(1) UPS를 우리말로 하면 어떤 것을 뜻하는가?

(2) UPS에서 AC → DC부와 DC → AC부로 변환하는 부분의 명칭을 각각 무엇이라고 부르는가?
   • AC → DC부
   • DC → AC부

(3) UPS가 동작되면 전력 공급을 위한 축전지가 필요한데, 그때의 축전지 용량을 구하는 공식을 쓰시오.(단, 사용 기호에 대한 의미도 설명하도록 하시오.)

답안작성
(1) 무정전 전원 공급 장치

(2) • AC → DC부: 컨버터(순변환기)
   • DC → AC부: 인버터(역변환기)

(3) $C = \dfrac{1}{L} KI \, [\text{Ah}]$

(L: 보수율(경년 용량 저하율), K: 용량 환산 시간 계수, I: 방전 전류[A], C: 축전지 용량[Ah])

개념체크
무정전 전원 공급 장치(UPS: Uninterruptible Power Supply)

(1) UPS의 역할
   선로의 정전이나 입력 전원에 이상 상태가 발생하였을 경우에도 정상적으로 전력을 부하 측에 공급하는 무정전 전원 공급 장치이다.

(2) UPS의 구성

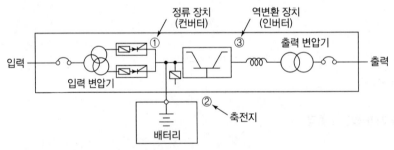

① 정류 장치(컨버터): 교류를 직류로 변환시킨다.
② 축전지: 직류 전력을 저장시킨다.
③ 역변환 장치(인버터): 직류를 교류로 변환시킨다.

(3) 비상 전원으로 사용되는 UPS의 블록 다이어그램

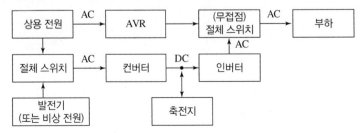

05 ★★★

그림과 같이 부하가 A, B, C에 시설될 경우, 이것에 공급할 변압기의 용량을 계산하여 표준 용량을 선정하시오.(단, 부등률은 1.1, 부하 역률은 80[%]로 한다.)　　　　　　　　　　　　　[4점]

변압기 표준 용량[kVA]						
50	100	150	200	250	300	350

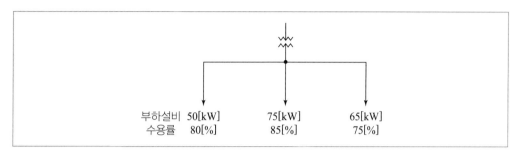

부하설비 50[kW]　　　75[kW]　　　65[kW]
수용률　　80[%]　　　 85[%]　　　 75[%]

• 계산 과정:

• 답:

답안작성

• 계산 과정: $P_a = \dfrac{50 \times 0.8 + 75 \times 0.85 + 65 \times 0.75}{1.1 \times 0.8} = 173.3[\text{kVA}]$

• 답: 표준 용량 200[kVA] 선정

개념체크

변압기 용량 $= \dfrac{\sum(\text{설비 용량}[\text{kW}] \times \text{수용률})}{\text{부등률} \times \text{역률}}$

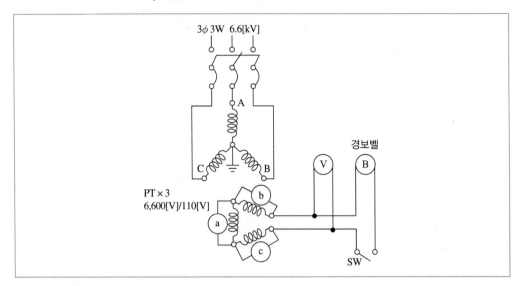

06 ★★☆ 고압 선로에서의 접지사고 검출 및 경보장치를 그림과 같이 시설하였다. A선에 누전사고가 발생하였을 때 다음 물음에 답하시오.(단, 전원이 인가되고 경보벨의 스위치는 닫혀 있는 상태라고 한다.) [8점]

(1) 1차 측 A선의 대지 전압이 0[V]인 경우 B선 및 C선의 대지 전압은 각각 몇 [V]인가?

① B선의 대지 전압
  • 계산 과정:
  • 답:

② C선의 대지 전압
  • 계산 과정:
  • 답:

(2) 2차 측 전구 ⓐ의 전압이 0[V]인 경우 ⓑ 및 ⓒ 전구의 전압과 전압계 Ⓥ의 지시 전압, 경보벨 Ⓑ에 걸리는 전압은 각각 몇 [V]인가?

① ⓑ 전구의 전압
  • 계산 과정:
  • 답:

② ⓒ 전구의 전압
  • 계산 과정:
  • 답:

③ 전압계 Ⓥ의 지시 전압
  • 계산 과정:
  • 답:

④ 경보벨 Ⓑ에 걸리는 전압
  • 계산 과정:
  • 답:

답안작성 (1) ① • 계산 과정: $\dfrac{6,600}{\sqrt{3}} \times \sqrt{3} = 6,600[V]$
  • 답: $6,600[V]$

② • 계산 과정: $\dfrac{6,600}{\sqrt{3}} \times \sqrt{3} = 6,600[V]$
  • 답: $6,600[V]$

(2) ① • 계산 과정: $\dfrac{110}{\sqrt{3}} \times \sqrt{3} = 110[\text{V}]$

　　• 답: $110[\text{V}]$

② • 계산 과정: $\dfrac{110}{\sqrt{3}} \times \sqrt{3} = 110[\text{V}]$

　　• 답: $110[\text{V}]$

③ • 계산 과정: $110 \times \sqrt{3} = 190.53[\text{V}]$

　　• 답: $190.53[\text{V}]$

④ • 계산 과정: $110 \times \sqrt{3} = 190.53[\text{V}]$

　　• 답: $190.53[\text{V}]$

해설비법 (1) 1선 지락사고 시

　• 지락된 상: $0[\text{V}]$

　• 건전 상: 대지전위의 $\sqrt{3}$ 배로 상승

(2) 1선 지락사고 시 전압계와 경보벨에는 건전상에 대한 선간 전압이 걸리므로 $110 \times \sqrt{3} = 190.53[\text{V}]$ 이 나타난다.

07
★★★

그림은 $22.9[\text{kV}-\text{Y}]$, $1,000[\text{kVA}]$ 이하에 적용 가능한 특고압 간이 수전설비 표준 결선도이다. 이 결선도를 보고 다음 각 물음에 답하시오. [10점]

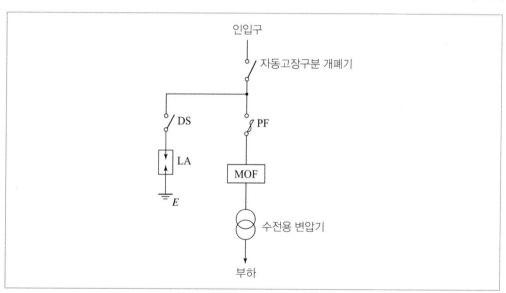

(1) 본 도면에서 생략할 수 있는 것은?

(2) $22.9[\text{kV}-\text{Y}]$용의 LA는 (　　　) 붙임형을 사용하여야 한다. (　　　) 안에 알맞은 것은?

(3) 인입선을 지중선으로 시설하는 경우로 공동 주택 등 사고 시 정전 피해가 큰 수전설비 인입선은 예비선을 포함하여 몇 회선으로 시설하는 것이 바람직한가?

(4) $22.9[\text{kV}-\text{Y}]$ 지중 인입선에는 어떤 케이블을 사용하여야 하는가?

(5) $300[\text{kVA}]$ 이하인 경우 PF 대신 COS를 사용하였다. 이것의 비대칭 차단 전류 용량은 몇 $[\text{kA}]$ 이상의 것을 사용하여야 하는가?

(1) LA용 DS

(2) Disconnector 또는 Isolator

(3) 2회선

(4) CNCV－W 케이블(수밀형) 또는 TR CNCV－W(트리 억제형)

(5) 10[kA] 이상

22.9[kV－Y] 1,000[kVA] 이하를 시설하는 경우 간이 수전설비 결선도

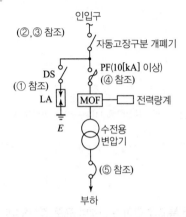

[주요 사항]
① LA용 DS는 생략이 가능하며, 22.9[kV－Y]용의 LA는 반드시 Isolator(또는 Disconnector) 붙임형을 사용하여야 한다.
② 인입선을 지중선으로 시설하는 경우에는 공동 주택 등 고장 시 정전의 피해가 특히 우려되는 곳은 예비 지중선을 포함하여 2회선으로 시설하는 것이 바람직하다.
③ 지중 인입선의 경우에 22.9[kV－Y] 계통은 CNCV－W 케이블(수밀형) 또는 TR CNCV－W(트리 억제형)을 사용하여야 한다. 단, 전력구, 공동구, 덕트, 건물 구내 등 화재의 우려가 있는 장소에서는 FR CNCO－W(난연) 케이블을 사용하는 것이 바람직하다.
④ 300[kVA] 이하인 경우 PF 대신 COS(비대칭 차단 전류 10[kA] 이상의 것)을 사용할 수 있다.
⑤ 간이 수전설비는 PF의 용단 등에 의한 결상 사고에 대한 대책이 없으므로 변압기 2차 측에 설치되는 주차단기에는 결상 계전기 등을 설치하여 결상 사고에 대한 보호 능력이 있도록 하는 것이 바람직하다.

08
★★☆

다음 그림은 변류기를 영상 접속시켜 그 잔류 회로에 지락계전기 DG를 삽입시킨 것이다. 선로의 전압은 66[kV], 중성점에 300[Ω]의 저항접지로 하였고 변류기의 변류비는 300/5[A]이다. 송전전력이 20,000[kW], 역률이 0.8(지상)일 때 L1상에 완전 지락사고가 발생하였다. 다음 각 물음에 답하시오. (단, 부하의 정상 및 역상 임피던스와 기타의 정수는 무시한다.) [8점]

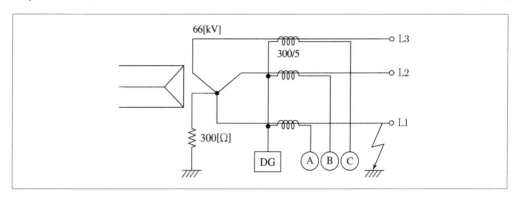

(1) 지락계전기 DG에 흐르는 전류는 몇 [A]인가?
   • 계산 과정:
   • 답:

(2) L1상 전류계 A에 흐르는 전류는 몇 [A]인가?
   • 계산 과정:
   • 답:

(3) L2상 전류계 B에 흐르는 전류는 몇 [A]인가?
   • 계산 과정:
   • 답:

(4) L3상 전류계 C에 흐르는 전류는 몇 [A]인가?
   • 계산 과정:
   • 답:

답안작성 (1) • 계산 과정

$$I_g = \frac{V/\sqrt{3}}{R} = \frac{66\times10^3/\sqrt{3}}{300} = 127.02[A]$$

∴ 지락계전기에 흐르는 전류 $I_{DG} = 127.02 \times \frac{5}{300} = 2.12[A]$

• 답: 2.12[A]

(2) • 계산 과정

전류계 A에는 부하전류와 지락전류의 합이 흐른다.

$$I_a = \frac{20,000\times10^3}{\sqrt{3}\times66\times10^3\times0.8}\times(0.8-j0.6) + \frac{66\times10^3}{\sqrt{3}\times300} = 301.97 - j131.22[A]$$

$$|I_a| = \sqrt{301.97^2 + 131.22^2} = 329.25[A]$$

∴ 전류계 A에 흐르는 전류 $= 329.25 \times \frac{5}{300} = 5.49[A]$

• 답: 5.49[A]

(3) • 계산 과정

전류계 B에는 부하전류가 <u>흐르므로</u>

$$I_b = \frac{20,000 \times 10^3}{\sqrt{3} \times 66 \times 10^3 \times 0.8} = 218.69[\text{A}] \text{ 이다.}$$

∴ 전류계 B에 흐르는 전류 $= 218.69 \times \frac{5}{300} = 3.64[\text{A}]$

• 답: 3.64[A]

(4) • 계산 과정

전류계 C에도 부하전류가 흐르므로 전류계 C에 흐르는 전류는 전류계 B에 흐르는 전류(3.64[A])와 같다.

• 답: 3.64[A]

해설비법 • 지락전류 $I_g = \frac{E}{R} = \frac{V/\sqrt{3}}{R}$

• 지락사고 시

    – 지락된 상: 지락전류 + 부하전류

    – 건전 상: 부하전류

(2) 전류를 구할 때 부하의 역률이 서로 다르다면 실수부와 허수부를 구분하여 계산한다.

09
★★☆

그림과 같이 3상 3선식 220[V]의 수전 회로가 있다. Ⓗ는 전열 부하이고, Ⓜ은 역률 0.8의 전동기이다. 이 그림을 보고 다음 각 물음에 답하시오. [6점]

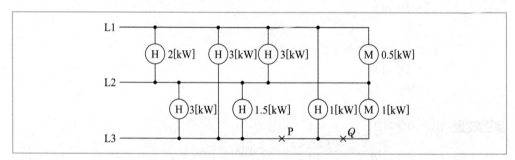

(1) 저압 수전의 3상 3선식 선로인 경우에 설비 불평형률은 몇 [%] 이하로 하여야 하는가?

(2) 그림의 설비 불평형률은 몇 [%]인가?(단, P, Q점은 단선이 아닌 것으로 계산한다.)

    • 계산 과정:

    • 답:

(3) P, Q점에서 단선이 되었다면 설비 불평형률은 몇 [%]가 되겠는가?

    • 계산 과정:

    • 답:

(1) $30[\%]$ 이하

(2) • 계산 과정

$$\text{설비 불평형률} = \frac{\left(\dfrac{3}{1} + \dfrac{1.5}{1} + \dfrac{1}{0.8}\right) - \left(\dfrac{3}{1} + \dfrac{1}{1}\right)}{\left(\dfrac{3}{1} + \dfrac{1.5}{1} + \dfrac{1}{0.8} + \dfrac{3}{1} + \dfrac{1}{1} + \dfrac{2}{1} + \dfrac{3}{1} + \dfrac{0.5}{0.8}\right) \times \dfrac{1}{3}} \times 100[\%] = 34.15[\%]$$

• 답: $34.15[\%]$

(3) • 계산 과정

$$\text{설비 불평형률} = \frac{\left(\dfrac{2}{1} + \dfrac{3}{1} + \dfrac{0.5}{0.8}\right) - \left(\dfrac{3}{1}\right)}{\left(\dfrac{3}{1} + \dfrac{1.5}{1} + \dfrac{3}{1} + \dfrac{2}{1} + \dfrac{3}{1} + \dfrac{0.5}{0.8}\right) \times \dfrac{1}{3}} \times 100[\%] = 60[\%]$$

• 답: $60[\%]$

3상 3선식 또는 3상 4선식 설비 불평형률

$$\frac{\text{각 선간에 접속되는 단상부하 설비 용량[kVA]의 최대와 최소의 차}}{\text{총 부하설비 용량[kVA]} \times \dfrac{1}{3}} \times 100[\%]$$

단선 사고 시 회로도

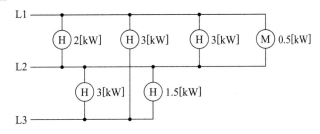

10

그림은 큐비클식 고압 수전반을 표시하고 있다. 다음 각 물음에 답하시오. [10점]

★☆☆

(1) ④번 OCB 기기의 명칭을 우리말로 쓰시오.

(2) ⑦번 기기의 명칭은 진상용 콘덴서로서 정격은 3ϕ 300[kVA]이다. 이때 진상용 콘덴서 용량은 수전설비 용량에 포함되어야 하는지의 여부를 밝히고 만약 포함된다면 몇 [kVA]가 포함되는지를 밝히시오.

(3) ⑨번 CH 기기의 명칭을 우리말로 쓰시오.

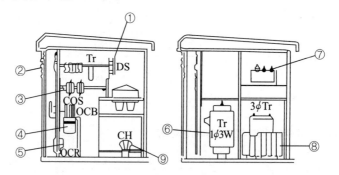

답안작성 (1) 유입 차단기

(2) 포함되지 않는다.

(3) 케이블 헤드

11

보조 릴레이 A, B, C의 계전기로 출력(H레벨)이 생기는 유접점 회로와 무접점 회로를 그리시오.(단, 보조 릴레이의 접점을 모두 a접점만을 사용하도록 한다.) [6점]

★★☆

(1) A와 B를 같이 ON하거나 C를 ON할 때 X_1 출력
 ① 유접점 회로
 ② 무접점 회로

(2) A를 ON하고 B 또는 C를 ON할 때 X_2 출력
 ① 유접점 회로
 ② 무접점 회로

답안작성 (1) ① 유접점 회로 ② 무접점 회로

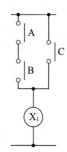 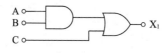

(2) ① 유접점 회로

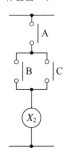

② 무접점 회로

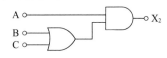

해설비법

(1) $X_1 = A \cdot B + C$

(2) $X_2 = A \cdot (B + C)$

12 ★★★

다음과 같은 아파트 단지를 계획하고 있다. 주어진 규모 및 조건을 이용하여 다음 각 물음에 답하시오.
[9점]

[규모]

• 아파트 동수 및 세대수: 2개동, 300세대

• 세대당 면적과 세대수

동별	세대당 면적[m²]	세대수	동별	세대당 면적[m²]	세대수
1동	50	30	2동	50	50
	70	40		70	30
	90	50		90	40
	110	30		110	30

• 계단, 복도, 지하실 등의 공용 면적 1동: 1,700[m²], 2동: 1,700[m²]

[조건]

• 면적의 [m²]당 상정 부하는 다음과 같다.

  아파트: 40[VA/m²], 공용 면적 부분: 7[VA/m²]

• 세대당 추가로 가산하여야 할 상정 부하는 다음과 같다.

  − 80[m²] 이하의 세대: 750[VA]

  − 150[m²] 이하의 세대: 1,000[VA]

• 아파트 동별 수용률은 다음과 같다.

  − 70세대 이하인 경우: 65[%]

  − 100세대 이하인 경우: 60[%]

  − 150세대 이하인 경우: 55[%]

  − 200세대 이하인 경우: 50[%]

• 모든 계산은 피상전력을 기준으로 한다.

• 역률은 100[%]로 보고 계산한다.

• 주변전실로부터 1동까지는 150[m]이며 동 내부의 전압강하는 무시한다.

• 각 세대의 공급 방식은 110/220[V]의 단상 3선식으로 한다.

- 변전식의 변압기는 단상 변압기 3대로 구성한다.
- 동간 부등률은 1.4로 본다.
- 공용 부분의 수용률은 100[%]로 한다.
- 주변전실에서 각 동까지의 전압강하는 3[%]로 한다.
- 간선의 후강전선관 배선으로는 NR전선을 사용하며, 간선의 굵기는 300[mm²] 이하로 사용하여야 한다.
- 이 아파트 단지의 수전은 13,200/22,900[V – Y] 3상 4선식의 계통에서 수전한다.

(1) 1동의 상정 부하는 몇 [VA]인가?
- 계산 과정:
- 답:

(2) 2동의 수용 부하는 몇 [VA]인가?
- 계산 과정:
- 답:

(3) 이 단지의 변압기는 단상 몇 [kVA]짜리 3대를 설치하여야 하는가?(단, 변압기의 용량은 10[%]의 여유율을 보며, 단상 변압기의 표준 용량은 75, 100, 150, 200, 300[kVA] 등이다.)
- 계산 과정:
- 답:

답안작성 (1) · 계산 과정

세대당 면적 [m²]	상정 부하 [VA/m²]	가산 부하 [VA]	세대수	상정 부하[VA]
50	40	750	30	$[(50 \times 40) + 750] \times 30 = 82,500$
70	40	750	40	$[(70 \times 40) + 750] \times 40 = 142,000$
90	40	1,000	50	$[(90 \times 40) + 1,000] \times 50 = 230,000$
110	40	1,000	30	$[(110 \times 40) + 1,000] \times 30 = 162,000$
합계				616,500[VA]

1동 공용 면적의 상정 부하 $= 1,700 \times 7 = 11,900$[VA]

∴ 상정 부하 합계 $= 616,500 + 11,900 = 628,400$[VA]

- 답: 628,400[VA]

(2) · 계산 과정

세대당 면적 [m²]	상정 부하 [VA/m²]	가산 부하 [VA]	세대수	상정 부하[VA]
50	40	750	50	$[(50 \times 40) + 750] \times 50 = 137,500$
70	40	750	30	$[(70 \times 40) + 750] \times 30 = 106,500$
90	40	1,000	40	$[(90 \times 40) + 1,000] \times 40 = 184,000$
110	40	1,000	30	$[(110 \times 40) + 1,000] \times 30 = 162,000$
합계				590,000[VA]

2동은 세대수가 150세대이므로 동별 수용률 55[%]를 적용하여 수용 부하를 산출한다.

공용면적 상정 부하는 $1,700 \times 7 = 11,900$[VA]이므로

2동 수용 부하의 합계 $= 590,000 \times 0.55 + 11,900 = 336,400$[VA]

- 답: 336,400[VA]

(3) • 계산 과정

$$변압기\ 용량 \geq 합성\ 최대\ 전력 = \frac{최대\ 수용\ 전력}{부등률} = \frac{설비\ 용량 \times 수용률}{부등률}$$

$$= \frac{(616,500 \times 0.55 + 1,700 \times 7) + (590,000 \times 0.55 + 1,700 \times 7)}{1.4} \times 10^{-3}$$

$$= 490.98[kVA]$$

$$단상\ 변압기\ 1대\ 용량 = \frac{490.98}{3} \times 1.1 = 180.03[kVA]$$

∴ 표준 용량 200[kVA]를 선정

• 답: 200[kVA]

해설비법 (1) 상정 부하[VA]=(세대당 면적[m²]×상정 부하[VA/m²])+가산 부하[VA]

(2) 수용 부하=상정 부하×수용률

13
★★☆

변압기의 △ − △ 결선 방식의 장점과 단점을 3가지씩 쓰시오.   [6점]

(1) 장점

(2) 단점

답안작성 (1) • 제3고조파 전류가 △결선 내를 순환해 정현파 교류 전압을 유기하여 기전력의 파형이 왜곡되지 않는다.
• 1상분이 고장나면 나머지 2대로 V결선 운전이 가능하다.
• 각 변압기의 상전류가 선전류의 $\frac{1}{\sqrt{3}}$ 이 되어 대전류에 적합하다.

(2) • 중성점을 접지할 수 없으므로 지락 사고의 검출이 곤란하다.
• 권수비가 다른 변압기를 결선하면 순환전류가 흐른다.
• 각 상의 임피던스가 다르면 3상 부하가 평형이 되어도 변압기의 부하전류는 불평형이다.

개념체크 △ − △ 결선법

① 결선도 및 전압, 전류
• 선간 전압과 상전압의 크기가 같다.
• 선전류는 상전류에 비해 크기가 $\sqrt{3}$ 배이다.
$$V_l = V_p \angle 0°, \quad I_l = \sqrt{3}\, I_p \angle -30°$$

② 장점
• 제3고조파 전류가 △ 결선 내를 순환하므로 정현파 교류 전압을 유기하여 기전력의 파형이 왜곡되지 않는다.
• 1상분이 고장나면 나머지 2대로 V 결선 운전이 가능하다.
• 각 변압기의 상전류가 선전류의 $\frac{1}{\sqrt{3}}$ 이 되어 대전류에 적당하다.

③ 단점
• 중성점을 접지할 수 없으므로 지락 사고의 검출이 곤란하다.
• 권수비가 다른 변압기를 결선하면 순환 전류가 흐른다.
• 각 상의 임피던스가 다른 경우, 3상 부하가 평형이 되어도 변압기의 부하 전류는 불평형이 된다.

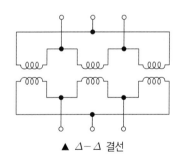

▲ △ − △ 결선

14
★☆☆

전동기 Ⓜ과 전열기 Ⓗ가 그림과 같이 접속되어 있는 경우, 저압 옥내간선의 굵기를 결정하는 허용전류는 최소 몇 [A] 이상이어야 하는가?(단, 수용률은 70[%]를 반영하여 전류값을 계산하도록 한다.) [4점]

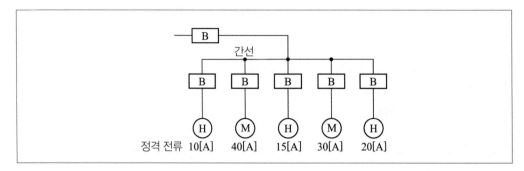

정격 전류 10[A] 40[A] 15[A] 30[A] 20[A]

• 계산 과정:

• 답:

답안작성 • 계산 과정

전동기 합계전류 $\Sigma I_M = 40 + 30 = 70[A]$

전열 합계전류 $\Sigma I_H = 10 + 15 + 20 = 45[A]$

설계전류 $I_B = (\Sigma I_M + \Sigma I_H) \times 수용률 = (70 + 45) \times 0.7 = 80.5[A]$

따라서 $I_B \leq I_n \leq I_Z$ 조건을 만족하는 간선의 최소 허용전류 $I_Z \geq 80.5[A]$

• 답: $80.5[A]$

개념체크 과부하에 대해 케이블(전선)을 보호하는 장치의 동작특성

$$I_B \leq I_n \leq I_Z$$
$$I_2 \leq 1.45 \times I_Z$$

(단, I_B: 회로의 설계전류[A], I_Z: 케이블의 허용전류[A], I_n: 보호장치의 정격전류[A], I_2: 보호장치가 규약시간 이내에 유효하게 동작하는 것을 보장하는 전류[A])

15

★★★

도면은 유도 전동기 IM의 정회전 및 역회전용 운전의 단선 결선도이다. 이 도면을 이용하여 다음 각 물음에 답하시오.(단, 52F 는 정회전용 전자 접촉기이고, 52R은 역회전용 전자 접촉기이다.) [5점]

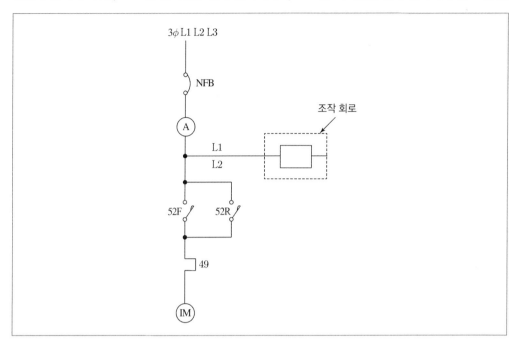

(1) 단선도를 이용하여 3선 결선도를 그리시오.(단, 점선 내의 조작회로는 제외하도록 한다.)

(2) 주어진 단선 결선도를 이용하여 정·역회전을 할 수 있도록 조작회로를 그리시오.(단, 누름버튼 스위치 OFF 버튼 2개, ON 버튼 2개 및 정회전 표시 램프 RL, 역회전 표시 램프 GL도 사용하도록 한다.)

L1 ————————————————

L2 ————————————————

(1)

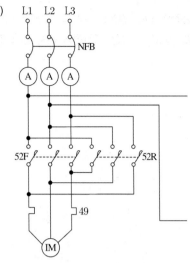

(2)

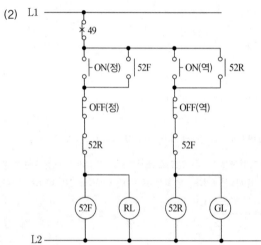

해설비법
- 정·역 운전회로의 주회로: 전원의 3선 중 2선의 접속을 바꾸어 결선한다.
- 정·역 운전회로의 보조회로: 자기유지 회로 및 인터록 회로로 구성한다.

01 ★★★

교류 동기 발전기에 대한 다음 각 물음에 답하시오. [7점]

(1) 정격 전압 6,000[V], 정격 출력 5,000[kVA]인 3상 교류 발전기에서 계자 전류가 300[A], 무부하 단자 전압이 6,000[V]이고, 이 계자 전류에 있어서의 3상 단락 전류가 700[A]라고 한다. 이 발전기의 단락비를 구하시오.

• 계산 과정:

• 답:

(2) 다음 ①~⑥에 알맞은 ( ) 안의 내용을 크다(고), 적다(고), 높다(고), 낮다(고) 등으로 답란에 쓰시오.

> 단락비가 큰 교류 발전기는 일반적으로 기계의 치수가 (①), 가격이 (②), 풍손, 마찰손, 철손이 (③), 효율은 (④), 전압 변동률은 (⑤), 안정도는 (⑥).

(3) 비상용 동기 발전기의 병렬운전 조건을 4가지 쓰시오.

답안작성 (1) • 계산 과정

정격 전류 $I_n = \dfrac{5,000 \times 10^3}{\sqrt{3} \times 6,000} = 481.13$[A]

단락비 $K_s = \dfrac{I_s}{I_n} = \dfrac{700}{481.13} = 1.45$

• 답: 1.45

(2) ① 크고 ② 높고 ③ 크고 ④ 낮고 ⑤ 적고 ⑥ 높다

(3) • 기전력의 크기가 같을 것
 • 기전력의 위상이 같을 것
 • 기전력의 주파수가 같을 것
 • 기전력의 파형이 같을 것

개념체크 (1) 단락비는 무부하에서 정격 전압을 유지하는 데 필요한 계자 전류(I_s)를 정격 전류와 같은 단락 전류를 흘리는 데 필요한 계자 전류(I_n)로 나눈 값으로, 다음과 같이 나타낼 수 있다.

$$K_s = \frac{I_s}{I_n}$$

(2) 단락비(K_s)가 큰 발전기의 특성
 • 발전기의 치수가 커지고, 중량이 무거운 철기계로 된다.
 • 발전기 가격이 고가이다.
 • 동기 임피던스가 작다.
 • 전압 변동률이 작다.
 • 과부하 내량이 크고, 안정도가 좋다.
 • 철손이 커서 효율이 나쁘다.

단답 정리함 동기발전기의 병렬 운전 조건 – 조건에 맞지 않을 경우 나타나는 현상
 • 기전력의 크기가 같을 것 – 무효 순환 전류 발생
 • 기전력의 위상이 같을 것 – 동기화 전류 발생

- 기전력의 주파수가 같을 것 – 난조 발생
- 기전력의 파형이 같을 것 – 고조파 무효 순환 전류 발생

02 ★★★ 불평형 부하의 제한에 관련된 다음 물음에 답하시오. [7점]

(1) 저압, 고압 및 특고압 수전의 3상 3선식 또는 3상 4선식에서 불평형 부하의 한도는 단상 접속 부하로 계산하여 설비 불평형률을 몇 [%] 이하로 하는 것을 원칙으로 하는가?

(2) "(1)"항 문제의 제한 원칙에 따르지 않아도 되는 경우를 2가지만 쓰시오.

(3) 부하 설비가 그림과 같을 때 설비 불평형률은 몇 [%]인가?(단, Ⓗ는 전열기 부하이고, Ⓜ은 전동기 부하이다.)

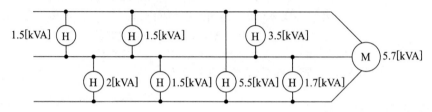

- 계산 과정:
- 답:

(1) 30[%] 이하

(2) • 저압 수전에서 전용 변압기 등으로 수전하는 경우
  • 고압 및 특고압 수전에서 100[kVA] 이하의 단상 부하인 경우

(3) • 계산 과정

$$설비\ 불평형률 = \frac{(3.5+1.5+1.5)-(2+1.5+1.7)}{(1.5+1.5+3.5+5.7+2+1.5+5.5+1.7)\times\frac{1}{3}}\times100 = 17.03[\%]$$

• 답: 17.03[%]

저압, 고압 및 특고압 수전의 3상 3선식 또는 3상 4선식에서의 설비 불평형률

$$\frac{각\ 선간에\ 접속되는\ 단상\ 부하설비\ 용량[kVA]의\ 최대와\ 최소의\ 차}{총\ 부하설비\ 용량[kVA]\times\frac{1}{3}}\times100[\%]$$

이때 3상 3선식 및 3상 4선식의 설비 불평형률은 30[%] 이하이어야 한다.
(단, 다음에 해당하는 경우에는 예외로 한다.)
- 저압 수전에서 전용 변압기 등으로 수전하는 경우
- 고압 및 특고압 수전에서 100[kVA] 이하의 단상 부하인 경우
- 고압 및 특고압 수전에서 단상 부하 용량의 최대와 최소의 차가 100[kVA] 이하인 경우
- 특고압 수전에서 100[kVA] 이하의 단상 변압기 2대로 역V결선하는 경우

03 ★★★

도면은 자가용 수전설비의 복선 결선도이다. 도면을 보고 다음 각 물음에 답하시오.　　　　[9점]

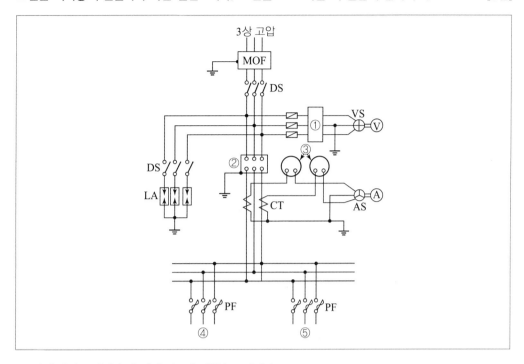

(1) ①과 ②에 그려져야 할 기계 기구의 명칭은 무엇인가?

(2) ③의 명칭은 무엇인가?

(3) ④은 단상 변압기 3대를 △-Y 결선하고, ⑤은 △-△결선하여 그리시오.

답안작성

(1) ① 계기용 변압기　　　② 차단기

(2) ③ 과전류 계전기

(3) ④ △-Y 결선　　　⑤ △-△ 결선

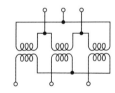 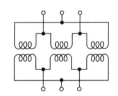

04 ★★★

단상 2선식 100[V]의 옥내배선에서 소비전력 40[W], 역률 80[%]의 형광등을 80[등] 설치할 때 이 시설을 16[A]의 분기 회로로 하려고 한다. 이때 필요한 분기 회로는 최소 몇 회선이 필요한가?(단, 한 회로의 부하전류는 분기 회로 용량의 70[%]로 하고 수용률은 100[%]로 한다.)　　　　[3점]

• 계산 과정:

• 답:

• 계산 과정

$$분기 회로수 = \frac{\dfrac{40}{0.8} \times 80}{100 \times 16 \times 0.7} = 3.57$$

• 답: 16[A] 분기 4회로

$$분기 회로수 = \frac{표준 \ 부하 \ 용량[VA]}{전압[V] \times 분기 \ 회로의 \ 전류[A]}$$

• 분기 회로수 계산 결과값에 소수점이 발생하면 소수점 이하 절상한다.
• 분기 회로의 전류가 주어지지 않을 때에는 16[A]를 표준으로 한다.

05
★ ★ ★

다음 그림에서 B점의 차단기 용량을 100[MVA]로 제한하기 위한 한류리액터의 리액턴스는 몇 [%]인가?(단, 10[MVA]를 기준으로 한다.) [3점]

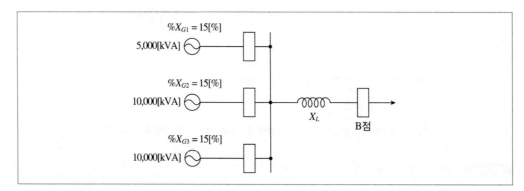

• 계산 과정:

• 답:

• 계산 과정
10[MVA] 기준 용량으로 환산한 %리액턴스

$$\%X_{G1} = 15 \times \frac{10}{5} = 30[\%]$$

$$\%X_{G2} = 15 \times \frac{10}{10} = 15[\%]$$

$$\%X_{G3} = 15 \times \frac{10}{10} = 15[\%]$$

차단기 용량 $P_s = \dfrac{100}{\%Z} \times P_n$ 에서 $100 = \dfrac{100}{\dfrac{1}{\dfrac{1}{30} + \dfrac{1}{15} + \dfrac{1}{15}} + \%X_L} \times 10$ 이므로

$$\%X_L = \frac{100}{100} \times 10 - \frac{1}{\dfrac{1}{30} + \dfrac{1}{15} + \dfrac{1}{15}} = 4[\%]$$

• 답: 4[%]

해설비법

$$\%X_{기준} = \%X_{자기} \times \frac{기준\ 용량}{자기\ 용량}$$

- 고장점까지의 합성 $\%Z = \dfrac{1}{\dfrac{1}{\%X_{G1}} + \dfrac{1}{\%X_{G2}} + \dfrac{1}{\%X_{G3}}} + \%X_L = \dfrac{1}{\dfrac{1}{30} + \dfrac{1}{15} + \dfrac{1}{15}} + \%X_L\,[\%]$

06 ★☆☆ 그림과 같은 전자 릴레이 회로를 미완성 다이오드 매트릭스 회로에 다이오드를 추가시켜 다이오드 매트릭스로 바꾸어 그리시오. [8점]

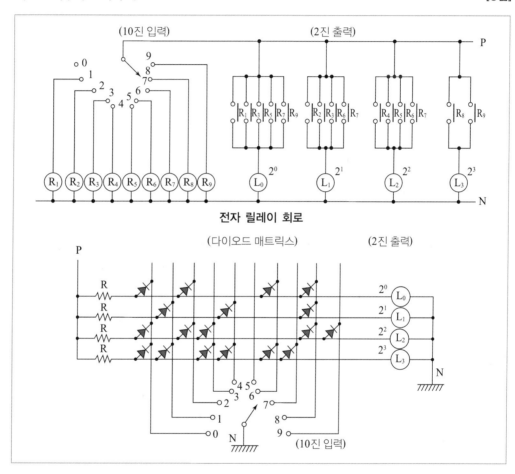

전자 릴레이 회로

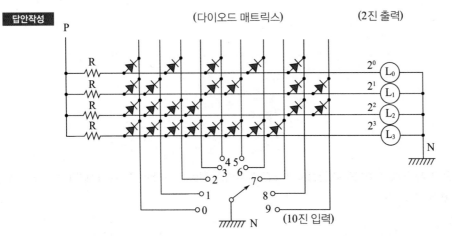

(다이오드 매트릭스)　(2진 출력)

(10진 입력)

해설비법	10진법	1	2	3	4	5	6	7	8	9
	2진법	2^0	2^1	2^1+2^0	2^2	2^2+2^0	2^2+2^1	$2^2+2^1+2^0$	2^3	2^3+2^0

그림에 주어진 (10진 입력) 중 '9'의 (2진 출력)은 표와 같이 2^3+2^0가 되어야 한다. 따라서 셀렉터 스위치를 9로 맞추었을 때, L_3 및 L_0에는 전원 P가 다이오드를 통한 회로 구성이 되면 안 되고, 전원 P가 L_3 및 L_0에 바로 접속되어야 한다.

07

★★★

단상 유도 전동기에 대한 다음 각 물음에 답하시오.　　　　　　　　　　　　　[5점]

(1) 분상 기동형 단상 유도 전동기의 회전 방향을 바꾸려면 어떻게 하면 되는가?

(2) 기동 방식에 따른 단상 유도 전동기의 종류를 분상 기동형을 제외하고 3가지만 쓰시오.

(3) 단상 유도 전동기의 절연을 E종 절연물로 하였을 경우 허용 최고 온도는 몇 [℃]인가?

답안작성
(1) 기동 권선의 접속을 반대로 바꾸어 준다.

(2) • 반발 기동형
　 • 콘덴서 기동형
　 • 셰이딩 코일형

(3) 120[℃]

개념체크
(2) 단상 유도 전동기의 기동법
　 • 반발 기동형
　 • 반발 유도형
　 • 콘덴서 기동형
　 • 분상 기동형
　 • 셰이딩 코일형

(3) 절연물의 종류에 따른 허용 최고 온도

종류	Y종	A종	E종	B종	F종	H종	C종
허용 최고 온도[℃]	90	105	120	130	155	180	180 초과

08 도면은 어느 건물의 구내 간선 계통도이다. 주어진 조건과 참고 자료를 이용하여 다음 각 물음에 답하시
★★☆ 오. [11점]

(1) P_1의 전부하 시 전류를 구하고, 여기에 사용될 배선용 차단기(MCCB)의 규격을 선정하시오.
- 계산 과정:
- 답:

(2) P_1에 사용될 케이블의 굵기는 몇 $[mm^2]$인가?
- 계산 과정:
- 답:

(3) 배전반에 설치된 ACB의 최소 규격을 산정하시오.
- 계산 과정:
- 답:

(4) 0.6/1[kV] 가교 폴리에틸렌 절연 비닐시스케이블의 영문 약호는?

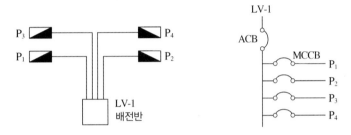

[조건]
- 전압은 380[V]/220[V]이며, 3φ4W이다.
- CABLE은 TRAY 배선으로 한다.(공중, 암거 포설)
- 전선은 가교 폴리에틸렌 절연 비닐시스케이블이다.
- 허용 전압강하는 2[%]이다.
- 분전반 간 부등률은 1.1이다.
- 주어진 조건이나 참고 자료의 범위 내에서 가장 적절한 부분을 적용시키도록 한다.
- CABLE 배선 거리 및 부하 용량은 표와 같다.

분전반	거리[m]	연결 부하[kVA]	수용률[%]
P_1	50	240	65
P_2	80	320	65
P_3	210	180	70
P_4	150	60	70

[참고 자료]
[표 1] 배선용 차단기(MCCB)

Frame	100			225			400		
기본 형식	A11	A12	A13	A21	A22	A23	A31	A32	A33
극수	2	3	4	2	3	4	2	3	4
정격 전류[A]	60, 75, 100			125, 150, 175, 200, 225			250, 300, 350, 400		

[표 2] 기중 차단기(ACB)

TYPE	G1	G2	G3	G4
정격 전류[A]	600	800	1,000	1,250
정격 절연 전압[V]	1,000	1,000	1,000	1,000
정격 사용 전압[V]	660	660	660	660
극수	3, 4	3, 4	3, 4	3, 4
과전류 Trip 장치의 정격 전류	200, 400, 630	400, 630, 800	630, 800, 1,000	800, 1,000, 1,250

[표 3] 전선 최대 길이(3상 3선식, 380[V], 전압강하 3.8[V])

전류 [A]	전선의 굵기[mm²]												
	2.5	4	6	10	16	25	35	50	95	150	185	240	300
	전선 최대 길이[m]												
1	534	854	1,281	2,135	3,416	5,337	7,422	10,674	20,281	32,022	39,494	51,236	64,045
2	267	427	640	1,067	1,708	2,669	3,736	5,337	10,140	16,011	19,747	25,618	32,022
3	178	285	427	712	1,139	1,779	2,491	3,558	6,760	10,674	13,165	17,079	21,348
4	133	213	320	534	854	1,334	1,868	2,669	5,070	8,006	9,874	12,809	16,011
5	107	171	256	427	633	1,067	1,494	2,135	4,056	6,404	7,899	10,247	12,809
6	89	142	213	356	569	890	1,245	1,779	3,380	5,337	6,582	8,539	10,674
7	76	122	183	305	488	762	1,067	1,525	2,897	4,575	5,642	7,319	9,149
8	67	107	160	267	427	667	934	1,334	2,535	4,003	4,937	6,404	8,006
9	59	95	142	237	380	593	830	1,186	2,253	3,558	4,388	5,693	7,116
12	44	71	107	178	285	445	623	890	1,690	2,669	3,291	4,270	5,337
14	38	61	91	152	244	381	534	762	1,449	2,287	2,821	3,660	4,575
15	36	57	85	142	228	356	498	712	1,352	2,135	2,633	3,416	4,270
16	33	53	80	133	213	334	467	667	1,268	2,001	2,468	3,202	4,003
18	30	47	71	119	190	297	415	593	1,127	1,779	2,194	2,846	3,558
25	21	34	51	85	137	213	299	427	811	1,281	1,580	2,049	2,562
35	15	24	37	61	98	152	213	305	579	915	1,128	1,464	1,830
45	12	19	28	47	76	119	166	237	451	712	878	1,139	1,423

※ 전압강하가 2[%] 또는 3[%]의 경우, 전선 길이는 각각 이 표의 2배 또는 3배가 된다. 다른 경우에도 이 예에 따른다.

※ 전류가 20[A] 또는 200[A] 경우의 전선 길이는 각각 이 표의 전류 2[A] 경우의 1/10 또는 1/100이 된다. 다른 경우에도 이 예에 따른다.

※ 이 표는 평형 부하의 경우에 의한 것이다.

※ 이 표는 역률을 1로 하여 계산한 것이다.

답안작성 (1) • 계산 과정

$$I = \frac{(240 \times 10^3) \times 0.65}{\sqrt{3} \times 380} = 237.02[A]$$

MCCB 규격은 [표 1]에 의해 표준 용량을 선정하면 AF: 400[A], AT: 250[A] MCCB를 선정한다.

• 답: 전부하 전류: 237.02[A]

배선용 차단기: AF: 400[A], AT: 250[A]

(2) • 계산 과정

$$전선\ 최대\ 길이\ L = \frac{50 \times \frac{237.02}{1}}{\frac{380 \times 0.02}{3.8}} = 5,925.5[\text{m}]$$

[표 3]의 전류 1[A] 칸에서 5,925.5[m]를 초과하는 7,422[m] 칸에 해당하는 전선 규격 35[mm²] 선정

• 답: 35[mm²]

(3) • 계산 과정

$$I = \frac{240 \times 0.65 + 320 \times 0.65 + 180 \times 0.7 + 60 \times 0.7}{\sqrt{3} \times 380 \times 1.1} \times 10^3 = 734.81[\text{A}]\ 이므로$$

[표 2]에서 G2 Type의 정격 전류 800[A]를 선정한다.

• 답: G2 Type 800[A] 선정

(4) CV1

개념체크

• 3상 부하 전류 $I[\text{A}] = \dfrac{설비\ 용량[\text{VA}] \times 수용률}{\sqrt{3} \times 전압[\text{V}]}$

• 전선 최대 길이[m] $= \dfrac{배선\ 설계\ 길이[\text{m}] \times \dfrac{부하\ 최대\ 사용\ 전류[\text{A}]}{표의\ 전류[\text{A}]}}{\dfrac{배선\ 설계\ 전압강하[\text{V}]}{표의\ 전압강하[\text{V}]}}$

해설비법 (2) 전선 최대 길이(3상 3선식, 380[V], 전압강하 3.8[V])

전류 [A]	전선의 굵기[mm²]												
	2.5	4	6	10	16	25	35	50	95	150	185	240	300
	전선 최대 길이[m]												
1	534	854	1,281	2,135	3,416	5,337	7,422	10,674	20,281	32,022	39,494	51,236	64,045

09
★★★

그림과 같은 릴레이 시퀀스도를 이용하여 다음 각 물음에 답하시오. [7점]

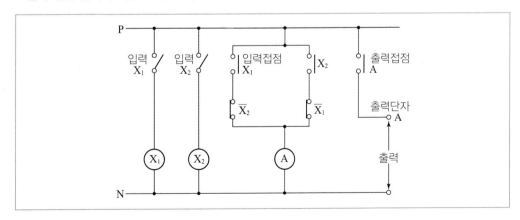

(1) AND, OR, NOT 등의 논리게이트를 이용하여 주어진 릴레이 시퀀스도를 논리회로로 바꾸어 그리시오.

(2) 물음 "(1)"에서 작성된 회로에 대한 논리식을 쓰시오.

(3) 논리식에 대한 진리표를 완성하시오.

입력		출력
X_1	X_2	A
0	0	
0	1	
1	0	
1	1	

(4) 진리표를 만족할 수 있는 로직회로를 간소화하여 그리시오.

(5) 주어진 타임차트를 완성하시오.

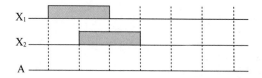

(1)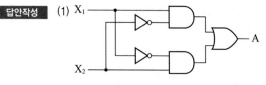

(2) $A = X_1 \cdot \overline{X}_2 + \overline{X}_1 \cdot X_2$

(4)

(5)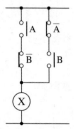

(3)

입력		출력
X_1	X_2	A
0	0	0
0	1	1
1	0	1
1	1	0

배타적 논리합(Exclusive OR) 회로: 입력이 서로 다를 때만 출력이 나오는 회로

• 유접점 회로

• 무접점 회로

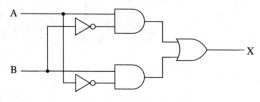

• 진리표

A	B	X
0	0	0
0	1	1
1	0	1
1	1	0

10

★★☆

조명설비에 대한 다음 각 물음에 답하시오.　　　　　　　　　　　　　　　　　　[5점]

(1) 배선 도면에 ○N400으로 표현되어 있다. 이것의 의미를 쓰시오.

(2) 비상용 조명을 건축기준법에 따른 형광등으로 시설하고자 할 때 이것을 일반적인 경우의 그림 기호로 표현하시오.

(3) 평면이 $15 \times 10[\text{m}^2]$인 사무실에 40[W], 전광속 2,500[lm]인 형광등을 사용하여 평균 조도를 300[lx]로 유지하도록 설계하고자 한다. 이 사무실에 필요한 형광등 수를 산정하시오.(단, 조명률은 0.6이고, 감광 보상률은 1.3이다.)
- 계산 과정:
- 답:

답안작성

(1) 400[W] 나트륨등

(2) ━●━

(3) • 계산 과정: $N = \dfrac{EAD}{FU} = \dfrac{300 \times (15 \times 10) \times 1.3}{2,500 \times 0.6} = 39[\text{등}]$

　　　• 답: 39[등]

개념체크

(1) 고휘도 방전등(HID) 기호
- N: 나트륨등
- M: 메탈 핼라이드등
- H: 수은등
- X: 크세논등

(3) 등의 개수 계산

$$FUN = EAD$$

(단, F: 광속[lm], U: 조명률, N: 사용하는 등의 개수, E: 조도[lx], A: 방의 면적[m^2], D: 감광 보상률 $(= \dfrac{1}{M})$, M: 보수율(유지율))

11

★★☆

표와 같은 수용가 A, B, C에 공급하는 배전선로의 최대 전력이 $450[\text{kW}]$라고 할 때 다음 각 물음에 답하시오.　[6점]

수용가	설비 용량[kW]	수용률[%]
A	250	65
B	300	70
C	350	75

(1) 수용가의 부등률은 얼마인가?
　　• 계산 과정:
　　• 답:

(2) 부등률이 크다는 것은 어떤 것을 의미하는가?

(3) 수용률의 의미를 간단히 설명하시오.

답안작성　(1) • 계산 과정: 부등률 $= \dfrac{250 \times 0.65 + 300 \times 0.7 + 350 \times 0.75}{450} = 1.41$

　　• 답: 1.41

(2) 최대 전력을 소비하는 기기의 사용 시간대가 서로 다르다는 것을 의미한다.

(3) 수용설비가 동시에 사용되는 정도

개념체크　• 수용률
　　– 의미: 수용설비가 동시에 사용되는 정도를 나타낸다.
　　– 변압기 등의 적정한 공급 설비 용량을 파악하기 위해 사용된다.

$$\text{수용률} = \frac{\text{최대 수용 전력[kW]}}{\text{부하설비 합계[kW]}} \times 100[\%]$$

• 부하율
　– 의미: 공급 설비가 어느 정도 유용하게 사용되는지를 나타낸다.
　– 부하율이 클수록 공급 설비가 그만큼 유효하게 사용된다는 것을 의미한다.

$$\text{부하율} = \frac{\text{평균 수용 전력[kW]}}{\text{최대 수용 전력[kW]}} \times 100[\%]$$

• 부등률
　– 의미: 부하의 최대 수용 전력의 발생 시간이 서로 다른 정도를 나타낸다.
　– 부등률이 클수록 최대 전력을 소비하는 기기의 사용 시간대가 서로 다르다는 것을 의미하므로 그만큼 유리하다.

$$\text{부등률} = \frac{\text{각 부하의 최대 수용 전력의 합계[kW]}}{\text{합성 최대 전력[kW]}} \geq 1$$

12

★★☆

부하전력이 $4,000[kW]$, 역률 $80[\%]$인 부하에 전력용 콘덴서 $1,800[kVA]$를 설치하였다. 이때 다음 각 물음에 답하시오. [6점]

(1) 역률은 몇 $[\%]$로 개선되었는가?
   • 계산 과정:
   • 답:

(2) 부하설비의 역률이 $90[\%]$ 이하일 경우(즉, 낮은 경우) 수용가 측면에서 어떤 손해가 있는지 3가지만 쓰시오.

(3) 전력용 콘덴서와 함께 설치되는 방전 코일과 직렬 리액터의 용도를 간단히 설명하시오.

답안작성

(1) • 계산 과정

    무효전력 $Q=\dfrac{4,000}{0.8}\times 0.6 = 3,000[kVar]$

    $\cos\theta = \dfrac{4,000}{\sqrt{4,000^2 + (3,000-1,800)^2}}\times 100 = 95.78[\%]$

   • 답: $95.78[\%]$

(2) • 전력손실이 커진다.
   • 전압강하가 커진다.
   • 전기요금이 증가한다.

(3) • 방전 코일: 콘덴서에 축적된 잔류 전하 방전
   • 직렬 리액터: 제5고조파 제거

해설비법

(1) • 무효전력 $Q = P_a \sin\theta = \dfrac{P}{\cos\theta}\times\sin\theta[kVar]$

   • $\cos\theta = \dfrac{P}{\sqrt{P^2 + (Q-Q_c)^2}}\times 100[\%]$

    (단, Q_c: 전력용 콘덴서 용량$[kVA]$, Q: 무효 전력$[kVar]$, P: 유효 전력$[kW]$)

단답 정리함 역률이 낮은 경우 수용가 측면에서의 손해
• 전력손실 증가
• 전압강하 증가
• 전기요금 증가
• 전원 설비용량 증가

13

★★★

과전류 계전기의 동작 시험을 하기 위한 시험기의 배치도를 보고 다음 각 물음에 답하시오.(단, ○ 안의 숫자는 단자 번호이다.)　　　　　　　　　　　　　　　　　　　　　　　　　[8점]

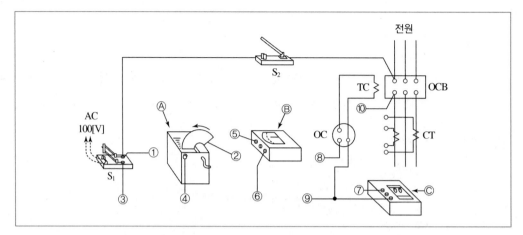

(1) 회로도의 기기를 사용하여 동작 시험을 하기 위한 단자 접속을 ○ 안에 기입하시오.

　①-○　　　　　　　　②-○　　　　　　　　③-○

　⑥-○　　　　　　　　⑦-○

(2) Ⓐ, Ⓑ 및 Ⓒ에 표시된 기기의 명칭을 기입하시오.

　Ⓐ 기기명:

　Ⓑ 기기명:

　Ⓒ 기기명:

(3) 이 결선도에서 스위치 S_2를 투입(ON)하고 행하는 시험 명칭과 개방(OFF)하고 행하는 시험 명칭은 무엇인가?

　• S_2 ON 시의 시험명:

　• S_2 OFF 시의 시험명:

답안작성 (1) ①-④, ②-⑤, ③-⑨, ⑥-⑧, ⑦-⑩

(2) Ⓐ 기기명: 수(물) 저항기

　Ⓑ 기기명: 전류계

　Ⓒ 기기명: 사이클 카운터

(3) • S_2 ON 시의 시험명: 계전기 한시 동작 특성 시험

　• S_2 OFF 시의 시험명: 계전기 최소 동작 전류 시험

14 ★★★

세계적인 고속전철회사인 일본 신간센, 프랑스 TGV, 독일 ICE 등 우수한 회사들이 고속전철 전동기 구동을 위해서 각각 직류기, 유도기, 동기기를 이용하고 있다. 이 주전동기를 구동하기 위하여 현재 건설 중인 우리나라 고속전철에 인버터가 사용되는 것으로 되어 있는 바, 이 인버터에 대하여 다음 각 물음에 답하시오. [6점]

(1) 전류형 인버터와 전압형 인버터의 회로상의 차이점을 2가지씩 쓰시오.

전류형 인버터	전압형 인버터

(2) 전류형 인버터와 전압형 인버터의 출력 파형상의 차이점을 설명하시오.

답안작성

(1)

전류형 인버터	전압형 인버터
DC 링크 양단에 평활용 콘덴서 대신에 리액터 사용	출력의 맥동을 줄이기 위해 LC 필터 사용
인버터부에 SCR 사용	컨버터부에 3상 다이오드 모듈 사용

(2) • 전류형 인버터 – 전압: 정현파, 전류: 구형파
    • 전압형 인버터 – 전압: PWM 구형파, 전류: 정현파(전동기 부하인 경우)

15 ★★★

3상 유도 전동기 Y−Δ 기동 방식의 주회로 그림을 보고, 다음 각 물음에 답하시오.(단, 전자 접촉기 MC_1은 Y결선용, MC_2는 Δ결선용이다.) [9점]

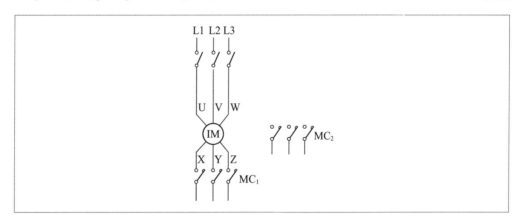

(1) 미완성 회로에 대한 결선을 완성하시오.

(2) Y−Δ 기동 시와 전전압 기동 시의 기동 전류를 수치를 제시하면서 비교 · 설명하시오.

(3) 3상 유도 전동기를 Y−Δ로 기동하여 운전하기 위한 제어 회로의 동작 사항을 설명하시오.

(1)

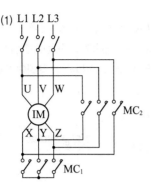

(2) Y − Δ 기동 전류는 전전압 기동 전류의 $\frac{1}{3}$ 배이다.

(3) Y 결선으로 기동한 후 타이머 설정 시간이 지나면 MC_1은 개방, MC_2가 단락되어 Δ 결선으로 운전한다. 이때 MC_1(Y 결선)과 MC_2(Δ 결선)는 동시 투입이 되어서는 안 된다.

(1) MC_1(Y 기동), MC_2(Δ 운전)

(2) Y − Δ 기동 시의 기동 전류

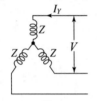 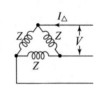

$$I_Y = \frac{\frac{V}{\sqrt{3}}}{Z} = \frac{V}{\sqrt{3}\,Z}, \quad I_\Delta = \frac{\sqrt{3}\,V}{Z}$$

$$\therefore \frac{I_Y}{I_\Delta} = \frac{\frac{V}{\sqrt{3}\,Z}}{\frac{\sqrt{3}\,V}{Z}} = \frac{1}{3}$$

끝이 좋아야 시작이 빛난다.

– 마리아노 리베라(Mariano Rivera)

여러분의 작은 소리
에듀윌은 크게 듣겠습니다.

본 교재에 대한 여러분의 목소리를 들려주세요.
공부하시면서 어려웠던 점, 궁금한 점,
칭찬하고 싶은 점, 개선할 점, 어떤 것이라도 좋습니다.

에듀윌은 여러분께서 나누어 주신 의견을
통해 끊임없이 발전하고 있습니다.

에듀윌 도서몰 book.eduwill.net
· 부가학습자료 및 정오표: 에듀윌 도서몰 → 도서자료실
· 교재 문의: 에듀윌 도서몰 → 문의하기 → 교재(내용, 출간) / 주문 및 배송

2024 에듀윌 전기기사 실기 20개년 기출문제집

발 행 일	2024년 03월 28일 초판
편 저 자	에듀윌 전기수험연구소
펴 낸 이	양형남
펴 낸 곳	(주)에듀윌
등록번호	제25100-2002-000052호
주 소	08378 서울특별시 구로구 디지털로34길 55
	코오롱싸이언스밸리 2차 3층

* 이 책의 무단 인용·전재·복제를 금합니다.

www.eduwill.net
대표전화 1600-6700